Ps

ADOBE® PHOTOSHOP® CS4 EXTENDED

中文版 Photoshop 创意特效经典实录228例

卓文 编著

北京日报报业集团
同心出版社

图书在版编目（CIP）数据

中文版 Photoshop 创意特效经典实录 228 例 / 卓文编著. —北京 : 同心出版社, 2015.11
ISBN 978-7-5477-1557-4

Ⅰ. ①中… Ⅱ. ①卓… Ⅲ. ①图象处理软件 Ⅳ. ① TP391.41

中国版本图书馆 CIP 数据核字(2015)第 098209 号

中文版 Photoshop 创意特效经典实录 228 例

出版发行：同心出版社
地　　址：北京市东城区东单三条 8-16 号 东方广场东配楼四层
邮　　编：100005
电　　话：发行部：（010）65255876
　　　　　　总编室：（010）65252135-8043
网　　址：www.beijingtongxin.com
印　　刷：北京凯达印务有限公司
经　　销：各地新华书店
版　　次：2015 年 11 月第 1 版
　　　　　　2015 年 11 月第 1 次印刷
开　　本：787 毫米×1092 毫米　1/16
印　　张：31.5
字　　数：756 千字
定　　价：95.00 元

前言 Preface

作为最知名的图像处理软件——Photoshop，其集图像扫描、图像编辑修改、图像制作、平面创意、图像输出于一体，深受广大平面设计人员和电脑美术爱好者的喜爱。

本书通过大量实例，介绍各种创意图像特效的制作方法及技巧。全书共分7章，计228个实例，包括质感纹理、字体设计、图形特效、网页设计、数码照片处理、影像合成以及设计应用案例，其中：

第1章，精心组织了30个质感纹理特效。在三维设计软件中，如果能够制作出精美的模型，但无法为模型应用逼真的纹理贴图，也无法得到较好的渲染效果。利用Photoshop可以制作各种精美的质感纹理。

第2章，精心组织了40个字体设计。利用Photoshop可以让普普通通的文字发生各种各样的神奇变化，并利用这些艺术化处理后的字体为图像增加效果。

第3章，精心组织了30个图形特效。利用Photoshop，甚至无须素材，可以制作出光彩亮丽的图形仿真特效，这些仿真图形经常被广泛应用于设计中。

第4章，精心组织了18个网页设计。Photoshop是重要的网页设计工具，利用Photoshop可完成网页中所有的图像处理任务。

第5章，精心组织了40个数码照片处理特效。Photoshop在照片处理上的地位，是任何其他图像处理软件所无法比拟的。利用Photoshop可以完成所有的数码照片处理的任务。

第6章，精心组织了42个影像合成特效。影像合成是Photoshop的特长，利用Photoshop对影像进行合成处理，从而达到意想不到的惊人效果。

第7章，精心组织了28个设计应用案例。这些设计应用案例，涉及平面设计、广告设计、书籍装帧、海报设计、婚纱数码设计、建筑效果图后期处理等，是Photoshop应用最为广泛的领域。

本书配套光盘中包含如下内容：

（1）书中所有实例的素材文件。

（2）书中所有实例的效果展示。

（3）多媒体视频教程。

敬请访问我们的网站www.china-ebooks.com。

东方卓越

目录 Contents

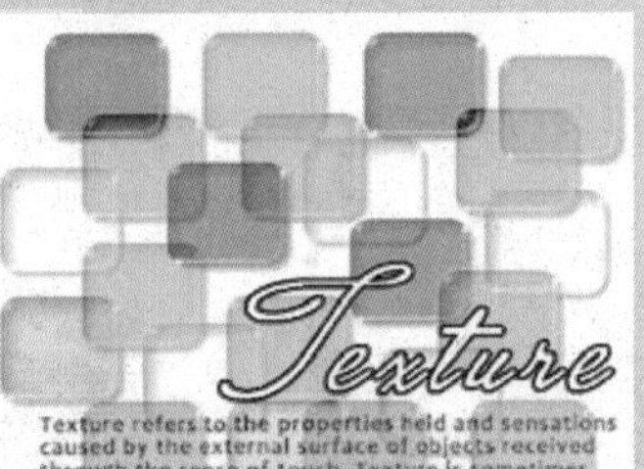

Texture
Texture refers to the properties held and sensations caused by the external surface of objects received through the sense of touch. Texture is sometimes used to describe the feel of non-tactile sensations.

Texture
Texture refers to the properties held and sensations caused by the external surface of objects received through the sense of touch. Texture is sometimes used to describe the feel of non-tactile sensations.

Texture

科技

沙粒

色
彩

Microsoft
Windows
Mobile

YOYO
YOYO

故事吧
游戏宫
卓越儿童网
动漫城
知识岛

yadina
雅迪娜

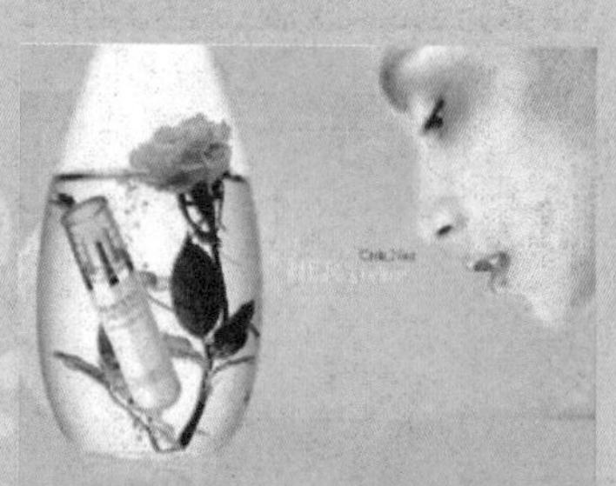

第1章 质感纹理

1 part

本章主要介绍如何使用Photoshop制作纹理效果。通过典型实例，指导读者用Photoshop制作石质纹理、木质纹理、布质纹理和水面纹理等。通过本章的学习，读者可以举一反三地制作出自己所需要的纹理。

实例1 折线纹理

本例制作折线纹理，效果如图1-1所示。

图1-1 折线纹理

操作步骤

步骤1 单击“文件”|“新建”命令，新建一幅RGB模式的空白图像。

步骤2 确认前景色为黑色、背景色为白色，单击“滤镜”|“渲染”|“云彩”命令，在图像中制作云彩效果，如图1-2所示。

图1-2 制作云彩效果

步骤3 单击“滤镜”|“像素化”|“马赛克”命令，在弹出的“马赛克”对话框中设置相应参数（如图1－3所示），单击“确定”按钮，效果如图1－4所示。

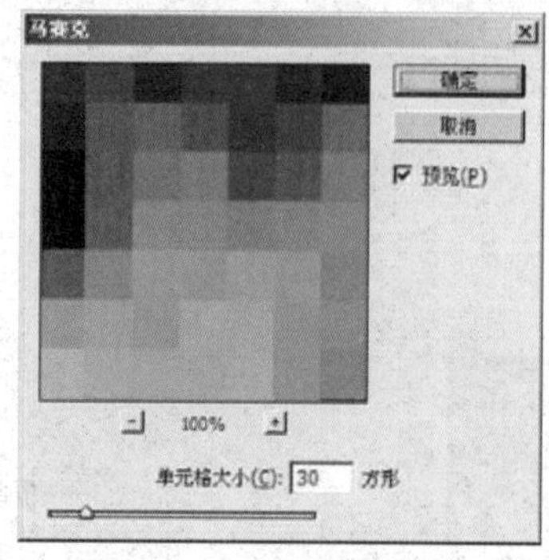

图1-3 “马赛克”对话框

步骤4 单击“滤镜”|“画笔描边”|“强化的边缘”命令，在弹出的“强化的边缘”对话框中设置相应参数（如图1-5所示），单击“确定”按钮，效果如图1－6所示。

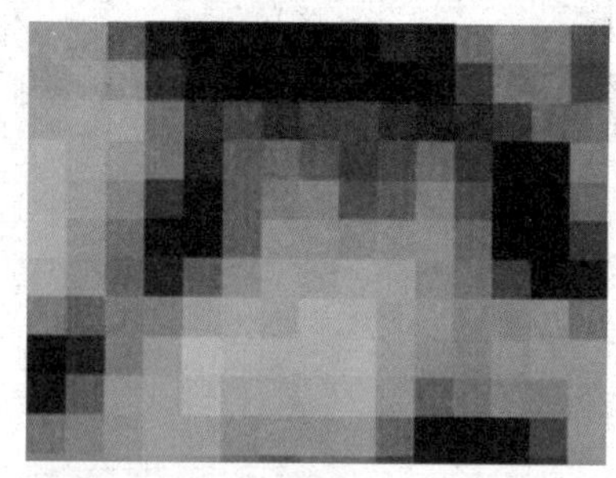

图1-4 “马赛克”滤镜效果

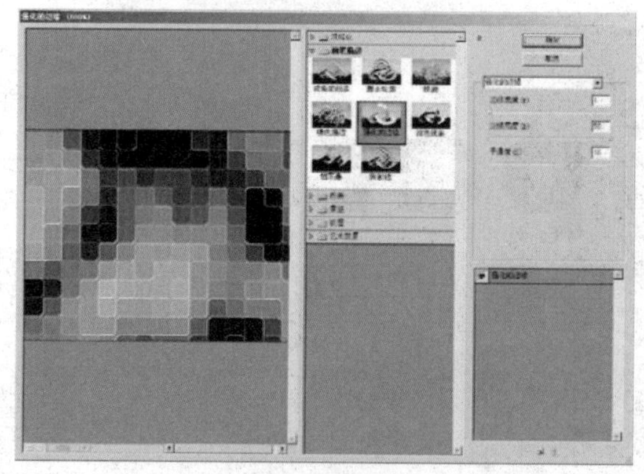

图1-5 “强化的边缘”对话框

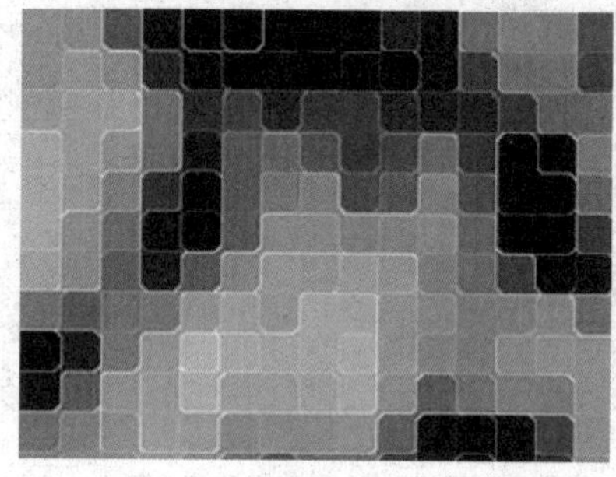

图1-6 “强化的边缘”滤镜效果

步骤5 单击“图像”|“调整”|“色相/饱和度”命令，在弹出的“色相/饱和度”对话框中设置相应参数（如图1－7所示），单击“确定”按钮，效果如图1－8所示。

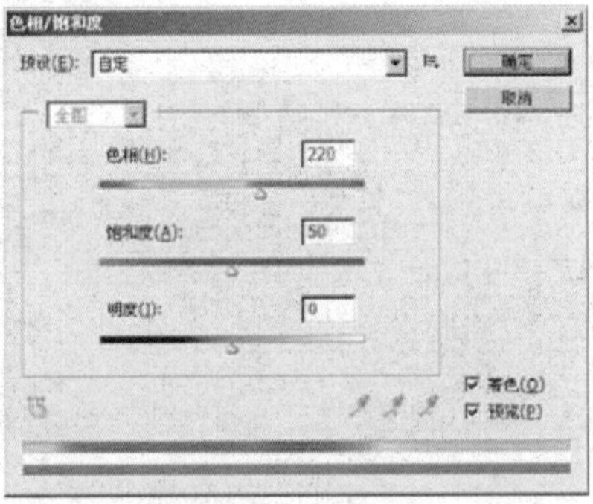

图1-7 “色相/饱和度”对话框

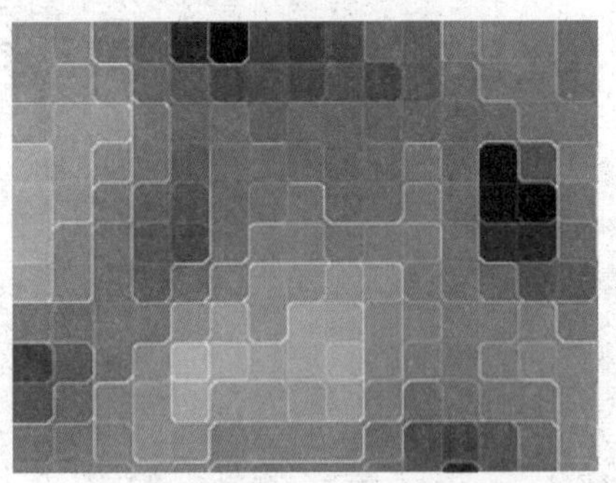

图1-8 折线纹理效果

实例2 亚麻纹理

本例制作具有亚麻纹理的图像效果，如图2-1所示。

图2-1 亚麻纹理

操作步骤

步骤1 单击“文件”|“新建”命令，新建一幅RGB模式的空白图像。

步骤2 将前景色的RGB参数值设置为130、110、80；背景色的RGB参数值设置为170、150、70，单击“滤镜”|“渲染”|“云彩”命令，在图像中生成云彩效果，如图2-2所示。

图2-2 “云彩”滤镜效果

步骤3 单击“滤镜”|“杂色”|“添加杂色”命令，在打开的“添加杂色”对话框中设置“数量”为22，并选中“高斯分布”单选按钮和“单色”复选框，如图2-3所示。设置完成后，单击“确定”按钮，效果如图2-4所示。

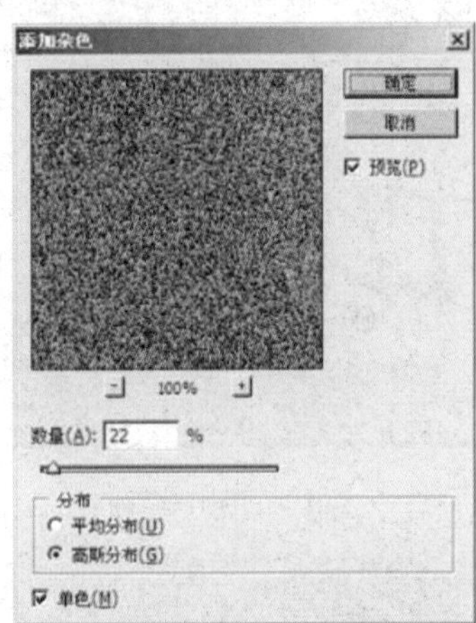

图2-3 “添加杂色”对话框

图2-4 “添加杂色”滤镜效果

步骤4 单击“滤镜”|“纹理”|“纹理化”命令，在打开的“纹理化”对话框中设置“纹理”为“粗麻布”、“缩放”为80、“凸现”为8、“光照”为“右下”，如图2-5所示。设置完成后，单击“确定”按钮，效果如图2-6所示。

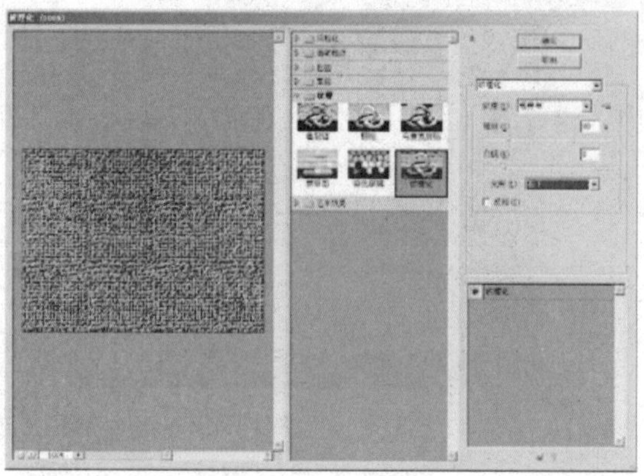

图2-5 “纹理化”对话框

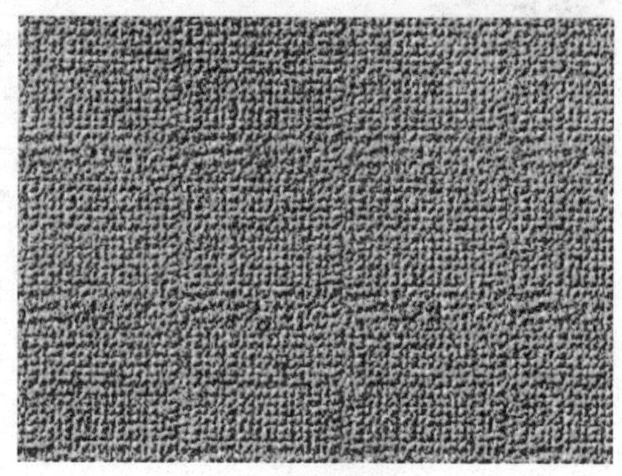

图2-6 纹理化效果

实例3 龟甲纹理

本例制作龟甲纹理，效果如图3-1所示。

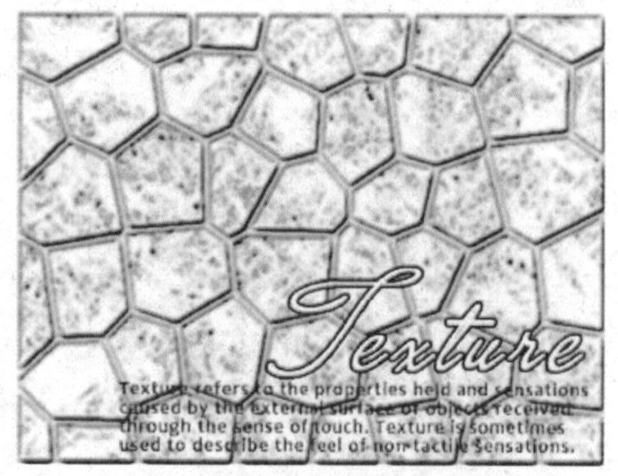

图3-1 龟甲纹理

操作步骤

步骤1 按【D】键将前景色设置为黑色、背景色设置为白色，单击“文件”|“新建”命令，新建一幅空白图像。

步骤2 单击“图层”调板下方的“创建新图层”按钮，新建“图层1”；按【Alt+Delete】组合键，用前景色填充图层；单击“滤镜”|“渲染”|“分层云彩”命令，制作分层云彩效果，如图3-2所示。

步骤3 单击“滤镜”|“风格化”|“查找边缘”命令，查找图像的边缘，单击“图像”|“调整”|“反相”命令，将图像反相显示。

步骤4 单击“图像”|“自动色调”命令，自动调整图像的色调，效果如图3-3所示。

图3-2 “分层云彩”滤镜效果

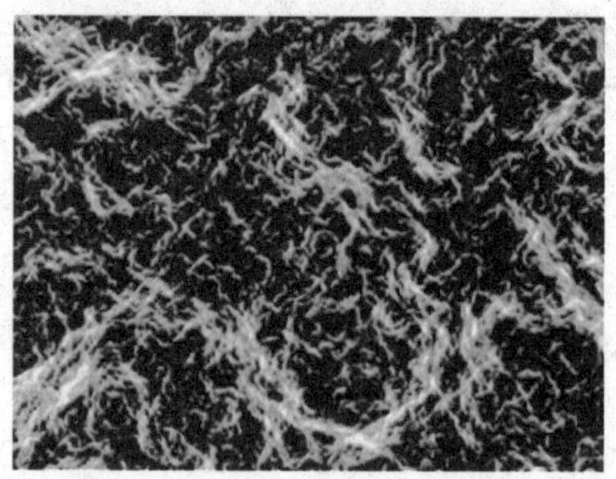

图3-3 调整图像色调后的效果

步骤5 单击“图像”|“调整”|“亮度/对比度”命令，在打开的对话框中设置“亮度”为150、“对比度”为-50（如图3-4所示），单击“确定”按钮应用设置。

步骤6 重复步骤（5）的操作，在“亮度/对比度”对话框中将“亮度”设置为100、“对比度”设置为0，再次调整图像的亮度和对比度，单击“确定”按钮，效果如图3-5所示。

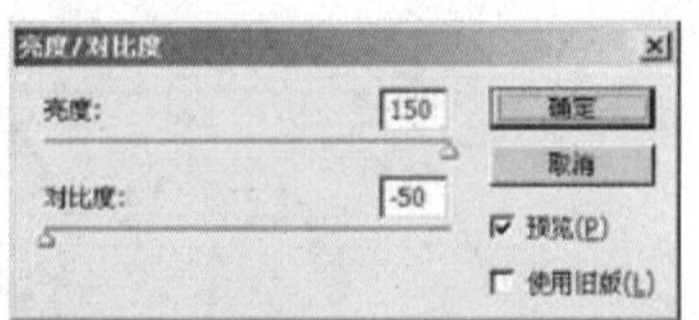

图3-4 “亮度/对比度” 对话框

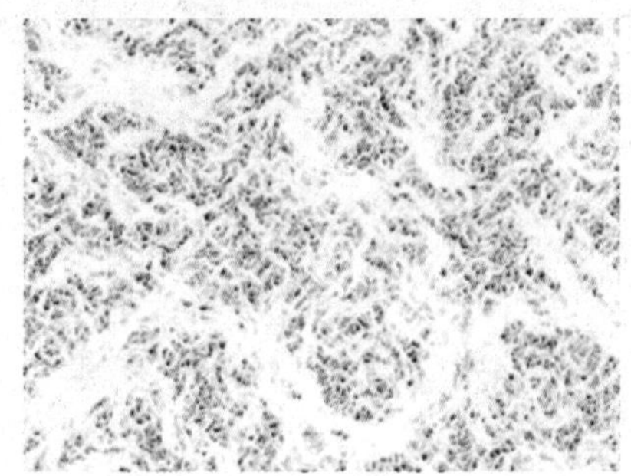

图3-5 调整亮度和对比度后的效果

步骤7 在“图层”调板中新建“图层2”，按【Alt+Delete】组合键，用前景色填充该图层。

步骤8 按【X】键切换前景色与背景色，单击“滤镜”|“纹理”|“染色玻璃”命令，在打开的“染色玻璃”对话框中设置“单元格大小”为30、“边框粗细”为8、“光照强度”为1（如图3-6 所示）。单击“确定”按钮，即可创建如图3-7 所示的效果。

步骤9 单击“选择”|“色彩范围”命令，在“色彩范围”对话框的“选择”下拉列表框中选择“高光”选项，其他参数保持默认设置，单击“确定”按钮载入选区，如图3-8 所示。

步骤10 在“图层”调板中设置“图层1”为当前图层，按【Delete】键将选区内的图像删除，再按【Ctrl+D】组合键取消选区，然后在“图层”调板中将“图层2”删除，效果如图3-9 所示。

步骤11 单击“滤镜”|“模糊”|“高斯模糊”命令，在打开的对话框中设置“模糊半径”为1，单击“确定”按钮模糊图像。

步骤12 单击“图层”|“图层样式”|“投影”命令，在打开的“图层样式”对话框中保持默认设置，再选择左侧的“斜面和浮雕”选项，在“样式”下拉列表框中选择“枕状浮雕”选项，在“方向”选项区中选中“下”单选按钮，如图3-10 所示。设置完成后，单击“确定”按钮，效果如图3-11 所示。

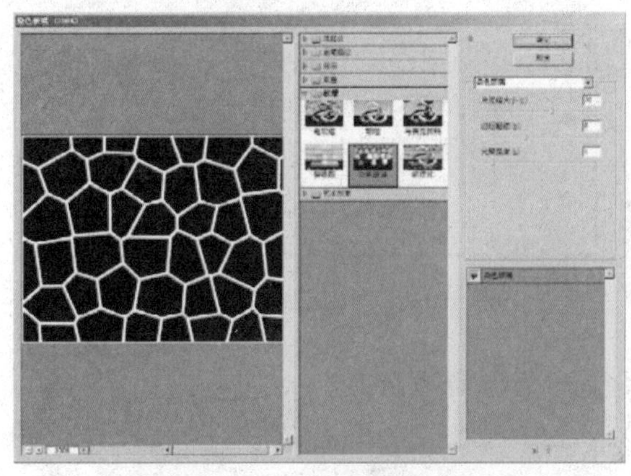

图3-6 “染色玻璃”对话框

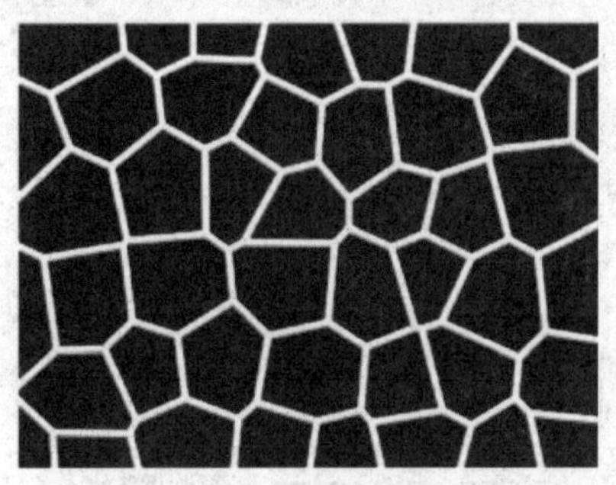

图3-7 “染色玻璃”滤镜效果

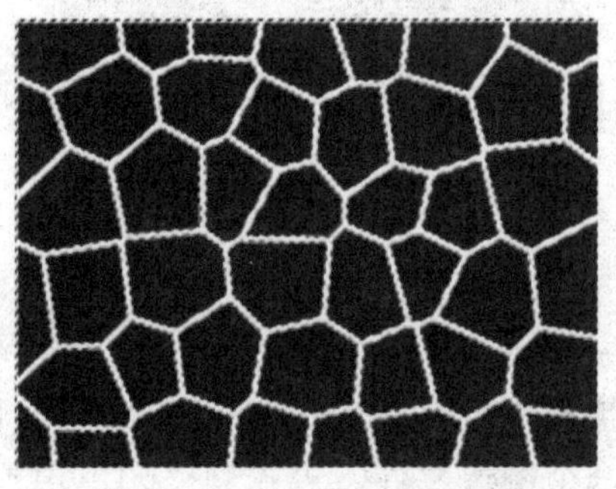

图3-8 载入选区

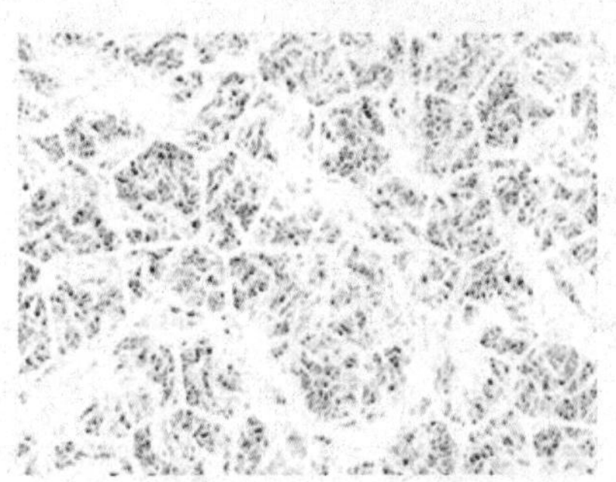

图3-9 删除“图层2”后的效果

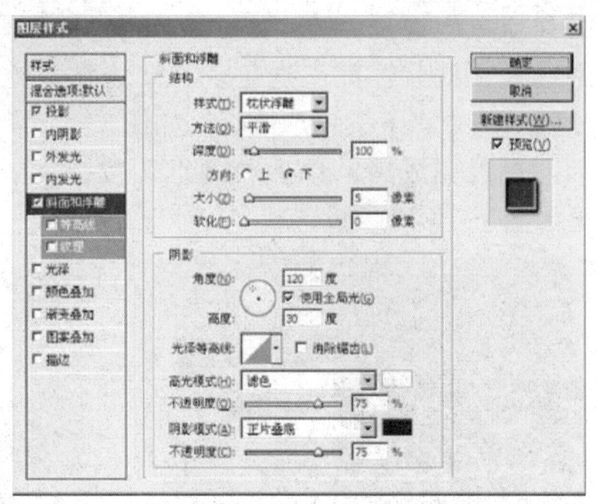

图3-10 “图层样式”对话框

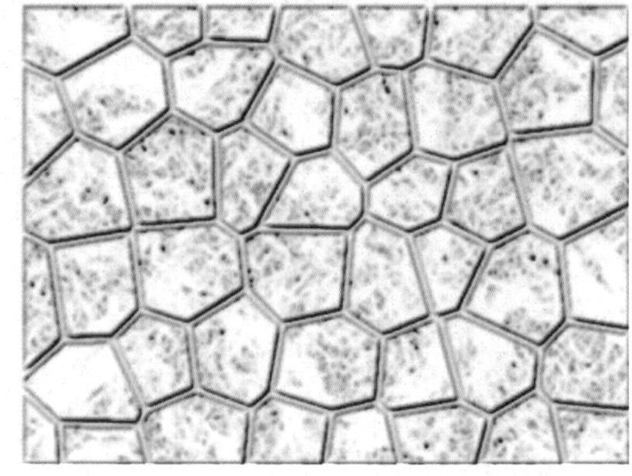

图3-11 添加图层样式后的效果

实例4 岩石纹理

本例制作具有岩石纹理的图像效果，如图4-1所示。

图4-1 岩石纹理

操作步骤

步骤1 单击“文件”|“新建”命令，新建一个图像文件，设置其“颜色模式”为“RGB颜色”、“背景内容”为“白色”。

步骤2 单击“滤镜”|“渲染”|“云彩”命令，应用“云彩”滤镜，再单击“滤镜”|“渲染”|“分层云彩”命令，应用“分层云彩”滤镜，效果如图4-2所示。

步骤3 单击“滤镜”|“素描”|“基底凸现”命令，在弹出的对话框中进行如图4-3所示的设置，单击“确定”按钮，创建基底凸现效果，如图4-4所示。

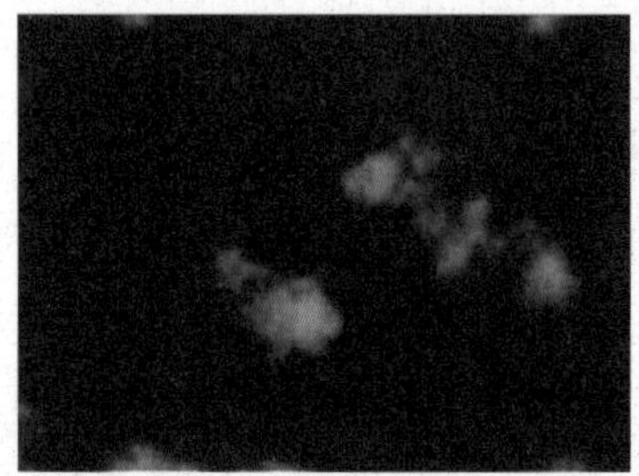

图4-2 “分层云彩”滤镜效果

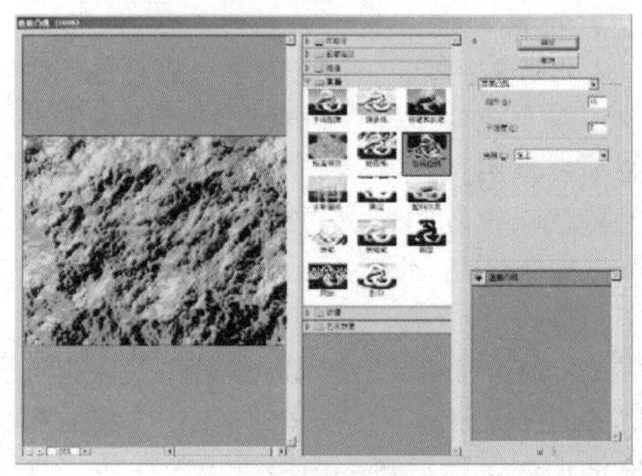

图4-3 “基底凸现”对话框

图4-4 “基底凸现”滤镜效果

步骤4 单击“图像”|“调整”|“色相/饱和度”命令，在弹出的“色相/饱和度”对话框中进行如图4-5所示的设置，单击“确定”按钮，效果如图4-6所示。

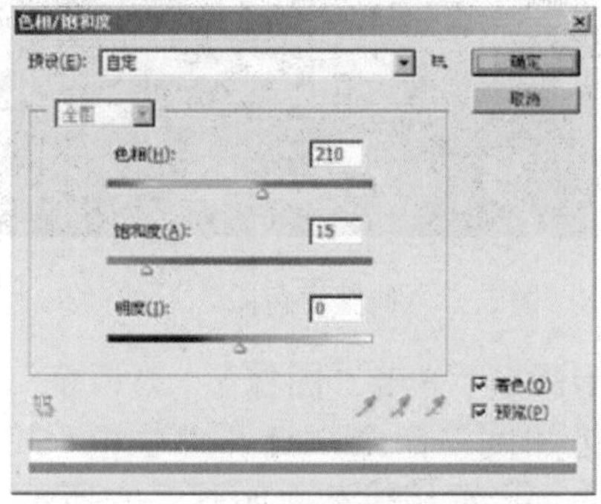

图4-5 “色相/饱和度”对话框

图4-6 调整“色相/饱和度”后的效果

步骤5 单击“滤镜”|“锐化”|“USM锐化”命令，在弹出的“USM锐化”对话框中设置“数量”为100%、“半径”为2.0、“阈值”为5，如图4-7所示。

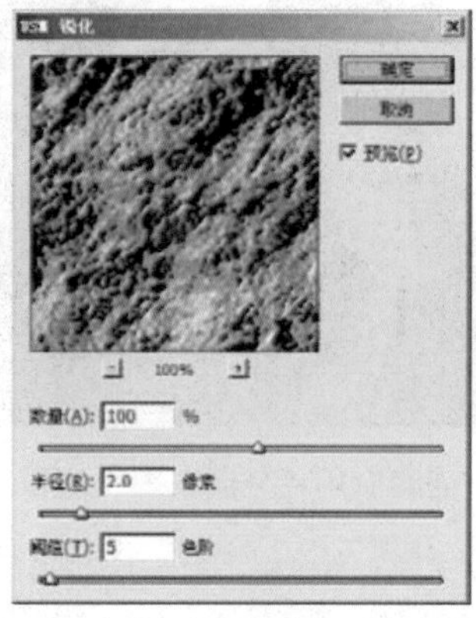

图4-7 “USM锐化”对话框

步骤6 单击“确定”按钮，即可生成岩石效果，如图4-8所示。

图4-8 岩石效果

实例5 大理石纹理

本例制作大理石纹理效果，如图5-1所示。

图5-1 大理石纹理

操作步骤

步骤1 单击“文件”|“新建”命令，新建一幅RGB模式的空白图像。

步骤2 按【D】键将前景色设置为黑色、背景色设置为白色，单击“滤镜”|“渲染”|“分层云彩”命令，在图像中应用“分层云彩”滤镜，然后重复按【Ctrl＋F】组合键，在图像中连续应用5次“分层云彩”滤镜，创建如图5-2所示的效果。

步骤3 单击“滤镜”|“风格化”|“查找边缘”命令，在图像中应用“查找边缘”滤镜，效果如图5-3所示。

步骤4 按【Ctrl＋I】组合键将图像反相，再按【Ctrl＋L】组合键，打开“色阶”对话框，设置其参数（如图5-4所示），并调整输入色阶值，单击“确定”按钮，效果如图5-5所示。

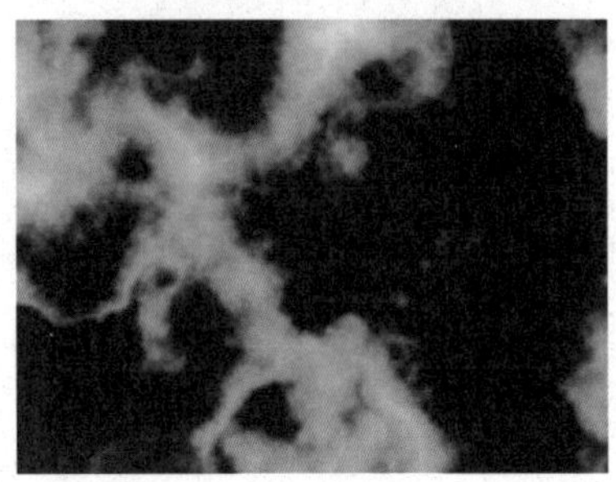

图5-2 连续应用“分层云彩”滤镜后的效果

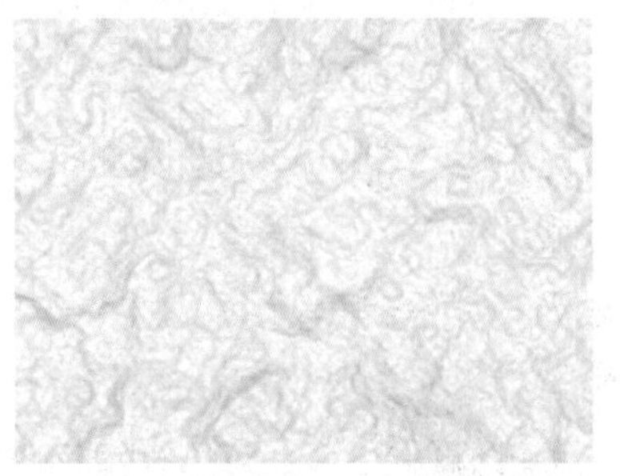

图5-3 “查找边缘”滤镜效果

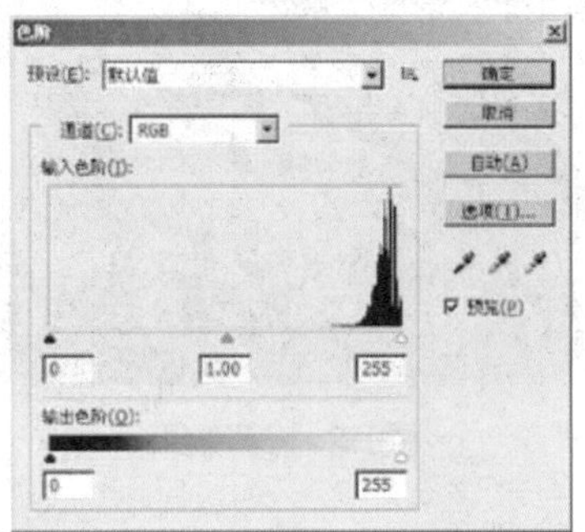

图5-4 “色阶”对话框

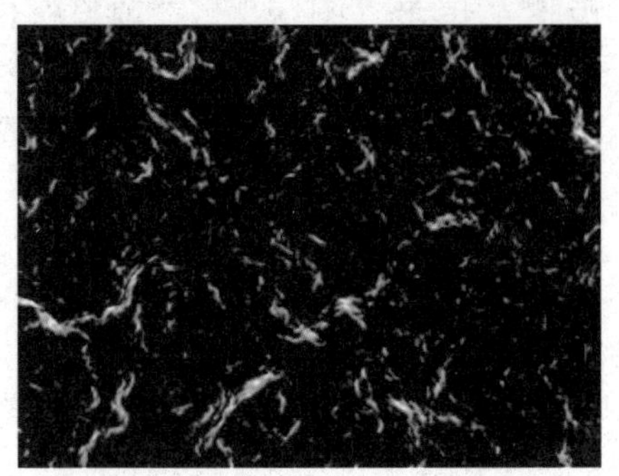

图5-5 调整“色阶”后的效果

步骤5 单击“图像”|“调整”|“色相/饱和度”命令，打开“色相/饱和度”对话框，设置相应参数如图5-6所示。单击“确定”按钮，至此本例操作全部完成，效果参见图5-1。

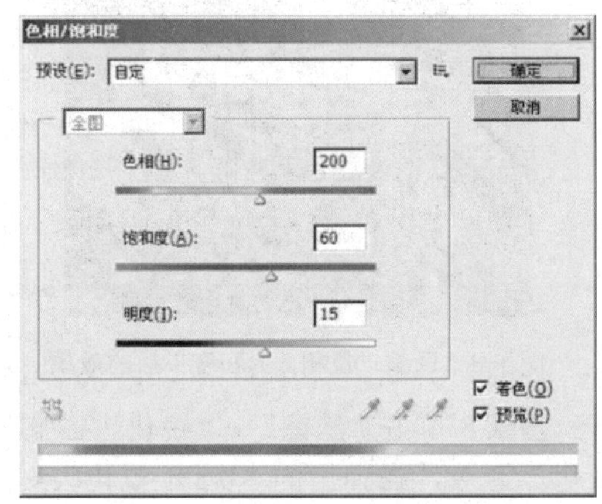

图5-6 “色相/饱和度”对话框

实例6 液态金属

本例制作液态金属，效果如图6-1所示。

图6-1 液态金属

操作步骤

步骤1 按【Ctrl+N】组合键，新建一个图像文件，单击“图层”调板下方的“创建新图层”按钮，新建“图层1”，并按【D】键设置前景色为黑色、背景色为白色。

步骤2 单击“滤镜”|“渲染”|“云彩”命令，应用“云彩”滤镜，效果如图6-2所示。

步骤3 单击“滤镜”|“模糊”|“径

向模糊”命令，在“径向模糊”对话框中设置“数量”为45、“模糊方法”为“旋转”、“品质”为“好”(如图6－3所示)，单击“确定”按钮，效果如图6－4所示。

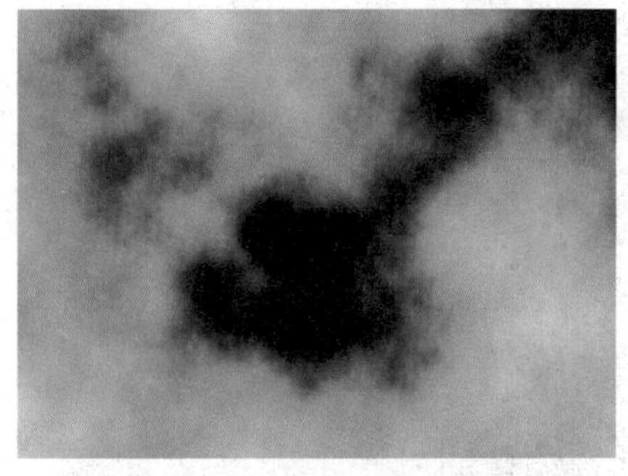

图6-2 “云彩”滤镜效果

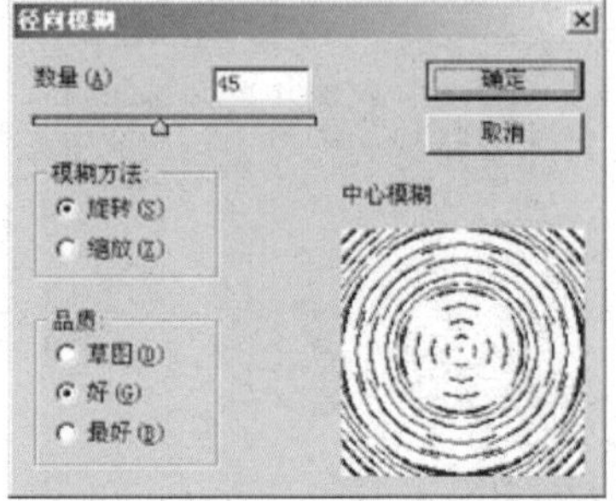

图6-3 “径向模糊”对话框

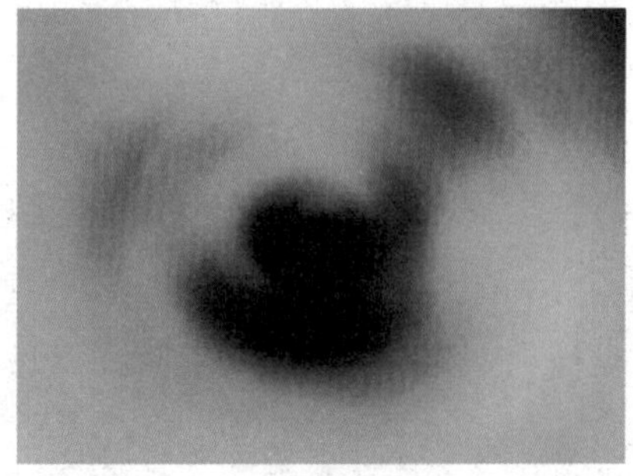

图6-4 “径向模糊”滤镜效果

步骤4 单击“滤镜”|“模糊”|“高斯模糊”命令，在弹出的对话框中设置“半径”为3（如图6－5所示），单击“确定”按钮，效果如图6－6所示。

步骤5 单击“图像”|“自动色调”命令，自动调整图像的明暗度。

步骤6 单击“滤镜”|“素描”|“基底凸现”命令，在弹出的“基底凸现”对话框中设置“细节”为13、“平滑度”为12、“光照”为“上”(如图6－7所示)，单击“确定”按钮，效果如图6－8所示。

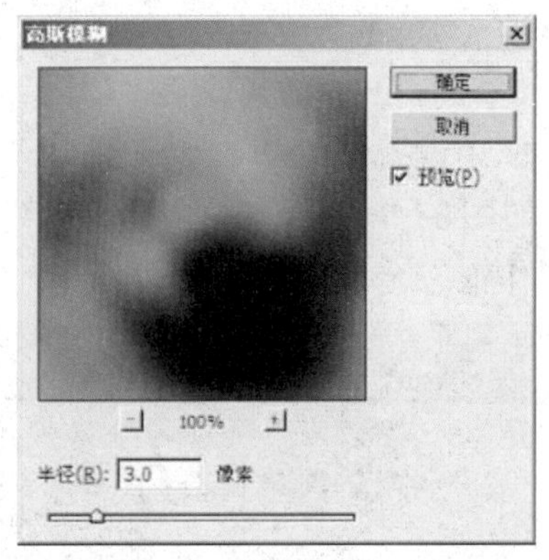

图6-5 “高斯模糊”对话框

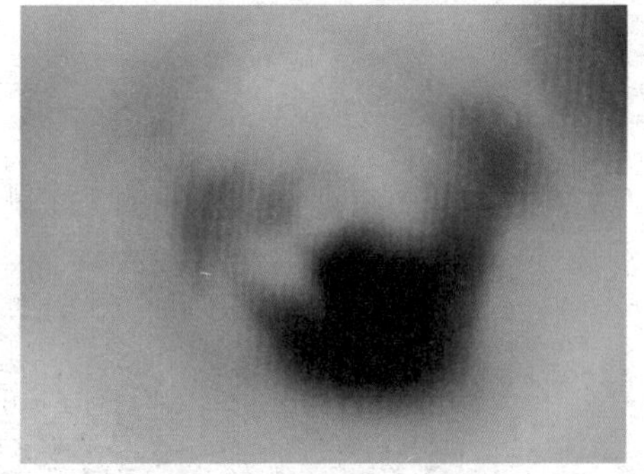

图6-6 “ 高斯模糊”滤镜效果

图6-7 “基底凸现”对话框

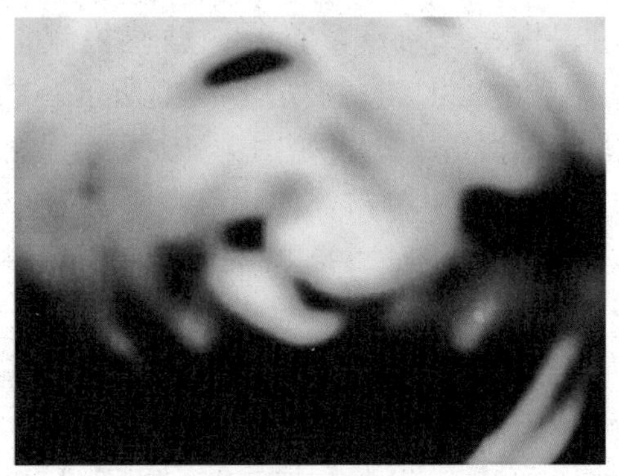

图6-8 “基底凸现”滤镜效果

步骤7 单击“滤镜”|“素描”|“铬黄”命令，打开“铬黄渐变”对话框，在该对话框中设置“细节”为10、“平滑度”为3，如图6-9所示。单击“确定”按钮，即可制作液态金属效果，参见图6-1。

专家指点

“铬黄”滤镜可以模仿金属被抛光后的效果，这里利用该滤镜使图像产生液态金属效果。

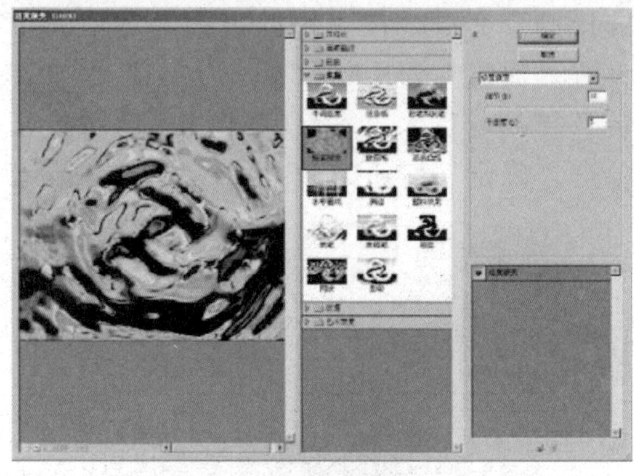

图6-9 “铬黄渐变”对话框

实例7 木质纹理

本例制作木质纹理，效果如图7-1所示。

图7-1 木质纹理

操作步骤

步骤1 单击“文件”|“新建”命令，新建一幅RGB模式的空白图像。

步骤2 单击“滤镜”|“杂色”|“添加杂色”命令，打开“添加杂色”对话框，设置相应参数如图7-2所示。单击“确定”按钮，效果如图7-3所示。

步骤3 单击“滤镜”|“模糊”|“动感模糊”命令，打开“动感模糊”对话框，设置相应参数如图7-4所示。单击“确定”按钮，效果如图7-5所示。

步骤4 单击“滤镜”|“模糊”|“进一步模糊”命令，将图像再次进行模糊处理。

步骤5 单击“滤镜”|“扭曲”|“旋转扭曲”命令，打开“旋转扭曲”对话框，设置“角度”为80，单击“确定”按钮，效果如图7-6所示。

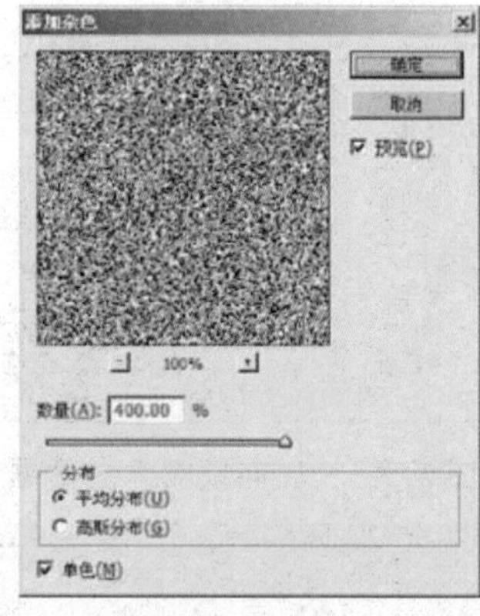

图7-2 “添加杂色”对话框

图7-3 “添加杂色”滤镜效果

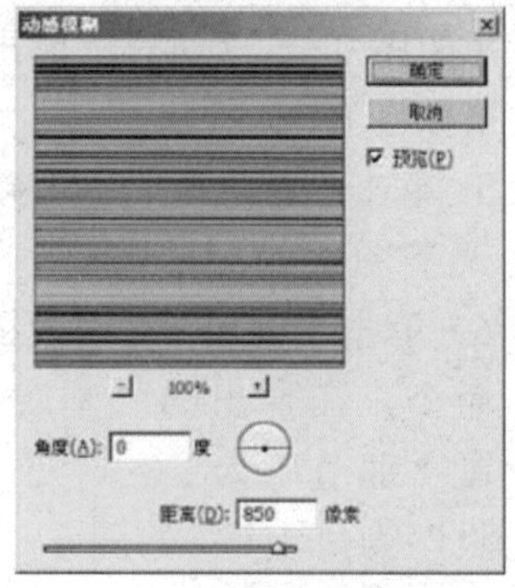

图7-4 “动感模糊”对话框

图 7-5 “动感模糊”滤镜效果

图 7-6 “旋转扭曲”滤镜效果

步骤 6 单击“图像”|“调整”|“变化”命令，打开如图 7-7 所示的“变化”对话框，在该对话框中为图像添加木材所特有的颜色，单击“确定”按钮，最终效果参见图 7-1。

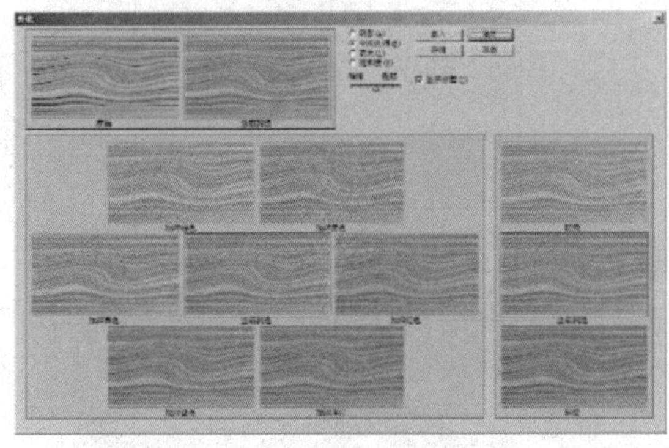

图 7-7 “变化”对话框

实例 8 幻彩纹理（一）

本例制作幻彩纹理，效果如图 8-1 所示。

图8-1 幻彩纹理之一

操作步骤

步骤 1 单击“文件”|“新建”命令，新建一个背景色为白色的 RGB 图像文件。

步骤 2 单击“图层”调板中的“创建新图层”按钮，新建一个图层，并将该图层填充为白色。

步骤 3 单击“滤镜”|“杂色”|“添加杂色”命令，在弹出的“添加杂色”对话框中设置“数量”为400%，并选中“高斯分布”单选按钮（如图 8-2 所示），单击“确定”按钮，效果如图 8-3 所示。

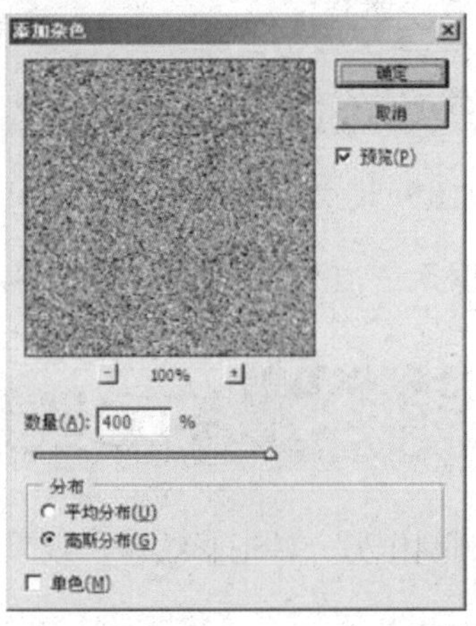

图 8-2 “添加杂色”对话框

图 8-3 “添加杂色”滤镜效果

步骤 4 单击“滤镜”|“模糊”|“高斯模糊”命令，在弹出的“高斯模糊”对

话框中设置“半径”为20.0（如图8-4 所示），单击“确定”按钮，效果如图8-5 所示。

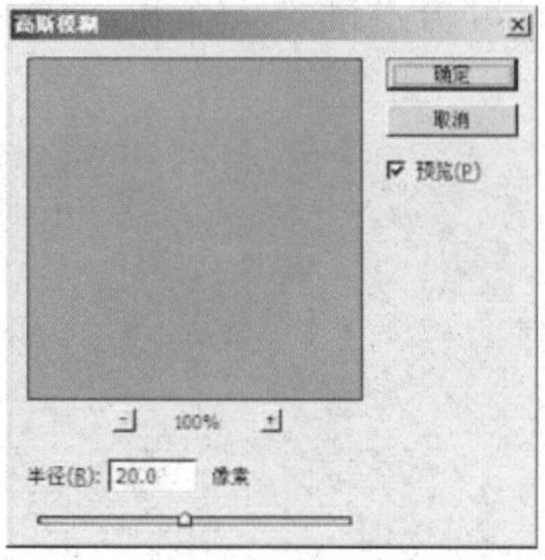

图8-4 “高斯模糊”对话框

图8-5 “高斯模糊”滤镜效果

步骤 5 单击“滤镜”|“风格化”|“查找边缘”命令，查找图像的边缘。

步骤 6 单击“图层”|“新建调整图层”|“色阶”命令，在弹出的“新建图层”对话框中设置各项参数，如图8-6 所示。

步骤 7 单击“确定”按钮，在“调整”调板中设置“输入色阶”依次为253、1.00、255（如图8-7 所示），得到幻彩纹理最终效果，参见图8-1。

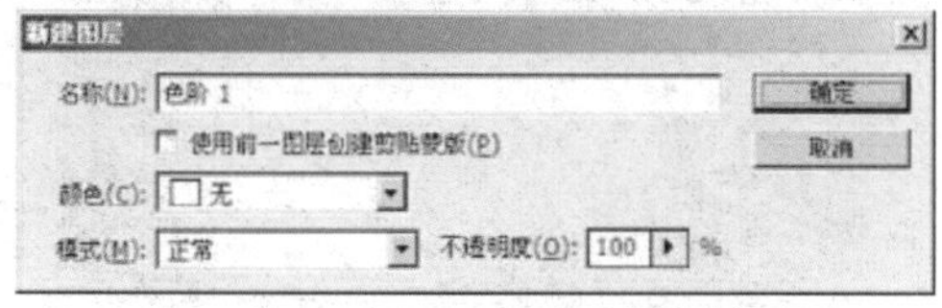

图8-6 “新建图层”对话框

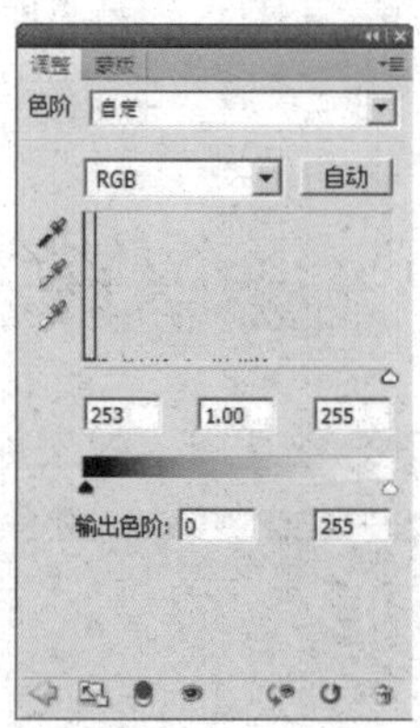

图8-7 设置输入色阶

实例 9 幻彩纹理（二）

本例制作另一种幻彩纹理，效果如图9-1 所示。

图9-1 幻彩纹理之二

操作步骤

步骤 1 单击“文件”|“新建”命令，新建一幅RGB 模式的空白图像。

步骤 2 单击“滤镜”|“杂色”|“添加杂色”命令，在弹出的“添加杂色”对话框中设置“数量”为400，并选中“高斯分布”单选按钮（如图9-2 所示），单击“确定”按钮，效果如图9-3 所示。

步骤 3 单击“滤镜”|“像素化”|“点状化”命令，在弹出的“点状化”对话框中设置“单元格大小”为50（如图9-4 所示），单击“确定”按钮，效果如图9-5 所示。

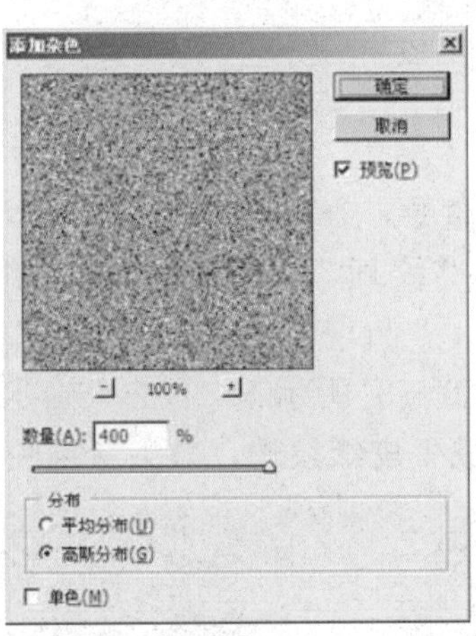
图9-2 “添加杂色”对话框

图9-3 “添加杂色” 滤镜效果

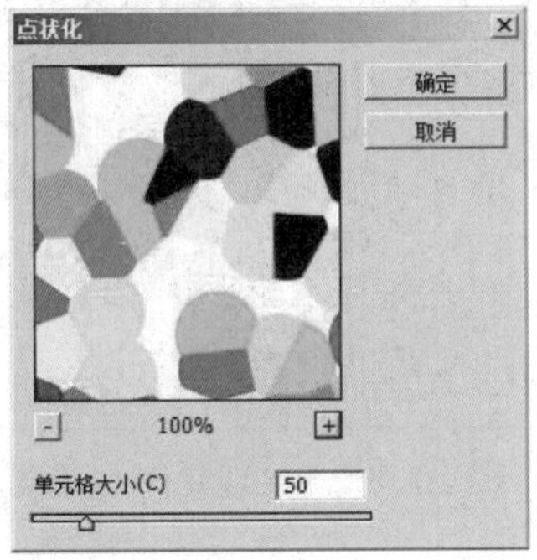
图9-4 “点状化”对话框

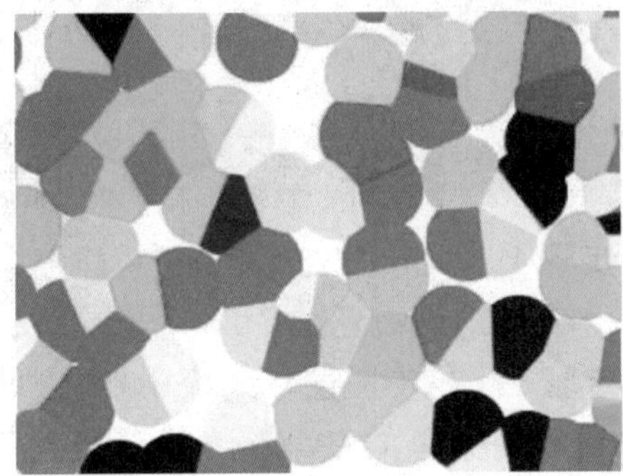
图9-5 “点状化”滤镜效果

步骤4 单击“滤镜”|“纹理”|“染色玻璃”命令，在弹出的“染色玻璃”对话框中设置“单元格大小”为6、“边框粗细”为2、“光照强度”为1（如图9-6所示），单击“确定”按钮，效果如图9-7所示。

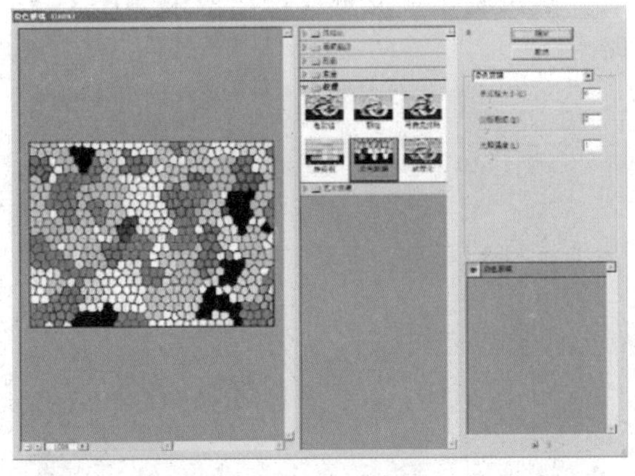
图9-6 “染色玻璃”对话框

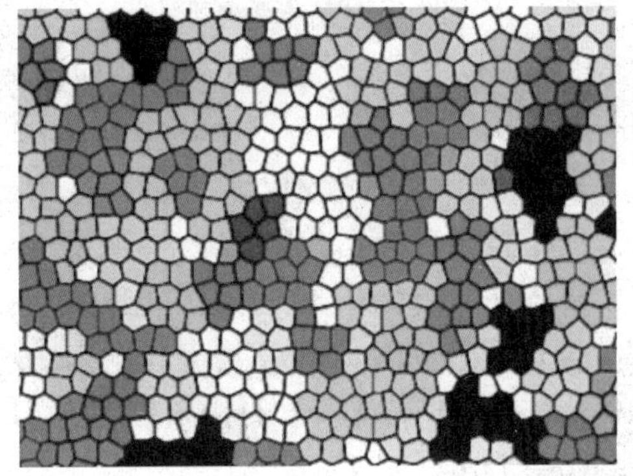
图9-7 “染色玻璃”滤镜效果

步骤5 单击“滤镜”|“风格化”|“照亮边缘”命令，在弹出的“照亮边缘”对话框中设置“边缘宽度”为2、“边缘亮度”为15、“平滑度”为8（如图9-8所示），单击“确定”按钮，生成最终效果，参见图9-1。

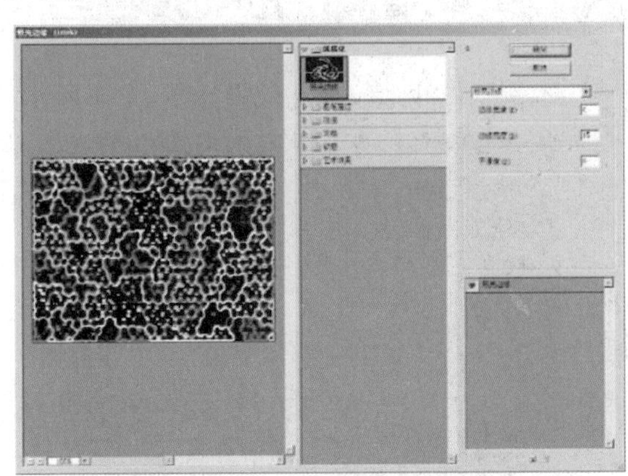
图9-8 “照亮边缘”对话框

实例10 牛皮纸纹理

本例制作牛皮纸纹理，效果如图10-1所示。

图10-1 牛皮纸纹理

操作步骤

步骤1 单击“文件”|“新建”命令，创建一个背景色为白色的RGB图像文件。

步骤2 在“图层”调板中创建“图层1”，设置前景色的RGB参数值分别为200、200、160，设置背景色的RGB参数值分别为180、160、120。

步骤3 单击“滤镜”|“渲染”|“云彩”命令，应用“云彩”滤镜，效果如图10-2所示。

步骤4 单击“滤镜”|“纹理”|“纹理化”命令，在弹出的“纹理化”对话框中设置“纹理”为“砂岩”、“缩放”为100%、“凸现”为4、“光照”为“上”（如图10-3所示），单击“确定”按钮，即可生成牛皮纸纹理，效果参见图10-1。

图10-2 “云彩”滤镜效果

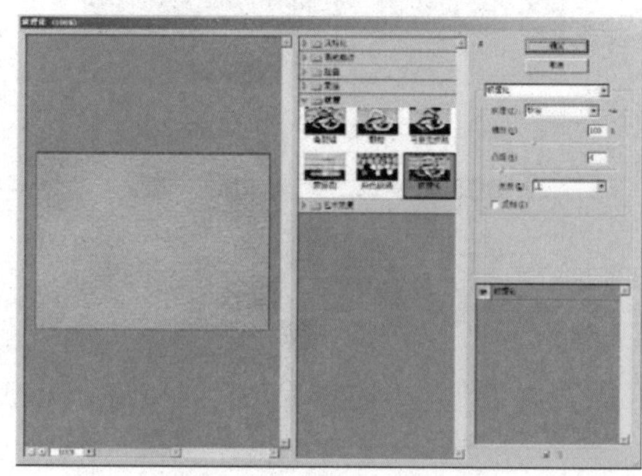

图10-3 “纹理化”对话框

实例11 沙地纹理

本例制作沙地纹理，效果如图11-1所示。

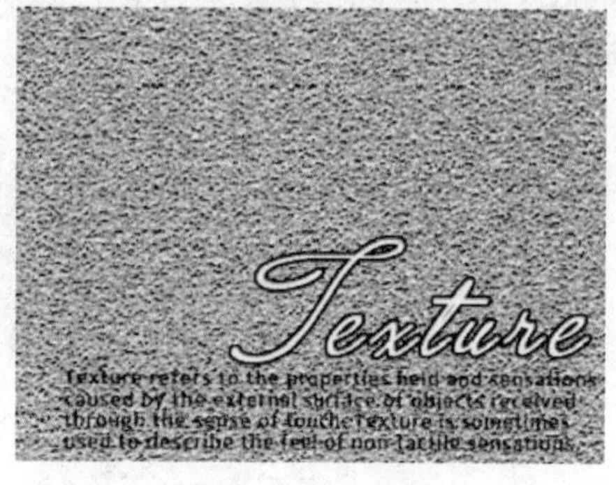

图11-1 沙地纹理

操作步骤

步骤1 单击“文件”|“新建”命令，新建一个背景为白色的RGB图像文件。

步骤2 在“图层”调板中新建“图层1”，设置前景色的CMYK参数值分别为0、10、20、20，单击“编辑”|“填充”命令，用前景色填充“图层1”，效果如图11-2所示。

图11-2 填充效果

步骤3 单击“滤镜”|“纹理”|“纹理化”命令，在弹出的“纹理化”对话框中设置“纹理”为“砂岩”、“缩放”为80、“凸现”为20、“光照”为“下”（如图11-3所示），单击“确定”按钮，效果如图11-4所示。

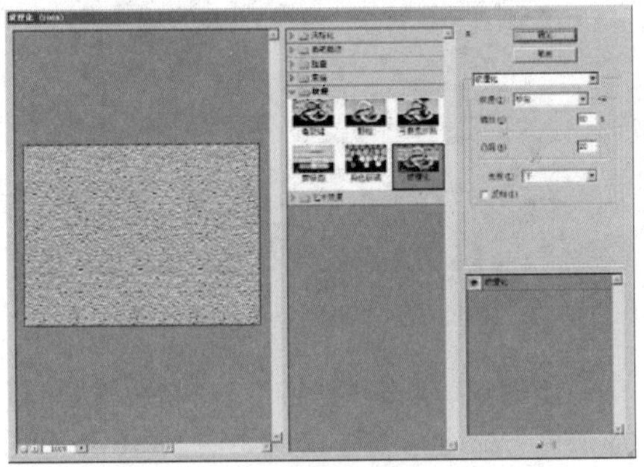

图11-3 “纹理化”对话框

图11-4 “纹理化”滤镜效果

步骤4 单击“滤镜”|“杂色”|“添加杂色”命令，弹出“添加杂色”对话框，设置“数量”为20、“分布”为“高斯分布”，并选中“单色”复选框（如图11-5所示），单击“确定”按钮，即可生成沙地纹理，效果参见图11-1。

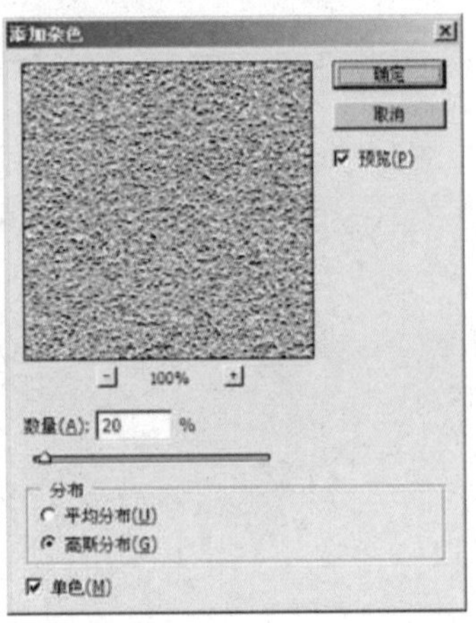

图11-5 “添加杂色”对话框

实例12 杂色纹理

本例制作杂色纹理，效果如图12-1所示。

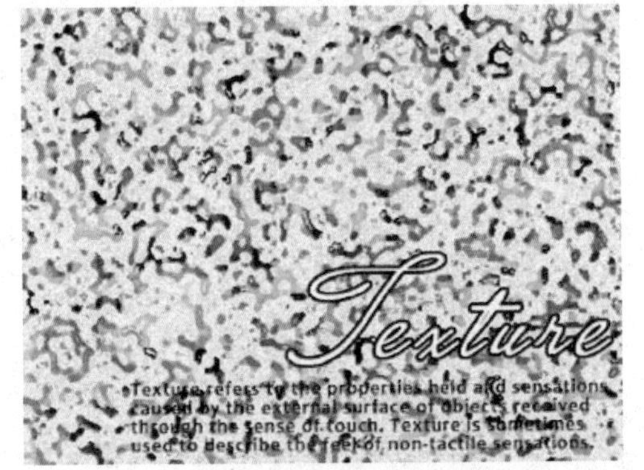

图12-1 杂色纹理

操作步骤

步骤1 按【Ctrl+N】组合键，新建一个背景色为白色的RGB图像文件。

步骤2 新建“图层1”，设置前景色为黄色，按【Alt+Delete】组合键，用前景色填充“图层1”，效果如图12-2所示。

步骤3 单击“滤镜”|“像素化”|“点状化”命令，在弹出的“点状化”对话框中设置“单元格大小”为15（如图12-3所示），单击“确定”按钮，即可生成如图12-4所示的效果。

图12-2 填充效果

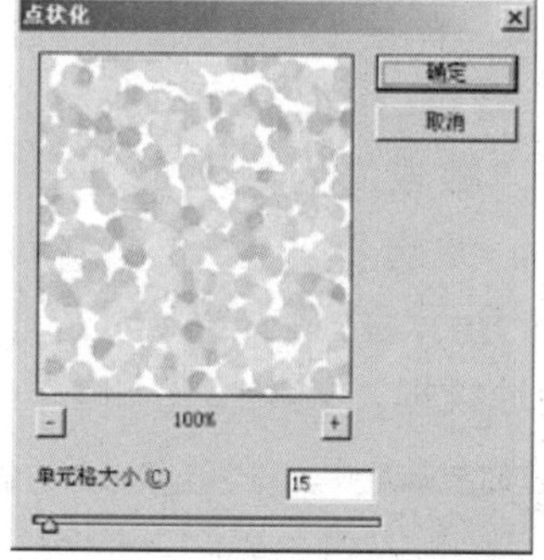

图12-3 “点状化”对话框

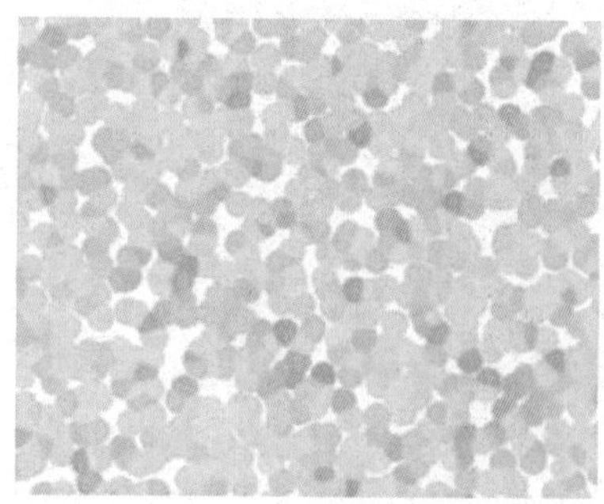

图12-4 “点状化”滤镜效果

步骤4 单击“滤镜”|“风格化”|“查找边缘”命令，生成如图12-5所示的效果。

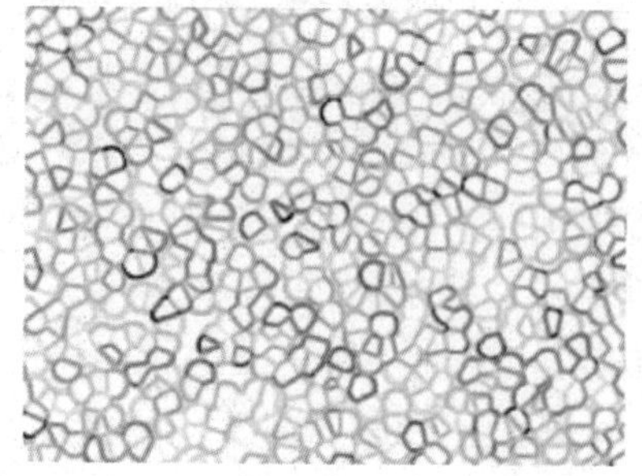

图12-5 “查找边缘”滤镜效果

步骤5 单击“滤镜”|“艺术效果”|“干画笔”命令，在弹出的“干画笔”对话框中将“画笔大小”设置为1、“画笔细节”设置为10、“纹理”设置为3（如图12-6所示），单击“确定”按钮，生成如图12-7所示的效果。

图12-6 “干画笔”对话框

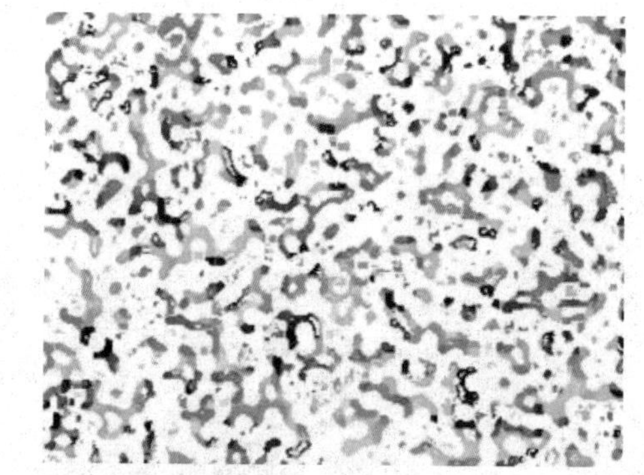

图12-7 “干画笔”滤镜效果

步骤6 单击“滤镜”|“杂色”|“添加杂色”命令，在弹出的如图12-8所示的“添加杂色”对话框中，设置“数量”为8%、“分布”为“高斯分布”，单击“确定”按钮，即可生成杂色纹理，效果参见图12-1。

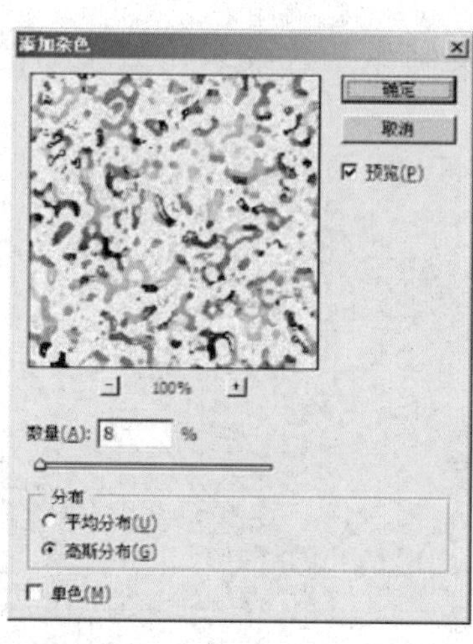

图12-8 “添加杂色”对话框

实例13 砖墙纹理

本例制作砖墙纹理，效果如图13-1所示。

图13-1 砖墙纹理

操作步骤

步骤1 单击“文件”|“新建”命令，新建一幅RGB模式的空白图像。

步骤2 单击“编辑”|“填充”命令，打开“填充”对话框，设置相应参数（如图13-2所示），单击“确定”按钮，效果如图13-3所示。

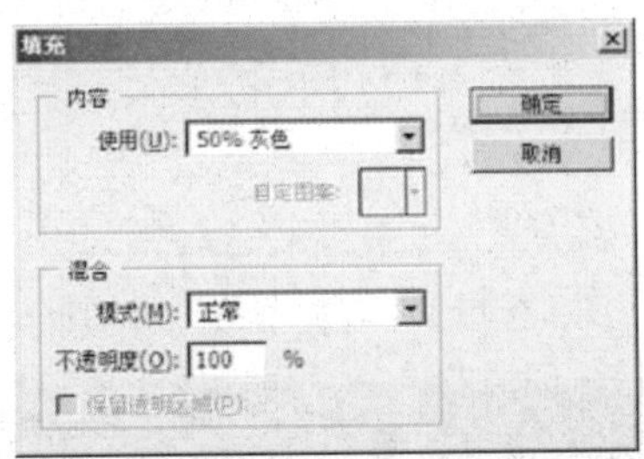

图13-2 “填充”对话框

图13-3 填充效果

步骤3 单击“滤镜”|“杂色”|“添加杂色”命令，打开“添加杂色”对话框，设置各参数如图13-4所示。单击“确定”按钮，效果如图13-5所示。

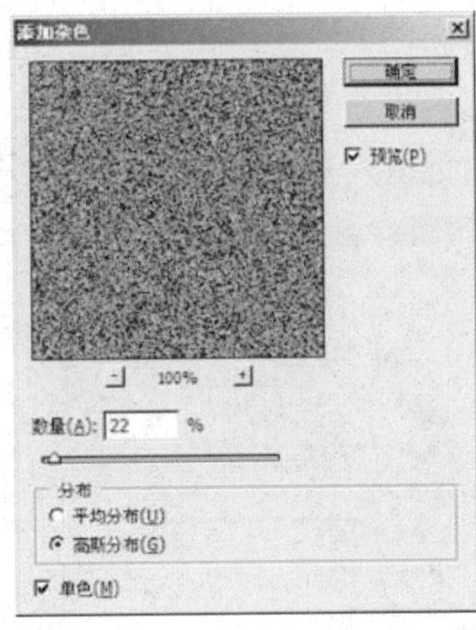

图13-4 “添加杂色”对话框

图13-5 “添加杂色”滤镜效果

步骤4 在“图层”调板中新建“图层1”，选择工具箱中的矩形选框工具，在图像编辑窗口中创建一个矩形选区，设置前景色为砖红色（RGB参数值为154、34、34），按【Alt+Delete】组合键用前景色填充选区，效果如图13-6所示。

图13-6 创建并填充矩形选区

步骤5 将背景色设为浅灰色（RGB参数值分别为220、220、220），按【X】键转换背景色为前景色，然后单击“编辑”|“描边”命令，打开“描边”对话框，设置各选项如图13-7所示。单击“确定”按钮，对选区进行描边，按【Ctrl＋D】组合键取消选区，效果如图13-8所示。

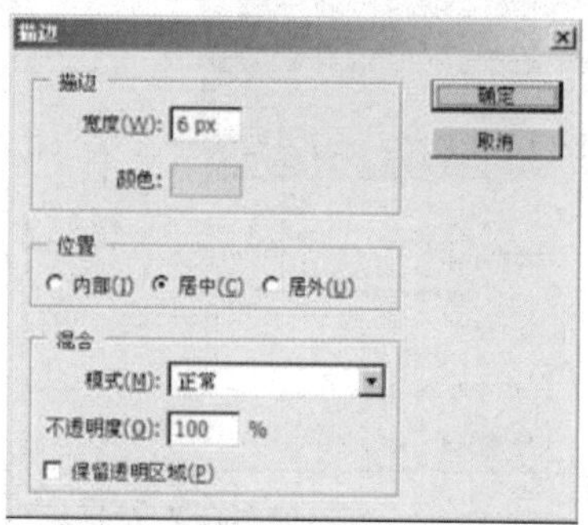

图13-7 “描边”对话框

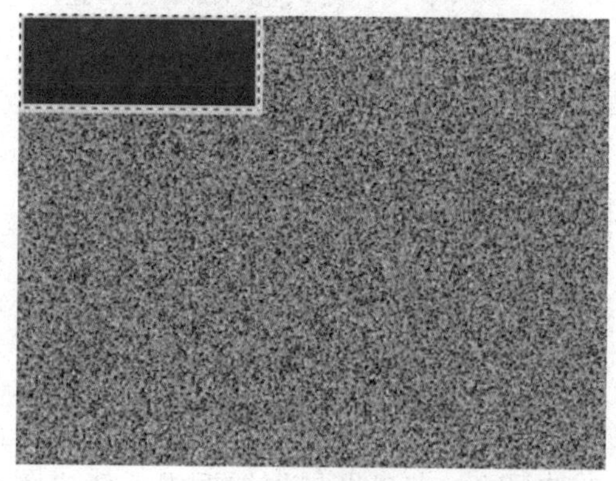

图13-8 描边效果

步骤6 单击“滤镜”|“画笔描边”|“喷溅”命令，打开“喷溅”对话框，设置各参数如图13-9所示。单击“确定”按钮，效果如图13-10所示。

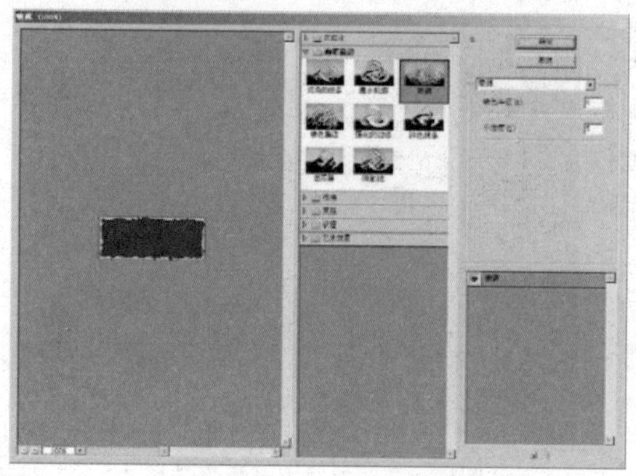

图13-9 “喷溅”对话框

步骤7 单击“滤镜”|“杂色”|“添加杂色”命令，打开“添加杂色”对话框（如图13-11所示），在其中设置“数量”为8，其余选项保持默认设置，单击“确定”按钮，效果如图13-12所示。

图13-10 “喷溅”滤镜效果

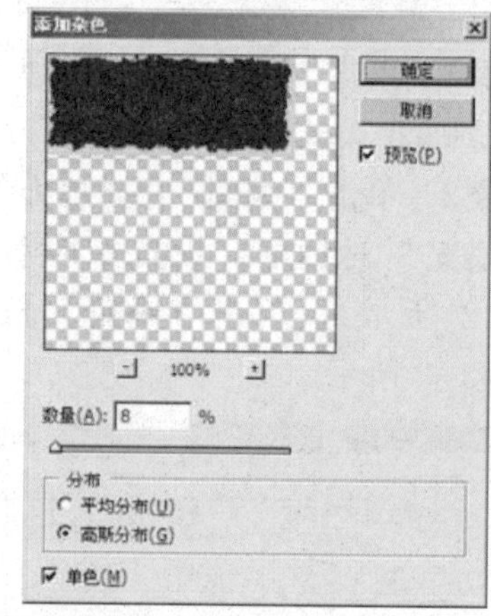

图13-11 “添加杂色”对话框

图13-12 “添加杂色”滤镜效果

步骤8 按住【Ctrl】键的同时单击“图层1”，载入其选区。在工具箱中选择移动工具，按住【Alt】键的同时拖曳选区至合适位置，将该矩形区域进行多次复制，生成如图13-13所示的效果。

步骤9 按【Ctrl＋Shift＋E】组合键，合并所有可见图层，然后单击“选择”|“色彩范围”命令，打开“色彩范围”对话框，设置各选项如图13-14所示。单击“确定”按钮，生成方砖的边缘选区，如图13-15所示。

图13-13 复制并排列生成砖墙效果

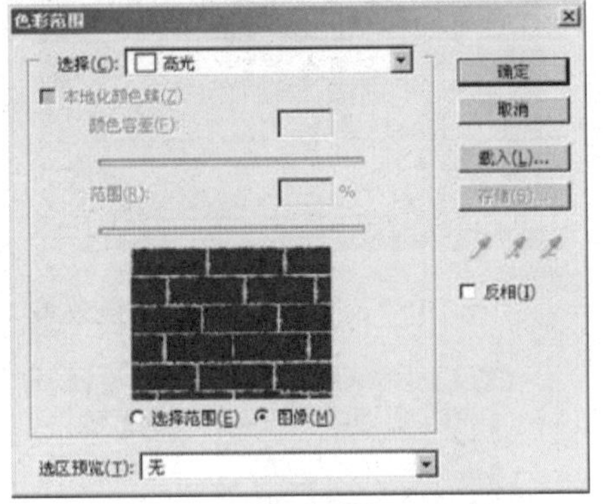

图13-14 “色彩范围”对话框

图13-15 创建选区

步骤10 单击“滤镜”|“风格化”|“浮雕效果”命令，打开“浮雕效果”对话框，设置各选项如图13-16所示。单击“确定”按钮应用浮雕滤镜，按【Ctrl＋D】组合键取消选区，效果如图13-17所示。

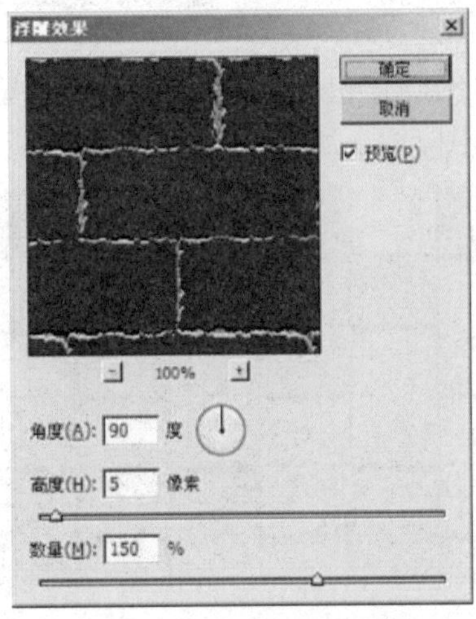

图13-16 “浮雕效果”对话框

图13-17 “浮雕效果”滤镜效果

步骤11 单击“滤镜”|“纹理”|“龟裂缝”命令，打开“龟裂缝”对话框，设置相应参数如图13-18所示。单击“确定”按钮，最终效果参见图13-1。

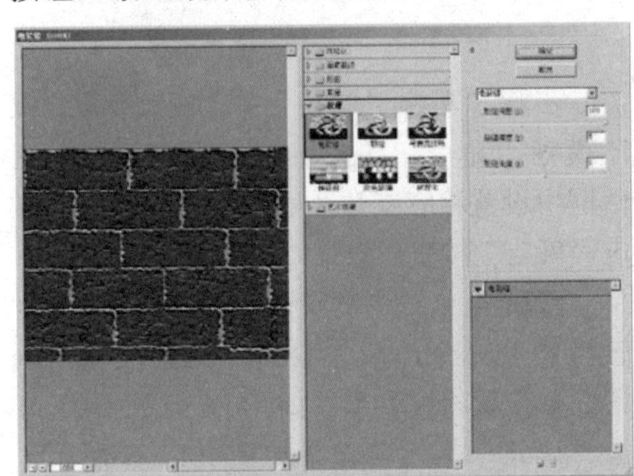

图13-18 “龟裂缝”对话框

实例14 凸起石壁底纹

本例制作粗糙而坚硬的凸起石壁底纹，效果如图14-1所示。

图14-1 凸起石壁底纹

操作步骤

步骤1 单击“文件”|“新建”命令，新建一幅RGB模式的空白图像。

步骤2 按【D】键将前景色设置为黑色、背景色设置为白色，单击“滤镜”|“渲染”|“云彩”命令，为“背景”图层添加云彩效果，如图14-2所示。

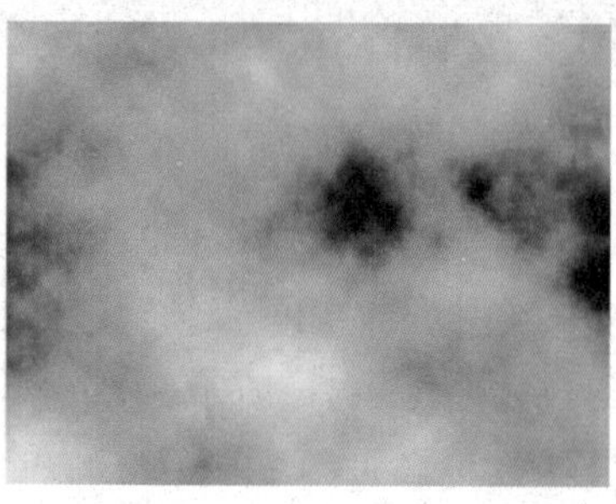

图14-2 “云彩”滤镜效果

步骤3 单击“滤镜”|“模糊”|“高斯模糊”命令，在弹出的“高斯模糊”对话框中设置相应参数（如图14-3所示），单击“确定”按钮，效果如图14-4所示。

步骤4 单击“滤镜”|“模糊”|“动感模糊”命令，在弹出的“动感模糊”对话框中设置相应参数（如图14-5所示），单击“确定”按钮，效果如图14-6所示。

步骤5 单击“滤镜”|“杂色”|“添加杂色”命令，在弹出的“添加杂色”对话框中设置相应参数，如图14-7所示。单击“确定”按钮，效果如图14-8所示。

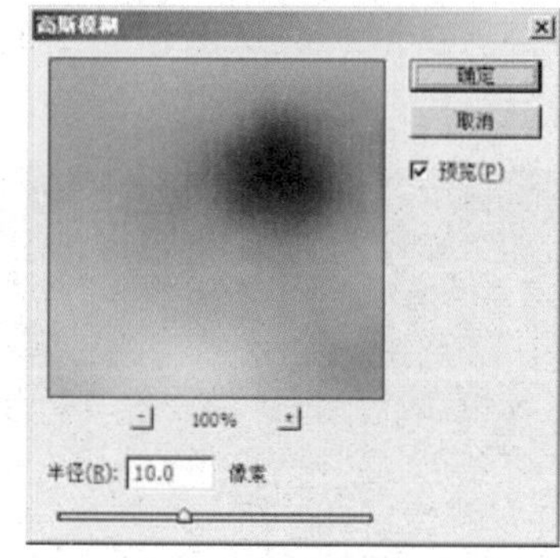

图14-3 “高斯模糊”对话框

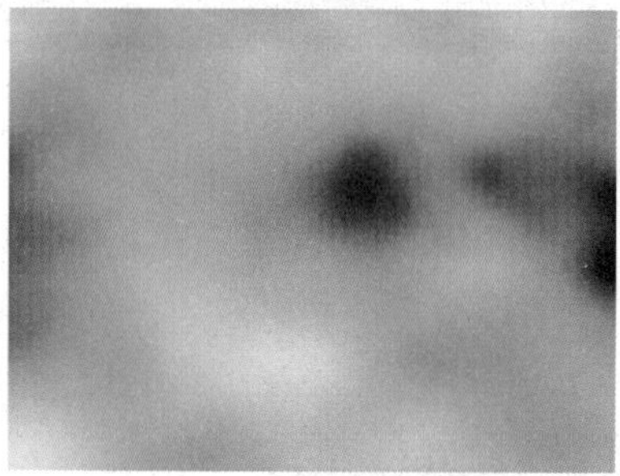

图14-4 “高斯模糊”滤镜效果

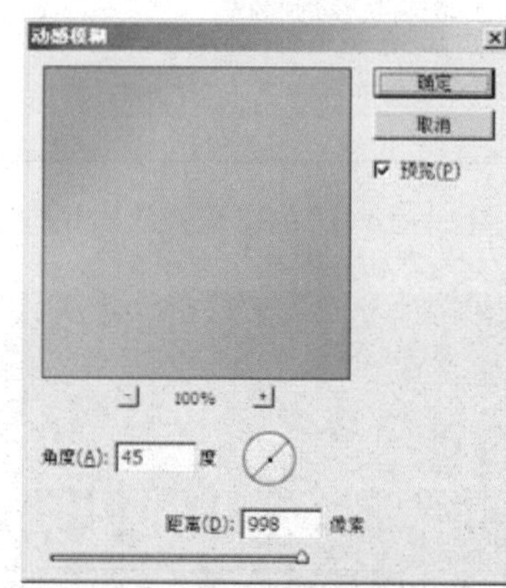

图14-5 “动感模糊”对话框

图14-6 “动感模糊”滤镜效果

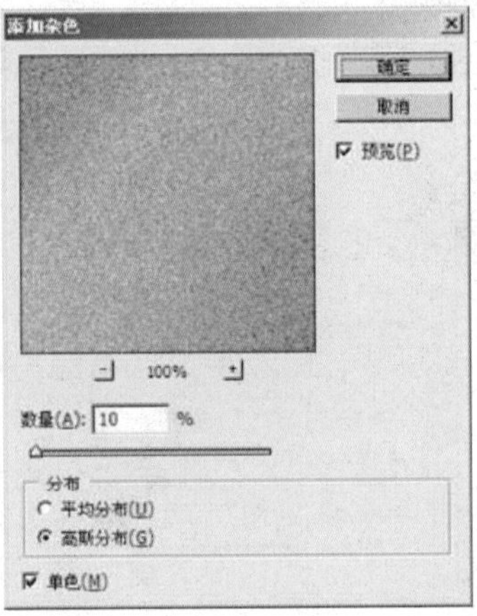

图 14-7 “添加杂色”对话框

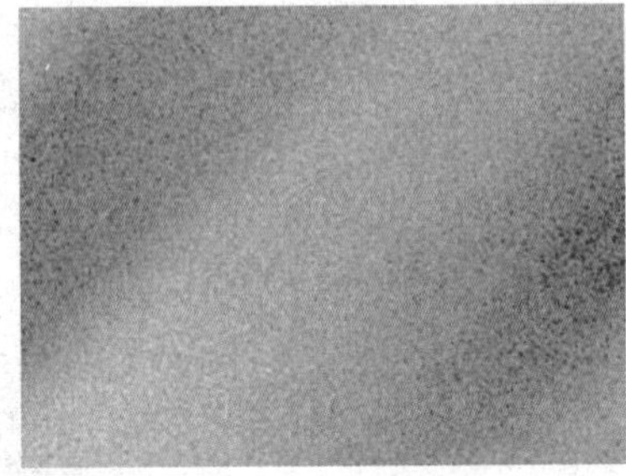

图 14-8 “添加杂色”滤镜效果

步骤 6 单击“滤镜”|“渲染”|“光照效果”命令，在弹出的“光照效果”对话框中设置相应参数（如图 14-9 所示），设置完成后单击“确定”按钮。

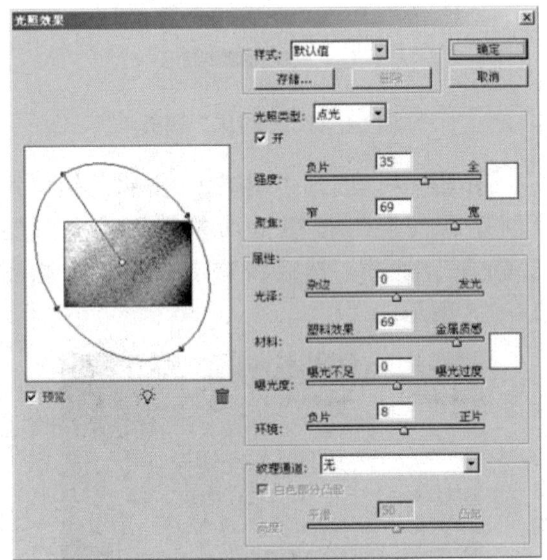

图 14-9 “光照效果”对话框

步骤 7 选取工具箱中的矩形选框工具，在图像编辑窗口中创建矩形选区，按【Alt+Delete】组合键将该选区填充为黑色，效果如图 14-10 所示。

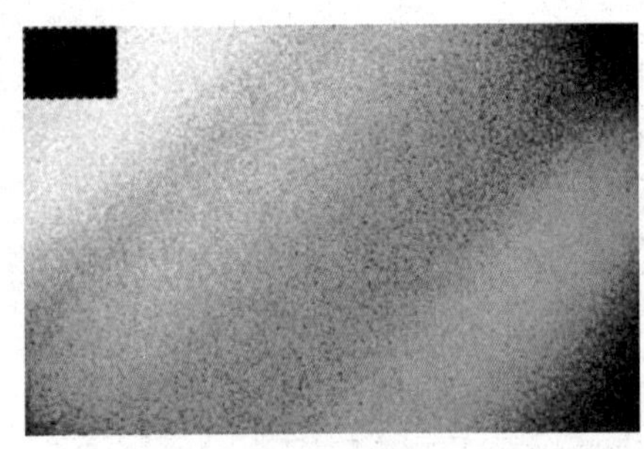

图14-10 创建并填充选区

步骤 8 保持选区不变，在“图层”调板中选择“背景”图层，然后按【Ctrl+J】组合键复制图层为“图层 2 ”，按【Shift+Ctrl+]】组合键将“图层 2”置于最顶层，并隐藏“图层 1”，如图 14-11 所示。

图 14-11 “图层”调板

步骤 9 单击“图像”|“调整”|“色阶”命令，在弹出的“色阶”对话框中设置相应参数（如图 14-12 所示），单击“确定”按钮。

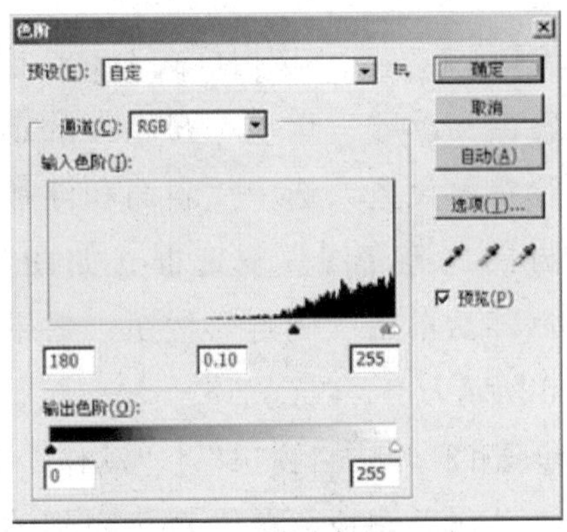

图 14-12 “色阶”对话框

步骤 10 单击“图层”调板底部的“添加图层样式”按钮，在弹出的下拉菜单中选择“投影”选项，在弹出的“图层样式”对话框中进行参数设置，如图14-13所示。

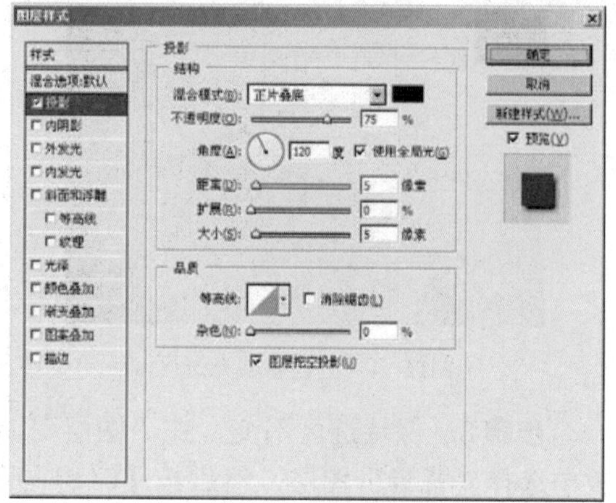

图14-13 设置投影参数

步骤11 在“图层样式”对话框左侧的列表中选择“外发光”选项，在右侧的选项区中进行参数设置，如图14-14所示。

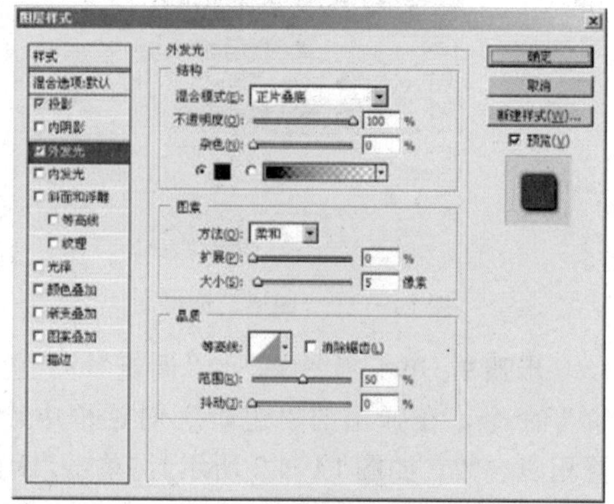

图14-14 设置外发光参数

步骤12 在“图层样式”对话框中选择“斜面和浮雕”选项，在相应的选项区中进行参数设置，选中“斜面和浮雕”选项下方的“等高线”复选框（如图14-15），然后单击“确定”按钮，效果如图14-16所示。

步骤13 单击“窗口”|“动作”命令，显示“动作”调板，单击调板底部的“创建新动作”按钮，弹出“新建动作”对话框，单击“确定”按钮新建动作，此时“动作”调板进入记录状态，如图14-17所示。

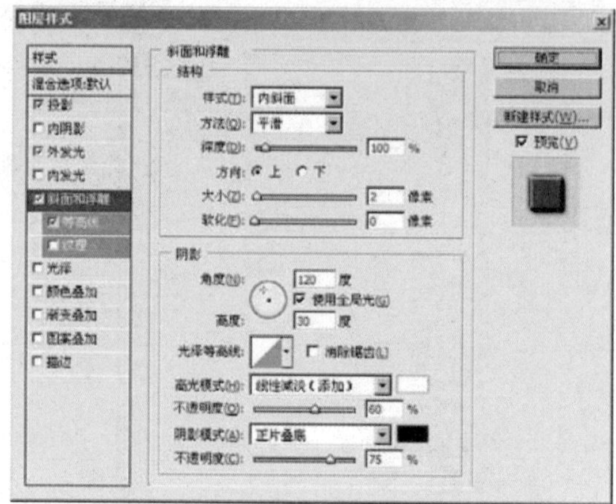

图14-15 设置斜面和浮雕参数

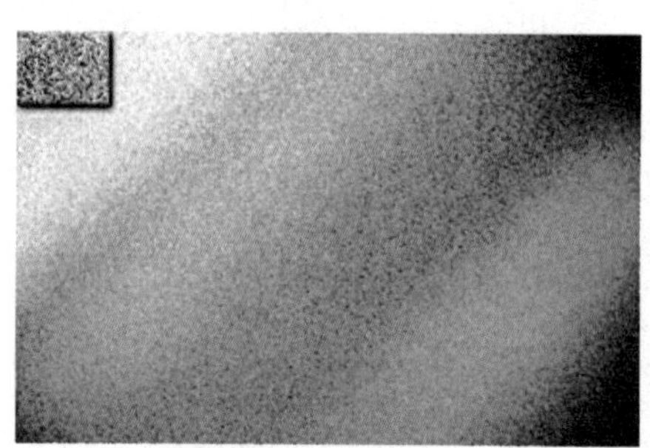

图14-16 图像效果

图14-17 “动作”调板

步骤14 选择“图层2”并将其拖曳到“创建新图层”按钮上，复制生成“图层2副本”图层，然后将它向右平移，如图14-18所示。

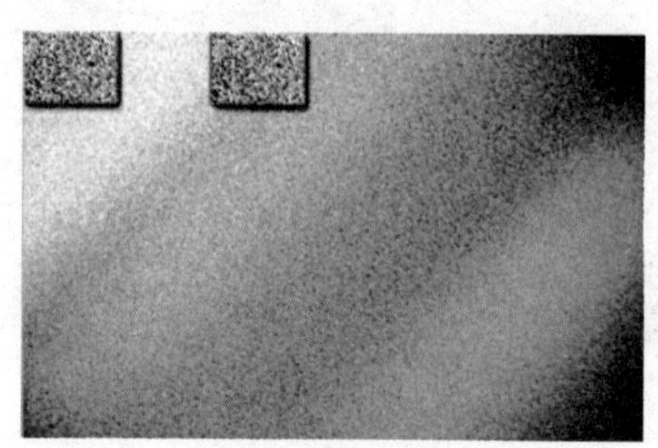

图14-18 复制图层并调整图像位置

步骤15 在“动作”调板中单击“停

止播放/记录”按钮，停止记录动作，然后单击“播放选定的动作”按钮两次对图层进行复制，然后将复制的图层合并到“图层2”中，此时图像效果如图14-19所示。

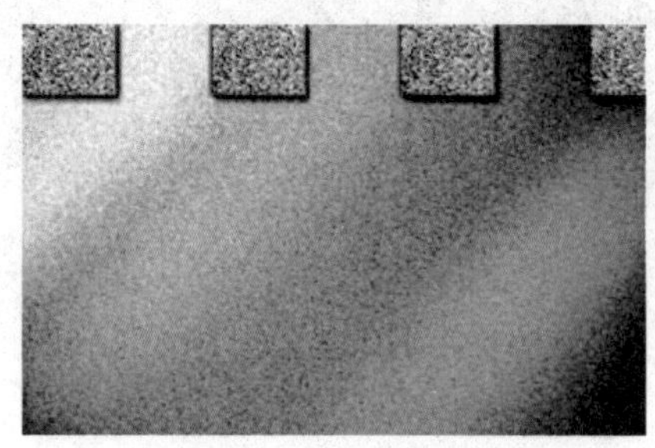

图14-19 图像效果

步骤16 再次复制“图层2”，然后调整图像的位置，如图14-20所示。

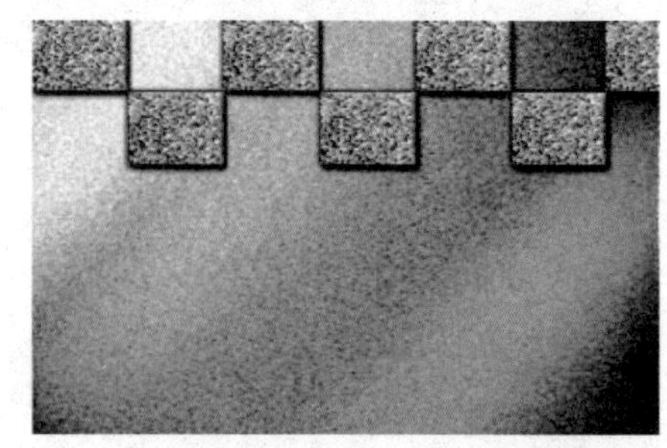

图14-20 复制图层并调整图像位置

步骤17 按【Ctrl+E】组合键将图层向下合并，然后复制图层并调整图像的位置，直到把整个屏幕铺满即可，效果参见图14-1。

实例15 水波纹理

本例制作水波纹理，效果如图15-1所示。

图15-1 水波纹理

操作步骤

步骤1 按【Ctrl+N】组合键，新建一个图像文件，在“图层”调板中新建“图层1”，设置前景色为蓝色，按【Alt+Delete】组合键对图层进行填充。

步骤2 单击“滤镜”|“渲染”|“云彩”命令，应用“云彩”滤镜，效果如图15-2所示。

步骤3 单击“滤镜”|“扭曲”|“玻璃”命令，在弹出的对话框中设置各项参数，如图15-3所示。单击“确定”按钮，效果如图15-4所示。

步骤4 单击“滤镜”|“扭曲”|“水波”命令，在弹出的对话框中设置“数量”为100、“起伏”为20，在“样式”下拉列表框中选择“从中心向外”选项，如图15-5所示。单击“确定”按钮，生成水纹向四周扩散的效果，如图15-6所示。

图15-2 “云彩”滤镜效果

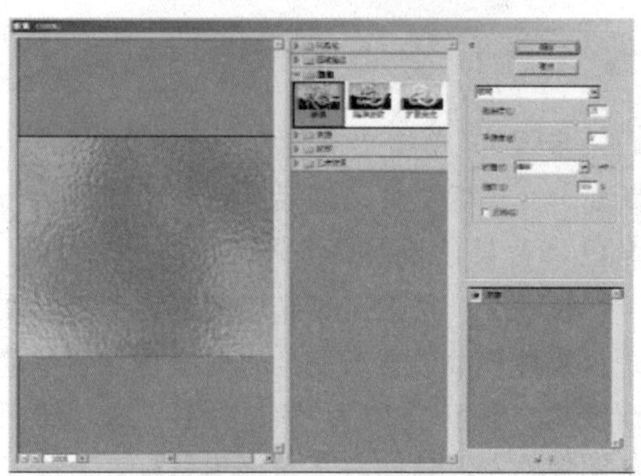

图15-3 “玻璃”对话框

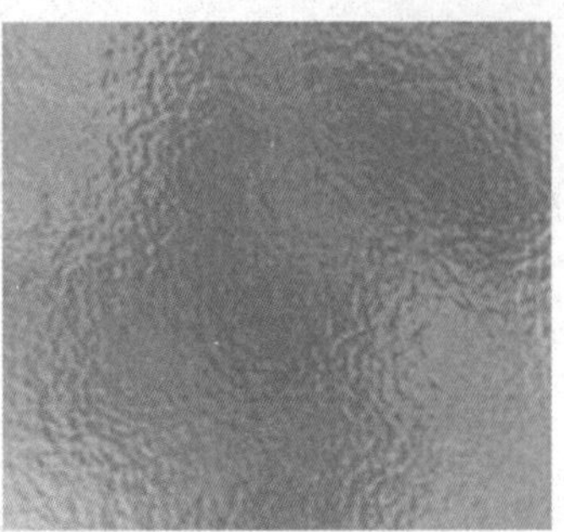

图15-4 “玻璃”滤镜效果

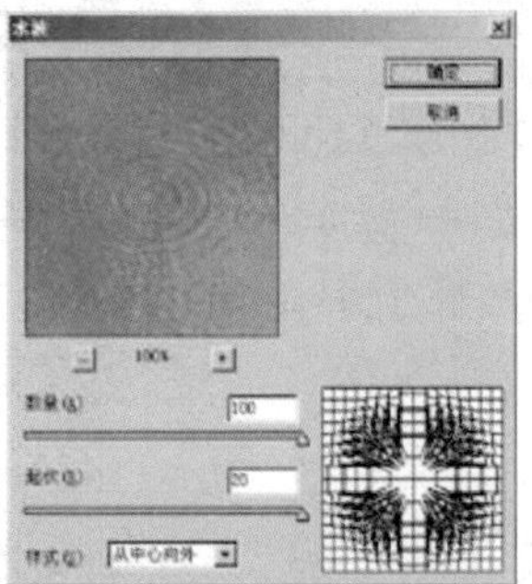

图15-5 “水波”对话框

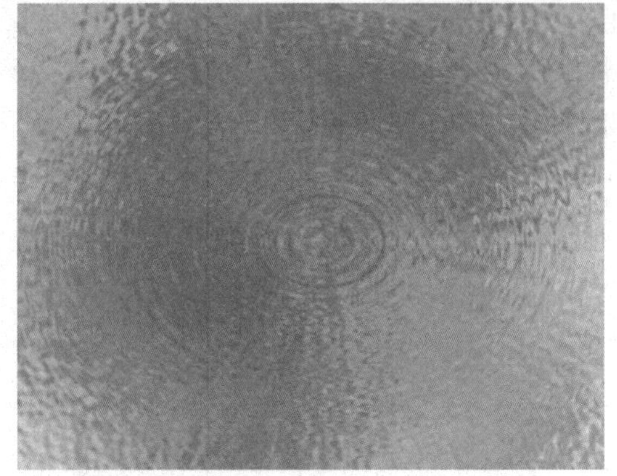

图15-6 “水波”滤镜效果

步骤5 单击“编辑”|“变换”|“扭曲”命令，分别拖曳选区底部两个角上的控制柄沿水平方向向两侧运动，使水波形成近大远小的效果，完成操作后双击鼠标左键确定变形操作，效果参见图15-1。

实例16 水泡纹理

本例制作水泡纹理，效果如图16-1所示。

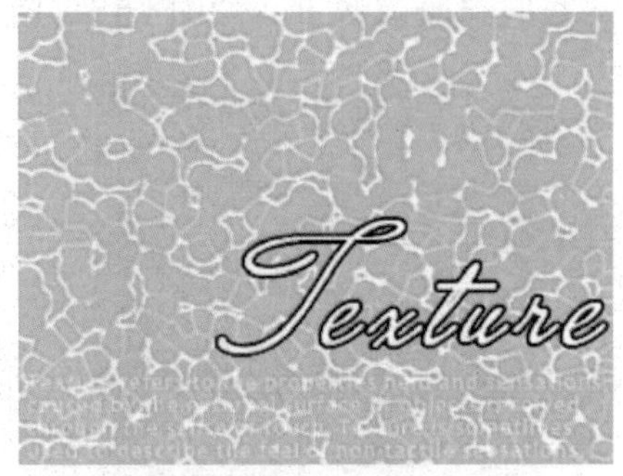

图16-1 水泡纹理

操作步骤

步骤1 单击“文件”|“新建”命令，新建一个图像文件，然后将前景色设置为浅绿色、背景色设置为深绿色。

步骤2 选取工具箱中的渐变工具，在工具属性栏中设置渐变为“前景色到背景色渐变”、渐变类型为“线性渐变”，然后从图像的左上角向右下角拖曳鼠标，渐变填充效果如图16-2所示。

步骤3 在“图层”调板中新建“图层1”，按【D】键将背景色设置为默认颜色，然后按【X】键将前景色和背景色互换，选取工具箱中的油漆桶工具，将“图层1”填充为白色。

图16-2 填充渐变色

步骤4 单击“滤镜”|“像素化”|“点状化”命令，在弹出的“点状化”对话框中设置各项参数，如图16-3所示。单击“确定”按钮，效果如图16-4所示。

步骤5 单击“滤镜”|“风格化”|“查找边缘”命令，在图像中将生成无数的小圆圈，效果如图16-5所示。

步骤6 单击“图像”|“自动色调”命令，使这些圆圈边缘显示更为清晰一些。

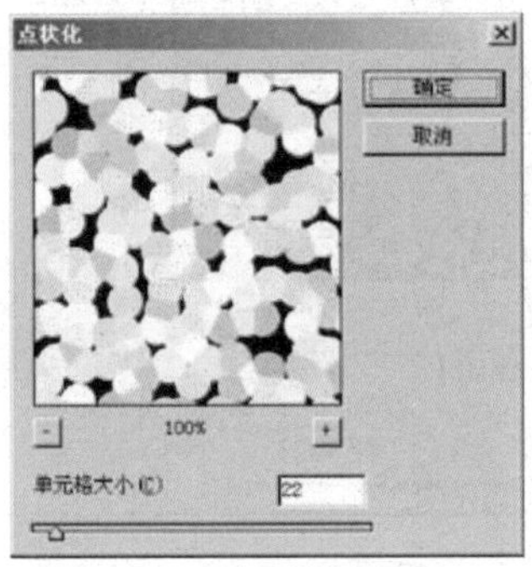

图16-3 “点状化”对话框

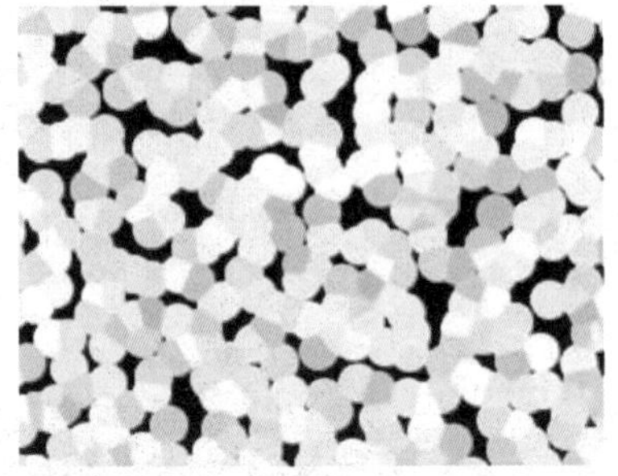

图16-4 “点状化”滤镜效果

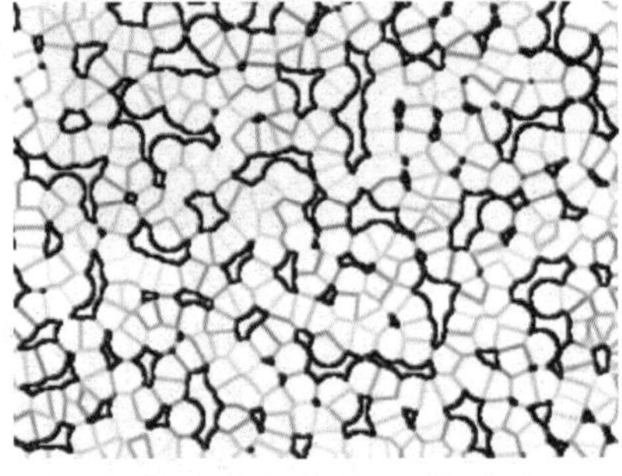

图16-5 “查找边缘”滤镜效果

步骤7 在按住【Ctrl】键的同时单击RGB通道，载入RGB通道中的选区（如图16-6所示），此时大量的白色区域被选定。

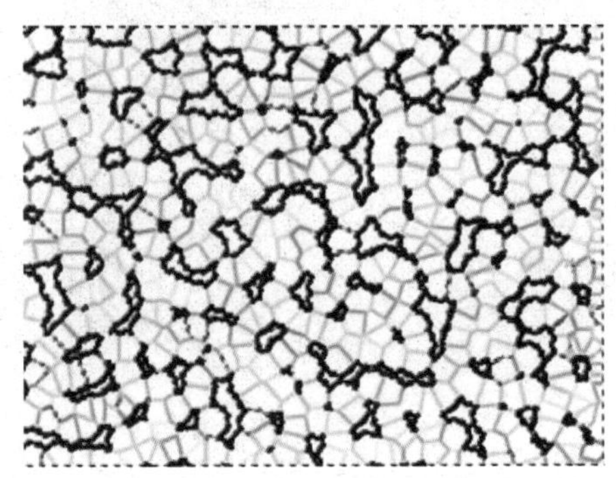

图16-6 载入选区

步骤8 按【Delete】键执行删除命令，注意保持选区的选中状态，效果如图16-7所示。

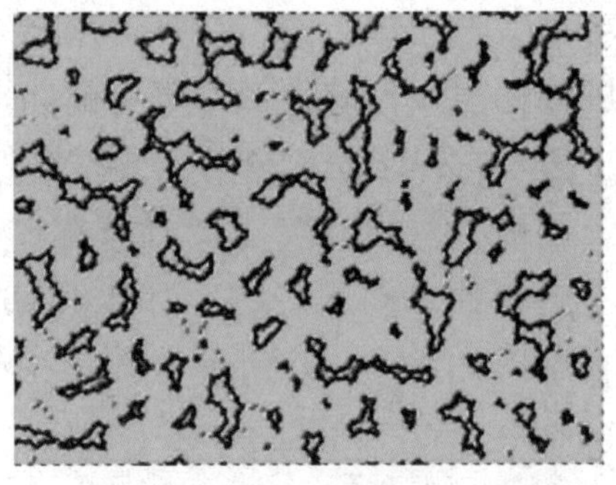

图16-7 删除选区

步骤9 在“图层”调板中新建“图层2”，然后单击“选择”|“反向”命令将选区反选，单击“编辑”|“填充”命令，在弹出的“填充”对话框中设置“使用”为“白色”(如图16-8所示)，单击“确定”按钮，效果如图16-9所示。

专家指点

在进行该操作时仍然保持选区的选中状态。

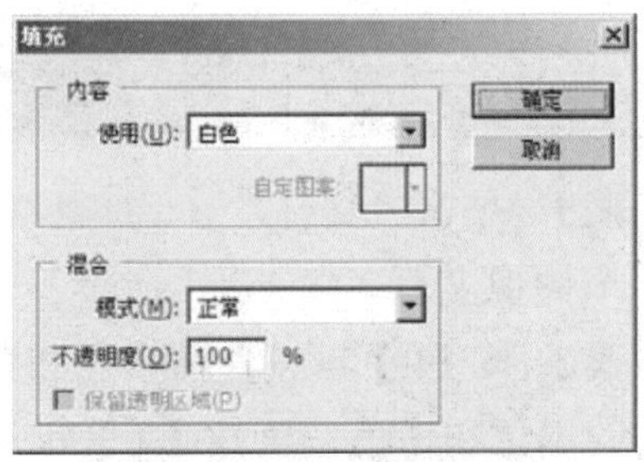

图16-8 “填充”对话框

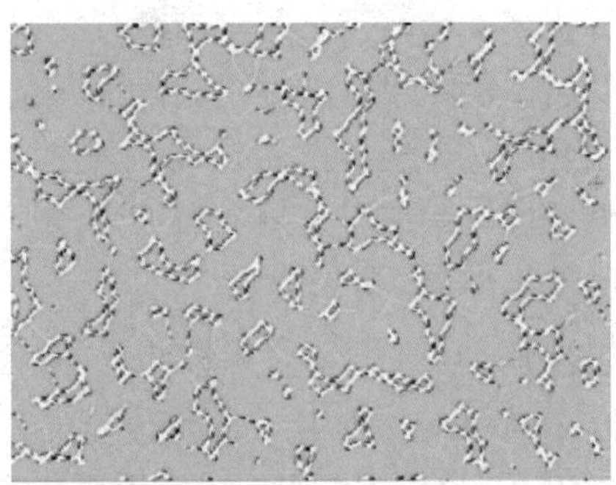

图16-9 填充效果

步骤10 在“图层”调板中把“图层2”拖曳到“创建新图层”按钮上，创建一个新图层，单击“编辑”|“填充”命令，用白色填充选区，使这些小圆圈变得更白，圆圈的层次也随之变得更为鲜明。

步骤11 按【Ctrl+D】组合键取消选区，单击“滤镜”|“模糊”|“动感模糊”命令，在弹出的“动感模糊”对话框中设置各项参数，如图16-10所示。单击“确定”按钮，最终效果参见图16-1。

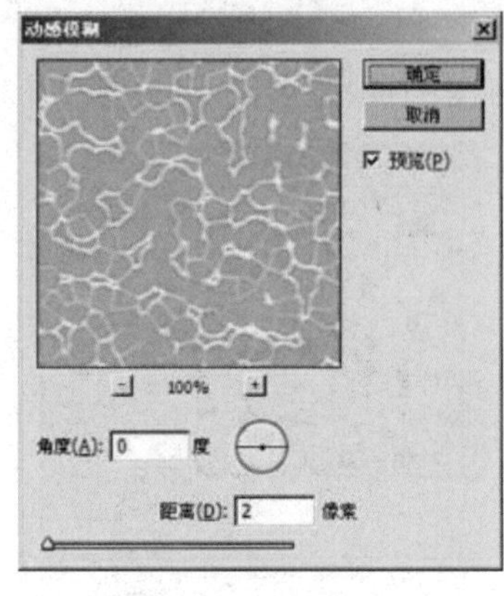

图16-10 “动感模糊”对话框

实例17 水滴纹理

本例制作水滴纹理，效果如图17-1所示。

图17-1 水滴纹理

操作步骤

步骤1 单击“文件”|“新建”命令，新建一个图像文件。

步骤2 按【D】键设置前景色和背景色为默认的黑色和白色，再按【X】键调换前景色与背景色。

步骤3 选取工具箱中的渐变工具，在其工具属性栏中设置渐变样式为“从前景色到背景色”、渐变类型为“线性渐变”，然后拖曳鼠标从图像左上角向右下角进行渐变填充，效果如图17-2所示。

步骤4 在“图层”调板中单击“创建新图层”按钮，创建“图层1”。

步骤5 单击“编辑”|“填充”命令，在弹出的“填充”对话框中设置“使用”为“白色”，单击“确定”按钮，用白色填充“图层1”。

图17-2 渐变填充效果

步骤6 单击“滤镜”|“杂色”|“添加杂色”命令，在弹出的“添加杂色”对话框中设置“数量”为400、“分布”为“高斯分布”，同时选中“单色”复选框，单击“确定”按钮，为图像添加杂点效果，如图17-3所示。

图17-3 “添加杂色”滤镜效果

步骤7 单击“滤镜”|“模糊”|“高斯模糊”命令，在弹出的“高斯模糊”

对话框中设置“半径”为3.5，单击“确定”按钮，添加高斯模糊效果，如图17-4 所示。

图17-4 “高斯模糊”滤镜效果

步骤8 单击“图像”|“调整”|“阈值”命令，在弹出的如图17-5 所示的对话框中设置各项参数，单击“确定”按钮，效果如图17-6 所示。

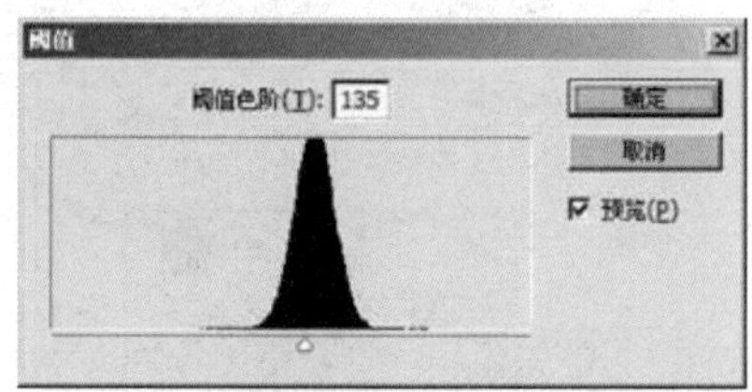

图17-5 “阈值”对话框

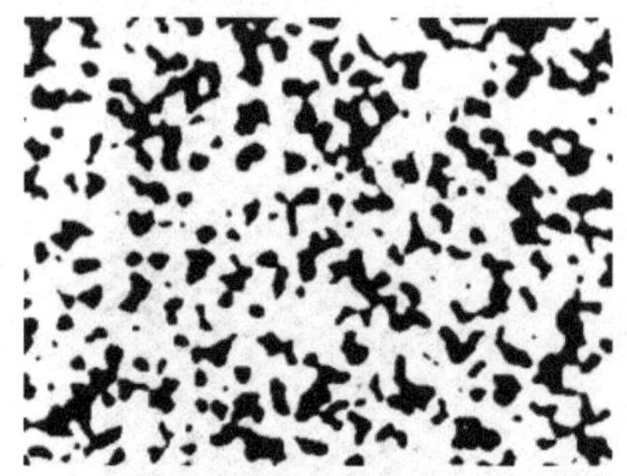

图17-6 水滴轮廓

专家指点

“高斯模糊”对话框中“半径”参数的取值要看文件尺寸的大小，只要效果和图17-4 相同即可。

步骤9 使用魔棒工具单击图像中的黑色色块，创建如图17-7 所示的选区。

步骤10 在“图层”调板中单击“图层1”左侧的“指示图层可见性”图标，隐藏该图层，如图17-8 所示。

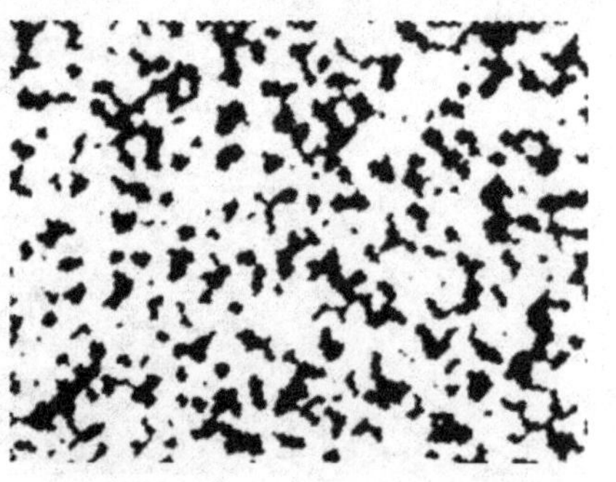

图17-7 创建选区

图17-8 隐藏图层1后的效果

步骤11 在“图层”调板中选中“背景”图层，按【Ctrl+C】组合键复制其选区，再按【Ctrl+V】组合键粘贴剪贴板中的图像，在“图层”调板中将自动生成“图层2”。

步骤12 双击“图层2”，弹出“图层样式”对话框（如图17-9 所示），在该对话框的“样式”选项区中选择“斜面和浮雕”选项，设置“深度”为80，其他参数保持默认设置，单击“确定”按钮，效果如图17-10 所示。

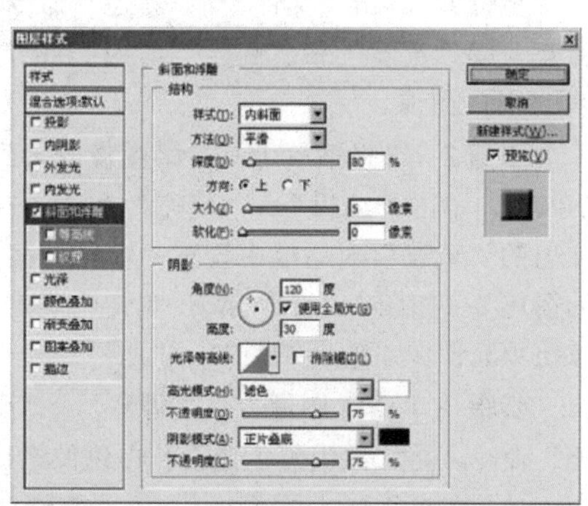

图17-9 “图层样式”对话框

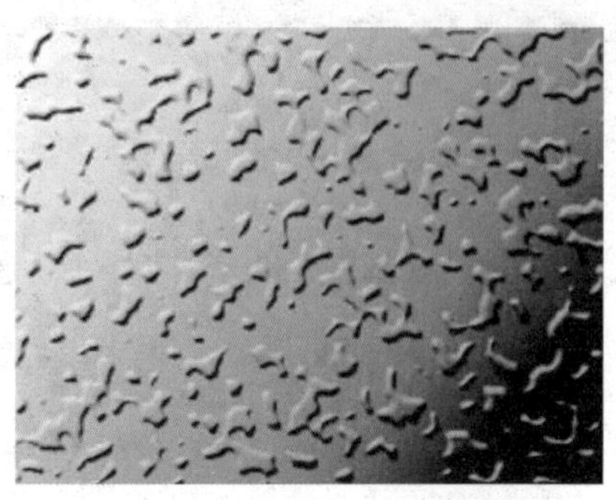

图17-10 斜面和浮雕效果

步骤13 单击“编辑”|“描边”命令，在弹出的“描边”对话框中设置各项参数，如图17-11所示。单击“确定”按钮为选区描边，即可生成最终效果，参见图17-1。

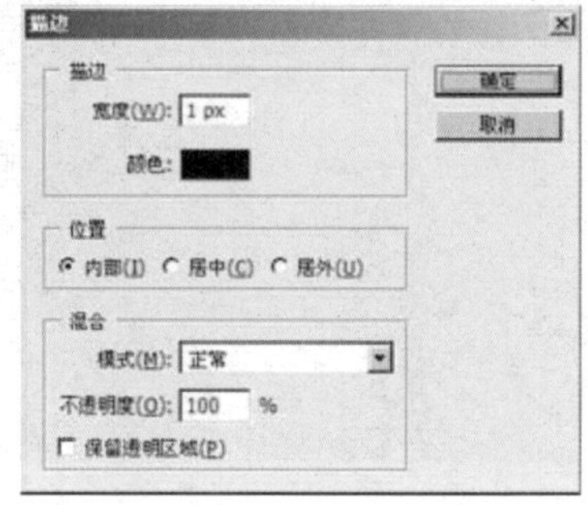

图17-11 “描边”对话框

实例18 布帘效果底纹

本例制作布帘效果底纹，如图18-1所示。

图18-1 布帘效果底纹

操作步骤

步骤1 单击“文件”|“新建”命令，新建一幅“宽度”和“高度”均为100像素的空白图像。

步骤2 选择缩放工具，将图像放大到200%，单击“编辑”|“填充”命令，在弹出的“填充”对话框中设置“自定图案”为箭尾2（如图18-2所示），单击“确定”按钮填充图像，效果如图18-3所示。

步骤3 单击“图像”|“调整”|“反相”命令，将底纹中黑色像素和白色像素反相，效果如图18-4所示。

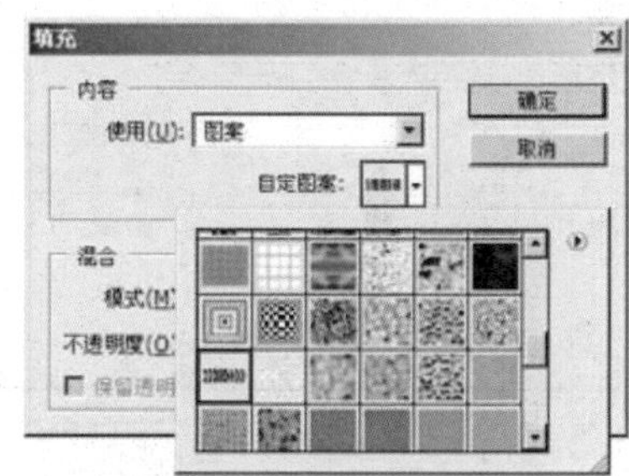

图18-2 “填充”对话框

图18-3 填充效果

图18-4 反相后的效果

步骤4 选择矩形选框工具，在图像的左半部分创建选区，如图18-5所示。

图18-5 创建选区

步骤5 新建"图层1"，设置前景色为紫色（RGB参数值分别为120、40、125），按【Alt+Delete】组合键用前景色填充选区，如图18-6所示。

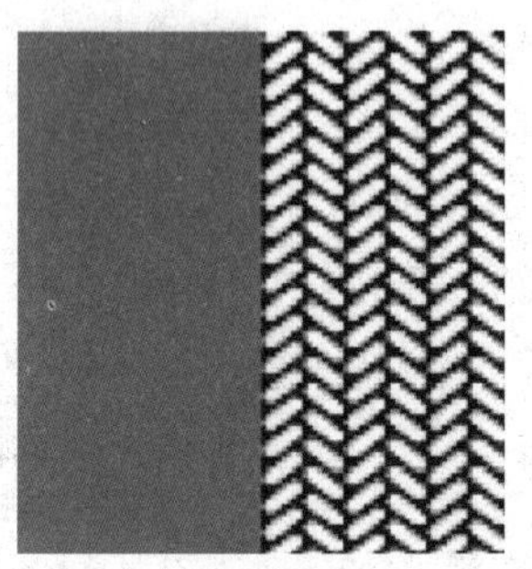

图18-6 填充选区

步骤6 将"图层1"的图层混合模式设置为"正片叠底"（如图18-7所示），此时的图像效果如图18-8所示。

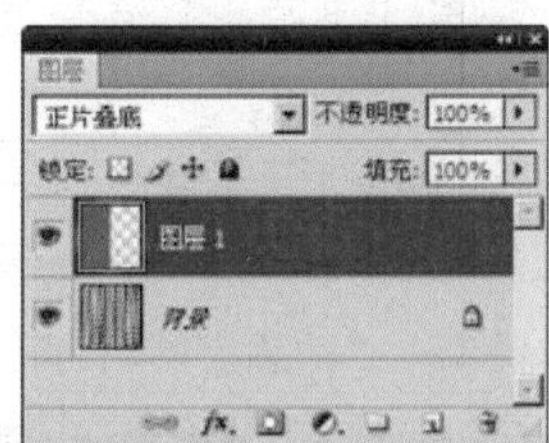

图18-7 设置图层混合模式

图18-8 图像效果

步骤7 按【Ctrl+E】组合键，将图层向下合并。单击"图像"|"图像大小"命令，在弹出的"图像大小"对话框中将图像缩小一倍（如图18-9所示），单击"确定"按钮。

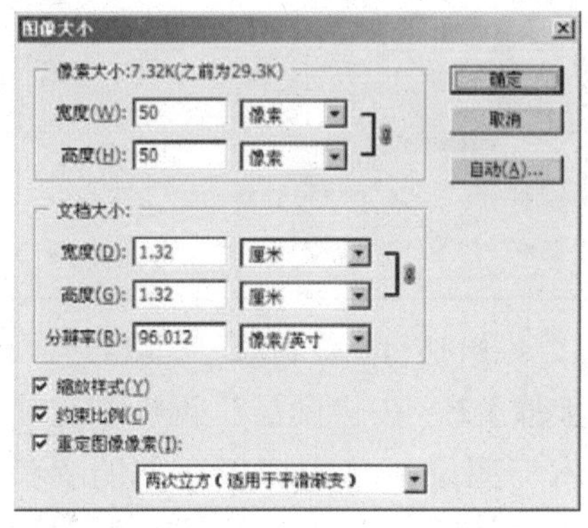

图18-9 "图像大小"对话框

步骤8 单击"编辑"|"定义图案"命令，弹出"图案名称"对话框，在"名称"文本框中输入图案的名称，单击"确定"按钮。

步骤9 单击"文件"|"新建"命令，新建一幅空白图像。

步骤10 单击"编辑"|"填充"命令，在弹出的"填充"对话框中设置"自定图案"为刚定义的图案，单击"确定"按钮，效果如图18-10所示。

图18-10 填充图像

步骤11 在"图层"调板中将"背景"图层拖曳至"创建新图层"按钮上，复制生成"背景副本"图层。单击"图像"|"调整"|"曲线"命令，在弹出的"曲线"对话框中调整曲线（如图18-11所示），单击"确定"按钮。

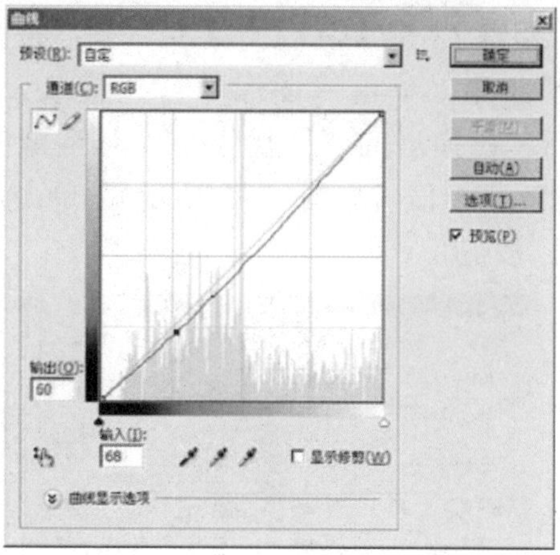

图18-11 “曲线”对话框

步骤12 在“图层”调板中选中“背景副本”图层，单击调板底部的“添加图层样式”按钮，在弹出的下拉菜单中选择“颜色叠加”选项，在弹出的“图层样式”对话框中，设置混合模式为“柔光”，单击其右侧的色块，设置颜色RGB参数值分别为139、44、75，如图18-12所示。单击“确定”按钮，效果如图18-13所示。

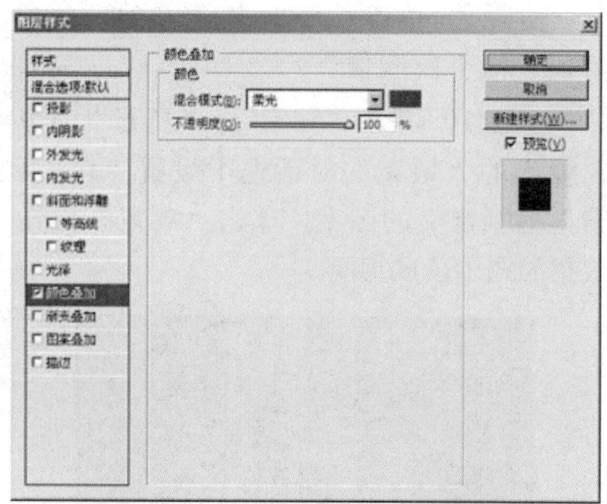

图18-12 “图层样式”对话框

图18-13 图像效果

步骤13 在“图层”调板中新建一个图层，在工具箱中选择画笔工具，按【D】键将前景色和背景色恢复为默认颜色，然后沿纹理阴影走向进行绘制，如图18-14所示。

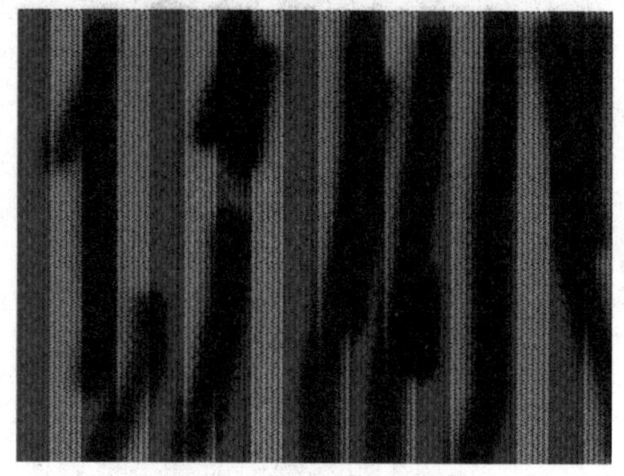

图18-14 用画笔工具绘制

步骤14 单击“滤镜”|“模糊”|“动感模糊”命令，在弹出的“动感模糊”对话框中设置相应参数（如图18-15所示），单击”确定”按钮，效果如图18-16所示。

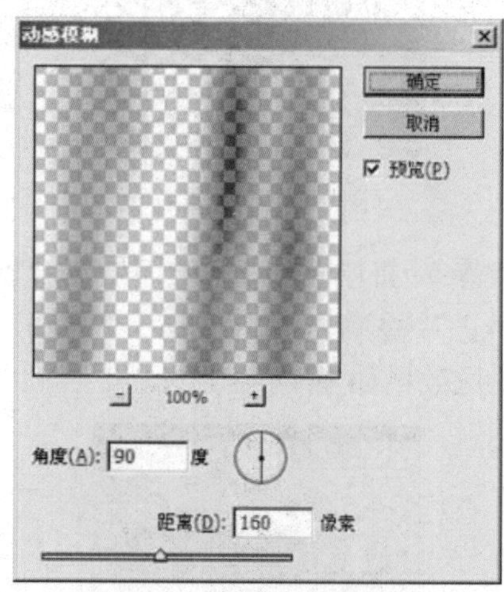

图18-15 “动感模糊”对话框

图18-16 图像效果

实例19 条纹方格布底纹

本例制作条纹方格布底纹，效果如图19-1所示。

图19-1 条纹方格布底纹

操作步骤

步骤1 单击“文件”|“新建”命令，新建一幅RGB模式的空白图像。

步骤2 将前景色设置为土黄色（RGB参数值分别为190、170、140），按【Alt+Delete】组合键填充背景图像。

步骤3 新建“图层1”，选取矩形选框工具，在图像编辑窗口中创建条状的矩形选区。将前景色设置为墨绿色（RGB参数值分别为60、100、0），按【Alt+Delete】组合键填充选区，如图19-2所示。

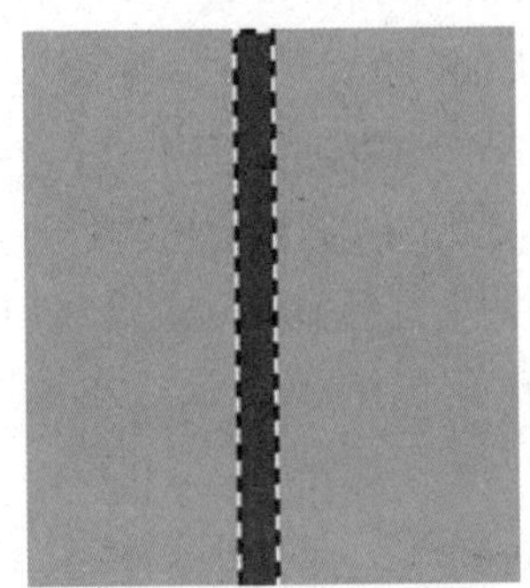

图19-2 创建选区并填充

步骤4 按住【Alt】键的同时拖曳图像，进行复制，将复制后的图像填充为白色，多次复制图像并进行填充，效果如图19-3所示。

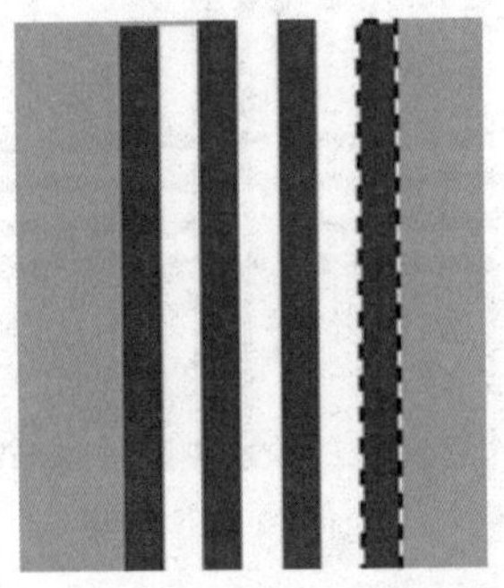

图19-3 复制多个图像并改变填充颜色

步骤5 按【Ctrl+D】组合键取消选区，将“图层1”拖曳至“创建新图层”按钮上进行复制，创建“图层1 副本”图层。

步骤6 单击“编辑”|“变换”|“旋转90度（顺时针）”命令，旋转图像，效果如图19-4所示。

图19-4 复制并旋转图像

步骤7 在“图层”调板中，将“图层1 副本”拖曳至“图层1”的下方，并将“图层1”的图层混合模式设置为“正片叠底”（如图19-5所示），此时图像效果如图19-6所示。

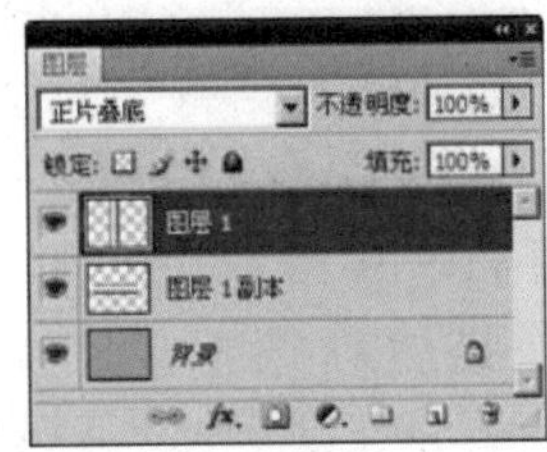

图19-5 设置图层混合模式

步骤8 单击“图层”|“拼合图像”命令，将所有图层进行合并。选取矩形选框工具，按住【Alt+Shift】组合键，从图像的正

中心开始拖曳鼠标创建选区，如图19-7所示。

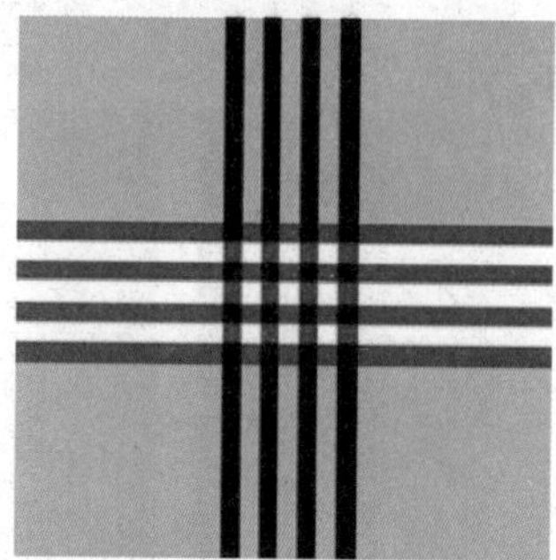

图19-6 图像效果

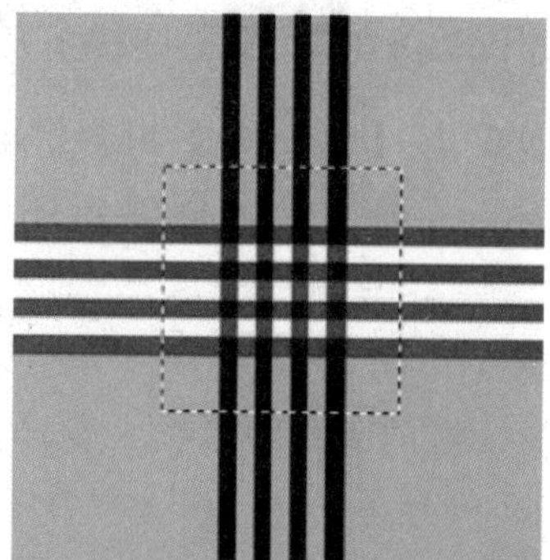

图19-7 创建选区

步骤9 单击“图像”|“裁剪”命令，裁剪多余的图像，效果如图19-8所示，

图19-8 裁剪图像

步骤10 单击“编辑”|“描边”命令，在弹出的“描边”对话框中将“颜色”设置为橘红色（RGB参数值分别为235、105、65），如图19-9所示。单击“确定”按钮，对图像描边。

步骤11 单击“图像”|“图像大小”命令，在弹出的“图像大小”对话框中将“宽度”和“高度”都设置为30百分比（如图19-10所示），单击“确定”按钮。

步骤12 单击“编辑”|“定义图案”命令，在弹出的“图案名称”对话框中为图案命名（如图19-11所示），单击“确定”按钮。

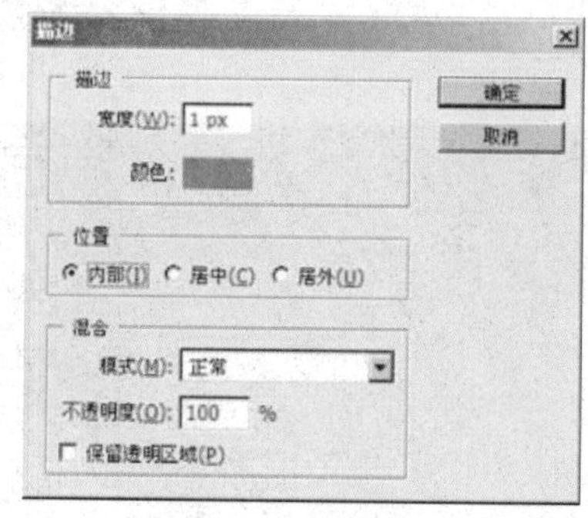

图19-9 “描边”对话框

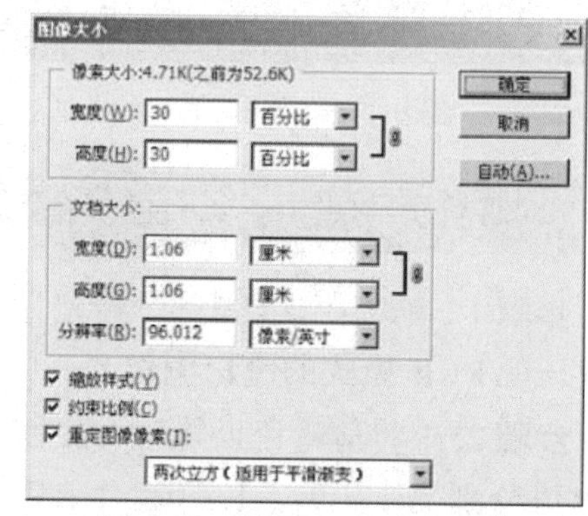

图19-10 改变图像大小

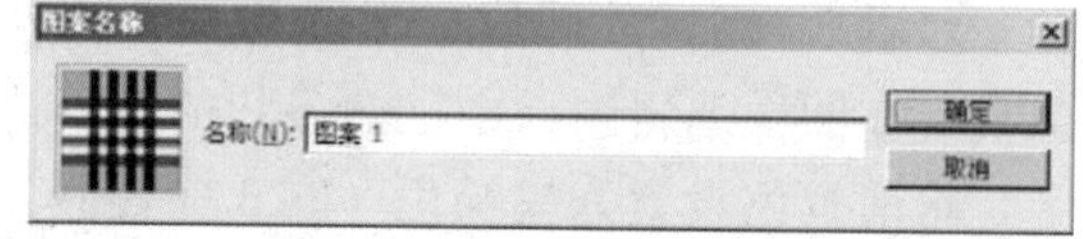

图19-11 “图案名称”对话框

步骤13 单击“文件”|“新建”命令，新建一幅RGB模式的空白图像。

步骤14 选取油漆桶工具，在工具属性栏中设置“填充区域的源”为“图案”，并选择刚设置的图案（如图19-12所示），在图像编辑窗口中单击鼠标左键进行填充，效果如图19-13所示。

图19-12 设置油漆桶工具

步骤15 单击“滤镜”|“杂色”|“添加杂色”命令，在弹出的“添加杂色”对话框中设置“数量”为18、“分布”为“高斯分布”（如图19-14所示），单击“确定”按钮，图像效果如图19-15所示。

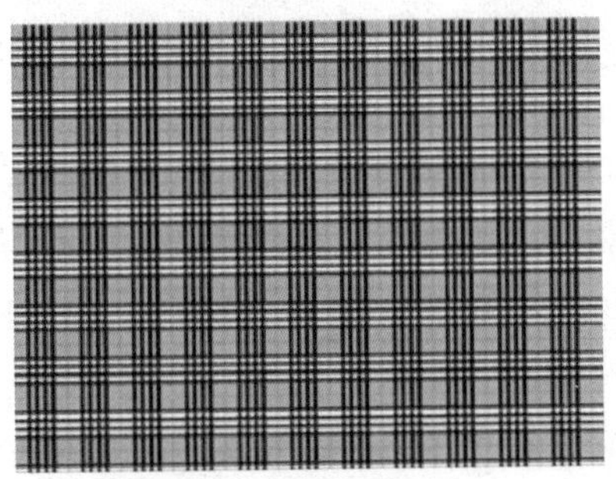

图19-13 填充后的效果

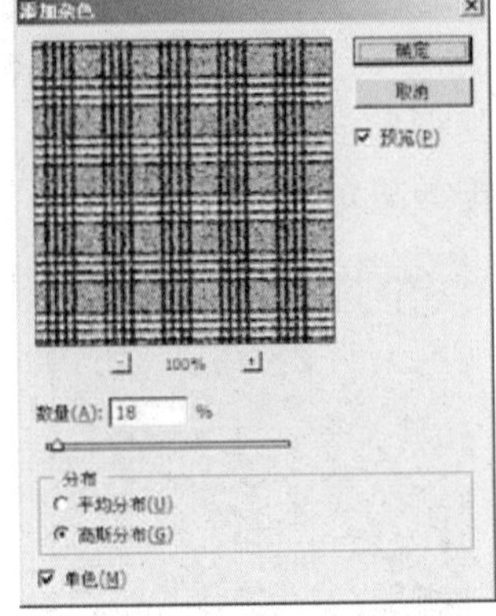

图 19-14 “添加杂色”对话框

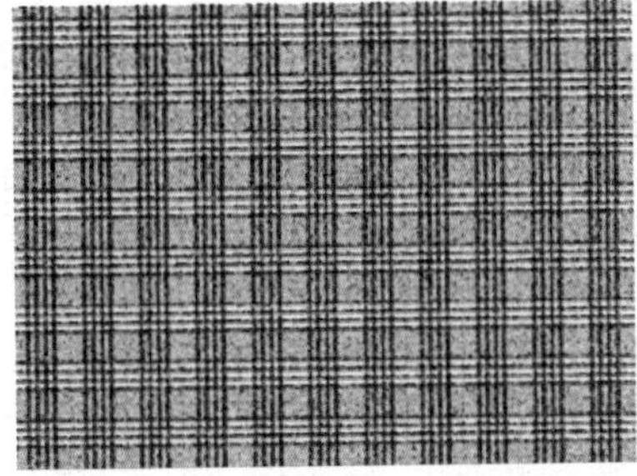

图 19-15 “添加杂色”滤镜效果

步骤 16 单击“滤镜”|“画笔描边”|“阴影线”命令，在弹出的“阴影线”对话框中设置相应参数（如图19-16 所示），单击“确定”按钮，此时的图像效果如图 19-17 所示。

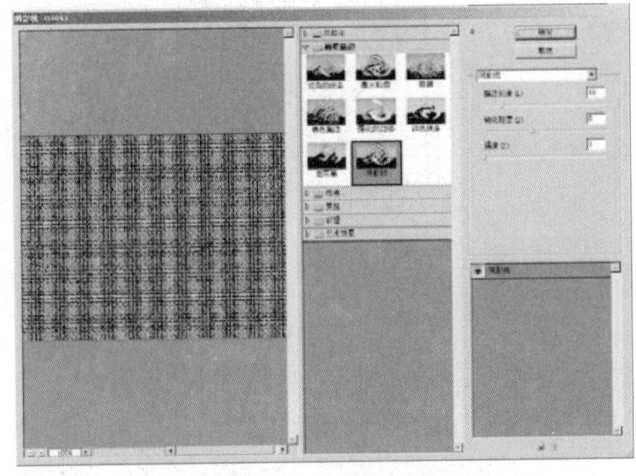

图 19-16 “阴影线”对话框

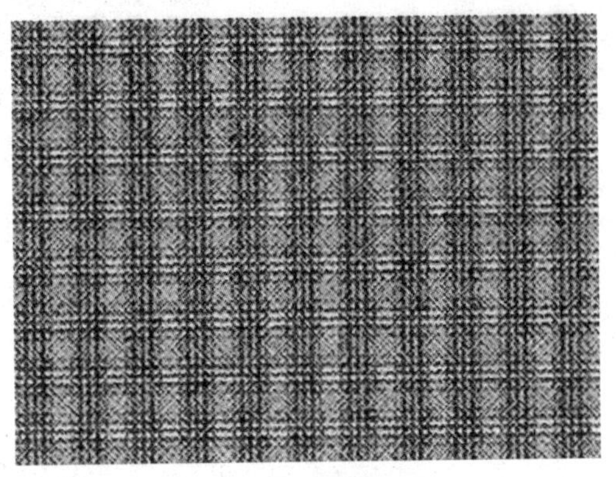

图19-17 图像效果

实例20 波斯地毯纹理

本例制作波斯地毯纹理，效果如图 20-1 所示。

图20-1 波斯地毯纹理

操作步骤

步骤 1 单击“文件”|“新建”命令，在弹出的“新建”对话框中设置“宽度”为50 像素、“高度”为50 像素、“分辨率”为72 像素/英寸、“颜色模式”为“RGB 颜色”、“背景内容”为“白色”，单击“确定”按钮创建一个图像文件。

步骤 2 按【D】键将前景色和背景色设置为默认颜色，即黑色和白色。

步骤 3 单击“滤镜”|“杂色”|“添

加杂色”命令，在弹出的“添加杂色”对话框中设置“数量”为260、“分布”为“高斯分布”，单击“确定”按钮，添加的杂色效果如图20-2所示。

图20-2 “添加杂色”滤镜效果

步骤4 按【Ctrl+A】组合键全选图像，然后按【Ctrl+C】组合键复制图像。

步骤5 单击“图像”|“画布大小”命令，在弹出的如图20-3所示的对话框中把图像大小调整为100×100像素，设置“定位”为左上角，单击“确定”按钮，效果如图20-4所示。

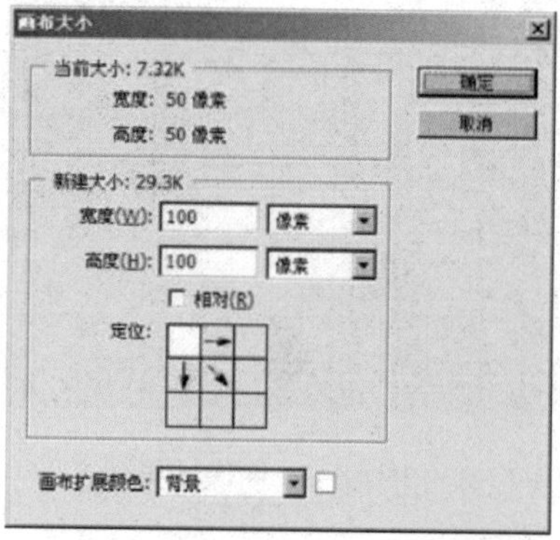

图20-3 “画布大小”对话框

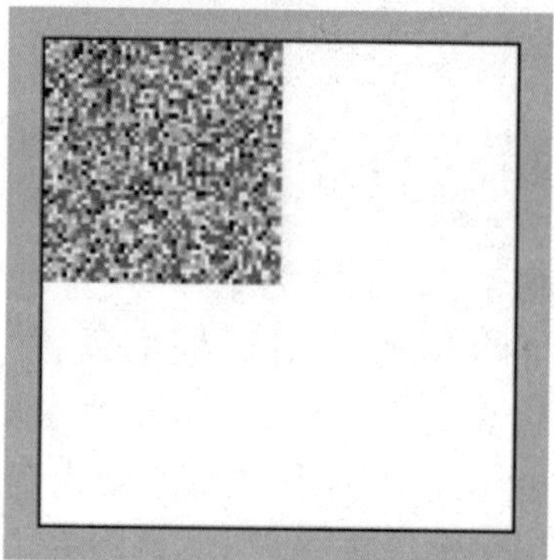

图20-4 图像效果

步骤6 按【Ctrl+V】组合键粘贴图像，然后单击“编辑”|“变换”|“水平翻转”命令，将粘贴的图像水平旋转，并将其调整至图片的右上角。

步骤7 按【Ctrl+V】组合键粘贴图像，然后单击“编辑”|“变换”|“垂直翻转”命令，把粘贴的图像垂直旋转，并将其调整至图片的左下角。

步骤8 按【Ctrl+V】组合键粘贴图像，单击“编辑”|“变换”|“水平翻转”命令，然后单击“编辑”|“变换”|“垂直翻转”命令，把粘贴的图像水平垂直旋转，并将其调整到图片的右下角，此时制作的无缝衔接效果如图20-5所示。

图20-5 无缝衔接效果

步骤9 单击“图层”|“拼合图像”命令，合并所有可见图层。

步骤10 单击“滤镜”|“模糊”|“高斯模糊”命令，在弹出的如图20-6所示的对话框中设置相应参数，单击“确定”按钮，效果如图20-7所示。

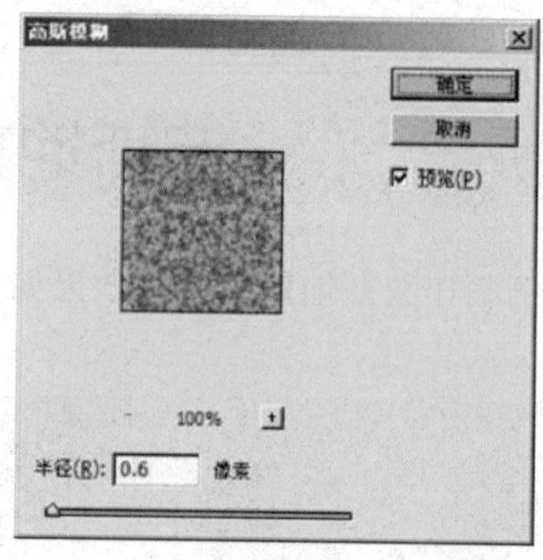

图20-6 “高斯模糊”对话框

步骤11 按【Ctrl+A】组合键或者单击“选择”|“全部”命令，全选图像。

步骤12 单击“编辑”|“定义图案”命令，将选区内的图像定义为一个图案。

步骤13 单击“文件”|“新建”命令，创建一个图像文件。

步骤14 单击“编辑”|“填充”命令，在弹出的如图20-8所示的对话框中设置“使用”为“图案”，从“自定图案”下拉列表框中选择刚才定义的图案，然后单击“确定”按钮进行图案填充，效果如图20-9所示。

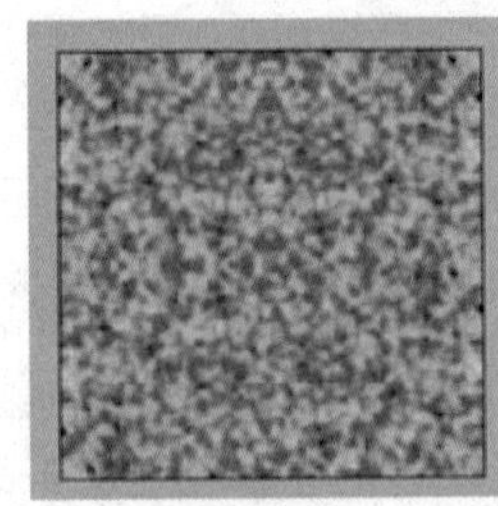

图20-7 “高斯模糊”滤镜效果

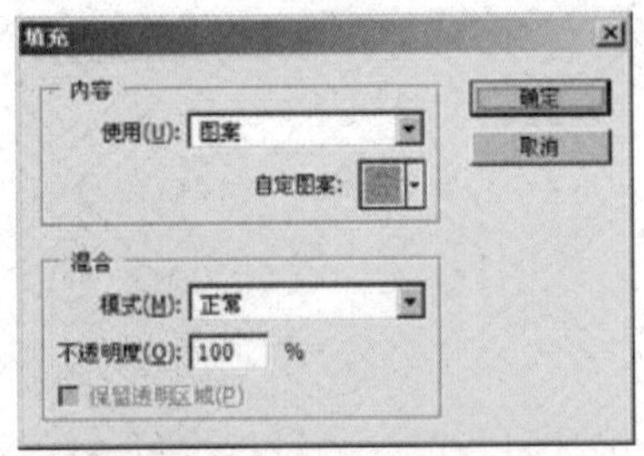

图20-8 “填充”对话框

图20-9 填充图案

实例21 意大利地毯纹理

本例制作意大利地毯纹理，效果如图21-1所示。

图21-1 意大利地毯纹理

操作步骤

步骤1 单击“文件”|“新建”命令，新建一幅RGB模式的空白图像。

步骤2 单击“图层”调板底部的“创建新图层”按钮，新建“图层1”。

步骤3 将前景色设置为深红色（RGB参数值分别为150、0、0），选择工具箱中的渐变工具，并在其工具属性栏中单击“菱形渐变”按钮，然后选择“透明条纹”渐变样式，如图21-2所示。

图21-2 设置渐变工具属性

步骤4 将鼠标指针移到图像编辑窗口中，从图像中心向外拖动鼠标，填充渐变色，效果如图21-3所示。

图21-3 填充渐变色

步骤5 选择工具箱中的矩形选框工具，选中绘制的菱形图案，按【Ctrl＋C】组合键复制图像，然后连续按【Ctrl＋V】组合键粘贴生成多个图层，移动各图层相应的图像至合适位置，生成如图21-4所示的效果。

步骤6 单击“图层”|“拼合图像”命令，合并所有图层。

图21-4 复制并多次粘贴图像后的效果

步骤7 单击“滤镜”|“纹理”|“拼缀图”命令，打开“拼缀图”对话框，设置各参数如图21-5所示。单击“确定”按钮，效果如图21-6所示。

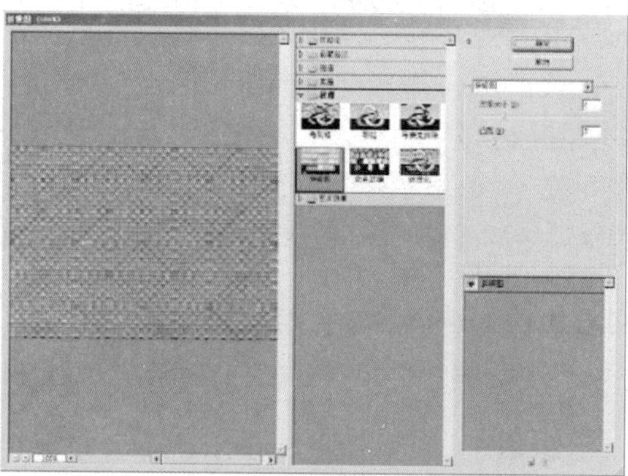

图21-5 “拼缀图”对话框

图21-6 “拼缀图”滤镜效果

步骤8 单击“滤镜”|“杂色”|“添加杂色”命令，在弹出的如图21-7所示的“添加杂色”对话框中设置相应参数，单击“确定”按钮，效果如图21-8所示。

步骤9 单击“滤镜”|“模糊”|“高斯模糊”命令，在打开的如图21-9所示的“高斯模糊”对话框中设置相应参数，单击“确定”按钮，效果如图21-10所示。

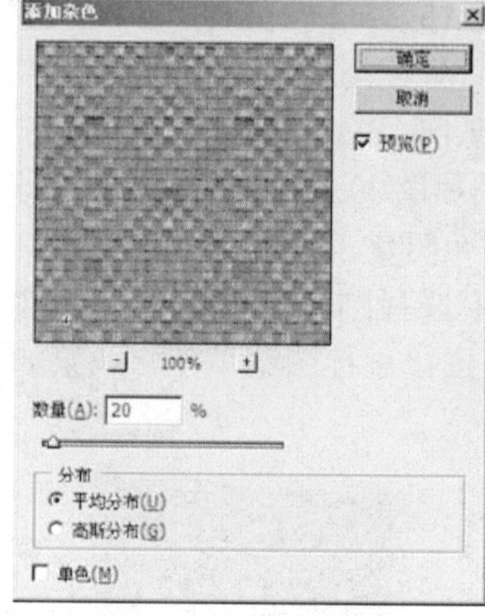

图21-7 “添加杂色”对话框

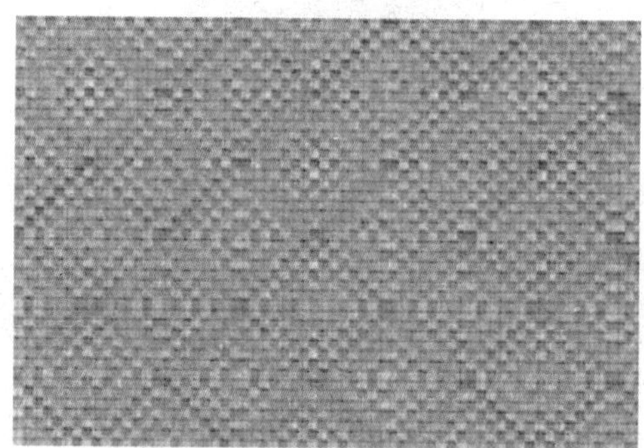

图21-8 “添加杂色”滤镜效果

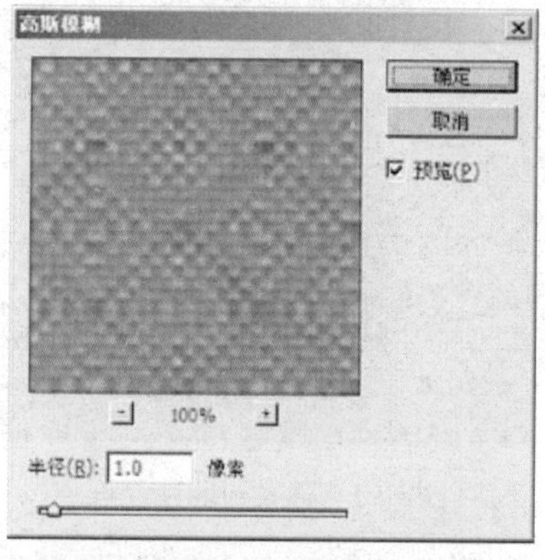

图21-9 “高斯模糊”对话框

图21-10 “高斯模糊”滤镜效果

步骤10 在“图层”调板中将“背景”图层拖曳到底部的“创建新图层”按钮上面，生成一个“背景副本”图层。将“背景副本”图层的混合模式设置为“正片叠底”，调整图层的“不透明度”为50%（如图21-11所示），最终效果参见图21-1。

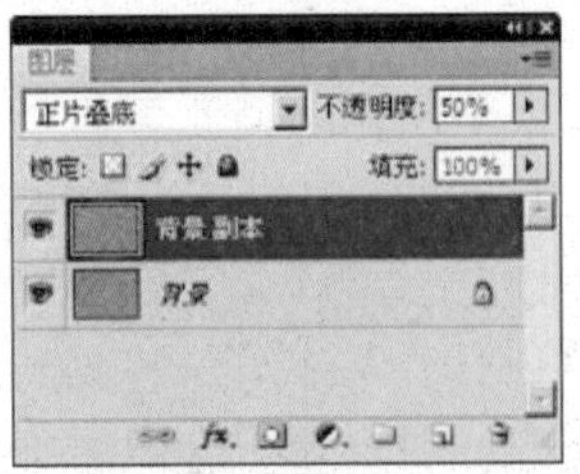

图21-11 改变图层混合模式和不透明度

实例22 布克拉纹理

本例制作布克拉纹理，效果如图22-1所示。

图22-1 布克拉纹理

操作步骤

步骤1 单击“文件”|“新建”命令，新建一幅RGB模式的空白图像。

步骤2 单击“滤镜”|“纹理”|“颗粒”命令，在弹出的“颗粒”对话框中设置“强度”为100、“对比度”为50、“颗粒类型”为“结块”，如图22-2所示。单击“确定”按钮，效果如图22-3所示。

图22-2 “颗粒”对话框

图22-3 “颗粒”滤镜效果

步骤3 单击“滤镜”|“画笔描边”|“墨水轮廓”命令，在弹出的“墨水轮廓”对话框中设置“描边长度”为4、“深色强度”为20、“光照强度”为10，如图22-4所示。单击“确定”按钮，效果如图22-5所示。

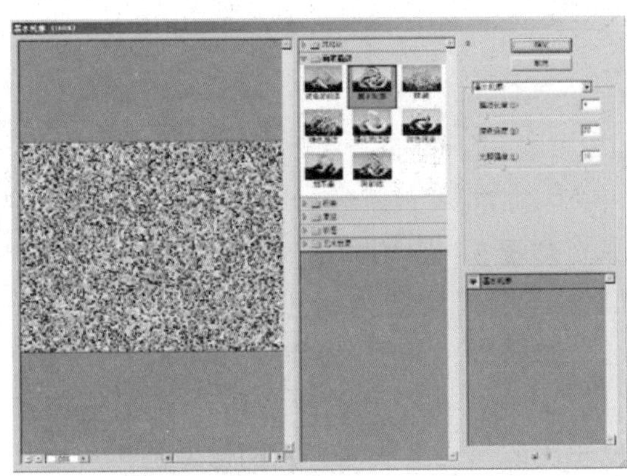

图22-4 “墨水轮廓”对话框

步骤4 新建“图层1”，并用白色进行填充，单击“滤镜”|“纹理”|“纹理化”命令，在打开的“纹理化”对话框中设置“纹理”为“粗麻布”、“缩放”为200、“凸现”为5、“光照”为“上”

（如图22-6所示），单击“确定”按钮，效果如图22-7所示。

图22-5 “墨水轮廓”滤镜效果

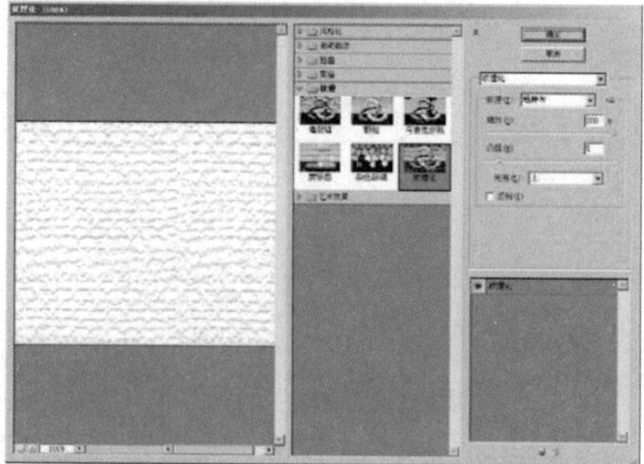

图22-6 “纹理化”对话框

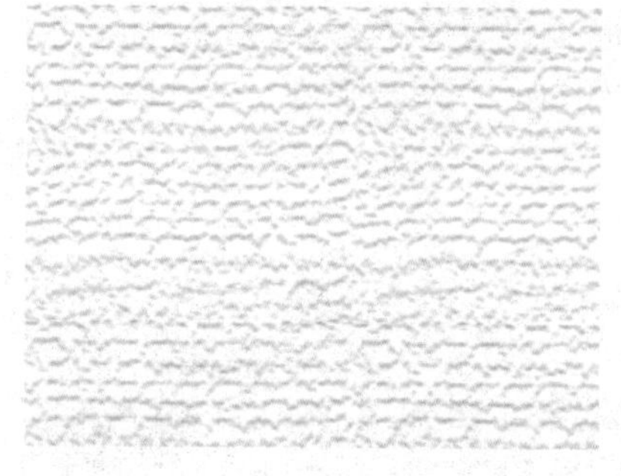

图22-7 “纹理化”滤镜效果

步骤5 在“图层”调板中将“图层1”的混合模式设置为“正片叠底”。

步骤6 单击“图像”|“调整”|“色阶”命令，在打开的“色阶”对话框中拖曳左侧的黑色滑块，直到图像上的黑色像素开始增加，如图22-8所示。单击“确定”按钮，效果如图22-9所示。

步骤7 新建“图层2”，按【Shift+Alt+Ctrl+E】组合键，将可见图层与新建的空白图层合并，单击“滤镜”|“画笔描边”|“成角的线条”命令，在打开的“成角的线条”对话框中设置“方向平衡”为50、“描边长度”为50、“锐化程度”为3，如图22-10所示。单击“确定”按钮，效果如图22-11所示。

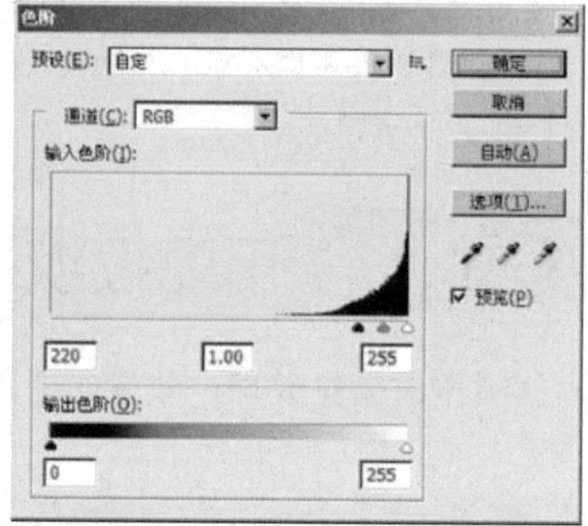

图22-8 “色阶”对话框

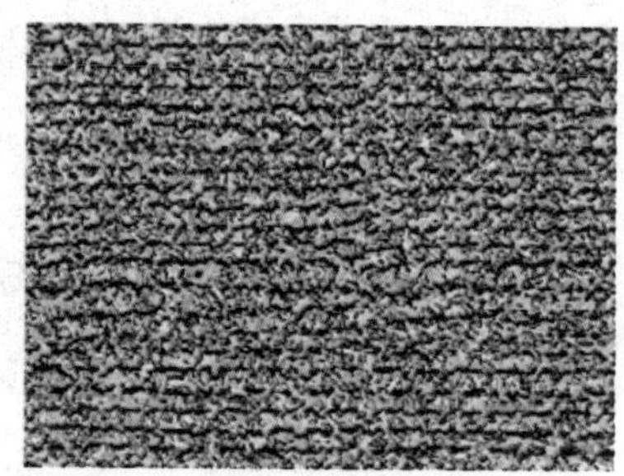

图22-9 调整“色阶”后的效果

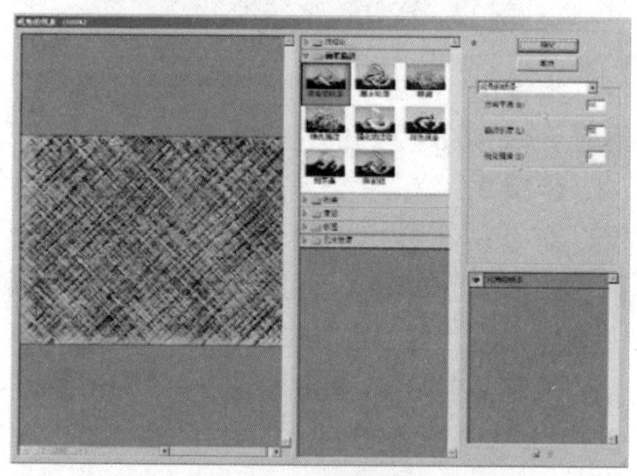

图22-10 “成角的线条”对话框

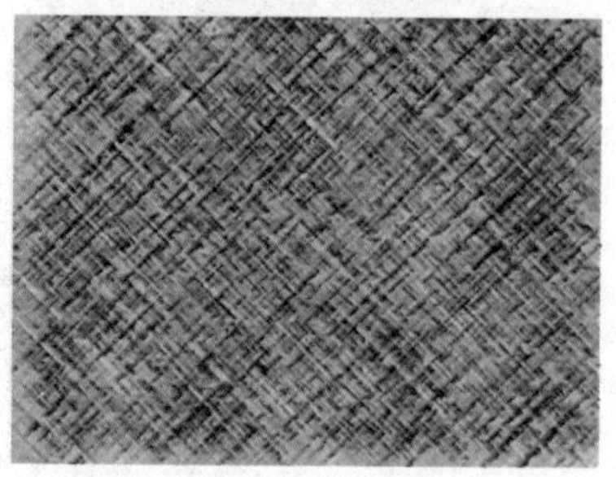

图22-11 “成角的线条”滤镜效果

步骤8 在“图层”调板中将“图层2”的混合模式设置为“排除”，此时的图像效果如图22-12所示。

图22-12 图像效果

步骤9 单击“图像”|“调整”|“色相/饱和度”命令，在打开的“色相/饱和度”对话框中选中“着色”复选框，设置“饱和度”为30，如图22-13所示。单击“确定”按钮，图像效果如图22-14所示。

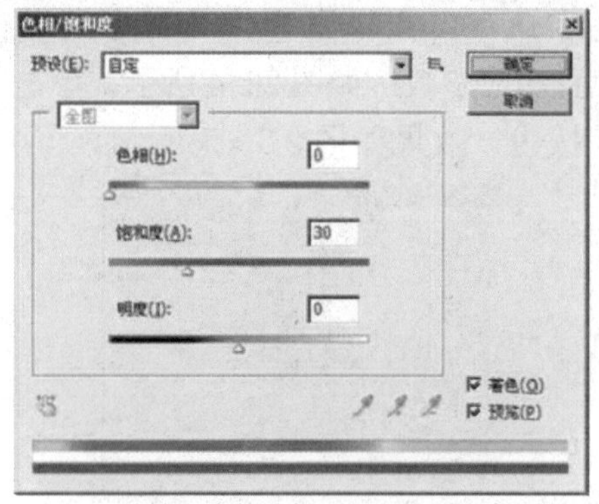

图22-13 “色相/饱和度”对话框

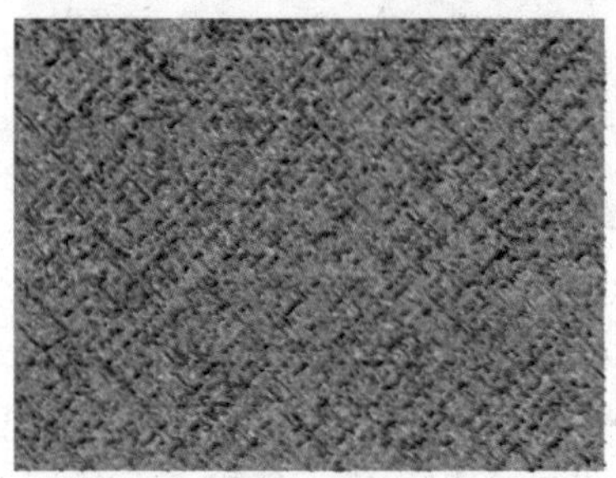

图22-14 图像效果

实例23 彩色玻璃珠底纹

本例制作彩色玻璃珠底纹，效果如图23-1所示。

图23-1 彩色玻璃珠底纹

操作步骤

步骤1 单击“文件”|“新建”命令，新建一幅RGB模式的空白图像。

步骤2 单击“滤镜”|“杂色”|“添加杂色”命令，在弹出的”添加杂色”对话框中设置相应参数，如图23-2所示。单击“确定”按钮，效果如图23-3所示。

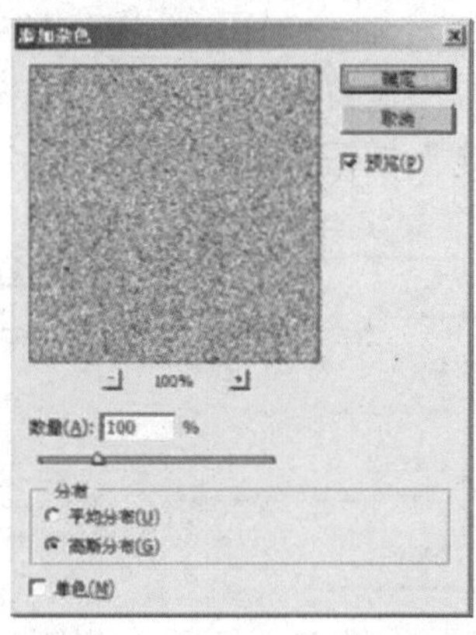

图23-2 “添加杂色”对话框

图23-3 “添加杂色”滤镜效果

步骤3 单击“滤镜”|“像素化”|“马

赛克”命令，在弹出的“马赛克”对话框中设置相应参数，如图23-4所示。单击“确定”按钮，效果如图23-5所示。

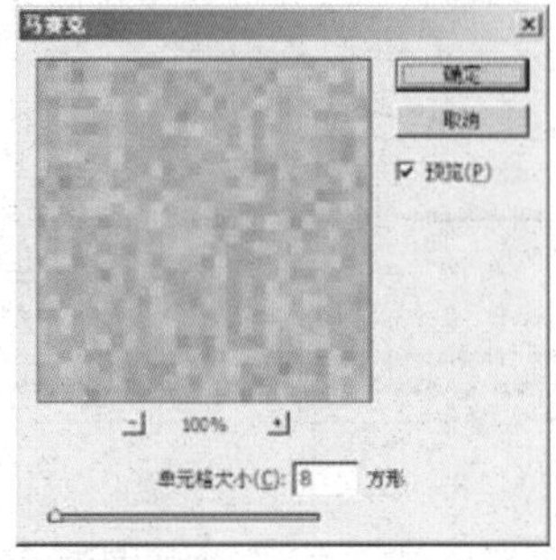

图23-4 “马赛克”对话框

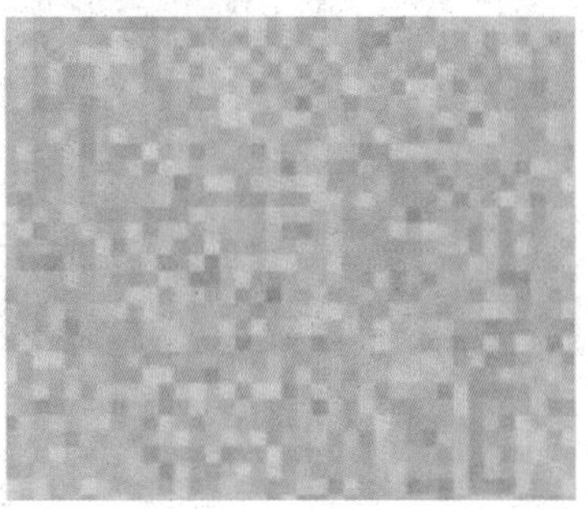

图23-5 “马赛克”滤镜效果

步骤4 单击“图像”|“调整”|“色相/饱和度”命令，在弹出的“色相/饱和度”对话框中设置相应参数，如图23-6所示。单击“确定”按钮，图像效果如图23-7所示。

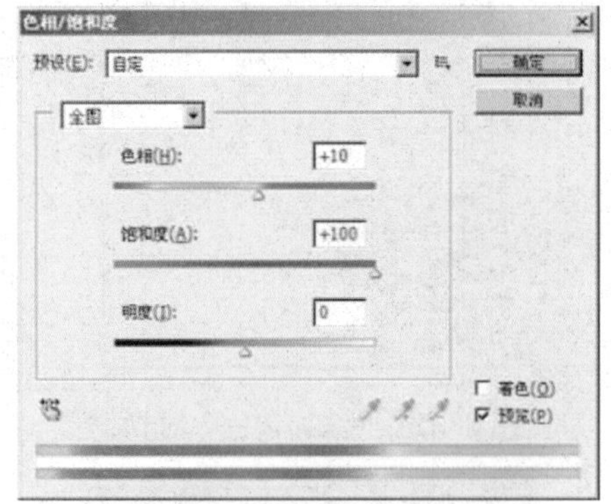

图23-6 “色相/饱和度”对话框

图23-7 图像效果

步骤5 单击“图层”调板底部的“创建新图层”按钮，新建“图层1”。使用缩放工具放大图像，然后选择矩形选框工具，框选任意方格，如图23-8所示。

步骤6 设置前景色和背景色为默认颜色，按【Alt+Delete】组合键填充选区，效果如图23-9所示。

图23-8 框选任意方格

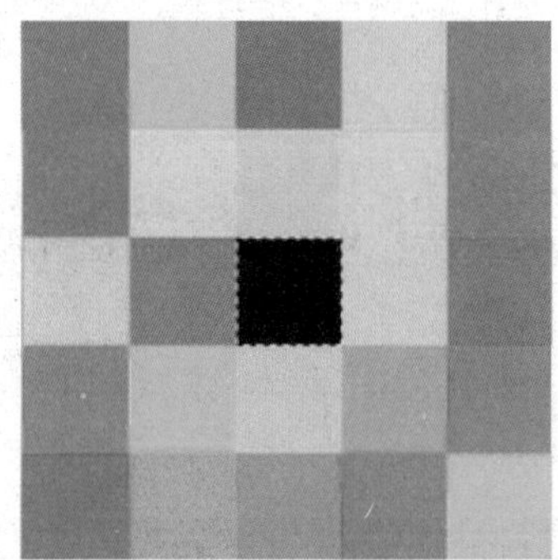

图23-9 填充选区

步骤7 单击“选择”|“修改”|“平滑”命令，在弹出的“平滑选区”对话框中设置相应参数，如图23-10所示。按【Ctrl+Delete】组合键填充选区，图像效果如图23-11所示。

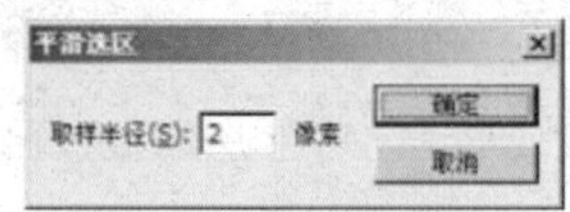

图23-10 “平滑选区”对话框

步骤8 按住【Ctrl】键的同时单击“图层1”，生成其选区，单击“编辑”|“定义图案”命令，在弹出的“图案名称”对话框中设置图案名称（如图23-12所示），单击“确定”按钮。

步骤9 单击“编辑”|“填充”命令，

弹出“填充”对话框，在“使用”下拉列表框中选择“图案”选项，然后在“自定图案”下拉列表框中选择刚定义的图案（如图23-13所示），单击“确定”按钮填充选区，效果如图23-14所示。

步骤10 单击“滤镜”|“模糊”|“动感模糊”命令，在弹出的“动感模糊”对话框中设置相应参数，如图23-15所示。单击“确定”按钮，效果如图23-16所示。

图23-11 填充选区

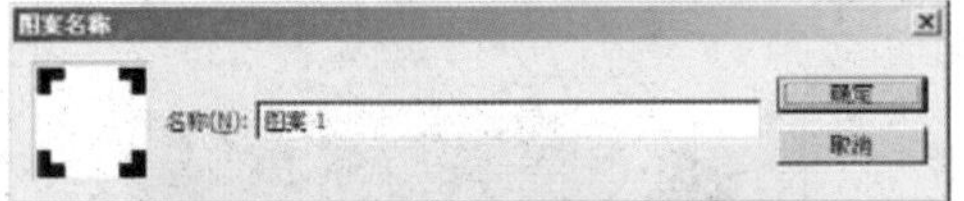

图23-12 “图案名称”对话框

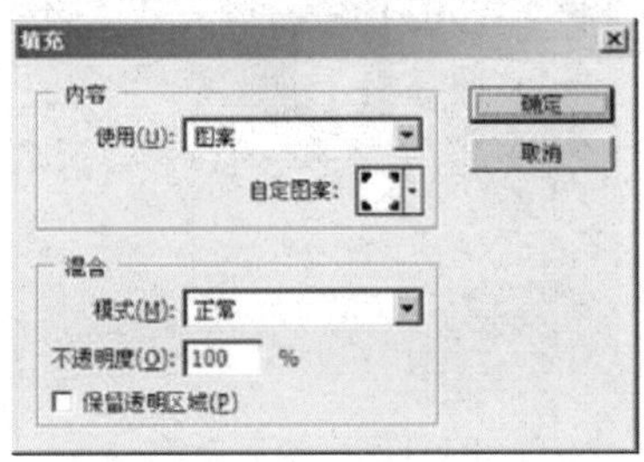

图23-13 “填充”对话框

图23-14 填充选区

步骤11 复制“图层1”生成“图层1副本”图层，然后单击左边的“指示图层可见性”图标将其隐藏，选择“图层1”，设置其图层混合模式为“正片叠底”（如图23-17所示），图像效果如图23-18所示。

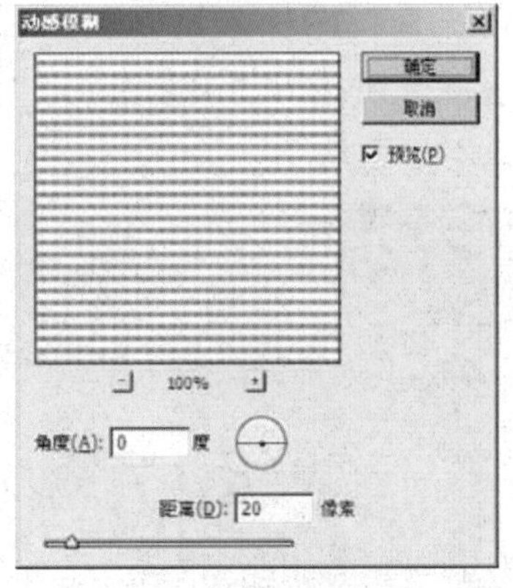

图23-15 “动感模糊”对话框

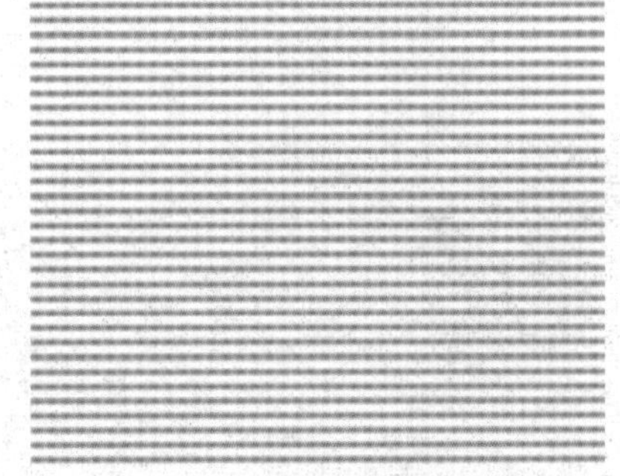

图23-16 “动感模糊”滤镜效果

图23-17 设置图层混合模式

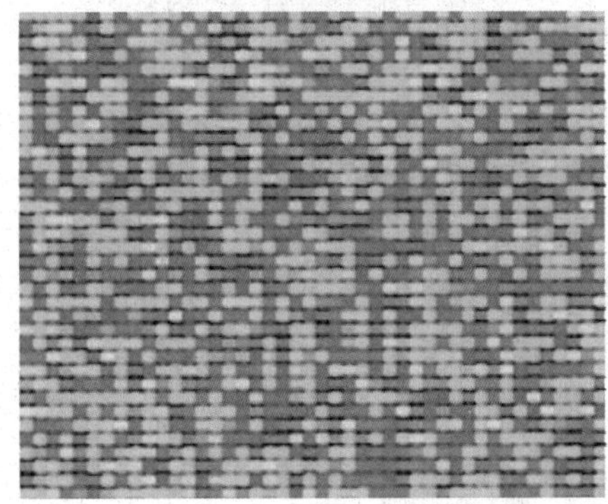

图23-18 图像效果

步骤12 单击“滤镜”|“模糊”|“动感模糊”命令，在弹出的“动感模糊”对话框中设置相应参数（如图23-19所示），

单击“确定”按钮，添加动感模糊效果。

步骤13 单击“图层1副本”左边的“指示图层可见性”图标，将其显示，然后设置该图层混合模式为“叠加”，此时的图像效果如图23-20所示。

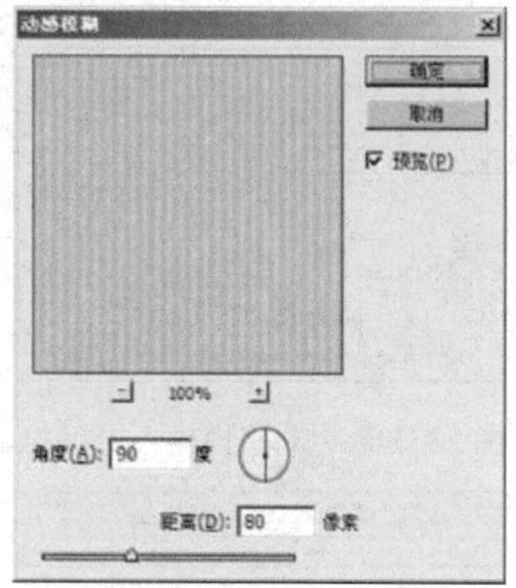

图23-19 “动感模糊”对话框

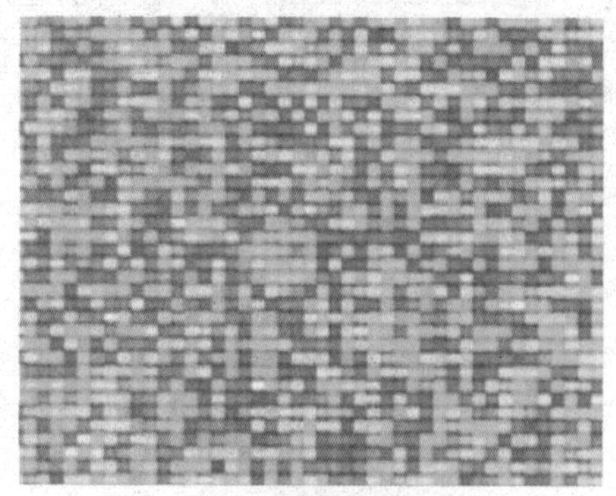

图23-20 图像效果

步骤14 单击“图像”|“调整”|“亮度/对比度”命令，在弹出的“亮度/对比度”对话框中设置相应参数（如图23-21所示），单击“确定”按钮，图像效果如图23-22所示。

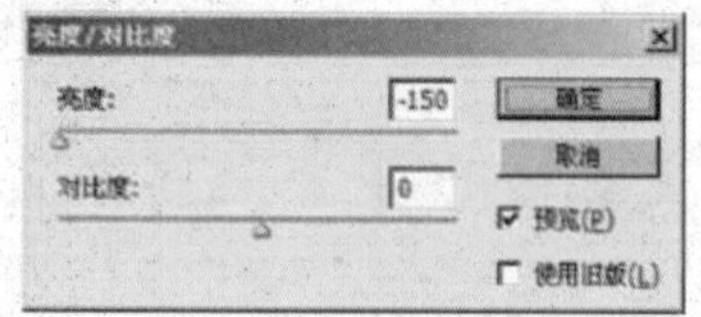

图23-21 “亮度/对比度”对话框

步骤15 单击“图层”调板底部的”创建新图层”按钮，新建“图层2”。选择矩形选框工具，在放大图像后，框选任意方格，如图23-23所示。

步骤16 确认前景色和背景色为默认设置，按【Alt+Delete】组合键填充“图层2”，选择画笔工具，在“图层2”中绘制亮部，如图23-24所示。

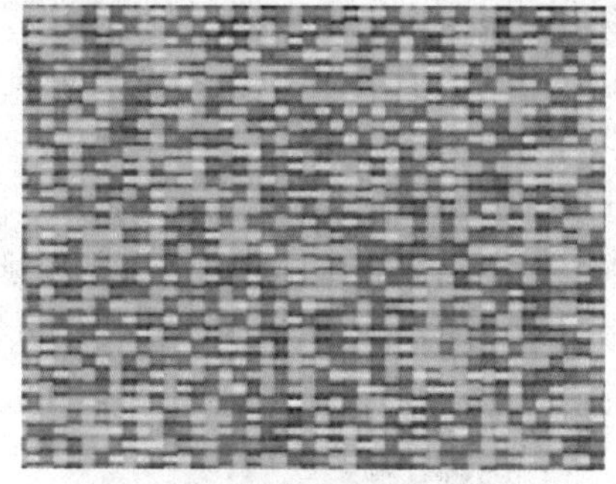

图23-22 图像效果

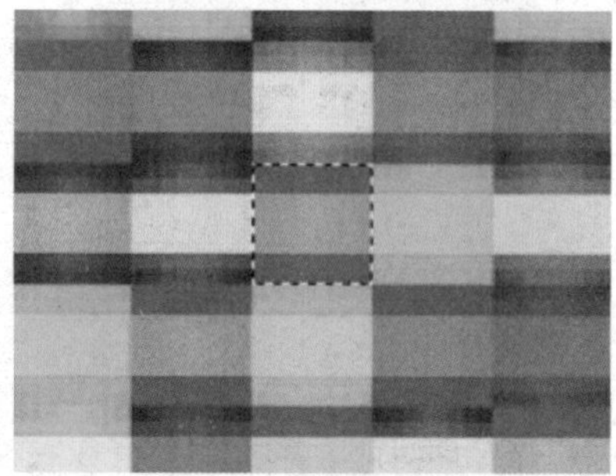

图23-23 创建选区

图23-24 绘制亮部

步骤17 单击“编辑”|“定义图案”命令，在弹出的“图案名称”对话框中设置图案名称，单击“确定”按钮。

步骤18 单击“编辑”|“填充“命令，弹出“填充”对话框，在“使用”下拉列表框中选择“图案”选项，然后在“自定图案”下拉列表框中选择刚定义的图案，单击“确定”按钮进行图案填充，效果如图23-25所示。

步骤19 选择“图层2”，将该图层的混合模式设置为“叠加”，此时的图像效果如图23-26所示。

图23-25 图案填充

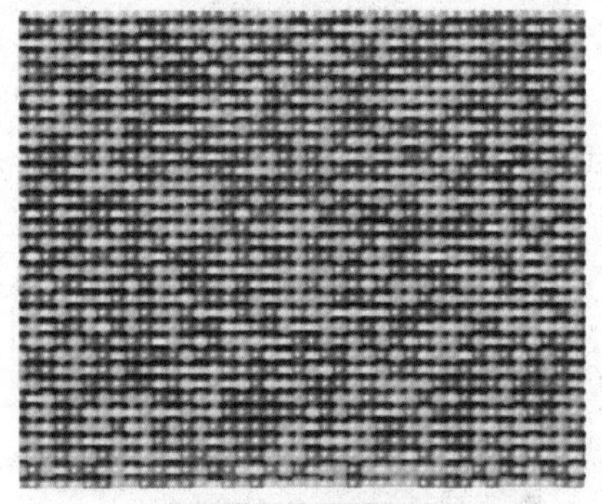

图23-26 图像效果

实例24 花玻璃纹理

本例制作具有奇异效果的花玻璃纹理，效果如图24-1所示。

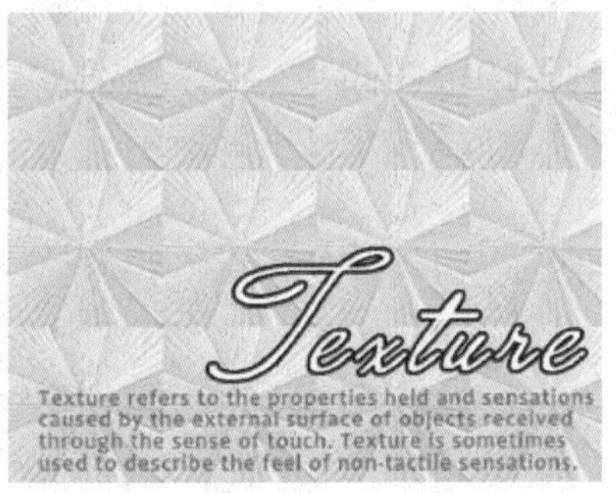

图24-1 花玻璃纹理

操作步骤

步骤1 按【D】键将前景色设置为黑色、背景色设置为白色，单击“文件”|“新建”命令，新建一个“颜色模式”为“灰度”的图像文件。

步骤2 选取工具箱中的矩形选框工具，在其工具属性栏中设置相应参数（如图24-2所示），然后在图像编辑窗口中拖曳鼠标，创建一个正方形选区。

图24-2 矩形选框工具属性栏

步骤3 选取工具箱中的渐变工具，在其工具属性栏中选择“前景色到背景色渐变”样式，再选择“角度渐变”类型（如图24-3所示），然后在正方形选区内从中心向外拖曳鼠标，填充渐变色，效果如图24-4所示。

图24-3 渐变工具属性栏

步骤4 单击“编辑”|“定义图案”命令，在打开的“图案名称”对话框中保持默认设置，单击“确定”按钮定义图案。

步骤5 按【Ctrl+D】组合键取消选区，再单击“编辑”|“填充”命令，打开“填充”对话框，在“使用”下拉列表框中选择“图案”选项，在“自定图案”下拉列表框中选择刚定义的图案，单击“确定”按钮，使用指定的图案填充图像，效果如图24-5所示。

图24-4 在选区中填充渐变色

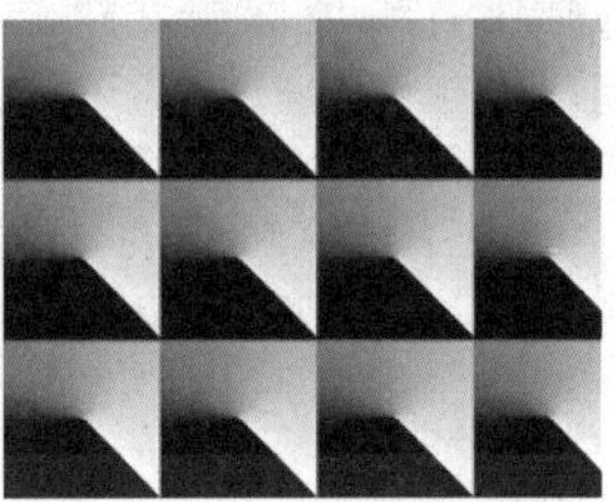

图24-5 使用图案填充图像

步骤6 单击“图像”|“模式”|“索引颜色”命令，然后再单击“图像”|“模式”|“颜色表”命令，打开“颜色表”对话框，设置相应参数（如图24-6所示），

单击“确定”按钮，效果如图24-7所示。

步骤7 单击“图像”|“模式”|“RGB颜色”命令，将图像颜色模式由灰度模式转化为RGB颜色模式。

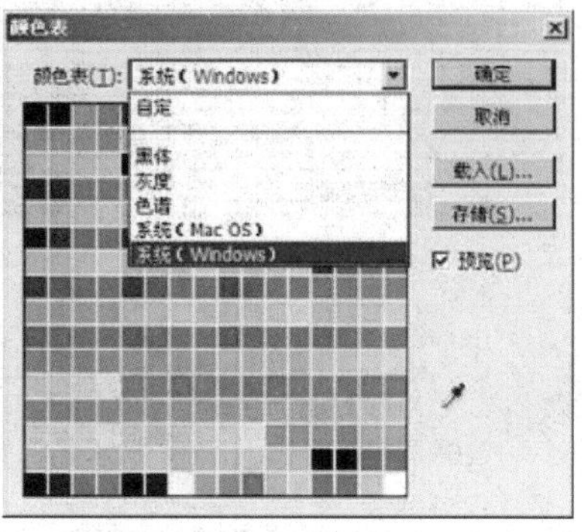

图24-6 “颜色表”对话框

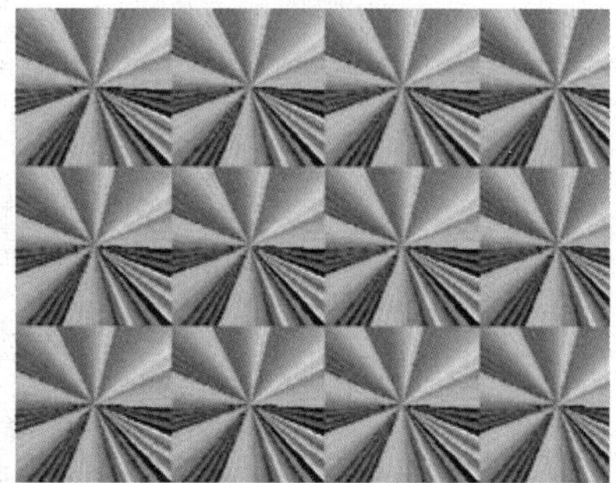

图24-7 图像效果

步骤8 单击“图像”|“调整”|“去色”命令，将图像去色，再单击“图像”|“自动色调”命令，让系统自动调整图像的明暗度。

步骤9 单击“图像”|“调整”|“色相/饱和度”命令，打开“色相/饱和度”对话框（如图24-8所示），在其中设置相应参数。

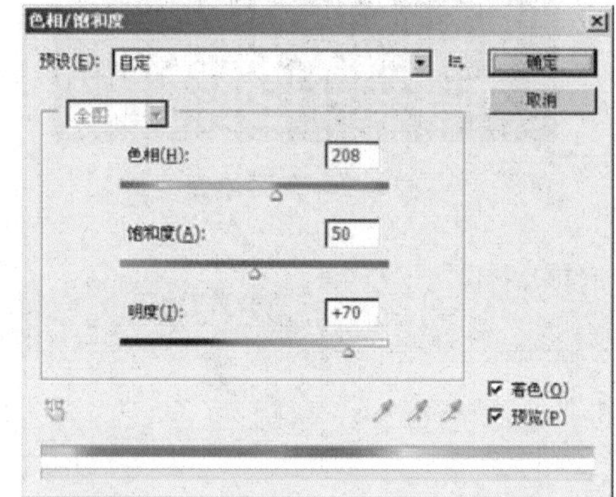

图24-8 “色相/饱和度”对话框

步骤10 单击“确定”按钮，生成的花玻璃纹理效果如图24-9所示。

图24-9 花玻璃纹理效果

实例25 有机玻璃块底纹

本例制作有机玻璃块底纹，效果如图25-1所示。

图25-1 有机玻璃块底纹

操作步骤

步骤1 单击“文件”|“新建”命令，新建一幅RGB模式的空白图像。

步骤2 在工具箱中选择圆角矩形工具，在工具属性栏中单击“形状图层”按钮，并将“半径”设置为10，如图25-2所示。

步骤3 在图像编辑窗口中绘制一个圆角矩形（如图25-3所示），此时在“图层”调板中将自动生成一个形状图层，如图25-4所示。

步骤4 单击“图层”调板下方的“添

加图层样式”按钮，在弹出的下拉菜单中选择“混合选项”选项，打开“图层样式”对话框，在相应的选项区中设置参数，选中“将内部效果混合成组”复选框，如图25-5 所示。

图25-2 设置圆角矩形工具的参数

图25-3 绘制矩形

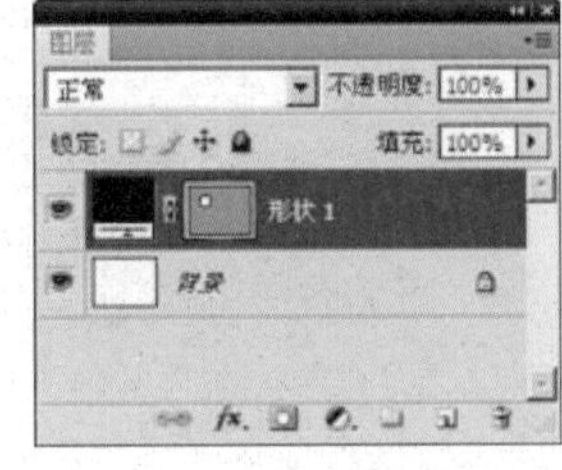

图25-4“图层”调板

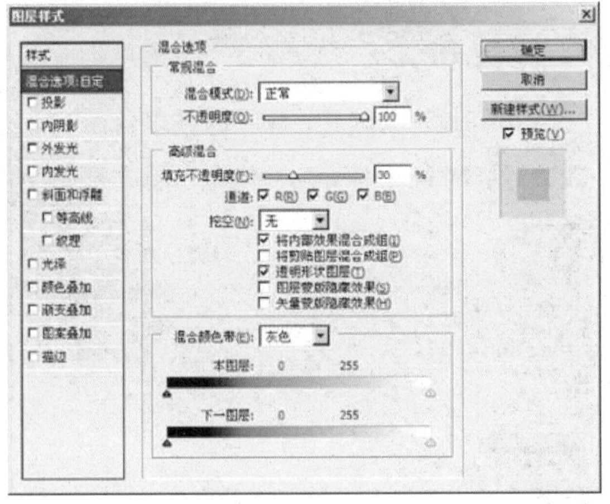

图25-5 设置混合选项

步骤5 在“图层样式”对话框的左侧列表中选择“投影”选项，并设置相应参数，如图25-6 所示。

步骤6 在“图层样式”对话框中选择“内阴影”选项，并设置相应参数，如图25-7 所示。

步骤7 在“图层样式”对话框中选择“外发光”选项，并设置相应参数，如图25-8 所示。

步骤8 在“图层样式”对话框中选中“斜面和浮雕”选项，设置相应参数，如图25-9（一）所示。在左侧列表中选择“等高线”选项，在右侧的“图素”选项区中单击“等高线”右侧的图标，在弹出的“等高线编辑器”对话框中拖曳曲线进行调整，如图25-9（二）所示。

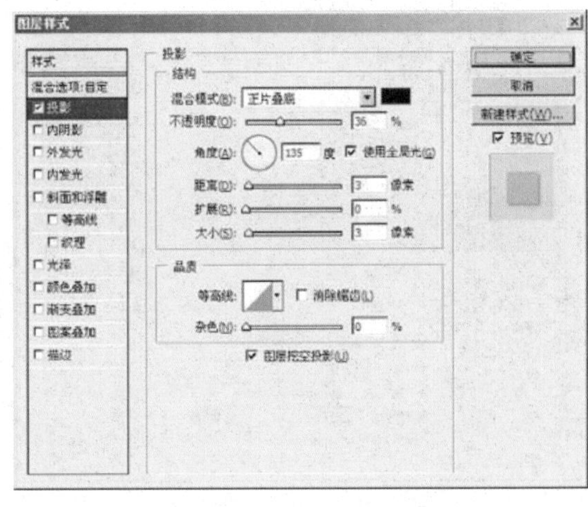

图25-6 设置投影参数

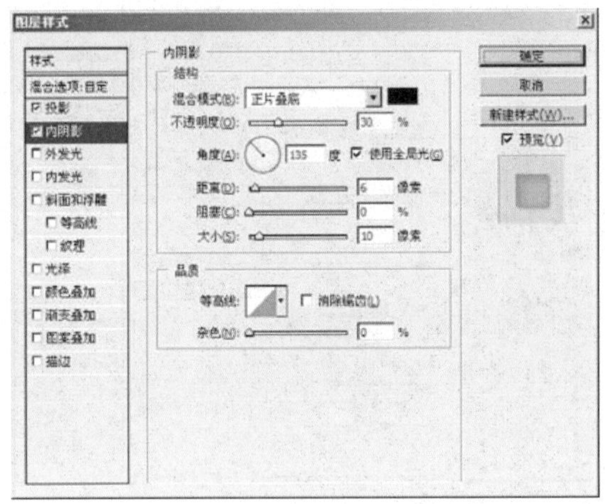

图25-7 设置内阴影参数

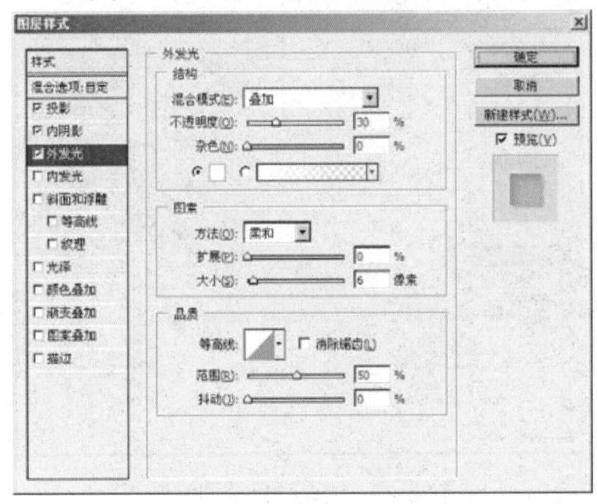

图25-8 设置外发光参数

步骤9 在“图层样式”对话框中选择“颜色叠加”选项，将颜色设置为绿色（RGB 参数值分别为24、169、34），其他参数设置如图25-10所示。单击“确定”按钮，矩形效果如图25-11所示。

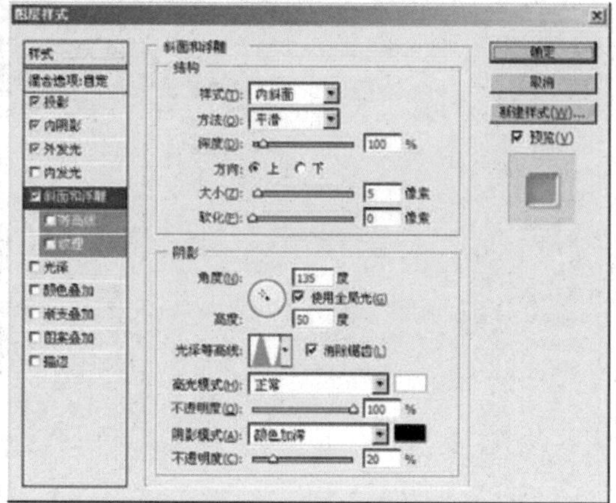

图25-9（一） 设置斜面和浮雕参数

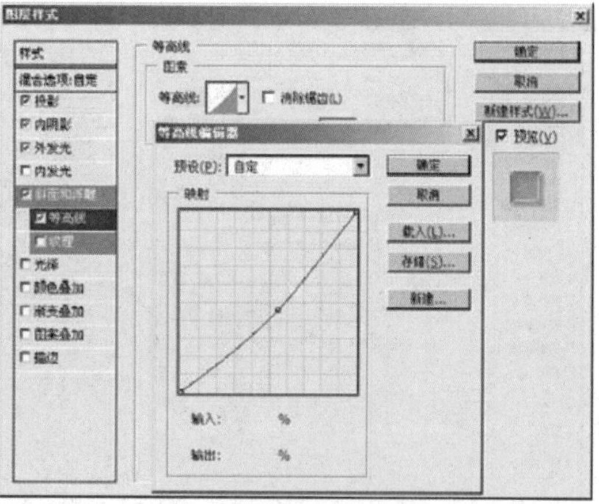

图25-9（二） 设置等高线参数

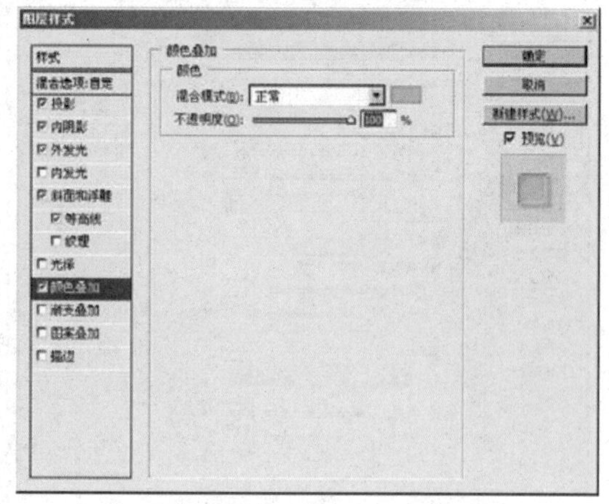

图25-10 设置颜色叠加参数

步骤10 按住【Alt】键的同时拖曳矩形进行复制，重复上述操作，复制多个矩形并分别调整图像的位置，如图25-12所示。

步骤11 选择相应的图层，单击“添加图层样式”按钮，在弹出的“图层样式”下拉菜单中选择“颜色叠加”选项，在弹出的对话框中对颜色进行调整，如图25-13所示。

图25-11 矩形效果

图25-12 复制多个矩形并调整其位置

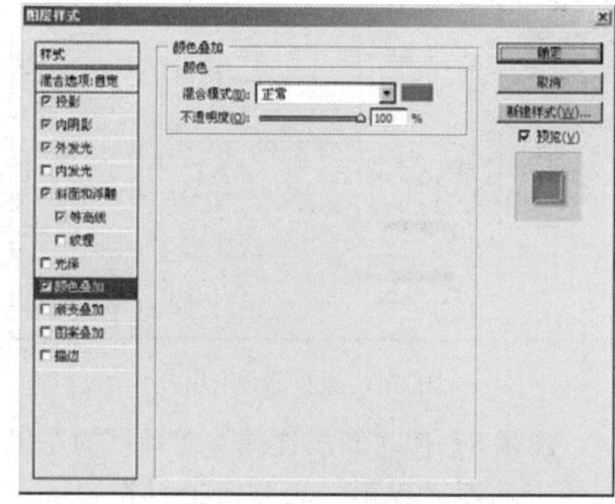

图25-13 调整图像颜色

步骤12 用与上述相同的方法，调整部分矩形的颜色，效果如图25-14所示。

图25-14 调整矩形颜色后的效果

实例26 岩洞纹理

本例制作岩洞纹理，效果如图26-1所示。

图26-1 岩洞纹理

操作步骤

步骤1 单击“文件”|“新建”命令，新建一幅RGB模式的空白图像。

步骤2 按【D】键，设置前景色为黑色、背景色为白色，单击“滤镜”|“渲染”|“云彩”命令，然后单击“滤镜”|“渲染”|“分层云彩”命令，效果如图26-2所示。

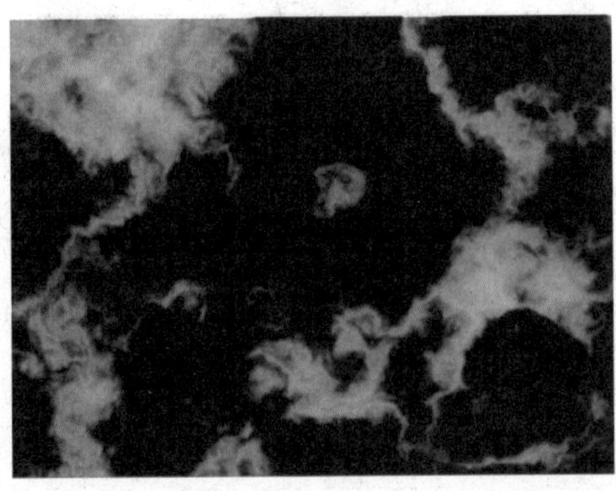

图26-2 图像效果

步骤3 单击“图像”|“图像旋转”|“90度（顺时针）”命令，效果如图26-3所示。

步骤4 单击“滤镜”|“风格化”|“风”命令，在弹出的“风”对话框中设置“方法”为“飓风”、“方向”为“从右”（如图26-4所示），单击“确定”按钮。

步骤5 单击“图像”|“图像旋转”|“90度（逆时针）”命令，效果如图26-5所示。

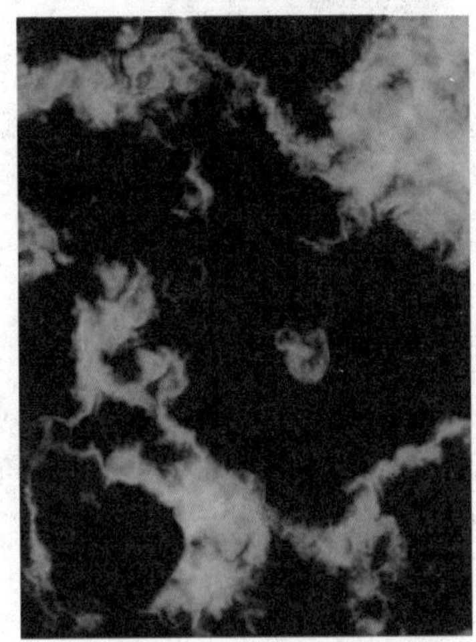

图26-3 旋转图像效果

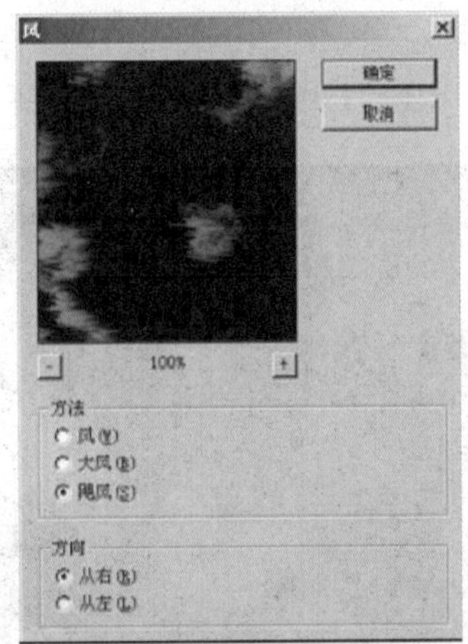

图26-4 “风”对话框

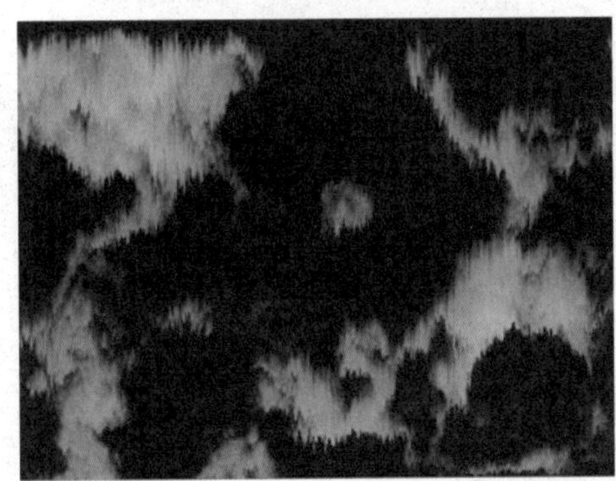

图26-5 图像效果

步骤6 单击“滤镜”|“模糊”|“高斯模糊”命令，在弹出的如图26-6所示的“高斯模糊”对话框中设置“半径”为1，

单击“确定”按钮，效果如图26-7所示。

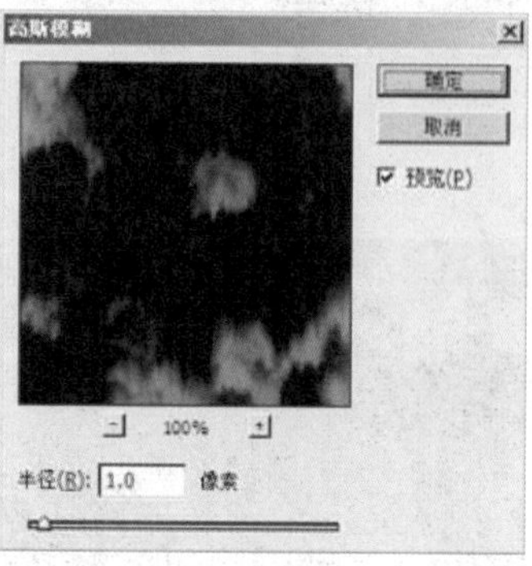

图26-6 “高斯模糊”对话框

步骤7 单击“图像”|“图像旋转”|“90度（顺时针）”命令，将画布旋转。

步骤8 单击“滤镜”|“风格化”|“风”命令，在弹出的“风”对话框中设置“方法”为“飓风”、“方向”为“从右”，单击“确定”按钮。

步骤9 单击“图像”|“图像旋转”|“90度（逆时针）”命令，将图像还原。

图26-7 “高斯模糊”滤镜效果

步骤10 单击“滤镜”|“模糊”|“高斯模糊”命令，在弹出的“高斯模糊”对话框中设置“半径”为1，单击“确定”按钮，效果如图26-8所示。

步骤11 单击“滤镜”|“渲染”|“光照效果”命令，在弹出的“光照效果”对话框中设置相应参数（如图26-9所示），单击“确定”按钮，效果如图26-10所示。

步骤12 单击“图像”|“调整”|“色相/饱和度”命令，打开“色相/饱和度”对话框，设置“色相”为215、“饱和度”为35，并选中“着色”复选框（如图26-11所示），单击“确定”按钮，即可生成岩洞纹理效果，参见图26-1。

图26-8 “高斯模糊”滤镜效果

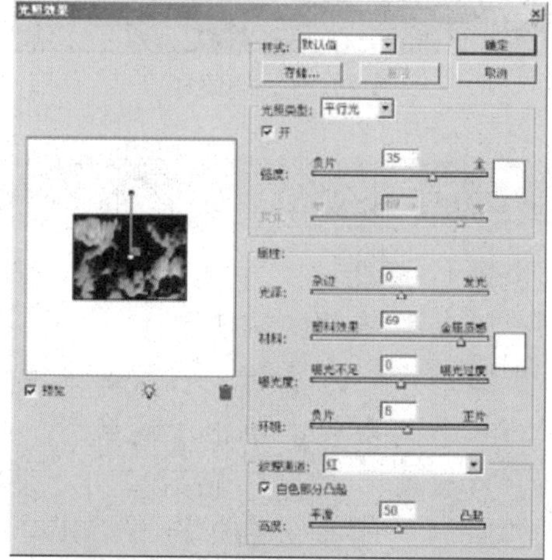

图26-9 “光照效果”对话框

图26-10 “光照效果”滤镜效果

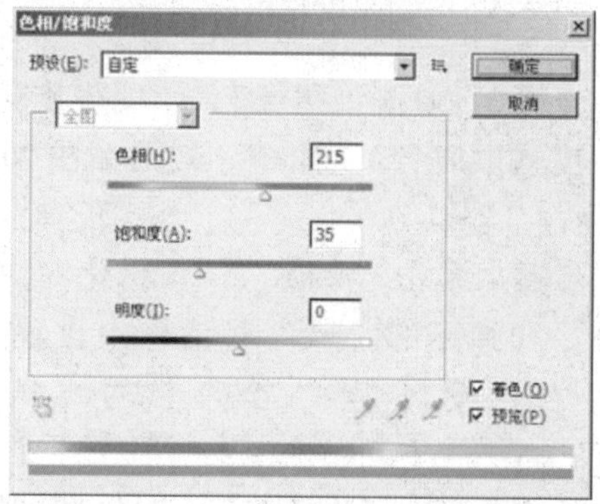

图26-11 “色相/饱和度”对话框

实例27 植物纹理

本例制作植物纹理，效果如图27-1所示。

图27-1 植物纹理

操作步骤

步骤1 单击“文件”|“新建”命令，新建一幅“背景内容”为“透明”的RGB空白图像，如图27-2所示。

图27-2 新建空白图像

步骤2 设置前景色为绿色（RGB参数值分别为10、160、8），按【Alt+Delete】组合键为图像填充前景色，如图27-3所示。

图27-3 填充前景色

步骤3 单击“滤镜”|“纹理”|“颗粒”命令，在打开的“颗粒”对话框中设置“强度”为75、“对比度”为82、“颗粒类型”为“结块”（如图27-4所示），单击“确定”按钮，效果如图27-5所示。

步骤4 单击“滤镜”|“锐化”|“USM锐化”命令，在打开的“USM锐化”对话框中设置“数量”为80、“半径”为5，如图27-6所示。单击“确定”按钮，效果如图27-7所示。

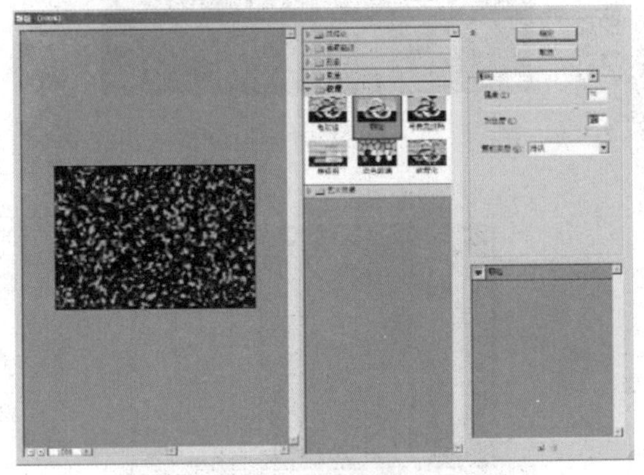

图27-4 “颗粒”对话框

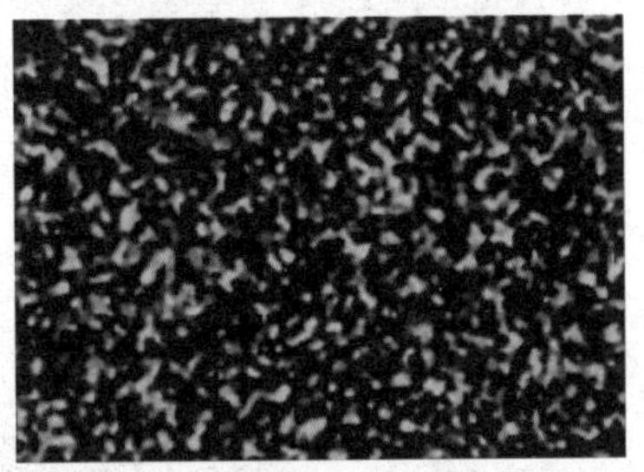

图27-5 “颗粒”滤镜效果

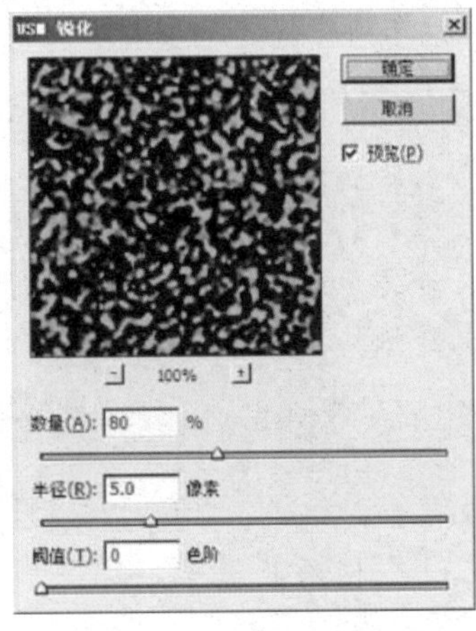

图27-6 “USM锐化”对话框

步骤5 单击“通道”调板底部的“创建新通道”按钮，创建通道Alpha 1。

步骤6 单击“滤镜”|“杂色”|“添加杂色”命令，在打开的“添加杂色”对话框中设置“数量”为100，并选中“高斯分布”单选按钮（如图27-8所示），单

击“确定”按钮。

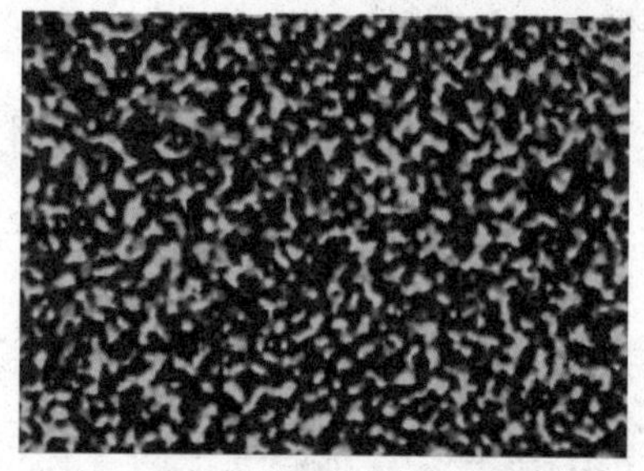

图27-7 “USM锐化”滤镜效果

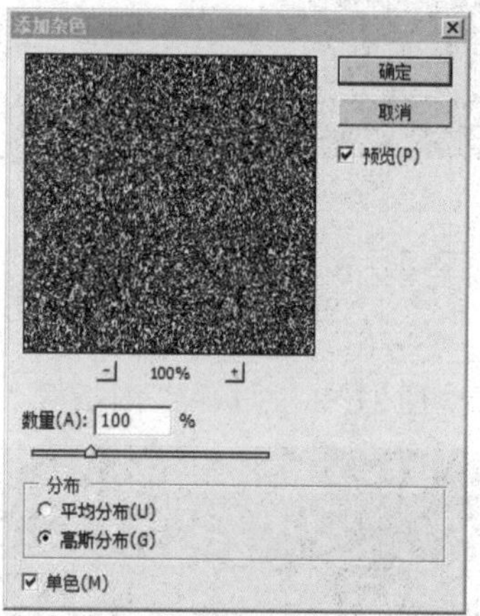

图27-8 “添加杂色”对话框

步骤7 打开“图层”调板，选中“图层1”，单击“滤镜”|“渲染”|“光照效果”命令，在打开的“光照效果”对话框中设置相应参数，如图27-9所示。单击“确定”按钮，完成植物纹理制作，效果参见图27-1。

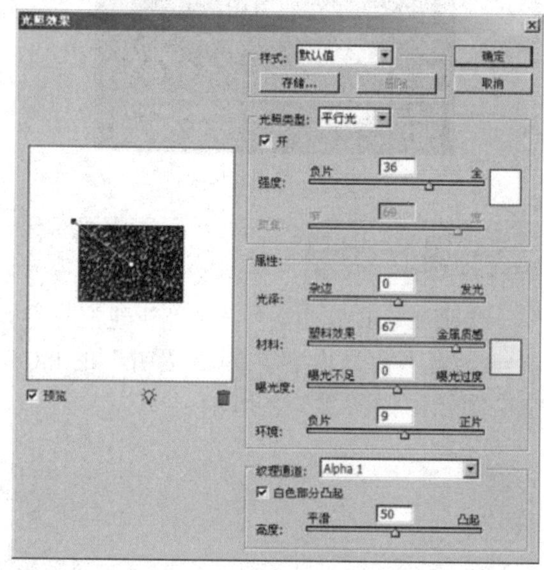

图27-9 “光照效果”对话框

实例28 鳞片纹理

本例制作鳞片纹理，效果如图28-1所示。

图28-1 鳞片纹理

操作步骤

步骤1 新建一个空白的RGB图像文件。

步骤2 单击“图层”调板底部的“创建新图层”按钮，新建“图层1”，单击“视图”|“标尺”命令显示标尺，然后分别拖曳出一条水平和垂直辅助线，选择工具箱中的椭圆选框工具，移动鼠标指针至辅助线交叉处，按住【Shift+Alt】组合键的同时拖曳鼠标，在图像编辑窗口中创建一个正圆选区，如图28-2所示。

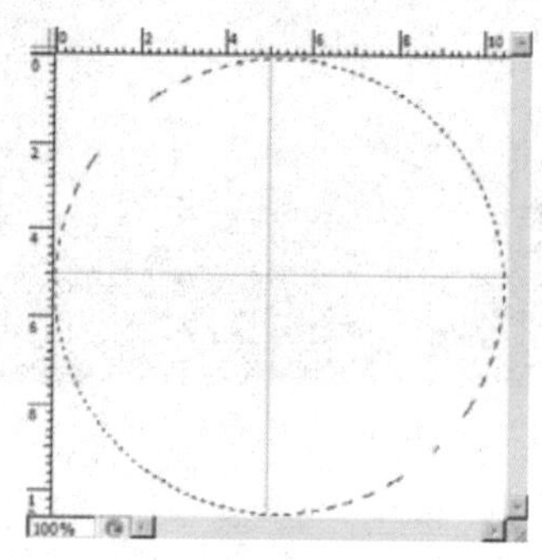

图28-2 创建选区

步骤3 将前景色设置为绿色、背景色设置为黄色，选择工具箱中的渐变工具，在其工具属性栏中单击“径向渐变”按钮，并选择“前景色到背景色渐变”样式，在图像中从圆形选区的中心向其边缘拖曳鼠标，填充渐变色，然后隐藏标尺，效果如图28-3 所示。

步骤4 复制“图层1”生成“图层1副本”图层，单击“滤镜”|“其他”|“位移”命令，在打开的“位移”对话框中设置参数，如图28-4 所示。单击“确定”按钮，效果如图28-5 所示。

图28-3 渐变填充图形

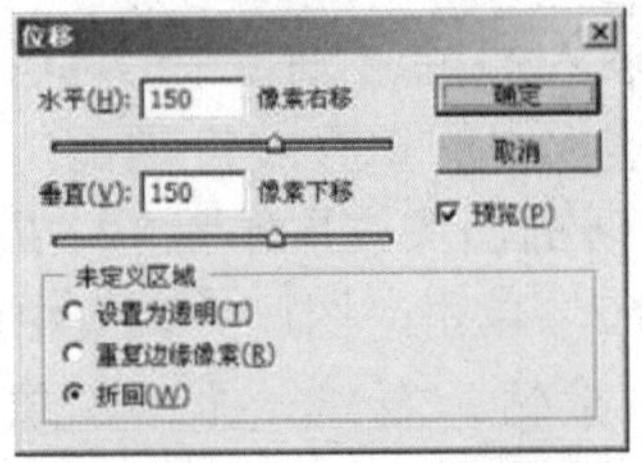

图28-4 “位移”对话框

图28-5 “位移”滤镜效果

步骤5 选择工具箱中的矩形选框工具，在图像的上半部分创建一个矩形选区，如图28-6 所示。

步骤6 单击“图层”|“新建”|“通过剪切的图层”命令，新建“图层2”，并将“图层2”拖曳到“图层1”的下面，此时的“图层”调板如图28-7 所示，图像效果如图28-8 所示。

步骤7 单击“图像”|“图像大小”命令，在弹出的“图像大小”对话框中将图像的大小调整为100×100像素，按【Ctrl+A】组合键全选图像，单击“编辑”|“定义图案”命令，将图像定义为图案，如图28-9 所示。

图28-6 创建选区

图28-7 “图层”调板

图28-8 图像效果

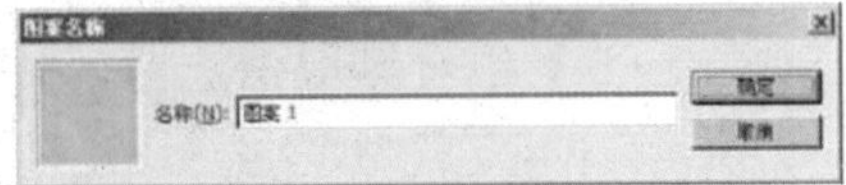

图28-9 “图案名称”对话框

步骤8 单击“文件”|“新建”命令，新建一幅RGB 模式的空白图像，单击“编辑”|“填充”命令，在弹出的对话框中选择刚定义的图案填充图像，如图28-10 所示。单击“确定”按钮，填充后的效果如图28-11 所示。

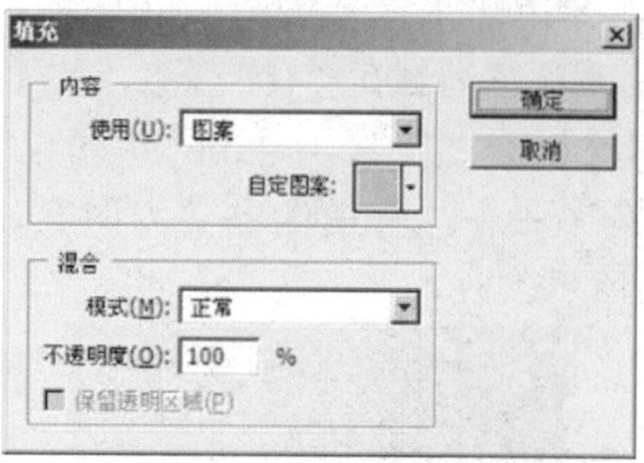

图28-10 “填充”对话框

图28-11 图像效果

实例29 波尔卡点

本例制作波尔卡点，效果如图29-1所示。

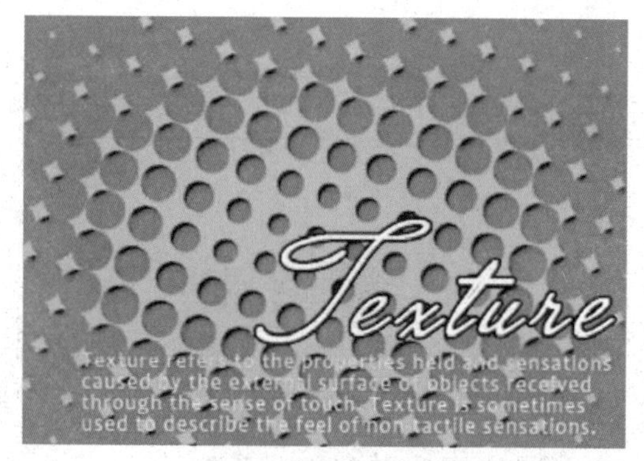

图29-1 波尔卡点

操作步骤

步骤1 单击“文件”|“新建”命令，新建一幅RGB模式的空白图像。

步骤2 单击“通道”调板底部的“创建新通道”按钮，创建一个新通道Alpha 1。

步骤3 选择工具箱中的矩形选框工具，在图像编辑窗口中创建一个矩形选区，按【Alt+Delete】组合键填充选区。操作完成后按【Ctrl+D】组合键取消选区，效果如图29-2所示。

步骤4 单击“滤镜”|“模糊”|“高斯模糊”命令，在弹出的“高斯模糊”对话框中设置“半径”为50（如图29-3所示），单击“确定”按钮，效果如图29-4所示。

步骤5 单击“滤镜”|“像素化”|“彩色半调”命令，在弹出的“彩色半调”对话框中设置“最大半径”为20，其余参数保持默认设置（如图29-5所示），单击“确定”按钮，效果如图29-6所示。

步骤6 按住【Ctrl】键的同时单击Alpha 1通道，载入Alpha1通道中的选区，再单击“通道”调板中的RGB复合通道，回到RGB模式，此时的图像效果如图29-7所示。

步骤7 单击“图层”调板中的“创建新图层”按钮，新建一个“图层1”，将前景色设为绿色，按【Alt+Delete】组合键将选区用前景色填充，效果如图29-8所示。

图29-2 创建选区并进行填充

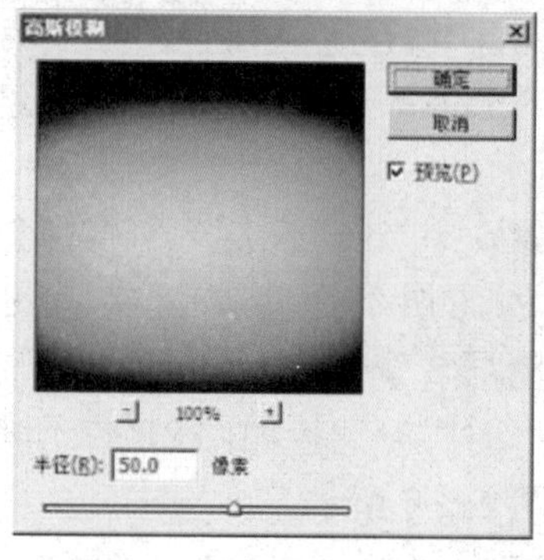

图29-3 “高斯模糊”对话框

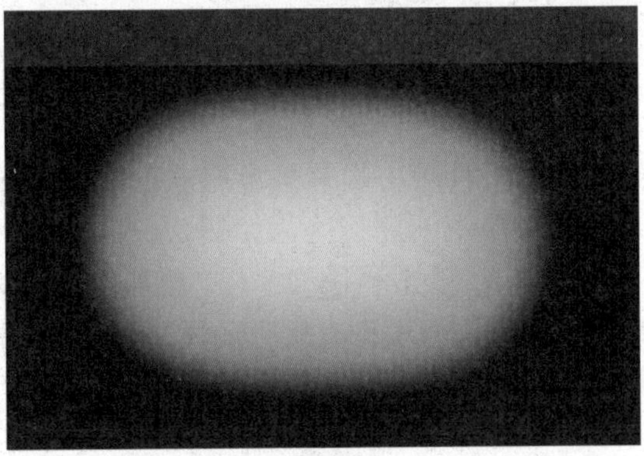

图 29-4 “高斯模糊”滤镜效果

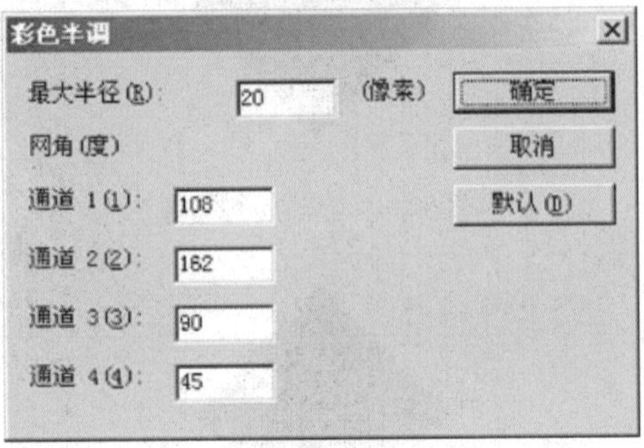

图 29-5 “彩色半调”对话框

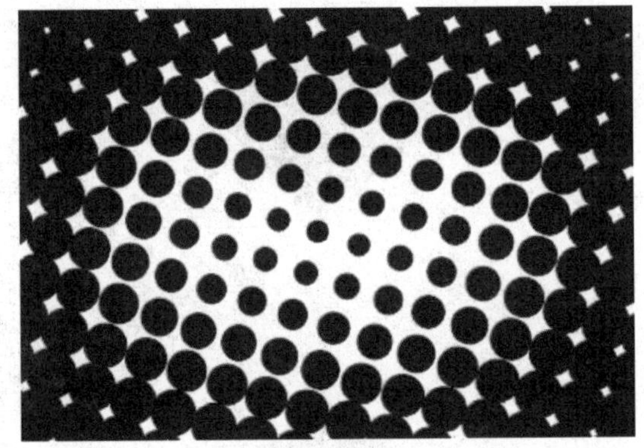

图 29-6 “彩色半调”滤镜效果

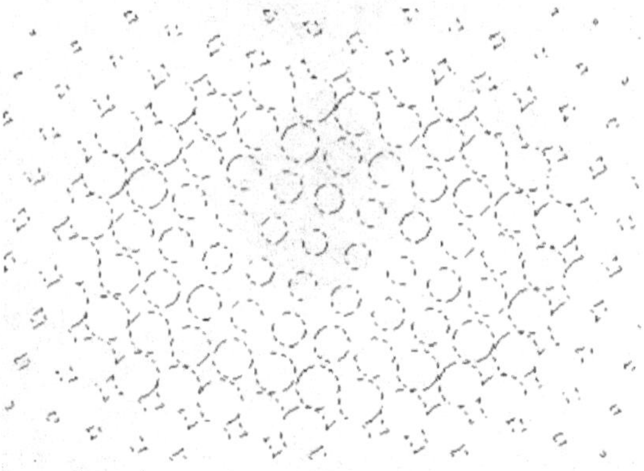

图 29-7 载入“Alpha 1”通道中的选区

步骤 8 选择背景图层为当前图层，将背景色设为蓝色（RGB 参数值分别为 82、86、243），按【Ctrl+Delete】组合键填充背景色，完成操作后取消选区，效果如图 29-9 所示。

图29-8 填充效果

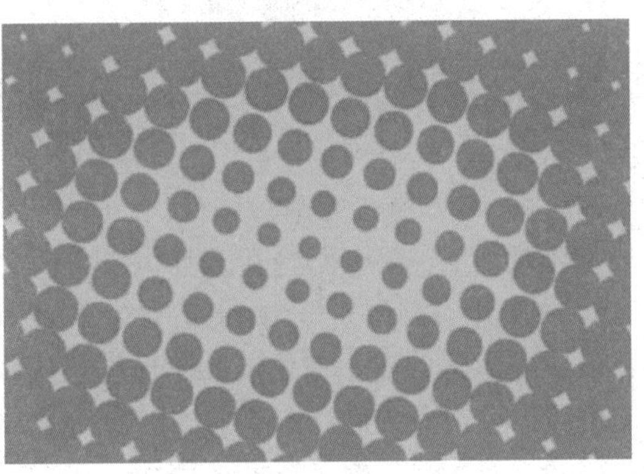

图29-9 填充背景色

步骤 9 双击“图层 1”，在弹出的“图层样式”对话框中选择“投影”选项（如图 29-10 所示），各参数保持默认设置，单击“确定”按钮，即可生成波尔卡点效果，参见图 29-1。

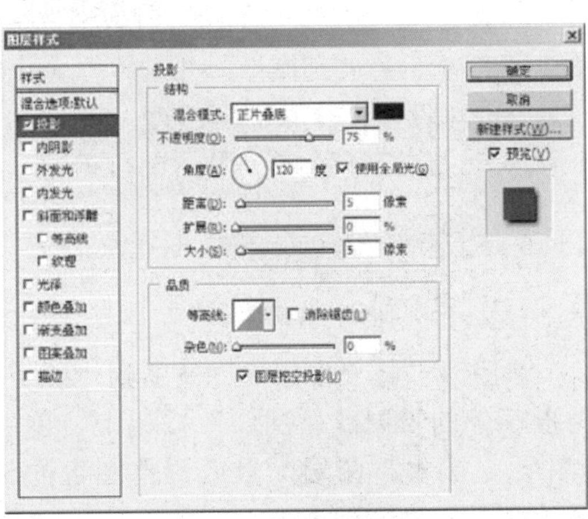

图29-10 设置投影参数

实例30 凉席肌理底纹

本例制作逼真的凉席肌理底纹，效果如图30-1所示。

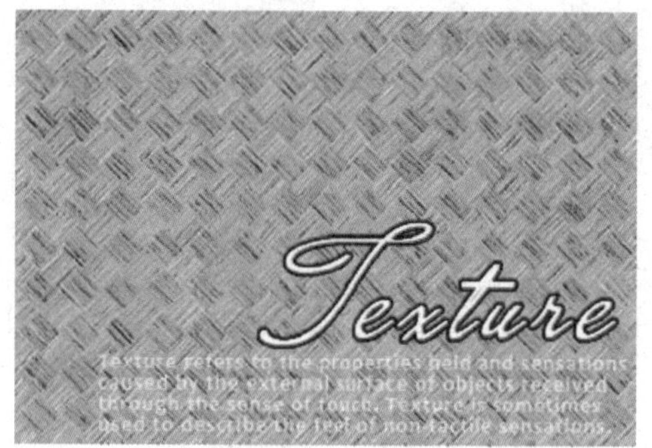

图30-1 凉席肌理底纹

操作步骤

步骤1 单击“文件”|“新建”命令，新建一幅RGB模式的空白图像。

步骤2 选择矩形选框工具，在“图层”调板中新建“图层1”，并将前景色和背景色设置为默认的黑、白色，在图像编辑窗口中创建一个矩形选区，按【Alt+Delete】组合键填充前景色，如图30-2所示。

图30-2 绘制并填充选区

步骤3 按【Ctrl+D】组合键取消选区。单击“编辑”|“变换”|“旋转”命令，在属性栏中设置旋转角度为45度（如图30-3所示），旋转后的图像如图30-4所示。

图30-3 设置旋转参数

步骤4 将“图层1”拖曳到“图层”调板底部的“创建新图层”按钮上，创建“图层1 副本”图层，然后调整图像的位置，如图30-5所示。

步骤5 按【Ctrl+E】组合键将图层向下合并。在工具箱中选择矩形选框工具，在图像编辑窗口中创建选区，如图30-6所示。

步骤6 单击“图像”|“裁剪”命令，裁剪掉多余的图像，此时的图像如图30-7所示。

图30-4 旋转后的图像

图30-5 调整图像位置

图30-6 创建选区

步骤7 单击“图像”|“图像大小”命令，在“图像大小”对话框中设置图像的“宽度”和“高度”均为30像素（如图

30-8 所示），单击“确定”按钮。

图30-7 裁剪后的图像

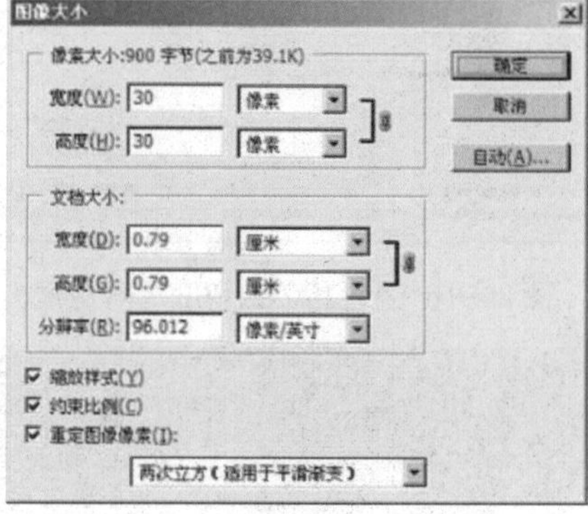

图30-8 “图像大小”对话框

步骤8 单击“编辑”|“定义图案”命令，弹出“图案名称”对话框，为图案设置名称后，单击“确定”按钮，如图30-9 所示。

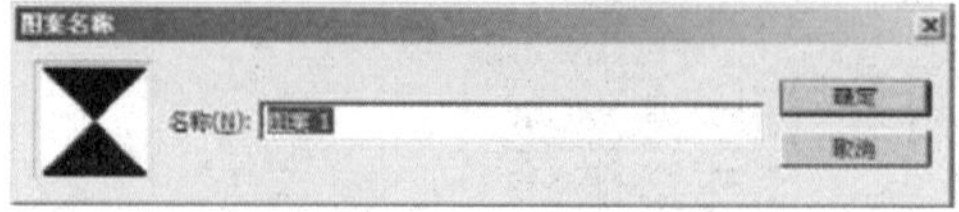

图30-9 定义图案

步骤9 新建一幅空白图像，单击“编辑”|“填充”命令，弹出“填充”对话框，在“使用”下拉列表框中选择“图案”选项，在“自定图案”下拉列表框中选择刚定义的图案（如图30-10 所示），单击“确定”按钮，效果如图30-11 所示。

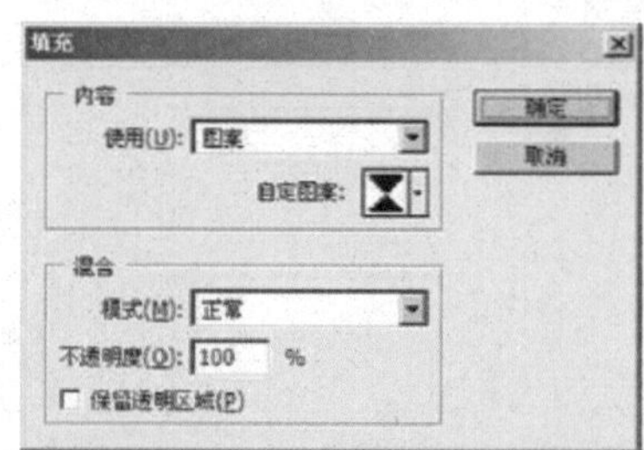

图30-10 “填充”对话框

步骤10 单击“滤镜”|“杂色”|“添加杂色”命令，弹出“添加杂色”对话框，设置相应参数（如图30-12 所示），单击“确定”按钮，效果如图30-13 所示。

步骤11 单击“滤镜”|“画笔描边”|“成角的线条”命令，在弹出的“成角的线条”对话框中设置相应参数（如图30-14 所示），单击“确定”按钮，图像效果如图30-15 所示。

图30-11 填充效果

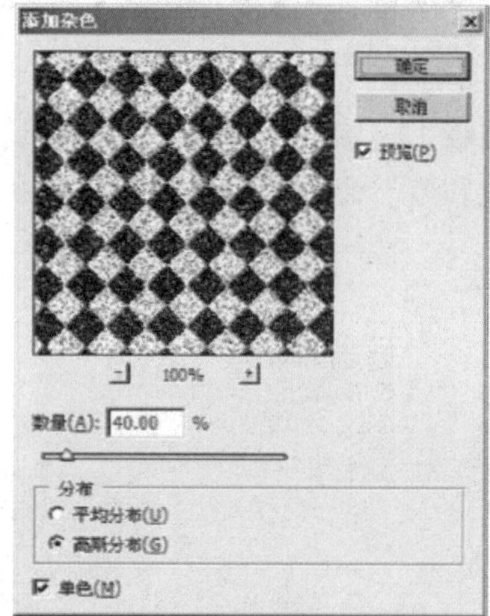

图30-12 “添加杂色”对话框

图30-13 “添加杂色”滤镜效果

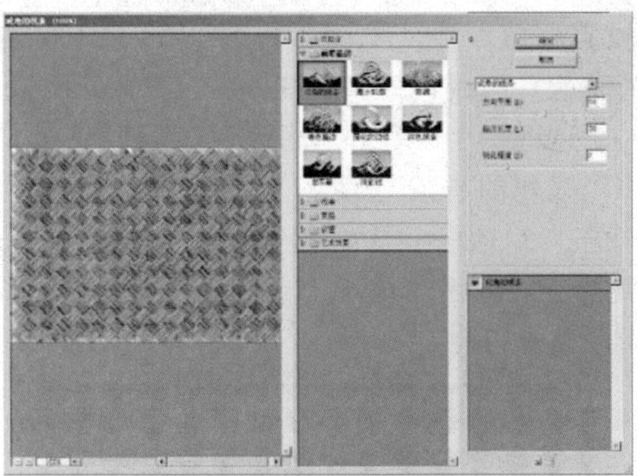

图 30-14 “成角的线条”对话框

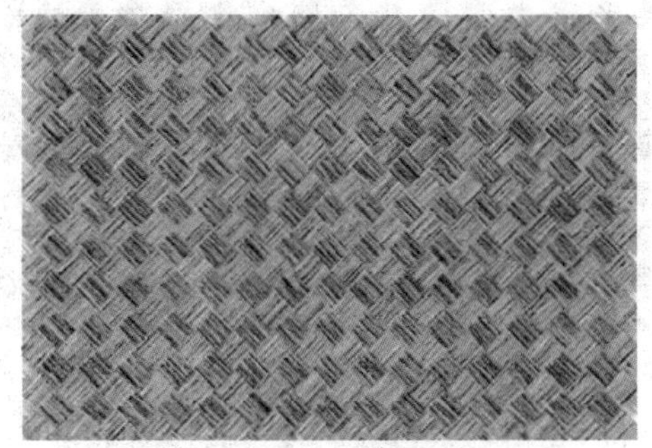

图30-15 图像效果

步骤 12 单击“图像”|“调整”|“色相 / 饱和度”命令，在弹出的“色相 / 饱和度”对话框中设置相应参数（如图 30-16 所示），单击“确定“按钮，图像效果如图 30-17 所示。

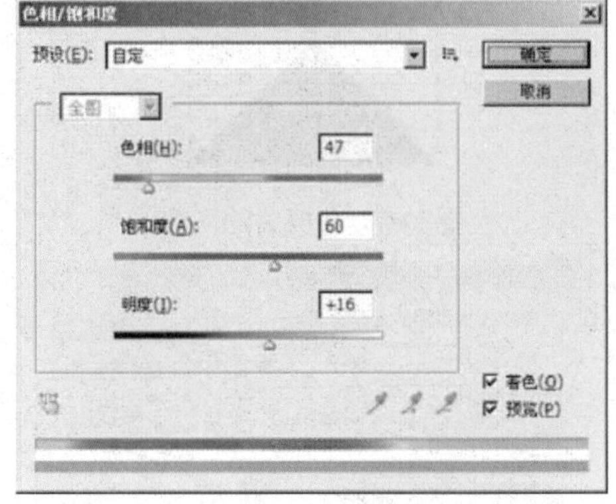

图 30-16 “色相 / 饱和度”对话框

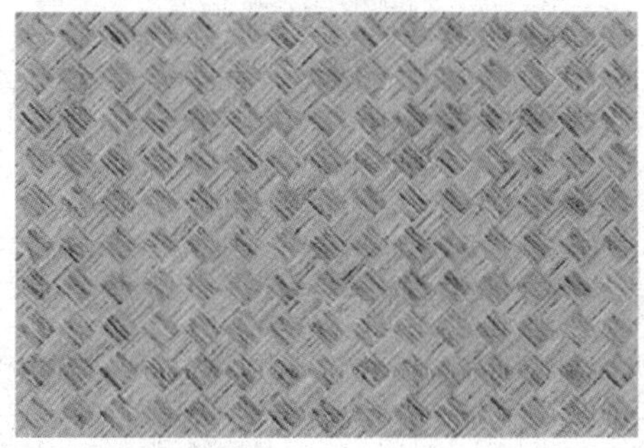

图30-17 图像效果

第2章 字体设计

part 2

本章主要介绍如何使用Photoshop来制作特殊效果的文字。使用Photoshop可以让文字发生各种各样的变化，利用这些艺术化处理后的文字能够为图像增加效果。通过本章的学习，读者可以制作出具有炫目效果的文字。

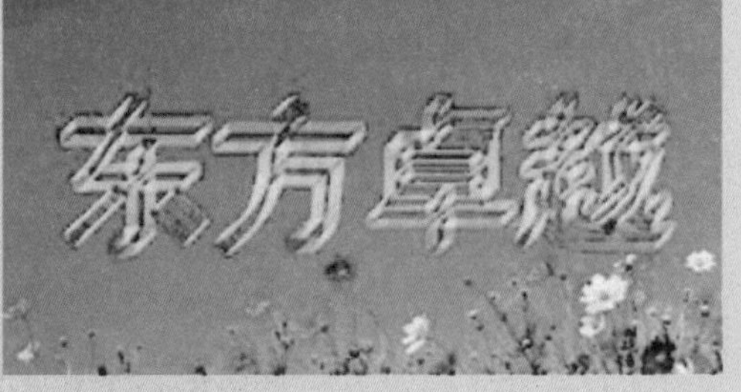

实例31 球面字体

本例制作球面字体，效果如图31-1所示。

图31-1 球面字体

操作步骤

步骤1 单击“文件”|“新建”命令，新建一个图像文件。

步骤2 单击背景色色块，打开“拾色器（背景色）”对话框，设置背景色为蓝色，按【Alt+Delete】组合键填充背景色。

步骤3 选取工具箱中的横排文字工具，在工具属性栏中设置文字的大小及字体，在图像编辑窗口中输入“春”字（如图31-2所示），此时在“图层”调板中也同时生成了一个新的图层，即“春”字所在的图层。

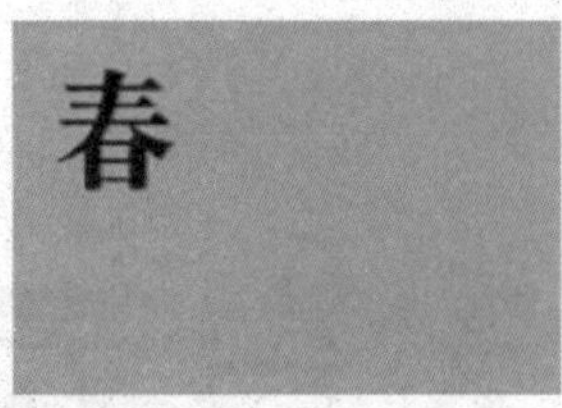

图31-2 输入文字

步骤4 参照上一步操作，分别在图像编辑窗口中输入“华”、“秋”、“实”字样，并调整它们的位置，如图31-3所示。

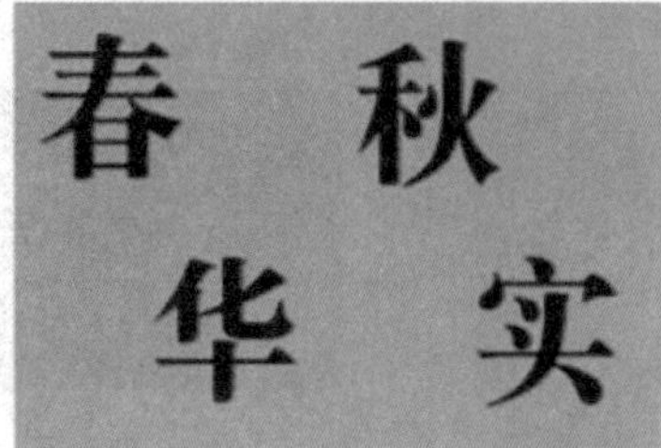

图31-3 输入其他文字

专家指点

四个字必须分别输入，因为在后面的操作中要对它们分别进行处理。

步骤5 此时每个文字都位于一个单独的图层，当前的“图层”调板如图31-4所示。

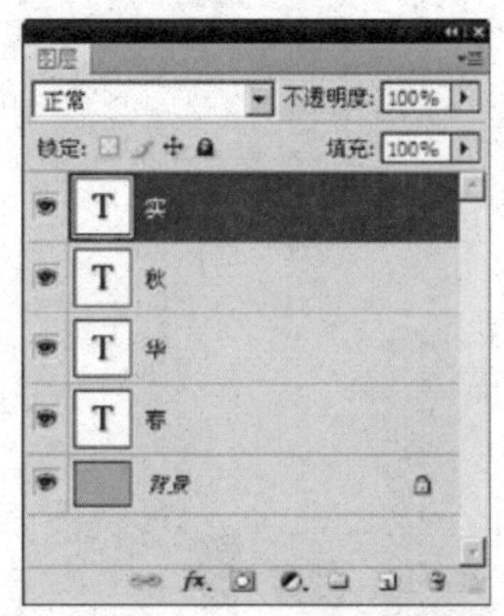

图31-4 “图层”调板

步骤6 选择“春”字所在的图层，选取工具箱中的椭圆选框工具，按住【Shift】键，在“春”字周围拖曳鼠标，创建一个圆形选区，如图31-5所示。

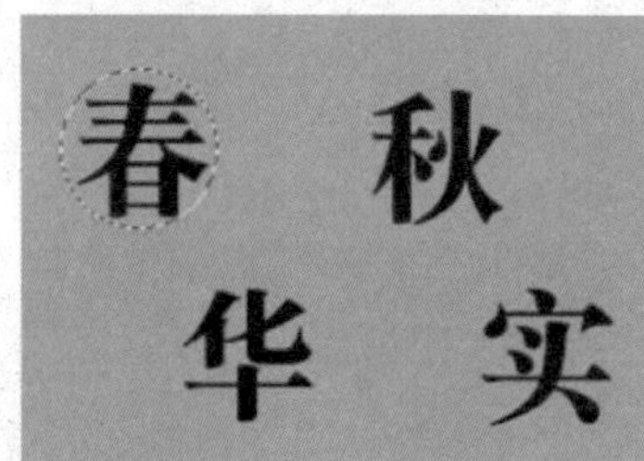

图31-5 创建圆形选区

专家指点

因为每个字都在不同的图层，且图层较多，所以选择各个图层的文字时，一定要在该文字所在的图层上进行操作。

步骤7 单击“滤镜”|“扭曲”|“球面化”命令，对文字进行变形处理。此时，将会弹出如图31-6所示的提示信息框，提示在对文字使用滤镜之前必须将其栅格化，并询问是否进行栅格化。

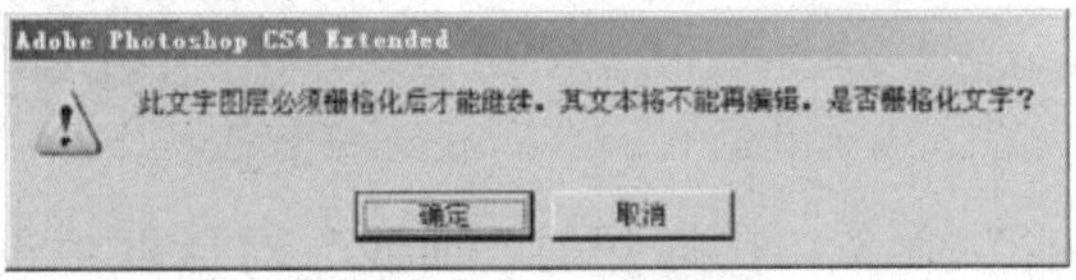

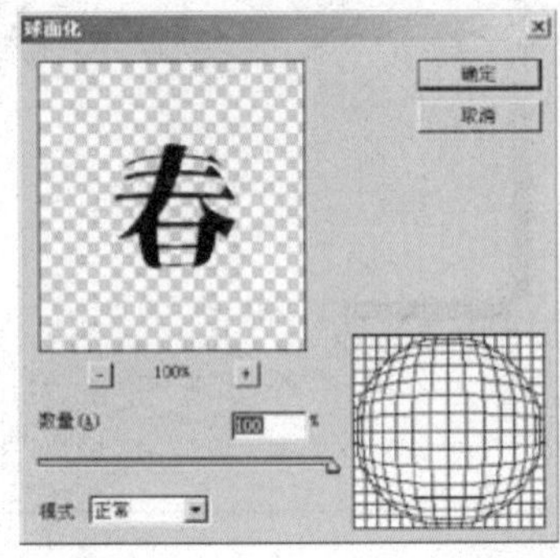

Adobe Photoshop CS4 Extended
此文字图层必须栅格化后才能继续。其文本将不能再编辑。是否栅格化文字？
确定
取消

图31-6 提示信息框

步骤8 单击“确定”按钮，在“球面化”对话框中将其中的“数量”设置为100、“模式”设置为“正常”（如图31-7所示），单击“确定”按钮，“春”字的球面化效果如图31-8所示。

球面化
确定
取消
春
100%
数量(A)
100
%
模式
正常

图31-7 “球面化”对话框

春
秋
华
实

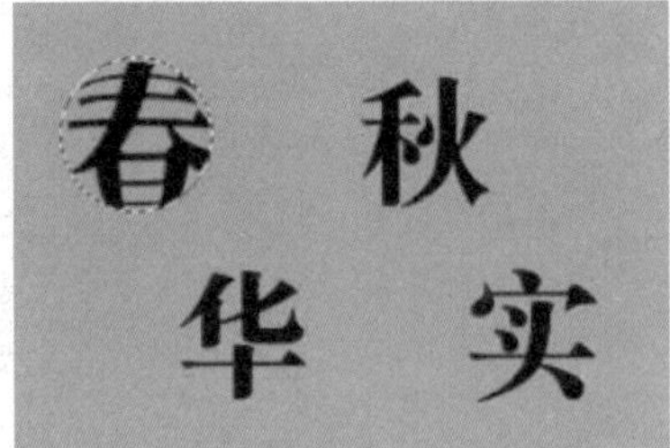

图31-8 “球面化”滤镜效果

步骤9 单击“图层”|“向下合并”命令，将“春”图层与“背景”图层合并。

> **专家指点**
>
> 将文字图层与“背景”图层合并是为了对文字连同背景一起添加滤镜效果，这也是为了方便后面对文字进行复制和粘贴操作。

步骤10 单击“滤镜”|“渲染”|“镜头光晕”命令，弹出如图31-9所示的“镜头光晕”对话框，在该对话框中设置相应的参数，单击“确定”按钮，效果如图31-10所示。

步骤11 单击“文件”|“新建”命令，新建一个图像文件。

步骤12 切换到原来的工作窗口，使用【Ctrl+C】组合键将“春”字复制到剪贴板中，然后在新建的图像编辑窗口中按【Ctrl+V】组合键，将剪贴板中的内容粘贴到新建图像编辑窗口中，并制作阴影效果，如图31-11所示。

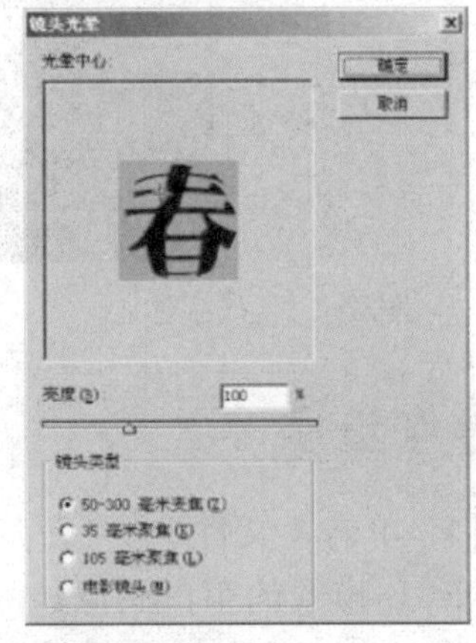

镜头光晕
光晕中心:
确定
取消
春
亮度(B)
100
%
镜头类型
50-300 毫米变焦(Z)
35 毫米聚焦(K)
105 毫米聚焦(L)
电影镜头(M)

图31-9 “镜头光晕”对话框

春
秋
华
实

图31-10 “镜头光晕”滤镜效果

春

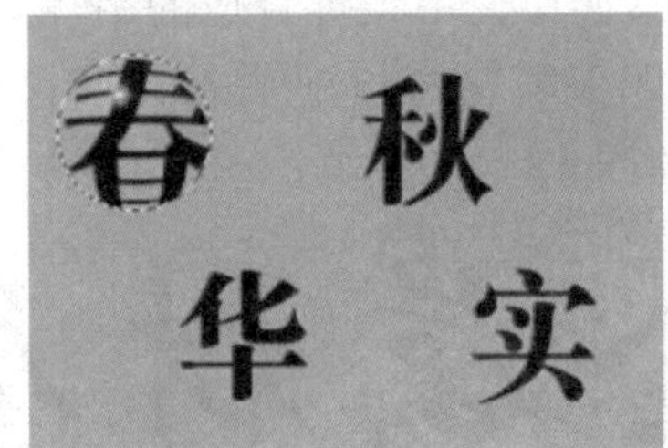

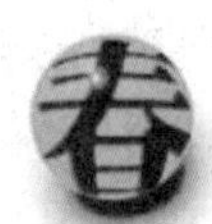

图31-11 复制文字

步骤13 参照步骤（6）～（12）的操作方法，分别对文字“华”、“秋”和“实”进行球面化处理，然后复制到新建的图像编辑窗口中，效果如图31-12所示。

图31-12 球面文字效果

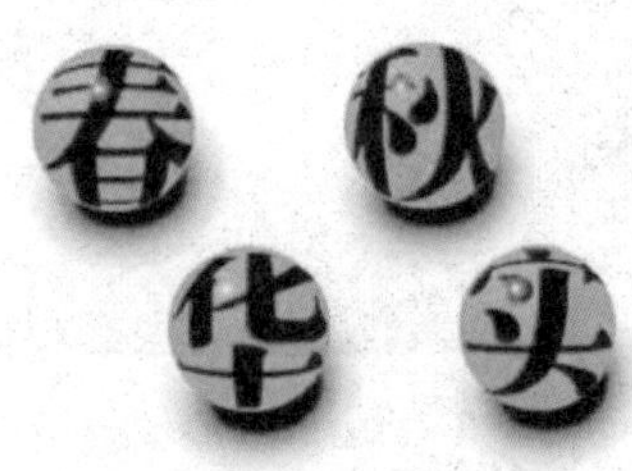

实例32 金属字体（一）

本例制作金属字体，效果如图32-1所示。

图32-1 金属字体之一

操作步骤

步骤1 单击“文件”|“新建”命令，新建一幅RGB模式的空白图像。

步骤2 选择工具箱中的横排文字工具，在其工具属性栏中设置合适的字体、字号，然后在图像编辑窗口中输入文字“金属材质”，如图32-2所示。

金属材质

图32-2 输入文字

步骤3 在“图层”调板底部用鼠标右键单击文字图层，在弹出的快捷菜单中选择“栅格化文字”选项，将文字图层转化为普通图层。

步骤4 单击“图层”调板中的“创建新图层”按钮，新建“图层1”，单击“滤镜”|“渲染”|“云彩”命令，此时的效果如图32-3所示。

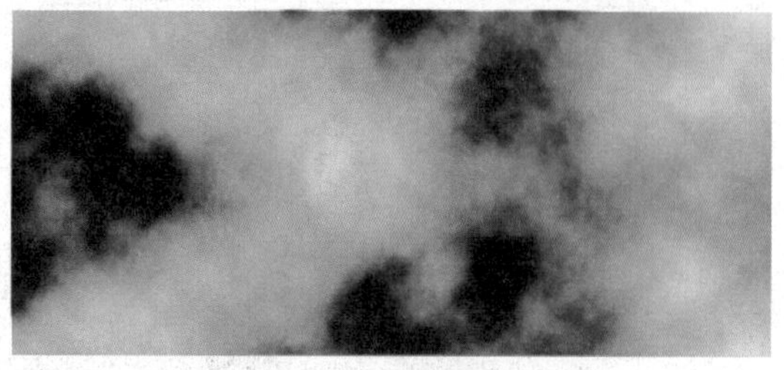
图32-3 “云彩”滤镜效果

步骤5 单击“图像”|“调整”|“曲线”命令，在打开的“曲线”对话框中设置相应的参数（如图32-4所示），单击“确定”按钮，效果如图32-5所示。

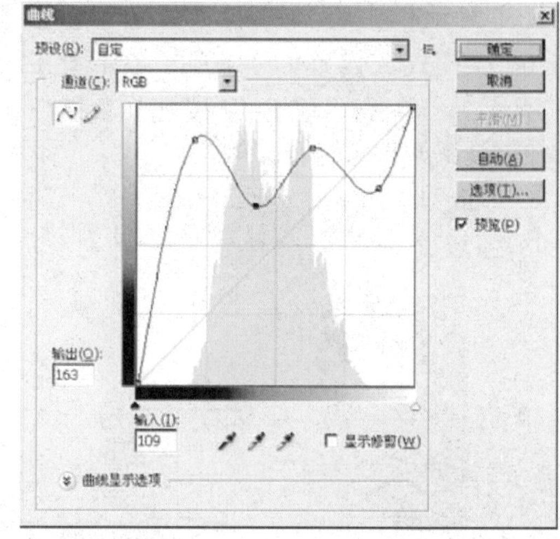

图32-4 “曲线”对话框

图32-5 调整曲线后的效果

步骤6 单击“滤镜”|“模糊”|“高斯模糊”命令，在打开的“高斯模糊”对话框中设置“半径”为18（如图32-6所示），单击“确定”按钮，效果如图32-7所示。

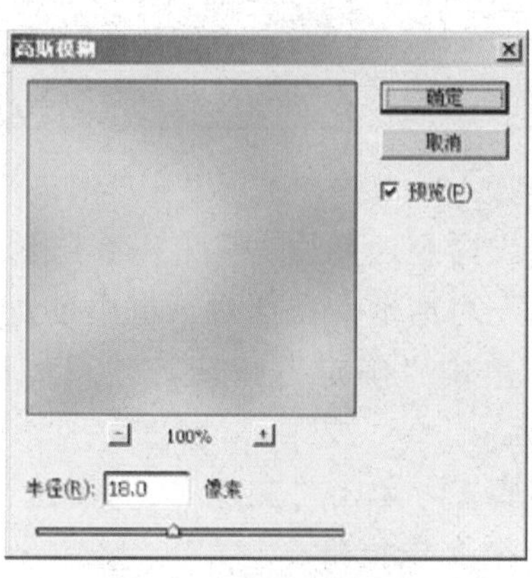

图32-6 “高斯模糊”对话框

图32-7 “高斯模糊”滤镜效果

步骤7 单击“滤镜”|“杂色”|“添加杂色”命令，在打开的“添加杂色”对话框中设置“数量”为12，分别选中“平均分布”单选按钮和“单色”复选框（如图32-8所示），单击“确定”按钮，效果如图32-9所示。

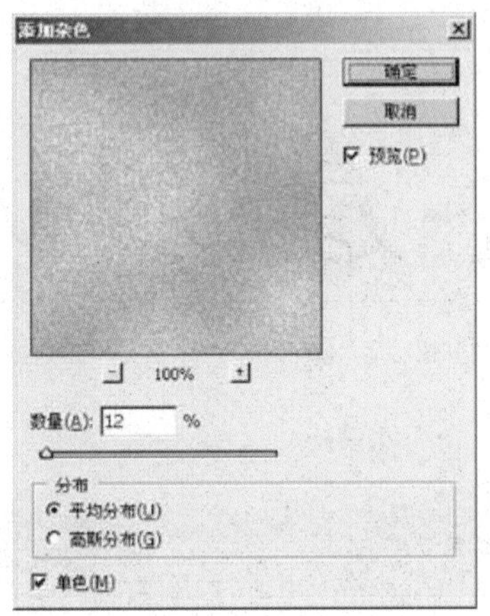

图32-8 “添加杂色”对话框

图32-9 “添加杂色”滤镜效果

步骤8 单击“滤镜”|“模糊”|“动感模糊”命令，在打开的“动感模糊”对话框中设置“角度”为0、“距离”为15（如图32-10所示），单击“确定”按钮，效果如图32-11所示。

步骤9 单击“滤镜”|“锐化”|“USM锐化”命令，在打开的“USM锐化”对话框中设置“数量”为145、“半径”为5.0、“阈值”为0（如图32-12所示），单击“确定”按钮，效果如图32-13所示。

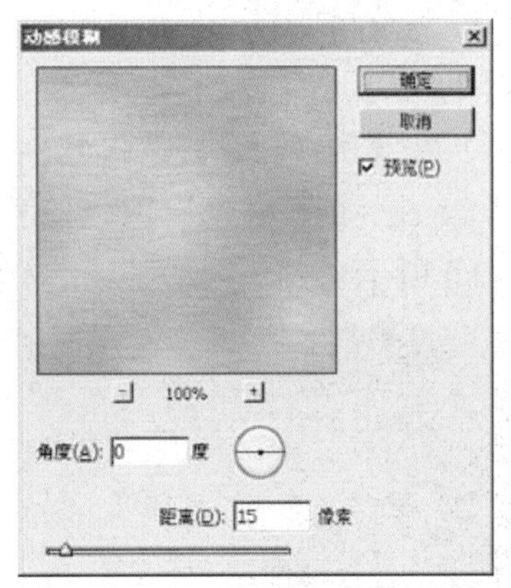

图32-10 “动感模糊”对话框

图32-11 “动感模糊”滤镜效果

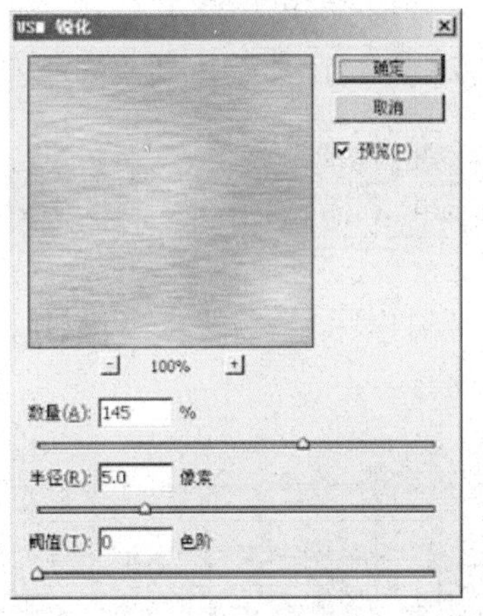

图32-12 “USM锐化”对话框

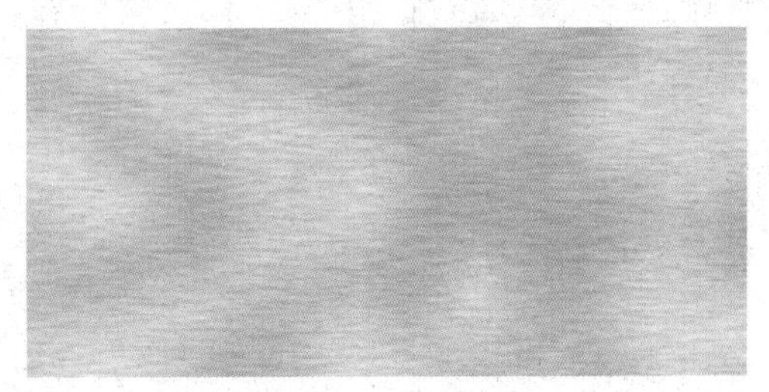

图32-13 “USM锐化”滤镜效果

步骤10 按住【Ctrl】键的同时单击文字图层，将文字载入选区，如图32-14所示。在“图层1”上单击鼠标右键，在弹出的快捷菜单中选择“向下合并”选项，将“图层 1 ”与文字图层合并。

步骤 11 单击“选择”|“反向”命令反选选区，按【Delete】键将其内容删除，然后按【Ctrl+D】组合键取消选区，效果如图 32-15 所示。

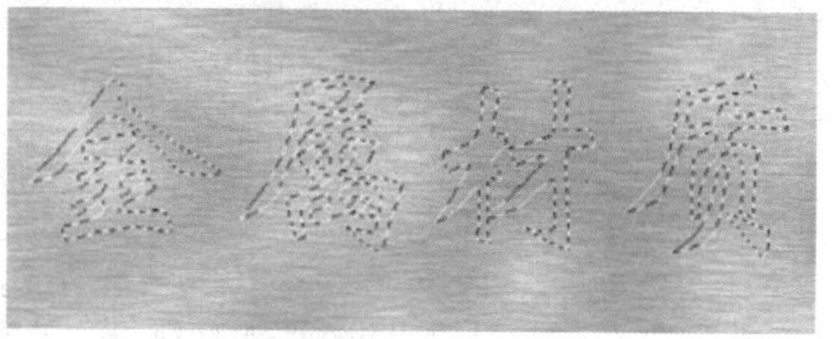

图32-14 将文字载入选区

图32-15 删除选区中的内容

步骤 12 在“图层”调板中双击文字图层，在打开的“图层样式”对话框中选择“斜面和浮雕”选项，并在其右侧的选项区中设置其参数，如图 32-16 所示。单击“确定”按钮，效果如图 32-17 所示。

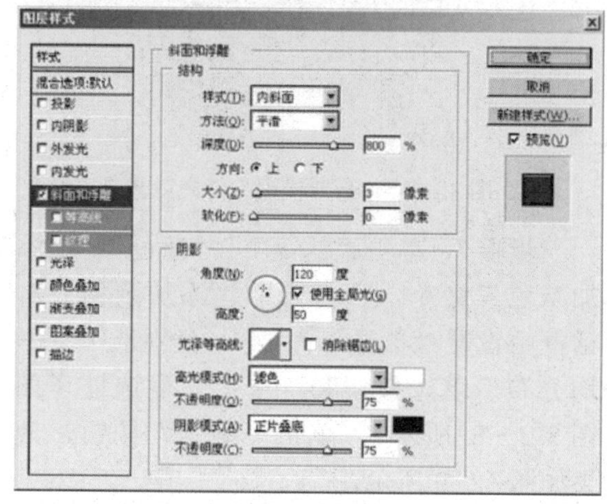

图 32-16 “图层样式”对话框

图32-17 添加图层样式后的效果

实例 33 金属字体（二）

本例制作另一种金属字体，效果如图 33-1 所示。

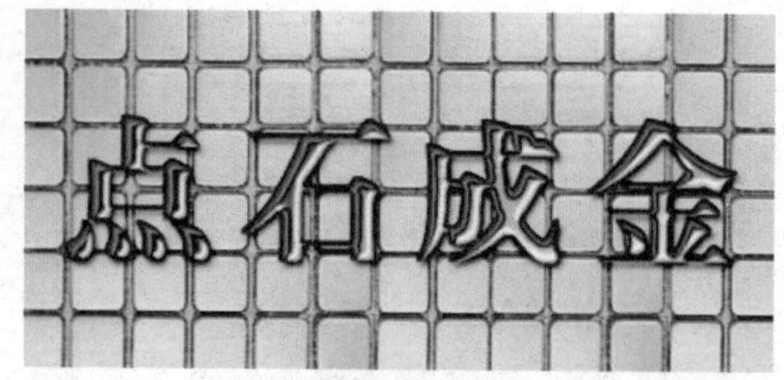

图33-1 金属字体之二

操作步骤

步骤 1 单击“文件”|“新建”命令，新建一幅空白图像。

步骤 2 选取工具箱中的横排文字工具，然后在其工具属性栏中设置各项参数，如图 33-2 所示。

图33-2 横排文字工具属性栏

步骤 3 在图像编辑窗口中输入文字“点石成金”，并将其调整至合适的位置，如图 33-3 所示。

图33-3 输入文字并调整位置

步骤 4 单击“图层”|“栅格化”|“文字”命令，将文字图层转化为普通图层。

步骤 5 在“图层”调板中将文字图层拖曳到底部的“创建新图层”按钮上，复制文字图层。

步骤6 设置前景色为灰色（RGB参数值分别为180、180、170），在按住【Ctrl】键的同时单击“点石成金副本”图层，将文字载入选区，然后按【Alt+Delete】组合键，用前景色填充文字选区，效果如图33-4所示。

图33-4 填充选区

步骤7 单击“滤镜”|“模糊”|“高斯模糊”命令，在打开的“高斯模糊”对话框中设置“半径”为1.5，单击“确定”按钮即可应用“高斯模糊”滤镜，然后按【Ctrl+F】组合键再次应用该滤镜。按【Ctrl+D】组合键取消选区，效果如图33-5所示。

图33-5 取消选区

步骤8 单击“滤镜”|“渲染”|“光照效果”命令，打开“光照效果”对话框，其参数设置如图33-6所示。单击“确定”按钮，效果如图33-7所示。

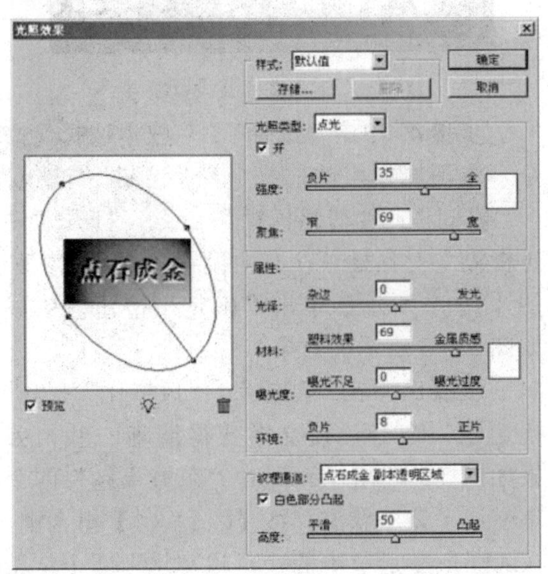

图33-6 “光照效果”对话框

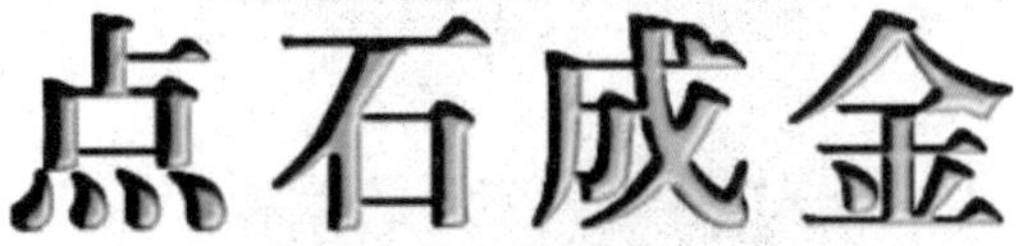

图33-7 “光照效果”滤镜效果

步骤9 单击“图像”|“调整”|“曲线”命令，打开“曲线”对话框，设置相应的参数（如图33-8所示），单击“确定”按钮，效果如图33-9所示。

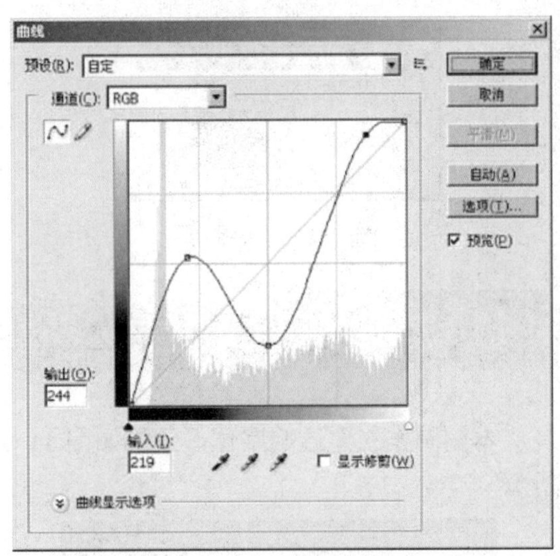

图33-8 “曲线”对话框

图33-9 调整曲线后的效果

步骤10 按住【Ctrl】键的同时单击下面的文字图层，选中两个文字图层，在“图层”调板底部单击“链接图层”按钮，使其成为链接图层（如图33-10所示），在该图层上单击鼠标右键，在弹出的快捷菜单中选择“合并图层”选项，合并链接图层，如图33-11所示。

步骤11 单击“图层”调板底部的“添加图层样式”按钮，在弹出的下拉菜单中选择“投影”选项，打开“图层样式”对话框，设置各项参数，如图33-12所示。单击“确定”按钮，最终效果如图33-13所示。

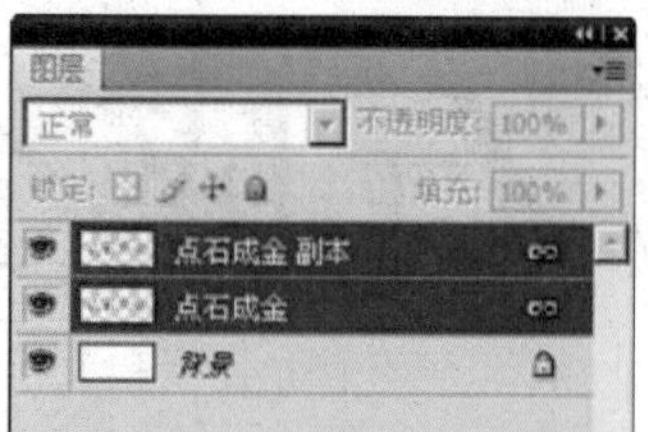

图33-10 链接图层

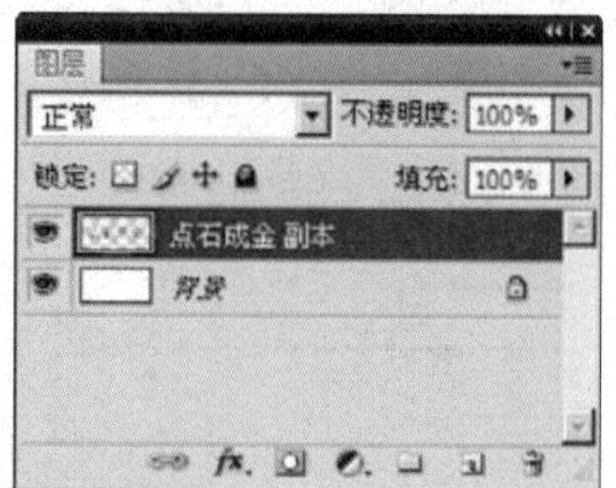

图33-11 合并图层

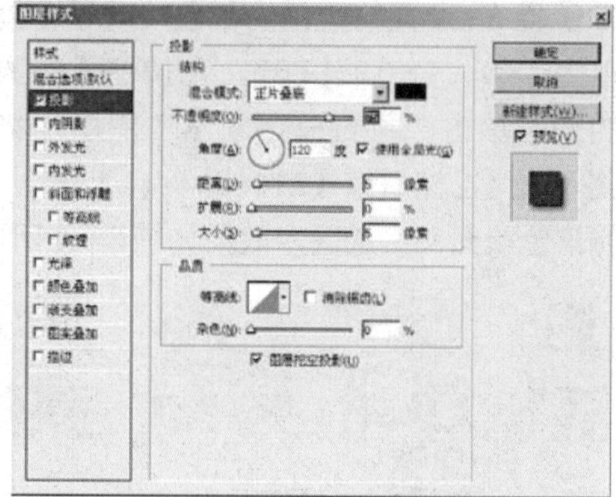

图 33-12 “图层样式”对话框

点石成金

图33-13 金属字效果

实例34 透明字体

本例制作立体透明字体，效果如图34-1所示。

图34-1 透明字体

操作步骤

步骤1 按【Ctrl+N】组合键新建一个图像文件，设置其背景颜色为白色。

步骤2 打开“通道”调板，单击该调板底部的“创建新通道”按钮，创建通道Alpha1，如图34-2所示。

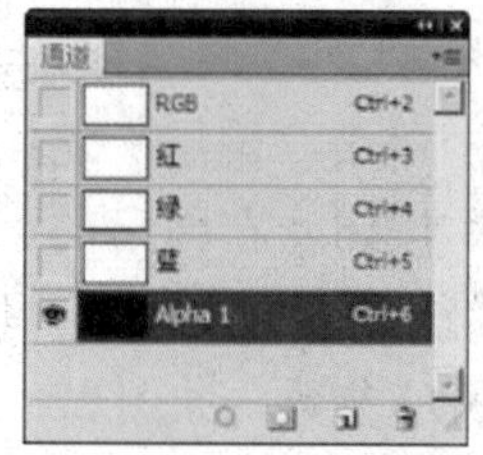

图34-2 创建通道Alpha 1

步骤3 将前景色设置为白色，选择工具箱中的横排文字工具，在图像编辑窗口中输入文字“东方卓越”，并将文字的字号设置为100，如图34-3所示。

东方卓越

图34-3 输入文字并设置字号

步骤4 单击“选择”|“取消选择”命令，取消对文字的选择，然后单击“滤镜”|“模糊”|“动感模糊”命令，打开“动感模糊”对话框，在其中设置各项参数，如图34-4所示。单击“确定”按钮，生成如图34-5所示的效果。

步骤5 单击“滤镜”|“风格化”|“查找边缘”命令，使文字变得清晰一些，效果如图34-6所示。此时“东方卓越”四个字变成了蒙版状态，按【Ctrl+I】组合键，在Alpha1通道中的“卓越文化”四个字将反相显示，效果如图34-7所示。

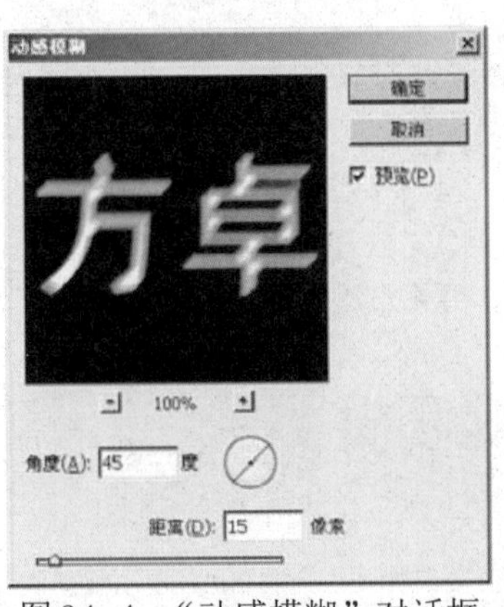

图 34-4 “动感模糊”对话框

图 34-5 “动感模糊”滤镜效果

图 34-6 “查找边缘”滤镜效果

图34-7 反相显示效果

步骤 6 在“通道”调板中单击 RGB 通道，激活所有颜色通道，然后选择工具箱中的油漆桶工具，将整幅图像填充为黑色。

步骤 7 单击“选择”｜“载入选区”命令，在打开的“载入选区”对话框中进行如图 34-8 所示的参数设置，单击“确定”按钮，将Alpha 1中的文字作为选区载入到黑色背景图像中，效果如图 34-9 所示。

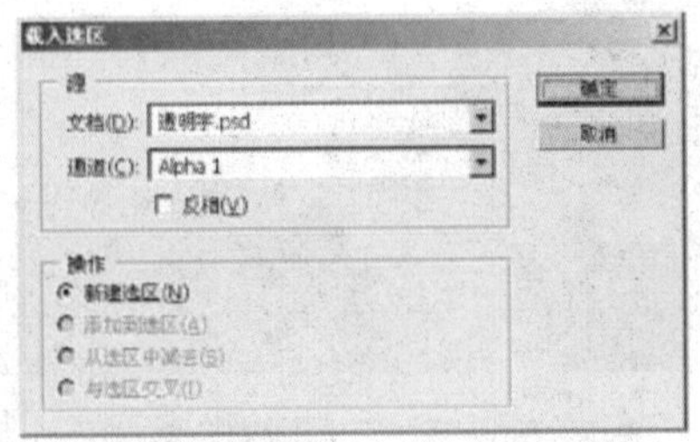

图 34-8 “载入选区”对话框

图34-9 载入选区

步骤 8 选择工具箱中的渐变工具，在其工具属性栏中单击“线性渐变”按钮，在“渐变编辑器”窗口上方“预设”选项区中选择“橙，黄，橙渐变”选项，在图像编辑窗口中由上至下拖曳鼠标，即可对选择区域进行渐变填充。

步骤 9 按【Ctrl+L】组合键，在弹出的“色阶”对话框中对图像的色调进行适当的调整，单击“确定”按钮即可生成彩色透明的立体文字，最终效果如图 34-10 所示。

图34-10 透明字效果

实例35 碎石字体

本例制作碎石字体，效果如图 35-1 所示。

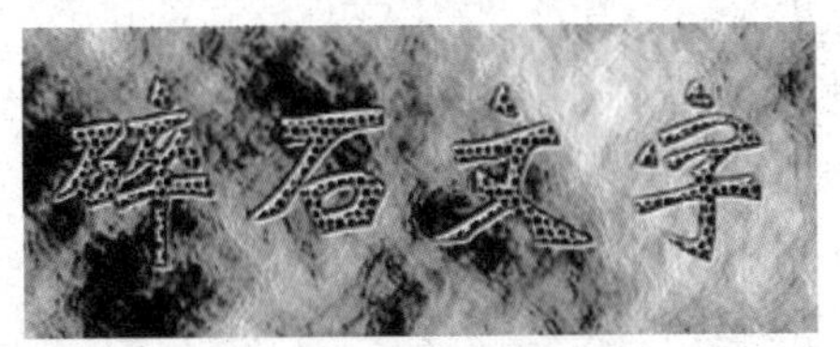

图35-1 碎石字体

操作步骤

步骤 1 单击“文件”｜“打开”命令，打开一幅素材图像，如图 35-2 所示。

步骤 2 选择工具箱中的横排文字工具，

在其工具属性栏中设置字体及字号，然后在背景图像编辑窗口中输入文字“碎石文字”，如图35-3所示。

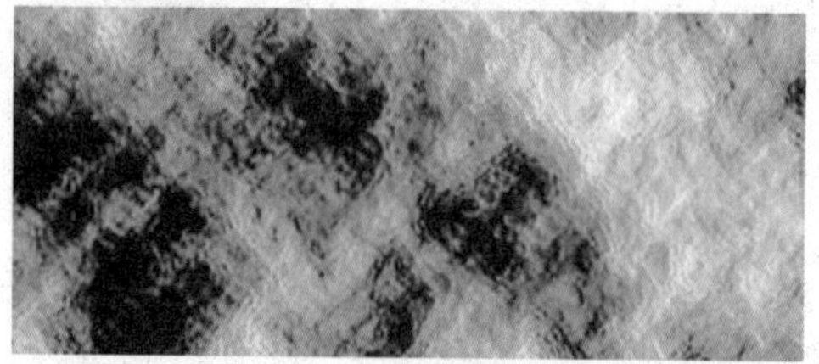

图35-2 打开素材图像

图35-3 输入文字

步骤3 选择工具箱中的移动工具，将文字拖曳到合适的位置，单击“图层”|“栅格化”|“文字”命令，将文字图层转化为普通图层。

步骤4 设置前景色为白色，单击“滤镜”|“纹理”|“染色玻璃”命令，在打开的“染色玻璃”对话框中设置各项参数，如图35-4所示。单击“确定”按钮，效果如图35-5所示。

步骤5 单击“图层”|“图层样式”|“斜面和浮雕”命令，弹出“图层样式”对话框，在其左侧的“样式”列表中选中“斜面和浮雕”复选框，在右侧设置相应参数，如图35-6所示。单击“确定”按钮，效果如图35-7所示。

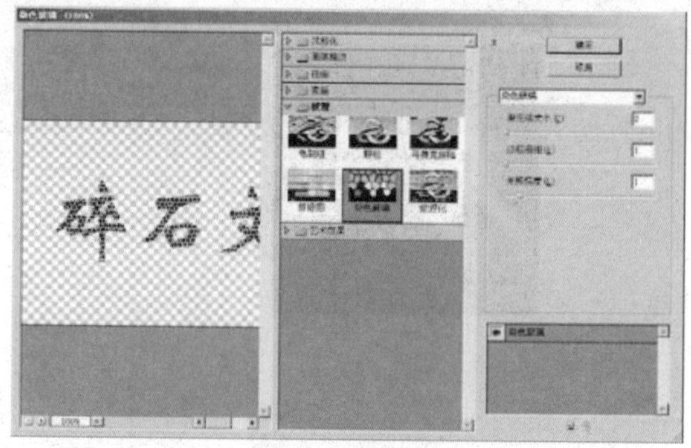

图35-4 “染色玻璃”对话框

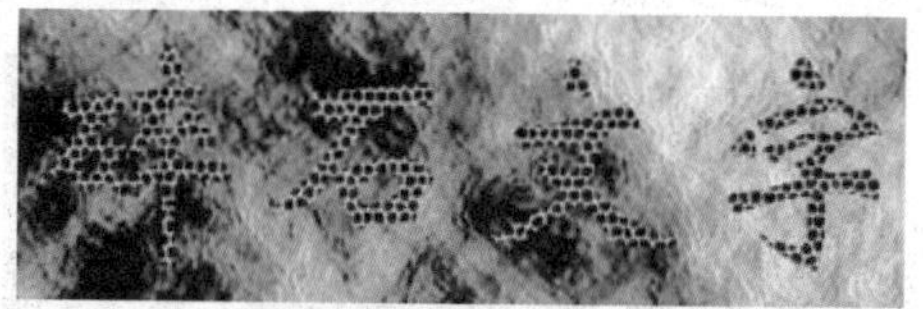

图35-5 “染色玻璃”滤镜效果

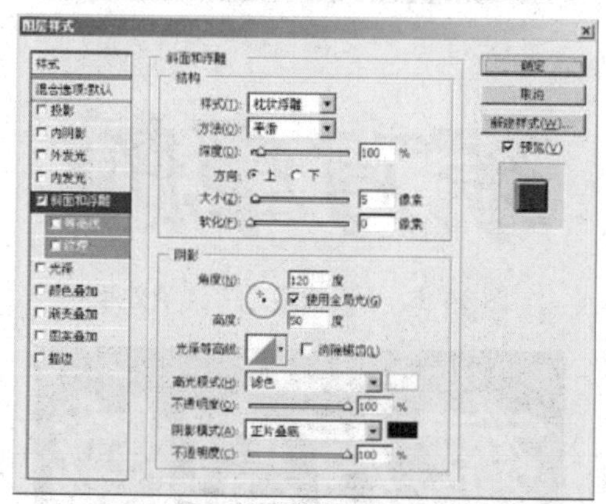

图35-6 “图层样式”对话框

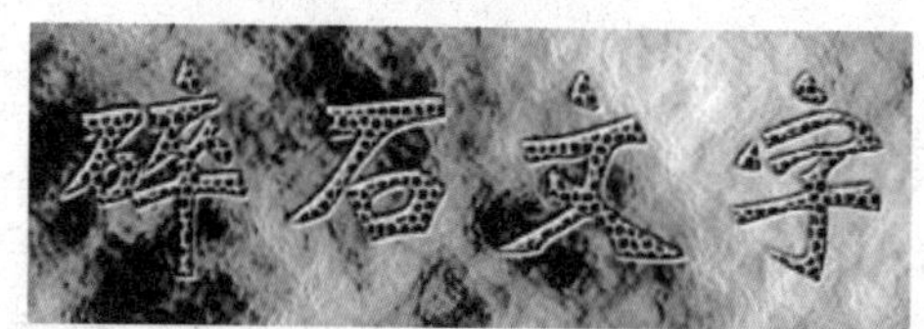

图35-7 应用图层样式后的效果

实例36 花纹字体

本例制作花纹字体，效果如图36-1所示。

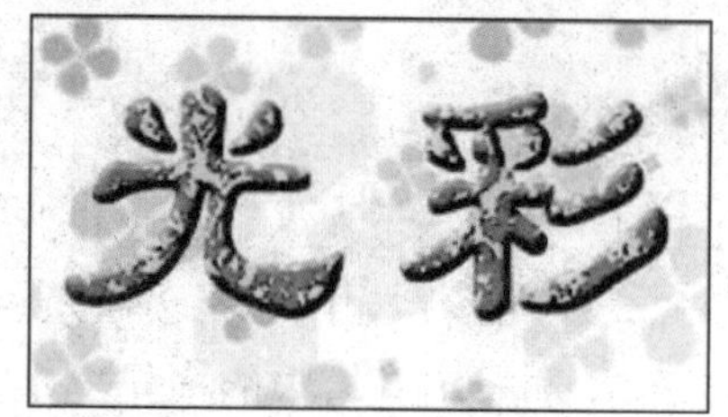

图36-1 花纹字体

操作步骤

步骤1 单击“文件”|“新建”命令，新建一幅空白的RGB图像。

步骤2 设置前景色为黄色，选择工具箱中的横排文字工具，在其工具属性栏中设置合适的字体、字号，在图像编辑窗口中输入文字，并将文字拖曳到合适的位置，如图36-2所示。

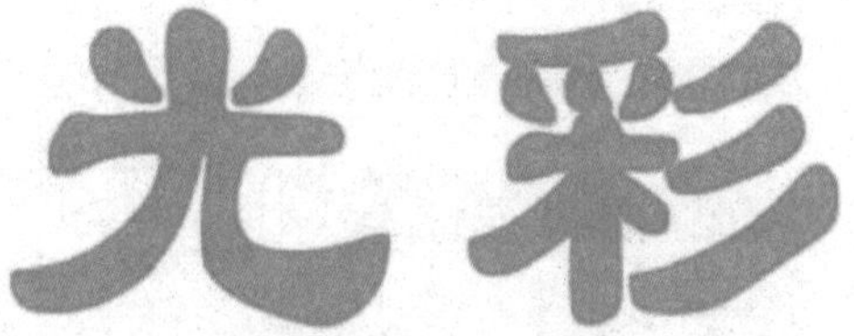

光彩

图36-2 输入文字并调整位置

步骤3 在文字图层上单击鼠标右键，在弹出的快捷菜单中选择“栅格化文字”选项，将文字图层转化为普通图层。

步骤4 双击文字图层，在弹出的“图层样式”对话框中设置相应的参数（如图36-3所示），单击“确定”按钮，效果如图36-4所示。

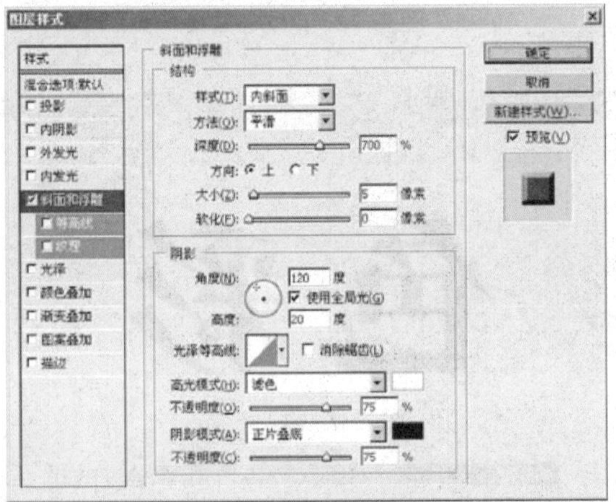

图36-3 “图层样式”对话框

图36-4 应用图层样式后的效果

步骤5 单击“图层”调板底部的“创建新图层”按钮，新建“图层1”。按【D】键将前景色与背景色设置为默认颜色，单击“滤镜”｜“渲染”｜“云彩”命令，应用“云彩”滤镜，然后按【Ctrl+F】组合键连续多次运用该滤镜，效果如图36-5所示。

步骤6 单击“滤镜”｜“渲染”｜“分层云彩”命令，应用分层云彩滤镜，效果如图36-6所示。

图36-5 云彩效果

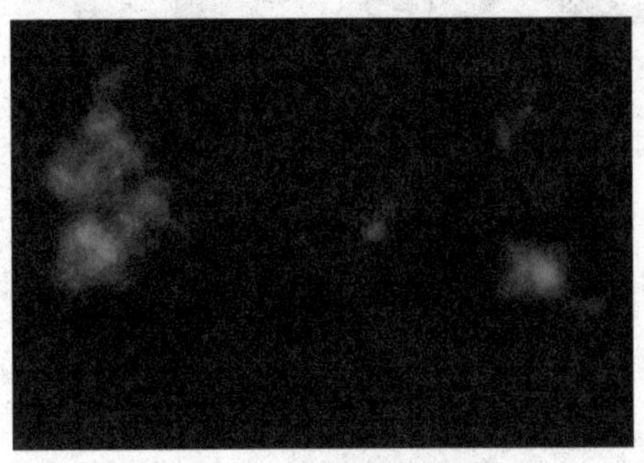

图36-6 分层云彩效果

步骤7 单击“图层”｜“创建剪贴蒙版”命令，此时的效果如图36-7所示。

图36-7 剪贴蒙版效果

步骤8 单击“滤镜”｜“风格化”｜“查找边缘”命令，生成如图36-8所示的效果。

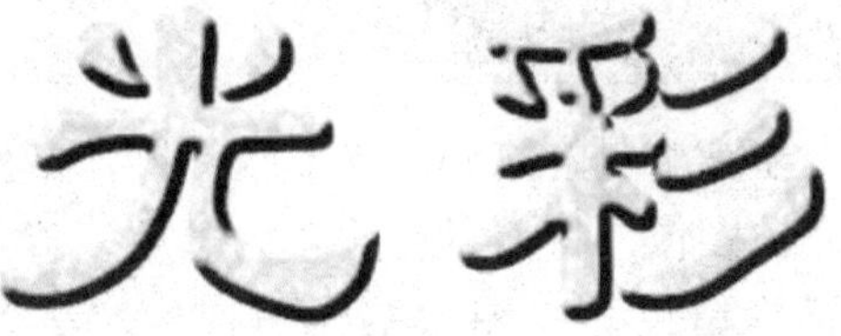

图36-8 “查找边缘”滤镜效果

步骤9 单击“图像”｜“调整”｜“阈值”命令，在打开的“阈值”对话框中设置“阈值色阶”为245（如图36-9所示），单击“确定”按钮，效果如图36-10所示。

图36-9 “阈值”对话框

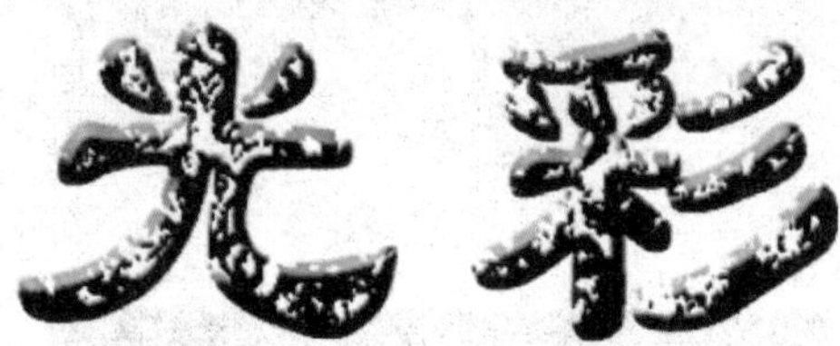

图36-10 调整阈值后的效果

步骤10 单击“图像”|“调整”|“渐变映射”命令，在弹出的“渐变映射”对话框中的“灰度映射所用的渐变”下方的下拉列表框中选择“蓝，红，黄渐变”选项（如图36-11所示），单击“确定”按钮，效果如图36-12所示。

图36-11 “渐变映射”对话框

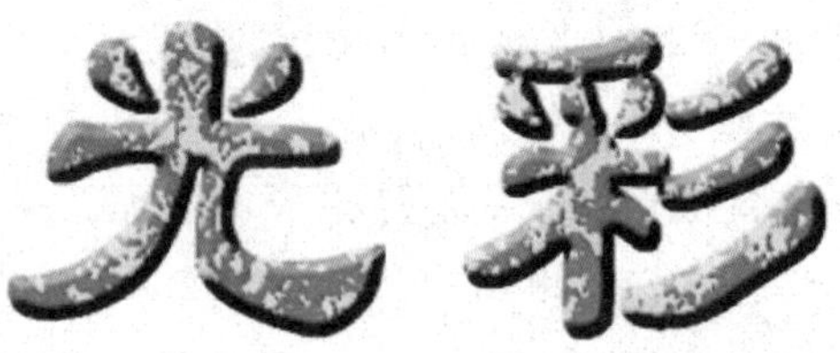

图36-12 花纹字效果

实例37 颜料字体

本例制作颜料字体，效果如图37-1所示。

图37-1 颜料字体

操作步骤

步骤1 按【Ctrl+N】组合键，新建一幅空白图像，将前景色设置为黑色、背景色设置为白色，在图像编辑窗口中输入文字“色彩”，如图37-2所示。

图37-2 输入文字

步骤2 按住【Ctrl】键的同时单击文字图层，将文字载入选区，单击“选择”|“存储选区”命令，把选区存入一个新通道，如图37-3所示。单击“确定”按钮，确认操作。

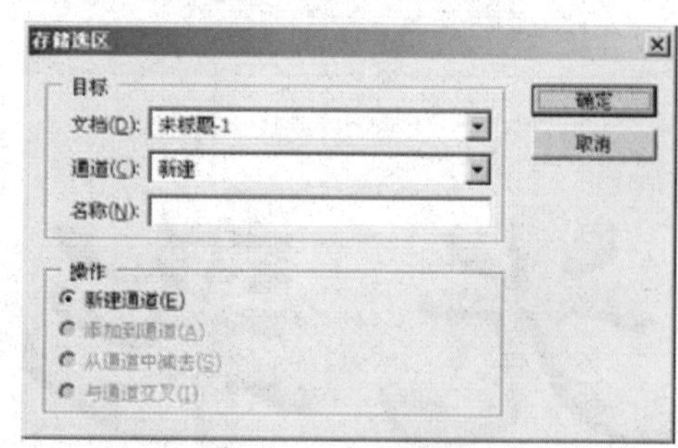

图37-3 “存储选区”对话框

步骤3 单击“图层”调板右上角的调板菜单按钮，在弹出的调板菜单中选择“向下合并”选项，将图层合并。

步骤4 按【Ctrl+D】组合键取消选区，单击“滤镜”|“模糊”|“高斯模糊”命令，在如图37-4所示的对话框中设置相应的参数，单击“确定”按钮，效果如图37-5所示。

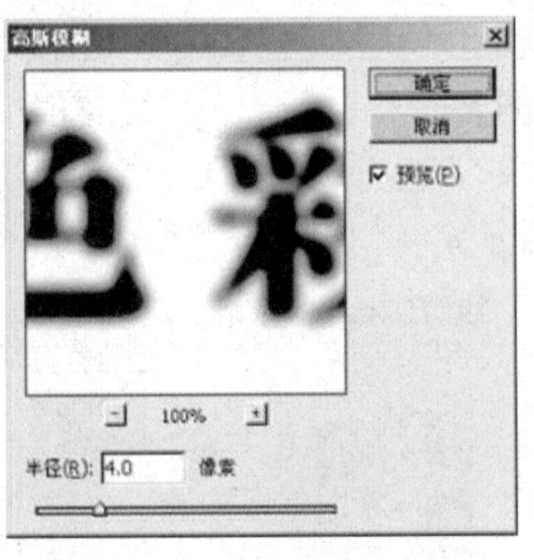

图37-4 “高斯模糊”对话框

图37-5 高斯模糊效果

步骤5 单击“选择”|“载入选区”命令，将Alpha 1通道中的选区载入，单击“选择”|“选取相似”命令，然后再单击“滤镜”|“风格化”|“浮雕效果”命令，打开如图37-6所示的“浮雕效果”对话框，设置好各项参数后单击“确定”按钮。

步骤6 打开“色板”调板（如图37-7所示），选择工具箱中的油漆桶工具，在“色板”调板中选取不同颜色对文字的不同区域进行喷绘，然后按【Ctrl+D】组合键取消选区，效果如图37-8所示。

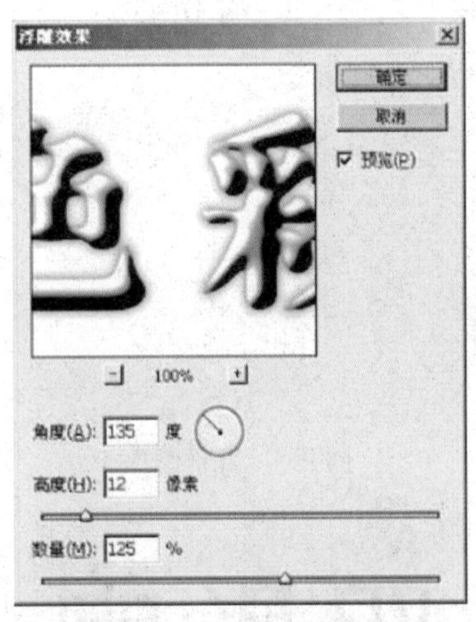

图37-6 “浮雕效果”对话框

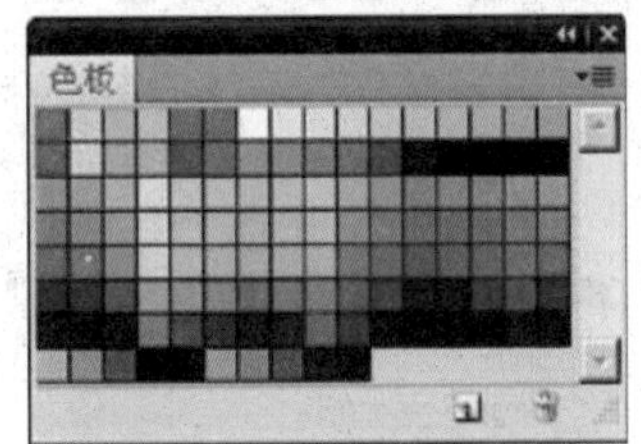

图37-7 “色板”调板

图37-8 颜料字效果

实例38 阴影字体

本例制作具有阴影效果的字体，如图38-1所示。

图38-1 阴影字体

操作步骤

步骤1 单击“文件”|“打开”命令，打开一幅背景图像（如图38-2所示），选择工具箱中的横排文字工具，在图像编辑窗口中输入文字“阴影字”，调整文字的字体、大小、间距及位置，效果如图38-3所示。

步骤2 在“图层”调板中用鼠标右键单击文字图层，在弹出的快捷菜单中选择“栅格化文字”选项，将文字图层转化为普通图层，然后拖曳“阴影字”图层到“创建新图层”按钮上，复制该图层生成“阴影字 副本”图层，如图38-4所示。

步骤3 在“图层”调板中单击“阴影字”图层左侧的“指示图层可见性”图标，

隐藏该图层，单击“滤镜”|“模糊”|“高斯模糊”命令，打开如图38-5所示的“高斯模糊”对话框。

图38-2 背景图像

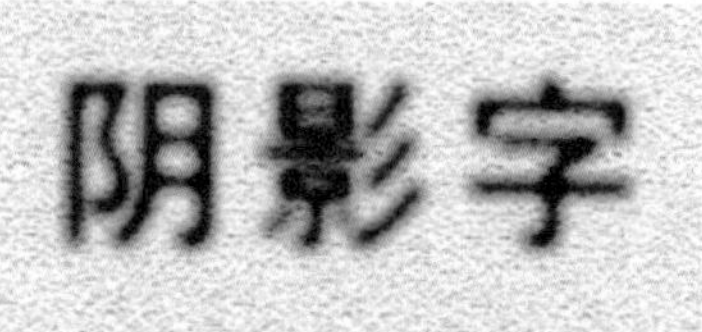

图38-3 输入文字

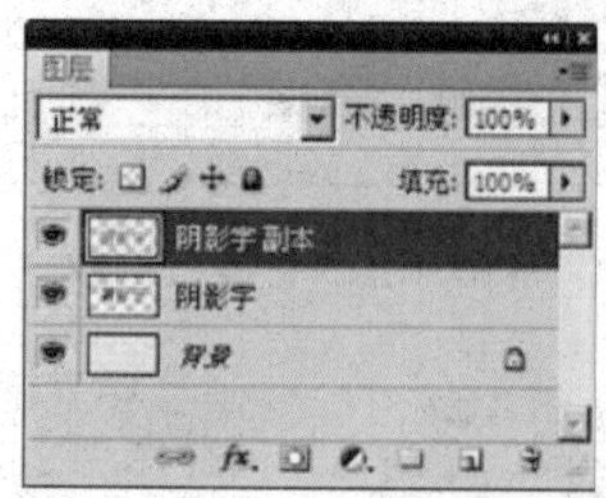

图38-4 “图层”调板

步骤4 在“高斯模糊”对话框中设置各项参数，单击“确定”按钮，高斯模糊效果如图38-6所示。

步骤5 取消对“阴影字”图层的隐藏，并将“阴影字 副本”图层拖曳至“阴影字”图层下方，效果如图38-7所示。

步骤6 使用移动工具将“阴影字 副本”图层中的文字移动到合适的位置，使之与它上方的文字错开一定距离，最终效果如图38-8所示。

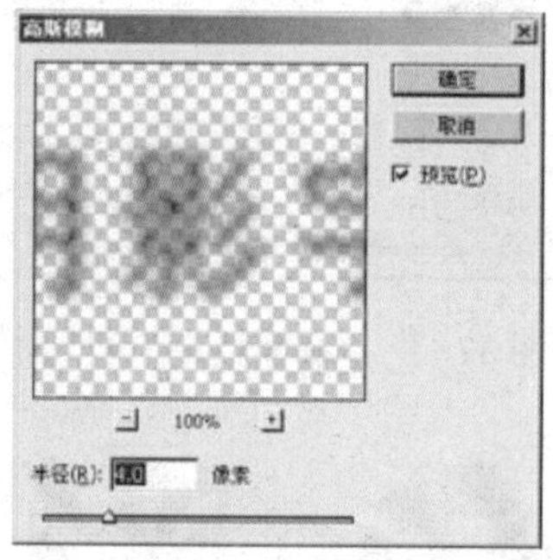

图38-5 “高斯模糊”对话框

图38-6 高斯模糊效果

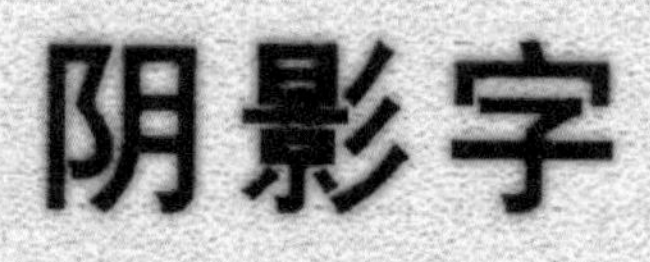

图38-7 调整图层位置后的效果

图38-8 阴影字效果

实例39 沙粒字体

本例制作具有沙粒效果的字体，如图39-1所示。

图39-1 沙粒字体

操作步骤

步骤1 单击“文件”|“打开”命令，打开一幅沙漠图像，如图39-2所示。

步骤2 选择工具箱中的横排文字蒙版工具，在图像编辑窗口中输入文字“沙粒”，并将其选中，调整文字的字号、字体和位置，效果如图39-3所示。

图39-2　沙漠图像

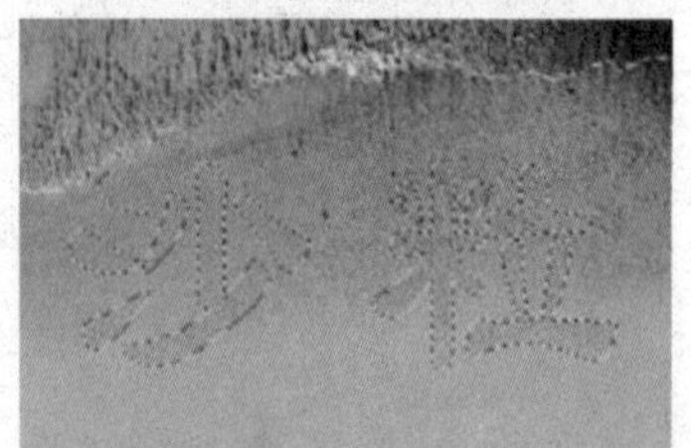
图39-3　输入文字

步骤3　按【Ctrl+J】组合键，将选中的文字区域复制到一个新图层，并隐藏“背景”图层，如图39-4所示。

图39-4　隐藏“背景”图层

步骤4　在复制的图层上单击鼠标右键，在弹出的快捷菜单中选择“混合选项”选项，弹出“图层样式”对话框。

步骤5　在该对话框中选中“投影”复选框，然后选择“斜角和浮雕”选项，将“高光模式”颜色设置为黑色，并在“高光模式”下拉列表框中选择“溶解”选项，再对“阴影模式”选项进行同样的设置，其他参数保持不变（如图39-5所示），单击“确定”按钮，效果如图39-6所示。

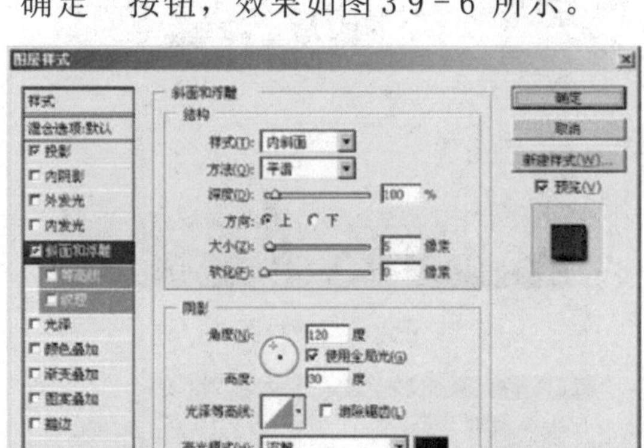
图39-5　“图层样式”对话框

图39-6　文字效果

步骤6　将“背景”图层显示出来，即可完成沙粒字的制作，效果如图39-7所示。

图39-7　沙粒字效果

实例40　三维字体

本例制作三维字体，效果如图40-1所示。

图40-1　三维字体

操作步骤

步骤1　单击“文件”|“打开”命令，打开一幅素材图像，如图40-2所示。

步骤2　单击“图层”|“新建”|“图层”命令，创建一个新图层，在弹出的“新建图层”对话框中设置各项参数（如

图40-3所示），单击“确定”按钮关闭该对话框。

图40-2 素材图像

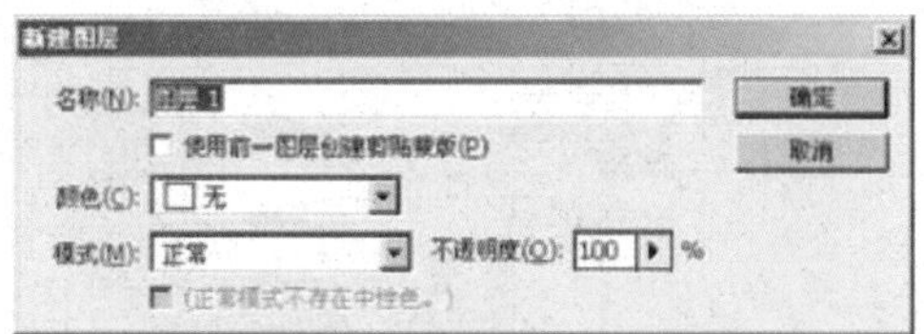

图40-3 “新建图层”对话框

专家指点

创建新图层还有另外一种方法，即单击“图层”调板底部的“创建新图层”按钮，这是创建一个新图层的快捷方式。

步骤3 选择横排文字蒙版工具，在图像编辑窗口中输入文字“蓝天白云”，然后将文字拖曳到合适的位置，效果如图40-4所示。

图40-4 输入文字并调整位置

步骤4 选择工具箱中的渐变工具，从“点按可打开‘渐变’拾色器”下拉列表中选择“橙，黄，橙渐变”样式，如图40-5所示。在图像编辑窗口中的文字上自右上方向左下方拖曳鼠标，即可对文字进行渐变填充，效果如图40-6所示。

步骤5 按住【Ctrl+Alt】组合键的同时按键盘上的【↑】和【→】键，将文字复制并移动到合适的位置，效果如图40-7所示。

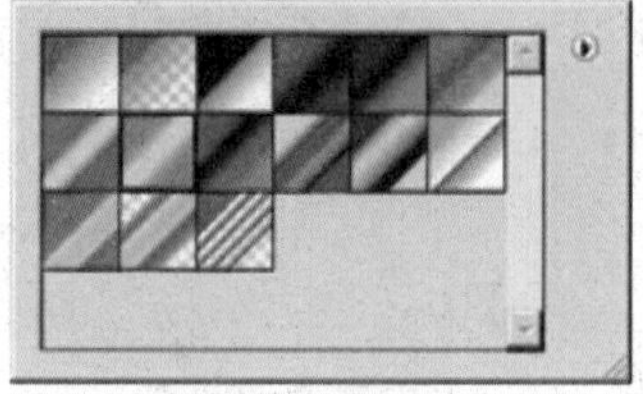

图40-5 “渐变拾色器”下拉列表

图40-6 渐变填充效果

专家指点

按【Ctrl】+方向键是按像素移动，仅仅是移动却不复制；而按【Ctrl+Alt】+方向键则为按像素移动并复制，移动的过程中将对原对象进行复制。

图40-7 复制并移动文字后的效果

步骤6 将前景色设置为黑色，按【Alt+Delete】组合键对选区进行填充，单击“选择”|“取消选择”命令取消选区，效果如图40-8所示。

图40-8 填充选区并取消选区后的效果

专家指点

用户直接按【Ctrl+D】组合键也可以取消选区。

步骤 8 单击"图层"|"图层样式"|"投影"命令，弹出"图层样式"对话框，在该对话框中设置各项参数，如图 40-9 所示。单击"确定"按钮，最终效果参见图 40-1。

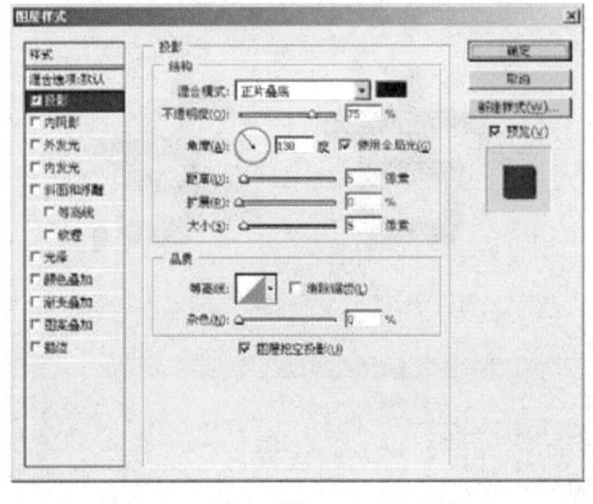

图 40-9 "图层样式"对话框

实例 41 锈蚀字体

本例制作具有锈蚀效果的字体，如图 41-1 所示。

图41-1 锈蚀字体

操作步骤

步骤 1 单击"文件"|"新建"命令，新建一幅 RGB 模式的空白图像。

步骤 2 设置前景色为黑色、背景色为棕色，单击"图层"调板底部的"创建新图层"按钮，新建一个"图层 1"。选择工具箱中的横排文字蒙版工具，在图像编辑窗口中输入文字，然后将文字移动到合适的位置，如图 41-2 所示。

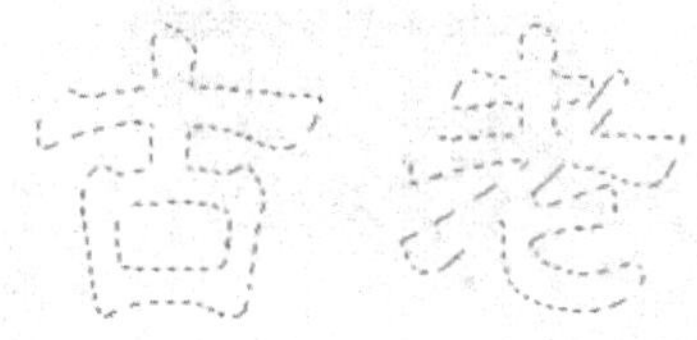

图41-2 输入文字并调整位置

步骤 3 单击"滤镜"|"渲染"|"云彩"命令，应用云彩效果，按【Ctrl+F】组合键重复执行此命令，然后按【Ctrl+D】组合键取消选区，效果如图 41-3 所示。

图 41-3 "云彩"滤镜效果

步骤 4 双击文字图层，在弹出的"图层样式"对话框中选择"内发光"选项，并设置各项参数（如图 41-4 所示），效果如图 41-5 所示。

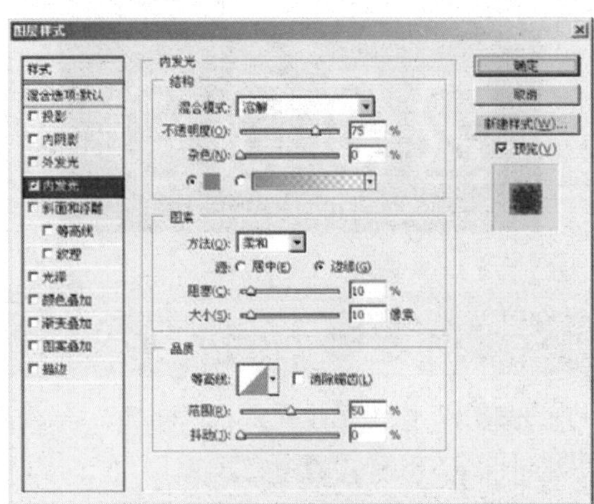

图41-4 设置内发光参数

步骤 5 在"图层样式"对话框中选择"斜面和浮雕"选项，并设置各项参数（如图 41-6 所示），单击"确定"按钮，效果如图 41-7 所示。

图 41-5 添加“内发光”样式后的效果

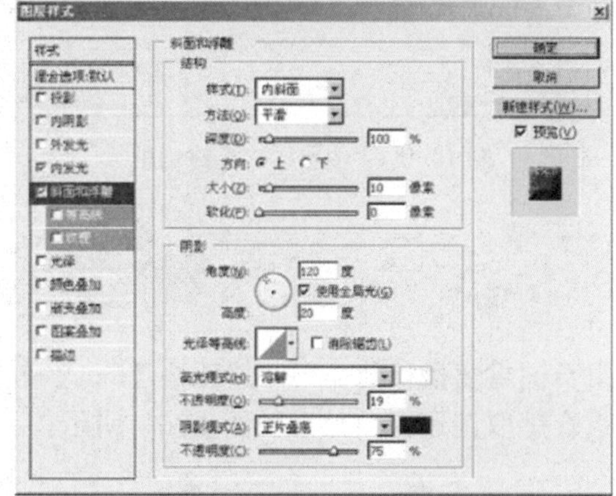

图41-6 设置斜面和浮雕参数

步骤 6 单击“滤镜”|“艺术效果”|“塑料包装”命令，在弹出的“塑料包装”对话框中设置各项参数（如图 41-8 所示），单击“确定”按钮，效果如图 41-9 所示。

图 41-7 添加“斜面和浮雕”样式后的效果

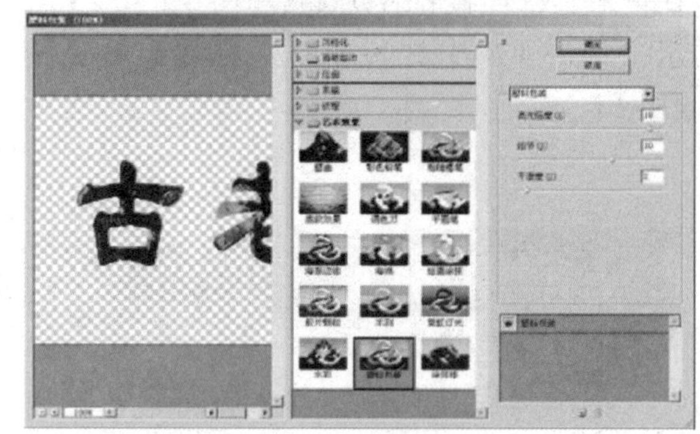

图 41-8 “塑料包装”对话框

图 41-9 “塑料包装”滤镜效果

实例42 电光字体

本例制作具有电光效果的字体，如图 42-1 所示。

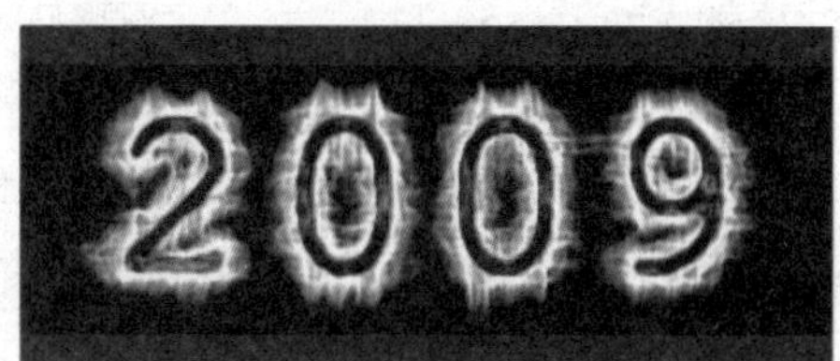

图42-1 电光字体

操作步骤

步骤 1 单击“文件”|“新建”命令，新建一幅 RGB 模式的空白图像。

步骤 2 选择工具箱中的横排文字工具，在工具属性栏中设置合适的字体、字号，在图像编辑窗口中输入文字，然后将文字移动到合适的位置，效果如图 42-2 所示。

2009

图42-2 输入文字并调整位置

步骤 3 按住【Ctrl】键并单击文字图层，将文字载入选区，单击“选择”|“存储选区”命令，将选区存储为 Alpha1，如图 42-3 所示。

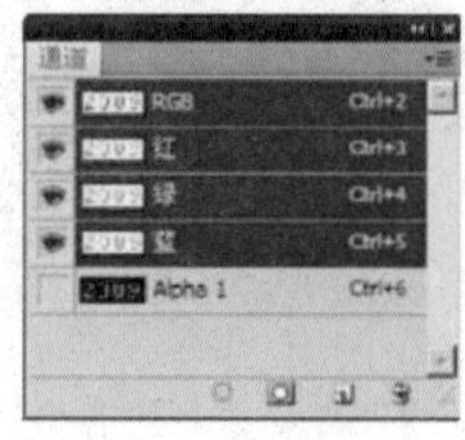

图42-3 将选区存储为Alpha1

步骤 4 按【Ctrl+D】组合键取消选区，

单击“图层”|“栅格化”|“文字”命令，将文字图层转化为普通图层。

步骤5 单击“滤镜”|“模糊”|“高斯模糊”命令，在弹出的“高斯模糊”对话框中设置各项参数（如图42-4所示），单击“确定”按钮，效果如图42-5所示。

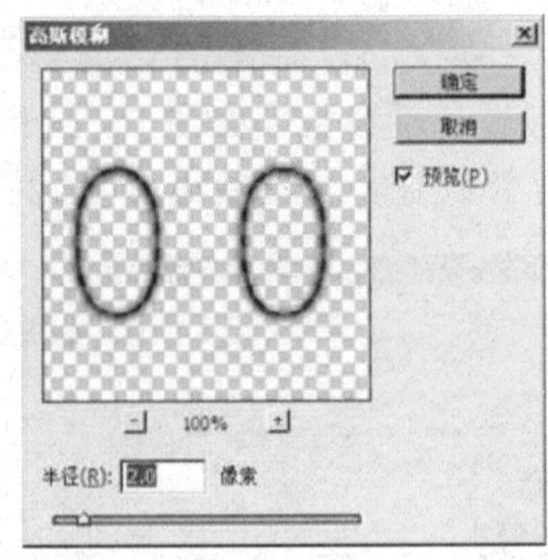

图42-4 “高斯模糊”对话框

图42-5 高斯模糊效果

步骤6 单击“图层”|“向下合并”命令向下合并图层；单击“滤镜”|“风格化”|“曝光过度”命令，效果如图42-6所示。

图42-6 曝光过度效果

步骤7 单击“图像”|“调整”|“色阶”命令，在弹出的“色阶”对话框中设置各项参数（如图42-7所示），单击“确定”按钮，效果如图42-8所示。

步骤8 单击“滤镜”|“风格化”|“风”命令，在弹出的“风”对话框中设置“方法”为“风”、“方向”为“从右”（如图42-9所示），单击“确定”按钮，效果如图42-10所示。

步骤9 重复上一步操作，并设置风的“方向”为“从左”，单击“确定”按钮。

步骤10 单击“图像”|“图像旋转”|“90度（顺时针）”命令，将画布旋转；单击“滤镜”|“风格化”|“风”命令，在弹出的“风”对话框中设置“方法”为“风”、“方向”为“从右”，单击“确定”按钮。

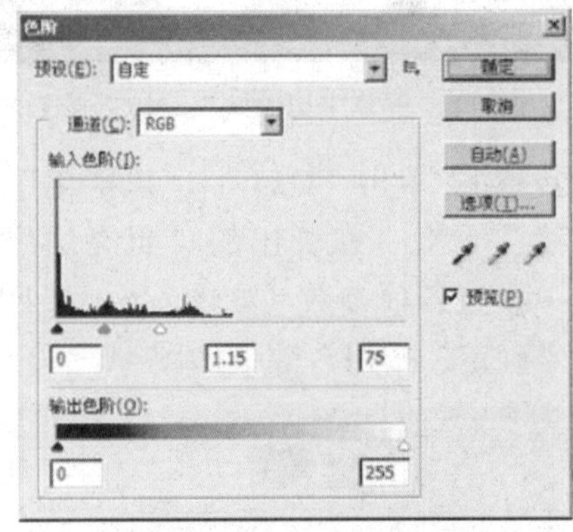

图42-7 “色阶”对话框

图42-8 调整色阶后的效果

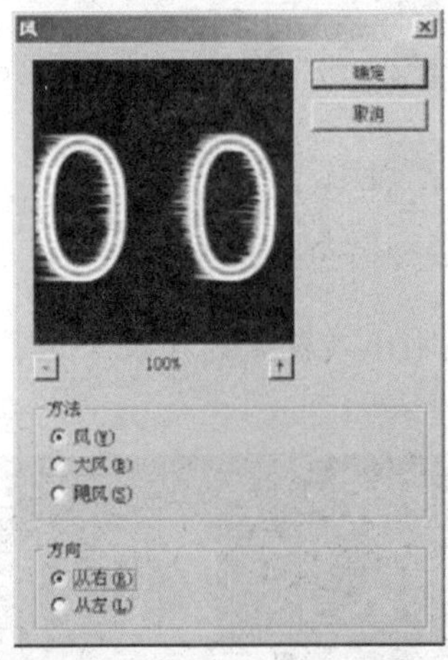

图42-9 “风”对话框

图42-10 “风”滤镜效果

步骤11 重复上一步操作，并将风的“方向”设置为“从左”，单击“确定”按钮，然后单击“图像”|“图像旋转”|

“90度（逆时针）”命令，此时的图像效果如图42-11所示。

图42-11　重复应用“风”滤镜后的效果

步骤12　单击“滤镜”|“风格化”|“照亮边缘”命令，在弹出的“照亮边缘”对话框中设置各项参数（如图42-12所示），单击“确定”按钮，效果如图42-13所示。

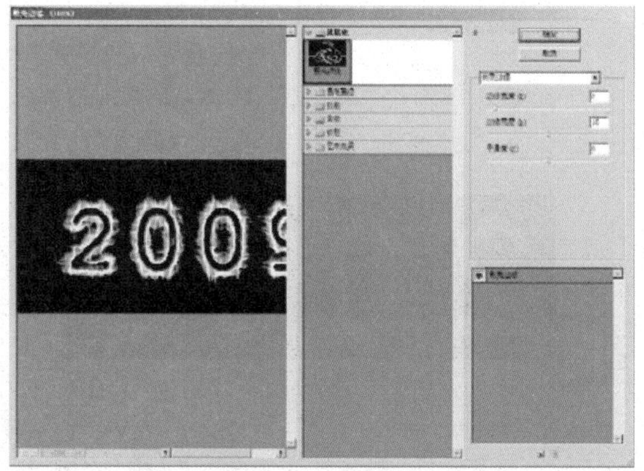

图42-12　“照亮边缘”对话框

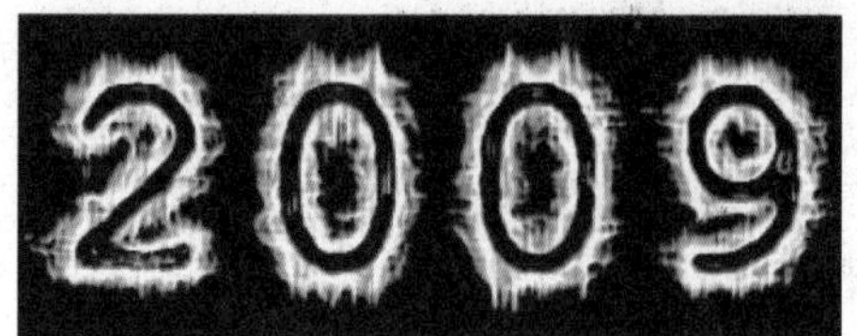

图42-13　“照亮边缘”滤镜效果

步骤13　单击“图像”|“调整”|“色彩平衡”命令，在弹出的“色彩平衡”对话框中设置各项参数（如图42-14所示），单击“确定”按钮，最终效果如图42-15所示。

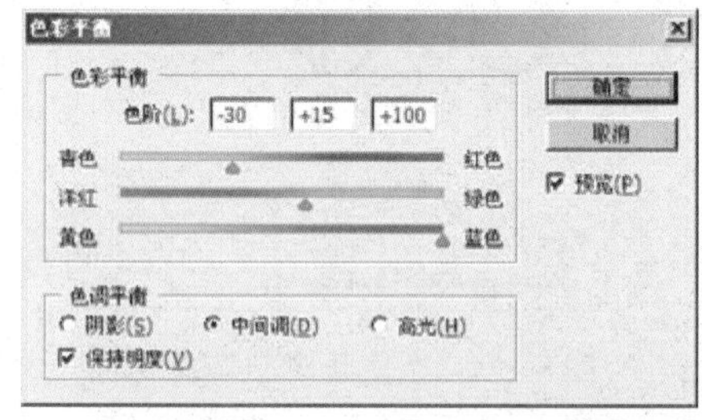

图42-14　“色彩平衡”对话框

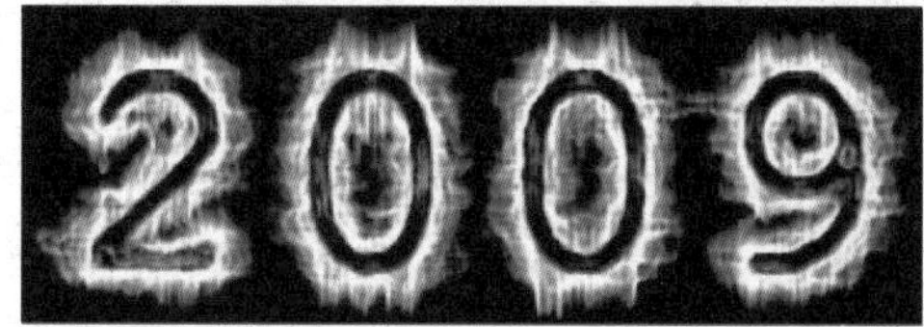

图42-15　电光字效果

实例43　霓虹字体

本例制作具有霓虹灯效果的字体，如图43-1所示。

图43-1　霓虹字体

操作步骤

步骤1　按【D】键，再按【X】键将背景色设置为黑色，单击“文件”|“新建”命令，新建一个图像文件。

步骤2　新建一个图层，选择工具箱中的横排文字蒙版工具，在其工具属性栏中设置字体和字号，输入文字“BJ 2008”，移动文字选区到当前图像编辑窗口的中心位置，效果如图43-2所示。

图43-2　输入文字并调整位置

步骤3　单击“选择”|“修改”|“羽化”命令，在弹出的“羽化选区”对话框中设置“羽化半径”为3，单击“确定”按钮羽化选区，然后设置前景色为紫色。

步骤4　单击“编辑”|“描边”命令，在弹出的“描边”对话框中设置“宽度”

为2、"位置"为"居中"，其他选项保持默认设置，如图43-3所示。

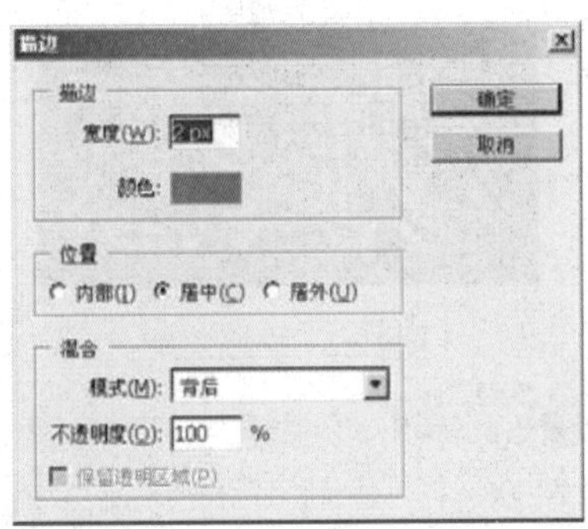

图43-3 "描边"对话框

步骤5 单击"确定"按钮为文字描边，然后按【Ctrl+D】组合键取消选区，如图43-4所示。

图43-4 描边效果

步骤6 单击"选择"|"色彩范围"命令，弹出如图43-5所示的"色彩范围"对话框，用吸管工具在文字上单击鼠标左键吸取颜色，然后调整"颜色容差"为130，使整个文字都包括在选区中，单击"确定"按钮，则文字区域将被选中，如图43-6所示。

步骤7 选择工具箱中的渐变工具，在工具属性栏中设置渐变色，如图43-7所示。

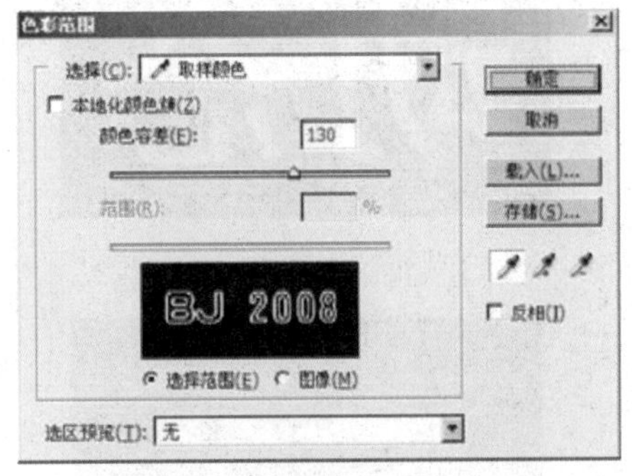

图43-5 "色彩范围"对话框

图43-6 选中文字区域

图43-7 渐变工具属性栏

步骤8 在当前图像编辑窗口的文字上横向拖曳鼠标，即可生成具有渐变颜色的霓虹效果，按【Ctrl+D】组合键取消选区，霓虹字效果如图43-8所示。

图43-8 霓虹字效果

实例44 动感字体

本例制作动感字体，效果如图44-1所示。

图44-1 动感字体

操作步骤

步骤1 单击"文件"|"新建"命令，新建一幅背景色为黑色的RGB空白图像。

步骤2 在工具箱中选择横排文字工具，在其属性栏中设置合适的字体、字号，在图像编辑窗口中输入文字，如图44-2所示。

步骤3 按住【Ctrl】键的同时单击"图层"调板中的文字图层，将文字载入选区，然后将文字图层隐藏，效果如图44-3所示。

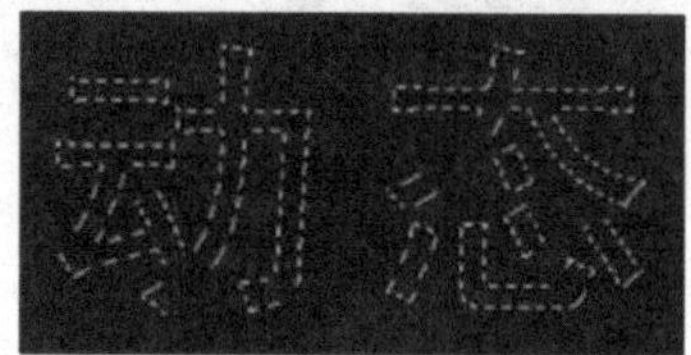

图44-2 输入文字

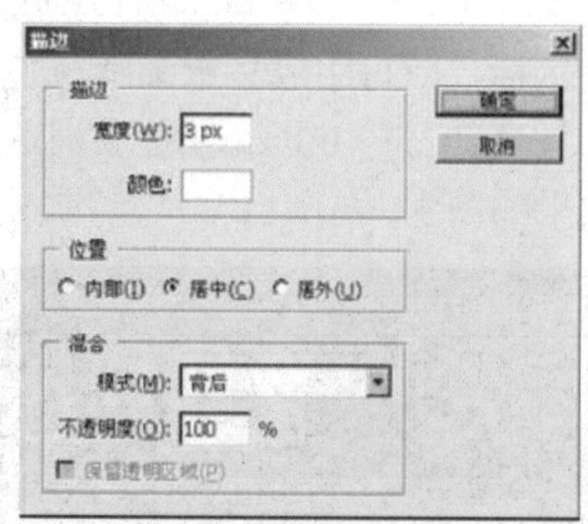

图44-3 载入选区并隐藏文字

步骤4 单击“图层”调板底部的“创建新图层”按钮，创建一个新的图层，单击“编辑”|“描边”命令，在弹出的“描边”对话框中将“宽度”设置为3（如图44-4所示），单击“确定”按钮，效果如图44-5所示。

图44-4 “描边”对话框

步骤5 显示并选中文字图层，单击鼠标右键，在弹出的快捷菜单中选择“栅格化文字”选项，将文字图层转化为普通图层，按【Ctrl+D】组合键取消选区。

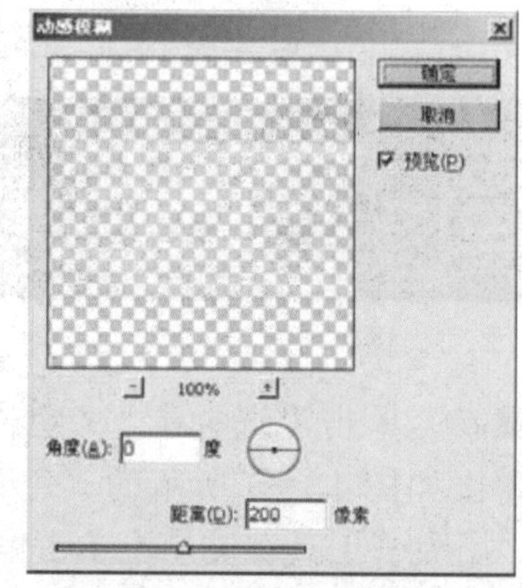

图44-5 描边效果

步骤6 单击“滤镜”|“模糊”|“动感模糊”命令，在打开的“动感模糊”对话框中设置各项参数，如图44-6所示。设置完成后单击“确定”按钮，完成动感字体的制作，效果如图44-7所示。

图44-6 “动感模糊”对话框

图44-7 动感字体效果

实例45 边框字体

本例制作具有边框效果的字体，如图45-1所示。

图45-1 边框字体

操作步骤

步骤1 单击“文件”|“新建”命令，新建一幅空白图像。

步骤2 选择工具箱中的横排文字工具，并在工具属性栏中设置合适的字体、字号，在图像编辑窗口中输入文字，如图45-2所示。

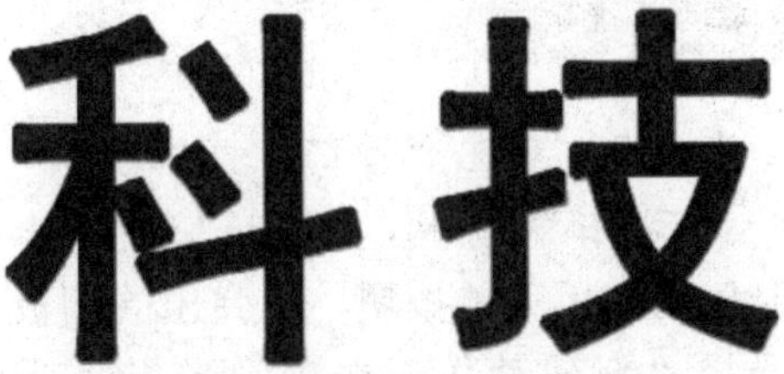

图45-2 输入文字

步骤3 在文字图层上单击鼠标右键，在弹出的快捷菜单中选择“栅格化文字”选项，将文字图层转化为普通图层。

步骤4 按住【Ctrl】键的同时单击文字所在的图层，选中文字所在的区域，单击“选择”|“修改”|“收缩”命令，在弹出的“收缩选区”对话框中将“收缩量”设置为4，单击“确定”按钮，效果如图45-3所示。

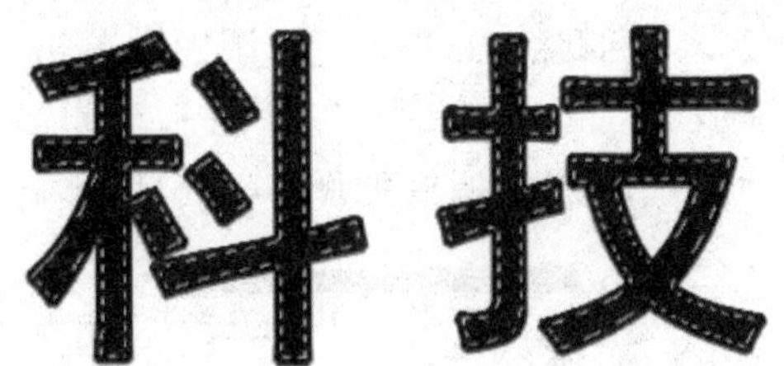

图45-3 收缩选区后的文字效果

步骤5 按【Delete】键删除选区中的内容，按【Ctrl+D】组合键取消选区，效果如图45-4所示。

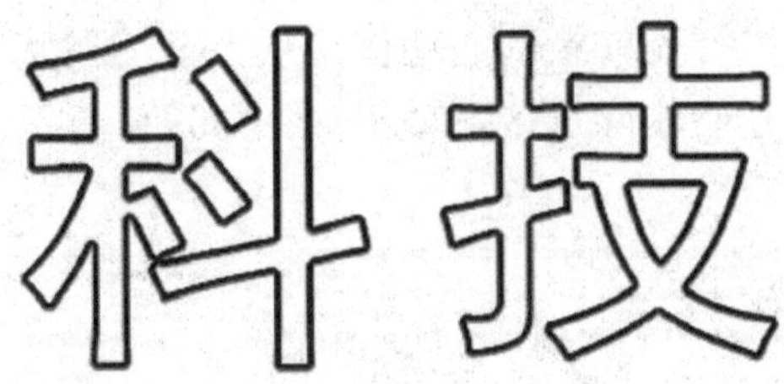

图45-4 删除选区中的内容

步骤6 在工具箱中选择渐变工具，在工具属性栏中选择“透明彩虹渐变”样式（如图45-5所示），并在“图层”调板中单击“锁定透明像素”按钮。

图45-5 选择一种渐变

步骤7 在文字上拖曳鼠标，即可得到彩虹文字效果，如图45-6所示。

图45-6 应用渐变后的文字效果

步骤8 在“图层”调板中双击文字图层，在打开的“图层样式”对话框左侧选择“投影”选项，并保持其他各参数为默认值。

步骤9 在“图层样式”对话框左侧选择“斜面和浮雕”选项，在右侧的选项区中设置相应的参数，如图45-7所示。设置完成后，单击“确定”按钮完成本实例的制作，效果如图45-8所示。

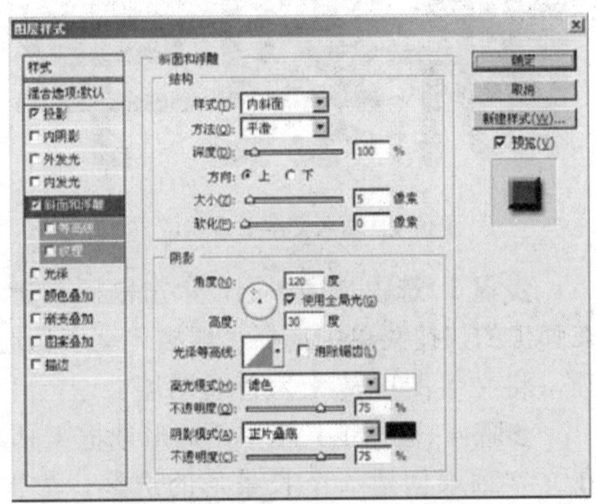

图45-7 “图层样式”对话框

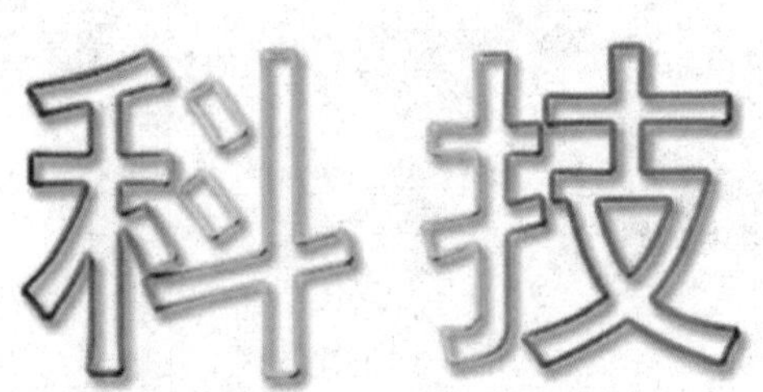

图45-8 添加图层样式后的效果

经典实录228例

实例46 断裂字体

本例制作断裂字体，效果如图46-1所示。

图46-1 断裂字体

操作步骤

步骤1 单击“文件”|“新建”命令，新建一个RGB图像文件。

步骤2 在工具箱中选择横排文字工具，并在工具属性栏中设置合适的字体和字号，在图像编辑窗口中输入文字，并调整其位置，效果如图46-2所示。

图46-2 输入文字并调整位置

步骤3 选中文字图层，单击鼠标右键，在弹出的快捷菜单中选择“栅格化文字”选项，将文字图层转化为普通图层。

步骤4 选择工具箱中的矩形选框工具，在文字顶端创建一个长条形的选区，如图46-3所示。

图46-3 创建选区

步骤5 单击“窗口”|“动作”命令打开“动作”调板，单击“动作”调板右上角的调板菜单按钮，在弹出的调板菜单中选择“新建动作”选项，弹出“新建动作”对话框，在该对话框中为将要录制的操作设置功能键（如图46-4所示），设置完成后，单击“记录”按钮开始录制动作。

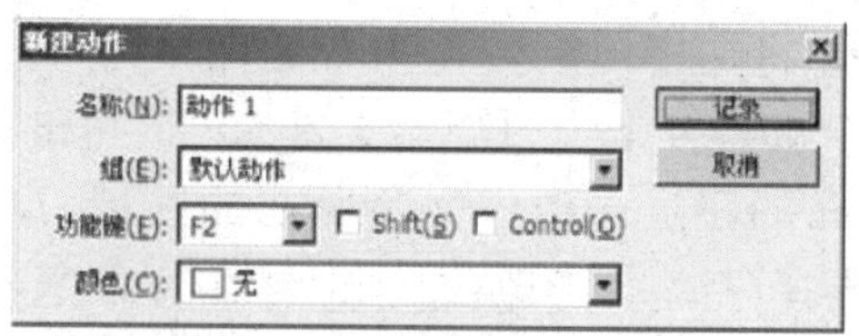

图46-4 “新建动作”对话框

步骤6 按【Delete】键删除选区中的内容，然后按住【Shift】键的同时按键盘上的向下方向键，在“动作”调板中单击“停止播放/记录”按钮，完成录制动作操作，此时的“动作”调板如图46-5所示。

图46-5 录制后的“动作”调板

步骤7 按【F2】键，Photoshop将自动执行先前录制的动作，从上至下在文字顶部开始删除选区，效果如图46-6所示。

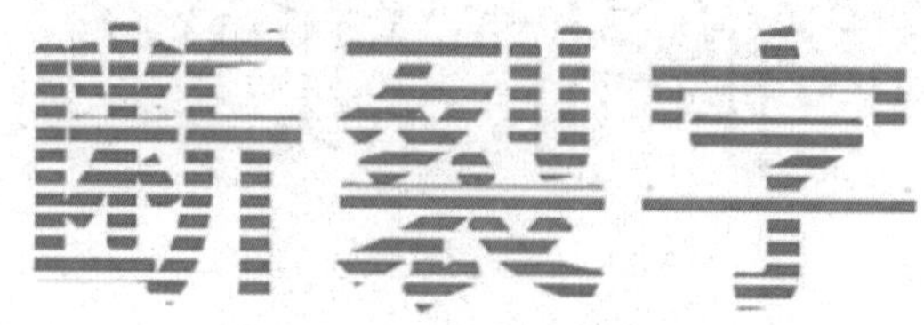

图46-6 删除选区

步骤8 在文字图层上双击鼠标，在打开的“图层样式”对话框中选择“投影”选项，然后设置相应的参数，如图46-7所示。

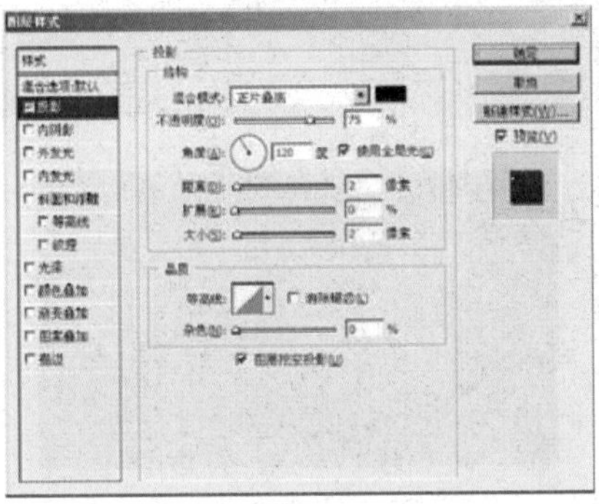

图46-7 设置投影参数

步骤9 单击“确定”按钮，完成断裂字的制作，效果如图46-8所示。

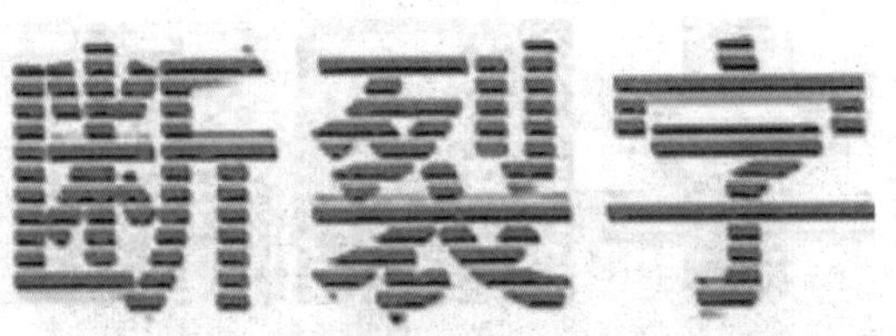

图46-8 断裂字效果

实例47 透空字体

本例制作具有透空效果的字体，如图47-1所示。

图47-1 透空字体

操作步骤

步骤1 单击“文件”|“新建”命令，新建一个RGB图像文件，设置背景色为绿色，按【Alt+Delete】组合键用前景色填充图像。

步骤2 选择工具箱中的横排文字工具，在其工具属性栏中设置合适的字体、字号和颜色，在图像编辑窗口中输入文字，并将文字移至合适的位置，如图47-2所示。

图47-2 输入文字

步骤3 在文字图层上单击鼠标右键，在弹出的快捷菜单中选择“栅格化文字”选项，将文字图层栅格化。

步骤4 按住【Ctrl】键的同时单击文字图层，将其载入选区，然后将文字图层隐藏，在“图层”调板中单击背景图层，使其成为当前图层，此时的图像效果如图47-3所示。

图47-3 图像效果

步骤5 在背景图层上单击鼠标左键，按【Ctrl+C】组合键拷贝相应选区的图像，然后按【Ctrl+V】组合键将剪贴板中的内容粘贴到一个新的图层中。

步骤6 单击“图层”|“图层样式”|“斜面和浮雕”命令，设置相应的参数，如图47-4所示。单击“确定”按钮，效果参见图47-1。

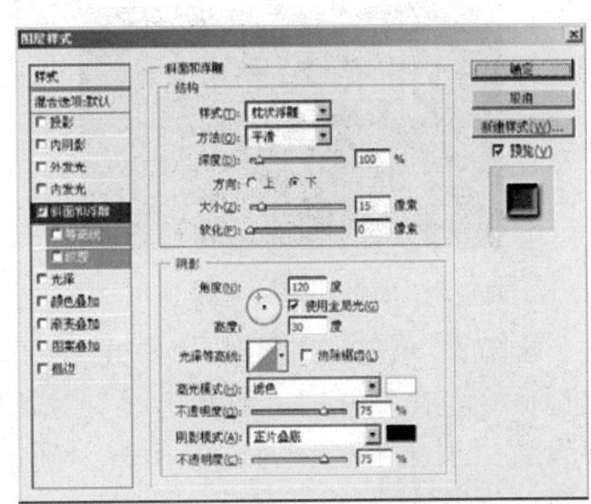

图47-4 “图层样式”对话框

实例48 网点字体

本例制作带有网点效果的字体，如图48-1 所示。

图48-1 网点字体

操作步骤

步骤1 单击“文件”|“新建”命令，新建一幅背景色为黑色的RGB 模式图像。

步骤2 设置前景色为蓝色，在工具箱中选择横排文字工具，在其工具属性栏中设置合适的字体、字号，然后在图像编辑窗口中输入文字，并调整其位置，如图48-2 所示。

图48-2 输入文字并调整位置

步骤3 按住【Ctrl】键的同时单击文字图层，将文字载入选区，在“通道”调板中单击底部的“创建新通道”按钮，新建通道，此时的图像效果如图48-3 所示。

图48-3 图像效果

步骤4 单击“选择”|“修改”|“羽化”命令，在打开的“羽化选区”对话框中设置“羽化半径”为6，单击“确定”按钮，效果如图48-4 所示。

图48-4 羽化选区后的效果

步骤5 设置前景色为白色，按【Alt+Delete】组合键将文字填充为白色；按【Ctrl+D】组合键取消选区，效果如图48-5 所示。

图48-5 填充选区

步骤6 单击“滤镜”|“像素化”|“彩色半调”命令，在弹出的“彩色半调”对话框中设置“最大半径”为6，其他参数保持默认设置（如图48-6 所示），单击“确定”按钮，效果如图48-7 所示。

步骤7 在“图层”调板中用鼠标右键单击文字图层，在弹出的快捷菜单选择“栅格化文字”选项，将文字图层转换为普通图层，按住【Ctrl】键的同时单击文字图层，将文字载入选区。

步骤8 单击“选择”|“修改”|“收缩”命令，在弹出的“收缩选区”对话框中设置“收缩量”为4，单击“确定”按钮，效果如图48-8 所示。

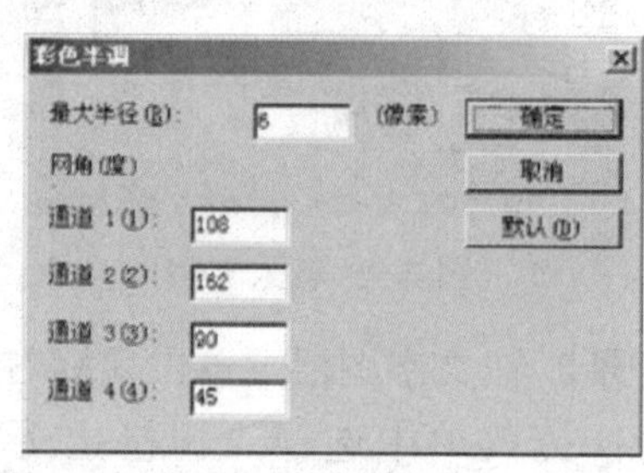

图48-6 “彩色半调”对话框

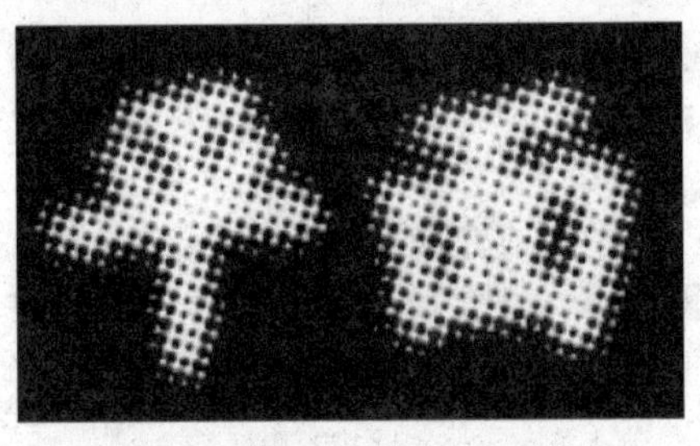

图 48-7 “彩色半调”滤镜效果

图48-8 收缩选区后的效果

步骤9 单击“滤镜”|“渲染”|“光照效果”命令，在弹出的“光照效果”对话框中设置“光照类型”为“点光”、“纹理通道”为Alpha 1，其他参数设置如图48-9 所示。设置完成后单击“确定”按钮，效果如图48-10 所示。

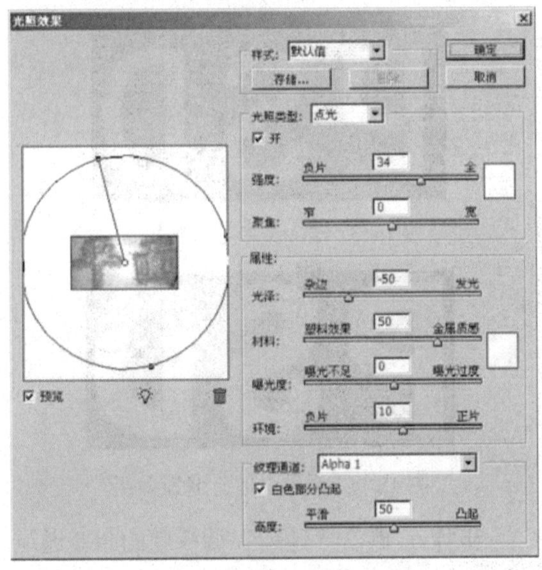

图 48-9 “光照效果”对话框

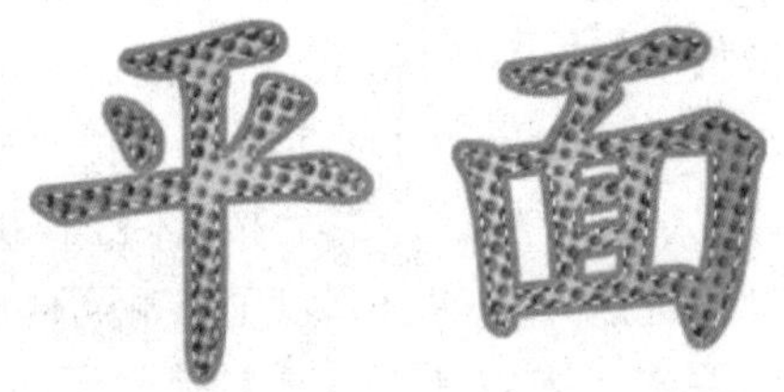

图 48-10 “光照效果”滤镜效果

步骤10 单击“图层”调板底部的“创建新图层”按钮，新建一个“图层 1 ”，单击“编辑”|“描边”命令，在弹出的“描边”对话框中设置“颜色”为黑色、“宽度”为2、“位置”为“居中”(如图48-11 所示)，单击“确定”按钮，按【Ctrl+D】组合键取消选区，效果如图48-12 所示。

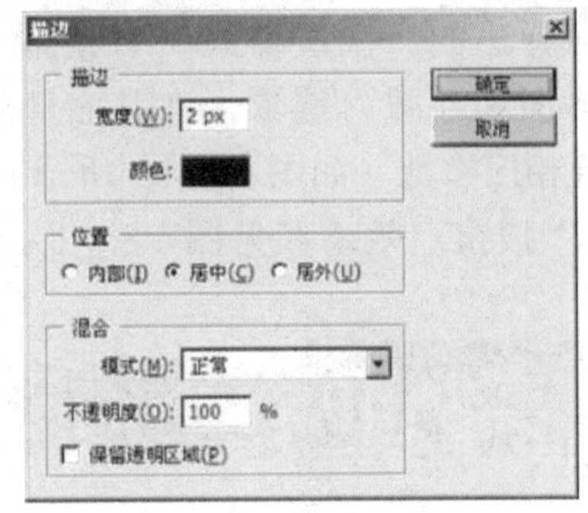

图 48-11 “描边”对话框

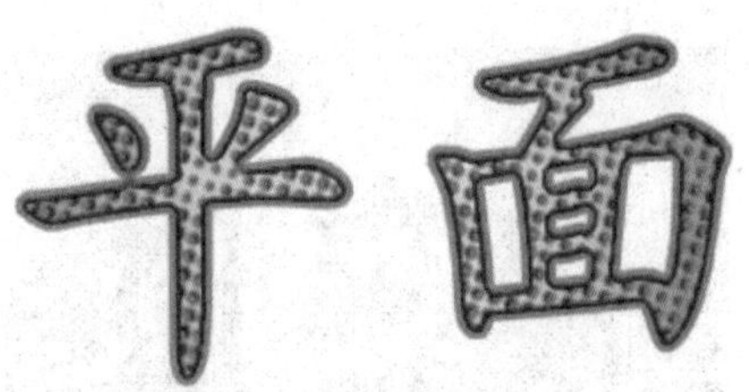

图48-12 描边后的效果

步骤11 在“图层”调板中双击“图层1”，在弹出的“图层样式”对话框左侧选择“投影”选项，并在其右侧的选项区中设置各项参数（如图48-13 所示），然后选中“外发光”复选框，单击“确定”按钮，效果如图48-14 所示。

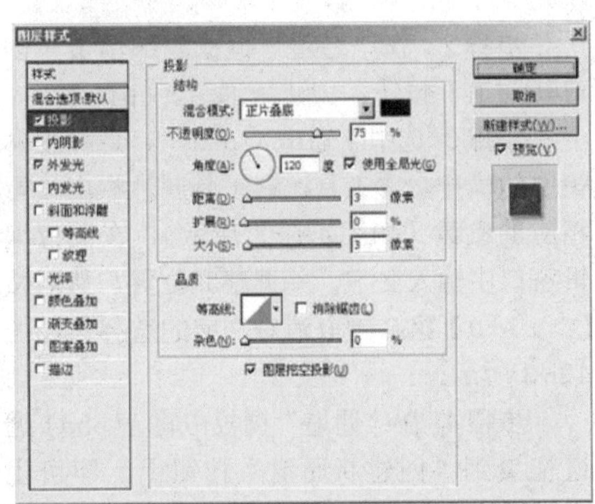

图48-13 设置投影参数

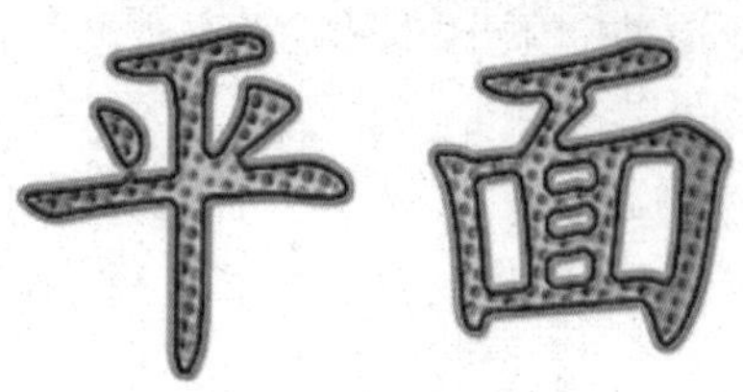

图48-14 添加图层样式后的效果

步骤12 在“图层”调板中双击文字图层，在弹出的“图层样式”对话框左侧选择“斜面和浮雕”选项，在其右侧选项区中设置相应参数（如图48-15所示），单击“确定”按钮，效果参见图48-1。

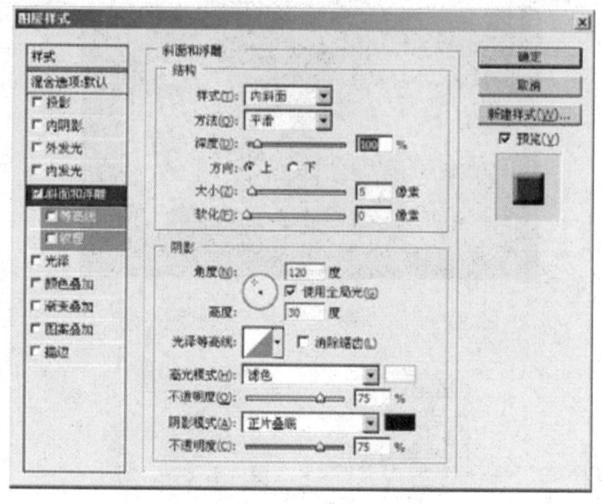

图48-15 设置斜面和浮雕参数

实例49 玻璃钢字体

本例制作玻璃钢文字效果，如图49-1所示。

图49-1 玻璃钢字体

操作步骤

步骤1 单击“文件”|“新建”命令，新建一个图像文件。

步骤2 在“通道”调板底部单击“创建新通道”按钮，创建新通道Alpha1。

步骤3 选中新通道Alpha 1，选择工具箱中的横排文字工具，在工具属性栏中设置相应的参数（如图49-2所示），在图像编辑窗口中输入文字，并调整其位置，然后按【Ctrl+D】组合键取消对文字的选择，如图49-3所示。

步骤4 在“通道”调板中将Alpha1通道拖曳到“创建新通道”按钮上，即可生成新通道“Alpha1副本”。

步骤5 单击“滤镜”|“其他”|“最大值”命令，在弹出的对话框中设置“半径”为4，单击“确定”按钮，即可生成如图49-4所示的效果。

图49-2 横排文字工具属性栏

图49-3 输入文字并调整位置

图49-4 “最大值”滤镜效果

步骤6 单击“通道”调板中的RGB通道，返回RGB混合颜色模式，按住【Ctrl】键的同时单击Alpha1通道，将文字载入其选区。

步骤7 单击“编辑”|“描边”命令，弹出如图49-5所示的对话框，单击“确定”按钮对文字进行描边，然后按【Ctrl+D】组合键取消选区，效果如图49-6所示。

步骤8 按住【Ctrl】键的同时单击“Alpha1副本”通道，将文字载入其选区，

单击“编辑”|“描边”命令，弹出“描边”对话框，设置具体参数，如图49-7所示。单击“确定”按钮，然后按【Ctrl+D】组合键取消选区，效果如图49-8所示。

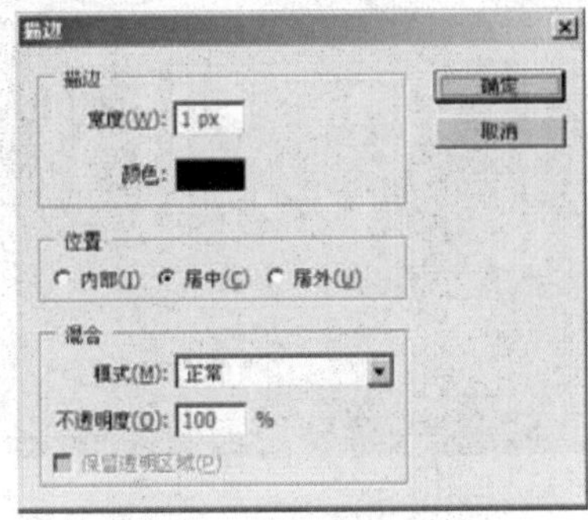

图49-5 “描边”对话框

图49-6 描边后的效果

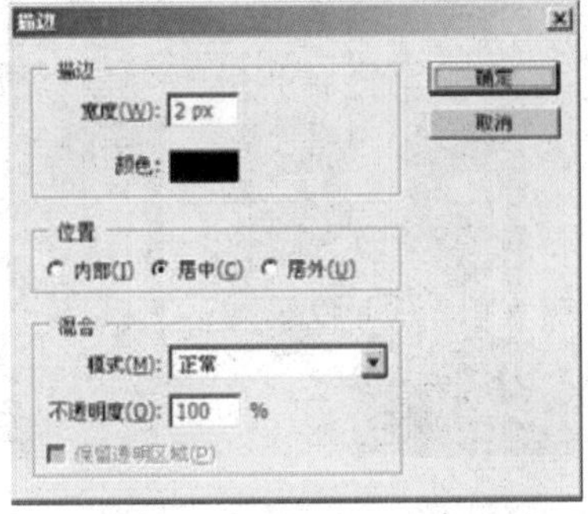

图49-7 “描边”对话框

图49-8 描边后的效果

步骤9 单击“滤镜”|“模糊”|“动感模糊”命令，在弹出的“动感模糊”对话框中设置相应的参数（如图49-9所示），单击“确定”按钮，效果如图49-10所示。

步骤10 单击“滤镜”|“风格化”|“查找边缘”命令，即可得到如图49-11所示的效果。

图49-9 “动感模糊”对话框

图49-10 动感模糊效果

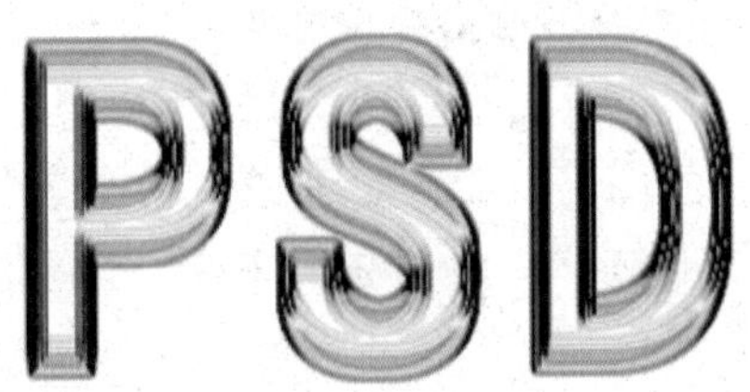

图49-11 “查找边缘”滤镜效果

步骤11 单击“编辑”|“渐隐查找边缘”命令，弹出“渐隐”对话框，设置具体参数，如图49-12所示。单击“确定”按钮，效果如图49-13所示。

图49-12 “渐隐”对话框

图49-13 执行“渐隐查找边缘”命令后的效果

步骤12 单击“图像”|“调整”|“反

相”命令，效果如图49-14所示。

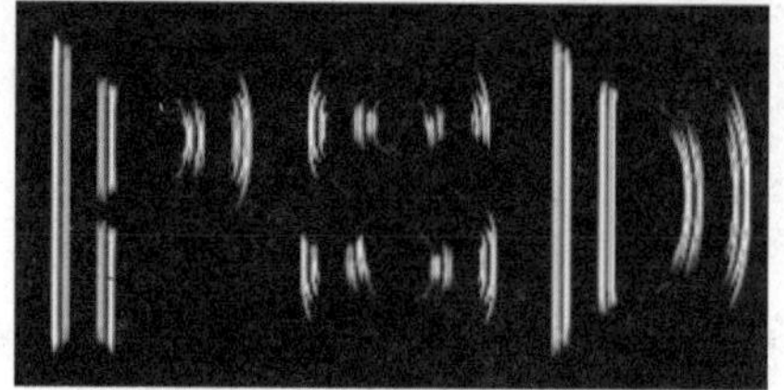

图49-14 执行“反相”命令后的效果

步骤13 选择工具箱中的魔棒工具，设置该工具的属性（如图49-15所示），在文字外围的黑色区域中单击鼠标左键，选中图像的黑色背景部分，如果文字内也有黑色区域，则在按住【Shift】键的同时单击文字内的黑色区域，将其选中，如图49-16所示。

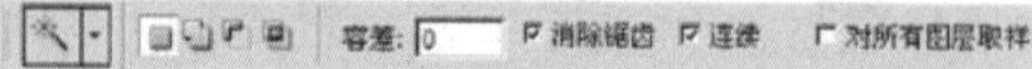

图49-15 魔棒工具属性栏

步骤14 单击“选择”|“反向”命令选中文字，再单击“图层”|“新建”|“通过剪切的图层”命令，生成包含文字的新图层“图层1”，此时的“图层”调板如图49-17所示。

步骤15 单击“背景”图层使其成为当前图层，然后打开一幅背景素材图像，按【Ctrl+A】组合键选中整个图像内容；按【Ctrl+C】组合键复制图像；切换到当前图像编辑窗口，按【Ctrl+V】组合键粘贴图像。

步骤16 在图像中调整文字的位置，最终效果如图49-18所示。

图49-16 选择黑色区域

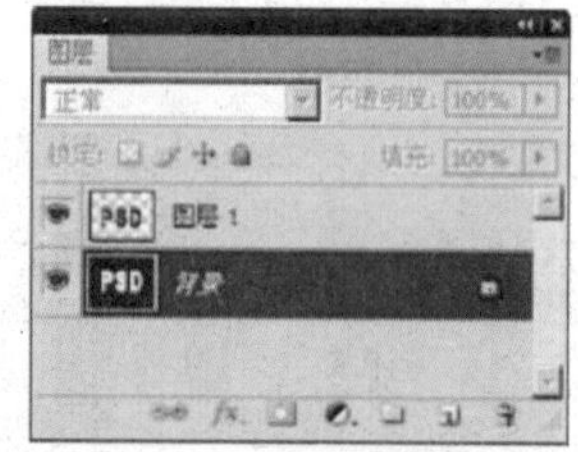

图49-17 “图层”调板

图49-18 调整文字位置

实例50 木刻字体

本例制作木刻字体，效果如图50-1所示。

图50-1 木刻字体

操作步骤

步骤1 打开一幅素材图像，如图50-2所示。

步骤2 在“图层”调板中拖动背景图层至“创建新图层”按钮上，复制背景生成“背景 副本”图层，在“图层”调板中单击“背景”图层左侧的“指示图层可见性”图标，将背景隐藏，如图50-3所示。

步骤3 确认“背景 副本”图层为当前工作图层，选择工具箱中的横排文字蒙版工具，在图像编辑窗口中输入文字“想念”，并将其移动到合适的位置，如图50-4所示。

图50-2 素材图像

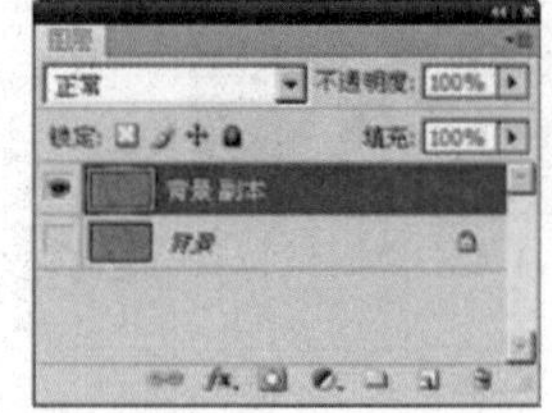
图50-3 隐藏“背景”图层

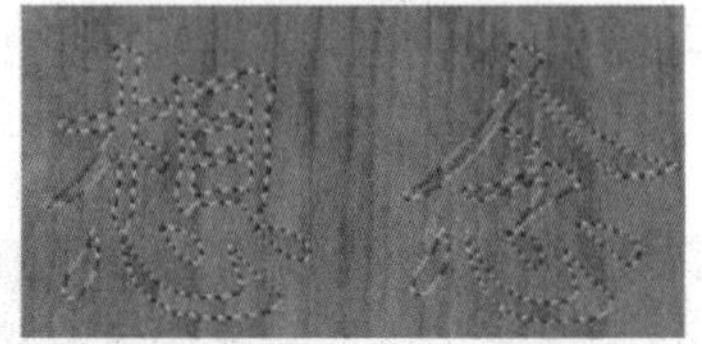
图50-4 输入文字并调整位置

步骤4 按【Ctrl+C】组合键复制选区内的图像到剪贴板中。

步骤5 单击“选择”|“修改”|“扩展”命令，在打开的“扩展选区”对话框中设置“扩展量”为4，单击“确定”按钮，将文字选区扩大，效果如图50-5所示。

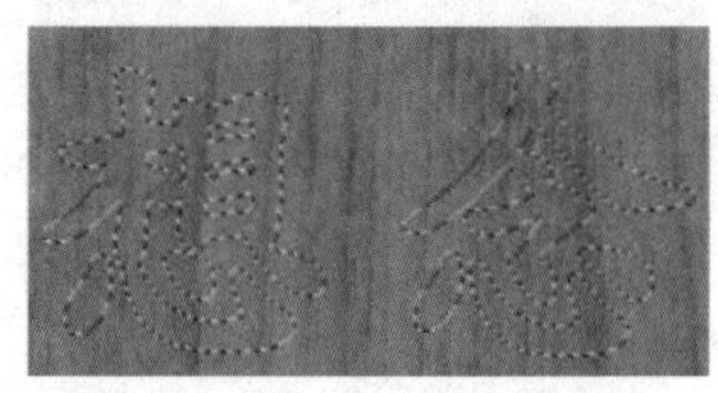
图50-5 扩大选区后的文字效果

步骤6 按【Delete】键删除选区内的图像（如图50-6所示），再按【Ctrl+V】组合键将刚才复制的文字图像粘贴到一个新的图层“图层 1”中，图像效果如图50-7所示。

步骤7 单击“图层”|“向下合并”命令，将文字所在层和“背景 副本”图层合并。

步骤8 在“图层”调板中的“背景 副本”层上双击鼠标，在弹出的“图层样式”对话框左侧选中“投影”复选框，然后选择“斜面和浮雕”复选框，在其右侧设置相应的参数（如图50-8所示），设置完成后，单击“确定”按钮，文字将出现立体效果，如图50-9所示。

图50-6 删除选区内的图像

图50-7 粘贴文字图像

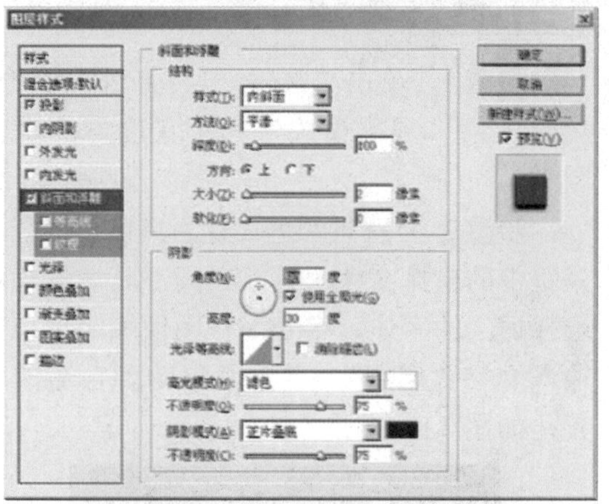
图50-8 “图层样式”对话框

图50-9 添加图层样式后的效果

步骤9 在“图层”调板中取消对背景图层的隐藏，最终效果如图50-10所示。

图50-10 木刻字效果

经典实录228例

实例51 火焰字体

本例制作具有火焰效果的字体，如图51-1所示。

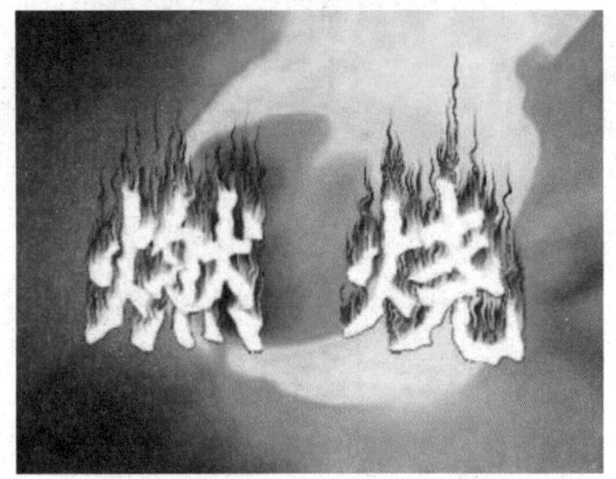

图51-1 火焰字体

操作步骤

步骤1 单击“文件”|“新建”命令，新建一幅“颜色模式”为“灰度”的空白图像。

步骤2 将背景颜色设置为黑色，选择工具箱中的横排文字工具，在其工具属性栏中选择适当的字体、字号，在图像编辑窗口中输入文字“燃烧”，并将其移动到合适的位置，如图51-2所示。

图51-2 输入文字并调整位置

步骤3 按【Ctrl+E】组合键向下合并图层，单击“图像”|“图像旋转”|“90度（顺时针）”命令，将图像顺时针旋转90度。

步骤4 单击“滤镜”|“风格化”|“风”命令，在弹出的“风”对话框中设置“方法”为“风”、“方向”为“从左”（如图51-3所示），设置完成后单击“确定”按钮，然后按【Ctrl＋F】组合键再次应用“风”滤镜，加强风的效果。

步骤5 单击“图像”|“图像旋转”|“90度（逆时针）”命令，将图像逆时针旋转90度，效果如图51-4所示。

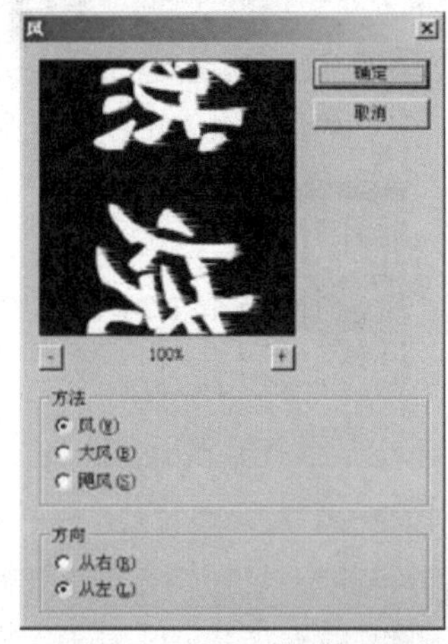

图51-3 “风”对话框

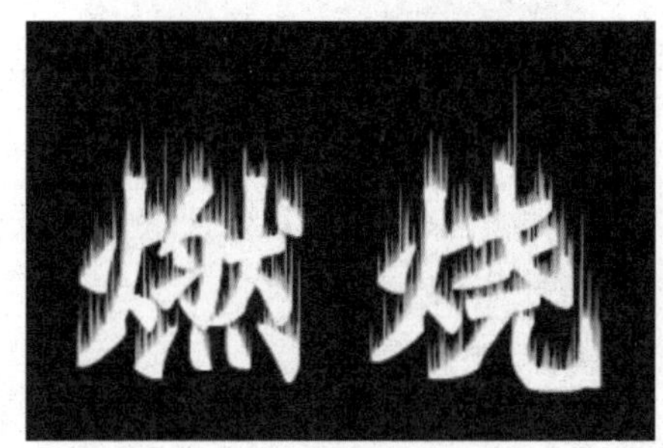

图51-4 “风”滤镜效果

步骤6 单击“滤镜”|“扭曲”|“波纹”命令，在弹出的“波纹”对话框中设置“数量”为100、“大小”为“中”（如图51-5所示），设置完成后单击“确定”按钮，效果如图51-6所示。

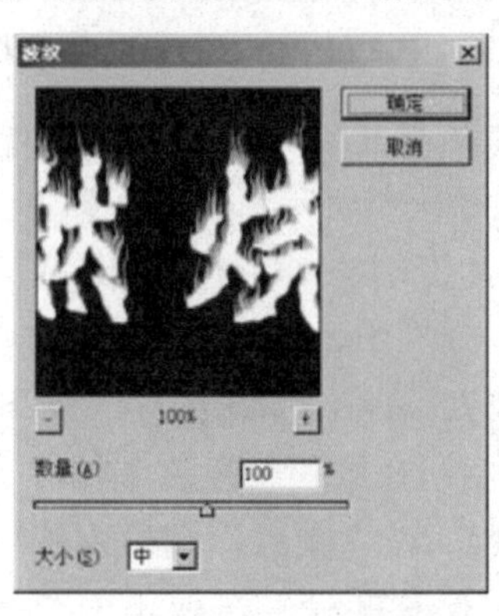

图51-5 “波纹”对话框

图51-6 “波纹”滤镜效果

步骤7 单击“图像”|“模式”|“索引颜色”命令，将图像转换为“索引颜色”模式。

步骤8 单击“图像”|“模式”|“颜色表”命令，在弹出的“颜色表”对话框的“颜色表”下拉列表框中选择“黑体”选项（如图51-7所示），单击“确定”按钮，效果如图51-8所示。

步骤9 单击“图像”|“模式”|“RGB颜色”命令，将图像转化为RGB模式，此时将完成火焰字体的制作。

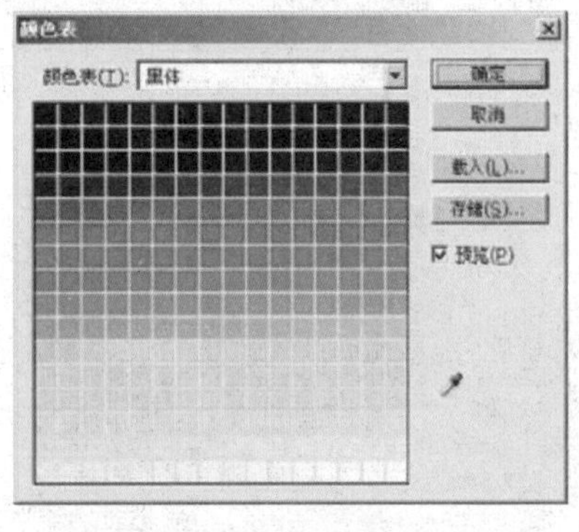

图51-7 “颜色表“对话框

图51-8 火焰字效果

实例52 彩块字体

本例制作具有彩块效果的字体，如图52-1所示。

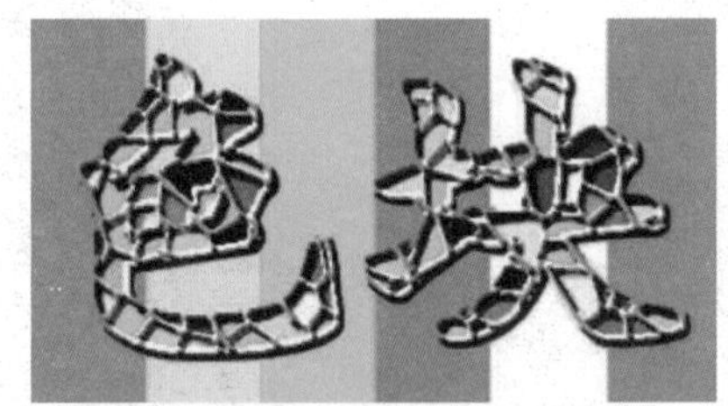

图52-1 彩块字体

操作步骤

步骤1 单击“文件”|“新建”命令，新建一个RGB图像文件。

步骤2 选择工具箱中的横排文字工具，在工具属性栏中设置合适的字体、字号，在图像编辑窗口中输入文字，并将文字移动到合适的位置，如图52-2所示。

步骤3 单击“图层”|“栅格化”|“文字”命令，将文字图层转化为普通图层，按住【Ctrl】键的同时单击文字图层，将文字载入区域，在“通道”调板底部单击“将选区存储为通道”按钮，存储为通道Alpha 1，此时的“通道”调板如图52-3所示。

图52-2 输入文字并调整位置

图52-3 “通道”调板

步骤4 将前景色设置为黄色，单击“编辑”|“填充”命令，在弹出的“填充”

对话框中将“使用”设置为“前景色”(如图52-4所示),单击“确定”按钮,效果如图52-5所示。

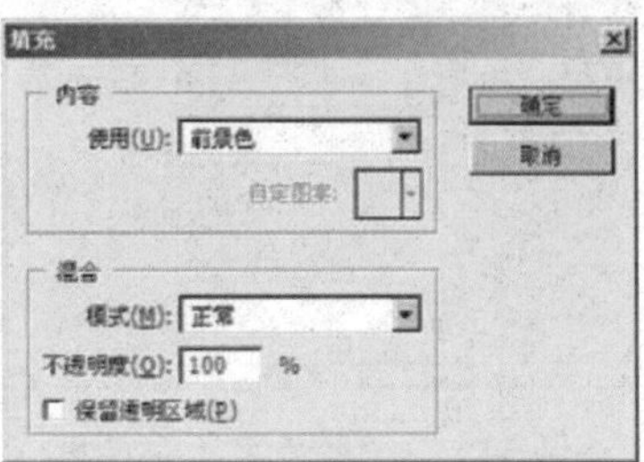

图52-4 “填充”对话框

图52-5 填充后的效果

步骤5 单击“滤镜”|“杂色”|“添加杂色”命令,在打开的“添加杂色”对话框中设置各项参数(如图52-6所示),设置完成后单击“确定”按钮,效果如图52-7所示。

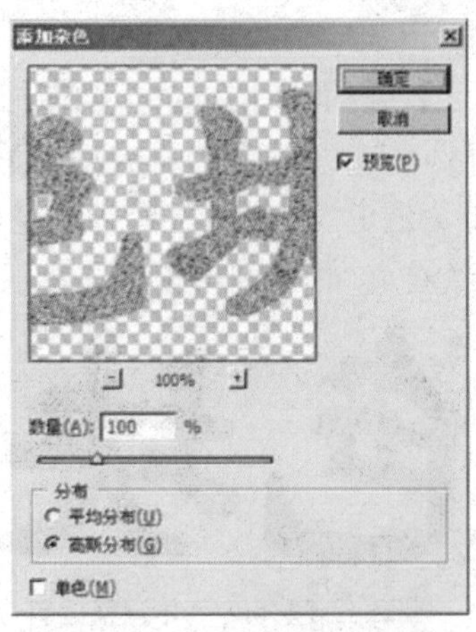

图52-6 “添加杂色”对话框

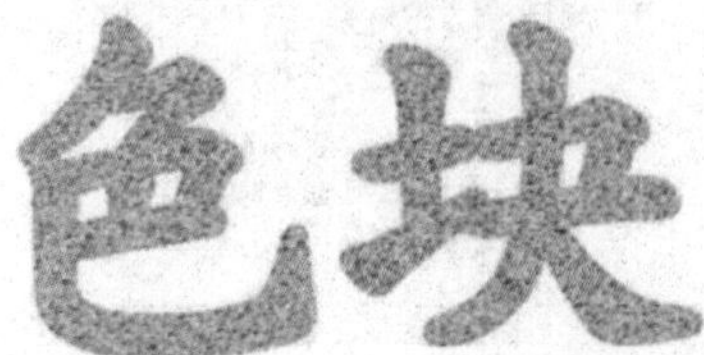

图52-7 “添加杂色”滤镜效果

步骤6 单击“滤镜”|“像素化”|“晶格化”命令,在打开的“晶格化”对话框中设置各项参数(如图52-8所示),设置完成后单击“确定”按钮,效果如图52-9所示。

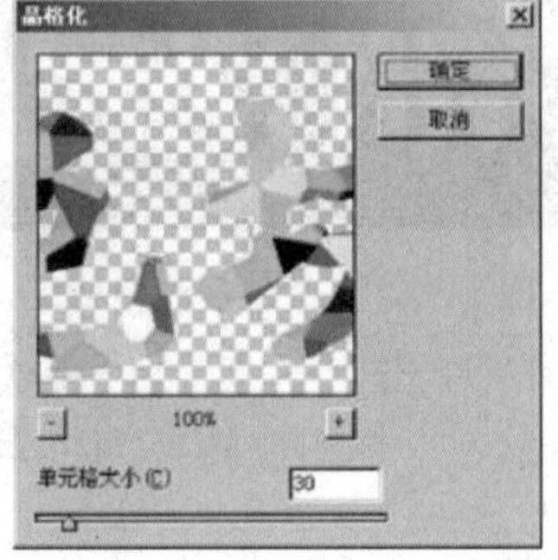

图52-8 “晶格化”对话框

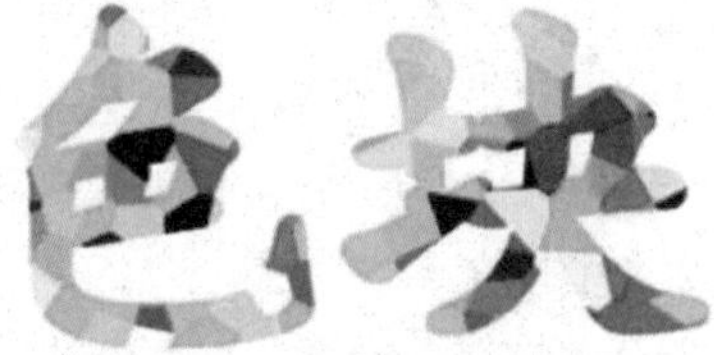

图52-9 “晶格化”滤镜效果

步骤7 按住【Ctrl】键的同时单击文字图层,将文字载入选区,按【Ctrl+C】组合键拷贝选区中的内容;按【Ctrl+V】组合键将剪贴板中的内容粘贴到新的图层中。

步骤8 按住【Ctrl】键的同时单击“通道”调板中的Alpha 1通道,载入选区,单击“滤镜”|“风格化”|“查找边缘”命令,效果如图52-10所示。

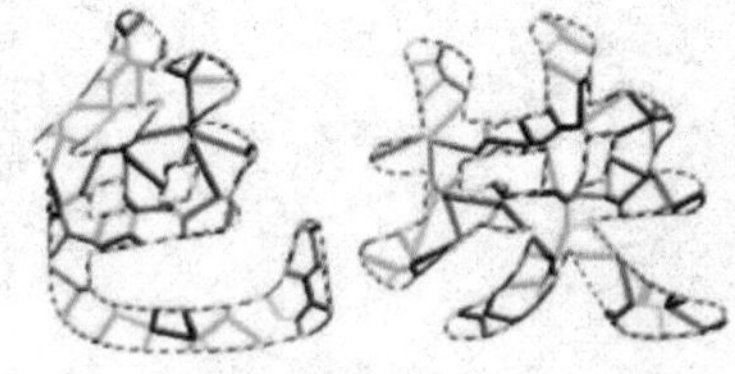

图52-10 “查找边缘”滤镜效果

步骤9 单击“图像”|“调整”|“阈值”命令,在打开的“阈值”对话框中设置“阈值色阶”为255(如图52-11所示),设置完成后单击“确定”按钮,效果如图52-12所示。

步骤10 将前景色设置为黑色,单击“编辑”|“描边”命令,在打开的“描边”对话框中设置各项参数(如图52-13所示),设置完成后单击“确定”按钮,效

果如图 52-14 所示。

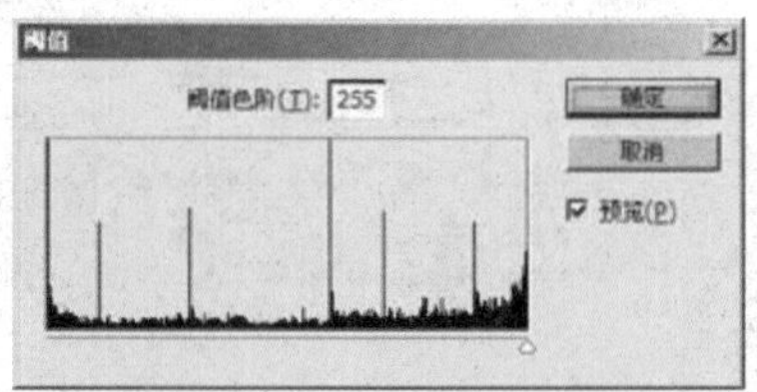

图 52-11 “阈值”对话框

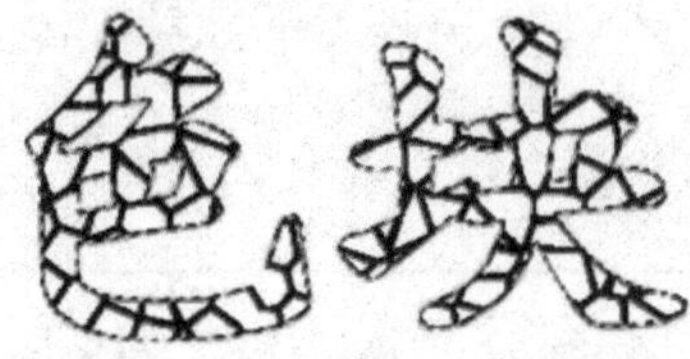

图52-12 调整阈值后的效果

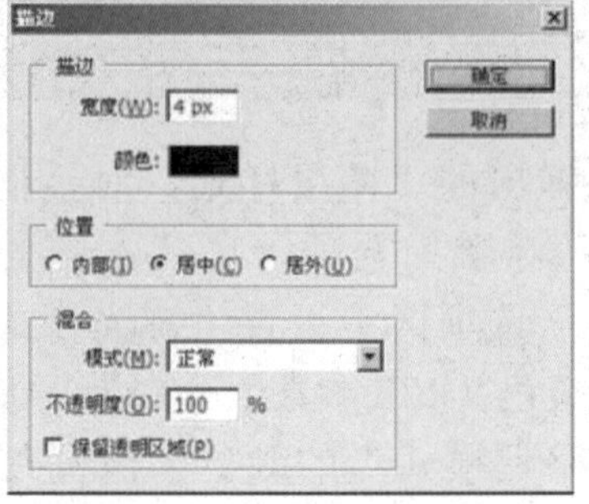

图 52-13 “描边”对话框

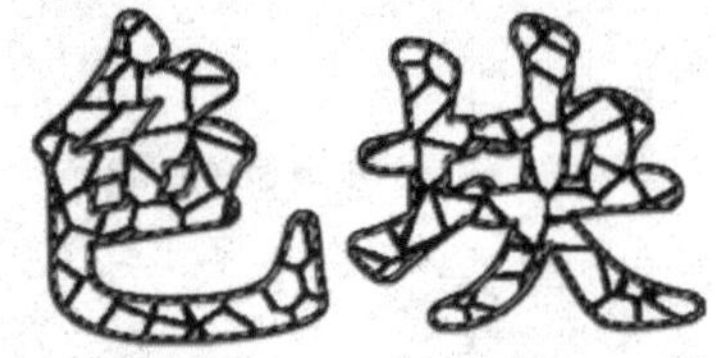

图52-14 描边后的效果

步骤 11 按【Ctrl+D】组合键取消选区，单击“选择”|“色彩范围”命令，在图像中单击白色区域（如图 52-15 所示），单击“确定”按钮，效果如图 52-16 所示。

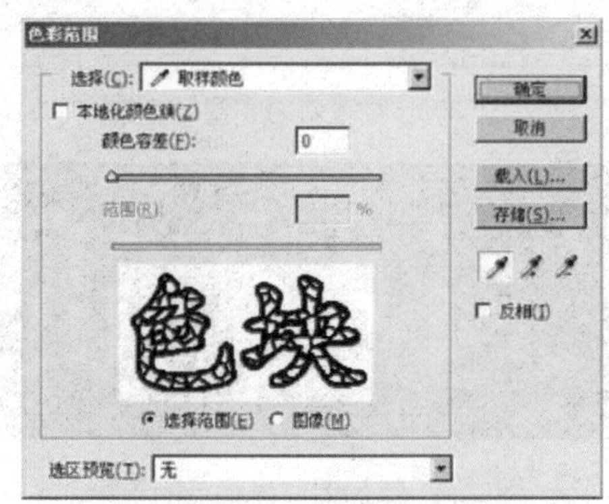

图 52-15 “色彩范围”对话框

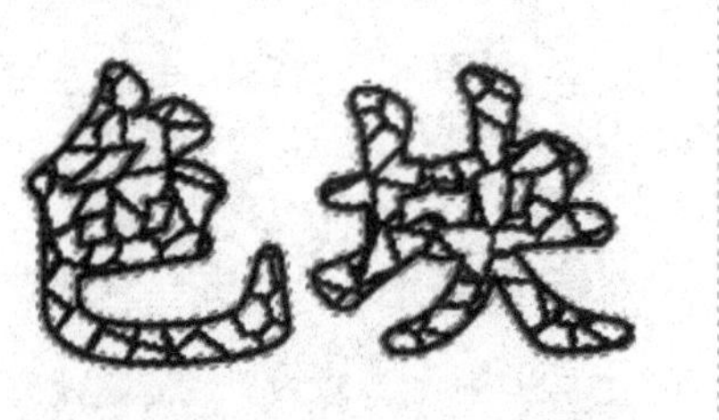

图52-16 创建选区

步骤 12 选择工具箱中的魔棒工具，按住【Alt】键的同时，在白色的背景图像上单击鼠标左键，然后按【Delete】键删除选区中的内容，效果如图 52-17 所示。

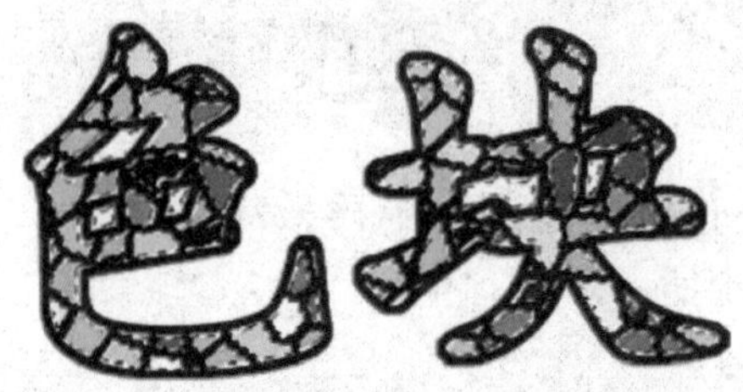

图52-17 删除选区中的内容

步骤 13 单击“选择”|“反向”命令反选选区；单击“滤镜”|“风格化”|“浮雕效果”命令，在打开的“浮雕效果”对话框中设置相应的参数（如图 52-18 所示），设置完成后单击“确定”按钮，然后按【Ctrl+D】组合键取消选区，图像效果如图 52-19 所示。

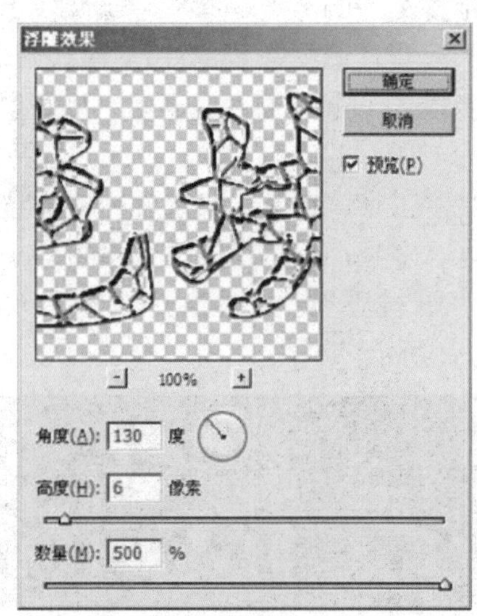

图 52-18 “浮雕效果”对话框

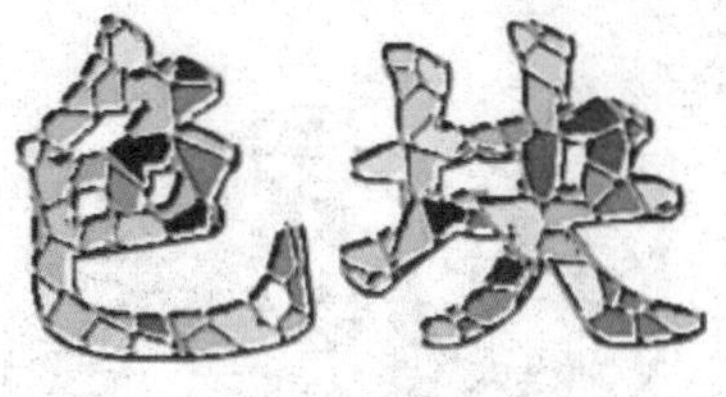

图52-19 “浮雕效果”滤镜效果

步骤14 单击“图层”|“图层样式”|“投影”命令，在打开的“图层样式”对话框中设置各项参数，如图52-20所示。设置完成后单击“确定”按钮，效果参见图52-1。

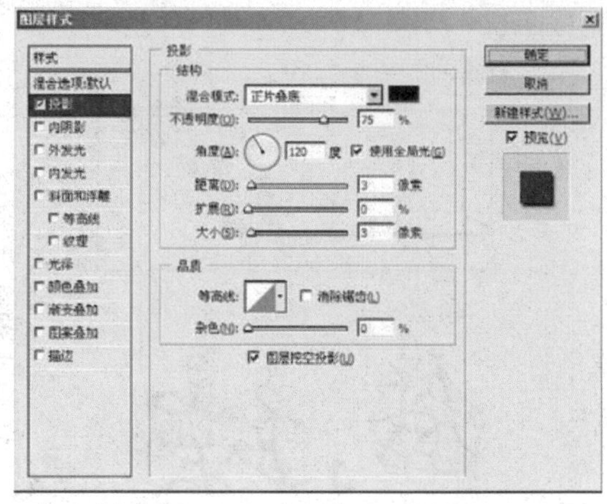

图52-20 “图层样式”对话框

实例53 铜质字体

本例制作具有铜质效果的字体，如图53-1所示。

图53-1 铜质字体

操作步骤

步骤1 单击“文件”|“新建”命令，新建一幅背景色为黑色的RGB模式图像。

步骤2 设置前景色为黄色（RGB参数值分别为190、135、75），在工具箱中选择横排文字工具，在其工具属性栏中设置合适的字体、字号，然后在图像编辑窗口中输入文字“铜材质”，并调整其位置，效果如图53-2所示。

图53-2 输入文字并调整位置

步骤3 在“图层”调板中双击文字图层，在弹出的“图层样式”对话框中选择“斜面和浮雕”选项，在其右侧的“斜面和浮雕”选项区中设置“高光模式”的颜色为橘黄色（RGB参数值分别为248、120、0），“暗调模式”的颜色为深褐色（RGB参数值分别为100、80、25），其他参数设置如图53-3所示。单击“确定”按钮，效果如图53-4所示。

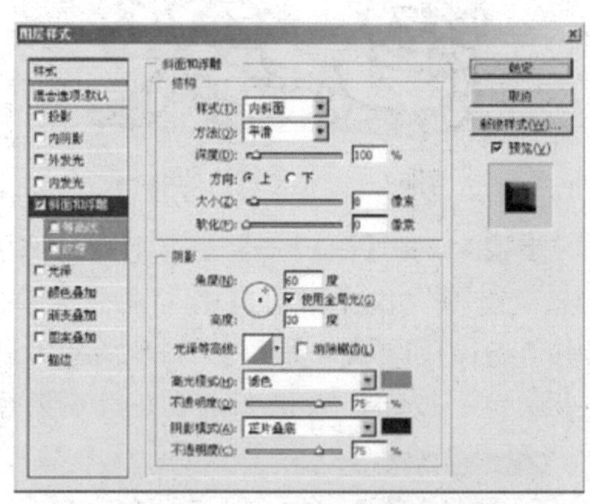

图53-3 设置斜面和浮雕参数

图53-4 添加图层样式后的效果

步骤4 在“图层样式”对话框左侧列表

中选择“等高线”选项，在其右侧的“等高线”选项区中设置相应的参数（如图53-5所示），单击“等高线”右侧的图标，弹出“等高线编辑器”对话框，将网格中的直线调整为如图53-6所示的折线，单击“确定”按钮，此时的文字效果如图53-7所示。

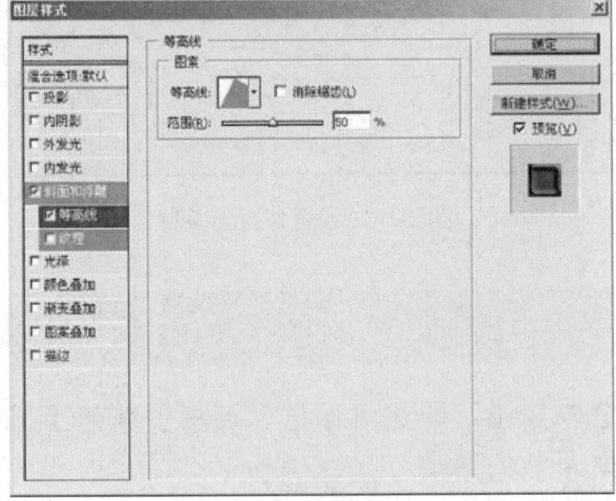

图53-5 设置等高线参数

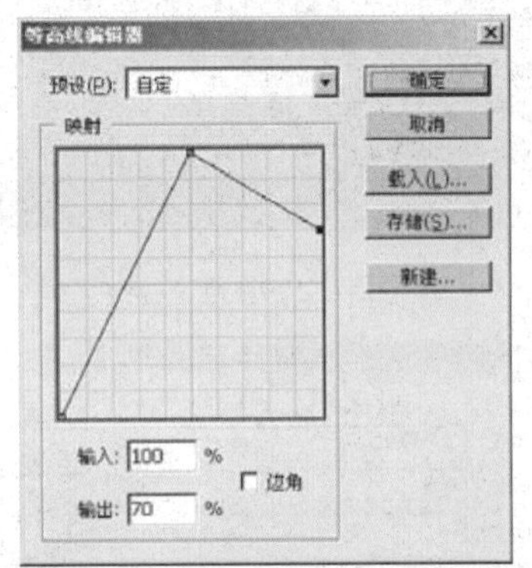

图53-6 “等高线编辑器”对话框

图53-7 添加图层样式后的效果

步骤5 在“图层样式”对话框左侧列表中选择“纹理”选项，在其右侧的“纹理”选项区中设置相应的参数（如图53-8所示），此时的文字效果如图53-9所示。

步骤6 在“图层样式”对话框左侧列表中选择“光泽”选项，在其右侧的“光泽”选项区中设置相应的参数（如图53-10所示），此时的文字效果如图53-11所示。

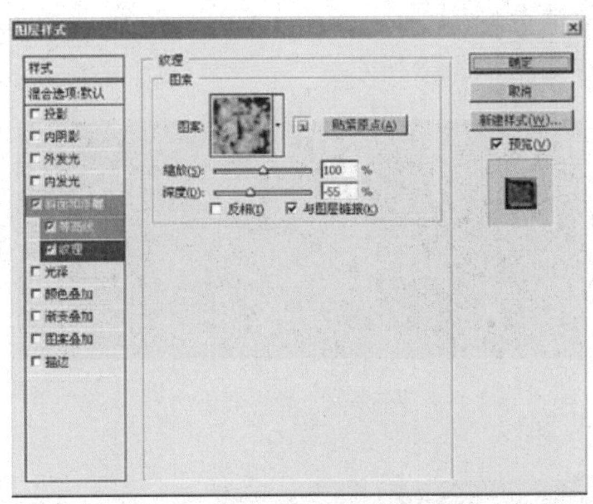

图53-8 设置纹理参数

图53-9 添加图层样式后的效果

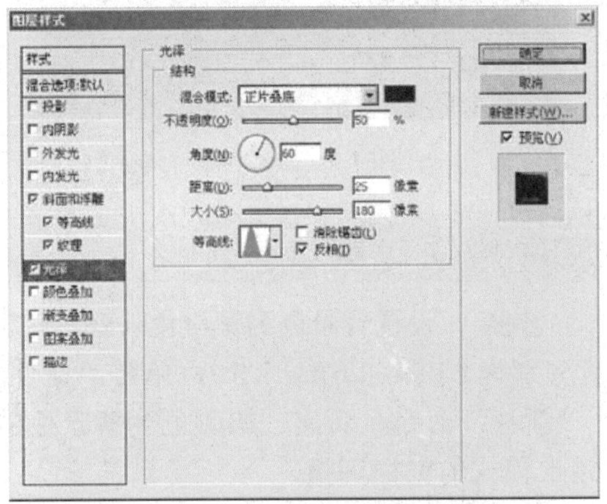

图53-10 设置光泽参数

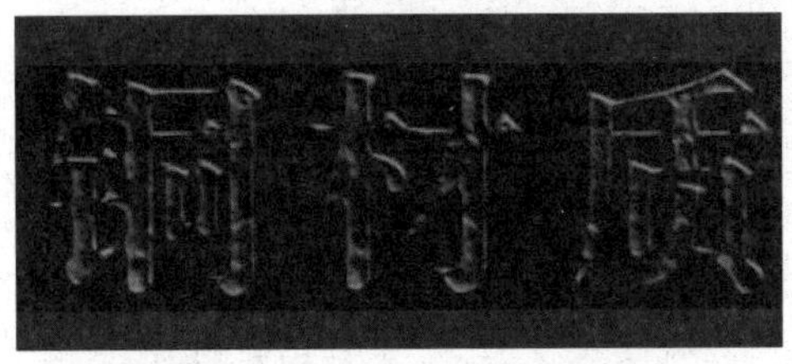

图53-11 添加图层样式后的效果

步骤7 在“图层样式”对话框左侧列表中选择“外发光”选项，设置相应参数后的最终效果如图53-12所示。其中，在

“图层样式”对话框右侧的“外发光”选项区中设置外发光的颜色为暗黄色（RGB参数值分别为10、200、60），其他参数设置如图53-13所示。

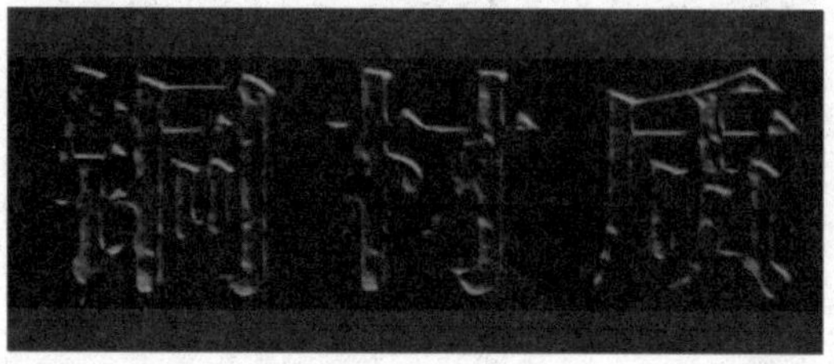

图53-12 最终效果

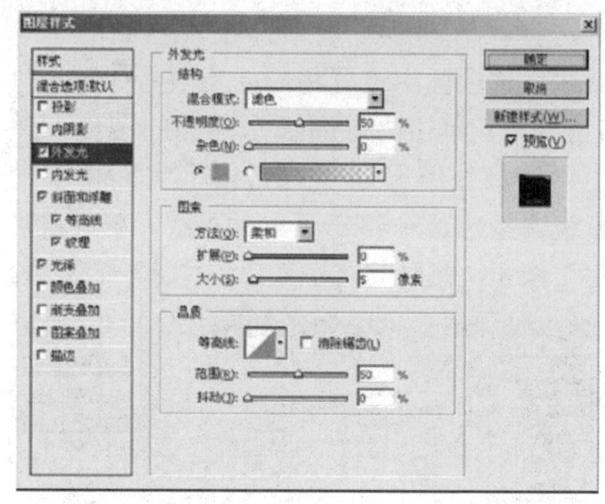

图53-13 设置外发光参数

实例54 鎏金字体

本例制作鎏金字体，效果如图54-1所示。

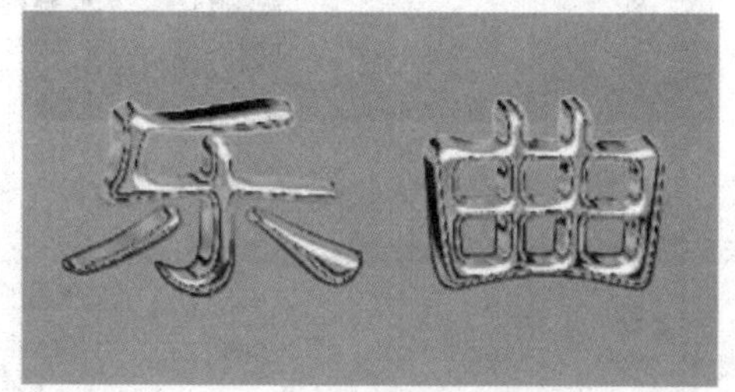

图54-1 鎏金字体

操作步骤

步骤1 设置背景色为黄橙色（RGB参数值分别为210、160、25），单击“文件”|“新建”命令，新建一幅颜色为背景色的RGB模式的空白图像。

步骤2 单击“图层”调板底部的“创建新图层”按钮，新建一个“图层1”，选择工具箱中的横排文字蒙版工具，在图像编辑窗口中输入文字“乐曲”，并将其调整到合适的位置，然后设置前景色为灰色（RGB参数值分别为150、150、150），按【Alt+Delete】组合键填充前景色，效果如图54-2所示。

步骤3 单击“选择”|“存储选区”命令，在弹出的“存储选区”对话框中设置“名称”为1（如图54-3所示），单击“确定”按钮，即在“通道”调板中新建了名称为1的通道。

图54-2 填充文字

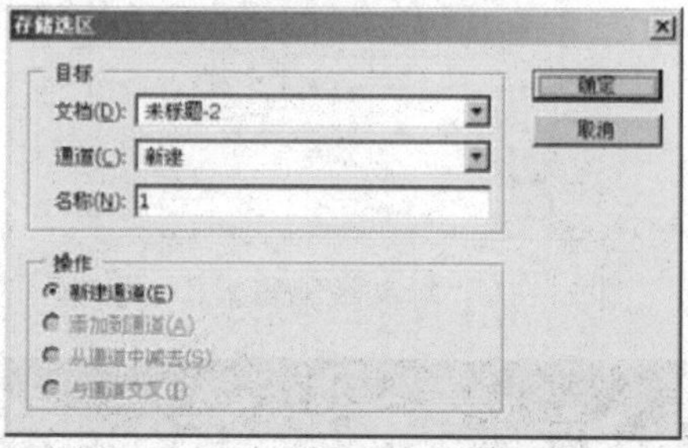

图54-3 “存储选区”对话框

步骤4 按【Ctrl+D】组合键取消选区，在“通道”调板中单击通道1，使其为当前通道（如图54-4所示），此时的图像编辑窗口如图54-5所示。

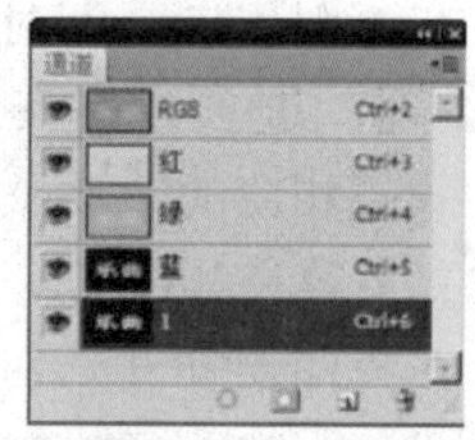

图54-4 “通道”调板

图54-5 通道中的文字效果

步骤 5 单击“滤镜”|“模糊”|“高斯模糊”命令，在弹出的“高斯模糊”对话框中设置“半径”为3（如图54-6 所示），单击“确定”按钮，效果如图54-7 所示。

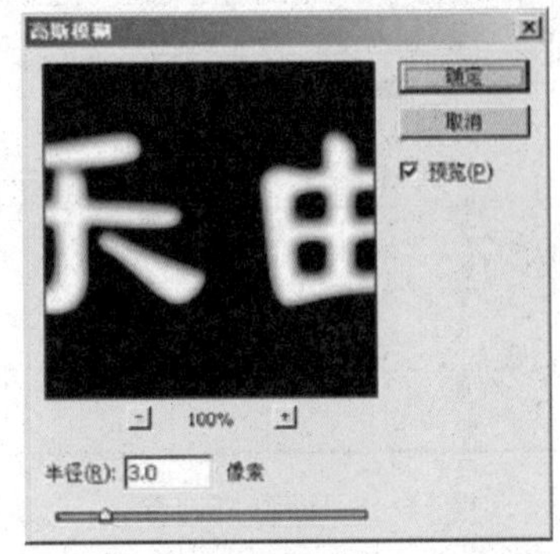

图 54-6 “高斯模糊”对话框

图 54-7 “高斯模糊”滤镜效果

步骤 6 返回RGB 通道，单击“滤镜”|“渲染”|“光照效果”命令，在弹出的“光照效果”对话框中设置“光照类型”为“点光”、“纹理通道”为1，其他参数设置如图54-8 所示。单击“确定”按钮，效果如图54-9 所示。

步骤 7 单击“图像”|“调整”|“曲线”命令，在弹出的“曲线”对话框中调整曲线形状（如图54-10 所示），单击“确定”按钮，效果如图54-11 所示。

步骤 8 单击“图像”|“调整”|“曲线”命令，在弹出的“曲线”对话框中调整曲线形状（如图54-12 所示），单击“确定”按钮，效果如图54-13 所示。

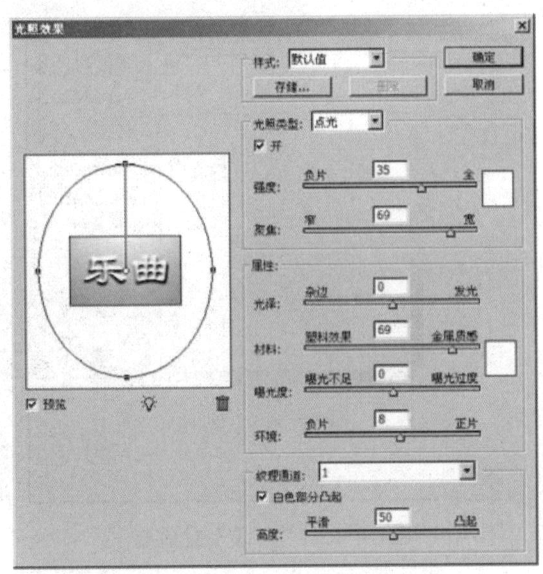

图 54-8 “光照效果”对话框

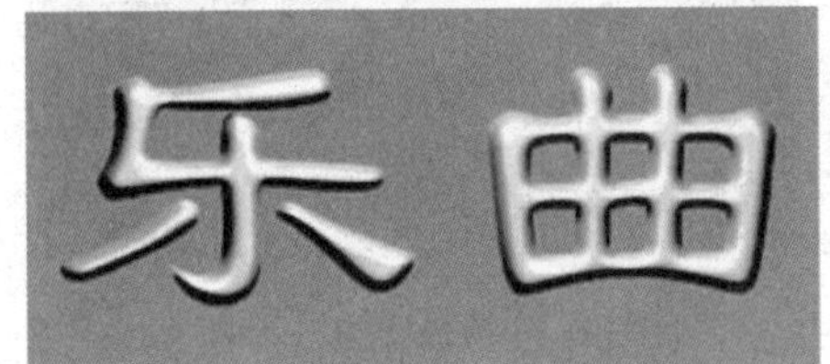

图 54-9 应用“光照效果”后的效果

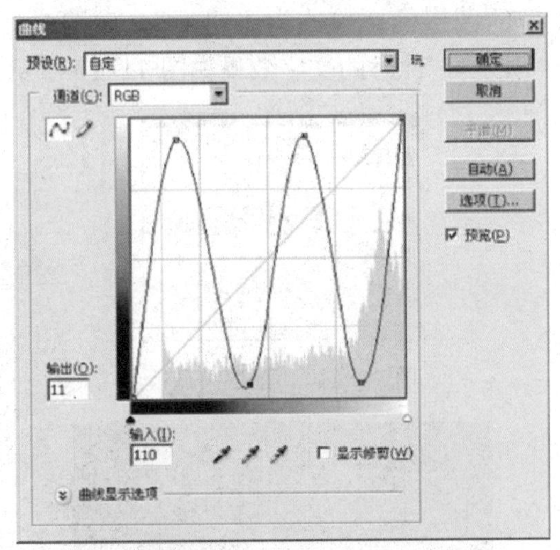

图 54-10 “曲线”对话框

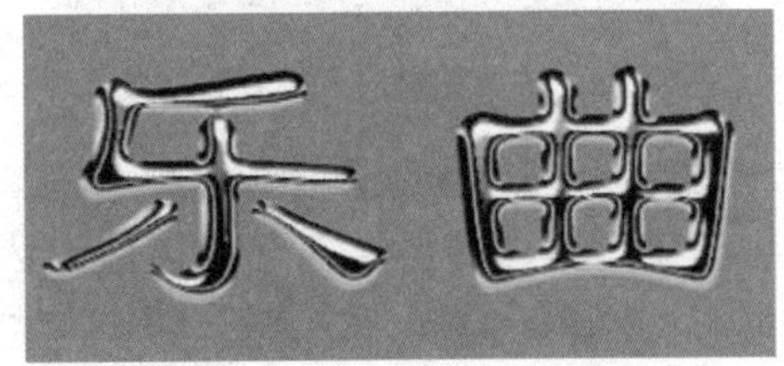

图54-11 调整曲线后的效果

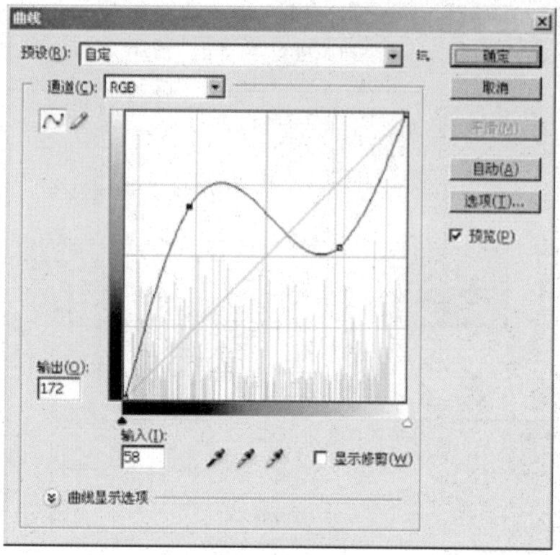

图 54-12 “曲线”对话框

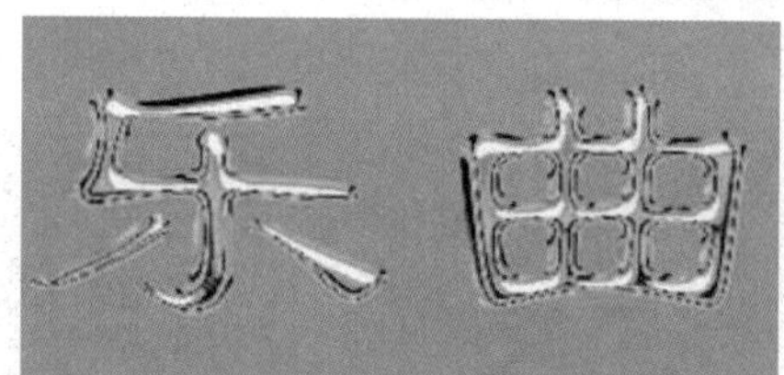

图54-13 调整曲线后的效果

步骤 9 在“图层”调板中设置“图层 1”的图层混合模式为“明度”(如图 54-14 所示),此时的文字效果如图 54-15 所示。

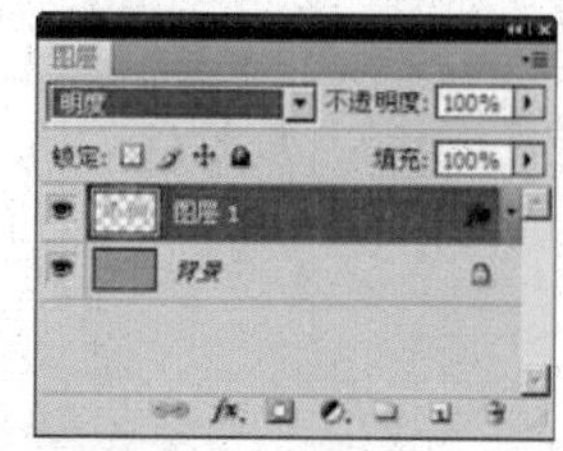

图 54-14 “图层”调板

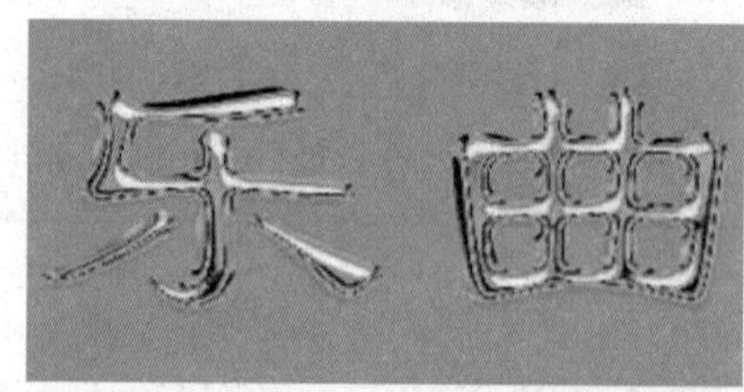

图54-15 改变图层混合模式后的效果

步骤 10 在“图层”调板中双击“图层 1”,在弹出的“图层样式”对话框中选择“描边”选项,设置“大小”为 1 、“填充类型”为“渐变”,在“点按可打开‘渐变’拾色器”下拉列表中选择“前景色到背景色渐变”样式、样式为“线性”,其他参数设置如图 54-16 所示。设置完成后单击“确定”按钮,效果如图 54-17 所示。

步骤 11 按住【Ctr】键的同时单击“图层 1”,将文字载入选区,单击“选择”|“修改”|“收缩”命令,在弹出的“收缩选区”对话框中设置“收缩量”为 2 ,单击“确定”按钮,效果如图 54-18 所示。

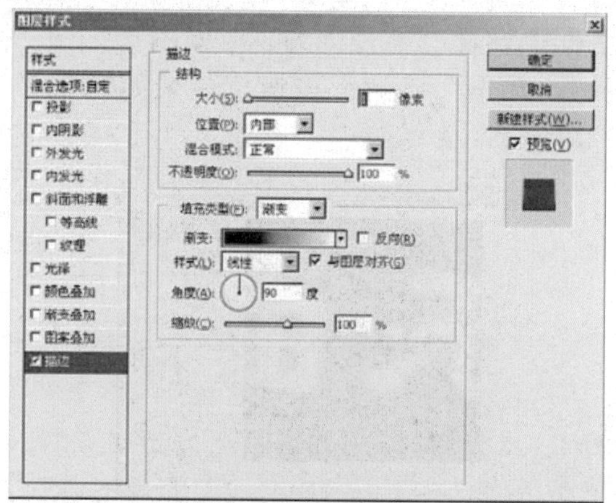

图54-16 设置描边参数

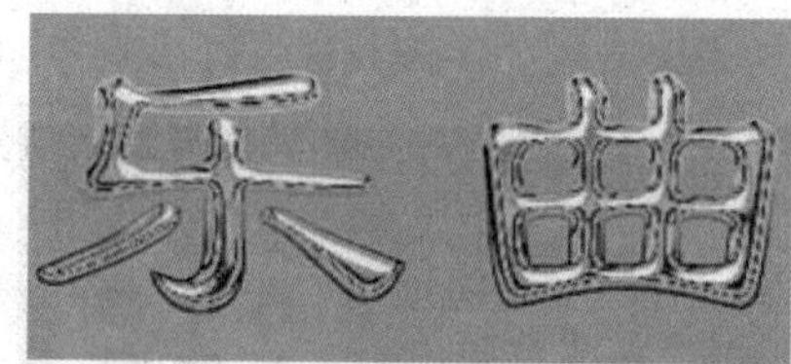

图54-17 描边后的效果

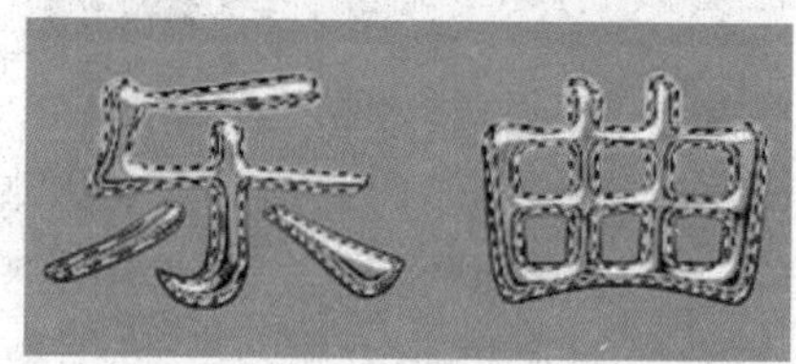

图54-18 收缩选区后的效果

步骤 12 按住【Ctrl+Alt】组合键的同时,分别按向下和向右方向键各 3 次,复制并移动文字,然后按【Ctrl+D】组合键取消选区,最终效果如图 54-19 所示。

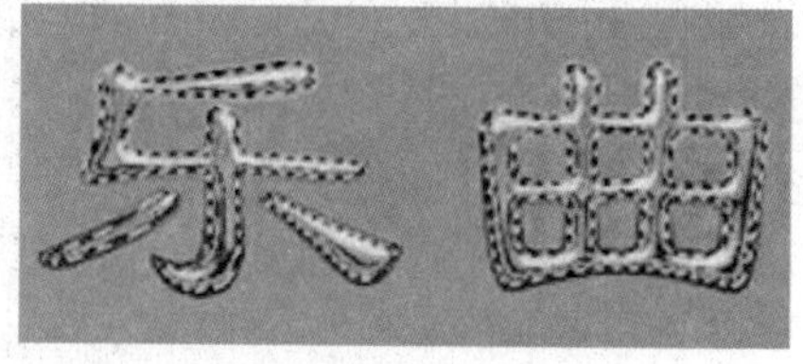

图54-19 鎏金字效果

实例55 彩虹字体

本例制作彩虹字体，效果如图55-1所示。

图55-1 彩虹字体

操作步骤

步骤1 单击“文件”|“新建”命令，新建一个图像文件。

步骤2 选择工具箱中的横排文字工具，在工具属性栏中设置相应的参数（如图55-2所示），在图像编辑窗口中输入文字并移动文字到合适的位置，如图55-3所示。

图55-2 横排文字工具属性栏

图55-3 输入文字并调整位置

步骤3 按【Ctrl+E】组合键，将文字图层和“背景”图层向下合并，单击“滤镜”|“模糊”|“动感模糊”命令，在弹出的“动感模糊”对话框中设置各项参数，如图55-4所示。单击“确定”按钮，效果如图55-5所示。

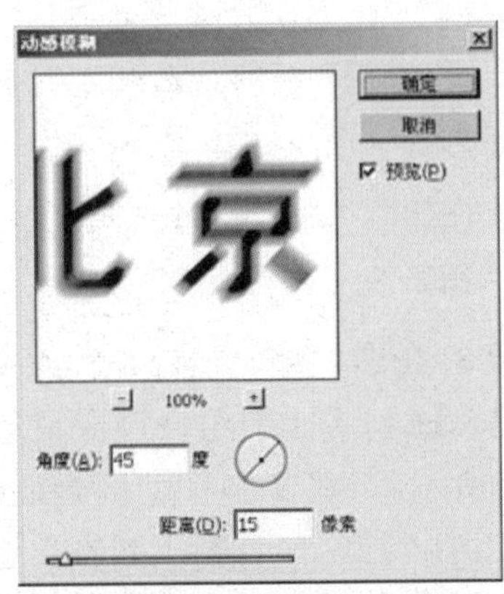

图55-4 “动感模糊”对话框

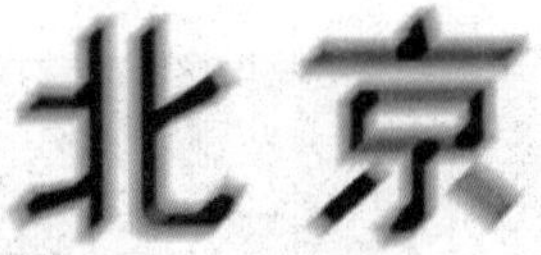

图55-5 “动感模糊”滤镜效果

步骤4 单击“滤镜”|“风格化”|“查找边缘”命令，效果如图55-6所示。

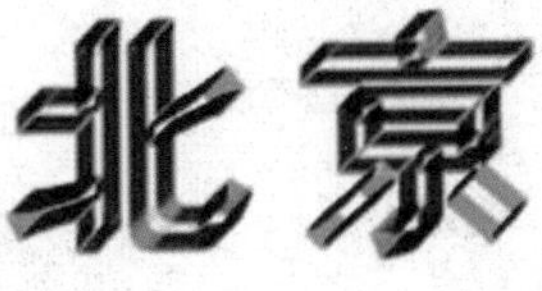

图55-6 “查找边缘”滤镜效果

步骤5 单击“图像”|“调整”|“曲线”命令，在弹出的“曲线”对话框中设置各项参数，如图55-7所示。单击“确定”按钮，效果如图55-8所示。

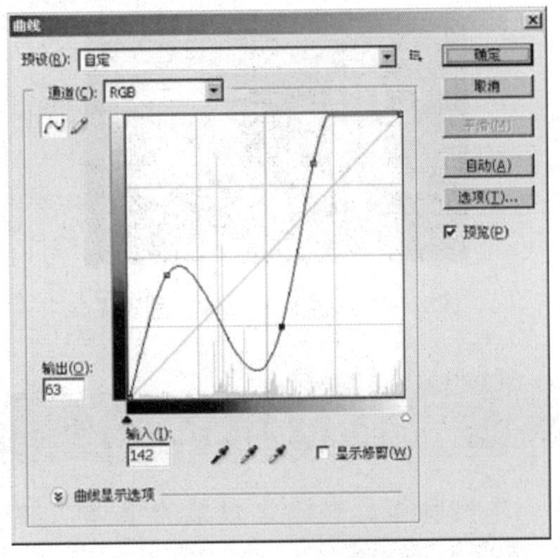

图55-7 “曲线”对话框

图55-8 调整曲线后的效果

步骤6 单击“图像”|“调整”|“反相”命令，将图像反相显示，效果如图55-9所示。

步骤7 单击“选择”|“色彩范围”命

令，在弹出的“色彩范围”对话框中设置各项参数，如图55-10所示。单击“确定”按钮，效果如图55-11所示。

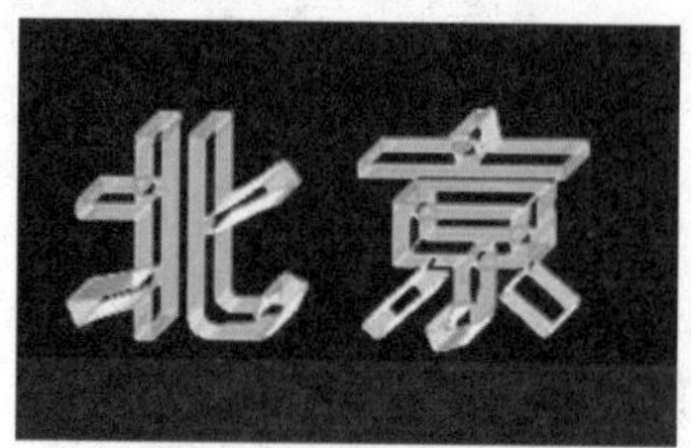

图55-9 反相显示效果

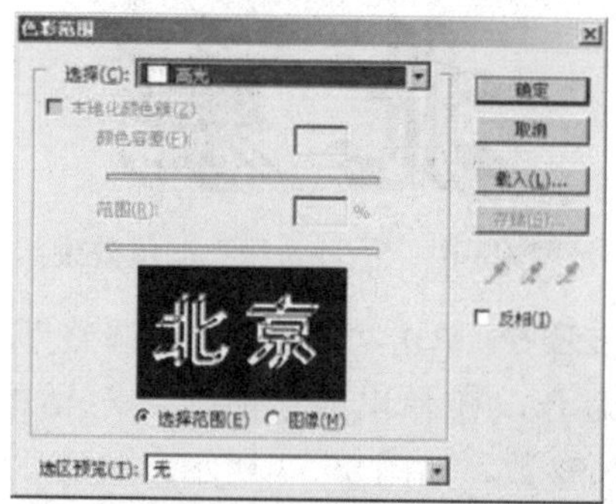

图55-10 “色彩范围”对话框

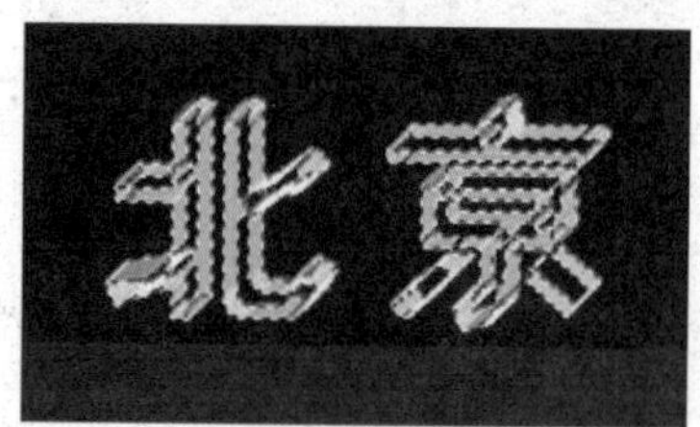

图55-11 调整色彩范围后的效果

步骤8 选择工具箱中的渐变工具，设置渐变类型为“色谱渐变”，如图55-12所示。对文字进行渐变填充，渐变效果如图55-13所示。

步骤9 选择工具箱中的画笔工具，将前景色设置为金黄色，选择十字笔触笔型，在图像编辑窗口多次单击鼠标左键，制作星光效果，如图55-14所示。

图55-12 渐变工具属性栏

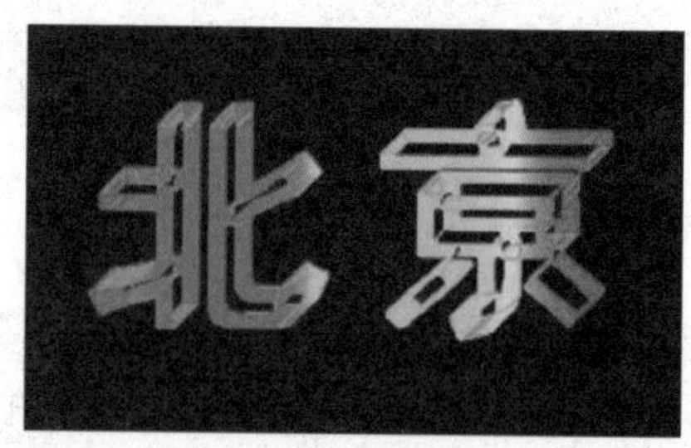

图55-13 渐变效果

图55-14 彩虹字效果

实例56 熔化字体

本例制作具有熔化效果的字体，如图56-1所示。

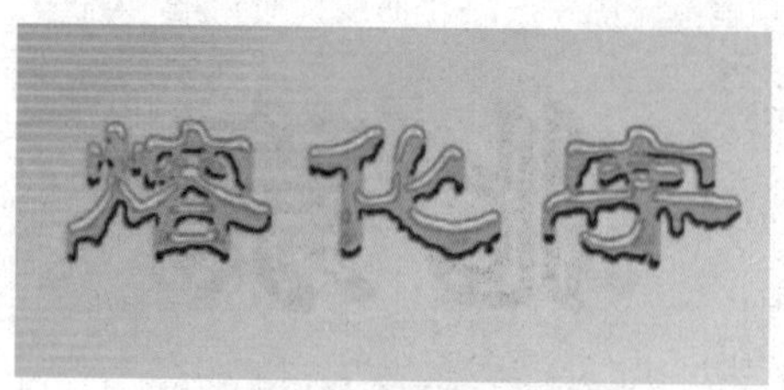

图56-1 熔化字体

操作步骤

步骤1 单击“文件”|“新建”命令，新建一个背景色为“白色”的图像文件。

步骤2 打开“通道”调板，单击该调板底部的“创建新通道”按钮，新建一个通道Alpha1，并确认其为当前通道，选择工具箱中的横排文字工具，在其工具属性栏中设置各项参数，如图56-2所示。

图56-2 横排文字工具属性栏

步骤3 在图像编辑窗口中输入文字“熔化字”，按【Ctrl+D】组合键取消选区（如图56-3所示），将文字移动到合适的位置，复制Alpha1得到“Alpha1副本”通道，并使“Alpha1副本”通道成为当前通道，如

图 56-4 所示。

图56-3 输入文字

图 56-4 “通道”调板

步骤 4 单击“图像”|“图像旋转”|“90 度（顺时针）”命令，然后单击“滤镜”|“风格化”|“风”命令，在弹出的如图 56-5 所示的对话框中设置“方法”为“风”、“方向”为“从右”，单击“确定”按钮应用滤镜，再按两次【Ctrl+F】组合键重复应用“风”滤镜，然后将图像逆时针旋转 90 度，效果如图 56-6 所示。

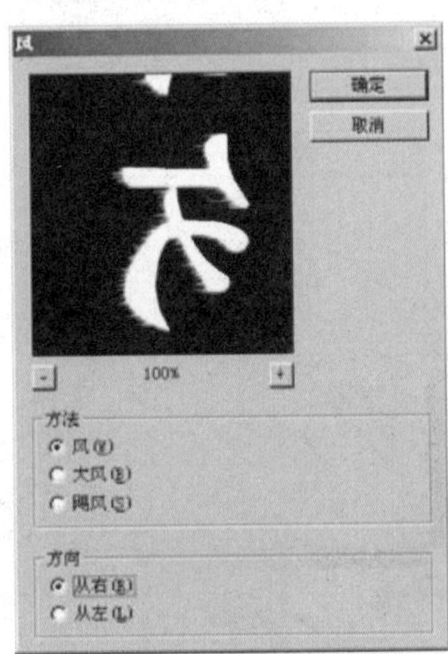

图 56-5 “风”对话框

图 56-6 应用“风”滤镜并将图像旋转后的效果

步骤 5 单击“滤镜”|“素描”|“图章”命令，在弹出的“图章”对话框中设置各项参数，如图 56-7 所示。单击“确定”按钮，效果如图 56-8 所示。

图 56-7 “图章”对话框

图 56-8 “图章”滤镜效果

步骤 6 单击“滤镜”|“素描”|“塑料效果”命令，在弹出的“塑料效果”对话框中设置各项参数，如图 56-9 所示。单击“确定”按钮，效果如图 56-10 所示。

图 56-9 “塑料效果”对话框

图 56-10 “塑料效果”滤镜效果

步骤 7 新建一个“图层 1”，并将其填

充为白色，如图56-11所示。单击“选择”|“载入选区”命令，在弹出的对话框中设置“通道”为“Alpha1副本”，如图56-12所示。

图56-11 “图层”调板

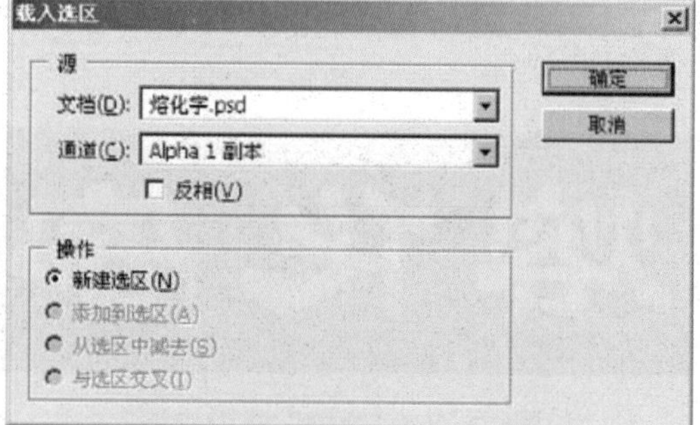

图56-12 “载入选区”对话框

步骤8 单击“确定”按钮，在“图层1”中载入选区（如图56-13所示），将前景色设置为灰色（RGB参数值分别为60、58、60），按【Alt+Delete】组合键用前景色填充选区，效果如图56-14所示。

图56-13 载入选区

图56-14 填充选区

步骤9 单击“滤镜”|“锐化”|“USM锐化”命令，在弹出的“USM锐化”对话框中设置各项参数（如图56-15所示），单击“确定”按钮应用锐化滤镜，效果如图56-16所示。

步骤10 单击“图像”|“调整”|“曲线”命令，在弹出的“曲线”对话框中设置各项参数（如图56-17所示），单击“确定”按钮，最终效果如图56-18所示。

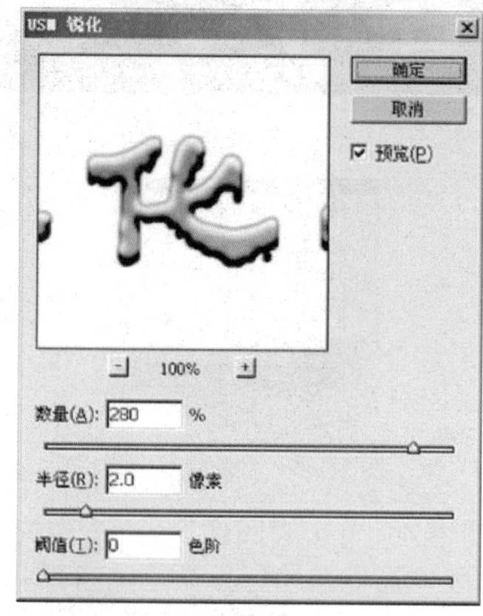

图56-15 “USM锐化”对话框

图56-16 “USM锐化”滤镜效果

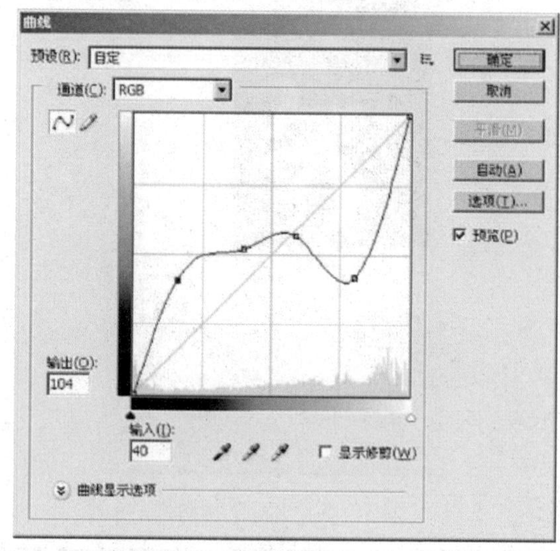

图56-17 “曲线”对话框

图56-18 调整曲线后的效果

实例57 像素化字体

本例制作具有像素化效果的字体，如图57-1所示。

图57-1 像素化字体

操作步骤

步骤1 设置背景色为深蓝色，单击“文件”|“新建”命令，新建一个“背景内容”为“背景色”的图像文件，单击“确定”按钮。

步骤2 选择工具箱中的横排文字工具，在其工具属性栏中设置颜色为白色，在图像编辑窗口中输入文本China，并移动文字到合适的位置，如图57-2所示。

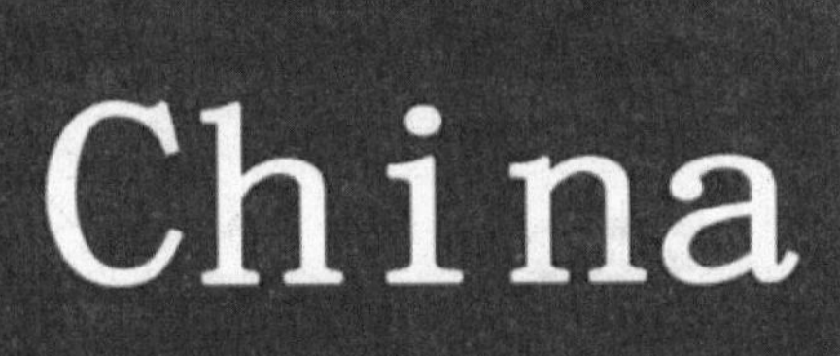

图57-2 输入文本并调整位置

步骤3 在文字图层上单击鼠标右键，在弹出的快捷菜单中选择“栅格化文字”选项，将文字图层转化为普通图层，然后复制文字图层生成“China副本”图层。

步骤4 选择China文字图层，单击“滤镜”|“模糊”|“高斯模糊”命令，在弹出的“高斯模糊”对话框中设置各项参数（如图57-3所示），单击“确定”按钮，效果如图57-4所示。

步骤5 单击“滤镜”|“像素化”|“马赛克”命令，在弹出的“马赛克”对话框中设置各项参数（如图57-5所示），单击“确定”按钮，效果如图57-6所示。

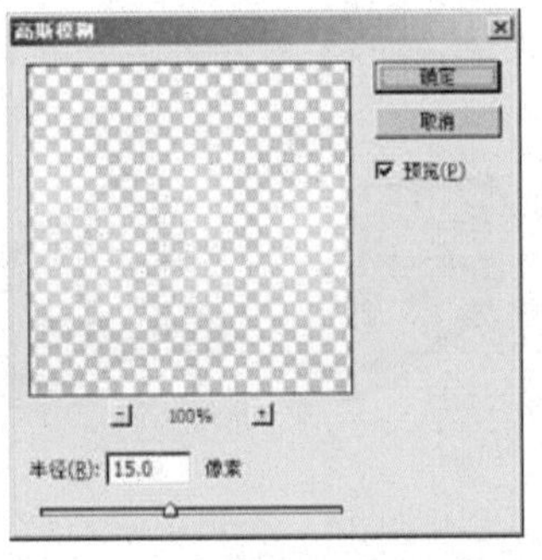

图57-3 “高斯模糊”对话框

图57-4 “高斯模糊”滤镜效果

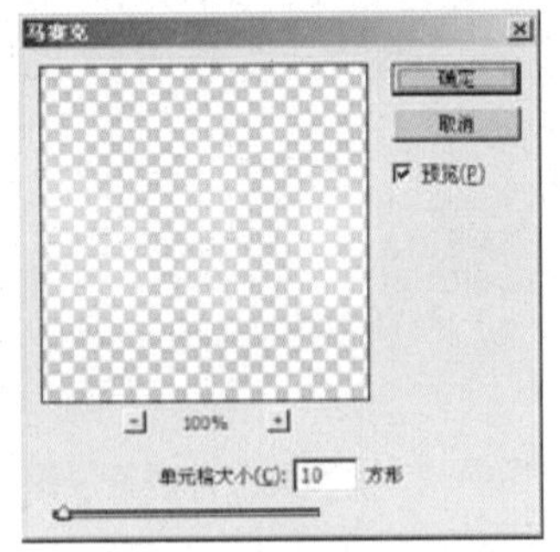

图57-5 “马赛克”对话框

图57-6 “马赛克”滤镜效果

步骤6 单击“滤镜”|“锐化”|“锐化”命令锐化文字，并重复操作两次，最终效果如图57-7所示。

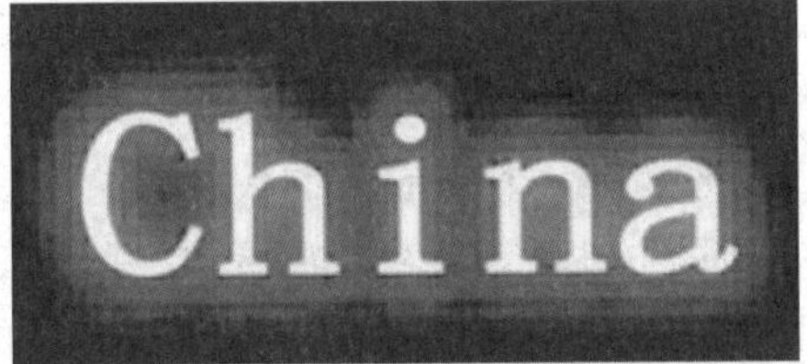

图57-7 像素化字效果

实例58 线形字体

本例制作线形字体效果，如图58-1所示。

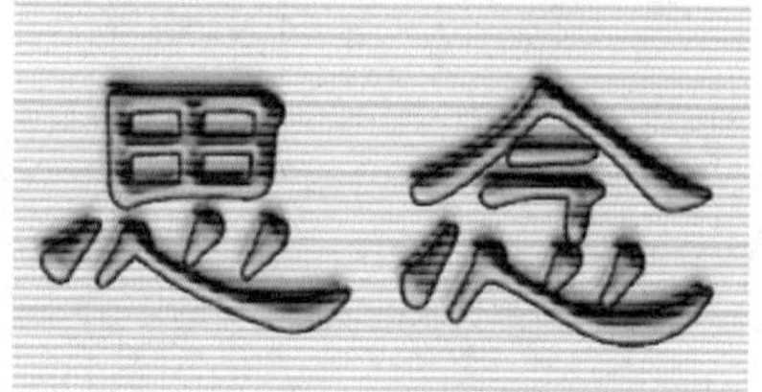

图58-1 线形字体

操作步骤

步骤1 单击“文件”|“新建”命令，新建一幅RGB模式的空白图像。

步骤2 设置前景色为浅蓝色，在工具箱中选择横排文字工具，在其工具属性栏中设置合适的字体、字号，然后在图像编辑窗口中输入文字“思念”，并调整其位置，如图58-2所示。

图58-2 输入文字并调整位置

步骤3 在“图层”调板中双击文字图层，在弹出的“图层样式”对话框左侧选择“斜面和浮雕”选项，在其右侧的“斜面和浮雕”选项区中设置相应的参数（如图58-3所示），设置完成后单击“确定”按钮，效果如图58-4所示。

步骤4 在“图层”调板中拖动文字图层到“创建新图层”按钮上，复制该图层生成“思念 副本”图层，确定当前图层为“思念 副本”图层，选择工具箱中的移动工具，按键盘上的方向键，分别向下和向右各移动4次“思念 副本”图层中的文字，此时的文字效果如图58-5所示。

步骤5 在“图层”调板中设置“思念副本”图层的混合模式为“正片叠底”，效果如图58-6所示。

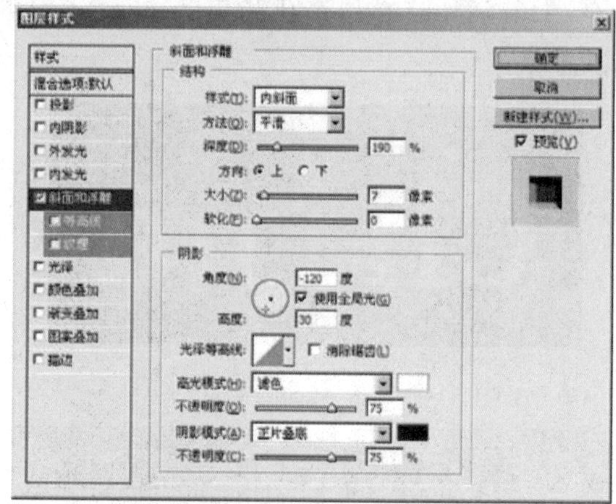

图58-3 “图层样式”对话框

图58-4 添加图层样式后的效果

图58-5 移动文字后的效果

图58-6 设置图层混合模式后的效果

步骤6 在“图层”调板中设置“思念”图层为当前图层，双击该图层，在弹出的“图层样式”对话框左侧选择“投影”选项，在右侧的“投影”选项区中设置“距离”为4、“大小”为8，其他参数设置如图58-7所示。单击“确定”按钮，效果如图58-8所示。

步骤7 单击“文件”|“新建”命令，新建一幅宽为“1像素”、“高”为“5像素”的RGB模式的空白图像，按住【Ctrl++】组合键将图像放大，如图58-9所示。

步骤8 设置前景色为绿色，选择工具箱中的矩形选框工具，在图像编辑窗口中绘制矩形选区，并按【Alt+Delete】组合键填充前景色，效果如图58-10所示。

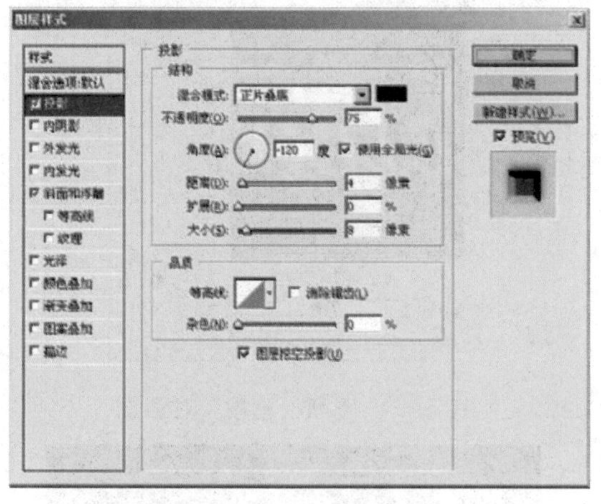

图58-7 设置投影参数

图58-8 添加图层样式后的效果

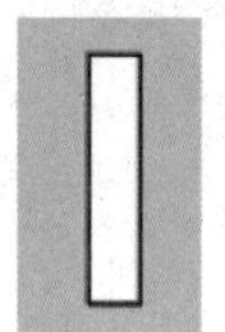

图58-9 新建图像文件

图58-10 绘制并填充选区

步骤9 按【Ctrl+A】组合键全选图像文件，单击“编辑”|“定义图案”命令，在打开的“图案名称”对话框中为图案命名，如图58-11所示。

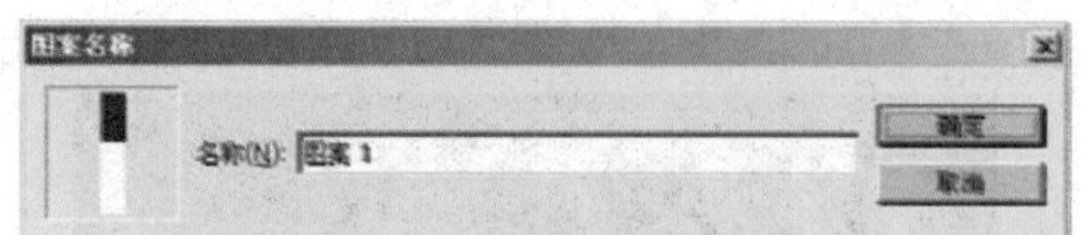

图58-11 “图案名称”对话框

步骤10 回到原始图像编辑窗口，单击“图层”调板底部的“创建新图层”按钮，新建一个“图层1”。单击“编辑”|“填充”命令，在打开的“填充”对话框中选择刚定义的图案，并设置“不透明度”为30%（如图58-12所示），单击“确定”按钮，效果如图58-13所示。

图58-12 “填充”对话框

图58-13 填充效果

步骤11 在“图层”调板中单击“思念 副本”图层，使其成为当前图层，双击该图层，在弹出的“图层样式”对话框左侧选择“描边”选项，然后在其右侧的“描边”选项区中设置描边“颜色”为黑色、“大小”为2，其他参数设置如图58-14所示。设置完成后单击“确定”按钮，最终效果如图58-15所示。

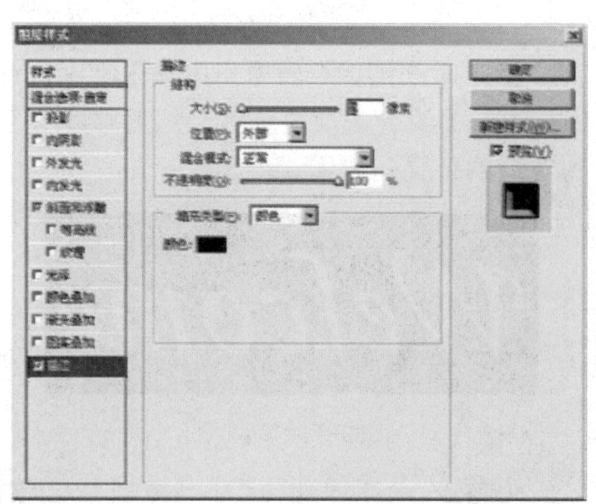

图58-14 设置描边参数

图58-15 线形字效果

实例59 光晕字体

本例制作具有光晕效果的字体，如图59-1所示。

图59-1 光晕字体

操作步骤

步骤1 单击“文件”|“新建”命令，新建一幅空白图像。

步骤2 打开“通道”调板，单击其右下角的“创建新通道”按钮，新建一个通道Alpha1，并确认其为当前通道，选择工具箱中的横排文字工具，在其工具属性栏中设置相应的参数，如图59-2所示。

图59-2 横排文字工具属性栏

步骤3 在图像编辑窗口中输入文字，按【Ctrl+D】组合键取消选区，然后移动文字到合适的位置，如图59-3所示。

图59-3 移动文字

步骤4 单击“滤镜”|“模糊”|“高斯模糊”命令，在弹出的“高斯模糊”对话框中设置“半径”为2.5（如图59-4所示），单击“确定”按钮，效果如图59-5所示。

步骤5 单击“图像”|“调整”|“曲线”命令，在弹出的“曲线”对话框中设置各项参数（如图59-6所示），单击“确定”按钮，效果如图59-7所示。

图59-4 “高斯模糊”对话框

图59-5 “高斯模糊”滤镜效果

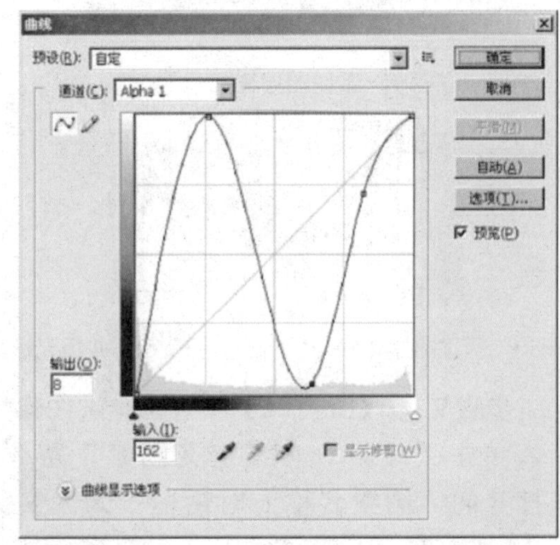

图59-6 “曲线”对话框

图59-7 调整曲线后的效果

步骤6 返回到RGB复合通道中，单击“选择”|“载入选区”命令，在弹出的“载入选区”对话框中设置各项参数（如图59-8所示），单击“确定”按钮，效果如图59-9所示。

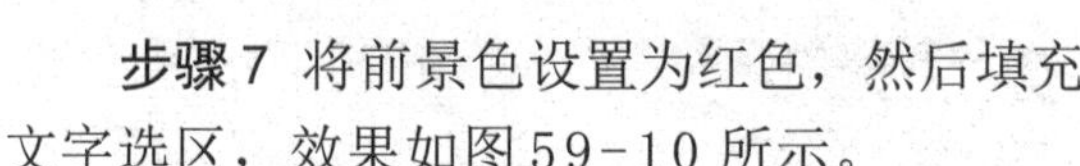

步骤 7 将前景色设置为红色，然后填充文字选区，效果如图 59-10 所示。

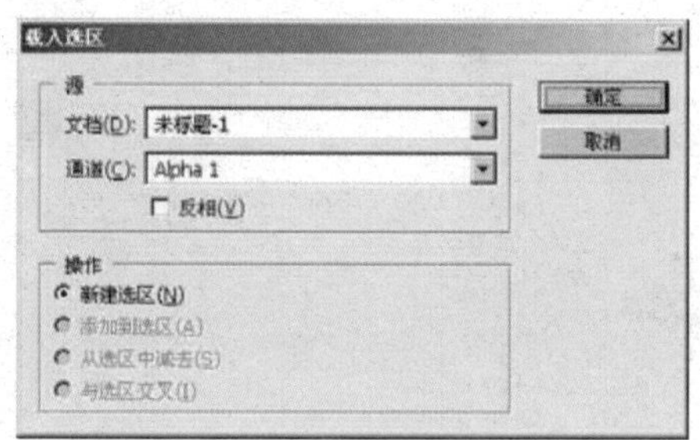

图 59-8 “载入选区”对话框

图59-9 载入选区

图59-10 光晕字效果

实例 60 塑料字体

本例制作具有塑料效果的字体，如图 60-1 所示。

图60-1 塑料字体

操作步骤

步骤 1 单击“文件”|“新建”命令，新建一幅 RGB 模式的空白图像。

步骤 2 在工具箱中选择横排文字工具，在其工具属性栏中设置合适的字体、字号，然后在图像编辑窗口中输入文字 good，并调整其位置，如图 60-2 所示。

图60-2 输入文字并调整位置

步骤 3 在“图层”调板中双击文字图层，在弹出的“图层样式”对话框的左侧列表中选择“投影”选项，然后在其右侧的“投影”选项区中设置投影颜色为蓝色（RGB 参数值分别为 40、65、180），其他参数设置如图 60-3 所示。

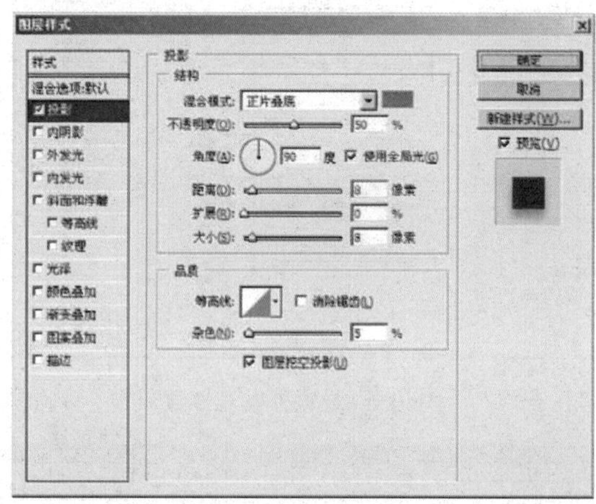

图60-3 设置投影参数

步骤 4 在“图层样式”对话框的左侧列表中选择“内阴影”选项，然后在其右侧的“内阴影”选项区中设置内阴影颜色为蓝色（RGB 参数值分别为 18、45、190），其他参数设置如图 60-4 所示。

步骤 5 在“图层样式”对话框的左侧列表中选择“外发光”选项，然后在其右侧的“外发光”选项区中设置外发光颜色为青色（RGB 参数值分别为 55、185、245），其他参数设置如图 60-5 所示。

步骤 6 在“图层样式”对话框的左侧列表中选择“内发光”选项，然后在其右侧的“内发光”选项区中设置内发光颜色为蓝色（RGB 参数值分别为75、90、235），其他参数设置如图 60-6 所示。

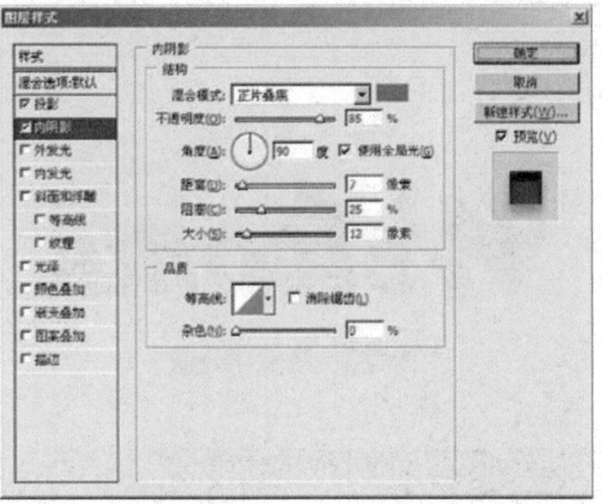

图60-4 设置内阴影参数

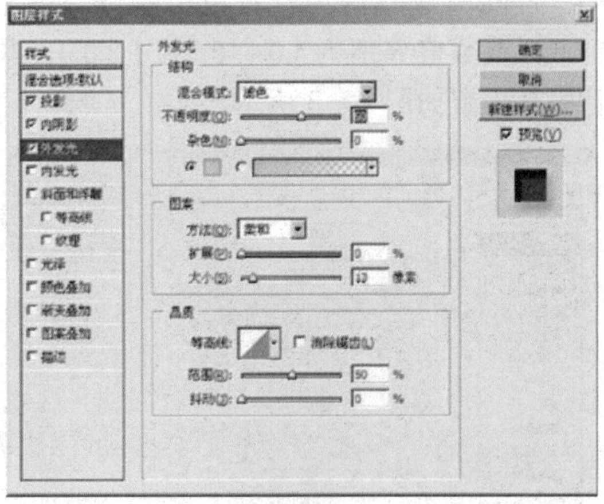

图60-5 设置外发光参数

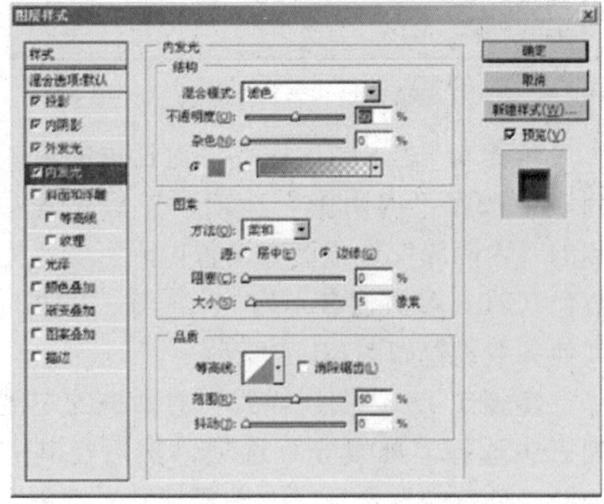

图60-6 设置内发光参数

步骤 7 在“图层样式”对话框的左侧列表中选择“斜面和浮雕”选项，然后在其右侧的“斜面和浮雕”选项区中设置各项参数，如图 60-7 所示。

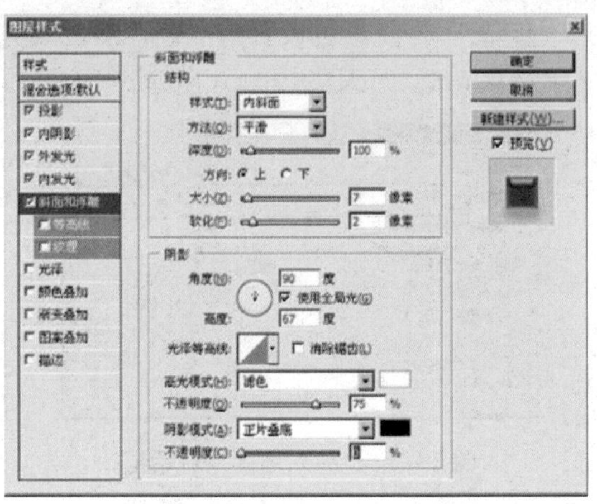

图60-7 设置斜面和浮雕参数

步骤 8 在“图层样式”对话框的左侧列表中选择“等高线”选项，然后在其右侧的“等高线”选项区中设置各项参数，如图 60-8 所示。

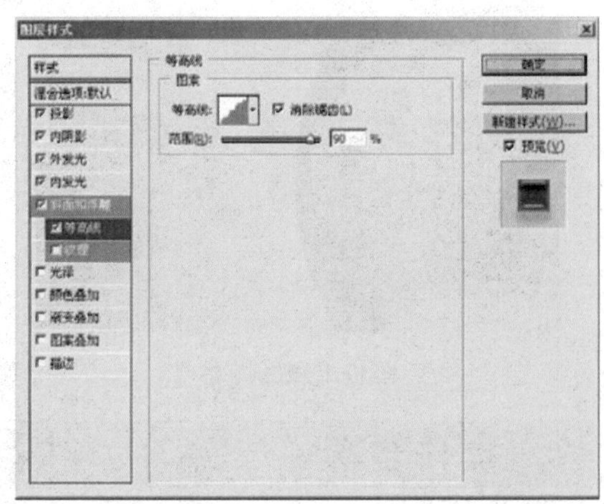

图60-8 设置等高线参数

步骤 9 在“图层样式”对话框的左侧列表中选择“纹理”选项，然后在其右侧的“纹理”选项区中设置各项参数，如图 60-9 所示。

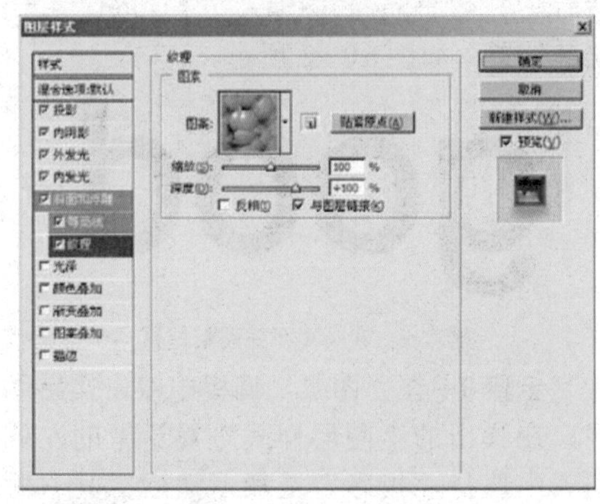

图60-9 设置纹理参数

步骤10 在“图层样式”对话框的左侧列表中选择“光泽”选项，然后在其右侧的“光泽”选项区中设置“光泽”颜色为浅蓝色（RGB 参数值分别为60、175、230），其他参数设置如图60-10 所示。

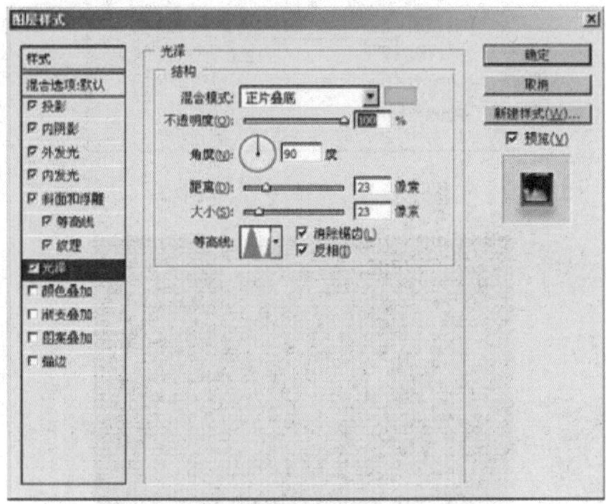

图60-10 设置光泽参数

步骤11 在“图层样式”对话框的左侧列表中选择“颜色叠加”选项，然后在其右侧的“颜色叠加”选项区中设置叠加颜色为浅蓝色（RGB 参数值分别为57、150、230），其他参数设置如图60-11 所示。

步骤12 设置完成后单击“确定”按钮，即可完成塑料字的制作，效果如图60-12 所示。

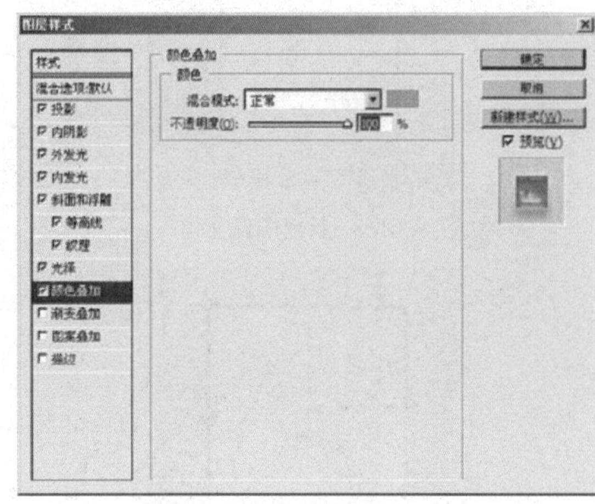

图60-11 设置颜色叠加参数

图60-12 塑料字效果

实例61 LED字体

本例制作具有LED效果的字体，如图61-1 所示。

图61-1 LED字体

操作步骤

步骤1 单击“文件”|“新建”命令，新建一幅背景色为黑色的RGB模式空白图像。

步骤2 选择工具箱中的横排文字工具，并在其工具属性栏中设置合适的字体、字号和颜色，在图像编辑窗口中输入文字，并将其移动到合适的位置，如图61-2 所示。

图61-2 输入文字

步骤3 单击“文件”|“新建”命令，新建一幅“宽度”与“高度”均为“6 像素”的RGB模式的空白图像，按【Ctrl + +】组合键将图像放大显示，如图61-3 所示。

步骤4 选择工具箱中的矩形选框工具，在图像的左上角创建一个矩形选区（如图61-4 所示），按【Shift+Ctrl+I】组合键反选选区，然后按【Alt+Delete】组合键填充选区，如图61-5所示。

图61-3 新建图像文件

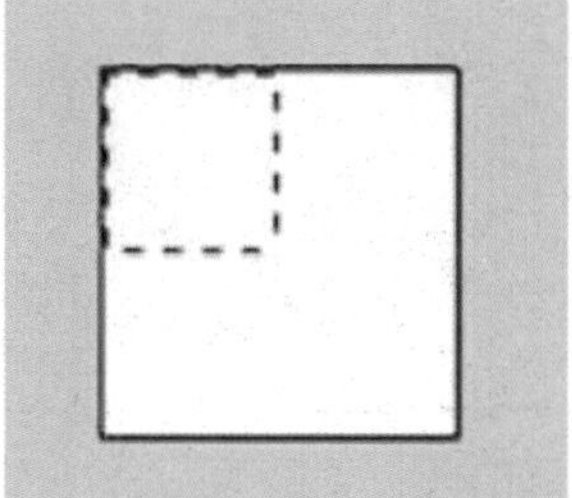

图61-4 创建选区

图61-5 填充选区

步骤5 按下【Ctrl+A】组合键全选图像，单击“编辑”|“定义图案”命令，在打开的“图案名称”对话框中定义图案的名称。

步骤6 返回到原来的图像编辑窗口，单击“图层”调板底部的“创建新图层”按钮，新建一个“图层1”，并用白色进行填充。

步骤7 单击“编辑”|“填充”命令，在打开的“填充”对话框中选择刚定义的图案（如图61-6所示），单击“确定”按钮，效果如图61-7所示。

步骤8 在“图层”调板中将“图层1”的混合模式设为“正片叠底”，效果如图61-8所示。

步骤9 单击“滤镜”|“模糊”|“高斯模糊”命令，在打开的“高斯模糊”对话框中设置“半径”为0.5（如图61-9所示），单击“确定”按钮。

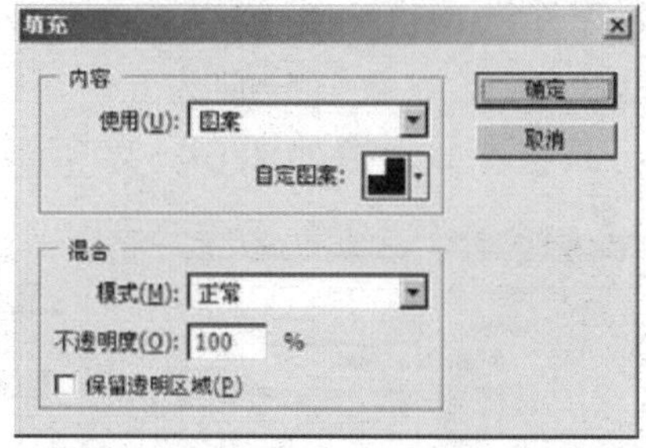

图61-6 “填充”对话框

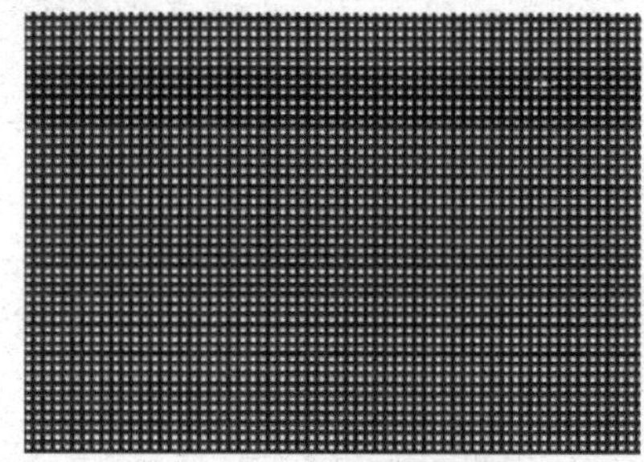

图61-7 填充效果

图61-8 设置图层混合模式后的效果

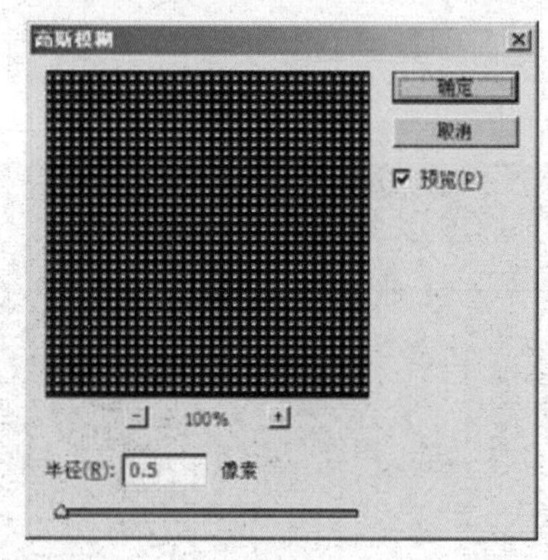

图61-9 “高斯模糊”对话框

步骤10 单击“图层”|“拼合图像”命令，合并图像中的所有图层，单击“图像”|“调整”|“阈值”命令，在弹出的“阈值”对话框中设置“阈值色阶”为155（如图61-10所示），单击“确定”按钮，效果如图61-11所示。

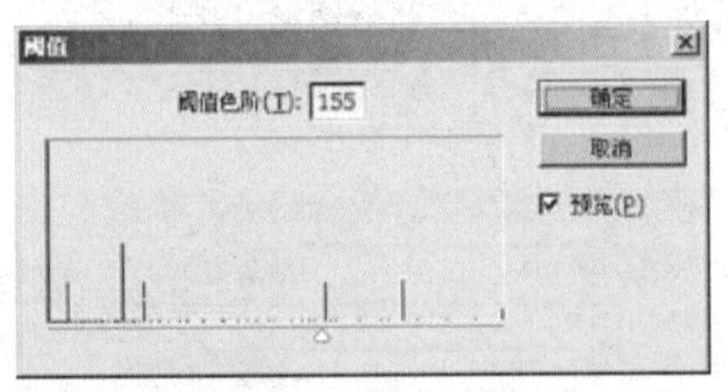

图61-10 “阈值”对话框

图61-11 调整阈值后的效果

步骤11 双击背景图层，在打开的“新建图层”对话框中保持各参数为默认设置（如图61-12所示），单击“确定”按钮，将背景图层转换为普通图层。

步骤12 在“图层”调板中新建“图层1”，拖动“图层1”到“图层0”的下方，设置前景色为黄色，按【Alt+Delete】组合键用前景色填充“图层1”，然后将“图层0”的混合模式设置为“正片叠底”，生成的最终效果如图61-13所示。

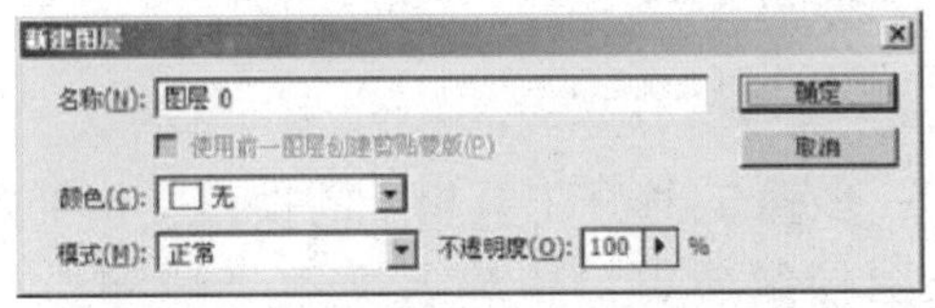

图61-12 “新建图层”对话框

图61-13 LED字体效果

实例62 凸凹字体

本例制作凸凹字体，效果如图62-1所示。

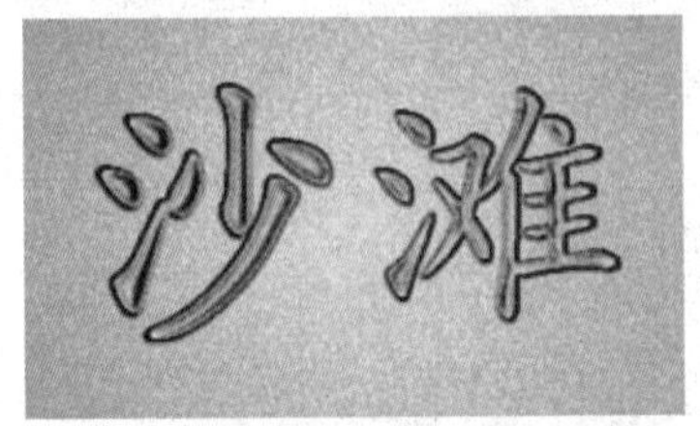

图62-1 凸凹字体

操作步骤

步骤1 单击“文件”|“新建”命令，新建一幅RGB模式的空白图像。

步骤2 将背景色设置为黄色，按【Ctrl+Delete】组合键填充背景色，如图62-2所示。

图62-2 填充背景色后的效果

步骤3 单击“滤镜”|“杂色”|“添加杂色”命令，在打开的“添加杂色”对话框中设定“数量”为10，分别选中“平均分布”单选按钮及“单色”复选框（如图62-3所示），单击“确定”按钮，效果如图62-4所示。

步骤4 打开“通道”调板，在“通道”调板底部单击“创建新通道”按钮，创建新通道Alpha1。

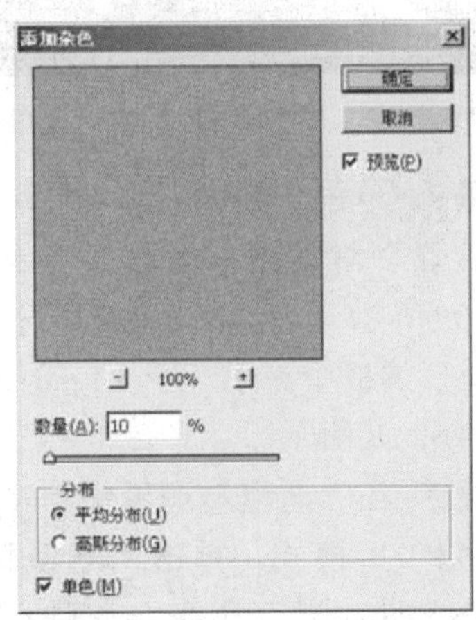

图62-3 “添加杂色”对话框

图62-4 “添加杂色”滤镜效果

步骤5 选择工具箱中的横排文字工具，在图像编辑窗口中输入文字“沙滩”，然后将文字拖曳到图像的中心位置，如图62-5 所示。

图62-5 在Alpha1通道中输入文字

步骤6 将鼠标指针移动到Alpha1通道上，拖曳Alpha1到“创建新通道”按钮上，生成新通道“Alpha1 副本”。

步骤7 单击“滤镜”|“模糊”|“高斯模糊”命令，在弹出的“高斯模糊”对话框中设置“半径”为3，单击“确定”按钮，效果如图62-6 所示。

图62-6 “高斯模糊”滤镜效果

步骤8 单击“图像”|“计算”命令，打开“计算”对话框，设置各项参数（如图62-7 所示），单击“确定”按钮，将在“通道”调板中产生一个Alpha2 通道，效果如图62-8 所示。

步骤9 在“通道”调板中单击RGB 通道，返回RGB 模式，单击“滤镜”|“渲染”|“光照效果”命令，在弹出的对话框中设置各项参数（如图62-9 所示），单击“确定”按钮，最终的效果如图62-10 所示。

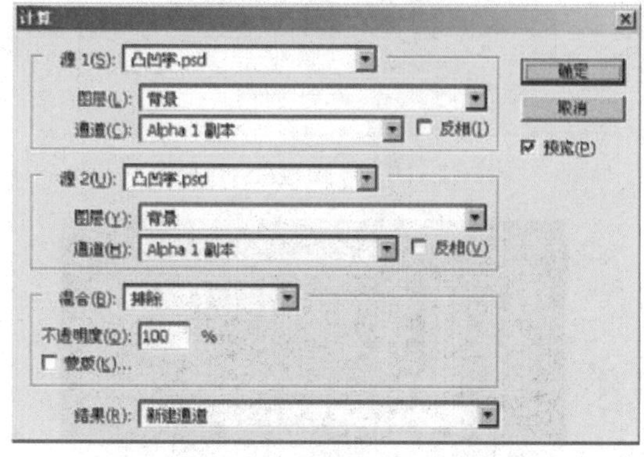

图62-7 “计算”对话框

图62-8 计算后的效果

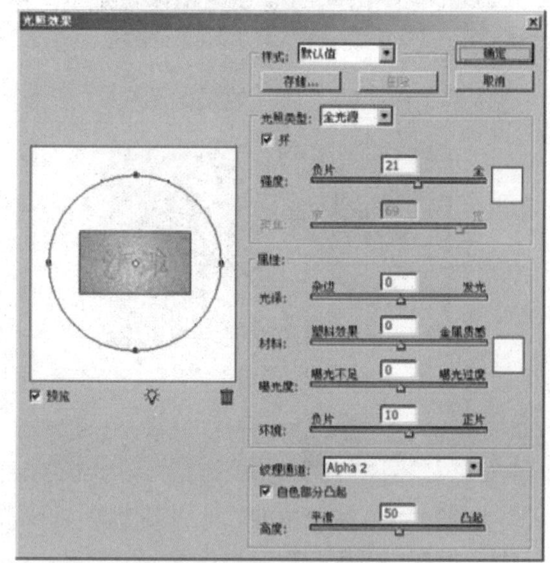

图62-9 “光照效果”对话框

图62-10 凹凸字效果

实例63 水墨字体

本例制作具有水墨效果的字体，如图63-1所示。

图63-1 水墨字体

操作步骤

步骤1 在Photoshop窗口中，按【Ctrl+O】组合键打开一幅背景图像，如图63-2所示。

图63-2 背景图像

步骤2 将前景色设置为黑色、背景色设置为白色，选择工具箱中横排文字工具，在背景图像中输入文字"亚航"，并且将其移动到合适的位置，如图63-3所示。

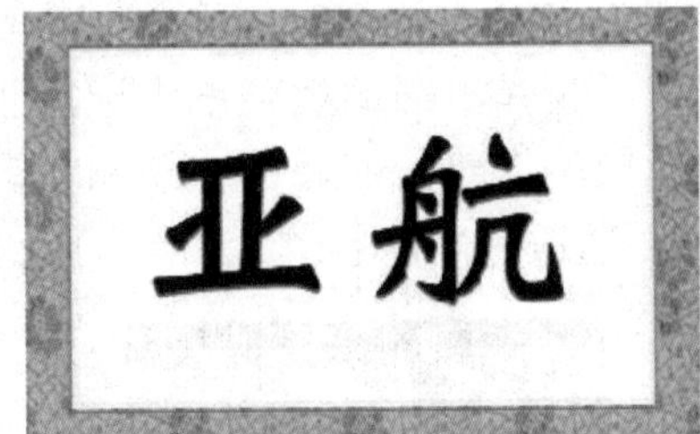

图63-3 输入文字并调整位置

步骤3 单击"图层"|"栅格化"|"文字"命令，将文字图层转换为普通图层。

步骤4 在"图层"调板中将文字图层拖曳到"创建新图层"按钮上，创建一个新的图层"亚航 副本"，并隐藏新建的图层，在按住【Ctrl】键的同时单击文字图层，将文字载入选区，如图63-4所示。

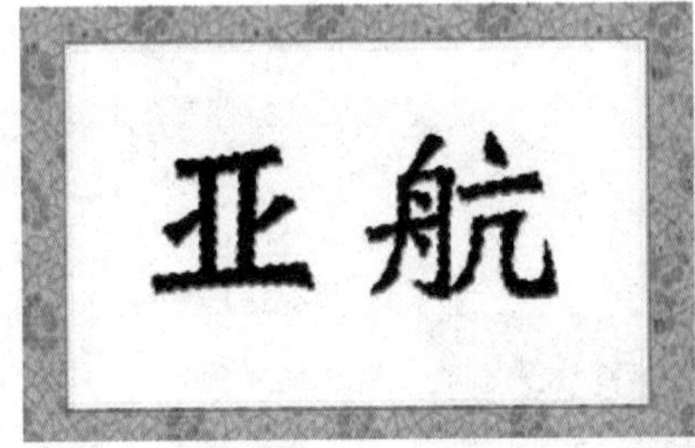

图63-4 载入选区

步骤5 单击"图层"|"图层蒙版"|"显示选区"命令，为文字添加蒙版，此时所选的文字显示出来。

步骤6 单击"滤镜"|"素描"|"图章"命令，在弹出的"图章"对话框中设置相应的参数（如图63-5所示），单击"确定"按钮，效果如图63-6所示。

图63-5 "图章"对话框

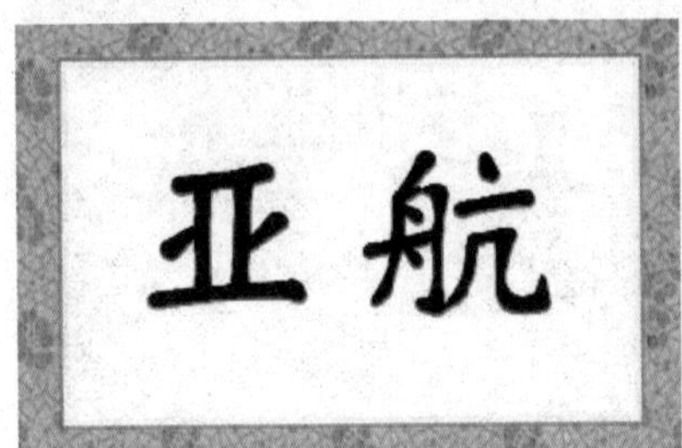

图63-6 "图章"滤镜效果

步骤7 按住【Ctrl】键的同时在"图层"调板中单击"亚航 副本"图层，将文字载入选区，单击"图层"|"图层蒙

版”|“显示选区”命令，为文字添加蒙版，此时所选的文字显示出来。

步骤8 单击“滤镜”|“素描”|“铬黄”命令，在弹出的“铬黄渐变”对话框中设置相应的参数（如图63-7所示），单击“确定”按钮，效果如图63-8所示。

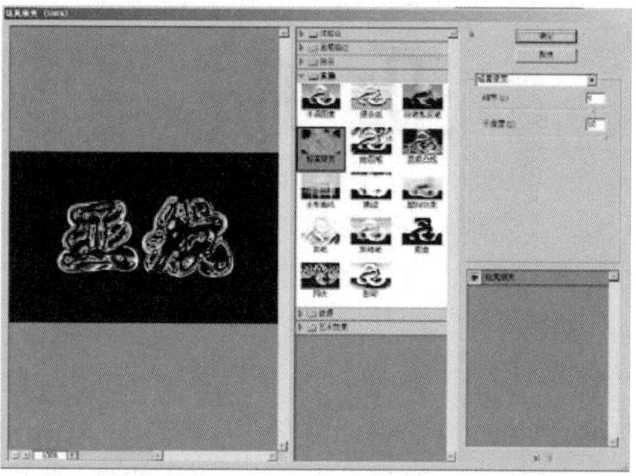

图63-7 “铬黄渐变”对话框

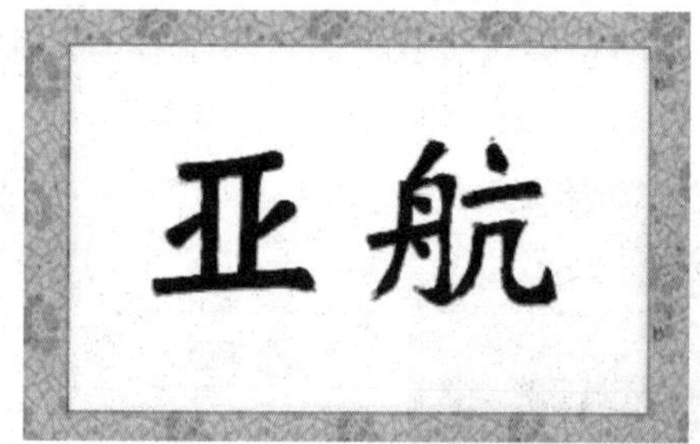

图63-8 “铬黄”滤镜效果

步骤9 选中背景图层，选择工具箱中的矩形选框工具，选择背景图像中的白色区域，然后单击“滤镜”|“纹理”|“纹理化”命令，在弹出的“纹理化”对话框中设置相应参数（如图63-9所示），单击“确定”按钮，效果如图63-10所示。

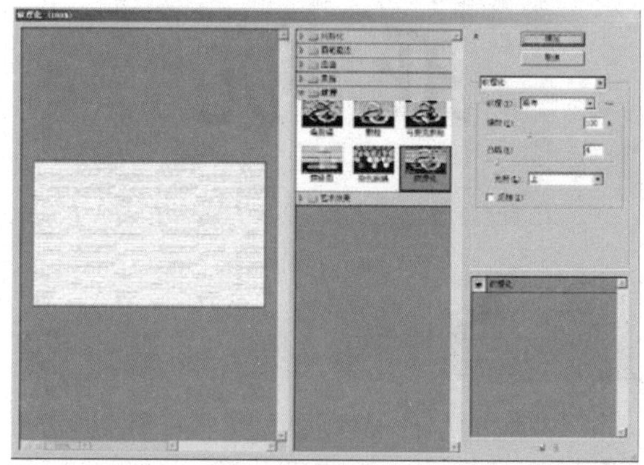

图63-9 “纹理化”滤镜

图63-10 “纹理化”滤镜效果

实例64 裂纹字体

本例制作具有裂纹效果的字体，如图64-1所示。

图64-1 裂纹字体

操作步骤

步骤1 单击“文件”|“新建”命令，新建一个空白图像。

步骤2 单击“通道”调板右上角的调板菜单按钮，在弹出的调板菜单中选择“新建通道”选项，创建新的通道Alpha1，并确定Alpha1通道为当前通道，如图64-2所示。

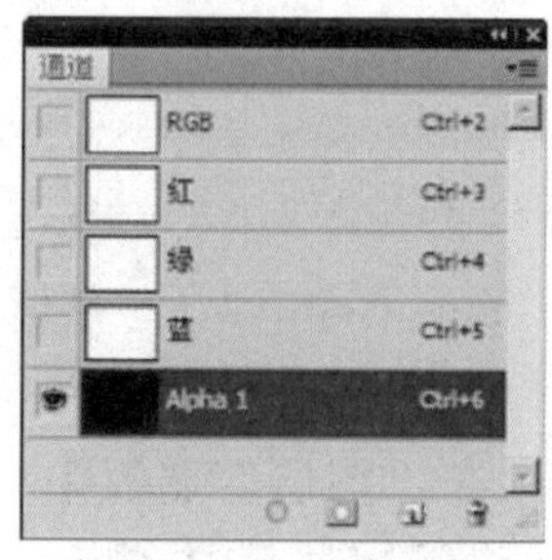

图64-2 “通道”调板

步骤3 设置前景色为灰色（RGB参数值分别为153、162、166），单击“编辑”|“填充”命令，用前景色对Alpha1通道进行填充。

步骤4 单击“滤镜”|“纹理”|“龟裂缝”命令，在Alpha1通道制作裂纹效果，在弹出的“龟裂缝”对话框中进行如图64-3所示的设置，设置完成后单击“确定”按钮。

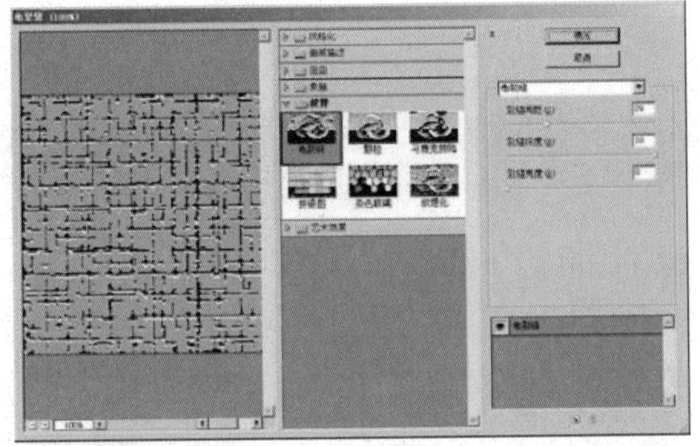

图64-3 “龟裂缝”对话框

步骤5 在“通道”调板中创建一个新通道Alpha2，将前景色设置为白色，选择工具箱中的横排文字工具，在图像编辑窗口中输入文字，并将其移至合适的位置，如图64-4所示。

图64-4 输入文字并调整位置

步骤6 单击RGB通道，在“图层”调板中新建“图层1”图层，单击“选择”|“载入选区”命令，在“载入选区”对话框中设置“通道”为Alpha1（如图64-5所示），单击“确定”按钮，载入Alpha 1通道内存储的选区，如图64-6所示。

步骤7 将前景色设置为深棕色，按【Alt+Delete】组合键填充选区，效果如图64-7所示。

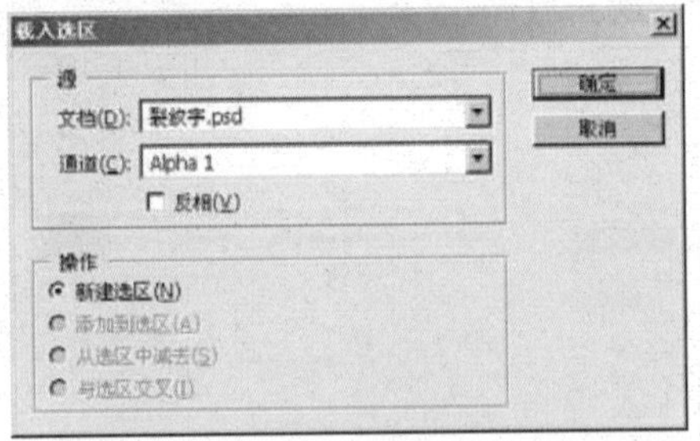

图64-5 “载入选区”对话框

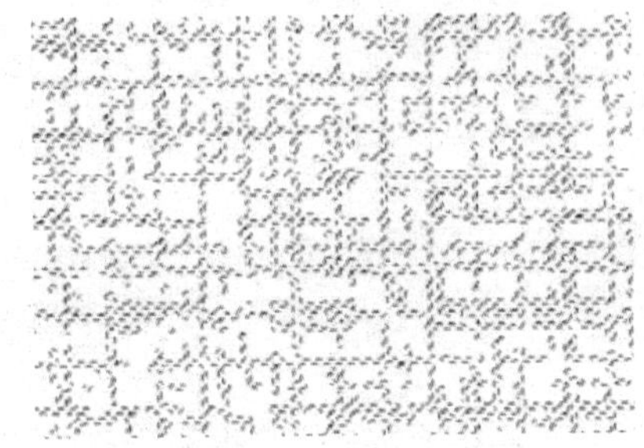

图64-6 载入Alpha 1通道中的选区

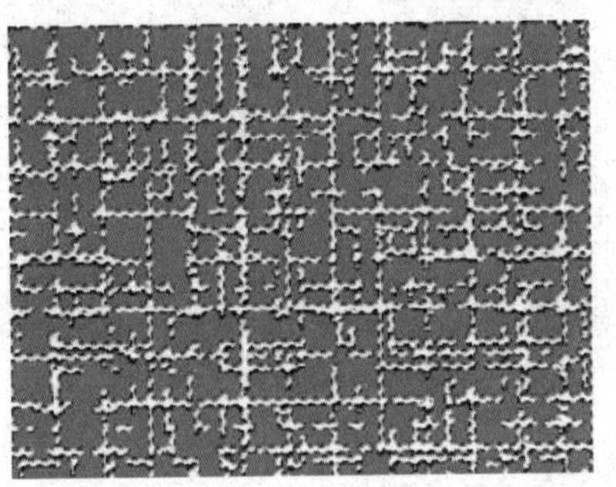

图64-7 填充选区

步骤8 按【Ctrl+D】组合键取消选区，按住【Ctrl】键的同时单击“通道”调板中的Alpha2通道，载入选区，单击“选择”|“反向”命令反选选区，按【Delete】键删除选区中的内容，然后按【Ctrl+D】组合键取消选区，效果如图64-8所示。

图64-8 删除选区中的内容

步骤9 双击“图层1”，在打开的“图层样式”对话框左侧选择“斜面和浮雕”选项，并设置其参数，如图64-9所示。单击“确定”按钮，最终效果如图64-10所示。

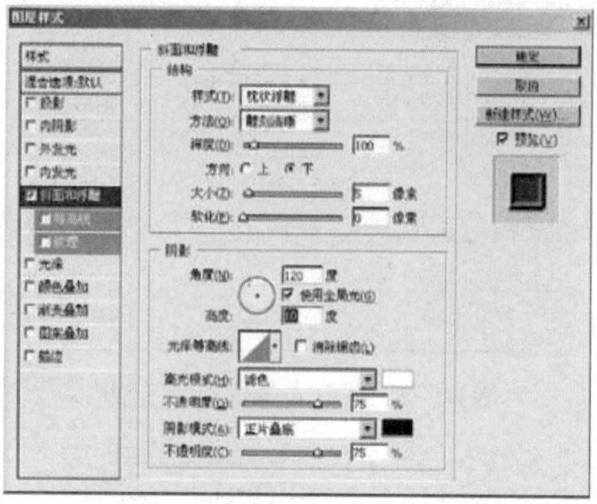

图 64-9 “图层样式”对话框

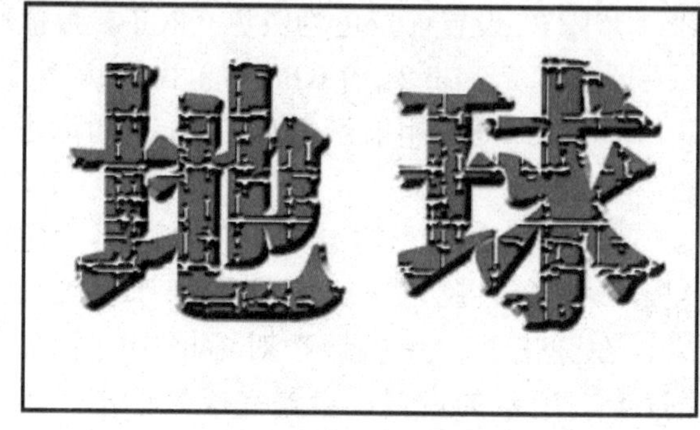

图64-10 裂纹字效果

实例65 箔片字体

本例制作箔片字体，效果如图65-1所示。

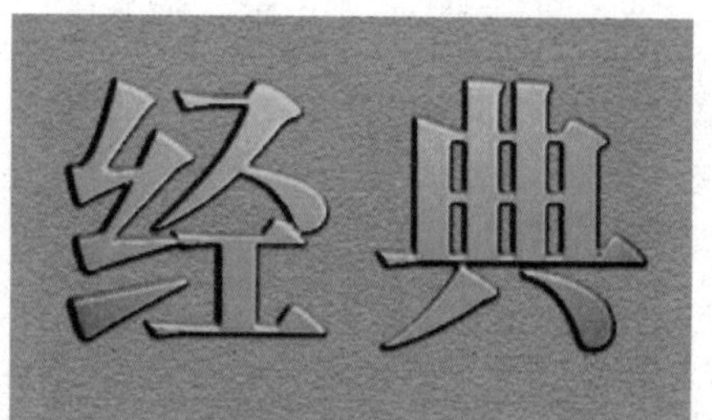

图65-1 箔片字体

操作步骤

步骤1 在Photoshop窗口中，设置前景色为黄色、背景色为橘黄色。

步骤2 单击“文件”|“新建”命令，新建一幅“背景内容”为“背景色”的图像，如图65-2所示。

图65-2 新建图像

步骤3 单击“滤镜”|“纹理”|“纹理化”命令，在打开的“纹理化”对话框中设置“纹理”为“砂岩”、“缩放”为82%、“光照”为“上”（如图65-3所示），单击“确定”按钮，效果如图65-4所示。

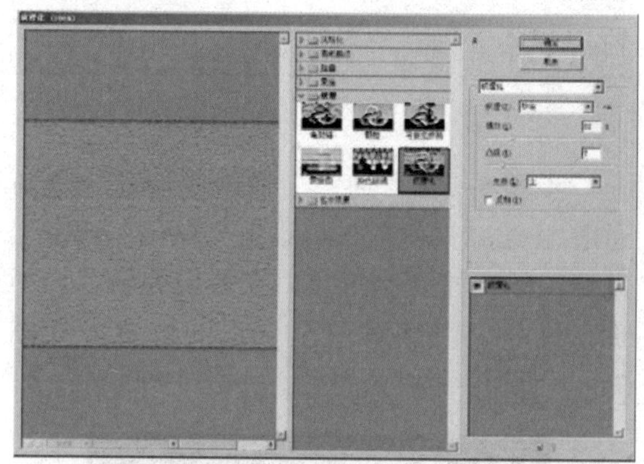

图 65-3 “纹理化”对话框

图 65-4 “纹理化”滤镜效果

步骤4 选择工具箱中的横排文字工具，然后在横排文字工具属性栏中设置各项参数，如图65-5所示。

图65-5 横排文字工具属性栏

步骤5 在图像编辑窗口中输入文字“经典”，然后选择工具箱中的移动工具，将其移动到合适的位置，如图65-6所示。

图65-6 输入文字并调整位置

步骤6 在文字图层上单击鼠标右键，在弹出的快捷菜单中选择“栅格化文字”选项，将文字图层转化为普通图层。

步骤7 单击“滤镜”|“风格化”|“浮雕效果”命令，打开“浮雕效果”对话框，在该对话框中设置“角度”为150度、“高度”为5、“数量”为150%（如图65-7所示），单击“确定”按钮，效果如图65-8所示。

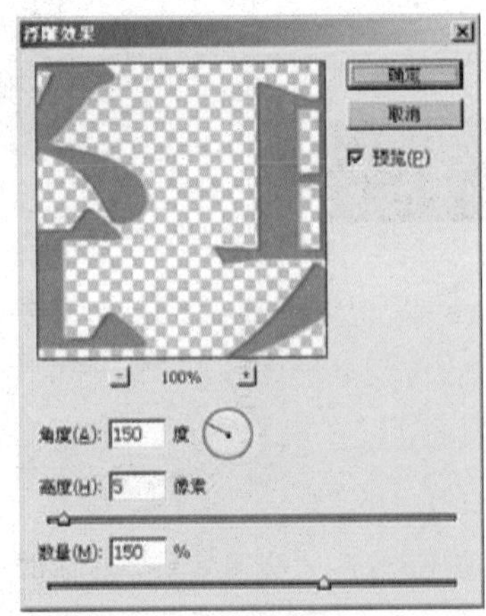

图65-7 “浮雕效果”对话框

图65-8 浮雕效果

步骤8 在按住【Ctrl】键的同时单击“图层”调板上的文字图层，将文字载入选区，如图65-9所示。

图65-9 载入选区

步骤9 设置前景色为黑色，单击“编辑”|“描边”命令，打开如图65-10所示的“描边”对话框，设置“宽度”为2、“位置”为“居外”、“不透明度”为100%、“模式”为“正常”，单击“确定”按钮，效果如图65-11所示。

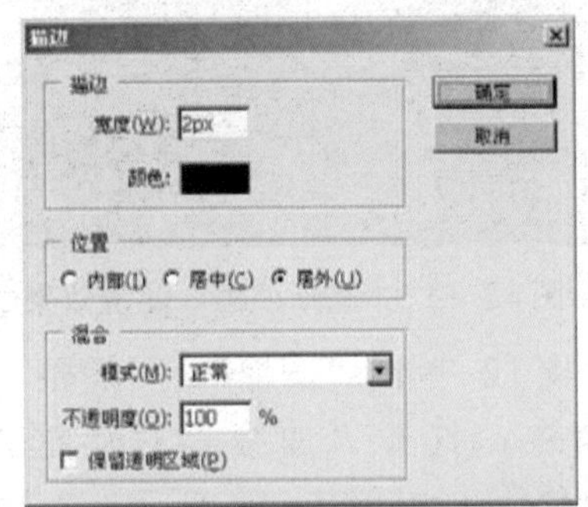

图65-10 “描边”对话框

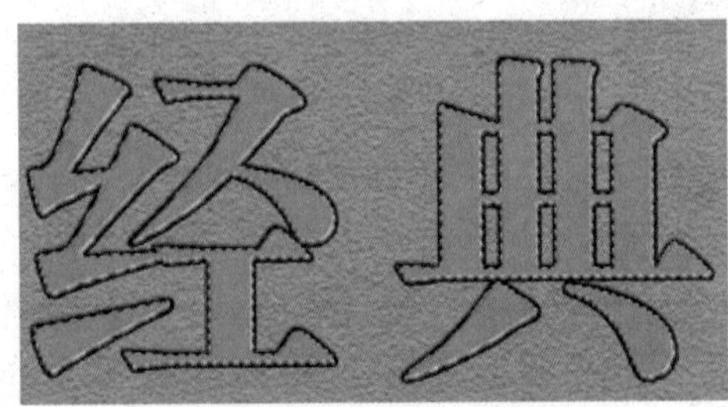

图65-11 描边后的效果

步骤10 设置前景色为黄色，参照步骤（9）的操作方法再次为文字描边，设置“宽度”为1，然后按【Ctrl+D】组合键取消选区，效果如图65-12所示。

图65-12 再次为文字描边后的效果

步骤 11 单击“滤镜”|“模糊”|“高斯模糊”命令，打开如图 65-13 所示的“高斯模糊”对话框，设置“半径”为 1，单击“确定”按钮，效果如图 65-14 所示。

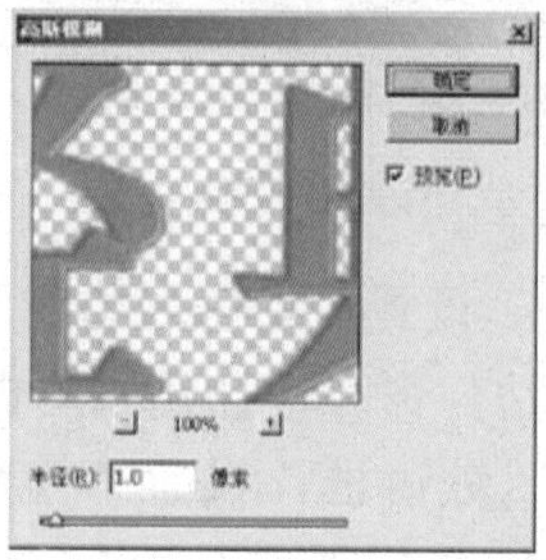

图 65-13 “高斯模糊”对话框

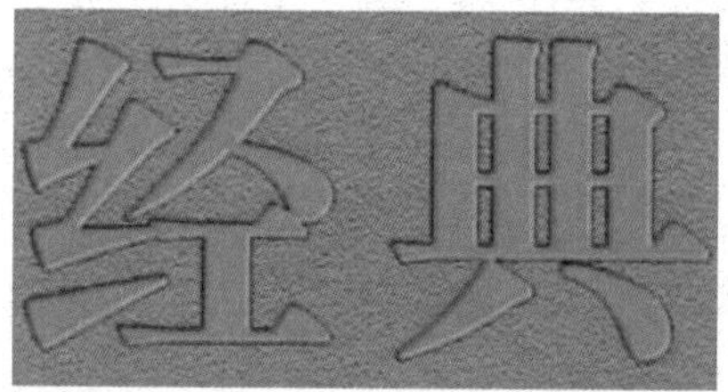

图 65-14 “高斯模糊”滤镜效果

步骤 12 单击“图像”|“调整”|“曲线”命令，打开“曲线”对话框，设置相应的参数（如图 65-15 所示），单击“确定”按钮，效果如图 65-16 所示。

步骤 13 单击“滤镜”|“渲染”|“光照效果”命令，打开“光照效果”对话框，设置各项参数，如图 65-17 所示。

步骤 14 单击“确定”按钮关闭“光照效果”对话框，按【Ctrl+F】组合键再次应用光照效果滤镜，最终效果参照图 65-1。

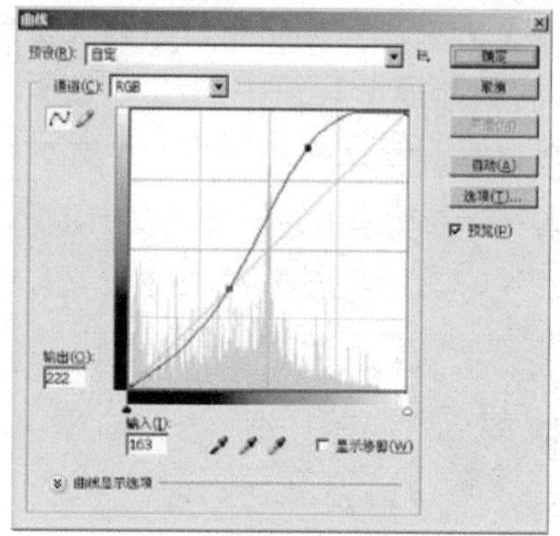

图 65-15 “曲线”对话框

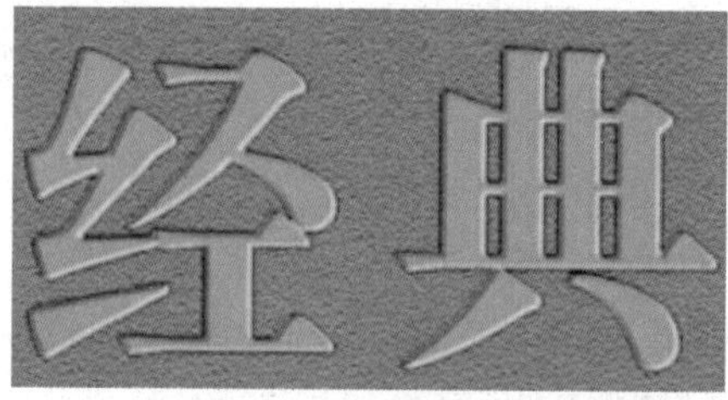

图65-16 调整曲线后的效果

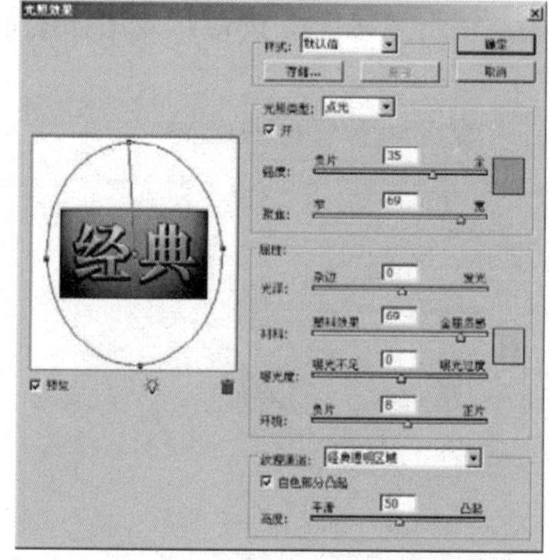

图 65-17 “光照效果”对话框

实例66 纸屑字体

本例制作由各种颜色的碎纸屑拼成的字体，效果如图 66-1 所示。

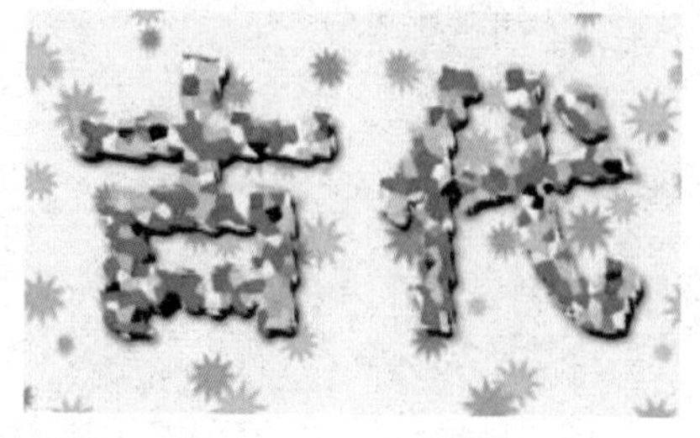

图66-1 纸屑字体

操作步骤

步骤 1 单击“文件”|“新建”命令，新建一幅 RGB 模式的空白图像。

步骤 2 单击“图层”调板底部的“创建新图层”按钮，新建一个图层，并使其成为当前图层。

步骤 3 选择工具箱中的横排文字蒙版工具，在其工具属性栏中设置相应的字体和字号，在图像编辑窗口中输入文字；选择工具箱中的移动工具，将文字移动到图像编辑窗口中的合适位置，如图66-2 所示。

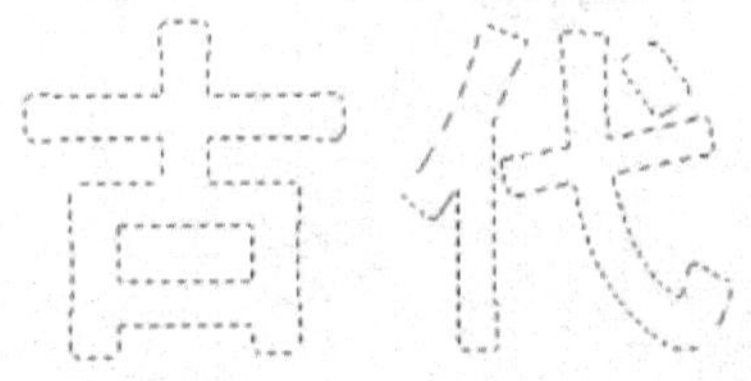

图66-2 输入文字并调整位置

步骤4 单击工具箱中的“以快速蒙版模式编辑”按钮，进入快速蒙版编辑模式。

步骤5 单击“滤镜”|“扭曲”|“波纹”命令，在打开的“波纹”对话框中设置相应的参数（如图66-3 所示），单击“确定”按钮，在快速蒙版编辑模式下对文字应用“波纹”滤镜，效果如图66-4 所示。

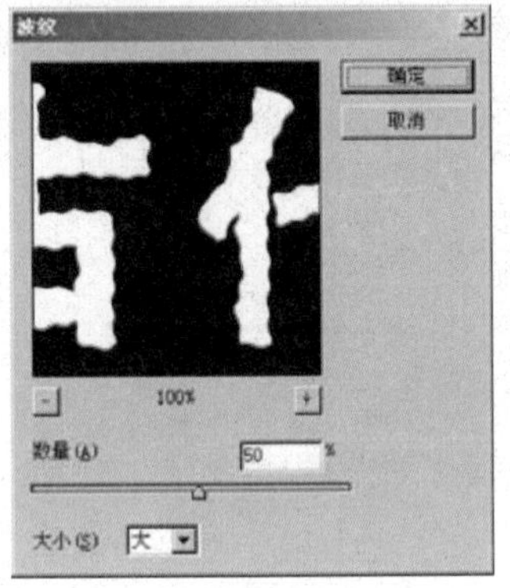

图66-3 “波纹”对话框

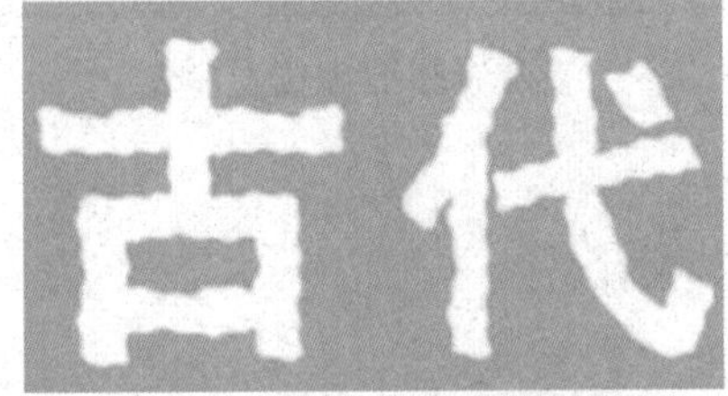

图66-4 “波纹”滤镜效果

步骤6 单击“滤镜”|“扭曲”|“波纹”命令，在打开的“波纹”对话框中设置“数量”为260%、“大小”为“小”，单击“确定”按钮，效果如图66-5 所示。

步骤7 按【Q】键退出快速蒙版编辑模式，返回到正常模式，此时文字选区如图66-6 所示。

步骤8 按【D】键将前景色设置为黑色、背景色设置为白色，然后按【Ctrl+Delete】组合键用背景色（白色）填充文字选区；按【Ctrl+D】组合键取消选区。

步骤9 单击“滤镜”|“杂色”|“添加杂色”命令，在打开的“添加杂色”对话框中进行参数设置，如图66-7 所示。单击“确定”按钮，效果如图66-8 所示。

图66-5 “波纹”滤镜效果

图66-6 返回正常模式下的文字选区

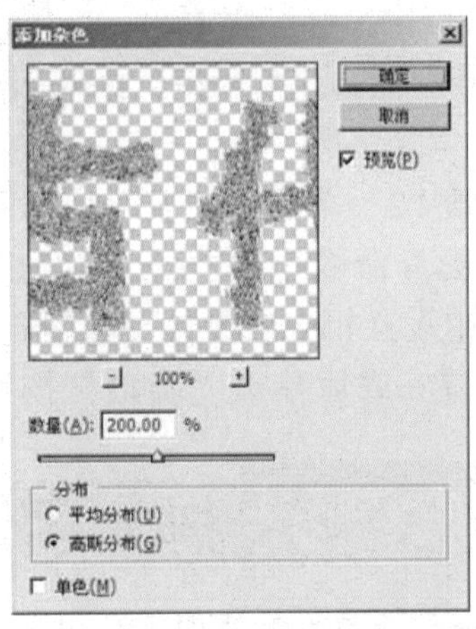

图66-7 “添加杂色”对话框

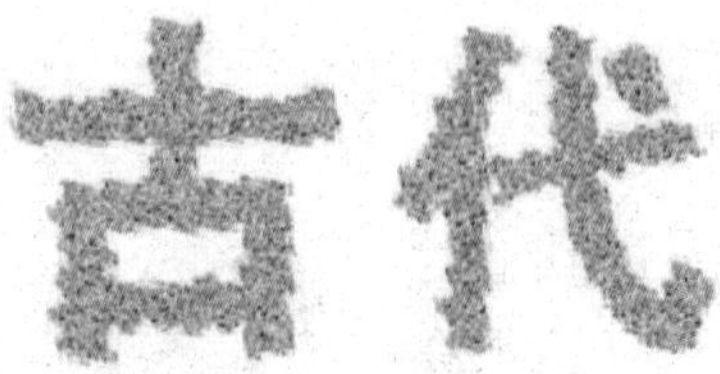

图66-8 添加杂色

步骤10 单击“滤镜”|“像素化”|“晶格化”命令，打开如图66-9 所示的对话框，在其中设置“单元格大小”为10，单击“确

定”按钮，效果如图66-10所示。

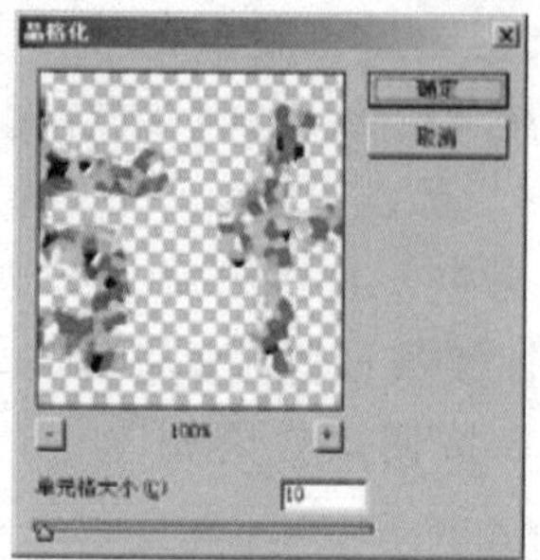
图66-9 “晶格化”对话框

图66-10 “晶格化”滤镜效果

步骤11 单击“图像”|“调整”|“可选颜色”命令，在打开的“可选颜色”对话框中选中“相对”单选按钮，在“颜色”下拉列表框中选择“中性色”选项，再将各颜色值按照图66-11所示进行调整，单击“确定”按钮，然后按【Ctrl+F】组合键，再次应用“晶格化”滤镜，效果如图66-12所示。

步骤12 单击“图层”|“图层样式”|“投影”命令，在打开的“图层样式”对话框中设置相应的参数，如图66-13所示。设置完成后单击“确定”按钮，即可完成纸屑字体的制作，效果参见图66-1。

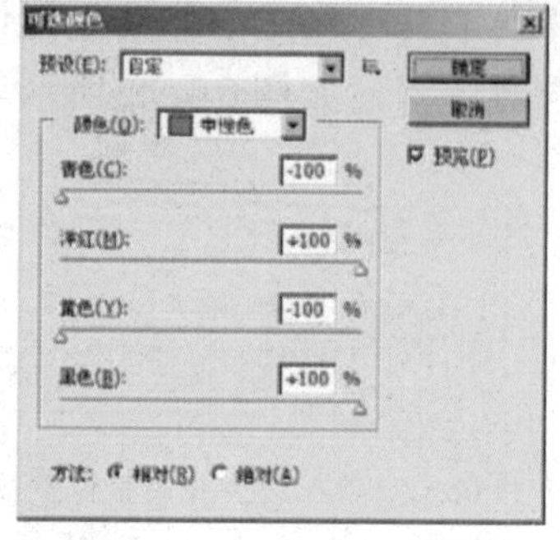
图66-11 “可选颜色”对话框

图66-12 再次应用“晶格化”滤镜后的效果

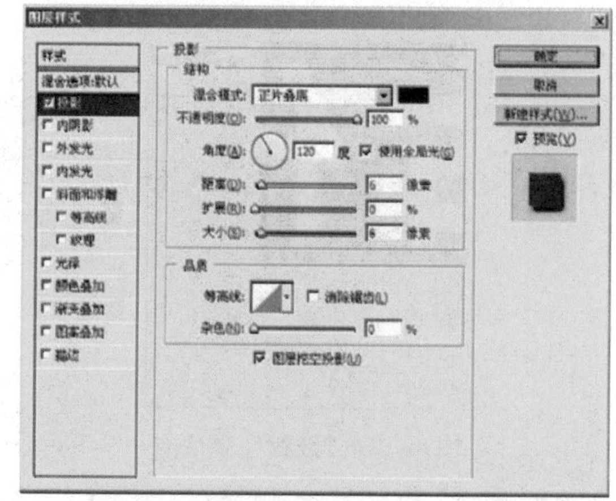
图66-13 设置投影参数

实例67 抛光字体

本例制作具有镀铬抛光效果的字体，如图67-1所示。

图67-1 抛光字体

操作步骤

步骤1 单击“文件”|“打开”命令，打开一幅背景图像，如图67-2所示。

步骤2 打开“通道”调板，单击“通道”调板底部的“创建新通道”按钮，建立一个新通道Alpha 1，选择工具箱的横排文字工具，在图像编辑窗口中输入文字“宇宙”，如图67-3所示。

步骤3 选择工具箱中的移动工具，将文字移动到合适的位置，在“通道”调板中将Alpha1通道拖曳到“创建新通道”按钮上，创建一个新通道并将其命名为Alpha2，如图67-4所示。

图67-2 背景图像

图67-3 输入文字

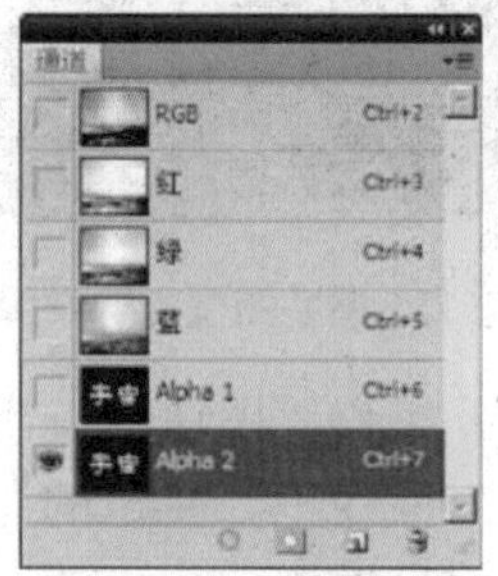

图67-4 “通道”调板

步骤4 单击“滤镜”|“模糊”|“高斯模糊”命令，在弹出的“高斯模糊”对话框中设置各项参数（如图67-5所示），单击“确定”按钮，效果如图67-6所示。

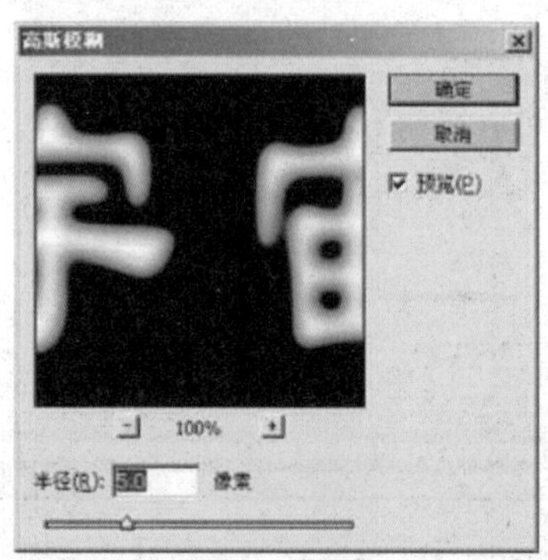

图67-5 “高斯模糊”对话框

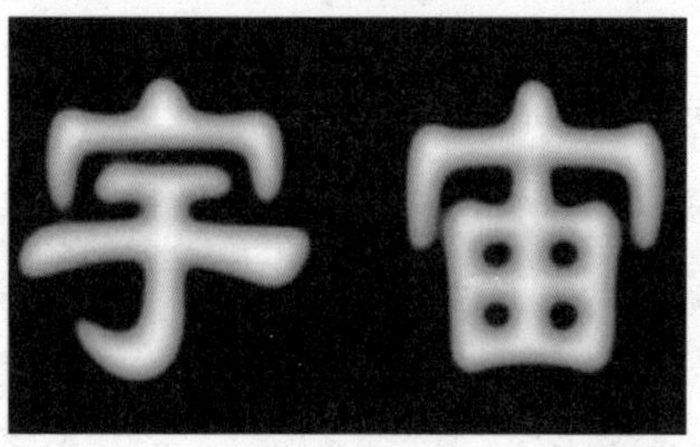

图67-6 “高斯模糊”滤镜效果

步骤5 在“通道”调板中将Alpha2通道拖曳到“创建新通道”按钮上，复制并生成一个新通道Alpha3。

步骤6 单击“滤镜”|“其他”|“位移”命令，在弹出的“位移”对话框中设置各项参数（如图67-7所示），单击“确定”按钮，效果如图67-8所示。

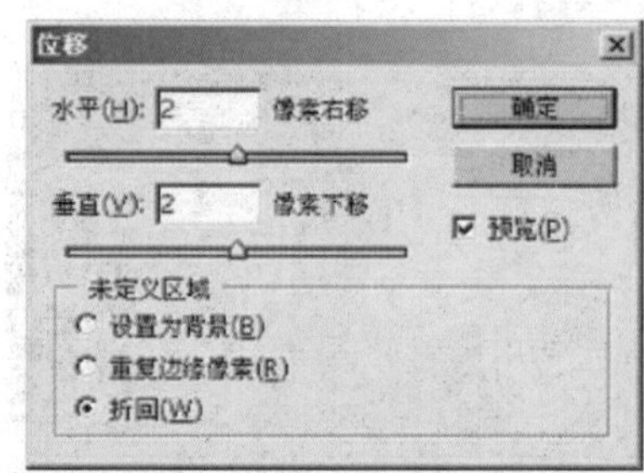

图67-7 “位移”对话框

图67-8 “位移”滤镜效果

步骤7 单击“图像”|“调整”|“曲线”命令，在弹出的“曲线”对话框中设置各项参数（如图67-9所示），单击“确定”按钮，效果如图67-10所示。

步骤8 在按住【Ctrl】键的同时单击Alpha2通道，将文字载入选区，如图67-11所示。

步骤9 单击“选择”|“修改”|“扩展”命令，在弹出的“扩展选区”对话框中将“扩展量”设置为12（如图67-12所

示），单击“确定”按钮，效果如图67-13所示。

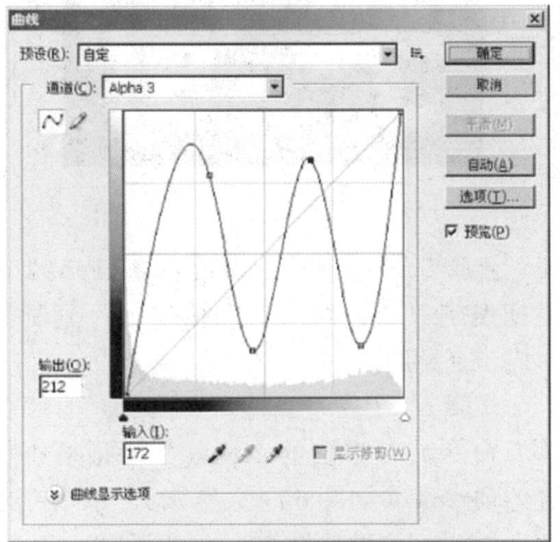

图67-9 “曲线”对话框

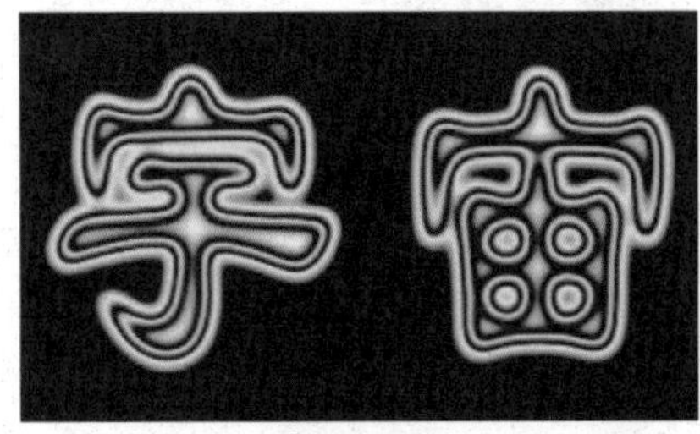

图67-10 调整曲线后的效果

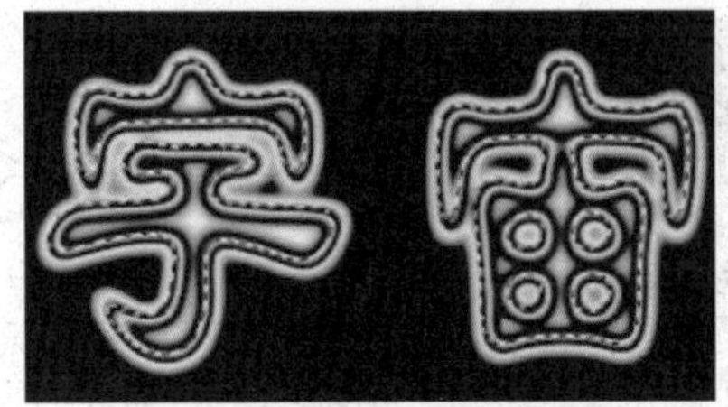

图67-11 将文字载入选区

图67-12 “扩展选区”对话框

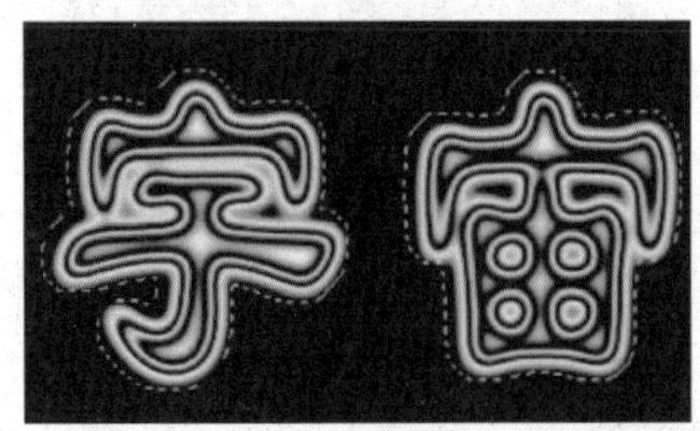

图67-13 扩展选区

步骤10 单击“选择”|“修改”|“羽化”命令，在弹出的“羽化选区”对话框中将“羽化半径”设置为3（如图67-14所示），单击“确定”按钮关闭该对话框。

步骤11 按【Ctrl+C】组合键将选区中的内容复制到剪贴板中，切换到“图层”调板并激活背景图层，按【Ctrl+V】组合键，将复制的内容粘贴到背景图像中，如图67-15所示。

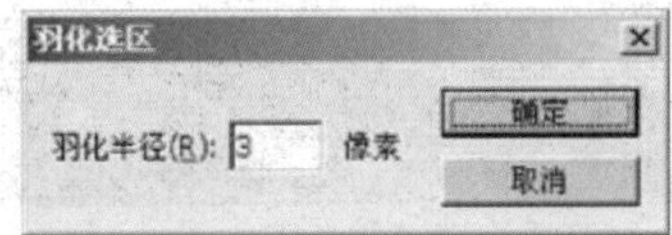

图67-14 “羽化选区”对话框

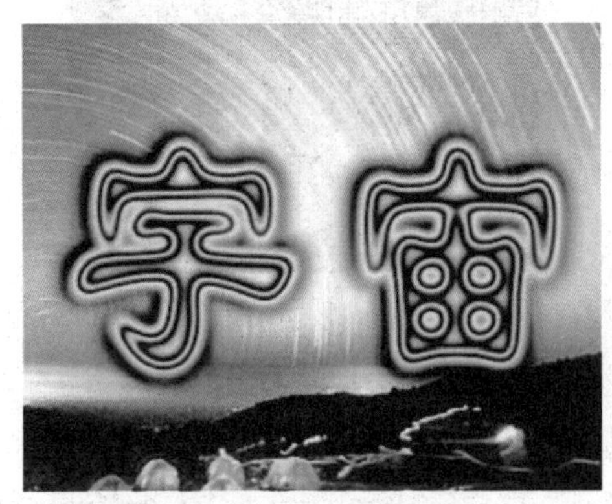

图67-15 粘贴图像到背景图像中

步骤12 单击“图像”|“调整”|“色相/饱和度”命令，在弹出的“色相/饱和度”对话框中设置相应的参数（如图67-16所示），单击“确定”按钮，最终效果参见图67-1。

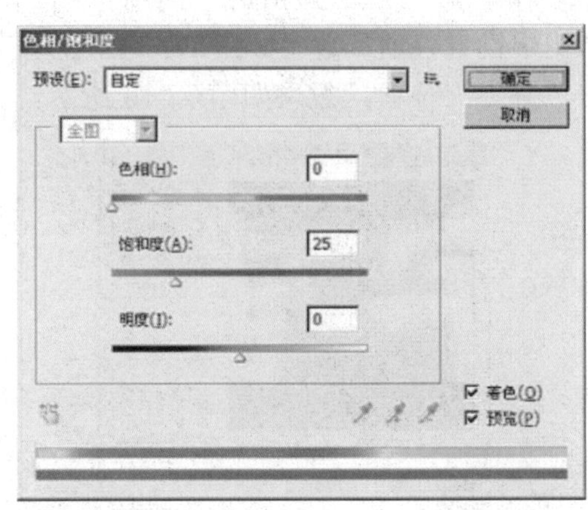

图67-16 “色相/饱和度”对话框

实例68 巧克力字体

本例制作具有巧克力效果的字体，如图68-1所示。

图68-1 巧克力字体

操作步骤

步骤1 单击“文件”|“新建”命令，新建一幅RGB模式的空白图像。

步骤2 设置前景颜色RGB参数值分别为80、50、0，在工具箱中选择横排文字工具，在其属性栏中设置合适的字体、字号，然后在图像编辑窗口中输入文字ADOBE，并调整其位置，如图68-2所示。

图68-2 输入文字并调整位置

步骤3 在“图层”调板中拖曳ADOBE文字图层到“创建新图层”按钮上，复制生成“ADOBE 副本”图层，用鼠标右键单击“ADOBE副本”图层，在弹出的快捷菜单中选择“栅格化文字”命令，将文字图层转化为普通图层。

步骤4 按住【Ctrl】键，单击“ADOBE副本”图层，将文字载入选区，单击“选择”|“修改”|“收缩”命令，在弹出的“收缩选区”对话框中设置“收缩量”为5，单击“确定”按钮，效果如图68-3所示。

步骤5 设置前景颜色为冷褐色（RGB参数值分别为115、70、0），按【Alt+Delete】组合键填充前景色，然后按【Ctrl+D】组合键取消选区，效果如图68-4所示。

图68-3 收缩选区后的效果

图68-4 填充选区

步骤6 按住【Ctrl】键的同时单击“ADOBE副本”图层，将文字载入选区，单击“滤镜”|“模糊”|“高斯模糊”命令，在弹出的“高斯模糊”对话框中设置“半径”为5（如图68-5所示），单击“确定”按钮。

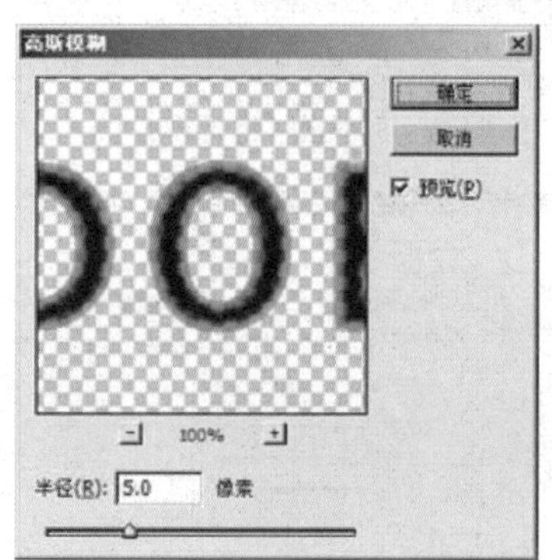

图68-5 “高斯模糊”对话框

步骤7 按【Ctrl+D】组合键取消选区，在“图层”调板中双击“ADOBE副本”图层，在弹出的“图层样式”对话框左侧选择“斜面和浮雕”选项，并在其右侧的选项区中设置各项参数，如图68-6所示。设置完成后单击“确定”按钮，效果如图68-7所示。

步骤8 单击“图层”调板中的“创建新图层”按钮，新建“图层1”，在按住【Shift】键的同时单击“ADOBE副本”图层，然后单击“图层”调板底部的“链接图层”按钮，将两个图层进行链接，按

【Ctrl+E】组合键将“图层1”和“ADOBE副本”图层合并为“图层1”。

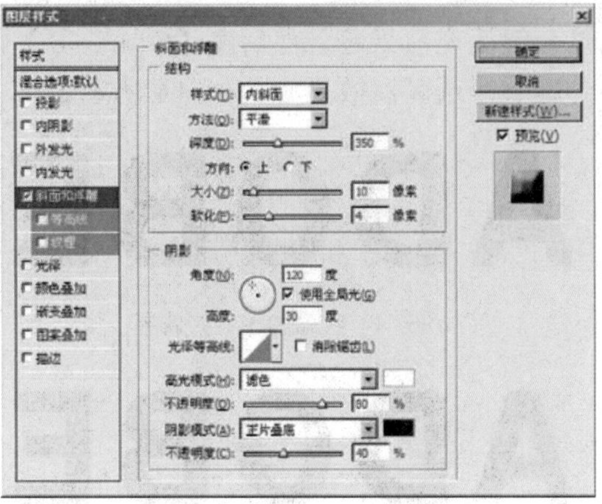

图68-6 设置斜面和浮雕参数

ADOBE

图68-7 应用“斜面和浮雕”后的效果

步骤9 在“图层”调板中双击“图层1”，在弹出的“图层样式”对话框左侧选择“投影”选项，并在其右侧的选项区中设置各项参数，如图68-8所示。

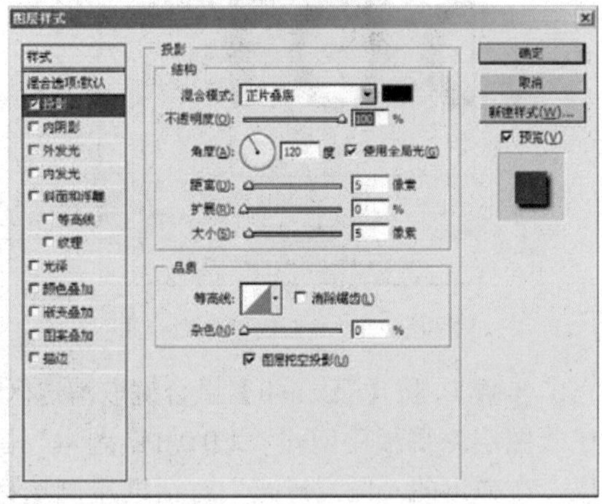

图68-8 设置投影参数

步骤10 在“图层样式”对话框的左侧列表中选择“斜面和浮雕”选项，并在其右侧的选项区中设置各项参数，如图68-9所示。

步骤11 在“图层样式”对话框的左侧选择“等高线”选项，并在其右侧的选项区中设置各项参数，如图68-10所示。

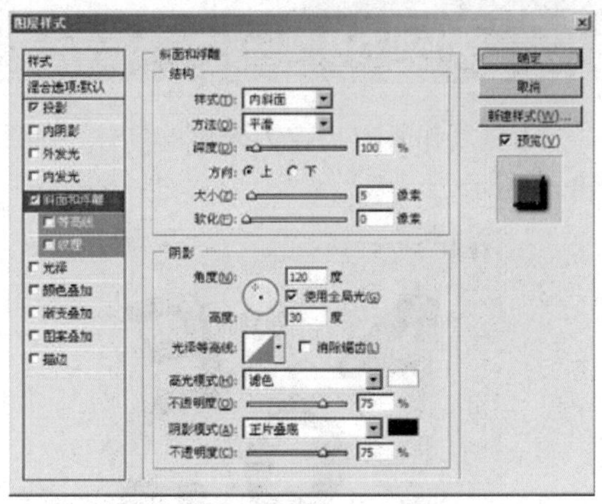

图68-9 设置斜面和浮雕参数

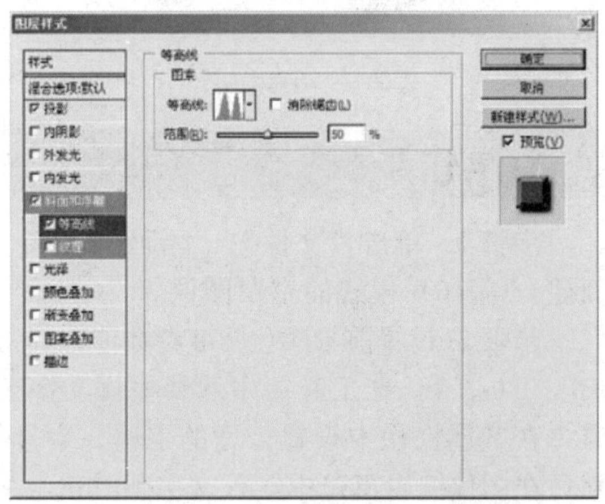

图68-10 设置等高线参数

步骤12 在“图层样式”对话框的左侧选择“纹理”选项，在其右侧的选项区中设置各项参数，如图68-11所示。设置完成后单击“确定”按钮，最终效果参见图68-1。

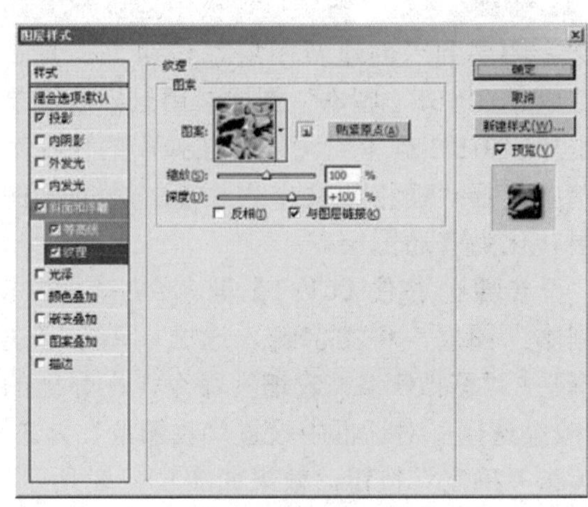

图68-11 设置纹理参数

实例69 冰雪字体

本例制作冰雪凝结的字体，效果如图69-1所示。

图69-1 冰雪字体

操作步骤

步骤1 按【D】键将前景色设置为黑色、背景色设置为白色，单击“文件”|“新建”命令，新建一幅空白图像。

步骤2 选择工具箱中的横排文字工具，在其工具属性栏中设置字体和字号，如图69-2所示。在图像编辑窗口中输入文字“冰天雪地”，并选择工具箱中的移动工具将文字移动到合适的位置，如图69-3所示。

图69-2 横排文字工具属性栏

图69-3 输入文字并调整位置

步骤3 单击“图层”|“栅格化”|“文字”命令，按住【Ctrl】键的同时在“图层”调板中单击文字图层，将文字载入选区。按【Ctrl+E】组合键向下合并图层，将文字图层与背景图层合并成一个图层。

步骤4 按【Ctrl+Shift+I】组合键将选区反选，然后单击“滤镜”|“像素化”|“晶格化”命令，在打开的“晶格化”对话框中设置各项参数（如图69-4所示），单击“确定”按钮，此时的文字效果如图69-5所示。

步骤5 按【Ctrl+Shift+I】组合键将选区反选，单击“滤镜”|“模糊”|“高斯模糊”命令，在打开的“高斯模糊”对话框中设置“半径”为4，单击“确定”按钮，使图像产生模糊效果。

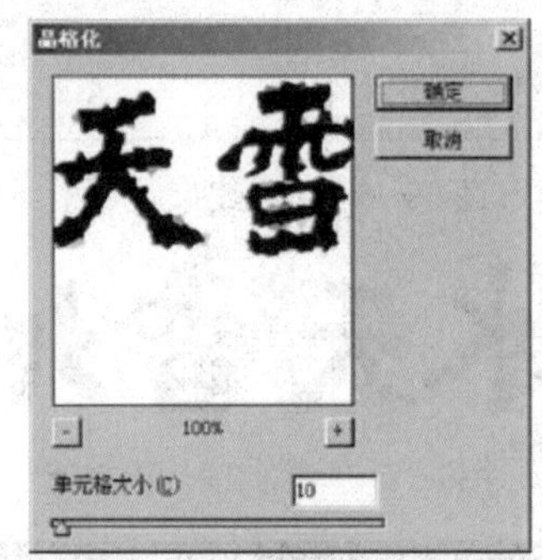

图69-4 “晶格化”对话框

图69-5 “晶格化”滤镜效果

步骤6 按【Ctrl+M】组合键打开“曲线”对话框，调整曲线的形状（如图69-6所示），单击“确定”按钮，此时的文字效果如图69-7所示。

步骤7 按【Ctrl+D】组合键取消选区，再按【Ctrl+I】组合键将图像反相显示，效果如图69-8所示。

步骤8 单击“图像”|“图像旋转”|“90度（顺时针）”命令，将画布顺时针旋转90度；单击“滤镜”|“风格化”|“风”命令，打开“风”对话框，设置相应的参数（如图69-9所示），单击“确定”按钮应用“风”滤镜。为了突出冰雪效果，按【Ctrl+F】组合键重复应用“风”滤镜，再单击“图像”|“图像旋转”|“90度（逆时针）”命令，将图像画布逆时针

旋转90度，效果如图69-10所示。

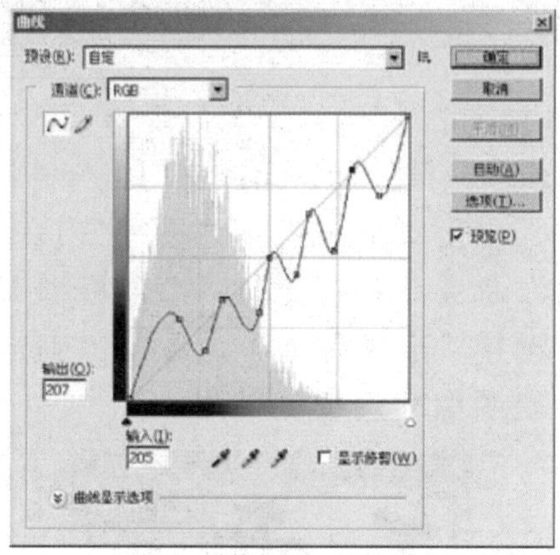

图69-6 “曲线”对话框

图69-7 调整曲线后的效果

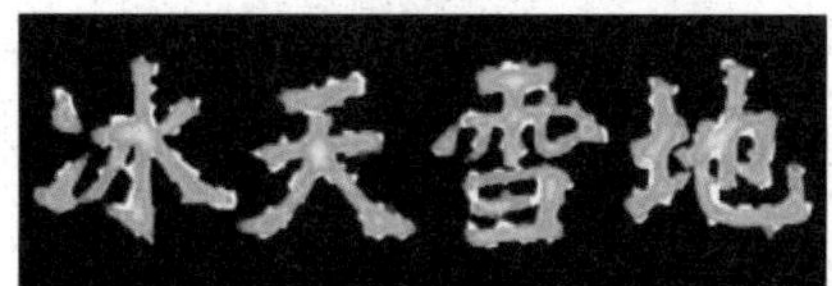

图69-8 反相显示效果

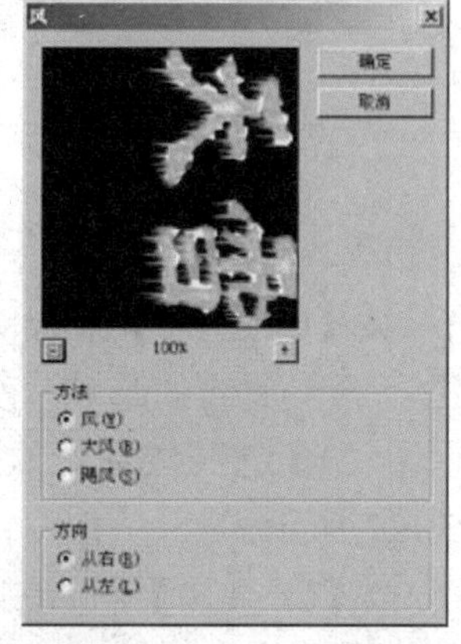

图69-9 “风”对话框

图69-10 “风”滤镜效果

步骤9 单击“图像”|“调整”|“色相/饱和度”命令，在“色相/饱和度”对话框中进行参数设置（如图69-11所示），单击“确定”按钮，效果如图69-12所示。

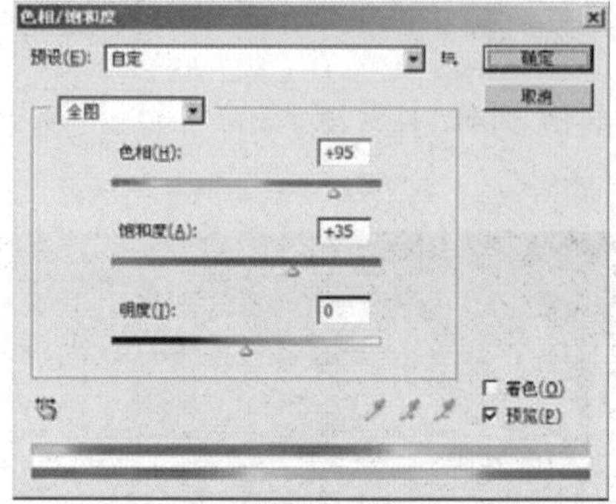

图69-11 “色相/饱和度”对话框

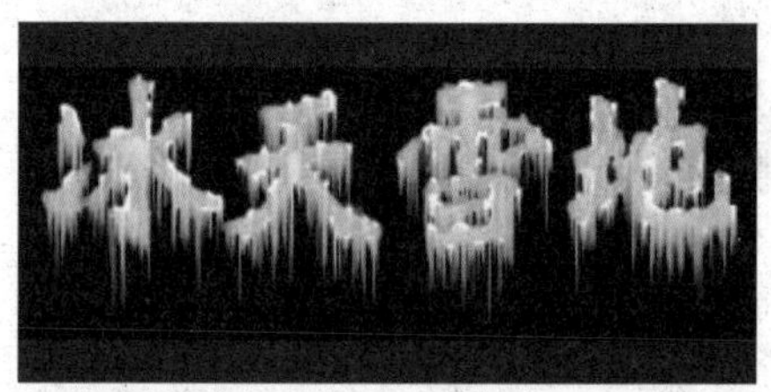

图69-12 调整色相/饱和度后的效果

步骤10 选择工具箱中的魔棒工具，在图像编辑窗口中单击鼠标左键，选取图像中的黑色区域，按【Ctrl+Shift+I】组合键反选选区，然后单击“滤镜”|“艺术效果”|“塑料包装”命令，在打开的“塑料包装”对话框中设置相应的参数（如图69-13所示），单击“确定”按钮，图像效果如图69-14所示。

步骤11 按【Ctrl+C】组合键复制选区中的文字内容，单击“文件”|“打开”命令，打开一幅素材图像，按【Ctrl+V】组合键粘贴文字内容，选择工具箱中的移动工具，将其调整到合适位置，在“图层”调板中将图层混合模式设置为“强光”（如图69-15所示），图像效果如图69-16所示。

步骤12 选择工具箱中的画笔工具，在其工具属性栏中单击“点按可打开‘画笔预设’选取器”按钮，打开画笔样式下拉调板（如图69-17所示），从中选择一种画笔样式然后将前景色设置为白色，在文字的合适位置上单击并按住鼠标，即可绘制闪光点，用此方法依次绘制多个闪光点，完成后的效果如图69-18所示。

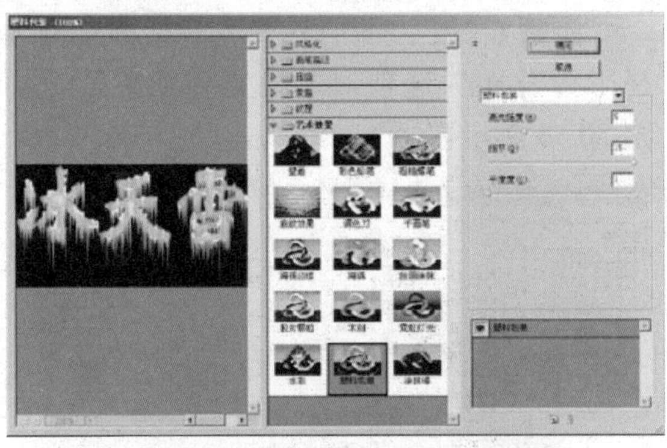
图 69-13 “塑料包装”对话框

图 69-14 “塑料包装”滤镜效果

图69-15 打开素材图像并粘贴文字

图69-16 设置图层混合模式

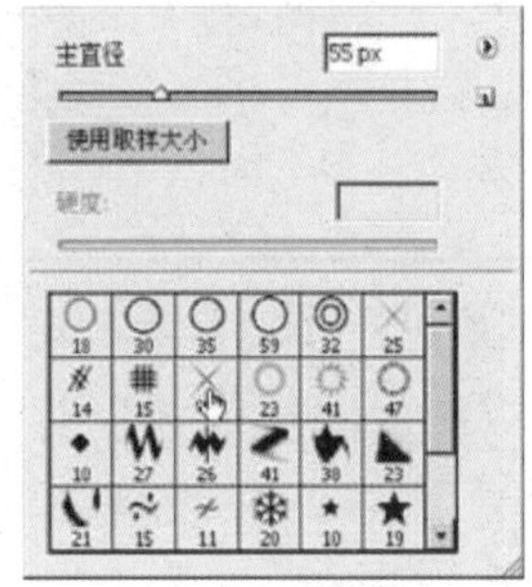

图69-17 画笔样式下拉调板

图69-18 添加闪光点

实例 70 冰晶字体

本例制作冰晶效果的字体，如图 70-1 所示。

图70-1 冰晶字体

操作步骤

步骤 1 单击“文件”|“新建”命令，新建一幅 RGB 模式的空白图像。

步骤 2 选择工具箱中的横排文字工具，并在其工具属性栏中设置合适的字体、字号，然后在图像编辑窗口中输入文字，并将其移动到合适的位置，如图 70-2 所示。

book

图70-2 输入文字并调整位置

步骤 3 在文字图层上双击鼠标，在弹出的“图层样式”对话框左侧选择“投影”选项，并设置各项参数，如图 70-3 所示。

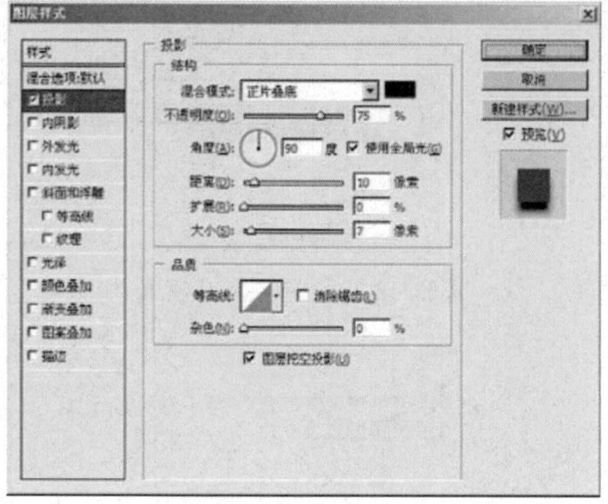

图70-3　设置投影参数

步骤 4　在“图层样式”对话框左侧选择“内阴影”选项，并设置各项参数，如图 70-4 所示。

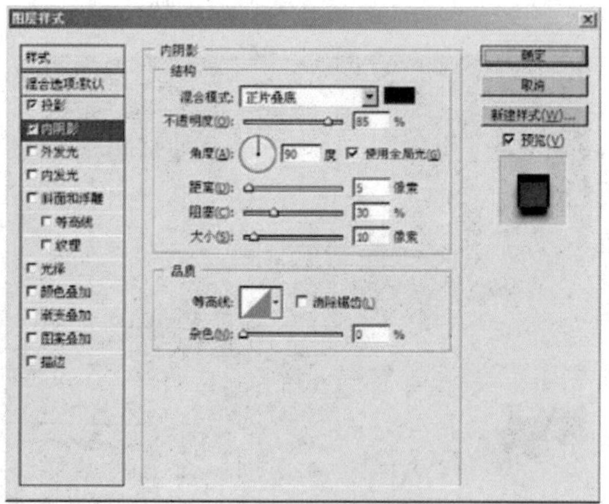

图70-4　设置内阴影参数

步骤 5　在“图层样式”对话框左侧选择“外发光”选项，并设置各项参数，如图 70-5 所示。

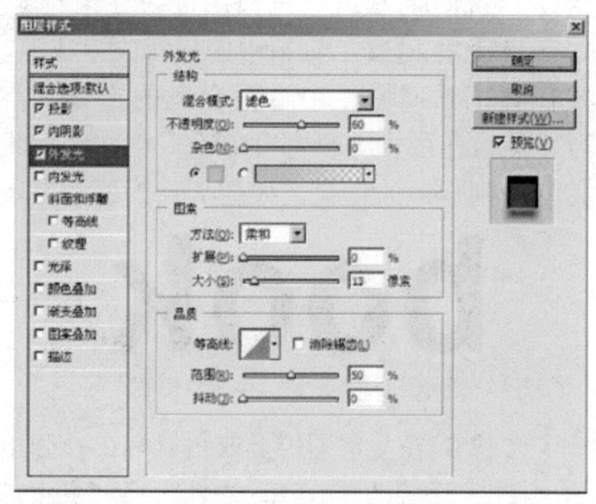

图70-5　设置外发光参数

步骤 6　在“图层样式”对话框左侧选择“内发光”选项，并设置各项参数，如图 70-6 所示。

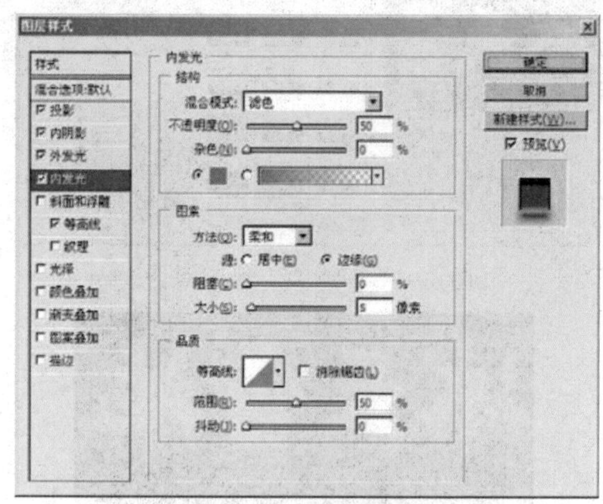

图70-6　设置内发光参数

步骤 7　在“图层样式”对话框左侧选择“斜面与浮雕”选项，并设置各项参数，如图 70-7 所示。

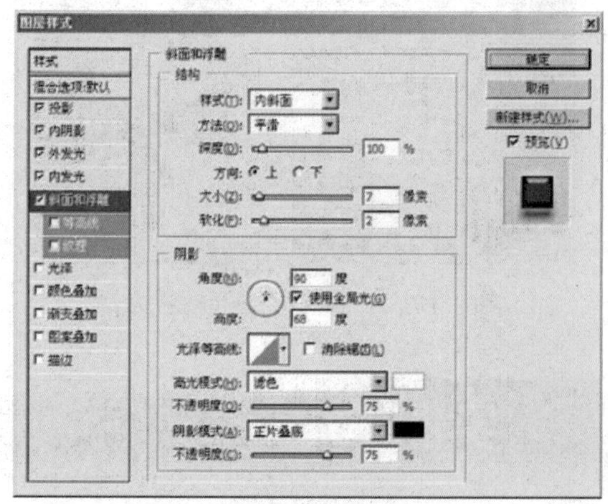

图70-7　设置斜面与浮雕参数

步骤 8　在“图层样式”对话框左侧选择“等高线”选项，并设置各项参数，如图 70-8 所示。

步骤 9　在“图层样式”对话框左侧选择“光泽”选项，并设置各项参数，如图 70-9 所示。

步骤 10　在“图层样式”对话框左侧选择“颜色叠加”选项，并设置各项参数（如图 70-10 所示），单击“确定”按钮完成水晶字的制作，效果如图 70-11 所示。

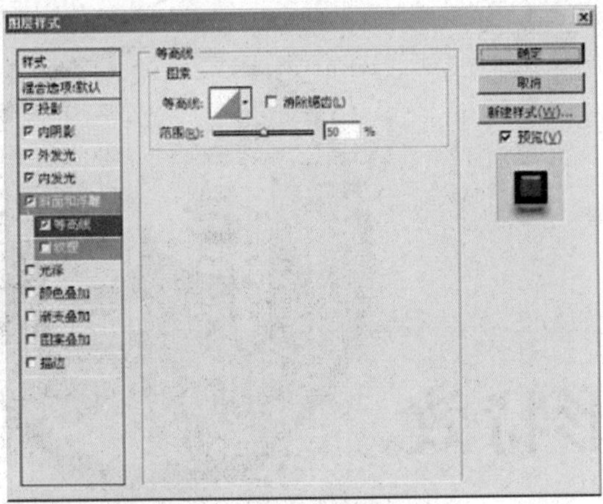

图70-8　设置等高线参数

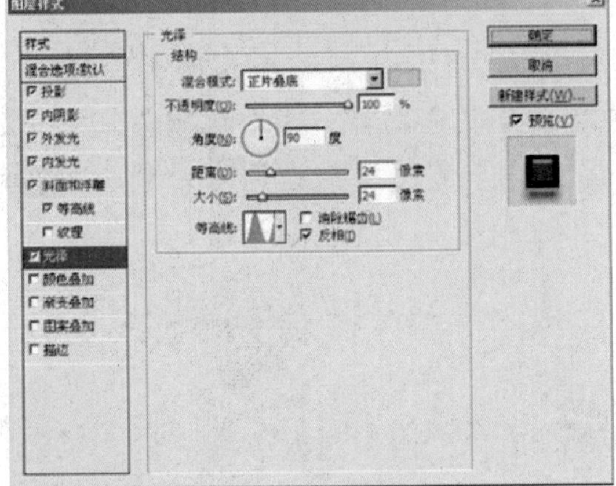

图70-9　设置光泽参数

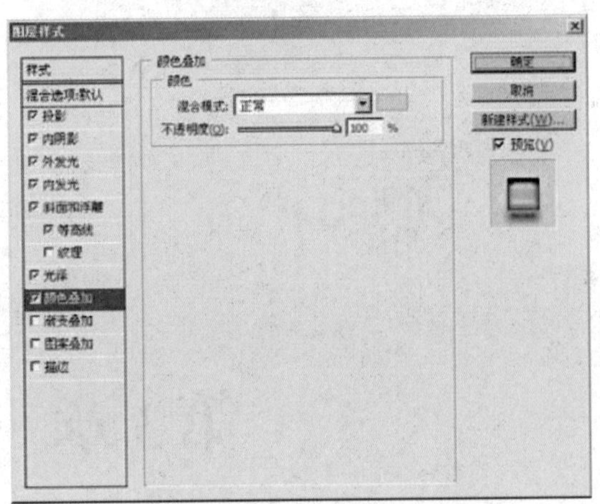

图70-10　设置颜色叠加参数

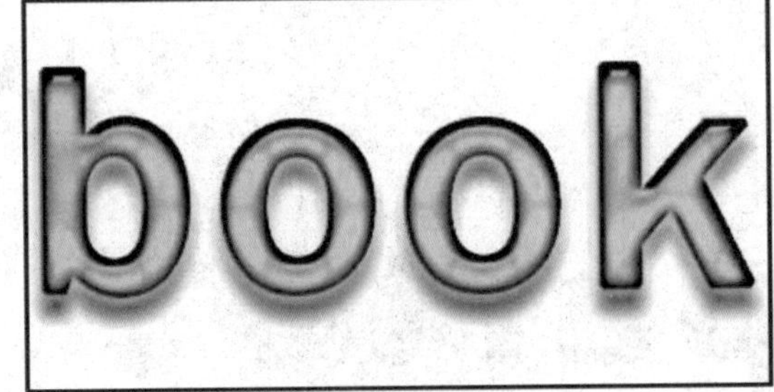

图70-11　冰晶字效果

第3章 图形特效

本章介绍如何使用Photoshop制作图形特效。由于Photoshop具有强大的绘画与调色功能，使用该软件制作的图标及物品图像都非常精美。通过本章的学习，读者可以制作逼真的图形，达到以假乱真的效果。

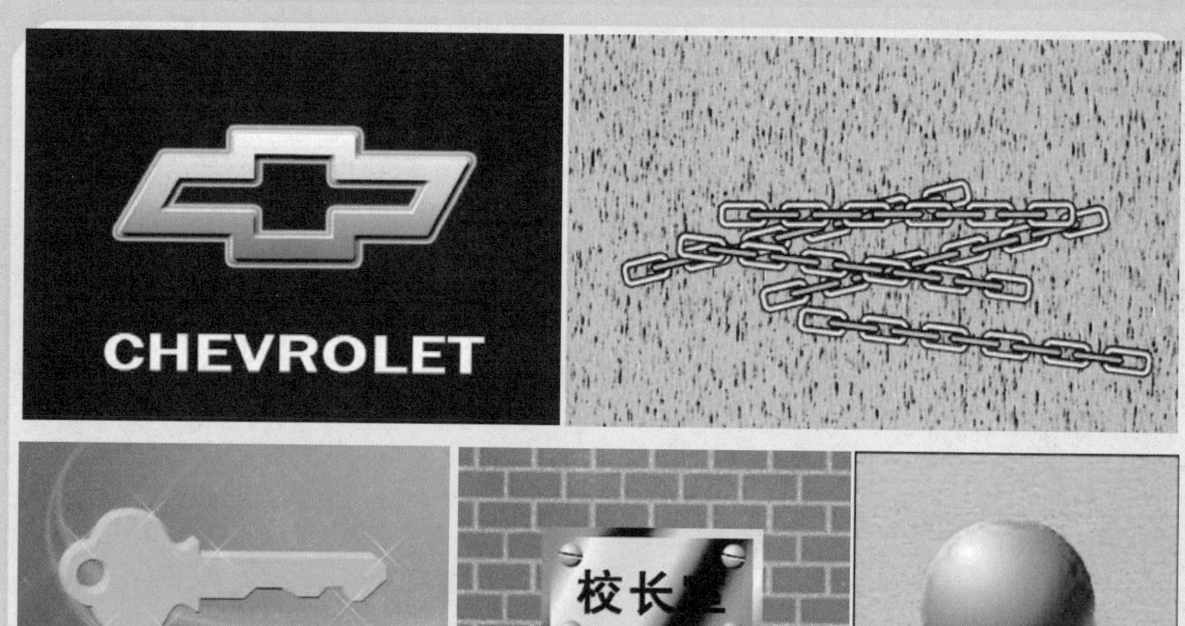

实例71 球体

本例制作球体，效果如图71-1所示。

图71-1 球体

操作步骤

步骤1 单击“文件”|“新建”命令，新建一幅RGB模式的空白图像。

步骤2 选择工具箱中的椭圆选框工具，按住【Shift】键在图像上创建一个正圆选区，如图71-2所示。

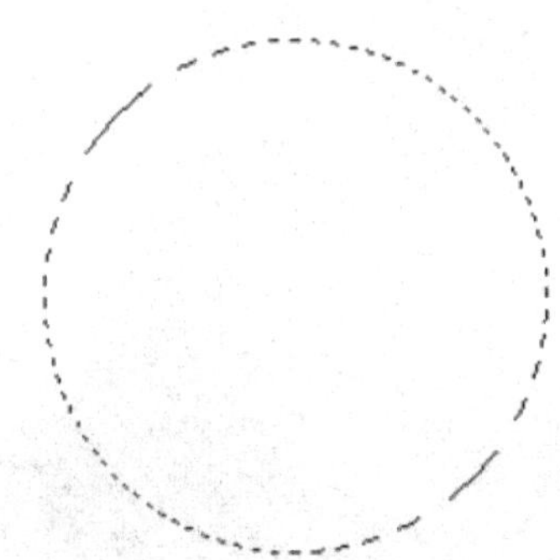

图71-2 创建正圆选区

步骤3 单击“图层”调板中的“创建新图层”按钮，新建一个“图层1”。

步骤4 选择工具箱中的渐变工具，在其工具属性栏中单击“点按可编辑渐变”图标，在弹出的“渐变编辑器”窗口中编辑渐变，如图71-3所示。

步骤5 设置完成后，单击“确定”按钮，在其工具属性栏中单击“径向渐变”按钮，在选区中从左上向右下拖曳鼠标应用渐变（如图71-4所示），按【Ctrl+D】组合键取消选区，效果如图71-5所示。

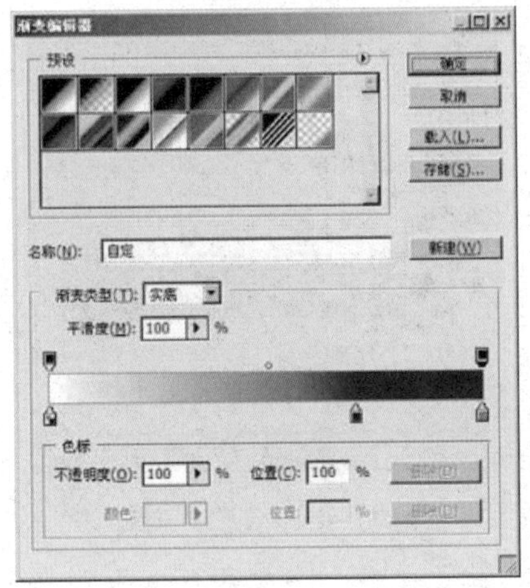

图71-3 “渐变编辑器”窗口

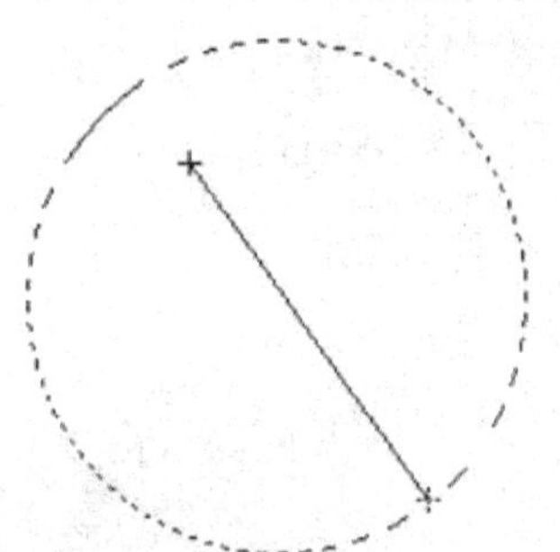

图71-4 应用渐变

图71-5 渐变填充效果

步骤6 在“图层”调板中拖曳“图层1”到“创建新图层”按钮上，复制生成“图层1 副本”。

步骤7 按【D】键，将前景色和背景色恢复为默认值，确认“图层1”为当前图层，按住【Ctrl】键的同时用鼠标单击“图层1”，载入其选区，按【Alt+Delete】组合键用黑色进行填充，再按【Ctrl+D】组合键取消选区，此时的“图层”调板如图71-6所示。

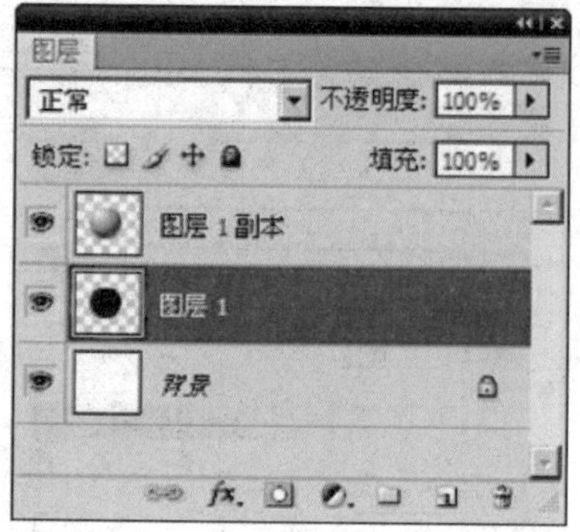

图71-6 “图层”调板

步骤8 单击“编辑”|“自由变换”命令，按住【Ctrl】键的同时用鼠标拖曳右上角的控制柄到合适的位置，然后再拖曳左上角的控制柄到合适的位置，如图71-7所示。

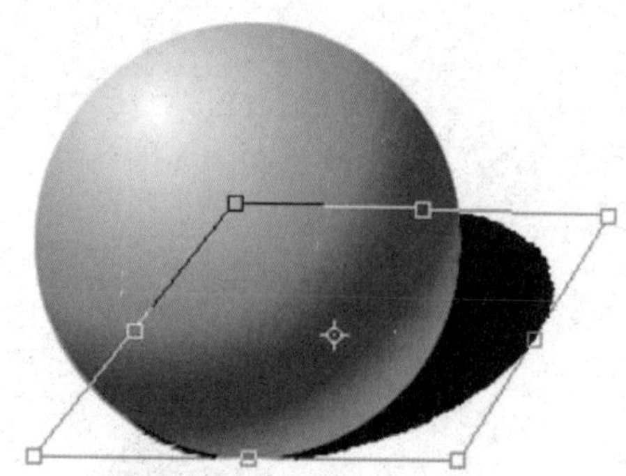

图71-7 变换图像

步骤9 按【Enter】确认变换，单击“滤镜”|“模糊”|“高斯模糊”命令，在弹出的“高斯模糊”对话框中设置“半径”为10（如图71-8所示），单击“确定”按钮，效果如图71-9所示。

步骤10 选择工具箱中的移动工具，将“图层1”中的阴影向下移动到合适的位置，如图71-10所示。

步骤11 在“图层”调板中设置图层1的“不透明度”为75%，球体效果如图71-11所示。

步骤12 打开一幅素材图像，为球体添加背景，效果参见图71-1。

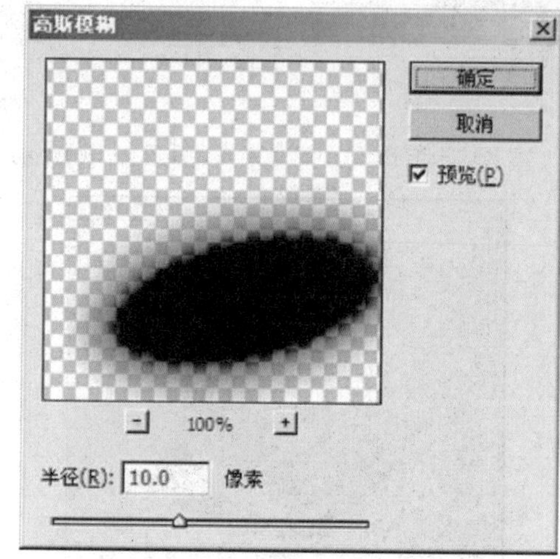

图71-8 “高斯模糊”对话框

图71-9 “高斯模糊”滤镜效果

图71-10 调整阴影的位置

图71-11 球体效果

实例72 圆锥体

本例制作圆锥体，效果如图72-1所示。

图72-1 圆锥体

操作步骤

步骤1 单击“文件”|“新建”命令，新建一幅RGB模式的空白图像。

步骤2 在“图层”调板中新建“图层1”，选择矩形选框工具，在图像编辑窗口中创建一个矩形选区，如图72-2所示。

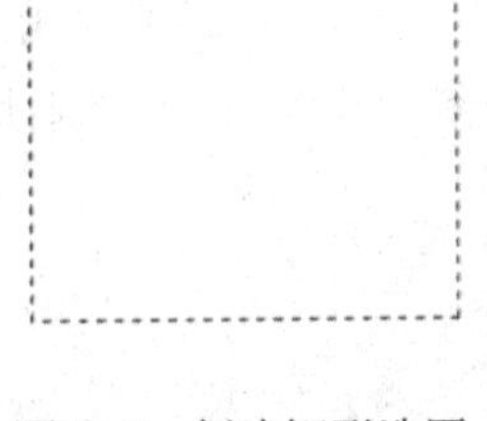

图72-2 创建矩形选区

步骤3 选择工具箱中的渐变工具，在其工具属性栏中设置渐变方式为“线性渐变”，再单击“点按可编辑渐变”图标，弹出“渐变编辑器”窗口，设置相应参数(如图72-3所示)，单击“确定”按钮。

步骤4 在工具属性栏中单击“线性渐变”按钮，选中“反向”复选框，然后在选区中从左向右拖曳鼠标，应用渐变，效果如图72-4所示。

步骤5 单击“视图”|“标尺”命令显示标尺，从垂直标尺上拖出一条参考线并将其调整至图形的中间，如图72-5所示。

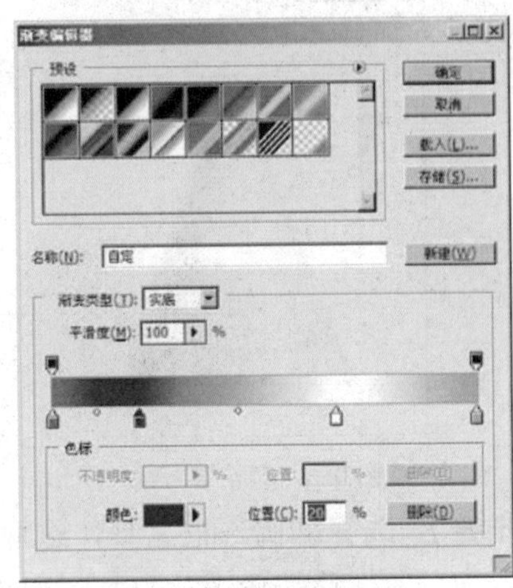

图72-3 “渐变编辑器”窗口

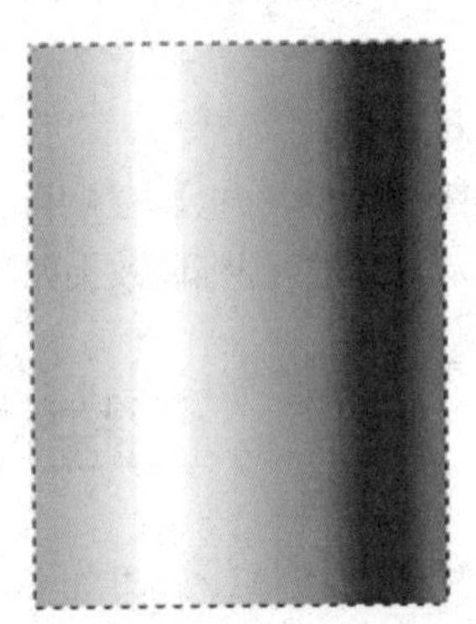

图72-4 应用渐变

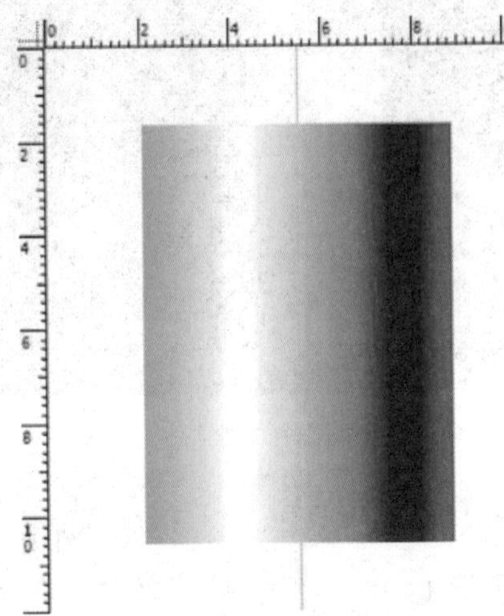

图72-5 调整参考线位置

步骤6 单击“编辑”|“变换”|“透视”命令，将右上角的控制点向中间拖曳到与参考线水平相交的位置（如图72-6所示），按【Enter】键确认变换操作，然后隐藏参考线与标尺。

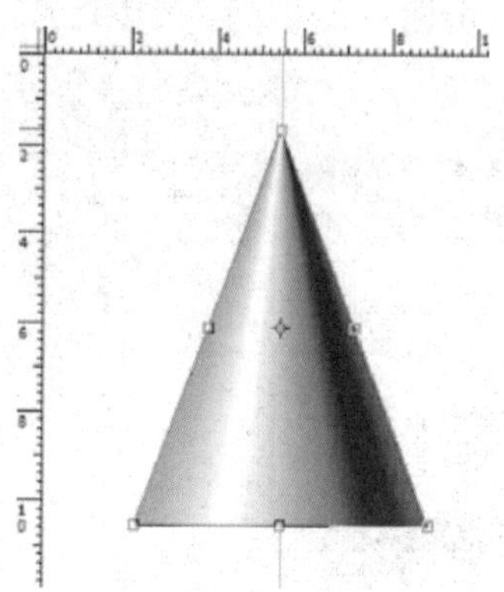

图72-6 调整参考线

步骤7 选择椭圆选框工具，选取图像的下半部分，然后按住【Shift】键用矩形选框工具选取图像的上半部分，如图72-7所示。

步骤8 单击“选择”|“反向”命令反选选区，按【Delete】键删除选区中的内容，然后取消选区，圆锥体效果如图72-8所示。

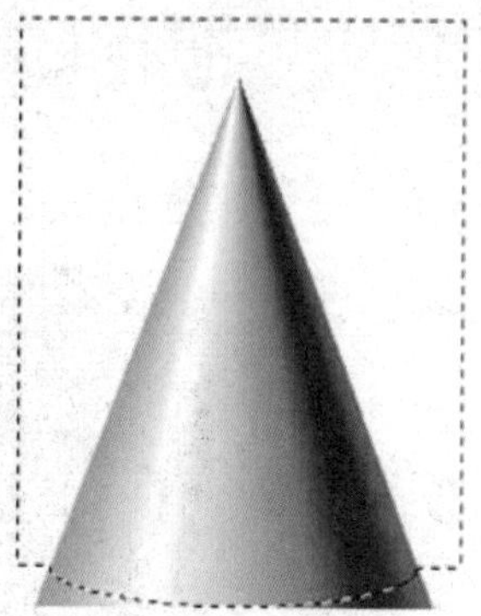

图72-7 创建选区

图72-8 圆锥体效果

步骤9 最后为背景图层添加渐变，效果参见图72-1。

实例73 圆柱体

本例制作圆柱体，效果如图73-1所示。

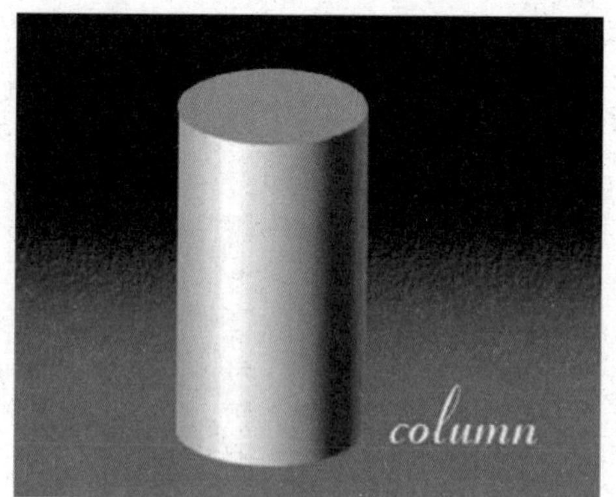

图73-1 圆柱体

操作步骤

步骤1 单击“文件”|“新建”命令，新建一幅RGB模式的空白图像。

步骤2 选择工具箱中的矩形选框工具，在图像编辑窗口中创建一个矩形选区，如图73-2所示。

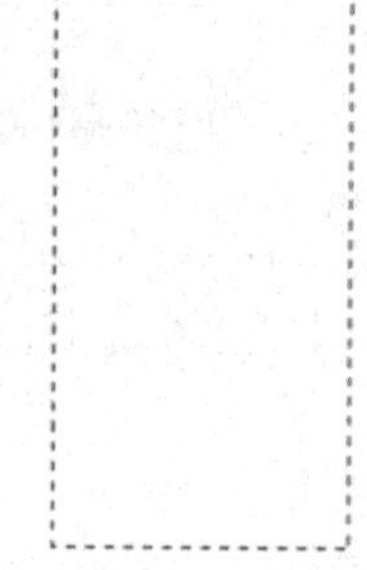

图73-2 创建矩形选区

步骤3 选择工具箱中的渐变工具，并在“渐变编辑器”窗口中编辑渐变样式（如图73-3所示），单击“确定”按钮。

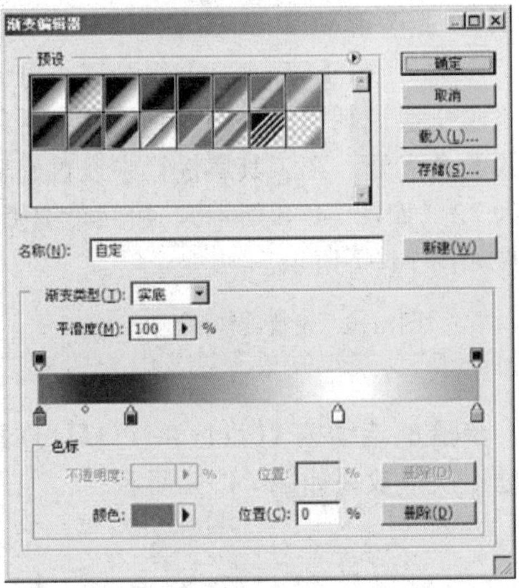

图 73-3 “渐变编辑器”窗口

步骤 4 在矩形选区中从右向左拖曳鼠标，渐变填充后的效果如图 73-4 所示。

步骤 5 按【Ctrl+D】组合键取消选区，选择工具箱中的椭圆选框工具，在图像上方创建一个椭圆选区，如图 73-5 所示。

图73-4 渐变填充

图73-5 创建椭圆选区

步骤 6 将前景色设置为灰色（RGB 参数值均为132），用前景色填充选区，效果如图 73-6 所示。

步骤 7 按住【Shift】键移动选区到图像的下方，如图 73-7 所示。

步骤 8 选择工具箱中的矩形选框工具，并在其工具属性栏中单击“添加到选区”按钮，从左上方向右下方拖曳鼠标，创建一个矩形选区，使其与椭圆选区水平轴的两个端点水平对齐（如图 73-8 所示），释放鼠标，生成如图 73-9 所示的选区。

图73-6 填充选区

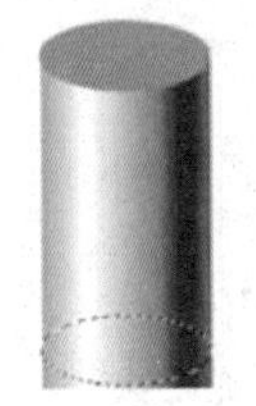

图73-7 移动选区

图73-8 添加选区

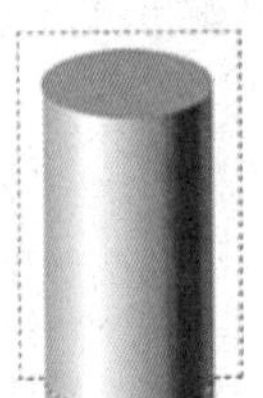

图73-9 添加后的选区

步骤 9 按【Shift+Ctrl+I】组合键反选选区，按【Delete】键删除选区中的内容，按【Ctrl+D】组合键取消选区，生成圆柱体效果。

步骤 10 最后为圆柱体添加背景，效果参见图 73-1。

实例 74 足球

本例制作足球，效果如图 74-1 所示。

图74-1 足球

操作步骤

步骤 1 单击“文件”|“新建”命令，新建一幅 RGB 模式的空白图像。

步骤 2 在“图层”调板中单击“创建新图层”按钮，新建“图层 1”，然后创建两条参考线，如图 74-2 所示。

步骤 3 选择工具箱中的多边形工具，然后在其工具属性栏中设置各项参数，如图 74-3 所示。

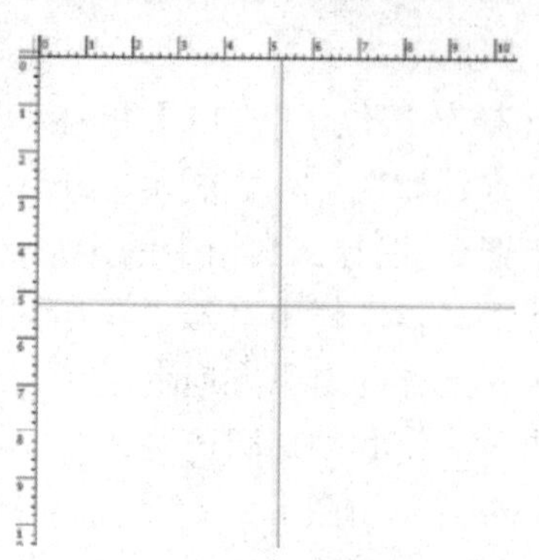

图74-2 创建参考线

图74-3 多边形工具属性栏

步骤4 按【D】键，将前景色和背景色设为默认，以参考线的交点为起点，绘制一个五边形（如图74-4所示），此时在“图层”调板中将自动生成“形状1”图层。

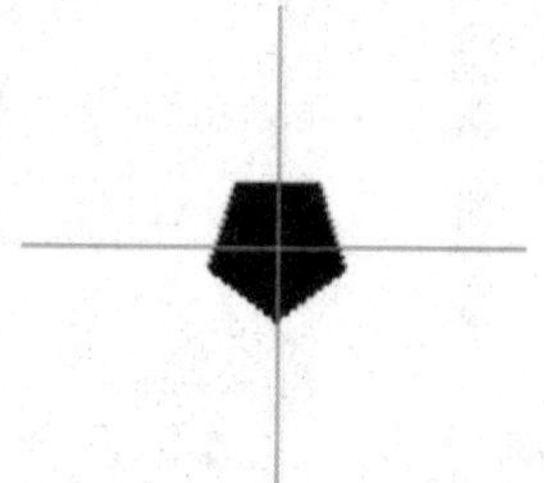

图74-4 绘制正五边形

步骤5 复制“形状1”图层，生成“形状1副本”图层，单击“编辑”|“变换”|“垂直翻转”命令，然后调整“形状1副本”图层中五边形的位置，如图74-5所示。

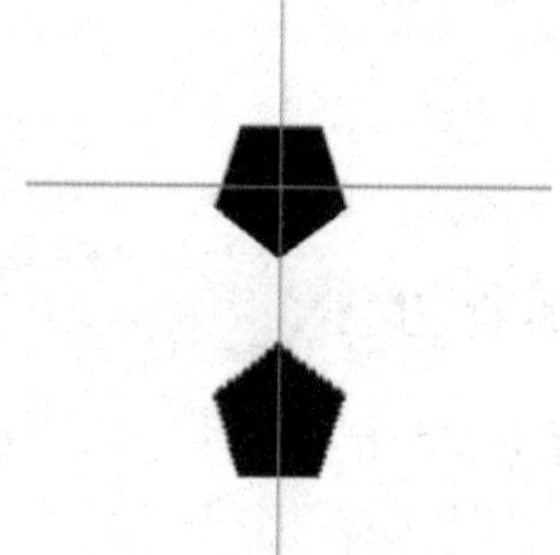

图74-5 生成另一个正五边形

步骤6 选择工具箱中的直线工具，在其属性栏中将“粗细”设置为2，然后将两个五边形最接近的顶点用直线连接起来，此时在“图层”调板中将生成“形状2”图层，合并“形状1副本”图层和“形状2”图层，生成“形状2”图层。

步骤7 按【Ctrl+T】组合键，将调出的自由变换控制框的中心控制柄移至两条参考线的交点处，在工具属性栏中设置旋转角度为72（如图74-6所示），按回车键确认，效果如图74-7所示。

图74-6 设置旋转角度为72度

步骤8 连续按【Ctrl+Shift+Alt+T】组合键4次，效果如图74-8所示。

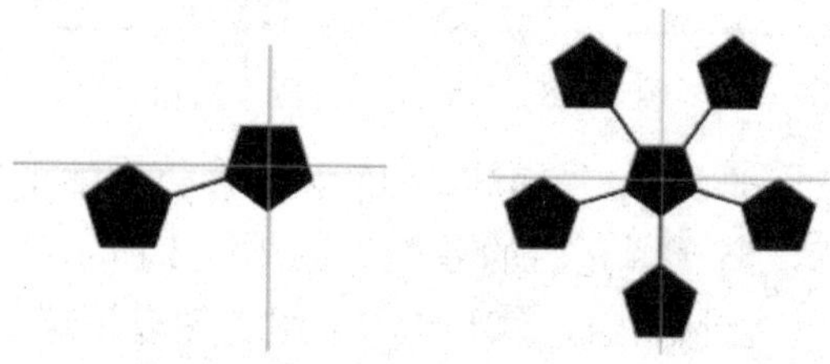

图74-7 旋转后的效果　　图74-8 图像效果

步骤9 选择工具箱中的直线工具，将周围5个五边形的最接近的顶点连接起来，效果如图74-9所示。

步骤10 合并除背景图层外的所有图层，选择工具箱中的椭圆选框工具，通过【Alt+Shift】组合键，以参考线交点为起点，创建一个正圆形选区，如图74-10所示。

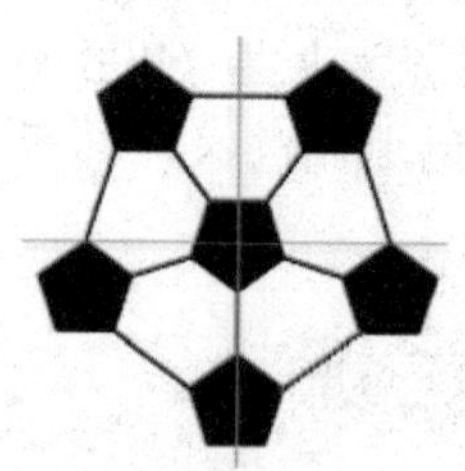

图74-9 绘制直线

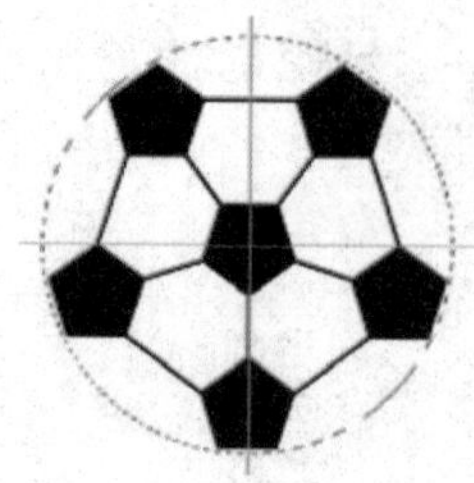

图74-10 创建选区

步骤11 单击“滤镜”|“扭曲”|“球面化”命令，在弹出的“球面化”对话框中设置“数量”为100%（如图74-11所示），单击“确定”按钮，效果如图74-12所示。

步骤12 单击“编辑”|“描边”命令，在弹出的“描边”对话框中设置各项参数（如图74-13所示），单击“确定”按钮

为图形描边，然后取消选区，足球效果如图74-14 所示。

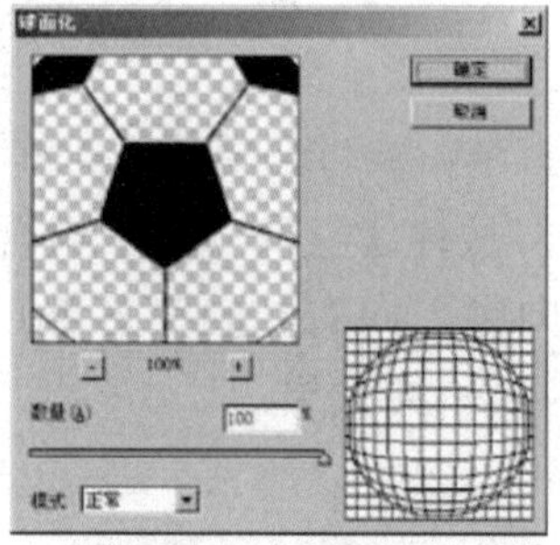

图 74-11 “球面化”对话框

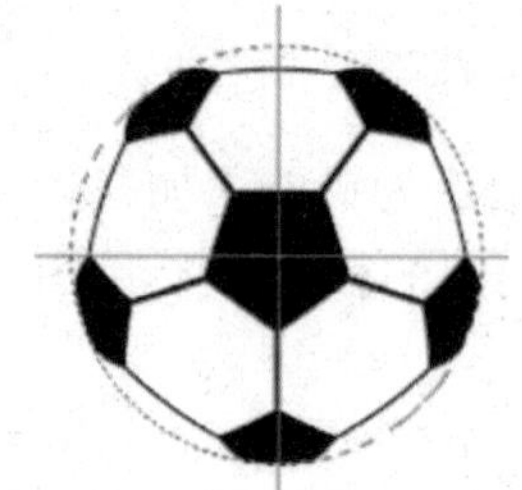

图 74-12 “球面化”滤镜效果

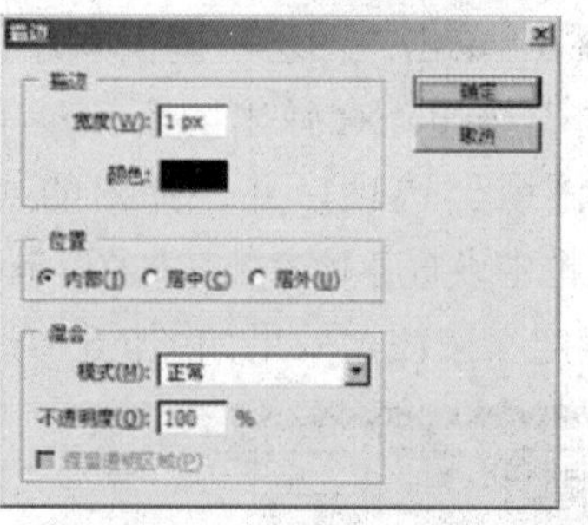

图 74-13 “描边”对话框

图74-14 足球效果

步骤 13 最后打开一幅素材图像，为足球添加背景效果，参见图 74-1。

实例 75 钥匙

本例制作金光闪闪的钥匙，效果如图75-1 所示。

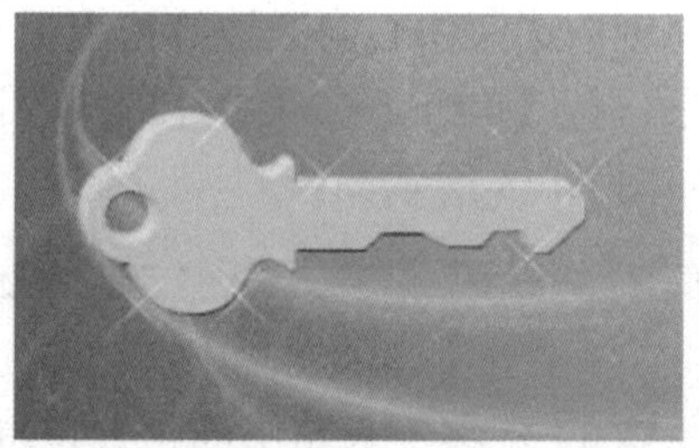

图75-1 钥匙

操作步骤

步骤 1 单击“文件”|“新建”命令，新建一幅 RGB 模式的空白图像。

步骤 2 设置前景色为黄色，选择工具箱中的自定形状工具，在其工具属性栏中的“形状”下拉列表框中选择相应形状，如图75-2 所示。

步骤 3 按住【Shift】键的同时在图像窗口中拖曳鼠标，绘制钥匙，如图 75-3 所示。

步骤 4 绘制好钥匙后，在“图层”调板中将自动生成形状图层。

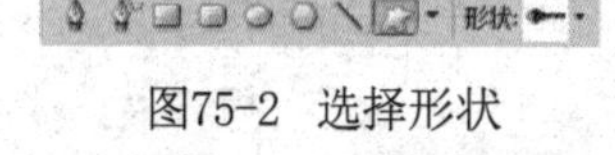

图75-2 选择形状

图75-3 绘制钥匙

步骤 5 单击“图层”|“栅格化”|“形状”命令，将形状图层转化为普通图层，如图 75-4 所示。

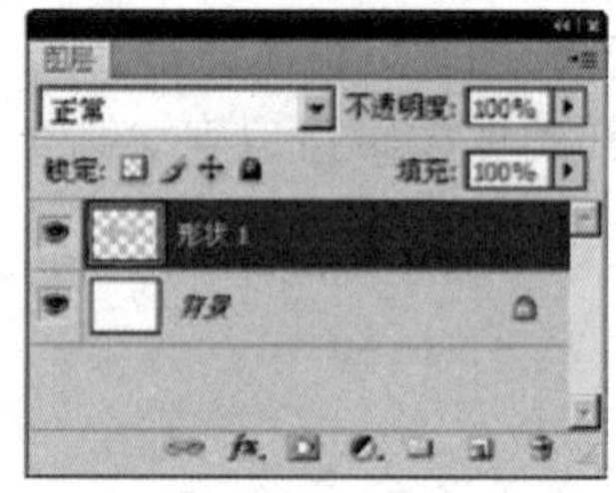

图75-4 栅格化后的图层

步骤6 单击“图层”调板下方的“添加图层样式”按钮，在弹出的下拉菜单中选择“斜面和浮雕”选项，并在弹出的“图层样式”对话框中设置各项参数（如图75-5所示），单击“确定”按钮，效果如图75-6所示。

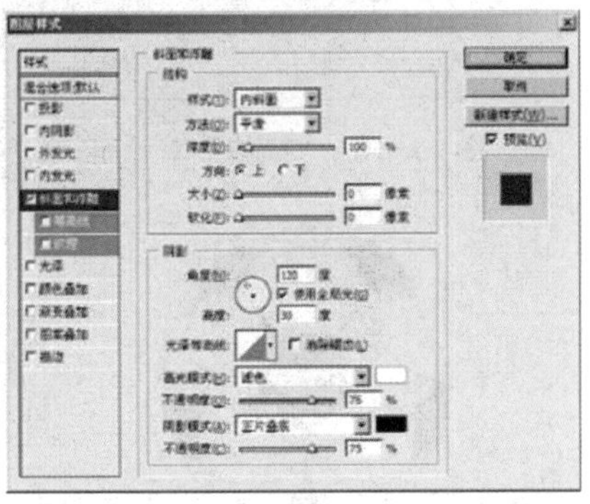
图75-5 “图层样式”对话框

图75-6 添加图层样式后的效果

步骤7 按住【Ctrl+Alt】组合键的同时交替按方向键，向右、向下各10次，生成如图75-7所示的效果。

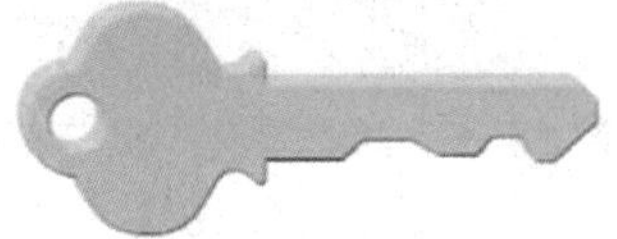
图75-7 钥匙效果

步骤8 最后为钥匙添加背景，并使用画笔绘制金光闪闪的效果，参见图75-1。

实例76 链条

本例制作金属链条，效果如图76-1所示。

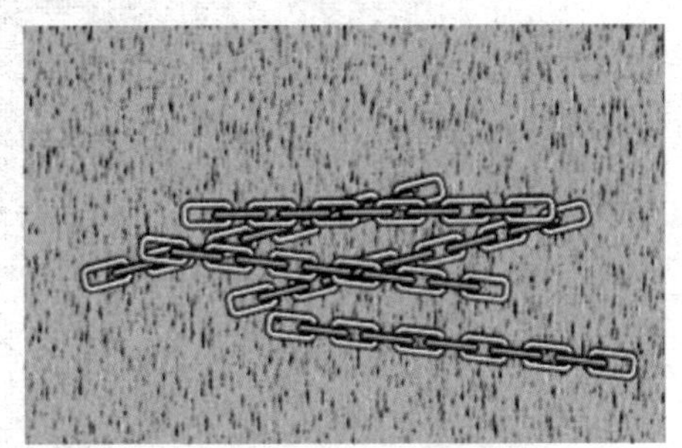
图76-1 链条

操作步骤

步骤1 单击“文件”｜“新建”命令，新建一幅RGB模式的空白图像。

步骤2 单击“图层”调板中的“创建新图层”按钮，新建一个“图层1”，选择工具箱中的椭圆选框工具，按住【Shift】键的同时在图像编辑窗口中绘制一个正圆选区，如图76-2所示。

图76-2 创建选区

步骤3 按【D】键，将前景色和背景色恢复为默认值，选择工具箱中的渐变工具，并在其工具属性栏中单击“点按可编辑渐变”图标，在“渐变编辑器”窗口中重新编辑渐变（如图76-3所示），按住【Shift】键的同时从选区中心向圆边缘拖曳鼠标填充渐变色，按【Ctrl+D】组合键取消选区，效果如图76-4所示。

图76-3 渐变工具属性栏

步骤4 选择工具箱中的矩形选框工具，选中圆的右半部分（如图76-5所示），按住【Ctrl+Alt】组合键并按向右方向键，复制所选区域，重复操作60次，效果如图76-6所示。

步骤5 选中圆的上半部分（如图76-7所示），按住【Ctrl+Alt】组合键并按向上方向键，复制所选区域，重复操作12次，效果如图76-8所示。

步骤6 选择工具箱中的魔棒工具，选择图形中央的黑色区域，按【Delete】键删除所选区域中的内容，效果如图76-9所示。

图76-4 应用渐变

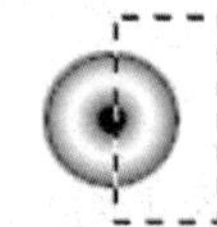
图76-5 创建选区

图76-6 复制后的图像

图76-7 创建选区

图76-8 复制后的图像

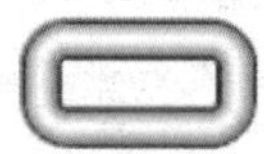
图76-9 删除选区内容

步骤7 在“图层”调板中新建一个“图层2”，选择工具箱中的椭圆选框工具，按住【Shift】键的同时在图形中间拖曳鼠标创建一个正圆选区，如图76-10所示。

步骤8 将前景色设置为白色、背景色设置为黑色，选择工具箱中的渐变工具，并在工具属性栏中选择“前景色到背景色渐变”样式，单击“径向渐变”按钮，从正圆选区的中心向边缘填充渐变色，然后按【Ctrl+D】组合键取消选区，效果如图76-11所示。

图76-10 创建正圆选区

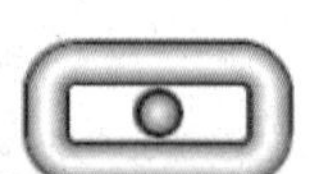
图76-11 渐变填充

步骤9 参照上述步骤中的方法复制所选区域，重复操作60次，移动图像位置，效果如图76-12所示。

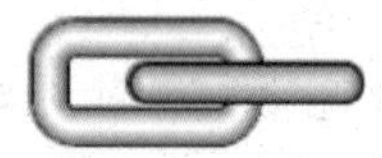
图76-12 复制后的图像

步骤10 复制“图层1”与“图层2”，然后分别调整其位置，组合成金属链条，效果如图76-13所示。

图76-13 链条效果

步骤11 除“背景”图层外，合并其他图层，然后对合并后的图层进行复制，并调整其位置及角度，效果如图76-14所示。

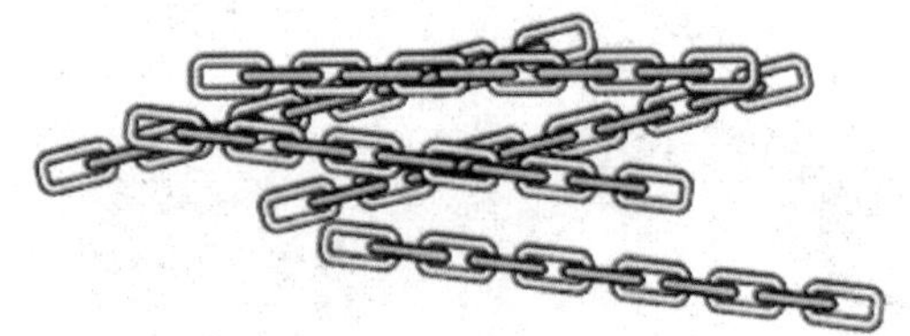
图76-14 复制多个链条

步骤12 打开一幅素材图像，将其复制并粘贴到背景图层中，为链条添加背景，效果参见图76-1。

实例77 铭牌

本例制作铭牌效果，如图77-1所示。

图77-1 铭牌

操作步骤

步骤1 单击“文件”|“新建”命令，新建一幅RGB模式的空白图像。

步骤2 单击“图层”调板中的“创建新图层”按钮，新建一个“图层1”，选择工具箱中的矩形选框工具，在图像编辑窗口中绘制一个矩形选区。

步骤3 选择工具箱中的渐变工具，在“渐变拾色器”窗口中选择“色谱”渐变样式，然后单击“线性渐变”按钮，在选区中从左上角向右下角拖曳鼠标，填充渐变色后的效果如图77-2所示。

步骤4 单击“图层”调板中的“创建

新图层”按钮，新建一个“图层2”，单击“选择”|“修改”|“收缩”命令，在弹出的“收缩选区”对话框中设置“收缩量”为12，如图77-3所示。在选区中从右下角向左上角拖动鼠标应用渐变，效果如图77-4所示。

图77-2 渐变填充

图77-3 “收缩选区”对话框

图77-4 从右下向左上渐变填充

步骤5 单击“图像”|“模式”|“灰度”命令，将图像转换为灰度模式，再单击“图像”|“模式”|“RGB颜色”命令，将图像转换为RGB模式，效果如图77-5所示。

图77-5 转换图像模式

步骤6 单击“图层”调板中的“创建新图层”按钮，新建一个“图层3”，选择工具箱中的椭圆选框工具，按住【Shift】键的同时在图像中拖曳鼠标，创建正圆形选区，选择工具箱中的渐变工具，在选区中应用渐变，效果如图77-6所示。

步骤7 选择工具箱中的矩形选框工具，在圆形中创建一个矩形选区，并用黑色进行填充，效果如图77-7所示。

图77-6 创建圆形选区并填充渐变色

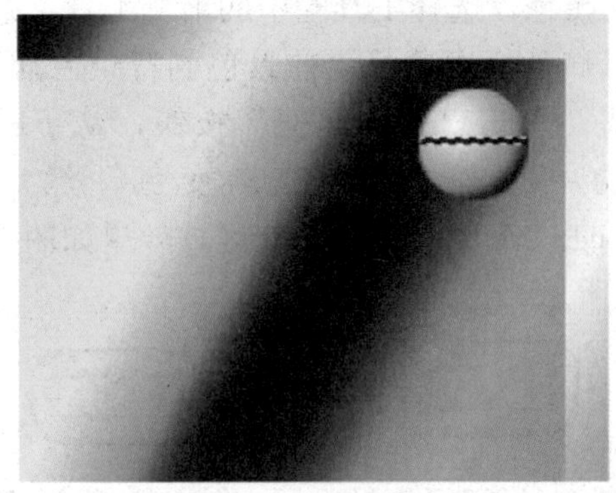

图77-7 创建矩形选区并填充黑色

步骤8 按【Ctrl+D】组合键取消选区，在刚创建的黑色矩形下面再创建一个矩形选区，并用白色进行填充，生成螺钉效果，如图77-8所示。

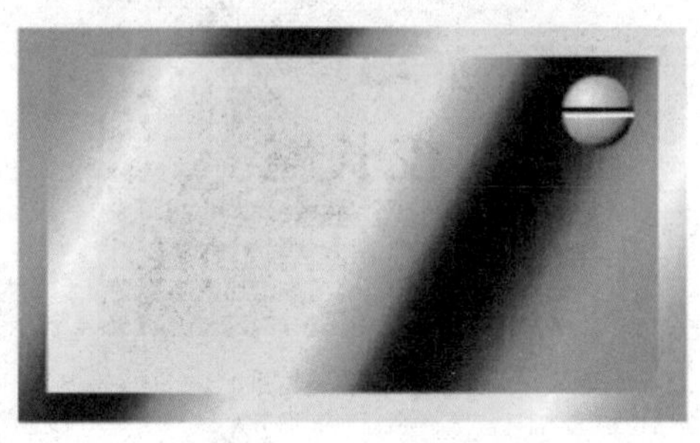

图77-8 创建矩形选区并填充白色

步骤9 将“图层3”复制生成三个副

本图层，并分别将其调整至合适的位置，效果如图 77-9 所示。

步骤 10 选择工具箱中的横排文字工具，为图像添加文字，打开一幅素材图像，为图像添加背景，效果如图 77-9 所示。

图77-9　复制生成其他3个螺钉

实例 78 汽车标志

本例制作汽车标志,效果如图 78-1 所示。

图78-1　汽车标志

操作步骤

步骤 1　单击“文件”|“新建”命令，新建一幅 RGB 模式的空白图像。

步骤 2　单击“视图”|“标尺”命令，显示标尺，拖曳出四条参考线并分别调整至如图 78-2 所示的位置。

步骤 3　在“图层”调板中新建“图层 1”，选择工具箱中的钢笔工具，以参考线为辅助线在图像中绘制如图 78-3 所示的路径，然后将标尺与参考线隐藏，效果如图 78-4 所示。

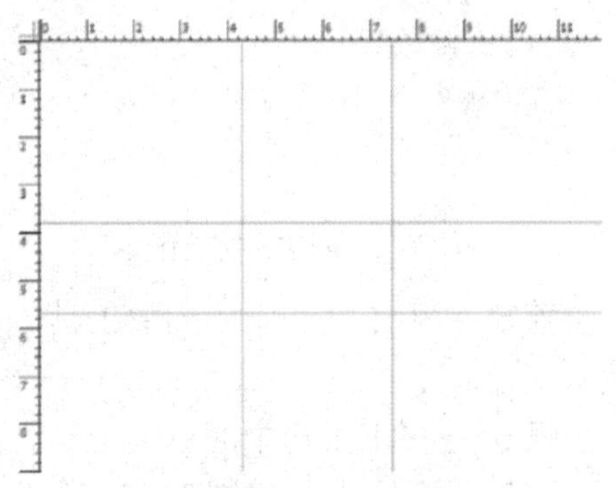

图78-2　创建参考线

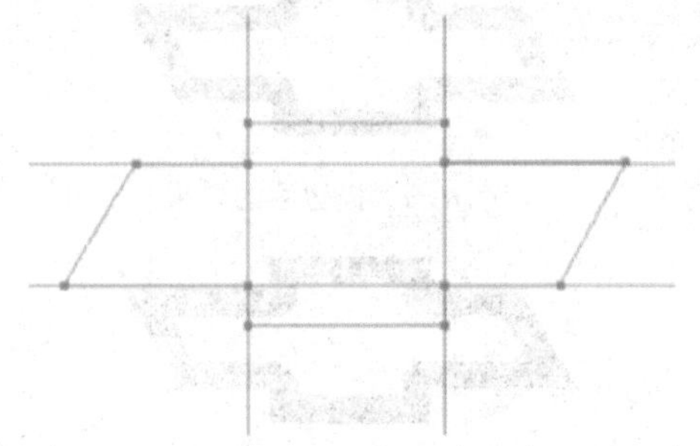

图78-3　绘制路径

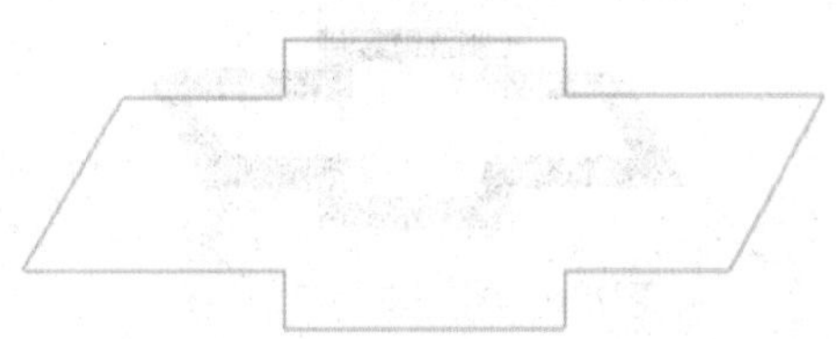

图78-4　隐藏标尺与参考线

步骤 4　单击“路径”调板底部的“将路径作为选区载入”按钮，将路径转换为选区，效果如图 78-5 所示。

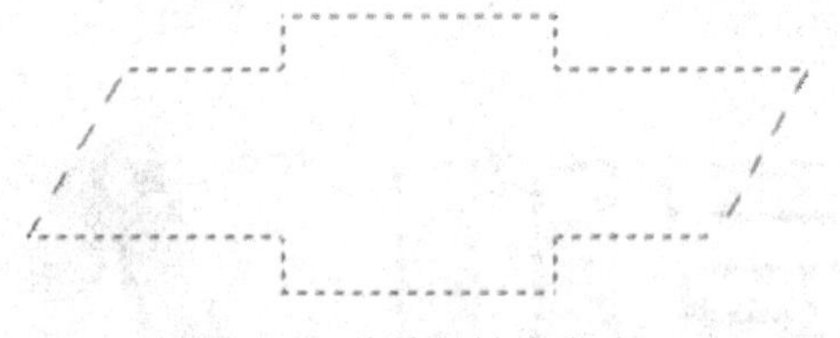

图78-5　将路径转换为选区

步骤 5　单击“编辑”|“描边”命令，在弹出的“描边”对话框中设置各项参数（如图 78-6 所示），单击“确定”按钮，描边后的效果如图 78-7 所示。

步骤 6 按【Ctrl+D】组合键取消选区，选择工具箱中的矩形选框工具，在边角不完整的区域创建选区（如图 78-8 所示），并用黑色填充选区，将其补充完整，效果如图 78-9 所示。

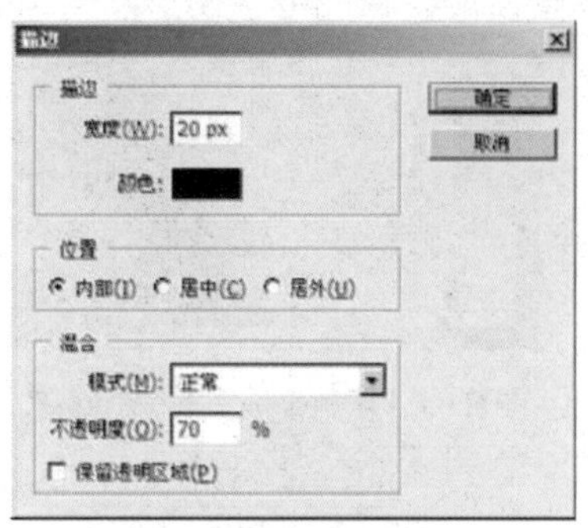
图78-6 “描边”对话框

图78-7 描边后的效果

图78-8 创建选区

图78-9 补充不完整的边角

步骤7 打开“样式”调板，从中选择合适的样式应用到标志上（如图78-10所示），效果如图78-11所示。

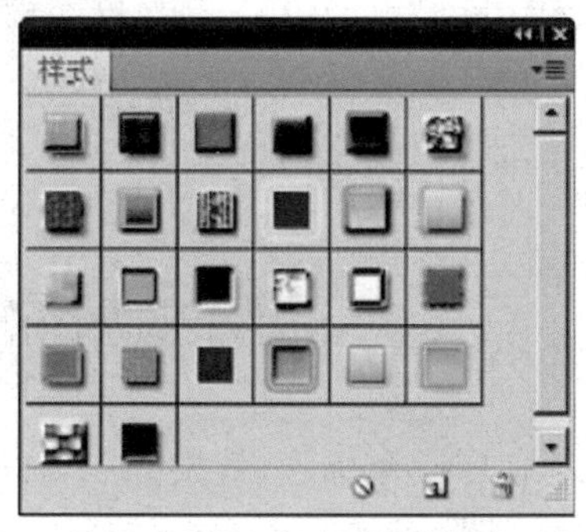
图78-10 “样式”调板

图78-11 标志效果

步骤8 最后输入文字，添加背景图像，效果参见图78-1。

实例79 公司标志（一）

本例制作一个公司标志，效果如图79-1所示。

图79-1 公司标志之一

操作步骤

步骤1 单击“文件”|“新建”命令，新建一幅RGB模式的空白图像。

步骤2 选择工具箱中的横排文字蒙版工具，在图像编辑窗口中输入文字FILA，如图79-2所示。

步骤3 单击“路径”调板底部的“从选区生成工作路径”按钮，将文字选区转换为路径。

步骤4 单击“视图”|“标尺”命令显示标尺，并创建如图79-3所示的参考线。

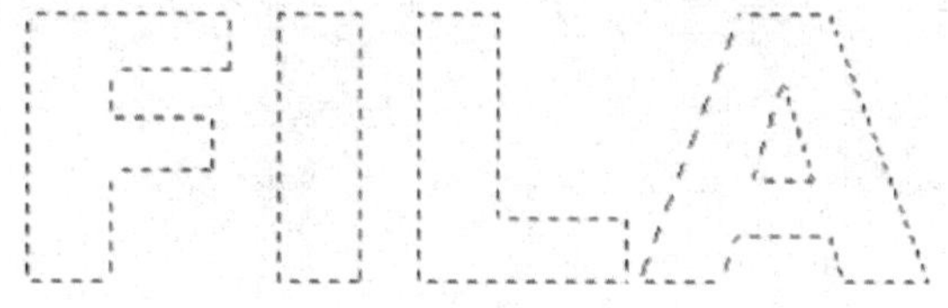
图79-2 创建文字选区

步骤5 利用工具箱中的缩放工具，将图像放大显示。

步骤6 选择工具箱中的钢笔工具，在字母F上添加两个锚点，如图79-4所示。

步骤7 选择工具箱中的直接选择工具，选择字母F上的一段路径，如图79-5所示。

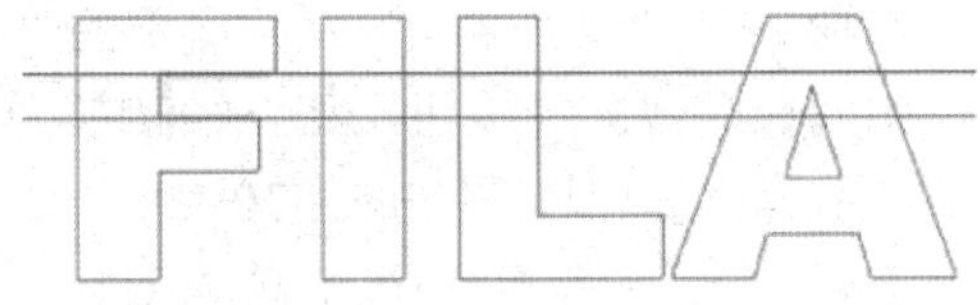

图79-3 创建参考线

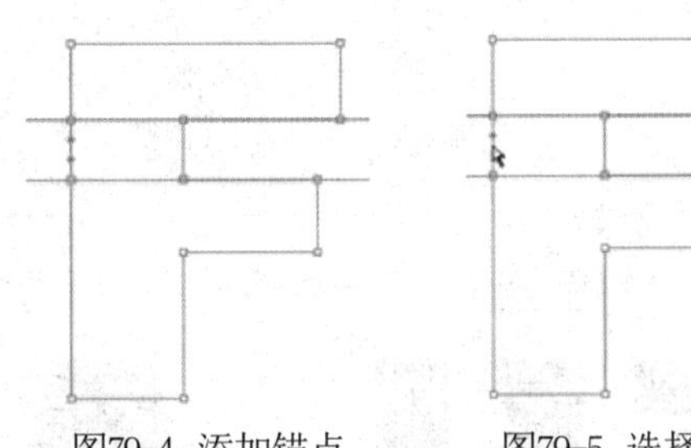

图79-4 添加锚点　　图79-5 选择路径

步骤8 按【Delete】键删除所选择的路径，如图79-6所示。

步骤9 再次利用直接选择工具，将另一段路径删除，如图79-7所示。

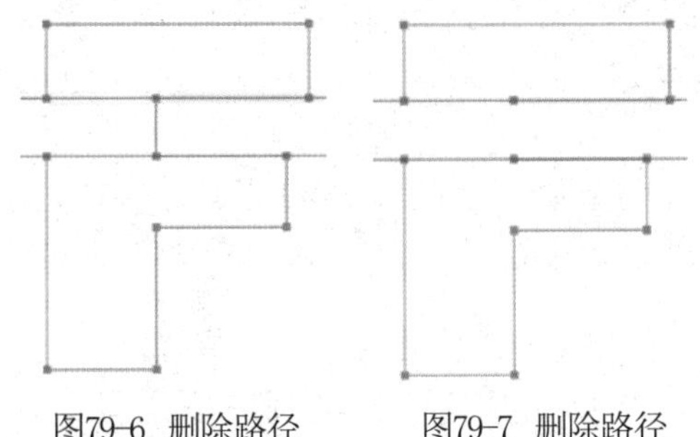

图79-6 删除路径　　图79-7 删除路径

步骤10 选择钢笔工具，单击字母F上的一个锚点，如图79-8所示。

步骤11 单击字母F的另一个锚点，如图79-9所示。

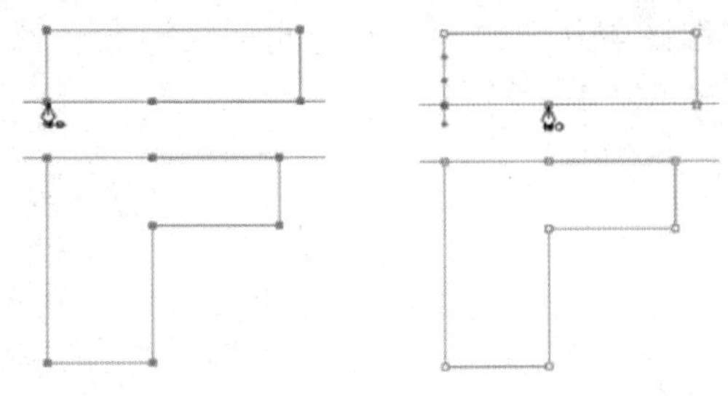

图79-8 单击锚点　　图79-9 单击锚点

步骤12 在这两个锚点之间连接一段路径，如图79-10所示。

步骤13 选择工具箱中的转换点工具，单击字母F上的一个锚点，如图79-11所示。

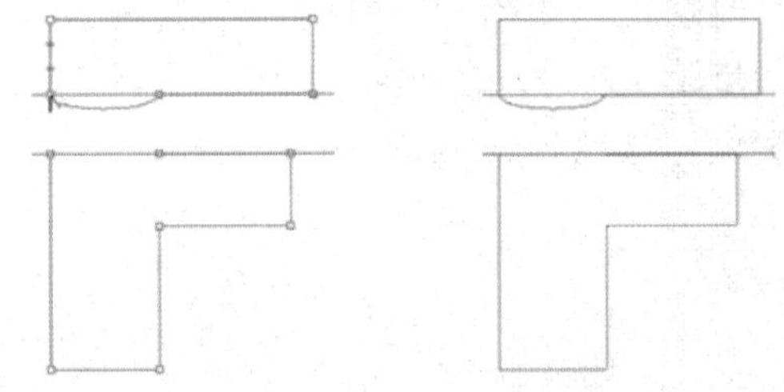

图79-10 连接路径　　图79-11 单击锚点

步骤14 利用转换点工具单击字母F的另一个锚点，效果如图79-12所示。

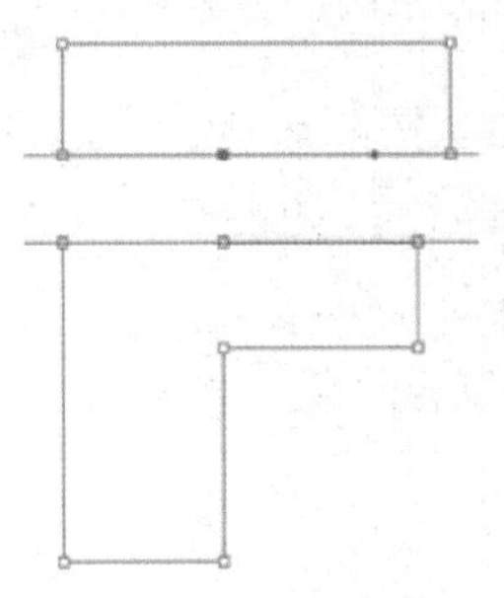

图79-12 转换锚点

步骤15 参照步骤（10）～（14）的方法，完成字母F的制作，如图79-13所示。

步骤16 选择工具箱中的直接选择工具，选择字母A上的一段路径，如图79-14所示。

步骤17 按【Delete】键删除所选路径，如图79-15所示。

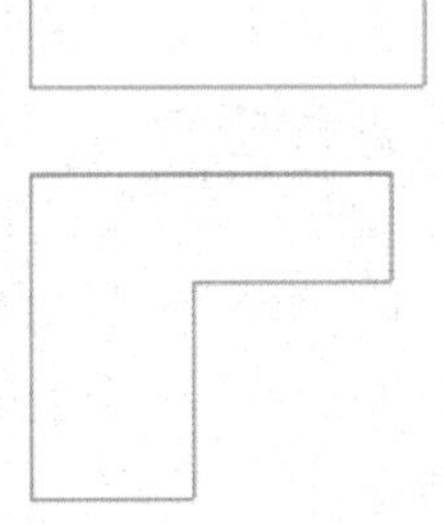

图79-13 完成字母F的制作

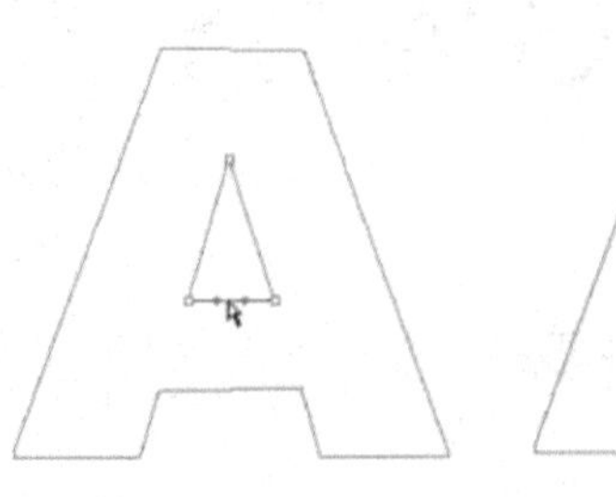

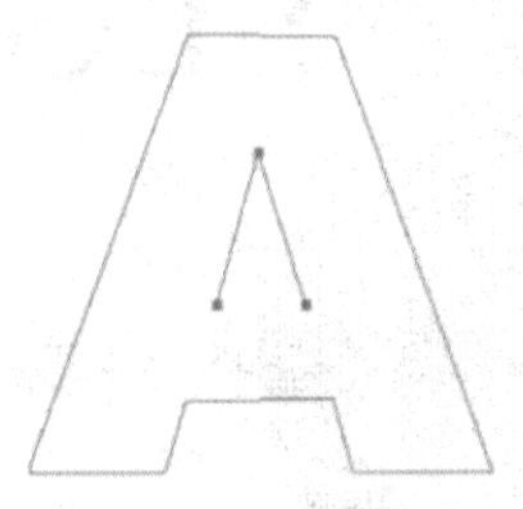

图79-14 选择路径　　图79-15 删除路径

步骤18 参照上述方法，删除字母A的另一段路径，如图79-16所示。

步骤19 按照步骤（10）～（12）的方法，连接路径，如图79-17所示。

图79-16 删除路径　　图79-17 连接路径

步骤20 按照步骤（13）～（14）的方法，调整路径，如图79-18所示。

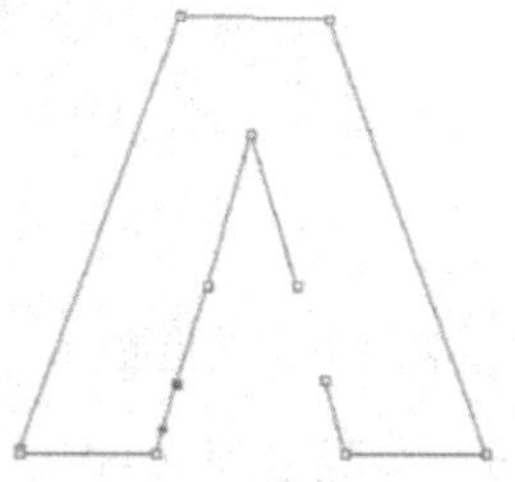

图79-18 调整路径

步骤21 至此完成字母A的制作，效果如图79-19所示。

步骤22 单击“路径”调板底部的“将路径作为选区载入”按钮，将路径转换为选区，并用黑色进行填充（如图79-20所示），然后在“样式”调板中添加样式效果。

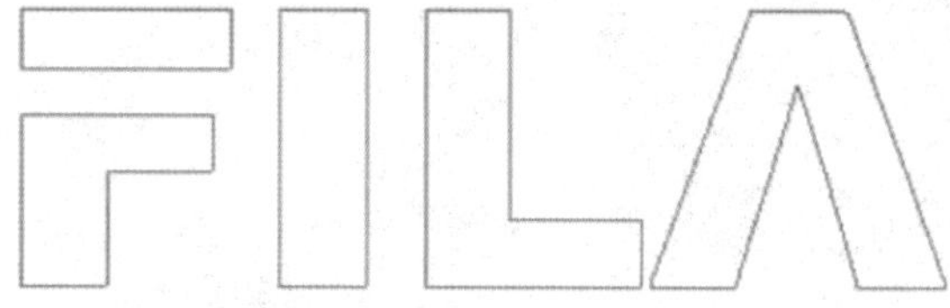

图79-19 完成字母A的制作

图79-20 用黑色进行填充

步骤23 在“样式”调板中选择一种合适的样式应用到图像中，最终效果参见图79-1。

实例80 公司标志（二）

本例制作另一个公司标志，效果如图80-1所示。

图80-1 公司标志之二

操作步骤

步骤1 单击“文件”|“新建”命令，新建一幅RGB模式的空白图像。

步骤2 在“图层”调板中新建“图层1”，选择工具箱中的椭圆选框工具，在图像编辑窗口中创建一个椭圆选区，如图80-2所示。

步骤3 选择工具箱中的渐变工具，打开“渐变编辑器”窗口，从中自定义渐变样式（如图80-3所示），单击“确定”按钮，在选区中从左上角向右下角应用渐变，效果如图80-4所示。

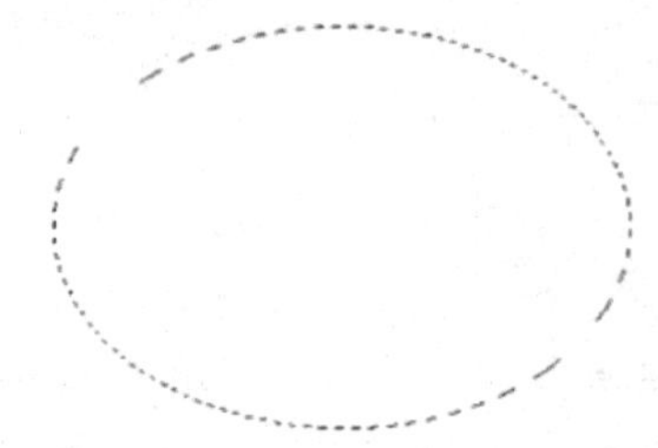

图80-2 创建椭圆选区

步骤4 双击“图层1”，弹出“图层样式”对话框，在其中设置各项参数如图80-5 所示。设置完成后单击“确定”按钮，效果如图80-6 所示。

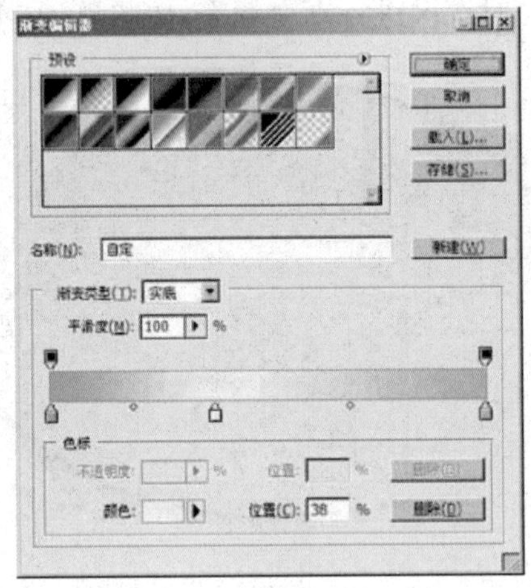

图80-3 “渐变编辑器”窗口

图80-4 渐变填充效果

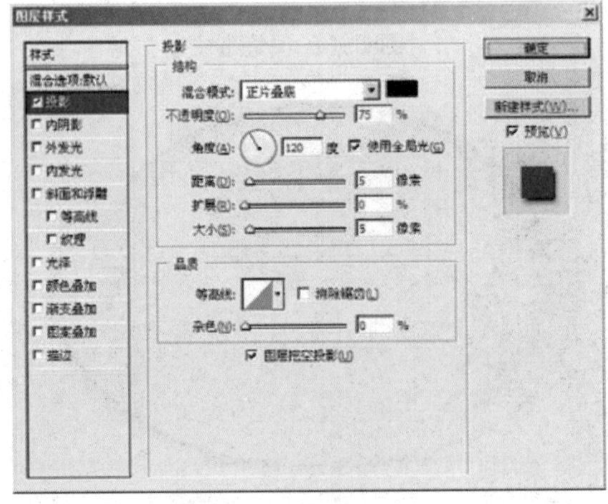

图80-5 设置投影参数

步骤5 单击“选择”|“变换选区”命令，然后在按住【Alt】键的同时用鼠标拖曳控制柄调整选区，如图80-7 所示。

步骤6 新建“图层2”，将前景色设置为深蓝色、背景色设置为淡蓝色，选择工具箱中的渐变工具，在其工具属性栏中选择“前景色到背景色渐变”样式，在选区中从上向下拖曳鼠标应用渐变，如图80-8 所示。

图80-6 添加图层样式后的效果

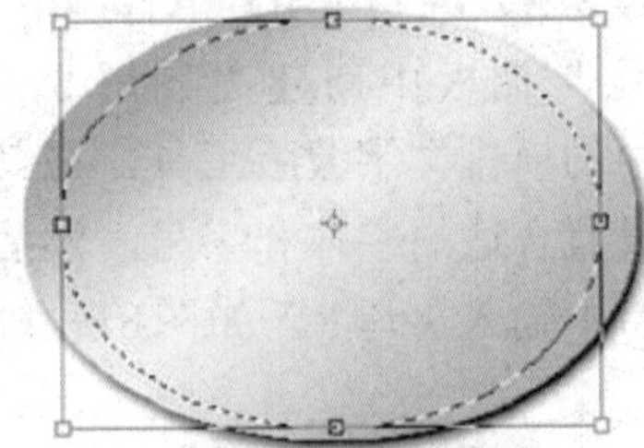

图80-7 变换选区

图80-8 渐变填充选区

步骤7 双击“图层2”，弹出“图层样式”对话框，设置内阴影参数（如图80-9 所示），设置完成后单击“确定”按钮，效果如图80-10 所示。

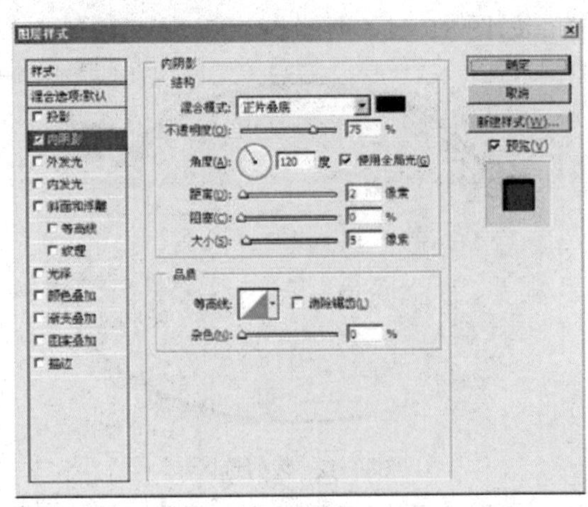

图80-9 设置内阴影参数

图80-10 添加内阴影样式后的效果

步骤8 按【Ctrl+D】组合键取消选区，在“图层”调板中新建“图层3”，选择工具箱中的横排文字蒙版工具，在其工具属性栏中设置合适的字体和字号，然后在图像编辑窗口中输入字母R，如图80-11所示。

图80-11 创建文字选区

步骤9 选择工具箱中的矩形选框工具，按住【Alt】键的同时拖曳鼠标对选区文字进行裁剪处理，如图80-12所示。

步骤10 单击“路径”调板底部的“从选区生成工作路径”按钮，将选区转换为路径，如图80-13所示。

图80-12 裁剪选区

步骤11 利用工具箱中的钢笔工具对路径进行调整，效果如图80-14所示。

步骤12 单击“路径”调板底部的“将路径作为选区载入”按钮，将路径转换为选区，并对选区进行渐变填充，如图80-15所示。

图80-13 将选区转换为路径

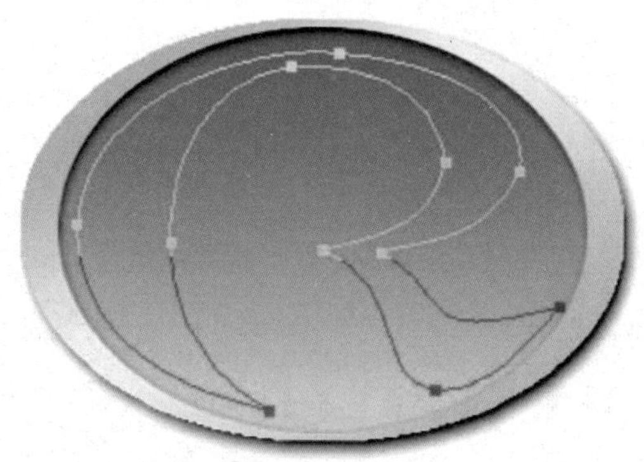
图80-14 调整路径

图80-15 渐变填充

步骤13 按【Ctrl+D】组合键取消选区，双击“图层3”，弹出“图层样式”对话框，设置投影参数（如图80-16所示），设置完成后单击“确定”按钮，标志效果如图80-17所示。

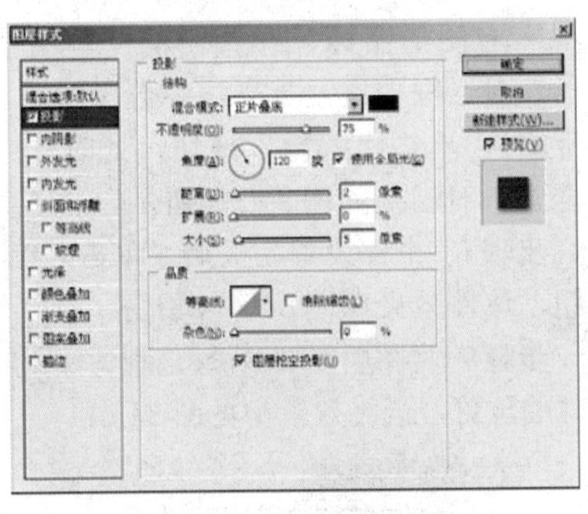

图80-16 设置投影参数

步骤14 最后在标志的下方输入文字，生成最终效果，参见图80-1。

图80-17 标志效果

实例81 珍珠

本例制作珍珠效果，如图81-1所示。

图81-1 珍珠

操作步骤

步骤1 单击“文件”|“打开”命令，打开一幅素材图像，如图81-2所示。

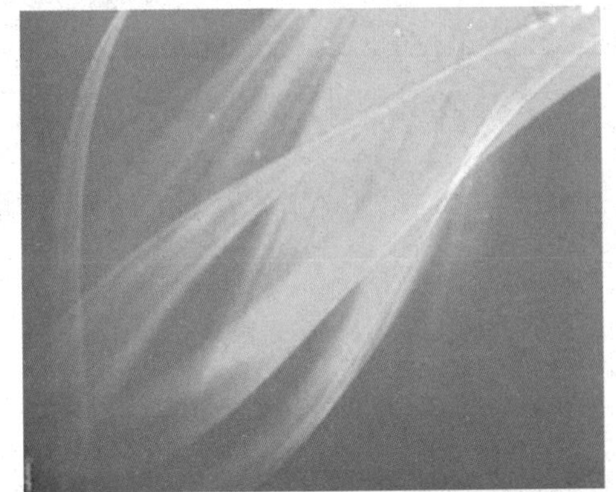

图81-2 素材图像

步骤2 单击“图层”调板底部的“创建新图层”按钮，新建一个“图层1”，选择工具箱中的椭圆选框工具，在其工具属性栏中设置“样式”为“固定大小”，设置“宽度”与“高度”均为24px，如图81-3所示。

图81-3 椭圆选框工具属性栏

步骤3 在图像编辑窗口中创建一个正圆选区，将前景色设置为白色，然后按【Alt+Delete】组合键填充选区，按【Ctrl+D】组合键取消选区，效果如图81-4所示。

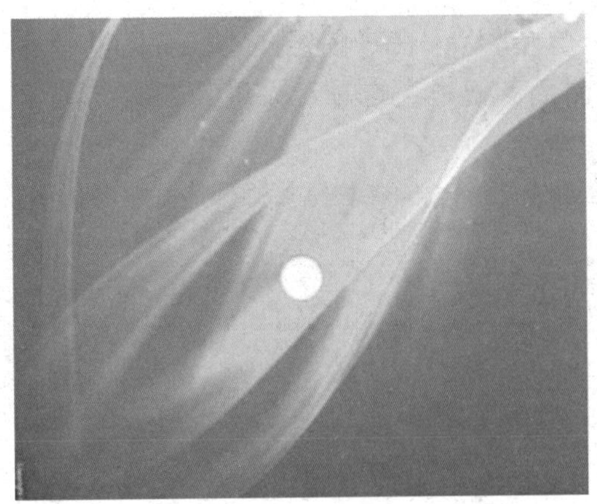

图81-4 填充选区

步骤4 在“图层”调板中双击“图层1”，在弹出的“图层样式”对话框中选择“投影”选项，设置其参数如图81-5所示。

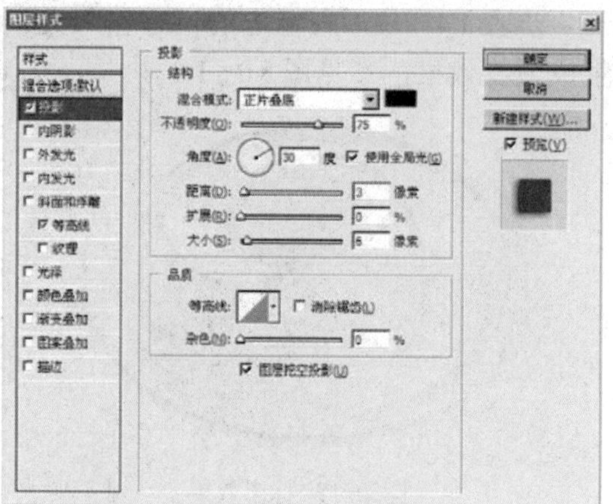

图81-5 设置投影参数

步骤5 在“图层样式”对话框中选择“内发光”选项，设置其参数如图81-6所示。

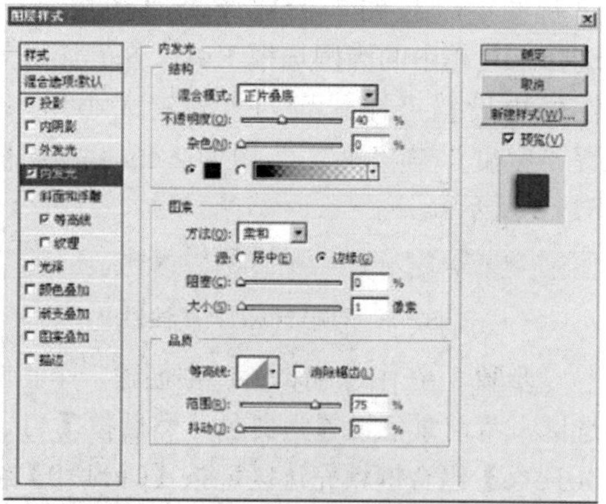

图81-6 设置内发光参数

步骤6 在“图层样式”对话框中选择“斜面和浮雕”选项，设置其参数如图81-7所示。

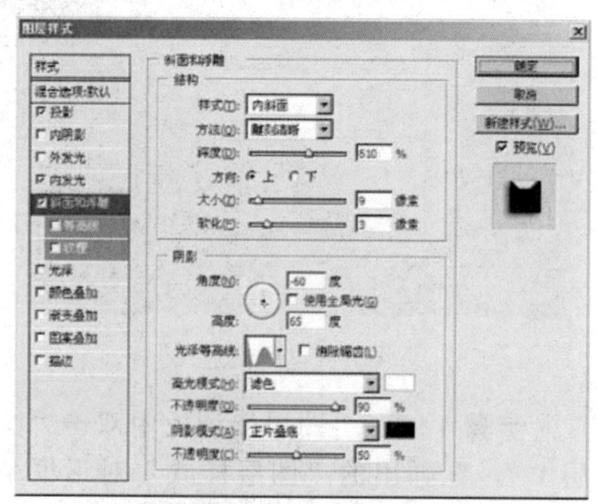

图81-7 设置斜面和浮雕参数

步骤7 选择“等高线”选项，单击“等高线”右侧的图标，在弹出的“等高线编辑器”对话框中设置等高线参数（如图81-8所示），单击“确定”按钮，此时的“图层样式”对话框如图81-9所示。

步骤8 全部设置完成后，单击“确定”按钮，珍珠效果如图81-10所示。

步骤9 将图层复制多份，分别调整图层中珍珠的位置，最终效果参见图81-1。

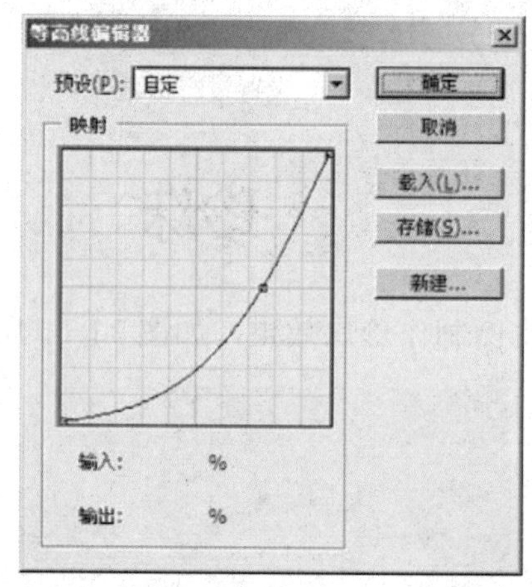

图81-8 “等高线编辑器”对话框

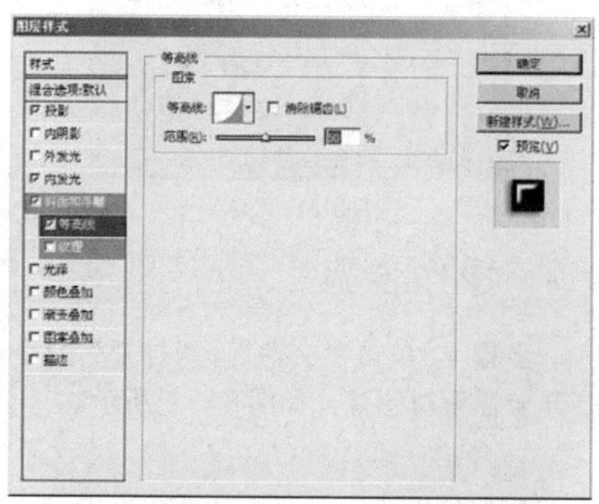

图81-9 设置等高线参数

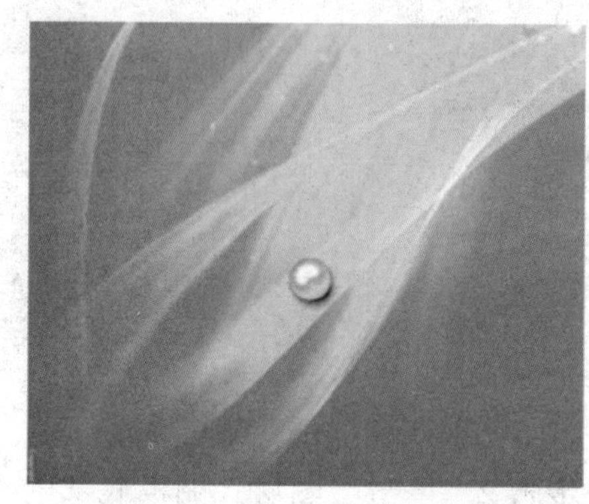

图81-10 珍珠效果

实例82 水果（一）

本例制作苹果，效果如图82-1所示。

图82-1 苹果

操作步骤

步骤1 单击“文件”|“新建”命令，新建一幅RGB模式的空白图像。

步骤2 在“图层”调板中新建“图层1”，选择工具箱中的椭圆选框工具，按住【Shift】键的同时，在图像编辑窗口中创建一个正圆形的选区，如图82-2所示。

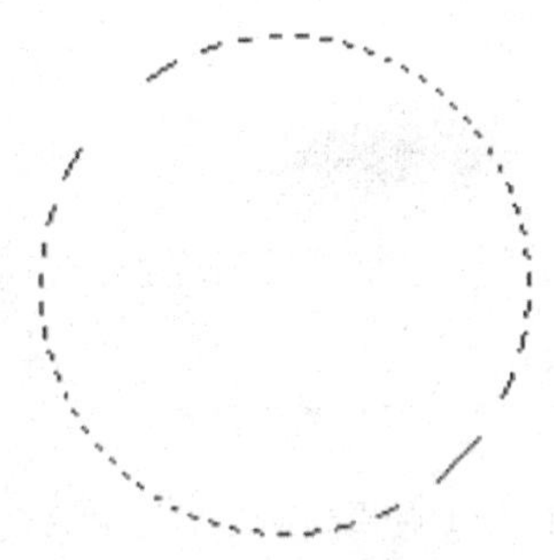

图82-2 创建选区

步骤3 选择工具箱中的渐变工具，单击其工具属性栏中的“点按可编辑渐变”图标，打开“渐变编辑器”窗口，重新编辑渐变样式，如图82-3所示。

步骤4 单击“确定”按钮，在工具属性栏中单击“径向渐变”按钮，将鼠标指针移动到椭圆选区内，从左上角向右下角拖曳鼠标应用渐变（如图82-4所示），渐变填充后的效果如图82-5所示。

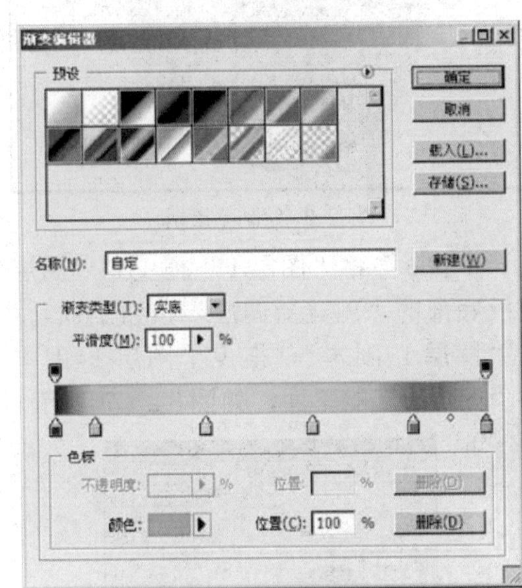

图82-3 编辑渐变

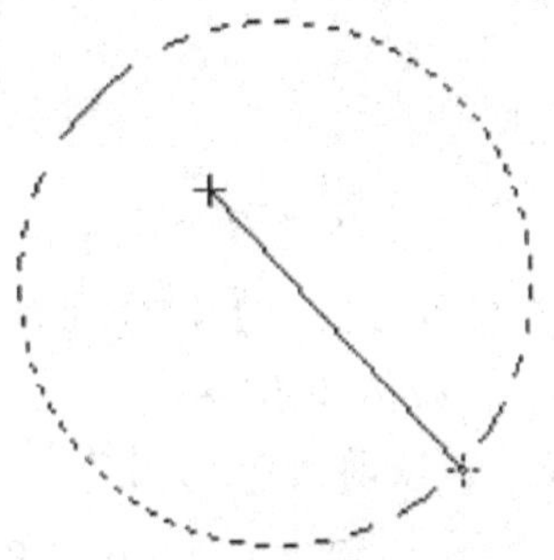

图82-4 应用渐变

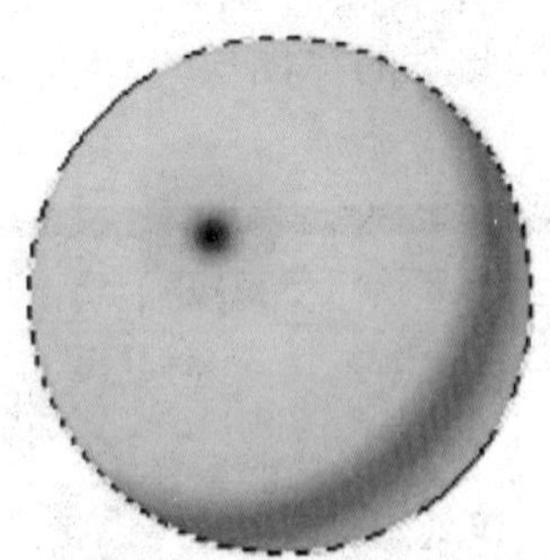

图82-5 渐变填充后的效果

步骤5 选择工具箱中的画笔工具，设置合适的笔刷大小，选择合适的颜色，在苹果上面绘制苹果柄，如图82-6所示。

图82-6 绘制苹果柄

步骤6 将“图层1”拖曳到“图层”调板底部的“创建新图层”按钮上面，生成“图层1 副本”，拖曳“图层1 副本”到“图层1”的下面，如图82-7所示。

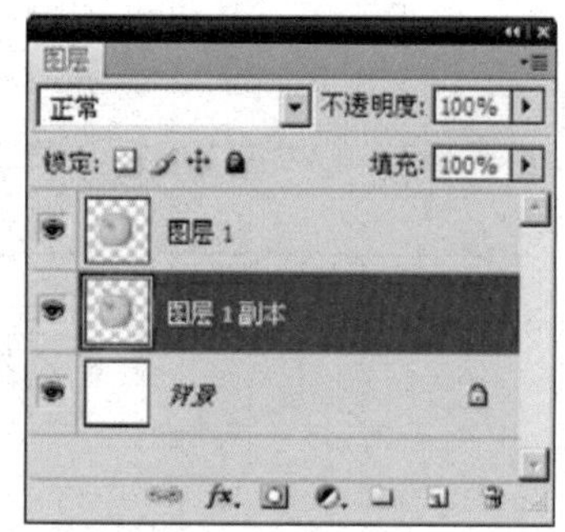

图82-7 移动图层

步骤7 按住【Ctrl】键的同时单击“图层1 副本”，载入其选区。

步骤8 确认前景色为黑色，单击“编辑”|“填充”命令，弹出“填充”对话框，在“使用”下拉列表框中选择“前景色”选项，单击“确定”按钮用黑色填充选区，此时的“图层”调板如图82-8所示。

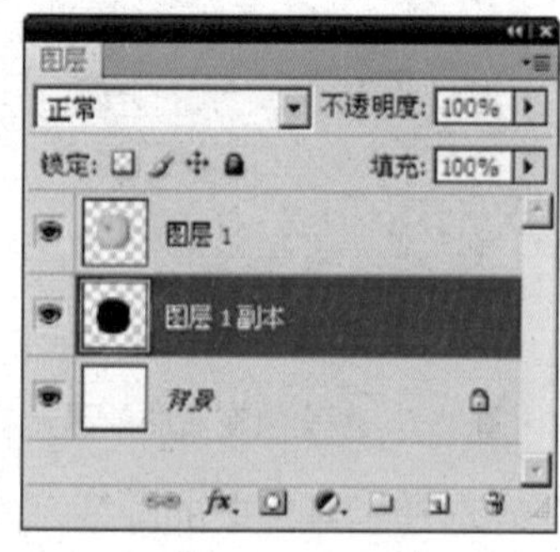

图82-8 图层效果

步骤9 单击“编辑”|“变换”|“缩放”命令，对选区中的图像进行变换操作，并将其向下移动一些距离（如图82-9所示），然后按【Enter】键确认变换操作。

步骤10 单击“滤镜”|“模糊”|“高斯模糊”命令，在打开的“高斯模糊”对话框中设置“半径”为10（如图82-10所示），单击“确定”按钮，苹果效果如图82-11所示。

步骤11 对苹果进行复制，分别调整不同的颜色并添加阴影，效果参见图82-1。

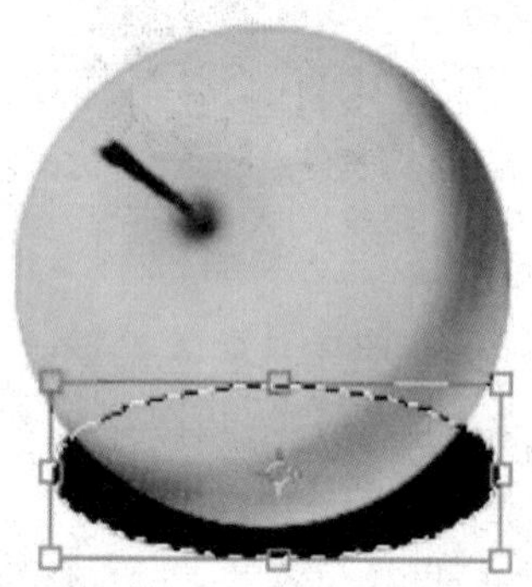
图82-9 变换并移动选区

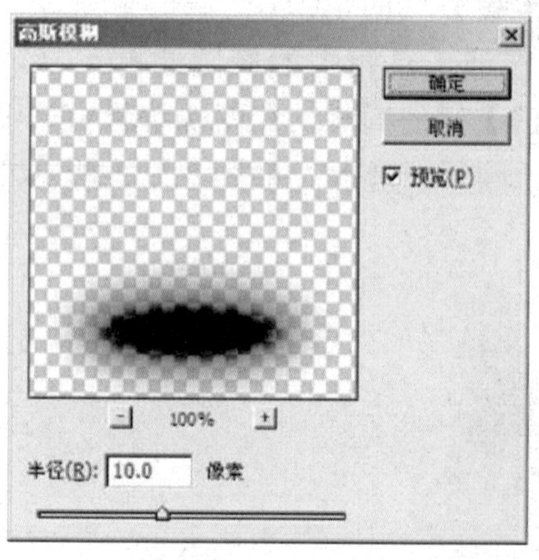

图82-10 “高斯模糊”对话框

图82-11 苹果效果

实例83 水果（二）

本例制作水晶效果的水果，如图83-1所示。

图83-1 水晶水果

操作步骤

步骤1 单击“文件”|“新建”命令，新建一幅RGB模式的空白图像。

步骤2 将前景色设置为蓝色、背景色设置为浅蓝色，选择工具箱中的渐变工具，并选择“从前景色到背景色渐变”样式，在图像编辑窗口中从上向下拖曳鼠标，应用渐变后的效果如图83-2所示。

图83-2 应用渐变

步骤3 单击“图层”调板中的“创建新图层”按钮，新建一个“图层1”，选择工具箱中的椭圆选框工具，在图像编辑窗口中创建一个圆形选区，设置前景色为橙色、背景色为黄色，选择工具箱中的渐变工具，在选区内从上向下拖曳鼠标，应用渐变后的效果如图83-3所示。

步骤4 利用工具箱中的加深和减淡等工具对图像进行修饰，效果如图83-4所示。

图83-3 填充选区

图83-4 图像效果

步骤5 按住【Ctrl】键的同时单击“图层1”，载入其选区，单击“编辑”|“描边”命令，在弹出的“描边”对话框中设置各项参数（如图83-5所示），单击“确定”按钮，效果如图83-6所示。

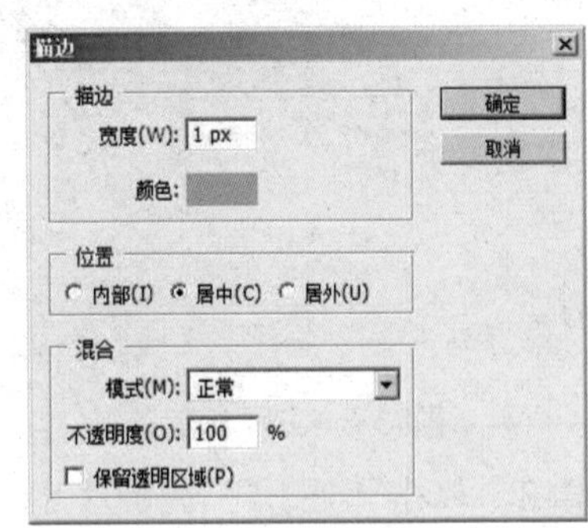

图83-5 “描边”对话框

步骤6 单击“图层”调板底部的“创建新图层”按钮，新建一个“图层2”，选择工具箱中的椭圆选框工具，在图像编辑窗口中创建一个选区，如图83-7所示。

步骤7 将前景色设置为白色，选择工具箱中的渐变工具，在其工具属性栏中选择“前景色到透明渐变”样式，在选区中从上向下拖曳鼠标应用渐变，效果如图83-8所示。

图83-6 描边效果

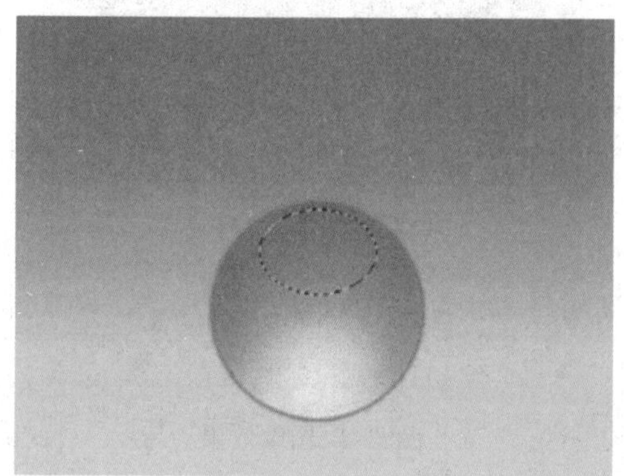

图83-7 创建选区

图83-8 应用渐变

步骤8 单击“图层”调板中的“创建新图层”按钮，新建一个“图层3”，选择工具箱中的钢笔工具，在图像编辑窗口中绘制出叶子形状的路径，如图83-9所示。在“路径”调板中将路径转换为选区，然后将前景色设置为绿色，按【Alt+Delete】组合键填充选区，效果如图83-10所示。

步骤9 按【Ctrl+D】组合键取消选区，利用工具箱中的加深与减淡工具对绘制的叶子路径进行进一步处理，效果如图83-11所示。

图83-9 绘制叶子形状的路径

图83-10 填充选区

图83-11 调整明暗效果

步骤10 单击“图层”调板中的“创建新图层”按钮，新建一个“图层4”，选择工具箱中的钢笔工具，在图像上绘制出果柄形状的路径，并将其转换为选区进行填充，效果如图83-12所示。

步骤11 选择工具箱中的相应工具，对绘制的果柄路径进行进一步处理，效果如图83-13所示。

图83-12 绘制果柄形状的路径

图83-13 果柄效果

步骤12 单击背景图层，使其成为当前图层，单击“图层”调板底部的“创建新图层”按钮，在背景图层上面新建一个“图层5”，选择工具箱中的画笔工具，在水果的下方制作阴影效果，如图83-14所示。

步骤13 在图像中输入文字，最终效果参见图83-1。

图83-14 制作阴影效果

实例84 皇冠

本例制作3D皇冠，效果如图84-1所示。

图84-1 3D皇冠

操作步骤

步骤1 单击“文件”|“新建”命令，新建一幅RGB模式的空白图像。

步骤2 设置背景颜色为红色，选择工具箱中的自定形状工具，在其工具属性栏中的“形状”下拉列表框中选择相应图形，按住【Shift】键在图像编辑窗口中绘制形状，如图84-2所示。

图84-2 绘制形状

步骤3 在形状图层上面单击鼠标右键，在弹出的快捷菜单中选择“栅格化图层”选项，将形状图层栅格化。

步骤4 单击“图层”调板下方的“添加图层样式”按钮，在弹出的快捷菜单中选择“斜面和浮雕”选项，然后在弹出的“图层样式”对话框中设置各项参数（如图84-3所示），单击“确定”按钮，效果如图84-4所示。

步骤5 按住【Ctrl+Alt】组合键的同时

交替按方向键，向右、向下各18次，生成如图84-5所示的效果。

步骤6 最后为图像添加背景，最终效果如图84-1所示。

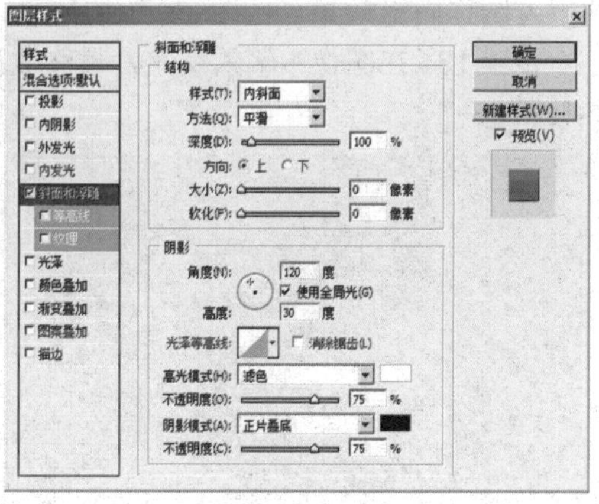

图84-3 设置斜面和浮雕参数

图84-4 添加图层样式后的效果

图84-5 皇冠效果

实例85 卷烟

本例制作卷烟效果，如图85-1所示。

图85-1 卷烟

操作步骤

步骤1 单击“文件”|“新建”命令，新建一幅RGB模式的空白图像。

步骤2 单击“图层”调板底部的“创建新图层”按钮，新建一个“图层1”。

步骤3 选择工具箱中的矩形选框工具，在图像编辑窗口中创建一个矩形选区，设置前景色为黄色（RGB参数值分别为247、170、90），按【Alt+Delete】组合键填充选区，如图85-2所示。

图85-2 创建矩形选区

步骤4 单击“滤镜”|“杂色”|“添加杂色”命令，在打开的“添加杂色”对话框中设置“数量”为5，选中“平均分布”单选按钮和“单色”复选框（如图85-3所示），单击“确定”按钮，效果如图85-4所示。

步骤5 新建“图层2”，设置前景色为亮黄色（RGB参数值分别为246、218、127），在“画笔”调板中选择一种笔尖的形状（如图85-5所示），在图像编辑窗口中绘制图形，效果如图85-6所示。

步骤6 新建一个“图层3”，选择工具箱中的矩形选框工具，在图像的右侧创建一个矩形选区，并将其填充为白色，如图85-7所示。

步骤7 单击“滤镜”|“素描”|“便条纸”命令，在打开的“便条纸”对话框

中设置各项参数（如图85-8 所示），单击“确定”按钮，效果如图85-9 所示。

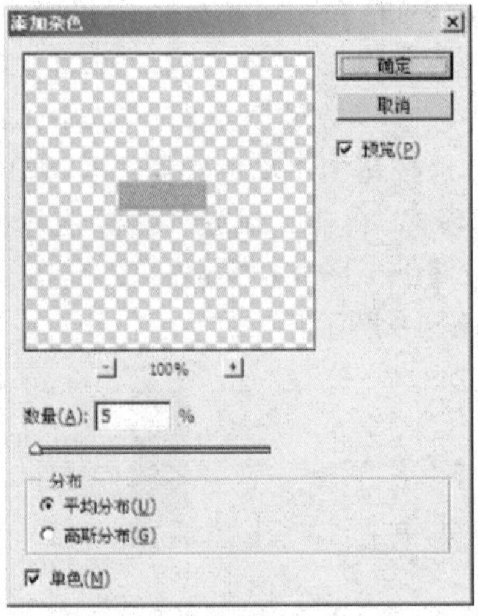

图85-3 “添加杂色”对话框

图85-4 “添加杂色”滤镜效果

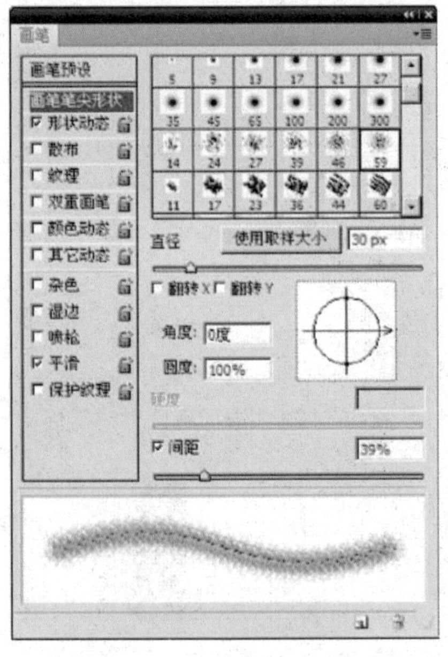

图85-5 “画笔”调板

图85-6 绘制后的图像

图85-7 创建选区

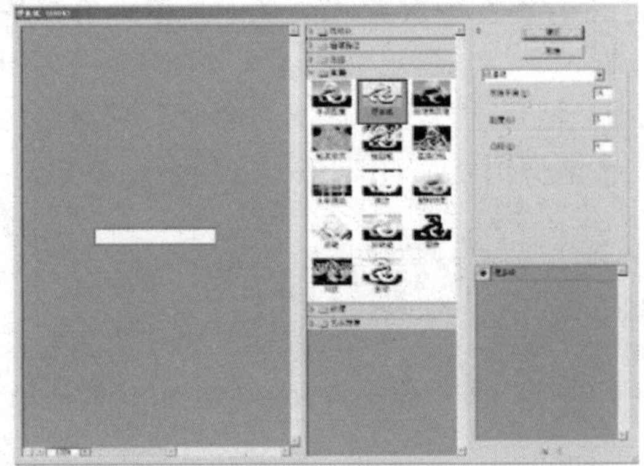

图85-8 “便条纸”对话框

图85-9 “便条纸”滤镜效果

步骤8 新建一个“图层4”，选择工具箱中的渐变工具，并在其工具属性栏中单击“点按可编辑渐变”图标，在打开的“渐变编辑器”窗口中编辑渐变样式（如图85-10 所示），单击“确定”按钮关闭窗口，然后单击“线性渐变”按钮，在选区中从上到下拖动鼠标填充渐变色，按【Ctrl+D】组合键取消选区，效果如图85-11 所示。

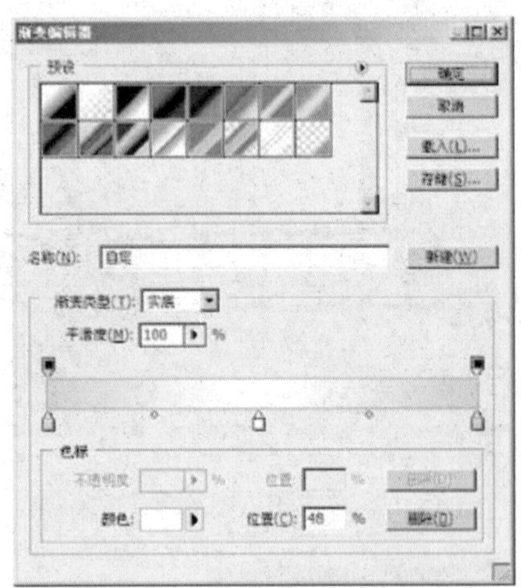

图85-10 “渐变编辑器”窗口

图85-11 应用渐变后的效果

步骤9 在“图层”调板中设置“图层3”的“不透明度”为80%，使卷烟的纹理更自然。

步骤10 在“图层4”上面新建“图层

5”，并将图像放大，选择工具箱中的矩形选框工具，创建矩形选区（如图85-12所示），然后选择工具箱中的渐变工具对选区进行渐变填充，如图85-13所示。

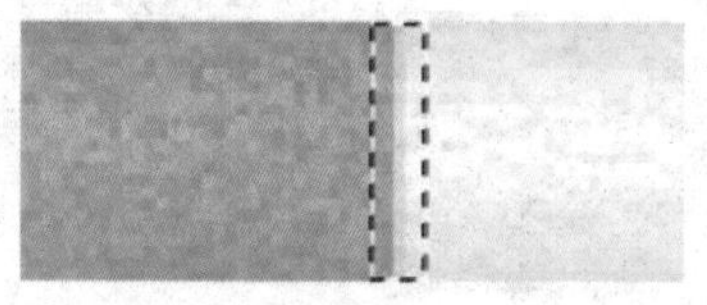

图85-12 创建选区

图85-13 填充选区

步骤11 单击“图像”|“调整”|“色相/饱和度”命令，在打开的“色相/饱和度”对话框中设置各项参数（如图85-14所示），单击“确定”按钮，然后按【Ctrl+D】组合键取消选区，效果如图85-15所示。

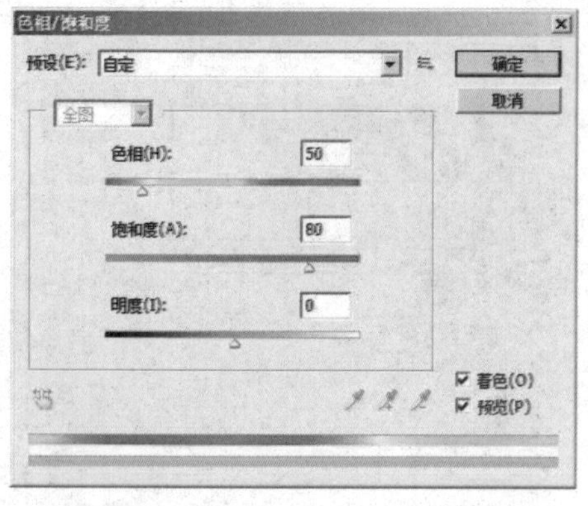

图85-14 “色相/饱和度”对话框

图85-15 调整“色相/饱和度”后的效果

步骤12 在“图层4”上面创建“图层6”，选择工具箱中的矩形选框工具，在卷烟的最右侧创建矩形选区，设置前景颜色为棕色（RGB参数值分别为150、96、55），按【Ctrl+Delete】组合键填充选区，如图85-16所示。

步骤13 单击“滤镜”|“杂色”|“添加杂色”命令，在打开的“添加杂色”对话框中设置“数量”为25，选中“高斯分布”单选按钮和“单色”复选框（如图85-17所示），单击“确定”按钮应用杂色滤镜，按【Ctrl+D】组合键取消选区，效果如图85-18所示。

图85-16 填充选区

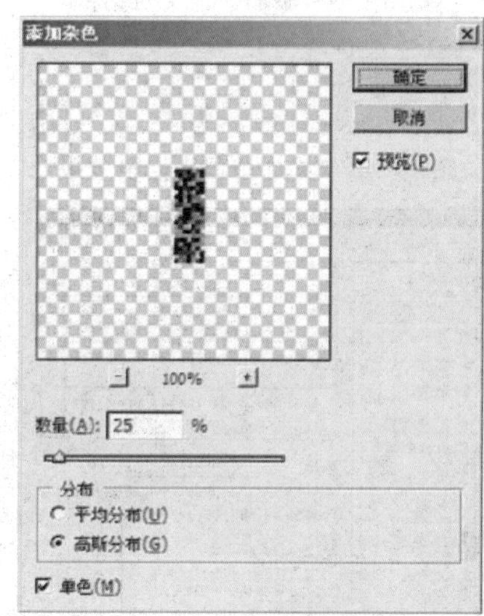

图85-17 “添加杂色”对话框

图85-18 “添加杂色”滤镜效果

步骤14 选择工具箱中的套索工具，在图像编辑窗口中创建如图85-19所示的选区，并按【Delete】键删除选区中的内容，效果如图85-20所示，

步骤15 按【Ctrl+D】组合键取消选区，选择工具箱中的横排文字工具，在其工具属性栏中设置合适的字体、字号及颜色，

在图像编辑窗口中输入文字“中华”，然后对文字进行调整，再将文字图层栅格化，如图85-21所示。

图85-19 创建选区

图85-20 删除选区中的内容

图85-21 输入文字

步骤16 将“图层6”、“图层5”、“图层4”、“图层3”、“图层2”以及“图层1”进行合并，然后将合并后的图层命名为“中华”。

步骤17 在“中华”图层上面双击鼠标左键，在弹出的“图层样式”对话框中选择“投影”选项，设置相应参数（如图85-22所示），单击“确定”按钮，效果如图85-23所示。

步骤18 将卷烟复制多个并分别调整其位置，打开一幅素材图像为卷烟添加背景，效果参见图85-1。

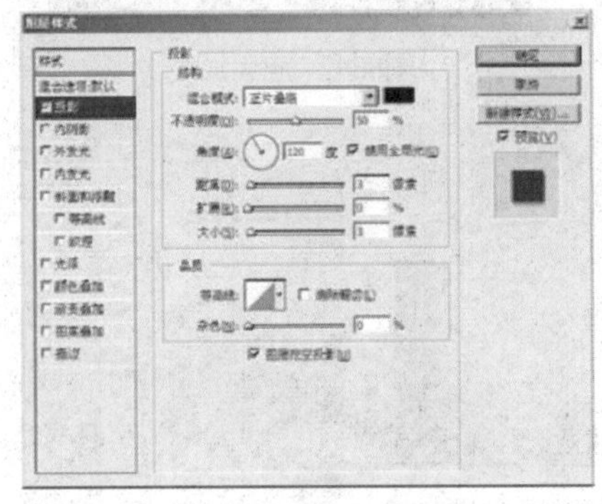

图85-22 设置投影参数

图85-23 投影效果

实例86 高尔夫球

本例制作高尔夫球，效果如图86-1所示。

图86-1 高尔夫球

操作步骤

步骤1 单击“文件”|“新建”命令，新建一幅RGB模式的空白图像。

步骤2 单击“图层”调板中的“创建新图层”按钮，新建一个“图层1”

步骤3 选择工具箱中的渐变工具，在其工具属性栏中单击“径向渐变”按钮，选中“反向”复选框，在图像编辑窗口中从左上向右下应用渐变，如图86-2所示。

步骤4 单击“滤镜”|“按钮”|“玻璃”命令，在弹出的“玻璃”对话框中设置相应参数（如图86-3所示），单击“确定”按钮，效果如图86-4所示。

步骤5 选择工具箱中的椭圆选框工具，按住【Shift】键的同时在图像中拖曳鼠标，创建一个正圆形的选区，如图 86-5 所示。

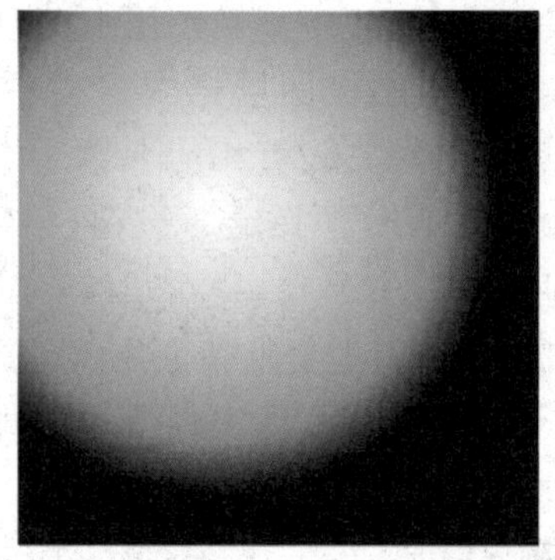

图86-2 应用渐变

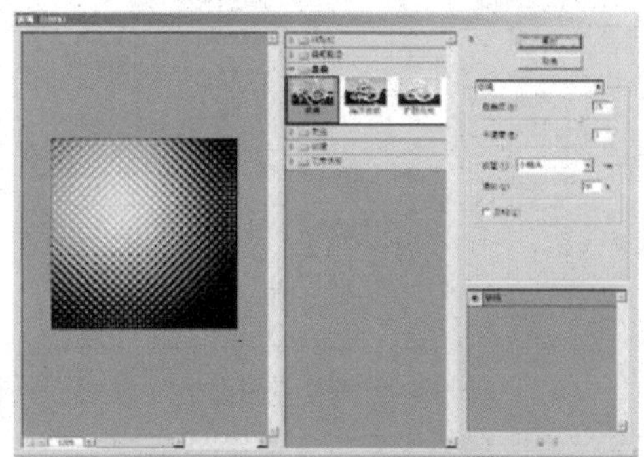

图 86-3 “玻璃”对话框

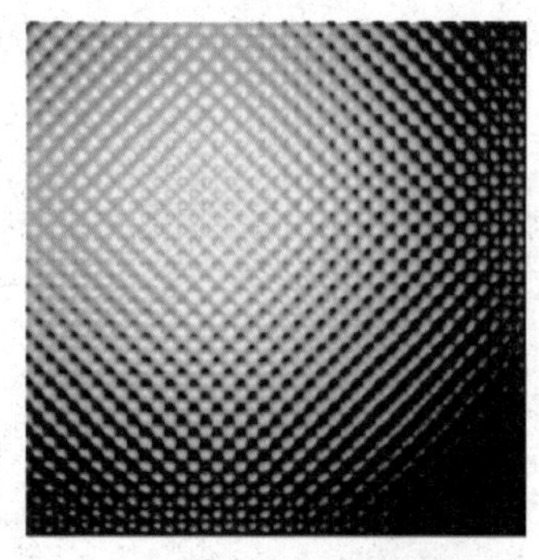

图 86-4 “玻璃”滤镜效果

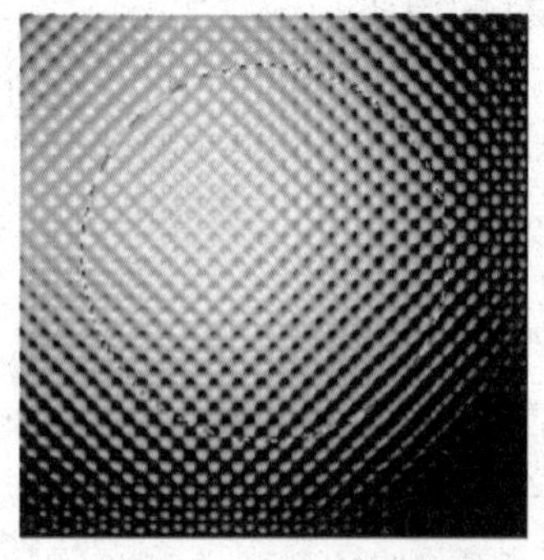

图86-5 创建选区

步骤 6 按【Ctrl+Shift+I】组合键反选选区，按【Delete】键删除选区中的内容，如图 86-6 所示。

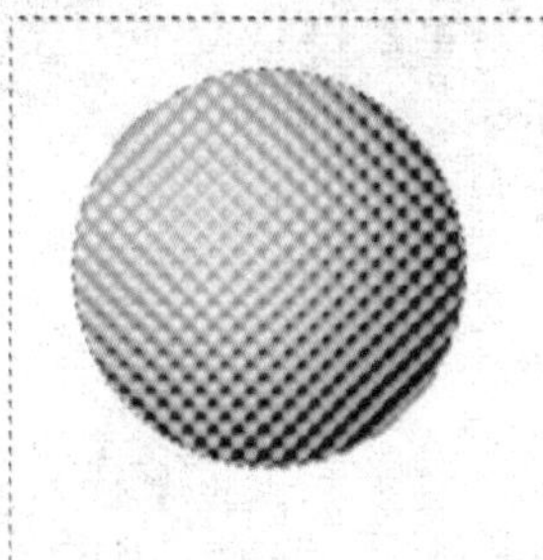

图86-6 反选选区并删除其中的内容

步骤 7 按【Ctrl+Shift+I】组合键反选选区，单击“滤镜”|“扭曲”|“球面化”命令，在弹出的“球面化”对话框中设置“数量”为 90、“模式”为“正常”，如图 86-7 所示。设置完成后单击“确定”按钮，按【Ctrl+D】组合键取消选区，效果如图 86-8 所示。

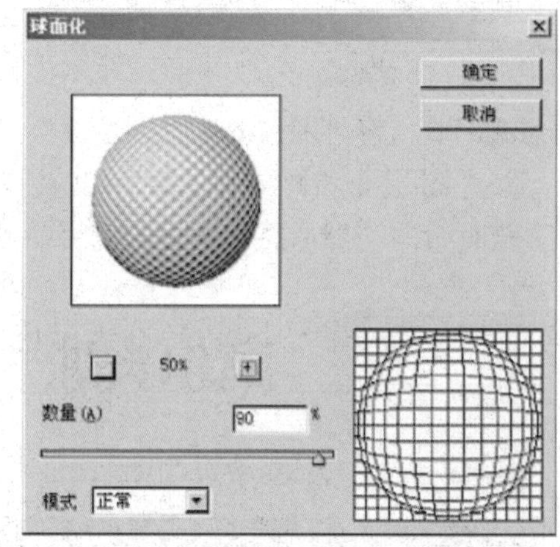

图 86-7 “球面化”对话框

图 86-8 “球面化”滤镜效果

步骤 8 单击“图像”|“调整”|“亮度/对比度”命令，在弹出的“亮度/对比度”对话框中设置“亮度”为 40、“对比度”为 20（如图 86-9 所示），单击“确定”按钮，效果如图 86-10 所示。

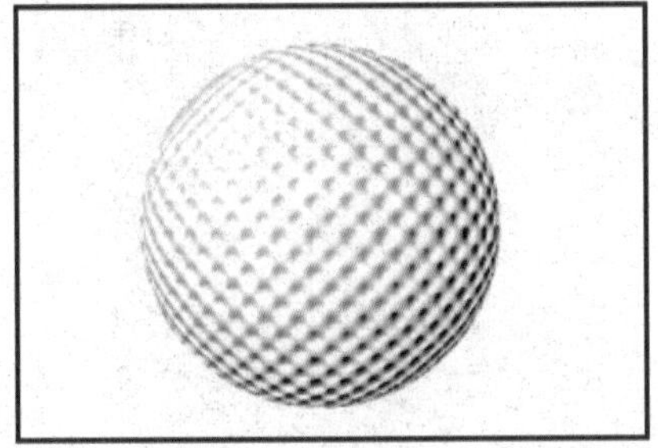

图 86-9 “亮度 / 对比度”对话框

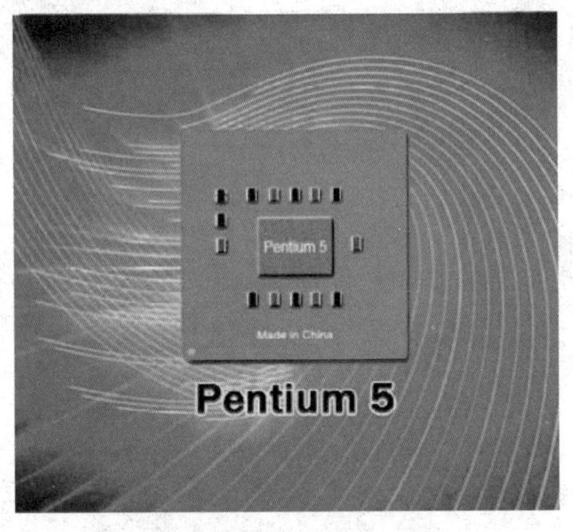

图 86-10 调整“亮度 / 对比度”后的效果

步骤 9 单击背景图层，将其设为当前图层，单击“图层”调板中的“创建新图层”按钮，在背景图层上面新建一个“图层 2”。

步骤 10 选择工具箱中的画笔工具，为高尔夫球制作光照下的阴影效果，如图 86-11 所示。

图86-11 制作阴影

步骤 11 打开一幅素材图像，为高尔夫球添加背景，效果如图 86-1 所示。

实例 87 CPU

本例制作 CPU，效果如图 87-1 所示。

图87-1 CPU

操作步骤

步骤 1 单击“文件”|“新建”命令，新建一幅 RGB 模式的空白图像。

步骤 2 选择工具箱中矩形选框工具，按住【Shift】键的同时在图像编辑窗口中拖曳鼠标，创建一个正方形选区，并用紫色进行填充（RGB 参数值分别为 126、112、141），如图 87-2 所示。

步骤 3 单击“图层”调板底部的“创建新图层”按钮，新建“图层 2”，选择工具箱中的矩形选框工具，在图像编辑窗口中创建一个长方形选区，并用绿色（RGB 参数值分别为 97、118、100）进行填充，如图 87-3 所示。

图87-2 绘制正方形

图87-3 绘制长方形

步骤 4 在“图层”调板中双击“图层 2”，在弹出的“图层样式”对话框中选择“斜面与浮雕”选项，并在右侧的选项区中设置“样式”为“外斜面”、“大小”为 3（如图 87-4 所示），设置完成后单击“确定”按钮，效果图 87-5 所示。

步骤 5 单击“图层”调板底部的“创建新图层”按钮，新建“图层 3”，选择工具箱中的矩形选框工具，在图像编辑窗口中拖曳鼠标，创建一个高11像素、宽6像素的矩形选区，并用紫色（RGB参数值分别为97、118、100）填充，然后在矩形的两边各创建出一个高11像素、宽1像素的矩形选区，用白色进行填充（如图87-6所示），并将其命名为“电阻”。

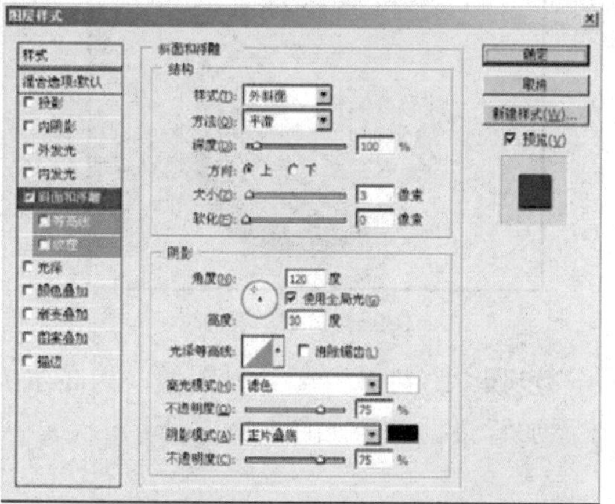

图87-4 “图层样式”对话框

图87-5 添加图层样式后的效果

步骤6 重复步骤5，创建出另一个“电阻”，注意将填充颜色RGB参数值设置为131、112、82，如图87-7所示。

步骤7 将“图层3”与“图层4”中的图形复制，生成若干个“电阻”，将其排列在绿色矩形的周围（如图87-8所示），然后将“图层3”与“图层4”合并。

图87-6 创建并填充选区

图87-7 创建并填充选区

步骤8 在“图层”调板中双击合并后的图层，在弹出的“图层样式”对话框中选择“斜面和浮雕”选项，在右侧的选项区中设置“样式”为“外斜面”、“大小”为2、“软化”为2（如图87-9所示），效果如图87-10所示。

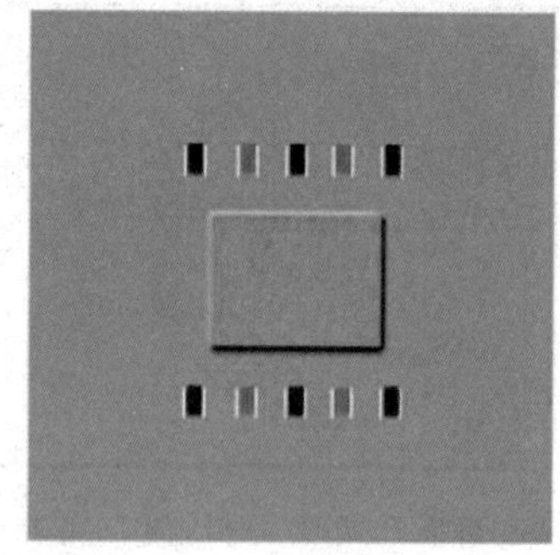

图87-8 复制并排列“电阻”

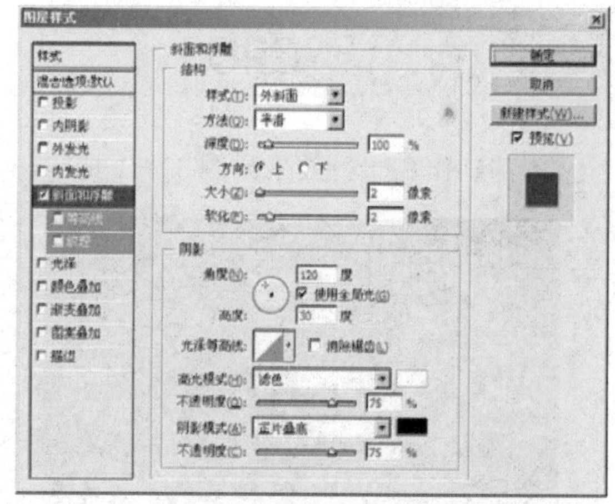

图87-9 “图层样式”对话框

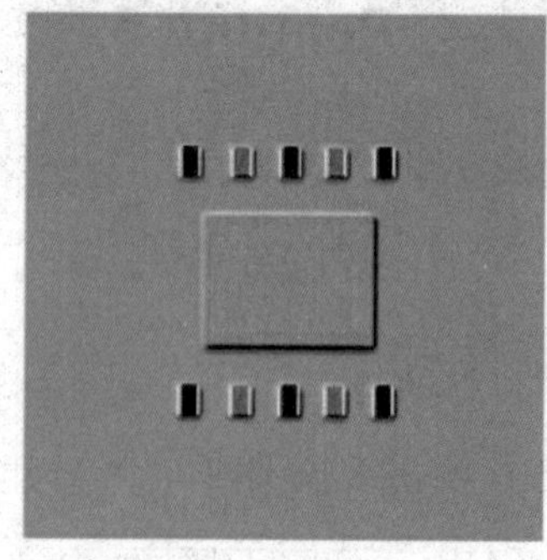

图87-10 添加图层样式后的效果

步骤9 新建一个图层，在图像编辑窗口中创建一个长12像素、宽6像素的长方形选区，将其用黑色填充； 再次新建一个图层，放在上一个图层的下面；然后创建一个长10

像素、宽 2 像素的长方形选区，用白色进行填充，如图 87-11 所示。

步骤 10 将步骤 9 中创建的两个图层合并，调整图形到左侧位置，然后将该图形复制，并调整其位置。双击该图层，在弹出的“图层样式”对话框中选择“斜面和浮雕”选项，设置“样式”为“外斜面”、“大小”为 2 、“软化”为 2 ，单击“确定”按钮。在合适的地方再添加一些“电阻”，效果如图 87-12 所示。

图87-11 创建并填充选区

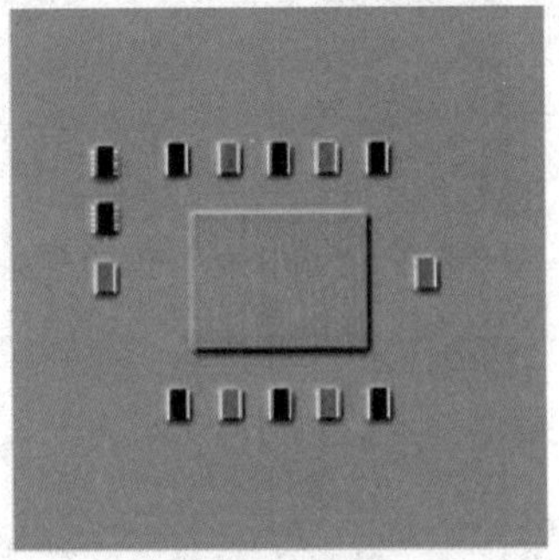

图 87-12 复制并排列“电阻”

步骤 11 选择工具箱中的横排文字工具，在其属性栏中设置合适的字体、字号及颜色，在图像编辑窗口中输入文字，如图 87-13 所示。

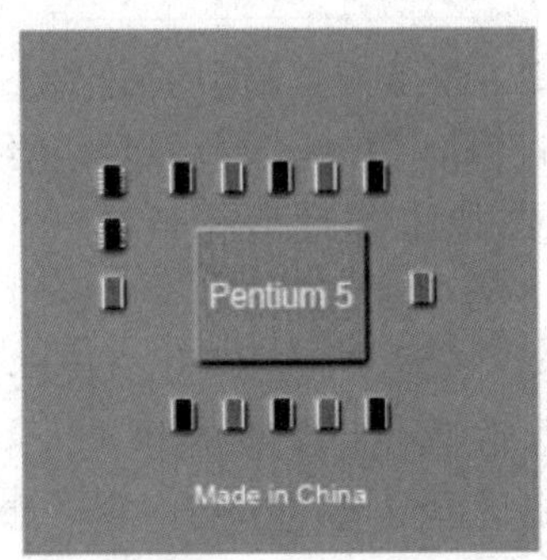

图87-13 输入文字

步骤 12 确认“图层 1”为当前图层，选择工具箱中的套索工具，在图像的四个角上面绘制选区并删除其中内容，制作出圆角效果，然后在左下角用绘图工具绘制出一个圆点，效果如图 87-14 所示。

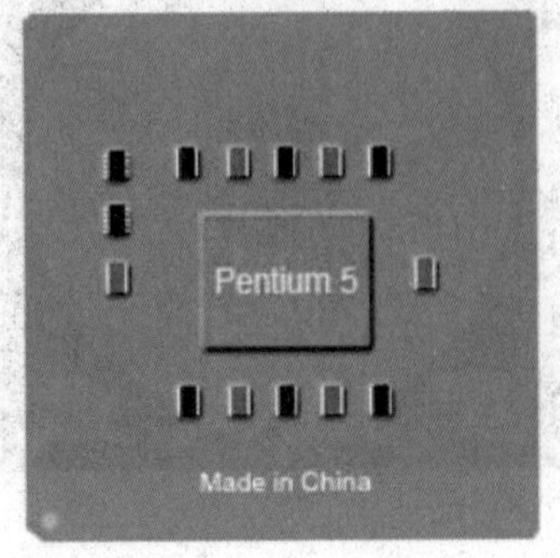

图87-14 制作圆角

步骤 13 双击“图层 1”，在弹出的“图层样式”对话框中选择“投影”选项，并保持默认设置（如图 87-15 所示），单击“确定”按钮，最终效果如图 87-16 所示。

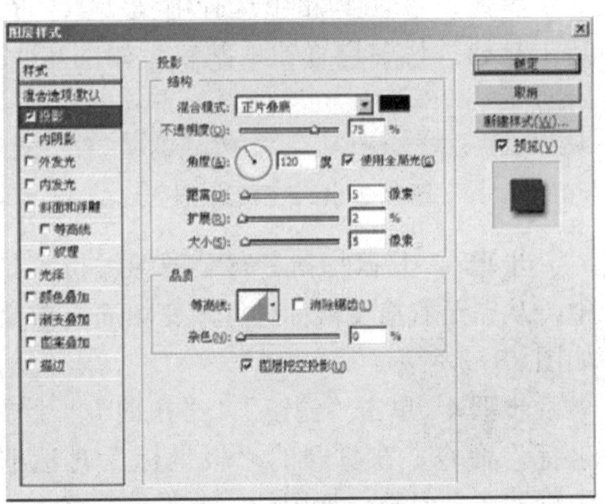

图 87-15 “图层样式”对话框

图87-16 最终效果

经典实录 228 例

实例88 光盘（一）

本例制作光盘，效果如图88-1 所示。

图88-1 光盘之一

操作步骤

步骤1 单击“文件”|“新建”命令，创建一幅空白图像，并设置前景色为白色、背景色为黑色。

步骤2 在工具箱中选择渐变工具，在其工具属性栏中设置各项参数，如图88-2 所示。

图88-2 渐变工具属性栏

步骤3 将鼠标指针移至图像编辑窗口中，从左至右拖曳鼠标进行渐变填充，效果如图88-3 所示。

步骤4 单击“滤镜”|“扭曲”|“极坐标”命令，在打开的“极坐标”对话框中设置各项参数，如图88-4 所示。

图88-3 渐变填充

步骤5 单击“确定”按钮，效果如图88-5 所示。

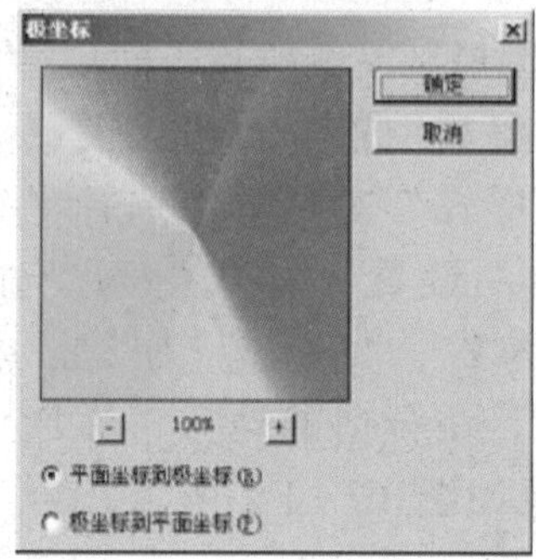

图88-4 “极坐标”对话框

步骤6 单击“视图”|“标尺”命令显示标尺，然后分别创建两条横向和纵向的参考线，如图88-6 所示。

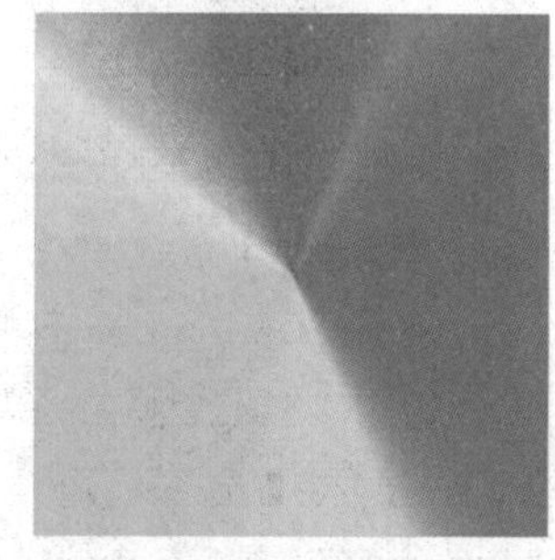

图88-5 “极坐标”滤镜效果

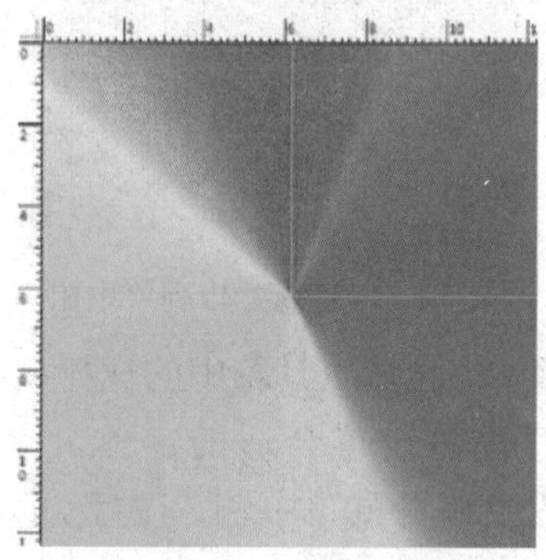

图88-6 创建参考线

步骤7 选择工具箱中的椭圆选框工具，按住【Shift+Alt】组合键，以参考线中心为起点，在图像上拖曳鼠标创建一个圆形选区，如图88-7 所示。

步骤8 单击“选择”|“反向”命令，选中光盘选区范围外的区域，然后按【Delete】键删除选区中的内容（如图88-8 所示），单击“选择”|“取消选择”命令取消选区。

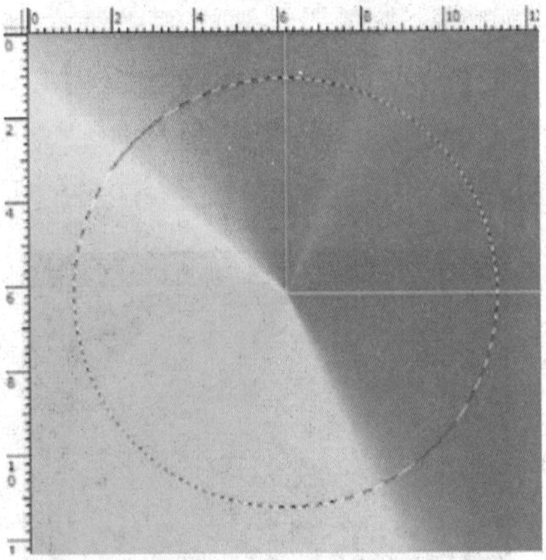

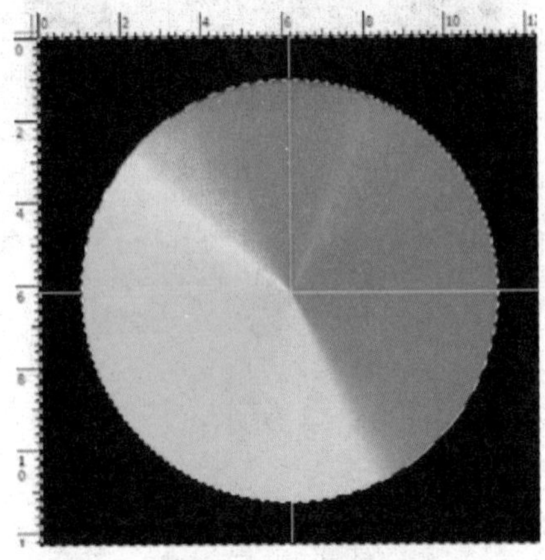

图88-7 创建选区

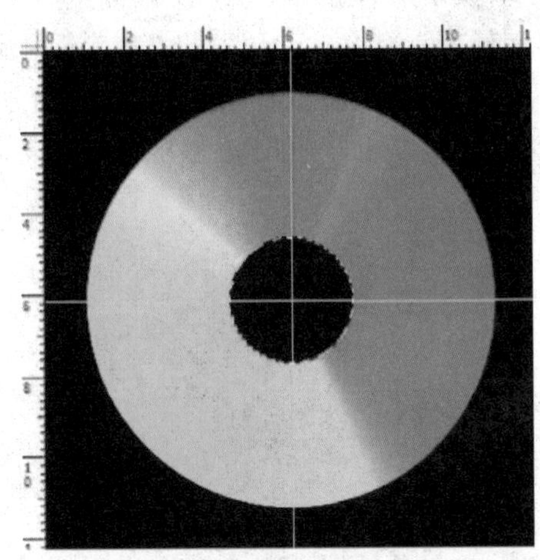

图88-8 反选选区并删除其中内容

步骤9 以参考线中心为起点，在图像上创建一个小圆形选区，按【Delete】键删除选区中的内容，如图88-9所示。

步骤10 隐藏标尺和参考线，在“图层”调板中新建“图层1”，单击“编辑”|“描边”命令，在打开的“描边”对话框中设置相应参数，如图88-10所示。

图88-9 删除选区中的内容

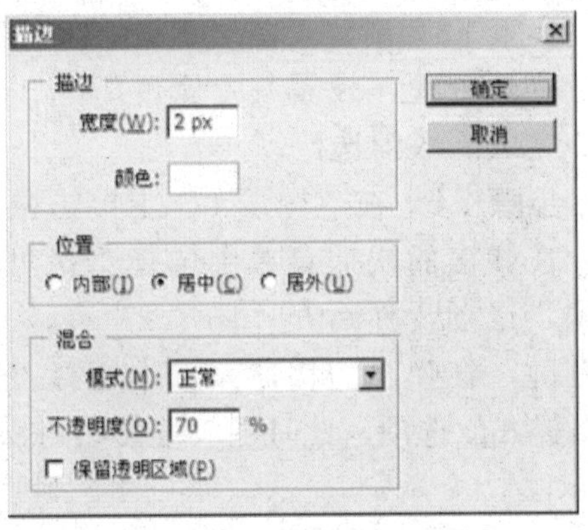

图88-10 “描边”对话框

步骤11 单击“确定”按钮为选区描边，双击“图层1”，在弹出的“图层样式”对话框中设置“渐变叠加”样式的相应参数（如图88-11所示），单击“确定”按钮添加样式。

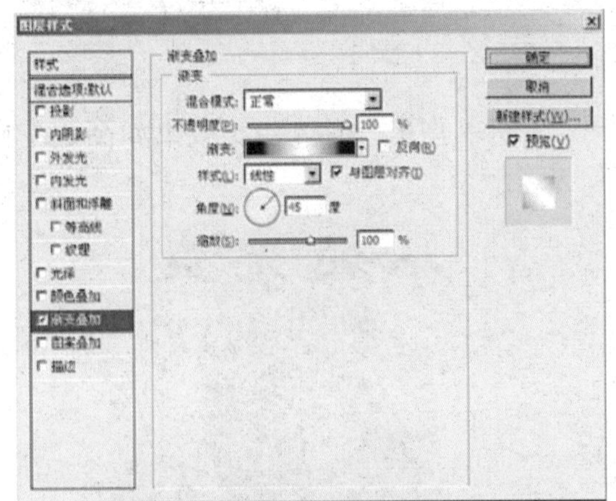

图88-11 设置渐变叠加参数

步骤12 单击“选择”|“变换选区”命令，对选区进行缩小操作，如图88-12所示。

图88-12 缩小选区

步骤13 新建“图层2”，然后对选区进行描边处理，设置其“宽度”为2px，操作完成后取消选区。

步骤14 在“图层1”上单击鼠标右键，在弹出的快捷菜单中选择“拷贝图层样式”选项，然后在“图层2”上单击鼠标右键，在弹出的快捷菜单中选择“粘贴图层样式”选项，此时图像效果如图88-13所示。

步骤15 确认前景色为白色，选择工具箱中的画笔工具，在其工具属性栏中选择一种笔刷形状，然后在图像编辑窗口中合适的位置多次单击鼠标左键，使光盘产生星光效果。

步骤16 选择工具箱中的横排文字工具，设置前景色为白色，在图像编辑窗口中输入文字并设置相应的效果，最终的光盘效果参见图88-1。

图88-13 图像效果

实例89 光盘（二）

本例制作另一种光盘，效果如图89-1所示。

图89-1 光盘之二

操作步骤

步骤1 单击“文件”|“新建”命令，新建一幅RGB模式的空白图像。单击“视图”|“显示”|“网格”命令显示网格，在工具箱中选择椭圆选框工具，按住【Shift】键，在图像编辑窗口中拖曳鼠标创建正圆选区，并用蓝色进行填充，如图89-2所示。

步骤2 用同样的方法创建一个较小的圆形选区，按【Delete】键删除选区中的图像，效果如图89-3所示。

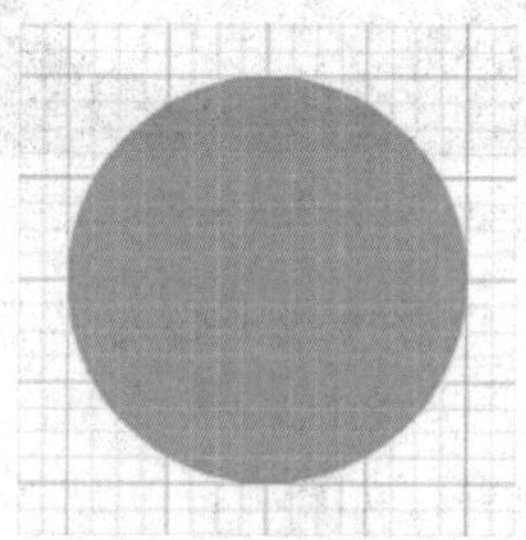

图89-2 创建并填充正圆选区

步骤3 用与上述相同的方法再次创建一个圆形选区，如图89-4所示。

步骤4 单击“图像”|“调整”|“亮度/对比度”命令，在弹出的“亮度/对比度”对话框中设置相应参数（如图89-5所示），单击“确定”按钮，效果如图89-6所示。

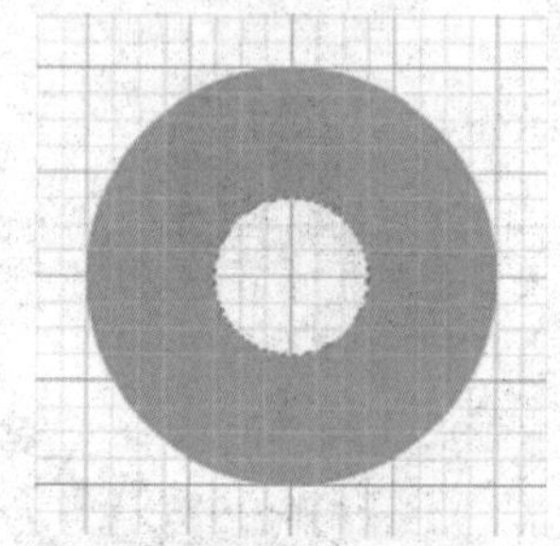

图89-3 创建选区并删除其中内容

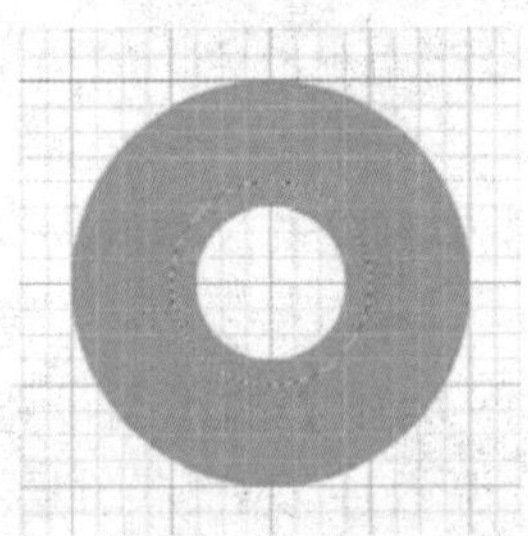

图89-4 创建圆形选区

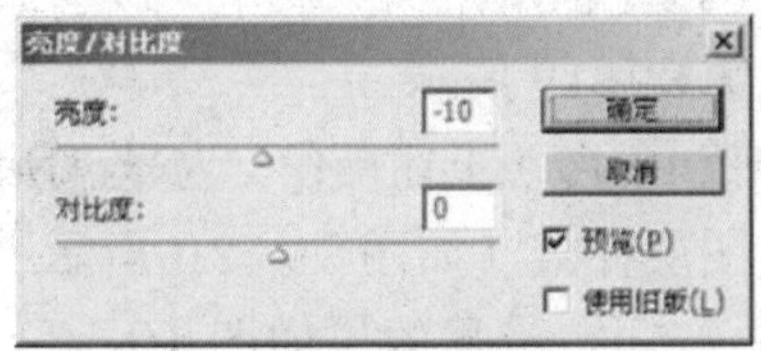

图 89-5 “亮度 / 对比度”对话框

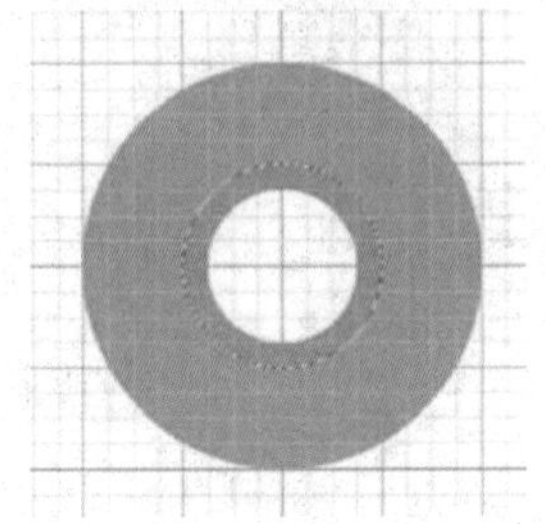

图 89-6 调整“亮度 / 对比度”后的效果

步骤 5 单击“滤镜”|“渲染”|“光照效果”命令，在打开的“光照效果”对话框中设置相应参数（如图 89-7 所示），单击“确定”按钮，效果如图 8 9 - 8 所示。

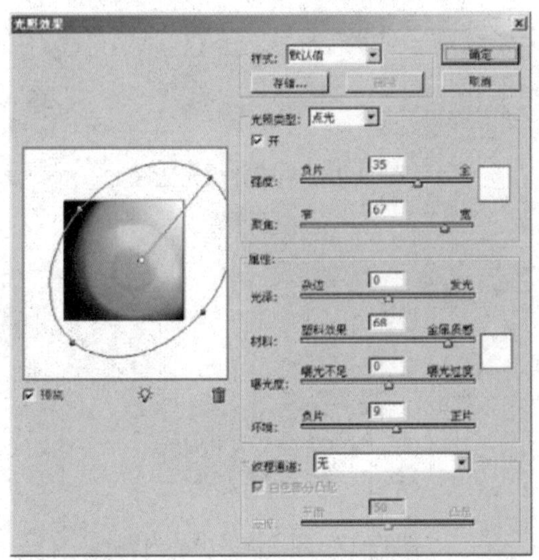

图 89-7 “光照效果”对话框

步骤 6 单击“图层”调板底部的“创建新图层”按钮，新建“图层 1 ”，选择工具箱中的渐变工具，在工具属性栏中设置渐变样式为“色谱”渐变，如图 89-9 所示。

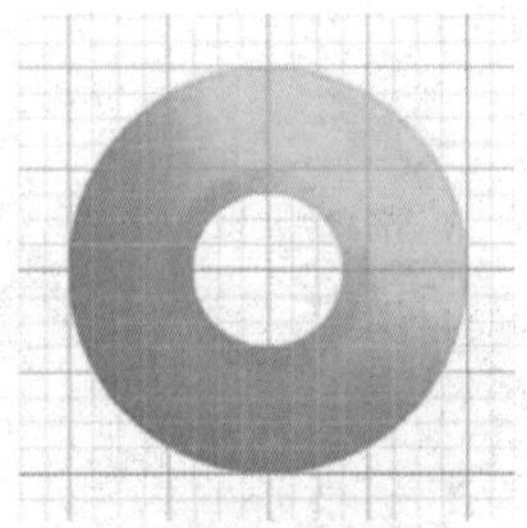

图 89-8 “光照效果”滤镜效果

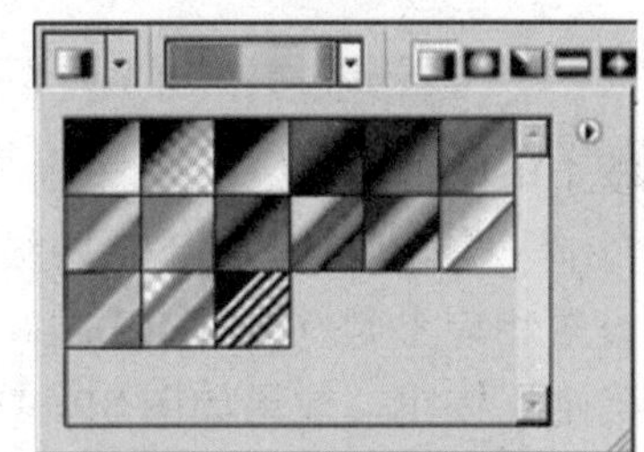

图89-9 设置渐变样式

步骤 7 在图像编辑窗口中从上到下应用渐变，效果如图 89-10 所示。

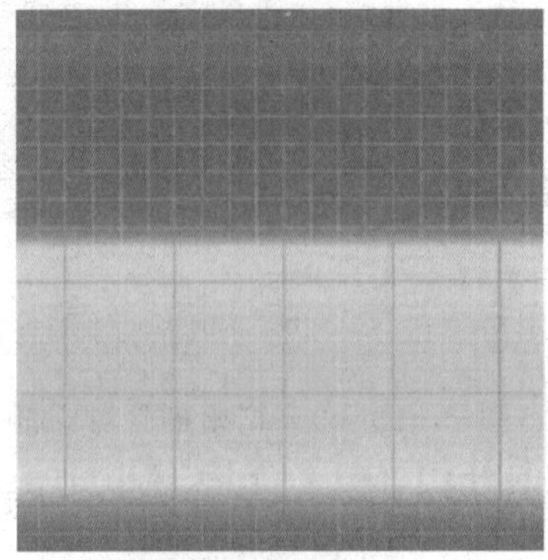

图89-10 渐变效果

步骤 8 单击“编辑”|“变换”|“斜切”命令，将图像调整为三角形，其中三角形的一角为光盘的圆心，如图 89-11 所示。

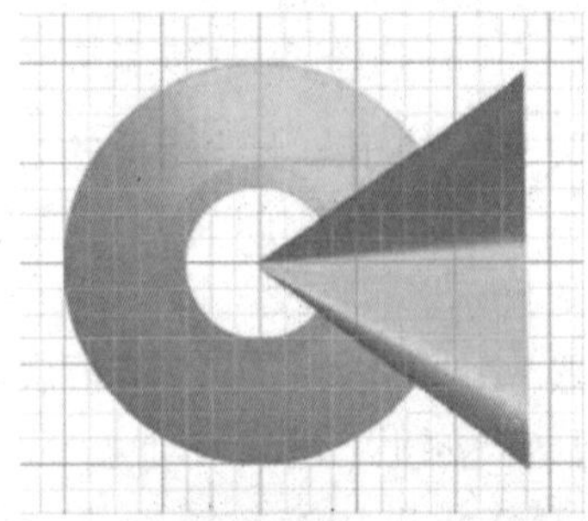

图89-11 调整为三角形

步骤9 将"图层1"的图层混合模式设置为"叠加"，并取消网格显示，效果如图89-12所示。

图89-12 设置图层混合模式后的效果

步骤10 单击"滤镜"|"模糊"|"高斯模糊"命令，在弹出的"高斯模糊"对话框中设置相应参数（如图89-13所示），单击"确定"按钮，效果如图89-14所示。

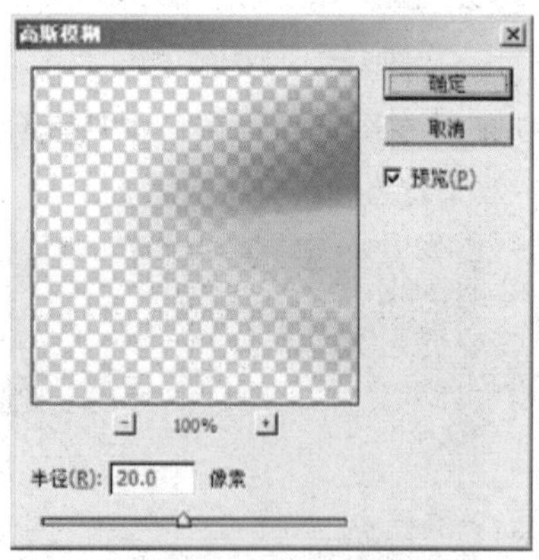

图89-13 "高斯模糊"对话框

图89-14 高斯模糊效果

步骤11 使用与上述相同的方法分别在光盘的上、下、左边创建同样的效果，如图89-15所示。

步骤12 单击"图层"调板底部的"创建新图层"按钮，建立一个新的图层"图层2"，在光盘的中心位置创建一个圆形选区，并将其填充为灰白色，如图89-16所示。

步骤13 再创建一个较小的圆形选区，按【Delete】键删除选区中的内容，如图89-17所示。

步骤14 为中心的小圆设置图层样式，在"图层"调板中双击"图层2"，在弹出的"图层样式"对话框中设置各项参数（如图89-18所示），单击"确定"按钮，效果如图89-19所示。

步骤15 参照上述操作，为光盘所在的图层设置图层样式（如图89-20所示），单击"确定"按钮，光盘效果如图89-21所示。

图89-15 创建其余位置的渐变效果

图89-16 创建并填充选区

图89-17 删除选区中的内容

步骤16 将"图层1"和"图层2"进行合并，再复制数个光盘图像，并分别调整其位置及角度，最后输入合适的文字，最终效果参见图89-1。

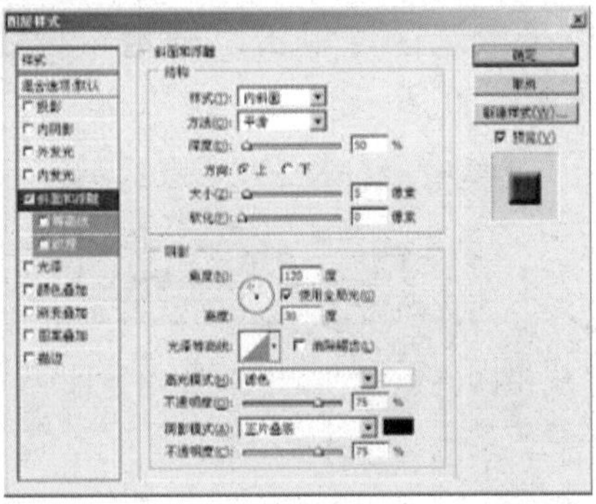

图 89-18 “图层样式”对话框

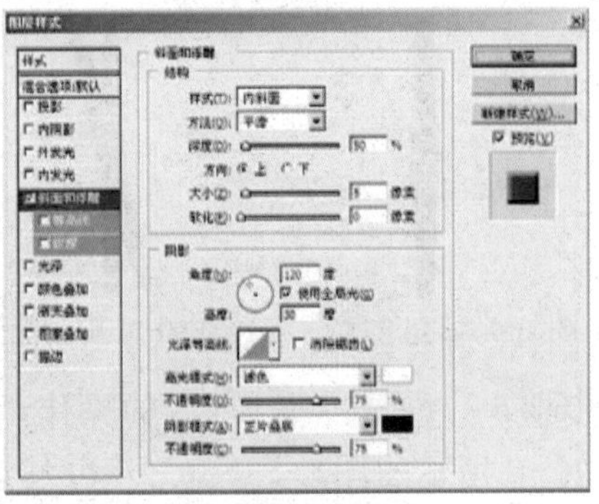

图 89-20 “图层样式”对话框

图89-19 添加图层样式后的效果

图89-21 光盘效果

实例 90 齿轮（一）

本例制作逼真的旧齿轮，效果如图 90-1 所示。

图90-1 齿轮之一

操作步骤

步骤 1 单击“文件”|“新建”命令，新建一幅 RGB 模式的空白图像，单击“视图”|“标尺”命令显示标尺，然后创建一些参考线，如图 90-2 所示。

步骤 2 在“图层”调板中新建“图层 1”，为了便于绘制，选择工具箱中的缩放工具将图像放大，选择工具箱中的多边形套索工具绘制选区，如图 90-3 所示。

步骤 3 用黑色填充选区，然后取消选区，隐藏标尺和参考线，效果如图 90-4 所示。

步骤 4 在“图层”调板中复制“图层 1”，然后单击“编辑”|“自由变换”命令，按住【Shift】键的同时将其旋转两个刻度（Photoshop 默认为以 15 度角方式递增转动，通常把一个 15 度角称为一个刻度），效果如图 90-5 所示。

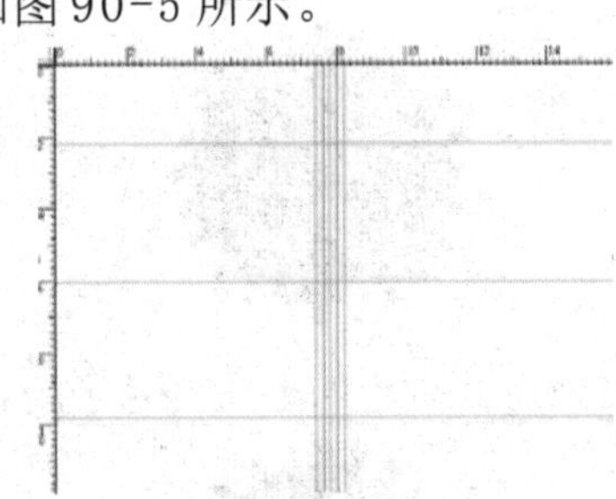

图90-2 显示标尺并创建参考线

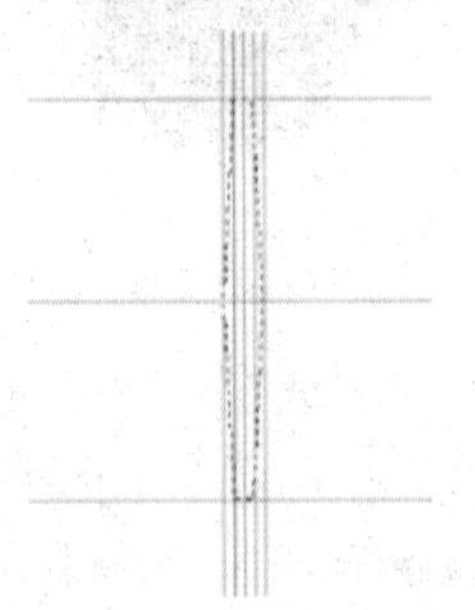

图90-3 绘制选区

图90-4 填充选区　　图90-5 旋转图像

步骤5　重复步骤（4）的操作，生成如图90-6所示的图形。

图90-6 生成的图形

步骤6　在“图层”调板中新建“图层2”，选择工具箱中的椭圆选框工具，按住【Shift+Alt】组合键，以图形中心为起点拖曳鼠标创建圆形选区，然后用黑色填充，效果如图90-7所示。

步骤7保持选区不变，按住【Ctrl+Shift】组合键的同时单击“图层”调板中的每一个“图层1 副本”图层，将其选区加入，如图90-8所示。

图90-7 创建并填充圆形选区

图90-8 载入各个图层的选区

步骤8　在“图层”调板中建立一个新的图层“图层3”，然后将其他图层隐藏起来，单击“选择”|“修改”|“平滑”命令，在如图90-9所示的对话框中设置相应参数以平滑选区，单击“确定”按钮，效果如图90-10所示。

图90-9 “平滑选区”对话框

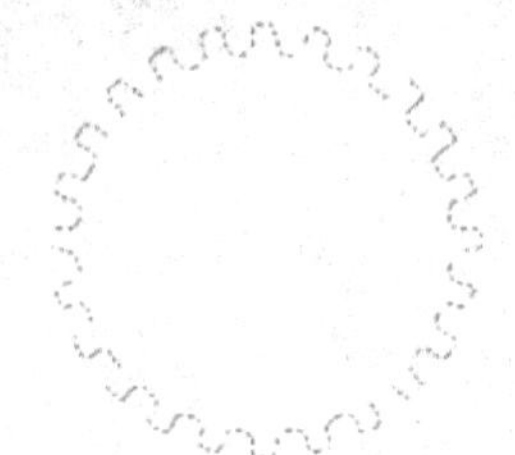

图90-10 平滑选区后的效果

步骤9　用黑色填充选区，然后取消选区，效果如图90-11所示。

步骤10　以整个图形的中心为起点，创建出一个圆形选区，然后按【Delete】键删除选区中的内容，如图90-12所示。

图90-11 填充选区

图90-12 删除选区中的内容

步骤11　选择工具箱中的矩形选框工具，在图形的中间创建出两个矩形选区，并用黑色填充，如图90-13所示。

步骤12　选择工具箱中的魔棒工具，选择黑色的齿轮，单击“文件”|“打开”命令，打开一幅锈蚀金属的纹理图像，按【Ctrl+A】组合键全选图像，单击“编辑”|“拷贝”命令拷贝图像，返回齿轮图像编辑窗口，单击“编辑”|“贴入”命令填充齿轮，效果如图90-14所示。

图90-13 创建并填充矩形

图90-14 填充齿轮

步骤13 选择工具箱中的椭圆选框工具，在齿轮的中间创建一个较小的圆形选区，按【Delete】键删除选区中的内容，在齿轮中心创建一个小孔，效果如图90-15所示。

图90-15 在齿轮中心打孔

步骤14 在“图层”调板中双击“图层3”，在弹出的“图层样式”对话框中设置相应的参数（如图90-16所示），为齿轮添加投影效果单击“确定”按钮，效果如图90-17所示。

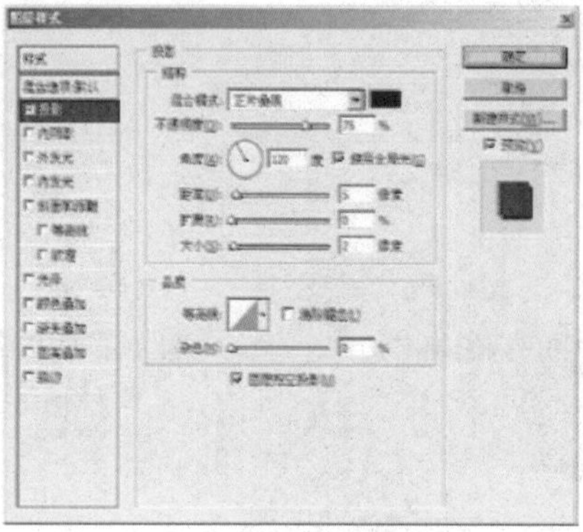

图90-16 “图层样式”对话框

图90-17 投影效果

步骤15 最后复制齿轮并调整其位置，然后为齿轮添加背景，效果参见图90-1。

实例91 齿轮（二）

本例制作另一种齿轮，如图91-1所示。

图91-1 齿轮之二

操作步骤

步骤1 单击“文件”|“新建”命令，新建一幅RGB模式的空白图像。

步骤2 单击“图层”调板底部的“创建新图层”按钮，新建“图层 1”，选择工具箱中的多边形工具，在其工具属性栏中设置“边”为48（如图91-2所示），然后在图像编辑窗口中拖曳鼠标，绘制出如图91-3所示的图形。

图91-2 多边形工具属性栏

步骤3 选择工具箱中的直接选择工具，按住【Shift】键的同时将刚才所绘制圆的节点每隔两个选中两个，如图91-4所示。

步骤4 单击“编辑”|“自由变换点”命令，按住【Shift+Alt】组合键将所选节点进行等比例收缩，如图91-5所示。

步骤5 单击“路径”调板底部的“将路径作为选区载入”按钮，将路径转换为选区，设置前景色为棕色（RGB参数值分别为142、96、0），按【Alt+Delete】组合键填充选区，如图91-6所示。

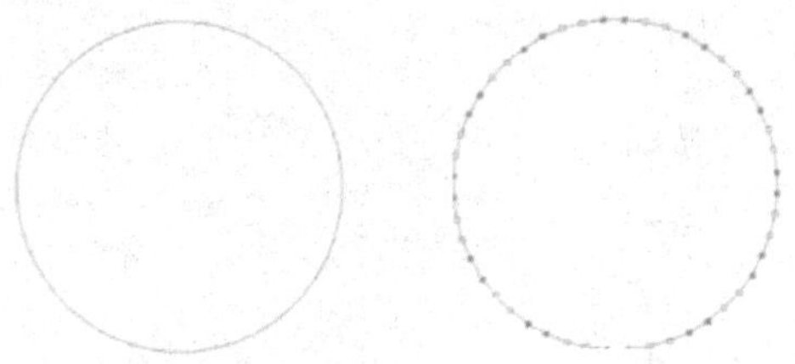

图91-3 绘制多边形　　图91-4 选择节点

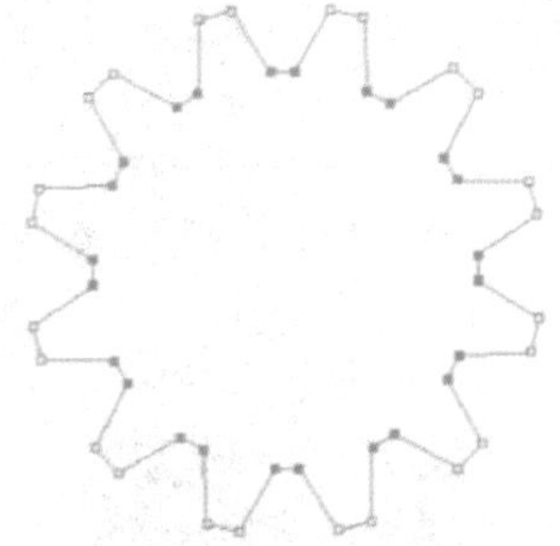

图91-5 收缩节点

图91-6 填充选区

步骤6 单击“选择”|“修改”|“收缩”命令，在打开的“收缩选区”对话框中将选区收缩4像素，效果如图91-7所示。

图91-7 收缩选区

步骤7 新建“图层2”，按【X】键切换前景色与背景色，选择工具箱中的渐变工具，并在其工具属性栏中选择“前景色到背景色渐变”样式，单击“径向渐变”按钮，在选区中从左上方向右下方拖曳鼠标应用渐变，效果如图91-8所示。

图91-8 应用渐变

步骤8 单击“滤镜”|“杂色”|“添加杂色”命令，在弹出的“添加杂色”对话框中设置相应参数（如图91-9所示），单击“确定”按钮，效果如图91-10所示。

图91-9 “添加杂色”对话框

图91-10 “添加杂色”滤镜效果

步骤9 双击“图层2”，在弹出的“图层样式”对话框中选择“投影”选项，将其参数保持默认设置；选择“内发光”选项，设置各项参数（如图91-11所示）；选择“斜面和浮雕”选项，设置各项参数如图91-12所示。

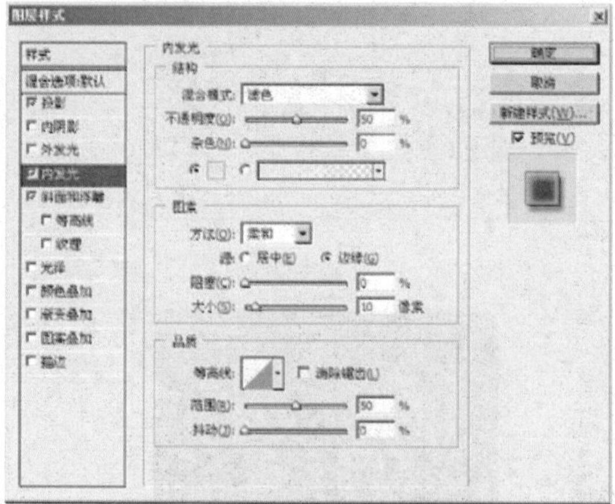

91-11 设置内发光参数

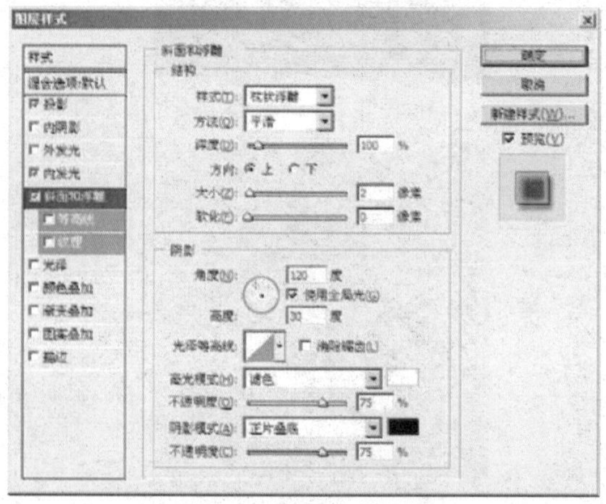

图91-12 设置斜面和浮雕参数

步骤10 设置完成后，单击“确定”按钮，效果如图91-13所示。

步骤11 单击“图像”|“调整”|“渐变映射”命令，弹出“渐变映射”对话框，如图91-14所示。

图91-13 添加图层样式后的效果

步骤12 在其中单击“点按可编辑渐变”图标，在弹出的“渐变编辑器”窗口中选择“铜色渐变”样式，重新对其进行编辑（如图91-15所示），单击“确定”按钮，效果如图91-16所示。

图91-14 “渐变映射”对话框

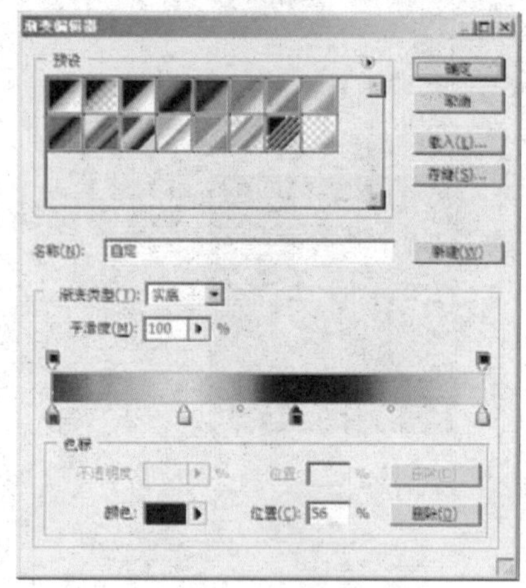

图91-15 “渐变编辑器”窗口

图91-16 应用“渐变映射”后的效果

步骤13 单击“图像”|“调整”|“色彩平衡”命令，在弹出的“色彩平衡”对话框中设置各项参数（如图91-17所示），单击“确定”按钮，效果如图91-18所示。

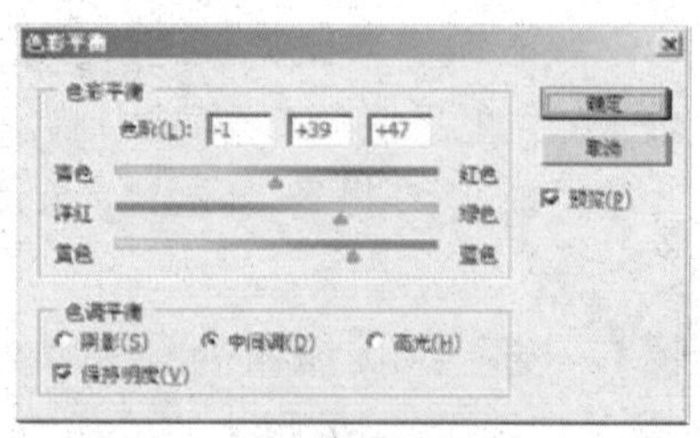

图91-17 “色彩平衡”对话框

步骤14 新建“图层3”，然后将该图层填充为黑色，单击“滤镜”|“杂色”|“添加杂色”命令，在弹出的“添加杂色”对话框中设置相应参数（如图91-19所示），单击“确定”按钮，效果如图91-20所示。

图91-18 调整“色彩平衡”后的效果

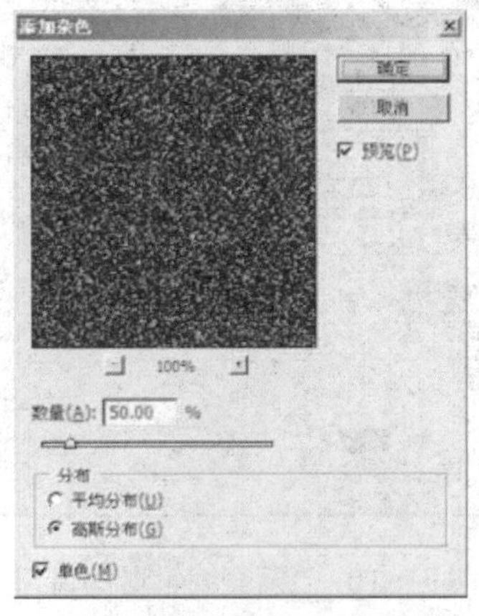

图91-19 “添加杂色”对话框

图91-20 “添加杂色”滤镜效果

步骤15 单击“滤镜”|“模糊”|“径向模糊”命令，在弹出的“径向模糊”对话框中设置各项参数（如图91-21所示），单击“确定”按钮，效果如图91-22所示。

步骤16 在“图层”调板中将“图层3”的“不透明度”设置为60%，效果如图91-23所示。

步骤17 按住【Ctrl】键的同时单击“图层1”，载入其选区，按【Ctrl+Shift+I】组合键反选选区（如图91-24所示），然后按【Delete】键删除选区中的内容，如图91-25所示。

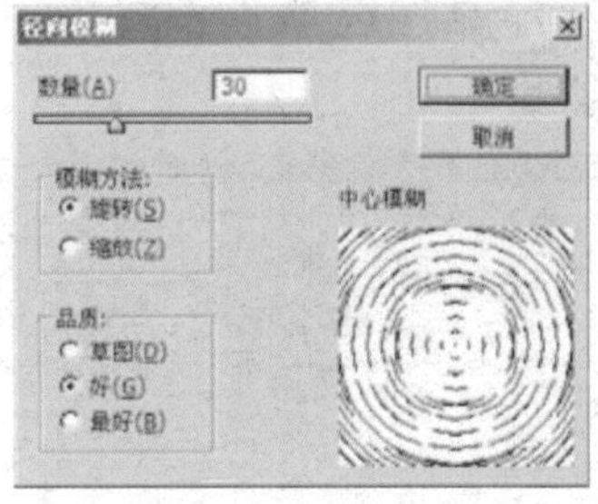

图91-21 “径向模糊”对话框

图91-22 径向模糊效果

图91-23 图像效果

图91-24 反选选区 图91-25 删除选区中的内容

步骤18 在“图层”调板中将“图层3”的混合模式设置为“差值”，此时的图像效果如图91-26所示。

步骤19 新建“图层4”，选择工具箱中的椭圆选框工具，在齿轮的中间创建一个正圆选区，并将其填充为黑色，选择

"图层3"将选区中的内容删除，如图91-27所示。

图91-26 调整图层混合模式后的效果

图91-27 删除选区中的内容

步骤20 双击"图层4"，在弹出的"图层样式"对话框中设置各项参数（如图91-28所示），单击"确定"按钮，然后将此图层的混合模式设置为"变亮"，效果如图91-29所示。

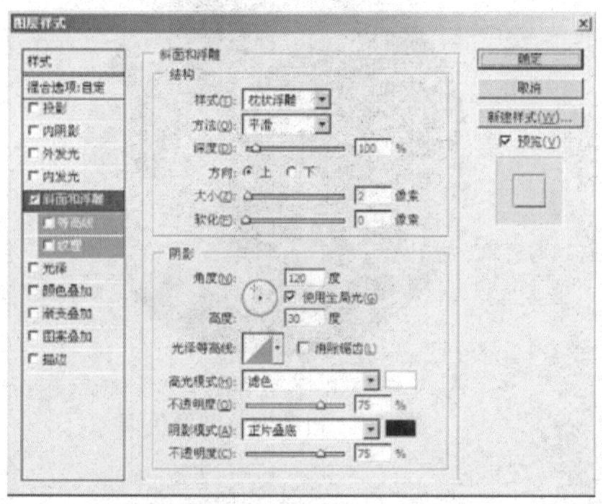

图91-28 "图层样式"对话框

步骤21 将"图层4"拖曳到"图层"调板底部的"创建新图层"按钮上面，复制生成"图层4副本"图层，按住【Shift+Alt】组合键将圆形等比例缩小，如图91-30所示。分别单击"图层1"、"图层2"、"图层3"、"图层4"，将其选区中的内容删除，如图91-31所示。

步骤22 将"图层4"再次复制生成"图层4副本2"图层，将其调整至"图层4"的下面，双击该图层，打开"图层样式"对话框，取消选择"斜面和浮雕"复选框，选择"外发光"选项，并设置其相应参数，如图91-32所示。

图91-29 改变图层混合模式后的效果

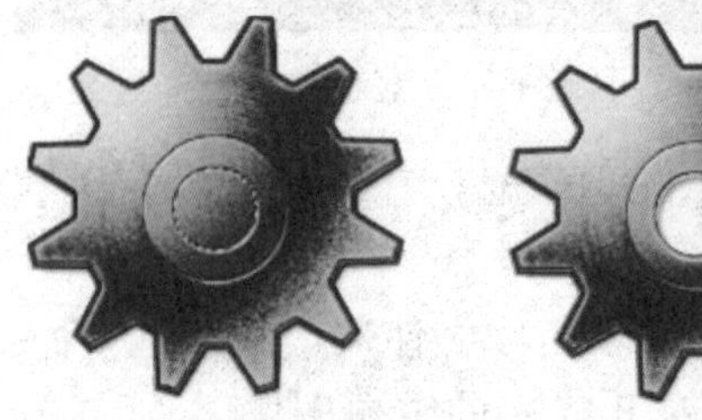

图91-30 缩小圆形　图91-31 删除选区中的内容

步骤23 单击"确定"按钮，然后在"图层"调板中将该图层的混合模式设置为"柔光"，效果如图91-33所示。

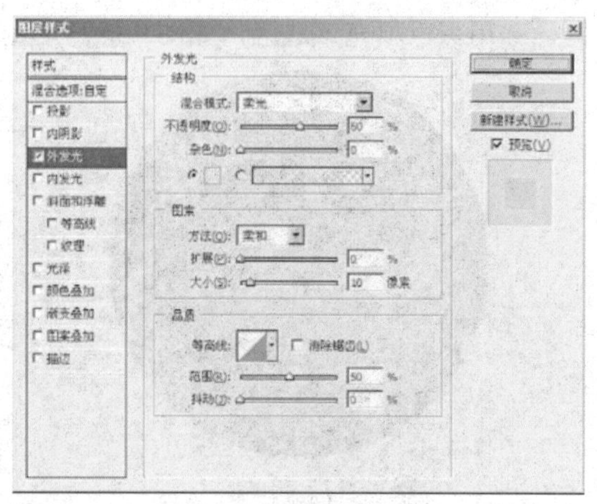

图91-32 设置外发光参数

图91-33 图像效果

实例92 星球

本例制作星球效果，如图92-1所示。

图92-1 星球

操作步骤

步骤1 单击“文件”|“新建”命令，新建一幅RGB模式的空白图像。

步骤2 在“图层”调板中新建“图层1”，确认前景色为黑色，选择工具箱中的椭圆选框工具，按住【Shift】键，在图像编辑窗口中拖曳鼠标创建一个正圆形的选区，并用黑色填充该选区，如图92-2所示。

图92-2 创建并填充选区

步骤3 单击“滤镜”|“渲染”|“云彩”命令，应用云彩滤镜。

步骤4 单击“滤镜”|“渲染”|“分层云彩”命令，应用分层云彩滤镜，按住【Ctrl+F】组合键重复应用此滤镜，效果如图92-3所示。

步骤5 单击“图像”|“自动对比度”命令，自动调整图像对比度。

图92-3 “分层云彩”滤镜效果

步骤6 单击“图像”|“自动色调”命令，自动调整图像色调，效果如图92-4所示。

步骤7 单击“图像”|“调整”|“色调均化”命令，调整图像色调，效果如图92-5所示。

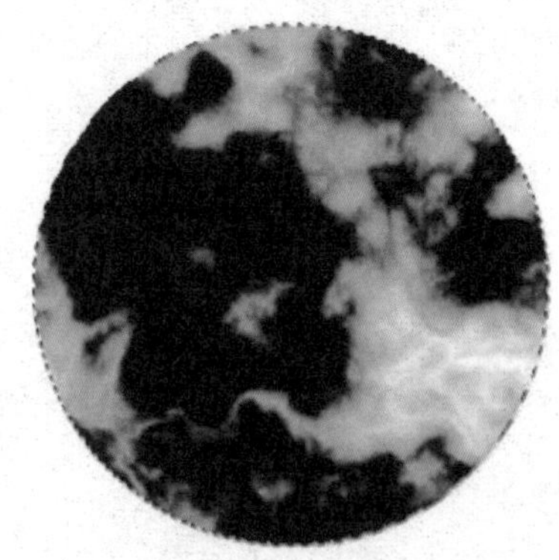

图92-4 自动调整图像色调

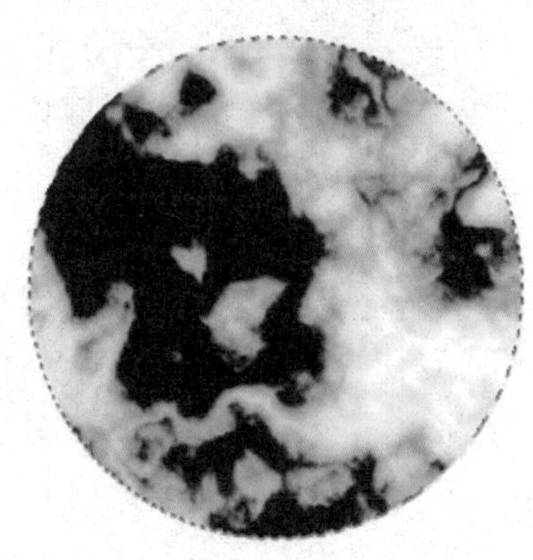

图92-5 色调均化效果

步骤8 单击“图像”|“调整”|“反相”命令，反相显示图像，如图92-6所示。

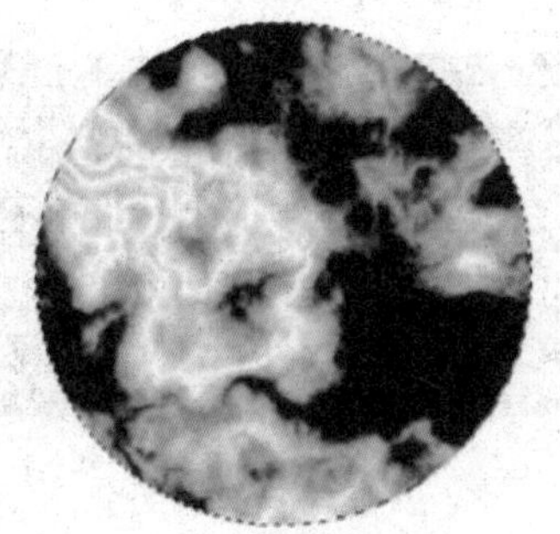

图92-6 反相显示图像

步骤9 单击“图像”|“调整”|“色彩平衡”命令，在弹出的“色彩平衡”对话框中设置各项参数（如图92-7所示），单击“确定”按钮，效果如图92-8所示。

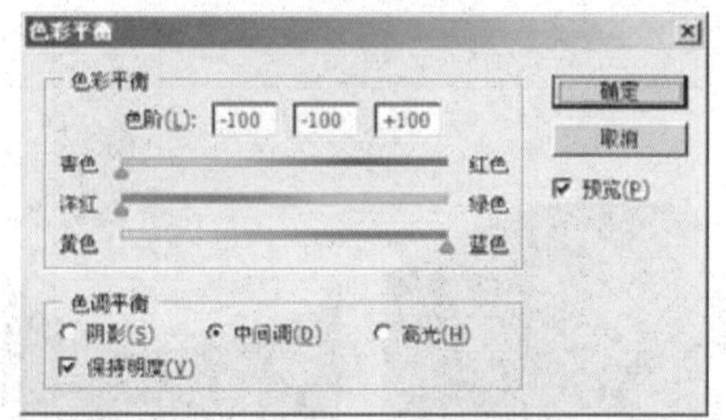

图92-7 “色彩平衡”对话框

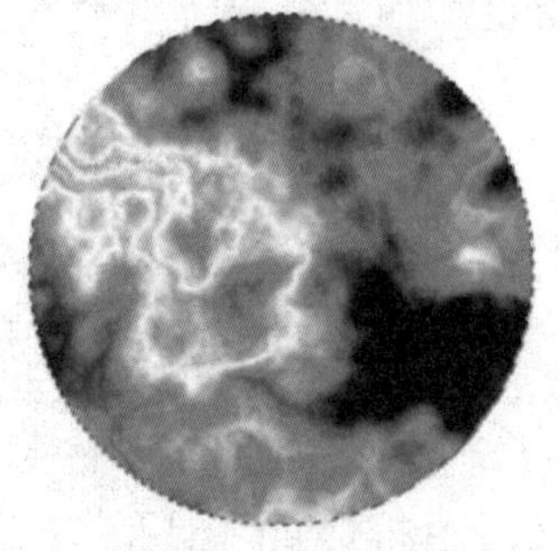

图92-8 色彩平衡效果

步骤10 单击“文件”|“打开”命令，打开一幅素材图像，如图92-9所示。

步骤11 按【Ctrl+A】组合键全选图像，按【Ctrl+C】组合键复制图像，返回原图像编辑窗口，按【Ctrl+V】组合键粘贴图像，效果如图92-10所示。

步骤12 双击“星球”图层，在打开的“图层样式”对话框中分别设置“外发光”和“内发光”选项的参数（如图92-11和图92-12所示），单击“确定”按钮，即可生成最终效果，参见图92-1。

图92-9 素材图像

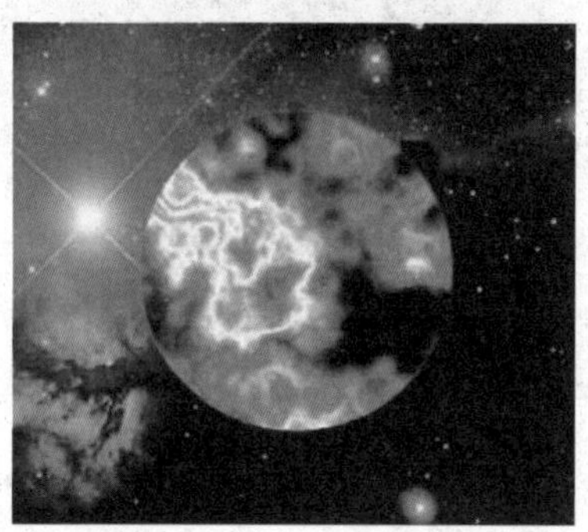

图92-10 粘贴图像

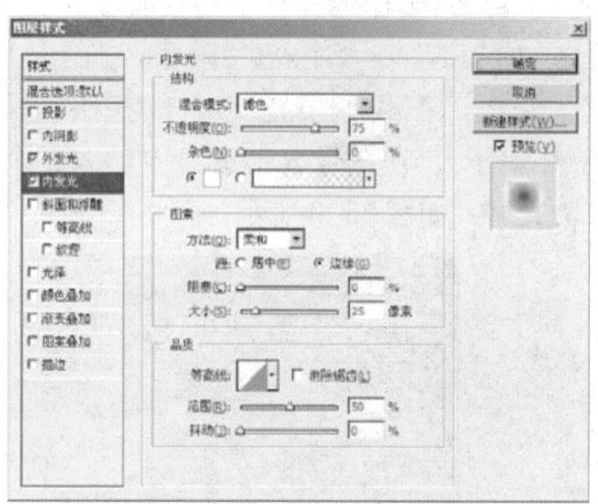

图92-11 设置内发光参数

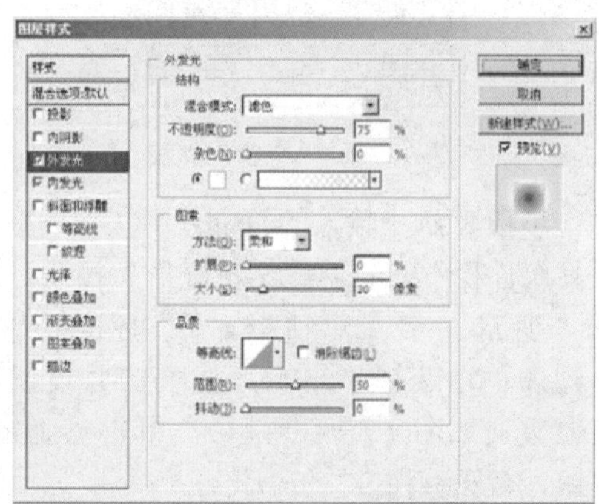

图92-12 设置外发光参数

实例93 视窗

本例制作视窗标志，效果如图93-1所示。

图93-1 视窗标志

操作步骤

步骤1 单击“文件”|“新建”命令，新建一幅RGB模式的空白图像。

步骤2 选择工具箱中的横排文字工具，单击“窗口”|“字符”命令，打开“字符”调板，在其中设置字体与字号（如图93-2所示），在图像编辑窗口中输入2个黑方块文字，如图93-3所示。

图93-2 “字符”调板

步骤3 选中输入的两个方块文字，单击工具属性栏中的“创建文字变形”按钮，打开“变形文字”对话框，在“样式”下拉列表框中选择“旗帜”选项，并设置各项参数（如图93-4所示），单击“确定”按钮，效果如图93-5所示。

图93-3 输入文字

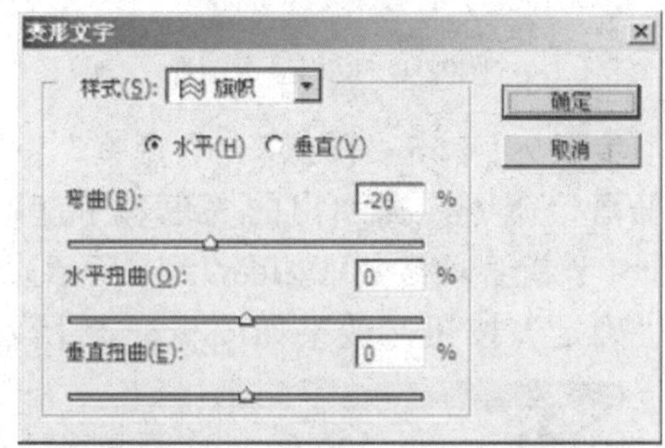

图93-4 “变形文字”对话框

图93-5 变形后的文字效果

步骤4 在“图层”调板中将此图层复制，并调整至合适的位置（如图93-6所示），然后合并这两个图层，单击“编辑”|“自由变换”命令，对图形进行变换操作，如图93-7所示。

步骤5 选择工具箱中的渐变工具，打开“渐变编辑器”窗口，在其中重新编辑渐变样式，如图93-8所示。

步骤6 选择工具箱中的魔棒工具，在第一个黑色方块上单击鼠标左键，选中第一个方块图形，然后在选区内从左向右拖曳鼠标应用渐变，效果如图93-9所示。

步骤7 参照步骤（5）和步骤（6）的

操作方法填充其他图形，直至四个方块全部填充完毕，效果如图93-10所示。

图93-6 复制并调整图像位置

图93-7 变换图形

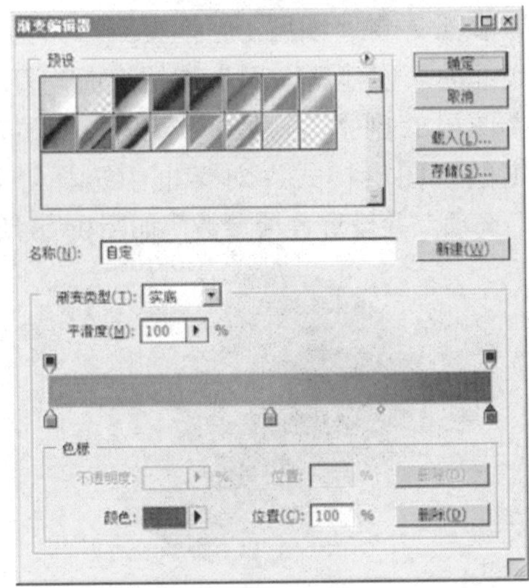

图93-8 “渐变编辑器”窗口

步骤8 在“图层”调板中双击该图层，在弹出的“图层样式”对话框中分别选择“投影”与“斜面和浮雕”选项，并设置相应参数（如图93-11和图93-12所示），单击“确定”按钮，效果如图93-13所示。

图93-9 渐变填充 　　图93-10 图像效果

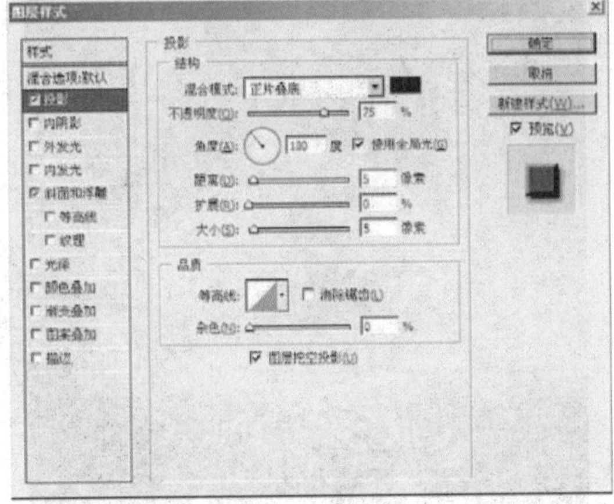

图93-11 设置投影参数

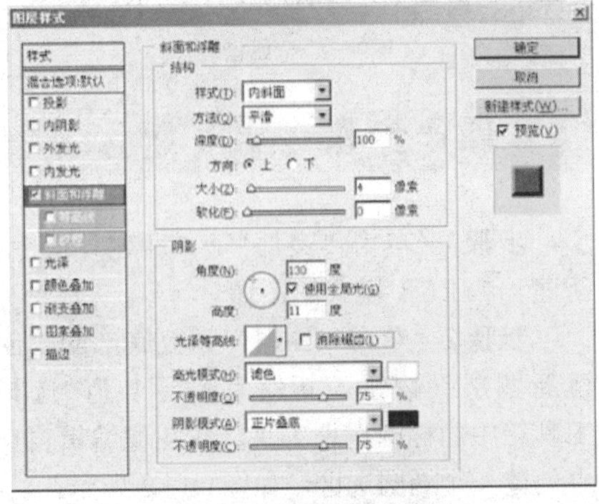

图93-12 设置斜面和浮雕参数

图93-13 添加图层样式后的效果

实例94 指环

本例制作金属指环，效果如图94-1所示。

图94-1 金属指环

操作步骤

步骤1 单击“文件”|“新建”命令，新建一幅RGB模式的图像。

步骤2 单击“图层”调板底部的“创建新图层”按钮，新建“图层1”，选择工具箱中的椭圆选框工具，在图像编辑窗口中创建一个椭圆选区，如图94-2所示。

步骤3 选择工具箱中的渐变工具，在工具属性栏中重新编辑渐变，并单击“径向渐变”按钮，如图94-3所示。

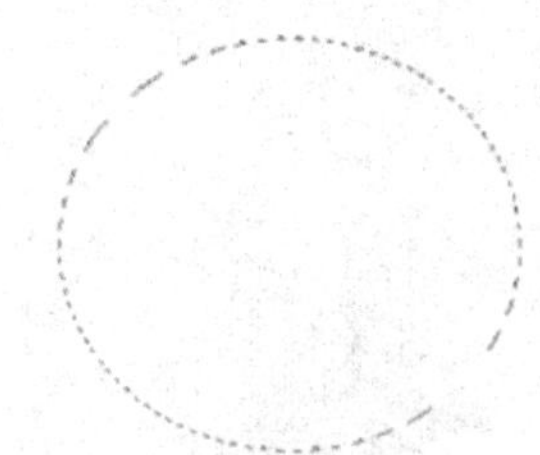

图94-2 创建选区

步骤4 从选区外围的右上角向左下角拖曳鼠标填充渐变，效果如图94-4所示。

图94-3 渐变工具属性栏

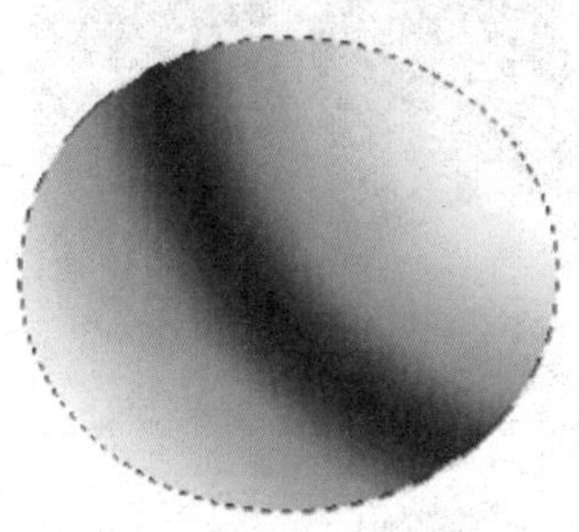

图94-4 渐变效果

步骤5 选择工具箱中的椭圆选框工具，在填充后的椭圆上面创建选区（如图94-5所示），单击“选择”|“修改”|“羽化”命令，在弹出的“羽化选区”对话框中设置“羽化半径”为1（如图94-6所示），单击“确定”按钮羽化选区。

步骤6 按【Delete】键删除选区中的内容，效果如图94-7所示。

步骤7 将“图层1”拖曳到“图层”调板底部的“创建新图层”按钮上面，复制生成“图层1副本”，用鼠标双击该图层，在弹出的“图层样式”对话框中选择“内阴影”选项，并设置各项参数，如图94-8所示。

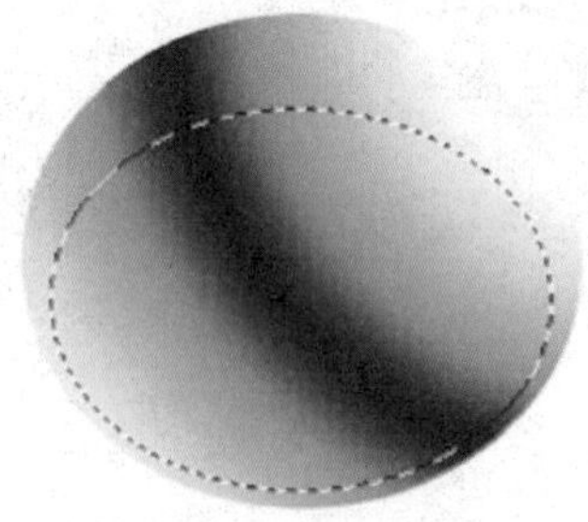

图94-5 创建选区

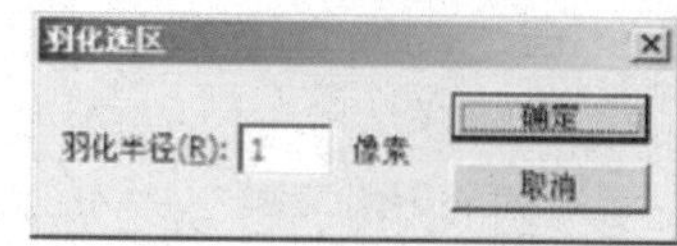

图94-6 “羽化选区”对话框

图94-7 删除选区中的内容

步骤8 在"图层"调板中将此图层的色彩混合模式设置为"变亮"(如图94-9所示),此时的图像效果如图94-10所示。

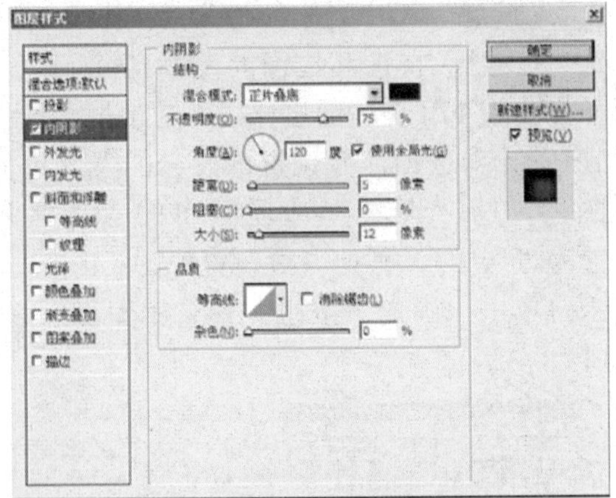

图94-8 设置内阴影参数

图94-9 "图层"调板

步骤9 将"图层1副本"拖曳到"图层"调板底部的"创建新图层"按钮上,复制生成"图层1副本2"图层,单击"编辑"|"变换"|"垂直翻转"命令,效果如图94-11所示。

步骤10 双击"图层1副本2"图层,在弹出的"图层样式"对话框中选择"外发光"选项,并设置各项参数,如图94-12所示。

图94-10 更改模式后的图像

图94-11 垂直翻转后的效果

步骤11 在"图层样式"对话框中选择"斜面和浮雕"选项,并设置各项参数,如图94-13所示。

步骤12 在"图层样式"对话框中选择"光泽"选项,并设置各项参数(如图94-14所示),单击"确定"按钮,效果如图94-15所示。

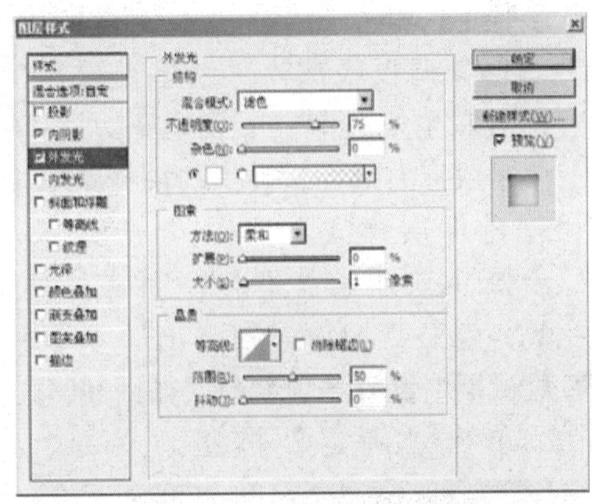

图94-12 设置外发光参数

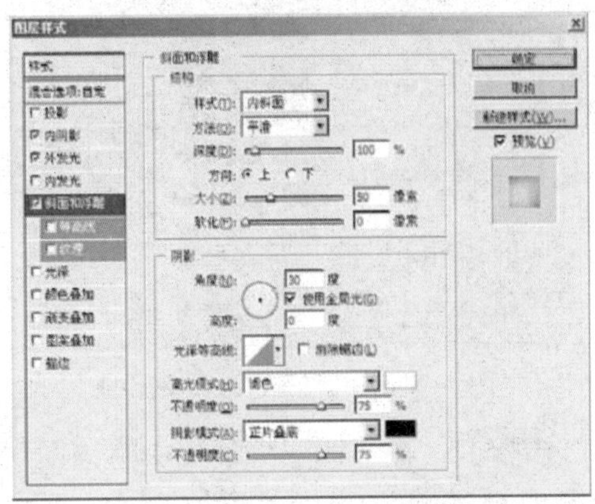

图94-13 设置斜面和浮雕参数

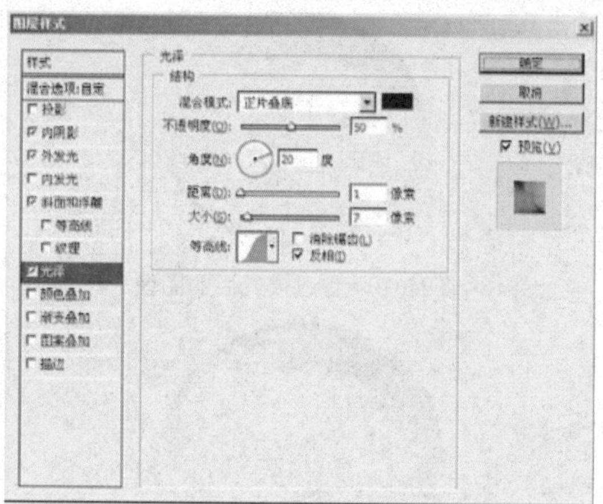
图94-14 设置光泽参数

图94-15 添加图层样式后的效果

步骤13 将"图层1副本2"图层拖曳到"图层"调板底部的"创建新图层"按钮上，复制生成"图层1副本3"，在该图层上单击鼠标右键，在弹出的快捷菜单中选择"清除图层样式"选项。

步骤14 单击"滤镜"|"艺术效果"|"塑料包装"命令，在弹出的"塑料包装"对话框中设置各项参数（如图94-16所示），单击"确定"按钮。

图94-16 "塑料包装"对话框

步骤15 在"图层"调板中将该图层的图层混合模式设置为"强光"，效果如图94-17所示。

图94-17 更改图层混合模式后的效果

步骤16 双击"图层1副本3"图层，在弹出的"图层样式"对话框中选择"外发光"选项，并设置外发光的发光颜色为白色、"扩展"和"大小"均为0（如图94-18所示），将指环边缘的毛刺消除。

步骤17 在"图层样式"对话框中选择"内发光"选项，并设置内发光的发光色为白色，将"图素"选项区中的"源"设置为"居中"，其他参数设置如图94-19所示。单击"确定"按钮，效果如图94-20所示。

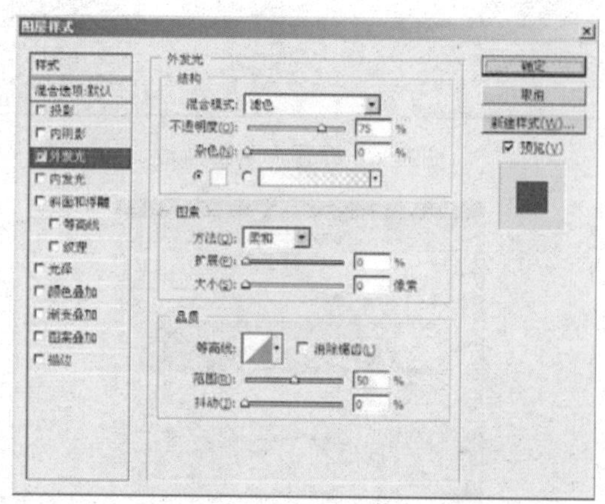
图94-18 设置外发光参数

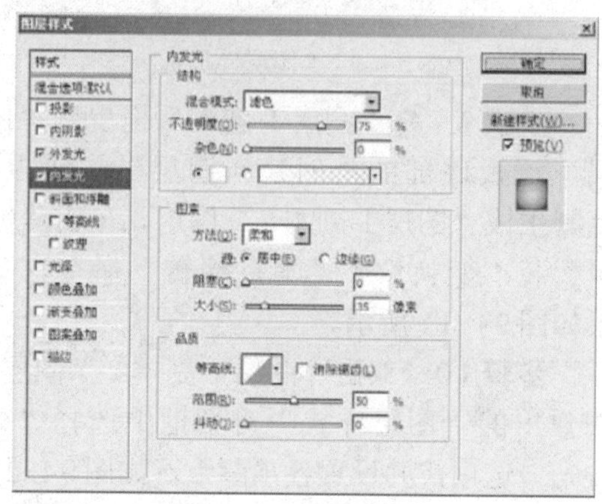
图94-19 设置内发光参数

步骤 18 除背景图层外，将其余的图层合并，单击“图像”|“调整”|“色彩平衡”命令，在弹出的“色彩平衡”对话框中设置各项参数（如图94-21 所示），单击“确定”按钮。

图94-20 添加图层样式后的效果

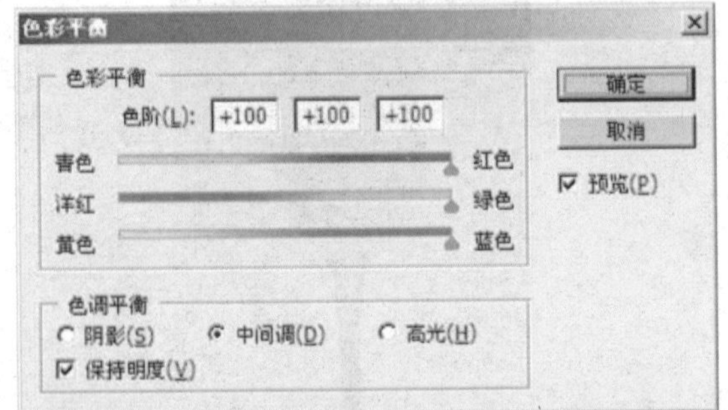

图 94-21 “色彩平衡”对话框

步骤 19 单击“图像”|“调整”|“色相/饱和度”命令，在弹出的“色相/饱和度”对话框中设置各项参数（如图 94-22 所示），单击“确定”按钮为指环添加颜色，此时指环的效果如图 94-23 所示。

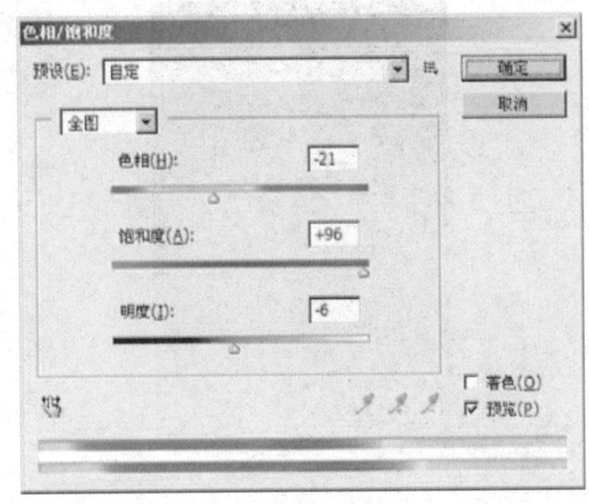

图 94-22 “色相/饱和度”对话框

图94-23 指环效果

实例95 高脚杯

本例制作高脚杯，效果如图 95-1 所示。

图95-1 高脚杯

操作步骤

步骤 1 单击“文件”|“新建”命令，新建一个 RGB 模式的图像文件。

步骤 2 设置前景色为深蓝色、背景色为白色，选择工具箱中的渐变工具，在工具属性栏中选择“前景色到背景色渐变”样式，在图像编辑窗口中从上向下拖曳鼠标以应用渐变，如图 95-2 所示。

步骤 3 单击“图层”调板中的“创建新图层”按钮，新建“图层 1”，选择工具箱中的钢笔工具，在图像编辑窗口中绘制酒杯形状的路径，如图 95-3 所示。

步骤 4 单击“路径”调板底部的“将

路径作为选区载入”按钮，将路径转换为选区，设置前景色为蓝黑色，按【Alt+Delete】组合键填充选区，按【Ctrl+D】组合键取消选区，效果如图95-4所示。

图95-2 应用渐变

图95-3 绘制路径

步骤5 在“图层”调板中新建“图层2”，选择工具箱中的钢笔工具，在图像中绘制酒杯的内壁，如图95-5所示。

步骤6 在“路径”调板中将绘制的酒杯内壁的路径转化为选区，并为其填充浅蓝色，效果如图95-6所示。

步骤7 在“图层”调板中新建“图层3”，设置前景色为淡蓝色（RGB参数值分别为155、174、188），选择工具箱中的画笔工具，在图像中进行绘制，然后将此图层的“不透明度”设置为60%，效果如图95-7所示。

图95-4 填充选区

图95-5 绘制路径

图95-6 填充选区

步骤8 在“图层”调板中新建“图层4”，继续运用画笔工具在图像中绘制，并将此图层的“不透明度”设置为40%，效果如图95-8所示。

步骤9 在“图层”调板中复制“图层3”和“图层4”，生成“图层3 副本”和“图层4 副本”图层，然后调整图层的位置及其不透明度，效果如图95-9所示。

步骤10 在“图层”调板中新建一个图层，选择工具箱中的多边形套索工具，在酒杯上创建矩形选区，然后填充为浅蓝色（RGB参数值分别为155、174、188），如图95-10所示。

图95-7 利用画笔工具进行绘制

图95-8 利用画笔工具进行绘制

步骤11 在“图层”调板中新建一个图层，继续创建矩形选区，并填充为浅蓝色（RGB参数值分别为155、174、188），如图95-11所示。

图95-9 图像效果

图95-10 创建并填充选区

图95-11 创建并填充选区

步骤12 将前景色设置为浅蓝色（RGB参

数值分别为155、174、188），选择工具箱中的画笔工具，并设置适当的笔触，在酒杯的底座位置绘制高光效果，如图95-12所示。

图95-12 利用画笔工具进行绘制

步骤13 在酒杯底座位置继续绘制高光效果，生成高脚杯的最终效果，如图95-13所示。

图95-13 高脚杯效果

实例96 哈密瓜

本例制作哈密瓜，效果如图96-1所示。

图96-1 哈密瓜

操作步骤

步骤1 单击“文件”|“新建”命令，新建一幅RGB模式的空白图像。

步骤2 在“图层”调板中新建一个图层，将其命名为“瓜皮”，选择工具箱中的椭圆选框工具，在图像编辑窗口中创建一个椭圆选区，然后将前景色设置为浅绿色，填充椭圆选区，效果如图96-2所示。

步骤3 在“通道”调板中将椭圆选区存储为Alpha1通道，按【Ctrl+D】组合键取消选区。

步骤4 双击“瓜皮”图层，在弹出的“图层样式”对话框中选择“内发光”选项，设置混合模式为“正片叠底”、“不透明度”为85%、“大小”为8（如图96-3所示），单击“确定”按钮，效果如图96-4所示。

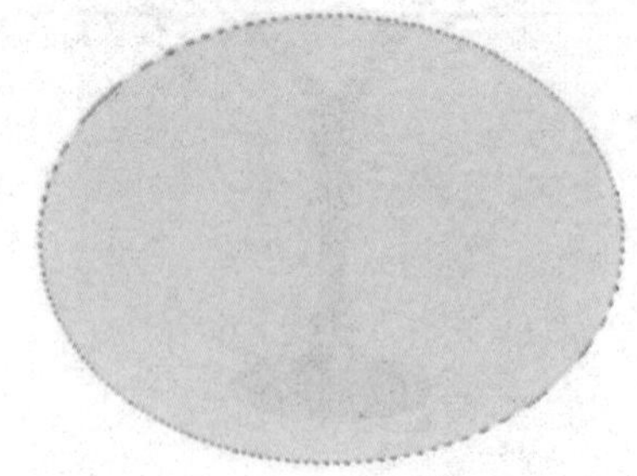

图96-2 填充选区

步骤5 在“背景”图层上面新建一个图层，设置“瓜皮”图层为当前图层，按【Ctrl+E】组合键向下合并图层，将“瓜皮”图层转化为普通图层。

步骤6 选择工具箱中的钢笔工具，在

“瓜皮”图层的上半部分绘制路径，然后将其转化为选区，按【Delete】键删除选区中的内容，效果如图96-5所示。

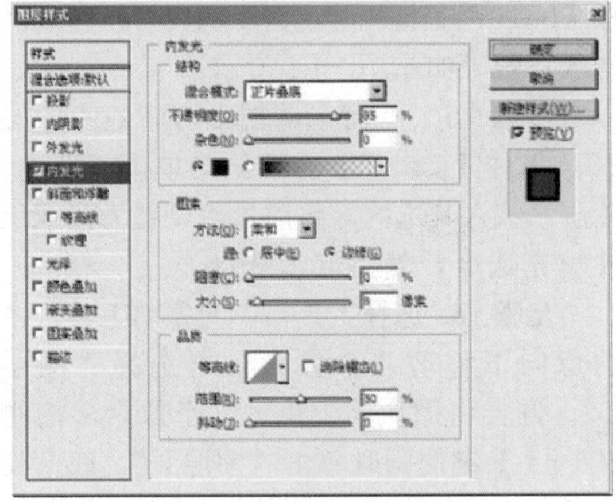

图96-3 设置内发光参数

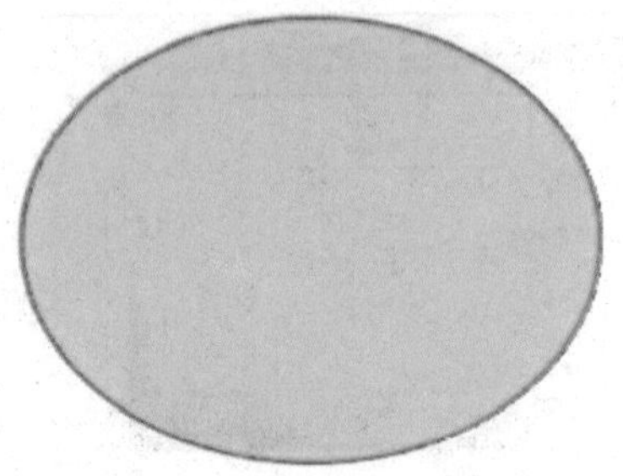

图96-4 添加图层样式后的效果

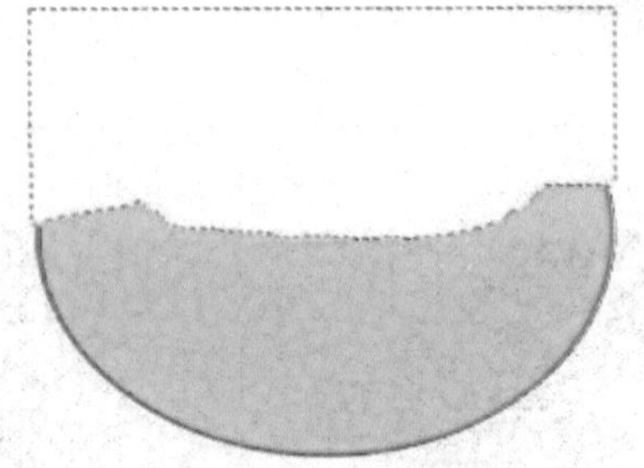

图96-5 图像效果

步骤7 利用工具箱中的橡皮擦工具修饰瓜皮的左端，再利用加深工具进行涂抹，然后单击“滤镜”|“杂色”|“添加杂色”命令，在弹出的“添加杂色”对话框中设置“数量”为2，单击“确定”按钮，效果如图96-6所示。

步骤8 在“通道”调板中新建Alpha2通道，单击“编辑”|“填充”命令，在弹出的“填充”对话框的“使用”下拉列表框中选择“50%灰色”选项（如图96-7所示），单击“确定”按钮，填充后的图像效果如图96-8所示。

图96-6 修饰图像

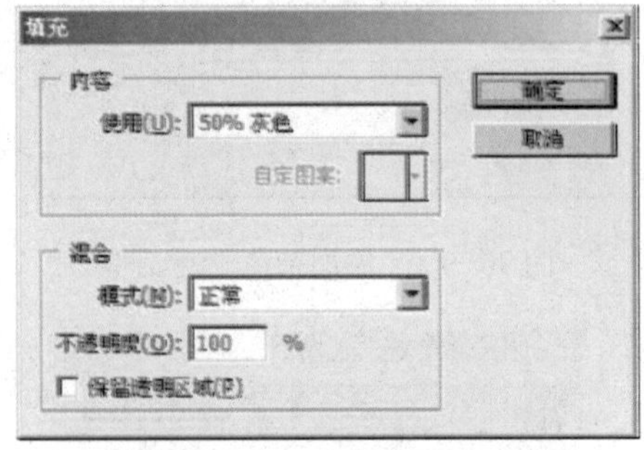

图96-7 “填充”对话框

图96-8 填充后的效果

步骤9 单击“滤镜”|“杂色”|“添加杂色”命令，在弹出的“添加杂色”对话框中设置“数量”为10（如图96-9所示），单击“确定”按钮。

步骤10 单击“滤镜”|“像素化”|“晶格化”命令，在弹出的“晶格化”对话框中设置相应的参数（如图96-10所示），单击“确定”按钮。

步骤11 单击“滤镜”|“风格化”|“查找边缘”命令，效果如图96-11所示。

步骤12 按【Ctrl+L】组合键，打开“色阶”对话框，在其中将黑色滑块拖曳至最左端（如图96-12所示），单击“确定”按钮，效果如图96-13所示。

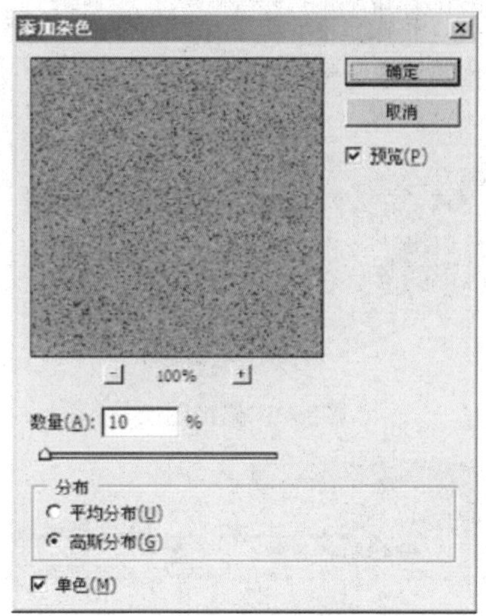

图96-9 “添加杂色”对话框

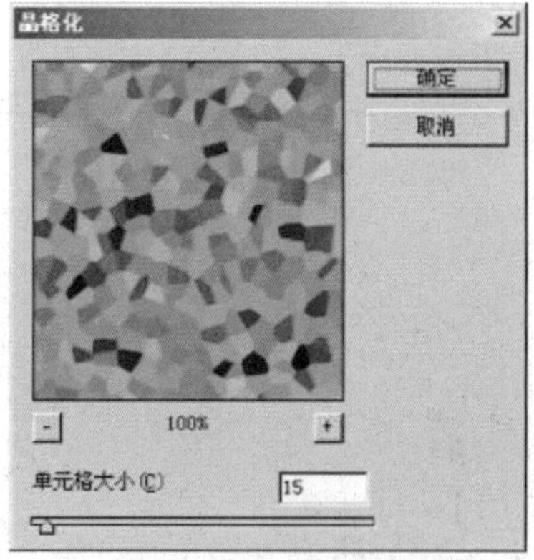

图96-10 “晶格化”对话框

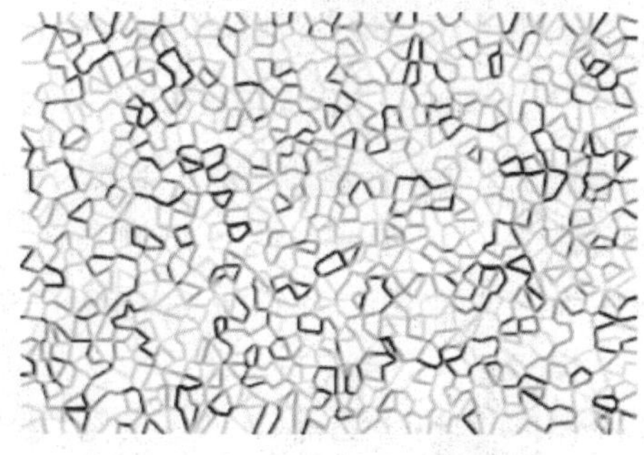

图96-11 “查找边缘”滤镜效果

步骤13 利用魔棒工具选中图像中的黑色区域，打开“图层”调板，在“背景”图层上方新建“图层1”，并设置前景色为淡黄色，对其进行填充。

步骤14 按【Ctrl+D】组合键取消选区，按住【Ctrl】键的同时单击Alpha1通道，载入其选区，单击“滤镜”｜“扭曲”｜“球面化”命令，在弹出的“球面化”对话框中设置“数量”为60，单击“确定”按钮应用滤镜。按【Ctrl+F】组合键，再次应用“球面化”滤镜，然后反选选区，按【Delete】键删除选区中的内容，并取消选区，效果如图96-14所示。

步骤15 在背景图层上方新建“图层2”，按住【Ctrl】键的同时单击“瓜皮”图层，载入其选区，将前景色设置为浅绿色并填充选区，然后取消选区。

步骤16 选择工具箱中的移动工具，将图像向下移动几个像素，再选择“图层1”，同样将图像向下移动几个像素，按住【Ctrl】键的同时单击“图层2”，载入其选区，然后反选选区，按【Delete】键删除选区中的内容，效果如图96-15所示。

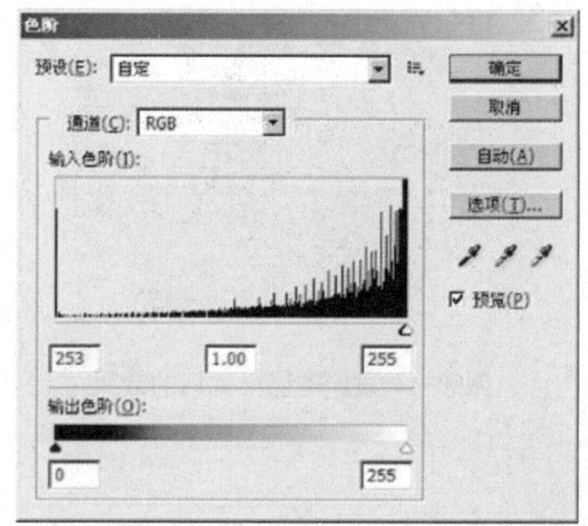

图96-12 “色阶”对话框

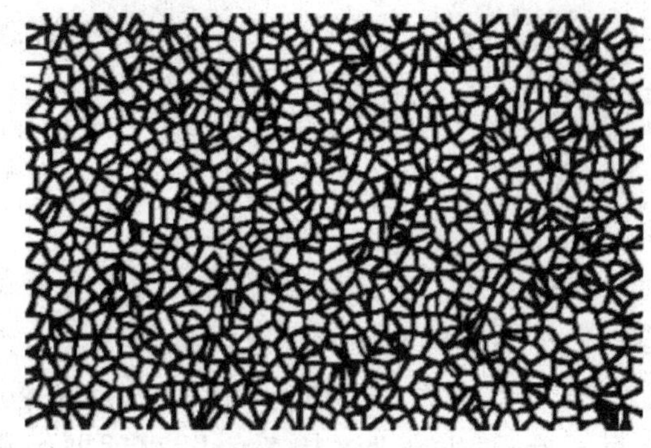

图96-13 调整“色阶”后的效果

步骤17 在“瓜皮”图层上新建一个图层，命名为“瓜肉”，按住【Ctrl】键的同时单击“瓜皮”图层，载入其选区，将前景色设置为黄色，然后对选区进行填充。

步骤18 将选区向上移动5个像素，再将选区进行羽化，设置羽化半径为7，然后反选选区，连续按2次【Delete】键删除选区中的内容，效果如图96-16所示。

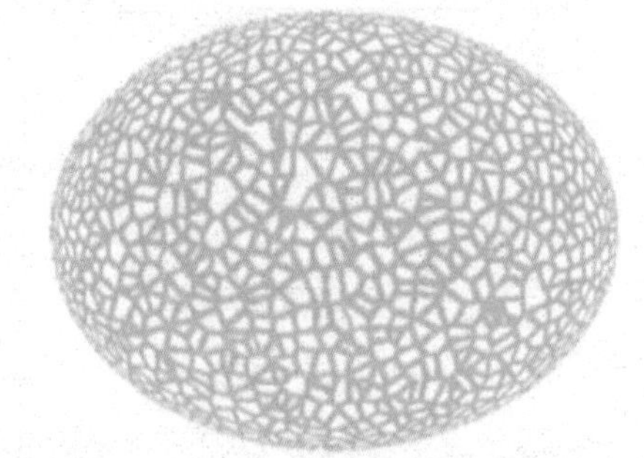

图96-14 图像效果

图96-15 图像效果

图96-16 删除选区中的内容

步骤19 用橡皮擦工具修整瓜肉的左侧，使下层的瓜皮显露出来。

步骤20 新建一个图层，为其填充50%灰色，单击"滤镜"｜"艺术效果"｜"海绵"命令，在弹出的对话框中设置"画笔大小"为1、"清晰度"为2、"平滑度"为2。

步骤21 载入瓜肉中的选区，然后反选选区，按【Delete】键删除选区中的内容，将其图层混合模式设置为"叠加"，设置"不透明度"为70%，按【Ctrl+G】组合键将该图层和"瓜肉"图层编组，然后向下合并到"瓜肉"图层中，效果如图96-17所示。

步骤22 利用钢笔工具绘制路径，然后将其转化为选区，利用工具箱中的加深工具和减淡工具对选区内图像进行修饰，效果如图96-18所示。

步骤23 反选选区，利用工具箱中的加深工具和减淡工具对选区内图像进行修饰，效果如图96-19所示。

图96-17 图像效果

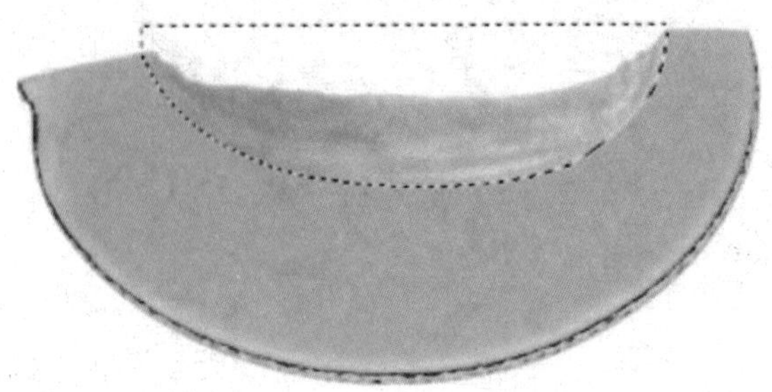

图96-18 修饰图像

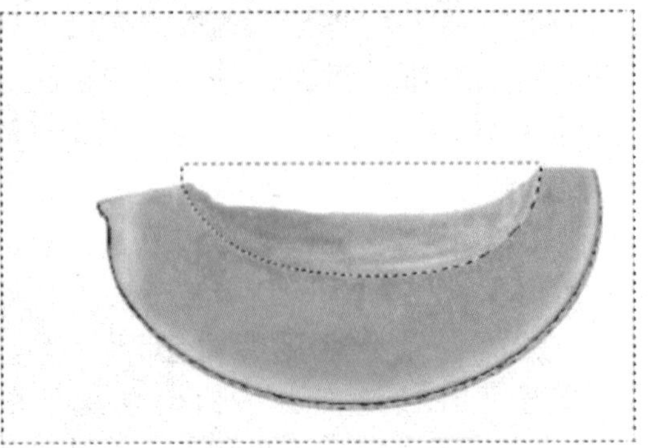

图96-19 进一步修饰图像

步骤24 取消选区，将前景色设为白色，利用画笔工具在瓜肉上进行绘制，注意设置适当的画笔笔触，哈密瓜效果如图96-20所示。

图96-20 哈密瓜效果

实例 97 MP3 播放器

本例制作MP3播放器，效果如图97-1所示。

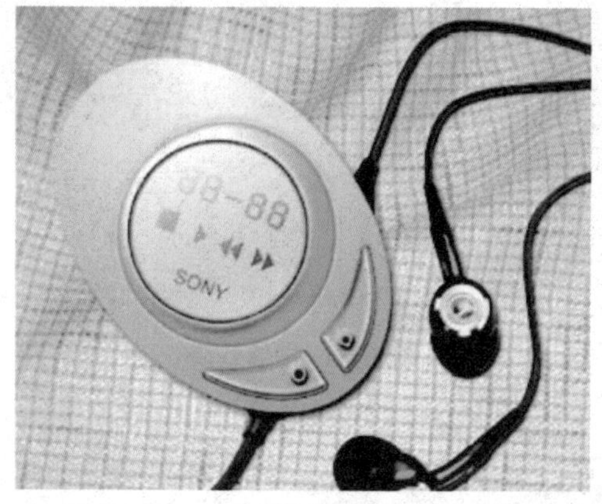

图97-1 MP3播放器

操作步骤

步骤 1 单击“文件”|“新建”命令，新建一个RGB模式的图像文件。

步骤 2 单击“图层”调板下方的“创建新图层”按钮，新建“图层1”，选择工具箱中的椭圆选框工具，在图像编辑窗口中创建一个椭圆选区，如图97-2所示。

步骤 3 将前景色设置为灰色、背景色设置为白色，选择渐变工具，在其工具属性栏中选择“前景色到背景色渐变”样式，单击“径向渐变”按钮，从选区的左上角向右下角拖曳鼠标应用渐变，效果如图97-3所示。

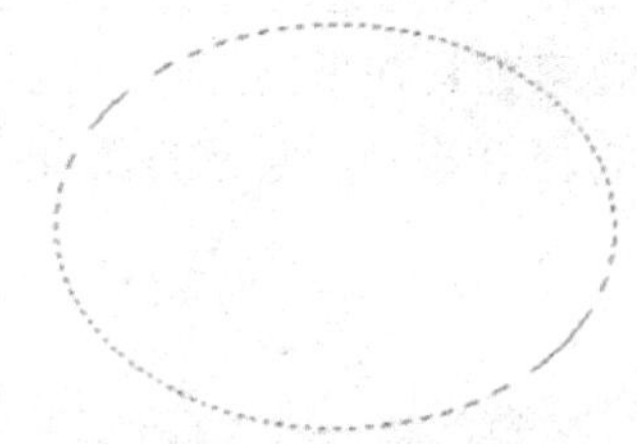
图97-2 创建椭圆选区

步骤 4 双击“图层1”，在弹出的“图层样式”对话框中选择“投影”选项，将其参数保持默认设置，再选择“内阴影”选项，设置参数如图97-4所示。

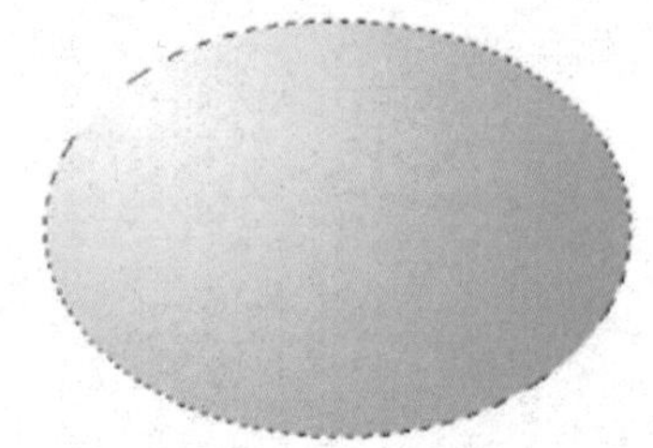
图97-3 应用渐变

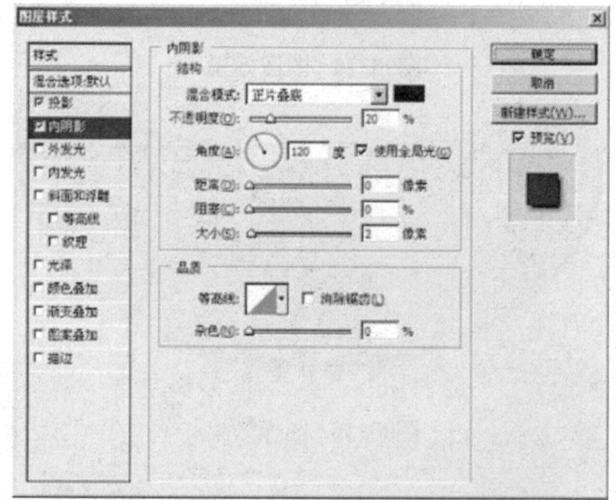

图97-4 设置内阴影参数

步骤 5 在“图层样式”对话框中选择“内发光”选项，设置各项参数（如图97-5所示），单击“确定”按钮，效果如图97-6所示。

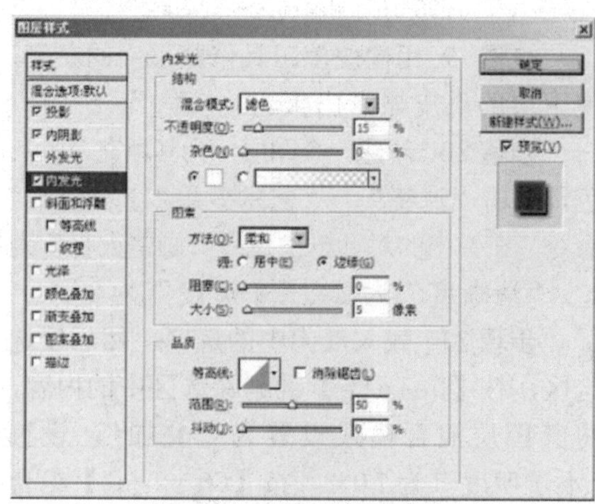

图97-5 设置内发光参数

步骤 6 新建“图层2”，选择工具箱中的椭圆选框工具，按住【Shift】键，在椭圆内拖曳鼠标创建一个正圆选区，再选择工具箱中的渐变工具，依然选择前一次使用的渐变样式，渐变方式同样是“径向渐变”，从正圆选区的左上角（圆形以外）向右下角（圆形以内）拖曳鼠标应用渐变，效果如图97-7所示。

图97-6 添加图层样式后的效果

图97-7 应用渐变

步骤7 双击“图层2”，在弹出的“图层样式”对话框中选择“投影”选项，并设置各项参数如图97-8所示。

步骤8 在“图层样式”对话框中选择“内阴影”选项，并设置各项参数，如图97-9所示。

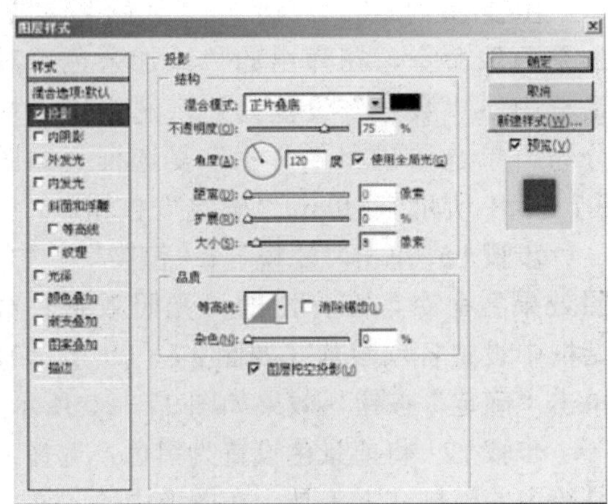

图97-8 设置投影参数

步骤9 在“图层样式”对话框中选择“外发光”选项，并设置各项参数（如图97-10所示），单击“确定”按钮。

步骤10 单击“图像”|“调整”|“亮度/对比度”命令，在弹出的“亮度/对比度”对话框中设置各项参数（如图97-11所示），单击“确定”按钮，效果如图97-12所示。

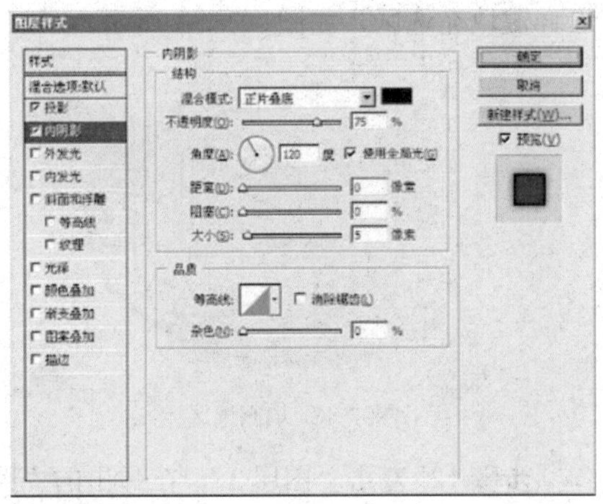

图97-9 设置内阴影参数

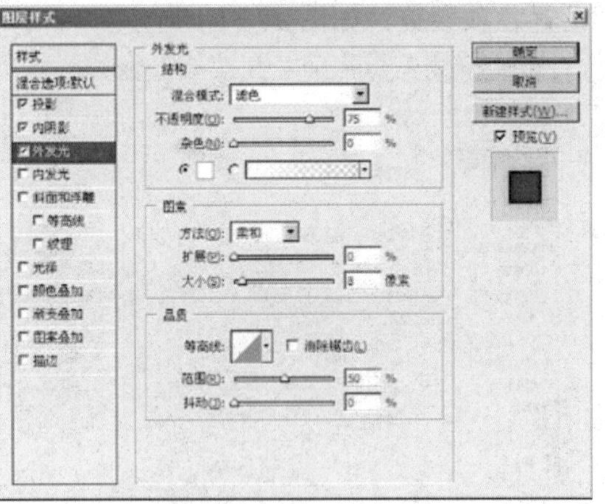

图97-10 设置外发光参数

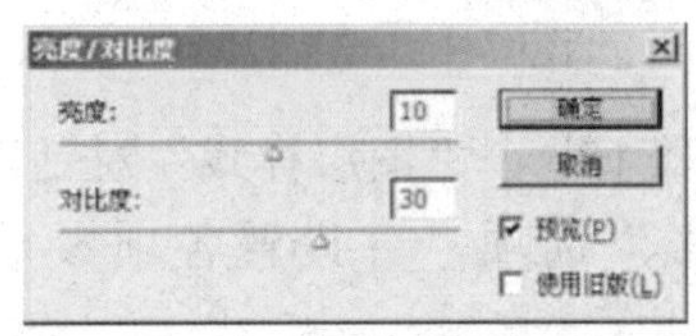

图97-11 “亮度/对比度”对话框

图97-12 调整“亮度/对比度”后的效果

步骤11 新建“图层3”，选择工具箱中的椭圆选框工具，按住【Shift】键在前一个圆形中间靠左的位置创建一个正圆选区，设置前景色为淡绿色，按【Alt+Delete】组合键填充选区，如图97-13所示。

图97-13 填充选区

步骤12 双击“图层3”，在弹出的“图层样式”对话框中选择“投影”选项，并设置各项参数，如图97-14所示。

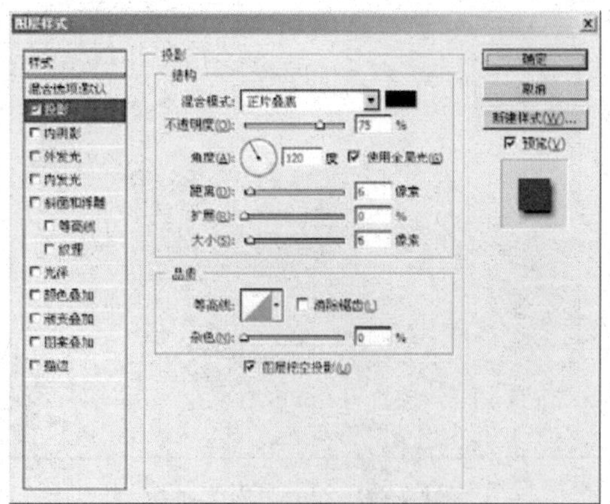

图97-14 设置投影参数

步骤13 在“图层样式”对话框中选择“内阴影”选项，并设置各项参数，如图97-15所示。

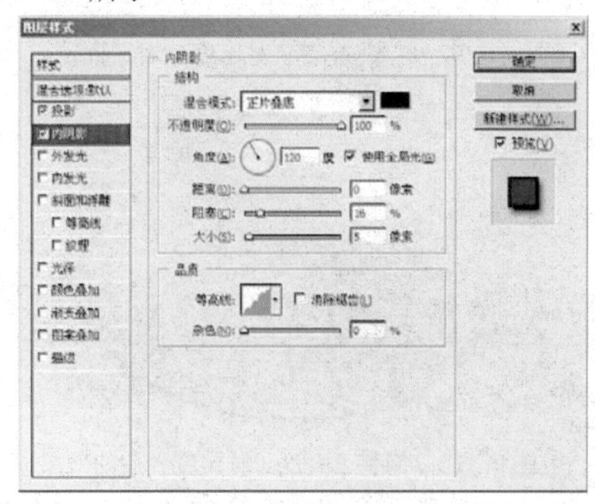

图97-15 设置内阴影参数

步骤14 在“图层样式”对话框中选择“外发光”选项，并设置各项参数（如图97-16所示），单击“确定”按钮，效果如图97-17所示。

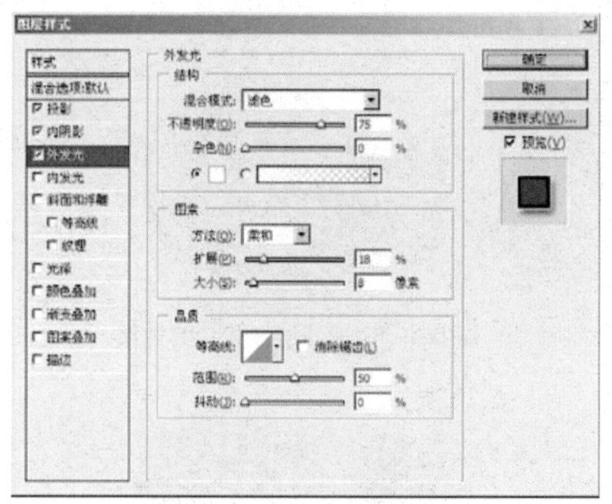

图97-16 设置外发光参数

图97-17 添加图层样式后的效果

步骤15 单击“滤镜”|“杂色”|“添加杂色”命令，在弹出的“添加杂色”对话框中将“数量”设置为1，选中“平均分布”单选按钮和“单色”复选框（如图97-18所示），单击“确定”按钮。

步骤16 单击“滤镜”|“渲染”|“光照效果”命令，在弹出的“光照效果”对话框中设置各项参数（如图97-19所示），单击“确定”按钮，效果如图97-20所示。

步骤17 将前景色设置为黑色，选择工具箱中的横排文字工具，在图像中输入文字与符号，并调整文字的字体、大小及位置，效果如图97-21所示。

步骤18 将文字图层的混合模式设置为“柔光”、“不透明度”设置为50%，效果如图97-22所示。

步骤19 将“图层1”、“图层2”、“图

层3”合并为“图层1”，确定“图层1”为当前图层，单击“编辑”|“自由变换”命令，将“图层1”进行旋转（如图97-23所示），按回车键确认变换，效果如图97-24所示。

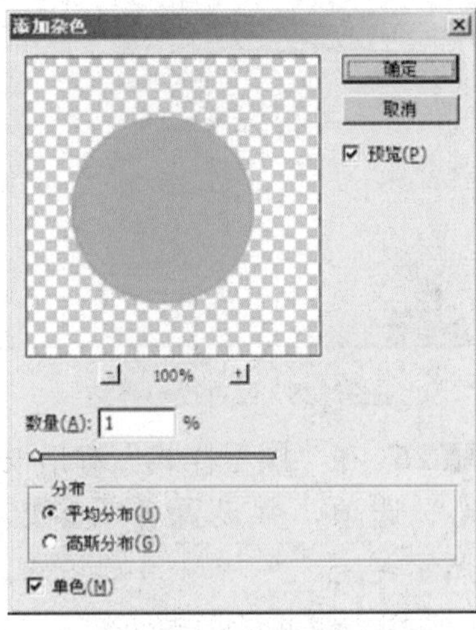

图97-18 “添加杂色”对话框

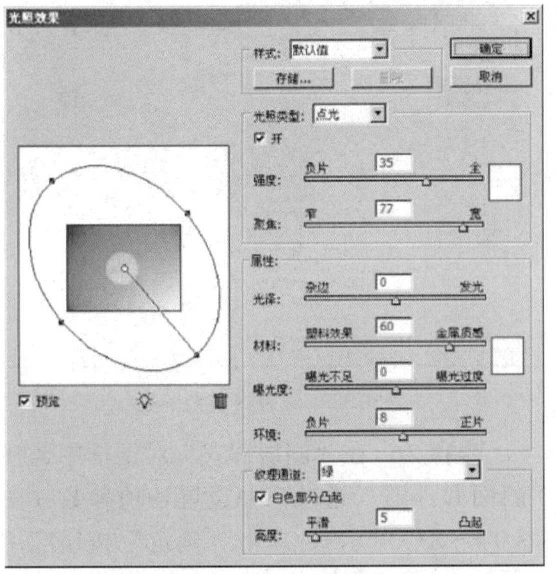

图97-19 “光照效果”对话框

图97-20 “光照效果”滤镜效果

图97-21 输入文字与符号

图97-22 设置图层混合模式及不透明度

图97-23 旋转变换图像

图97-24 旋转变换后的效果

步骤20 在“图层”调板中新建一个图层，选择工具箱中的椭圆选框工具，按住【Shift+Alt】组合键在图像中创建如图97-25所示的选区。

图97-25 创建选区

步骤21 确认前景色为白色，选择工具箱中的渐变工具，并在其工具属性栏中选择“前景色到透明渐变”样式，在选区中从右下角至左上角拖曳鼠标来填充选区，效果如图97-26所示。

步骤22 在“图层”调板中新建一个图层，选择工具箱中的钢笔工具，沿着播放器底层椭圆右下部分的弧度勾画出如图97-27所示的路径。

图97-26 应用渐变

图97-27 绘制路径

步骤23 单击“路径”调板底部的“将路径作为选区载入”按钮，将路径转化为选区，单击“图层1”使其成为当前图层，对选区中的内容进行复制，并将其粘贴到新建的图层中。

步骤24 双击该图层，在弹出的“图层样式”对话框中选择“投影”选项，并设置各项参数，如图97-28所示。

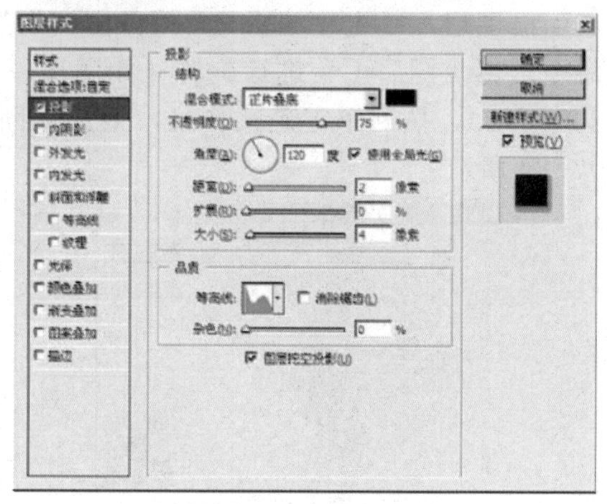

图97-28 设置投影参数

步骤25 在“图层样式”对话框中选择“内发光”选项，并设置各项参数，如图97-29所示。

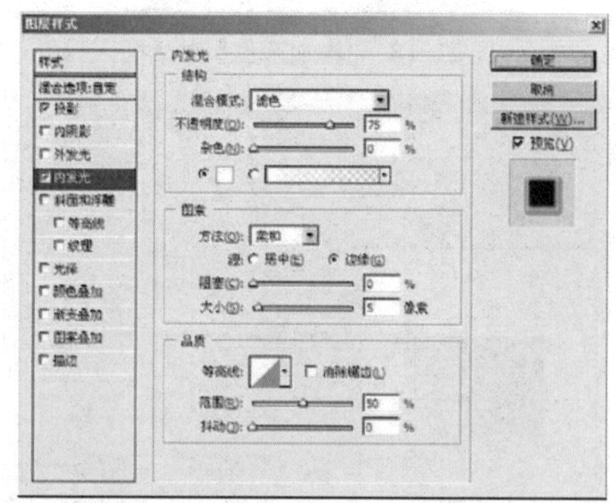

图97-29 设置内发光参数

步骤26 在“图层样式”对话框中选择“斜面和浮雕”选项，并设置各项参数（如图97-30所示），单击“确定”按钮应用设置，并在“图层”调板中将此图层的混合模式设置为“正片叠底”，效果如图97-31所示。

步骤27 单击“图像”|“调整”|“亮度/对比度”命令，在弹出的“亮度/对比度”对话框中设置相应参数（如图97-32所示），单击“确定”按钮，效果如图97-33所示。

步骤28 选择工具箱中的多边形套索工具，选择按钮的中间区域，然后将选区中的内容删除。

步骤29 在“图层”调板中新建一个图层，选择工具箱中的铅笔工具，将画笔大小设置为1，将前景色设置为黑色，在按钮上绘制两个小图标，如图97-34所示。

步骤30 用鼠标双击小图标所在的图层，在打开的“图层样式”对话框中选择“投影”选项，并设置各项参数，如图97-35所示。

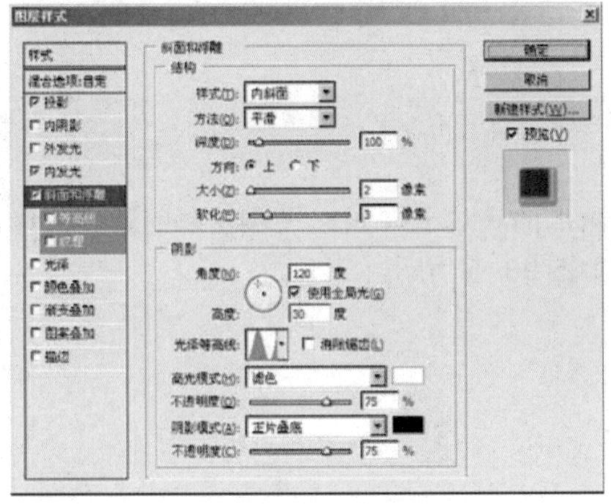

图97-30 设置斜面和浮雕参数

图97-31 添加图层样式后的效果

图97-32 “亮度/对比度”对话框

步骤31 在“图层样式”对话框中选择“内发光”选项，并设置各项参数，如图97-36所示。

步骤32 在“图层样式”对话框中选择“斜面和浮雕”选项，并设置各项参数（如图97-37所示），单击“确定”按钮，生成MP3播放器效果，如图97-38所示。

图97-33 调整“亮度/对比度”后的效果

图97-34 绘制图形

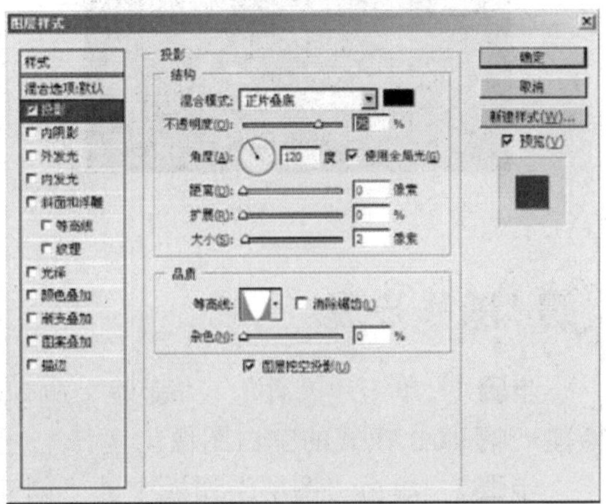

图97-35 设置投影参数

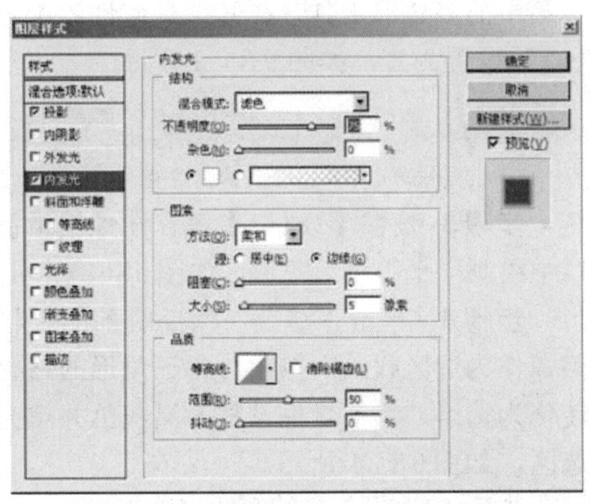

图97-36 设置内发光参数

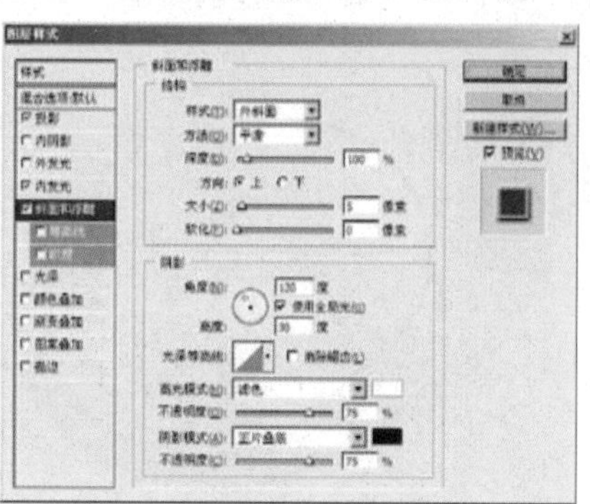
图97-37 设置斜面和浮雕参数

图97-38 添加图层样式后的效果

实例98 飞镖

本例制作古老的飞镖，效果如图98-1所示。

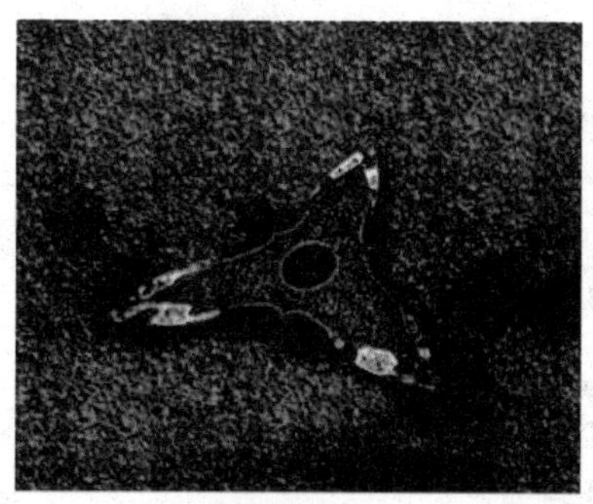
图98-1 飞镖

操作步骤

步骤1 单击“文件”|“新建”命令，新建一幅RGB模式的空白图像。

步骤2 单击“图层”调板中的“创建新图层”按钮，新建“图层1”，选择工具箱中的多边形工具，在其工具属性栏中将“边”设置为3，如图98-2所示。

图98-2 多边形工具属性栏

步骤3 按住【Shift】键在图像编辑窗口中绘制一个等边三角形，如图98-3所示。

步骤4 单击“路径”调板底部的“将路径作为选区载入”按钮，将三角形的路径转化为选区，将前景色设置为黑灰色并填充选区，如图98-4所示。

步骤5 选择工具箱中的钢笔工具，在三角形的底边上勾画出飞镖轮廓的弧度边缘，如图98-5所示。

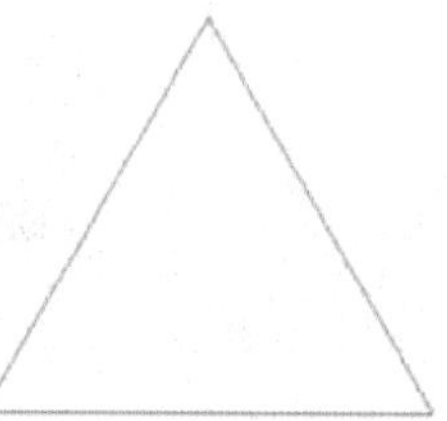
图98-3 绘制三角形

图98-4 填充三角形

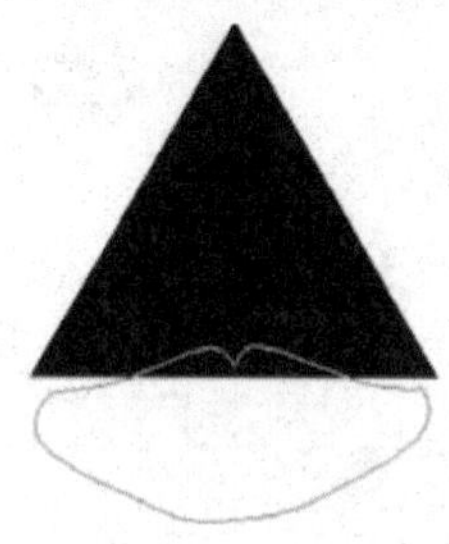
图98-5 勾画边缘

步骤6 单击“路径”调板底部的“将路径作为选区载入”按钮，将路径转化为选区，并按【Delete】键将选区中的内容删除，单击“编辑”|“自由变换”命令，对灰色的三角形进行旋转操作，如图98-6所示。

步骤7 选择工具箱中的矩形选框工具，

选中三角形的右半部分，按【Delete】键删除选区中的内容，如图98-7所示。

步骤8 复制“图层1”生成“图层1副本”图层，单击“编辑”|“变换”|“水平翻转”命令，将翻转后的半个三角形与原来的半个三角形拼接在一起，如图98-8所示。

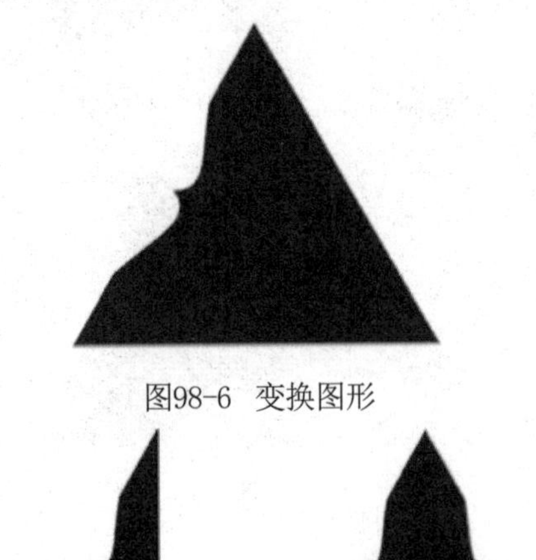

图98-6 变换图形

图98-7 删除右边部分　　图98-8 复制并拼接图形

步骤9 将“图层1副本”复制生成“图层1副本2”图层，单击“编辑”|“自由变换”命令，将图形旋转120度，如图98-9（左）所示。再将此三角形移至由“图层1”与“图层1副本”所组成的三角形的底部，并调整其位置与大三角形的左右两边吻合，如图98-9（右）所示。

图98-9 调整图形

步骤10 选择工具箱中的多边形套索工具，在“图层1副本2”中三角形的左上角部分创建选区，如图98-10（左）所示。按【Delete】键将选区中的内容删除，效果如图98-10（右）所示。

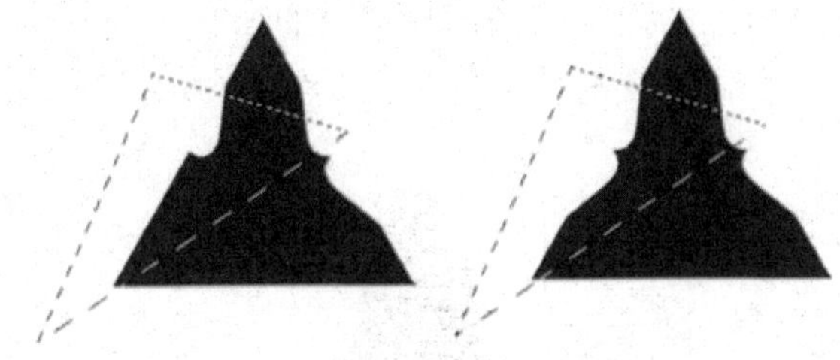

图98-10 创建选区并删除其中的内容

步骤11 单击“图层1副本”图层，使其成为当前图层，选择工具箱中的套索工具创建选区，并按【Delete】键删除选区中的内容，如图98-11所示。

步骤12 单击“图层1”使其成为当前图层，选择工具箱中的套索工具创建选区，并按【Delete】键删除选区中的内容，如图98-12所示。

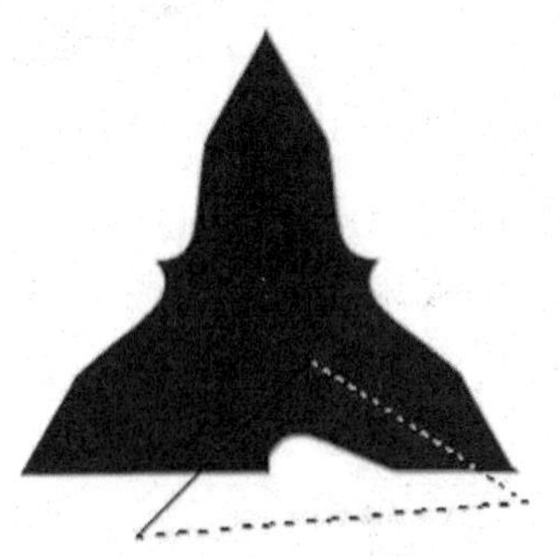

图98-11 创建选区并删除其中的内容（一）

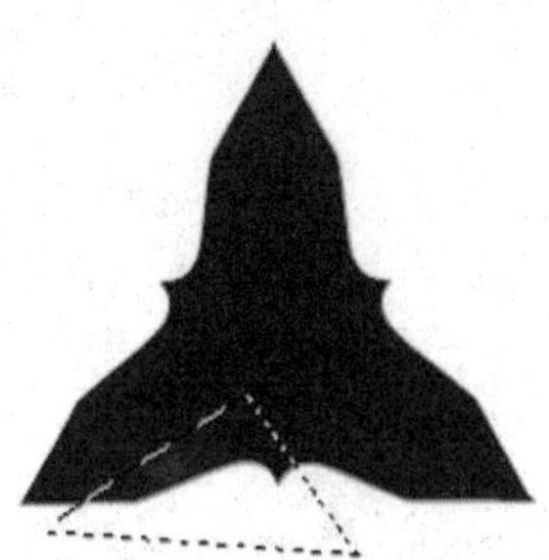

图98-12 创建选区并删除其中的内容（二）

步骤13 将3个三角形所在图层进行合并，选择工具箱中的椭圆选框工具，按住【Shift】键在三角形的正中创建一个正圆形选区，并按【Delete】键删除选区中的内容，如图98-13所示。

步骤14 单击“编辑”|“自由变换”命令，按住【Ctrl】键的同时拖动变换框四个角上的控制柄来调整三角的形状，使其产生立体透视的效果，如图98-14所示。

图98-13 删除选区内容

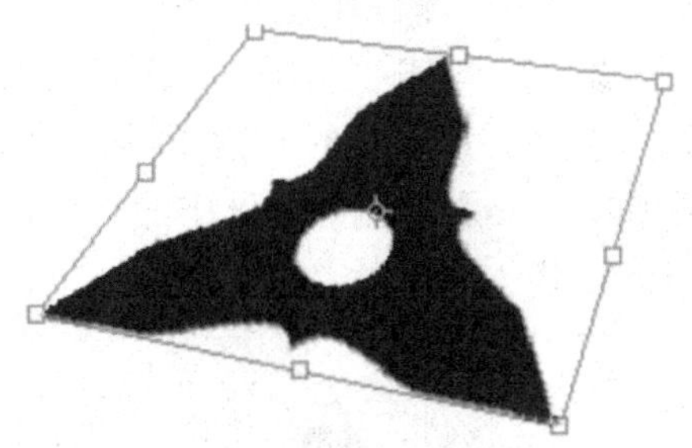

图98-14 变换三角形

步骤15 按住【Ctrl】键的同时单击三角形图层，载入其选区，按【D】键将前景色与背景色还原为默认值，单击“滤镜”|“渲染”|“云彩”命令，应用云彩滤镜。

步骤16 单击“滤镜”|“画笔描边”|“阴影线”命令，在弹出的“阴影线”对话框中设置各项参数（如图98-15所示），单击“确定”按钮，效果如图98-16所示。

图98-15 “阴影线”对话框

步骤17 按住【Ctrl+Alt】组合键，再按4次键盘上的向上方向键复制图层，效果如图98-17所示。

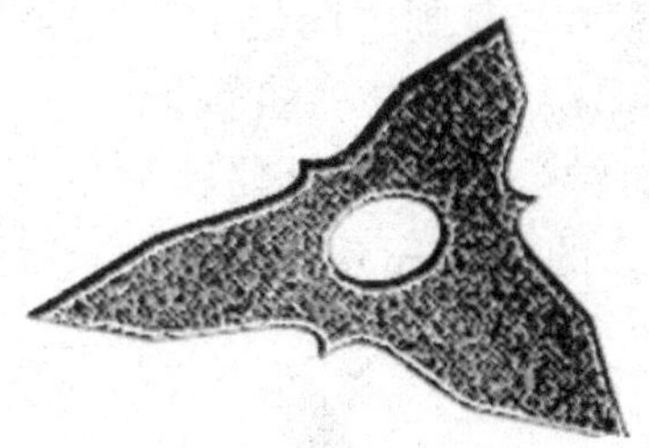

图98-16 “阴影线”滤镜效果

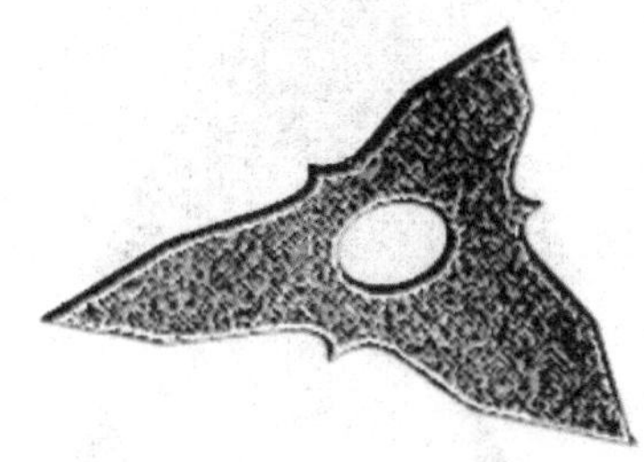

图98-17 复制图层

步骤18 单击“滤镜”|“艺术效果”|“霓虹灯光”命令，在弹出的“霓虹灯光”对话框中将“发光大小”设置为20、“发光亮度”设置为10，将“发光颜色”设置为橙色（RGB参数值分别为150、120、0），如图98-18所示。单击“确定”按钮，效果如图98-19所示。

图98-18 “霓虹灯光”对话框

图98-19 “霓虹灯光”滤镜效果

步骤19 单击“图层”调板底部的“创建新图层”按钮新建一个图层，选择工具箱中的钢笔工具，沿着飞镖边缘的轮廓勾画出飞镖外围的刀刃，如图98-20所示。

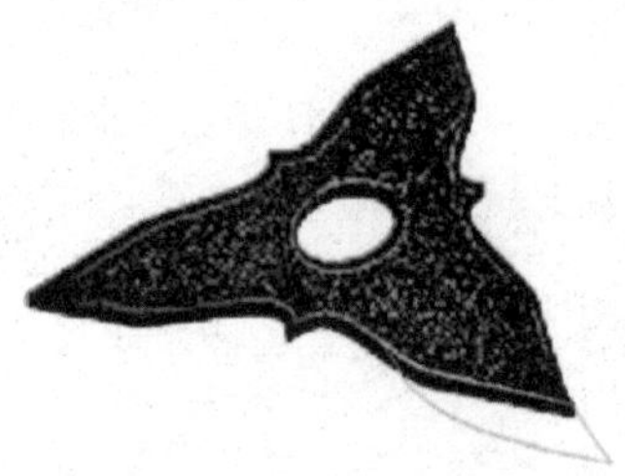

图98-20 绘制刀刃

步骤20 选择工具箱中的直接选择工具，选中绘制的路径，单击“路径”调板底部的“将路径作为选区载入”按钮，将路径转换为选区，选择工具箱中的渐变工具，并在工具属性栏中编辑渐变（如图98-21所示），在选区中填充渐变色，如图98-22所示。

图98-21 渐变工具属性栏

图98-22 应用渐变

步骤21 用同样的方法制作其他刀刃效果，如图98-23所示。

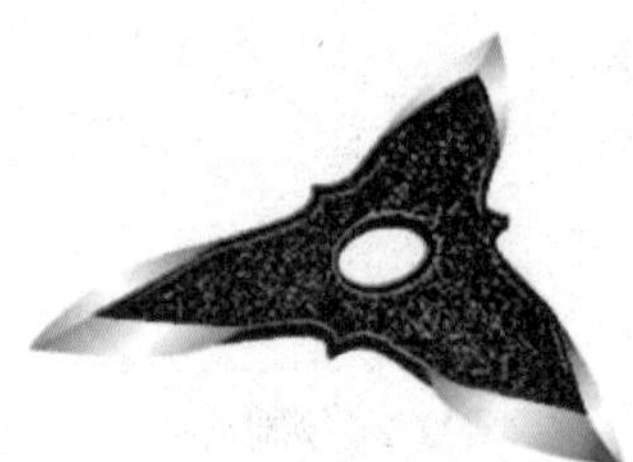

图98-23 刀刃效果

步骤22 将刀刃所在的图层拖曳到“图层”调板底部的“创建新图层”按钮上面，复制一个刀刃图层，单击“滤镜”|“风格化”|“照亮边缘”命令，在弹出的“照亮边缘”对话框中设置相应参数（如图98-24所示），单击“确定”按钮，效果如图98-25所示。

步骤23 单击“滤镜”|“素描”|“便条纸”命令，在弹出的“便条纸”对话框中设置相应参数（如图98-26所示），单击“确定”按钮，然后在“图层”调板中将此图层的混合模式设置为“差值”，效果如图98-27所示。

步骤24 单击“滤镜”|“画笔描边”|“强化的边缘”命令，在弹出的“强化的边缘”对话框中设置相应参数，如图98-28所示。完成设置后将此图层的混合模式设置为“差值”，效果如图98-29所示。

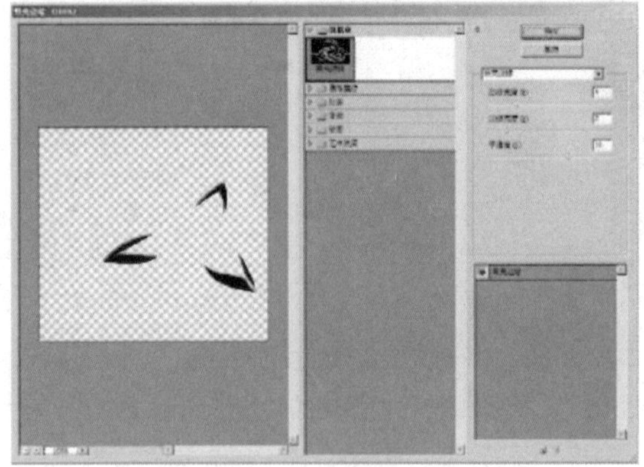

图98-24 “照亮边缘”对话框

图98-25 “照亮边缘”滤镜效果

图98-26 “便条纸”对话框

步骤25 合并除背景图层之外的所有图层，然后在“图层”调板中双击合并后的图层，在弹出的“图层样式”对话框中设置各项参数，如图98-30所示。单击“确定”按钮，得到的飞镖效果如图98-31所示。

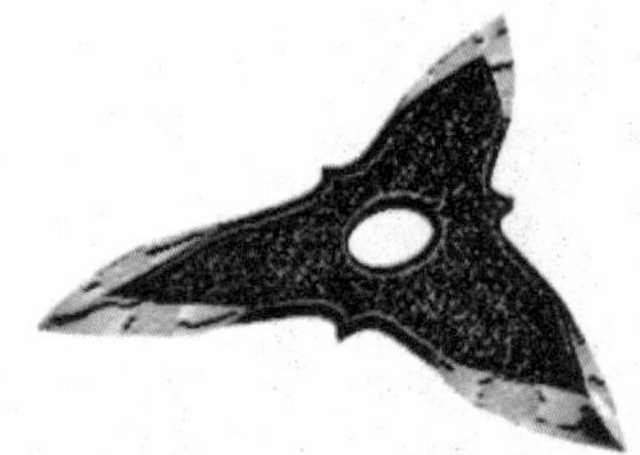

图98-27 “便条纸”滤镜效果

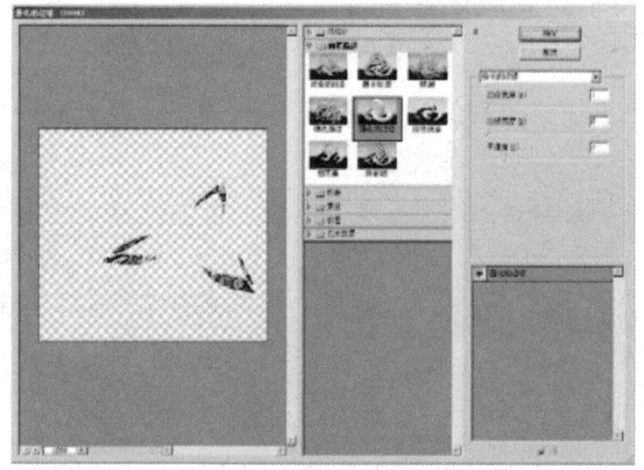

图98-28 “强化的边缘”对话框

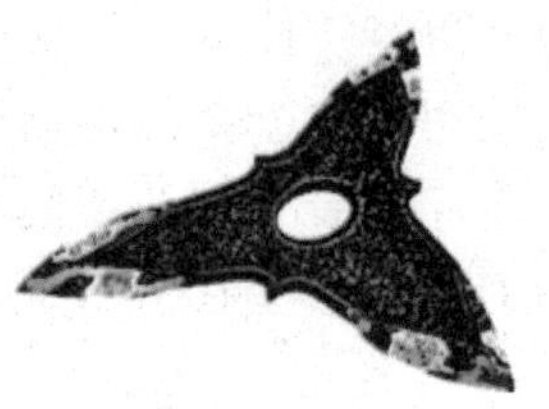

图98-29 “强化的边缘”滤镜效果

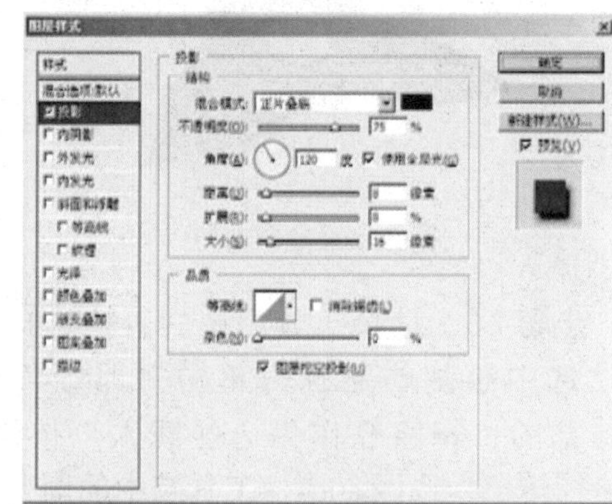

图98-30 “图层样式”对话框

图98-31 飞镖效果

实例99 剑行天下

本例制作宝剑，效果如图99-1所示。

图99-1 宝剑

操作步骤

步骤1 单击“文件”|“新建”命令，新建一个RGB模式的图像文件。

步骤2 在“图层”调板中新建“图层1”，选择工具箱中的钢笔工具，绘制半边剑刃的路径，如图99-2所示。

图99-2 绘制路径

步骤3 在“路径”调板中将路径转化为选区，将前景色设置为灰色（RGB参数值分别为180、180、180）并填充选区。

步骤4 双击“图层1”，在弹出的“图层样式”对话框中选择“内阴影”选项，在其中进行参数设置，如图99-3所示。

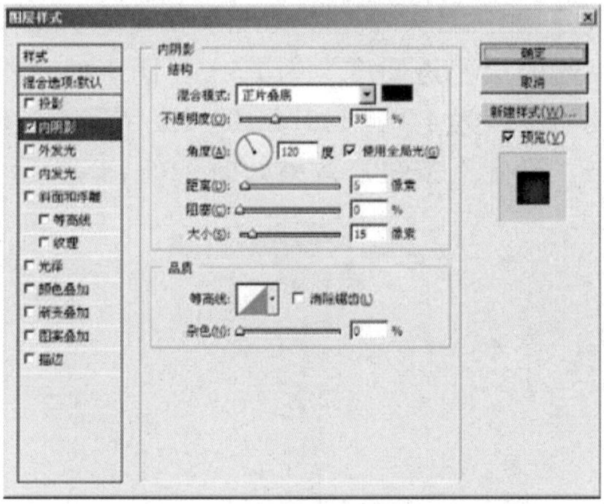

图99-3 设置内阴影参数

步骤5 在“图层样式”对话框中选择“内发光”选项，将内发光的发光色设置为白色，在“图素”选项区中设置“源”为“居中”、“阻塞”为0%、“大小”为6（如图99-4所示），单击“确定”按钮，效果如图99-5所示。

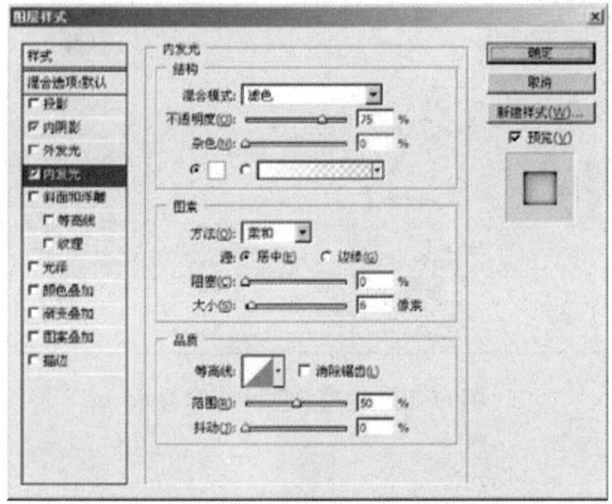

图99-4 设置内发光参数

图99-5 添加图层样式后的效果

步骤6 复制“图层1”，生成“图层1副本”图层，单击“编辑”|“变换”|“水平翻转”命令，按住【Shift】键的同时水平移动“图层1副本”中的图像，获得右半边剑刃，将两个半边的剑刃合并得到完整的剑刃，如图99-6所示。

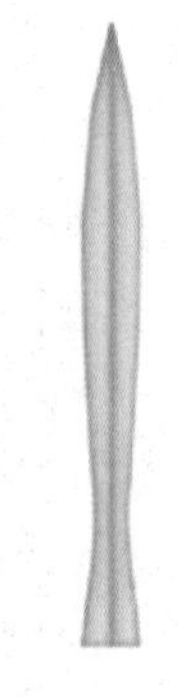

图99-6 复制剑刃

步骤7 复制“图层1副本”图层，生成“图层1副本2”图层，单击“滤镜”|“素描”|“铬黄”命令，在弹出的“铬黄渐变”对话框中将“细节”设置为0、“平滑度”设置为10（如图99-7所示），单击“确定”按钮，效果如图99-8所示。

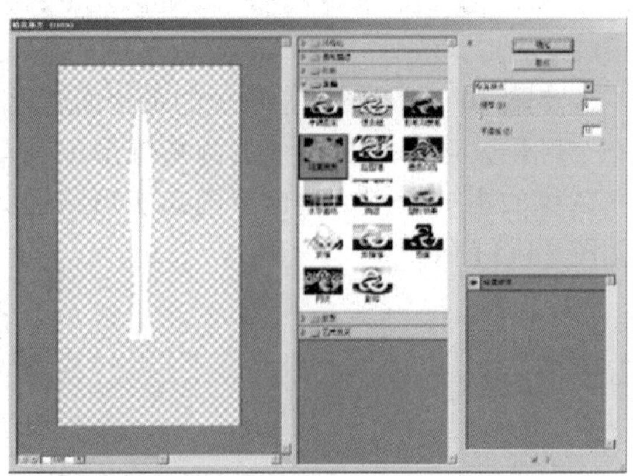

图99-7 “铬黄渐变”对话框

图99-8 铬黄效果

步骤8 双击“图层1副本2”图层，在弹出的“图层样式”对话框中选择“内发光”选项，将“不透明度”设置为100%，将发光色设置为白色，在“图素”选项区中设置“源”为“居中”、“阻塞”为45%、“大小”为35（如图99-9所示），单击“确定”按钮。

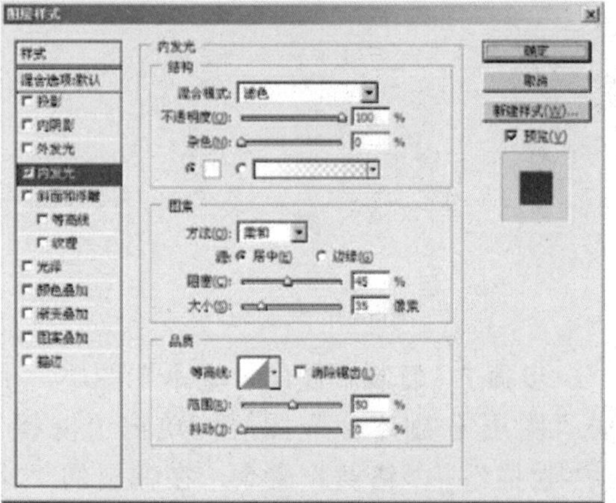

图99-9 设置内发光参数

步骤9 将“图层1副本2”图层的混合模式设为“正片叠底”，效果如图99-10所示。

步骤10 在“图层”调板的最上面新建一个图层，选择工具箱中的圆角矩形工具，在剑身的中下部位绘制一个圆角矩形路径，如图99-11所示。

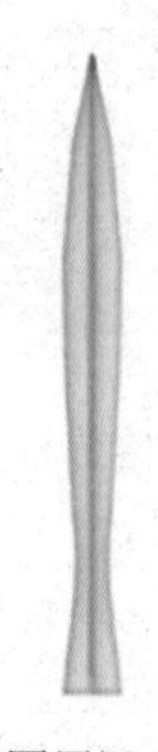

图99-10 改变图层混合模式后的图像

步骤11 在“路径”调板中将圆角矩形路径转换为选区，并为其填充深灰色，双击此图层，在弹出的“图层样式”对话框中选择“外发光”和“内发光”选项，将发光色均设置为白色，其他参数保持不变。

步骤12 在“图层样式”对话框中选择“斜面和浮雕”选项，设置“样式”为“枕状浮雕”、“大小”为6、“软化”为0、高光的“不透明度”为75%、阴影的“不透明度”为40%（如图99-12所示），单击“确定”按钮，效果如图99-13所示。

图99-11 创建圆角矩形路径

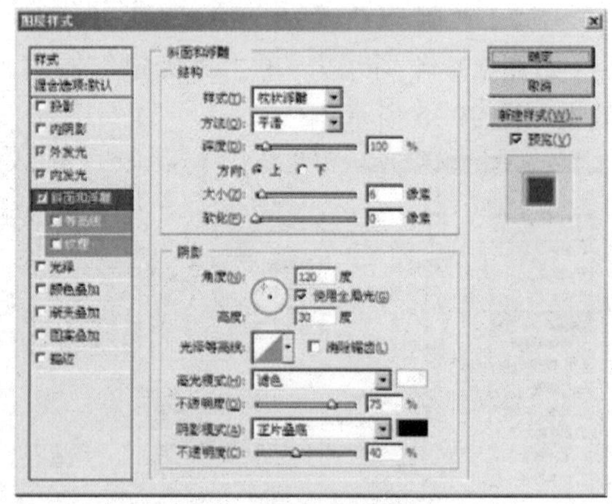

图99-12 设置斜面和浮雕参数

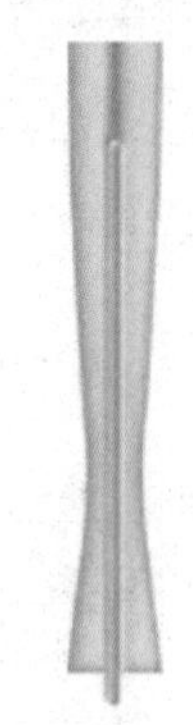

图99-13 添加图层样式后的效果

步骤13 除了背景图层之外，将其余的图层合并，然后在“图层”调板中新建一个图层，利用工具箱中的钢笔工具绘制半边剑柄的路径，如图99-14所示。

步骤14 在“路径”调板中将半边剑柄

的路径转换为选区并用深灰色填充，复制这半边剑柄图形，单击“编辑”|“变换”|“水平翻转”命令，然后将水平翻转后的图形跟另外半边剑柄合并，如图99-15所示。

步骤15 按住【Ctrl】键的同时单击剑柄所在图层，载入其选区，在“通道”调板中新建一个通道并填充为白色，如图99-16所示。

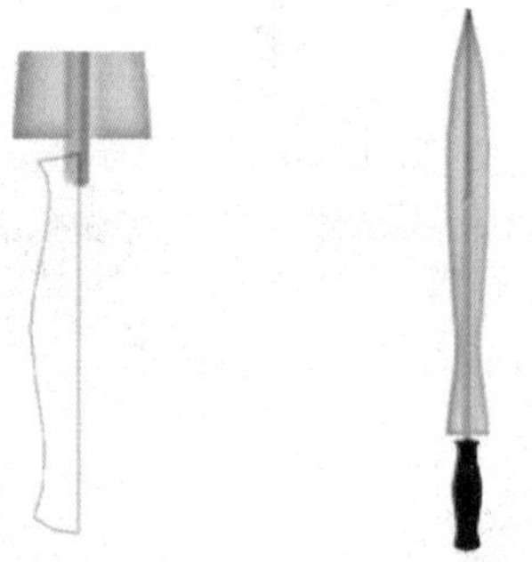

图99-14 绘制路径　　图99-15 复制剑柄

步骤16 单击“滤镜”|“模糊”|“高斯模糊”命令，在弹出的“高斯模糊”对话框中将“半径”设置为2.5（如图99-17所示），单击“确定”按钮。

步骤17 单击“滤镜”|“渲染”|“光照效果”命令，在弹出的“光照效果”对话框中设置各项参数（如图99-18所示），单击“确定”按钮。

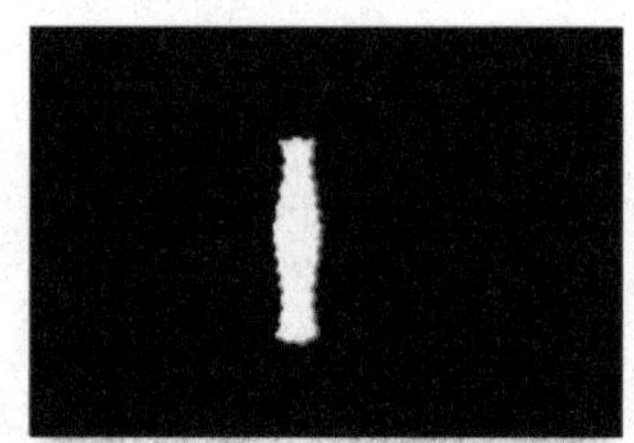

图99-16 新建通道并填充白色

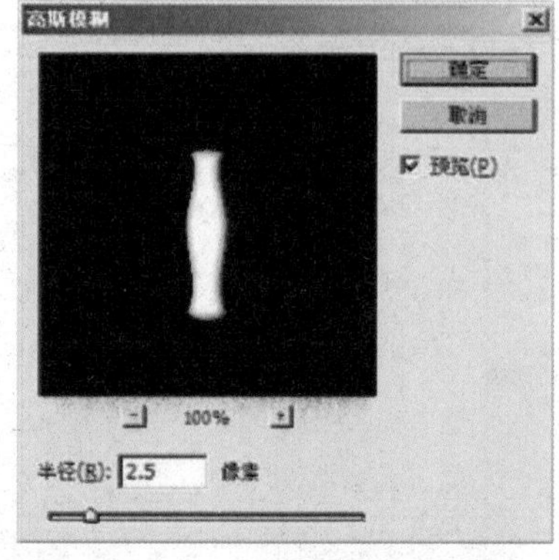

图99-17 “高斯模糊”对话框

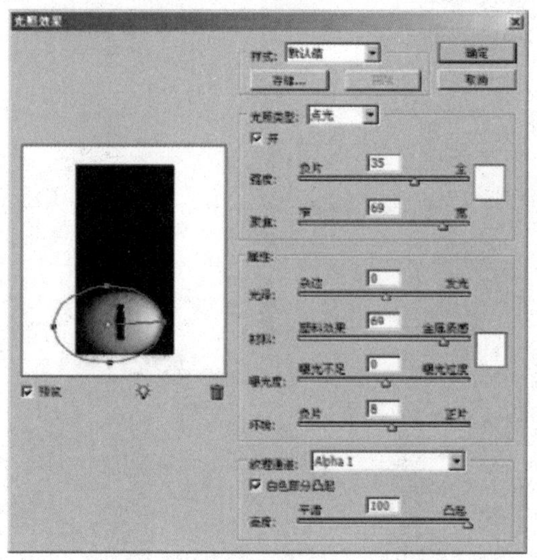

图99-18 “光照效果”对话框

步骤18 双击剑柄图层，在弹出的“图层样式”对话框中选择“斜面和浮雕”选项，设置各项参数如图99-19所示。单击“确定”按钮，效果如图99-20所示。

步骤19 利用工具箱中的钢笔工具，将剑柄的中间一段沿着剑柄的弧度勾勒出来，如图99-21所示。

步骤20 在“路径”调板中将路径转换为选区，在剑柄所在图层上单击鼠标右键，在弹出的快捷菜单中选择“通过拷贝的图层”选项，将产生一个新的图层，单击“编辑”|“自由变换”命令，将剑柄的中间部分横向拉伸一定距离，如图99-22所示。

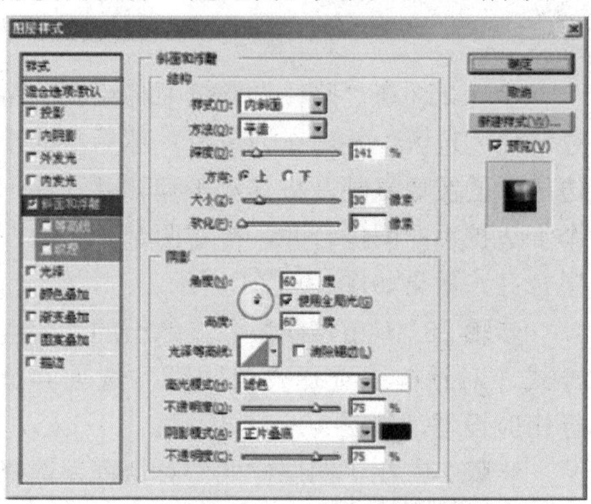

图99-19 设置斜面和浮雕参数

步骤21 在“图层”调板的最上层新建一个图层，用钢笔工具勾画出半边护手的路径，如图99-23所示。

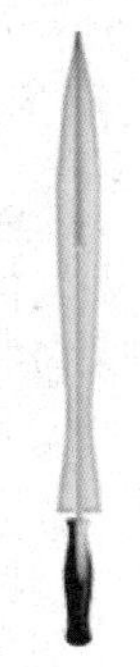

图99-20 斜面和浮雕效果

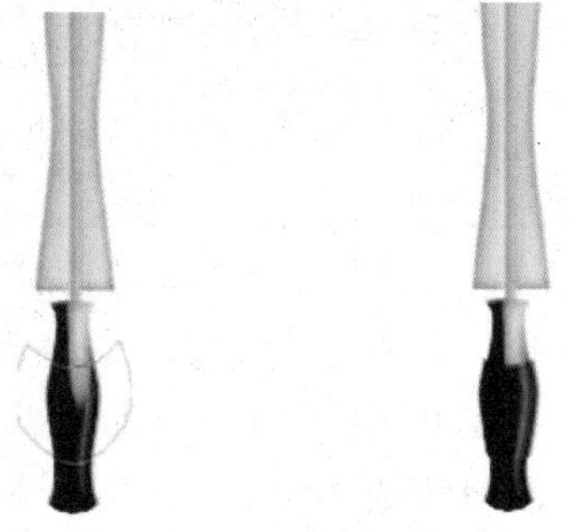

图99-21 绘制路径　　图99-22 完成剑把的制作

图99-23 绘制路径

步骤22 在“路径”调板中将绘制的路径转化为选区，并填充为灰色，然后将此半边护手的图像复制，将其水平翻转并与前一个半边护手的图像合并，再将两个护手的图层合并，效果如图99-24所示。

步骤23 双击该图层，在弹出的“图层样式”对话框中选择“内阴影”选项并进行相应设置，如图99-25所示。

步骤24 在“图层样式”对话框中选择“内发光”选项并进行相应设置，如图99-26所示。

步骤25 在“图层样式”对话框中选择“渐变叠加”选项，将渐变叠加中的“缩放”设置为90%，其他选项保持不变（如图99-27所示），单击“确定”按钮，效果如图99-28所示。

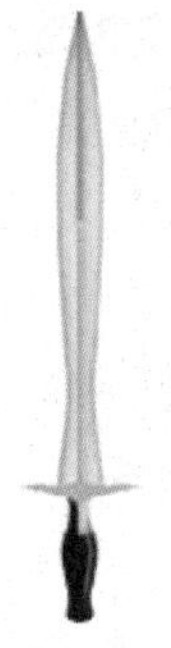

图99-24 完成护手的制作

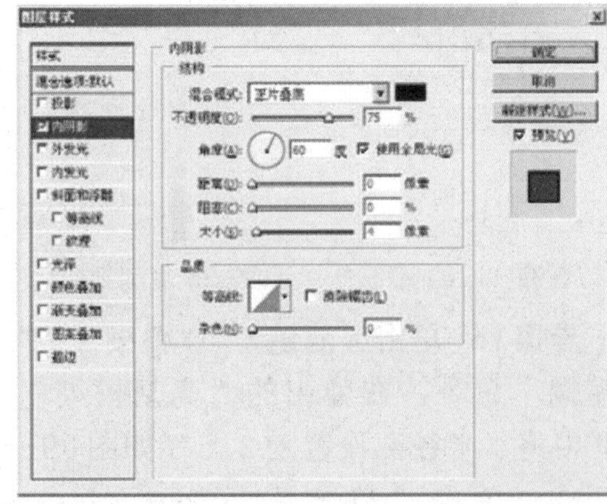

图99-25 设置内阴影参数

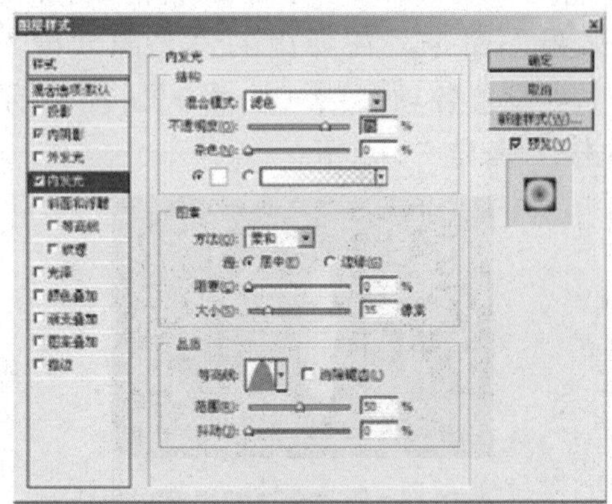

图99-26 设置内发光参数

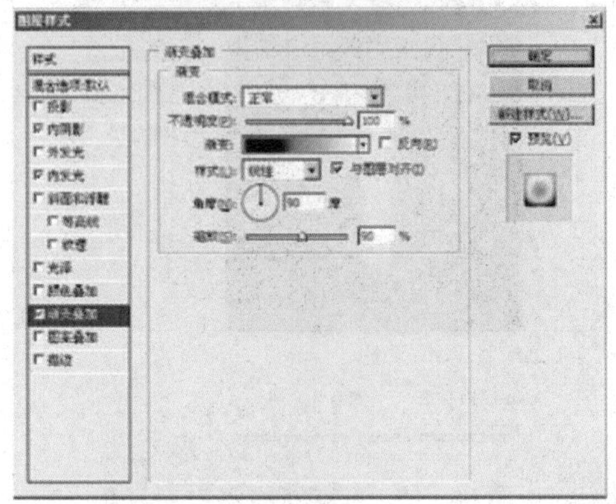

图99-27 设置渐变叠加参数

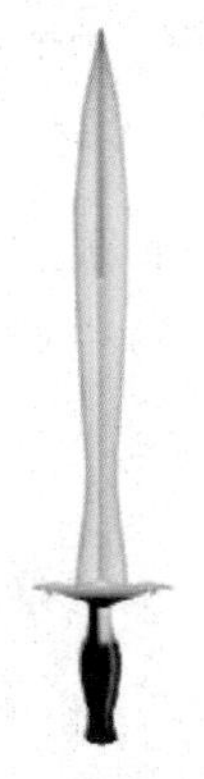

图99-28 添加图层样式后的效果

步骤 26 在“图层”调板中单击剑身所在的图层，使其成为当前图层，单击“图像”｜“调整”｜“色彩平衡”命令，在弹出的“色彩平衡”对话框中设置各项参数（如图 99-29 所示），单击“确定”按钮，效果如图 99-30 所示。

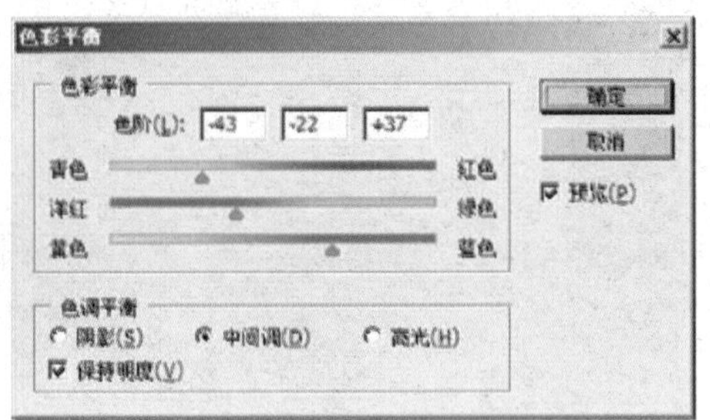

图 99-29 “色彩平衡”对话框

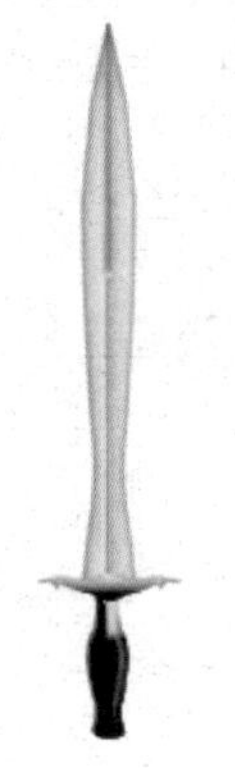

图 99-30 调整“色彩平衡”后的效果

步骤 27 在“图层”调板中单击剑柄所在的图层，使其成为当前图层，单击“图像”｜“调整”｜“色彩平衡”命令，在弹出的“色彩平衡”对话框中设置各项参数（如图 99-31 所示），单击“确定”按钮，效果如图 99-32 所示。

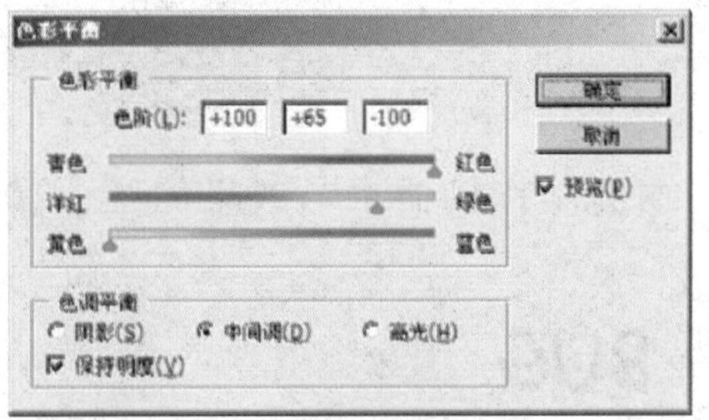

图 99-31 “色彩平衡”对话框

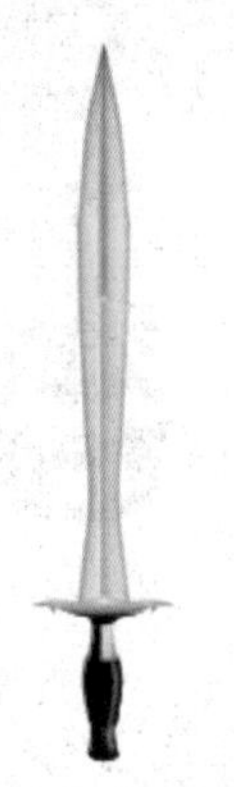

图 99-32 调整“色彩平衡”后的效果

步骤 28 在“图层”调板中单击握手所在的图层，使其成为当前图层，单击“图像”｜“调整”｜“色彩平衡”命令，在弹出的“色彩平衡”对话框中设置各项参数（如图 99-33 所示），单击“确定”按钮，宝剑效果如图 99-34 所示。

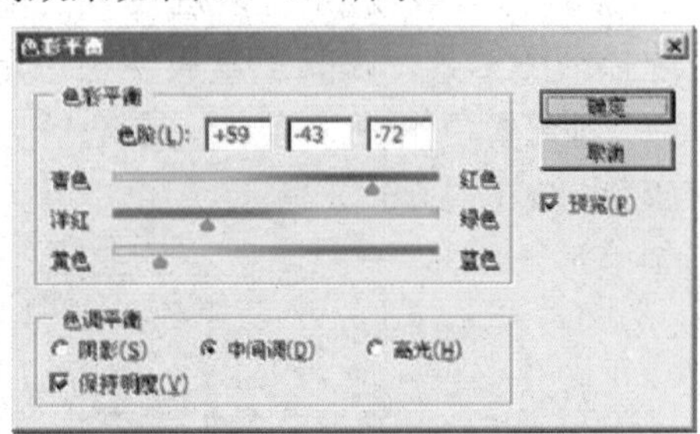

图 99-33 “色彩平衡”对话框

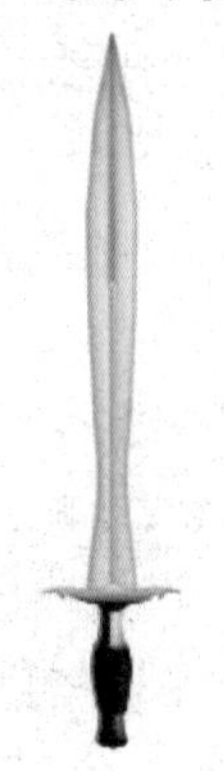

图99-34 宝剑效果

实例100 机器虫

本例制作机器虫，效果如图100-1所示。

图100-1 机器虫

操作步骤

步骤1 单击“文件”|“新建”命令，新建一个RGB模式的图像文件。

步骤2 新建一个图层，并命名为“头”，利用钢笔工具绘制如图100-2所示的路径，然后利用“路径”调板将路径转化为选区。

步骤3 将前景色和背景色设置为默认值，选择渐变工具，在其工具属性栏中选择“前景色到背景色渐变”样式，在选区内填充渐变色，如图100-3所示。

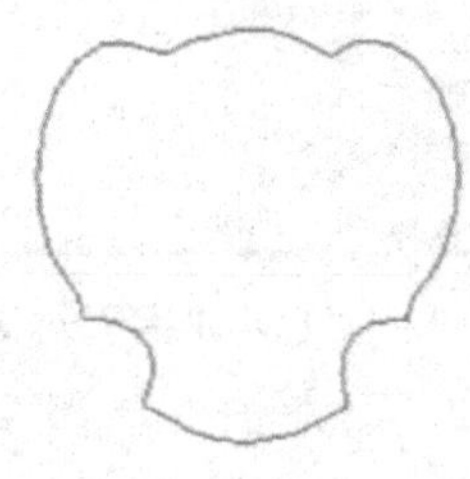

图100-2 绘制路径

步骤4 双击“头”图层，在弹出的“图层样式”对话框中选择“投影”选项，设置“不透明度”为28%、“角度”为90，其余参数保持默认设置，如图100-4所示。

步骤5 在“图层样式”对话框中选择“描边”选项，设置“大小”为1、“位置”为“外部”、“不透明度”为26、“填充类型”为“颜色”，如图100-5所示。

图100-3 渐变填充

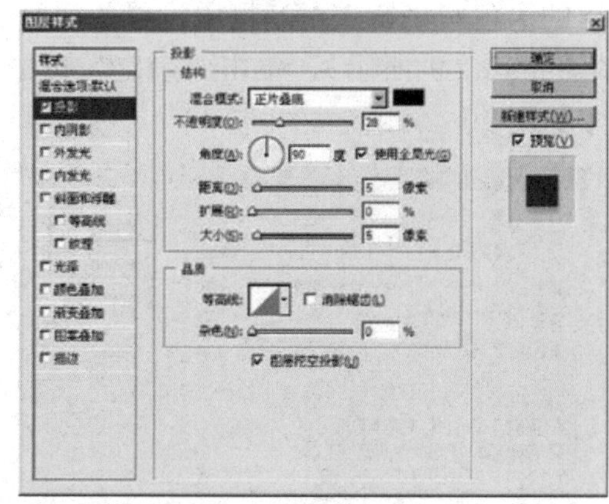

图100-4 设置投影参数

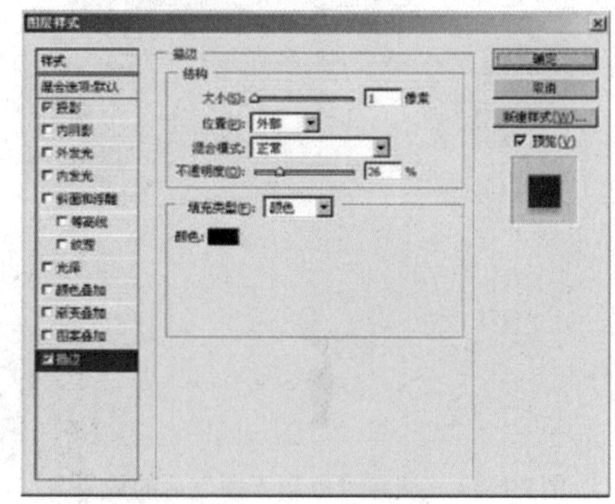

图100-5 设置描边参数

步骤6 设置完成后单击“确定”按钮，效果如图100-6所示。

步骤7 单击“图层”|“新建调整图层”|“曲线”命令，弹出如图100-7所示的“新建图层”对话框，在其中选中“使用前一

图层创建剪贴蒙版”复选框，单击“确定”按钮，在弹出的“调整”调板中对曲线进行调整（如图100-8所示），完成操作后单击“确定”按钮，为机器虫的头部添加光泽，使其更具金属质感。

图100-6 添加图层样式后的效果

图100-7 “新建图层”对话框

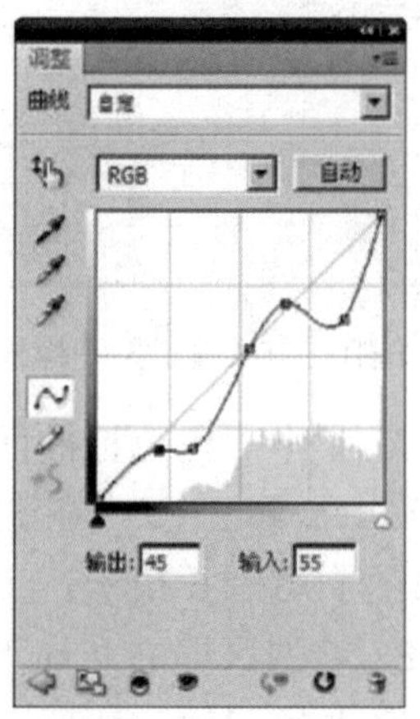

图100-8 “调整”调板

步骤8 单击“图层”|“新建调整图层”|“亮度/对比度”命令，弹出“新建图层”对话框，在其中选中“使用前一图层创建剪贴蒙版”复选框，单击“确定”按钮，在打开的“调整”调板中设置“亮度”为6、“对比度”为11（如图100-9所示），单击“确定”按钮，效果如图100-10所示。

步骤9 新建一个图层，将其命名为“眼睛”，利用椭圆选框工具在机器虫头部的一侧创建椭圆选区，参照步骤（3）中设置渐变的方式来填充椭圆选区。

步骤10 取消选区，复制“眼睛”图层，得到“眼睛 副本”图层，选择工具箱中的移动工具，按住【Shift】键的同时将“眼睛副本”图层移至机器虫头部的另一侧。

步骤11 单击“编辑”|“变换”|“水平翻转”命令，将“眼睛 副本”图层水平翻转，然后将“眼睛”图层与“眼睛 副本”图层合并，将合并后的图层命名为“眼睛”，效果如图100-11所示。

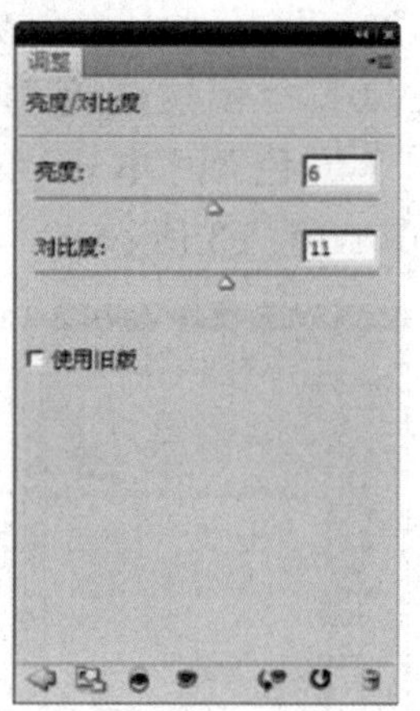

图100-9 “调整”调板

图100-10 调整“亮度/对比度”后的效果

图100-11 制作机器虫的眼睛

步骤12 单击“图层”|“新建调整图层”|“曲线”命令，弹出“新建图层”对话框，在其中选中“使用前一图层创建剪贴蒙版”复选框，单击“确定”按钮，在

打开的“调整”调板中对曲线进行调整（如图100-12所示），完成操作后单击“确定”按钮，使对比效果更明显。

步骤13 双击“眼睛”图层，在弹出的“图层样式”对话框中选择“内阴影”选项，设置“不透明度”为28%、“距离”为2、“大小”为4，其余参数保持默认设置。

步骤14 在“图层样式”对话框中选择“描边”选项，设置“大小”为1、“位置”为“外部”、“不透明度”为68%、“颜色”为“黑色”，单击“确定”按钮，效果如图100-13所示。

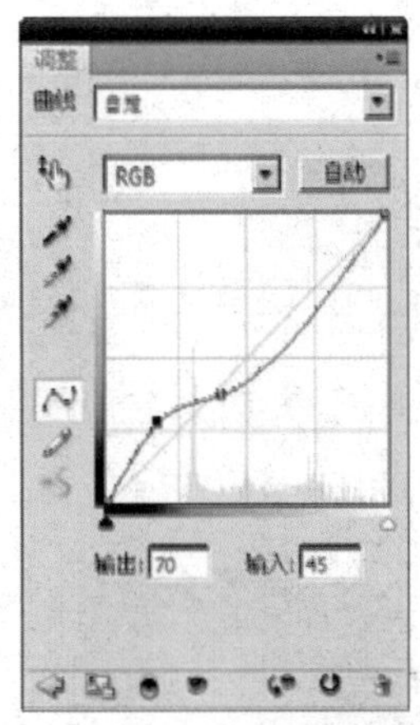

图100-12 调整曲线

图100-13 添加图层样式后的效果

步骤15 单击“图层”|“新建调整图层”|“色相/饱和度”命令，弹出“新建图层”对话框，选中“使用前一图层创建剪贴蒙版”复选框，单击“确定”按钮，在打开的“调整”调板中设置“色相”为83、“饱和度”为75、“亮度”为0，单击“确定”按钮，效果如图100-14所示。

步骤16 新建一个图层，命名为“眼睛高光”，利用椭圆选框工具创建一个比眼睛稍小的椭圆选区，然后选择渐变工具，编辑渐变样式如图100-15所示。

图100-14 填充眼睛

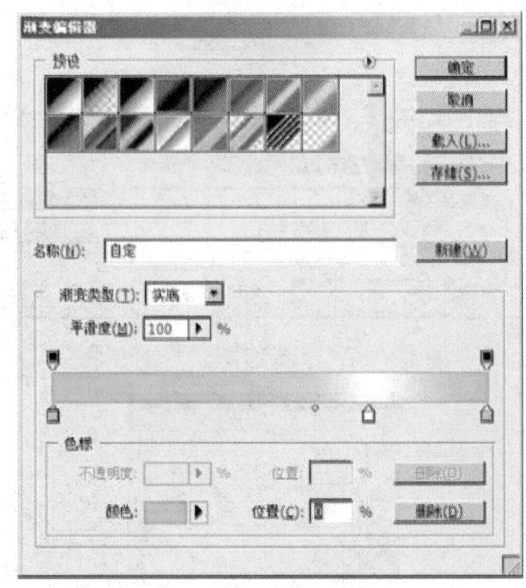

图100-15 编辑渐变样式

步骤17 其中白色色标的两个颜色中点位置分别为70%和25%，在选区内应用渐变，效果如图100-16所示。

步骤18 将选区向右和向下各移动2像素，删除选区内的图像，然后取消选区，并利用加深工具和橡皮擦工具修饰图像。

步骤19 复制“眼睛高光”图层，然后单击“编辑”|“变换”|“水平翻转”命令，将图像水平翻转，并将其移动到右眼区域中合适的位置。

步骤20 将这两个图层合并，然后将图层混合模式设置为“叠加”，效果如图100-17所示。

步骤21 新建一个大小为5像素×5像素、背景为透明的空白图像文件，并设置黑色作为前景色。选择全部图像，单击“编辑”|“描边”命令，在弹出的“描边”

对话框中设置描边“大小”为1、“位置”为“居内”，单击“确定”按钮为图形描边，然后取消选区，单击“图像”|“图像大小”命令，将图像大小修改为3像素×3像素，然后将图像定义为图案，并命名为“眼睛图案”。

步骤22 返回机器虫图像编辑窗口，在“眼睛高光”图层上新建一个图层，命名为“眼睛图案”，载入“眼睛”图层中的选区，选择油漆桶工具，在填充类型中选择图案，用步骤（21）中所定义的“眼睛图案”来填充选区，效果如图100-18所示。

步骤23 在“图层”调板中将“眼睛图案”图层的混合模式设置为“叠加”、“不透明度”设置为40%，效果如图100-19所示。

图100-16 渐变填充

图100-17 改变图层混合模式后的效果

图100-18 填充图案

步骤24 在“眼睛”图层下方新建一个图层，命名为“眼睛嵌入效果”，载入“眼睛”图层的选区，并将该选区扩展，扩展量为2像素。将前景色与背景色恢复为默认设置，用线性渐变从上至下填充选区，然后取消选区。

步骤25 在“图层”调板中新建一个图层，再次载入“眼睛”图层中的选区，并将其填充为白色，取消选区后将图层向上移动3像素，用不同透明度的橡皮擦工具擦除相应区域，效果如图100-20所示。

步骤26 在“图层”调板中新建一个图层，命名为“颚部”，并将其移动到背景图层上面。

步骤27 按住【Ctrl】键的同时单击“头”图层，载入其选区，然后进入快速蒙版编辑模式，用白色笔刷对选区进行修饰，如图100-21所示。

图100-19 改变图层混合模式后的效果

图100-20 修饰图像

图100-21 进入快速蒙版编辑模式

步骤28 退出快速蒙版编辑模式，从选区中减去头部的形状，生成机器虫颚部的形状。

步骤29 选择两种不同的深灰色分别作为前景色和背景色，用线性渐变填充选区，效果如图100-22所示。

步骤30 在“图层”调板中新建一个图层，命名为“鼻子”，选择工具箱中的单列选框工具，创建一个1像素宽的矩形选区，为其填充黑色。

步骤31 取消选区，复制“鼻子”图层，利用移动工具将其向右移动一像素，再次复制和移动，并填充为白色，合并这两个图层，然后将图层的“不透明度”设置为60%，效果如图100-23所示。

图100-22 制作颚部

图100-23 制作鼻子

步骤32 在背景图层上新建一个图层，命名为“身体”，利用椭圆选框工具创建一个椭圆选区，并应用灰色到白色的径向渐变填充，效果如图100-24所示。

步骤33 为“身体”图层添加一个曲线调整图层，并调整曲线，如图100-25所示。

步骤34 单击“确定”按钮，为机器虫的身体添加金属光泽，效果如图100-26所示。

步骤35 在机器虫的下颚处绘制触须，然后复制生成另一条触须，如图100-27所示。

图100-24 创建并填充选区

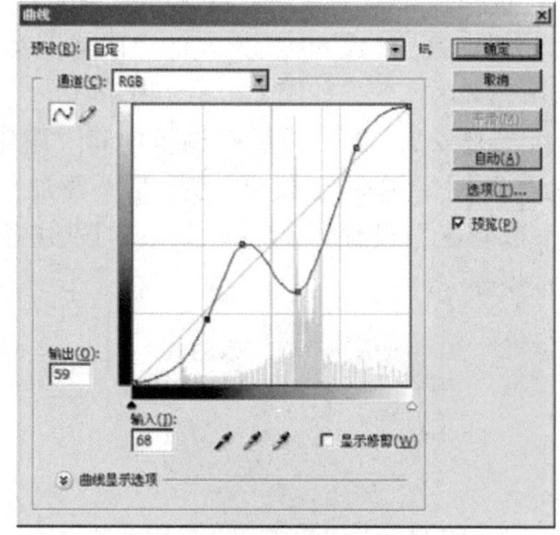

图100-25 “曲线”对话框

图100-26 为机器虫身体添加金属光泽

图100-27 完成机器虫触须的制作

步骤 36 选择工具箱中的椭圆工具，在工具属性栏中单击“路径”按钮，在图像中绘制椭圆形状的路径。

步骤 37 选择路径选择工具，按住【Alt】键的同时移动路径，复制生成另一条路径，最终使两条路径相交，如图 100-28 所示。

步骤 38 按住【Shift】键，选中两条路径，单击工具属性栏中的“从形状区域减去”按钮，然后将路径转化为选区，在“图层”调板的最顶层之上新建“触须”图层，将选区填充为黑色，并取消选区。

步骤 39 选择工具箱中的橡皮擦工具，选择一个柔角笔刷，修改触角尖端。将触角旋转一定角度后调整至合适位置，按住【Ctrl】键的同时单击“图层”调板中的“触须”图层，载入该图层的选区，然后收缩选区范围，设置“收缩量”为 2、“羽化半径”为 2，并填充为白色；然后再次进行收缩和羽化，并填充为白色，效果如图 100-29 所示。

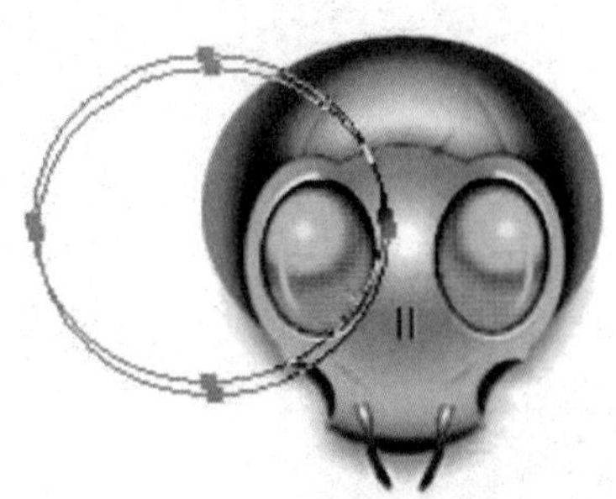

图100-28 绘制路径

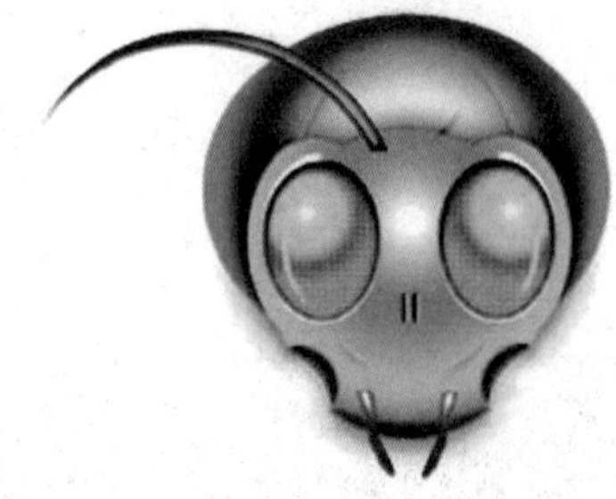

图100-29 修饰触须

步骤 40 选择画笔工具，选择一个和触须直径差不多的笔尖，设置“硬度”为 30～40、笔刷直径度为 40，在触须根部单击鼠标左键；再选择一个稍大一点的柔化笔刷，在触须图层下方新建一个图层，在触须根部单击鼠标左键，然后合并这两个图层，生成的效果如图 100-30 所示。

步骤 41 在“触须”图层上方新建一个图层，用钢笔工具绘制路径，将其转化为选区后，并应用灰—白的线性渐变进行填充，效果如图 100-31 所示。

步骤 42 选择该选区，然后在其所在图层上方新建一个图层，利用步骤（21）中所定义的图案进行填充。将图层混合模式设为“正片叠底”，向下拼合图层，然后为图层添加外发光样式，将光源颜色设为“黑色”、“大小”为 2，效果如图 100-32 所示。

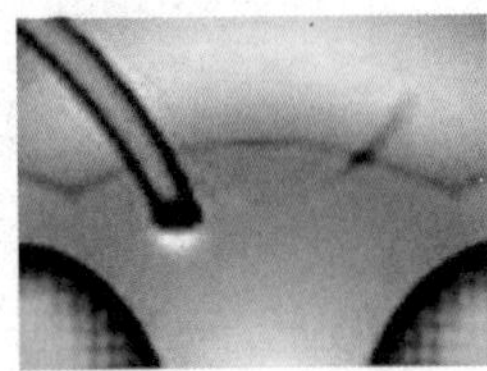

图100-30 修饰触须

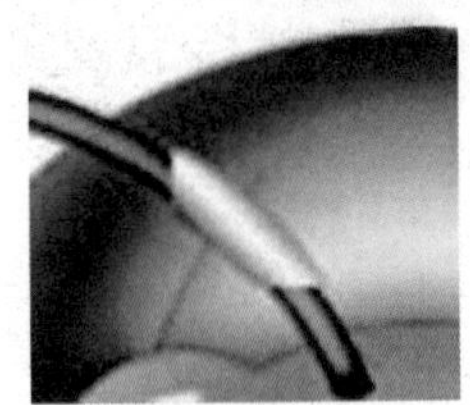

图100-31 修饰触须

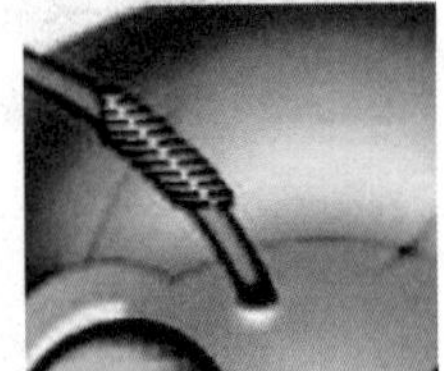

图100-32 修饰触须

步骤 43 复制触须生成另一条触须，将触须副本水平翻转，并调整至合适位置，效果如图 100-33 所示。

步骤 44 制作机器虫的脚与触须的方法大致相同，这里不再赘述，机器虫的最终效果如图 100-34 所示。

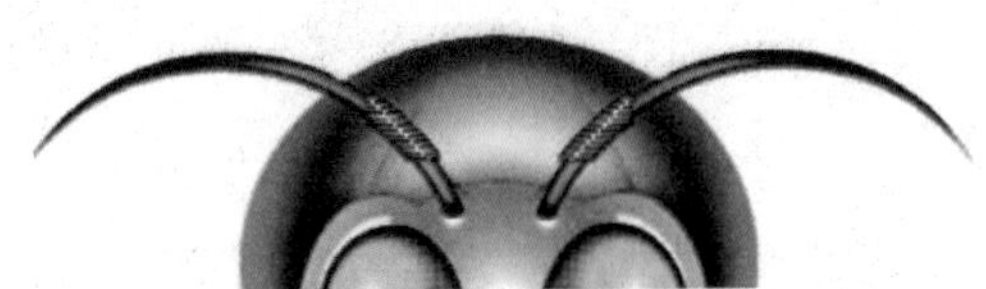

图100-33 完成后的触须

图100-34 机器虫效果

第4章 网页设计

part 4

在制作网页时，Photoshop是必不可少的辅助工具。本章介绍使用Photoshop来制作网页中的按钮、导航条、网站Logo、背景以及图像，其中有各种类型的按钮设计、导航条设计以及综合网站设计等。

实例 101 矩形按钮

本例制作矩形按钮，效果如图 101-1 所示。

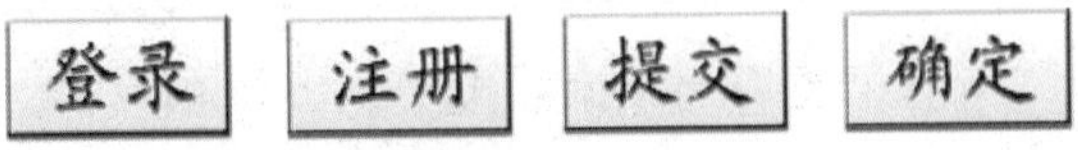

登录 注册 提交 确定

图101-1 矩形按钮

操作步骤

步骤 1 单击“文件”|“新建”命令，在弹出的“新建”对话框中设置图像的“宽度”和“高度”均为8 厘米、“背景内容”为“白色”，然后单击“确定”按钮。

步骤 2 单击前景色色块，设置前景色为灰色（RGB 参数值分别为199、196、196），在“图层”调板中新建“图层1”。

步骤 3 选择工具箱中的矩形选框工具，在图像编辑窗口中拖曳鼠标，创建一个矩形选区。

步骤 4 选择工具箱中的渐变工具，在其属性栏中设置渐变样式为“前景色到背景色渐变”，并单击“线性渐变”按钮，然后在创建的选区内从上到下拖曳鼠标填充渐变色，效果如图 101-2 所示。

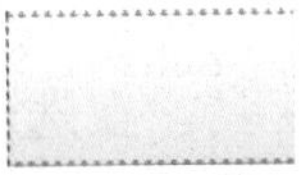

图101-2 填充渐变色

步骤 5 单击“编辑”|“描边”命令，在弹出的“描边”对话框中设置“宽度”为4、“颜色”为黑色、“位置”为“居外”，如图101-3 所示。单击“确定”按钮，按【Ctrl+D】组合键取消选区，效果如图 101-4 所示。

步骤 6 单击“图层”调板底部的“添加图层样式”按钮，在弹出的下拉菜单中选择“内阴影”选项，弹出“图层样式”对话框，设置“混合模式”为“正片叠底”、颜色为黑色、“不透明度”为75%、“角度”为120、“距离”为1、“阻塞”为0、“大小”为2（如图101-5 所示），单击“确定”按钮，关闭该对话框，效果如图 101-6 所示。

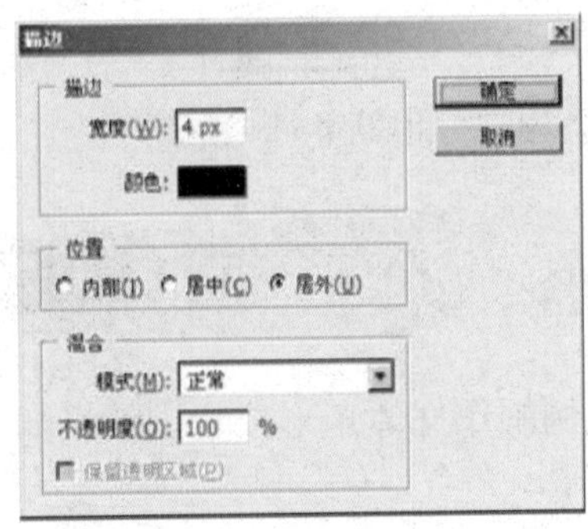

图 101-3 “描边”对话框

图101-4 描边并取消选区

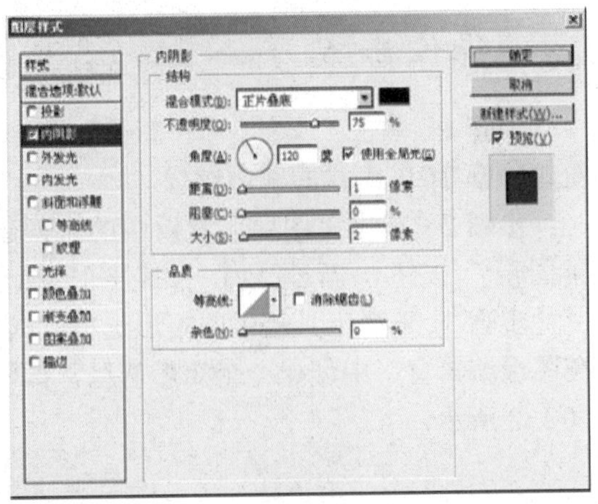

图 101-5 “图层样式”对话框

步骤 7 单击“图层”|“图层样式”|“斜面和浮雕”命令，在弹出的“图层样式”对话框中设置“深度”为121、“方向”为“上”、“大小”为10、“软化”为0、“角度”为120、“高度”为30、“高光模式”为“滤色”、高亮颜色为白色、“阴影模式”为“正片叠底”，单击“确定”按钮，效果如图 101-7 所示。

步骤 8 选择工具箱中的横排文字工具，在其工具属性栏中设置“字体”为“楷体”、“字号”为30 点、颜色为黑色，然后在图像编辑窗口中输入文字“登录”，效果如图

101-8 所示。至此，登录按钮制作完毕。

图101-6 内阴影效果　图101-7 斜面和浮雕效果

登录

图101-8 输入文字

在登录按钮的基础上，可以通过输入相应文字制作出其他样式的矩形按钮，效果如图 101-9 所示。

登录　注册　提交　确定

图101-9 其他样式的矩形按钮效果

实例 102 立体矩形按钮

本例制作立体矩形按钮，效果如图 102-1 所示。

图102-1 立体矩形按钮

操作步骤

步骤 1 单击“文件”|“新建”命令，新建一幅 RGB 模式的空白图像。

步骤 2 单击“图层”调板中的“创建新图层”按钮，新建一个“图层 1 ”。

步骤 3 选择工具箱中的矩形选框工具，在图像编辑窗口中创建一个矩形选区，如图 102-2 所示。

图102-2 创建矩形选区

步骤 4 设置前景色为红色、背景色为白色，然后选择工具箱中的渐变工具，并在工具属性栏中单击“线性渐变”按钮，将渐变样式设为“前景色到背景色渐变”，在选区中从右下向左上拖曳鼠标，填充渐变色，效果如图 102-3 所示。

步骤 5 单击“选择”|“修改”|“收缩”命令，在打开的“收缩选区”对话框中设置“收缩量”为 1 7 ，单击“确定”按钮，效果如图 102-4 所示。

图102-3 应用渐变色填充选区

图102-4 收缩选区

步骤 6 按【Ctrl+Alt+D】组合键，在打开的“羽化选区”对话框中设置“羽化半径”为 4 ，单击“确定”按钮，羽化选区 。

步骤 7 确认前景色为红色，然后选择工具箱中的渐变工具，在选区中从左上向右下拖曳鼠标，填充渐变色，效果如图 102-5 所示。

图102-5 应用渐变色填充选区

步骤 8 在“图层”调板中双击“图层 1 ”，弹出“图层样式”对话框，选择“投影”选项，设置相应参数（如图 102-6 所示），再选择“斜面和浮雕”选项，设置相应的参数，如图 102-7 所示。

步骤 9 单击“确定”按钮，效果如图 102-8 所示。选择工具箱中的横排文字工具，并在其工具属性栏中设置字体、字号及颜色，然后在按钮上输入文字（如图102-9所示），并为文字添加描边，生成按钮的最终效果。

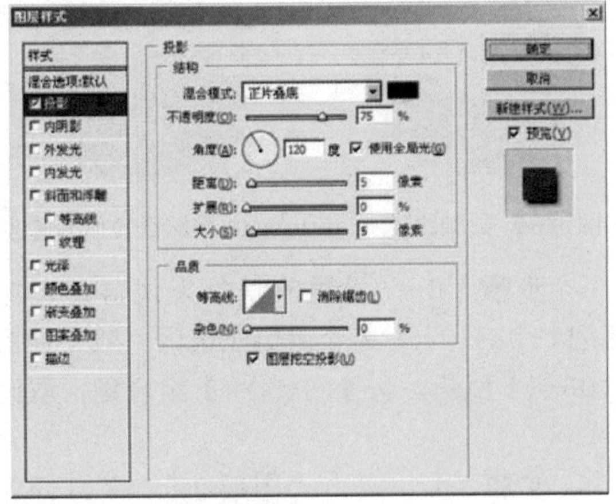

图102-6 设置投影参数

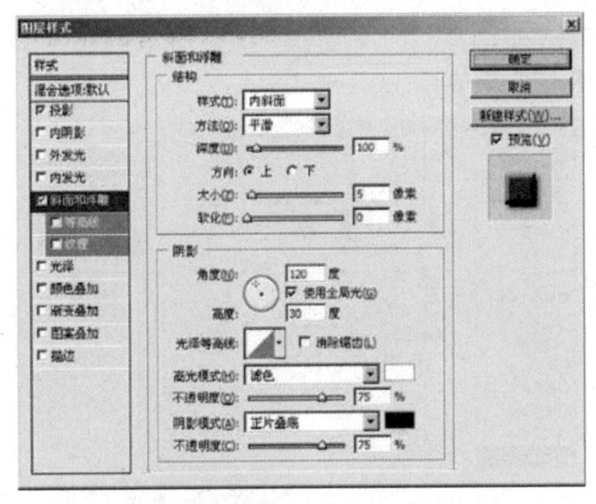

图102-7 设置斜面和浮雕参数

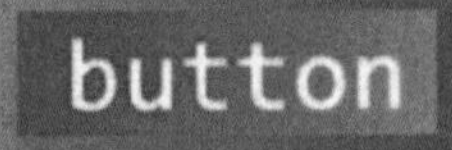

图102-8 添加图层样式后的效果 图102-9 输入文字

实例103 圆形按钮

本例制作网页中的圆形按钮，效果如图103-1所示。

图103-1 圆形按钮

操作步骤

步骤1 按【Ctrl+N】组合键，新建一个图像文件。

步骤2 在“图层”调板中新建“图层1”，在工具箱中选择椭圆选框工具，按住【Shift】键的同时在图像编辑窗口中拖曳鼠标，创建圆形选区，如图103-2所示。

步骤3 设置前景色为浅蓝色、背景色为深蓝色，在工具箱中选择渐变工具，在其工具属性栏中设置渐变类型为“线性渐变”，渐变样式为“前景色到背景色渐变”，在圆形选区中从上边缘向下边缘进行线性渐变填充，效果如图103-3所示。

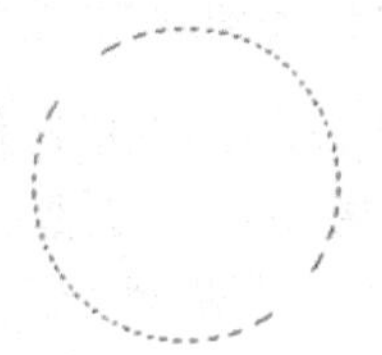

图103-2 创建选区 图103-3 填充选区

步骤4 按【Ctrl+D】组合键取消选区，双击该图层，在打开的“图层样式”对话框中设置相应的参数，如图103-4所示。

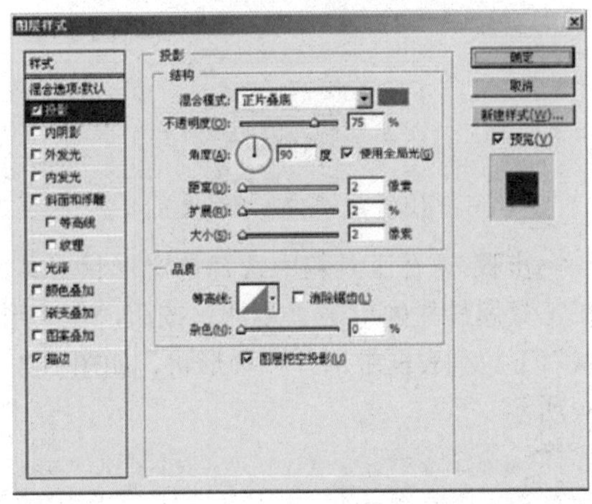

图103-4 设置投影参数

步骤5 在“图层样式”对话框的样式列表中选择“描边”选项，设置相应的参数（如图103-5所示），单击“确定”按钮，效果如图103-6所示。

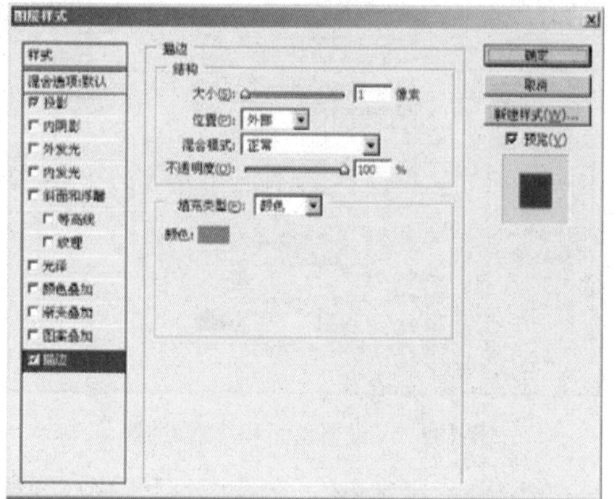

图103-5 设置描边参数

图103-6 添加图层样式后的效果

步骤6 按住【Ctrl】键的同时单击该图层，载入其选区，选择椭圆选框工具，按住【Alt】键的同时在原选区中拖曳鼠标减少选区，设置前景色为淡蓝色，按【Alt+Delete】组合键填充选区，生成的效果如图103-7所示。

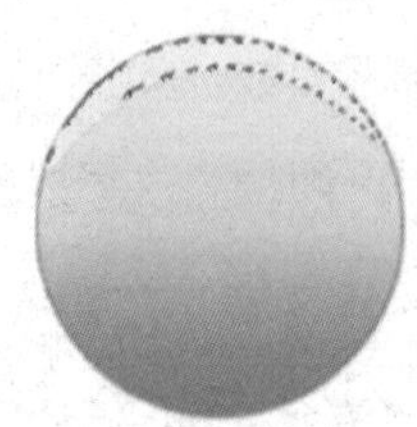

图103-7 减少并填充选区

步骤7 在工具箱中选择自定形状工具，在工具属性栏中单击“路径”按钮，在“形状”下拉列表框中选择一种形状，如图103-8所示。

图103-8 自定形状工具属性栏

步骤8 在“图层”调板中新建“图层2”，在按钮上绘制如图103-9所示的路径。

步骤9 单击“路径”调板底部的“将路径作为选区载入”按钮，将路径转换为选区，如图103-10所示。

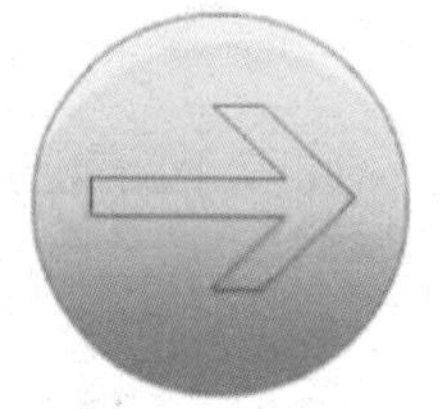

图103-9 绘制路径

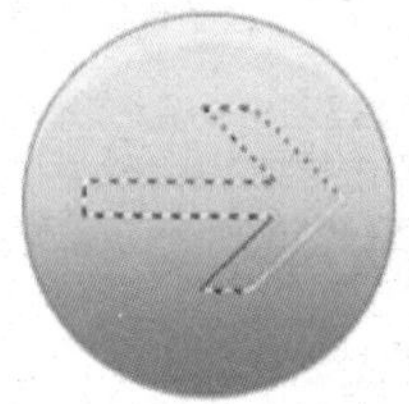

图103-10 将路径转换为选区

步骤10 设置前景色为浅蓝色，按【Alt+Delete】组合键填充选区，效果如图103-11所示。按【Ctrl+D】组合键，取消选区。

步骤11 双击“图层2”，在打开的“图层样式”对话框中设置相应参数，如图103-12所示。

图103-11 填充选区

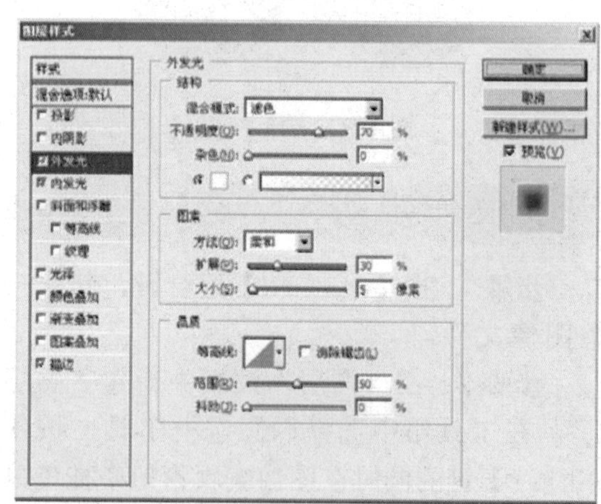

图103-12 设置外发光参数

步骤12 在“图层样式”对话框中选择“内发光”选项，设置相应参数（如图103-13所示）；再选择“描边”选项，设置相应参数（如图103-14所示），单击“确定”按钮，生成最终效果。

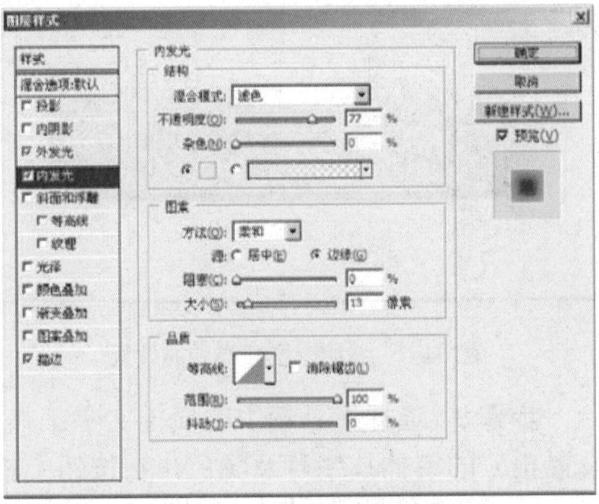

图103-13 设置内发光参数

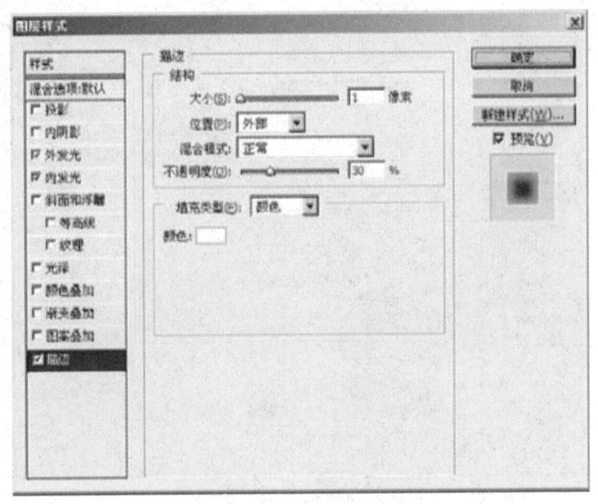

图103-14 设置描边参数

实例104 条形按钮

本例制作长条立体按钮，效果如图104-1 所示。

图104-1 长条立体按钮

操作步骤

步骤1 单击“文件”|“新建”命令，新建一幅RGB模式的空白图像。

步骤2 单击“通道”调板底部的“创建新通道”按钮，创建一个新通道Alpha1。

步骤3 选择工具箱中的椭圆选框工具，按住【Shift】键在图像的左侧创建一个正圆形选区，按【Delete】键删除选区中的内容，如图104-2 所示。

图104-2 创建选区并删除选区中的内容

步骤4 选择工具箱中的矩形选框工具，选中小圆，同时按住【Alt+Ctrl+Shift】组合键，将其拖曳到右侧合适的位置，如图104-3 所示。

步骤5 用矩形选框工具选取两个小球之间的区域（如图104-4 所示），按【Delete】键删除选区中的内容，按【Ctrl+D】组合键取消选区，效果如图104-5 所示。

图104-3 移动选区内的图像

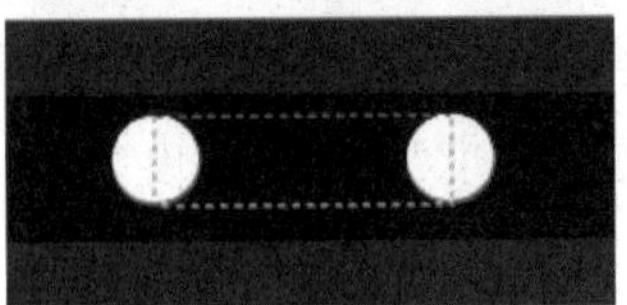

图104-4 创建选区

图104-5 删除选区中的内容并取消选区

步骤6 按住【Ctrl】键的同时单击Alpha 1 通道，载入其选区，单击“图层”调板中的“创建新图层”按钮，新建一个“图层1”；设置前景色为蓝色，按【Alt+Delete】组合键为选区填充前景色。

步骤7 按【Ctrl+D】组合键取消选区，双击“图层1”，在弹出的“图层样式”对话框中设置相应参数（如图104-6 所示），单击“确定”按钮，效果如图104-7 所示。

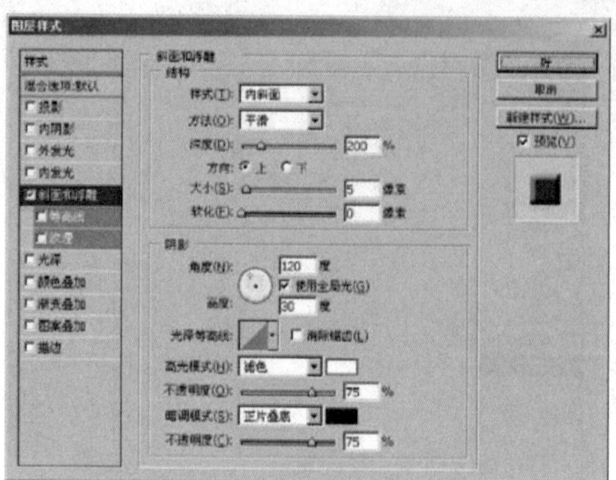

图104-6 “图层样式”对话框

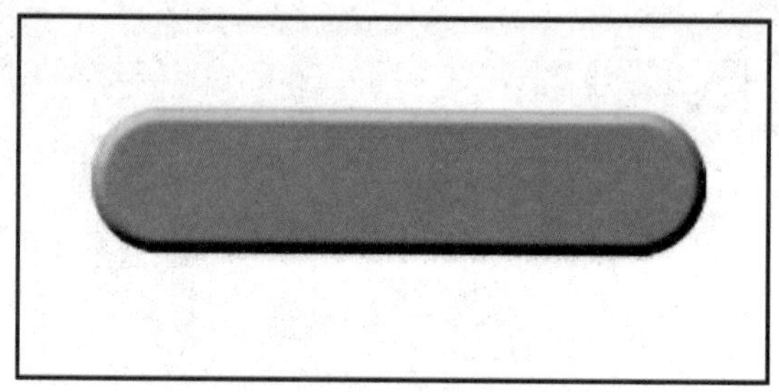

图104-7 添加图层样式后的效果

步骤8 选择工具箱中的横排文字工具，设置相应的字体、字号及颜色，在按钮上输入文字，生成最终效果，参见图104-1。

实例105 发光按钮

本例制作发光按钮，效果如图105-1所示。

首 页

图105-1 发光按钮

操作步骤

步骤1 单击“文件”|“新建”命令，新建一幅“宽度”和“高度”分别为3厘米和1厘米、“背景内容”为“白色”的空白图像。

步骤2 单击前景色色块，设置前景色为绿色（RGB参数值分别为108、184、0），单击“图层”|“新建”|“图层”命令，新建“图层1”。

步骤3 选择工具箱中的圆角矩形工具，单击工具属性栏中的“填充像素”按钮，设置“半径”为30，在图像编辑窗口中的合适位置拖曳鼠标，绘制一个圆角矩形，如图105-2所示。

图105-2 绘制圆角矩形

步骤4 单击“图层”调板底部的“添加图层样式”按钮，在弹出的下拉菜单中选择“描边”选项，然后在弹出的“图层样式”对话框中设置“大小”为1、“不透明度”为85%、“颜色”为黑色，单击“确定”按钮，效果如图105-3所示。

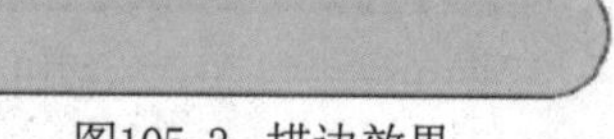

图105-3 描边效果

步骤5 单击前景色色块，设置前景色为白色，按【Ctrl+Shift+N】组合键，新建“图层2”。

步骤6 参照步骤（3）的操作方法，运用圆角矩形工具在图像编辑窗口中绘制如图105-4所示的圆角矩形。

图105-4 绘制圆角矩形

步骤7 单击“滤镜”|“模糊”|“高斯模糊”命令，弹出“高斯模糊”对话框，设置“半径”为3.9，如图105-5所示。单击“确定”按钮，对绘制的圆角矩形应用“高斯模糊”滤镜，效果如图105-6所示。

步骤8 单击“图层”|“新建”|“图层”命令，新建“图层3”。

步骤9 在“图层”调板中，按住【Ctrl】键的同时单击“图层1”前面的“图层缩览图”图标，将其载入选区。

步骤10 选择工具箱中的矩形选框工具，

单击工具属性栏中的“从选区减去”按钮，然后移动鼠标指针至图像编辑窗口中，在创建的选区内拖曳鼠标，以减去多余的选区，效果如图105-7所示。

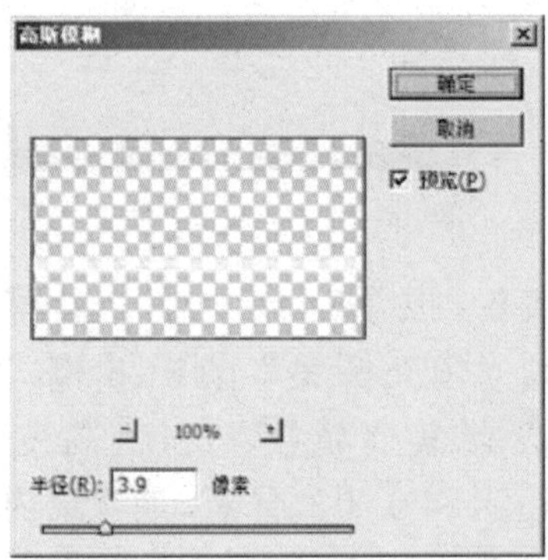

图105-5 “高斯模糊”对话框

图105-6 “高斯模糊”滤镜效果

图105-7 减去选区

步骤11 单击“选择”|“修改”|“羽化”命令，在弹出的“羽化选区”对话框中设置相应参数（如图105-8所示），单击“确定”按钮，羽化选区。

图105-8 “羽化选区”对话框

步骤12 按【Alt+Delete】组合键，为选区填充前景色，单击“选择”|“取消选择”命令取消选区，效果如图105-9所示。

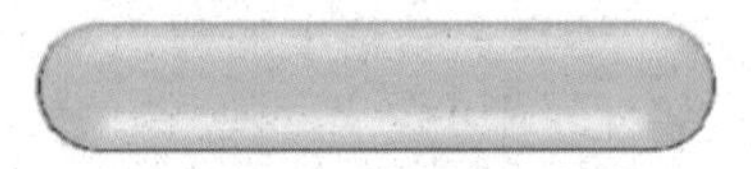

图105-9 取消选区

步骤13 选择工具箱中的横排文字工具，在其工具属性栏中设置“字体”为“华文中宋”、“字号”为6点、颜色为黑色，然后在图像编辑窗口中输入文字“首页”，效果如图105-10所示。

首 页

图105-10 输入文字

步骤14 单击“图层”调板底部的“添加图层样式”按钮，在弹出的下拉菜单中选择“外发光”选项，然后在弹出的“图层样式”对话框中设置发光颜色为白色、“不透明度”为75%、“大小”为5，单击“确定”按钮，为图像添加“外发光”样式，效果如图105-11所示。至此，本例制作完毕。

首 页

图105-11 外发光效果

在该案例的基础上，可以通过替换相应图层的颜色和输入相应文字，制作出其他样式的发光按钮，效果如图105-12所示。

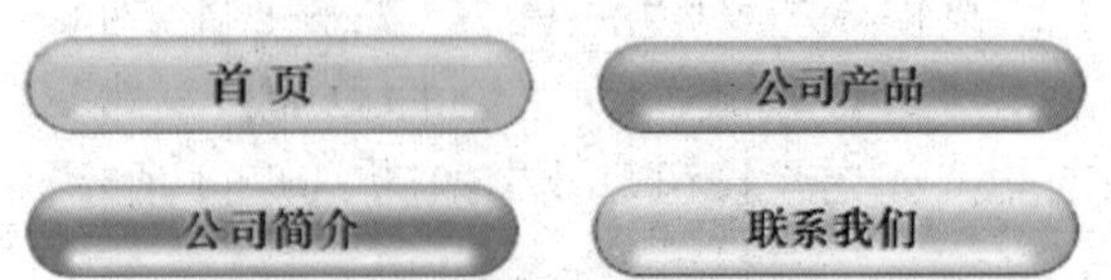

图105-12 其他样式的发光按钮效果

实例106 纹理按钮

本例制作纹理按钮，效果如图106-1所示。

图106-1 纹理按钮

操作步骤

步骤1 单击“文件”|“新建”命令，在弹出的“新建”对话框中设置“宽度”和“高度”分别为3厘米和1厘米、“背景内容”为“白色”，然后单击“确定”按钮，新建一幅空白图像。

步骤2 单击前景色色块，设置前景色为灰色（RGB参数值分别为192、192、192），单击“图层”|“新建”|“图层”

命令，新建“图层1”。

步骤3 选择工具箱中的圆角矩形工具，单击工具属性栏中的“填充像素”按钮，设置“半径”为30，在图像编辑窗口中的合适位置拖曳鼠标，绘制一个圆角矩形，如图106-2所示。

图106-2 绘制圆角矩形

步骤4 单击“图层”调板底部的“添加图层样式”按钮，在弹出的下拉菜单中选择“内阴影”选项，在弹出的“图层样式”对话框中设置“混合模式”为“正片叠底”、颜色为黑色、“不透明度”为75%、“角度”为107、“距离”为5、“阻塞”为0、“大小”为10，单击“确定”按钮，为图像添加“内阴影”效果，如图106-3所示。

图106-3 内阴影效果

步骤5 单击“图层”|“图层样式”|“斜面和浮雕”命令，在弹出的“图层样式”对话框中设置“深度”为100、“方向”为“上”、“大小”为49、“软化”为0、“角度”为107、“高度”为37、“高光模式”为“滤色”、高亮颜色为白色、“阴影模式”为“正片叠底”，然后单击“确定”按钮，效果如图106-4所示。

图106-4 斜面和浮雕效果

步骤6 单击“图层”调板底部的“添加图层样式”按钮，在弹出的下拉菜单中选择“斜面和浮雕”选项，在弹出的“图层样式”对话框左侧选择“等高线”选项，并设置其“范围”为81%，单击“确定”按钮，效果如图106-5所示。

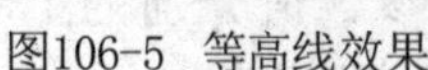

图106-5 等高线效果

步骤7 单击“图层”|“图层样式”|“颜色叠加”命令，在弹出的“图层样式”对话框中设置“混合模式”为“正常”、颜色为白色、“不透明度”为51%，单击“确定”按钮，效果如图106-6所示。

图106-6 颜色叠加效果

步骤8 按【Ctrl+N】组合键，新建一幅名为“填充图案”的RGB模式的空白图像，设置其“宽度”和“高度”分别为0.1厘米和0.03厘米，“背景内容”为“白色”。

步骤9 选择工具箱中的缩放工具，缩放图像至合适大小，选择工具箱中的矩形选框工具，在图像编辑窗口中创建一个矩形选区，按【Alt+Delete】组合键为选区填充前景色，效果如图106-7所示。

图106-7 填充选区

步骤10 单击“编辑”|“定义图案”命令，在弹出的“图案名称”对话框中设置“名称”为“图案1”，单击“确定”按钮，新建“图案1”。

步骤11 切换至原图像编辑窗口，在“图层”调板中按住【Ctrl】键的同时单击“图层1”前面的“图层缩览图”图标，将其载入选区。

步骤12 单击“编辑”|“填充”命令，弹出“填充”对话框，在“使用”下拉列表框中选择“图案”选项，并在“自定图案”下拉列表框中选择刚才定义的“图案1”，单击“确定”按钮，为选区填充图案。按【Ctrl+D】组合键取消选区，效果如图106-8所示。

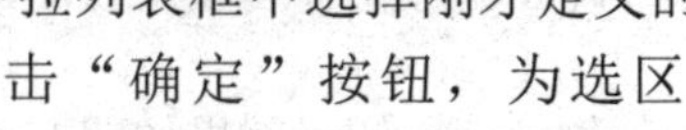

图106-8 填充图案

步骤13 选择工具箱中的横排文字工具，在其工具属性栏中设置“字体”为“方正小标宋简体”、“字号”为9 点，然后在图像编辑窗口中输入文字“首页”，效果如图106-9所示。

图106-9 输入文字

步骤14 单击“图层”|“图层样式”|“投影”命令，在弹出的“图层样式”对话框中设置“混合模式”为“正片叠底”、颜色为黑色、“不透明度”为82%、“角度”为107、“距离”为2、“扩展”为0、“大小”为2，单击“确定”按钮，效果如图106-10所示。

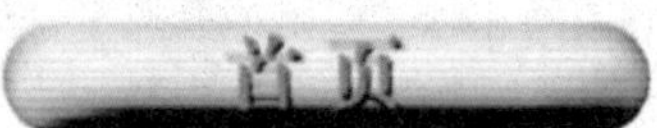

图106-10 投影效果

步骤15 单击“图层”调板底部的“添加图层样式”按钮，在弹出的下拉菜单中选择“内发光”选项，在弹出的“图层样式”对话框中设置“混合模式”为“滤色”、颜色为黄色、“不透明度”为75%，单击“确定”按钮，效果如图106-11所示。至此，纹理按钮制作完毕。

图106-11 内发光效果

在该案例的基础上，可以通过调整图层的“色相/饱和度”以及输入相应文字，制作出其他样式的纹理按钮效果，如图106-12所示。

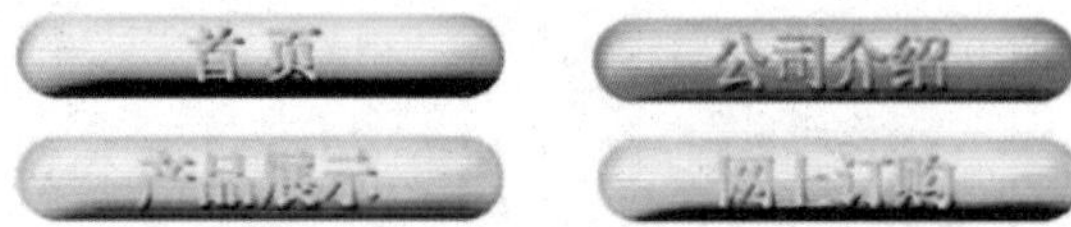

图106-12 其他样式的纹理按钮效果

实例107 水晶按钮

本例制作水晶按钮，效果如图107-1所示。

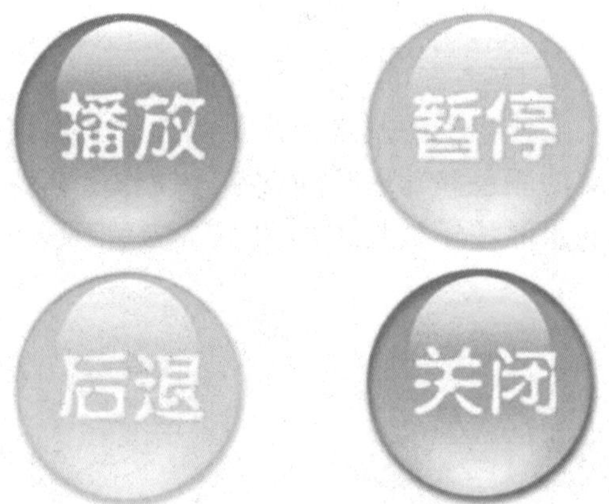

图107-1 水晶按钮

操作步骤

步骤1 单击“文件”|“新建”命令，新建一幅“宽度”和“高度”均为2 厘米、“背景内容”为“白色”的空白图像。

步骤2 分别单击工具箱中的前景色和背景色色块，设置前景色为粉红色（RGB参数值分别为255、137、255）、背景色为浅红色（RGB 参数值分别为255、206、255），单击“图层”调板底部的“创建新图层”按钮，新建“图层1”。

步骤3 选择椭圆选框工具，在图像编辑窗口中拖曳鼠标，创建一个椭圆形选区。

步骤4 选择渐变工具，在工具属性栏中设置渐变样式为“前景色到背景色渐变”，并单击“线性渐变”按钮，在创建的选区内从上到下拖曳鼠标填充渐变色，按【Ctrl+D】组合键取消选区，效果如图107-2所示。

步骤5 在“图层”调板中，单击其底部的“添加图层样式”按钮，在弹出的下拉菜单中选择“投影”选项，在弹出的“图层样式”对话框中设置“混合模式”为“正片叠底”、颜色为黑色、“不透明度”为49%、“角度”为110、“距离”为5、

"扩展"为0、"大小"为7，单击"确定"按钮，效果如图107-3所示。

步骤6 单击"图层"|"图层样式"|"内阴影"命令，在弹出的"图层样式"对话框中设置"混合模式"为"正片叠底"、颜色为黑色、"不透明度"为38%、"角度"为110、"距离"为5、"阻塞"为0、"大小"为9，单击"确定"按钮，效果如图107-4所示。

图107-2 渐变填充椭圆

图107-3 投影效果

步骤7 分别单击工具箱中的前景色和背景色色块，设置前景色为白色、背景色为浅红色（RGB参数值分别为255、171、255），单击"图层"|"新建"|"图层"命令，新建"图层2"。

步骤8 选择椭圆选框工具，在图像编辑窗口中拖曳鼠标，创建一个椭圆形选区。

步骤9 选择渐变工具，在工具属性栏中设置渐变样式为"前景色到背景色渐变"，并单击"线性渐变"按钮，在创建的选区内从上到下拖曳鼠标填充渐变色，单击"选择"|"取消选择"命令取消选区，效果如图107-5所示。

图107-4 内阴影效果

图107-5 创建椭圆

步骤10 新建"图层3"，选择椭圆选框工具，单击工具属性栏中的"从选区减去"按钮，设置"羽化"为10，在图像编辑窗口中拖曳鼠标，创建一个椭圆选区，然后移动鼠标指针至选区的上方，再创建一个椭圆选区以减去不需要的选区，效果如图107-6所示。

步骤11 选择工具箱中的渐变工具，在工具属性栏中设置渐变样式为"前景色到背景色渐变"，并单击"线性渐变"按钮，在创建的选区内从下到上拖曳鼠标填充渐变色，按【Ctrl+D】组合键取消选区，效果如图107-7所示。

步骤12 选择横排文字工具，在其工具属性栏中设置"字体"为"方正水柱简体"、"字号"为16点、颜色为白色，然后在图像编辑窗口中输入文字"播放"，效果如图107-8所示。至此，水晶按钮制作完毕。

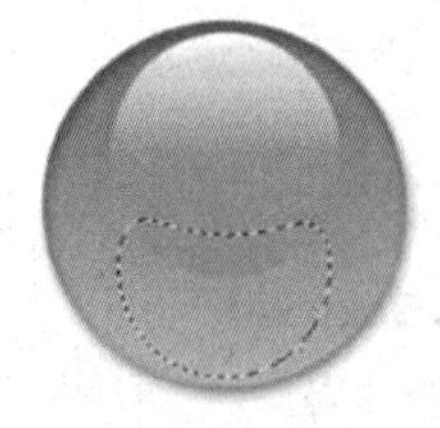
图107-6 创建选区

图107-7 填充渐变色并取消选区

图107-8 输入文字

在该案例的基础上，可以通过替换相应图层的颜色和输入相应文字，制作出其他样式的水晶按钮效果，如图107-9所示。

图107-9 其他样式的水晶按钮效果

实例108 图形按钮

本例制作图形按钮，效果如图108-1所示。

图108-1 图形按钮

操作步骤

步骤1 单击“文件”|“新建”命令，在弹出的“新建”对话框中，设置“宽度”和“高度”均为8厘米、“背景内容”为“白色”，然后单击“确定”按钮，创建一幅空白图像。

步骤2 分别单击工具箱中的前景色和背景色色块，设置前景色为绿色（RGB参数值分别为1、195、48）、背景色为白色，然后按【Ctrl+Shift+N】组合键，新建“图层1”。

步骤3 选择工具箱中的圆角矩形工具，单击工具属性栏中的“路径”按钮，设置“半径”为30，按住【Shift】键的同时在图像编辑窗口中的合适位置拖曳鼠标，绘制正圆角矩形路径，如图108-2所示。

图108-2 绘制正圆角矩形路径

步骤4 按【Ctrl+Enter】组合键，将绘制的路径转换为选区，单击“编辑”|“填充”命令，弹出“填充”对话框，在“使用”下拉列表框中选择“前景色”选项，单击“确定”按钮，效果如图108-3所示。

图108-3 填充选区

步骤5 单击“选择”|“修改”|“收缩”命令，弹出“收缩选区”对话框，设置“收缩量”为5，单击“确定”按钮，收缩选区。按【Ctrl+Delete】组合键填充背景色，按【Ctrl+D】组合键取消选区，效果如图108-4所示。

图108-4 收缩并填充选区

步骤6 新建“图层2”，选择工具箱中的多边形工具，单击工具属性栏中的“填充像素”按钮，设置“边”为6，在图像编辑窗口中的合适位置拖曳鼠标，绘制一个多边形，如图108-5所示。

图108-5 绘制多边形

步骤7 选择工具箱中的移动工具，在图像编辑窗口中按住【Alt】键的同时拖曳鼠标，复制生成新的图层“图层2 副本”，并调整图像的位置，效果如图108-6所示。

图108-6 复制图像并调整其位置

步骤8 参照上述操作，在图像编辑窗口中复制其他图像，并移至合适的位置，效果如图108-7所示。

步骤9 新建“图层3”，选择工具箱中的多边形工具，单击工具属性栏中的“路径”按钮，设置“边”为6，在图像编辑窗口中的合适位置拖曳鼠标，绘制多边形路径，然后按【Ctrl+Enter】组合键，将绘制的路径转换为选区。

图108-7 复制图像并调整其位置

步骤10 单击“编辑”|“描边”命令，在弹出的“描边”对话框中设置“宽度”为1，“颜色”为前景色，“位置”为“居中”，单击“确定”按钮，效果如图108-8所示。

图108-8 绘制并描边多边形路径

步骤11 新建“图层4”，选择工具箱中的自定形状工具，在工具属性栏中单击“填充像素”按钮，然后单击属性栏中的“形状”下拉按钮，在弹出的“形状”下拉调板中选择自定形状“Windows 指针”，如图108-9所示。

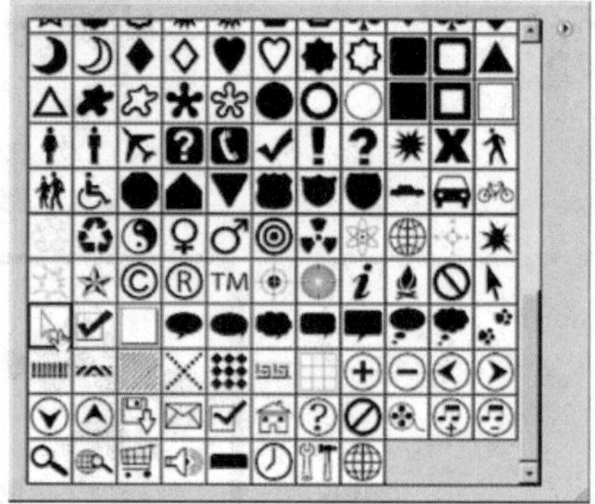

图108-9 选择自定形状

步骤12 移动鼠标指针至图像编辑窗口中，拖曳鼠标，在图像编辑窗口中绘制“Windows 指针”形状，效果如图108-10所示。

图108-10 绘制形状

步骤13 按【Ctrl+Shift+N】组合键，新建“图层5”，选择工具箱中的自定形状工具，参照步骤（11）的操作，在“形状”下拉调板中选择“Mac 指针”形状。

步骤14 移动鼠标指针至图像编辑窗口中，拖曳鼠标，在图像编辑窗口中绘制选择的形状，效果如图108-11所示。

步骤15 新建“图层6”，选择工具箱中的矩形选框工具，按住【Shift】键的同时在图像编辑窗口中的右下方创建一个正方形选区。

步骤16 按【Alt+Delete】组合键，为选区填充前景色。单击“选择”|“取消选

择”命令取消选区，效果如图108-12所示。

图108-11 绘制形状

图108-12 绘制正方形

步骤17 设置前景色为白色，新建“图层7”，选择工具箱中的自定形状工具，采用上述方法，在“形状”下拉调板中选择“指向左侧”形状，在图像编辑窗口中拖曳鼠标绘制选择的形状，效果如图108-13所示。至此，图形按钮制作完成。

图108-13 绘制形状

在该案例的基础上，可以通过替换相应图层的颜色，制作出其他样式的图形按钮效果，如图108-14所示。

图108-14 其他样式的图形按钮效果

实例109 人像按钮

本例制作人像按钮，效果如图109-1所示。

图109-1 人像按钮

操作步骤

步骤1 单击“文件”|“新建”命令，新建一个图像文件。

步骤2 设置前景色为橘黄色，按【Alt+Delete】组合键填充背景，效果如图109-2所示。

图109-2 填充背景

步骤3 选择椭圆选框工具，按住【Shift】键的同时在图像中拖曳鼠标创建一个正圆选区，如图109-3所示。

步骤4 单击“文件”|“打开”命令，打开一幅素材图像，如图109-4所示。

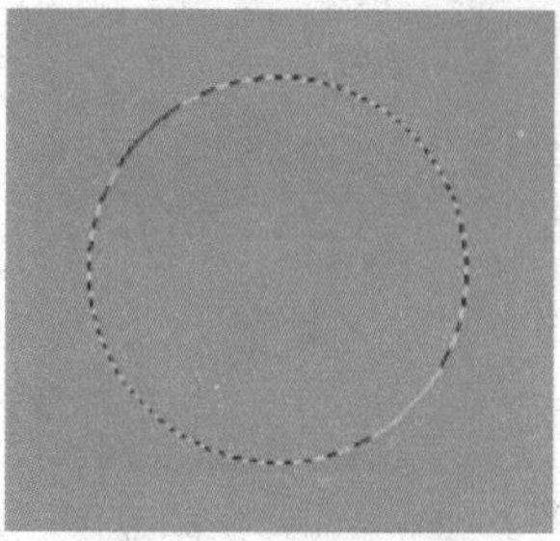

图109-3 创建选区

图109-4 素材图像

步骤5 按【Ctrl+A】组合键全选并复制图像，切换到原图像编辑窗口，单击“编辑”|“贴入”命令粘贴图像，然后调整图像到满意的位置（如图109-5所示），此时的“图层”调板如图109-6所示。

图109-5 粘贴图像

图109-6 贴入图像后的“图层”调板

步骤6 按住【Ctrl】键的同时单击“图层1”中黑色蒙版的缩略图，载入圆形选区；单击背景图层以选择该图层，单击“图层”|“新建”|“通过拷贝的图层”命令两次，新建两个图层，然后调整图层的位置，如图109-7所示。

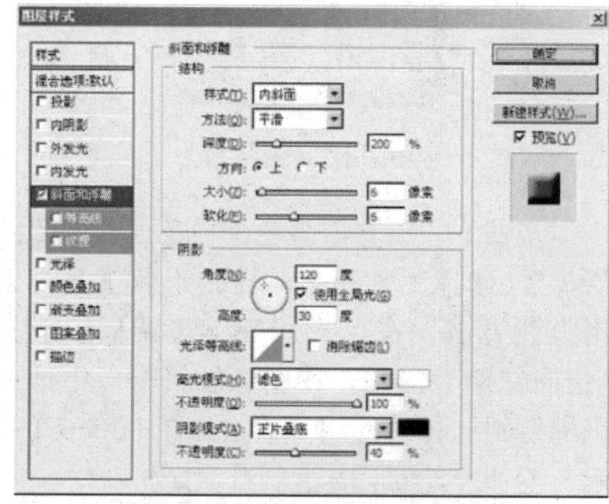

图109-7 新建图层并调整位置

步骤7 双击“图层2副本”图层，在打开的“图层样式”对话框中设置相应参数（如图109-8所示），单击“确定”按钮，效果如图109-9所示。

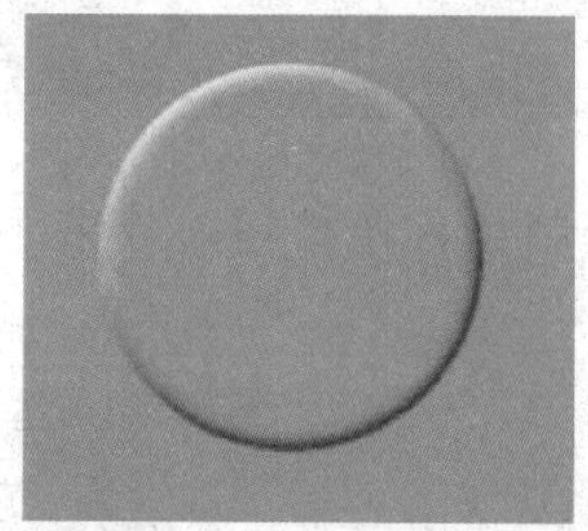

图109-8 设置斜面和浮雕参数

图109-9 斜面和浮雕效果

步骤8 再次载入圆形选区，单击“选择”|“修改”|“收缩”命令，在打开的“收缩选区”对话框中设置相应参数（如图109-10所示），单击“确定”按钮，效果如图109-11所示。

图109-10 “收缩选区”对话框

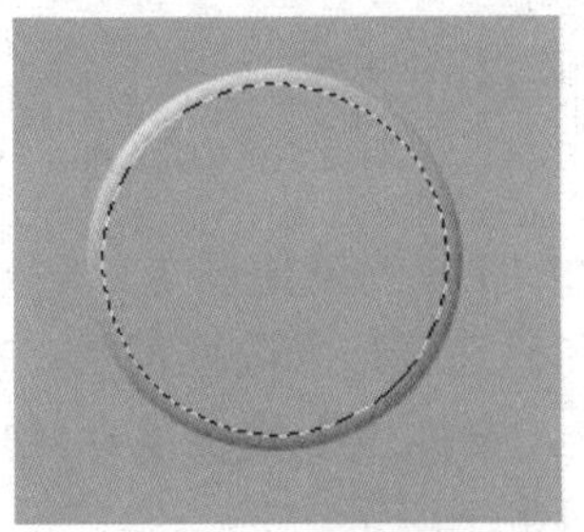

图109-11　收缩选区

步骤9　选择矩形选框工具，按住【Alt】键的同时在圆形选区的下方拖曳鼠标，减少选区，如图109-12所示。

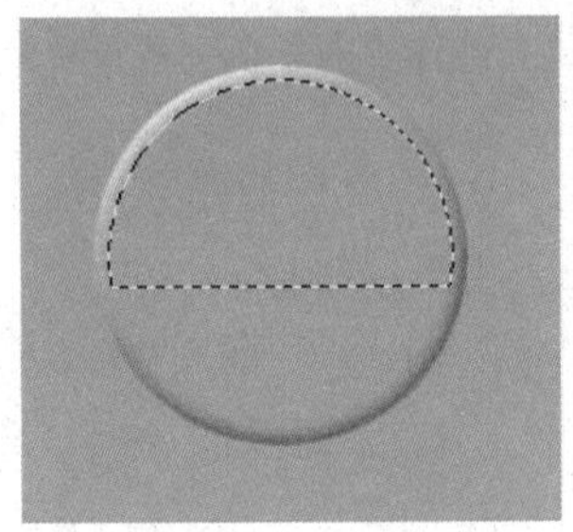

图109-12　减少选区

步骤10　切换到“图层2”，按【Delete】键删除选区中的内容，然后将“图层2副本”的“填充”设置为0（如图109-13所示），此时图像效果如图109-14所示。

图109-13　设置图层填充

图109-14　图像效果

步骤11　按【Ctrl+D】组合键取消选区，除背景图层外将其余图层合并，然后双击该图层，在打开的“图层样式”对话框中设置投影参数，如图109-15所示。

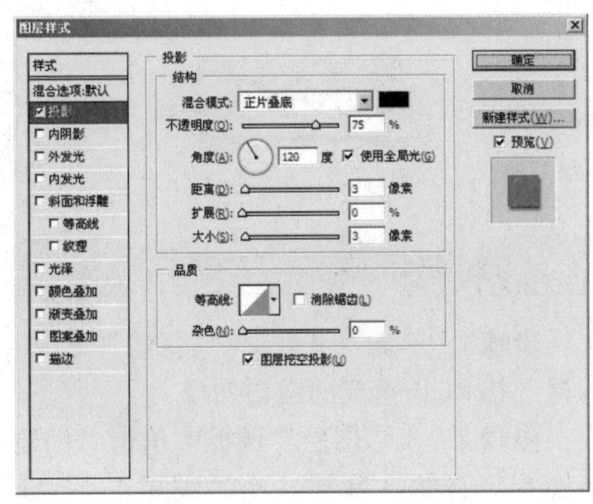

图109-15　设置投影参数

步骤12　单击“确定”按钮，效果如图109-16所示。选择横排文字工具，设置相应字体、字号和颜色，在图像中输入文字，完成该例的制作，效果如图109-17所示。

图109-16　投影效果

图109-17　输入文字

实例110 Mac按钮

本例制作Mac风格按钮，效果如图110-1所示。

图110-1 Mac按钮

操作步骤

步骤1 单击“文件”|“新建”命令，新建一幅RGB模式的空白图像。

步骤2 在“图层”调板中单击“创建新图层”按钮，新建一个“图层1”；选择矩形选框工具，在图像编辑窗口中创建一个矩形选区。

步骤3 单击“选择”|“修改”|“平滑”命令，在弹出的“平滑选区”对话框中设置“取样半径”为8（如图110-2所示），单击“确定”按钮，效果如图110-3所示。

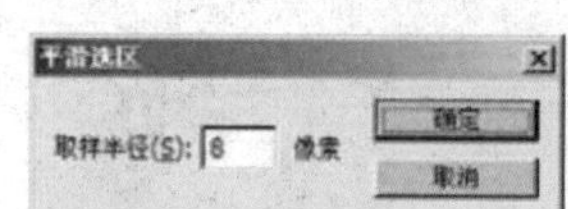

图110-2 “平滑选区”对话框

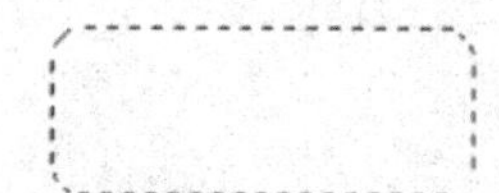

图110-3 平滑后的选区

步骤4 设置前景色为灰色（RGB参数值分别为204、 204、204）、背景色为白色；选择渐变工具，并在其工具属性栏中单击“点按可打开‘渐变’拾色器”按钮，在打开的下拉调板中选择“前景色到背景色渐变”样式（如图110-4所示），然后按住【Shift】键的同时在选区中从上到下拖曳鼠标应用渐变，效果如图110-5所示。

步骤5 在“图层”调板中双击“图层1”，在打开的“图层样式”对话框中选中“投影”及“斜面和浮雕”复选框，单击“确定”按钮，效果如图110-6所示。

步骤6 选择矩形选框工具，按住【Alt】键的同时，在图像上拖曳鼠标减掉选区，效果如图110-7所示。

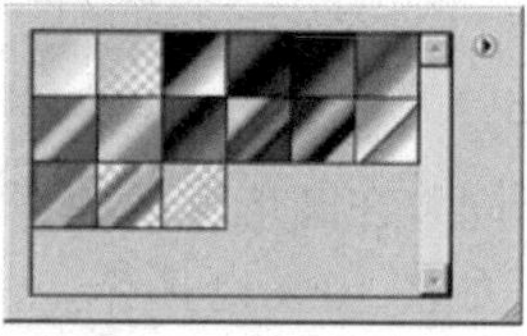

图110-4 选择“前景色到背景色渐变”样式

图110-5 渐变填充

图110-6 添加图层样式后的效果

图110-7 减少选区

步骤7 单击“选择”|“修改”|“收缩”命令，在打开的“收缩选区”对话框中设置“收缩量”为2，单击“确定”按钮，效果如图110-8所示。

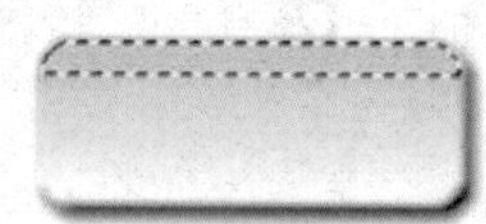

图110-8 收缩后的选区

步骤8 单击“图层”调板中的“创建新图层”按钮，新建“图层2”，按【X】键转换前景色和背景色；选择渐变工具，按住【Shift】键的同时在选区中从上往下拖曳鼠标应用渐变，效果如图110-9所示。

步骤9 单击“滤镜”|“模糊”|“高斯模糊”命令，在打开的“高斯模糊”对话框中设置“半径”为1.0（如图110-10所示），单击“确定”按钮，按【Ctrl+D】

组合键取消选区，效果如图110-11所示。

图110-9 对选区应用渐变

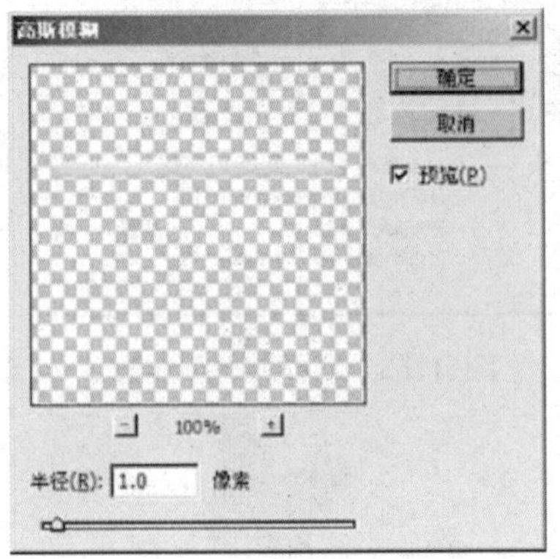

图110-10 “高斯模糊”对话框

图110-11 高斯模糊效果

步骤10 选择工具箱中的横排文字工具，在按钮上输入文字Mac（如图110-12所示）；双击“文字”图层，在打开的“图层样式”对话框中选择“投影”选项，并设置各项参数（如图110-13所示），单击“确定”按钮生成最终效果。

图110-12 输入文字

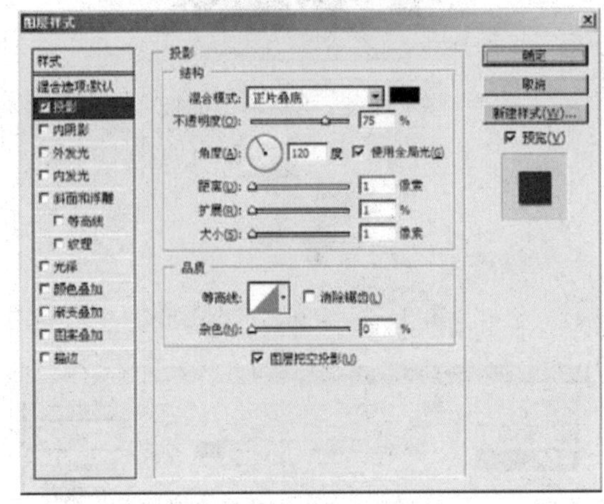

图110-13 “图层样式”对话框

实例111 艺术小按钮

本例制作各种艺术小按钮，效果如图111-1所示。

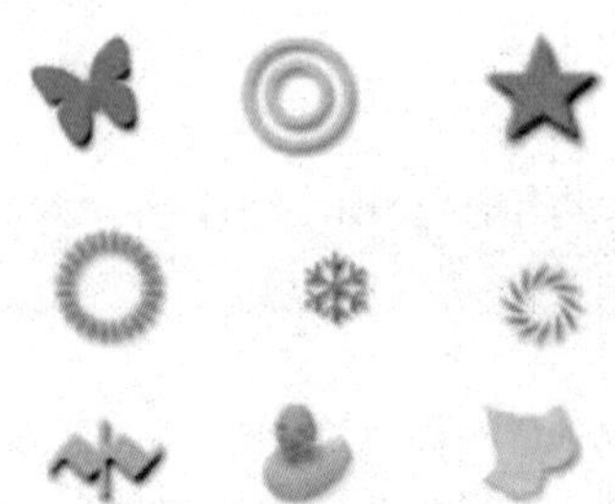

图111-1 艺术小按钮

操作步骤

步骤1 单击“文件”|“新建”命令，新建一个图像文件。

步骤2 打开“图层”调板，单击该调板下方的“创建新图层”按钮，新建一个图层。

步骤3 设置前景色为蓝色，选择工具箱中的画笔工具，再打开“画笔”调板，选取合适的画笔，如图111-2所示（若没有所需的画笔，可单击调板菜单，从中添加各种画笔）。

步骤4 将鼠标指针移动到图像编辑窗口中，单击鼠标左键，即可绘制一个如图111-3所示的艺术小图形。

步骤5 双击该图层，在打开的“图层样式”对话框中选择“投影”选项，设置各项参数（如图111-4所示）；再选择“斜面和浮雕”选项，设置相应的参数，如图111-5所示。

步骤6 设置完成后单击“确定”按钮，效果如图111-6所示。

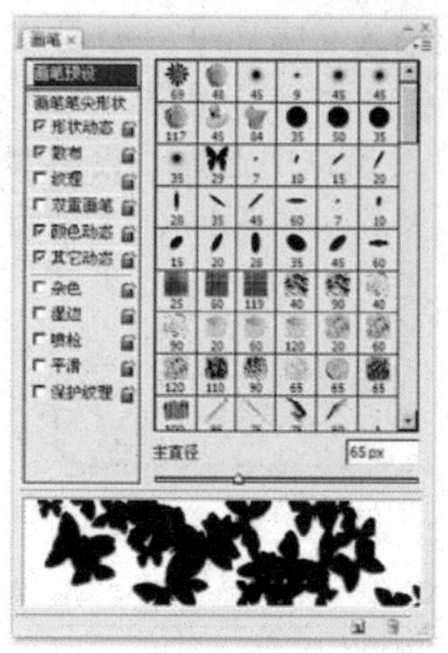

图111-2 “画笔”调板

图111-3 绘制艺术小图形

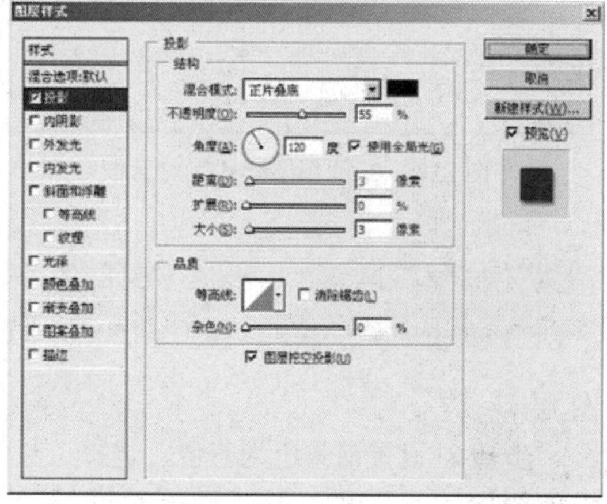

图111-4 设置投影参数

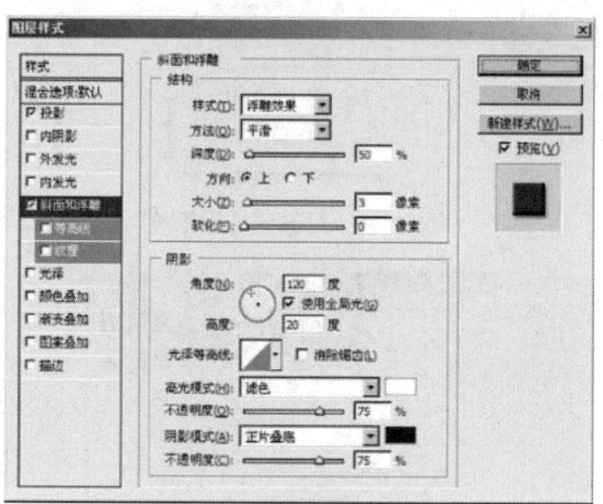

图111-5 设置斜面和浮雕参数

图111-6 斜面和浮雕效果

步骤7 参照步骤（3）～（6）的操作，更换不同的前景色与画笔，即可制作出各种富有立体感的艺术小按钮，如图111-7所示。

图111-7 各种艺术小按钮

实例112 水平导航条

本例制作水平导航条，效果如图112-1所示。

图112-1 水平导航条

操作步骤

步骤1 单击“文件”|“新建”命令，新建一幅RGB模式的空白图像。

步骤2 设置背景色为灰色，按【Alt+Delete】组合键填充背景色，单击“图层”调板中的“创建新图层”按钮，新建“图层1”。

步骤3 选择矩形选框工具，创建一个矩形选区；单击“选择”|“修改”|“平滑”命令，在打开的“平滑选区”对话框中设置“取样半径”为10，单击“确定”按钮，效果如图112-2所示。

图112-2 创建并平滑选区后的效果

步骤4 按【Alt+Delete】组合键用黑色的前景色填充选区，再选择矩形选框工具创建一个较小的矩形选区；重复步骤（3）的操作，将选区平滑5像素，如图112-3所示。

图112-3 创建并平滑选区

步骤5 按【X】键将前景色设置为白色，然后单击“编辑”|“描边”命令，打开如图112-4所示的“描边”对话框，设置各项参数后单击“确定”按钮，效果如图112-5所示。

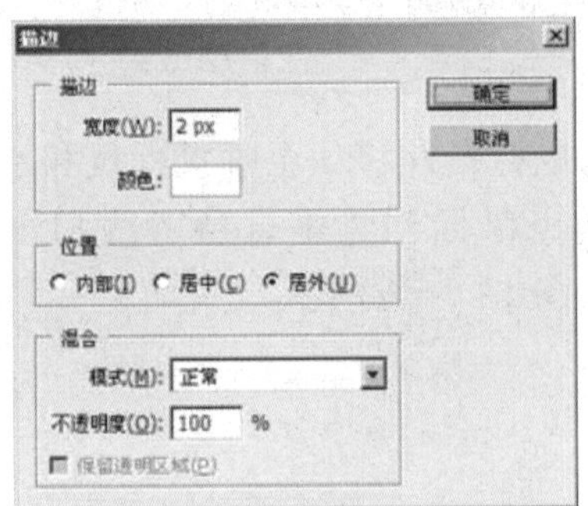

图112-4 “描边”对话框

图112-5 描边效果

步骤6 复制选区并向右拖曳至合适位置，然后对选区进行描边操作；重复此操作，创建如图112-6所示的导航条轮廓。

图112-6 导航条轮廓

步骤7 单击“滤镜”|“模糊”|“高斯模糊”命令，在打开的“高斯模糊”对话框中设置模糊“半径”为1.6（如图112-7所示），单击“确定”按钮，效果如图112-8所示。

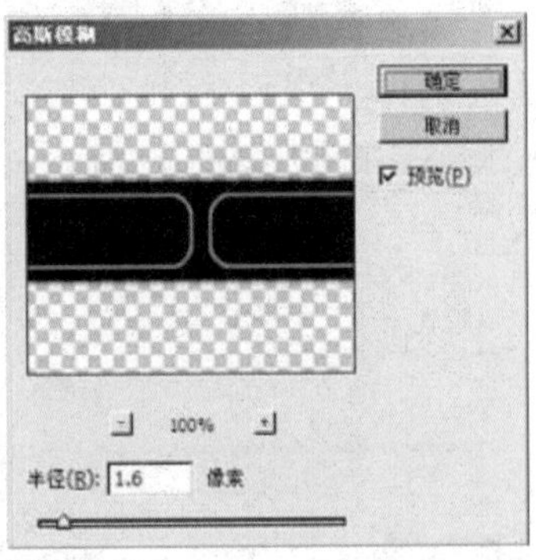

图112-7 “高斯模糊”对话框

图112-8 “高斯模糊”滤镜效果

步骤8 单击“滤镜”|“风格化”|“浮雕效果”命令，打开如图112-9所示的“浮雕效果”对话框，设置各项参数后单击“确定”按钮，效果如图112-10所示。

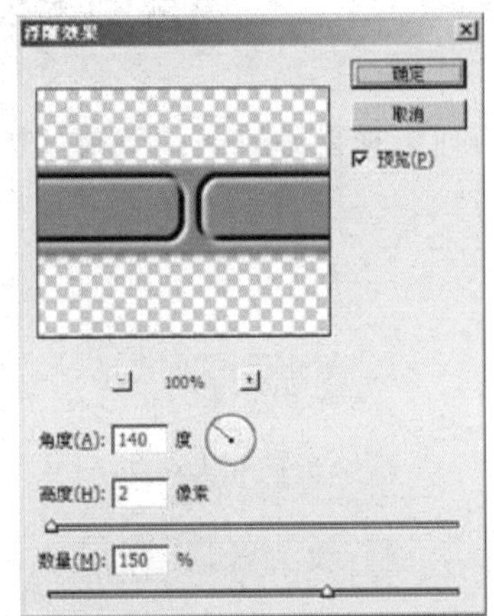

图112-9 “浮雕效果”对话框

图112-10 “浮雕效果”滤镜效果

步骤9 按【Ctrl+U】组合键，打开如图112-11所示的“色相/饱和度”对话框，按图中所示设置各项参数，单击“确定”按钮，效果如图112-12所示。

步骤10 选择横排文字工具，并在其工具属性栏中设置字体、字号、颜色等参数，然后输入文字，效果如图112-13所示。

步骤11 双击文字图层，弹出“图层样式”对话框（如图112-14所示），在其中为文字设置描边参数，单击“确定”按钮，水平导航条制作完成。

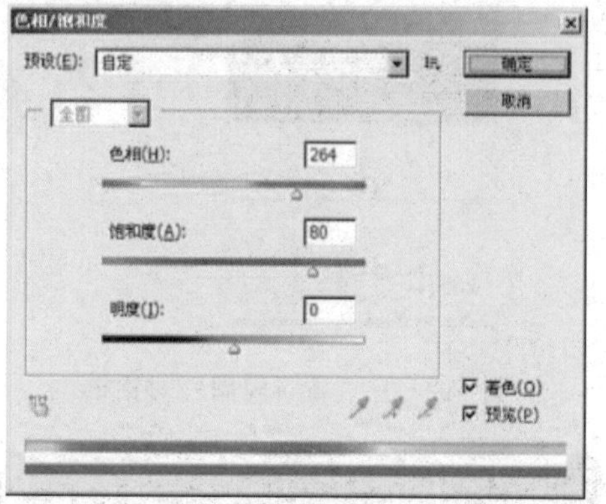

图112-11 “色相/饱和度”对话框

图112-12 调整“色相/饱和度”后的效果

图112-13 输入文字

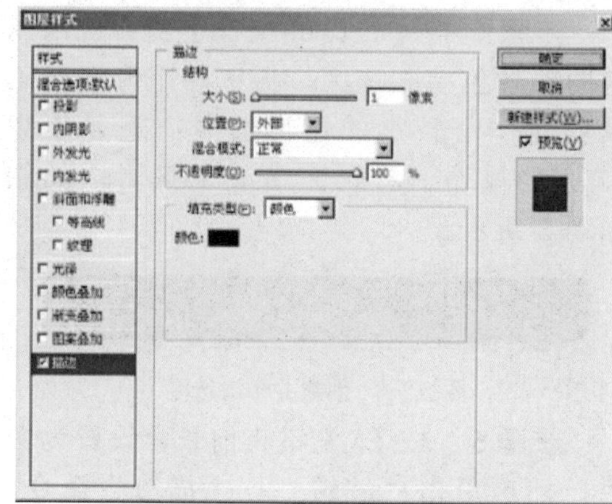

图112-14 “图层样式”对话框

实例113 垂直导航条

本例制作垂直导航条，效果如图113-1所示。

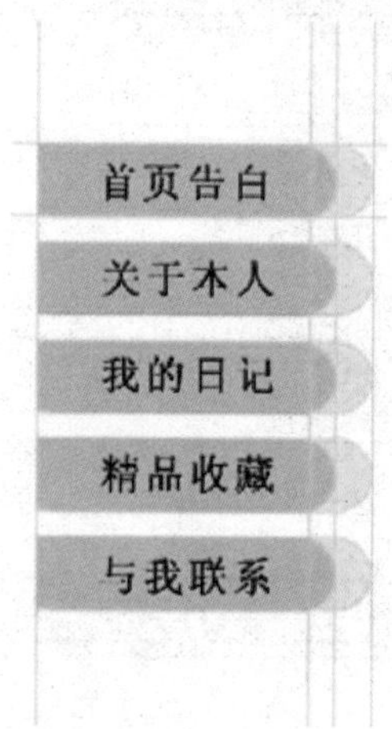

图113-1 垂直导航条

操作步骤

步骤1 单击“文件”|“新建”命令，新建一幅“宽度”和“高度”分别为10厘米和20厘米、“背景内容”为“白色”的空白图像。

步骤2 单击“视图”|“标尺”命令或按【Ctrl+R】组合键，显示标尺，然后分别将鼠标指针移动至垂直标尺和水平标尺上，拖曳鼠标创建垂直参考线和水平参考线，如图113-2所示。

图113-2 创建参考线

步骤3 按【Ctrl+R】组合键隐藏标尺，单击“图层”|“新建”|“图层”命令，新建“图层1”。

步骤4 选取工具箱中的矩形选框工具，在图像编辑窗口中沿参考线拖曳鼠标，创建一个矩形选区，如图113-3所示。

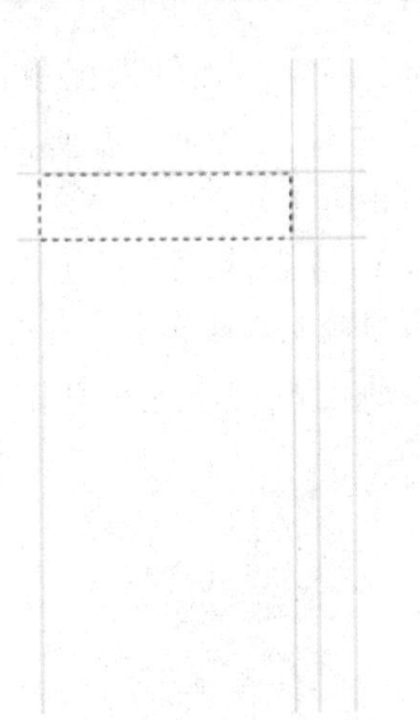

图113-3 创建矩形选区

步骤5 选取工具箱中的椭圆选框工具，单击工具属性栏中的“添加到选区”按钮，然后在图像编辑窗口中拖曳鼠标，创建另一个选区，如图113-4所示。

图113-4 创建选区

步骤6 设置前景色为黄色（RGB参数值分别为254、214、21）、背景色为浅黄色（RGB参数值分别为255、236、72）。

步骤7 按【Alt+Delete】组合键，填充前景色。单击工具属性栏中的“新选区”按钮，将鼠标指针移动至创建的选区内，然后拖曳鼠标创建一个新选区，效果如图113-5所示。

图113-5 创建新选区

步骤8 新建“图层2”，按【Ctrl+Delete】组合键，填充背景色，然后单击“选择”|“取消选择”命令取消选区，如图113-6所示。

图113-6 填充并取消选区

步骤9 在“图层”调板中拖曳“图层2”至“图层1”的下方，调整图层的顺序，效果如图113-7所示。

图113-7 调整图层顺序的效果

步骤10 确认“图层1”为当前工作图层，单击“图层”调板底部的“添加图层样式”按钮，在弹出的下拉菜单中选择“投影”选项，然后在弹出的“图层样式”对话框中设置各项参数，如图113-8所示。单击“确定”按钮，效果如图113-9所示。

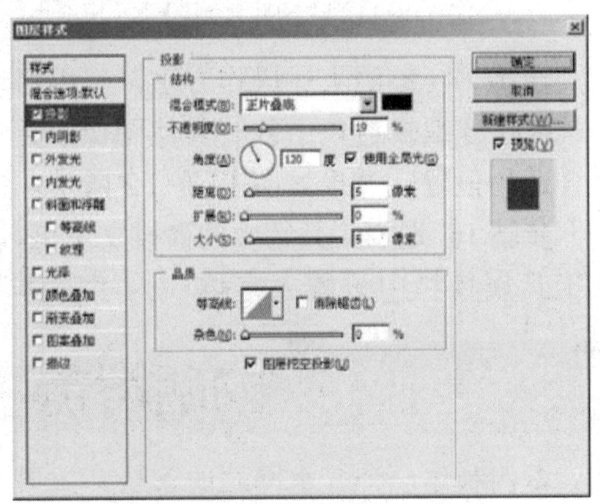

图113-8 “图层样式”对话框

图113-9 投影效果

步骤11 参照上述操作方法，对“图层2”添加投影效果，如图113-10所示。

步骤12 在“图层”调板中，按住【Ctrl】键的同时依次选择“图层1”和“图层2”，然后按【Ctrl+E】组合键，合并选择的图层，并在该图层的名称处双击鼠标左键，将合并后的图层更名为“按钮”。

步骤13 选取工具箱中的移动工具，在图像编辑窗口中按住【Shift+Alt】组合键并向下拖曳鼠标，移动并复制图像，效果如图113-11所示。

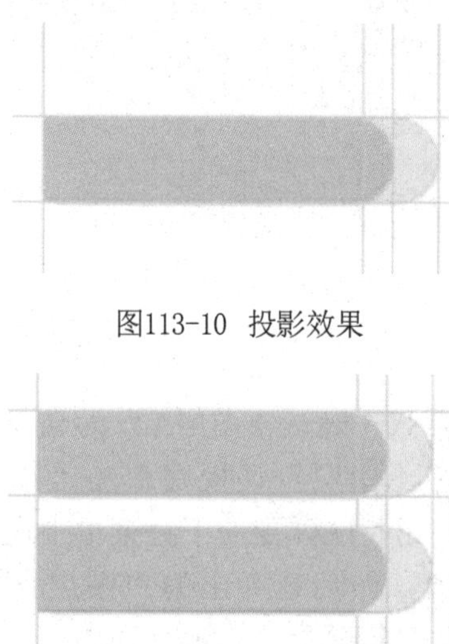

图113-10 投影效果

图113-11 移动并复制图像

步骤14 参照上述操作方法，运用移动工具在图像编辑窗口中复制其他图像，并移至合适的位置，效果如图113-12所示。

步骤15 选取工具箱中的横排文字工具，在工具属性栏中设置“字体”为“宋体”、“字号”为18点、颜色为黑色，然后在图像编辑窗口中输入文字“首页告白”，效果如图113-13所示。

步骤16 参照步骤（15）的操作，在图像编辑窗口中输入其他文字，并设置相应的字体、字号及颜色，效果参见图113-1。

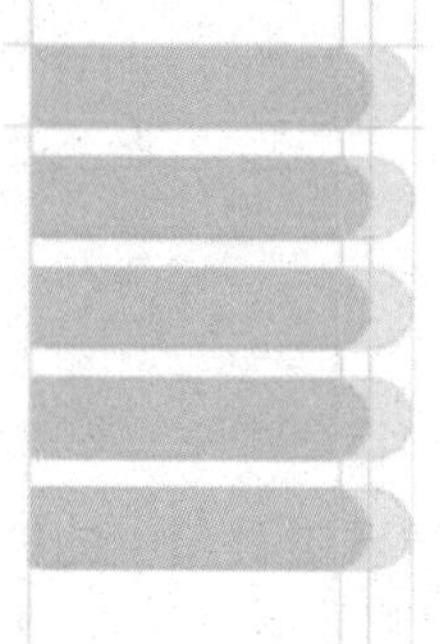

图113-12 复制其他图像

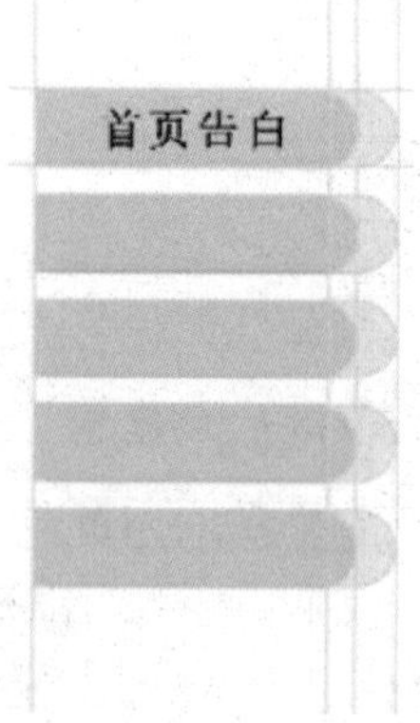

图113-13 输入文字

实例114 网站首页

本例制作一个儿童网站的首页，效果如图114-1所示。

图114-1 儿童网站首页

操作步骤

步骤1 首先制作标志效果，单击“文件”|“新建”命令，新建一个图像文件。

步骤2 选择椭圆选框工具，在图像编辑窗口中创建一个正圆形选区，然后用黑色填充，如图114-2所示。

步骤3 再创建出如图114-3所示的选区，并用黑色填充。

步骤4 选择矩形选框工具，创建两个矩形选区，用黑色填充（如图114-4所示），然后将相应图层合并。

图114-2 创建并填充正圆选区

图114-3 创建选区

图114-4 创建并填充矩形选区

步骤5 单击“文件”|“打开”命令，打开一幅背景素材图像，如图114-5所示。

步骤6 将刚才绘制的标志复制到背景图像中，然后调整其大小及位置，如图114-6所示。

图114-5 背景素材图像

步骤7 在“图层”调板中新建“图层1”，双击“图层1”，在打开的“图层样式”对话框中设置相应参数（如图114-7所示），单击“确定”按钮，为标志添加投影。

步骤8 选择工具箱中的横排文字工具，设置合适的字体、字号和颜色，在图像编辑窗口中输入文字“卓越儿童网”，如图114-8所示。

图114-6 调整标志的大小及位置

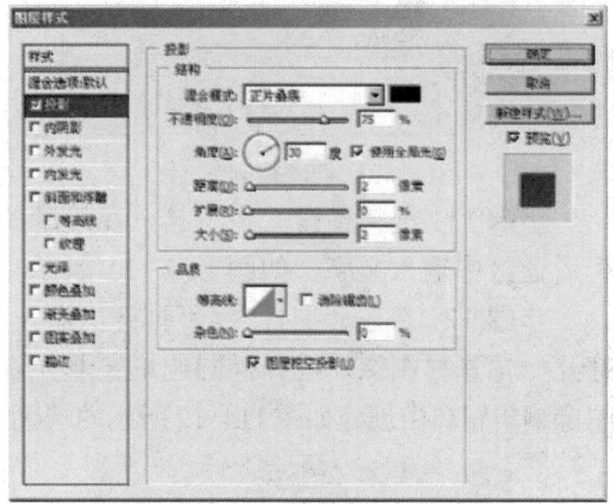

图114-7 设置相应参数

图114-8 输入文字

步骤9 在“图层1”上单击鼠标右键，在弹出的快捷菜单中选择“拷贝图层样式”选项，在“卓越儿童网”文字图层上单击鼠标右键，在弹出的快捷菜单中选择“粘贴图层样式”选项，此时的“图层”调板如图114-9所示。

步骤10 在“图层”调板中选择“图层1”，选择工具箱中的矩形选框工具，在文字的下面创建一个矩形选区，并用灰色进行填充，如图114-10所示。

图114-9 “图层”调板

图114-10 创建并填充选区

步骤11 选择横排文字工具，在绘制的矩形选区中输入文字，如图114-11所示。

步骤12 单击“文件”|“打开”命令，打开一幅素材图像，选择椭圆选框工具，在图像编辑窗口中创建如图114-12所示的选区。

图114-11 输入文字

图114-12 创建选区

步骤13 选择移动工具，拖曳选区中的图像到原图像编辑窗口中，并将其调整到左上角，如图114-13所示。

步骤14 单击“编辑”|“描边”命令，在打开的“描边”对话框中设置相应参数（如图114-14所示），单击“确定”按钮，描边后的效果如图114-15所示。

图114-13 添加图像并调整图像位置

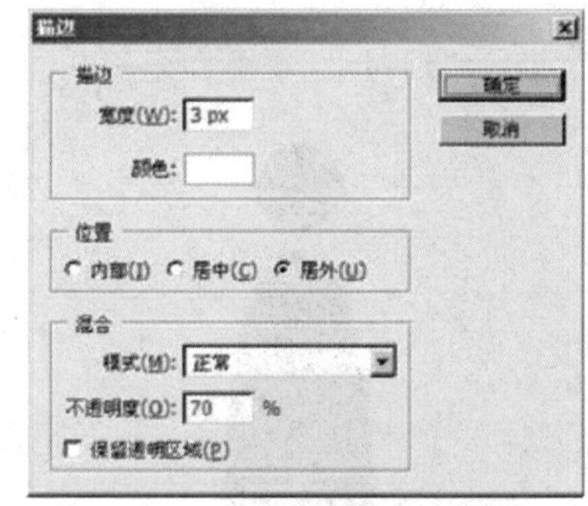

图114-14 “描边”对话框

图114-15 描边效果

步骤15 重复步骤（12）~（14）的操作，添加其他图像并进行描边处理，效果如图114-16所示。

图114-16 添加其他图像并进行描边

步骤16 选择铅笔工具，设置画笔大小为2，按住【Shift】键的同时在图像上绘制一条直线，如图114-17所示。

步骤17 将该图层复制三个，并分别调整三条直线的位置，如图114-18所示。

图114-17 绘制直线

步骤18 选择横排文字工具，设置合适的字体、字号、大小和颜色，在图像中输入文字，如图114-19所示。

图114-18 复制并调整直线的位置

图114-19 输入文字

步骤19 继续在图像中输入文字，得到最终的主页效果，参见图114-1。

实例115 个人网站

本例制作个人网站，效果如图115-1所示。

图115-1 个人网站

操作步骤

1. 制作网页背景效果

步骤1 新建一幅RGB模式的空白图像，设置其“宽度”和“高度”分别为26厘米和24厘米、“分辨率”为300像素/英寸、“背景内容”为“白色”。

步骤2 分别单击工具箱中的前景色和背景色色块，设置前景色为绿色（RGB参数值分别为41、175、0）、背景色为白色。

步骤3 按【Ctrl+R】组合键显示标尺，分别将鼠标指针移动至垂直标尺和水平标尺上，拖曳鼠标创建垂直参考线和水平参考线，如图115-2所示。

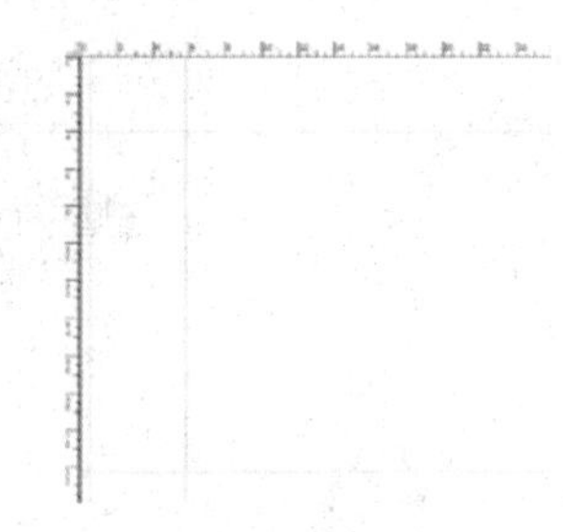
图115-2 创建参考线

步骤4 按【Ctrl＋R】组合键隐藏标尺，按【Shift+Ctrl+N】组合键，新建“图层1”。

步骤5 选取工具箱中的矩形工具，单击工具属性栏中的“填充像素”按钮，然后在图像编辑窗口中沿参考线拖曳鼠标，绘制一个矩形，效果如图115-3所示。

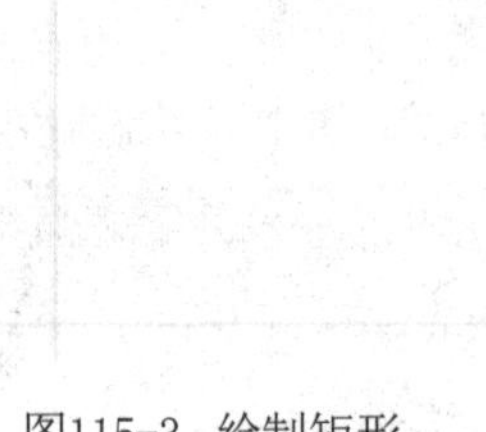

图115-3 绘制矩形

步骤6 按【Ctrl+O】组合键，打开一幅花素材图像，如图115-4所示。

图115-4 素材图像

步骤7 选取工具箱中的移动工具，将打开的素材图像移至原图像编辑窗口中，此时“图层”调板中将自动生成“图层2”，调整移入的图像的大小及位置，效果如图115-5所示。

图115-5 移入并调整图像

步骤8 选取工具箱中的矩形选框工具，在图像编辑窗口中拖曳鼠标，创建一个矩形选区，如图115-6所示。

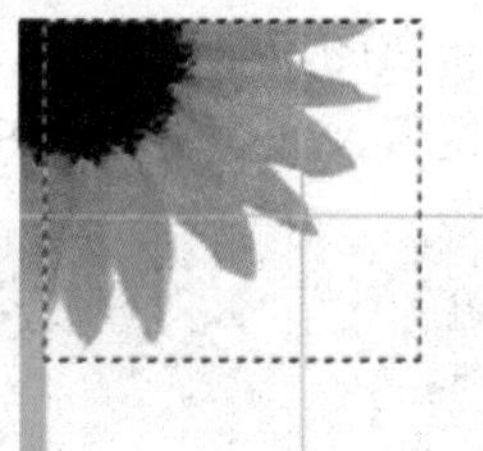

图115-6 创建选区

步骤9 单击“选择”|“反向”命令反选选区，按【Delete】键删除选区内的图像，然后按【Ctrl+D】组合键取消选区，效果如图115-7所示。

图115-7 删除图像

步骤10 新建“图层3”，选取工具箱中的钢笔工具，在工具属性栏中单击“路径”按钮，然后在图像编辑窗口中单击鼠标左键，创建第1个锚点和第2个锚点，如图115-8所示。

图115-8 创建锚点

步骤11 参照上述操作方法，依次创建其他锚点，最后将鼠标指针移动至第1点上，当鼠标指针下方出现一个小圆圈时单击鼠标左键，创建一条闭合路径，如图115-9所示。

图115-9 创建闭合路径

步骤12 按住【Ctrl】键的同时在图像编辑窗口中单击左侧下方的锚点，激活该锚点，然后按住【Alt】键的同时拖曳鼠标，即可创建如图115-10所示的控制柄。

图115-10 创建控制柄

步骤13 按住【Alt】键的同时在图像编辑窗口中拖曳右侧的控制柄至合适位置，如图115-11所示。

图115-11 调整右侧的控制柄

步骤14 按住【Alt】键的同时在图像编辑窗口中拖曳左侧的控制柄，将其向下移至合适的位置，效果如图115-12所示。

图115-12 调整左侧的控制柄

步骤15 参照步骤（12）～（14）的操作，依次调整其他锚点及控制柄至合适位置，效果如图115-13所示。

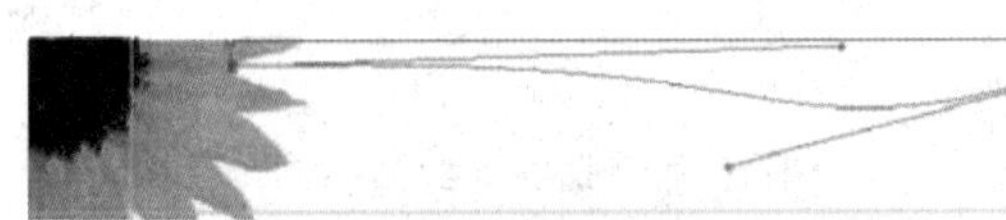

图115-13 调整其他锚点及控制柄

步骤16 在"路径"调板中，用鼠标右键单击"工作路径"，在弹出的快捷菜单中选择"建立选区"选项，弹出"建立选区"对话框，保持默认设置，单击"确定"按钮，将路径转换为选区，效果如图115-14所示。

图115-14 将路径转换为选区

步骤17 选取工具箱中的渐变工具，在工具属性栏中设置渐变类型为"线性渐变"，然后单击"点按可编辑渐变"图标，弹出"渐变编辑器"窗口，设置渐变矩形条下方的两个色标的RGB参数值从左到右依次为（255、216、32）和（252、244、202），单击"确定"按钮。

步骤18 在图像编辑窗口中的选区内从左向右拖曳鼠标，填充渐变色。单击"选择"|"取消选择"命令取消选区，效果如图115-15所示。

图115-15 填充渐变色

步骤19 按【Ctrl+[】组合键，将"图层3"置于"图层2"的下方，此时图像效果如图115-16所示。

图115-16 图像效果

步骤20 单击"图层"调板底部的"添加图层样式"按钮，在弹出的下拉菜单中选择"投影"选项，然后在弹出的"图层样式"对话框中设置"混合模式"为"正片叠底"、颜色为黑色、"不透明度"为14%、"角度"为120、"距离"为14、"扩展"为8、"大小"为21，单击"确定"按钮，为图层添加投影效果，如图115-17所示。

图115-17 投影效果

步骤21 新建"图层4"，选取工具箱中的钢笔工具，在工具属性栏中单击"路径"按钮，在图像编辑窗口中单击鼠标左键，创建第1个锚点。移动鼠标指针至另一位置，单击鼠标左键并拖曳鼠标，绘制一条曲线，效果如图115-18所示。参照上述操作，绘制一条如图115-19所示的闭合路径。

步骤22 切换至"路径"调板，然后单击调板底部的"将路径作为选区载入"按钮，将绘制的路径转换为选区，如图115-20所示。

图115-18 绘制曲线

图115-19 绘制闭合路径

图115-20 将路径转换为选区

步骤23 参照步骤（17）和（18）的操作方法，运用渐变工具对选区填充渐变色，效果如图115-21所示。

图115-21 填充渐变色

步骤24 新建“图层5”，选取工具箱中的椭圆选框工具，在按住【Shift】键的同时拖曳鼠标，创建一个正圆选区，如图115-22所示。

图115-22 创建选区

步骤25 选取工具箱中的渐变工具，在工具属性栏中设置渐变类型为“径向渐变”，然后单击“点按可编辑渐变”图标，弹出“渐变编辑器”窗口，设置渐变矩形条下方两个色标的RGB参数值从左到右依次为（255、216、32）和（0、0、0），设置完成后单击“确定”按钮。

步骤26 在图像编辑窗口中的选区内从选区中心向外侧拖曳鼠标，填充渐变色，然后单击“选择”|“取消选择”命令取消选区，效果如图115-23所示。

图115-23 填充并取消选区

步骤27 选取工具箱中的移动工具，按住【Shift+Alt】组合键，在图像编辑窗口中向右拖曳鼠标，复制并调整图像，效果如图115-24所示。

图115-24 复制并调整图像

步骤28 参照上述操作方法复制其他图像，并调整图像的位置，效果如图115-25所示。

步骤29 按住【Shift】键，在“图层”

调板中的“图层5”上单击鼠标左键，选中连续的副本图层，单击“图层”|“合并图层”命令，将选中的图层合并到“图层5”中。

图115-25 复制并调整其他图像

步骤30 新建“图层6”，选取工具箱中的直线工具，单击工具属性栏中的“填充像素”按钮，然后在图像编辑窗口中拖曳鼠标，绘制一条直线，如图115-26所示。

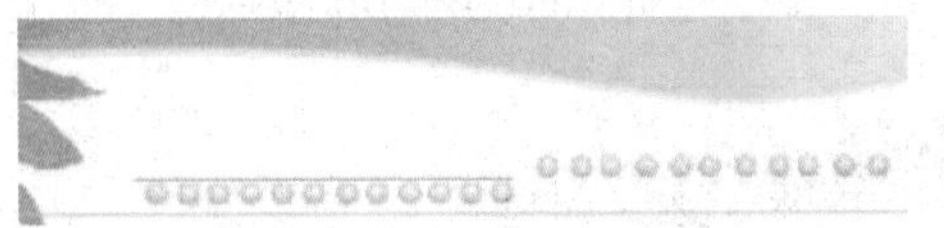

图115-26 绘制直线

步骤31 参照上述操作方法，在图像编辑窗口中绘制其他直线，效果如图115-27所示。

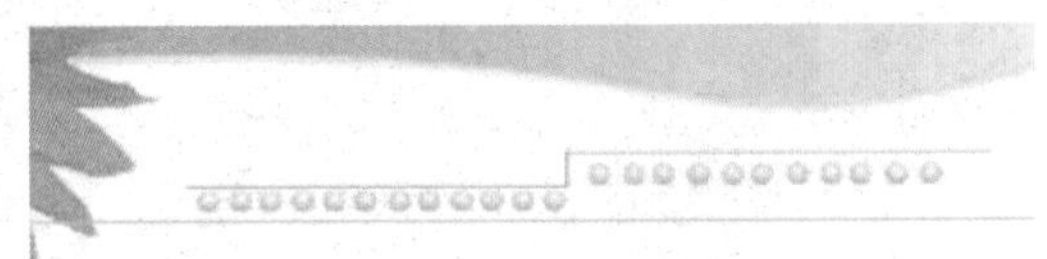

图115-27 绘制其他直线

步骤32 按【Ctrl+O】组合键，打开一幅蝴蝶素材图像，如图115-28所示。

图115-28 蝴蝶素材图像

步骤33 选取工具箱中的移动工具，将打开的素材图像移至原图像编辑窗口中，此时“图层”调板中将自动生成“图层7”，调整图像的大小及位置，效果如图115-29所示。

步骤34 选取工具箱中的移动工具，按住【Shift+Alt】组合键，在图像编辑窗口中向右拖曳鼠标，复制图像，并适当调整图像的大小，效果如图115-30所示。

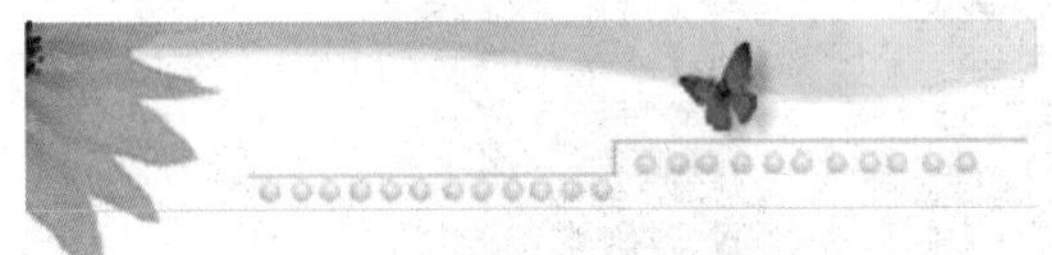

图115-29 移入并调整图像

图115-30 复制并调整图像

步骤35 单击“图像”|“调整”|“色相/饱和度”命令，在弹出的“色相/饱和度”对话框中设置“色相”为+26、“饱和度”为+31，然后单击“确定”按钮，效果如图115-31所示。

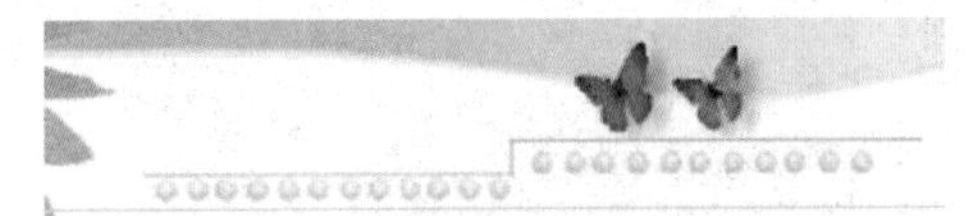

图115-31 调整图像色相与饱和度

步骤36 参照步骤（34）的操作方法，运用移动工具复制并调整图像，效果如图115-32所示。

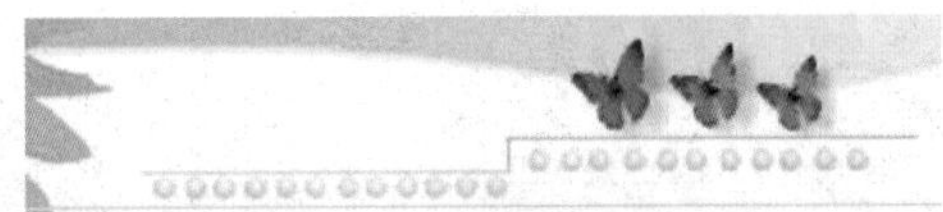

图115-32 复制并调整图像

2. 制作导航条和按钮

步骤1 按【Ctrl+O】组合键，打开一幅导航条素材图像，如图115-33所示。

步骤2 选取工具箱中的移动工具，将打开的素材图像移至原图像编辑窗口中，此时在“图层”调板中将自动生成“图层8”，调整图像的大小及位置，效果如图115-34所示。

步骤3 新建“图层9”，选取工具箱中的矩形工具，单击工具属性栏中的“路径”按钮，在图像编辑窗口中拖曳鼠标，绘制一条矩形路径，效果如图115-35所示。

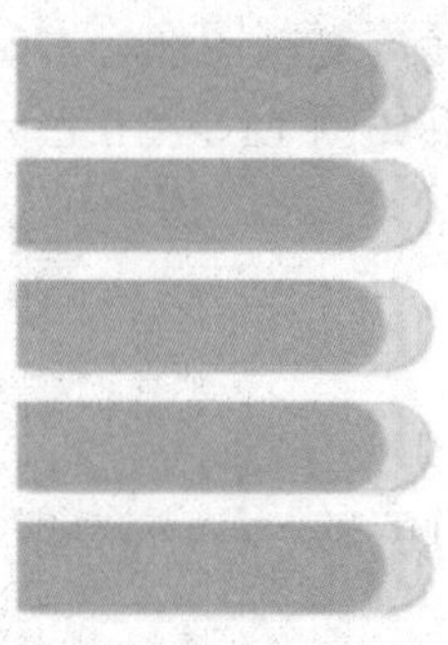

图115-33 素材图像

图115-34 移入并调整图像

图115-35 绘制矩形路径

步骤4 选取工具箱中的直接选择工具，在图像编辑窗口中用鼠标拖曳矩形路径右上角和左上角的锚点，效果如图115-36所示。

步骤5 按【Ctrl+Enter】组合键，将绘制的矩形路径转换为选区。单击“编辑”|“填充”命令，弹出“填充”对话框，在“使用”下拉列表框中选择“前景色”选项，单击“确定”按钮。按【Ctrl+D】组合键取消选区，效果如图115-37所示。

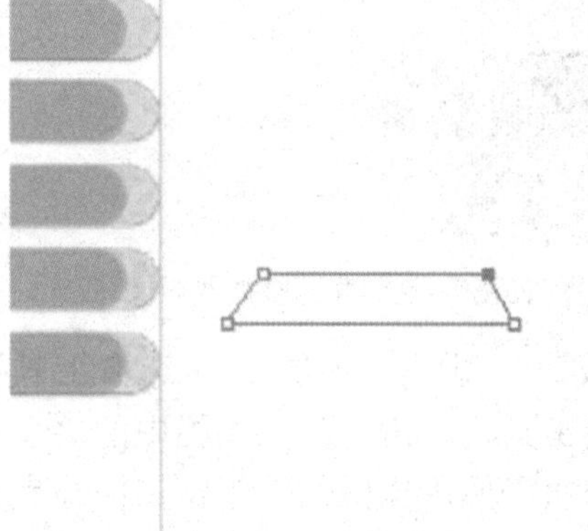

图115-36 调整后的路径

图115-37 填充并取消选区

步骤6 新建“图层10”，设置前景色为黄色（RGB参数值分别为254、214、21）。选取工具箱中的矩形工具，单击工具属性栏中的“填充像素”按钮，然后在图像编辑窗口中拖曳鼠标，绘制一个矩形，效果如图115-38所示。

图115-38 绘制矩形

步骤7 选取工具箱中的横排文字工具，在工具属性栏中设置“字体”为“华文中宋”、“字号”为14点、颜色为黑色，在图像编辑窗口中输入文字，如图115-39所示。

步骤8 参照上述操作，输入其他文字，并设置合适的字体、字号及颜色，效果如图115-40所示。

图115-39 输入文字

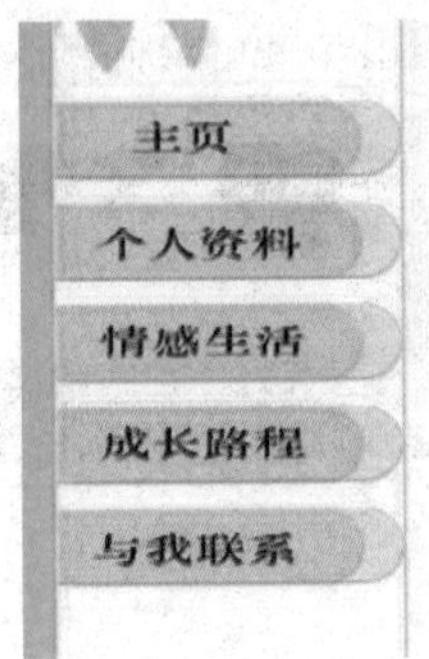

图115-40 输入其他文字

3. 制作网站的Logo

步骤1 选取工具箱中的横排文字工具，在工具属性栏中设置“字体”为“方正粗倩简体”、“字号”为31.76点、颜色为红色（RGB参数值分别为230、0、17），然后在图像编辑窗口中输入文字“蝶恋花”，如图115-41所示。

图115-41 输入文字

步骤2 单击“文件”|“打开”命令，打开一幅素材图像，如图115-42所示。

图115-42 素材图像

步骤3 选取工具箱中的移动工具，将打开的素材图像移至原图像编辑窗口中，此时在“图层”调板中将自动生成“图层11”，调整图像的大小及位置，效果如图115-43所示。

图115-43 移入并调整图像

4. 制作网站其他元素

步骤1 按【Ctrl＋O】组合键两次，先后打开两幅素材图像，如图115-44所示。

图115-44 素材图像

步骤2 选取工具箱中的移动工具，将打开的素材图像分别移至原图像编辑窗口中，此时在“图层”调板中将自动生成“图层12”和“图层13”，调整图像的大小及位置，效果如图115-45所示。

图115-45 移入并调整图像

步骤3 参照步骤（2）的操作方法打开一幅素材图像，如图115-46所示。

步骤4 选取工具箱中的移动工具，将打开的素材图像移至原图像编辑窗口中，此时在“图层”调板中将自动生成“图层14”，调整图像的大小及位置，效果如图115-47所示。

图115-46 素材图像

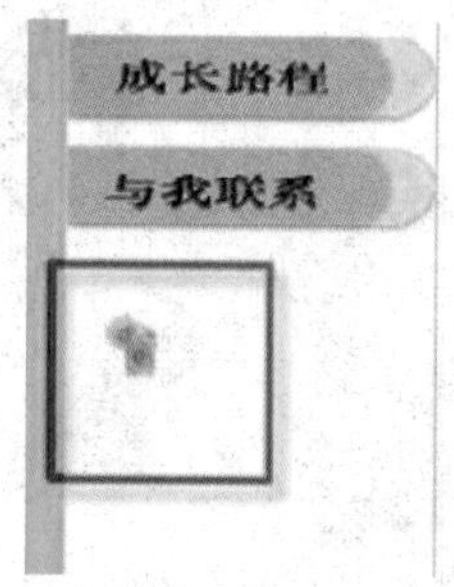

图115-47 移入并调整图像

步骤5 选取工具箱中的移动工具，在图像编辑窗口中按住【Alt】键的同时拖曳鼠标，复制生成新的图层“图层14 副本”，并调整图像至合适的位置，效果如图115-48所示。

图115-48 复制并调整图像

步骤6 新建“图层15”，选取工具箱中的矩形工具，单击工具属性栏中的“填充像素”按钮，然后在图像编辑窗口中拖曳鼠标，绘制一个矩形，效果如图115-49所示。

步骤7 参照步骤（4）的操作方法，运用移动工具移动并复制刚绘制的矩形，效果如图115-50所示。

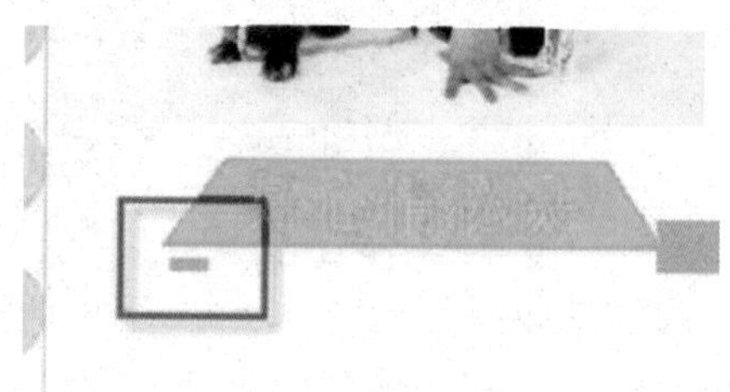
图115-49 绘制矩形

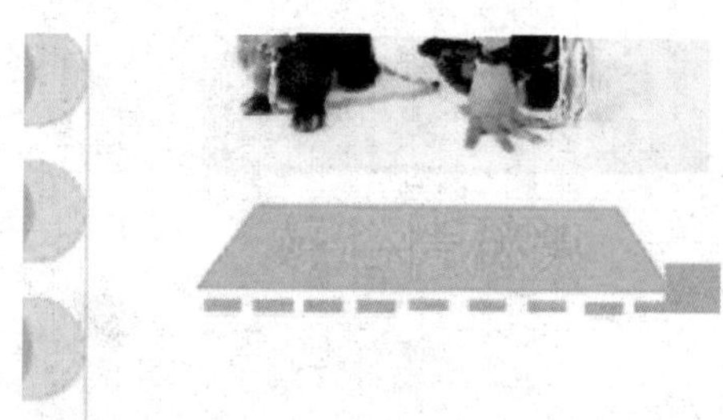
图115-50 复制矩形

步骤8 新建“图层16”，选取工具箱中的矩形工具，单击工具属性栏中的“路径”按钮，在图像编辑窗口中拖曳鼠标，绘制矩形路径，如图115-51所示。

图115-51 绘制矩形路径

步骤9 选取工具箱中的画笔工具，在工具属性栏中设置画笔类型为“尖角2 像素”、“不透明度”和“流量”均为100%。

步骤10 设置前景色为黑色，切换至“路径”调板，单击调板底部的“用画笔描边路径”按钮，为路径填充前景色，在调板底部的灰色空白处单击鼠标左键，隐藏绘制的路径，效果如图115-52所示。

步骤11 选取工具箱中的横排文字工具，在工具属性栏中设置“字体”为“华文中宋”、“字号”为16点、颜色为绿色（RGB参数值分别为41、175、0），在图像编辑窗口中输入文字“个人资料”，效果如图115-53所示。

图115-52 用画笔描边路径

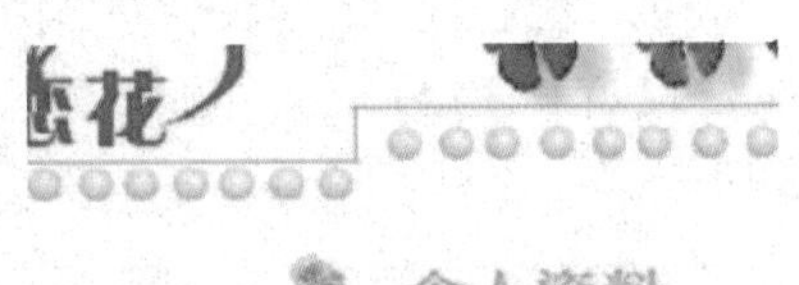

图115-53 输入文字

步骤12 选取工具箱中的横排文字工具，在工具属性栏中设置“字体”为“楷体_GB2312”、“字号”为12点、颜色为黑色。

步骤13 移动鼠标指针至图像编辑窗口中，拖曳鼠标创建一个文本框（如图115-54所示），然后输入文字。单击工具属性栏中的“提交所有当前编辑”按钮，确认输入文字操作，效果如图115-55所示。

步骤14 参照上述操作，使用横排文字工具输入其他文字，并设置各文字相应的字体、字号及颜色，效果如图115-56所示。

步骤15 单击“视图”|“显示额外内容”命令，隐藏图像中的参考线。至此，“蝶恋花”个人网站制作完成，最终效果参见图115-1。单击“文件”|“存储”命令，保存制作好的网站。

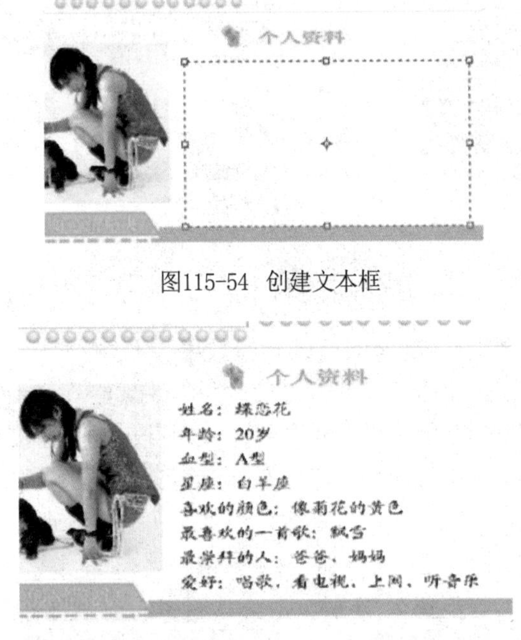

图115-54 创建文本框

图115-55 输入文字

图115-56 输入其他文字

实例116 科技网站

本例制作科技网站，效果如图116-1所示。

图116-1 科技网站

操作步骤

1. 制作网页的背景效果

步骤1 单击“文件”|“新建”命令，在弹出的“新建”对话框中设置“宽度”和“高度”分别为30厘米和26厘米，“背景内容”为“白色”，然后单击“确定”按钮，创建一幅空白图像。

步骤2 分别单击工具箱中的前景色和背景色色块，设置前景色为白色、背景色为蓝色（RGB参数值分别为41、142、255）。

步骤3 按【Ctrl+R】组合键显示标尺，分别将鼠标指针移动至垂直标尺和水平标尺上，拖曳鼠标创建垂直参考线和水平参考线，如图116-2所示。

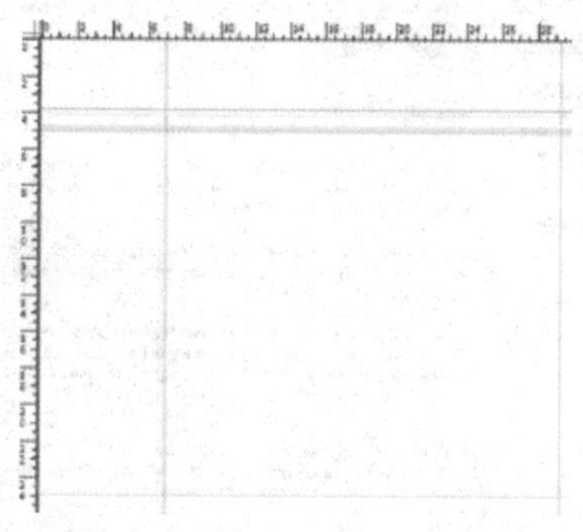

图116-2 创建参考线

步骤4 按【Ctrl+R】组合键隐藏标尺，然后单击“文件”|“打开”命令，打开一幅背景素材图像，如图116-3所示。

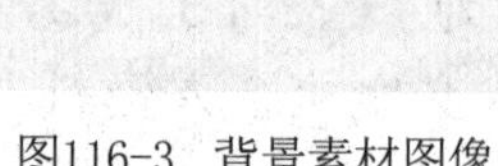

图116-3 背景素材图像

步骤5 选取工具箱中的移动工具，将打开的素材图像移至原图像编辑窗口中，此时“图层”调板中将自动生成“图层1”，调整图像至合适大小，效果如图116-4所示。

图116-4 移入图像并调整大小

步骤6 单击“图层”|“新建”|“图层”命令，新建“图层2”。选取工具箱中的矩形工具，单击工具属性栏中的“填充像素”按钮，然后在图像编辑窗口中的顶部位置拖曳鼠标，绘制一个矩形，效果如图116-5所示。

图116-5 绘制矩形

步骤7 新建“图层3”，选取工具箱中的矩形选框工具，在图像编辑窗口中的“图层2”对应图像下方拖曳鼠标，创建一个矩形选区。按【Ctrl+Delete】组合键，用背景色填充选区，按【Ctrl+D】组合键取消选区，效果如图116-6所示。

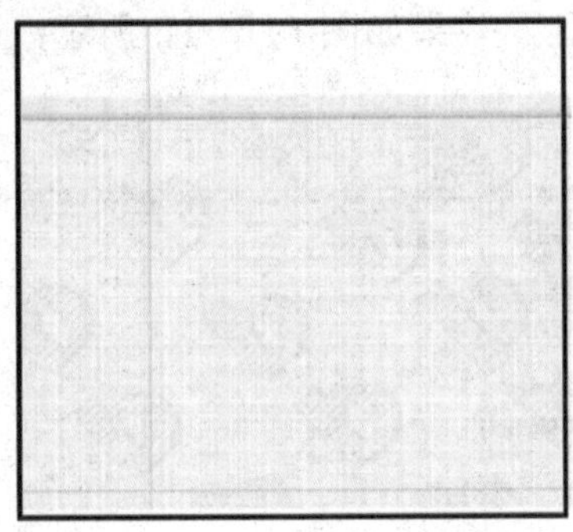

图116-6 创建并填充矩形选区

步骤8 选取工具箱中的移动工具，在图像编辑窗口中按住【Alt】键的同时向下拖曳鼠标，复制生成新图层“图层3 副本”，调整图像至合适位置，效果如图116-7所示。

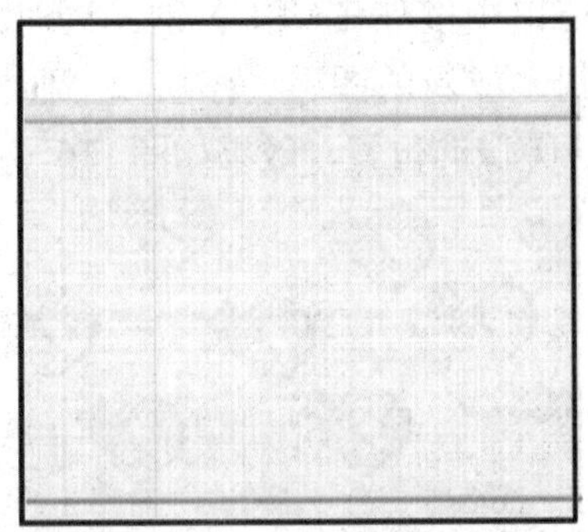

图116-7 复制并调整图像

步骤9 新建“图层4”，参照步骤（6）的操作方法，运用矩形工具在图像编辑窗口的右侧绘制一个矩形，效果如图116-8所示。

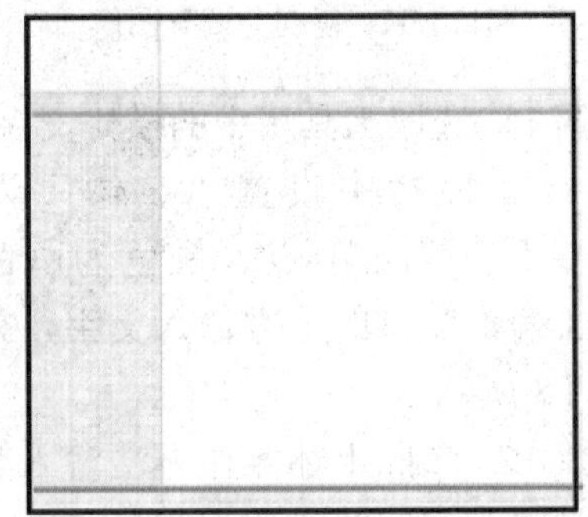

图116-8 绘制矩形

2. 制作导航条和按钮

步骤1 设置背景色为蓝色（RGB参数值分别为46、98、233），然后新建“图层5”。

步骤2 选取工具箱中的矩形选框工具，在图像编辑窗口中拖曳鼠标，创建一个矩形选区。选取工具箱中的渐变工具，在工具属性栏中设置渐变样式为“前景色到背景色渐变”，单击“线性渐变”按钮，在创建的选区内从上向下拖曳鼠标填充渐变色，然后按【Ctrl+D】组合键取消选区，效果如图116-9所示。

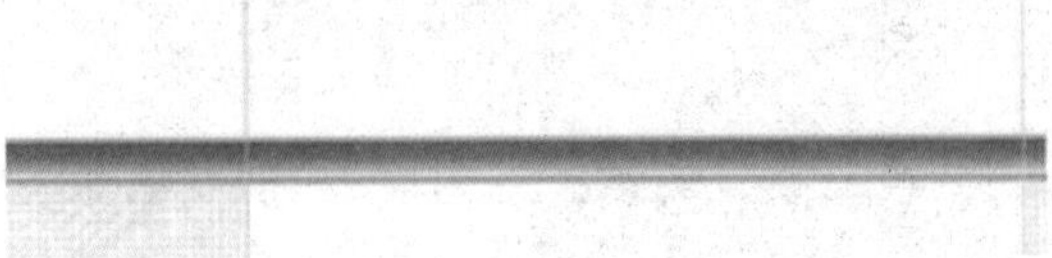

图116-9 绘制矩形

步骤3 新建“图层6”，选取工具箱中的矩形工具，单击工具属性栏中的“填充像素”按钮，然后在图像编辑窗口中的“图层5”对应图像上拖曳鼠标，绘制一个矩形，效果如图116-10所示。

图116-10 绘制矩形

步骤4 单击“图层”调板底部的“添加图层样式”按钮，在弹出的下拉菜单中选择“斜面和浮雕”选项，然后在弹出的“图层样式”对话框中设置“深度”为191、“方向”为“上”、“大小”为5、“软化”为0、“角度”为120、“高度”为30、“高光模式”为“滤色”、高亮颜色为白色、“阴影模式”为“正片叠底”，单击“确定”按钮，效果如图116-11所示。

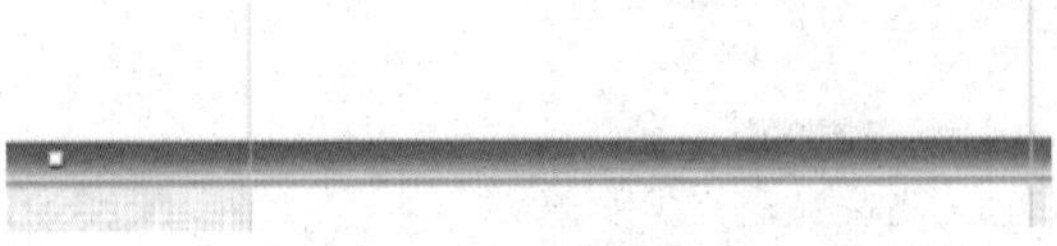

图116-11 斜面和浮雕效果

步骤5 选取工具箱中的移动工具，在图像编辑窗口中按住【Alt】键的同时拖曳鼠标，复制生成新的图层“图层6 副本”，调整相应图像至合适位置，效果如图116-12所示。

图116-12 复制并调整图像

步骤6 参照上述操作方法，在图像编辑窗口中复制其他图像，效果如图116-13所示。

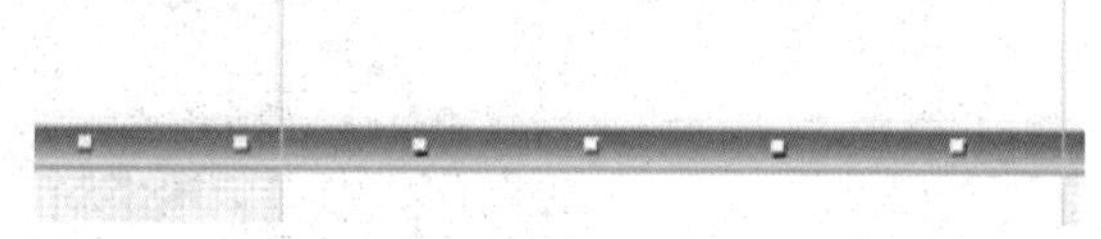

图116-13 复制其他图像

步骤7 新建“图层7”，参照步骤（2）的操作方法，运用矩形选框工具在图像编辑窗口的左侧绘制一个矩形，并对其填充渐变色，效果如图116-14所示。

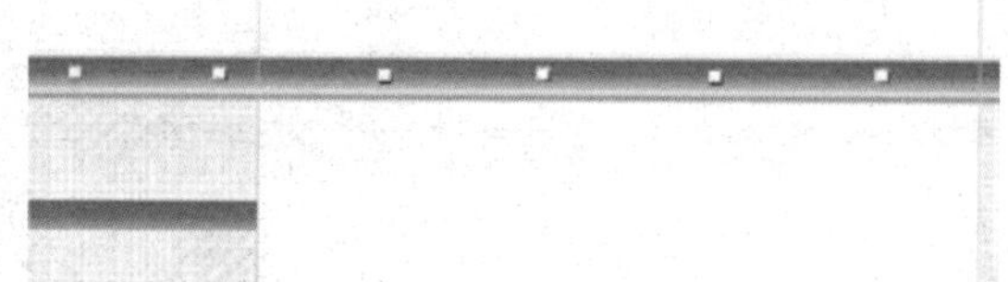

图116-14 绘制矩形并填充渐变色

步骤8 参照步骤（5）的操作方法，在图像编辑窗口中复制其他图像，效果如图116-15所示。

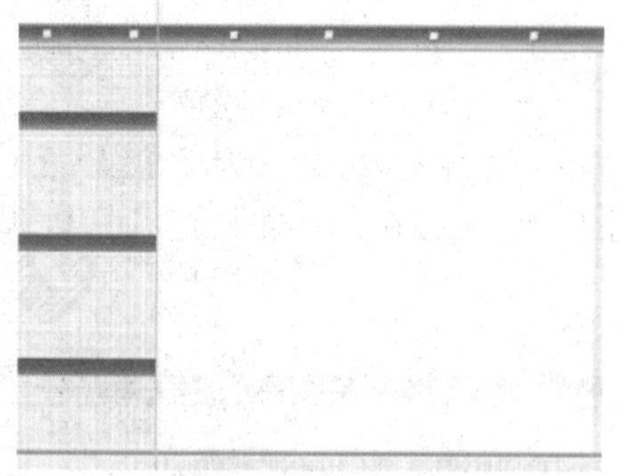

图116-15 复制图像

步骤9 新建“图层8”，选取工具箱中的矩形选框工具，在图像编辑窗口中拖曳鼠标，创建一个矩形选区。选取工具箱中的渐变工具，在工具属性栏中设置渐变样式为“前景色到背景色渐变”，并单击“线性渐变”按钮，在创建的选区内从左到右拖曳鼠标填充渐变色，然后按【Ctrl+D】组合键取消选区，效果如图116-16所示。

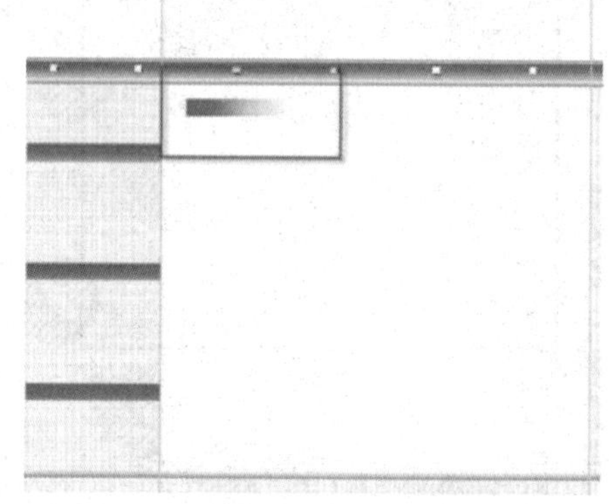

图116-16 创建并渐变填充矩形选区

步骤10 选取工具箱中的移动工具，在图像编辑窗口中按住【Alt】键的同时拖曳鼠标，复制生成新的图层“图层8 副本”，并调整相应图像的位置，效果如图116-17所示。

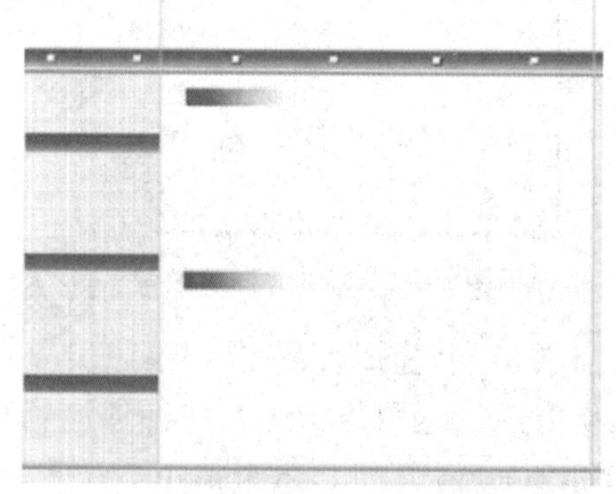

图116-17 复制并调整图像

步骤11 选取工具箱中的横排文字工具，在其工具属性栏中设置“字体”为“宋体”、“字号”为18点、颜色为白色，然后在图像编辑窗口的上方输入文字，效果如图116-18所示。

步骤12 参照上述操作方法输入其他文字，设置文字相应的字体、字号和颜色，并调整文字的位置，效果如图116-19所示。

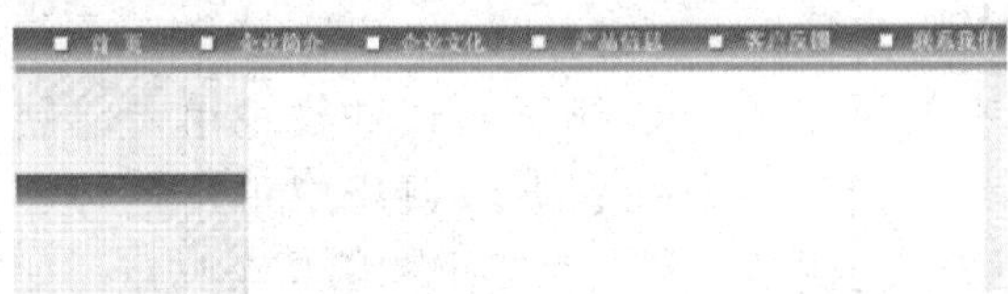

图116-18 输入文字

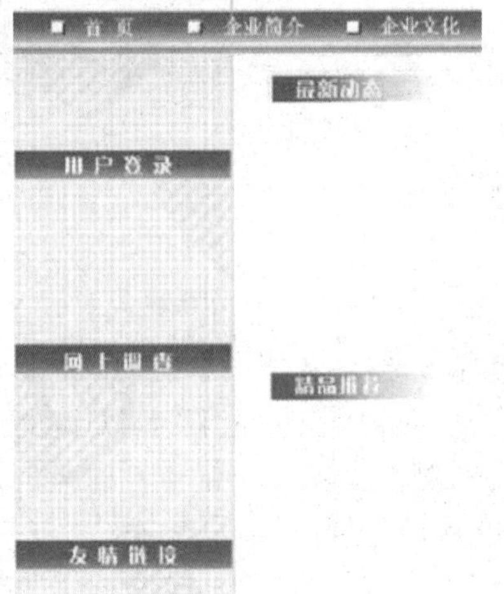

图116-19 输入其他文字

3. 制作网站 Logo

步骤1 选取工具箱中的横排文字工具，在工具属性栏中设置“字体”为A Cut Above The Rest、“字号”为111点、颜色为背景色，然后在图像编辑窗口的左上角输入文字b，效果如图116-20所示。

图116-20 输入文字b

步骤2 参照上述操作方法，在工具属性栏中设置“字体”为“方正粗倩简体”、“字号”为36点、颜色为背景色，然后在图像编辑窗口中文字b的右下角输入文字“博文科技”，效果如图116-21所示。

步骤3 单击“图层”|“图层样式”|“斜面和浮雕”命令，在弹出的“图层样式”对话框中设置各项参数，如图116-22所示。单击“确定”按钮，效果如图116-23所示。

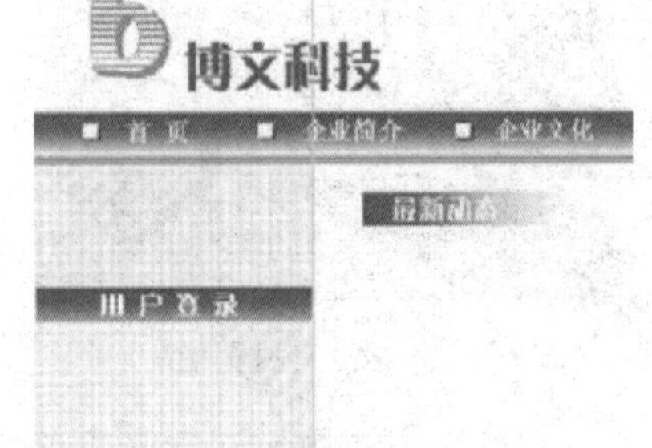

图116-21 输入文字

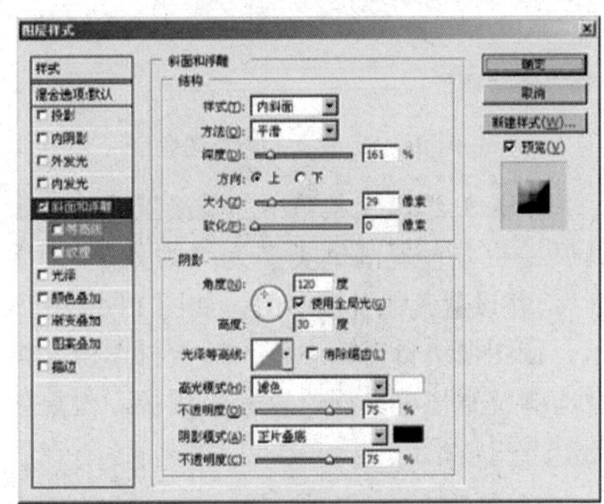

图116-22 “图层样式”对话框

图116-23 斜面和浮雕效果

4. 制作网站其他元素

步骤1 按【Ctrl+O】组合键，打开一幅如图116-24所示的素材图像。

步骤2 选取工具箱中的移动工具，将打开的素材图像移至“博文科技”图像编辑窗口中，此时“图层”调板中将自动生成“图层9”，调整图像的大小及位置，效果如图116-25所示。

图116-24 素材图像

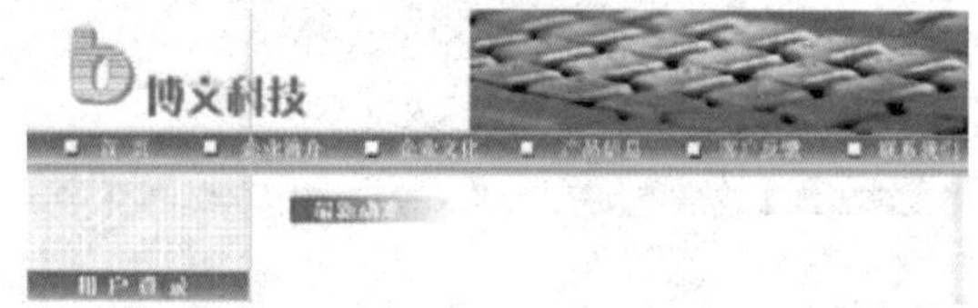

图116-25 移入并调整图像

步骤3 选取工具箱中的减淡工具，在工具属性栏中设置画笔类型为“柔角250像素”，并设置其他各项参数，如图116-26所示。在图像编辑窗口中移入的素材图像左侧合适的位置拖曳鼠标，以减淡图像，效果如图116-27所示。

图116-26 减淡工具属性栏

图116-27 减淡图像

步骤4 确认“图层9”为当前工作图层，单击“图层”调板底部的“添加图层蒙版”按钮，选取工具箱中的渐变工具，单击“线性渐变”按钮，在图像编辑窗口中从左向右拖曳鼠标填充渐变色，效果如图116-28所示。

图116-28 图像效果

步骤5 新建“图层10”，选取工具箱中的钢笔工具，在工具属性栏中单击“路径”按钮，在图像编辑窗口中单击鼠标左键，创建第1个、第2个和第3个锚点，如图116-29所示。

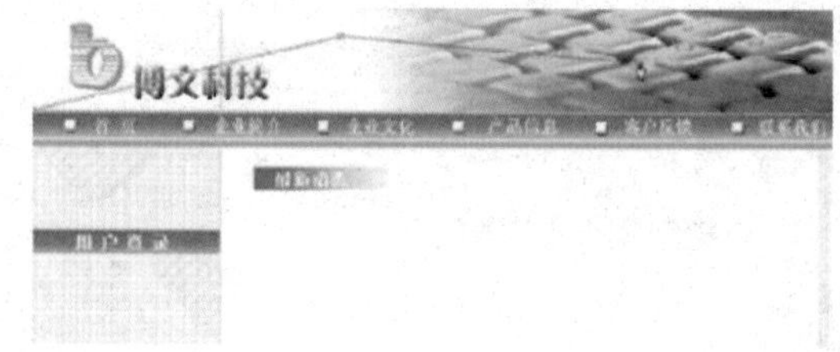

图116-29 创建锚点

步骤6 按住【Ctrl】键的同时单击路径将其激活，然后在按住【Alt】键的同时用鼠标向右侧拖曳第2个锚点，即可创建如图116-30所示的控制柄。

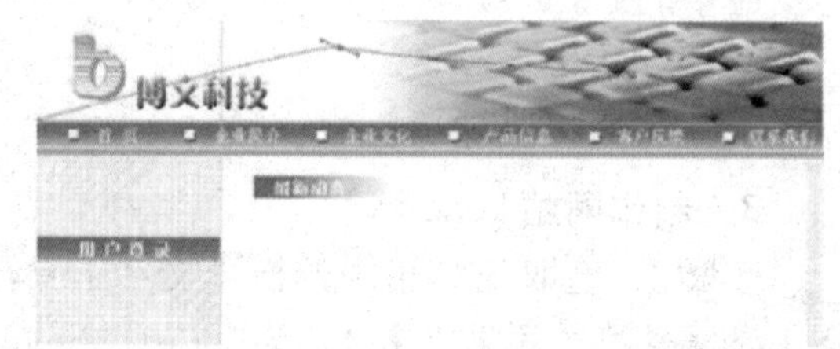

图116-30 创建控制柄

步骤7 用鼠标向下拖曳右侧的控制柄，适当调整其位置，如图116-31所示。

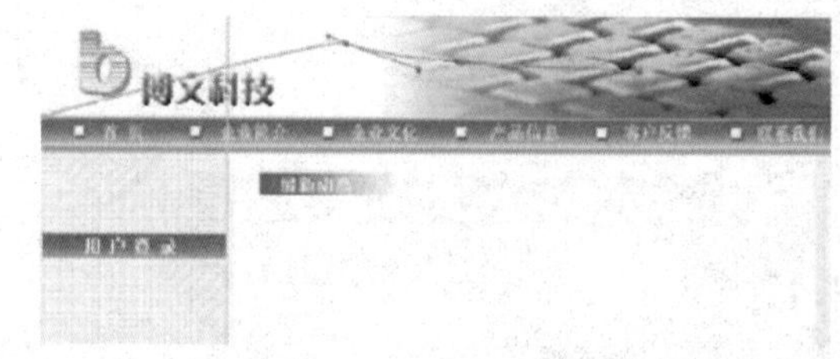

图116-31 拖曳右侧的控制柄

步骤8 用鼠标向上拖曳左侧的控制柄，适当调整其位置，如图116-32所示。

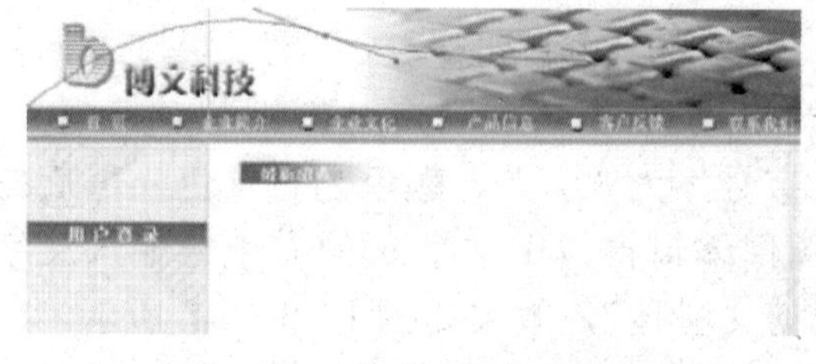

图116-32 拖曳左侧的控制柄

步骤9 设置前景色为蓝色（RGB参数值

分别为46、98、233），然后选取工具箱中的画笔工具，设置工具属性栏中的各项参数，如图116-33所示。

图116-33 画笔工具属性栏

步骤10 切换至“路径”调板，单击“路径”调板底部的“用画笔描边路径”按钮，用当前设置的前景色描边刚绘制的路径，然后在“路径”调板中的灰色空白处单击鼠标左键，隐藏绘制的路径，效果如图116-34所示。

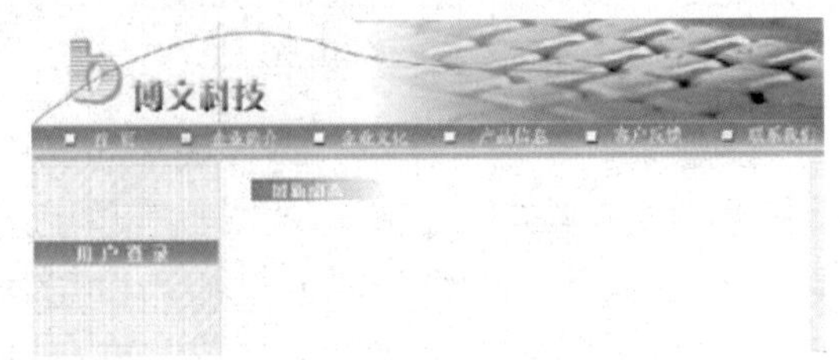

图116-34 描边并隐藏路径

步骤11 新建“图层11”，参照步骤（5）～（10）的操作方法，运用钢笔工具在图像编辑窗口中绘制另一条曲线，并对其进行描边处理，效果如图116-35所示。

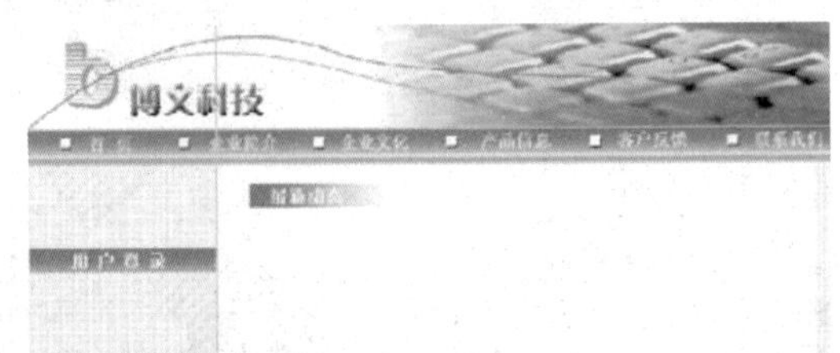

图116-35 绘制曲线并描边

步骤12 确认“图层10”为当前工作图层，选取工具箱中的橡皮擦工具，并设置工具属性栏中的各项参数，如图116-36所示。

图116-36 橡皮擦工具属性栏

步骤13 在图像编辑窗口中的文字b处依次单击鼠标左键，单击处将被擦除，效果如图116-37所示。

步骤14 确认“图层11”为当前工作图层，参照步骤（12）～（13）的操作方法，运用橡皮擦工具在图像编辑窗口中擦除其他区域，效果如图116-38所示。

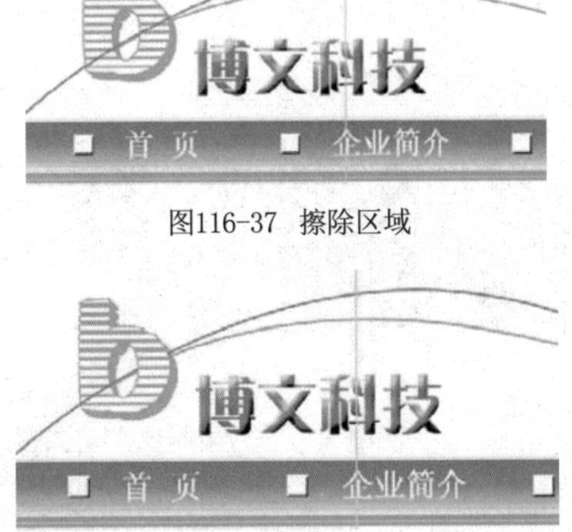

图116-37 擦除区域

图116-38 擦除其他区域

步骤15 按【Ctrl+O】组合键两次，分别打开两幅按钮素材图像，如图116-39所示。

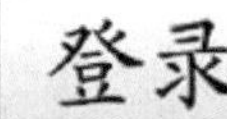

注册

图116-39 按钮素材图像

步骤16 选取工具箱中的移动工具，分别将打开的素材图像移至“博文科技”图像编辑窗口中，在“图层”调板中将其命名为“登录”和“注册”图层，并调整图像的大小及位置，效果如图116-40所示。

图116-40 移入并调整图像

步骤17 单击“文件”|“打开”命令，打开一幅如图116-41所示的素材图像。

步骤18 选取工具箱中的移动工具，将打开的素材图像移至“博文科技”图像编辑窗口中，此时在“图层”调板中将自动生成“图层12”，调整图像的大小及位置，效果如图116-42所示。

图116-41　素材图像

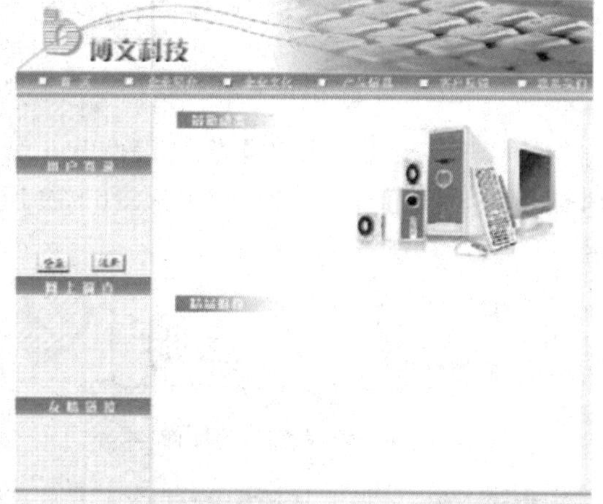

图116-42　移入并调整图像

步骤19　参照步骤（17）～（18）的操作方法，打开不同的素材图像，并分别将它们移至“博文科技”图像编辑窗口中，效果如图116-43所示。

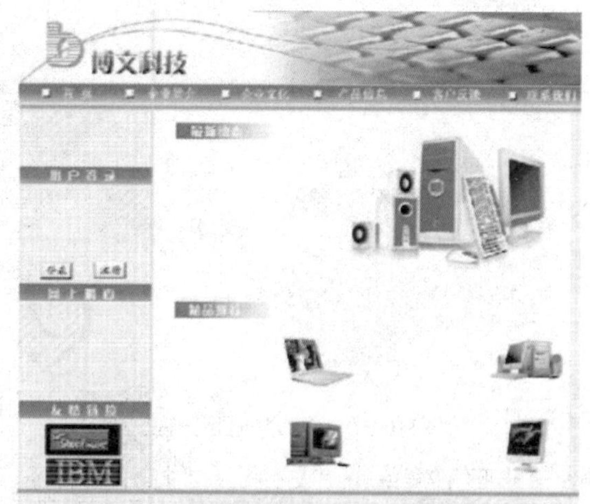

图116-43　移入其他图像

步骤20　新建“图层19”，选取工具箱中的矩形工具，单击工具属性栏中的“填充像素”按钮，然后在图像编辑窗口中的“用户登录”文字下方拖曳鼠标，绘制一个矩形，效果如图116-44所示。

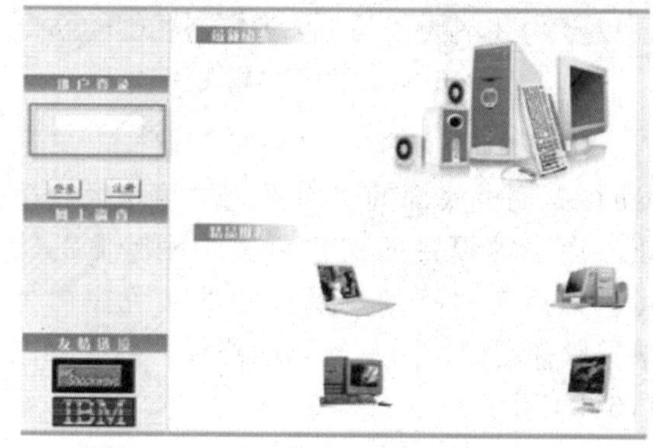

图116-44　绘制矩形

步骤21　单击“图层”调板底部的“添加图层样式”按钮，在弹出的下拉菜单中选择“描边”选项，然后在弹出的“图层样式”对话框中设置各项参数，如图116-45所示。单击“确定”按钮，效果如图116-46所示。

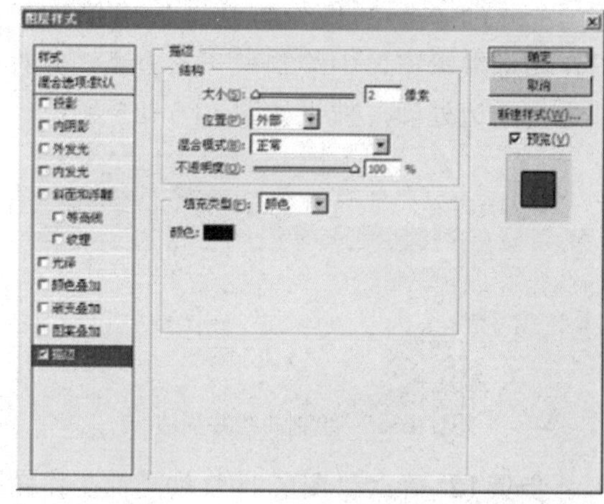

图116-45　“图层样式”对话框

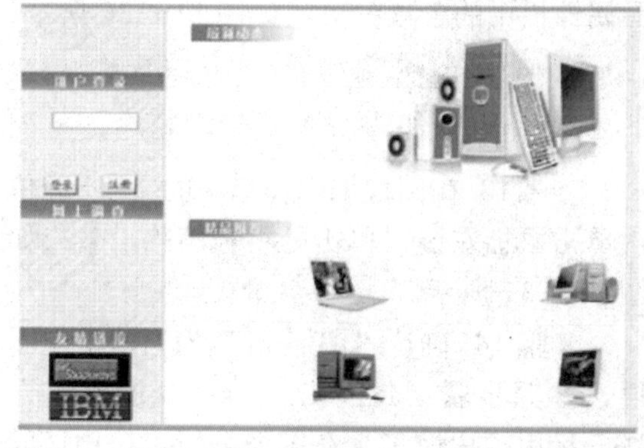

图116-46　描边效果

步骤 22 参照步骤（20）～（21）的操作方法，运用形状工具在图像编辑窗口中绘制其他形状，效果如图116-47所示。

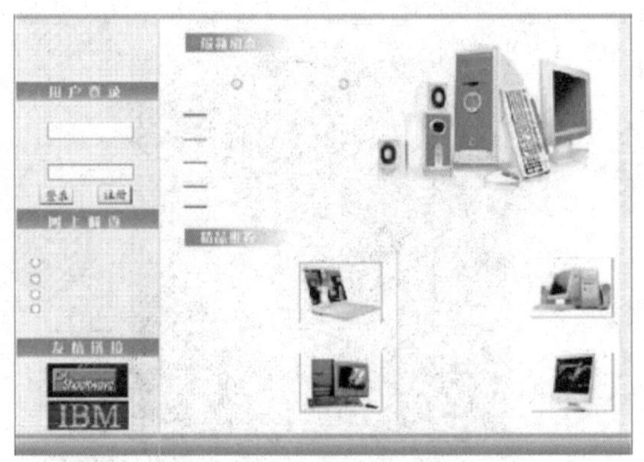

图116-47 绘制其他形状

步骤 23 选取工具箱中的横排文字工具，在工具属性栏中设置“字体”为“方正粗倩简体”、“字号”为30点、颜色为黑色，然后在图像编辑窗口中的“最新动态”文字下方输入文字“智能”，效果如图116-48所示。

步骤24 用与上述相同的方法输入其他文字，设置文字相应的字体、字号和颜色，并调整文字的位置，最终效果参见图116-1。单击“文件”|“存储”命令，保存制作好的网站。

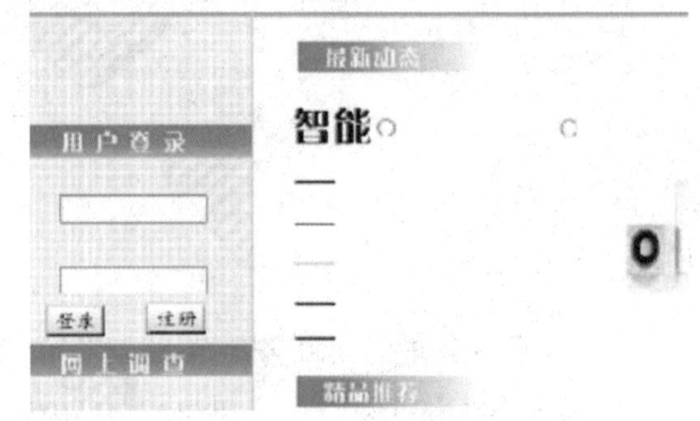

图116-48 输入文字

实例117 美容网站

本例制作美容网站，效果如图117-1所示。

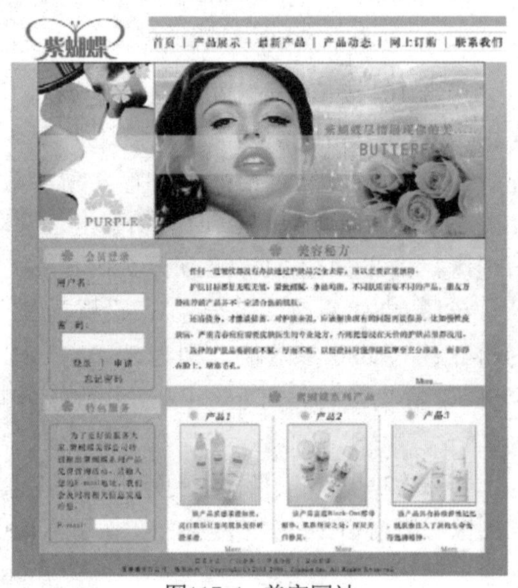

图117-1 美容网站

操作步骤

1. 制作网页背景效果

步骤 1 新建一幅RGB模式图像，设置其“宽度”和“高度”分别为27厘米和30厘米，“背景内容”为“白色”。

步骤2 分别单击工具箱中的前景色和背景色色块，设置前景色为粉红色（RGB参数值分别为253、184、199）、背景色为白色。

步骤 3 按【Ctrl+R】组合键显示标尺，分别将鼠标指针移至垂直标尺和水平标尺上，拖曳鼠标创建垂直参考线和水平参考线，如图117-2所示。

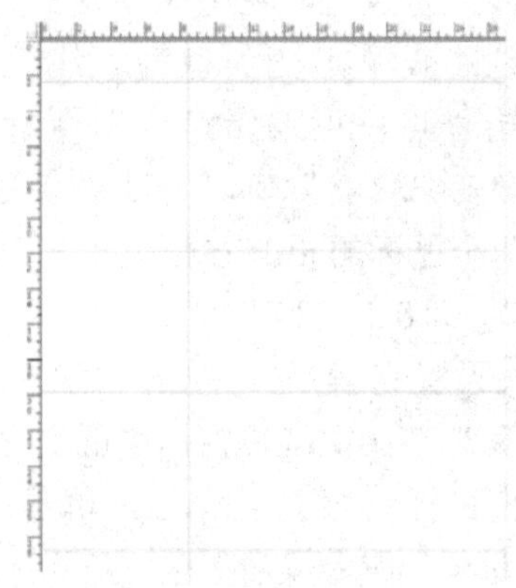

图117-2 创建参考线

步骤 4 按【Ctrl+R】组合键隐藏标尺，

按【Shift+Ctrl+N】组合键新建“图层1”。

步骤5 选取工具箱中的矩形工具，单击工具属性栏中的“填充像素”按钮，然后在图像编辑窗口的右上角拖曳鼠标，绘制一个矩形，效果如图117-3所示。

图117-3 绘制矩形

步骤6 新建“图层2”，选取工具箱中的矩形选框工具，在图像编辑窗口的下方拖曳鼠标，创建一个矩形选区，如图117-4所示。

图117-4 创建选区

步骤7 选取工具箱中的渐变工具，在工具属性栏中设置渐变类型为“线性渐变”，然后单击“点按可编辑渐变”图标，在弹出的“渐变编辑器”窗口中设置渐变矩形条下方的两个色标的RGB参数值从左到右依次为（253、202、212）和（239、111、168），设置完成后，单击“确定”按钮。

步骤8 在图像编辑窗口中的选区内从上向下拖曳鼠标，填充渐变色。单击“选择”|“取消选择”命令取消选区，效果如图117-5所示。

步骤9 新建“图层3”，设置前景色为白色。选取工具箱中的矩形选框工具，在图像编辑窗口中的背景图像上拖曳鼠标，创建一个矩形选区，如图117-6所示。

图117-5 填充渐变色

图117-6 创建矩形选区

步骤10 按【Alt＋Delete】组合键，填充前景色。单击“编辑”|“描边”命令，在弹出的“描边”对话框中设置各项参数，如图117-7所示。按【Ctrl＋D】组合键取消选区，效果如图117-8所示。

步骤11 新建“图层4”，设置前景色为粉红色（RGB参数值分别为253、182、196）、背景色为浅红色（RGB参数值分别为255、228、234）。

步骤12 选取工具箱中的矩形选框工具，在图像编辑窗口中的“图层3”图像下方拖曳鼠标，创建一个矩形选区，如图117-9所示。

步骤13 选取工具箱中的渐变工具，在工具属性栏中设置渐变样式为“前景色到背景色渐变”，单击“线性渐变”按钮，在创建的选区内从左到右拖曳鼠标填充渐变色。按【Ctrl+D】组合键取消选区，效果如图117-10所示。

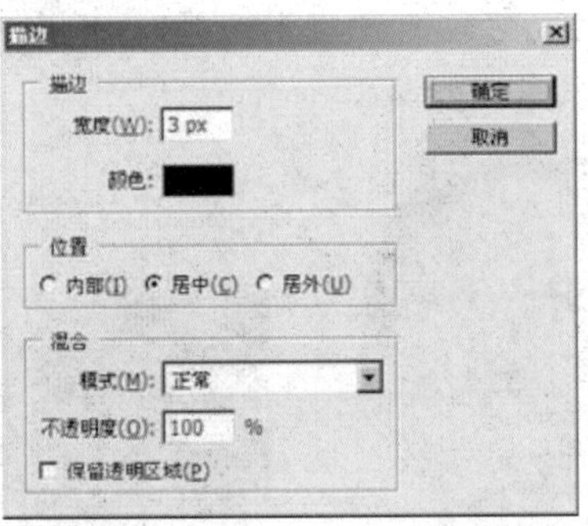

图117-7 “描边”对话框

图117-8 填充并描边选区

图117-9 创建选区

图117-10 填充渐变色

步骤14 单击“图层”调板底部的“添加图层样式”按钮，在弹出的下拉菜单中选择“描边”选项，在弹出的“图层样式”对话框中设置“宽度”为3、“颜色”为洋红色（RGB参数值分别为239、111、168），单击“确定”按钮，效果如图117-11所示。

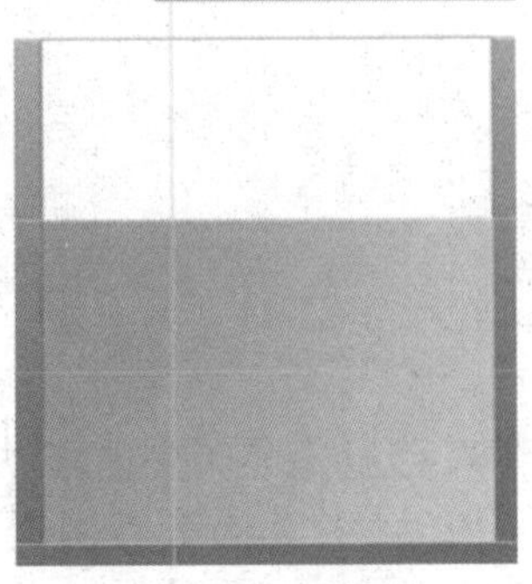

图117-11 描边效果

步骤15 新建“图层5”，参照步骤（9）～（10）的操作方法，运用矩形选框工具在“图层4”图像的右下角创建另一个选区，并对其进行填充和描边操作，效果如图117-12所示。

图117-12 填充并描边选区

步骤16 新建“图层6”，参照步骤（9）～（10）的操作方法，运用矩形选框工具创建另一个矩形选区，并对其进行填充和描边操作，效果如图117-13所示。

图117-13 填充并描边选区

步骤 17 单击“文件”|“打开”命令，分别打开两幅素材图像，如图 117-14 所示。

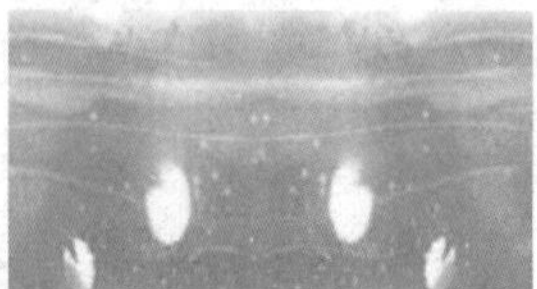

图117-14 素材图像

步骤 18 选取工具箱中的移动工具，分别将打开的素材图像移至原图像编辑窗口中，此时在“图层”调板中将自动生成“图层 7”和“图层 8”，调整图像的大小及位置，效果如图 117-15 所示。

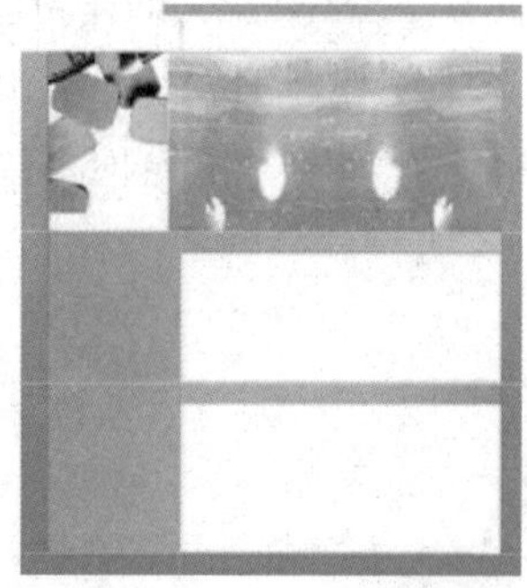

图117-15 移入并调整图像

步骤 19 确认“图层 8”为当前工作图层，单击“图层”调板底部的“添加图层样式”按钮，在弹出的下拉菜单中选择“描边”选项，然后在弹出的“图层样式”对话框中设置“宽度”为 3 、“颜色”为黑色，单击“确定”按钮，效果如图 117-16 所示。

图117-16 描边效果

步骤 20 按【Ctrl+O】组合键，分别打开一幅人物素材图像和一幅背景素材图像，如图 117-17 所示。

图117-17 素材图像

步骤 21 确认打开的人物素材图像为当前工作图像，选取工具箱中的魔棒工具，在工具属性栏中设置好各项参数，如图 117-18 所示。

图117-18 魔棒工具属性栏

步骤 22 移动鼠标指针至图像编辑窗口中，在空白区域单击鼠标左键，创建一个多区域的选区，按【Delete】键删除选区内的图像。单击“选择”|“取消选择”命令取消选区，效果如图 117-19 所示。

图117-19 删除选区内的图像

步骤 23 选取工具箱中的移动工具，将人物素材图像移至原图像编辑窗口中，此时在“图层”调板中将自动生成“图层 9”，调整图像的大小及位置，效果如图 117-20 所示。

步骤 24 选取工具箱中的移动工具，将打开的背景素材图像移至原图像编辑窗口中，此时在“图层”调板中将自动生成“图层 10”，对其位置和大小进行适当的调整。选取工具箱中的椭圆选框工具，在工具属性栏中设置“羽化”为30，拖曳鼠标，创建一个椭圆选区，效果如图117-21所示。

图117-20 移入并调整图像

图117-21 创建选区

步骤25 单击“选择”|“反向”命令，将选区反选，然后按【Delete】键删除选区内的图像。单击“选择”|“取消选择”命令取消选区，效果如图117-22所示。

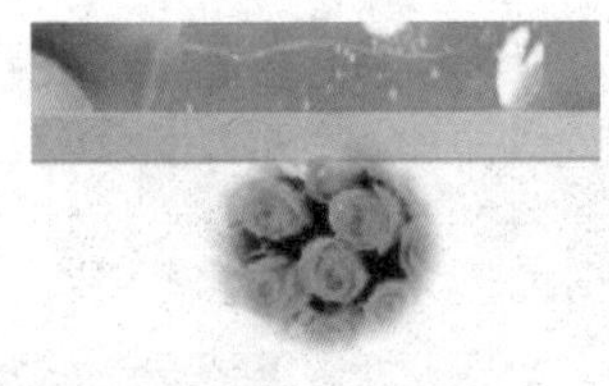

图117-22 删除选区内的图像

步骤26 选取工具箱中的移动工具，在图像编辑窗口中对“图层10”图像的大小和位置进行适当的调整，效果如图117-23所示。

步骤27 新建“图层11”，设置前景色为白色。选取工具箱中的矩形工具，单击工具属性栏中的“填充像素”按钮，然后在图像编辑窗口中的人物素材图像上拖曳鼠标，绘制一个矩形，效果如图117-24所示。

步骤28 在“图层”调板中设置“图层11”的“不透明度”为33%，增大其透明度，效果如图117-25所示。

图117-23 调整图像

图117-24 绘制矩形

图117-25 降低“不透明度”后的效果

2. 制作导航条和按钮

步骤1 设置前景色为黑色，然后新建“图层12”。

步骤2 选取工具箱中的直线工具，单击工具属性栏中的“填充像素”按钮，然后在图像编辑窗口的右上角拖曳鼠标，绘制一条直线，如图117-26所示。

图117-26 绘制直线

步骤3 选取工具箱中的移动工具，在图像编辑窗口中按住【Alt】键的同时拖曳鼠标，复制生成新的图层“图层12 副本”，调整图像至合适位置，效果如图117-27所示。

步骤4 新建“图层13”，选取工具箱中的矩形工具，单击工具属性栏中的“填充像素”按钮，然后在图像编辑窗口中拖曳鼠标，绘制一个矩形。在“图层”调板中，设置“不透明度”为42%，效果如图117-28 所示。

图117-27 复制并调整图像

图117-28 绘制矩形

步骤5 设置前景色为洋红色（RGB参数值分别为239、111、168），新建“图层14”。

步骤6 选取工具箱中的自定形状工具，单击工具属性栏中的“填充像素”按钮，单击“形状”选项右侧的下拉按钮，在弹出的“形状”下拉调板中单击其右上角的调板菜单按钮，在弹出的调板菜单中选择“自然”选项，然后在弹出的提示信息框中单击“确定”按钮，在“形状”调板中加载“自然”形状。

步骤7 在“形状”下拉调板中，选择形状“花4”，如图117-29 所示。

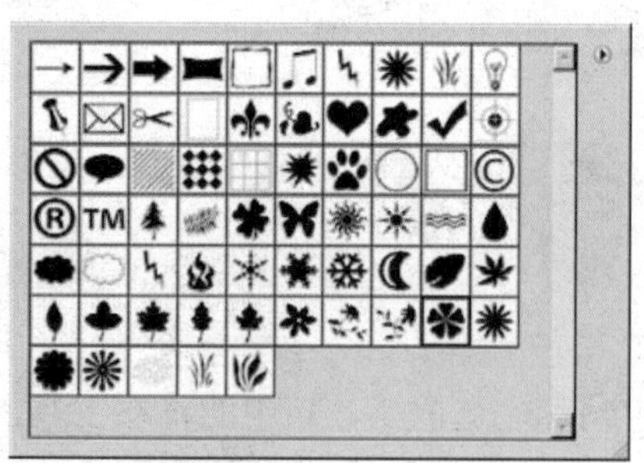

图117-29 选择形状

步骤8 移动鼠标指针至图像编辑窗口中的“图层13”图像上，拖曳鼠标，绘制选择的形状，效果如图117-30 所示。

步骤9 在“图层”调板中，按住【Ctrl】键的同时依次选择“图层13”和“图层14”，然后按【Ctrl+E】组合键，合并选择的图层。

步骤10 参照步骤（3）的操作方法，复制并调整图像，效果如图117-31 所示。

图117-30 绘制选择的形状

图117-31 复制并调整图像

步骤11 参照步骤（6）～（8）的操作方法，运用自定形状工具绘制其他形状，效果如图117-32 所示。

步骤12 选取工具箱中的横排文字工具，在工具属性栏中设置“字体”为“华文中宋”、“字号”为17 点、颜色为黑色，然后在图像编辑窗口中的最上方输入文字，效果如图117-33 所示。

步骤13 参照上述操作，输入其他文字，并设置各文字相应的字体、字号及颜色，效果如图117-34所示。

图117-32 绘制其他形状

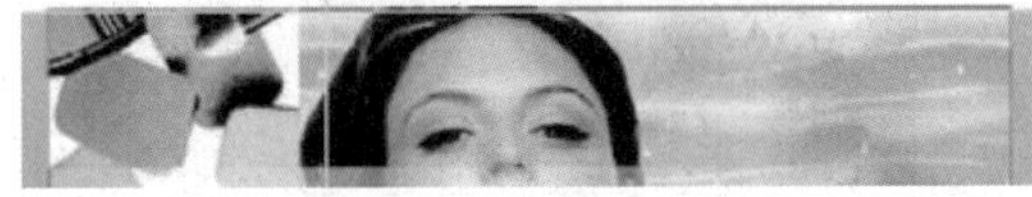

图117-33 输入文字

图117-34 输入其他文字

3. 制作网站的Logo

步骤1 单击“文件”|“打开”命令，打开一幅素材图像，如图117-35所示。

图117-35 素材图像

步骤2 选取工具箱中的移动工具，将打开的素材图像移至原图像编辑窗口中，此时在“图层”调板中将自动生成“图层15”，调整图像的大小及位置，效果如图117-36所示。

图117-36 移入并调整图像

4. 制作网站的其他元素

步骤1 按【Ctrl+O】组合键三次，分别打开三幅素材图像，如图117-37所示。

图117-37 素材图像

步骤2 选取工具箱中的移动工具，分别将打开的三幅素材图像移至原图像编辑窗口中，此时在“图层”调板中将分别生成“图层16”、“图层17”和“图层18”，调整图像的大小及位置，效果如图117-38所示。

步骤3 确认“图层16”为当前工作图层，单击“图层”|“图层样式”|“描边”命令，在弹出的“图层样式”对话框

中设置“大小”为2、“颜色”为黑色，然后单击“确定”按钮，效果如图117-39所示。

图117-38 移入并调整图像

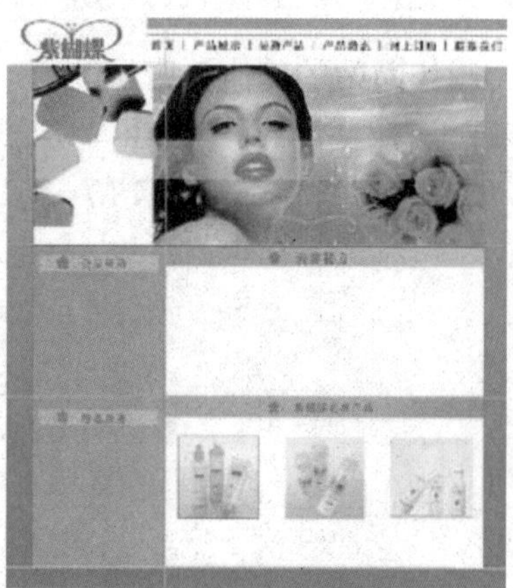

图117-39 描边效果

步骤4 采用上述操作方法，对其他图像应用“描边”样式，效果如图117-40所示。

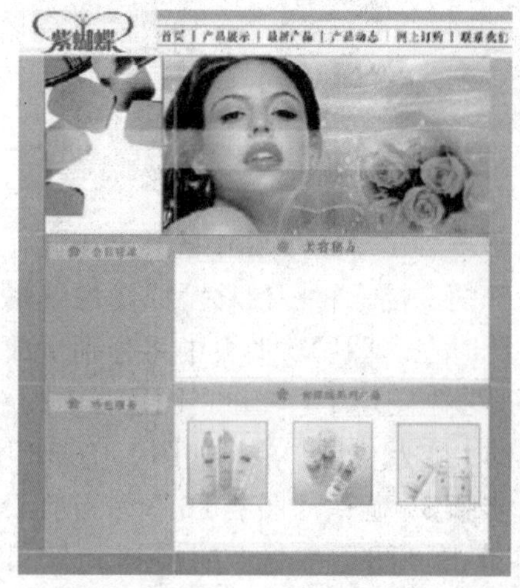

图117-40 描边效果

步骤5 新建“图层19”，设置前景色为白色。选取工具箱中的矩形工具，单击工具属性栏中的“填充像素”按钮，然后在图像编辑窗口中拖曳鼠标，绘制一个矩形，效果如图117-41所示。

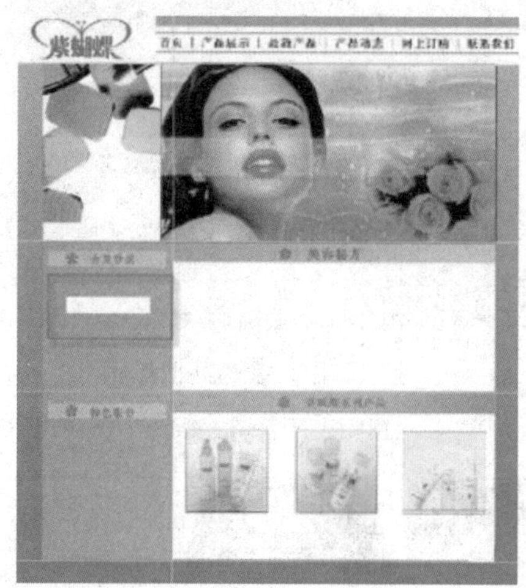

图117-41 绘制矩形

步骤6 参照步骤（3）的操作方法，对“图层19”应用“描边”样式，并设置其大小及颜色，效果如图117-42所示。

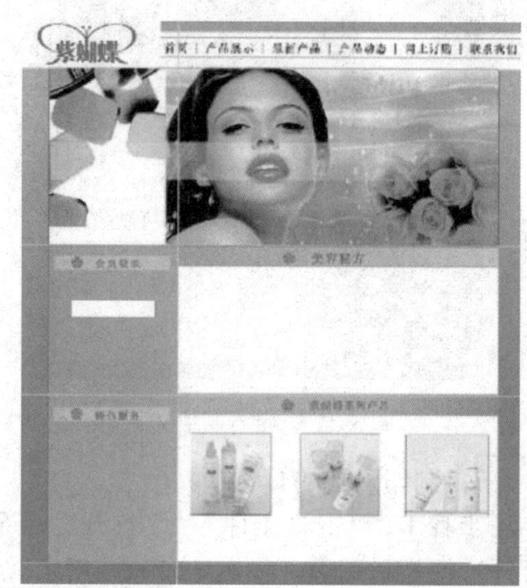

图117-42 描边并调整大小及颜色

步骤7 采用上述操作方法，运用形状工具绘制其他形状，并根据需要对其进行填充或描边，效果如图117-43所示。

步骤8 选取工具箱中的横排文字工具，在工具属性栏中单击“切换字符和段落面板”按钮，在弹出的“字符”和“段落”

调板中设置各项参数（如图117-44所示），在图像编辑窗口中的人物处输入文字“紫蝴蝶尽情展现你的美.....”,然后单击工具属性栏中的“提交所有当前编辑”按钮，确认输入的文字，效果如图117-45所示。

图117-43 绘制其他形状

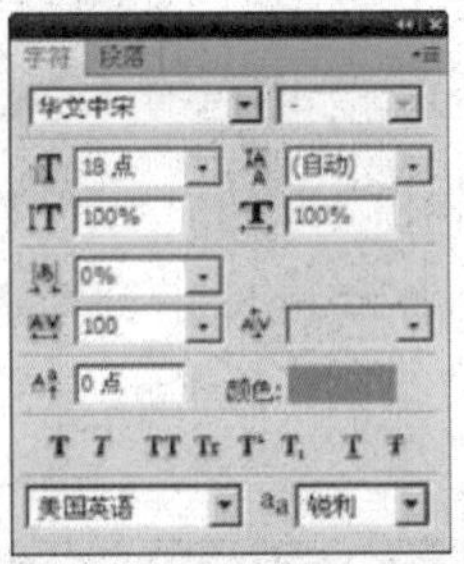

图117-44 “字符”和“段落”调板

图117-45 输入文字

步骤9 选取工具箱中的横排文字工具，在工具属性栏中设置“字体”为“华文中宋”、“字号”为12点、颜色为黑色。

步骤10 移动鼠标指针至图像编辑窗口中，拖曳鼠标创建一个文本框（如图117-46所示），在其中输入需要的文字。单击工具属性栏中的“提交所有当前编辑”按钮，确认输入文字的操作，效果如图117-47所示。

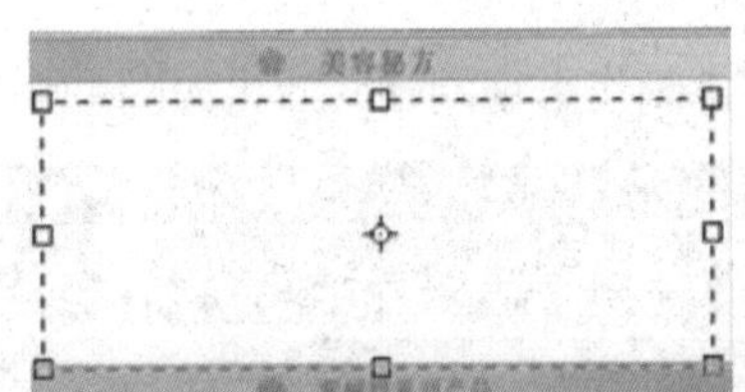

图117-46 创建文本框

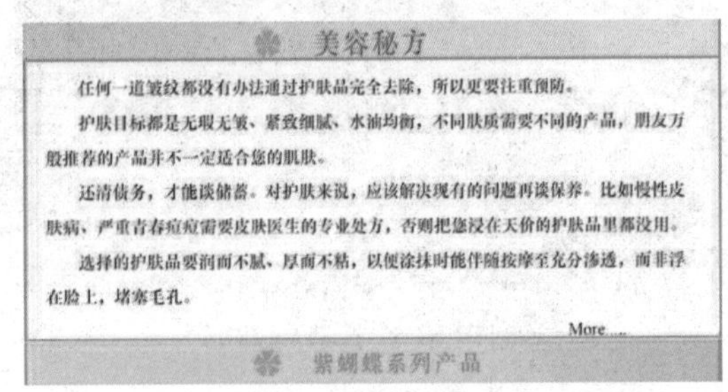

美容秘方

任何一道皱纹都没有办法通过护肤品完全去除，所以更要注重预防。

护肤目标都是无暇无皱、紧致细腻、水油均衡，不同肤质需要不同的产品，朋友万般推荐的产品并不一定适合您的肌肤。

还清债务，才能谈储蓄。对护肤来说，应该解决现有的问题再谈保养。比如慢性皮肤病，严重青春痘痘需要皮肤医生的专业处方，否则把您投在天价的护肤品里都没用。

选择的护肤品要润而不腻，厚而不粘，以便涂抹时能伴随按摩至充分渗透，而非浮在脸上，堵塞毛孔。

More....

紫蝴蝶系列产品

图117-47 输入文字

步骤11 参照上述操作，使用横排文字工具输入其他文字，并设置各文字相应的字体、字号及颜色，效果如图117-48所示。

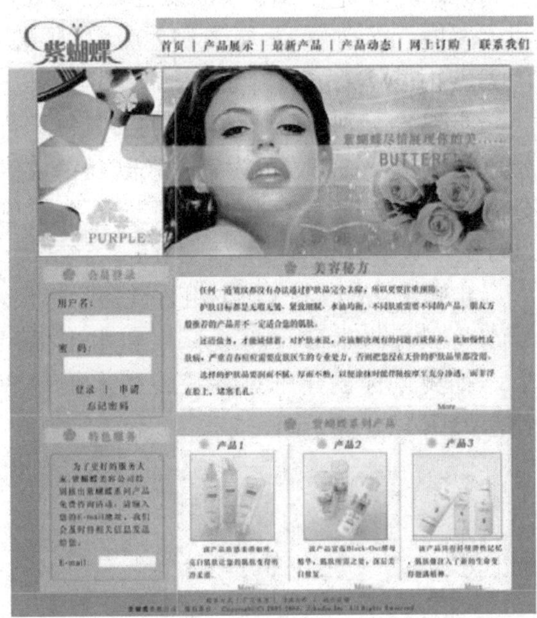

图117-48 输入其他文字

步骤12 单击“视图”|“显示额外内容”命令，隐藏图像中的参考线。至此，“紫蝴蝶”美容网站制作完成，最终效果参照图117-1。单击“文件”|“存储”命令，保存制作好的网站。

实例118 影视网站

本例制作影视网站，效果如图118-1所示。

图118-1 影视网站

操作步骤

1. 制作网页背景效果

步骤1 按【Ctrl+N】组合键，新建一幅RGB模式的空白图像，设置其“宽度”和“高度”分别为28厘米和20.29厘米、“背景内容”为“白色”。

步骤2 分别单击工具箱中的前景色和背景色色块，设置前景色为紫色（RGB参数值分别为93、120、40）、背景色为蓝色（RGB参数值分别为117、105、255）。

步骤3 按【Ctrl+R】组合键显示标尺，分别将鼠标指针移至垂直标尺和水平标尺上，拖曳鼠标创建垂直参考线和水平参考线，如图118-2所示。

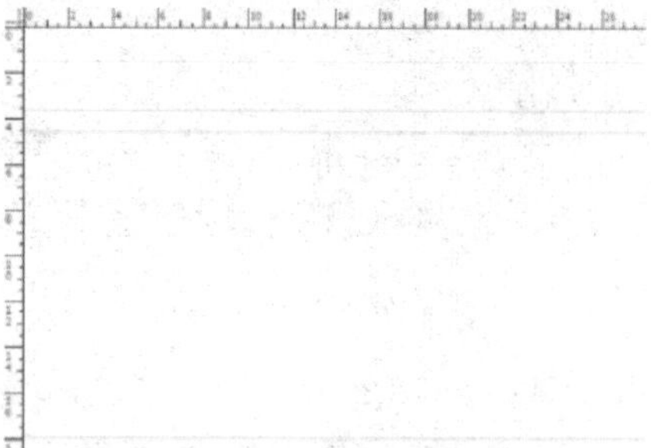

图118-2 创建参考线

步骤4 按【Ctrl+R】组合键隐藏标尺，按【Shift+Ctrl+N】组合键新建“图层1”。

步骤5 单击“编辑”|“填充”命令，弹出“填充”对话框，在“使用”下拉列表框中选择“前景色”选项，然后单击“确定”按钮，效果如图118-3所示。

图118-3 填充前景色

步骤6 新建“图层2”，设置前景色为灰色（RGB参数值分别为102、102、102），选取工具箱中的矩形工具，单击工具属性栏中的“形状图层”按钮，并设置其他各项参数，如图118-4所示。

图118-4 矩形工具属性栏

步骤7 移动鼠标指针至图像编辑窗口中，沿参考线绘制一个矩形，效果如图118-5所示。

图118-5 绘制矩形

步骤8 单击“图层”|“图层样式”|“投影”命令，在弹出的“图层样式”对话框中设置各项参数，如图118-6所示。

步骤9 在“图层样式”对话框中选择左侧列表中的“斜面和浮雕”选项，然后设置各项参数，如图118-7所示。

步骤10 在“图层样式”对话框中选择

左侧的“渐变叠加”选项，然后设置各项参数，如图118-8所示。

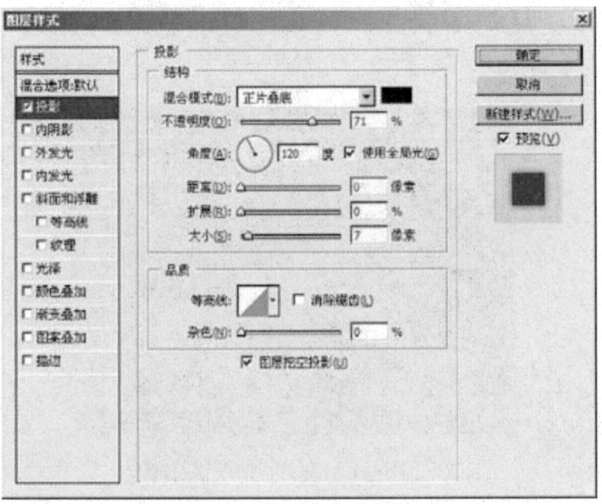

图118-6 设置投影参数

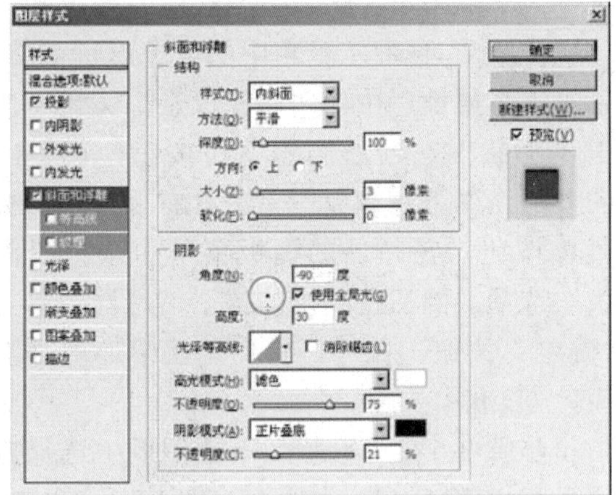

图118-7 设置斜面和浮雕参数

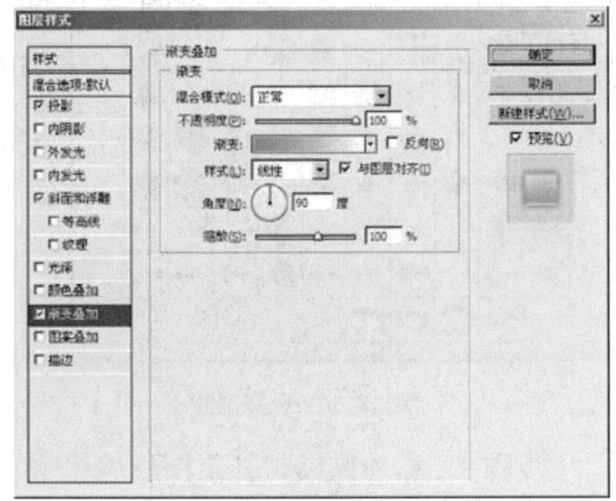

图118-8 设置渐变叠加参数

步骤11 单击“确定”按钮，应用图层样式后的图像效果如图118-9所示。

步骤12 新建“图层3”，参照上述操作，运用矩形工具绘制另一个矩形，并添加图层样式，效果如图118-10所示。

图118-9 图像效果

图118-10 绘制另一个矩形

步骤13 按【X】键，将前景色和背景色进行互换，新建“图层4”。选取工具箱中的矩形工具，单击工具属性栏中的“填充像素”按钮，然后在图像编辑窗口中拖曳鼠标，绘制一个矩形，如图118-11所示。

图118-11 绘制矩形

2. 制作导航条和按钮

步骤1 新建“图层5”，选取工具箱中的矩形选框工具，在图像编辑窗口中拖曳鼠标，绘制一个矩形选区，如图118-12所示。

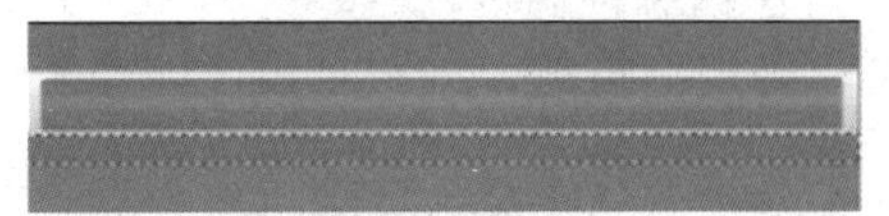

图118-12 绘制的选区

步骤2 选取工具箱中的渐变工具，在工具属性栏中设置渐变类型为“线性渐变”，然后单击“点按可编辑渐变”图标，在弹出的“渐变编辑器”窗口中设置渐变矩形条下方的两个色标的RGB参数值从左到右依次为（111、168、239）和（255、255、255），如图118-13所示。设置完成后，单击“确定”按钮。

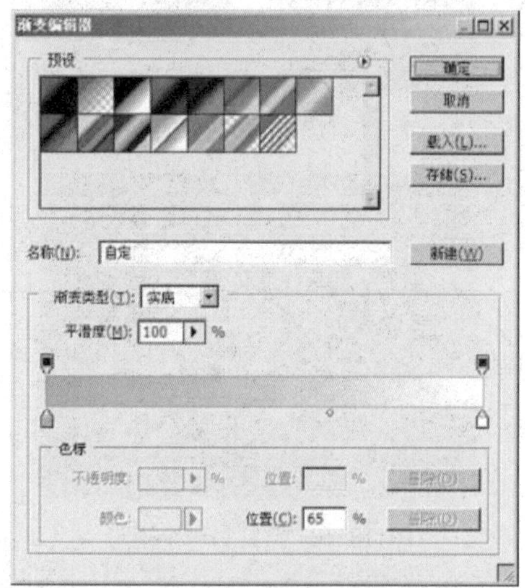

图118-13 “渐变编辑器”窗口

步骤3 在图像编辑窗口中的选区内，按住【Shift】键的同时从上向下拖曳鼠标，填充渐变色，然后单击“选择”|“取消选择”命令取消选区，效果如图118-14所示。

图118-14 填充渐变色

步骤4 单击“图层”调板底部的“添加图层样式”按钮，在弹出的下拉菜单中选择“斜面和浮雕”选项，在弹出的“图层样式”对话框中设置“深度”为100、“方向”为“上”、“大小”为5、“软化”为0、“角度”为-90、“高度”为30、“高光模式”为“滤色”、高亮颜色为白色、“阴影模式”为“正片叠底”，然后单击“确定”按钮，效果如图118-15所示。

图118-15 斜面和浮雕效果

步骤5 选取工具箱中的移动工具，在图像编辑窗口中按住【Alt】键的同时拖曳鼠标，复制图像并调整其位置，效果如图118-16所示。

图118-16 复制并调整图像

步骤6 设置前景色为橙色（RGB参数值分别为255、153、0），新建“图层6”。

步骤7 选取工具箱中的自定形状工具，单击工具属性栏中的“填充像素”按钮，单击“形状”选项右侧的下拉按钮，在弹出的“形状”下拉调板中单击其右上角的调板菜单按钮，在弹出的调板菜单中选择“箭头”选项，然后在弹出的提示信息框中单击“确定”按钮，在“形状”调板中加载“箭头”形状。

步骤8 在“形状”下拉调板中选择自定形状“箭头9”，如图118-17所示。

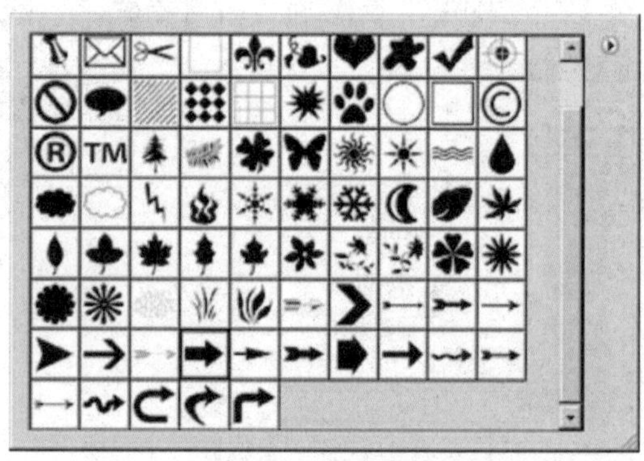

图118-17 选择形状

步骤9 移动鼠标指针至图像编辑窗口中，在窗口的左侧拖曳鼠标，绘制选择的形状，效果如图118-18所示。

步骤10 参照步骤（5）的操作方法，复制其他图像并调整图像的位置，效果如图118-19所示。

图118-18 绘制选择的形状

图118-19 复制并调整图像

步骤 11 选取工具箱中的横排文字工具，在工具属性栏中设置“字体”为“宋体”、“字号”为15 点、颜色为黑色，如图118-20 所示。

图118-20 横排文字工具属性栏

步骤 12 移动鼠标指针至图像编辑窗口中，在合适的位置单击鼠标左键，确定插入点，然后输入所需要的文字，效果如图118-21 所示。

图118-21 输入文字

3. 制作网站的Logo

步骤 1 新建“图层7”，选取工具箱中的椭圆选框工具，按住【Shift】键的同时在图像编辑窗口的左侧拖曳鼠标，创建一个正圆选区，如图118-22 所示。

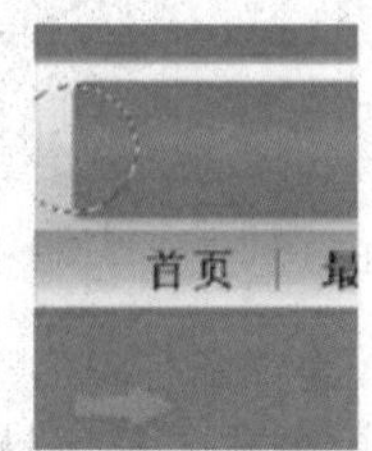

图118-22 创建选区

步骤 2 选取工具箱中的椭圆选框工具，单击工具属性栏中的“从选区减去”按钮，在创建的正圆选区内拖曳鼠标，绘制一个矩形选区，减去正圆选区，效果如图118-23 所示。

图118-23 创建选区

步骤 3 选取工具箱中的渐变工具，在工具属性栏中设置渐变类型为“线性渐变”，然后单击“点按可编辑渐变”图标，在弹出的“渐变编辑器”窗口中设置各项参数，如图118-24 所示。单击“确定”按钮，关闭窗口。

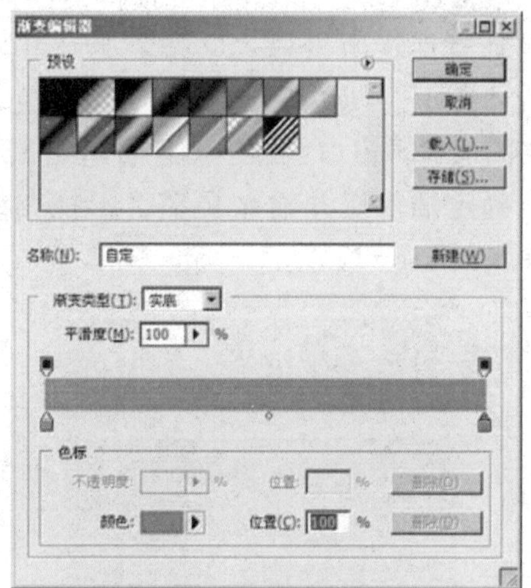

图118-24 “渐变编辑器”窗口

步骤 4 在图像编辑窗口中的选区内从上向下拖曳鼠标，填充渐变色，单击“选择”|“取消选择”命令取消选区，效果如图118-25 所示。

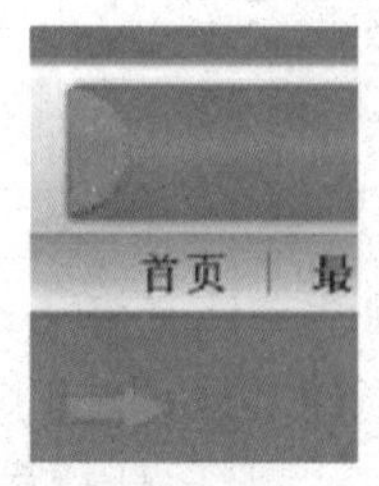

图118-25 填充并取消选区

步骤5 单击“图层”调板底部的“添加图层样式”按钮，在弹出的下拉菜单中选择“投影”选项，在弹出的“图层样式”对话框中设置“混合模式”为“正片叠底”、颜色为黑色、“不透明度”为75%、“角度”为-90、“距离”为8、“扩展”为0、“大小”为10，然后单击“确定”按钮，效果如图118-26所示。

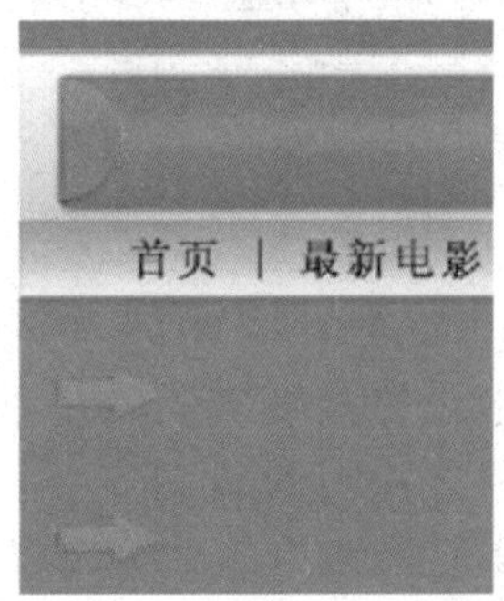

图118-26 投影效果

步骤6 选取工具箱中的横排文字工具，在工具属性栏中设置“字体”为“华文行楷”、“字号”为38点、颜色为白色，然后在图像编辑窗口中的左侧位置单击鼠标左键，确定插入点并输入文字“影视在线”，效果如图118-27所示。

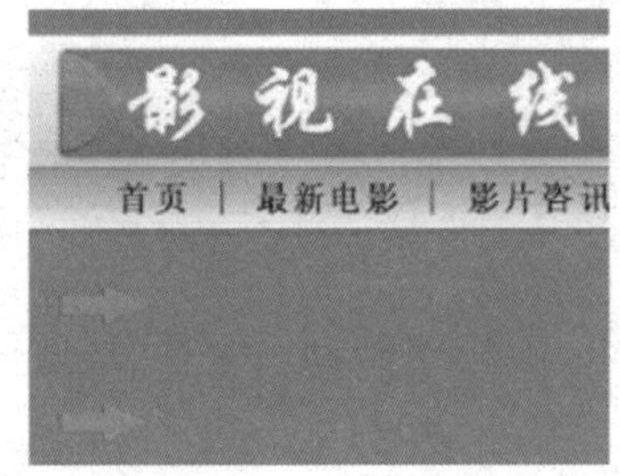

图118-27 输入文字

步骤7 参照上述操作方法，在图像编辑窗口中输入文字Movie Online，设置文字的相应字体、字号及颜色，效果如图118-28所示。

图118-28 输入文字

4. 制作网站其他元素

步骤1 新建“图层8”，选取工具箱中的画笔工具，在工具属性栏中设置画笔类型为“尖角3像素”，然后按【F5】键，在弹出的“画笔”调板中设置各项参数，如图118-29所示。

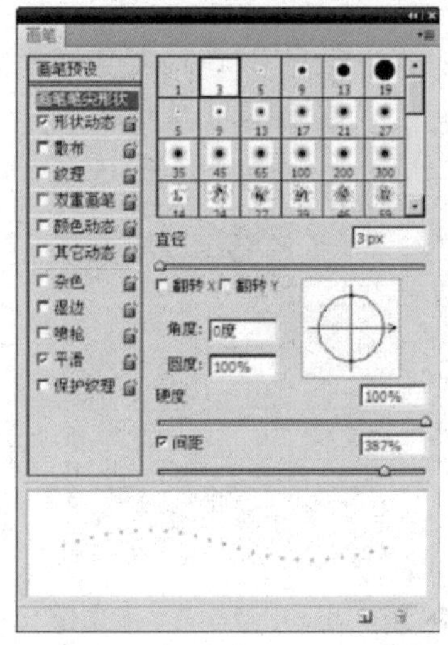

图118-29 “画笔”调板

步骤2 移动鼠标指针至图像编辑窗口中，在窗口的下方按住【Shift】键的同时单击鼠标左键，绘制图像，效果如图118-30所示。

图118-30 绘制图像

步骤3 选取工具箱中的移动工具，在图像编辑窗口中的图像上按住【Alt】键的同时拖曳鼠标，复制图像并调整图像的位置，效果如图118-31所示。

图118-31 复制并调整图像

步骤4 新建“图层9”，选取工具箱中的直线工具，并在其工具属性栏中设置各项参数，如图118-32所示。

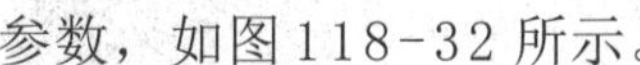

图118-32 直线工具属性栏

步骤5 移动鼠标指针至图像编辑窗口中，在下方位置拖曳鼠标，绘制一条直线，效果如图118-33所示。

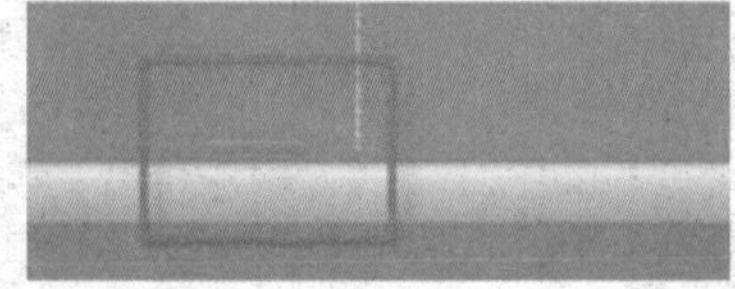

图118-33 绘制直线

步骤6 参照步骤（3）的操作方法，复制并调整其他的图像，如图118-34所示。

图118-34 复制并调整图像

步骤7 单击“文件”|“打开”命令，打开一幅电影素材图像，效果如图118-35所示。

图118-35 素材图像

步骤8 选取工具箱中的移动工具，将打开的素材图像移至“影视在线”图像编辑窗口中，此时在“图层”调板中将自动生成“图层10”，调整图像的大小及位置，效果如图118-36所示。

步骤9 双击“图层”调板中的“图层8”，弹出“图层样式”对话框。在左侧的列表中选择“描边”选项，并设置“大小”为4、“颜色”为白色，然后单击“确定”按钮，效果如图118-37所示。

图118-36 移入并调整图像

图118-37 描边效果

步骤10 参照步骤（7）～（9）的操作方法，运用移动工具移入其他的素材图像，并对其应用“描边”样式，效果如图118-38所示。

图118-38 移入其他图像并描边

步骤11 选取工具箱中的横排文字工具，在工具属性栏中设置“字体”为“宋体”、“字号”为11点、颜色为白色。

步骤12 移动鼠标指针至图像编辑窗口中，拖曳鼠标创建一个文本框（如图118-39所示），在其中输入所需要的文字，单击工具属性栏中的“提交所有当前编辑”按钮，确认输入文字操作，效果如图118-40所示。

步骤13 参照上述操作方法，输入其他文字，并设置各文字相应的字体、字号及颜色，效果如图118-41所示。

图118-39 创建文本框

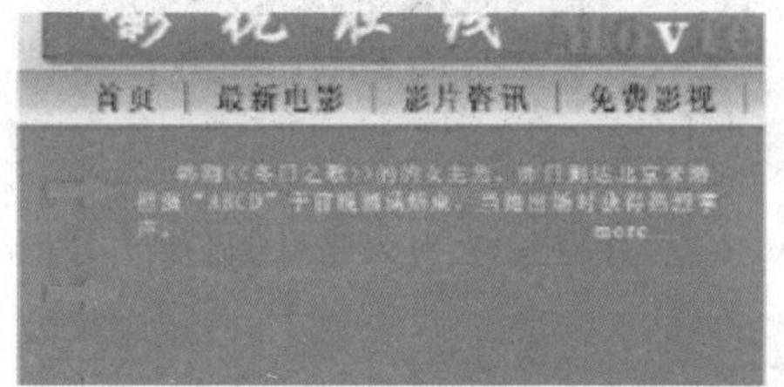

图118-40 输入文字

步骤14 单击“视图”|“显示额外内容”命令，隐藏图像中的参考线。至此，“影视在线”电影网站制作完成，最终效果参见图118-1。单击“文件”|“存储”命令，保存制作好的网站。

图118-41 输入其他文字

第5章 数码照片处理

本章主要介绍使用Photoshop对数码照片进行处理。数码照片处理包括：照片裁切、颜色纠正、层次调整、人物美化、破损修复、摄影特效、艺术处理等，通过本章的学习，读者可以掌握数码照片的处理方法与技巧，无论是专业人员还是普通爱好者，都可以迅速提高数码照片处理水平。

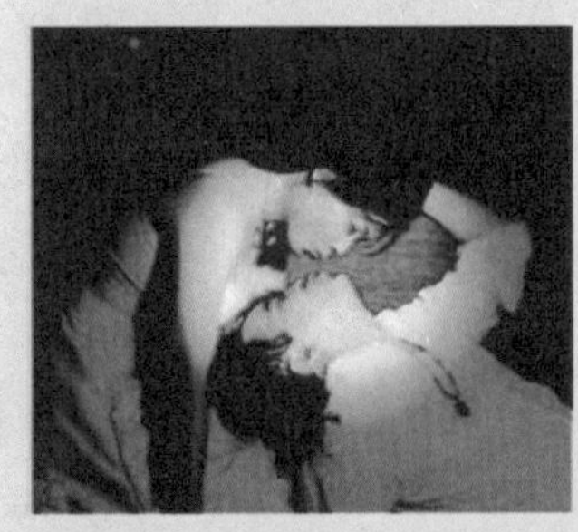

实例119 校正倾斜的照片

本例对倾斜的照片进行快速、精确的校正，如图119-1所示。

图119-1 校正倾斜的照片

操作步骤

步骤1 打开需要校正的照片，可以看出图片向右下方倾斜，如图119-2所示。

图119-2 倾斜的照片

步骤2 选择标尺工具，在图像中沿着海平面的位置单击鼠标左键并拖曳，拉出度量线，如图119-3所示。

图119-3 使用标尺工具

步骤3 单击“图像”|“图像旋转”|“任意角度”命令，打开“旋转画布”对话框（如图119-4所示），Photoshop已经输入了校正该图像需要旋转的角度（根据上一步中的测量）和方向。

图119-4 “旋转画布”对话框

步骤4 单击“确定”按钮旋转照片，效果如图119-5所示。

图119-5 旋转后的照片

步骤5 图像校正之后可能需要重新裁切，以删除图像四角不必要的空白画布空间。选择矩形选框工具，在图像编辑窗口中创建所需的选区，如图119-6所示。

图119-6 创建选区

步骤6 单击“图像”|“裁剪”命令，将多余的画布空间进行裁剪，得到的照片效果如图119-7所示。

图119-7 校正倾斜后的照片效果

实例120 消除照片中的红眼

本例将对照片中人物的红眼进行处理，如图120-1所示。

图120-1 消除照片中的红眼

操作步骤

步骤1 单击“文件”|“打开”命令，打开需要处理红眼的照片。

步骤2 选择工具箱中的红眼工具，将鼠标指针移动到图像编辑窗口中人物的眼睛上，按住鼠标左键并拖曳，将会拖出一个矩形框，如图120-2所示。

图120-2 拖曳出矩形框

步骤3 释放鼠标后，即可消除照片中的红眼，效果如图120-3所示。

步骤4 继续对另一只眼睛做同样的处理，最终效果参见图120-1。

图120-3 对红眼框进行处理后的效果

实例121 消除照片中的亮斑

在拍照时不均匀光或闪光灯都有可能导致人物面部出现光亮区域，消除亮斑前后的效果对比如图121-1所示。

图121-1 消除亮斑前后的效果对比

操作步骤

步骤1 打开需要处理的照片，如图121-2所示。

图121-2 素材照片

步骤2 选择仿制图章工具，在其工具属性栏中将“模式”从“正常”修改为“变暗”，设置“不透明度”为50%，如图121-3所示。

步骤3 选择柔角笔刷，按住【Alt】键的同时单击人物前额上没有亮斑的区域（如图121-4所示），设置取样点。

专家指点

通过把"模式"设置为"变暗"来调整比采样点亮的像素，这些比较亮的像素组成亮斑。

图121-3 设置工具属性

图121-4 设置取样点

步骤4 用仿制图章工具在亮斑上轻轻地绘制，此时亮斑会渐渐消褪（如图121-5所示），效果如图121-6所示。

图121-5 在亮斑上绘制

图121-6 消除亮斑后的效果

专家指点

必须在亮斑附近的皮肤上进行采样，这样皮肤的色调才会匹配。例如，当处理鼻子上的亮斑时，应在鼻梁上没有亮斑的皮肤区域采样。

实例122 消除面部的痣

本例将消除照片中人物面部的痣，效果如图122-1所示。

图122-1 消除面部的痣

操作步骤

步骤1 单击"文件"|"打开"命令，打开需要修复的照片，如图122-2所示。

图122-2 素材照片

步骤2 选择工具箱中的仿制图章工具，在其工具属性栏的"画笔"下拉调板中选择柔角的画笔，其大小要比删除的斑点稍大一些，如图122-3所示。

图122-3 设置仿制图章参数

步骤3 按住【Alt】键的同时在斑点周围的皮肤上单击，以确定取样点，如图122-4 所示。

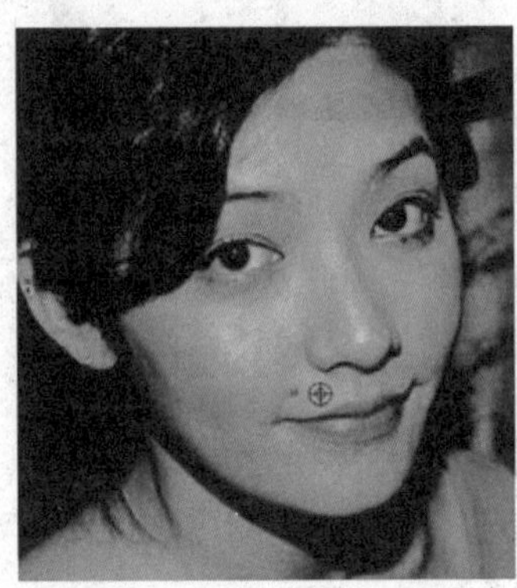

图122-4 确定取样点

步骤4 释放鼠标并松开【Alt】键，将鼠标指针移动到有斑点的位置，单击鼠标左键即可将斑点消除，效果如图122-5 所示。

图122-5 消除斑点

实例123 去除面部污物

本节利用“污点修复画笔”工具，去除照片中人物面部的污物，处理前后的效果对比如图123-1 所示。

图123-1 去除面部污物前后的效果对比

操作步骤

步骤1 打开需要处理的图片，如图123-2 所示。

步骤2 选择污点修复画笔工具，在工具属性栏中设置画笔的大小，选中“近似匹配”单选按钮，如图123-3 所示。

步骤3 在需要修复的区域中拖动鼠标，进行修复操作，如图123-4 所示。

步骤4 操作完成后即可去除人物面部的污物，效果如图123-5 所示。

图123-2 素材照片

图123-3 设置污点修复画笔工具的参数

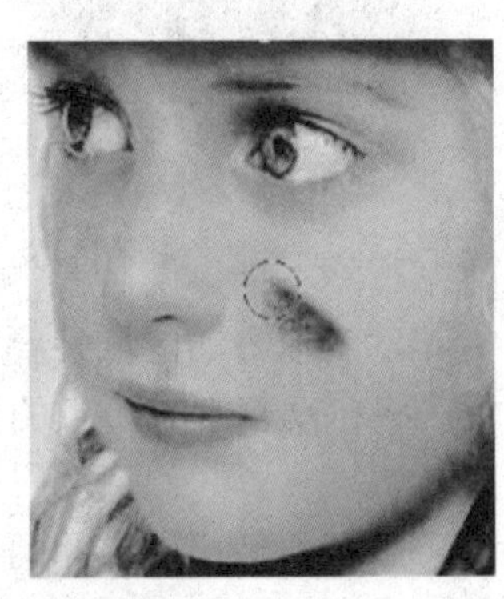

图123-4 拖动鼠标进行修复

图123-5 修复后的效果

实例124 消除眼袋

本例修饰眼部瑕疵，达到消除眼袋的目的，效果如图124-1所示。

图124-1 消除眼袋前后的效果对比

操作步骤

步骤1 打开需要处理的素材图像。

步骤2 选择工具箱中的修补工具，在图像中选择要修补的区域，如图124-2所示。

图124-2 选择要修补的区域

步骤3 拖动选取好的区域到要复制的来源点，修复区将自动复制来源点的图像，如图124-3所示。

步骤4 释放鼠标后，要修补的区域将被来源点的像素所替换，如图124-4所示。

步骤5 按【Ctrl+D】组合键取消选区，效果如图124-5所示。

步骤6 用与上述相同的方法为人物左侧的眼睛去除眼袋，即可得到最终效果。

图124-3 拖动选区进行修复

图124-4 修复图像

图124-5 修复后的效果

实例 125 消除皱纹

本例对人物面部的皱纹进行修饰，效果如图 125-1 所示。

图125-1 消除皱纹前后的效果对比

操作步骤

步骤 1 打开需要处理的素材图像。

步骤 2 选择工具箱中的修复画笔工具，按住【Alt】键的同时用鼠标左键在人物光滑的皮肤区域单击，选取采样点，如图 125-2 所示。

步骤3 将鼠标指针移动到要修复的皱纹上，拖动鼠标进行修复操作，如图 125-3 所示。

步骤 4 这时有皱纹的区域将被采样的像素替换，效果如图 125-4 所示。

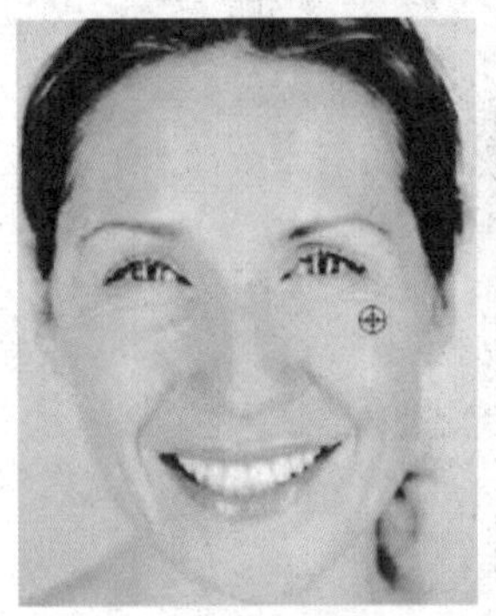

图125-2 选择取样点

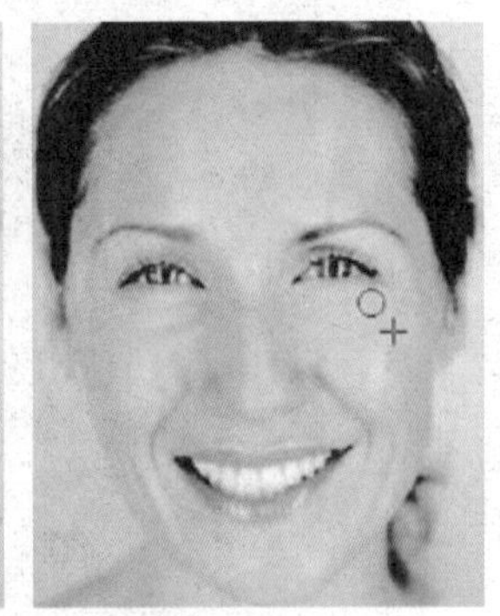

图125-3 修复图像

图125-4 修复皱纹后的效果

步骤 5 继续在无皱纹的皮肤上采样，并在皱纹区域拖动鼠标，直到消除所有皱纹为止。

实例 126 美化脸部皮肤（一）

本例进行大面积的脸部皮肤美化处理，效果如图 126-1 所示。

图126-1 美化脸部皮肤前后的效果对比

操作步骤

步骤 1 打开需要处理的素材图像，如图 126-2 所示。

图126-2 素材图像

步骤 2 单击“滤镜”｜“高斯模糊”命令，将“半径”滑块拖曳到最左边，再把它慢慢向右拖动，直到脸部的雀斑模糊为止

经典实录228例

（如图126-3所示），单击“确定”按钮，效果如图126-4所示。

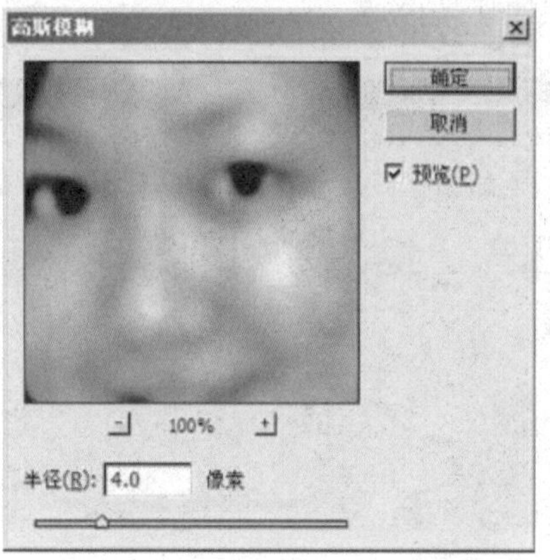

图126-3 “高斯模糊”对话框

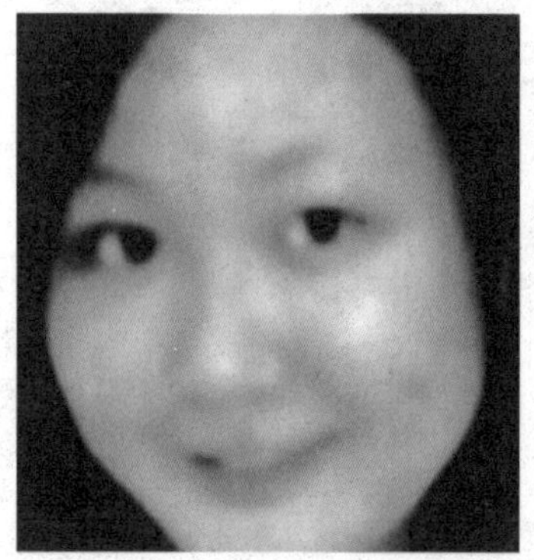

图126-4 高斯模糊效果

步骤3 单击“窗口”|“历史记录”命令，打开“历史记录”调板（如图126-5所示），在该调板中记录了用户在Photoshop中已经完成的操作。

图126-5 “历史记录”调板

步骤4 选择“打开”选项，使图片返回到刚打开时的状态，如图126-6所示。

步骤5 单击“高斯模糊”名称左侧的“设置历史记录画笔的源”图标，如图126-7所示。

步骤6 选择历史记录画笔工具，在其工具属性栏中将画笔的“不透明度”设置为50%，如图126-8所示。

图126-6 返回到打开状态

图126-7 单击相应的图标

图126-8 设置不透明度

步骤7 将鼠标指针移动到图像编辑窗口中，在脸部除眼睛、眉毛和嘴巴以外的区域进行绘制（如图126-9所示），最终效果如图126-10所示。

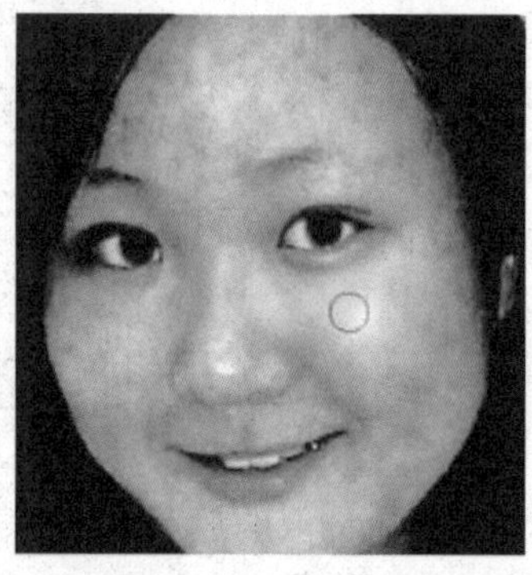

图126-9 在脸部绘制

图126-10 最终效果

实例127 美化脸部皮肤（二）

本例对照片中的人物脸部进行美化处理，效果如图127-1所示。

图127-1 美化脸部皮肤前后的效果对比

操作步骤

步骤1 打开需要处理的素材图像，如图127-2所示。

步骤2 使用工具箱中的套索工具在照片的右下角创建选区，如图127-3所示。

图127-2 素材图像

图127-3 创建选区

步骤3 按【Q】键进入快速蒙版编辑状态，选择工具箱中的橡皮擦工具，选用较大的笔触、较小的压力来柔化选区，如图127-4所示。

步骤4 再按【Q】键退出快速蒙版编辑状态，单击“选择”|“反向”命令反选选区，如图127-5所示。

图127-4 使用橡皮擦工具修饰图像

图127-5 反选选区

步骤5 单击“图像”|“调整”|“曲线”命令，在弹出的“曲线”对话框中调整曲线，从整体上提高图像的亮度，如图127-6所示。单击“确定”按钮，效果如图127-7所示。

步骤6 按【Ctrl+D】组合键取消选区，选择工具箱中的仿制图章工具，选择5号笔刷，设置“流量”为80%，处理面部较大的雀斑，如图127-8所示。

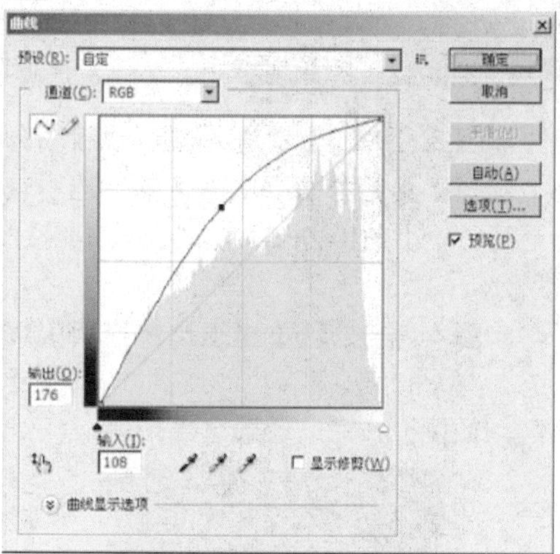

图127-6 “曲线”对话框

图127-7 调整曲线后的效果

图127-8 使用仿制图章工具修饰图像

步骤7 选择工具箱中的钢笔工具，绘制出皮肤部分的路径，注意不包括眼睛与嘴巴部分，如图127-9所示。在“路径”调板中将路径转换为选区，如图127-10所示。

步骤8 单击“选择”|“修改”|“羽化”命令，在弹出的“羽化选区”对话框中设置“羽化半径”为5（如图127-11所示），单击“确定”按钮。

图127-9 创建路径

图127-10 将路径转换为选区

图127-11 “羽化选区”对话框

步骤9 单击“图像”|“调整”|“曲线”命令，在弹出的“曲线”对话框中调整曲线，提高图像的亮度（如图127-12所示），单击“确定”按钮，效果如图127-13所示。

步骤10 在“图层”调板中复制背景图层，生成“背景副本”图层。

步骤11 打开“通道”调板，按住【Ctrl】键的同时单击红色通道，载入红色通道的选区，然后按【Ctrl+H】组合键隐藏选区。

步骤12 单击“滤镜”|“模糊”|“高斯模糊”命令，在弹出的“高斯模糊”对

话框中设置合适的参数（如图127-14所示），单击“确定”按钮，然后按【Ctrl+D】组合键取消选区。

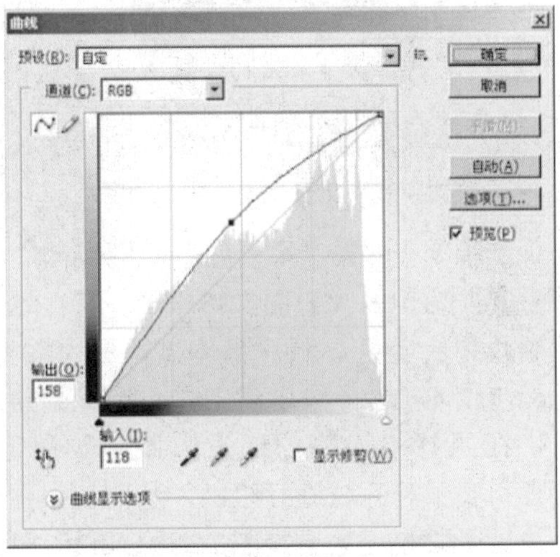

图127-12 “曲线”对话框

图127-13 调整曲线后的效果

步骤13 单击“图层”调板底部的“添加图层蒙版”按钮，为“背景副本”图层添加图层蒙版。

步骤14 使用橡皮擦工具将眼睛、嘴、头发等部分擦除，注意设置合适的笔触大小及笔刷压力，最终效果如图217-15所示。

图127-14 “高斯模糊”对话框

图127-15 美化脸部皮肤后的效果

实例128 柔和皮肤

本例将图像中人物的皮肤进行柔和处理，效果如图128-1所示。

图128-1 柔和皮肤前后的效果对比

操作步骤

步骤1 单击“文件”|“打开”命令，打开一幅素材图像，如图128-2所示。

步骤2 复制“背景”图层生成“背景副本”图层，单击“滤镜”|“模糊”|“高斯模糊”命令，在弹出的“高斯模糊”对话框中设置“半径”为6，如图128-3所示。单击“确定”按钮，对整幅图片进行模糊处理，效果如图128-4所示。

图128-2 素材图像

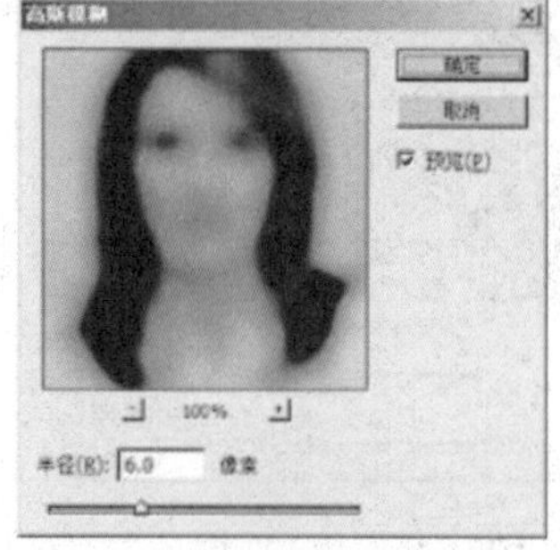

图128-3 “高斯模糊”对话框

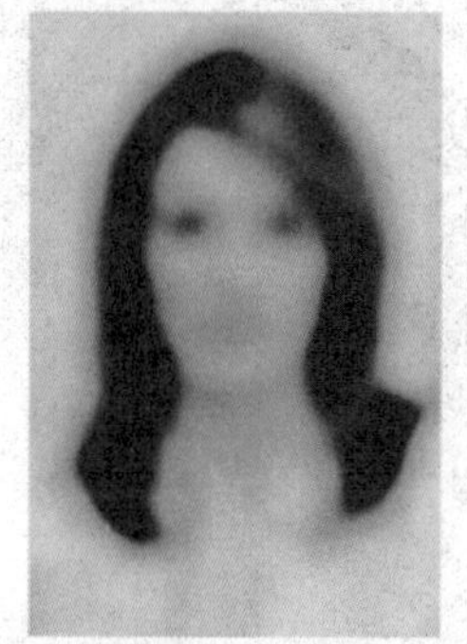

图128-4 高斯模糊后的效果

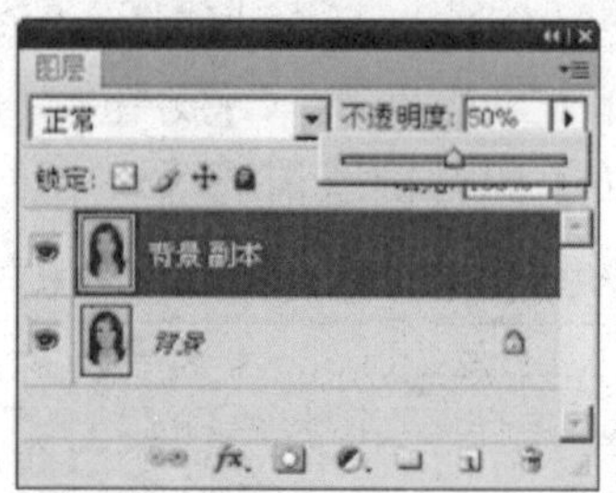

图128-5 改变图层的不透明度

步骤3 设置“背景副本”图层的“不透明度”为50%（如图128-5所示），这时模糊效果会降低，照片整体显得更为柔和。

步骤4 选择橡皮擦工具，选择柔角画笔，在照片中人物的头发、眼睛、眉毛、嘴唇和衣服等区域进行绘制，从而使人物的皮肤显得柔和，效果如图128-6所示。

图128-6 柔和皮肤后的效果

实例129 增亮眼睛

本例将人物的眼睛增亮，从而使眼睛显得更具吸引力，效果如图129-1所示。

图129-1 增亮眼睛前后的效果对比

操作步骤

步骤1 单击“文件”|“打开”命令，打开需要处理的图像，如图129-2所示。

步骤2 单击“滤镜”|“锐化”|“USM锐化”命令，在弹出的“USM锐化”对话框中设置“数量”为80、“半径”为1，如图129-3所示。

图129-2 素材图像

图129-3 “USM锐化”对话框

步骤3 单击“确定”按钮，效果如图129-4所示。

步骤4 打开“历史记录”调板，在该调板中记录了已经完成的4步操作，如图129-5所示。

图129-4 锐化后的效果

步骤5 选择“打开”选项，使图片返回到“USM锐化”滤镜应用前的状态。

步骤6 选择历史记录画笔工具，单击最后一次“USM锐化”左侧的“设置历史记录画笔的源”图标（如图129-6所示），选择柔角笔刷，在眼睛上进行绘制，使人物的眼睛变得明亮，如图129-7所示。

图129-5 “历史记录”调板

图129-6 单击相应的图标

图129-7 增亮眼睛效果

步骤7 对另外一只眼睛进行相同的处理，最终效果参见图129-1。

实例130 增白牙齿

本例使图像中人物发黄的牙齿变得洁白，效果如图130-1所示。

图130-1 增白牙齿前后的效果对比

操作步骤

步骤1 打开需要处理的素材图像。

步骤2 选择磁性套索工具，将图像中人物的牙齿部分选择出来，如图130-2所示。

步骤3 单击“选择”|“修改”|“羽化”命令，在弹出的“羽化选区”对话框中设置“羽化半径”为1（如图130-3所示），单击“确定”按钮以平滑选区边缘。这样在增白牙齿之后才不会在选区周围看到

很明显的边缘。

图130-2　创建选区

图130-3　“羽化选区”对话框

步骤4　单击“图像”|“调整”|“色相/饱和度”命令，在弹出的“色相/饱和度”对话框中进行相应的设置（如图130-4所示），以消除牙齿中的黄色。

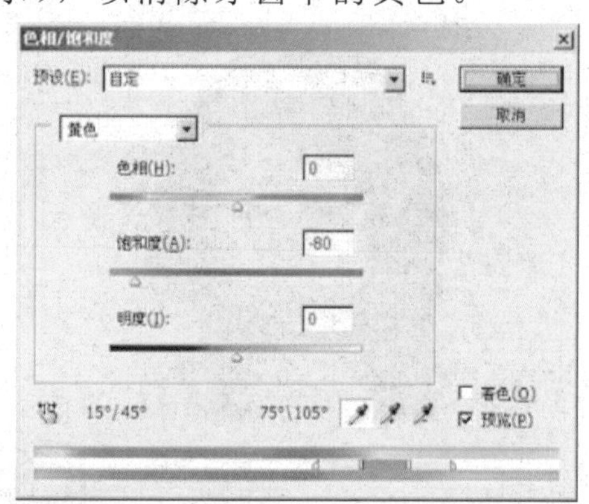

图130-4　“色相/饱和度”对话框

步骤5　消除牙齿中的黄色后，在“色相/饱和度”对话框中设置相应的参数，如图130-5所示。单击“确定”按钮调整牙齿的明度，然后按【Ctrl+D】组合键取消选区，效果如图130-6所示。

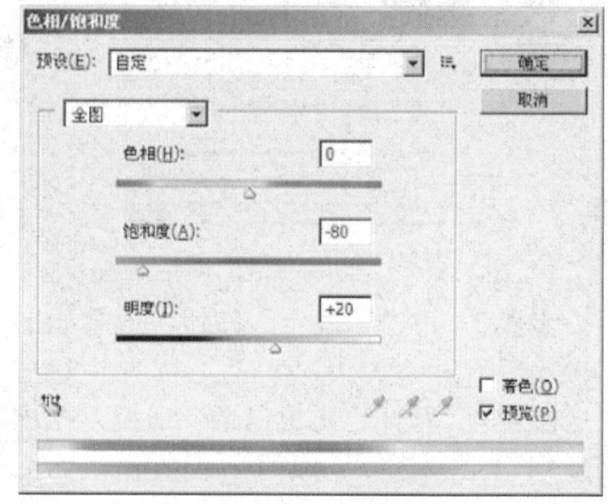

图130-5　设置参数

图130-6　增白牙齿的效果

实例131　头发染色

本例对图像中人物的头发进行染色处理，效果如图131-1所示。

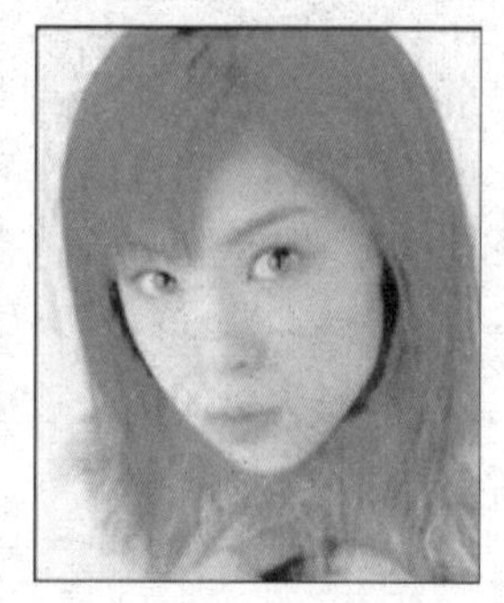

图131-1　染发前后的效果对比

操作步骤

步骤1　打开素材图像，如图131-2所示。

图131-2　素材图像

步骤2 单击“图层”|“新建调整图层”|“色彩平衡”命令，打开“新建图层”对话框（如图131-3所示），单击“确定”按钮，将打开“调整”调板，如图131-4所示。

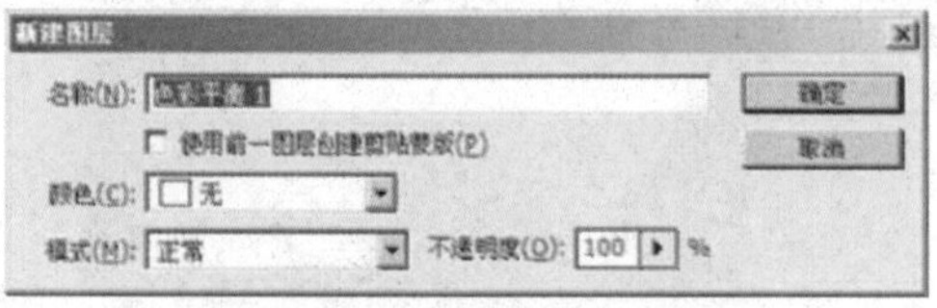

图131-3 “新建图层”对话框

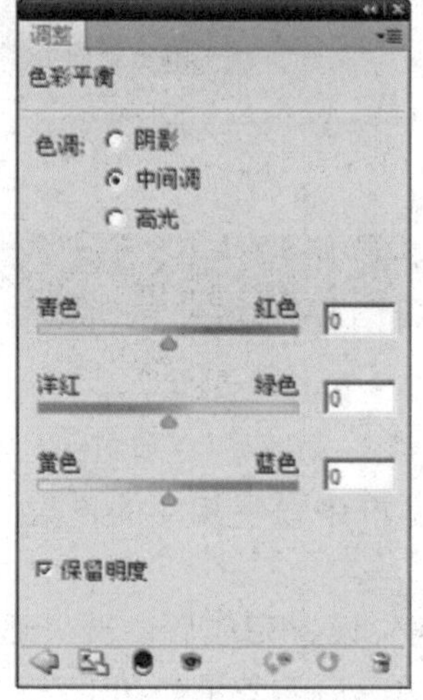

图131-4 “调整”调板

步骤3 在“调整”调板中分别调整各个颜色滑块，将颜色调整到需要的头发颜色，如图131-5所示。

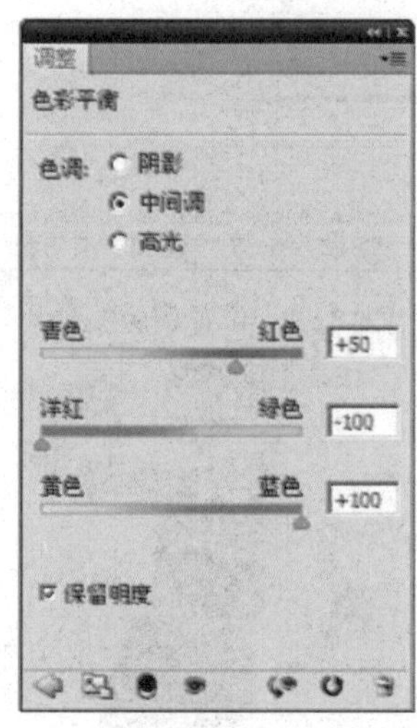

图131-5 在“调整”调板中调整颜色

步骤4 设置完成后，整幅图片都将变为调整后的色调，效果如图131-6所示。

图131-6 调整颜色后的效果

步骤5 将前景色设置为黑色，按【Alt+BackSpace】组合键，用黑色填充图层中的色彩平衡蒙版，消除图片中调整的色调，恢复图像原来的色调。

步骤6 选择工具箱中的画笔工具，选择柔角笔刷，将前景色设置为白色，在人物头发上进行绘制，如图131-7所示。在绘制时适当地改变笔刷的大小，直至把头发部分全部染色为止，效果如图131-8所示。

图131-7 在人物头发上进行绘制

步骤6 绘制完成后，在“图层”调板中将“色彩平衡1”图层的混合模式设置为

“颜色”，这样会使人物头发看起来更自然，效果如图131-9所示。

图131-8 描绘完成后的效果

图131-9 染发效果

实例132 更换衣服颜色（一）

本例对人物衣服的颜色进行更换处理，效果如图132-1所示。

图132-1 更换衣服颜色前后的效果对比

操作步骤

步骤1 打开素材图像。

步骤2 使用磁性套索工具将图像中衣服的区域选取出来，如图132-2所示

图132-2 创建选区

步骤3 单击“图像”|“调整”|“色相/饱和度”命令，在弹出的“色相/饱和度”对话框中设置相应的参数，如图132-3所示。

步骤4 设置完成后单击“确定”按钮，更换衣服颜色后的效果如图132-4所示。

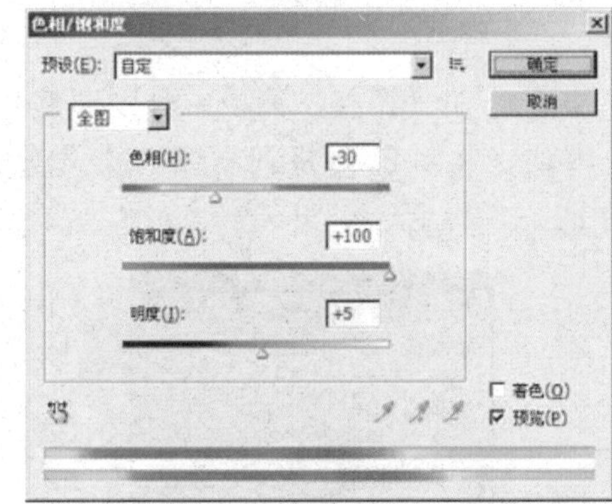

图132-3 设置相应的参数

图132-4 更换衣服颜色后的效果

实例133 更换衣服颜色（二）

本例采取另一种方法，对人物衣服的颜色进行更换处理，效果如图133-1所示。

图133-1 更换衣服颜色前后的效果对比

操作步骤

步骤1 打开素材图像，如图133-2所示。

步骤2 选择磁性套索工具，在图像中人物的上衣部分创建选区，如图133-3所示。

图133-2 素材图像

步骤3 创建好如图133-4所示的选区后，设置前景色为蓝色，在“图层”调板中新建“图层1”。选择油漆桶工具，在选区中单击鼠标左键填充颜色，效果如图133-5所示。

步骤4 在“图层”调板中设置图层混合模式为“色相”，如图133-6所示。

步骤5 按【Ctrl+D】组合键取消选区；按下【Ctrl+E】组合键合并图层，最终效果如图133-7所示。

图133-3 创建选区

图133-4 完成操作后的选区

图133-5 填充选区

图133-6 设置图层混合模式

图133-7 更换衣服颜色后的效果

实例134 更换衣服颜色（三）

本例采取与前两例不相同的方法，对人物衣服的颜色进行更换处理，效果如图134-1 所示。

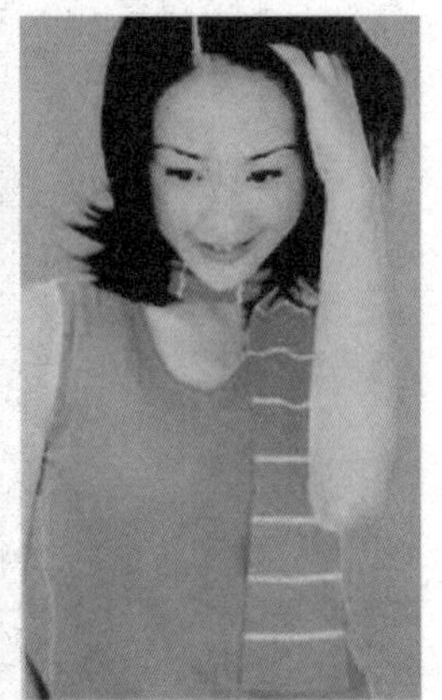
图134-1 更换衣服颜色前后的效果对比

操作步骤

步骤1 打开一幅素材图像，利用套索工具在图像中创建选区，如图134-2 所示。

步骤2 单击“图像”|“调整”|“替换颜色”命令，打开“替换颜色”对话框，如图134-3 所示。

步骤3 将鼠标指针移动到图像编辑窗口中，此时鼠标指针变成吸管形状，在需要替换颜色的地方单击鼠标左键，如图134-4 所示。

步骤4 在对话框中的颜色选项区中可以看到已经吸取的衣服颜色，在预览窗口中可以看到衣服的位置呈现白色，这是要替换颜色的区域，黑色部分不会被替换，灰色部分是会被部分替换的区域，如图134-5 所示。

图134-2 创建选区

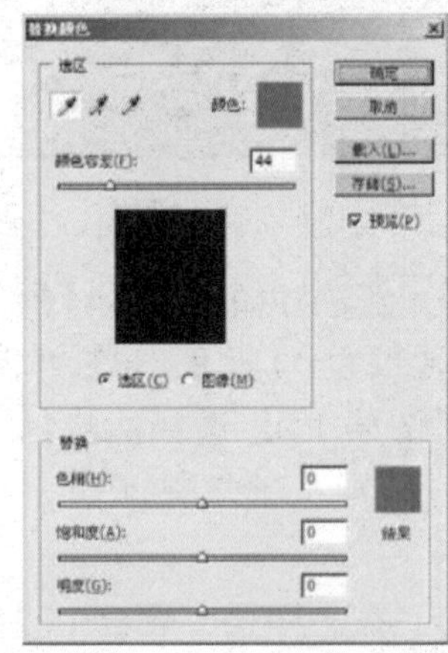

图134-3 “替换颜色”对话框

步骤5 在该对话框中单击“添加到取样”按钮，在图像中衣服的阴影部分（如

图 134-6 所示）单击鼠标左键，此时的颜色也被添加到替换颜色的区域中。拖动“颜色容差”滑块，可以调整选区中颜色容差，如图 134-7 所示。

图134-4 吸取衣服的颜色

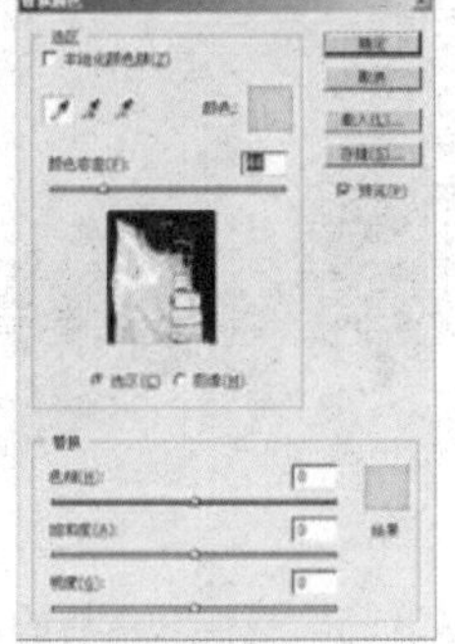

图134-5 预览颜色区域

图134-6 吸取阴影部分的颜色

步骤 6 在该对话框的“替换”选项区中分别设置色相、饱和度和明度，调整出所需要的颜色，如图 134-8 所示。设置完成后单击“确定”按钮，效果参见图 134-1。

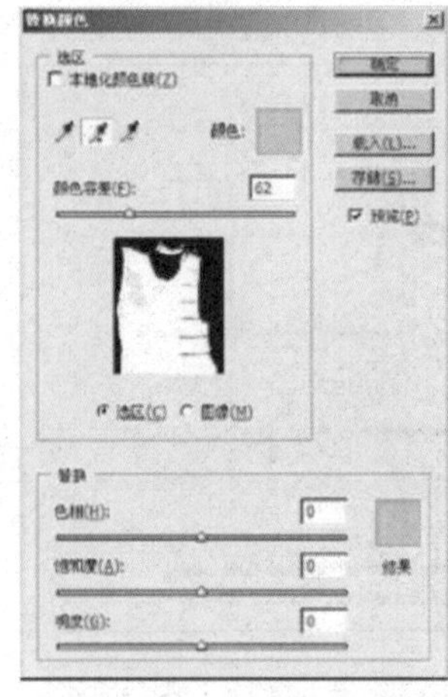

图134-7 调整颜色容差

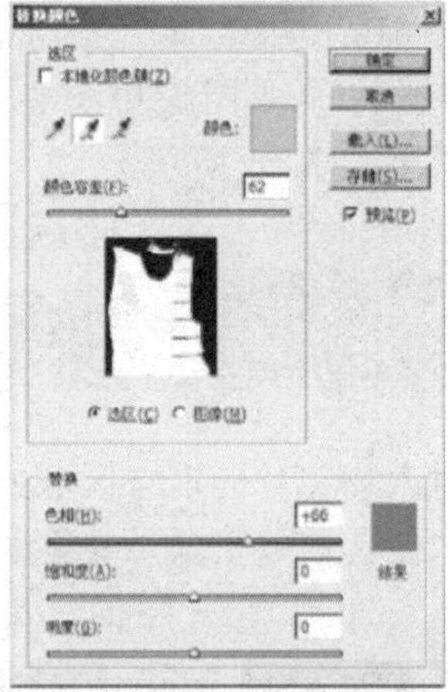

图134-8 设置相应的参数

实例 135 变换季节

本例制作变换季节的效果，如图 135-1 所示。

图135-1 变换季节前后的效果对比

操作步骤

步骤 1 打开素材图像，如图 135-2 所示。

图135-2 素材图像

步骤2 单击“图像”|“调整”|“色相/饱和度”命令，弹出“色相/饱和度”对话框，在“全图”下拉列表框中选择“黄色”选项，如图135-3所示。

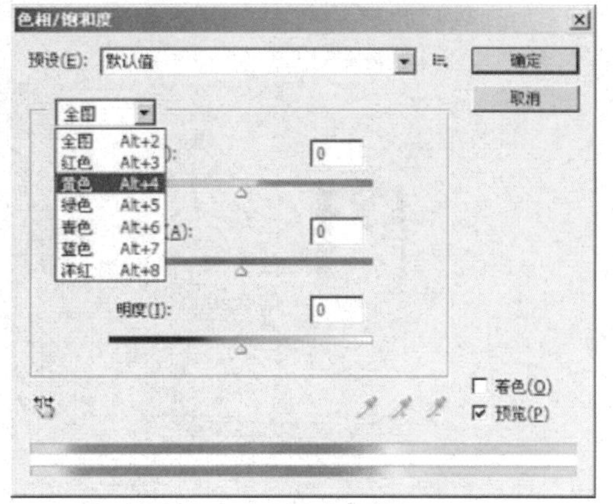

图135-3 选择“黄色”选项

步骤3 选择黄色为编辑颜色后，设置“色相”为+60（如图135-4所示），单击“确定”按钮将改变图像中黄色部分的颜色，效果如图135-5所示。

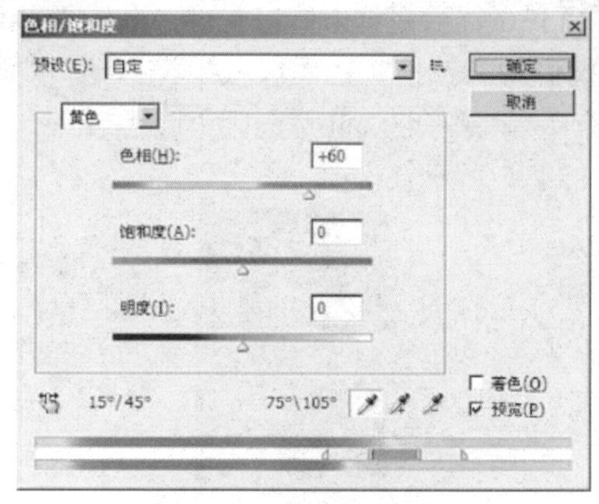

图135-4 设置相应的参数

图135-5 更换颜色后的效果

实例136 改变照片中部分区域的曝光不足

本例对人物照片的前方区域的曝光不足进行调整，使其恢复正常，效果如图136-1所示。

图136-1 改变部分区域曝光不足的前后效果对比

操作步骤

步骤1 打开一幅需要调整的图像，如图136-2所示。

步骤2 单击“图像”|“调整”|“色阶”命令，打开“色阶”对话框，向左拖动“输入色阶”的暗部值和亮部值滑块，也就是灰色和白色的滑块，直到曝光不足的区域看起来正常为止，如图136-3所示。

图136-2 曝光不足的图像

步骤3 单击“确定”按钮，图像效果如图136-4所示。此时在图像的前方区域位置看起来曝光是正确了，但是整幅图像有点过曝。

步骤4 单击“窗口”|“历史记录”命

令，打开“历史记录”调板，如图136-5所示。在“历史记录”调板中记录了用户对图像的操作，第一个操作是“打开”，下一个操作是“色阶”，它们说明用户在打开图像之后曾做过色阶调整。

步骤5 在“历史记录”调板中选择“打开”选项，使图片恢复到刚打开时的状态（也就是对它进行色阶调整之前的状态），选择历史记录画笔工具，单击“色阶”名称左侧的“设置历史记录画笔的源”图标，如图136-6所示。

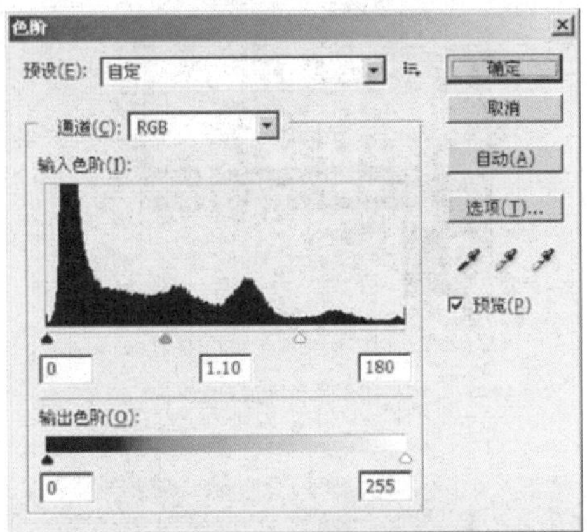

图136-3 “色阶”对话框

图136-4 调整色阶后的效果

图136-5 “历史记录”调板

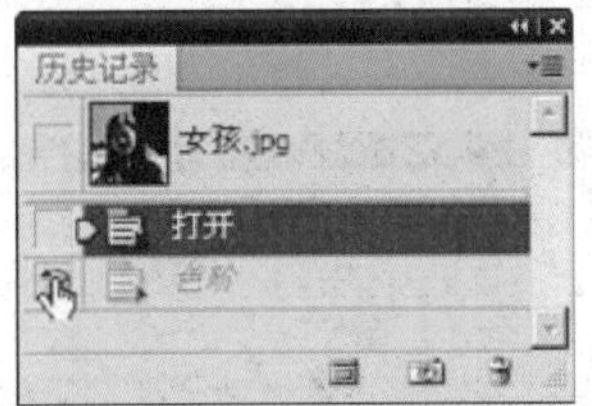

图136-6 单击相应的图标

步骤6 在工具属性栏中选择柔角画笔，在图像曝光不足的区域进行绘制，如图136-7所示。

图136-7 在曝光不足的区域绘制

步骤7 绘制时如果显得曝光太强，可以降低其工具属性栏中的不透明度，这样效果就会显得弱一些，直到曝光不足的地方看起来正常为止，最终效果参见图136-1。

实例137 改变整幅照片的曝光不足

本例对风景照的曝光不足进行调整，效果如图137-1所示。

图137-1 改变曝光不足前后的效果对比

操作步骤

步骤1 打开需要处理的照片，如图137-2所示。

步骤2 在“图层”调板中复制背景图层，生成“背景 副本”图层，并将“背景 副本”图层的混合模式设置为“滤色”，此时的“图层”调板如图137-3所示，图像效果如图137-4所示。

图137-2　需要处理的照片

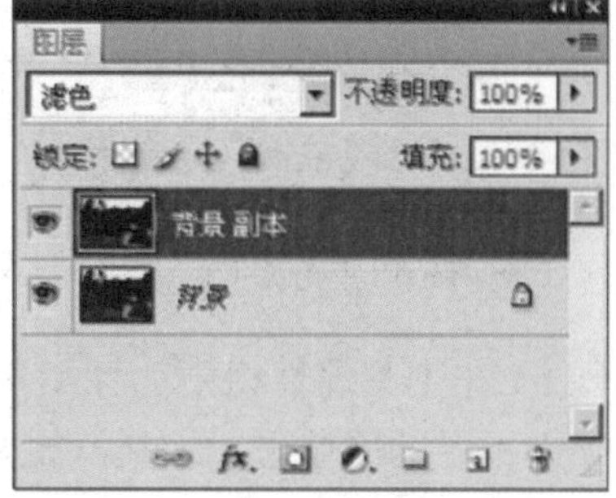

图137-3　复制图层并改变其混合模式

步骤3　如果效果还是不太理想，可以再次复制“背景　副本”图层，得到图层“背景　副本2”，并将其混合模式设置为“滤色”。如果再次复制图层后的照片曝光过度，则将复制后的图层的“不透明度”调低即可，如图137-5所示。

图137-4　改变其混合模式后的效果

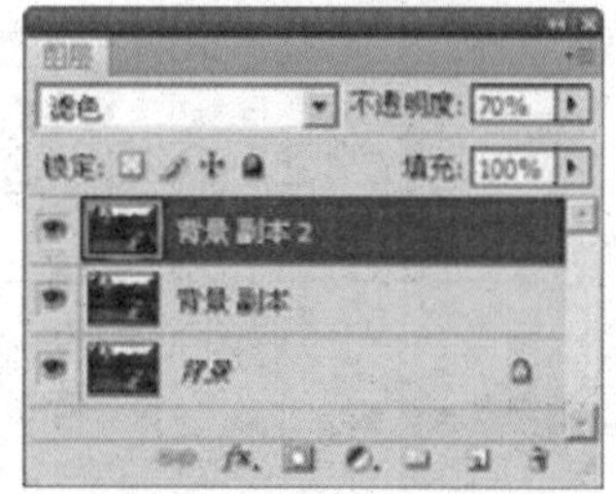

图137-5　复制图层并调整其不透明度

实例138　调整灰暗的照片（一）

本例通过加亮图像中的暗调区域，从而达到正常效果的图像，如图138-1所示。

图138-1　调整灰暗照片前后的效果对比

操作步骤

步骤1　打开要处理的照片，如图138-2所示。

图138-2　素材图片

步骤2　单击“图像”|“调整”|“阴影/高光”命令，打开“阴影/高光”对话框，如图138-3所示。

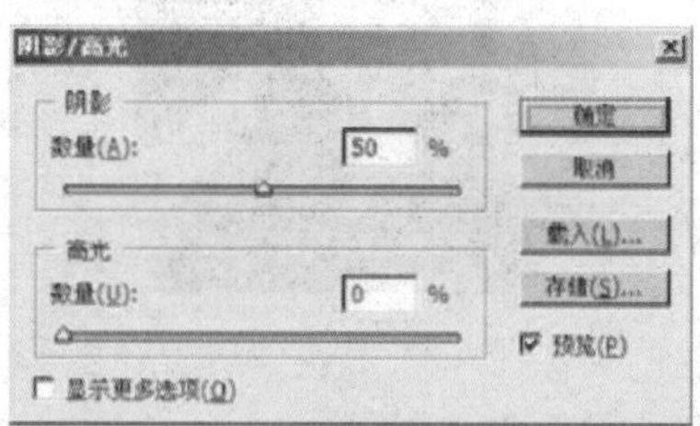

图138-3　“阴影/高光”对话框

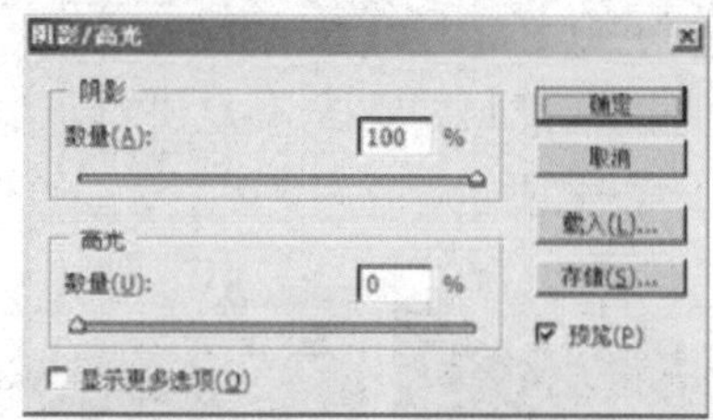

图138-4　设置“数量”为100

步骤3　在“阴影/高光”对话框中设置“阴影”选项区的“数量”为100（如图138-4所示），增加图像亮度，单击“确定”按钮，效果如图 138-5 所示。

图138-5 调整阴影/高光后的效果

步骤 4 如果对修改好的图片不是很满意，可以选中该对话框左下角的“显示更多选项”复选框，打开整个对话框，在其中做更多的调整，如图 138-6 所示。

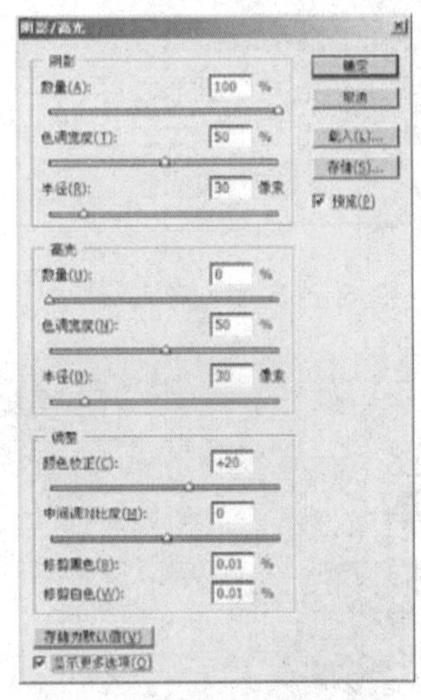

图138-6 更多的调整选项

实例 139 调整灰暗的照片（二）

本例采取另一种方法，对灰暗的照片进行调整，效果如图 139-1 所示。

图139-1 调整灰暗照片前后的效果对比

操作步骤

步骤 1 打开需要处理的照片，如图 139-2 所示。

步骤 2 单击“图像”|“调整”|“曲线”命令，在弹出的“曲线”对话框中曲线的中间，单击鼠标左键并向上拖动，调亮整幅图像，如图 139-3 所示。

图139-2 灰暗的照片

步骤 3 单击“确定”按钮，效果如图 139-4 所示。单击“图像”|“调整”|“亮度/对比度”命令，在弹出的“亮度/对比度”对话框中降低亮度，增加对比度，如图 139-5 所示。

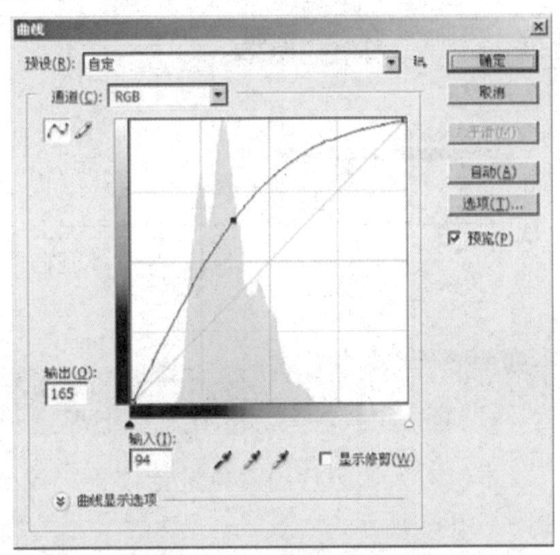

图 139-3 “曲线”对话框

图139-4 调整曲线后的效果

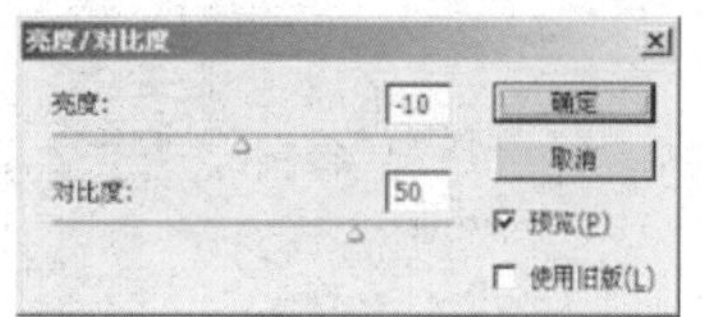

图 139-5 “亮度 / 对比度”对话框

图139-6 调整亮度/对比度后的效果

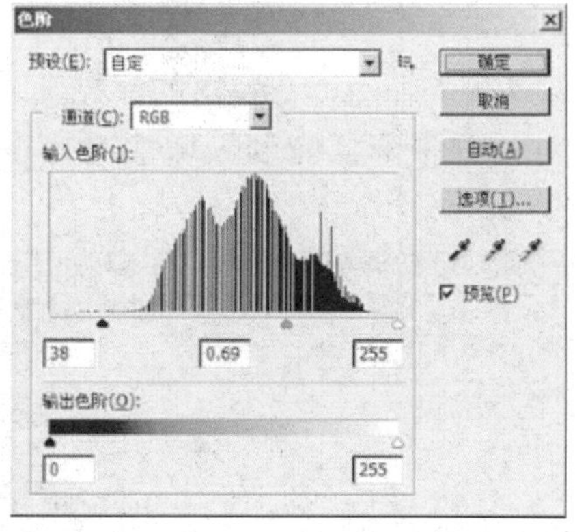

图 139-7 “色阶”对话框

步骤 4 单击“确定”按钮，效果如图 139-6 所示。单击“图像”|“调整”|“色阶”命令，弹出“色阶”对话框，在该对话框中设置相应的参数，如图 139-7 所示。

步骤 5 单击“确定”按钮，效果如图 139-8 所示。单击“图像”|“调整”|“亮度 / 对比度”命令，在弹出的“亮度 / 对比度”对话框中设置相应的参数，以增加照片亮度（如图 139-9 所示），单击“确定”按钮，完成对照片的调整。

图139-8 调整色阶后的效果

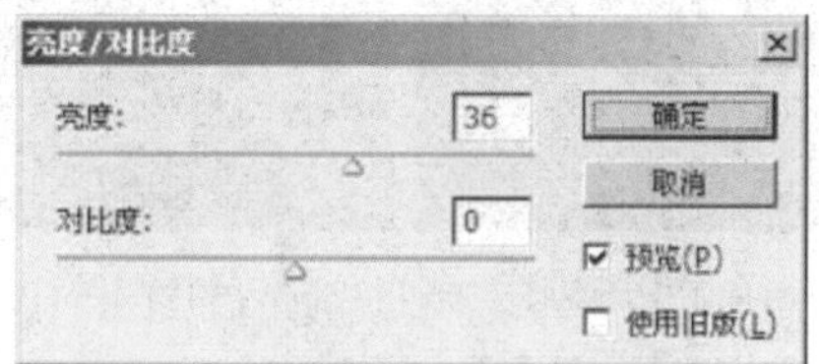

图139-9 设置相应的参数

实例 140 校正人像照的偏色

本例对人像照片的偏色进行校正，效果如图 140-1 所示。

图140-1 改变偏色前后的效果对比

操作步骤

步骤 1 打开需要校正偏色的照片，如图 140-2 所示。

步骤 2 选择颜色取样器工具，在图像中按阶调分为黑白灰的任意位置单击鼠标左键选择取样点，本例中选择灰色的区域（如背景）来查看它的颜色值，如图 140-3 所示。

步骤 3 此时将弹出“信息”调板（如图 140-4 所示），在此调板中可以看到，取样点 R、G、B 的参数值有一定的差异，正常的图像应该为 R=G=B，所以这张图片存在偏色问题。

步骤4 单击“图像”|“调整”|“色彩平衡”命令，在弹出的“色彩平衡”对话框中调整各种颜色的滑块（如图140-5所示），一边调整一边查看颜色信息，直至颜色信息与前面查看的颜色信息相同为止，如图140-6所示。

步骤5 单击“确定”按钮完成偏色照片的校正，效果参见图140-1。

图140-2 偏色图片

图140-3 选择取样点

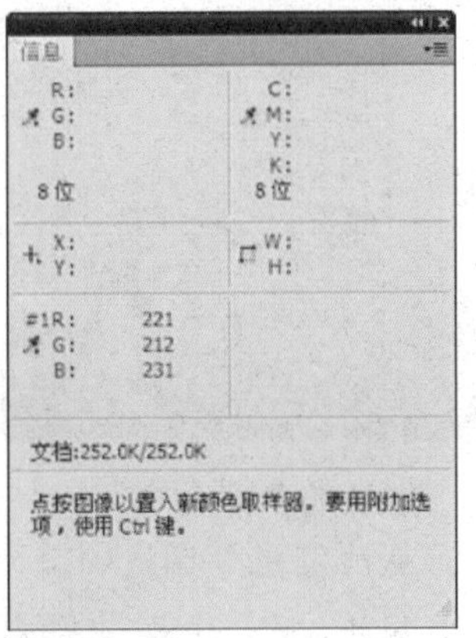

图140-4 查看颜色信息

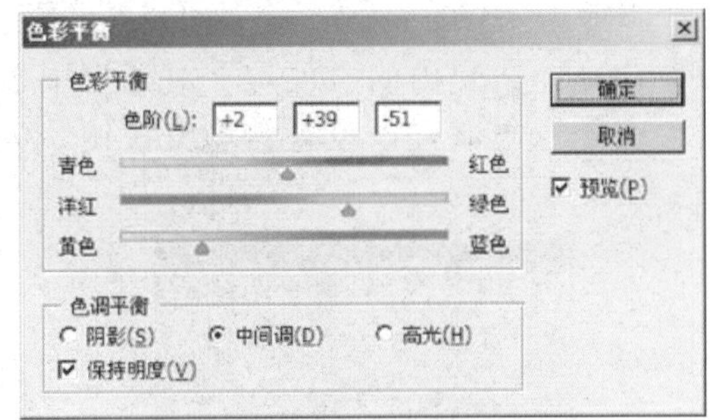

图140-5 “色彩平衡”对话框

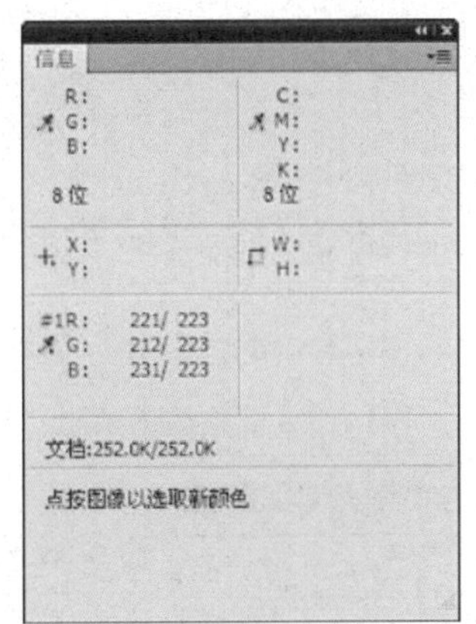

图140-6 改变后的颜色信息

实例141 校正风景照的偏色

本例对风景照片的偏色进行校正，效果如图141-1所示。

图141-1 改变偏色前后的效果对比

操作步骤

步骤1 打开需要校正偏色的风景照片。

步骤2 在该图像中选择两个取样点来查看颜色信息，第一个在图像的左侧白色楼房处，这里为白场；第二个取样点是公路中的灰色地方，这里为灰场，如图141-2所示。

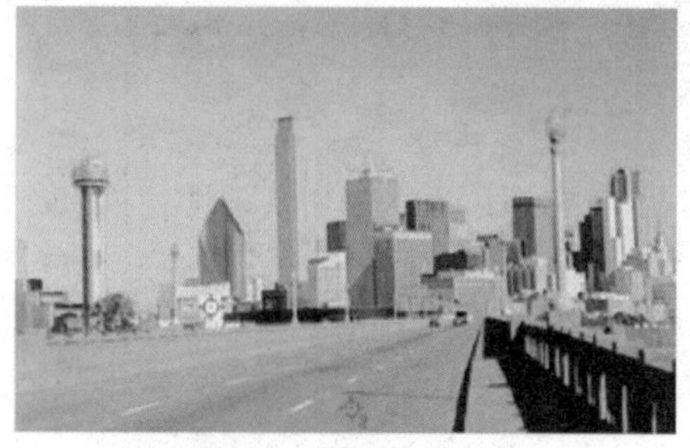

图141-2 设置两个取样点

步骤3 从“信息”调板中可以看到，两个取样点中的R、G、B参数值存在很大的差异，如图141-3所示。

步骤4 单击“图像”|“调整”|“色阶”命令，在弹出的“色阶”对话框中单击“在图像中取样以设置白场”按钮，如图141-4所示。

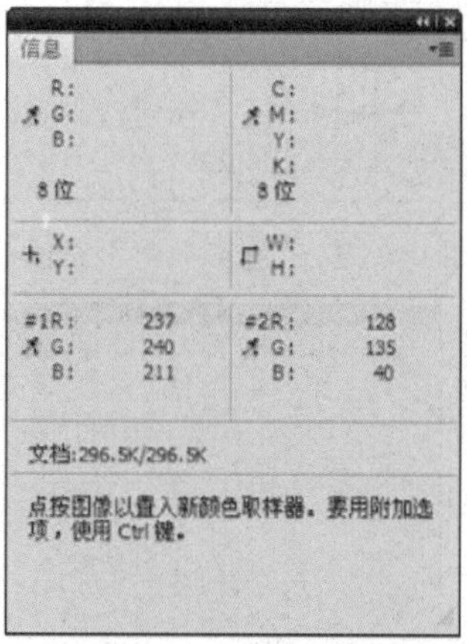

信息
R:
G:
B:
8位
C:
M:
Y:
K:
8位
X:
Y:
W:
H:
#1R: 237
G: 240
B: 211
#2R: 128
G: 135
B: 40
文档:296.5K/296.5K
点按图像以置入新颜色取样器。要用附加选项，使用 Ctrl 键。
图141-3 查看颜色信息

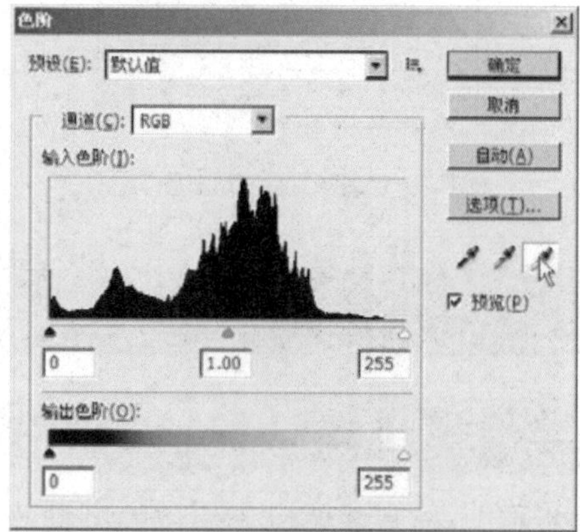

色阶
预设(E): 默认值
确定
取消
通道(C): RGB
输入色阶(I):
自动(A)
选项(T)...
预览(P)
0
1.00
255
输出色阶(O):
0
255
图141-4 单击相应的按钮

步骤5 在图像中单击设定为白场的取样点（楼房处），如图141-5所示。

步骤6 查看校正后的图像及取样点1的颜色信息（如图141-6所示），图像效果如图141-7所示。

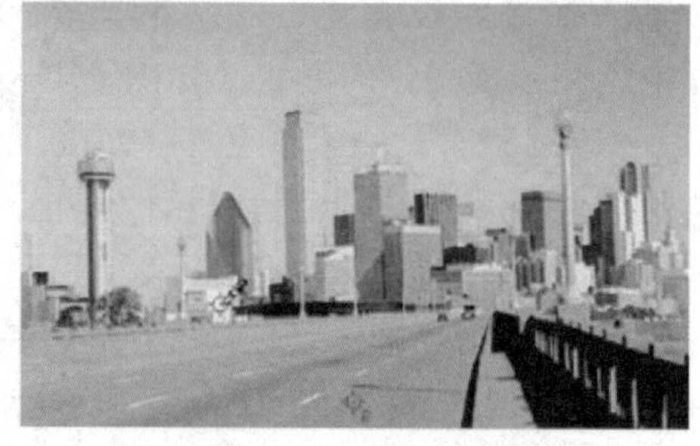

图141-5 单击取样点1

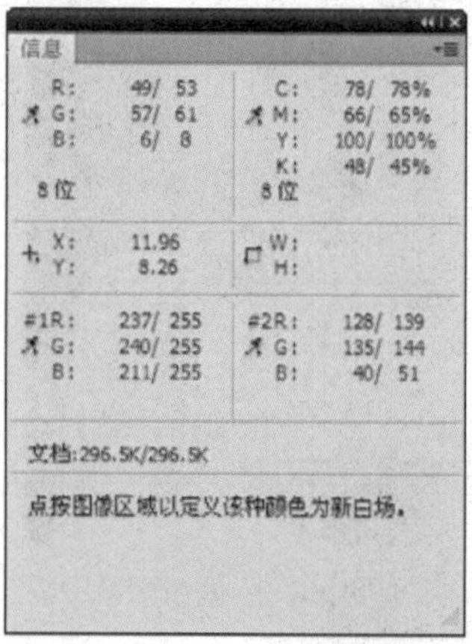

信息
R: 49/ 53
G: 57/ 61
B: 6/ 8
8位
C: 78/ 78%
M: 66/ 65%
Y: 100/ 100%
K: 48/ 45%
8位
X: 11.96
Y: 8.26
W:
H:
#1R: 237/ 255
G: 240/ 255
B: 211/ 255
#2R: 128/ 139
G: 135/ 144
B: 40/ 51
文档:296.5K/296.5K
点按图像区域以定义该种颜色为新白场。
图141-6 调整后的颜色信息

图141-7 调整后的图像效果

色阶
预设(E): 自定
确定
取消
通道(C): RGB
输入色阶(I):
自动(A)
选项(T)...
预览(P)
0
1.00
255
输出色阶(O):
0
255
图141-8 单击相应的按钮

经典实录228例

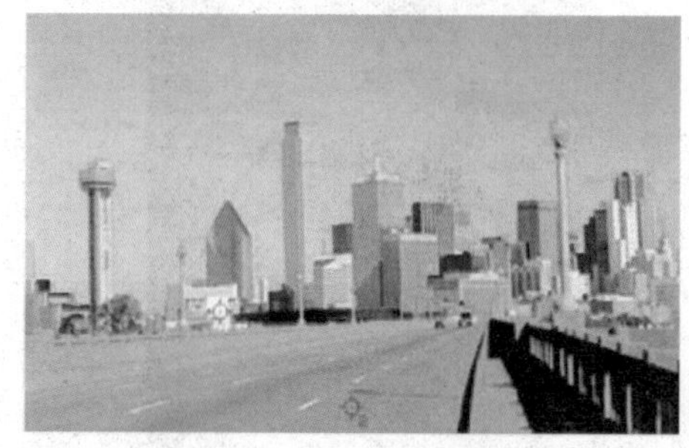

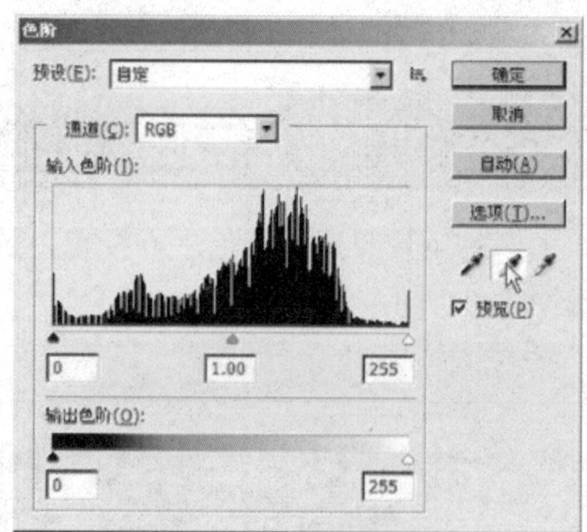

步骤7 接下来调整取样点2中的R、G、B 颜色参数值，从“色阶”对话框中单击“在图像中取样以设置灰场”按钮，如图141-8所示。

步骤8 在图像中单击设定为灰场的取样点（也就是公路处），如图141-9所示。

步骤9 查看图像及取样点2的颜色信息，其中 R、G、B的参数值基本相等（如图141-10所示），此时的图像效果如图141-11所示。

图141-9 单击取样点2

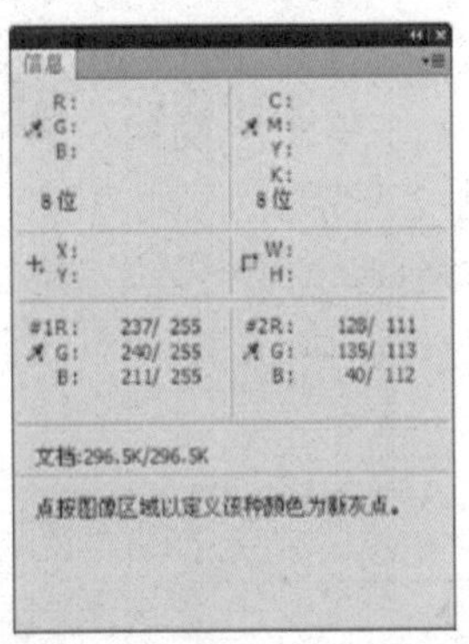

图141-10 调整后的颜色信息

图141-11 改变偏色后的效果

实例142 调整色彩暗淡的照片

本例对色彩暗淡的照片进行调整，使其更靓丽，效果如图142-1所示。

图142-1 调整色彩暗淡的照片前后的效果对比

操作步骤

步骤1 打开需要处理的照片，如图142-2所示。

步骤2 单击“图像”|“调整”|“匹配颜色”命令，打开“匹配颜色”对话框，在“图像统计”选项区中设置“源”为“无”，指定源图像和目标图像相同，如图142-3所示。

图142-2 需要处理的照片

步骤3 要增加或减小图像的亮度，需调整“亮度”滑块；要增加或减小图像中的颜色像素值，需调整“颜色强度”滑块；要控制应用于图像的调整量，需调整“渐隐”滑块，如图142-4所示。

步骤4 调整操作完成后，单击“确定”按钮，效果如图142-5所示。

步骤5 单击“图像”|“调整”|“亮度/对比度”命令，在弹出的“亮度/对比

度”对话框中设置“对比度”为20，如图142-6所示。单击“确定”按钮，最终效果如图142-7所示。

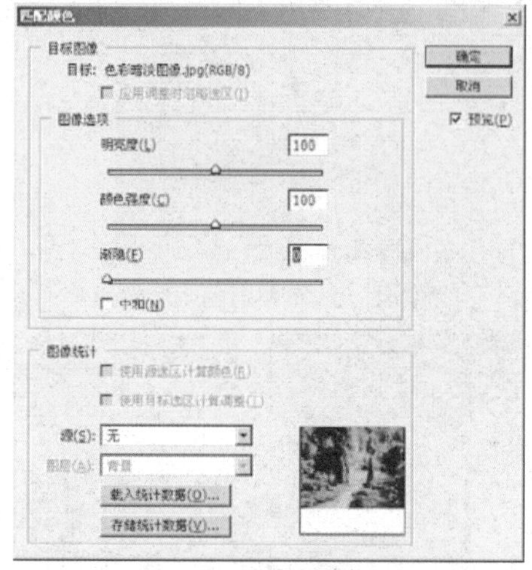

图142-3 “匹配颜色”对话框

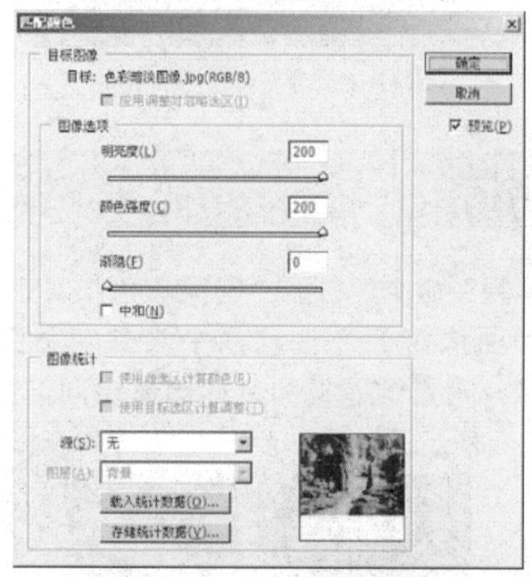

图142-4 调整相应的参数

图142-5 调整匹配颜色后的效果

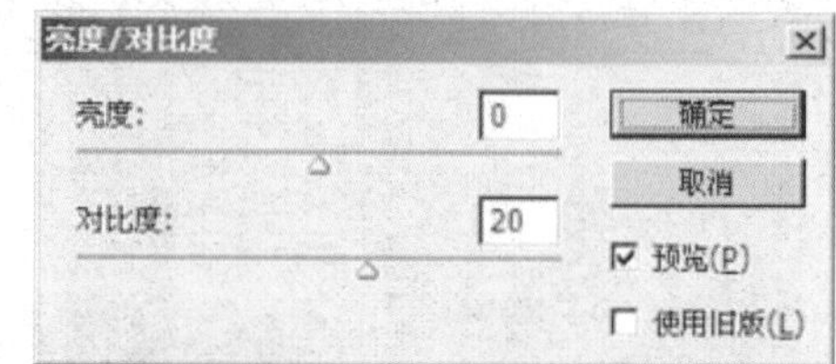

图142-6 设置参数

图142-7 最终效果

实例143 使模糊的照片变得清晰

本例使模糊的照片变得清晰，效果如图143-1所示。

图143-1 模糊照片变得清晰的前后效果对比

操作步骤

步骤1 打开一幅素材图像（如图143-2所示），该照片拍摄时由于对焦不准有些模糊。

步骤2 单击“滤镜”|“锐化”|“USM锐化”命令，在弹出的“USM锐化”对话框中设置“数量”为25、“半径”为1，如图143-3所示。

步骤3 单击“确定”按钮，锐化后的效果如图143-4所示。

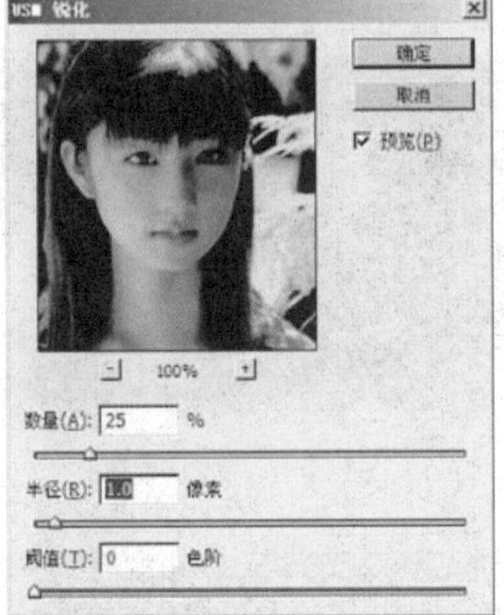

图143-2 素材图片

图 143-3 “USM 锐化”对话框

步骤 4 第一次的锐化效果不是很明显，对图片的改变不是很大，可以按【Ctrl+F】组合键多次应用“USM 锐化”滤镜，如图 143-5 所示。

图143-4 锐化后的效果

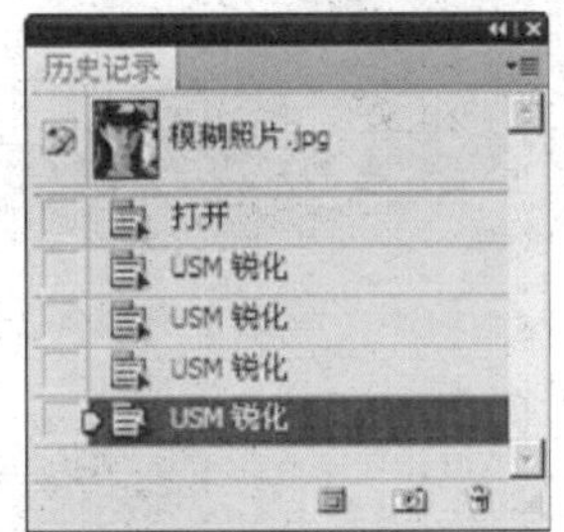

图143-5 重复使用锐化命令

实例 144 单色艺术照（一）

本例制作具有单色效果的艺术照，如图 144-1 所示。

图144-1 制作单色艺术照前后的效果对比

操作步骤

步骤 1 单击“文件”|“打开”命令，打开一幅素材图像，如图 144-2 所示。

图144-2 素材图像

步骤 2 单击“图像”|“调整”|“色相/饱和度”命令，在弹出的“色相/饱和度”对话框中选中“着色”复选框（如图 144-3 所示），此时图像变成了单色效果，如图 144-4 所示。

步骤 3 在“色相/饱和度”对话框中，移动相应的滑块调整图像中色彩的色相、饱和度和明度，以达到满意的效果，如图 144-5 所示。单击“确定”按钮完成单色效果的制作，如图 144-6 所示。

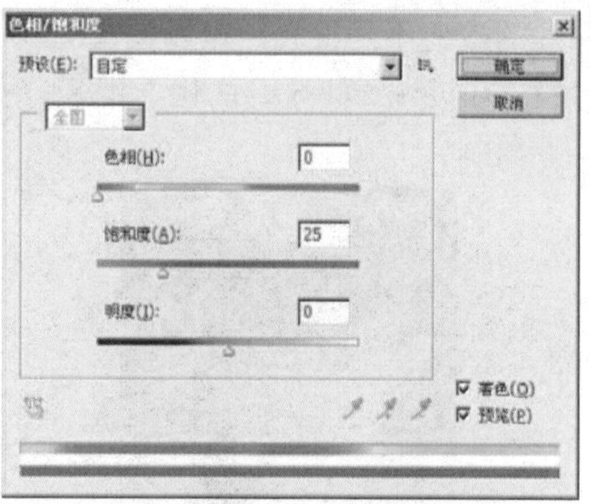

图 144-3 选中“着色”复选框

图 144-4 选中“着色”复选框后的效果

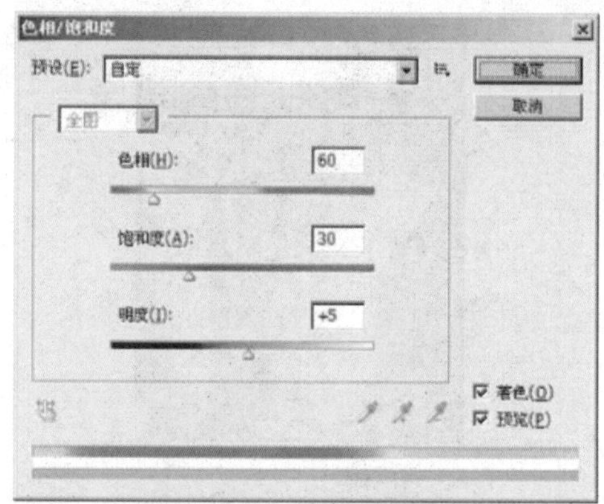

图144-5 设置相应的参数

图144-6 单色效果

实例 145 单色艺术照（二）

本例采取另一种方法，制作具有单色效果的艺术照，如图 145-1 所示。

图145-1 单色艺术照效果前后的对比

操作步骤

步骤 1 打开素材图像，如图 145-2 所示。

步骤 2 单击“图像”|“调整”|“去色”命令，将图像变为黑白图像，如图 145-3 所示。

步骤 3 单击“图像”|“调整”|“变化”命令，在弹出的“变化”对话框中单击其中某一个缩览框，即可为图像增加与该缩览框相对应的颜色，本例单击“加深黄色”三次、“加深洋红”两次，如图 145-4 所示。

图145-2 素材图像

图145-3 清除颜色后的效果

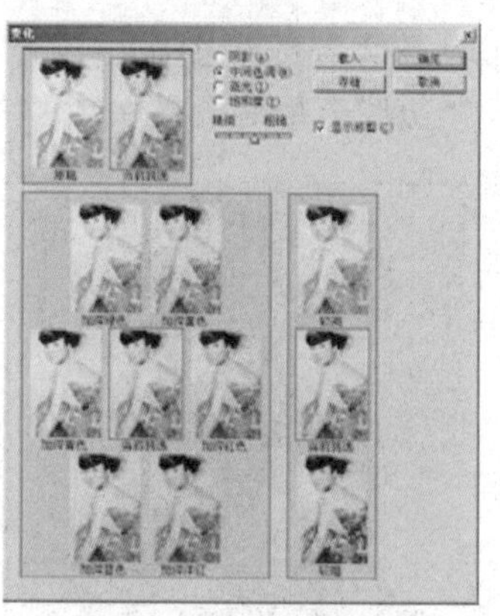

图145-4 “变化”对话框

步骤4 调整至满意的效果后，单击“确定”按钮，效果如图145-5所示。

图145-5 单色效果

实例146 保留局部色彩

本例制作保留局部色彩效果的艺术照，如图146-1所示。

图146-1 保留局部彩色效果前后的对比

操作步骤

步骤1 打开素材图像，如图146-2所示。

步骤2 单击“图像”|“调整”|“去色”命令，清除图片中的颜色，如图146-3所示。

图146-2 素材图片

图146-3 清除颜色

步骤3 选择历史记录画笔工具，在其工具属性栏中选择合适的笔刷，并设置相应的大小，如图146-4所示。

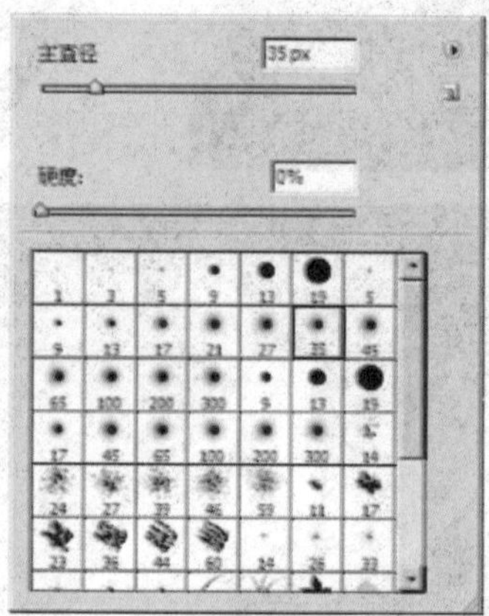

图146-4 设置笔刷

步骤4 将鼠标指针移动到图像中需要保留颜色的区域上绘制，如图146-5所示。在本例中，只需在花束上绘制即可。

图146-5 在图像中绘制

步骤5 继续在花束上绘制，直到整束花都显示出彩色为止。为了在较小的花瓣上绘图，可按需要适当缩小画笔的大小，同时使用缩放工具放大或缩小图像，以方便清楚地绘制区域的边缘，最终效果如图146-6所示。

图146-6 保留局部彩色效果

实例147 彩色照片转换为黑白照片（一）

本例将彩色照片转换为黑白照片，效果如图147-1所示。

图147-1 彩色照片转换为黑白照片前后的效果

操作步骤

步骤1 单击“文件”｜“打开”命令，打开一幅素材图像，如图147-2所示。

图147-2 素材图像

步骤2 单击“图像”｜“模式”｜“Lab颜色”命令，将RGB颜色模式转换为Lab颜色模式。

步骤3 打开“通道”调板，可以看到Lab模式的通道组成，如图147-3所示。

步骤4 单击“通道”调板中的“明度”通道，使它变为当前通道（如图147-4所示），此时图像以黑白显示，效果如图147-4所示。

图147-3 Lab模式通道

图 147-4 选择“明度”通道

图 147-5 选择“明度”通道后的效果

步骤 5 单击“图像”|“模式”|“灰度”命令，弹出提示信息框（如图 147-6 所示），询问用户是否要扔掉其他通道，单击“确定”按钮。

步骤 6 此时“通道”调板中将只有灰色通道，如图 147-7 所示。

图147-6 提示信息框

图 147-7 “通道”调板

步骤 7 在“图层”调板中单击“背景”图层，按【Ctrl+J】组合键复制“背景”图层，并把复制图层的混合模式设置为“正片叠底”（如图 147-8 所示），图像效果如图 147-9 所示。

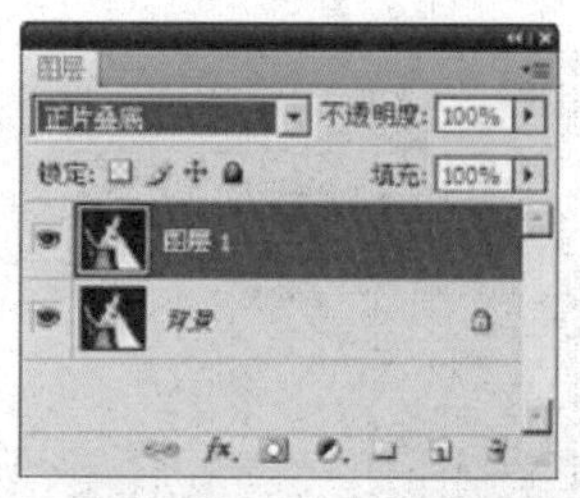

图147-8 复制背景图层并调整图层混合模式

图147-9 正片叠底效果

步骤 8 在“图层”调板中降低“图层 1”的“不透明度”（如图 147-10 所示），图像效果如图 147-11 所示。

图147-10 调整不透明度

图147-11 黑白照片效果

实例148 彩色照片转换为黑白照片（二）

本例采取另一种方法，将彩色照片转换为黑白照片，效果如图148-1所示。

图148-1 彩色照片转换为黑白照片前后的效果

操作步骤

步骤1 打开素材图像，如图148-2所示。

图148-2 素材图像

步骤2 单击“图像”|“计算”命令，打开“计算”对话框，如图148-3所示。该对话框要求用户从图片中选择两个可以混合的通道，以创建出新的通道。

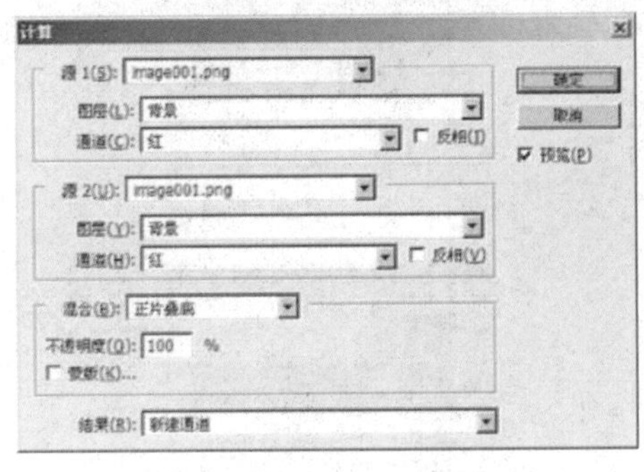

图148-3 “计算”对话框

步骤3 从“源1”选项区的“通道”下拉列表框中选择“红”通道；从“源2”选项区的“通道”下拉列表框中选择“蓝”通道，如图148-4所示。

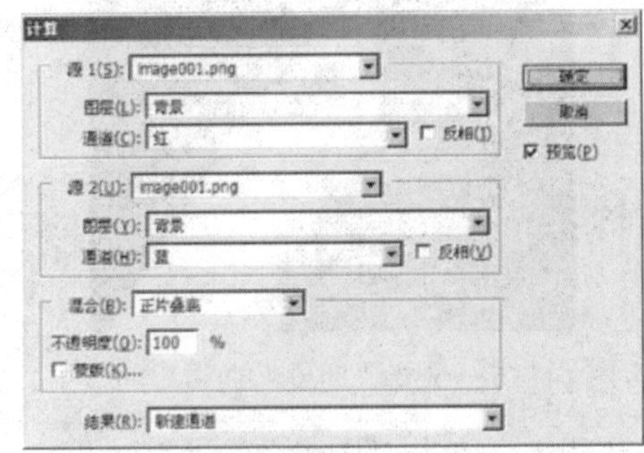

图148-4 选择相应的通道

步骤4 将“不透明度”设置为50，如图148-5所示。

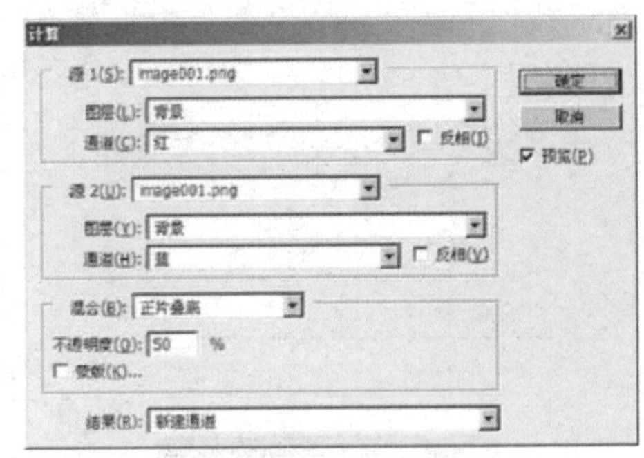

图148-5 设置不透明度

步骤5 一边调整一边预览图像，当对图像效果满意时，在该对话框底部的“结果”下拉列表框中选择“新建文档”选项（如图148-6所示），单击“确定”按钮将会显示出一个新文档，效果如图148-7所示。

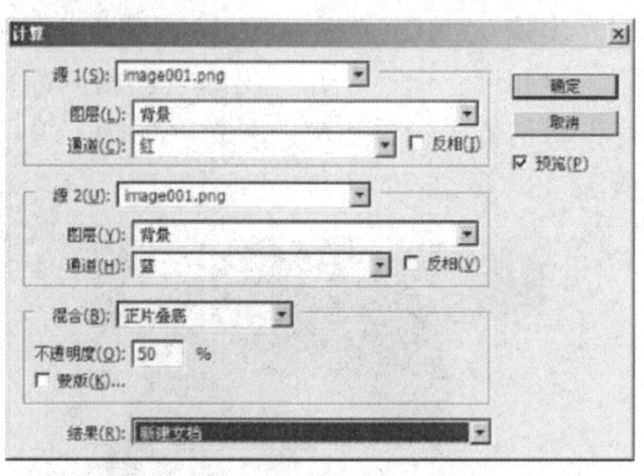

图 148-6　选择“新建文档”选项

图148-7　设置参数后的效果

步骤 6　单击“图像”|“模式”|“灰度”命令，即可将新文档转换为灰度模式。

实例 149　黑白照片上色

本例为黑白照片进行上色操作，效果如图 149-1 所示。

图149-1　黑白照片上色效果

操作步骤

步骤 1　单击“文件”|“打开”命令，打开需要上色的黑白照片，如图 149-2 所示。

图149-2　打开的黑白照片

步骤 2　选取工具箱中的多边形套索工具，在图像中仔细选取人物的皮肤区域，创建皮肤选区，如图 149-3 所示。

图149-3　选取皮肤区域

步骤 3　单击“图像”|“调整”|“色相 / 饱和度”命令，在弹出的“色相 / 饱和

度”对话框中设置各项参数，如图149-4所示。单击“确定”按钮，效果如图149-5所示。

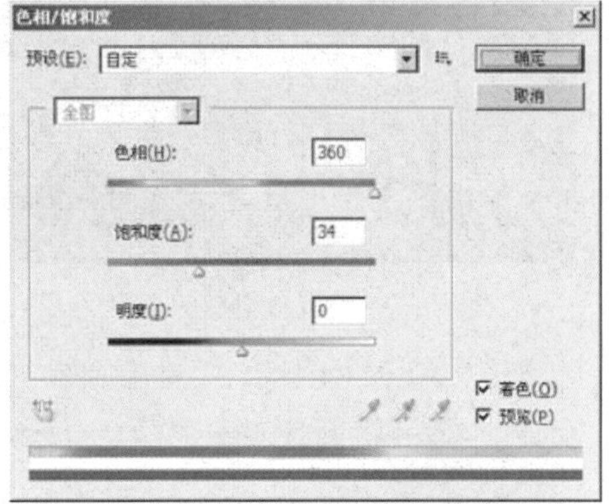

图149-4 “色相/饱和度”对话框

图149-5 调整色相/饱和度后的效果

步骤4 单击“图像”|“调整”|“色彩平衡”命令，在弹出的“色彩平衡”对话框中设置各项参数，如图149-6所示。单击“确定”按钮，效果如图149-7所示。

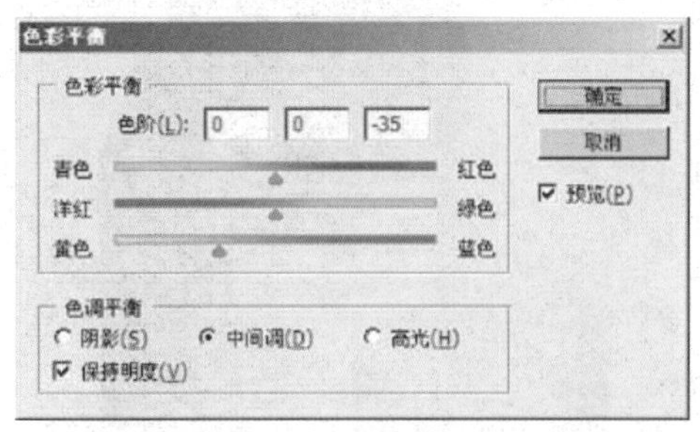

图149-6 “色彩平衡”对话框

步骤5 按【Ctrl＋D】组合键取消选区，再用与上述相同的方法仔细的选取人物头发部分，创建头发选区，如图149-8所示。

步骤6 单击“图像”|“调整”|“色相/饱和度”命令，在弹出的“色相/饱和度”对话框中设置相应的参数（如图149-9所示），单击“确定”按钮。

图149-7 调整色彩平衡后的效果

图149-8 创建选区

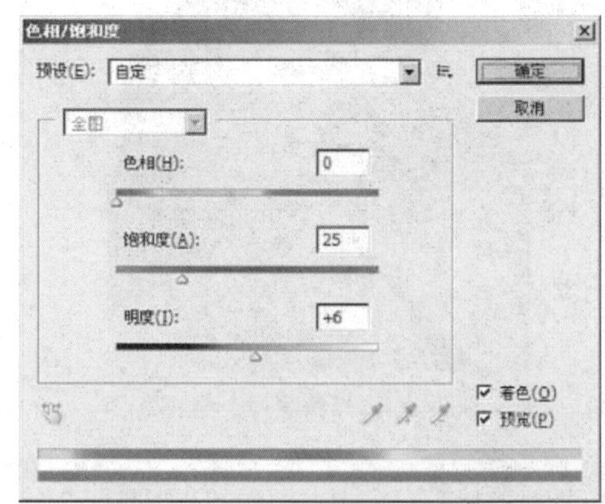

图149-9 “色相/饱和度”对话框

步骤7 单击“图像”|“调整”|“亮

度／对比度”命令，在弹出的“亮度／对比度”对话框中设置各项参数，如图149-10所示。单击“确定”按钮，效果如图149-11所示。

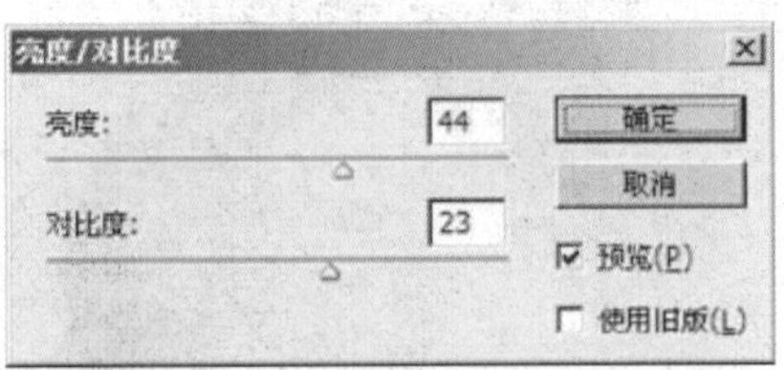

图149-10 “亮度／对比度”对话框

图149-11 调整亮度/对比度后的效果

步骤8 选取人物的外衣部分，单击“图像”|“调整”|“色相／饱和度”命令，在弹出的“色相／饱和度”对话框中设置各项参数，如图149-12所示。打开“色彩平衡”对话框，设置相应的参数，如图149-13所示。单击“确定”按钮，效果如图149-14所示。

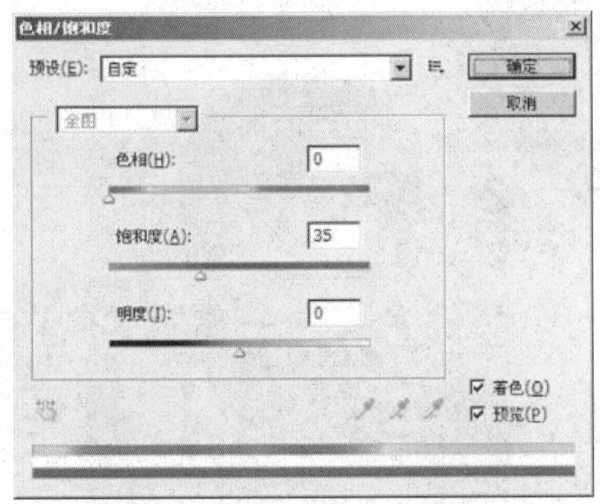

图149-12 “色相／饱和度”对话框

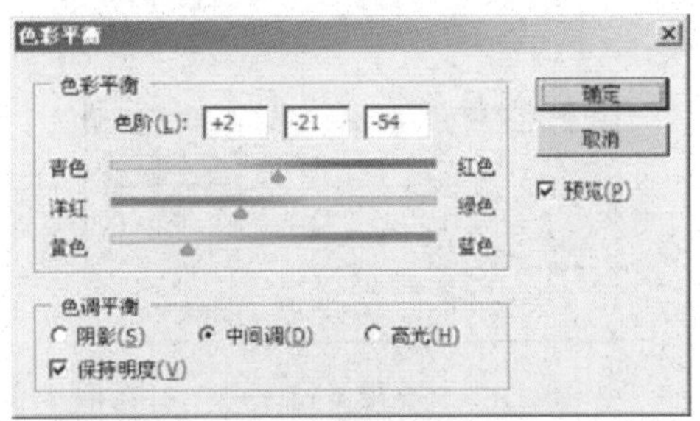

图149-13 “色彩平衡”对话框

图149-14 调整外衣的颜色

步骤9 选择人物的衬衣部分，单击“图像”|“调整”|“色相／饱和度”命令，在弹出的“色相／饱和度”对话框中设置相应的参数（如图149-15所示），单击“确定”按钮。

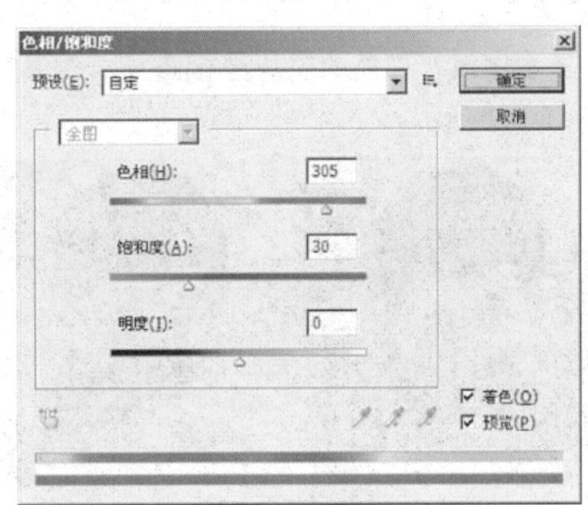

图149-15 “色相／饱和度”对话框

步骤10 单击“图像”|“调整”|“亮度／对比度”命令，在弹出的“亮度／对比度”对话框中设置相应的参数（如图149-16所示），单击“确定”按钮，效果如图149-

17 所示。

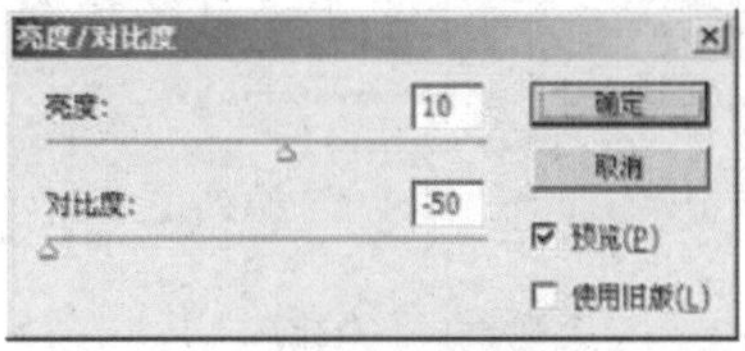

图 149-16 “亮度 / 对比度”对话框

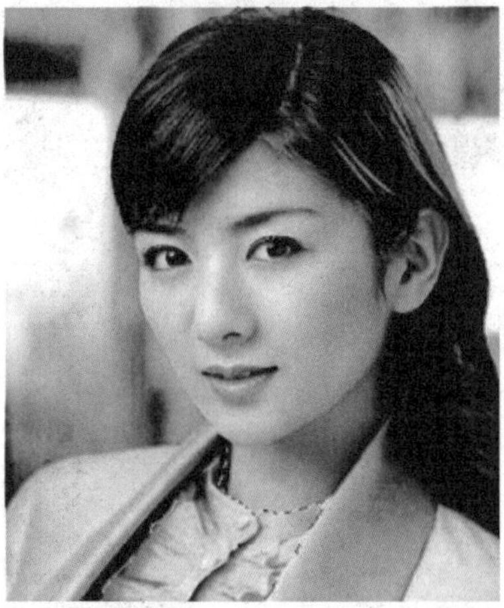

图149-17 调整衬衣颜色

步骤 11 选择背景区域（如图 149-18 所示），单击“图像”|“调整”|“色相 / 饱和度”命令，在弹出的“色相 / 饱和度”对话框中设置相应的参数（如图 149-19 所示），单击“确定”按钮，完成黑白照片的上色操作，效果参见图 149-1。

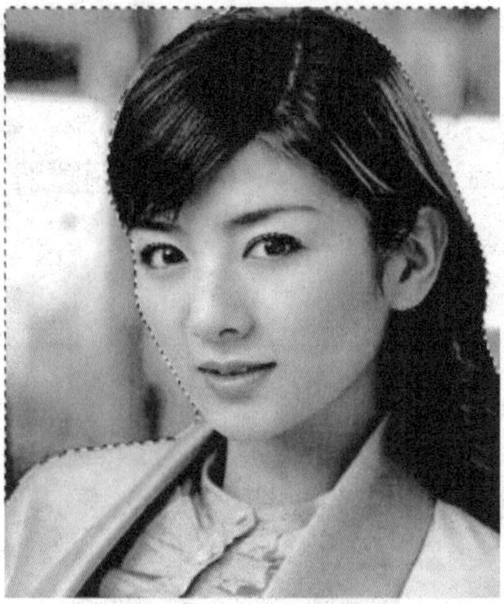

图149-18 选择背景区域

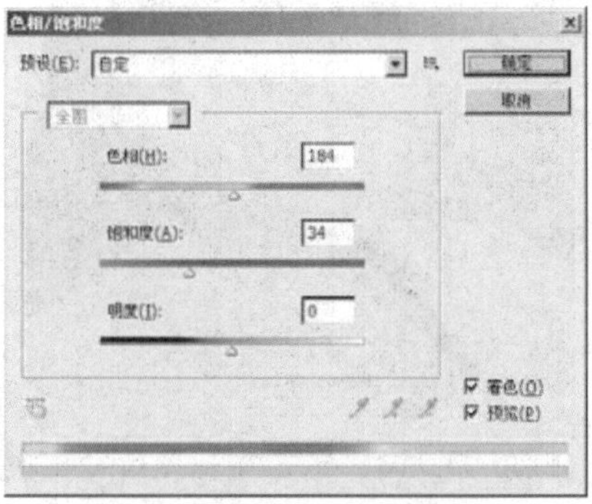

图149-19 调整背景颜色

实例 150 修复照片划痕

本例对有划痕的照片进行修复，效果如图 150-1 所示。

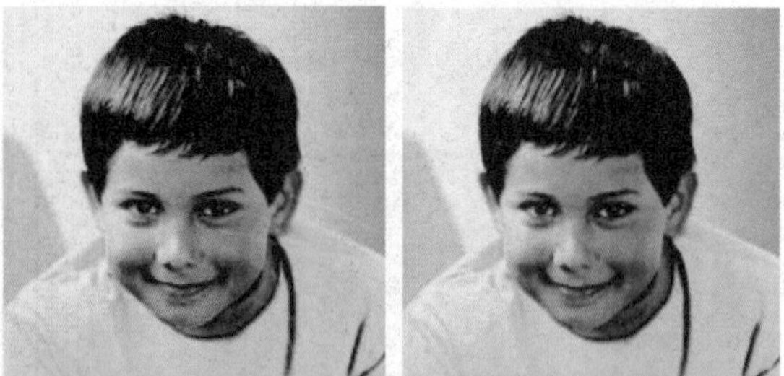

图150-1 修复照片划痕前后的效果

操作步骤

步骤 1 按【D】键，将前景色设置为黑色、背景色设置为白色。单击“文件”|“打开”命令，打开需要修复的照片，如图 150-2 所示。

步骤 2 选择工具箱中的套索工具，选中划痕的部分区域，如图 150-3 所示。

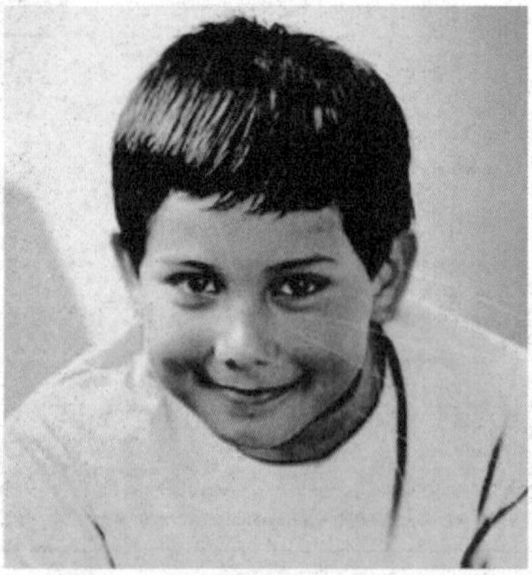

图150-2 需要修复的照片

步骤3 单击“滤镜”|“杂色”|“中间值”命令，在打开的“中间值”对话框中设置各项参数，如图150-4所示。单击“确定”按钮，得到如图150-5所示的效果。

步骤4 重复步骤（2）～（3）的操作方法，即可将划痕完全修复。

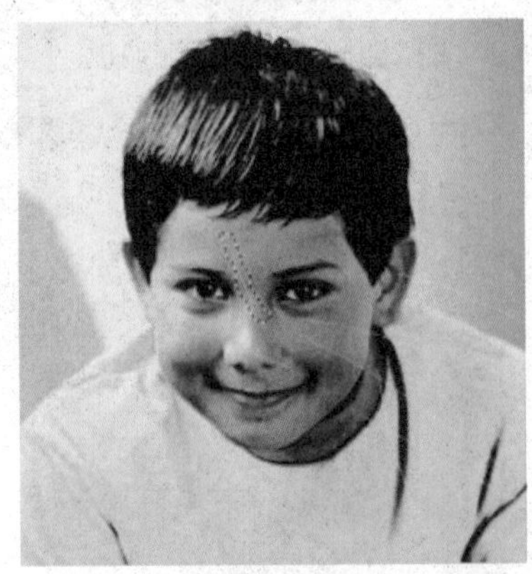

图150-3 选中划痕区域

图150-4 “中间值”对话框

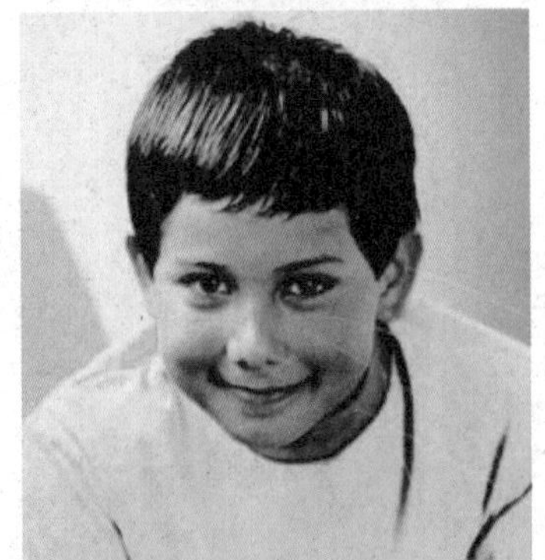

图150-5 修复部分划痕效果

实例151 旧照片的修复与翻新

本例对旧照片进行修复翻新处理，效果如图151-1所示。

图151-1 旧照片修复与翻新前后的效果对比

操作步骤

步骤1 单击“文件”|“打开”命令，打开需要进行修复与翻新的照片，如图151-2所示。

步骤2 选择工具箱中的魔棒工具，在图像的白色区域单击鼠标创建选区，如图151-3所示。按【Ctrl+Alt+I】组合键反选选区，效果如图151-4所示。

图151-2 需要修复与翻新的照片

步骤3 单击“图层”|“新建”|“通过剪切的图层”命令，剪切图层，然后将“背景”图层填充为灰色（如图151-5所示），此时的“图层”调板如图151-6所示。

步骤4 设置“图层1”为当前图层，按住【Ctrl】键的同时单击“图层1”，使图像载入选区，如图151-7所示。

图151-3 创建选区

图151-4 反向选区

图151-5 填充背景图层后的效果

步骤5 选择工具箱中的矩形选框工具，按住【Alt】键的同时在原选区中拖曳鼠标，即可裁切选区，如图151-8所示。

步骤6将背景色设置为白色，按【Ctrl+Delete】组合键填充选区，效果如图151-9所示。

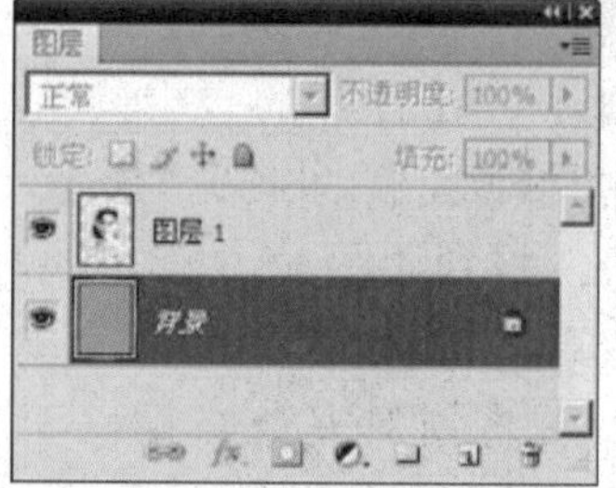

图151-6 “图层”调板

图151-7 载入选区

图151-8 裁切选区

步骤7 在“图层”调板中复制“图层1”，生成“图层1 副本”图层，此时的“图层”调板如图151-10所示。

步骤8 单击“滤镜”|“杂色”|“蒙尘与划痕”命令，在弹出的“蒙尘与划痕”对话框中进行参数设置，如图151-11所示。单击“确定”按钮，效果如图151-12所示。

步骤9 按住【Alt】键的同时单击“图层”调板底部的“添加图层蒙版”按钮，

为“图层1 副本”添加蒙版，此时的“图层”调板如图151-13所示。

图151-9 填充选区

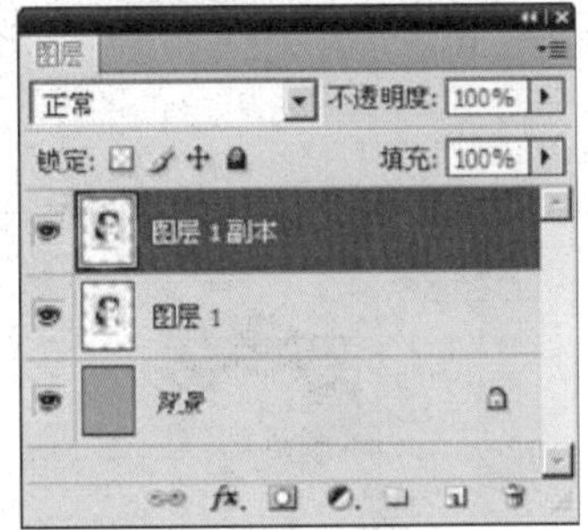

图151-10 “图层”调板

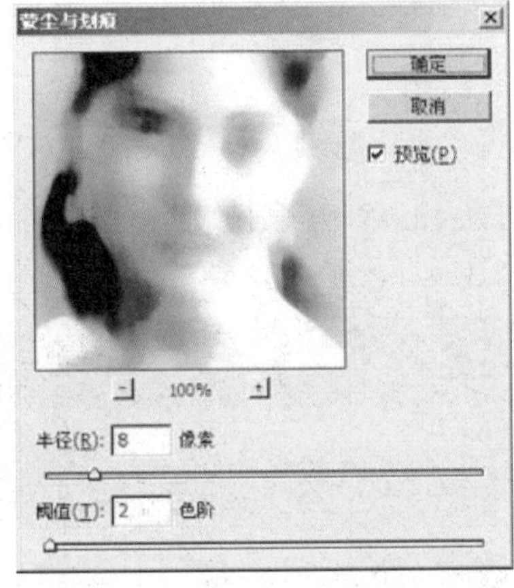

图151-11 “蒙尘与划痕”对话框

步骤10 选择工具箱中的橡皮擦工具，对背景区域进行擦除操作，效果如图151-14所示。

步骤11 按【Ctrl+E】组合键，将“图层1 副本”与“图层1”合并，单击“图像”|“调整”|“去色”命令将图像去色，效果如图151-15所示。

图151-12 “蒙尘与划痕”滤镜效果

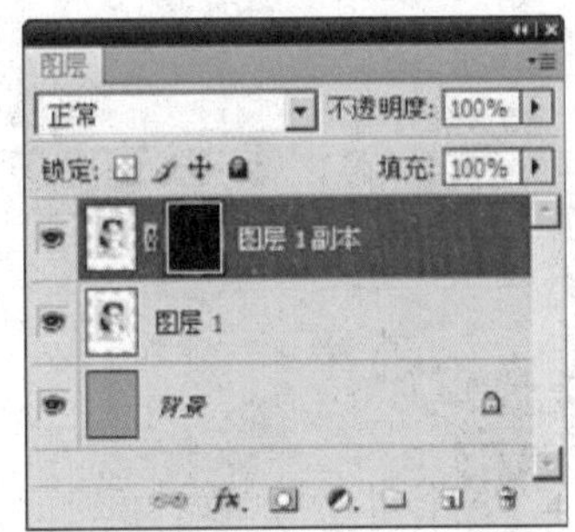

图151-13 “图层”调板

图151-14 利用橡皮擦工具修饰图像

步骤12 单击“滤镜”|“模糊”|“高斯模糊”命令，在弹出的“高斯模糊”对话框中设置相应的参数，如图151-16所示。

步骤13 单击“确定”按钮应用该滤镜，效果如图151-17所示。

步骤14 选择工具箱中的历史记录画笔工具，打开“历史记录”调板，单击“去色”名称左侧的“设置历史记录画笔的源”图标，如图151-18所示。

图151-15 去色后的图像效果

图151-16 “高斯模糊”对话框

步骤15 在图像编辑窗口中人物的眼睛、眉毛和头发等不需要模糊的位置进行绘制，使其恢复到应用“高斯模糊”滤镜之前的效果，如图151-19所示。

图151-17 高斯模糊效果

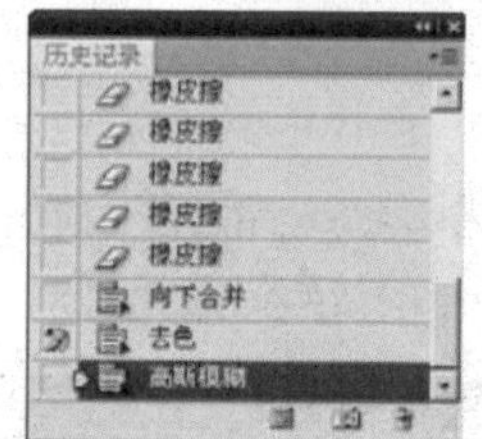

图151-18 单击相应的图标

图151-19 在不需要模糊的位置进行绘制

实例152 老照片效果

本例制作泛黄的老照片效果，如图152-1所示。

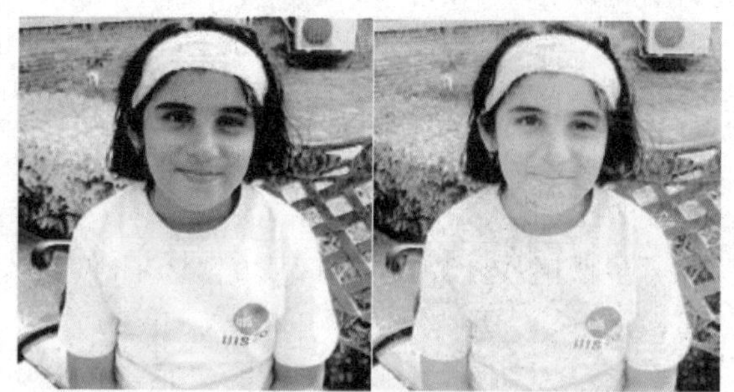

图152-1 制作老照片前后的效果对比

操作步骤

步骤1 单击“文件”|“打开”命令，打开需要处理的照片，如图152-2所示。

步骤2 单击“图像”|“调整”|“去色”命令，将图像转化为黑白图像，如图152-3所示。

步骤3 单击“图像”|“调整”|“变化”命令，在打开的“变化”对话框中设置相应的参数（如图152-4所示），单击

“确定”按钮，效果如图152-5所示。

图152-2 需要处理的照片

图152-3 黑白图像

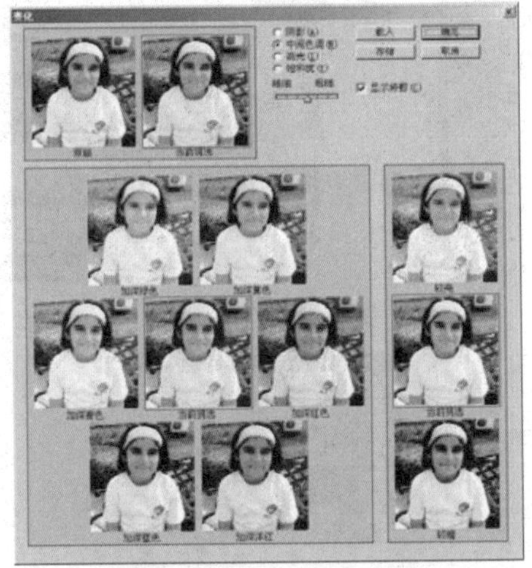

图152-4 “变化”对话框

图152-5 设置“变化”参数后的效果

步骤4 单击“滤镜”|“杂色”|“添加杂色”命令，在打开的“添加杂色”对话框中设置相应的参数（如图152-6所示），单击“确定”按钮，效果图152-7所示。

步骤5 打开“图层”调板，单击其底部的“创建新图层”按钮，新建“图层1”。

步骤6 设置前景色为浅褐色（RGB参数值分别为213、210、202）、背景色为褐色（RGB参数值分别为182、172、127），单击“滤镜”|“渲染”|“云彩”命令应用“云彩”滤镜，效果如图152-8所示。

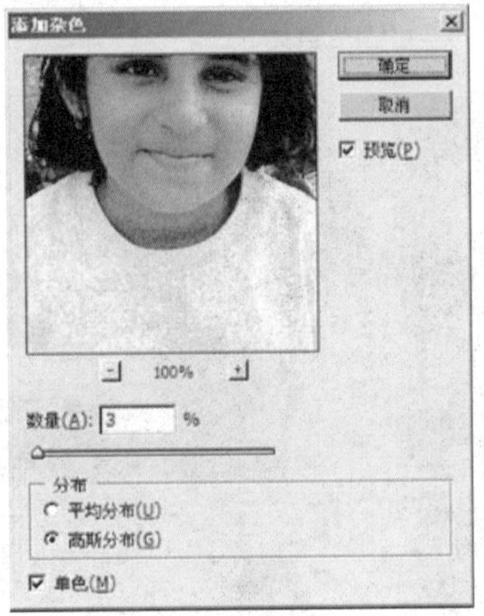

图152-6 “添加杂色”对话框

图152-7 添加杂色后的效果

步骤7 在“图层”调板中将“图层1”的图层混合模式设置为“叠加”，如图152-9所示。至此完成本实例的制作，效果参见图152-1。

图152-8 “云彩”滤镜效果

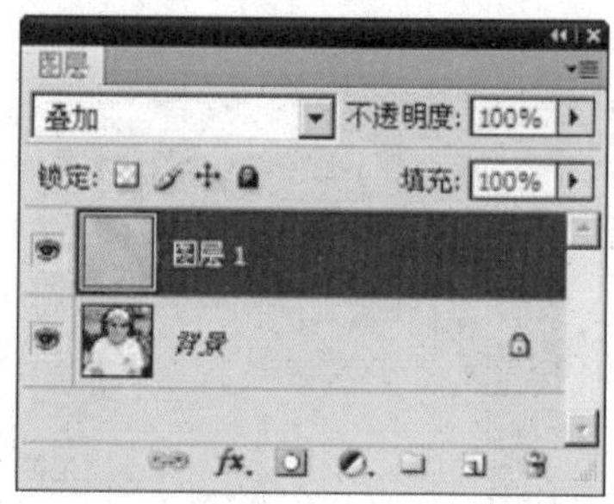

图152-9 “图层”调板

实例153 景深效果（一）

本例制作照片的景深效果，如图153-1所示。

图153-1 制作景深前后的效果对比

操作步骤

步骤1 打开需要处理的照片，选取人物区域，如图153-2所示。

步骤2 单击“图层”|“新建”|“通过拷贝的图层”命令，在“图层”调板中新建“图层1”，如图153-3所示。

步骤3 单击“选择”|“载入选区”命令，在弹出的“载入选区”对话框中保持默认设置，单击“确定”按钮载入“图层1”的选区。

步骤4 单击“选择”|“修改”|“收缩”命令，在弹出的“收缩选区”对话框中设置“收缩量”为1（如图153-4所示），单击“确定”按钮。

图153-2 创建选区

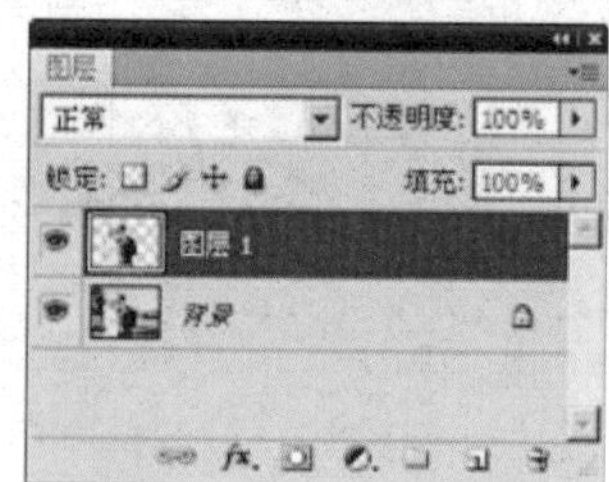

图153-3 新建图层

图153-4 “收缩选区”对话框

步骤5 单击“选择”|“修改”|“羽化”命令，在弹出的“羽化选区”对话框中设置“羽化半径”为1（如图153-5所示），单击“确定”按钮。

图 153-5 “羽化选区”对话框

步骤 6 单击“选择”|“反向”命令反选选区，如图 153-6 所示。

步骤 7 选择“背景”图层作为当前图层，单击“图层”|“新建”|“通过拷贝的图层”命令，新建“图层 2”，如图 153-7 所示。

步骤 8 单击“滤镜”|“模糊”|“高斯模糊”命令，在打开的“高斯模糊”对话框中设置“半径”为 2（如图 153-8 所示），单击“确定”按钮，效果如图 153-9 所示。

图153-6 反选图像

图 153-7 新建“图层 2”

图 153-8 “高斯模糊”对话框

图153-9 景深效果

实例 154 景深效果（二）

本例采取另一种方法，制作照片的景深效果，如图 154-1 所示。

图154-1 景深处理前后的效果对比

操作步骤

步骤 1 打开需要处理的照片，如图 154-2 所示。

图154-2 需要处理的照片

步骤 2 单击工具箱中的“以快速蒙版模式编辑”按钮（如图 154-3 所示），切换到快速蒙版编辑模式。

图154-3 单击“以快速蒙版模式编辑”按钮

步骤3 选择渐变工具，在其工具属性栏中选择一种渐变样式，如图154-4所示。

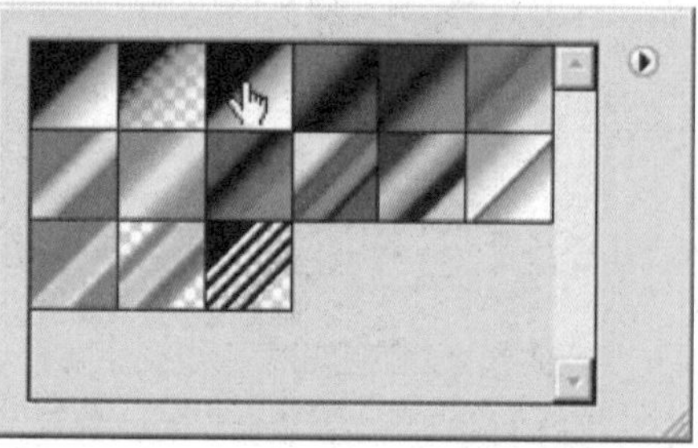

图154-4 选择渐变样式

步骤4 在图片内需要保持清晰的区域单击鼠标左键，并拖曳到需要模糊的区域，如图154-5所示。

图154-5 应用渐变样式

步骤5 因为现在处于快速蒙版模式编辑状态，所以现在在屏幕上可以看到红色渐变效果，如图154-6所示。

图154-6 渐变效果

步骤6 在工具箱中单击“以标准模式编辑”按钮（如图154-7所示），退出快速蒙版模式，返回到标准模式。此时可以看到在快速蒙版模式下创建的选区显示在图像区域内，如图154-8所示。

图154-7 单击“以标准模式编辑”按钮

图154-8 利用快速蒙版创建的选区

步骤7 单击“滤镜”|“模糊”|“镜头模糊”命令，在弹出的“镜头模糊”对话框中设置相应的参数，如图154-9所示。

图154-9 “镜头模糊”对话框

图154-10 镜头模糊效果

步骤8 单击“确定”按钮，效果如图

154-10 所示。

步骤 9 单击“选择”|“反向”命令反选选区，如图154-11所示。

图154-11 反选选区

步骤 10 单击“滤镜”|“锐化”|“USM锐化”命令，在弹出的“USM锐化”对话框中设置“数量”为90、“半径”为1，如图154-12所示。

步骤 11 单击“确定”按钮，然后按【Ctrl+D】组合键取消选区，效果如图154-13所示。

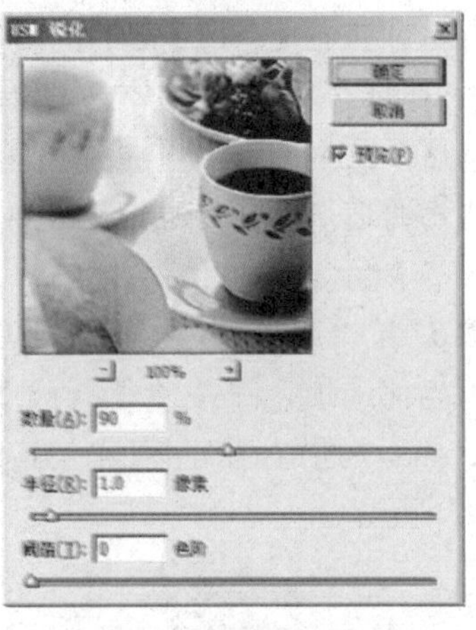

图154-12 “USM锐化”对话框

图154-13 景深效果

实例155 为照片添加相框

本例为一张照片添加漂亮的木纹相框，效果如图155-1所示。

图155-1 添加相框

操作步骤

步骤 1 按【Ctrl+O】组合键，打开需要添加相框的照片，在“图层”调板中将“背景”图层拖曳到“创建新图层”按钮上，生成“背景 副本”图层，如图155-2所示。

步骤 2 单击“编辑”|“变换”|“缩放”命令，在按住【Shift+Alt】组合键的同时拖动鼠标缩放图像，将“背景 副本”图层对应的图像缩小，如图155-3所示。

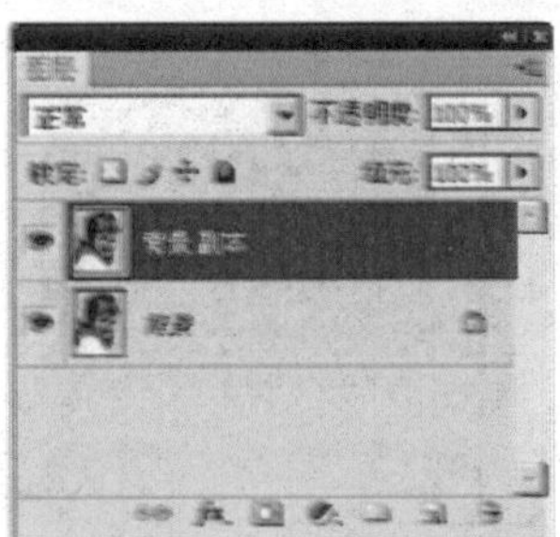

图155-2 复制图层

步骤 3 按回车键确认变换操作，单击“窗口”|“通道”命令，切换至“通道”调板，再按【Ctrl+A】组合键选中整个图像，单击“通道”调板底部的“将选区存储为通道”按钮，建立新通道Alpha 1，如图155-4所示。

步骤4 在按住【Ctrl】键的同时单击“图层”调板中的“背景 副本”图层，将背景载入选区，在“通道”调板底部单击“将选区存储为通道”按钮，建立通道Alpha 2，如图155-5所示。

步骤5 在“通道”调板中选中Alpha 2通道作为当前通道，在按住【Ctrl】键的同时单击Alpha 1通道，将图像载入其选区，如图155-6所示。

图155-3 缩放图像

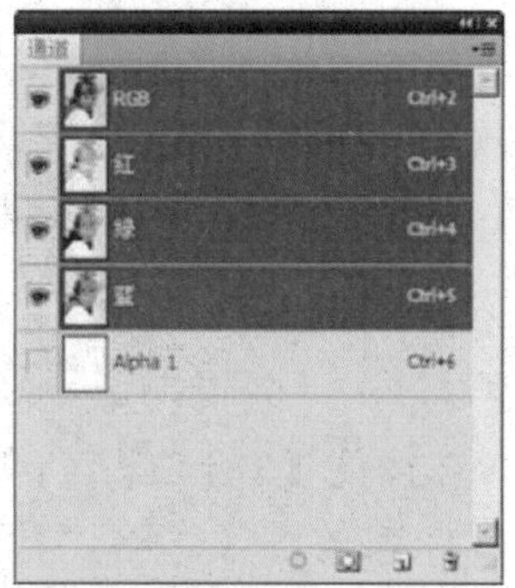

图155-4 “通道”调板

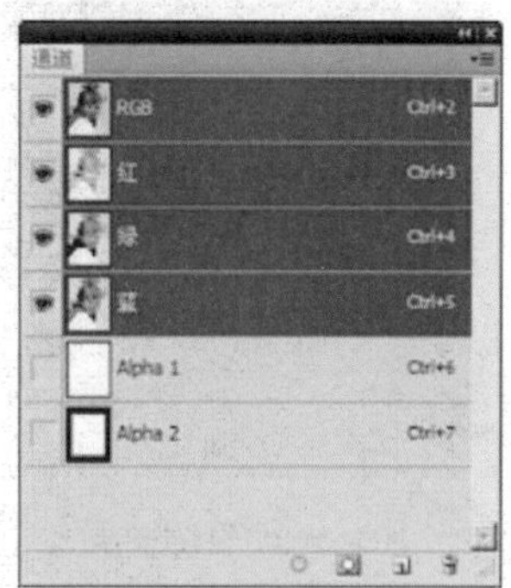

图155-5 新建Alpha 2通道

步骤6 选择工具箱中的魔棒工具，在按住【Alt】键的同时单击通道中的白色区域，然后单击“通道”调板底部的“将选区存储为通道”按钮，建立新通道Alpha 3，如图155-7所示。

图155-6 载入选区

图155-7 存储选区为通道

步骤7 单击工具箱中的前景色色块，在弹出的“拾色器（前景色）”对话框中设置前景色，如图155-8所示。

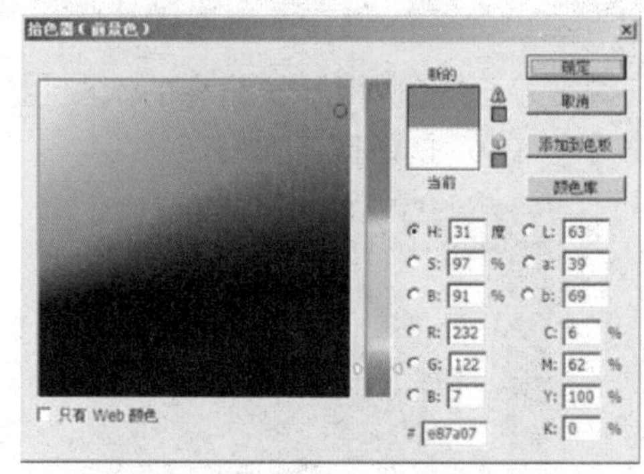

图155-8 “拾色器（前景色）”对话框

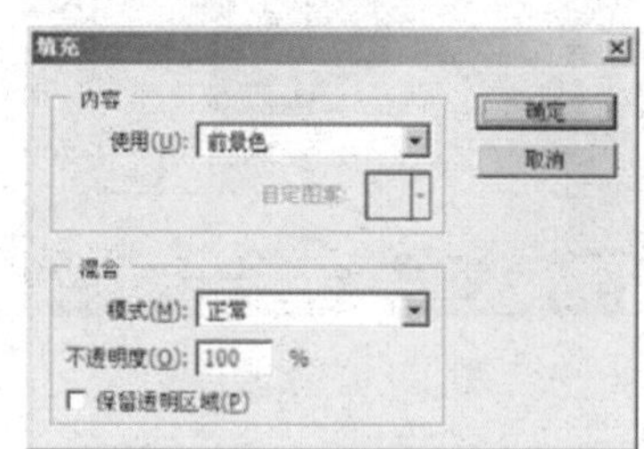

图155-9 “填充”对话框

步骤8 在“图层”调板底部单击“创建新图层”按钮，创建一个图层，单击“编辑”|“填充”命令，在弹出的“填充”对话框中设置相应的参数（如图155-9所

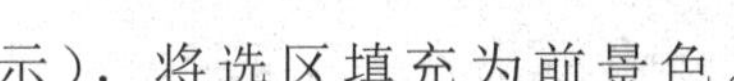

示），将选区填充为前景色。

步骤9 单击“确定”按钮，效果如图155-10所示。

图155-10 填充效果

步骤10 单击“滤镜”|“杂色”|“添加杂色”命令，在弹出的如图155-11所示的对话框中设置相应的参数，单击“确定”按钮，效果如图155-12所示。

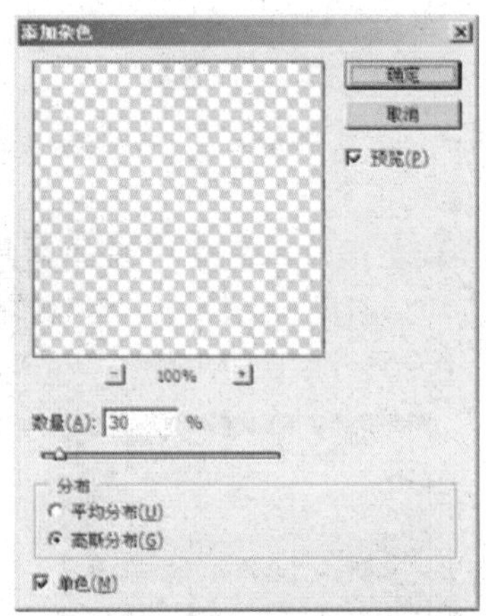

图155-11 “添加杂色”对话框

图155-12 “添加杂色”滤镜效果

步骤11 单击“滤镜”|“模糊”|“动感模糊”命令，在弹出的如图155-13所示的对话框中设置相应的参数，单击“确定”按钮，效果如图155-14所示。

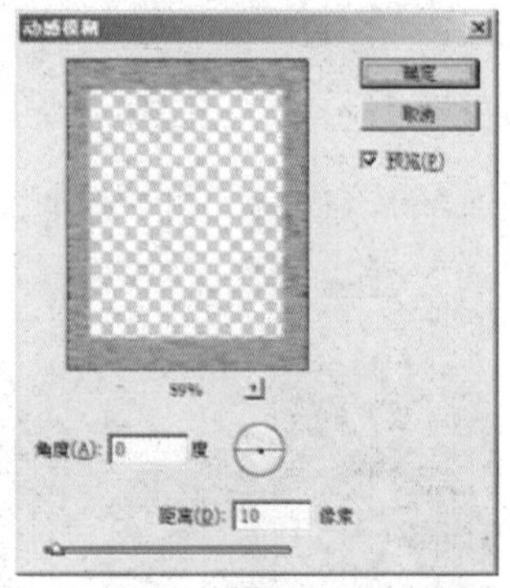

图155-13 “动感模糊”对话框

图155-14 “动感模糊”滤镜效果

步骤12 按【Ctrl+D】组合键取消选区，在“图层”调板中双击“图层1”，弹出“图层样式”对话框，在该对话框中设置相应的参数，如图155-15所示。单击“确定”按钮，最终效果如图155-16所示。

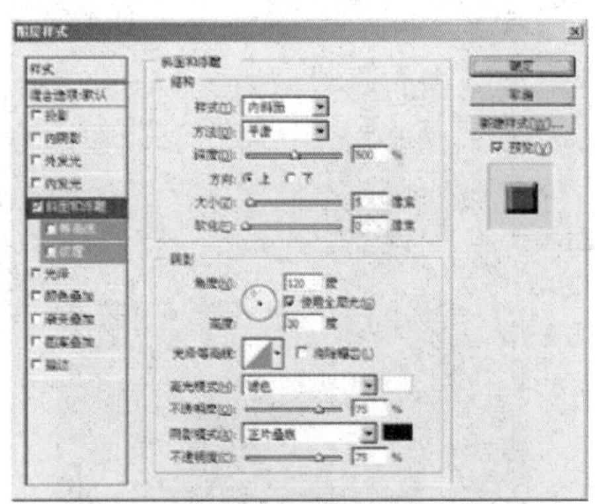

图155-15 “图层样式”对话框

图155-16 木纹相框

实例156 虚光照效果

本例为照片制作虚光照效果，使照片变得更有意境，效果如图156-1所示。

图156-1 虚光照效果

操作步骤

步骤1 单击“文件”|“打开”命令，打开需要处理的照片，如图156-2所示。

步骤2 选择椭圆选框工具，在需要虚光照射的区域创建一个椭圆选区，如图156-3所示。

图156-2 需要处理的照片

步骤3 在“图层”调板中新建“图层1”，按住【Alt】键的同时单击“图层”调板底部的“添加图层蒙版”按钮，为图层1添加图层蒙版，如图156-4所示。

图156-3 创建选区

图156-4 添加蒙版

步骤4 在常规图层缩略图上单击鼠标，按【D】键将前景颜色设置为黑色，然后按【Alt+Delete】组合键用黑色填充该图层，此时的“图层”调板如图156-5所示，图像效果如图156-6所示。

图156-5 “图层”调板

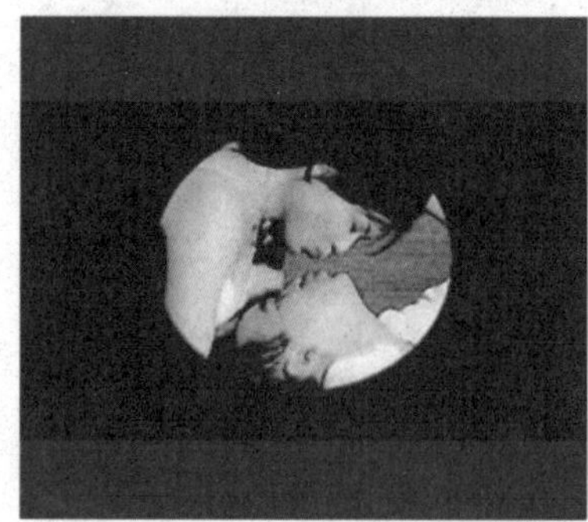

图156-6 填充图层后的效果

步骤5 在“图层”调板中将“图层1”的“不透明度”设置为65%（如图156-7所

示），此时图像效果如图156-8所示。

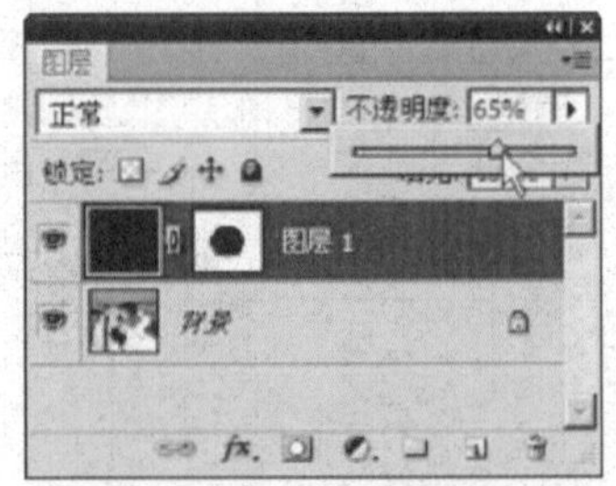

图156-7 设置不透明度

图156-8 图像效果

步骤6 在“图层1”的图层蒙版缩略图上单击鼠标左键，选中该图层。

步骤7 单击“滤镜”|“模糊”|“高斯模糊”命令，在弹出的“高斯模糊”对话框中设置“半径”为10（如图156-9所示），单击“确定”按钮，此时的虚光照效果参见图156-1。

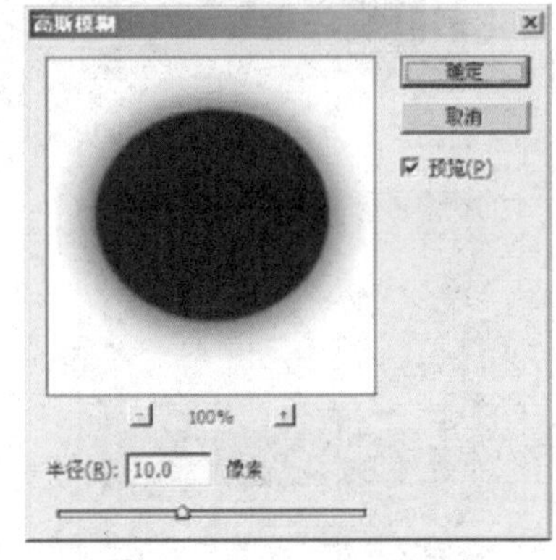

图156-9 “高斯模糊”对话框

实例157 立体交叉

本例制作具有立体交叉效果的照片特效，如图157-1所示。

图157-1 立体交叉效果

操作步骤

步骤1 单击“文件”|“打开”命令，打开需要处理的照片，如图157-2所示。

步骤2 打开“动作”调板，选择“木质画框-50像素”选项（如图157-3所示），单击“动作”调板底部的“播放选定动作”按钮，效果如图157-4所示。

步骤3 执行上述操作后，“图层”调板如图157-5所示。

步骤4 按【Ctrl+E】组合键，将“图层1”与“背景”图层合并。

图157-2 需要处理的照片

图157-3 选择相应的选项

图157-4 制作木质画框效果

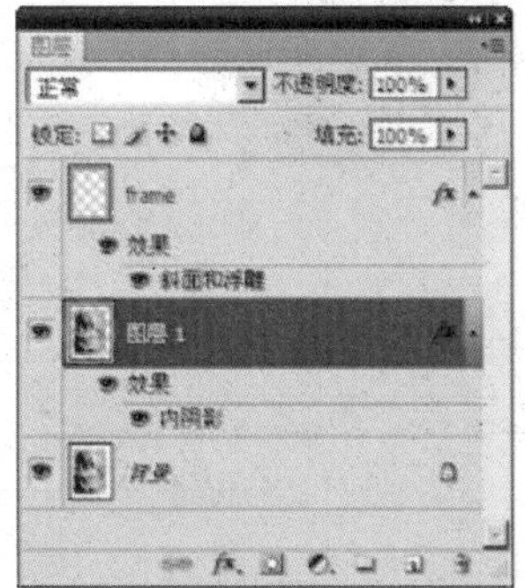
图157-5 “图层”调板

步骤5 在“图层”调板中单击“画框”图层左侧的“指示图层可见性”图标，将该图层隐藏，选中“背景”图层，使用“矩形选框”工具创建如图157-6所示的选区。

图157-6 创建选区

步骤6 单击“图层”|“新建”|“通过剪切的图层”命令，将选区内的图像剪切到新建的“图层1”中。

步骤7 选择“背景”图层，将其填充为白色，单击“图像”|“画布大小”命令，在打开的“画布大小”对话框中将“宽度”和“高度”都设置为120%，如图157-7所示。单击“确定”按钮，调整画布大小。

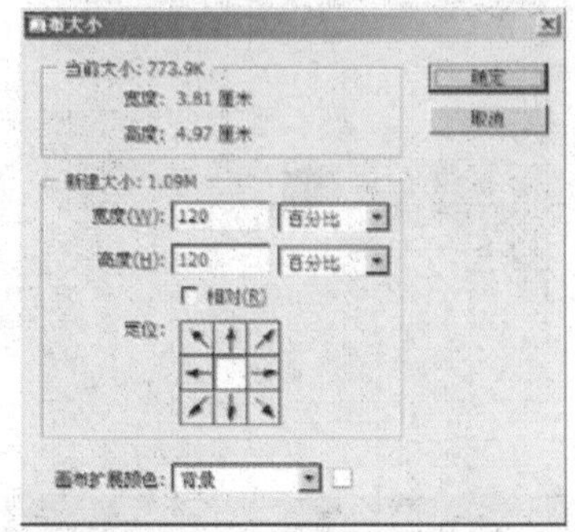
图157-7 调整画布大小

步骤8 在“图层”调板中单击“画框”图层左侧的“指示图层可见性”图标，恢复该图层的显示状态，选中“图层1”，按【Ctrl+T】组合键调出变换控制框，调整图像到合适的大小及位置（如图157-8所示），再按【Enter】键确认操作。

图157-8 调整图像

步骤9 选中“画框”图层，按【Ctrl+T】组合键调出变换控制框，调整画框到合适的大小及位置（如图157-9所示），再按【Enter】键确认操作。

图157-9 调整画框

步骤10 返回“图层1”中，使用矩形选框工具，选中需要交叉的图像区域，如图157-10所示。

图157-10 选中需要交叉的图像区域

步骤11 单击“图层”|“新建”|“通过拷贝的图层”命令，将选区内的图像复制到新建的“图层2”中。

步骤12 在“图层”调板中将“图层2”调整到最上面，效果如图157-11所示。

图157-11 调整图层顺序后的效果

步骤13 选择“背景”图层，选择工具箱中的渐变工具，在其工具属性栏中选择“铬黄渐变”样式，渐变填充背景图层，最终效果参见图157-1。

实例158 婚纱抠像

本例对婚纱照片进行抠像处理，效果如图158-1所示。

图158-1 婚纱抠像效果

操作步骤

步骤1 单击“文件”|“打开”命令，打开需要处理的婚纱照片，如图158-2所示。

图158-2 需要处理的婚纱照片

步骤2 打开“通道”调板，挑选一个人物和婚纱都比较容易分辨的通道。本例选择“红”通道，将“红”通道复制生成“红 副本”通道，如图158-3所示。

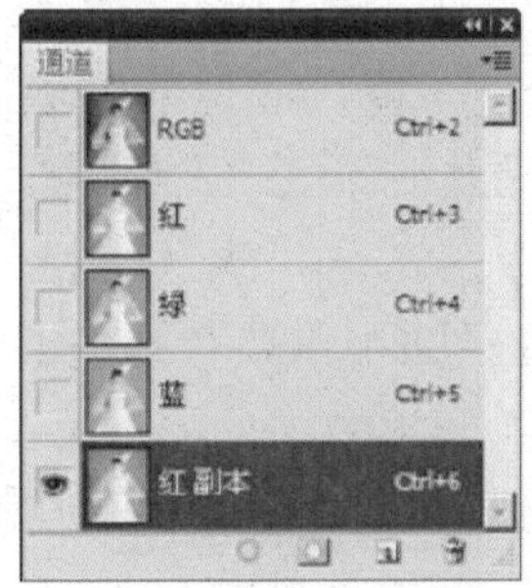

图158-3 选择相应的通道

步骤3 按【Ctrl+I】组合键，将“红副本”通道做反相处理。这样处理的目的主要是为了将背景变为浅颜色，使得后面选择背景更方便，如图 158-4 所示。

图158-4 反相显示图像

步骤 4 在工具箱中选择画笔工具，设置前景色为黑色，在其工具属性栏中设置合适的笔刷直径和硬度，将当前通道中人物区域的图像小心地涂抹为黑色，如图 158-5 所示。

图158-5 涂抹图像

步骤 5 注意在涂抹的时候，一定要根据实际情况及时调整笔刷的硬度。在通道中白色是选区之内，黑色是选区之外，因此将不是背景的不需要替换的部分完全涂抹成黑色。

步骤 6 单击“图像”|“调整”|“色阶”命令，打开“色阶”对话框，在调板右侧单击设置白场的按钮，如图 158-6 所示。用吸管在图像编辑窗口中的背景区域单击，这里被设置为白色，效果如图 158-7 所示。

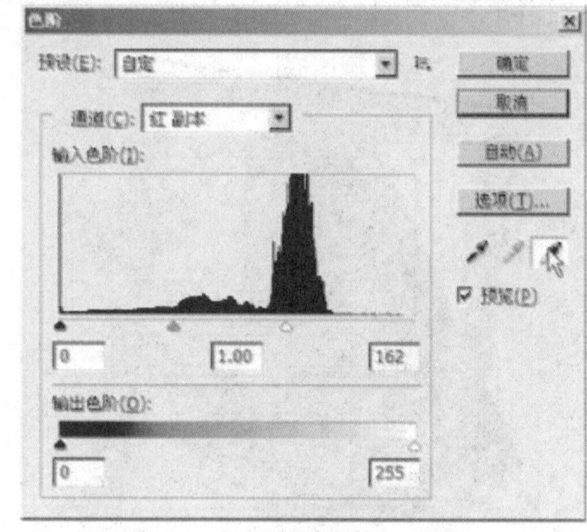

图 158-6 “色阶”对话框

图158-7 单击背景图像后的效果

步骤 7 按住【Ctrl】键，用鼠标左键单击“通道”调板上的当前通道，当前通道的选区将被载入，如图 158-8 所示。

图158-8 载入选区

步骤 8 单击“文件”|“打开”命令，

打开一幅素材图像，如图158-9所示。

图158-9 素材图像

步骤9 按【Ctrl+A】组合键全选图像并进行复制，在"通道"调板中单击RGB复合通道，返回到"图层"调板，单击"编辑"|"贴入"命令，当前图层上将自动产生图层蒙版。在蒙版的作用下，鲜花贴到了人物图像的后面，而且人物的披纱是半透明的，最终效果如图158-10所示。

图158-10 婚纱抠图效果

第6章 影像合成

影像合成是Photoshop的特长，本章主要介绍使用Photoshop对影像进行合成处理的方法与技巧，从而创造出美轮美奂的图像效果。

实例159 淡化效果

本例制作图像的淡化效果，如图159-1所示。

图159-1 淡化效果

操作步骤

步骤1 按【D】键将前景色设置为黑色、背景色设置为白色，单击“文件”|“打开”命令，打开一幅素材图像，如图159-2所示。

图159-2 素材图像

步骤2 打开“图层”调板，将“背景”图层拖曳到调板底部的“创建新图层”按钮上，将“背景”图层复制生成“背景 副本”图层。

步骤3 选中“背景”图层，然后单击“编辑”|“填充”命令，在打开的“填充”对话框中进行参数设置（如图159-3所示），单击“确定”按钮，填充背景图层。

步骤4 选择工具箱中的渐变工具，在其工具属性栏中设置渐变样式为“前景色到背景色渐变”、渐变类型为“线性渐变”，其他参数设置如图159-4所示。

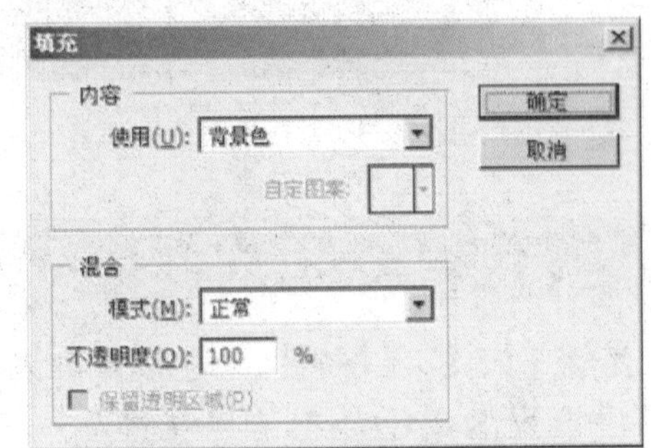

图159-3 “填充”对话框

图159-4 渐变工具属性栏

步骤5 在“图层”调板中选中“背景副本”图层，使其成为当前图层，然后单击调板底部的“添加图层蒙版”按钮，进入图层蒙版状态，此时的“图层”调板如图159-5所示。

步骤6 按住【Shift】键，将鼠标指针移至图像编辑窗口中，从图像的中上部拖曳鼠标到图像的底部，填充渐变色，效果参见图159-1。

图159-5 “图层”调板

实例160 彩虹效果

本例在图片中添加彩虹效果，如图160-1所示。

图160-1 彩虹效果

操作步骤

步骤1 按【D】键将前景色设置为黑色、背景色设置为白色，单击“文件”|“打开”命令，打开一幅素材图像。

步骤2 选择工具箱中的魔棒工具，在图像中创建如图160-2所示的不规则选区。如果不能一次创建图中所示的选区，可以在按住【Shift】键的同时用魔棒工具添加选区。

图160-2 创建不规则选区

步骤3 打开“通道”调板，单击其底部的“将选区存储为通道”按钮，将当前选区保存为Alpha1通道，然后按【Ctrl+D】组合键取消选区。

步骤4 打开“图层”调板，单击其底部的“创建新图层”按钮，新建一个图层。

步骤5 选择工具箱中的渐变工具，在其工具属性栏中单击“点按可编辑渐变”图标，在弹出的“渐变编辑器”对话框中选择“透明彩虹渐变”样式，如图160-3所示。

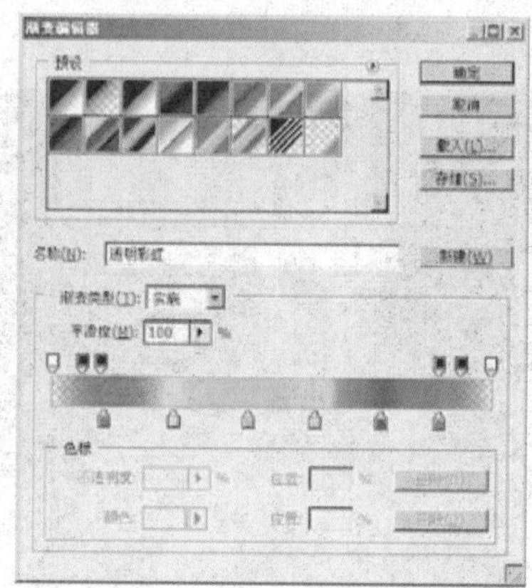

图160-3 “渐变编辑器”对话框

步骤6 在“渐变编辑器”对话框中设置色标的“不透明度”为80%，如图160-4所示。

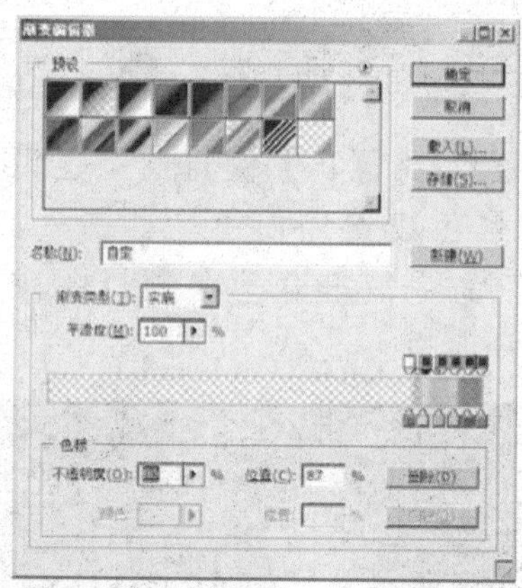

图160-4 设置不透明度

步骤7 单击“新建”按钮，再单击“确定”按钮，创建新的渐变样式。

步骤8 在工具属性栏中单击“径向渐变”按钮，从图像的下部向上部拖曳鼠标，制作如图160-5所示的渐变效果。

步骤9 按住【Ctrl】键的同时单击“Alpha1”通道，载入选区（如图160-6所示），单击“选择”|“反向”命令反选选区，然后按【Delete】键清除选区中的图像，按【Ctrl+D】组合键取消选区。

步骤10 选择魔棒工具，在图像的粉红色区域单击鼠标左键，选中相应图像，按【Delete】键清除选区内的图像，效果如图

160-7 所示。

图160-5 渐变效果

图160-6 载入选区

步骤11 确认当前图层为“图层1”，然后单击“滤镜”|“模糊”|“高斯模糊”命令，在打开的“高斯模糊”对话框中设置相应参数（如图160-8所示），单击“确定”按钮，应用“高斯模糊”滤镜。

图160-7 清除多余的图像

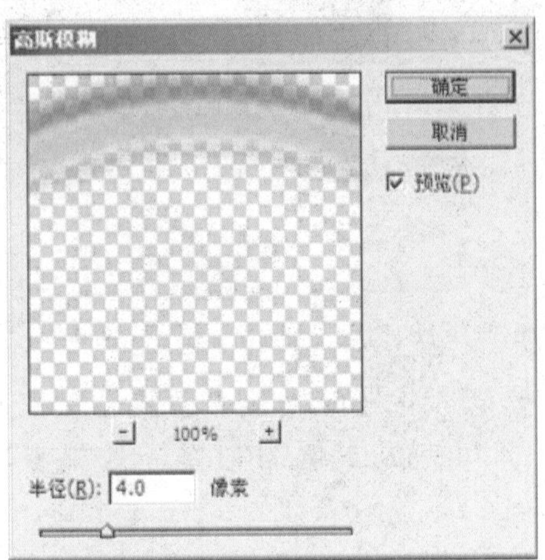

图160-8 “高斯模糊”对话框

步骤12 为了使图像显示效果更加逼真，在“图层”调板中将“不透明度”设置为70%，得到的最终效果参见图160-1。

实例161 边缘效果（一）

本例制作图像边缘晕化的效果，如图161-1所示。

图161-1 边缘效果之一

操作步骤

步骤1 按【D】键，将前景色设置为黑色、背景色设置为白色，单击“文件”|“打开”命令，打开一幅素材图像。选择工具箱中的椭圆选框工具，在图像上创建如图161-2所示的椭圆形选区。

步骤2 单击“选择”|“修改”|“羽化”命令，打开如图161-3所示的“羽化选区”对话框，设置“羽化半径”为30，单击“确定”按钮。

步骤3 按【Ctrl+Shift+I】组合键反选选区（如图161-4所示），按【Alt+Delete】组合键用前景色填充选区，效果如图161-5

所示。

图161-2 创建椭圆形选区

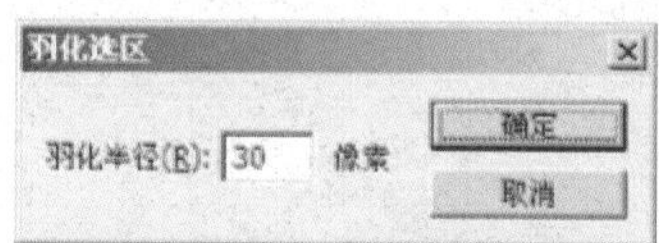

图 161-3 “羽化选区”对话框

步骤 4 按【Ctrl+D】组合键取消选区，即可完成本例的制作，效果参见图161-1。

图161-4 反选选区

图161-5 填充选区

实例162 边缘效果（二）

本例将运用快速蒙版制作一种图像边缘的效果，如图162-1 所示。

图162-1 边缘效果之二

操作步骤

步骤 1 按【D】键将前景色设置为黑色、背景色设置为白色，单击“文件”｜“打开”命令，打开一幅素材图像。

步骤 2 选择工具箱中的椭圆选框工具，在图像中创建一个椭圆形选区，如图162-2 所示。

图162-2 创建椭圆形选区

步骤 3 单击工具箱中的“以快速蒙版模式编辑”按钮，使图像进入快速蒙版编辑模式，如图162-3 所示。

步骤 4 单击“滤镜”｜“扭曲”｜“玻璃”命令，在打开的“玻璃”对话框中设置相应参数（如图162-4 所示），单击“确定”按钮，效果如图162-5 所示。

图162-3 进入快速蒙版编辑模式

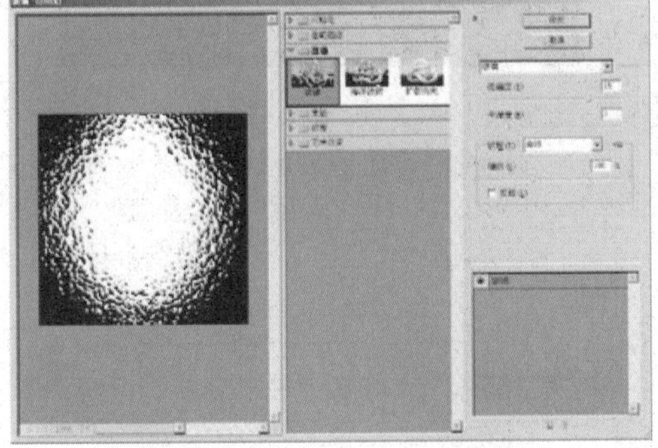

图 162-4 “玻璃”对话框

图 162-5 “玻璃”滤镜效果

步骤 5 单击工具箱中的“以标准模式编辑”按钮，退出快速蒙版编辑模式，此时图像编辑窗口中会出现一个选区，按【Ctrl+Shift+I】组合键将选区反选（如图162-6 所示），然后按【Alt+Delete】组合键填充选区，再按【Ctrl+D】组合键取消选区，效果如图 162-7 所示。

图162-6 反选选区

图162-7 填充选区

实例 163 视觉冲击

本例制作一幅具有视觉冲击力的图像，效果如图 163-1 所示。

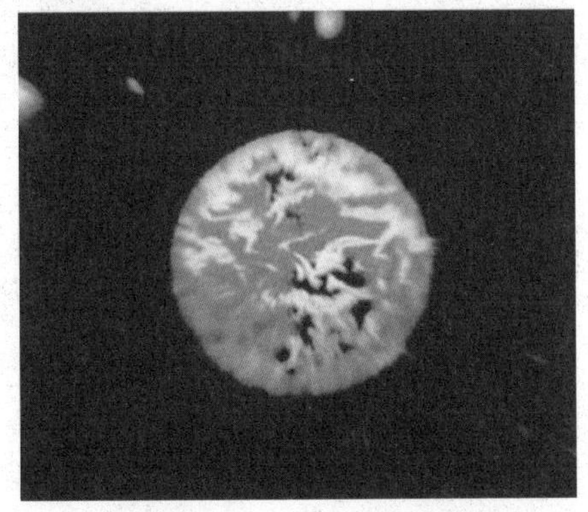

图163-1 视觉冲击力效果

操作步骤

步骤 1 单击“文件”|“打开”命令，打开一幅素材图像，如图 163-2 所示。

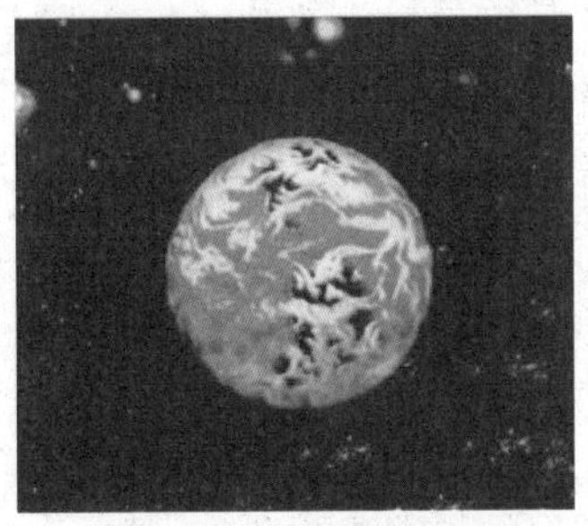

图163-2 素材图像

步骤2 单击“滤镜”|“模糊”|“径向模糊”命令，在弹出的“径向模糊”对话框中设置相应参数（如图163-3所示），单击“确定”按钮，效果如图163-4所示。

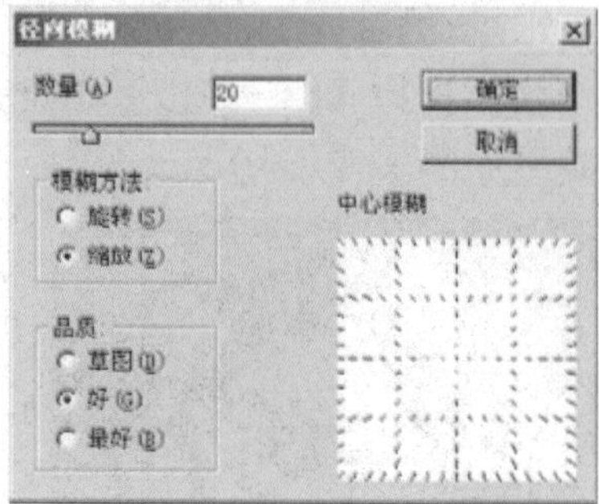

图163-3 “径向模糊”对话框

步骤3 单击“图像”|“调整”|“亮度/对比度”命令，在打开的“亮度/对比度”对话框中设置相应参数（如图163-5所示），单击“确定”按钮，完成该效果的制作，参见图163-1。

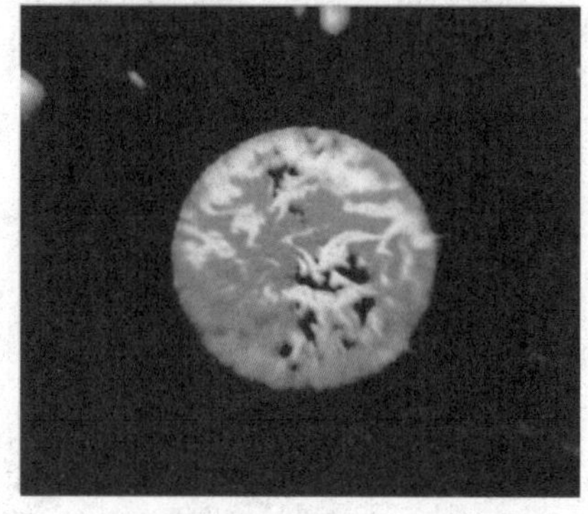

图163-4 “径向模糊”滤镜效果

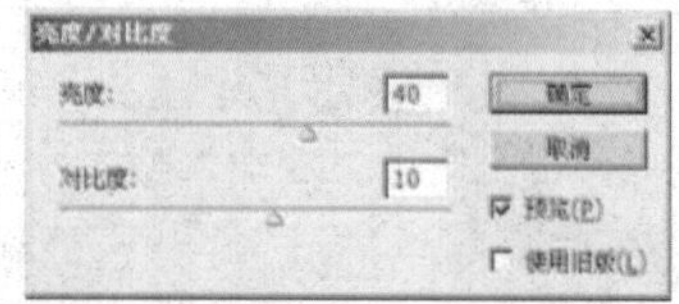

图163-5 “亮度/对比度”对话框

实例164 动感效果（一）

本例制作具有动感效果的图像，如图164-1所示。

图164-1 动感效果之一

操作步骤

步骤1 单击“文件”|“打开”命令，打开两幅素材图像，如图164-2所示。

步骤2 选择工具箱中的魔棒工具，然后在第二幅图像的白色区域单击鼠标左键，以选中白色区域，按【Shift+Ctrl+I】组合键反选选区，然后按【Ctrl+C】组合键复制选区，切换到第一幅图像编辑窗口，按【Ctrl+V】组合键粘贴图像，并调整好图像的位置，效果如图164-3所示。

图164-2 打开的两幅素材图像

图164-3 粘贴图像

步骤3 选中“背景”图层作为当前图层，单击“滤镜”|“模糊”|“径向模糊”命令，在弹出的“径向模糊”对话框中设置“模糊方法”为“缩放”、“数量”为30，如图164-4所示。

步骤4 单击“确定”按钮，效果参见图164-1。

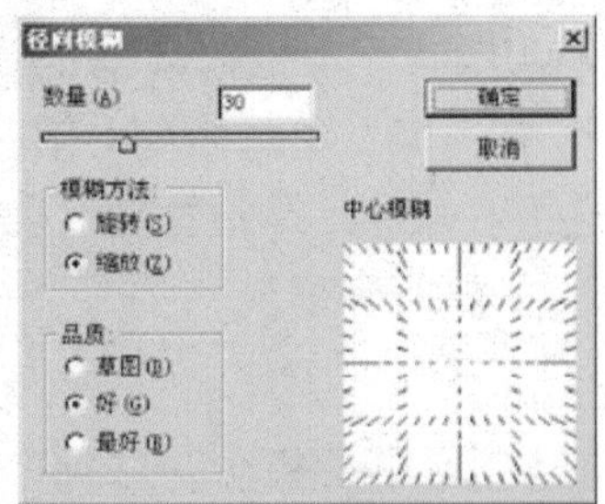

图164-4 “径向模糊”对话框

实例165 动感效果（二）

本例采取另一种方法，制作具有动感效果的图像，如图165-1所示。

图165-1 动感效果之二

操作步骤

步骤1 打开一个素材图像文件，如图165-2所示。

图165-2 素材图像

步骤2 选择多边形套索工具，将图像中的人物部分选中，如图165-3所示。

步骤3 单击“选择”|“修改”|“羽化”命令，在打开的“羽化选区”对话框中设置“羽化半径”为1，如图165-4所示。

步骤4 单击“选择”|“反向”命令，反选选区，此时的选取对象变为图像的背景，如图165-5所示。

图165-3 选择人物部分

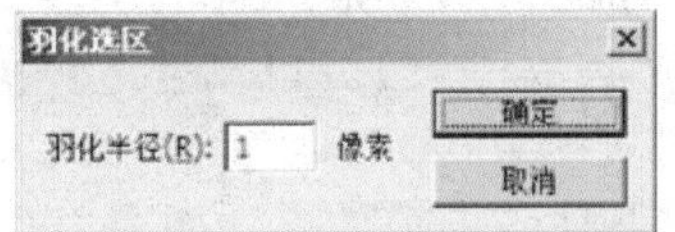

图165-4 “羽化选区”对话框

图165-5 反选选区

步骤5 单击“滤镜”|“模糊”|“动感模糊”命令，在弹出的“动感模糊”对话框中将“角度”设置为15、“距离”设置为8（如图165-6所示），单击“确定”按钮，生成如图165-7所示的运动模糊效果图。

步骤6 单击“选择”|“反向”命令，选中图像中的人物。

步骤7 单击“滤镜”|“风格化”|“风”

命令，在弹出的“风”对话框的“方法”选项区中选中“风”单选按钮，在“方向”选项区中选中“从左”单选按钮（如图165-8所示），单击“确定”按钮，效果参见图165-1。

图165-6 “动感模糊”对话框

图165-7 运动模糊效果

图165-8 “风”对话框

实例166 百叶窗效果

本例制作百叶窗效果，如图166-1所示。

图166-1 百叶窗效果

操作步骤

步骤1 单击“文件”|“新建”命令，新建一幅RGB模式的空白图像。

步骤2 单击背景色色块，在打开的“拾色器（背景色）”对话框中设置颜色（如图166-2所示），然后按【Ctrl+Delete】组合键填充背景图层。

步骤3 单击“滤镜”|“纹理”|“纹理化”命令，在打开的“纹理化”对话框中设置相应参数（如图166-3所示），单击“确定”按钮。

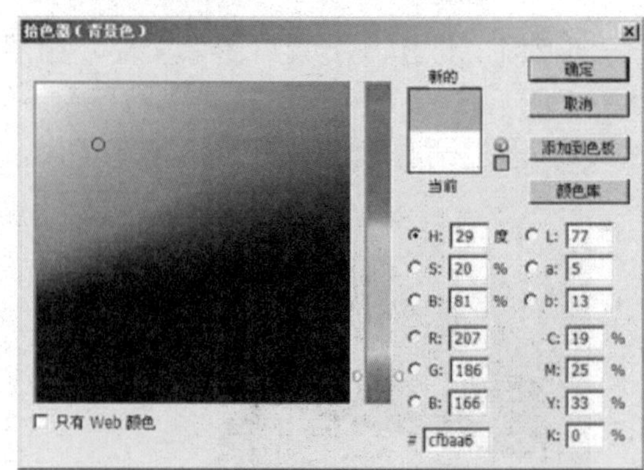

图166-2 设置背景色

步骤4 在“图层”调板中单击“创建新图层”按钮，新建“图层1”，选择工具箱中的矩形选框工具，在图像编辑窗口中创建一个选区。

步骤5 将前景色设置为灰色、背景色设置为白色，选择渐变工具，在其工具属性栏中单击“线性渐变”按钮，选择“前景色到背景色渐变”样式，然后将鼠标指针移至选区内，从上向下拖曳鼠标，用渐变色填充选区，效果如图166-4所示。

图166-3 “纹理化”对话框

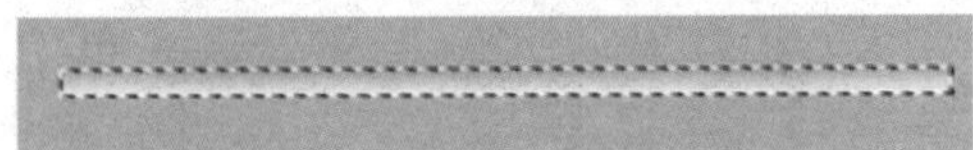

图166-4 创建并渐变填充选区

步骤6 将前景色设置为灰色（RGB参数值分别为125、125、125），选择铅笔工具，在其工具属性栏中选择常规的圆形画笔，设置其画笔大小为3，在图像中绘制如图166-5所示的两条直线。

图166-5 用铅笔工具绘制直线

步骤7 在“图层”调板中将“图层1”拖曳到底部的“创建新图层”按钮上，生成“图层1 副本”图层，然后在工具箱中选择移动工具，将“图层1 副本”图层对应的图像移至合适的位置，如图166-6所示。

图166-6 复制百叶窗叶片

步骤8 单击“图层”|“向下合并”命令，将“图层1 副本”图层合并到“图层1”图层中，然后再将“图层1”拖动到“图层”调板底部的“创建新图层”按钮上，创建一个“图层1 副本”图层。

步骤9 在工具箱中选择移动工具，将“图层1 副本”图层对应的图像移至合适的位置（如图166-7所示），再单击“图层”|“向下合并”命令，将“图层1 副本”图层合并到“图层1”图层中。

图166-7 再次复制百叶窗叶片

步骤10 重复上述操作，复制出整个百叶窗，效果如图166-8所示。

步骤11 新建一个“图层2”图层，在图像编辑窗口中创建选区，如图166-9所示。

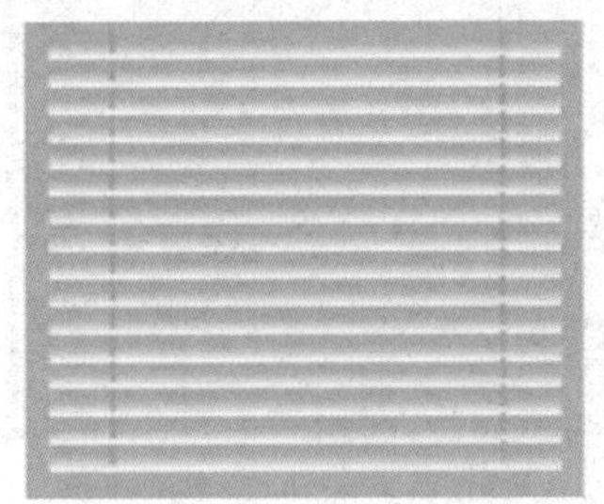

图166-8 百叶窗效果

图166-9 创建选区

步骤12 单击“选择”|“存储选区”命令，在打开的“存储选区”对话框中保持默认设置，单击“确定”按钮，将选区保存为Alpha1通道。

步骤13 单击“编辑”|“描边”命令，在弹出的如图166-10所示的对话框中设置相应参数，单击“确定”按钮应用设置，然后取消选区。

步骤14 在图像的上部再创建一个选区，并对其进行填充，效果如图166-11所示。

步骤15 将选区进行复制并移动到图像的下部（如图166-12所示），然后取消选区。

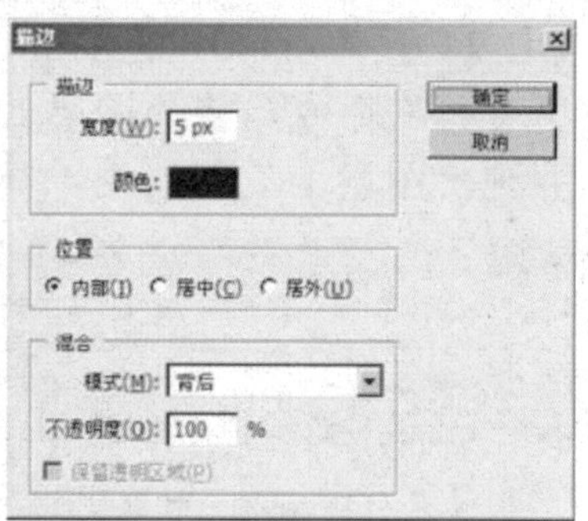

图 166-10 “描边”对话框

图166-11 创建选区并填充

图166-12 复制并移动选区

步骤 16 双击该图层，在打开的“图层样式”对话框中设置相应参数（如图 166-13 所示），单击“确定”按钮，效果如图 166-14 所示。

步骤 17 切换到背景图层，按住【Ctrl】键的同时单击Alpha1 通道，载入Alpha1 通道中的选区，如图 166-15 所示。

步骤 18 单击“文件”|“打开”命令，打开一幅素材图像，如图 166-16 所示。

步骤 19 按【Ctrl+A】组合键选中全部图像，按【Ctrl+C】组合键将图像复制到剪贴板中，切换到原图像编辑窗口，单击“编辑”|“贴入”命令贴入图像，效果参见图 166-1。

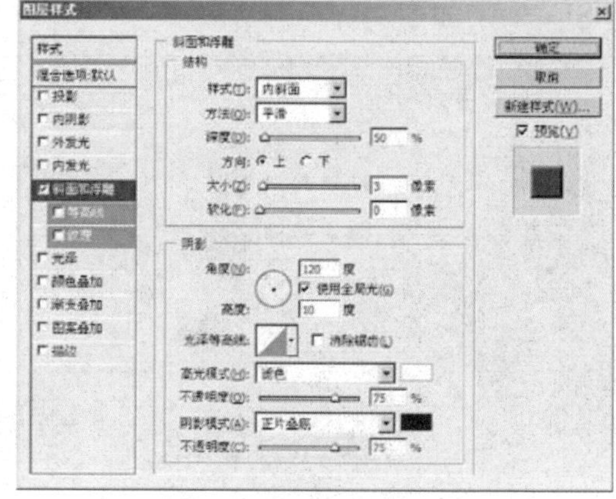

图 166-13 “图层样式”对话框

图166-14 应用图层样式后的效果

图166-15 载入选区

图166-16 素材图像

实例167 邮票图像

本例制作邮票图像，效果如图167-1所示。

图167-1 邮票图像效果

操作步骤

步骤1 按【D】键将前景色设置为黑色、背景色设置为白色，单击“文件”|“打开”命令，打开一幅素材图像，如图167-2所示。

步骤2 按【Ctrl+A】组合键全选图像，然后按【Ctrl+C】组合键将图像复制到剪贴板中；单击“文件”|“新建”命令，新建一个图像文件，然后按【Ctrl+V】组合键将图像粘贴到新建的图像文件中，并调整图像至合适大小。

图167-2 素材图像

步骤3 选择工具箱中的横排文字工具，依次在图像中输入文本“80”、“分”和“中国人民邮政”，并调整其大小及位置，如图167-3所示。

步骤4 单击“图层”|“拼合图像”命令，拼合所有图层。

步骤5 选择工具箱中的矩形选框工具，在图像编辑窗口中创建如图167-4所示的矩形选区，单击“编辑”|“描边”命令，在“描边”对话框中设置“颜色”为黑色、“宽度”为2，单击“确定”按钮，按【Ctrl+D】组合键取消选区，效果如图167-5所示。

图167-3 输入文本

图167-4 创建选区

图167-5 为选区描边

步骤6 选择工具箱中的矩形选框工具，在图像编辑窗口中创建如图167-6所示的矩形选区，单击“选择”|“反向”命令反选白色的区域，然后选择工具箱中的油漆桶工具，将选区用黑色填充。单击“选择”|“反向”命令反选选区，效果如图167-7所示。

步骤7 单击“路径”调板底部的“从选区路径”按钮，将选区转换为工作路径，此时的“路径”调板如图167-8所示。

图167-6 创建选区

图167-7 创建并填充选区

步骤8 选择工具箱中的铅笔工具，单击“窗口”|“画笔”命令，打开“画笔”调板，设置其中的参数，如图167-9所示。

步骤9 在“路径”调板中的“工作路径”上单击鼠标右键，在弹出的快捷菜单中选择“描边路径”选项，在弹出的“描边路径”对话框中选择铅笔工具（如图167-10所示），单击“确定”按钮，为路径描边，效果如图167-11所示。

图167-8 “路径”调板

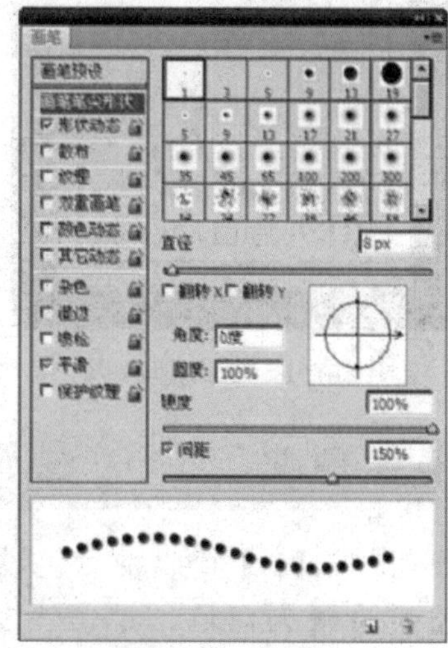

图167-9 “画笔”调板

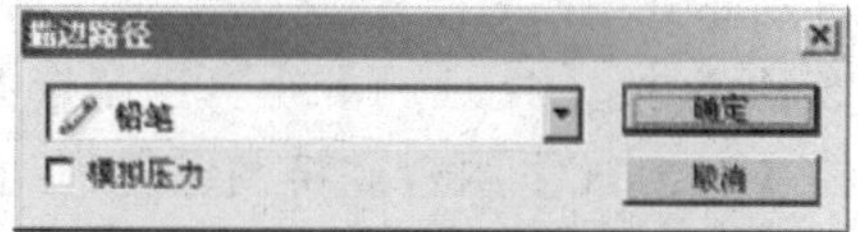

图167-10 “描边路径”对话框

图167-11 描边效果

步骤10 在“路径”调板中将工作路径删除，即可完成邮票图像的制作，效果参见图167-1。

实例168 电视墙效果

本例制作电视墙效果，如图168-1所示。

图168-1 电视墙效果

操作步骤

步骤1 单击“文件”|“打开”命令，打开一幅素材图像，如图168-2所示。

图168-2 素材图像

步骤2 在“图层”调板中拖曳背景图层至调板底部的“创建新图层”按钮上，创建一个“背景 副本”图层。

步骤3 单击“视图”|“标尺”命令，显示标尺，然后在如图168-3所示的位置创建四条参考线。

图168-3 创建参考线

步骤4 选择工具箱中的单行选框工具和单列选框工具，按住【Shift】键的同时，在图像中的参考线处单击鼠标左键创建选区，如图168-4所示。

图168-4 创建单行和单列选区

步骤5 单击“视图”|“标尺”命令，隐藏标尺，单击“视图”|“显示”|“参考线”命令，隐藏参考线。

步骤6 单击“选择”|“修改”|“边界”命令，在弹出的“边界选区”对话框中设置“宽度”为4（如图168-5所示），单击“确定”按钮，效果如图168-6所示。

图168-5 “边界选区”对话框

图168-6 扩边后的图像效果

步骤7 将前景色设置为黑灰色，单击“编辑”|“填充”命令，在弹出的“填充”对话框中设置各项参数（如图168-7所示），给各横行、竖行选区填充前景色，然后按【Ctrl+D】组合键取消选区，效果如图168-8所示。

步骤8 单击“图像”|“画布大小”命令，在弹出的“画布大小”对话框中设置各项参数（如图168-9所示），将图像的

宽、高分别扩大12个像素，单击“确定”按钮，效果如图168-10所示。

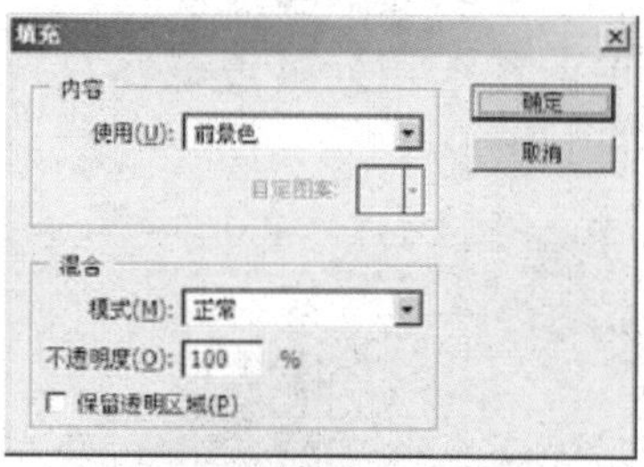
图168-7 “填充”对话框

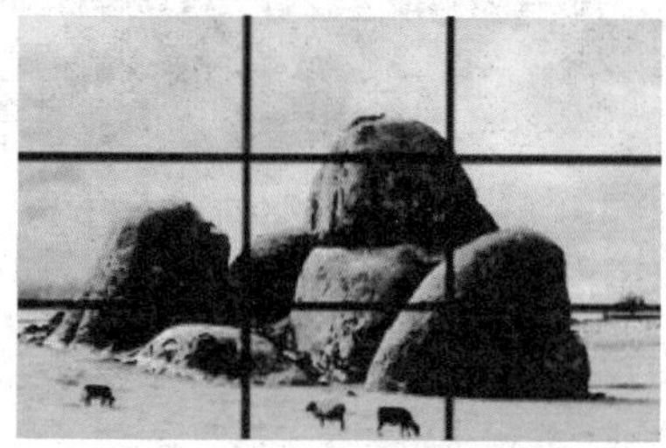
图168-8 填充效果

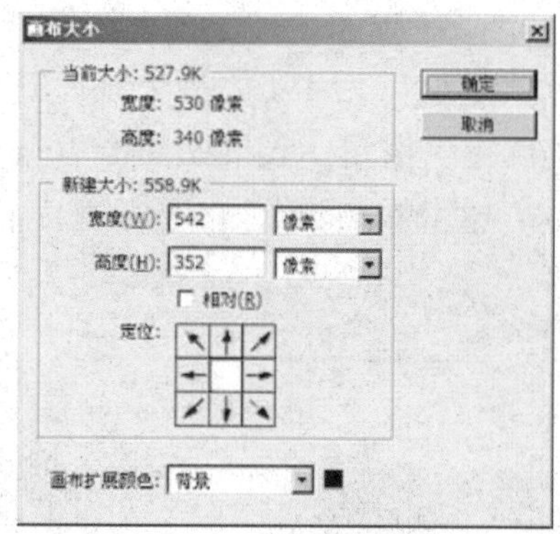
图168-9 “画布大小”对话框

步骤9 按住【Ctrl】键的同时单击“背景 副本”图层，选中所有图像区域，然后按【Shift＋Ctrl＋I】组合键反选选区，选中边框空白部分，如图168-11所示。

图168-10 调整“画布大小”后的效果

图168-11 选中边框空白区域

步骤10 单击“编辑”|“填充”命令，在弹出的“填充”对话框中设置“使用”为“前景色”（如图168-12所示），单击“确定”按钮，然后按【Ctrl+D】组合键取消选区，最终效果参见图168-1。

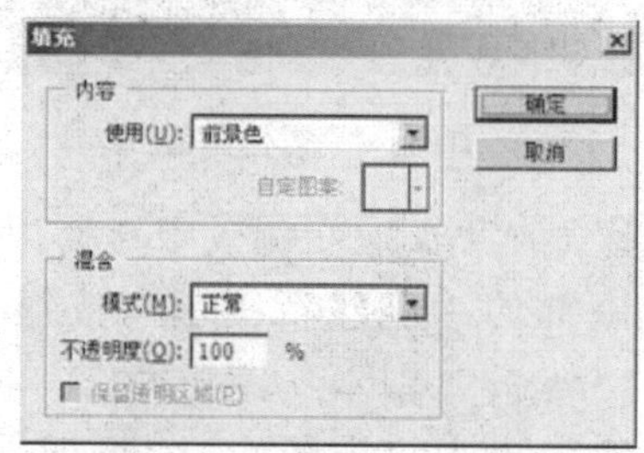
图168-12 “填充”对话框

实例169 抽线效果

本例制作抽线效果图像，如图169-1所示。

图169-1 抽线效果

操作步骤

步骤1 单击“文件”|“新建”命令，新建一幅宽为2像素、高为4像素的RGB模式的空白图像，并将图像放大，如图169-2所示。

步骤2 选择工具箱中的矩形选框工具，将图像上半部分的2个像素选中，并将其填充为黑色，如图169-3所示。

步骤3 按【Ctrl+A】组合键全选图像，单击“编辑”|“定义图案”命令，在打开的“图案名称”对话框中为图案命名，如图169-4所示。

图169-2 新建图像

图169-3 填充选区

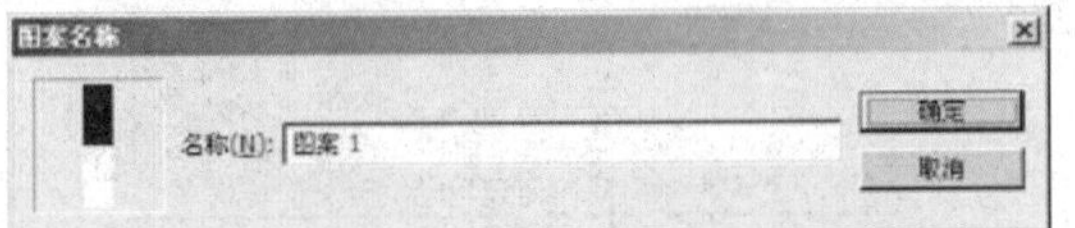

图169-4 “图案名称”对话框

步骤4 单击“文件”|“打开”命令，打开一幅素材图像，如图169-5所示。

图169-5 素材图像

步骤5 单击“图层”|“新建填充图层”|“图案”命令，在弹出的“新建图层”对话框中为新图层命名，如图169-6所示。

步骤6 单击“确定”按钮，打开“图案填充”对话框，保持默认设置，如图169-7所示。

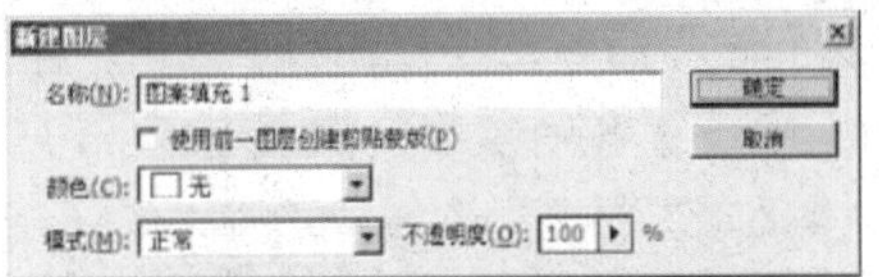

图169-6 “新建图层”对话框

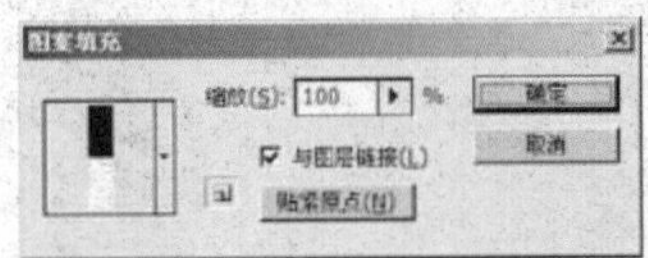

图169-7 “图案填充”对话框

步骤7 单击“确定”按钮，在“图层”调板中将新建“图案填充1”图层，此时的图像效果如图169-8所示。

图169-8 应用“图案填充”后的效果

步骤8 在“图层”调板中将“图案填充1”图层的混合模式设置为“叠加”，并设置“不透明度”为30%（如图169-9所示），至此完成抽线效果的制作，参见图169-1。

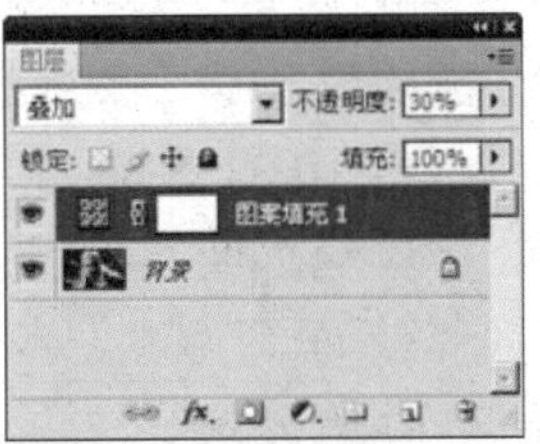

图169-9 “图层”调板

实例170 落日效果

本例制作落日效果的图像，如图170-1所示。

图170-1 落日效果

操作步骤

步骤1 单击“文件”|“打开”命令，打开一幅素材图像，如图170-2所示。

步骤2 单击“图像”|“调整”|亮度/对比度”命令，弹出“亮度/对比度”对话框，设置各项参数（如图170-3所示），单击“确定”按钮，效果如图170-4所示。

步骤3 单击“图像”|“调整”|“色

相/饱和度”命令，在打开的“色相/饱和度”对话框中设置各项参数（如图170-5所示），单击“确定”按钮，效果如图170-6所示。

图170-2 素材图像

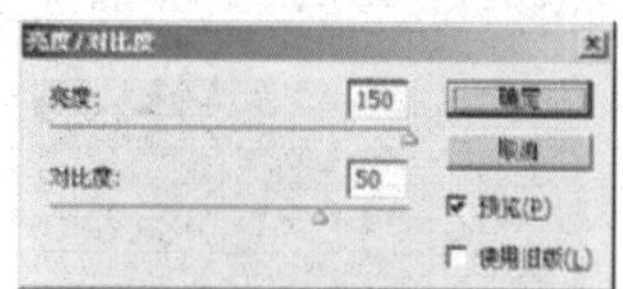

图170-3 “亮度/对比度”对话框

图170-4 调整“亮度/对比度”后的效果

步骤4 单击“滤镜”|“艺术效果”|“干画笔”命令，在打开的“干画笔”对话框中设置“画笔大小”为2、“画笔细节”为10、“纹理”为1，单击“确定”按钮，添加干画笔滤镜。

步骤5 单击“滤镜”|“纹理”|“纹理化”命令，在打开的“纹理化”对话框中设置各项参数（如图170-7所示），单击“确定”按钮，最终效果参见图170-1。

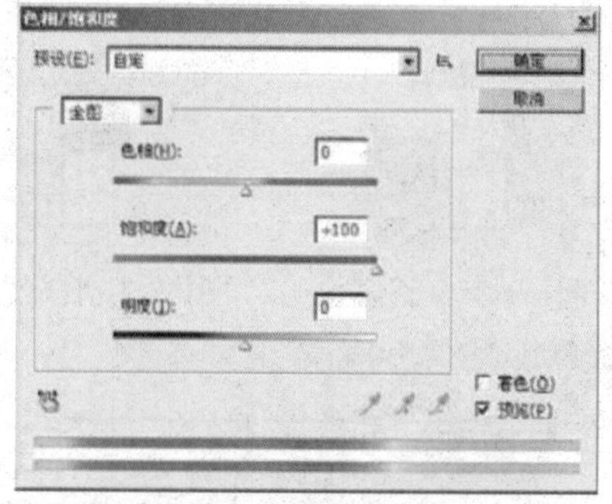

图170-5 “色相/饱和度”对话框

图170-6 调整“色相/饱和度”后的效果

图170-7 “纹理化”对话框

实例171 立方体效果

本例制作一个立方体的画面，效果如图171-1所示。

图171-1 立方体效果

操作步骤

步骤1 单击“文件”|“新建”命令，新建一幅RGB模式的空白图像。

步骤2 选择工具箱中的直线工具，单击其工具属性栏中的“形状图层”按钮，然后在图像编辑窗口中绘制九条线条，形成立方体，如图171-2所示。

步骤3 绘制完成后，“图层”调板中除了背景图层外，还有9个形状图层，这9

个形状图层即是使用直线工具绘制的立方体的9条棱，如图171-3所示。

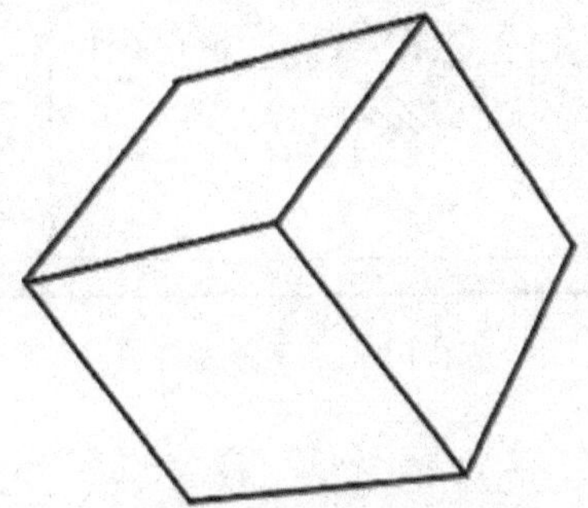

图171-2 绘制立方体

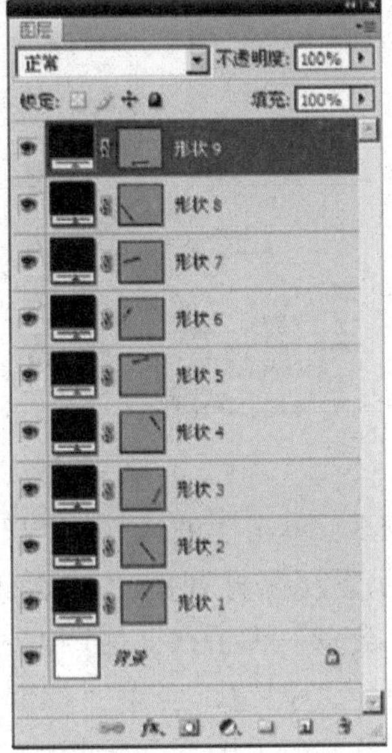

图171-3 “图层”调板

步骤4 单击背景图层前面的“指示图层可见性”图标，将其隐藏，单击“图层”|“合并可见图层”命令，将9个形状图层合并，此时的“图层”调板如图171-4所示。

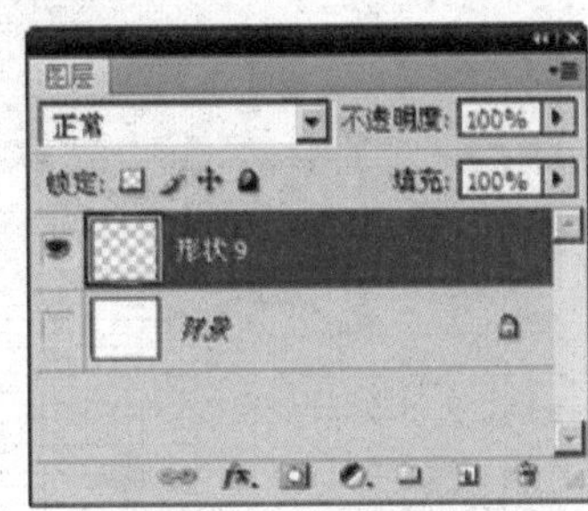

图171-4 合并图层

步骤5 再次单击背景图层前面的“指示图层可见性”图标，使其显示，单击“文件”|“打开”命令，打开3幅素材图像，如图171-5所示。

图171-5 打开的素材图像

步骤6 选择工具箱中的移动工具，用鼠标分别将三幅图像拖曳到立方体画面中。在“图层”调板中隐藏暂时不需要编辑的图层。

步骤7 单击“编辑”|“自由变换”命令，在按住【Ctrl】键的同时分别拖动图片四周的控制柄，对图像的四个顶点进行调整，效果如图171-6所示。

图171-6 拖动控制点调整图像

步骤8 分别对3幅素材图像所在的图层进行变换调整，效果如图171-7所示。

步骤9 选择工具箱中的渐变工具，在工具属性栏中选择“紫、橙渐变”样式（如图171-8所示），在背景图层中填充渐变色，最终效果参见图171-1。

图171-7 调整图像后的效果

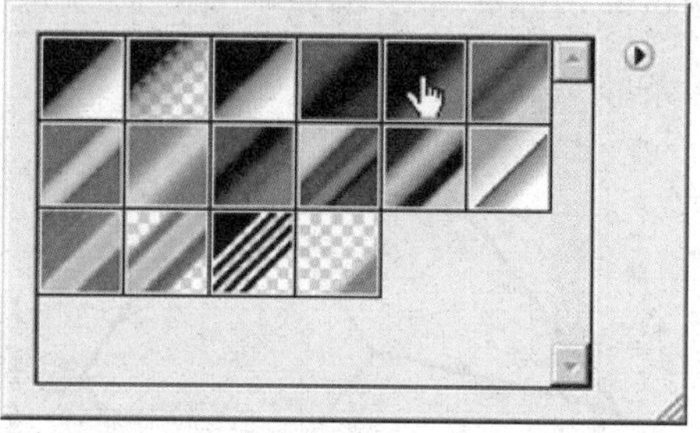
图171-8 选择渐变样式

实例172 放大镜效果

本例制作放大镜效果，如图172-1所示。

图172-1 放大镜效果

操作步骤

步骤1 按【D】键，将前景色设置为黑色、背景色设置为白色，单击“文件”|“打开”命令，打开一幅素材图像，并在图像中创建一个圆形选区，如图172-2所示。

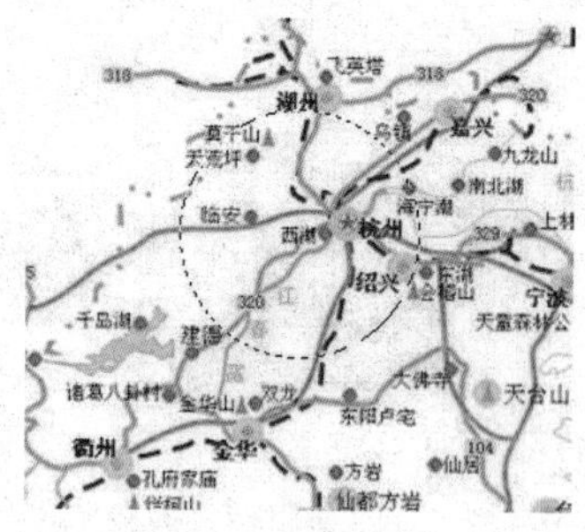
图172-2 创建选区

步骤2 单击“编辑”|“自由变换”命令，将鼠标指针移到变换控制框的任意一个控制柄上，在按住【Alt+Shift】组合键的同时拖动控制点，使圆形选区内的图像等比例放大，同时保持圆心不变，然后按【Enter】键确认，经过放大的图像效果如图172-3所示。

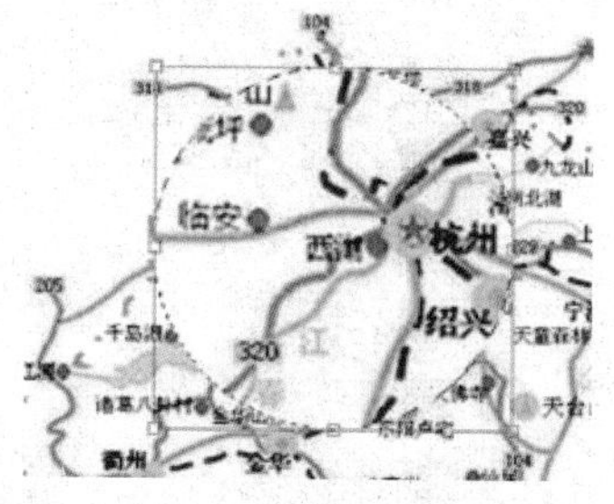
图172-3 放大选区

步骤3 单击“滤镜”|“扭曲”|“球面化”命令，在打开的“球面化”对话框中设置“数量”为10%（如图172-4所示），单击“确定”按钮，应用“球面化”滤镜。

步骤4 在“图层”调板中新建一个图层，单击“编辑”|“描边”命令，在打开的“描边”对话框中设置相应参数（如图172-5所示），单击“确定”按钮，效果如图172-6所示。

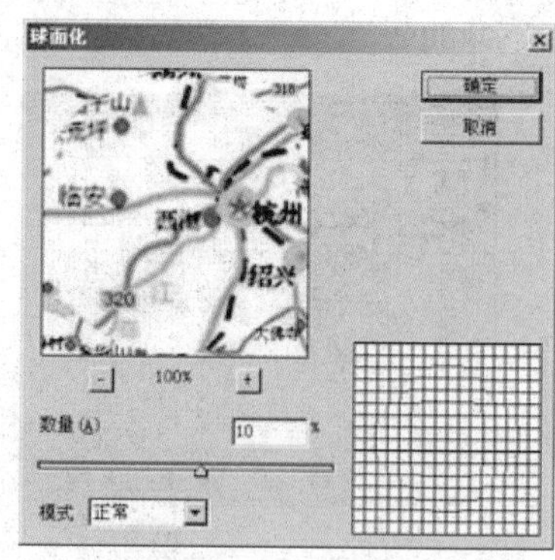

图172-4 “球面化”对话框

步骤5 按【Ctrl+D】组合键取消选区，选择矩形选框工具，在图像编辑窗口中创建选区并进行填充，制作放大镜的握柄，如图172-7所示。

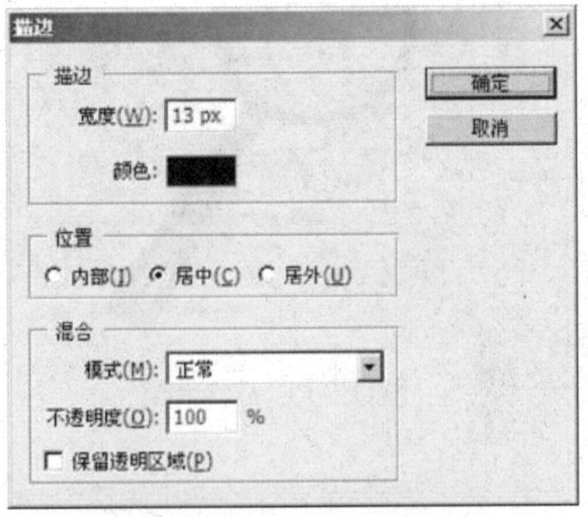

图172-5 “描边”对话框

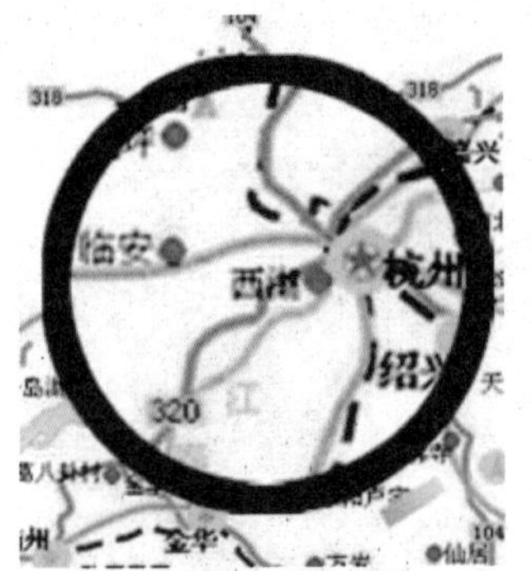

图172-6 描边效果

图172-7 创建并填充选区

步骤6 在放大镜的握柄上创建选区，设置前景色和背景色，选择渐变工具对选区进行填充，效果如图172-8所示。

图172-8 创建并渐变填充选区

步骤7 新建一个图层，创建选区并进行填充，效果如图172-9所示。

图172-9 创建并填充选区

步骤8 双击该图层，在打开的“图层样式”对话框中设置相应参数（如图172-10所示），单击“确定”按钮，效果如图172-11所示。

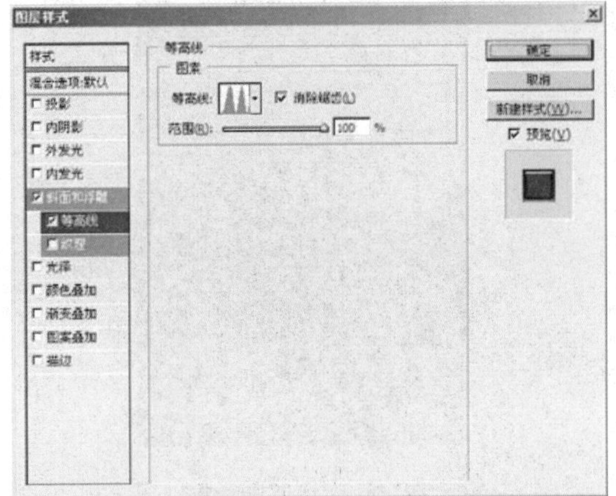

图172-10 “图层样式”对话框

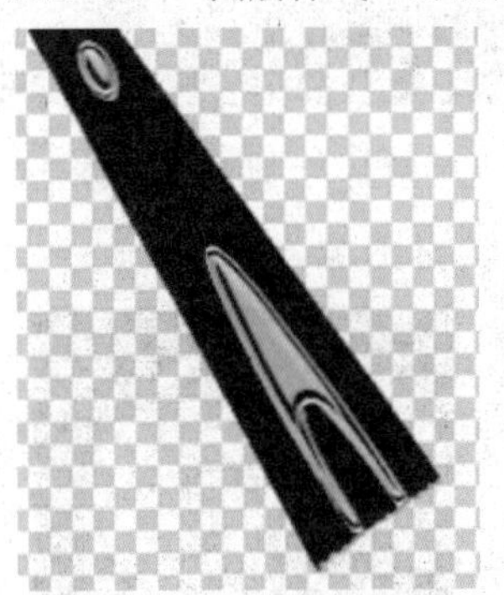

图172-11 应用图层样式效果

步骤9 使用“合并可见图层”命令，将除背景图层外的其他图层合并，双击合并后的图层，在打开的“图层样式”对话框中设置相应参数（如图172-12所示），单击“确定”按钮，最终效果如图172-13所示。

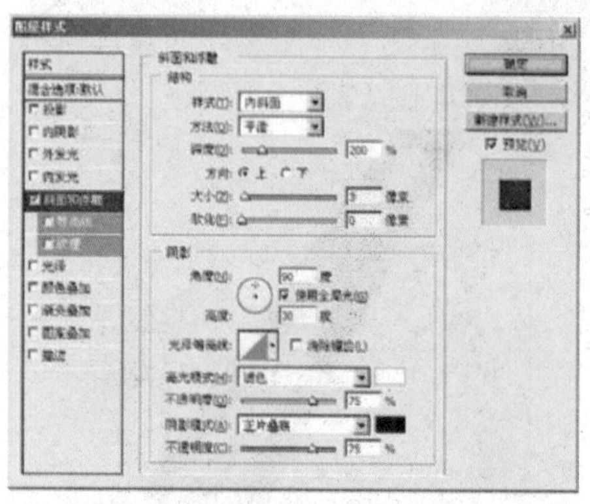

图172-12 “图层样式”对话框

图172-13 最终效果

实例173 木版画

本例要制作一幅具有木版画效果的图像，如图173-1所示。

图173-1 木版画效果

操作步骤

步骤1 单击“文件”|“打开”命令，打开一幅素材图像，如图173-2所示。

图173-2 素材图像

步骤2 单击“滤镜”|“风格化”|“查找边缘”命令，效果如图134-3所示。

图173-3 查找边缘

步骤3 单击“图像”|“模式”|“灰度”命令，将弹出提示信息框（如图173-4所示），单击“扔掉”按钮，将图像转换为灰度模式，效果如图173-5所示。

图173-4 提示信息框

图173-5 转换为灰度模式

步骤4 单击“图像”|“调整”|“色阶”命令，在弹出的“色阶”对话框中设置相应参数（如图173-6所示），单击“确定”按钮，效果如图173-7所示。

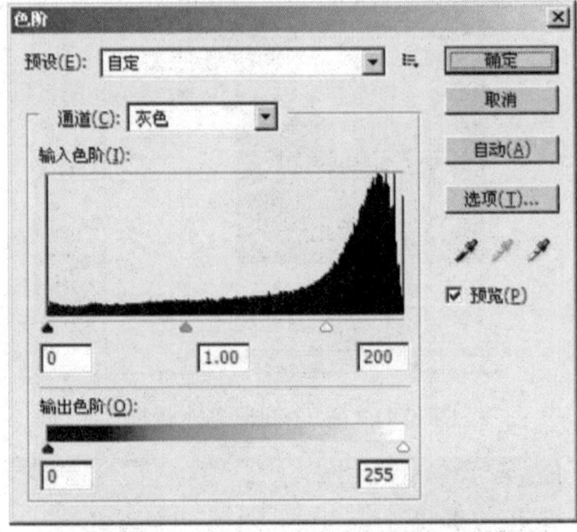

图173-6 “色阶”对话框

图173-7 调整“色阶”后的效果

步骤5 单击“文件”|“存储”命令，将处理后的黑白图像保存为PSD格式的文件，然后将其关闭。

步骤6 单击“文件”|“打开”命令，打开一幅素材图像，如图173-8所示。

步骤7 单击“滤镜”|“纹理”|“纹理化”命令，在弹出的“纹理化”对话框中单击“纹理”下拉列表框右边的下拉按钮，从中选择“载入纹理”选项，将弹出“载入纹理”对话框，选择刚保存的图像文件，如图173-9所示。

图173-8 素材图像

图173-9 “载入纹理”对话框

步骤8 单击“打开”按钮，载入纹理效果，在“纹理化”对话框中设置相应参数，如图173-10所示。

图173-10 “纹理化”对话框

步骤9 设置完成后，单击“确定”按钮，即可完成木版画的制作，最终效果参见图173-1。

实例174 油画效果

本例制作具有油画效果的图像，如图174-1所示。

图174-1 油画效果

操作步骤

步骤1 按【D】键，将前景色设置为黑色、背景色设置为白色，单击“文件”|“打开”命令，打开一幅素材图像，如图174-2所示。

图174-2 素材图像

步骤2 单击“滤镜”|“杂色”|“中间值”命令，在打开的“中间值”对话框中设置“半径”为1（如图174-3所示），单击“确定”按钮，得到如图174-4所示的效果。

步骤3 单击“滤镜”|“艺术效果”|“绘画涂抹”命令，在打开的“绘画涂抹”对话框中设置“画笔大小”为5、“锐化程度”为8、“画笔类型”为“宽模糊”（如图174-5所示），单击“确定”按钮，效果如图174-6所示。

图174-3 “中间值”对话框

图174-4 “中间值”滤镜效果

图174-5 “绘画涂抹”对话框

步骤4 选择历史记录艺术画笔工具，在其工具属性栏中设置各选项，如图174-7所示。

步骤5 在图像上进行绘制，效果如图174-8所示。

步骤6 单击“文件”|“打开”命令，打开一幅素材图像，如图174-9所示。

图 174-6 “绘画涂抹”滤镜效果

图174-7 设置画笔属性

图174-8 使用历史记录艺术画笔工具绘制

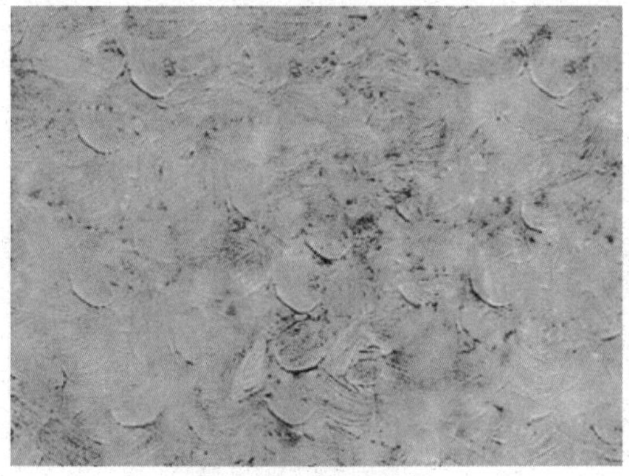

图174-9 素材图像

步骤 7 按【Ctrl+A】组合键全选图像，按【Ctrl+C】组合键复制图像，切换到原图像编辑窗口中，按【Ctrl+V】组合键粘贴图像，然后将其图层混合模式设置为“柔光”(如图 174-10 所示)，效果如图 174-11 所示。

步骤 8 单击“文件”|“打开”命令，再打开一幅素材图像，并在图像中创建选区，如图 174-12 所示。

步骤 9 单击“编辑”|“贴入”命令粘贴图像，然后调整图像至合适大小和位置，最终效果如图 174-13 所示。

图174-10 设置图层混合模式

图174-11 图像效果

图174-12 打开图像并创建选区

图174-13 最终效果

实例175 素描效果

本例制作具有素描效果的图像，如图175-1所示。

图175-1 素描效果

操作步骤

步骤1 单击"文件"|"打开"命令，打开一幅如图175-2所示的彩色图像。

图175-2 打开的素材图像

步骤2 单击"图像"|"调整"|"黑白"命令，在打开的"黑白"对话框中保持默认设置（如图175-3所示），单击"确定"按钮，效果如图175-4所示。

步骤3 单击"滤镜"|"风格化"|"查找边缘"命令，此时的图像效果如图175-5所示。

步骤4 单击"滤镜"|"艺术效果"|"粗糙蜡笔"命令，在弹出的"粗糙蜡笔"对话框中设置"描边长度"为0、"描边细节"为1、"缩放"为50%、"凸现"为50（如图175-6所示），设置完成后单击"确定"按钮，最终效果参见图175-1。

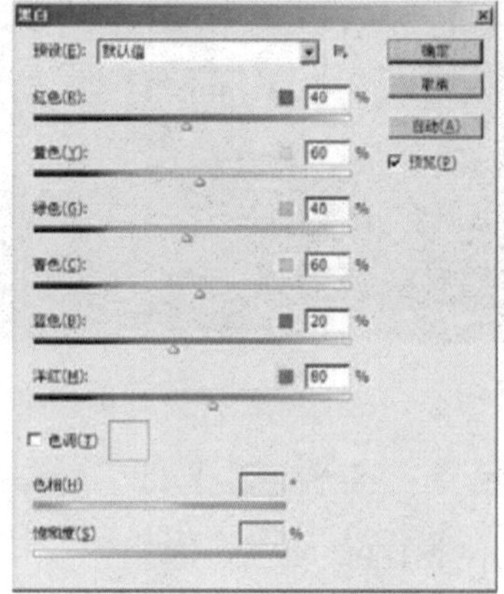
图175-3 "黑白"对话框

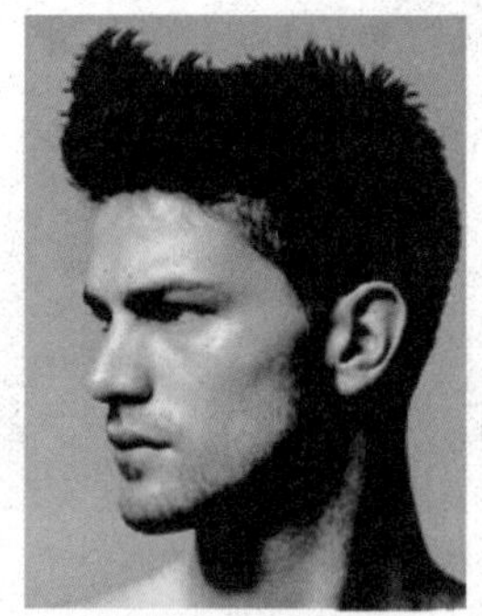
图175-4 转换成黑白图像

图175-5 应用"查找边缘"后的效果

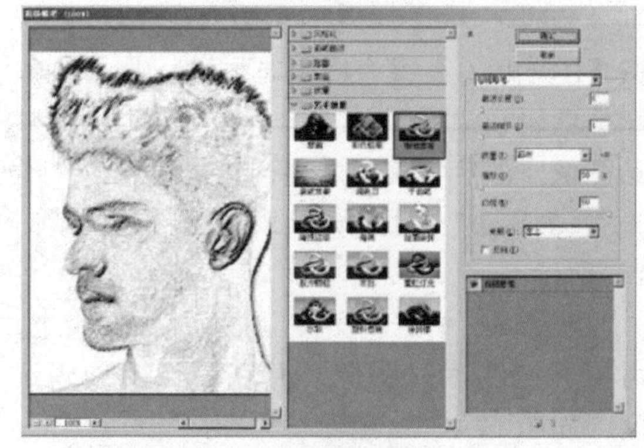
图175-6 "粗糙蜡笔"对话框

实例176 水彩画

本例制作水彩画图像效果，如图176-1所示。

图176-1 水彩画效果

操作步骤

步骤1 单击“文件”|“打开”命令，打开两幅素材图像，如图176-2和图176-3所示。

图176-2 第一幅素材图像

步骤2 切换到第一幅图像编辑窗口，按【Ctrl+A】组合键全选图像，按【Ctrl+C】组合键复制图像到剪贴板中。

步骤3 切换到第二幅图像编辑窗口，按【Ctrl+V】组合键粘贴图像，并调整图像至合适位置，效果如图176-4所示。

步骤4 选中“图层1”，单击“滤镜”|“艺术效果”|“水彩”命令，在打开的“水彩”对话框中设置各参数（如图176-5所示），单击“确定”按钮，最终效果参见图176-1。

图176-3 第二幅素材图像

图176-4 粘贴图像

图176-5 “水彩”对话框

实例177 水粉画

本例制作具有水粉画效果的图像，如图177-1所示。

图177-1 水粉画效果

操作步骤

步骤1 按【X】键，将前景色设置为白色、背景色设置为黑色，单击“文件”|“打开”命令，打开一幅素材图像，如图177-2所示。

图177-2 素材图像

步骤2 单击“滤镜”|“艺术效果”|“干画笔”命令，在打开的“干画笔”对话框中设置相应参数（如图177-3所示），单击“确定”按钮，效果如图177-4所示。

步骤3 单击“滤镜”|“画笔描边”|“成角的线条”命令，在打开的“成角的线条”对话框中设置相应参数（如图177-5所示），单击“确定”按钮，效果参见图177-1。

图177-3 “干画笔”对话框

图177-4 “干画笔”滤镜效果

图177-5 “成角的线条”对话框

实例178 帛画

本例将制作一幅具有帛画效果的图像，如图178-1所示。

图178-1 帛画效果

操作步骤

步骤1 单击"文件"|"打开"命令，打开两幅素材图像，如图178-2和图178-3所示。

图178-2 第一幅素材图像

图178-3 第二幅素材图像

步骤2 选择第一幅图像中的梅花，将其拖曳到第二幅图像编辑窗口中，然后调整其大小及位置，效果如图178-4所示。

图178-4 移入并调整图像

步骤3 选中"图层1"，单击"滤镜"|"艺术效果"|"涂抹棒"命令，在弹出的"涂抹棒"对话框中将"描边长度"设置为3、"高光区域"设置为10、"强度"设置为2（如图178-5所示），单击"确定"按钮，生成如图178-6所示的效果。

图178-5 "涂抹棒"对话框

图178-6 "涂抹棒"滤镜效果

步骤4 单击"滤镜"|"艺术效果"|"水彩"命令，在打开的"水彩"对话框中将"画笔细节"设置为14、"阴影强度"设置为0、"纹理"设置为3，单击"确定"按钮，效果如图178-7所示。

图178-7 "水彩"滤镜效果

步骤5 选择工具箱中的直排文字工具，设置合适的字体和字号，然后在图像中输入文字，完成本例的制作，效果参见图178-1。

实例179 写意水墨画

本例制作写意水墨画的效果，如图179-1所示。

图179-1 写意水墨画效果

操作步骤

步骤1 单击“文件”|“打开”命令，打开一幅素材图像，如图179-2所示。

图179-2 打开的素材图像

步骤2 在“图层”调板中将背景图层复制出三个图层（背景 副本、背景 副本2、背景 副本3），如图179-3所示。

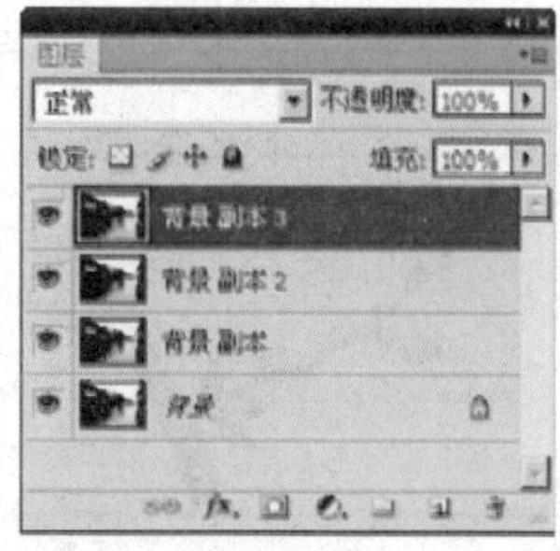

图179-3 “图层”调板

步骤3 用鼠标左键单击“背景”、“背景 副本2”和“背景 副本3”图层前面的“指示图层可见性”图标，先将这三个图层隐藏，单击“背景 副本”图层，使其成为当前图层。

步骤4 单击“图像”|“调整”|“去色”命令，将图像的颜色去掉，按【Ctrl+U】组合键，在打开的“色相/饱和度”对话框中将“明度”设置为45（如图179-4所示），单击“确定”按钮，效果如图179-5所示。

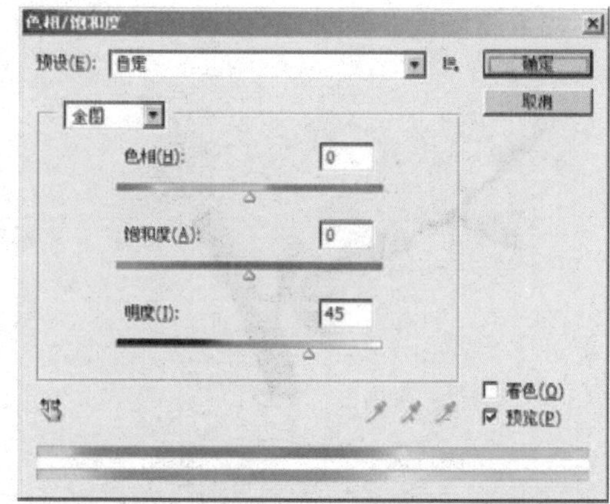

图179-4 “色相/饱和度”对话框

图179-5 调整“色相/饱和度”后的效果

步骤5 单击“滤镜”|“杂色”|“中间值”命令，在弹出的“中间值”对话框中设置“半径”为20（如图179-6所示），单击“确定”按钮，图像效果如图179-7所示。

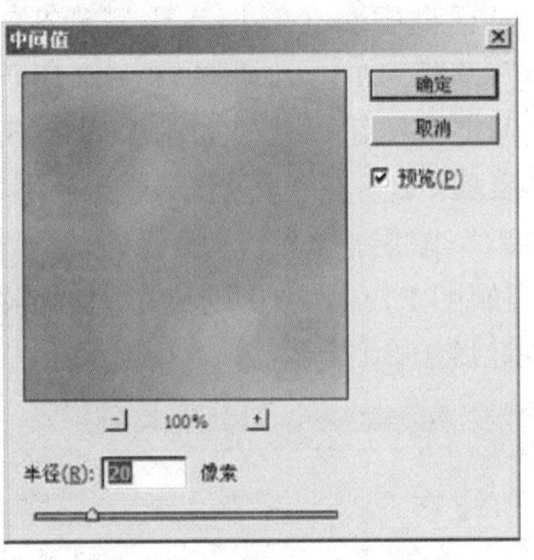

图179-6 “中间值”对话框

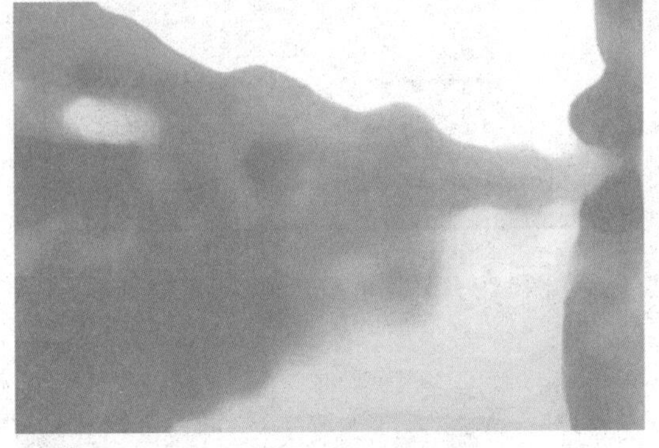

图179-7 “中间值”滤镜效果

步骤6 单击“滤镜”|“模糊”|“高斯模糊”命令，在弹出的“高斯模糊”对话框中设置“半径”为15（如图179-8所示），单击“确定”按钮，图像效果如图179-9所示。

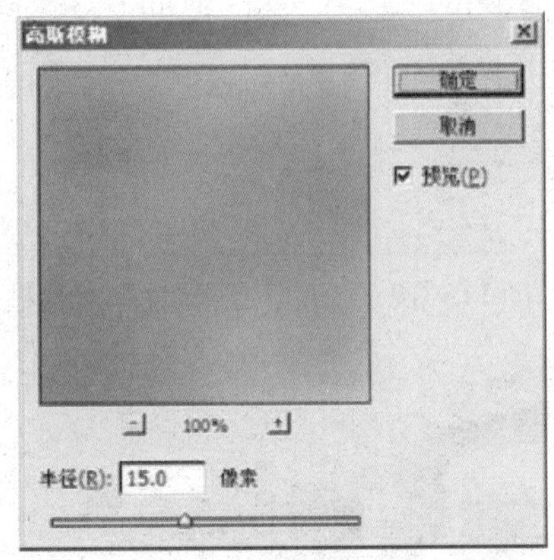

图179-8 “高斯模糊”对话框

步骤7 单击“滤镜”|“艺术效果”|“水彩”命令，在弹出的“水彩”对话框中设置“画笔细节”为5、“阴影强度”为0、“纹理”为3，如图179-10所示。

图179-9 “高斯模糊”滤镜效果

图179-10 “水彩”对话框

步骤8 单击“滤镜”|“模糊”|“高斯模糊”命令，在弹出的“高斯模糊”对话框中设置“半径”为5（如图179-11所示），单击“确定”按钮，图像效果如图179-12所示。

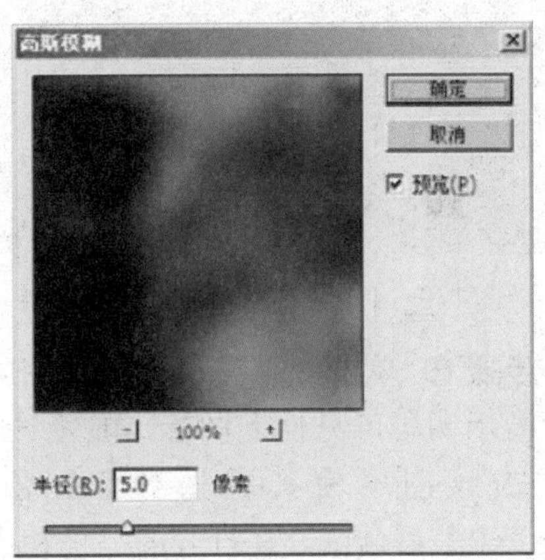

图179-11 “高斯模糊”对话框

步骤9 单击“图像”|“调整”|“曲线”命令，在打开的“曲线”对话框中调整曲线形状（如图179-13所示），将图像颜色调亮，效果如图179-14所示。

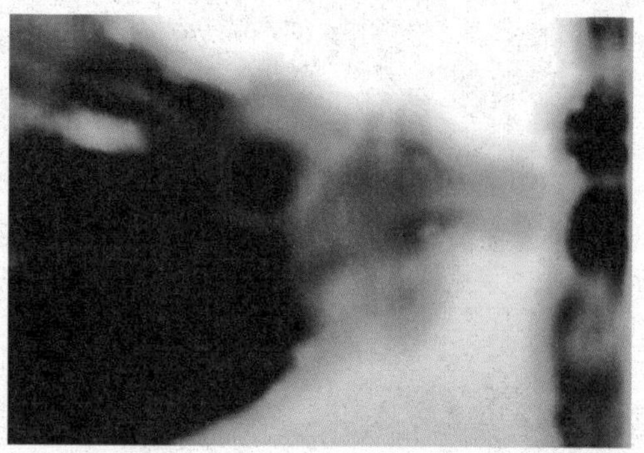

图 179-12 “高斯模糊”滤镜效果

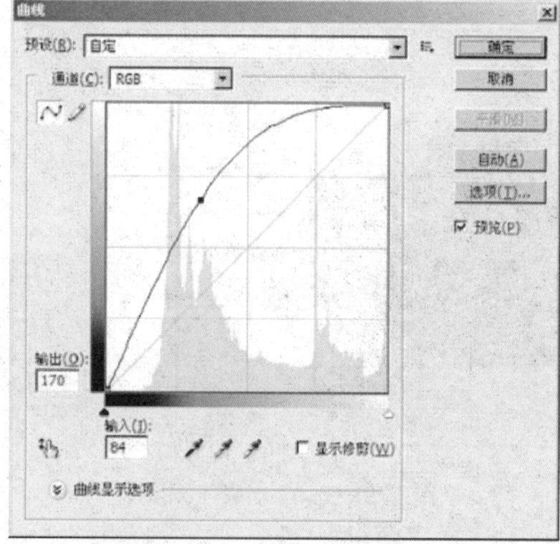

图 179-13 “曲线”对话框

图 179-14 调整“曲线”后的效果

步骤 10 单击“背景 副本2”图层左边的“指示图层可见性”图标，显示该图层，并单击该图层使其成为当前图层，按【Ctrl+U】组合键，在打开的“色相/饱和度”对话框中将“明度”设置为+40（如图 179-15 所示），单击“确定”按钮，效果如图 179-16 所示。

步骤 11 单击“图像”|“调整”|“亮度/对比度”命令，在弹出的“亮度/对比度”对话框中将“亮度”设置为31、“对比度”设置为74（如图 179-17 所示），单击“确定”按钮，效果如图 179-18 所示。

步骤 12 在“图层”调板中将“背景 副本 2 ”图层的混合模式设置为“正片叠底”（如图 179-19 所示），此时的图像效果如图 179-20 所示。

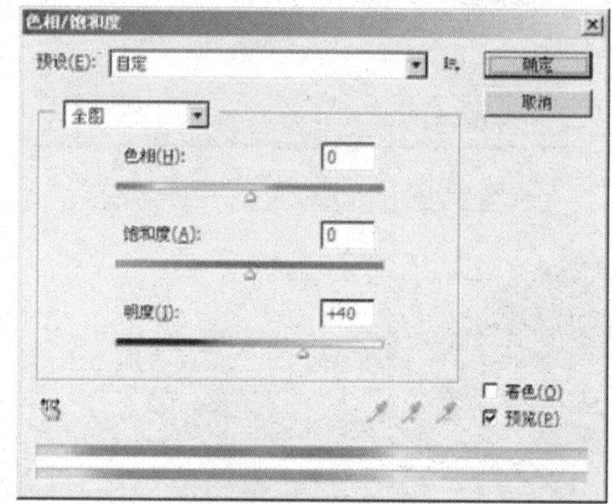

图 179-15 “色相/饱和度”对话框

图 179-16 调整“色相/饱和度”后的效果

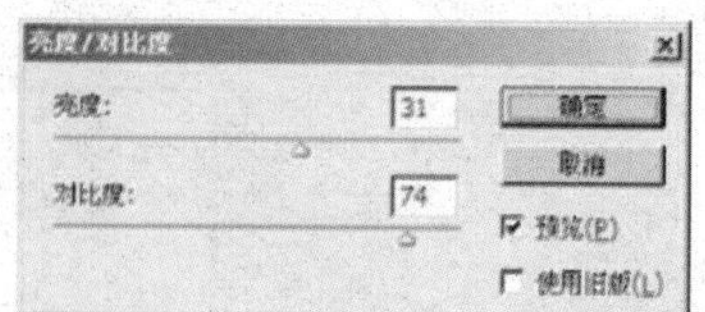

图 179-17 “亮度/对比度”对话框

图 179-18 调整“亮度/对比度”后的效果

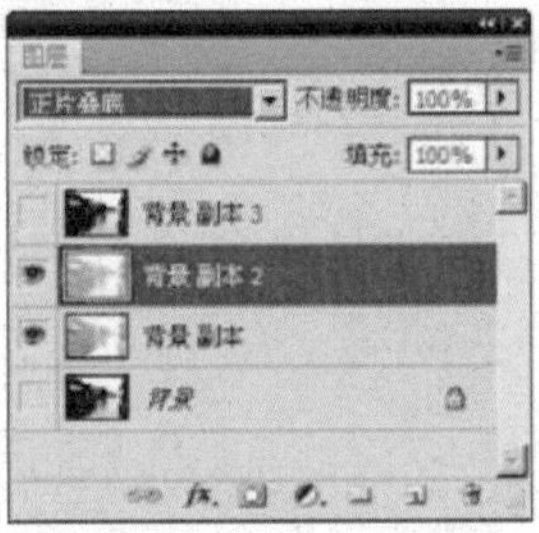

图179-19 设置图层混合模式

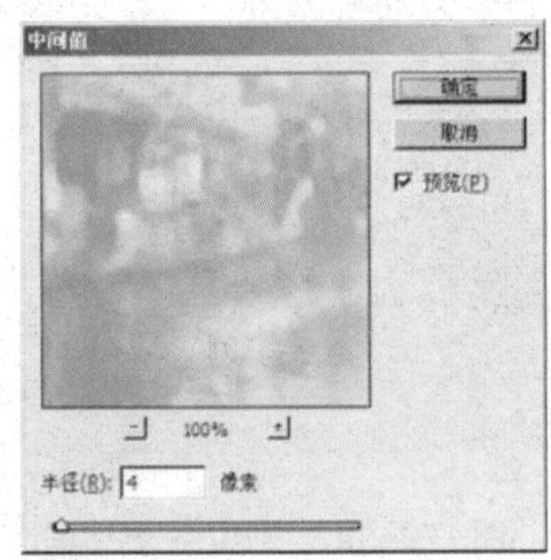

图179-20 设置图层混合模式后的图像效果

步骤13 单击“滤镜”|“杂色”|“中间值”命令，在弹出的“中间值”对话框中设置“半径”为4（如图179-21所示），单击“确定”按钮，效果如图179-22所示。

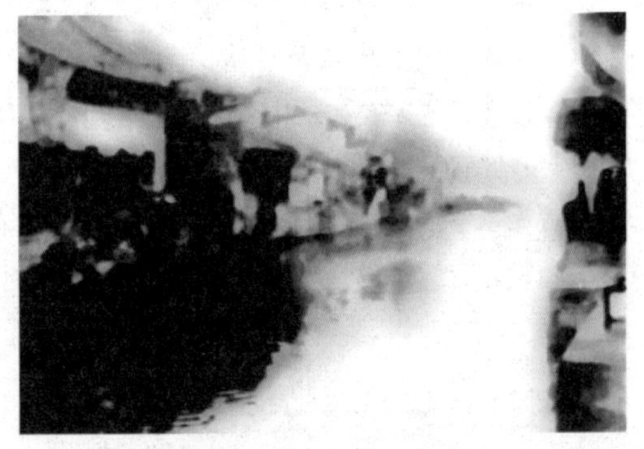

图179-21 “中间值”对话框

步骤14 单击“滤镜”|“艺术效果”|“水彩”命令，在打开的“水彩”对话框中设置“画笔细节”为14、“阴影强度”为0、“纹理”为1（如图179-23所示），单击“确定”按钮，效果如图179-24所示。

步骤15 按【Ctrl+U】组合键，在打开的“色相/饱和度”对话框中设置“色相”为+23、“饱和度”为+60、“明度”为+60（如图179-25所示），单击“确定”按钮，效果如图179-26所示。

图179-22 “中间值”滤镜效果

图179-23 “水彩”对话框

图179-24 “水彩”滤镜效果

步骤16 单击“背景副本3”图层左边的“指示图层可见性”图标，显示该图层，并单击该图层使其成为当前图层，按【Ctrl+M】组合键，在打开的“曲线”对话框中调整曲线（如图179-27所示），单击“确定”按钮，然后将此图层的混合模式设置为“叠加”，效果如图179-28所示。

步骤17 选择工具箱中的魔棒工具，将“容差”设置为5，在图像上任意一处有颜

色的地方单击，然后单击“选择”|“选取相似”命令，再单击“滤镜”|“液化”命令，在弹出的“液化”对话框中选择向前变形工具，在图像中相应的位置向下拖动进行液化处理，如图179-29所示。

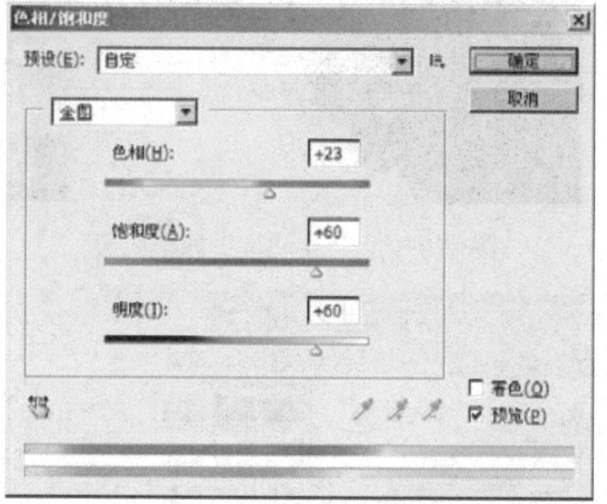

图179-25 “色相/饱和度”对话框

图179-26 调整“色相/饱和度”后的效果

步骤18 单击“确定”按钮，然后多次重复步骤（17）的操作，但选中的区域不能在相同地方，图像最终效果参见图179-1。

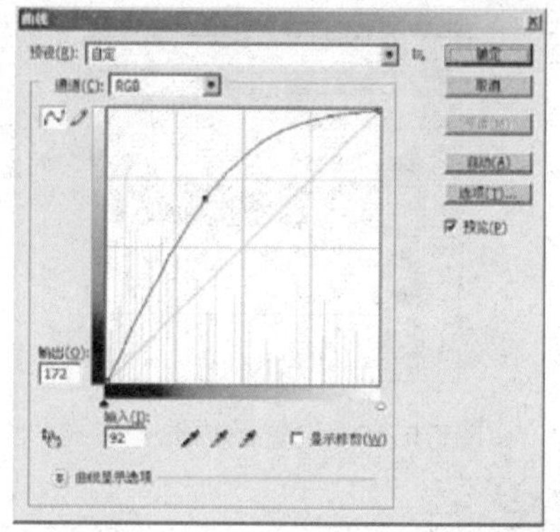

图179-27 “曲线”对话框

图179-28 设置图层混合模式后的效果

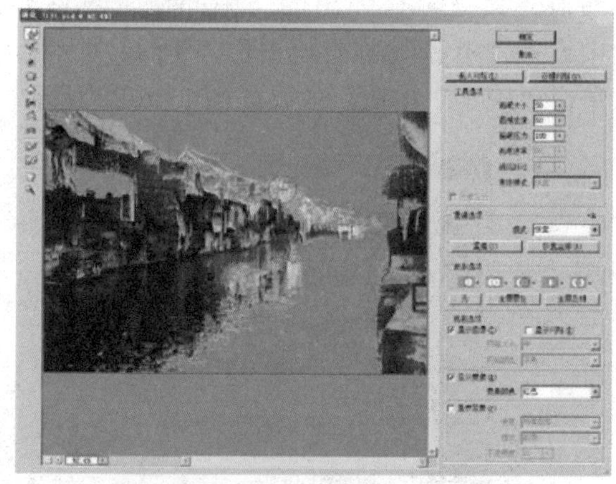

图179-29 “液化”对话框

实例180 水墨字画

本例制作水墨字画的效果，如图180-1所示。

图180-1 水墨字画效果

操作步骤

步骤1 单击“文件”|“打开”命令，打开一幅素材图像，如图180-2所示。

步骤2 将前景色设置为黑色、背景色设置为白色，选择工具箱中的横排文字工具，在图像上输入文字“诗”，并将其移动到合适的位置，如图180-3所示。

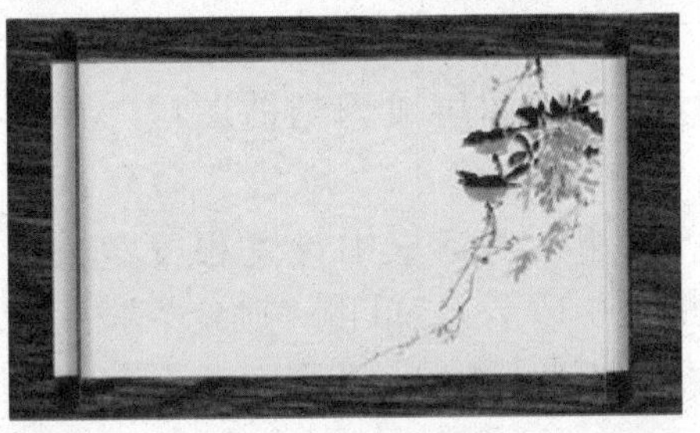

图180-2 素材图像

图180-3 输入文字

步骤3 在“诗”文字图层上单击鼠标右键，在弹出的快捷菜单中选择“栅格化文字”选项，将文字层转化为普通图层。

步骤4 在“图层”调板中将文字层拖曳到“创建新图层”按钮上，复制生成“诗副本”图层，并将其隐藏，按住【Ctrl】键的同时单击“诗”图层，使文字处于选中状态。

步骤5 单击“图层”|“图层蒙版”|“显示选区”命令，为文字添加蒙版，这样只有选中的文字才会被显示。

步骤6 单击“滤镜”|“素描”|“图章”命令，在弹出的“图章”对话框中设置相应参数（如图180-4所示），单击“确定”按钮，效果如图180-5所示。

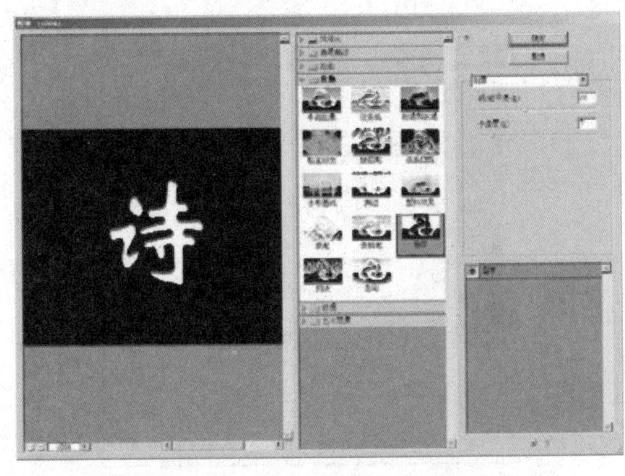

图180-4 “图章”对话框

图180-5 “图章”滤镜效果

步骤7 在“图层”调板中选择“诗 副本”图层，单击“图层”|“图层蒙版”|“显示选区”命令，为文字添加蒙版，使所选的文字被显示。

步骤8 单击“滤镜”|“素描”|“铬黄”命令，在弹出的“铬黄渐变”对话框中设置相应参数（如图180-6所示），单击“确定”按钮，效果如图180-7所示。

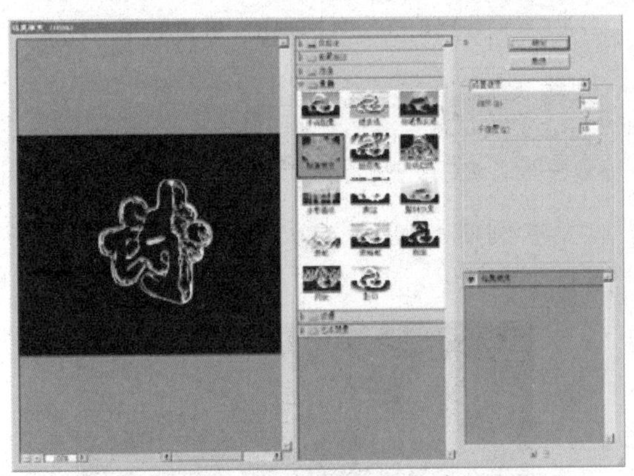

图180-6 “铬黄渐变”对话框

图180-7 “铬黄”滤镜效果

步骤9 单击“背景”图层，选择矩形选框工具，在宣纸上创建选区。

步骤10 单击“滤镜”|“纹理”|“纹理化”命令，在弹出的“纹理化”对话框中设置相应参数（如图180-8所示），单击“确定”按钮，效果如图180-9所示。

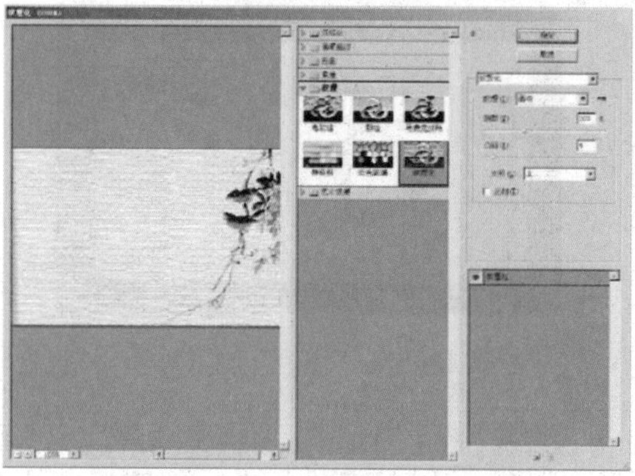

图 180-8 “纹理化”对话框

图 180-9 “纹理化”滤镜效果

步骤 11 在“图层”调板中选择“诗”图层，使该图层成为当前图层。单击“滤镜”|“素描”|“撕边”命令，在弹出的“撕边”对话框中设置相应参数（如图 180-10 所示），单击“确定”按钮，最终效果参见图 180-1。

图 180-10 “撕边”对话框

实例 181 森林大火

本例制作森林大火的画面效果，如图 181-1 所示。

图181-1 森林大火

操作步骤

步骤 1 单击“文件”|“打开”命令，打开一幅 RGB 模式的风景图像，如图 181-2 所示。

步骤 2 单击“图像”|“模式”|“灰度”命令，将图像转换为灰度模式。

步骤 3 单击“滤镜”|“模糊”|“高斯模糊”命令，在弹出的“高斯模糊”对话框中设置“半径”为1.5（如图 181-3 所示），单击“确定”按钮，效果如图 181-4 所示。

图181-2 素材图像

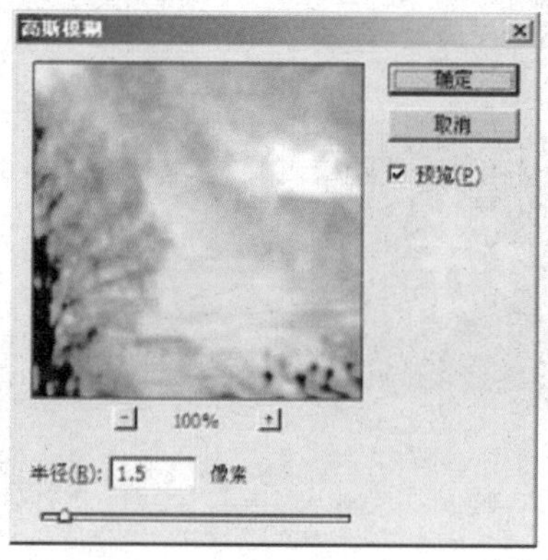

图 181-3 “高斯模糊”对话框

图181-4 “高斯模糊”滤镜效果

步骤4 单击“图像”|“图像旋转”|“90度（顺时针）”命令，将画布顺时针旋转90度。

步骤5 单击“滤镜”|“风格化”|“风”命令，在打开的“风”对话框中设置各项参数（如图181-5所示），单击“确定”按钮。

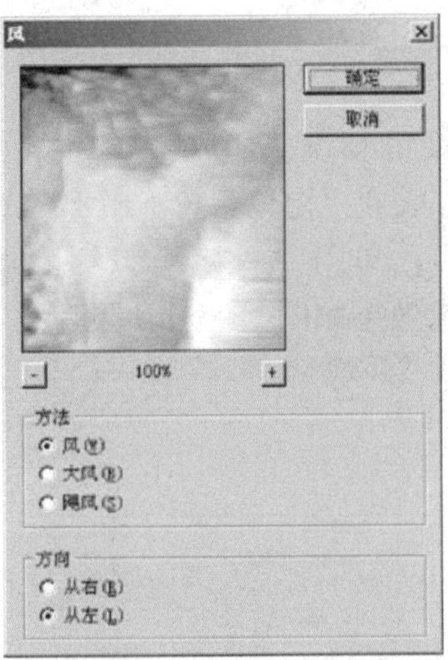

图181-5 “风”对话框

步骤6 单击“图像”|“图像旋转”|“90度（逆时针）”命令，将画布逆时针旋转90度，恢复为原来的状态。

步骤7 单击“滤镜”|“扭曲”|“波纹”命令，在打开的“波纹”对话框中设置相应参数（如图181-6所示），单击“确定”按钮，效果如图181-7所示。

步骤8 单击“滤镜”|“风格化”|“曝光过度”命令，效果如图181-8所示。

步骤9 单击“图像”|“模式”|“索引颜色”命令，将图像转换为256色的索引图像，再单击“图像”|“模式”|“颜色表”命令，打开“颜色表”对话框，在“颜色表”下拉列表框中选择“黑体”选项，如图181-9所示。

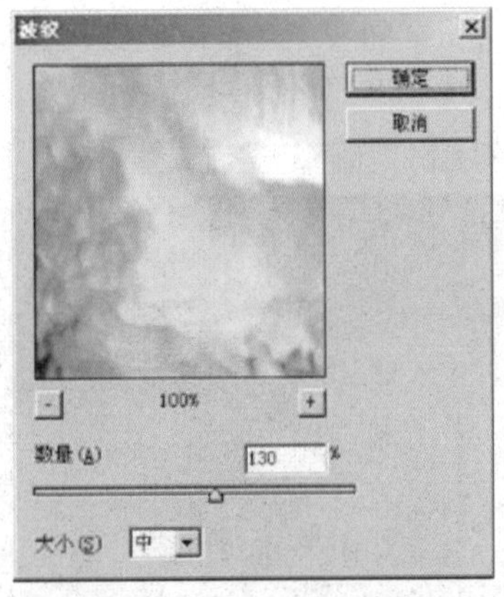

图181-6 “波纹”对话框

图181-7 “波纹”滤镜效果

图181-8 “曝光过度”滤镜效果

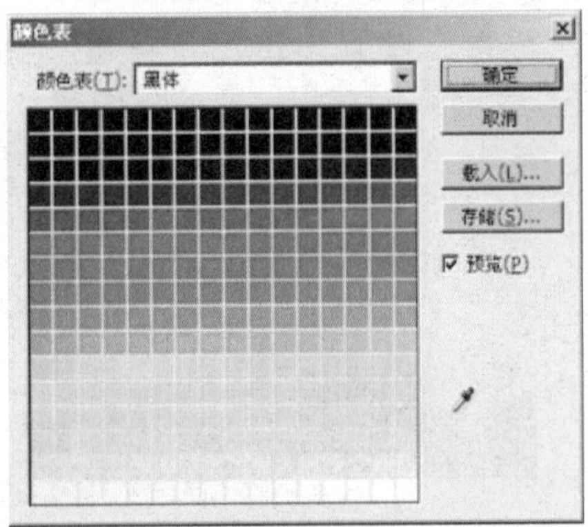

图181-9 “颜色表”对话框

步骤10 单击“确定”按钮，图像将按所选色板增添颜色，效果如图181-10所示。

步骤11 单击“图像”|“调整”|“色相/饱和度”命令，在打开的“色相/饱和度”对话框中设置各项参数（如图181-11所示），单击“确定”按钮。

图181-10 增添颜色后的效果

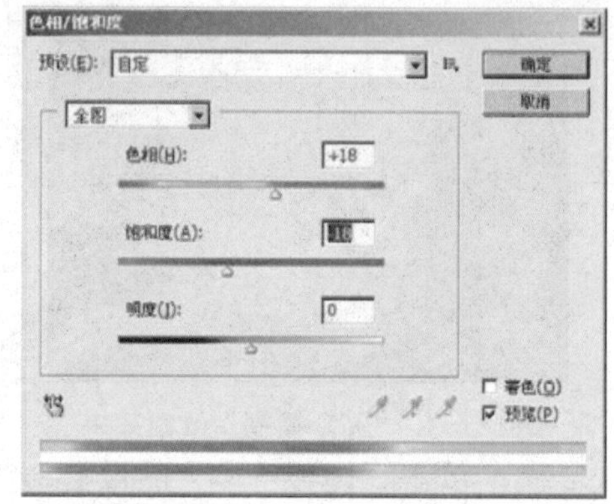

图181-11 “色相/饱和度”对话框

步骤12 单击“图像”|“模式”|“RGB颜色”命令，将图像恢复为RGB模式，即可完成森林大火效果的制作，参见图181-1。

实例182 水中倒影

本例制作水中倒影效果，如图182-1所示。

图182-1 水中倒影

操作步骤

步骤1 按【D】键，将前景色设置为黑色、背景色设置为白色，单击“文件”|“打开”命令，打开一幅素材图像，如图182-2所示。

图182-2 素材图像

步骤2 单击“图像”|“画布大小”命令，打开“画布大小”对话框，在保持“宽度”不变的情况下将“高度”增大至原来的2倍，设置“定位”在上中部（如图182-3所示），单击“确定”按钮，增大画布后的图像效果如图182-4所示。

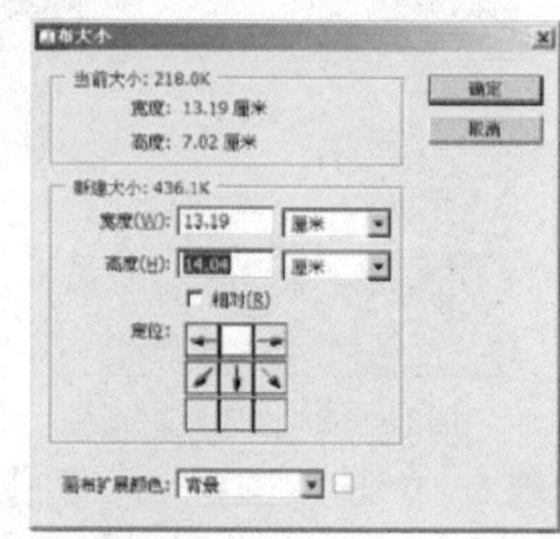

图182-3 “画布大小”对话框

图182-4 增大画布后的图像

步骤3 选择工具箱中的魔棒工具，选中

图像下部的白色区域，单击“选择”|“反向”命令反选选区，单击“编辑”|“拷贝”命令，然后单击“编辑”|“粘贴”命令，将图像粘贴到新的图层中，新图层将自动命名为“图层1”，选择工具箱中的移动工具，将刚粘贴的图像移动到图像的下部，如图182-5所示。

图182-5 复制图像并调整其位置

步骤4 确保当前图层为“图层1”，然后单击“编辑”|“变换”|“垂直翻转”命令，将生成如图182-6所示的效果。单击“编辑”|“变换”|“缩放”命令，将图像进行垂直压缩，效果如图182-7所示。

图182-6 垂直翻转图像

步骤5 选择工具箱中的裁剪工具，裁剪图像中的空白区域；选中“图层1”，单击“图像”|“调整”|“亮度/对比度”命令，在打开的“亮度/对比度”对话框中设置各项参数（如图182-8所示），单击“确定”按钮，降低图像的亮度，效果如图182-9所示。

步骤6 单击“滤镜”|“扭曲”|“海洋波纹”命令，在打开的“海洋波纹”对话框中设置各项参数（如图182-10所示），单击“确定”按钮，将生成如图182-11所示的效果。

图182-7 垂直压缩图像

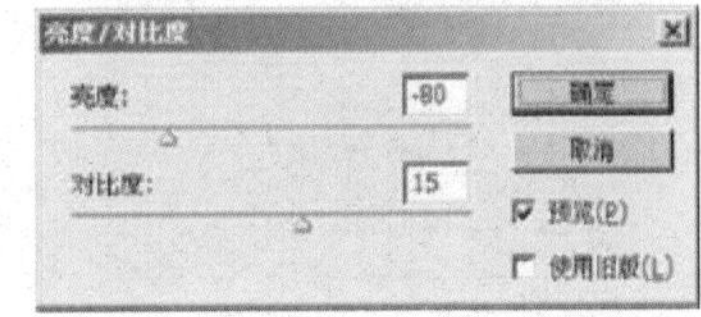

图182-8 “亮度/对比度”对话框

图182-9 调整亮度和对比度后的效果

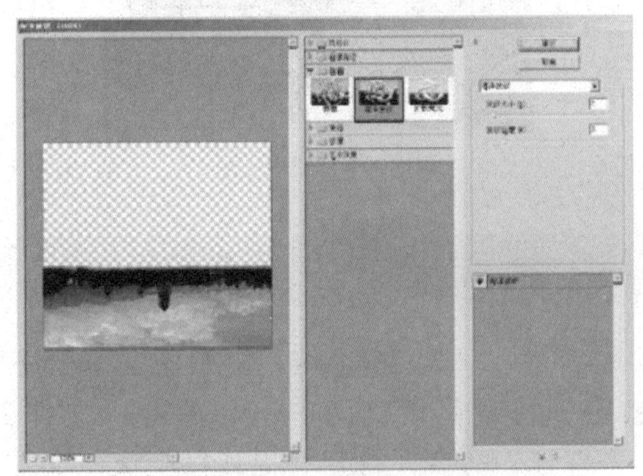

图182-10 “海洋波纹”对话框

图182-11 “海洋波纹”滤镜效果

步骤7 选择工具箱中的椭圆选框工具，

在倒影图像上创建一个椭圆选区，然后单击“滤镜”|“扭曲”|“水波”命令，在打开的“水波”对话框中设置相应参数（如图182-12所示），单击“确定”按钮，将生成如图182-13所示的效果。

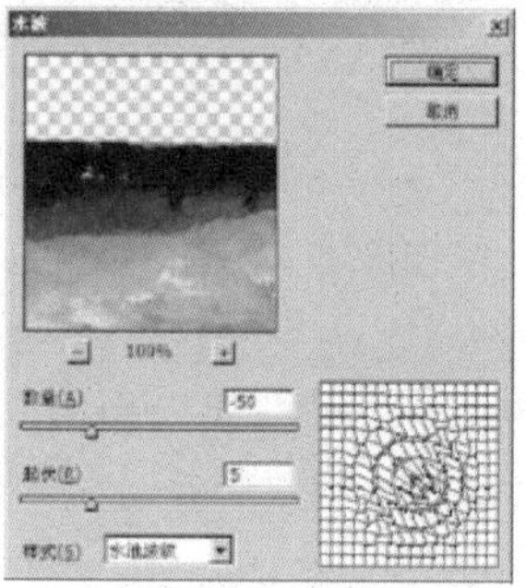

图182-12 “水波”对话框

图182-13 “水波”滤镜效果

步骤8 参照步骤（7）重复进行上述操作，制作多个水波效果，最终的倒影效果参见图182-1。

实例183 暴雨滂沱

本例制作暴雨滂沱的图像效果，如图183-1所示。

图183-1 暴雨滂沱

操作步骤

步骤1 按【D】键，将前景色设置为黑色、背景色设置为白色，单击“文件”|“打开”命令，打开一幅素材图像，如图183-2所示。

图183-2 素材图像

步骤2 在“图层”调板中将背景图层拖动到“创建新图层”按钮上，生成“背景副本”图层。

步骤3 单击“滤镜”|“像素化”|“点状化”命令，打开“点状化”对话框，设置“单元格大小”为5（如图183-3所示），单击“确定”按钮，效果如图183-4所示。

图183-3 “点状化”对话框

图183-4 “点状化”滤镜效果

步骤4 单击“图像”|“调整”|“阈值”命令，在弹出的“阈值”对话框中设

置“阈值色阶”为255（如图183-5所示），单击“确定”按钮，效果如图183-6所示。

图183-5 “阈值”对话框

图183-6 调整“阈值”后的效果

步骤5 在“图层”调板中将“背景 副本”图层的混合模式设置为“滤色”，效果如图183-7所示。

图183-7 改变图层混合模式后的效果

步骤6 单击“滤镜”|“模糊”|“动感模糊”命令，在打开的“动感模糊”对话框中设置相应参数（如图183-8所示），单击“确定”按钮，效果如图183-9所示。

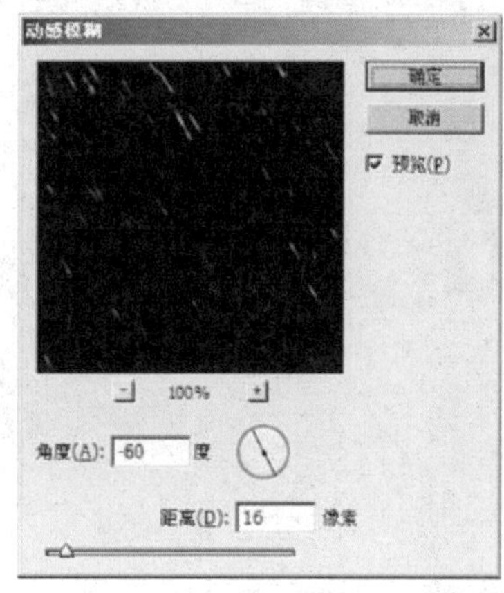

图183-8 “动感模糊”对话框

图183-9 “动感模糊”滤镜效果

步骤7 单击“滤镜”|“锐化”|“锐化”命令锐化图像，生成的最终效果参见图183-1。

实例184 大雪纷飞

本例制作大雪纷飞效果，如图184-1所示。

图184-1 大雪纷飞

操作步骤

步骤1 按【D】键，将前景色设置为黑色、背景色设置为白色，单击“文件”|“打开”命令，打开一幅素材图像，如图184-2所示。

步骤2 将背景图层复制一次，并使当前图层为复制生成的“背景 副本”图层，单击“滤镜”|“像素化”|“点状化”命令，在打开的“点状化”对话框中设置“单

元格大小”为3（如图184-3所示），单击“确定”按钮，为图像添加白色杂点。

图184-2 素材图像

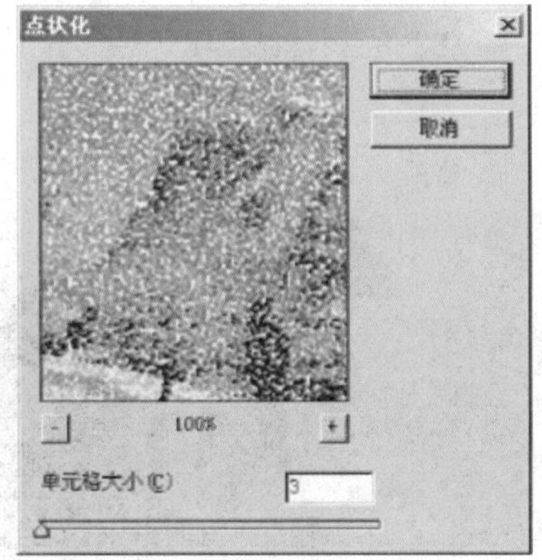

图184-3 “点状化”对话框

步骤3 单击“图像”|“调整”|“阈值”命令，在打开的“阈值”对话框中设置“阈值色阶”为255（如图184-4所示），单击“确定”按钮，将图像处理为黑、白两种色调，效果如图184-5所示。

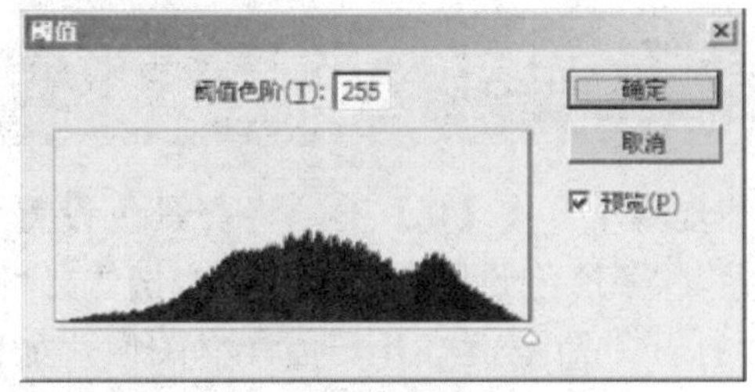

图184-4 “阈值”对话框

步骤4 在“图层”调板中将“背景 副本”图层的混合模式设置为“滤色”，效果如图184-6所示。

图184-5 调整“阈值”后的图像效果

图184-6 调整图层混合模式后的效果

步骤5 单击“滤镜”|“模糊”|“动感模糊”命令，在打开的“动感模糊”对话框中设置“角度”为-68度、“距离”为5像素，如图184-7所示。

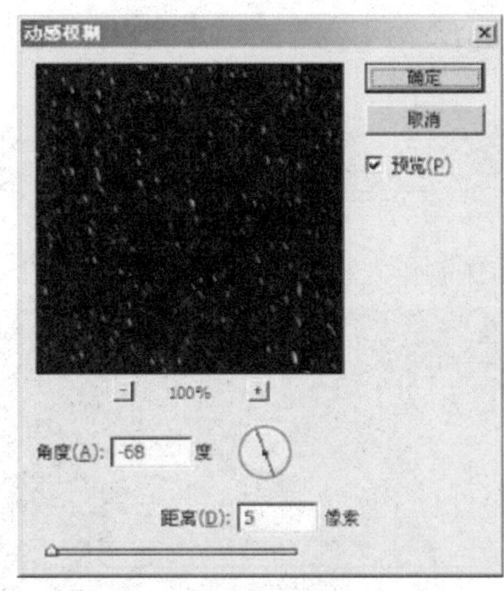

图184-7 “动感模糊”对话框

步骤6 单击“确定”按钮，最终效果参见图184-1。

实例185 霓虹夜景

本例制作霓虹夜景的图像效果，如图185-1所示。

图185-1 霓虹夜景

操作步骤

步骤1 按【D】键，将前景色设置为黑色、背景色设置为白色，单击“文件”|“打开”命令，打开一幅素材图像，如图185-2所示。

步骤2 单击“滤镜”|“模糊”|“高斯模糊”命令，在打开的“高斯模糊”对话框中设置“半径”为1（如图185-3所示），单击“确定”按钮，效果如图185-4所示。

图185-2 素材图像

步骤3 单击“滤镜”|“风格化”|“照亮边缘”命令，在打开的“照亮边缘”对话框中设置相应参数（如图185-5所示），单击“确定”按钮，效果如图185-6所示。

步骤4 在“图层”调板中将“背景”图层拖曳到调板底部的“创建新图层”按钮上，复制生成一个新图层“背景 副本”，然后将其图层混合模式设置为“叠加”（如图185-7所示），此时的图像效果参见图185-1。

图185-3 “高斯模糊”对话框

图185-4 “高斯模糊”滤镜效果

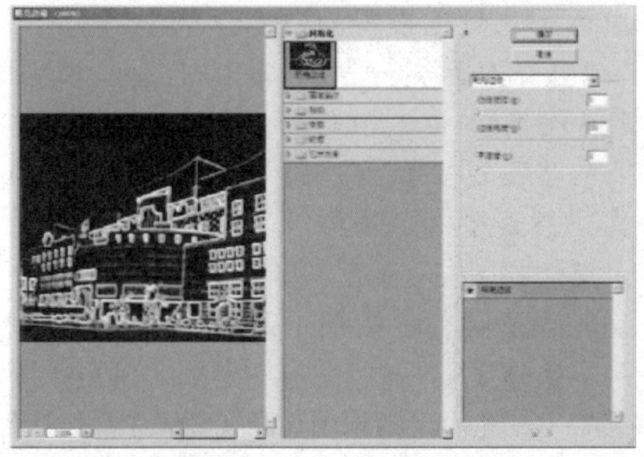

图185-5 “照亮边缘”对话框

图185-6 “照亮边缘”滤镜效果

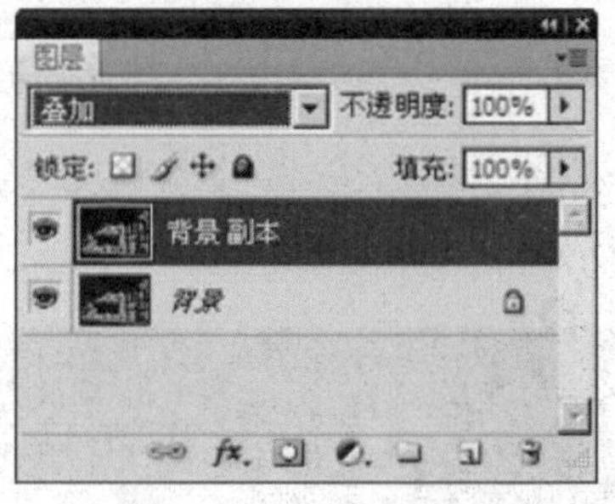

图185-7 “图层”调板

实例186 卷边效果

本例制作图像的卷边效果，如图186-1所示。

图186-1 卷边效果

操作步骤

步骤1 按【D】键，将前景色设置为黑色、背景色设置为白色，单击“文件”|“打开”命令，打开一幅素材图像，如图186-2所示。

步骤2 按【Ctrl+A】组合键选中整个图像，然后单击“图层”|“新建”|“通过剪切的图层”命令，将选中的图像剪切并粘贴至新建的“图层1”中。

步骤3 打开“图层”调板，单击“图层1”左侧的“指示图层可见性”图标，隐藏“图层1”，在工具箱中选择钢笔工具，在图像中绘制出如图186-3所示的路径。

图186-2 素材图像

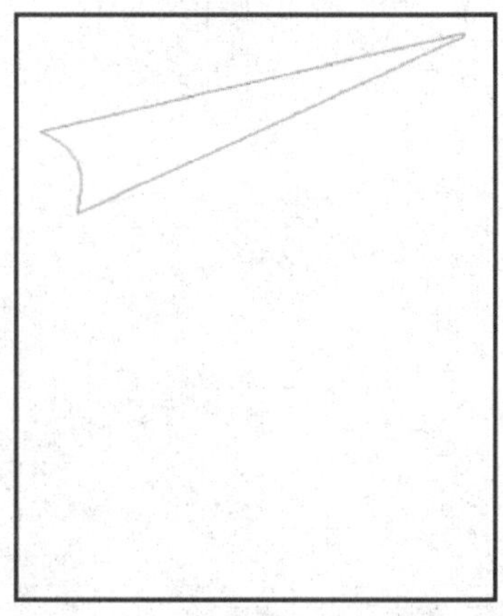

图186-3 绘制卷边路径

步骤4 单击“图层”调板中“图层1”左侧的“指示图层可见性”图标，显示“图层1”中的内容，切换到“路径”调板，在按住【Ctrl】键的同时单击工作路径，载入其路径选区，如图186-4所示。

步骤5 选择工具箱中的渐变工具，在其工具属性栏中设置渐变类型为“线性渐变”，并单击“点按可编辑渐变”图标，打开“渐变编辑器”窗口。在该窗口的“预设”选项区中选择“前景色到背景色渐变”选项，在颜色编辑条下端单击鼠标左键，增加一个色标，再用同样方法增加两个色标，此时共有五个色标。

步骤6 选中左边第一个色标，然后单击底端的颜色色块，在“拾色器”对话框中设置该色标颜色的RGB参数值分别为50、50、50。

步骤7 用同样的方法，将第二个色标颜色的RGB参数值设置为109、109、109，将第三个色标颜色的RGB参数值设置为255、255、255，将第四个色标颜色的RGB参数值设置为100、100、100，将第五个色标颜色的RGB参数值设置为165、165、165，各色标的位置大致如图186-5所示。单击“确定”按钮，关闭“渐变编辑器”窗口。

图186-4 载入选区

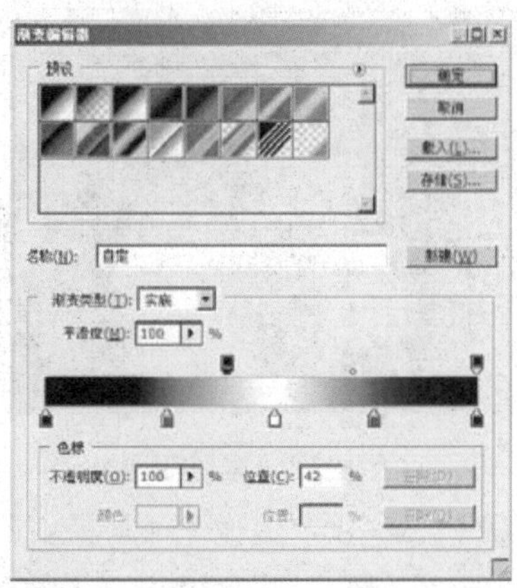

图186-5 “渐变编辑器”窗口

步骤8 在图像编辑窗口中的选区内自上向下拖曳鼠标，填充渐变色，效果如图186-6所示。

图186-6 渐变填充

步骤9 选择工具箱中的多边形套索工具，创建如图186-7所示的选区，按【Delete】键删除该选区中的图像，效果如图186-8所示。

图186-7 创建选区

图186-8 删除选区内的图像

步骤 10 按【Ctrl+D】组合键取消选区，单击“图像”|“画布大小”命令，在打开的“画布大小”对话框中设置相应参数（如图 186-9 所示），单击“确定”按钮，效果如图 186-10 所示。

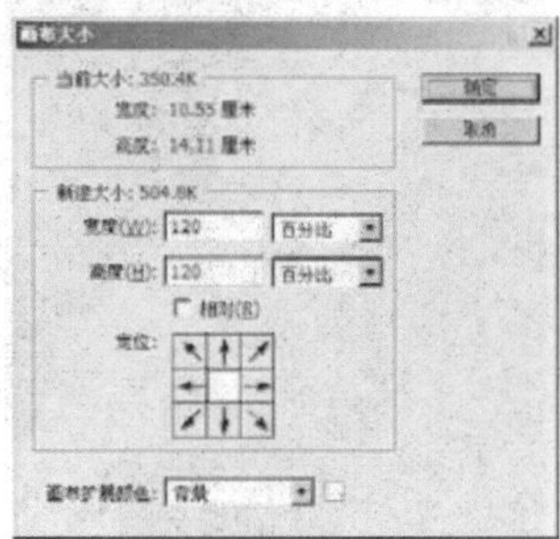

图 186-9 “画布大小”对话框

图186-10 扩大画布后的效果

步骤 11 选择工具箱中的椭圆选框工具，在图像的各角上绘制选区，然后用渐变颜色填充，制作钉子效果，如图 186-11 所示。

图186-11 制作钉子效果

步骤 12 打开一幅背景图片，按【Ctrl+A】组合键全选图像，按【Ctrl+C】组合键复制图像，回到原图像编辑窗口，单击“背景”图层，使其成为当前图层，按【Ctrl+V】组合键粘贴图像，然后调整图像的大小及位置，得到最终的卷边效果，参见图 186-1。

实例 187 烈焰效果

本例制作具有烈焰效果的图像，如图 187-1 所示。

图187-1 烈焰效果

操作步骤

步骤 1 按【D】键将前景色设置为黑色、背景色设置为白色，单击“文件”|“打开”命令，打开一幅素材图像，如图 187-2 所示。

图187-2 素材图像

步骤 2 单击“图像”|“模式”|“灰度”命令，将弹出一个提示信息框，询问是否扔掉颜色信息（如图 187-3 所示），单

击“扔掉”按钮，即可将图像转换为黑白图像。

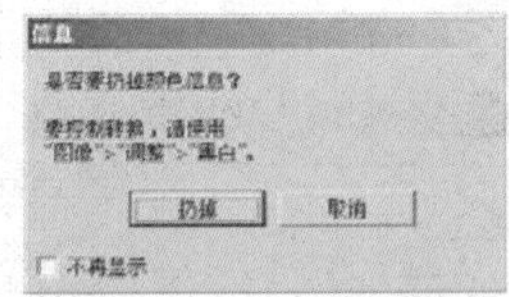

图187-3 提示信息框

步骤3 单击“滤镜”|“模糊”|“高斯模糊”命令，在弹出的“高斯模糊”对话框中设置各项参数（如图187-4所示），单击“确定”按钮，效果如图187-5所示。

图187-4 “高斯模糊”对话框

图187-5 “高斯模糊”滤镜效果

步骤4 单击“图像”|“图像旋转”|“90度（逆时针）”命令，将图像逆时针旋转90度。

步骤5 单击“滤镜”|“风格化”|“风”命令，在打开的“风”对话框中设置各项参数（如图187-6所示），单击“确定”按钮，效果如图187-7所示。

步骤6 单击“图像”|“图像旋转”|“90度（顺时针）”命令，还原图像。

步骤7 单击“滤镜”|“风格化”|“曝光过度”命令，应用“曝光过度”滤镜，得到如图187-8所示的效果。

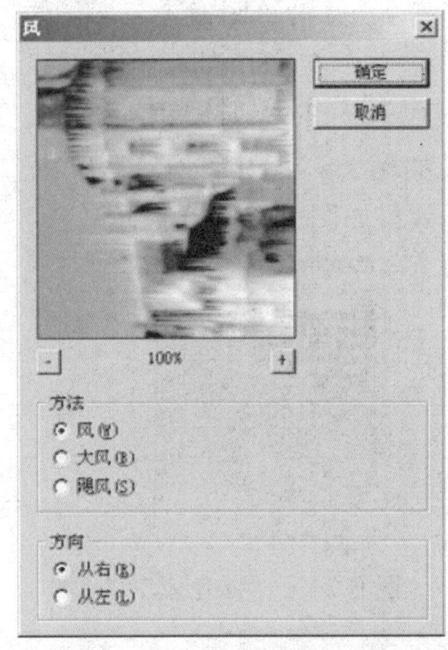

图187-6 “风”对话框

图187-7 “风”滤镜效果

图187-8 “曝光过度”滤镜效果

步骤8 单击“图像”|“模式”|“索引颜色”命令，保持默认设置，单击“确定”按钮，将图像转换为索引模式。

步骤9 单击“图像”|“模式”|“颜色表”命令，在弹出的“颜色表”对话框的“颜色表”下拉列表框中选择“黑体”选项（如图187-9所示），单击“确定”按钮，效果如图187-10所示。

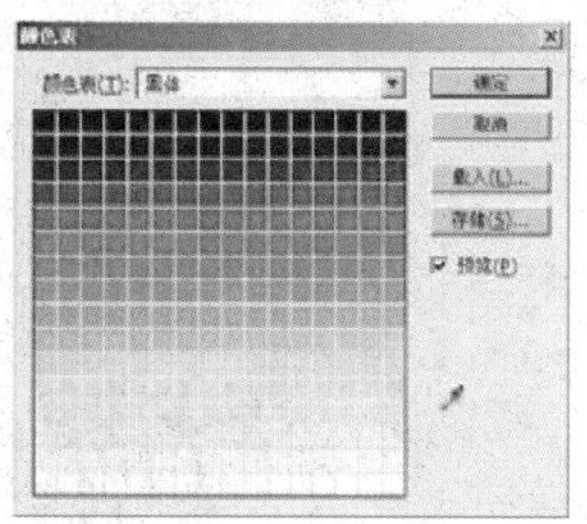

图187-9 “颜色表”对话框

图187-10 设置“颜色表”后的效果

步骤10 按【Ctrl+U】组合键，在打开的“色相/饱和度”对话框中设置各项参数（如图187-11所示），单击“确定”按钮，即可得到如图187-12所示的效果。

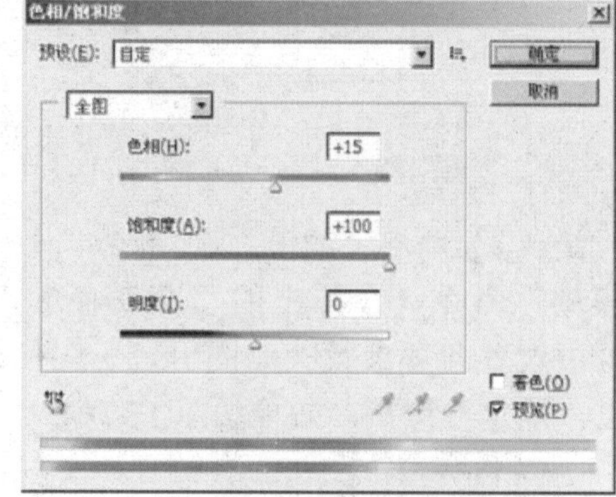

图187-11 “色相/饱和度”对话框

图187-12 调整“色相/饱和度”后的效果

步骤11 单击“图像”|“模式”|“RGB颜色”命令，将图像转换为RGB模式，至此本例制作完毕，效果参见图187-1。

实例188 老电影效果

本例制作具有老电影效果的图像，如图188-1所示。

图188-1 老电影效果

操作步骤

步骤1 按【D】键将前景色设置为黑色、背景色设置为白色，单击“文件”|“打开”命令，打开一幅素材图像，如图188-2所示。

步骤2 在“图层”调板中拖曳背景图层到“创建新图层”按钮上，复制生成“背景 副本”图层，单击“滤镜”|“杂色”|“添加杂色”命令，在弹出的“添加杂色”对话框中设置各项参数（如图188-3所示），单击“确定”按钮，效果如图188-4所示。

步骤3 单击“图像”|“调整”|“去色”命令，效果如图188-5所示。

图188-2 素材图像

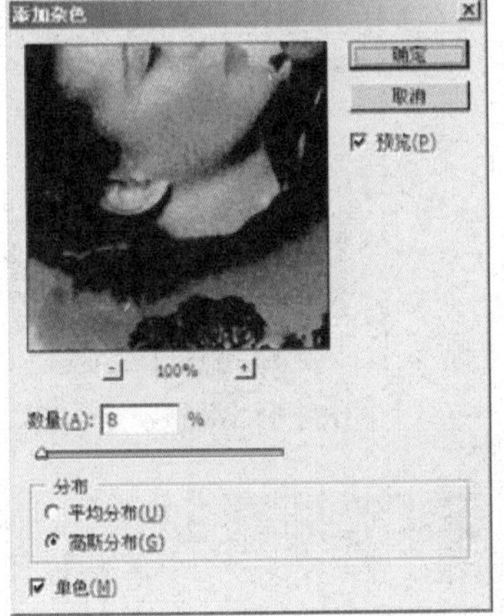

图188-3 “添加杂色”对话框

图188-4 “添加杂色”滤镜效果

步骤4 按【Ctrl+U】组合键，在弹出的“色相/饱和度”对话框中设置各项参数（如图188-6所示），单击“确定”按钮，效果如图188-7所示。

步骤5 新建一个图层，选择工具箱中的单列选框工具，按住【Shift】键的同时随意在图像中单击鼠标左键，创建几个直线选区，如图188-8所示。

步骤6 单击“编辑”|“描边”命令，在打开的“描边”对话框中设置“宽度”为1、“颜色”为白色（如图188-9所示），单击“确定”按钮，效果如图188-10所示。

图188-5 去色后的效果

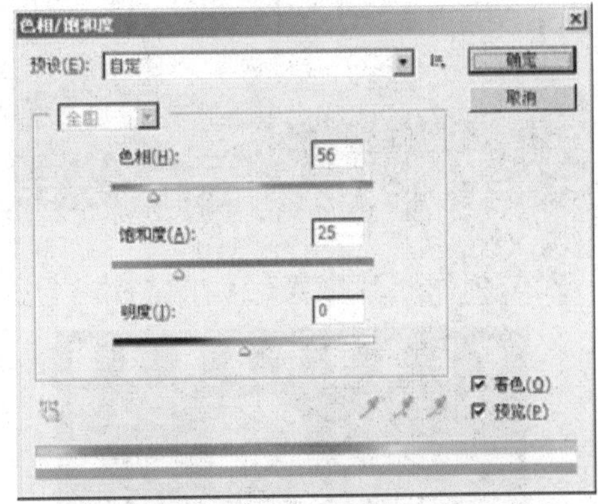

图188-6 “色相/饱和度”对话框

图188-7 调整“色相/饱和度”后的效果

图188-8 创建直线选区

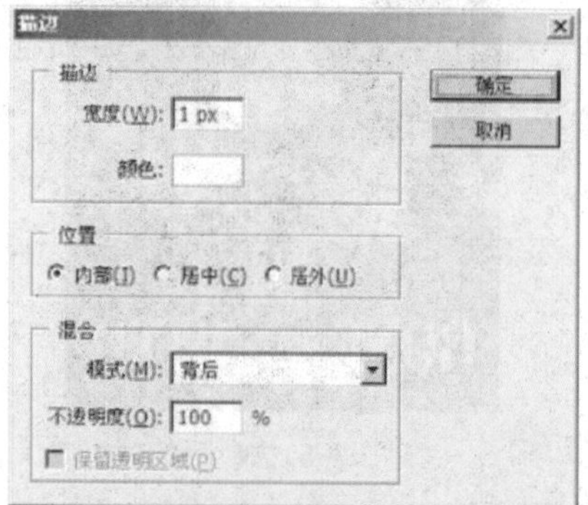

图188-9 "描边"对话框

图188-10 描边效果

步骤 7 在"图层"调板中设置该图层的"不透明度"为25%（如图188-11所示），至此完成本例的制作，效果参见图188-1。

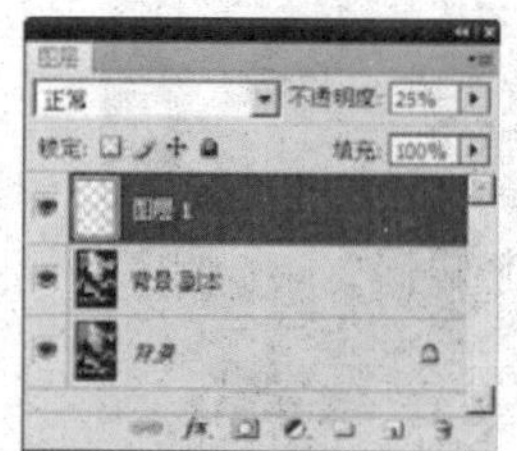

图188-11 调整不透明度

实例189 底片效果

本例制作底片效果，如图189-1所示。

图189-1 底片效果

操作步骤

步骤 1 单击"文件"|"新建"命令，新建一幅RGB空白图像，并设置图像的大小为360像素×200像素。

步骤 2 确认前景色为黑色，单击"编辑"|"填充"命令，在"填充"对话框的"使用"下拉列表框中选择"前景色"选项，单击"确定"按钮，将背景层填充为黑色，如图189-2所示。

图189-2 填充黑色

步骤 3 在"图层"调板中新建"图层1"，选择工具箱中的矩形选框工具，在图像编辑窗口中单击鼠标左键并拖曳，创建一个矩形选区，并将选区填充为白色，然后取消选区，如图189-3所示。

步骤 4 在"图层"调板中，将"图层1"拖曳到调板底部的"创建新图层"按钮上，生成"图层1 副本"图层。

步骤 5 将"图层1副本"图层拖曳到

调板底部的“创建新图层”按钮上，生成“图层1 副本2”图层。重复此操作6次，完成操作后的“图层”调板如图189-4 所示。

步骤6 选择工具箱中的移动工具，在图像编辑窗口中调整“图层1 副本8”中的白色矩形的位置，如图189-5 所示。

图189-3 创建选区并填充白色

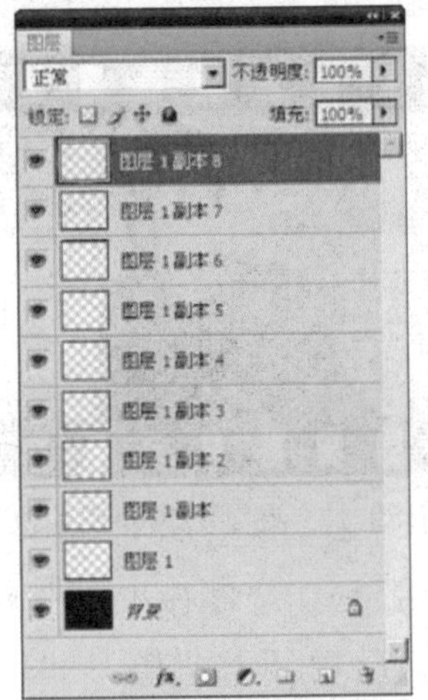

图189-4 复制图层

图189-5 调整白色矩形的位置

步骤7 确保当前图层为“图层1 副本8”图层，按住【Shift】键的同时单击“图层1”，选择这些图层，此时的“图层”调板如图189-6 所示。

步骤8 单击“图层”调板底部的“链接图层”按钮，在这些图层的右侧将出现链接符号，说明已将这些图层链接在一起，如图189-7 所示。

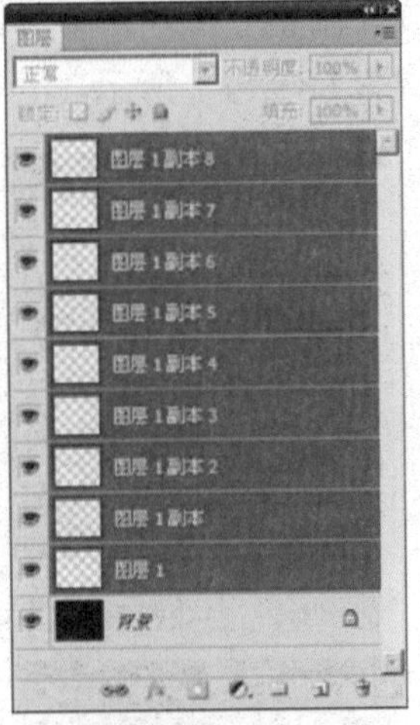

图189-6 选择图层

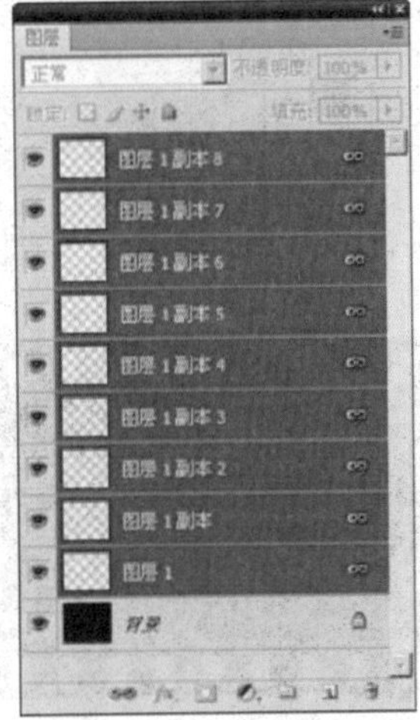

图189-7 链接所选图层

步骤9 单击“图层”|“分布”|“水平居中”命令，图像效果如图189-8 所示。

步骤10 单击“图层”调板菜单中的“合并图层”命令，此时的“图层”调板如图189-9 所示。

图189-8 水平居中各链接图层

步骤11 在“图层”调板中复制“图层1 副本8”，生成“图层1 副本9”，如图189-10 所示。

步骤12 选择工具箱中的移动工具，在图像编辑窗口中调整“图层1 副本9”中图像的位置，如图189-11所示。

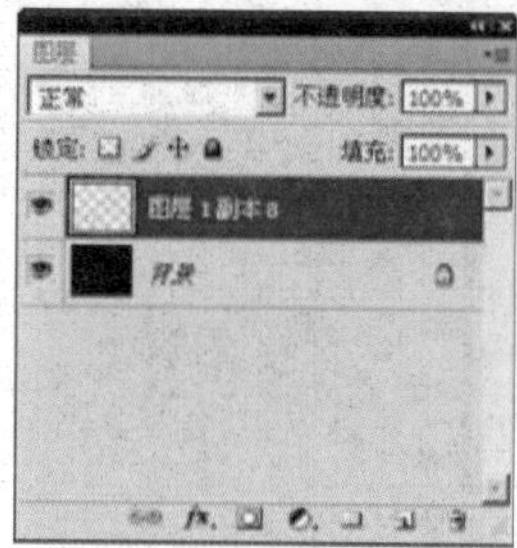

图189-9 合并链接图层

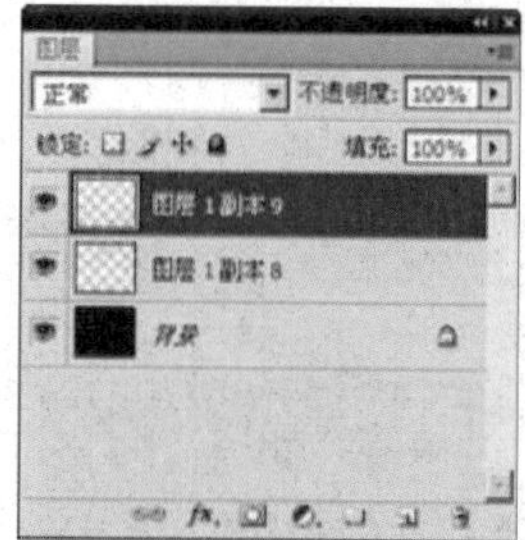

图189-10 复制图层

图189-11 调整图像的位置

步骤13 单击“文件”|“打开”命令，打开一幅素材图像（如图189-12所示），单击“选择”|“全部”命令全选图像，单击“编辑”|“拷贝”命令复制图像。

图189-12 素材图像

步骤14 单击原始图像编辑窗口，使其成为当前工作窗口，单击“编辑”|“粘贴”命令粘贴图像，然后使用工具箱中的移动工具调整图像的位置，如图189-13所示。

图189-13 粘贴图像并调整位置

步骤15 单击“图像”|“调整”|“反相”命令，反相显示图像，即可完成本实例的制作，效果参见图189-1。

实例190 画中画效果

本例制作画中有画的图像效果，如图190-1所示。

图190-1 画中画效果

操作步骤

步骤1 按【D】键将前景色设置为黑色、背景色设置为白色，单击“文件”|“打开”命令，打开一幅素材图像，如图190-2所示。

步骤2 选择工具箱中的矩形选框工具，在图像编辑窗口中创建一个选区，单击“选择”|“变换选区”命令，对选区进行调整，如图190-3所示。

步骤3 按【Ctrl+J】组合键两次，复制生成“图层1”和“图层1 副本”两个图层。

步骤4 选择“图层1”，按住【Ctrl】键的同时用鼠标左键单击其缩略图，载入该选区，按【Alt+Delete】组合键，用黑色填充选区，按【Ctrl+D】组合键取消选区。

步骤5 单击“滤镜”|“模糊”|“高斯模糊”命令，在打开的“高斯模糊”对话话框中设置相应参数（如图190-4所示），单击“确定”按钮，效果如图190-5所示。

图190-2 打开素材图像

图190-3 变换选区

图190-4 “高斯模糊”对话框

步骤6 双击“图层1副本”的缩略图，在打开的“图层样式”对话框中选择“描边”选项，设置相应参数（如图190-6所示），单击“确定”按钮，效果如图190-7所示。

图190-5 “高斯模糊”滤镜效果

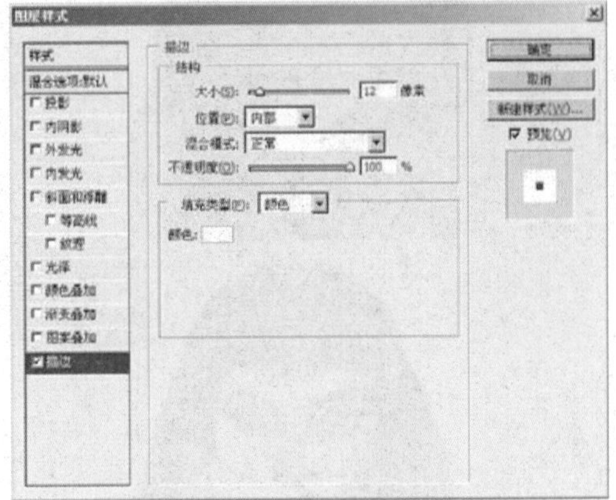

图190-6 “图层样式”对话框

图190-7 添加图层样式后的效果

步骤7 选择背景图层，单击“图像”|“调整”|“去色”命令，生成的效果如图190-8所示。

图190-8 将背景图层去色

实例191 浮雕效果

本例制作具有浮雕效果的图像，如图191-1所示。

图191-1 浮雕效果

操作步骤

步骤1 按【D】键将前景色和背景色设置为默认的黑色和白色，然后单击“文件”|“打开”命令，打开一幅素材图像。

步骤2 选择工具箱中的魔棒工具，并在其工具属性栏中设置相应参数，如图191-2所示。

容差: 30 消除锯齿 连续 对所有图层取样

图191-2 设置魔棒工具参数

步骤3 在图像的白色区域单击鼠标左键，选择图像的白色背景，单击“选择”|“反向”命令反选选区，如图191-3所示。

步骤4 按【Ctrl+J】组合键，复制图层生成“图层1”，选择背景图层，按【Ctrl+Delete】组合键用白色填充该图层，如图191-4所示。

图191-3 选择人物

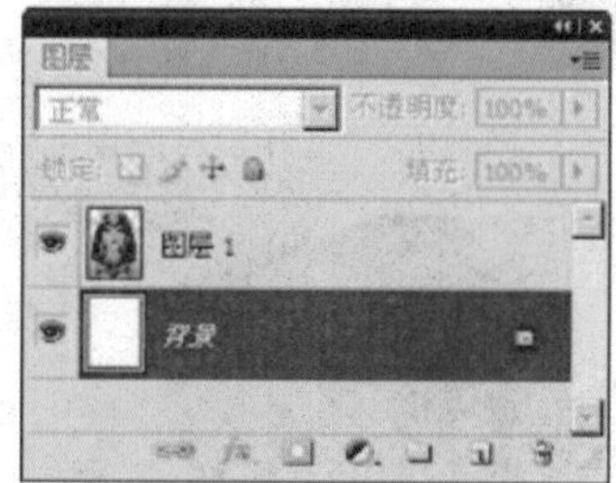

图191-4 填充背景图层

步骤5 单击“滤镜”|“渲染”|“光照效果”命令，在打开的对话框中设置各项参数（如图191-5所示），单击“确定”按钮，即可得到浮雕效果，参见图191-1。

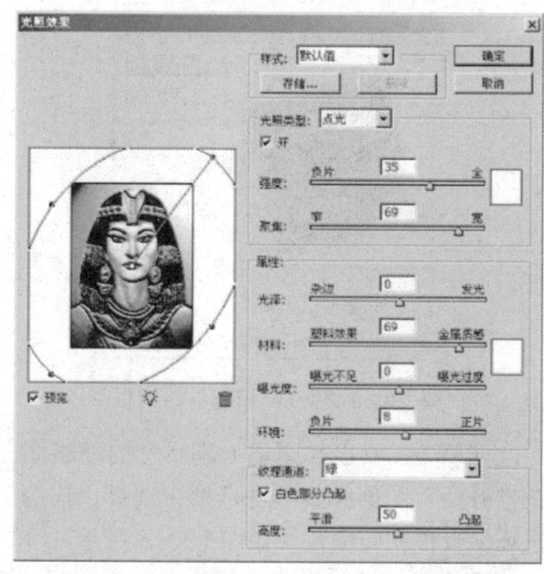

图191-5 “光照效果”对话框

实例 192 烟雾弥漫

本例为图像添加烟雾弥漫效果，如图192-1 所示。

图192-1 烟雾弥漫效果

操作步骤

步骤 1 打开素材图像，如图 192-2 所示。

图192-2 素材图像

步骤 2 单击“图层”调板底部的“创建新图层”按钮，新建“图层 1 ”。

步骤 3 单击“滤镜”|“渲染”|“云彩”命令，制作如图 192-3 所示的云彩效果。

步骤 4 在“图层”调板中单击其底部的“添加图层蒙版”按钮，为“图层 1 ”添加图层蒙版。

步骤 5 单击“滤镜”|“渲染”|“云彩”命令，为了使图像效果突出，可以连续按【Ctrl+F】组合键多次，重复应用该滤镜，制作如图 192-4 所示的云彩效果。

图192-3 云彩效果

图192-4 云彩效果

步骤 6 在“图层”调板中单击“图层 1 ”，回到图层编辑状态。

步骤 7 单击“图像”|“调整”|“亮度/对比度”命令，在弹出的“亮度/对比度”对话框中设置“亮度”为20、“对比度”为20（如图 192-5 所示），单击“确定”按钮。

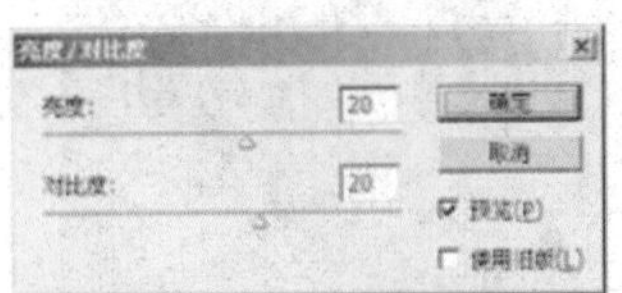

图 192-5 “亮度/对比度”对话框

步骤 8 在“图层”调板中将“图层 1”的图层混合模式设置为“强光”，再单击“图层”|“拼合图像”命令，将所有图层合并，最终效果参见图 192-1。

实例193 快乐童年

本例进行儿童数码设计，效果如图193-1所示。

图193-1 快乐童年

操作步骤

步骤1 打开两幅素材图像，如图193-2所示。

图193-2 素材图像（镜框与女孩）

步骤2 选择工具箱中的矩形选框工具，在“镜框”图像中创建选区，如图193-3所示。

图193-3 创建选区

步骤3 在“女孩”图像中按【Ctrl+A】组合键，全选图像，然后按【Ctrl+C】组合键复制图像。

步骤4 设置“镜框”素材图像为当前工作图像，单击“编辑”|“贴入”命令，效果如图193-4所示。

图193-4 将女孩图像贴入镜框

步骤5 利用“图层”调板，对图193-4中贴入的图层进行合并操作。

步骤6 打开另一幅素材图像，如图193-5所示。

步骤7 利用工具箱中的移动工具，将合并后的图像拖曳到刚打开的素材图像中，如图193-6所示。

步骤8 单击“编辑”|“变换”|“透视”命令，对镜框进行透视操作，如图193-7所示。

图193-5　素材图像

图193-6　将合并的图像放入背景中

图193-7　对镜框进行透视操作

步骤 9　按【Ctrl+T】组合键，继续对镜框进行变形操作，将其缩小并略微旋转，效果如图 193-8 所示。

步骤 10　将“图层 1”切换为当前图层（即镜框所在的图层），单击“图层”调板底部的“添加图层样式”按钮，在弹出的下拉菜单中选择“投影”选项，打开“图层样式”对话框，保持默认设置，如图 193-9 所示。

步骤 11　单击“确定”按钮，得到的效果如图 193-10 所示。

图193-8　对镜框进行缩放与旋转操作

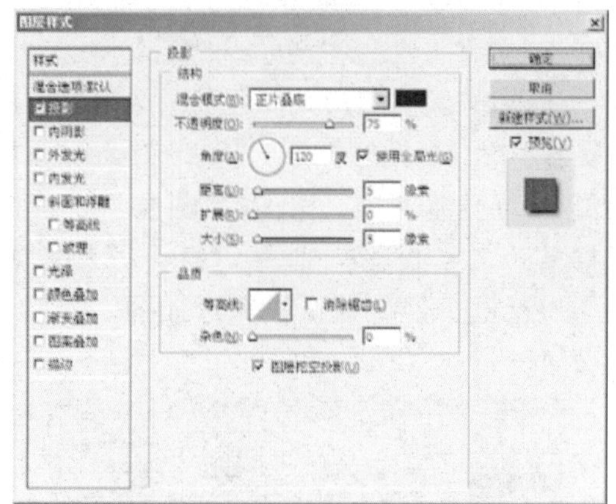

图 193-9　“图层样式”对话框

图193-10　为镜框添加投影效果

步骤 12　打开素材图像，如图 193-11 所示。

图193-11　素材图像

步骤13 选取工具箱中的魔棒工具，选择图像的花朵部分，然后利用工具箱中的移动工具将其拖曳到图193-10所示的图像中，效果如图193-12所示。

图193-12 将花朵放入背景中

步骤14 保持图193-12所示图像为当前工作图像，并保持“图层2”（即花朵所在的图层）为当前图层，单击“图层”|“图层样式”|“投影”命令，打开“图层样式”对话框，保持默认设置，如图193-13所示。

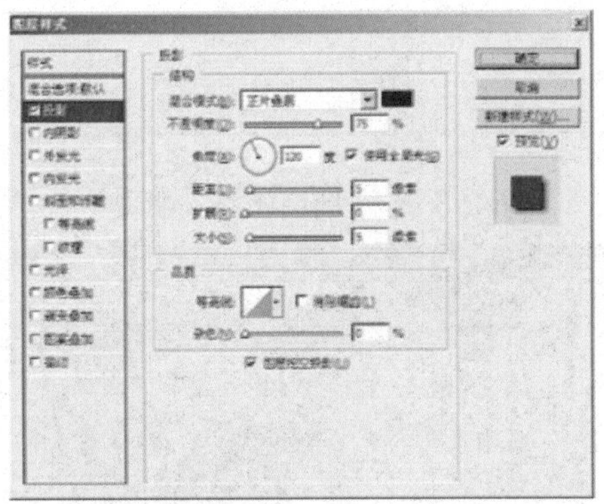

图193-13 “图层样式”对话框

步骤15 单击“确定”按钮，效果如图193-14所示。

图193-14 为花朵添加投影效果

步骤16 按【Ctrl+T】组合键，对花朵进行缩小操作，然后在“图层”调板中将花朵所在的图层（即“图层2”）进行复制操作，本例中复制了4个。

步骤17 对“图层2”、“图层2副本”、“图层2副本2”、“图层2副本3”“图层2副本4”中的花朵分别进行变换操作，并调整其位置，效果如图193-15所示。

图193-15 变换操作后的效果

步骤18 选择工具箱中的竖排文字工具，并设置合适的字体、字号，在图像编辑窗口中输入文字“快乐童年”，然后单击“图层”|“图层样式”|“投影”命令，在弹出的对话框中进行合适的设置，单击“确定”按钮，为文字添加投影，最终效果参见图193-1。

实例194 水漫金山

本例制作水漫金山的效果，如图194-1所示

图194-1 水漫金山

操作步骤

步骤1 单击“文件”|“打开”命令，打开一幅素材图像，如图194-2所示。

步骤2 单击“图像”|“复制”命令，得到素材图像的副本，然后单击“图像”|“画布大小”命令，在弹出的“画布大小”对话框中保持宽度不变，将高度设为原素材图像的两倍，设置完成后单击“确定”按钮。

步骤3 将图像用白色填充，然后单击"滤镜"|"渲染"|"云彩"命令，在图像中创建云彩效果。

步骤4 单击"图像"|"调整"|"自动对比度"命令，自动调整图像的对比度，如图194-3所示。

图194-2 素材图像

图194-3 图像效果

步骤5 单击"滤镜"|"扭曲"|"海洋波纹"命令，在弹出的"海洋波纹"对话框中设置各项参数（如图194-4所示），单击"确定"按钮，效果如图194-5所示。

步骤6 选择工具箱中的移动工具，将图像拖曳到原始图像编辑窗口中，在"图层"调板中将自动生成"图层1"，按【Ctrl+T】组合键将图像进行压缩变换，并设置图层的"不透明度"为70%，效果如图194-6所示。

步骤7 将"图层1"隐藏起来，选择工具箱中的钢笔工具，在图像中绘制路径，如图194-7所示。

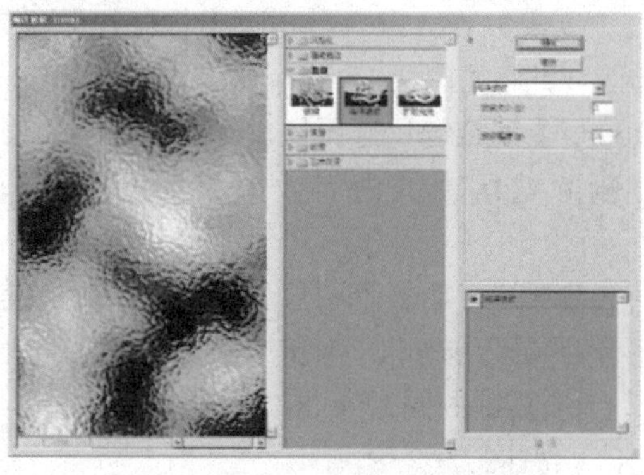

图194-4 "海洋波纹"对话框

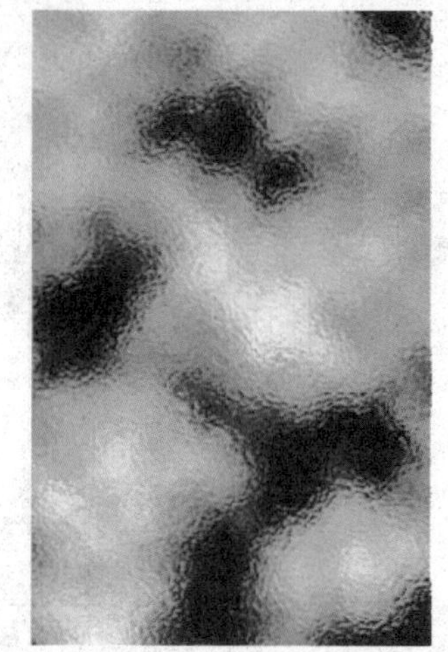

图194-5 "海洋波纹"滤镜效果

图194-6 变换图像并设置图层不透明度

图194-7 绘制路径

步骤8 在“路径”调板中将路径转换为选区，并将“图层1”显示出来，按【Shift+Ctrl+I】组合键反选图像，然后按【Delete】键删除选区中的内容，效果如图194-8所示。

步骤9 单击“图层”调板底部的“创建新图层”按钮，新建“图层2”，按住【Ctrl】键的同时单击“图层1”，载入其选区，如图194-9所示。

图194-8 删除选区中的内容

图194-9 载入选区

步骤10 将前景色设置为灰色、背景色设置为白色，选择工具箱中的渐变工具，在其工具属性栏中选择“前景色到背景色渐变”样式，在选区内从上向下拖曳鼠标，应用渐变，如图194-10所示。

图194-10 渐变填充

步骤11 在“图层”调板中，将该图层的混合模式设置为“叠加”，此时图像效果如图194-11所示。

图194-11 改变图层混合模式后的效果

步骤12 单击“图像”|“调整”|“色彩平衡”命令，在弹出的“色彩平衡”对话框中设置相应参数（如图194-12所示），单击“确定”按钮，效果如图194-13所示。

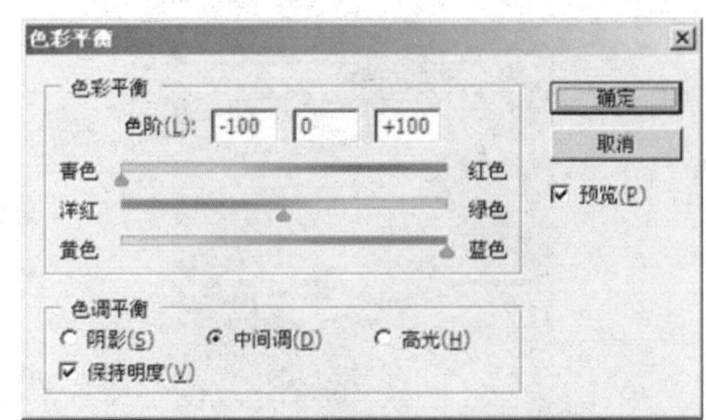

图194-12 “色彩平衡”对话框

图194-13 调整“色彩平衡”后的效果

步骤13 选取工具箱中的模糊工具和橡皮擦工具，设置适当的压力，然后在水与石头接触的边缘处进行涂抹，最终效果参见图194-1。

实例195 古董地图

本例制作古董地图效果，如图195-1所示。

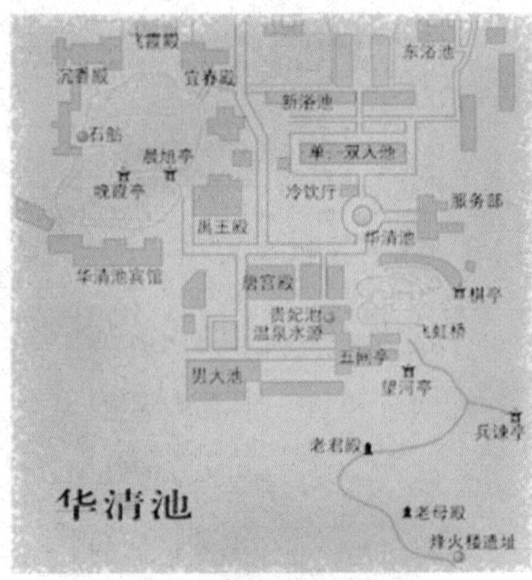

图195-1 古董地图效果

操作步骤

步骤1 单击“文件”|“新建”命令，新建一幅RGB模式的空白图像。

步骤2 新建“图层1”，选择工具箱中的矩形选框工具，在图像中创建一个选区，将前景色设置为土黄色，按【Alt+Delete】组合键用前景色填充选区，然后按【Ctrl+D】组合键取消选区，如图195-2所示。

图195-2 填充选区

步骤3 单击“滤镜”|“画笔描边”|“喷溅”命令，在打开的“喷溅”对话框中设置“喷色半径”为20、“平滑度”为3（如图195-3所示），单击“确定”按钮，效果如图195-4所示。

步骤4 选择工具箱中的矩形选框工具，创建一个矩形选区，如图195-5所示。

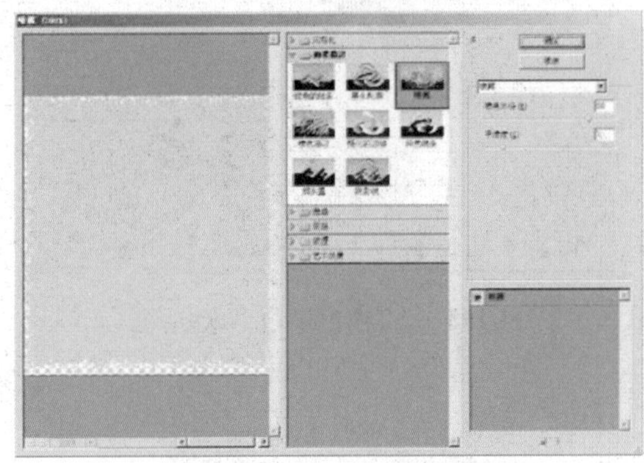

图195-3 “喷溅”对话框

图195-4 “喷溅”滤镜效果

图195-5 创建选区

步骤5 单击“滤镜”|“画笔描边”|“喷色描边”命令，在打开的“喷色描边”对话框中设置相应参数（如图195-6所示），单击“确定”按钮，效果如图195-7所示。

步骤6 单击“文件”|“打开”命令，打开一幅地图素材图像，按【Ctrl+A】组

合键全选图像，按【Ctrl+C】组合键复制图像，如图195-8所示。

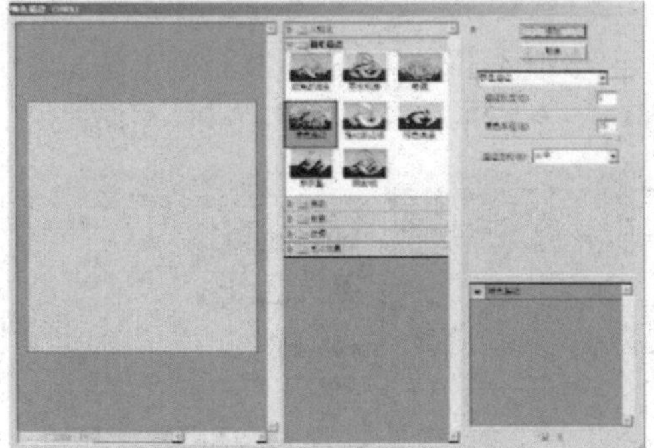
图195-6 “喷色描边” 对话框

图195-7 “喷色描边” 滤镜效果

图195-8 全选并复制图像

步骤7 回到原来的图像编辑窗口，按【Ctrl+V】组合键粘贴图像，并设置其图层混合模式为“正片叠底”，设置“不透明度”为80%（如图195-9所示），图像效果如图195-10所示。

图195-9 “图层”调板

图195-10 设置图层混合模式后的效果

步骤8 将前景色设置为黄色，选择工具箱中的画笔工具，设置适当的笔触大小，将“不透明度”设置为10%；在图像的相应位置进行绘制，并在边缘部分多次重复操作，直至效果满意为止，参见图195-1。

实例196 撕纸效果

本例制作撕纸的效果，如图196-1所示。

图196-1 撕纸效果

操作步骤

步骤1 单击“文件”|“新建”命令，新建一幅RGB模式的空白图像。

步骤2 单击“文件”|“打开”命令，打开一幅素材图像，选择工具箱中的魔棒工具，在图像的白色区域单击鼠标左键，选中白色的区域，按【Ctrl+Shift+I】组合键反选图像，如图196-2所示。

步骤3 按【Ctrl+C】组合键复制图像到

剪贴板，切换到空白图像编辑窗口，按【Ctrl+V】组合键将图像粘贴到图像中。

步骤4 单击“编辑”|“自由变换”命令，对图像进行旋转调整，如图196-3所示。

图196-2 选择图像

图196-3 旋转变换图像

步骤5 选择工具箱中的套索工具，在图像编辑窗口中创建如图196-4所示的选区，然后单击工具箱中的“以快速蒙版模式编辑”按钮，将选区转换为快速蒙版，如图196-5所示。

图196-4 创建选区

图196-5 转换到快速蒙版编辑模式

步骤6 单击“滤镜”|“像素化”|“晶格化”命令，打开“晶格化”对话框，设置相应参数（如图196-6所示），单击“确定”按钮，效果如图196-7所示。

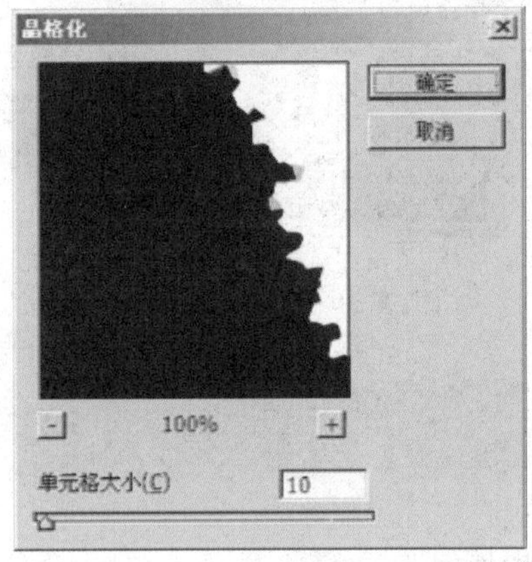

图196-6 “晶格化”对话框

图196-7 “晶格化”滤镜效果

步骤7 单击工具箱中的“以标准模式编辑”按钮，返回标准模式编辑窗口，此时图像效果如图196-8所示。按【Delete】键删除选区内的图像，此时图像效果如图196-9所示。

图196-8 切换到标准编辑模式

步骤8 在“图层”调板中双击“图层1”，在弹出的“图层样式”对话框中选择“投影”选项，并在右边的选项区中设置各项参数（如图196-10所示），单击“确定”

按钮，最终效果参见图196-1。

图196-9 删除选区内的图像

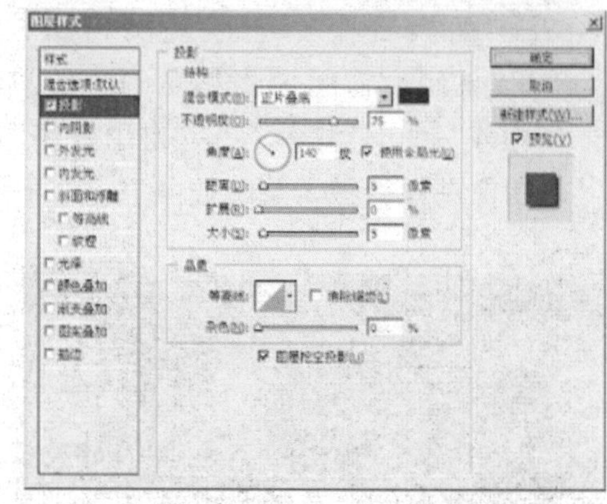

图196-10 “图层样式”对话框

实例197 蒙太奇效果（一）

本例制作一幅蒙太奇效果的图像，如图197-1所示。

图197-1 蒙太奇效果之一

操作步骤

步骤1 按【D】键将前景色设置为黑色、背景色设置为白色，单击“文件”|“打开”命令，打开两幅素材图像，如图197-2和图197-3所示。

图197-2 素材图像（一）

图197-3 素材图像（二）

步骤2 选择工具箱中的移动工具，将素材图像（二）拖曳到素材图像（一）的左上角位置，然后单击“编辑”|“自由变换”命令，对图像进行大小、位置及角度的调整（如图197-4所示），最后按回车键确认变换。

图197-4 调整图像

步骤3 单击“文件”|“打开”命令，打开六幅素材图像，如图197-5所示。

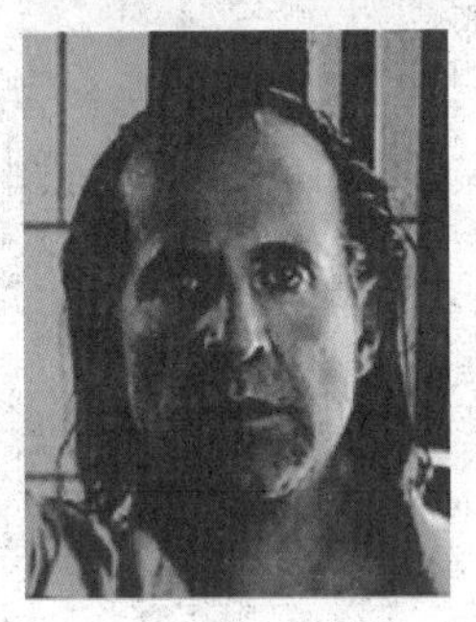

图197-5 素材图像

步骤4 参照步骤（2）的操作方法，分别将素材图像拖曳到素材图像（一）上，然后调整图像的大小、位置及角度，效果如图197-6所示。

图197-6 调整图像后的效果

步骤5 除背景图层外，将其余的图层合并，选择工具箱中的横排文字工具，设置字体、字号和颜色，在图像的顶部输入文字，并调整其位置，如图197-7所示。

图197-7 输入文字

步骤6 双击文字图层，在打开的“图层样式”对话框中设置相应参数（如图197-8所示），单击“确定”按钮，添加图层样式。

步骤7 设置文字的颜色和大小，在图像编辑窗口中的每幅图像下方输入文字，然后调整至合适位置，最终效果如图197-9所示。

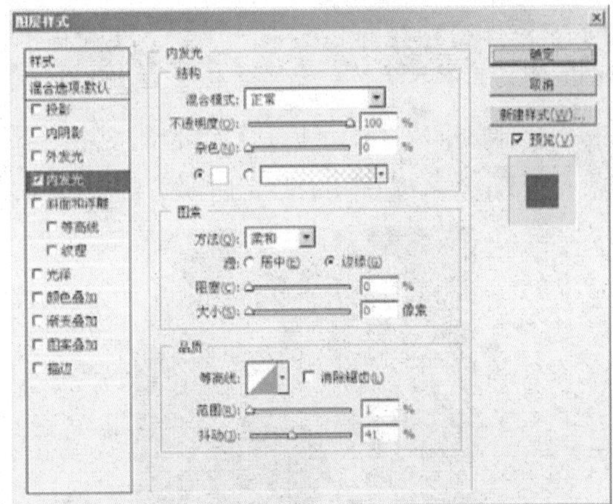

图197-8 “图层样式”对话框

图197-9 最终效果

实例198 蒙太奇效果（二）

本例制作另一幅蒙太奇效果的图像，如图198-1所示。

图198-1 蒙太奇效果之二

操作步骤

步骤1 按【Ctrl+O】组合键，打开两幅素材图像，如图198-2所示。

图198-2 素材图像

步骤2 选择工具箱中的椭圆选框工具，在第二幅素材图像的人物头像四周创建一个椭圆选区，再按【Ctrl+Alt+D】组合键，在弹出的“羽化选区”对话框中设置“羽化半径”为40，单击“确定”按钮，如图198-3所示。

图198-3 创建并羽化选区

步骤3 选择工具箱中的移动工具，将选区内的图像拖曳至第一幅图像左上角，此时在“图层”调板中将自动生成一个新图层“图层1”，效果如图198-4所示。

图198-4 移动图像

步骤4 按【Ctrl+O】组合键再打开一幅素材图像，在素材图像的人物头像四周创建一个椭圆选区，按【Ctrl+Alt+D】组合键，在弹出的“羽化选区”对话框中设置“羽化半径”为40，单击“确定”按钮，效果如图198-5所示。

步骤5 选择工具箱中的移动工具，将选区内的图像拖曳到第一幅图像中，效果如图198-6所示。

步骤6 按【Ctrl+O】组合键再打开一幅

素材图像，选择工具箱中的魔棒工具，按住【Shift】键的同时在图像上黑色的区域单击鼠标左键，以选中黑色区域，按【Shit+Ctrl+I】组合键反选选区，如图198-7所示。

图198-5 创建并羽化选区

图198-6 移动图像

图198-7 创建选区

步骤7 选择工具箱中的移动工具，将选区内的图像拖曳到第一幅图像中，效果如图198-8所示。

步骤8 选择工具箱中的横排文字工具，在其工具属性栏中选择合适的字体及字号，然后在图像上输入文字007，如图198-9所示。

步骤9 双击文字图层，在弹出的“图层样式”对话框中设置各项参数（如图198-10所示），单击“确定”按钮，效果参见图198-1。

图198-8 移动图像

图198-9 输入文字

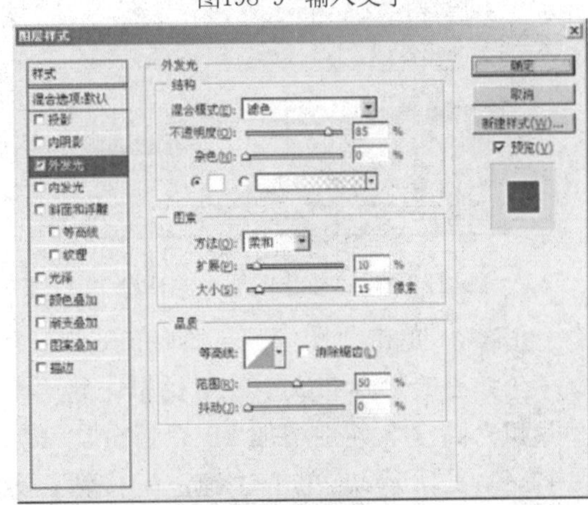

图198-10 “图层样式”对话框

实例199 褶皱效果

本例制作具有褶皱效果的图像，如图199-1所示。

图199-1 褶皱效果

操作步骤

步骤1 单击“文件”|“打开”命令，打开一幅素材图像，如图199-2所示。

图199-2 素材图像

步骤2 双击背景图层，在打开的“新建图层”对话框中保持默认设置（如图199-3所示），单击“确定”按钮，将背景图层转换为普通图层。

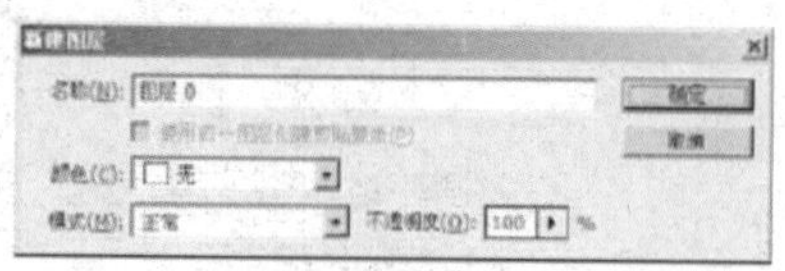

图199-3 “新建图层”对话框

步骤3 单击“图像”|“画布大小”命令，在弹出的“画布大小”对话框中将“宽度”和“高度”分别增加20个百分比（如图199-4所示），单击“确定”按钮，效果如图199-5所示。

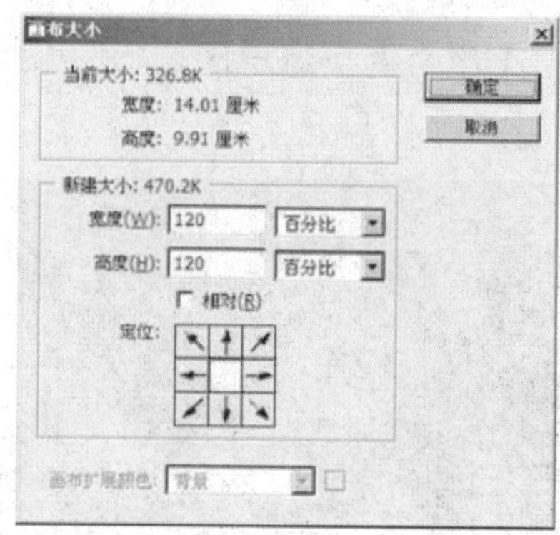

图199-4 “画布大小”对话框

图199-5 扩大画布后的图像

步骤4 单击“图层”调板底部的“创建新图层”按钮，新建一个“图层1”，单击“滤镜”|“渲染”|“云彩”命令，应用“云彩”滤镜，单击“滤镜”|“渲染”|“分层云彩”命令，然后按【Ctrl+F】组合键重复操作，直到获得满意的效果为止，如图199-6所示。

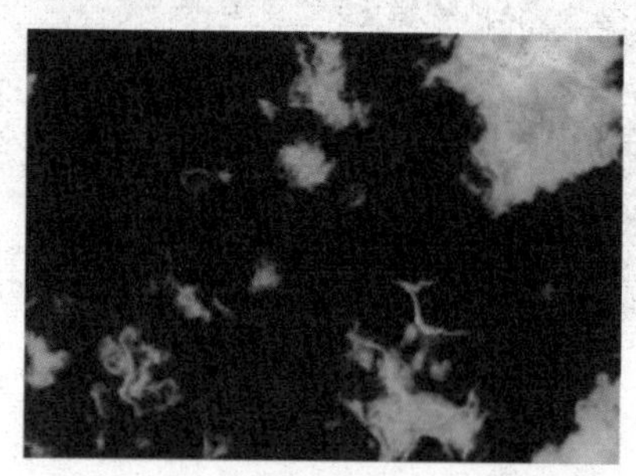

图199-6 “分层云彩”滤镜效果

步骤5 单击“滤镜”|“风格化”|“浮雕效果”命令，在打开的“浮雕效果”对话框中进行如图199-7所示的参数设置，单

击“确定”按钮，效果如图199-8所示。

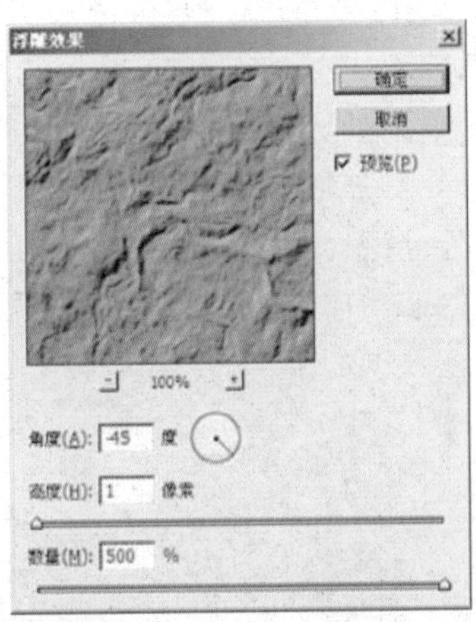

图199-7 “浮雕效果”对话框

图199-8 “浮雕效果”滤镜效果

步骤6 单击“文件”|“存储为”命令，将文件另存为“褶皱效果”图像文件，然后隐藏“图层1”，单击“图层0”使其成为当前工作图层。

步骤7 单击“滤镜”|“扭曲”|“置换”命令，在打开的“置换”对话框中按照如图199-9所示进行参数设置。

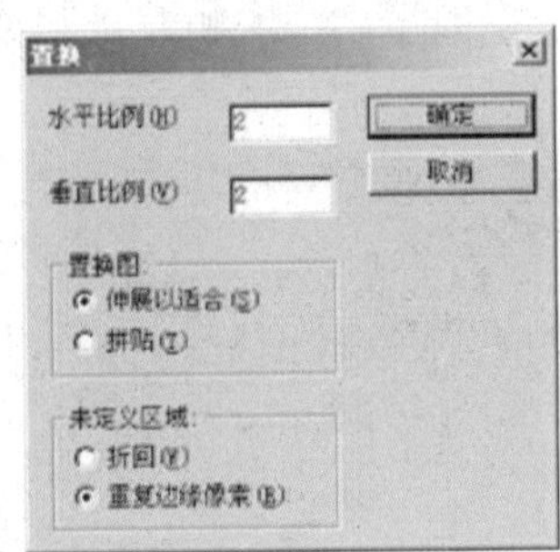

图199-9 “置换”对话框

步骤8 单击“确定”按钮，在打开的“选择一个置换图”对话框中选择刚保存的图像文件（如图199-10所示），单击“打开”按钮，图像效果如图199-11所示。

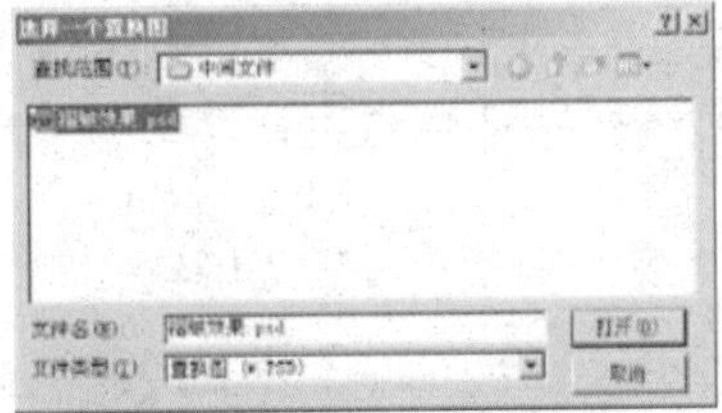

图199-10 “选择一个置换图”对话框

图199-11 选择置换图后的效果

步骤9 按住【Ctrl】键的同时单击“图层0”载入选区，单击“选择”|“反向”命令反选选区；单击“图层1”使其成为当前工作图层，按【Alt+Delete】组合键用黑色填充选区，效果如图199-12所示。

图199-12 填充后的图像效果

步骤10 按【Ctrl+D】组合键取消选区，将“图层1”移动到“图层0”的下方，然后将“图层0”的混合模式设置为“叠加”，最终效果如图199-13所示。

图199-13 最终效果

实例200 水珠效果

本例制作水珠效果，如图200-1所示。

图200-1 水珠效果

操作步骤

步骤1 单击“文件”|“打开”命令，打开一幅素材图像，如图200-2所示。

图200-2 素材图像

步骤2 按【D】键恢复前景色和背景色的默认设置，在“图层”调板中新建“图层1”，选择椭圆选框工具，在图像编辑窗口中创建一个选区，然后按【Alt+Delete】组合键用前景色进行填充，如图200-3所示。

图200-3 创建并填充选区

步骤3 按【Ctrl+D】组合键取消选区，用与上述相同的方法，制作出其他两个选区并填充黑色，如图200-4所示。

图200-4 创建其他选区并填充

步骤4 双击“图层1”，在弹出的“图层样式”对话框中选择“投影”选项，并设置各项参数，如图200-5所示。

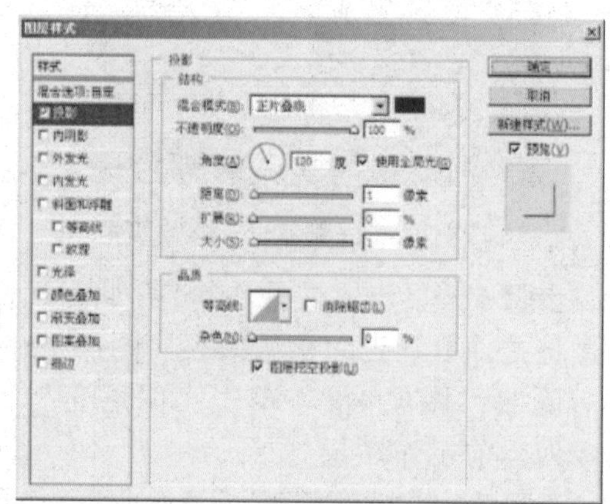
图200-5 设置投影参数

步骤5 在“图层样式”对话框中选择“内阴影”选项，并设置各项参数，如图200-6所示。

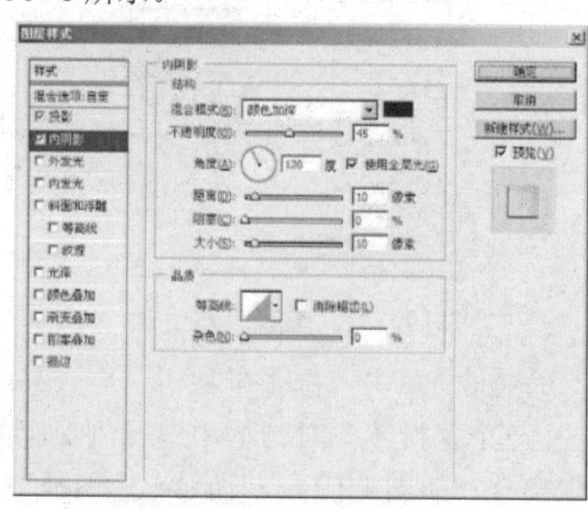
图200-6 设置内阴影参数

步骤6 在“图层样式”对话框中选择“内发光”选项，并设置各项参数，如图200-7所示。

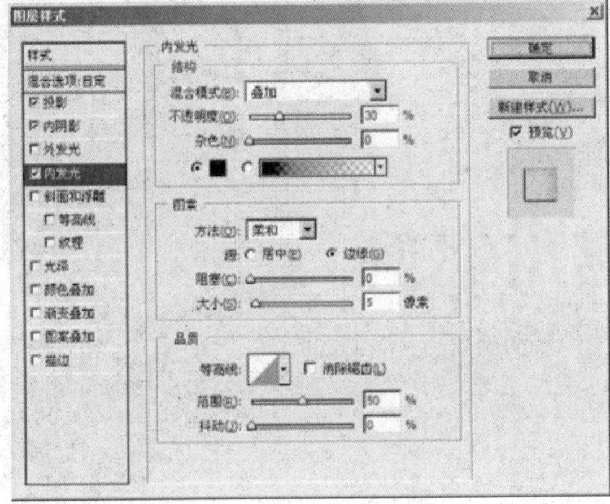

图200-7 设置内发光参数

步骤7 在“图层样式”对话框中选择“斜面和浮雕”选项，并设置各项参数（如图200-8所示），单击“确定”按钮，最终效果参见图200-1。

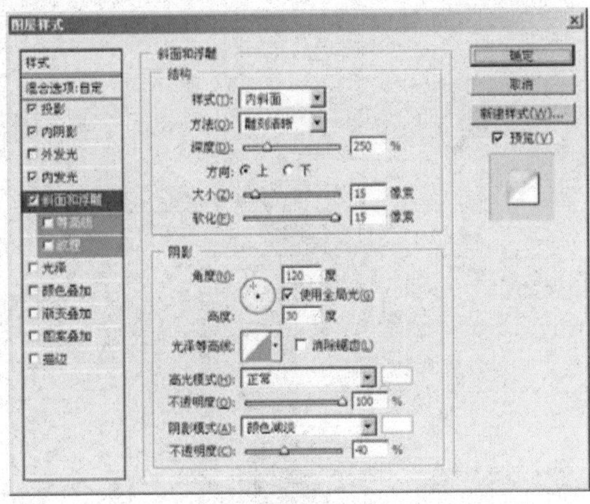

图200-8 设置斜面和浮雕参数

第7章 设计应用案例

7 part

平面设计是Photoshop应用最为广泛的领域，本章通过贺卡、广告、数码设计、建筑效果图等应用案例的讲解，帮助读者活学活用，迅速提高Photoshop实际应用水平。

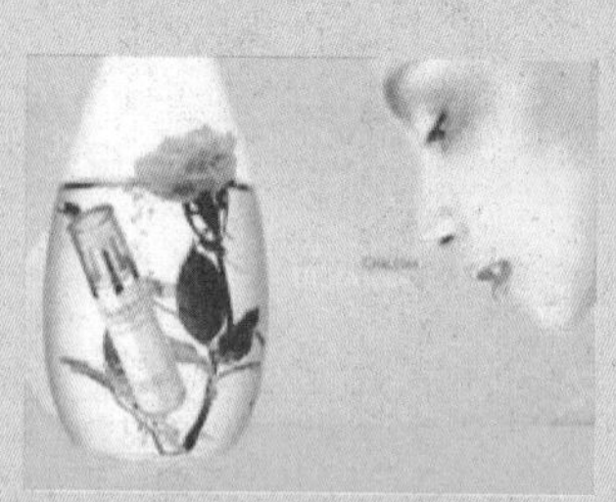

实例201 情人节贺卡

本例制作情人节贺卡，效果如图201-1所示。

图201-1 情人节贺卡

制作步骤

步骤1 单击“文件”|“新建”命令，新建一个“宽度”和“高度”均为50像素的图像文件。

步骤2 选择工具箱中的自定形状工具，在其工具属性栏中单击“路径”按钮，在“形状”下拉列表框中选择“红心形卡”选项，如图201-2所示。

图201-2 选择一种形状

步骤3 按住【Shift】键的同时在图像编辑窗口中绘制一个心形路径，在“路径”调板底部单击“将路径作为选区载入”按钮，将路径转换为选区。单击“选择”|“变换选区”命令，将心形选区进行变换，然后用红色填充选区；单击“选择”|“反向”命令反选选区，用浅蓝色填充选区，效果如图201-3所示。

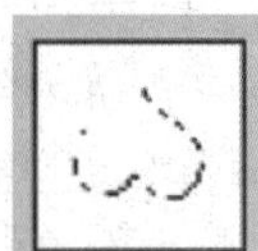

图201-3 绘制并填充心形路径

步骤4 单击“编辑”|“定义图案”命令，在打开的“图案名称”对话框中为图案命名（如图201-4所示），单击“确定”按钮。

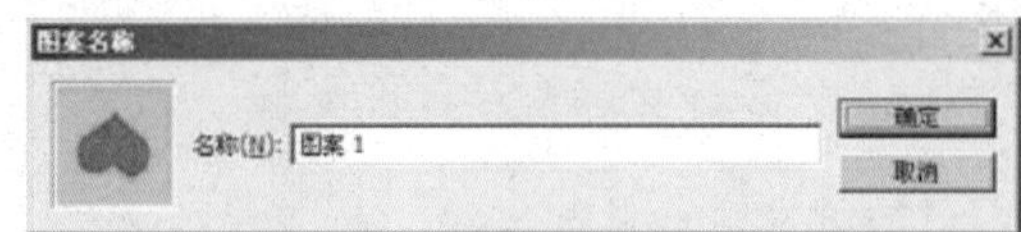

图201-4 “图案名称”对话框

步骤5 新建一个图像文件，在图像编辑窗口中绘制心形路径（如图201-5所示），在“路径”调板底部单击“将路径作为选区载入”按钮，将路径转换为选区。单击“选择”|“存储选区”命令，将选区存储为Alpha1通道。

图201-5 绘制路径

步骤6 单击“选择”|“反向”命令反选选区，在“图层”调板中新建一个“图层1”，单击“编辑”|“填充”命令，在打开的“填充”对话框中选择前面定义的图案，如图201-6所示。单击“确定”按钮进行填充，效果如图201-7所示。

步骤7 按住【Ctrl】键的同时单击Alpha 1通道，载入该通道中的选区。打开一幅素材图像（如图201-8所示），全选并复制图像，切换到原图像编辑窗口中，单击“编辑”|“贴入”命令粘贴图像，效果如图201-9所示。

步骤8 贴入图像后，在“图层”调板中自动生成“图层2”，单击“图层”调板底部的“添加图层样式”按钮，在弹出的下拉菜单中选择“外发光”选项，打开“图层样式”对话框，设置相应的参数，如图201-10所示。

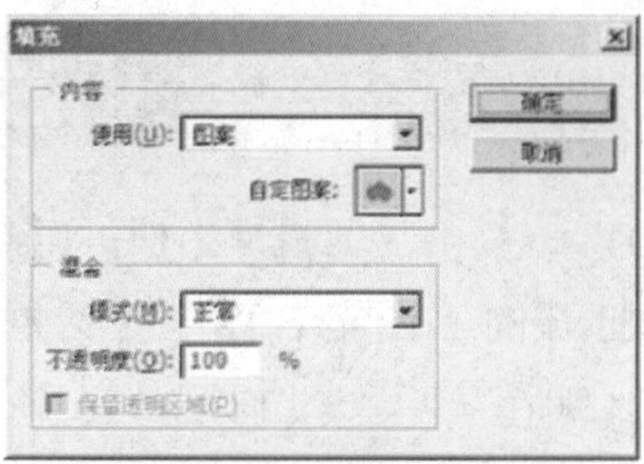
图 201-6 “填充”对话框

图201-7 填充效果

图201-8 素材图像

图201-9 贴入图像后的效果

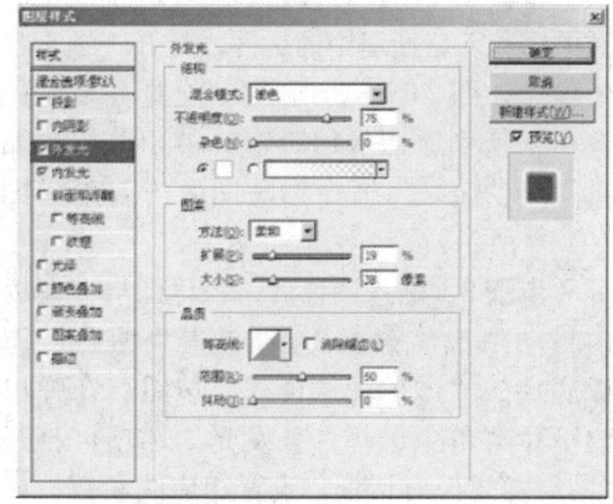
图201-10 设置外发光参数

步骤 9 选择“内发光”选项，按照图 201-11 所示进行参数设置，单击“确定”按钮，得到的效果如图 201-12 所示。

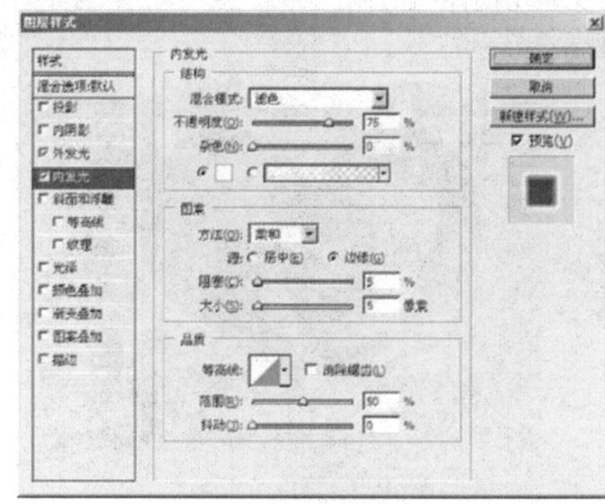
图201-11 设置内发光参数

图201-12 添加图层样式后的效果

步骤 10 选择横排文字工具，设置字体和字号，在人物图像的下方输入文字，并进行相应的设置，如图 201-13 所示。

图201-13 输入文字

步骤 11 按【Ctrl+O】组合键，打开两幅素材图像（如图 201-14 和图 201-15 所示），利用移动工具将其拖曳至原图像编辑窗口中并调整其位置及大小，最终效果参见图 201-1。

图201-14 素材图像1

图201-15 素材图像2

实例202 国画

本例制作国画竹子，效果如图202-1所示。

图202-1 国画竹子

制作步骤

步骤1 单击“文件”|“新建”命令，新建一幅RGB模式的空白图像。

步骤2 新建一个“图层1”，选择工具箱中的圆角矩形工具，并在其工具属性栏中单击“路径”按钮，在图像编辑窗口中绘制路径，如图202-2所示。

步骤3 单击“路径”调板底部的“将路径作为选区载入”按钮，将圆角矩形路径转化为选区，单击“选择”|“修改”|“羽化”命令，在弹出的“羽化”对话框中将“羽化半径”设为1，并将此选区存储为Alpha1通道。

步骤4 将前景色设置为绿色（RGB参数值分别为67、116、10），按【Alt+Delete】组合键用前景色填充该选区，效果如图202-3所示。

步骤5 在“图层”调板中新建“图层2”，按住【Ctrl】键同时单击Alpha1，将图像载入该通道中的选区，选择工具箱中的渐变工具，并在“渐变编辑器”窗口中重新编辑渐变，如图202-4所示。按住【Shift】键的同时在选区中水平拖动鼠标应用渐变，效果如图202-5所示。

步骤6 在“图层”调板中将“图层2”的混合模式设置为“柔光”，并将“不透明度”设为30%，图像效果如图202-6所示。

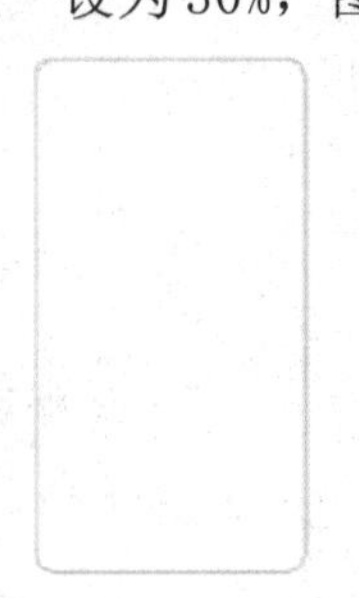
图202-2 绘制路径

图202-3 填充选区

图202-4 渐变工具属性栏

图202-5 应用渐变

图202-6 图层混合模式后的效果

步骤7 复制“图层1”生成“图层1副本”图层，在“通道”调板中新建Alpha 2通道。选择工具箱中的矩形选框工具，在图像编辑窗口中创建一个矩形选区，将前景色设为白色，按【Alt+Delete】组合键填充选区，效果如图202-7所示。

步骤8　单击"滤镜"|"杂色"|"添加杂色"命令，在弹出的"添加杂色"对话框中设置各项参数（如图202-8所示），单击"确定"按钮。

图202-7　创建并填充选区

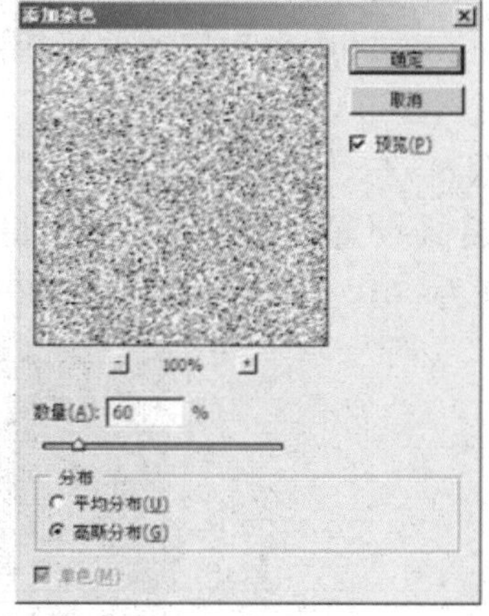

图202-8　"添加杂色"对话框

步骤9　单击"图像"|"调整"|"阈值"命令，在弹出的"阈值"对话框中设置"阈值色阶"为182（如图202-9所示），单击"确定"按钮。

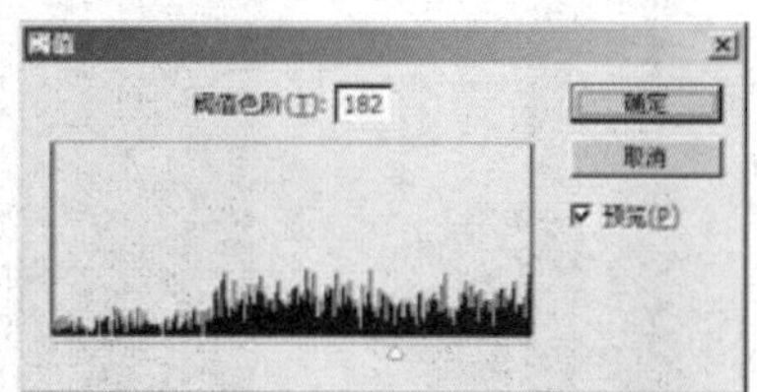

图202-9　"阈值"对话框

步骤10　单击"滤镜"|"模糊"|"动感模糊"命令，在弹出的"动感模糊"对话框中设置各项参数（如图202-10所示），单击"确定"按钮。

步骤11　单击"图像"|"调整"|"阈值"命令，并设置"阈值色阶"为178。

步骤12　单击"滤镜"|"模糊"|"动感模糊"命令，在弹出的"动感模糊"对话框中设置各项参数（如图202-11所示），单击"确定"按钮，此时的图像效果如图202-12所示。

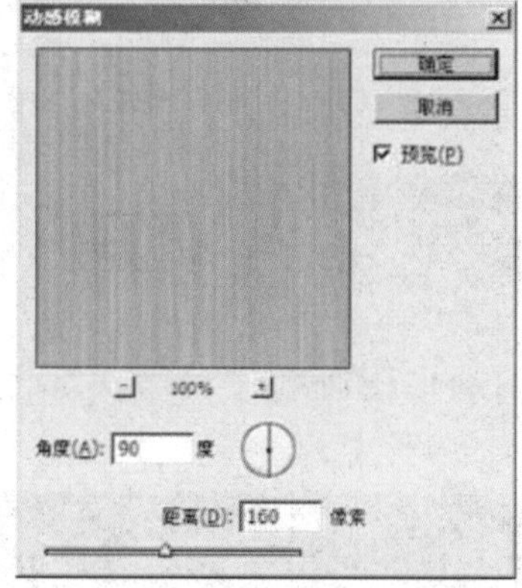

图202-10　"动感模糊"对话框

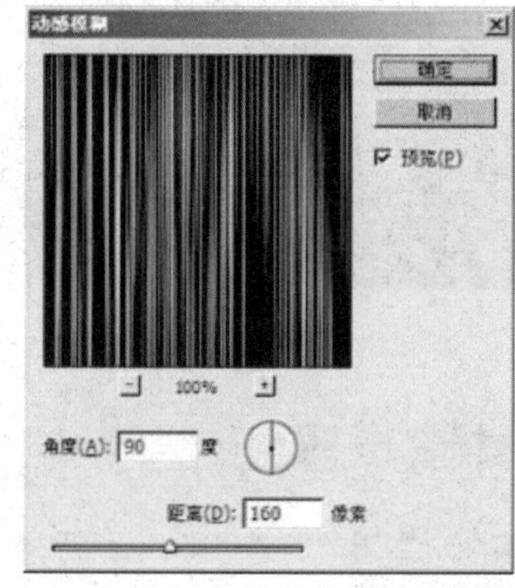

图202-11　"动感模糊"对话框

图202-12　"动感模糊"滤镜效果

步骤13　返回"图层"调板，单击"图层1 副本"图层使其成为当前图层，按住【Ctrl】键的同时单击Alpha2通道，将图像载入该通道中的选区。按【Shift+Ctrl+I】组合键反选选区，然后按【Delete】键删除选区内的图像，并将"图层1 副本"图层的混合模式设为"叠加"，此时的图像效果如图202-13所示。

步骤14 在“图层”调板中将“图层1 副本”复制两次，生成“图层1 副本2”和“图层1 副本3”图层。

步骤15 隐藏背景图层，单击“图层”|“合并可见图层”命令合并图层，然后将背景图层显示出来。

步骤16 选择工具箱中的矩形选框工具，在图像编辑窗口中创建一个矩形选区（如图202-14所示），单击“编辑”|“变换 ”|“透视”命令，对其进行透视变形操作，按回车键确认，然后按【Ctrl+D】组合键取消选区效果如图202-15所示。

步骤17 选择工具箱中的加深工具，对图像进行处理，使其产生竹节效果，如图202-16所示。在图像的下方也制作同样的效果，如图202-17所示。

图202-13 调整图层混合模式

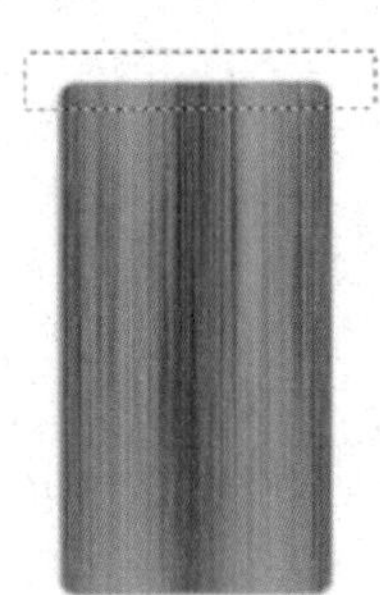

图202-14 创建选区

图202-15 透视变形

图202-16 修饰图像

图202-17 修饰后的效果

步骤18 在“图层”调板中将此图层复制四个，并对其进行排列，效果如图202-18所示。隐藏背景图层，将其余图层合并，然后再将背景图层显示出来。

步骤19 在“图层”调板中将合并的竹子图层复制多个，并调整其位置及粗细，效果如图202-19所示。

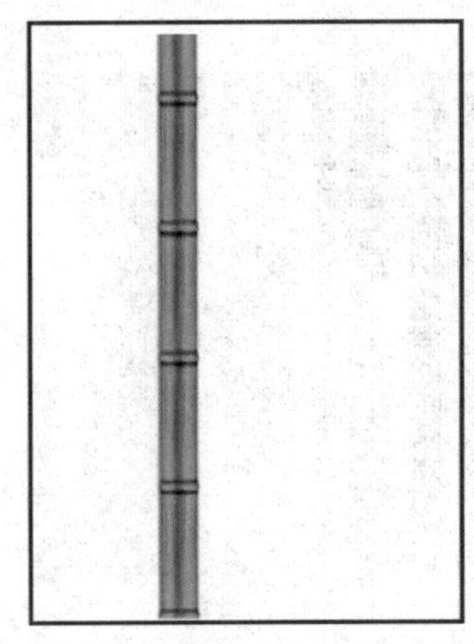

图202-18 复制并排列图像后的效果

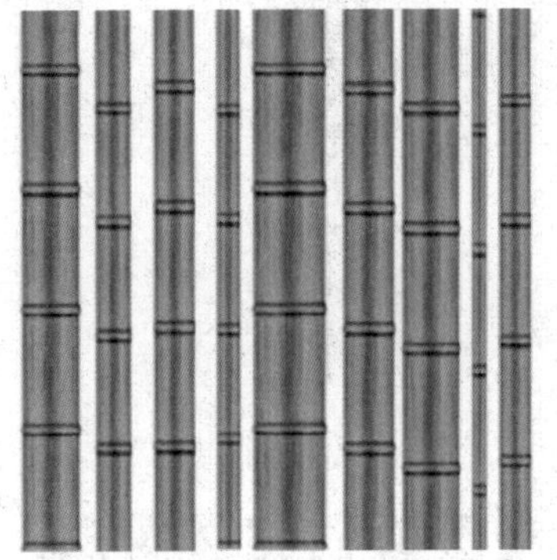

图202-19 复制图层并进行调整

步骤20 任意选择其中一根竹子图层，单击“滤镜”|“扭曲”|“切变”命令，在弹出的“切变”对话框中设置相应的参数（如图202-20所示），创建竹子的扭曲效果，单击“确定”按钮，为多根竹子创建扭曲效果，如图202-21所示。

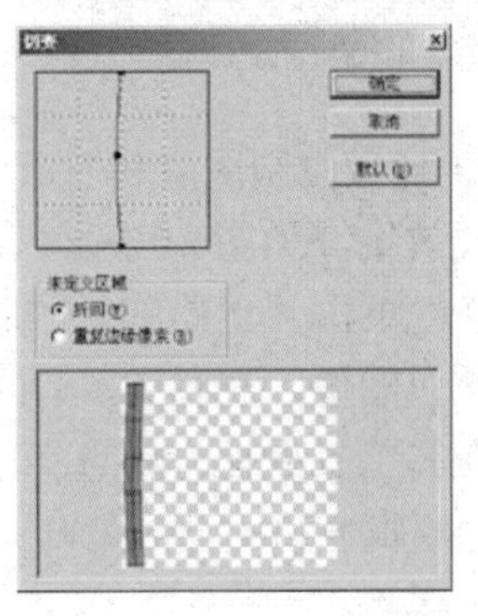

图202-20 “切变”对话框

步骤21 选择其中的一根竹竿，对其进行缩小操作，得到竹枝效果如图202-22所示。

步骤22 将竹枝移动到合适的位置并进行旋转，然后选择工具箱中的涂抹工具，在竹枝与竹节连接处进行涂抹，效果如图202-23所示。

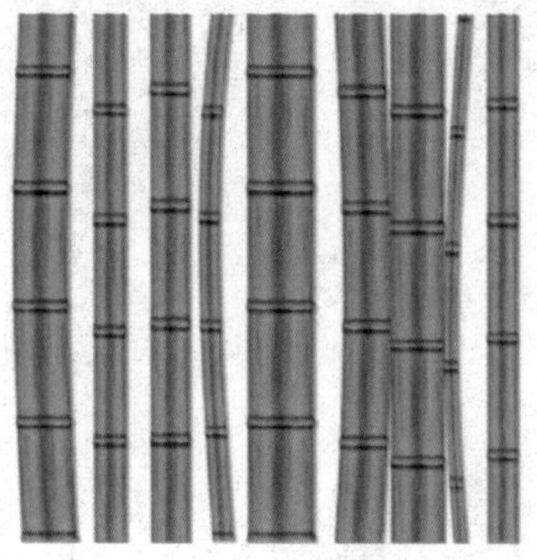

图202-21 "切变"滤镜效果

图202-22 将竹竿缩小

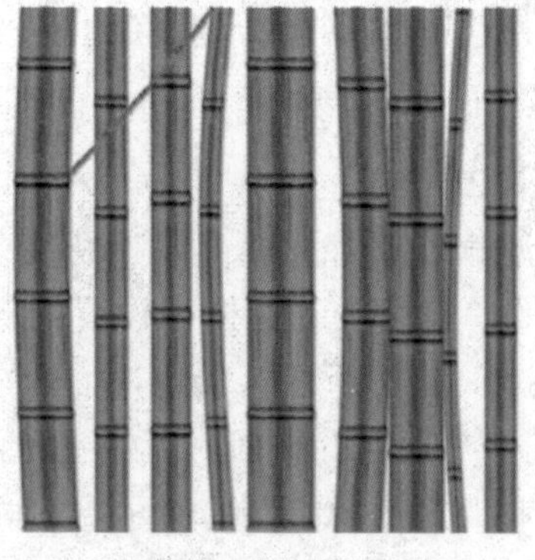

图202-23 调整竹枝

步骤23 通过复制图层和变形操作来制作更多的竹枝效果，如图202-24所示。

步骤24 单击"文件"|"新建"命令，新建一幅空白图像，选择工具箱中的自定形状工具，在其工具属性栏中选择一种叶子形状，在图像编辑窗口中绘制竹叶，如图202-25所示。

步骤25 在"路径"调板底部单击"将路径制作为选区载入"按钮，将路径转化为选区，然后用深绿色进行填充，再用画笔工具在竹叶上画出纹理，如图202-26所示。将此图层复制两个，并对其中两个图层进行旋转，然后合并图层，效果如图202-27所示。

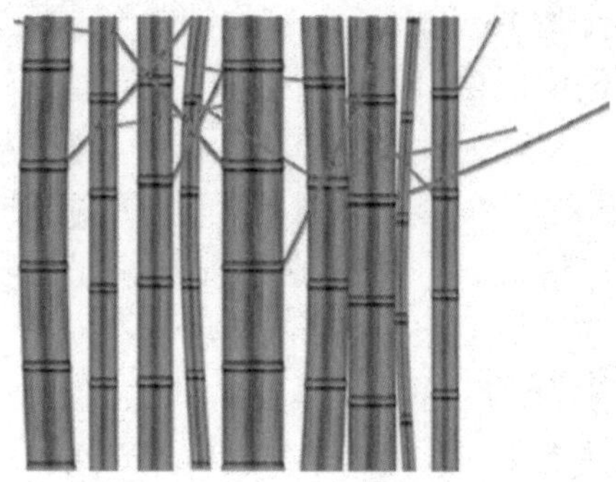

图202-24 复制并调整竹枝

图202-25 绘制竹叶　　图202-26 修饰图像

图202-27 复制并旋转调整图像后的效果

步骤26 在"图层"调板中将背景图层隐藏，使竹叶背景以透明显示，使用矩形选框工具框选出竹叶图案（如图202-28所示），单击"编辑"|"设置画笔预设"命令，在弹出的"画笔名称"对话框中定义名称为"竹叶"。

图202-28 隐藏背景后创建选区

步骤27 单击“确定”按钮返回竹子图像编辑窗口，打开“画笔”调板，选择刚定义的画笔，并设置各项参数，如图202-29所示。

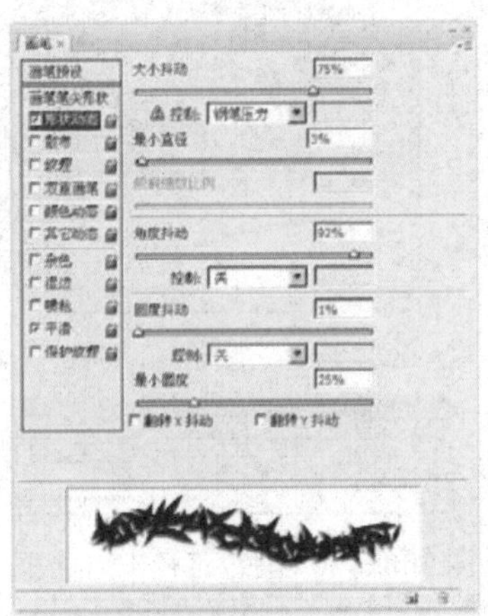

图202-29 设置画笔参数

步骤28 在图像的顶部进行绘制，创建竹叶效果，如图202-30所示。

步骤29 将前景色设置为淡黄色、背景色设置为淡绿色，然后将背景图层显示出来并选中该图层，选择工具箱中的渐变工具，在背景图层相对应的图像上填充渐变色，效果如图202-31所示。

图202-30 绘制竹叶

图202-31 填充渐变色

步骤30 在图像编辑窗口中输入文字，此时竹子的最终效果参见图202-1。

实例203 小型张邮票

本例制作小型张邮票效果，如图203-1所示。

图203-1 小型张邮票

制作步骤

步骤1 单击“文件”|“打开”命令，打开一幅素材图像，如图203-2所示。

步骤2 选择工具箱中的横排文字工具，并设置合适的字体、字号，然后在图像编辑窗口中输入文字，如图203-3所示。

图203-2 打开图像

图203-3 输入文字

步骤3 选择工具箱中的矩形选框工具，在图像编辑窗口中创建如图203-4所示的选区。

图203-4 创建选区

步骤4 单击“路径”调板底部的“从选区生成工作路径”按钮，将选区转换为路径，如图203-5所示。

图203-5 将选区转换为路径

步骤5 选择工具箱中的画笔工具，在“画笔”调板中选择合适的笔触，并设置其他参数，如图203-6所示。

步骤6 单击“路径”调板右上角的调板菜单按钮，在弹出的调板菜单中选择“描边路径”选项，在弹出的“描边路径”对话框的工具下拉列表框中选择“铅笔”选项，如图203-7所示。

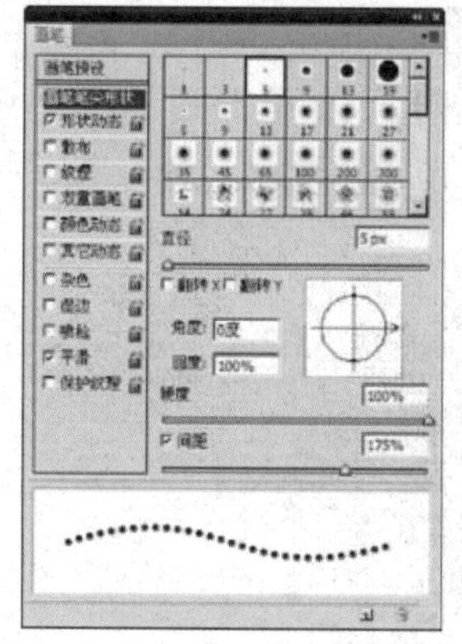

图203-6 “画笔”调板

图203-7 “描边路径”对话框

步骤7 单击“确定”按钮，效果如图203-8所示。

图203-8 描边路径效果

步骤8 选择工具箱中的横排文字工具，并选择合适的字体、字号，在图像编辑窗口中输入文字，最终效果参见图203-1。

实例204 DVD影碟

本例制作DVD影碟，效果如图204-1所示。

图204-1 DVD影碟

制作步骤

步骤1 单击“文件”｜“打开”命令，打开一幅素材图像，该文件包含两个图层，如图204-2所示。

步骤2 按住【Ctrl】键的同时单击“图层1”，得到其选区，如图204-3所示。

步骤3 单击“文件”｜“打开”命令，打开另一幅素材图像，如图204-4所示。

步骤4 按【Ctrl+A】组合键全选图像，然后按下【Ctrl+C】组合键复制图像，返

回光盘图像编辑窗口，单击"编辑"|"贴入"命令粘贴图像，效果如图204-5所示。此时的"图层"调板如图204-6所示。

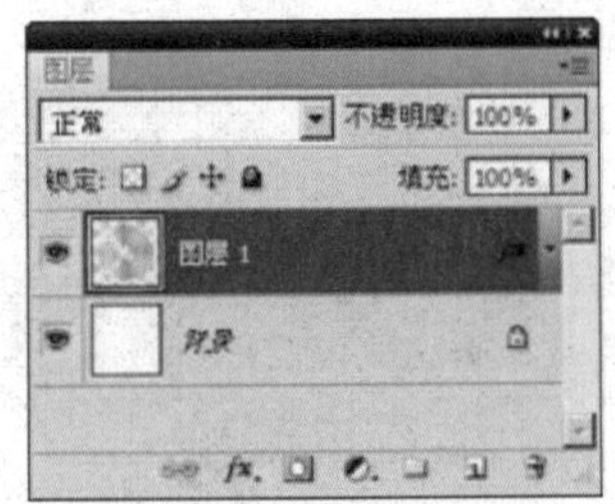

图204-2　素材图像的"图层"调板

图204-3　得到光盘选区

图204-4　素材图像

图204-5　贴入图像后的效果

图204-6　"图层"调板

步骤5　选择工具箱中的横排文字工具，并设置合适的字体、字号，在光盘表面输入文字，如图204-7所示。

步骤6　双击该文字图层，在打开的"图层样式"对话框中设置相应参数，如图204-8所示。

图204-7　输入文字

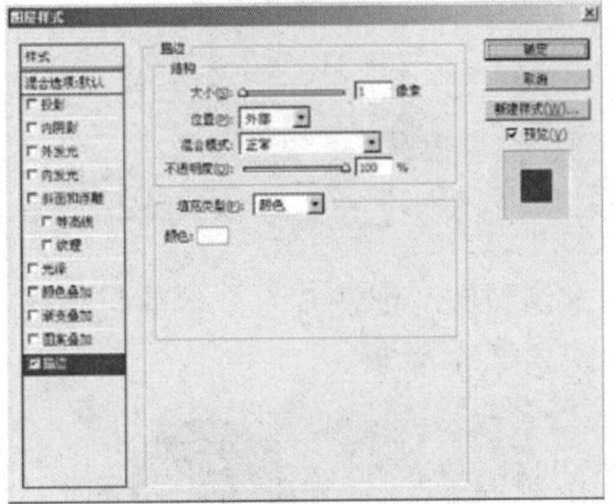

图204-8　设置描边参数

图204-9　为文字描边后的效果

步骤7　单击"确定"按钮，效果如图204-9所示。选择工具箱中的椭圆工具，在图像编辑窗口中以光盘中心为起点创建一个圆形选区，单击"路径"调板底部的"从选区生成工作路径"按钮，将选区转换为路径，如图204-10所示。

步骤8　选择工具箱中的横排文字工具，并设置适当的字体、字号，在路径上面单击鼠标左键输入文字，此时文字将按照路径进行排列，在"路径"调板的空白处单击鼠标左键，即可隐藏路径，效果如图204-11所示。

图204-10 圆形路径

图204-11 输入文字

步骤9 双击“图层1”，在打开的“图层样式”对话框中设置相应的参数（如图204-12所示），单击“确定”按钮，完成该实例的制作，效果参见图204-1。

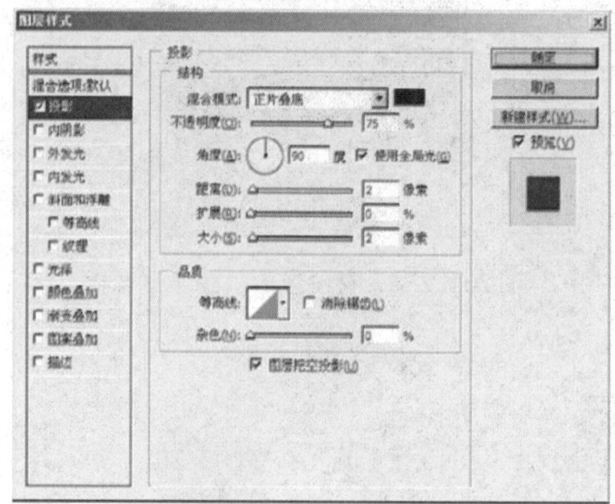

图204-12 设置参数

实例205 洗发水广告

本例制作一则洗发水广告的宣传画，效果如图205-1所示。

图205-1 洗发水广告

制作步骤

步骤1 单击“文件”|“打开”命令，打开一幅素材图像作为背景，如图205-2所示。

步骤2 按【Ctrl+O】组合键，打开另一幅素材图像，选择魔棒工具，在工具属性栏中设置相应的参数，如图205-3所示。按住【Shift】键的同时，在图像编辑窗口中的背景区域单击鼠标左键，选中背景区域，如图205-4所示。

图205-2 素材图像

图205-3 设置魔棒工具的参数

图205-4 选中背景区域

步骤3 单击“选择”|“反向”命令反选选区；单击“选择”|“修改”|“收缩”命令，在打开的“收缩选区”对话框中设置“收缩量”为1，单击“确定”按钮。单击“选择”|“修改”|“羽化”命令，在打开的“羽化选区”对话框中设置“羽化半径”为2，单击“确定”按钮。

步骤4 单击“编辑”|“拷贝”命令，将选区内的图像复制到剪贴板中，切换到洗发水广告图像编辑窗口，单击“编辑”|“粘贴”命令，将剪贴板中的图像粘贴到背景图像中，并调整其位置，效果如图205-5所示。

图205-5 粘贴图像到背景图像中

步骤5 打开四幅洗发水素材图像（如图205-6所示），按照前面所述的方法创建图像选区，并将其复制到剪贴板中，然后将其粘贴到洗发水广告图像编辑窗口中，并调整其大小和位置，效果如图205-7所示。

步骤6 在工具箱中单击横排文字工具，并在其工具属性栏中设置字体、大小和颜色等参数，在图像的下方输入文字，如图205-8所示。

步骤7 设置不同的字体和字号，在图像的左上角输入文字，如图205-9所示。

步骤8 设置相应的字体和字号，在图像的合适位置输入文字，然后双击该文字图层，在打开的“图层样式”对话框中设置相应的参数（如图205-10所示），单击“确定”按钮，最终效果参见图205-1。

图205-6 素材图像

图205-7 调整图像大小及位置

图205-8 输入文字

图205-9 在左上角输入文字

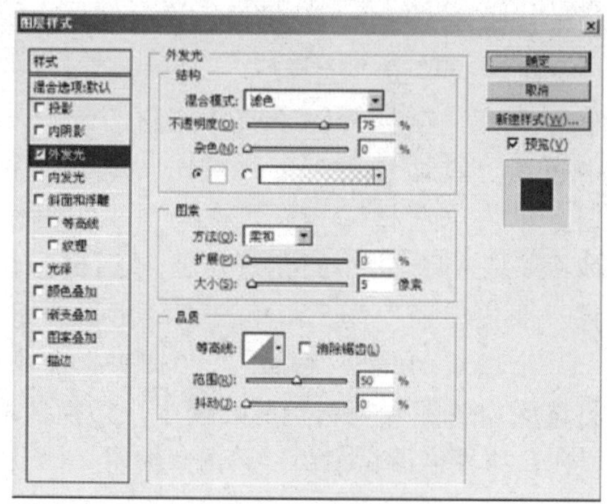

图205-10 “图层样式”对话框

实例206 化妆品广告（一）

本例制作一则化妆品广告，效果如图206-1所示。

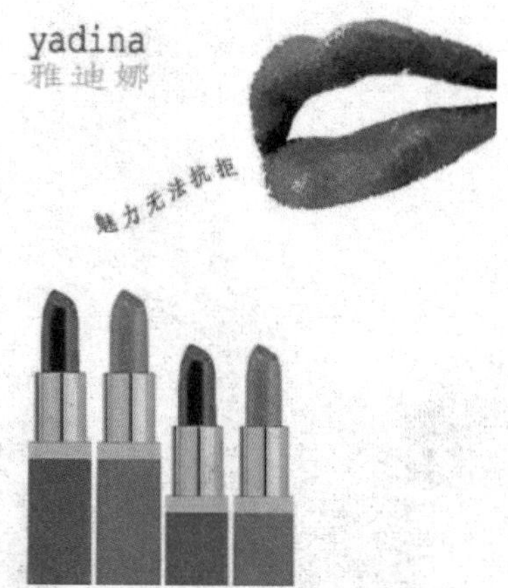

图206-1 化妆品广告之一

制作步骤

步骤1 按【Ctrl+N】组合键，新建一幅RGB模式空白图像，按【Ctrl+O】组合键，打开一幅红唇素材图像；利用移动工具，将红唇图像拖曳到新图像编辑窗口中，并调整其大小及位置，效果如图206-2所示。

步骤2 利用橡皮擦工具对图像进行处理，得到的效果如图206-3所示。

步骤3 单击“滤镜”|“艺术效果”|“彩色铅笔”命令，在打开的“彩色铅笔”对话框中设置相应的参数（如图206-4所示），单击“确定”按钮。

步骤4 单击“滤镜”|“画笔描边”|“喷色描边”命令，在打开的“喷色描边”对话框中设置相应的参数（如图206-5所示），单击“确定”按钮，效果如图206-6所示。

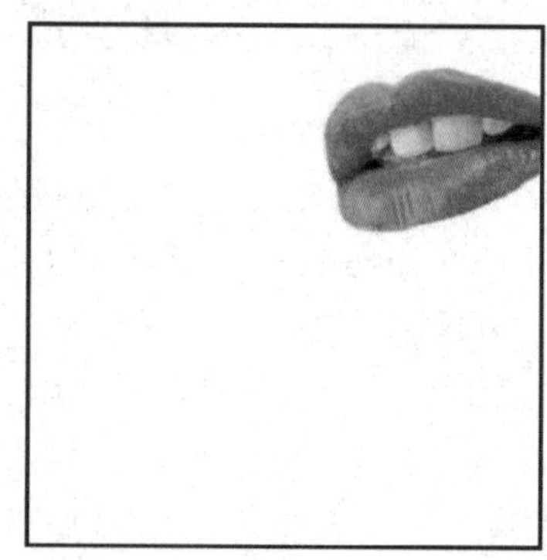

图206-2 调整图像位置

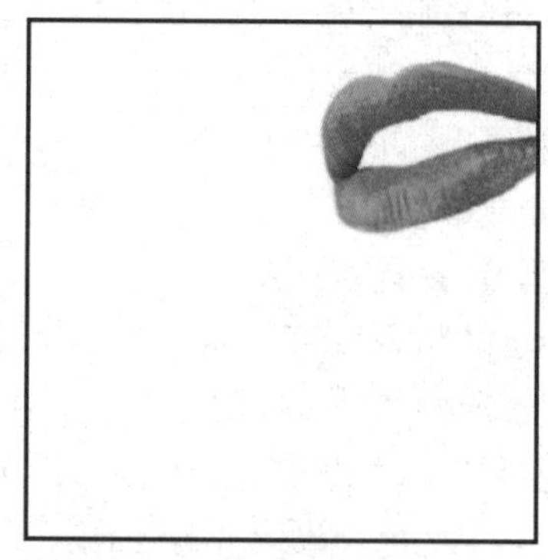

图206-3 擦除图像后的效果

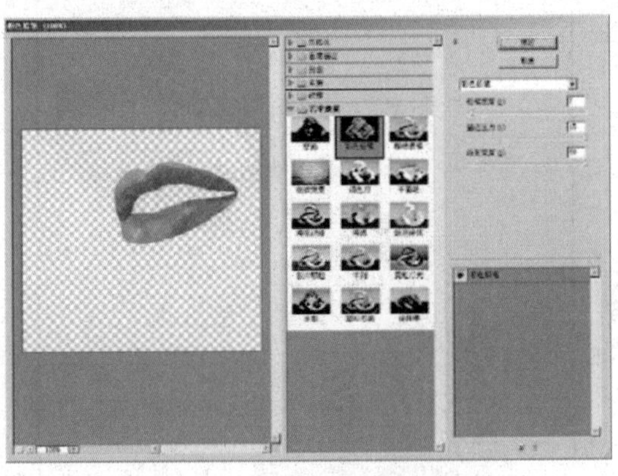
图 206-4 “彩色铅笔”对话框

图 206-5 “喷色描边”对话框

图206-6 应用滤镜后的效果

步骤 5 单击“图像”|“调整”|“色阶”命令，在“色阶”对话框中调整“输入色阶”的参数（如图 206-7 所示），单击“确定”按钮，效果如图 206-8 所示。

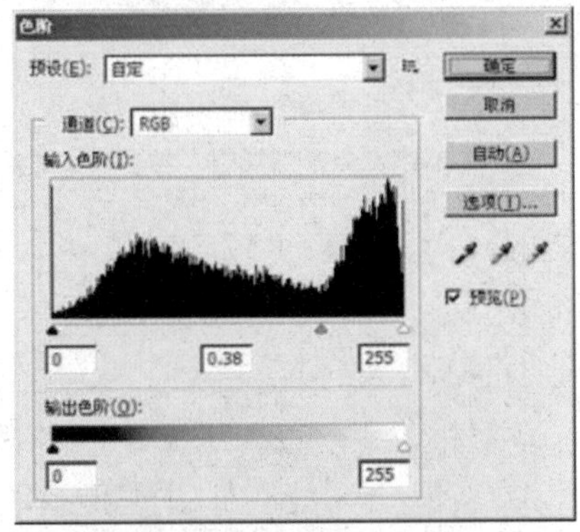

图 206-7 “色阶”对话框

图206-8 调整色阶后的效果

步骤 6 按【Ctrl+O】组合键，打开一幅口红素材图像（如图 206-9 所示），利用移动工具，将图像拖曳到原图像编辑窗口中，然后调整其大小和位置，效果如图 206-10 所示。

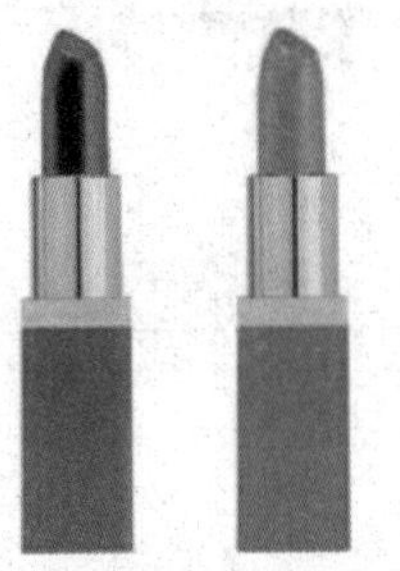
图206-9 素材图像

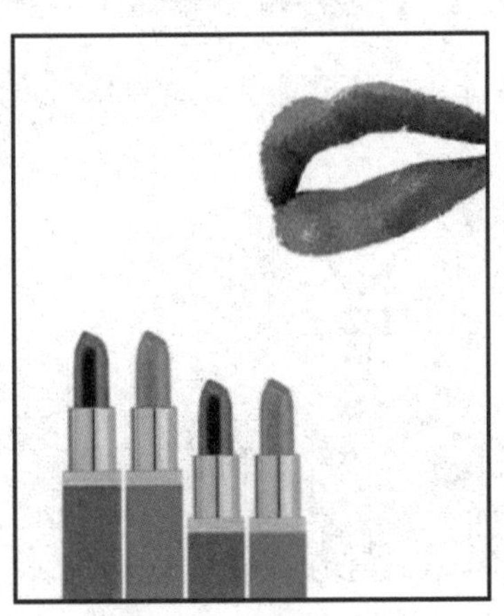
图206-10 调整图像

步骤 7 选择工具箱中的横排文字工具，设置字体和字号，在图像编辑窗口中输入文字。单击“编辑”|“自由变换”命令，对文字进行旋转操作，效果如图 206-11 所示。

步骤 8 按【Enter】键进行确认，单击文字工具属性栏中的“创建文字变形”按钮，在打开的“变形文字”对话框中选择“旗帜”选项（如图 206-12 所示），单击“确定”按钮应用旗帜变形，效果如图 206-13 所示。

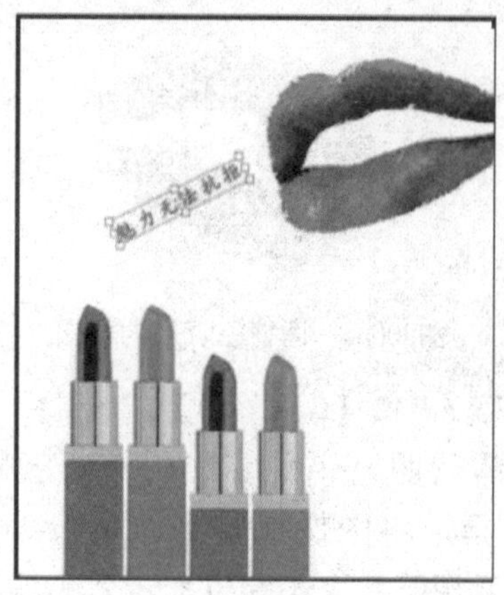

图206-11 对文字进行旋转操作

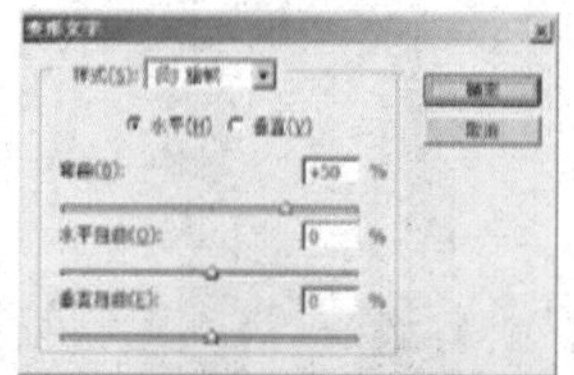
图206-12 “变形文字”对话框

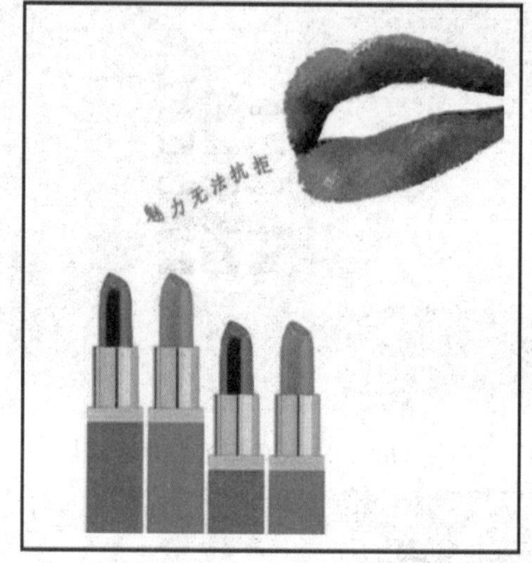

图206-13 文字变形效果

步骤9 利用横排文字工具，继续输入其他文字，最终的化妆品广告效果参见图206-1。

实例207 化妆品广告（二）

本例制作另一则化妆品广告，效果如图207-1所示。

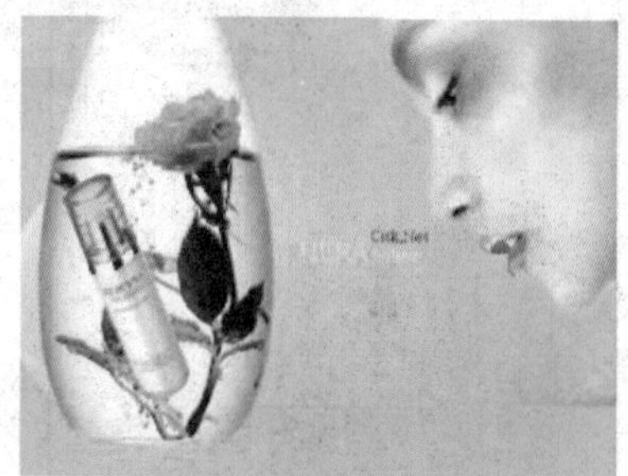
图207-1 化妆品广告之二

制作步骤

步骤1 按【Ctrl+N】组合键，在弹出的“新建”对话框中将“宽度”设置为800像素、“高度”设置为600像素，单击“确定”按钮创建图像文件。

步骤2 选择渐变工具，打开“渐变编辑器”窗口，设置第1色标点颜色的RGB参数值为152、198、120；第2色标点颜色RGB参数值为35、154、10，如图207-2所示。

步骤3 单击“确定”按钮，从图像编辑窗口的左上方拖曳鼠标，随之出现一条渐变线，直到右下方，释放鼠标完成线性渐变操作，效果如图207-3所示。

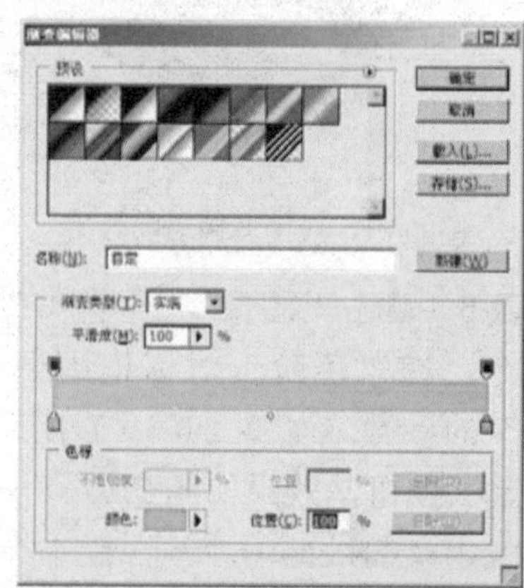
图207-2 “渐变编辑器”窗口

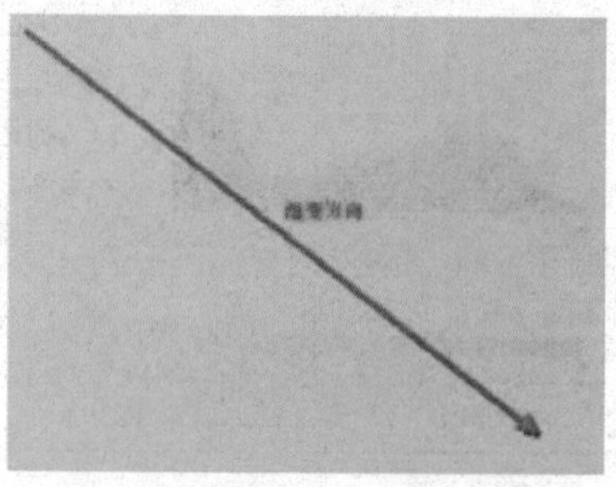
图207-3 渐变填充

步骤4 新建“图层1”，选择矩形选框工具，在图像编辑窗口中创建一个矩形选区，如图207-4所示。

图207-4 创建矩形选区

步骤5 选择渐变工具，在“渐变编辑器”窗口中设置第1色标点颜色的RGB参数值为227、240、214；第2色标点颜色RGB参数值为3、176、152，然后单击“确定”按钮，如图207-5所示。

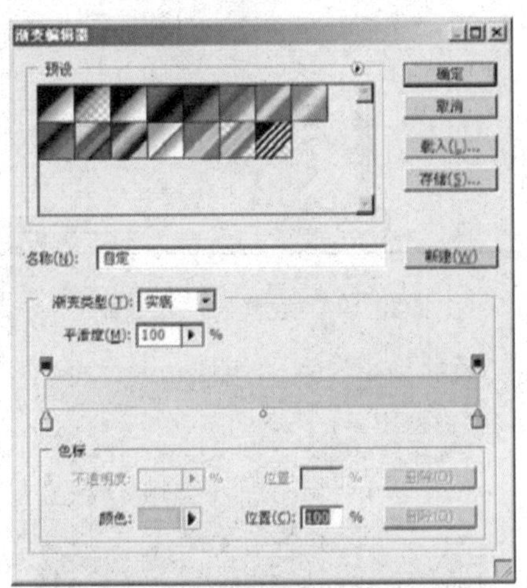

图207-5 编辑渐变

步骤6 在渐变工具属性栏中单击“径向渐变”按钮，在选区内从左上方拖曳鼠标，随之出现渐变线，一直到右下方释放鼠标，填充渐变色，效果如图207-6所示。

步骤7 将前景色的RGB参数值设置为35、154、10，选择画笔工具，选择合适的笔触并在图像上方随意绘制，按【Ctrl+D】组合键取消选区，效果如图207-7所示。

步骤8 新建一个图层，选择椭圆选框工具并按住【Shift】键，在图像上创建圆形选区，将前景色设置为白色并填充圆形，如图207-8所示。

图207-6 渐变填充矩形

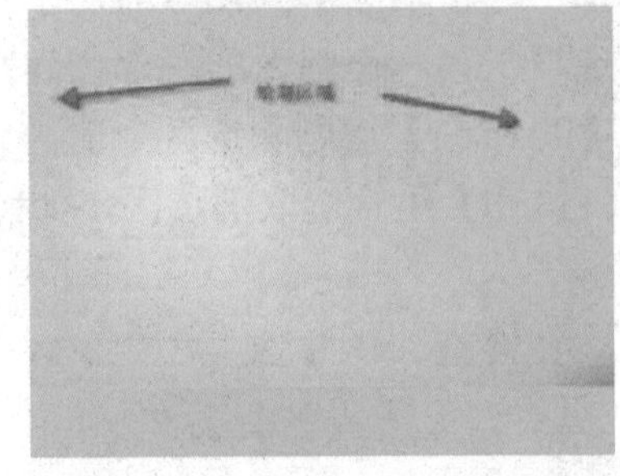

图207-7 用画笔在图像上绘制

图207-8 绘制并填充选区

步骤9 按【Ctrl+D】组合键取消选区，参照上一步的操作方法，在图像上再创建一个较小的圆形选区（如图207-9所示），单击“选择”|“修改”|“羽化”命令，在弹出的“羽化选区”对话框中设置“羽化半径”为40，单击“确定”按钮羽化选区，然后按三次【Delete】键删除选区中的内容，效果如图207-10所示。

图207-9 创建选区

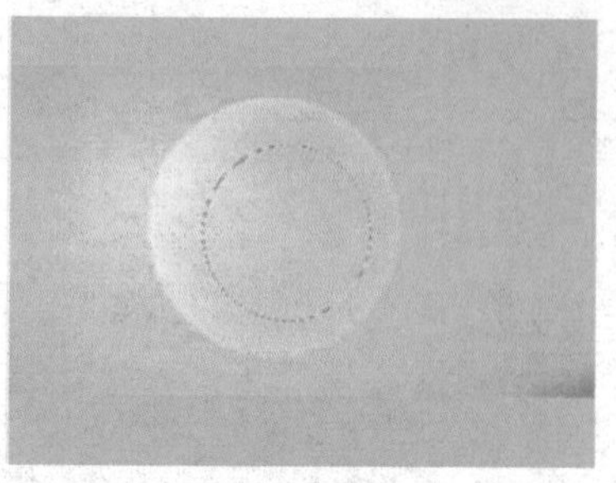

图207-10 删除选区中的内容

步骤10 移动圆形到图像的左下角，选择矩形选框工具，在圆像的底部创建矩形选区，按【Delete】键删除选区中的内容，然后按【Ctrl+D】组合键取消选区，如图207-11所示。

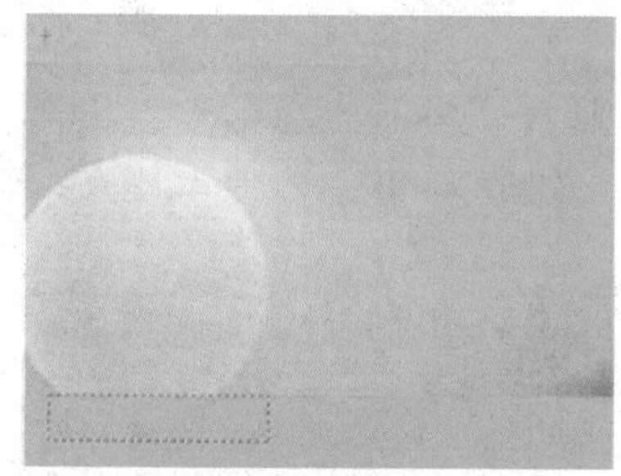

图207-11 删除选区中的内容

步骤11 参照步骤（9）～（10）的操作方法，制作另一个圆形，效果如图207-12所示。

图207-12 制作另一个圆形

步骤12 新建一个图层，将前景色设置为白色，选择工具箱中的画笔工具，在其工具属性栏中设置不同画笔形状，并在图像编辑窗口中随意喷绘，制作星星发光效果，如图207-13所示。

步骤13 单击“图层”|“图层样式”|“外发光”命令，在弹出的“图层样式”对话框中设置“混合模式”为“滤色”、“不透明度”为100%、“发光颜色”设置为深绿色（如图207-14所示），单击“确定”按钮，效果如图207-15所示。

图207-13 制作星星发光效果

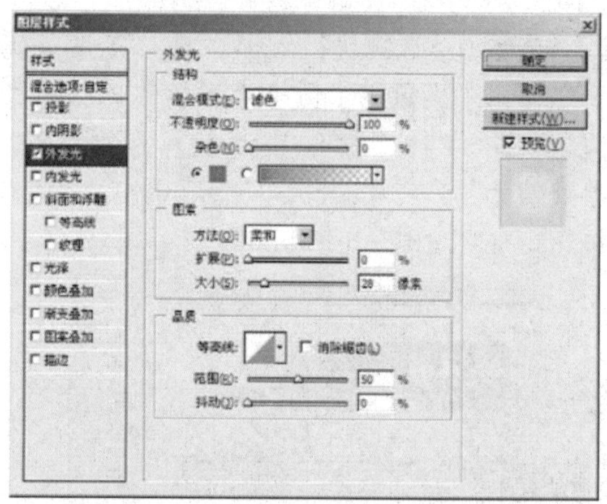

图207-14 设置外发光参数

图207-15 外发光效果

步骤14 单击“文件”|“打开”命令，打开一幅化妆品素材图像，如图207-16所示。

步骤15 选择移动工具，将其拖曳到原图像编辑窗口中。按【Ctrl+T】组合键执行“自由变换”命令，通过【Shift+Alt】组合键等比例调整图像的大小，然后将调整好的图像移动到如图207-17所示的位置。

步骤16 对化妆品素材图像所在的图层进行复制，单击“编辑”|“变换”|“垂直翻转”命令，将复制生成的图层垂直翻转，如图207-18所示。选择移动工具，将

其移动到合适的位置。

步骤17 在“图层”调板底部单击“添加图层蒙版”按钮，添加图层蒙版。选择渐变工具，设置渐变颜色为黑色到白色，从图像的下方位置拖动鼠标到上方，释放鼠标完成线性渐变操作，制作其倒影效果，如图207-19所示。

图207-16 素材图像

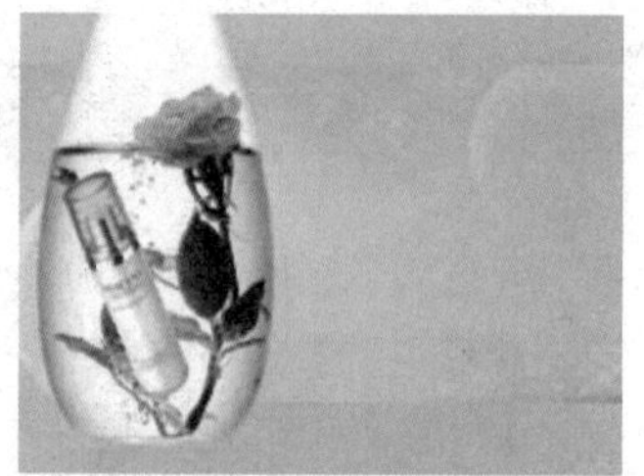

图207-17 调整素材图像的位置

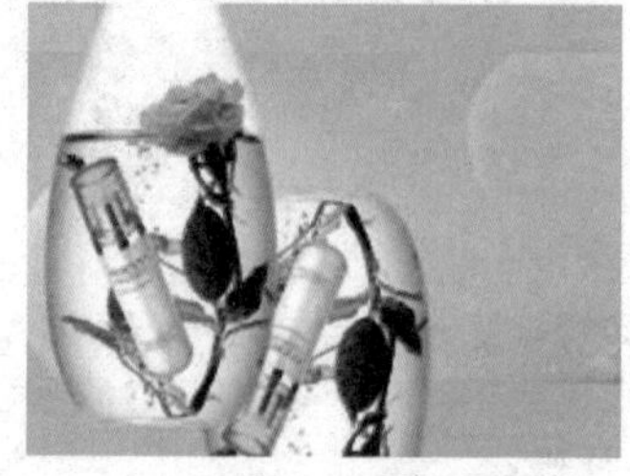

图207-18 垂直翻转图像

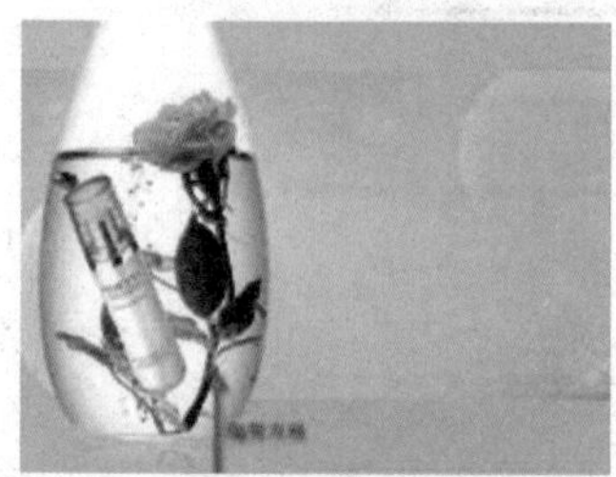

图207-19 制作倒影效果

步骤18 单击“文件”|“打开”命令，打开人物素材图像，如图207-20所示。

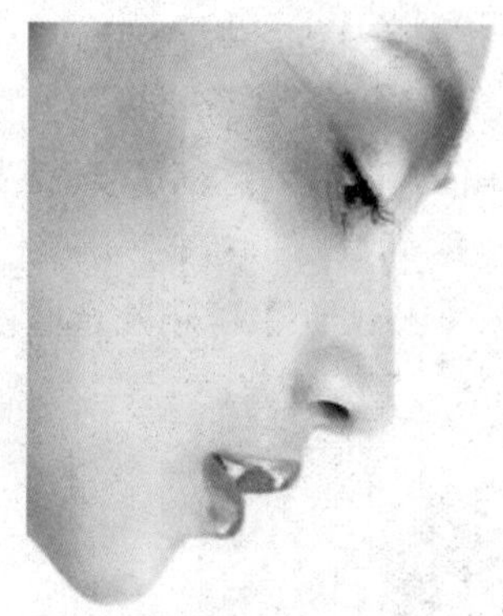

图207-20 人物素材图像

步骤19 选择移动工具，将其拖动到原图像中，按【Ctrl+T】组合键执行“自由变换”命令，通过【Shift+Alt】组合键等比例调整图像大小，如图207-21所示。单击“编辑”|“变换”|“水平翻转”命令，水平翻转人物素材图像，如图207-22所示。

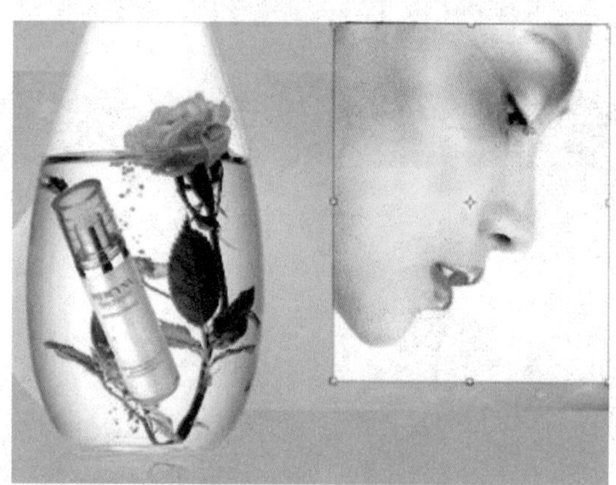

图207-21 调整图像大小

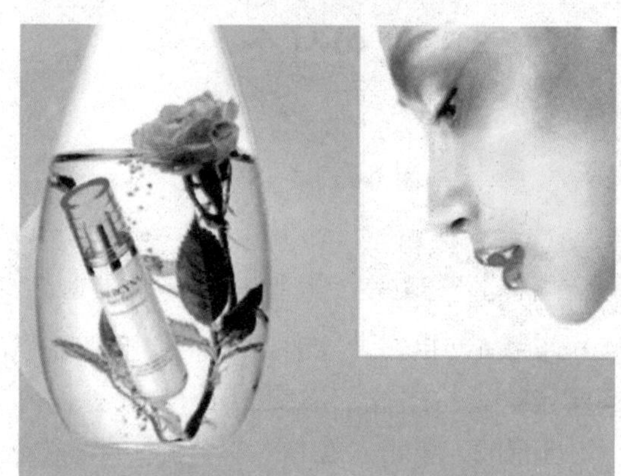

图207-22 水平翻转图像

步骤 20 选择魔棒工具，在其工具属性栏中设置“容差”为10，单击人物素材边缘白色区域，选取白色区域，如图207-23所示。单击“选择”|“修改”|“羽化”命令，在弹出的“羽化选区”对话框中设置“羽化半径”为5，单击“确定”按钮羽化选区，按【Delete】键删除选区中的内容。

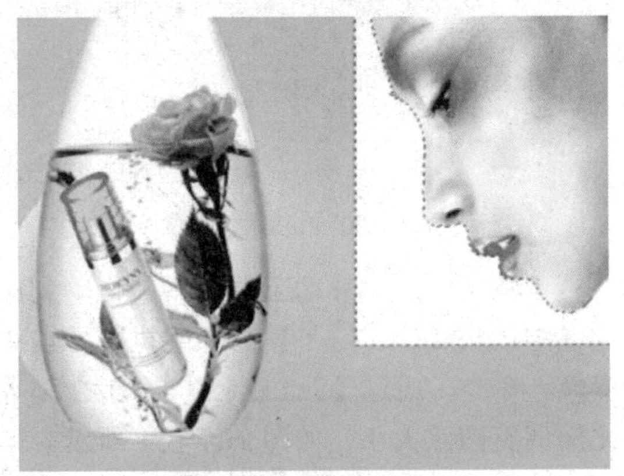

图207-23 选取白色区域

步骤 21 按【Ctrl+D】组合键取消选区，在“图层”调板中单击“添加图层蒙版”按钮，添加图层蒙版。选择画笔工具，将前景色设置为黑色，在其工具属性栏中将画笔直径调整至合适大小，并选取软画笔，在人物素材图像上未被删除的边缘进行绘制，将其隐藏，效果如图207-24所示。

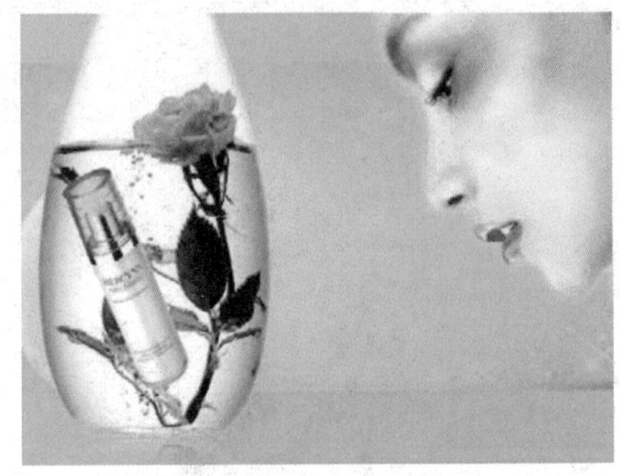

图207-24 在图像边缘绘制后的效果

步骤 22 选择横排文字工具，输入文字，设置相关的字体及颜色，最终效果参见图207-1。

实例208 美容广告

本例制作一则美容广告，效果如图208-1所示。

图208-1 美容广告

制作步骤

步骤 1 单击“文件”|“打开”命令，打开人物素材图像，如图208-2所示。

步骤 2 单击“图像”|“调整”|“通道混合器”命令，在弹出的“通道混合器”对话框中设置“输出通道”为“红”、设置“常数”为20（如图208-3所示），单击“确定”按钮，效果如图208-4所示。

图208-2 素材图像

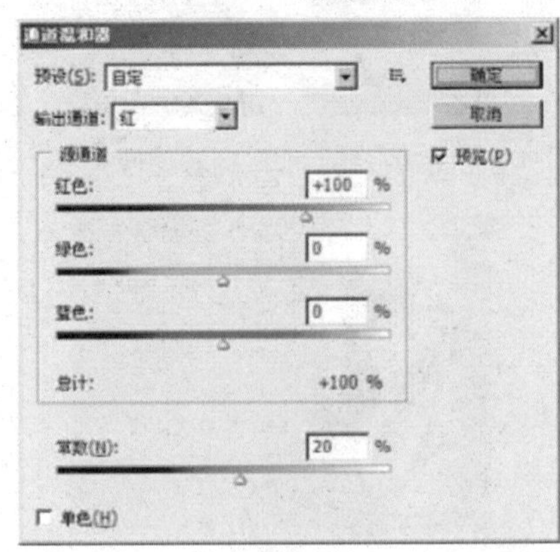

图208-3 设置相应的参数

图208-4 调整通道混合器后的图像

步骤3 用与上述相同的方法，使用“通道混合器”对话框，分别设置“绿”、“蓝”通道的“常数”均为30，效果分别如图208-5和图208-6所示。

图208-5 调整“绿”通道后的效果

图208-6 调整“蓝”通道后的效果

步骤4 按【Ctrl+N】组合键，在弹出的“新建”对话框中将“宽度”设置为20厘米、“高度”设置为28厘米，单击“确定”按钮创建图像文件。

步骤5 选择工具箱中的移动工具，将处理好的人物图像拖曳到新建的图像文件中，此时在“图层”调板中自动生成“图层1”，然后调整图像的大小并将其移动到合适的位置，如图208-7所示。

步骤6 在“图层”调板底部单击“添加图层蒙版”按钮，为“图层1”添加图层蒙版。选择渐变工具，选择“前景色到背景色渐变”样式，设置渐变方式为“线性渐变”，从素材图像的下部向上拉出一条渐变线，此时“图层”调板如图208-8所示，效果如图208-9所示。

图208-7 调整图像的大小及位置

图208-8 “调板”图层蒙版

图208-9 应用渐变后的效果

步骤7 选择缩放工具将人物嘴唇部分放大，选择套索工具，选取人物嘴巴部分，单击“选择”|“修改”|“羽化”命令，在弹出的“羽化选区”对话框中设置“羽化半径”为5，单击“确定”按钮，效果

如图208-10所示。

图208-10 羽化选区

步骤8 单击蒙版缩展图，按下【Delete】键删除图层蒙版选区中的内容。单击图层缩览图以选择图层，单击“滤镜”|“纹理”|“颗粒”命令，在弹出的对话框中设置“强度”为10、“对比度”为50、“颗粒类型”为“常规”（如图208-11所示），单击“确定”按钮。

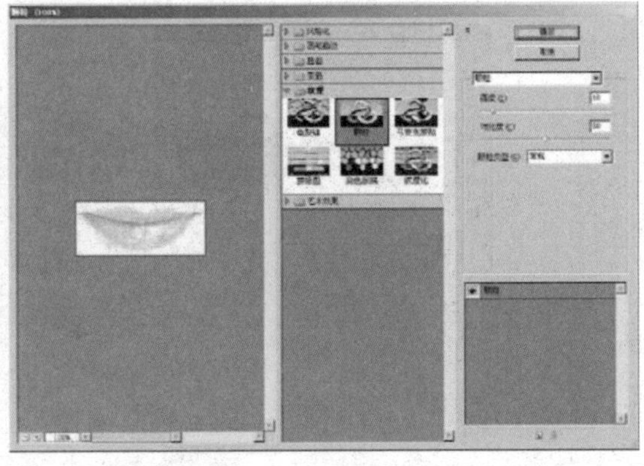

图208-11 “颗粒”对话框

步骤9 单击“图像”|“调整”|“色相/饱和度”命令，在弹出的“色相/饱和度”对话框中选中“着色”复选框，设置“色相”为0、“饱和度”为80（如图208-12所示），单击“确定”按钮，效果如图208-13所示。

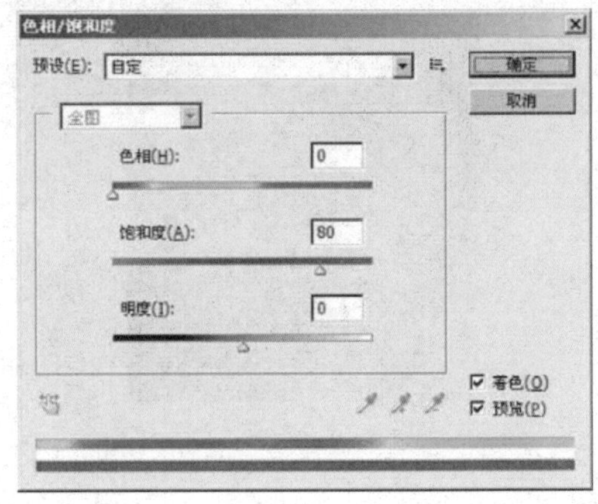

图208-12 “色相/饱和度”对话框

图208-13 图像效果

步骤10 选择横排文字工具，并设置字体和字号，在图像的顶部输入文字，在“字符”调板中设置字符间距为700，效果如图208-14所示。

图208-14 在图像的顶部输入文字

步骤11 用与上述相同的方法使用横排文字工具输入其他文字，最终效果如图208-15所示。

图208-15 美容广告效果

实例209 书籍封面

本例设计书籍封面，效果如图209-1所示。

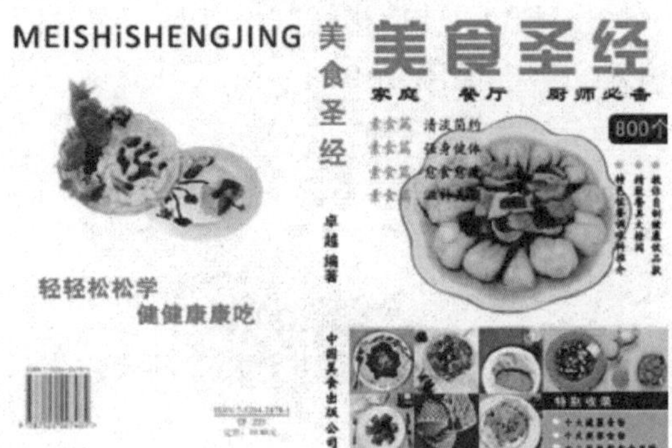

图209-1 书籍封面

制作步骤

步骤1 单击“文件”|“新建”命令，在弹出的“新建”对话框中设置图书封面的尺寸大小、色彩模式等参数，如图209-2所示。

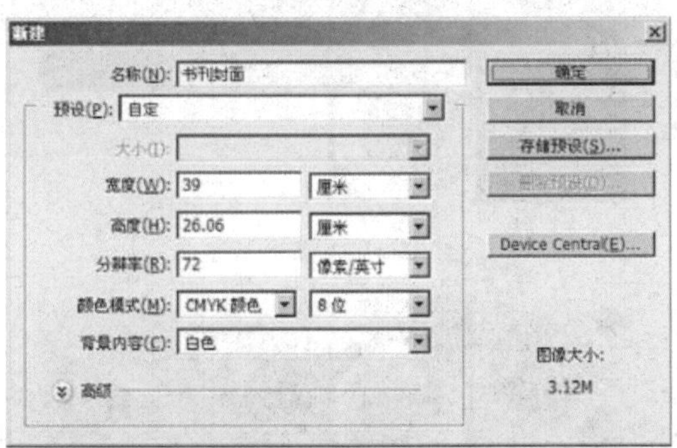

图209-2 “新建”对话框

专家指点

由于书籍封面是用于印刷出版，所以其色彩模式应当设为CMYK模式，分辨率应为300像素，这里为了便于讲解仍采用72像素。

步骤2 单击“视图”|“标尺”命令显示标尺，在工具箱中选择移动工具，在图像编辑窗口的左侧标尺处单击并拖动参考线，以标识书脊及其边缘部分，如图209-3所示。

步骤3 单击“文件”|“打开”命令，打开一幅素材图像，在工具箱中选择魔棒工具，在白色的背景上单击选择图像中的白色区域，按【Ctrl＋Shift+I】组合键反选选区（如图209-4所示），利用移动工具将图像移动到书籍封面编辑窗口中适当的位置，如图209-5所示。

图209-3 添加参考线

图209-4 反选选区

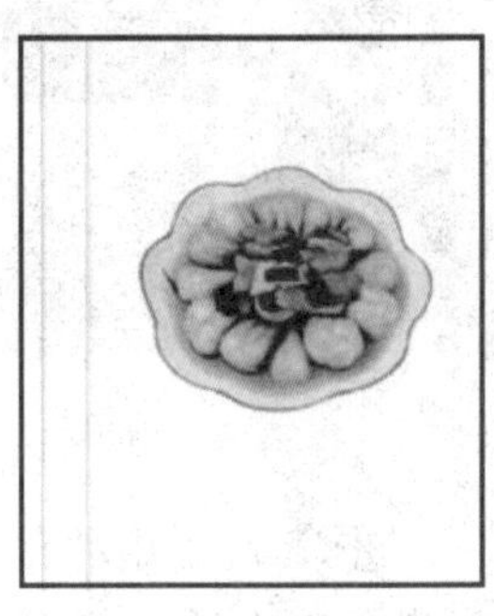

图209-5 调整图像的位置

步骤4 选择横排文字工具，在其工具属性栏中设置字体、字号和颜色，在图像中输入文字，如图209-6所示。

图209-6 输入文字

步骤5 改变字体、字号和颜色，在图像的下方再次输入文字，如图209-7所示。

图209-7 再次输入文字

步骤6 单击“文件”|“打开”命令，打开八幅素材图像，如图209-8所示。

图209-8 素材图像

步骤7 利用移动工具将图像移动到编辑窗口中的合适位置，如图209-9所示。

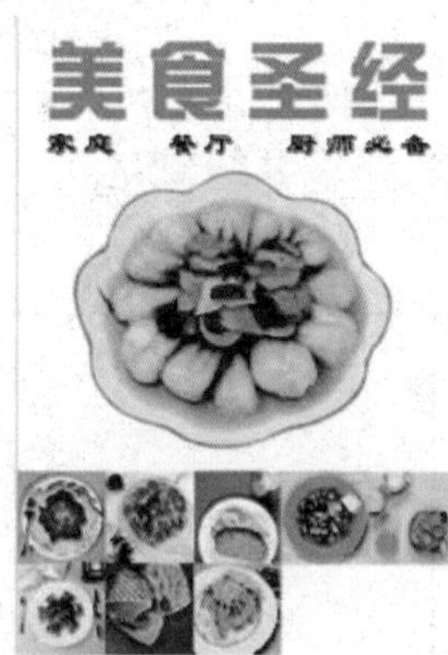

图209-9 调整图像位置

步骤8 利用矩形选框工具，在图像的下方创建一个矩形选区，并用黑色进行填充，如图209-10所示。

步骤9 在黑色的矩形选区中输入白色文字，如图209-11所示。

步骤10 利用矩形选框工具，在黑色的矩形下面创建一个矩形选区，然后填充为黄色，并输入黑色文字；利用自定形状工具绘制三个小星形，放在文字的前面，如图209-12所示。

步骤11 使用横排文字工具，在封面上输入文字，如图209-13所示。

图209-10 创建并填充选区

图209-11 输入文字

图209-12 绘制选区并输入文字

图209-13 在封面上输入文字

步骤 12　在书脊上输入文字，效果如图 209-14 所示。

图209-14　在书脊上输入文字

步骤 13　在封底的顶部输入文字，如图 209-15 所示。

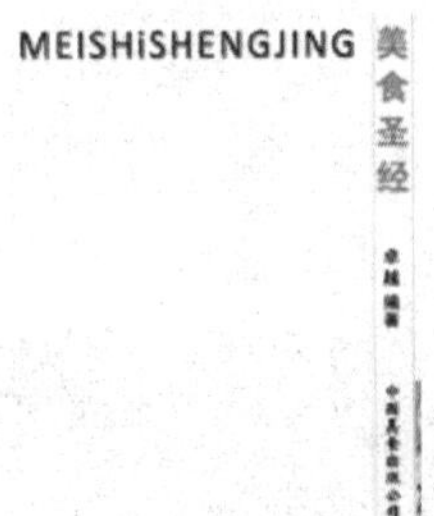

图209-15　在封底顶部输入文字

步骤 14　单击“文件”|“打开”命令，打开两幅素材图像，分别将其粘贴到封面图像编辑窗口中，并调整其大小和位置，效果如图 209-16 所示。

步骤 15　利用横排文字工具，在封底的底部输入文字，如图 209-17 所示。

步骤 16　打开一幅条形码素材文件，将其复制并粘贴到原图像编辑窗口中，效果如图 209-18 所示。

步骤17 继续在封底添加书号及定价等文字，此时的最终效果参见图 209-1。

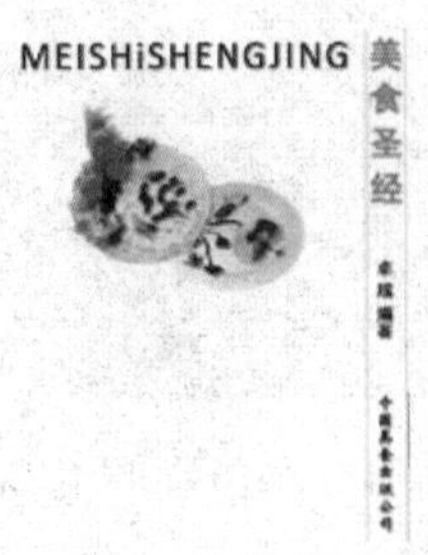

图209-16　粘贴图像到封面图像

图209-17　输入文字

图209-18　粘贴图像

经典实录228例

实例 210　公益广告（1）

本例制作一则禁烟公益广告，效果如图 210-1 所示。

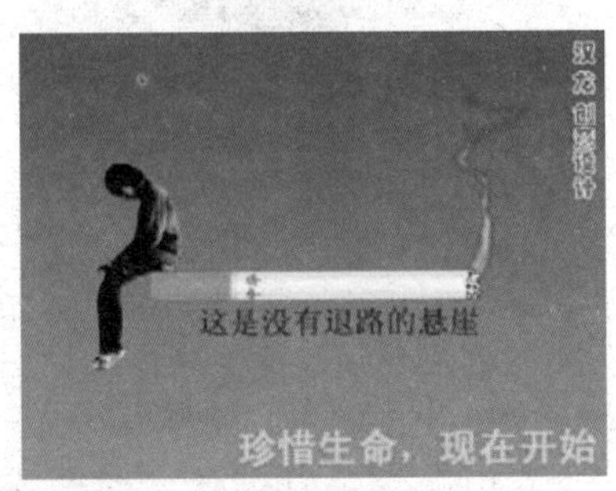

图210-1　公益广告之一

制作步骤

步骤 1　单击“文件”|“新建”命令，新建一幅 RGB 模式的空白图像。

步骤2 将前景色设置为深蓝色、背景色为浅蓝色，选择工具箱中的渐变工具，并在其工具属性栏中选择“前景色到背景色渐变”样式，单击“线性渐变”按钮，在图像中从上到下应用渐变，效果如图 210-2 所示。

步骤 3　单击“文件”|“打开”命令，

打开一幅香烟素材图像（如图210-3所示），选择图像中的香烟区域，按【Ctrl+C】组合键复制图像。

图210-2 应用渐变后的效果

图210-3 素材图像

步骤4 返回原始图像编辑窗口，按【Ctrl+V】组合键粘贴图像，并调整其大小及位置，效果如图210-4所示。

步骤5 选择工具箱中的矩形选框工具，在香烟的右侧创建一个矩形选区，如图210-5所示。

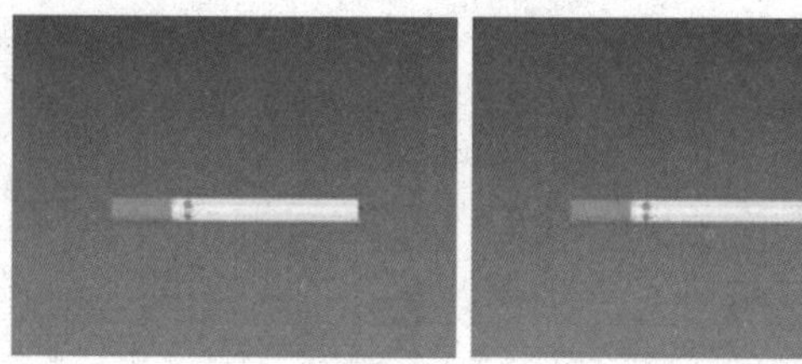

图210-4 粘贴并调整图像　　图210-5 创建选区

步骤6 单击"滤镜"|"杂色"|"添加杂色"命令，在弹出的"添加杂色"对话框中设置相应的参数（如图210-6所示），单击"确定"按钮。

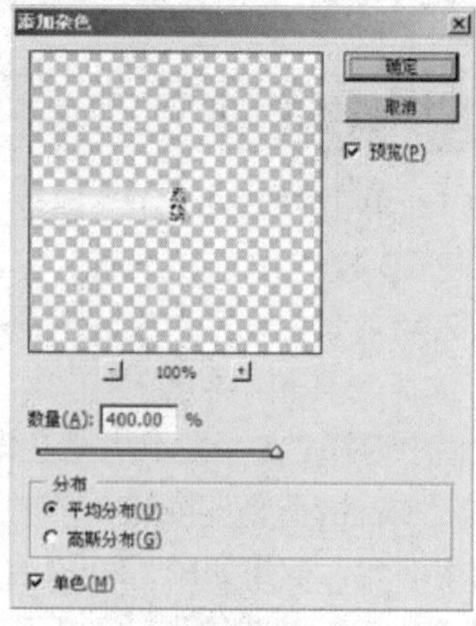

图210-6 "添加杂色"对话框

步骤7 保持选区不变，单击"滤镜"|EyeCandy4.0|"烟雾"命令，在弹出的"烟雾效果"对话框中设置各项参数（如图210-7所示），单击"确定"按钮，效果如图210-8所示。此步骤所用滤镜需从相应网站下载并安装后方可使用。

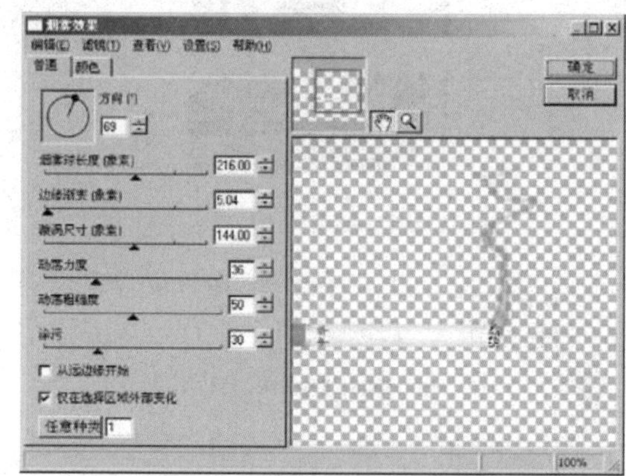

图210-7 "烟雾效果"对话框

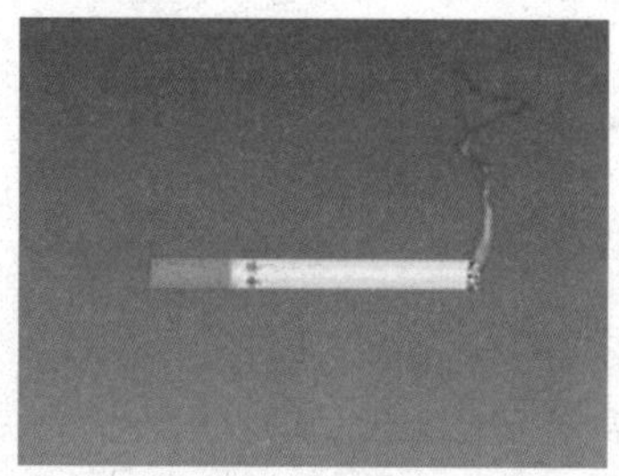

图210-8 "烟雾效果"滤镜效果

步骤8 单击"文件"|"打开"命令，打开一幅素材图像（如图210-9所示），选择图像中的人物区域，按【Ctrl+C】组合键复制图像。

图210-9 素材图像

步骤9 返回原始图像编辑窗口，按【Ctrl+V】组合键粘贴图像，并调整其大小及位置，效果如图210-10所示。

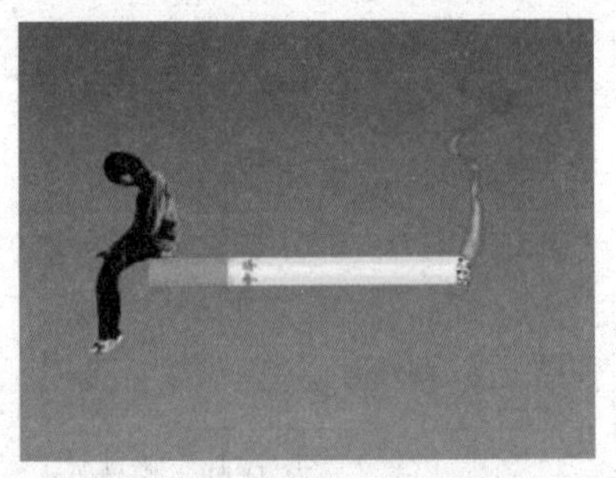

图210-10 粘贴并调整图像

步骤10 选择工具箱中的横排文字工具，设置合适的字体、字号，在图像编辑窗口中输入文字，如图210-11所示。

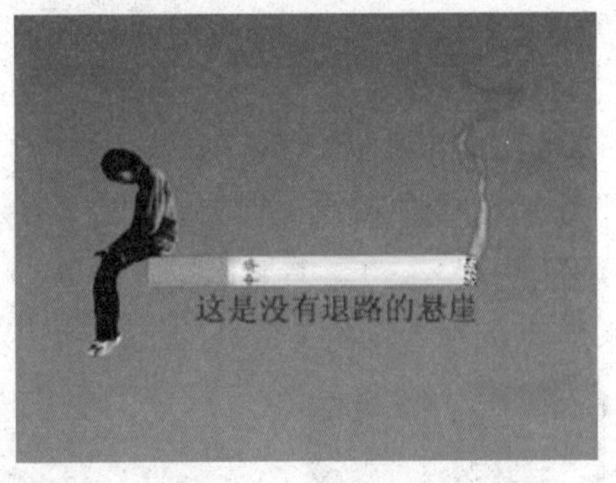

图210-11 输入文字

步骤11 改变字体、字号和颜色，继续输入其他文字，最终效果参见图210-1。

实例211 公益广告（二）

本例制作一则爱护动物公益广告，效果如图211-1所示。

图211-1 公益广告之二

制作步骤

步骤1 单击“文件”|“新建”命令，新建一个图像文件。

步骤2 设置前景色为暗红色，选择渐变工具，在“渐变编辑器”中选择一种渐变样式，并对其进行相应的调整，如图211-2所示。

步骤3 单击“确定”按钮，拖曳鼠标从图像编辑窗口的左上角向右下角填充渐变，效果如图211-3所示。

步骤4 单击“文件”|“打开”命令，打开一幅素材图像，并将其拖曳到新建的图像编辑窗口中，运用“自由变换”命令调整图像的大小及位置，如图211-4所示。

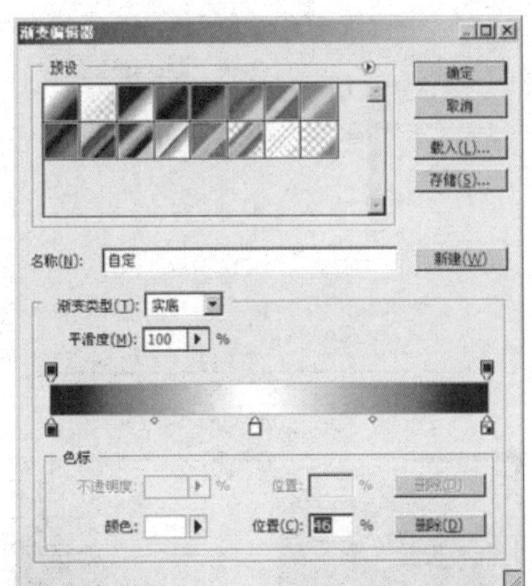

图211-2 调整渐变

图211-3 渐变填充图像文件

步骤5 按住【Ctrl】键的同时单击“图层1”，将图像载入该图层的选区，单击“编辑”|“描边”命令，在打开的“描边”对话框中设置相应的参数，如图211-5所示。

步骤6 单击“确定”按钮为图像描边，

然后按【Ctrl+D】组合键取消选区，效果如图211-6所示。

步骤7 单击“文件”|“打开”命令，打开另一幅素材图像，把它拖曳到原始图像编辑窗口中，并调整图像大小及位置，然后进行描边，效果如图211-7所示。

图211-4 调整图像大小及位置

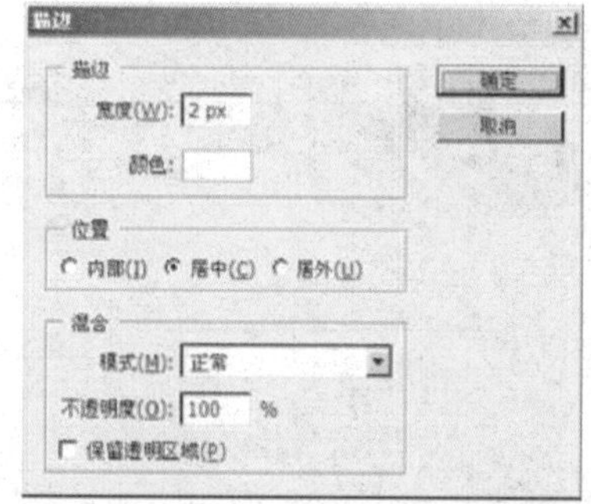

图211-5 “描边”对话框

图211-6 为图像描边后的效果

图211-7 调整图像大小及位置

步骤8 新建一个图层，选择工具箱中的自定形状工具，在工具属性栏中单击“路径”按钮，从“形状”下拉列表框中选择“红心形卡”选项（如图211-8所示），然后在图像的右上角绘制两个心形路径，如图211-9所示。

图211-8 自定形状工具属性栏

图211-9 绘制路径

步骤9 选择工具箱中的画笔工具，设置“画笔大小”为2；选择工具箱中的路径选择工具选择路径，打开“路径”调板，在“工作路径”选项上单击鼠标右键，在弹出的快捷菜单中选择“描边路径”选项，在打开的“描边路径”对话框中选择画笔工具，如图211-10所示。单击“确定”按钮为路径描边，然后删除工作路径，效果如图211-11所示。

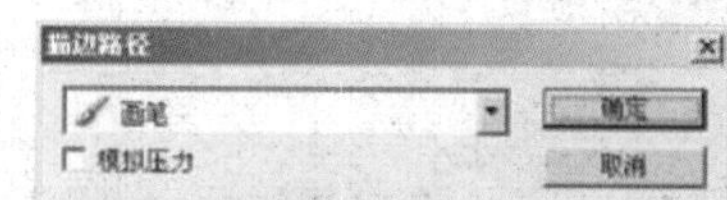

图211-10 “描边路径”对话框

图211-11 为路径描边后的效果

步骤10 选择工具箱中的直排文字工具，设置颜色为白色，在图像的右侧输入文字，如图211-12所示。

图211-12 输入文字

步骤11 设置文字颜色为红色，再次在图像中输入文字，在该文字图层上面单击鼠标右键，在弹出的快捷菜单中选择“栅格化文字”选项，栅格化文字图层。

步骤12 按住【Ctrl】键的同时单击该图层，将文字载入选区，单击“编辑”|“描边”命令，在打开的“描边”对话框中设置“宽度”为2、“颜色”为白色，单击“确定”按钮，效果如图211-13所示。

图211-13 输入并描边文字

步骤13 在该文字图层上面双击鼠标，在打开的“图层样式”对话框中设置相应的参数（如图211-14所示），单击“确定”按钮，效果如图211-15所示。

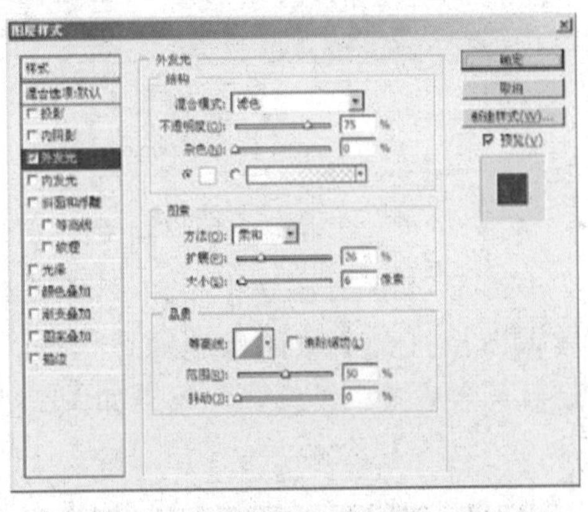

图211-14 “图层样式”对话框

图211-15 添加图层样式后的效果

步骤14 运用横排文字工具，在图像编辑窗口的底部输入文字，并将文字设置为斜体，完成该实例的制作，效果参见图211-1。

实例212 电影海报（一）

本例设计一则电影海报，效果如图212-1。

图212-1 电影海报之一

制作步骤

步骤1 单击“文件”|“新建”命令，创建一个背景色为黑色的图像文件。

步骤2 按【Ctrl+O】组合键，打开一幅素材图像，如图212-2所示。

步骤3 按【Ctrl+A】组合键全选图像，单击“选择”|“修改”|“羽化”命令，在打开的“羽化选区”对话框中设置相应的参数，如图212-3所示。

图212-2 素材图像

图212-3 “羽化选区”对话框

步骤4 单击“确定”按钮，利用移动工具将图像拖曳至原图像编辑窗口中，然后调整至合适大小及位置，效果如图212-4所示。

图212-4 调整图像的大小及位置

步骤5 打开一幅素材图像，选择魔棒工具，在其工具属性栏中进行相应的设置。按住【Shift】键的同时，连续在图像的背景处单击鼠标左键，以选择背景区域，然后单击“选择”|“反向”命令选择图像中的人物；单击“选择”|“修改”|“羽化”命令，在打开的“羽化选区”对话框中设置“羽化半径”为5，如图212-5所示。

图212-5 创建选区

步骤6 将图像拖曳至原图像编辑窗口中，然后调整至合适大小及位置，效果如图212-6所示。

图212-6 调整图像的大小及位置

步骤7 再次打开一幅素材图像，如图212-7所示。

图212-7 素材图像

步骤8 利用矩形选框工具，分别选择所需的图像区域，并分别将其复制、粘贴到原图像编辑窗口中，然后调整到窗口左侧，如图212-8所示。

步骤9 在“图层”调板中，按住【Shift】键的同时单击图层，以选择多个图层（如图212-9所示），然后单击“图层”|“合并图层”命令合并图层。

图212-8 调整图像的位置

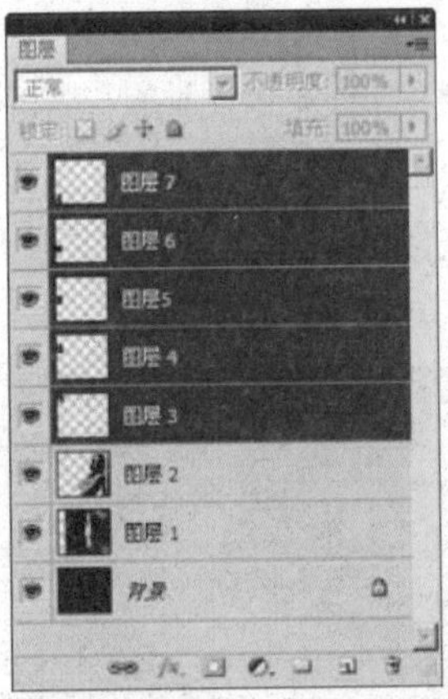

图212-9　选择多个连续的图层

步骤10 双击合并后的图层，在打开的“图层样式”对话框中，设置相应的参数（如图212-10 所示），单击“确定”按钮确认操作。

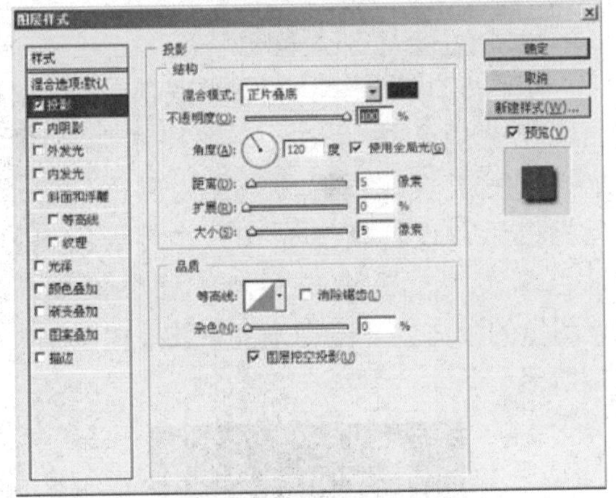

图 212-10　“图层样式”对话框

步骤11 选择横排文字工具，在图像的底部输入文字，如图212-11 所示。

步骤12 打开“图层样式”对话框，设置相应的参数（如图212-12 所示），为文字添加投影效果，最终的电影海报效果参见图212-1。

图212-11　输入文字

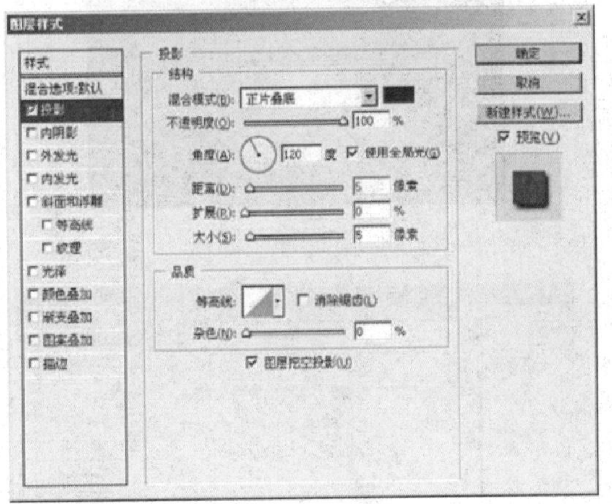

图212-12　设置投影参数

实例213 电影海报（二）

本例设计另一则电影海报，效果如图213-1 所示。

图213-1　电影海报之二

制作步骤

步骤1 按【Ctrl+N】组合键打开“新建文件”对话框，设置“宽度”为21 厘米、“高度”为29.7 厘米，单击“确定”按钮创建文件，然后将背景填充为黑色，如图213-2 所示。

步骤2 单击“文件”|“打开”命令，打开一幅素材图像，如图213-3 所示。

步骤3 单击“图像”|“调整”|“曲线”命令，在弹出的“曲线”对话框中选择“蓝”通道，然后调整曲线，并设置“输

入”为80、“输出”为140（如图213-4所示），单击“确定”按钮，效果如图213-5 所示。

图213-2 新建图像文件

图213-3 素材图像

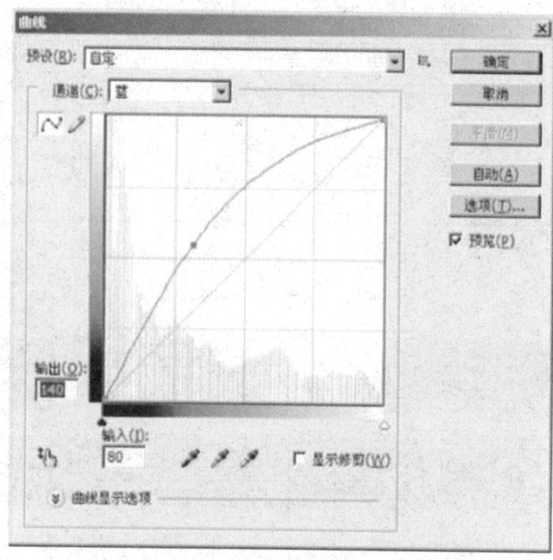

图213-4 “曲线”对话框

图213-5 调整曲线后的效果

步骤4 选择移动工具，将调整好的图像拖曳到新建的图像文件中，得到图层1，然后按【Ctrl+T】组合键执行“自由变换”命令，调整图像的大小，将调整后的图像移动到如图213-6 所示的位置。

图213-6 调整图像位置

步骤5 在“图层”调板底部单击“添加图层蒙版”按钮，为该图层添加蒙版。选择渐变工具，设置前景色为黑色、背景色为白色，设置渐变样式为“前景色到背景色渐变”、渐变方式为“线性渐变”，在图像的上方向下应用渐变，效果如图213-7 所示。

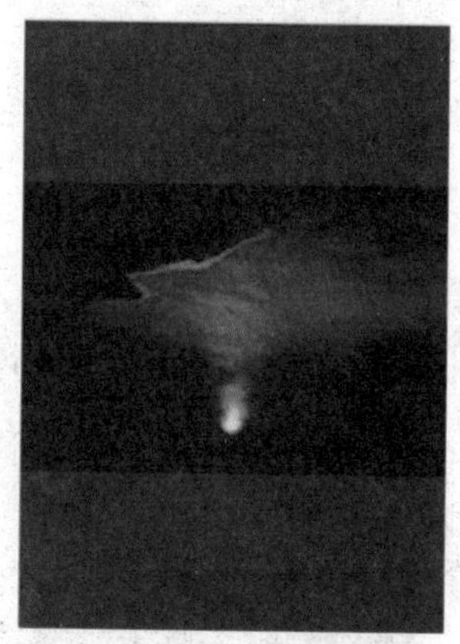

图213-7 应用渐变

步骤6 单击“文件”|“打开”命令，打开一幅人物素材图像；单击“图像”|“调整”|“去色”命令，将人物素材图像进行去色处理，效果如图213-8 所示。

步骤7 单击“图像”|“调整”|“曲线”命令，在弹出的“曲线”对话框中选择“蓝”通道，在曲线上单击添加一个色

调调节点，并调节曲线，如图213-9所示。单击“确定”按钮，效果如图213-10所示。

图213-8 对图片进行去色处理

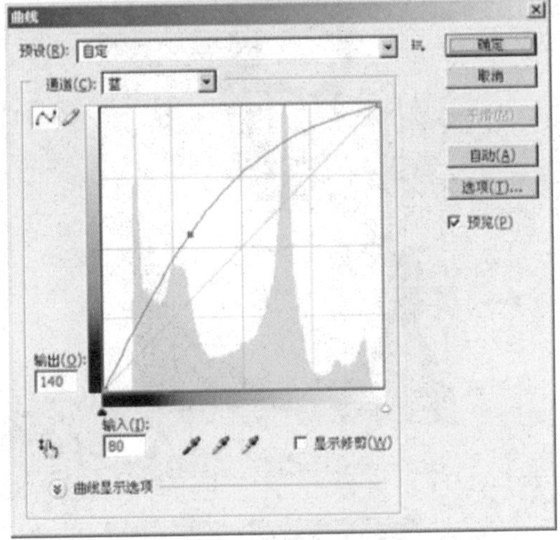

图213-9 “曲线”对话框

图213-10 调整曲线后的效果

步骤8 选择移动工具，将调整好的人物图像拖曳到原图像编辑窗口中，得到“图层2”，然后按【Ctrl+T】组合键执行“自由变换”命令，调整图像的大小，并将其移动到如图213-11所示的位置。

步骤9 在“图层”调板底部单击“添加图层蒙版”按钮，添加图层蒙版。选择画笔工具，将前景色设置为黑色，在其属性栏中将画笔直径调整至合适大小，并选取软画笔，沿图像人物边缘绘制，效果如图213-12所示。

图213-11 调整图像位置

图213-12 在图像边缘绘制后的效果

步骤10 用与上述相同的方法对另一幅人物图像进行去色、曲线调整处理，效果如图213-13所示。

步骤11 将处理好的人物图像拖曳到原图像编辑窗口中，调整其大小及位置，并为该图层添加图层蒙版，选择画笔工具，将前景色设置为黑色，将画笔直径调整至合适大小，并选取软画笔，沿人物图像边缘进行绘制，效果如图213-14所示。

步骤12 单击“文件”|“打开”命令，打开一幅人物素材图像；单击“图像”|“模式”|“RGB颜色”命令，将灰度模式转换为RGB模式，如图213-15所示。

图213-13　处理素材图像

图213-14　在人物图像边缘绘制

步骤13　单击"图像"|"调整"|"曲线"命令，在弹出的"曲线"对话框中选择"蓝"通道，然后对曲线进行调整，并设置"输入"为80、"输出"为140，单击"确定"按钮，效果如图213-16所示。

图213-15　转换图像颜色模式

图213-16　调整曲线后的效果

步骤14　将处理后的人物图像拖曳至原图像编辑窗口中，并调整其大小及位置，然后为其添加图层蒙版。选择画笔工具，将前景色设置为黑色，将画笔直径调整至合适大小，并选取软画笔，沿人物图像的边缘进行绘制，然后将处理好的人物图像图层调整到"图层2"的下面，效果如图213-17所示。

图213-17 对图像进行处理并调整图层顺序

步骤15 新建一个图层，使用矩形选框工具在图像编辑窗口中创建矩形选区，并将其填充为黑色，效果如图213-18所示。

图213-18 创建选区并填充颜色

步骤16 将前景色设置为白色，选择圆角矩形工具，在其属性栏中单击“填充像素”按钮，设置圆角“半径”为10，在图像中绘制白色圆角矩形，然后选择矩形选框工具创建矩形选区（如图213-19所示），单击“编辑”|“定义图案”命令，将其定义为图案。

图213-19 绘制圆角矩形并定义为图案

步骤17 按【Ctrl+D】组合键取消选区，然后新建一个图层，使用矩形选框工具创建矩形选区，如图213-20所示。

图213-20 创建选区

步骤18 单击“编辑”|“填充”命令，在弹出的“填充”对话框中设置“使用”为“图案”，从“自定图案”下拉列表框中选择前面定义的图案，单击“确定”按钮，填充选区效果如图213-21所示。

图213-21 填充选区后的效果

步骤19 将填充图案后的图层进行复制，并用移动工具将图像向下移动一定距离，效果如图213-22所示。

步骤20 单击“文件”|“打开”命令，打开一幅人物素材图像，如图213-23所示。

步骤21 选择移动工具，将其拖曳到原图像编辑窗口中，按【Ctrl+T】组合键执行“自由变换”命令，通过【Shift+Alt】组合键等比例调整图像的大小，然后将调整后的图像移动到如图213-24所示的位置。

图213-22 复制并调整图像位置

图213-23 素材图像

图213-24 调整图像的位置

步骤22 用与上述相同的方法制作其他图像效果，如图213-25所示。

图213-25 放入其他素材图像

步骤23 将前景色设置为黄色，选择横排文字工具，输入英文EFFECT，并设置相应的字体及字号，如图213-26所示。

图213-26 输入文字

步骤24 单击“图层”|“图层样式”|“投影”命令，在弹出的“图层样式”对话框中设置相应的参数（如图213-27所示），然后分别选中“斜面和浮雕”、“纹理”及“描边”复选框，并分别设置它们的参数，如图213-28、图213-29、图213-30所示。单击“确定”按钮，效果如图213-31所示。

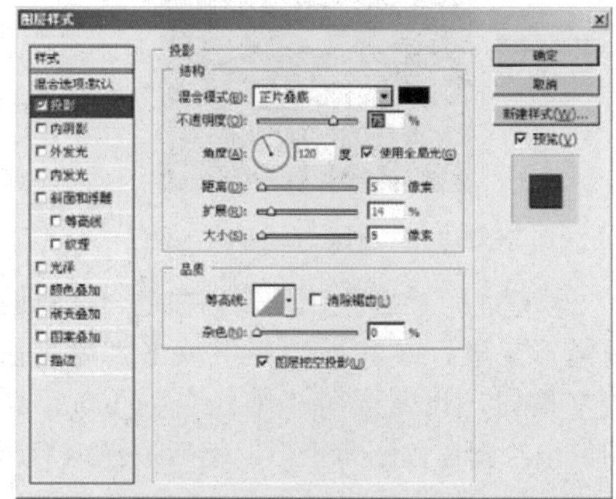

图213-27 设置投影参数

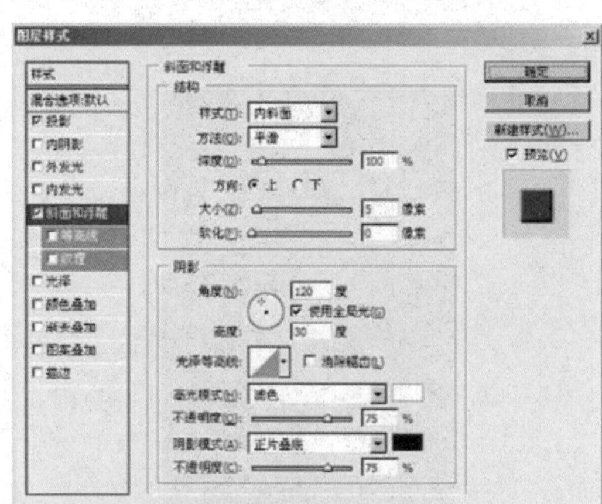

图213-28 设置斜面和浮雕参数

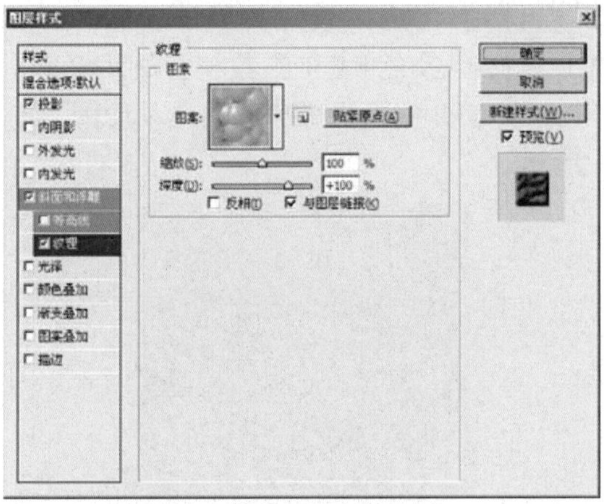

图213-29 设置纹理参数

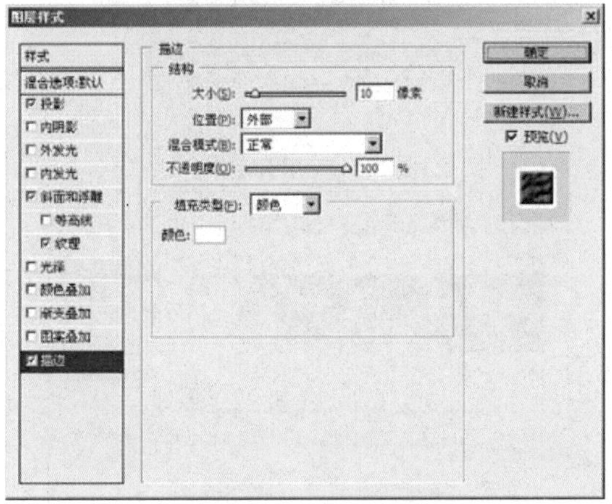

图213-30 设置描边参数

步骤 25 选择横排文字工具，输入THE TRIGGER等文字，然后按照前面的方法添加图层样式，效果如图213-32所示。

步骤 26 输入其他相应的文字，效果如图213-33所示。

步骤 27 单击“文件”|“打开”命令，打开配套光盘中的标志、条形码素材图像。选择移动工具，分别将标志、条形码图像拖曳到原图像中，并调整其大小及位置，效果参见图213-1。

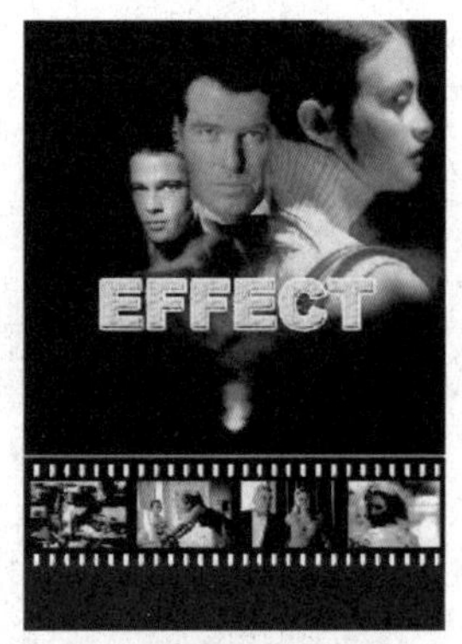

图213-31 添加图层样式后的效果

图213-32 输入文字并添加图层样式

图213-33 输入其他文字

实例 214 POP宣传广告

本例制作一则POP宣传广告，效果如图214-1所示。

制作步骤

步骤 1 按【Ctrl+N】组合键，在弹出的“新建”对话框中将“宽度”设置为827像素、“高度”设置为1169像素，单击“确定”按钮创建图像文件。

步骤 2 新建“图层1”，设置前景色RGB参数值分别为1、148、226，按【Alt+Delete】组合键填充图像，效果如图214-2所示。

步骤 3 新建“图层2”，选择矩形选框工具，在图像编辑窗口中创建矩形选区，将前景色RGB参数值设置为178、223、202，按【Alt+Delete】组合键填充前景色，效果如图214-3所示。

图214-1 POP宣传广告

图214-2 填充图像

图214-3 填充选区

步骤4 新建"图层3"，选择矩形选框工具并创建选区，并填充颜色（RGB参数值为248、196、0），效果如图214-4所示。

步骤5 新建"图层4"，选择矩形选框工具并创建选区，选择渐变工具，打开"渐变编辑器"窗口，设置相应的参数，其中第1色标点颜色RGB参数值分别为250、237、0；第2色标点颜色为白色，如图214-5所示。

图214-4 填充选区

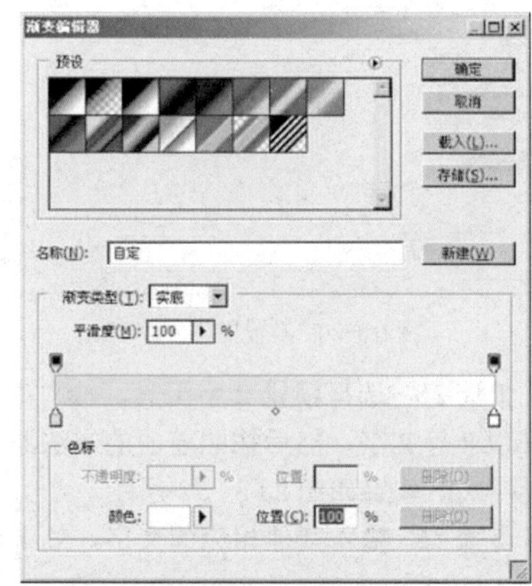

图214-5 编辑渐变

步骤6 从图像窗口的上方向下拖曳鼠标至合适位置，释放鼠标完成线性渐变操作，按【Ctrl+D组合键】取消选区，效果如图214-6所示。

步骤7 新建"图层5"，选择矩形选框工具，在图像编辑窗口中创建矩形选区，将前景色设置为红色，按【Alt+Delete】组合键填充选区，效果如图214-7所示。

步骤8 用与上述相同的方法，在图像顶部创建一个矩形选区，选择渐变工具，打开"渐变编辑器"窗口，设置第1色标点颜色RGB参数值分别为226、75、122；第2色标点颜色RGB参数值分别为252、239、162，然后填充选区，效果如图214-8所示。

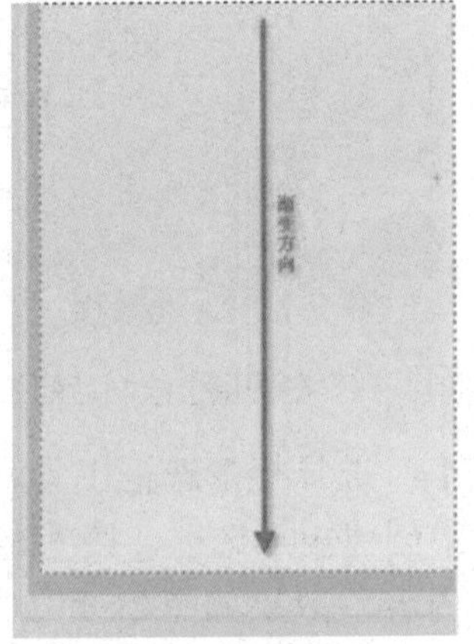

图214-6 渐变填充选区

图214-7 填充选区

图214-8 填充选区

步骤9 单击“文件”|“打开”命令，打开一幅图案素材图像，如图214-9所示。

步骤10 选择移动工具，将其拖曳到原图像编辑窗口中，按【Ctrl+T】组合键执行“自由变换”命令，通过【Shift+Alt】组合键等比例调整图像的大小，然后将调整好的图像移动到如图214-10所示的位置。

图214-9 素材图像

图214-10 调整图像位置

步骤11 单击“图层”|“图层样式”|“外发光”命令，在弹出的“图层样式”对话框中设置各项参数（如图214-11所示），然后单击“确定”按钮，效果如图214-12所示。

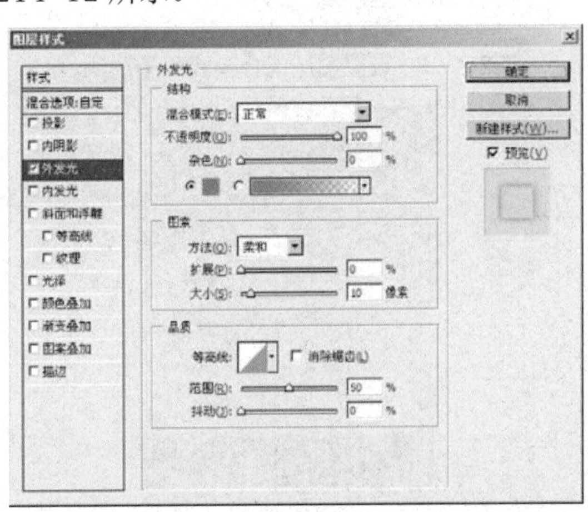

图214-11 设置外发光参数

图214-12 添加图层样式后的效果

步骤12 在“图层”调板中设置该图层的混合模式为“柔光”，并调整其“不透明度”为24%（如图214-13所示），此时的图像效果如图214-14所示。

步骤13 将前景色设置为绿色，新建一个图层，选择画笔工具，在其属性栏中选取适当的笔刷，绘制如图214-15所示的效果。

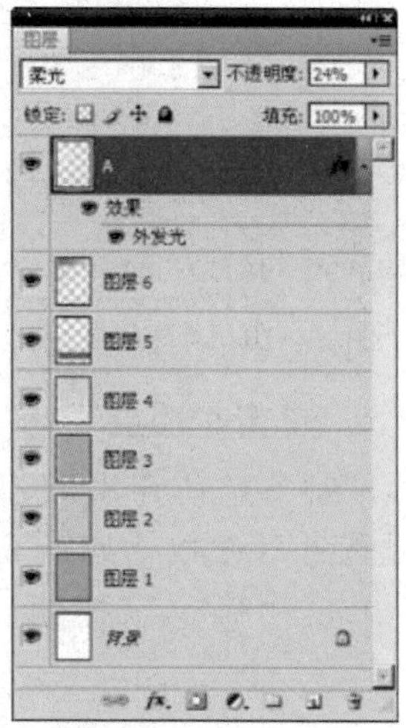

图214-13 设置图层混合模式和不透明度

图214-14 图像效果

图214-15 在图像上绘制后的效果

步骤14 选择矩形选框工具，在图像中编辑窗口中创建矩形选框，按【Delete】键删除选区内容，效果如图214-16所示。

图214-16 创建选区并删除内容

步骤15 新建“图层8”，选择椭圆选框工具，按住【Shift】键的同时创建圆形选区，然后设置填充颜色的RGB参数值分别为248、196、0，填充选区，效果如图214-17所示。

图214-17 创建选区并填充颜色

步骤16 按【Ctrl+D】组合键取消选区。复制“图层8”生成“图层8 副本”，选择移动工具，将“图层8 副本”拖曳至如

图214-18所示的位置。

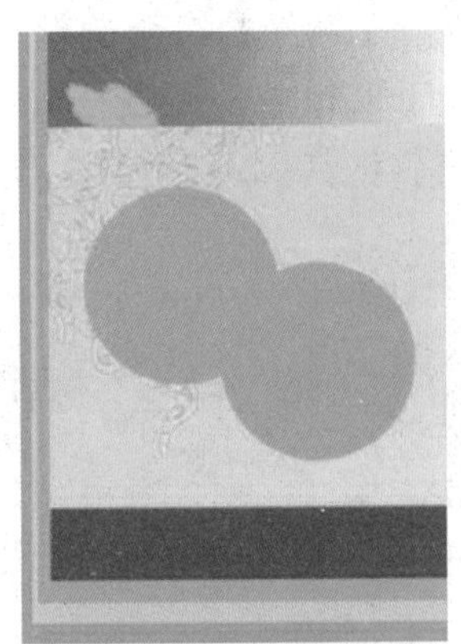

图214-18 复制圆形并调整位置

步骤17 按住【Ctrl】键的同时单击“图层8 副本”图层，将椭圆选区载入，新建“图层9”，并填充RGB参数值分别为237、182、63的颜色，效果如图214-19所示。

图214-19 填充选区

步骤18 按住【Ctrl】键的同时单击“图层8”，将椭圆选区载入，如图214-20所示。

图214-20 载入选区

步骤19 单击“选择”|“反向”命令，反选选区；单击“图层”调板中的“图层9”，使之成为当前工作图层，按【Delete】键删除“图层9”中选区内的图像，然后按【Ctrl+D】组合键取消选区，效果如图214-21所示。

图214-21 删除图像后的效果

步骤20 单击“文件”|“打开”命令，打开一幅素材图像，如图214-22所示。

图214-22 素材图像

步骤21 选择移动工具，将其拖曳到原图像编辑窗口中，按【Ctrl+T】组合键执行“自由变换”命令，通过【Shift+Alt】组合键等比例调整文字素材图像的大小，然后将调整后的文字素材图像移动到如图214-23所示的位置。

图214-23 调整图像位置

步骤22 单击“图层”|“图层样式”|“外发光”命令，设置外发光的参数（如图214-24所示），然后单击“确定”按钮，效果如图214-25所示。

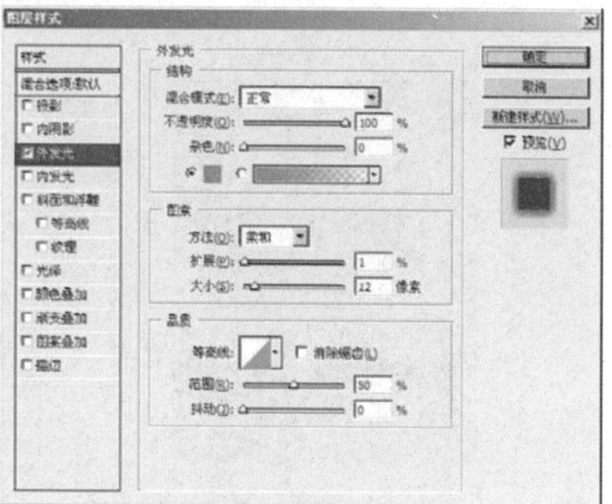

图214-24 设置外发光参数

图214-25 外发光效果

步骤23 单击“文件”|“打开”命令，打开人物素材1图像。选择魔棒工具并单击人物边缘白色部分，创建选区，然后单击“选择”|“反向”命令选择人物图像，如图214-26所示。

图214-26 选择人物图像

步骤24 按【Ctrl+C】组合键复制人物图像；按【Ctrl+V】组合键粘贴人物图像到原图像编辑窗口中，并调整人物素材图像的大小，然后将其移动到如图214-27所示的位置。

图214-27 调整人物图像的位置

步骤25 单击“文件”|“打开”命令，打开人物素材2图像，如图214-28所示。

图214-28 素材图像

步骤26 选择魔棒工具，按住【Shift】键添加选区，单击人物图像白色部分以选择人物，然后按【Ctrl+C】组合键复制人物图像；按【Ctrl+V】组合键粘贴人物图像到原图像编辑窗口中，如图214-29所示。

步骤27 按【Ctrl+T】组合键执行“自由变换”命令，通过【Shift+Alt】组合键等比例调整人物素材图像的大小，然后将调整后的人物素材图像移动到如图214-30所示的位置。

步骤28 按住【Ctrl】键的同时单击人物素材所在的图层，将该层图像载入选区，然后用深灰色进行填充，效果如图214-31所示。

图214-29 复制并粘贴图像

图214-30 调整图像位置

图214-31 填充选区

步骤29 选择矩形选框工具，在图像编辑窗口中创建矩形选区，然后选择人物腿部（如图214-32所示），按【Ctrl+X】组合键剪切选区内容；按【Ctrl+V】组合键进行粘贴，然后将粘贴的人物腿部所在图层的“不透明度”设置为25%，效果如图214-33所示。

图214-32 创建选区

图214-33 图像效果

步骤30 打开另一幅人物素材图像（如图214-34所示），并进行与上述相同的处理，效果如图214-35所示。

图214-34 素材图像

步骤31 新建一个图层，将前景色设置为白色，选择铅笔工具，在其属性栏中选取适当画笔大小，在图像编辑窗口中绘制几条竖线（如图214-36所示），然后设置“不透明度”为31％。

图214-35 处理图像后的效果

图214-36 绘制竖线

步骤32 选择横排文字工具，在图像编辑窗口中输入数字4，设置适当的字体及大小，如图214-37所示。按【Ctrl+T】组合键执行“自由变换”命令，将其旋转一定的角度（如图214-38所示），按回车键确定。

图214-37 输入文字

步骤33 单击“图层”|“图层样式”|“描边”命令，在弹出的“图层样式”对话框中设置描边“大小”为12、“位置”为“居中”、“颜色”为红色（如图214-39所示），单击“确定”按钮确认操作，效果如图214-40所示。

图214-38 旋转文字

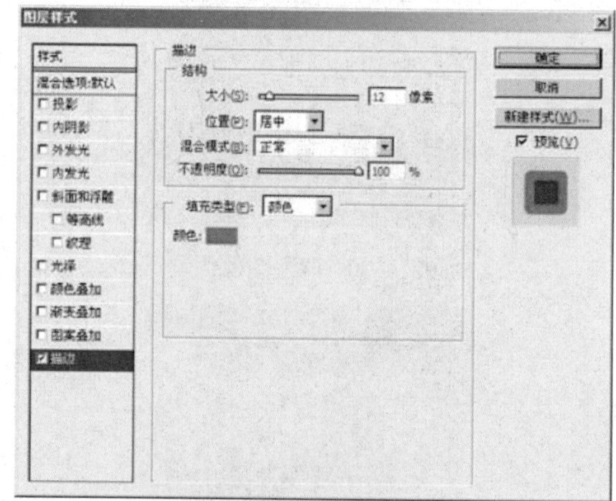

图214-39 设置描边参数

图214-40 描边效果

步骤 34 用与上述相同的方法制作数字5，效果如图214-41所示。

步骤 35 选择横排文字工具，输入文字"惊"，设置相应的字体及大小，将其颜色设置为白色，如图214-42所示。将文字进行复制，并设置其颜色RGB参数值分别为183、81、145，选择移动工具，将复制的文字移动一定距离，效果如图214-43所示。

图214-41 输入文字并添加描边效果

图214-42 输入文字

图214-43 复制并移动文字

步骤 36 用与上述相同的方法制作文字"喜"、"多"、"多"，效果如图214-44所示。

步骤37 选择横排文字工具在图像上输入文字，如图214-45和图214-46所示。

图214-44 制作其他文字

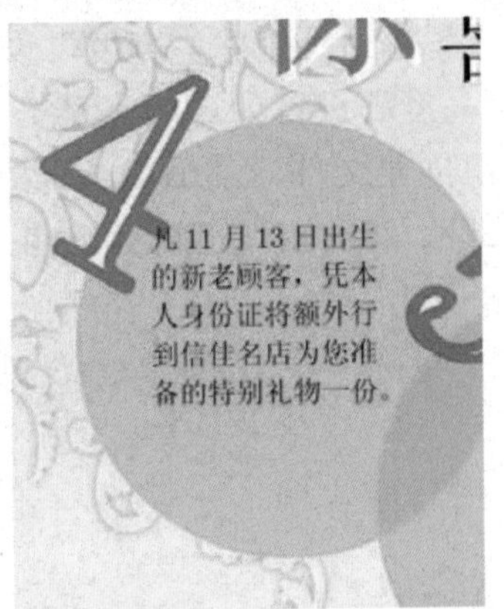

图214-45 输入文字

图214-46 输入文字

步骤38 在图像的底部输入Officel及地址，最终效果参见图214-1。

实例215 儿童数码设计（一）

本例是儿童数码设计之一，效果如图215-1所示。

图215-1 儿童数码设计之一

制作步骤

步骤1 按【Ctrl+N】组合键，在弹出的“新建”对话框中将“宽度”设置为800像素、“高度”设置为600像素，单击“确定”按钮创建文件，然后填充RGB参数值分别为255、237、98的颜色，效果如图215-2所示。

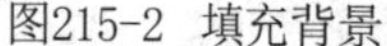

图215-2 填充背景

步骤2 单击“文件”|“打开”命令打开素材图像，如图215-3所示。选择移动工具，将素材图像拖曳到新建的图像文件中，按【Ctrl+T】组合键执行“自由变换”命令，通过【Shift+Alt】组合键等比例调整图像的大小，然后调整其位置，如图215-4所示。

步骤3 在“图层”调板中设置该图层的“不透明度”为30%，效果如图215-5所示。

步骤4 将前景颜色RGB参数值分别设置为219、182、126，选择画笔工具，在其属性栏中设置相应大小的软画笔，并在人物图像的左、右区域进行绘制，效果如图215-6所示。

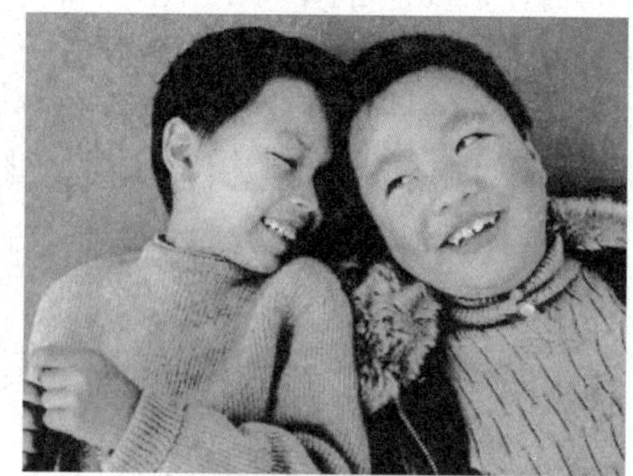

图215-3 素材图像

图215-4 调整图像

图215-5 设置图层不透明度

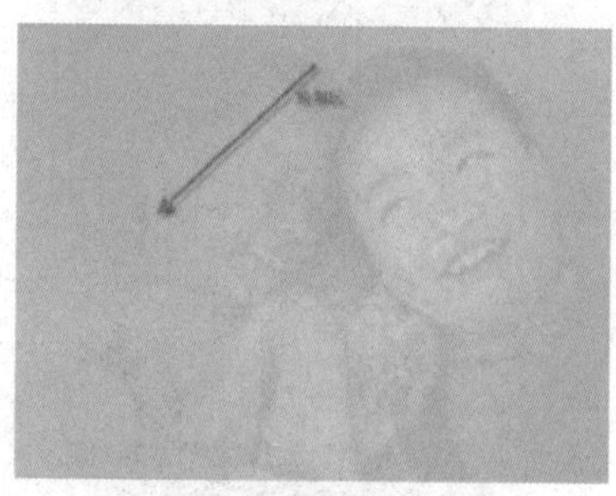

图215-6 对图像进行处理

步骤5 单击“文件”|“打开”命令，

打开一幅素材图像，如图215-7所示。选择移动工具，将其拖曳到新建的图像文件中。按【Ctrl+T】组合键执行“自由变换”命令，通过【Shift+Alt】组合键等比例调整图案的大小，然后将调整后的图案移动到如图215-8所示的位置。

图215-7 素材图像

图215-8 调整图案位置

步骤6 将图案复制，并将复制生成的图案移动到另一侧，调整图案的大小并将其旋转一定角度，然后将调整好的图案移动到如图215-9所示的位置。

图215-9 调整复制图案

步骤7 单击“文件”｜“打开”命令，打开另一幅图案素材图像，利用移动工具将其拖曳到原图像编辑窗口中，并调整其大小及位置，效果如图215-10所示。

图215-10 图像效果

步骤8 选择矩形选框工具，在图像的上、下两侧各绘制一个矩形选区，并分别填充与图案相同的颜色，如图215-11所示。

图215-11 创建选区并填充颜色

步骤9 选择矩形选框工具，按住【Shift】键的同时，在当前图像编辑窗口中创建一个矩形选区，并填充为白色，如图215-12所示。

图215-12 创建选区并填充颜色

步骤10 单击“图层”｜“图层样式”｜“描边”命令，在弹出的“描边”对话框中设置描边“颜色”为棕色（RGB 参数值分别为154、95、45）、“大小”为2（如图215-13 所示），然后设置该图层的“不透明度”为50%，单击“确定”按钮。

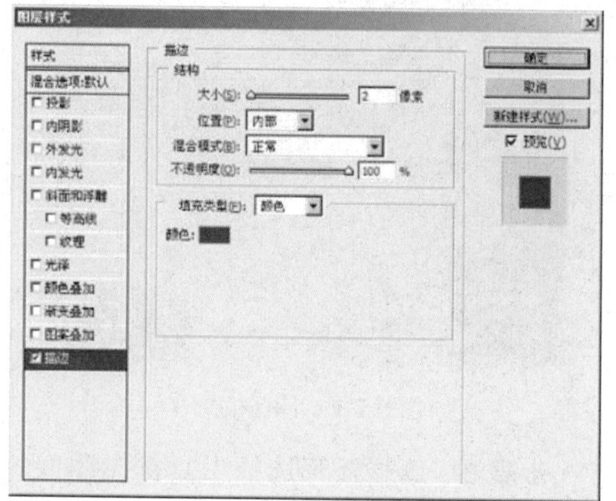

图215-13 设置描边参数

步骤11 将处理好的矩形复制两个，然后将其移动到合适的位置，如图215-14 所示。

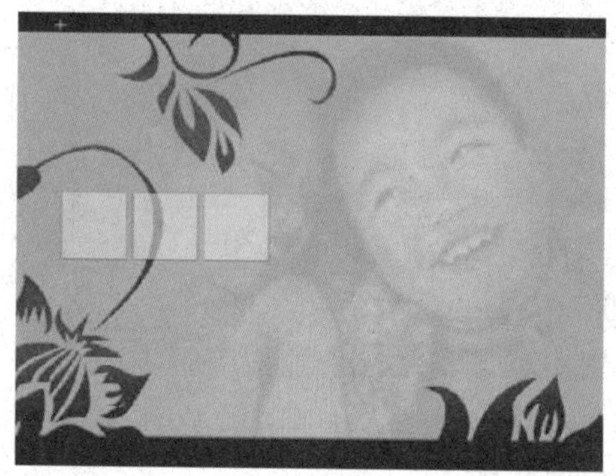

图215-14 复制矩形并调整位置

步骤12 单击“文件”|“打开”命令，打开一幅素材图像。选择矩形选框工具，选取人物图像的脸部区域，如图215-15 所示。

步骤13 将所选的图像复制到原图像编辑窗口中，按【Ctrl+T】组合键执行“自由变换”命令，通过【Shift+Alt】组合键等比例调整图像的大小，然后将调整好的图像移动到如图215-16 所示的位置。

步骤14 用与上述相同的方法编辑其他两幅图像，效果如图215-17 所示。

步骤15 选择矩形选框工具，创建一个矩形选区，并填充其颜色为棕色（RGB 参数值分别为154、95、45），如图215-18 所示。

步骤16 单击“图层”调板中底部“添加图层蒙版”按钮，添加图层蒙版。选择渐变工具，设置其前景色为黑色、背景色为白色，选择“前景色到背景色渐变”样式，设置渐变方式为“线性渐变”，从图像的左侧向右侧拖动鼠标应用渐变，此时的效果如图215-19 所示。

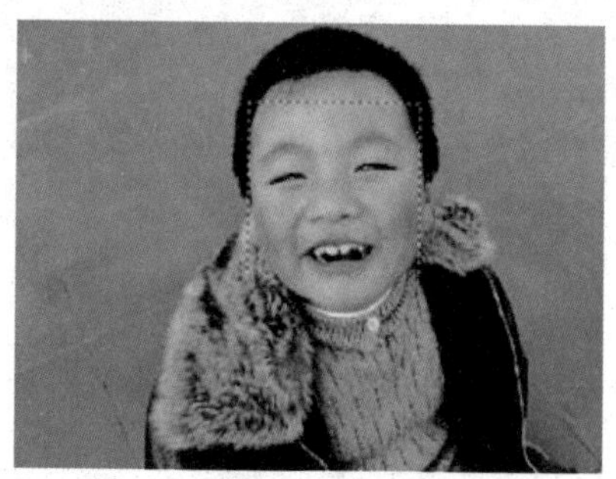

图215-15 创建选区

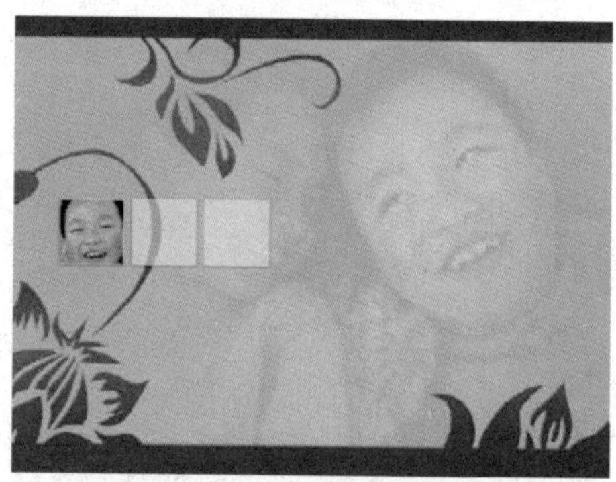

图215-16 复制并调整图像

图215-17 编辑其他两幅图像

步骤17 将处理好的图像进行复制，运用“变换”命令将图像水平翻转，并使用工具箱中的移动工具将其移动到合适位置，效果如图215-20 所示。

步骤18 将前景色RGB参数值分别设置为219、182、126，选择横排文字工具，在图像编辑窗口中输入文字“金色童年”，设置字体为幼圆，如图215-21所示。

步骤19 选择椭圆选框工具，按住【Shift】键的同时在图像中绘制圆形，并对其进行描边，描边颜色的RGB参数值分别为219、182、126，如图215-22所示。

图215-18 创建矩形选区并填充颜色

图215-19 添加图层蒙版并应用渐变

图215-20 复制图像并调整位置

图215-21 输入文字

图215-22 绘制圆形

步骤20 选取横排文字工具，在图像编辑窗口中输入其他相关的文字（如图215-23所示），最终效果参见图215-1。

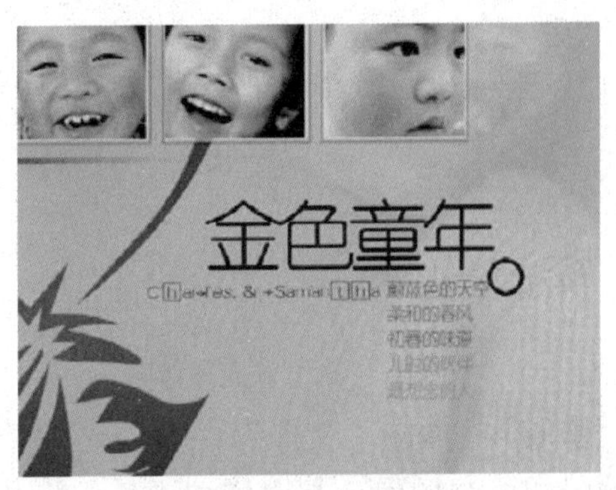

图215-23 输入其他文字

实例216 儿童数码设计（二）

本例是儿童数码设计之二，效果如图21C 1所示。

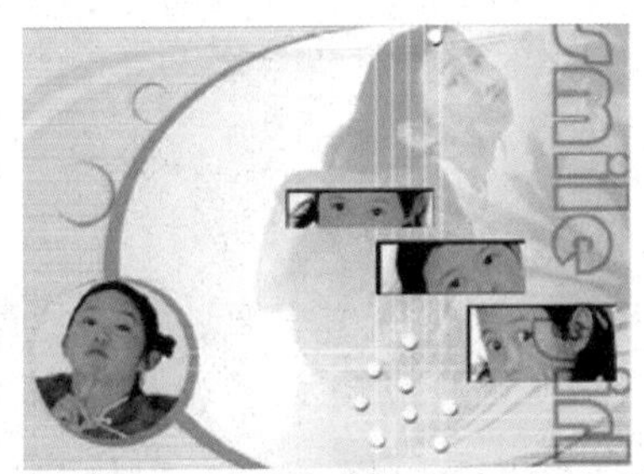

图216-1 儿童数码设计之二

制作步骤

步骤1 按【Ctrl+N】组合键，在弹出的“新建”对话框中将“宽度”设置为700像素、“高度”设置为500像素，单击“确定”按钮创建文件。

步骤2 新建“图层1”，在工具箱中选择渐变工具，打开“渐变编辑器”窗口，设置相应的参数，其中第1色标点的颜色RGB参数值分别为180、255、255；第2色标点的颜色为白色；第3色标点的颜色RGB参数值分别为255、204、204，如图216-2所示。

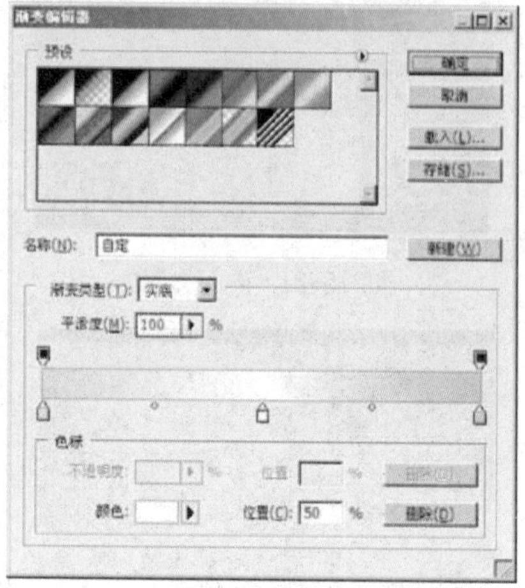

图216-2 编辑渐变

步骤3 从当前图像编辑窗口的左上方拖曳鼠标一直到右下方，释放鼠标完成线性渐变操作，效果如图216-3所示。

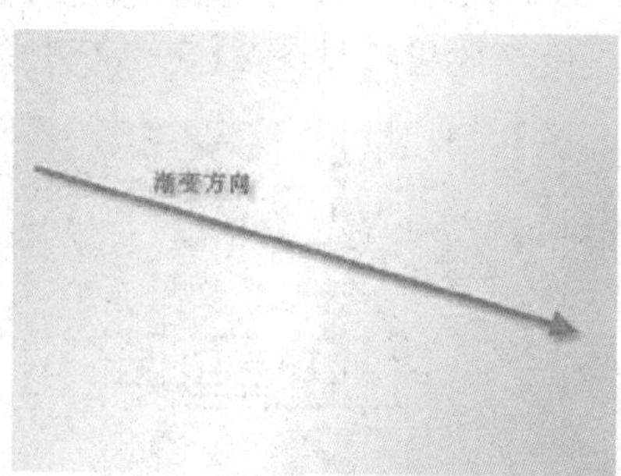

图216-3 渐变填充图像

步骤4 单击"文件"|"打开"命令，打开一幅素材图像。利用移动工具，将其拖曳到原图像编辑窗口中，按【Ctrl+T】组合键执行"自由变换"命令，通过【Shift+Alt】组合键等比例调整图案的大小，然后将调整后的图案移动到如图216-4所示的位置。

图216-4 调整图案位置

步骤5 在"图层"调板中设置该图层的混合模式为"柔光"，使图案与背景相融合，效果如图216-5所示。

图216-5 改变图层混合模式后的效果

步骤6 单击"图层"调板底部的"添加图层蒙版"按钮，添加图层蒙版，选择画笔工具，将前景色设置为黑色，在画笔选项栏中将画笔直径调整至合适大小，并选取软画笔，然后在图案蒙版的左上方、右下方进行绘制，如图216-6所示。

图216-6 添加图层蒙版

步骤7 新建"图层3"，选取钢笔工具，绘制如图216-7所示的路径，此时"路径"调板如图216-8所示。单击"路径"调板底部的"将路径作为选区载入"按钮，将路径转换为选区。

图216-7 绘制路径

步骤8 选择渐变工具，打开"渐变编辑器"窗口，设置相应的参数，其中第1色标点的颜色为白色；第2色标点的颜色RGB参数值分别为180、255、255（如图

216-9 所示），在选区内填充渐变色，效果如图 216-10 所示。

图 216-8 “路径”调板

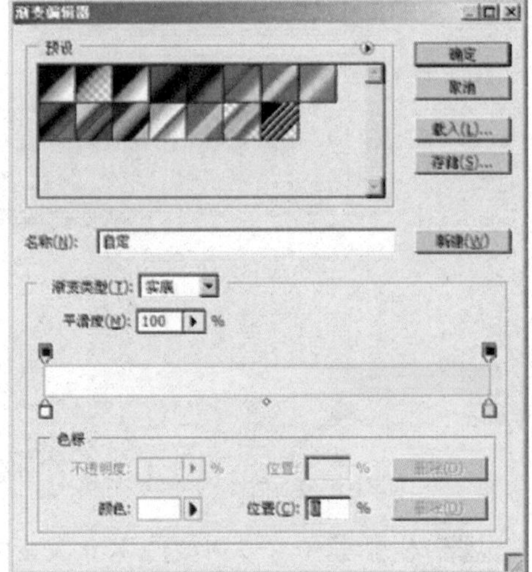

图216-9 编辑渐变

图216-10 渐变填充选区

步骤 9 按【Ctrl+D】组合键取消选区，在“图层”调板中设置该图层的混合模式为“柔光”，效果如图 216-11 所示。

图216-11 设置图层混合模式

步骤 10 单击“图层”｜“图层样式”｜“外发光”命令，在弹出的“图层样式”对话框中设置相应的参数（如图 216-12 所示），然后单击“确定”按钮，效果如图 216-13 所示。

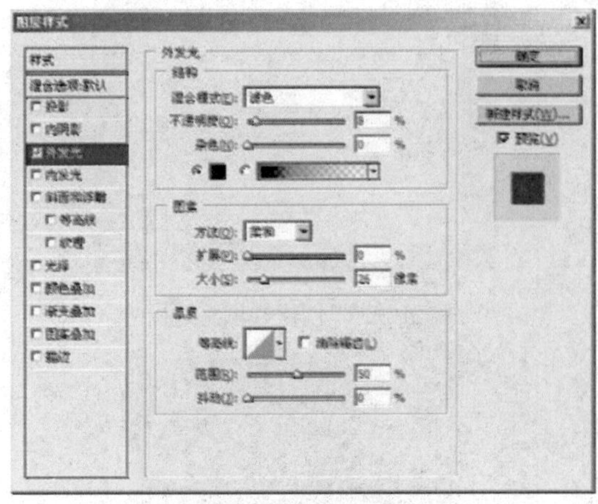

图216-12 设置外发光参数

图216-13 外发光效果

步骤 11 参照步骤 7 中的操作方法，用钢笔工具在图像的左上角绘制路径，并进行与上述相同的处理，效果如图 216-14 所示。

图216-14 绘制路径处理图像

步骤 12 新建“图层 5”，选择椭圆选框工具，创建椭圆选区，然后单击“选择”｜“变换选区”命令，调整选区的大小并将选区旋转一定角度，效果如图 216-15 所示。

步骤 13 按回车键确定变换操作，将选区填充为土黄色，其RGB参数值分别为235、144、84（如图216-16所示），将选区向右上方移动合适距离，如图216-17所示。

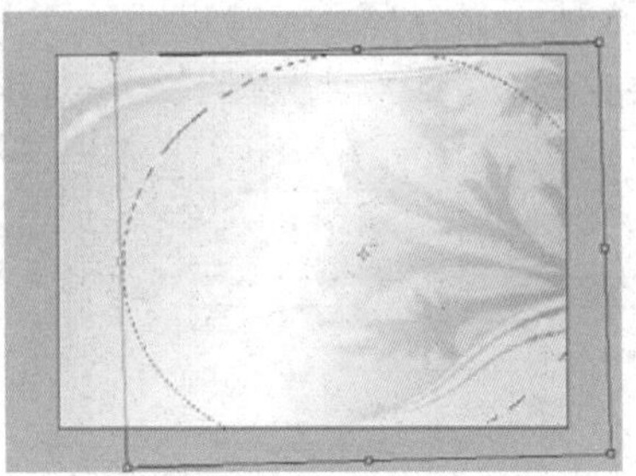

图216-15 创建并调整选区

图216-16 填充选区

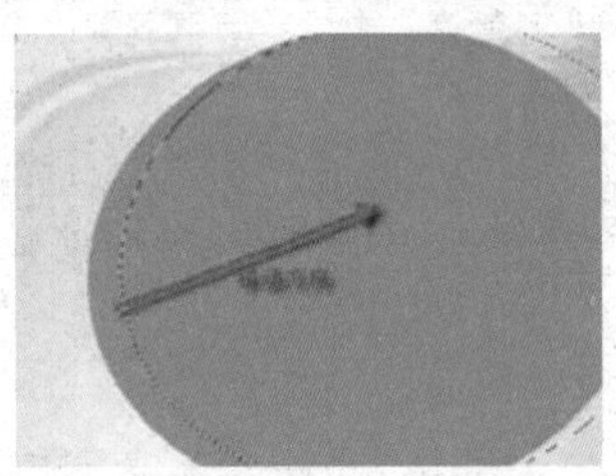

图216-17 移动选区

步骤14 单击“选择”|“变换选区”命令，对选区进行变换（如图216-18所示），按回车键确认变换操作，然后按【Delete】键删除选区内的图像，效果如图216-19所示。

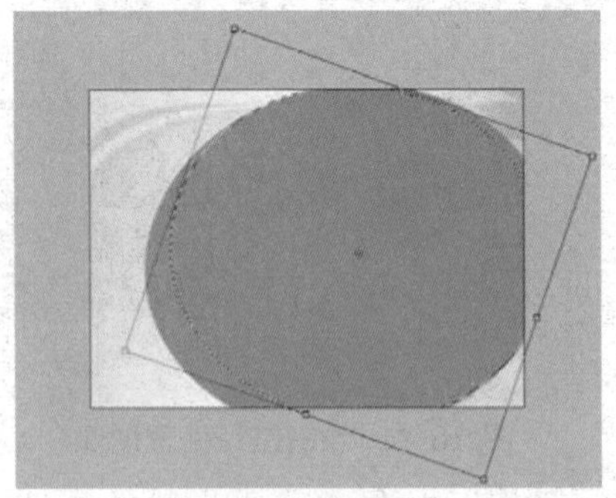

图216-18 变换选区

步骤15 新建“图层6”，用与上述相同的操作方法制作圆环，然后将“图层6”复制两次，生成“图层6 副本”及“图层6 副本2”，并分别调整其大小及位置，然后将“图层6”、“图层6 副本”和“图层6副本2”图层合并为一个图层，效果如图216-20所示。

图216-19 删除选区内的图像

图216-20 制作圆环效果

步骤16 新建一个大小为2×4像素的文件，选择缩放工具，将图像窗口放大到1600%。设置前景色为黑色，选择铅笔工具，在其属性栏中设置“主直径”为2px、“硬度”为100%，在图像上单击鼠标左键，将图像的上半部分填充为黑色，如图216-21所示。

图216-21 填充黑色

步骤17 按【Ctrl+A】组合键全选图像，单击“编辑”|“定义图案”命令，在弹出的“图案名称”对话框中为图案命名（如图216-22所示），单击“确定”按钮关闭对话框。

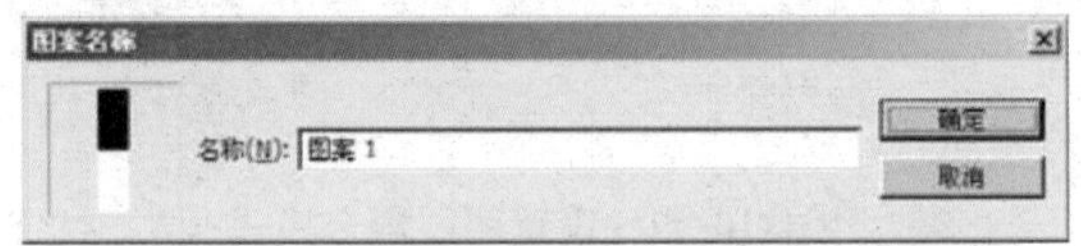

图216-22 定义图案

步骤18 新建“图层7”，按【Shift+BackSpace】组合键，将弹出“填充”对话框，在该对话框中设置“使用”为“图案”，在“自定图案”下拉列表框中选择刚定义的图案（如图216-23所示），单击“确定”按钮，图案填充效果如图216-24所示。

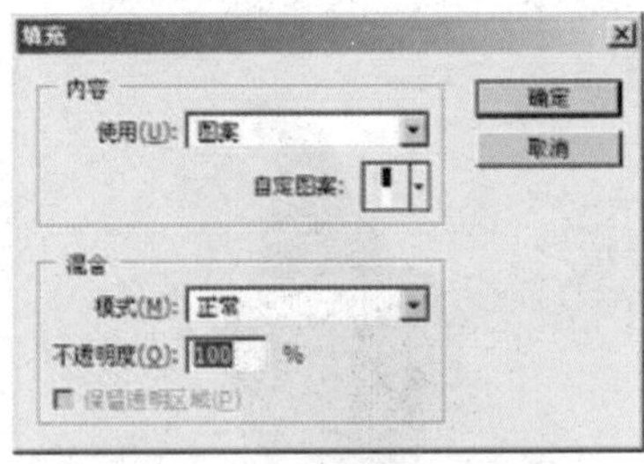

图216-23 选择要填充的图案

图216-24 图案填充效果

步骤19 在“图层”调板中设置该图层的混合模式为“正片叠底”，并设置其“不透明度”为20%，效果如图216-25所示。

图216-25 设置图层的混合模式及不透明度

步骤20 复制“图层7”生成“图层7副本”，将该图层隐藏。选中图层5，使之成为当前工作图层，选择魔棒工具并在曲线左边单击鼠标左键，选取曲线左边区域，如图216-26所示，

步骤21 单击“选择”|“反向”命令反选选区，选中图层7，按【Delete】键删除选区内的图像，效果如图216-27所示。

图216-26 创建选区

图216-27 删除选区内的图像

步骤22 选中“图层7副本”，选择椭圆工具并在图像编辑窗口中绘制椭圆，单击“选择”|“变换选区”命令变换选区，如图216-28所示。按回车键确定变换操作，按【Delete】键删除选区内的图像，如图216-29所示。

图216-28 变换选区

图216-29 删除选区内的图像

步骤23 选择多边形套索工具，创建如图216-30所示的选区，然后按【Delete】键删除选区内的图像，按【Ctrl+D】组合键取消选区，效果如图216-31所示。

图216-30 创建选区

图216-31 删除选区内的图像

步骤24 单击“文件”|“打开”命令，打开一幅人物素材图像，如图216-32所示。

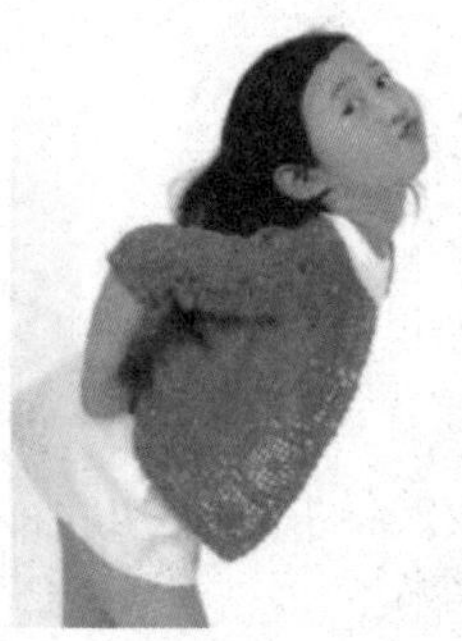

图216-32 素材图像

步骤25 单击“图像”|“调整”|“渐变映射”命令，弹出“渐变映射”对话框，从“渐变”拾色器中选择渐变样式，如图216-33所示。单击“确定”按钮，效果如图216-34所示。

步骤26 选择移动工具，将人物素材拖曳到原图像编辑窗口中，然后释放鼠标，调整人物图像的大小及位置，如图216-35所示。

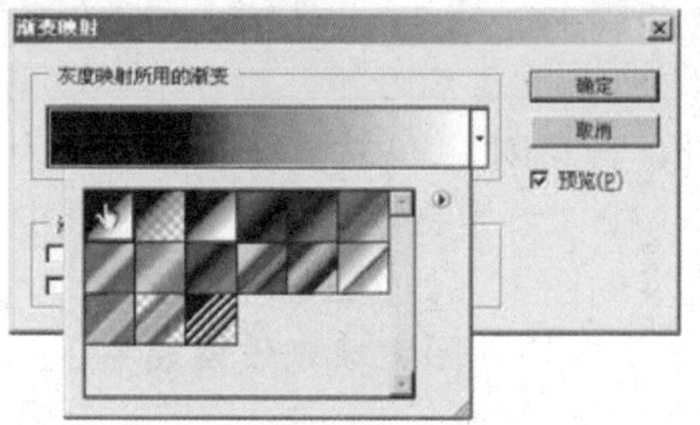

图216-33 选择渐变样式

图216-34 渐变效果

图216-35 调整图像

步骤27 设置该图层的“不透明度”为50%，此时图像效果如图216-36所示。

步骤28 单击“添加图层蒙版”按钮添加图层蒙版。选择渐变工具，设置渐变颜色为黑色到白色，从图像的下方向上拖动鼠标应用渐变，效果如图216-37所示。

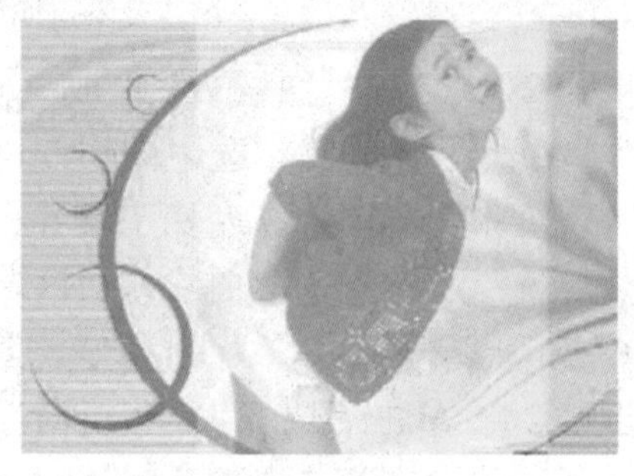

图216-36 改变图层不透明度

步骤29 在工具箱中选择画笔工具，将其前景色设置为黑色，在画笔属性栏中将画笔直径调整合适并选取软画笔，在蒙版上沿人物素材图像边缘进行绘制，并设置“不透明度”为50%（如图216-38所示），图像效果如图216-39所示。

图216-37 应用渐变

图216-38 添加图层蒙版

图216-39 图像效果

步骤30 设置前景色为白色，新建“图层9”，选择直线工具，并在其工具属性栏中单击“填充像素”按钮，同时设置“粗细”为5，按住【Shift】键的同时拖曳鼠标，绘制出如图216-40所示的直线。

步骤31 设置前景色为黑色，新建“图层10”，选择矩形工具，并在其工具属性栏中单击“填充像素”按钮，在图像编辑窗口中绘制出如图216-41所示的矩形。

步骤32 单击“文件”|“打开”命令，打开一幅人物素材图像，如图216-42所示。

图216-40 绘制直线

图216-41 绘制矩形

图216-42 素材图像

步骤33 选择矩形选框工具并框选人物图像的脸部区域，按【Ctrl+C】组合键复制选区内容，然后按【Ctrl+V】组合键粘贴到原图像编辑窗口中并调整其大小及位置，如图216-43所示。

图216-43 调整图像大小及位置

步骤34 用与上述相同的操作方法对另外两幅人物素材图像进行处理，效果如图216-44所示。

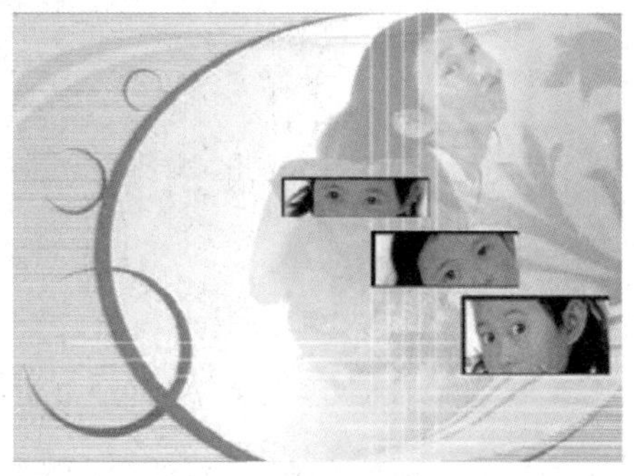

图216-44 处理其他素材图像

步骤35 新建图层，选择椭圆选框工具，按住【Shift】键的同时创建圆形选区。设置前景色RGB参数值分别为235、227、217，然后填充圆形选区，如图216-45所示。

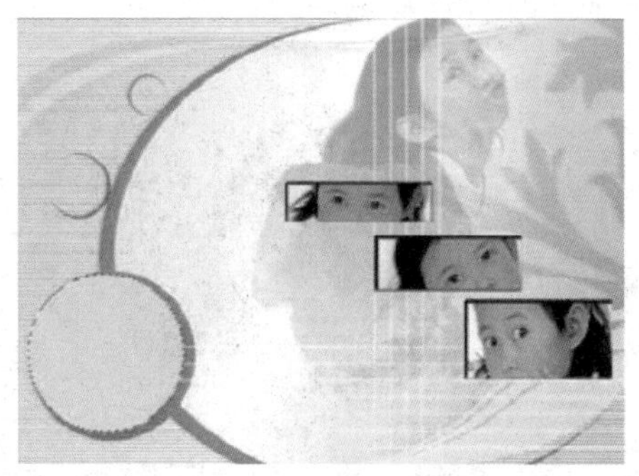

图216-45 创建并填充选区

步骤36 单击“文件”|“打开”命令，打开一幅人物素材图像。选择椭圆选框工具，按住【Shift】键的同时创建圆形选框，如图216-46所示。

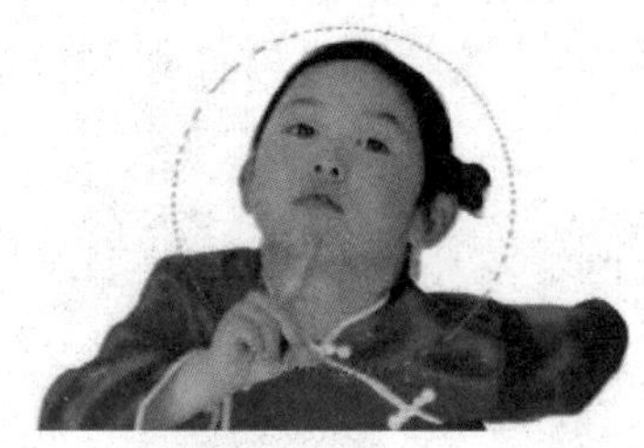

图216-46 创建选区

步骤37 按【Ctrl+C】组合键复制选区内容，然后按【Ctrl+V】组合键将其粘贴到原图像编辑窗口中，并调整其大小及位置，如图216-47所示。

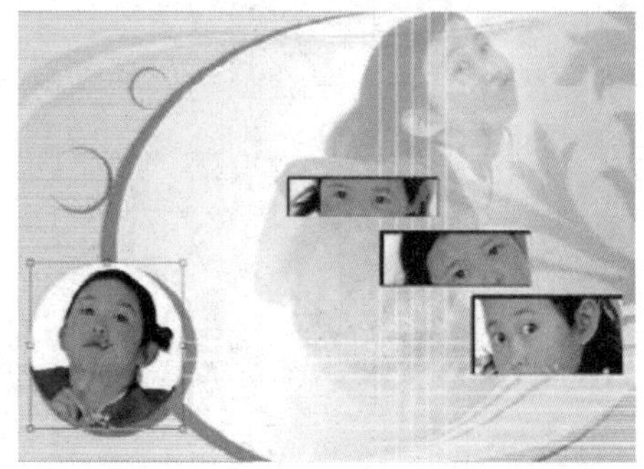

图216-47 调整图像的大小及位置

步骤38 选择魔棒工具，单击人物素材图像边缘的白色区域，选取白色区域，按【Delete】键删除选区内容，然后按【Ctrl+D】组合键取消选区，效果如图216-48所示。

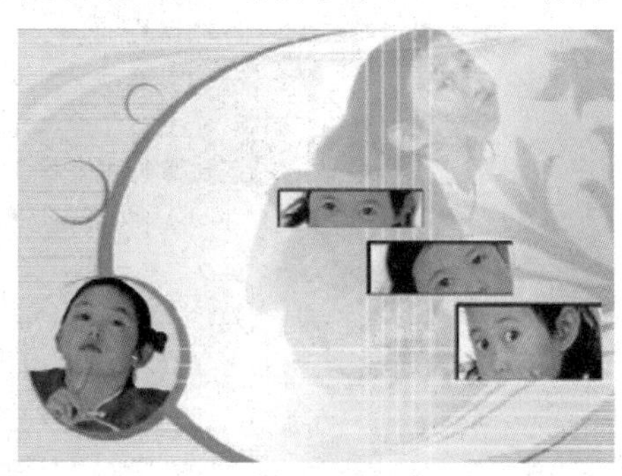

图216-48 对图像进行处理

步骤39 新建图层，选择椭圆选框工具，按住【Shift】键的同时在新建图层上创建圆形选区，将前景色设置为白色，然后填充圆形选区，如图216-49所示。

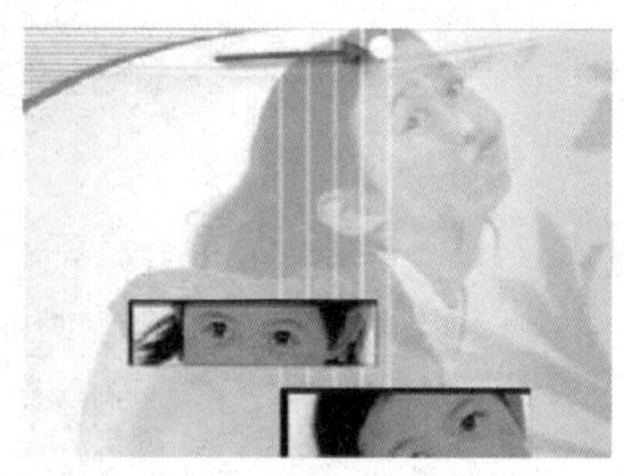

图216-49 创建并填充圆形选区

步骤40 单击“图层”|“图层样式”|“投影”命令，在弹出的“图层样式”对话框中将各项参数保持默认设置，单击“确定”按钮，效果如图216-50所示。

步骤41 复制上一步操作中的圆形图层8次，得到8个图层副本，并使用移动工具调整其位置，生成如图216-51所示的效果。

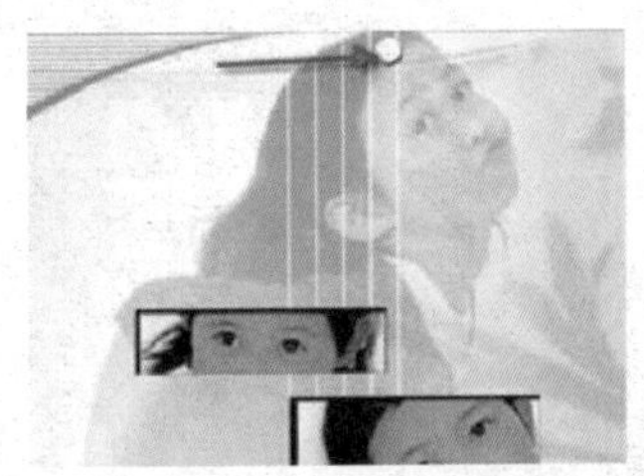

图216-50 投影效果

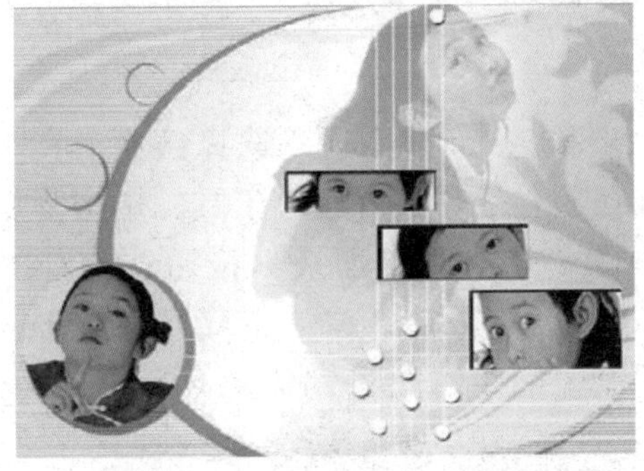

图216-51 复制图形并调整位置

步骤42 设置前景色为深黄色，选择横排文字工具，并在工具属性栏中设置合适的字体和字号，然后输入文字smile girl，如图216-52所示。

图216-52 输入文字

步骤43 单击“编辑”|“变换”|“旋转90度（顺时针）”命令，旋转图像，并使用移动工具将其置于图像的右侧，然后设置该图层的图层混合模式为“正片叠底”，最终效果参见图216-1。

实例217 儿童数码设计（三）

本例是儿童数码设计之三，效果如图217-1所示。

图217-1 儿童数码设计之三

制作步骤

步骤1 按【Ctrl+N】组合键，在弹出的“新建”对话框中将“宽度”设置为640像素、“高度”设置为480像素，单击“确定”按钮创建文件。

步骤2 设置前景色RGB参数值分别为255、151、212，按【Alt+Delete】组合键填充前景色，如图217-2所示。

图217-2 填充颜色

步骤3 新建“图层1”，设置前景色RGB参数值分别为252、195、235，选择多边形套索工具并创建选区，按【Alt+Delete】组合键填充前景色，如图217-3所示。

步骤4 复制“图层1”得到“图层副本1”，然后按【Ctrl+T】组合键执行“自由变换”命令，调整图像的大小及位置，如图217-4所示。

步骤5 按回车键确认变换操作，然后按住【Ctrl】键的同时单击“图层1副本”，将选区载入，并为其填充颜色（RGB 参数值分别为255、213、237），效果如图217-5 所示。

图217-3 填充选区

图217-4 调整图像大小及位置

图217-5 填充选区

步骤6 单击“编辑”|“描边”命令，在弹出的“描边”对话框中设置“宽度”为5、“颜色”为白色（如图217-6 所示），单击“确定”按钮进行描边，按【Ctrl+D】组合键取消选区，效果如图217-7 所示。

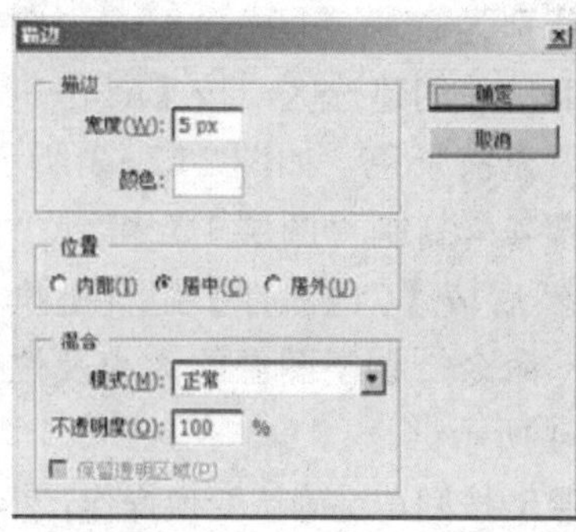

图 217-6 “描边”对话框

图217-7 描边效果

步骤7 新建图层，选择钢笔工具，绘制一条斜直线，选择画笔工具，单击其属性栏中的“切换画笔面板”按钮，打开“画笔”调板，选取“画笔笔尖形状”选项，设置画笔间距，如图217-8 所示。

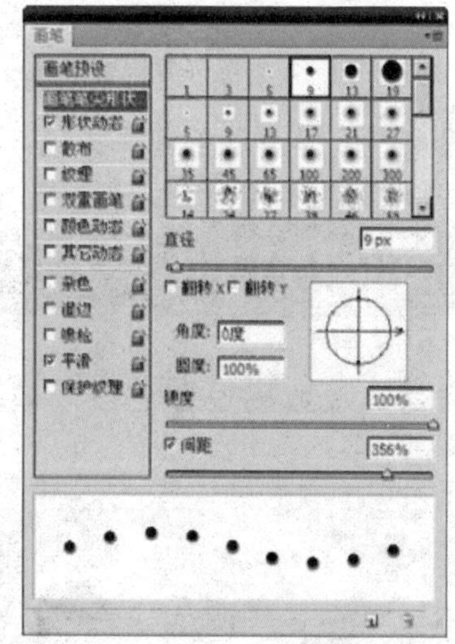

图217-8 设置画笔

步骤8 单击“路径”调板底部的“用画笔描边路径”按钮，对路径进行描边，效果如图217-9 所示。

图217-9 对路径进行描边

步骤9 在“工作路径”上面单击鼠标右键，在弹出的快捷菜单中选择“删除工作路径”选项，将路径删除。在“图层”调板中将该图层的混合模式设置为“柔光”，效果如图217-10所示。

图217-10 设置图层混合模式

步骤10 新建图层，选择矩形选框工具，创建矩形选区，并为其填充RGB参数值分别为255、213、237的颜色，如图217-11所示。

图217-11 创建并填充矩形选区

步骤11 将矩形图层进行复制，选择移动工具，将复制的矩形图像向下移动合适的距离，效果如图217-12所示。

图217-12 复制并移动矩形图像

步骤12 单击“文件”|“打开”命令，打开一幅素材图像，如图217-13所示。

图217-13 素材图像

步骤13 将素材图像拖曳到原图像编辑窗口中，然后按【Ctrl+T】组合键执行“自由变换”命令，通过【Shift+Alt】组合键等比例调整图像的大小，然后将调整后的图像移动到如图217-14所示的位置。

图217-14 调整图像位置

步骤14 在“图层”调板中设置该图层的混合模式为“柔光”，然后将该图层复制，并选择移动工具将其移动到如图217-15所示的位置。

图217-15 复制图像

步骤15 新建一个图层，选择多边形套索工具，创建如图217-16所示的不规则选区，然后为选区填充RGB参数值分别为

255、213、237 的颜色。

图217-16 创建并填充选区

步骤 16 按【Ctrl+D】组合键取消选区，再次运用多边形套索工具创建选区，并将其填充为白色，效果如图 217-17 所示。

图217-17 创建并填充选区

步骤 17 单击“文件”|“打开”命令，打开一幅人物素材图像，如图 217-18 所示。

图217-18 素材图像

步骤18 将人物图像拖曳到原图像编辑窗口中，并调整图像的大小，然后将调整后的图像移动到如图 217-19 所示的位置。

步骤 19 单击“文件”|“打开”命令，打开一幅天使素材图像，将其拖曳到原图像编辑窗口中如图 217-20 所示的位置。

步骤 20 单击“文件”|“打开”命令，打开一幅人物素材图像，将其拖曳到原图像编辑窗口中，然后调整图像的大小及位置，如图 217-21 所示。

图217-19 调整图像位置

图217-20 调整图像位置

图217-21 调整图像大小及位置

步骤 21 按回车键确认操作，按住【Ctrl】键的同时单击前面绘制的白色框形图层，并将其选区载入，如图 217-22 所示。

步骤 22 单击“选择”|“反向”命令反选选区，然后按【Delete】键删除选区中的内容，效果如图 217-23 所示。

步骤 23 在“图层”调板中将该图层的“不透明度”设置为35%，效果如图 217-24 所示。

图217-22 载入选区

图217-23 删除选区中的图像

图217-24 设置图层不透明度

步骤 24 单击"文件"|"打开"命令，打开一幅人物素材图像，如图 217-25 所示。

图217-25 素材图像

步骤25 将素材图像拖曳到原图像编辑窗口中，并调整其大小及位置，效果如图 217-26 所示。

图217-26 调整图像大小及位置

步骤 26 选择横排文字工具，并设置相应的字体及字号，输入如图 217-27 所示的英文文本。

图217-27 输入文本

步骤 27 将图层的前景色设置为蓝色，选择铅笔工具，在其属性栏中选取合适的画笔大小，绘制如图 217-28 所示的直线。

图217-28 绘制直线

步骤 28 继续输入文字并绘制相应的图形，最终效果参见图 217-1。

实例 218 婚纱数码设计（一）

本例是婚纱数码设计之一，效果如图218-1 所示。

图218-1 婚纱数码设计之一

制作步骤

步骤 1 单击“文件”|“打开”命令，打开一幅素材图像作为背景图像，如图 218-2 所示。

图218-2 背景图像

步骤 2 单击“文件”|“打开”命令，打开 6 幅素材图像，如图 218-3 所示。

步骤 3 选择其中一幅图像作为当前图像编辑窗口，单击“图像”|“画布大小”命令，在打开的“画布大小”对话框中适当的增加宽度与高度，单击“确定”按钮，效果如图 218-4 所示。

步骤 4 按【Ctrl+A】组合键全选图像；按【Ctrl+C】组合键复制图像，返回背景图像编辑窗口，单击“编辑”|“粘贴”命令，将图像粘贴到背景图像中。

图218-3 素材图像

图218-4 增加画布大小后的图像

步骤5 单击"编辑"|"自由变换"命令，对图像大小、位置、扭曲进行调整，效果如图218-5所示。

图218-5 调整图像

步骤6 在"图层"调板中双击"图层1"，在弹出的"图层样式"对话框中设置各项参数，如图218-6所示。单击"确定"按钮，效果如图218-7所示。

步骤7 参照步骤（3）～（6）的操作方法，将其余的素材图像也放入背景图像中，生成的最终效果参见图218-1。

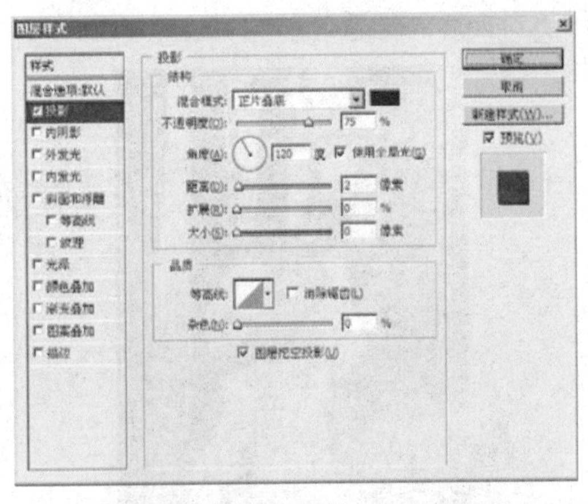

图218-6 "图层样式"对话框

图218-7 添加图层样式后的效果

实例219 婚纱数码设计（二）

本例是婚纱数码设计之二，效果如图219-1所示。

图219-1 婚纱数码设计之二

制作步骤

步骤1 按【Ctrl+N】组合键，在弹出的"新建"对话框中将"宽度"设置为1200像素、"高度"设置为850像素，单击"确定"按钮创建文件，然后将背景图层填充为黑色，如图219-2所示。

图219-2 填充黑色

步骤2 单击"文件"|"打开"命令，打开一幅素材图像，如图219-3所示。

步骤3 选择移动工具，在素材图像上按住鼠标左键并将其拖动到原图像编辑窗口中。按【Ctrl+T】组合键执行"自由变换"命令，按住【Shift+Alt】组合键等比例调整婚纱图像的大小，然后将调整好的婚纱图像移动到合适的位置，如图219-4所示。

图219-3 素材图像

图219-4 调整图像位置

步骤4 选择矩形选框工具，选取婚纱图像左边的风景区域（如图219-5所示），然后将其复制并调整至如图219-6所示的位置。

图219-5 创建并调整选区

步骤5 选择钢笔工具，在图像编辑窗口中绘制如图219-7所示的路径。

步骤6 单击“路径”调板底部的“将路径作为选区载入”按钮，将路径转化为选区，并在选区内填充黑色，效果如图219-8所示。

图219-6 复制图像

图219-7 绘制路径

图219-8 转化并填充选区

步骤7 单击“文件”|“打开”命令，打开一幅婚纱素材图像，如图219-9所示。

步骤8 选择移动工具，在打开的素材图像上按住鼠标左键并将其拖动到原图像编辑窗口中，然后调整其大小及位置，效果如图219-10所示。

图219-9 素材图像

图219-10 调整图像大小及位置

步骤9 单击"图层"|"图层样式"|"描边"命令，在弹出的"描边"对话框中设置描边"大小"为5，将"颜色"设置为红色（如图219-11所示），单击"确定"按钮，效果如图219-12所示。

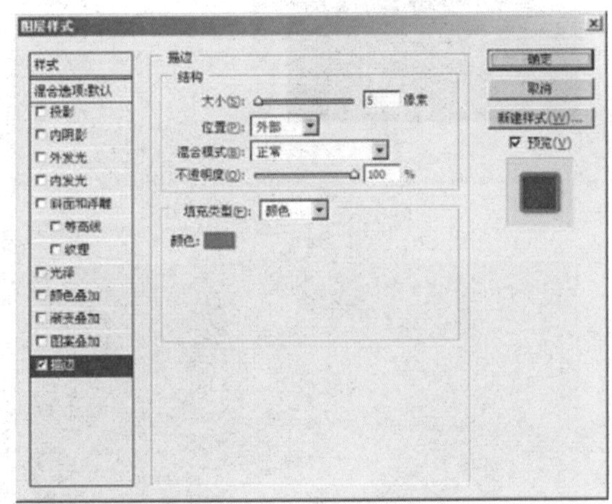
图219-11 设置描边参数

步骤10 单击"文件"|"打开"命令，打开"幸福人生"文字素材图像，如图219-13所示。

步骤11 选择移动工具，在打开的文字图像上按住鼠标左键并将其拖曳到原图像文件中，然后调整其大小及位置，效果如图219-14所示。

图219-12 描边效果

幸福人生

图219-13 素材图像

图219-14 调整图像大小及位置

步骤12 选择矩形选框工具，在图像编辑窗口中创建矩形选区，并将其填充为白色，如图219-15所示。

图219-15 创建并填充选区

步骤13 按【Ctrl+D】组合键取消选区。选择横排文字工具，在图像编辑窗口中输入相应的英文文本，最终效果参见图219-1。

实例220 婚纱数码设计（三）

本例是婚纱数码设计之三，效果如图220-1所示。

图220-1 婚纱数码设计之三

制作步骤

步骤1 新建一个图像文件。

步骤2 选择渐变工具，打开“渐变编辑器”窗口，设置相应的参数，其中第1色标点的颜色RGB参数值分别为215、168、108；第2色标点的颜色为白色，并将第2色标点向左移动一定距离，如图220-2所示。

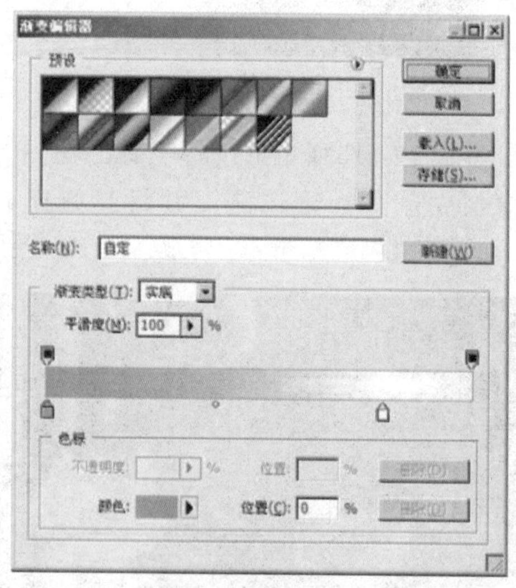

图220-2 “渐变编辑器”窗口

步骤3 在图像上从左侧拖曳鼠标直到右侧，释放鼠标完成线性渐变操作，效果如图220-3所示。

图220-3 渐变填充

步骤4 新建“图层1”，选择矩形选框工具，在图像上创建矩形选区，单击“设置前景色”色块，在“拾色器（前景色）”对话框中设置相应的颜色，如图220-4所示。按【Alt+Delete】组合键填充选区，如图220-5所示。

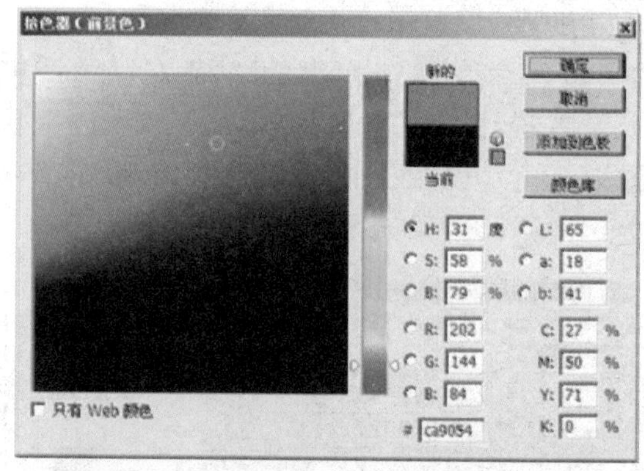

图220-4 设置颜色

图220-5 填充选区

步骤5 单击“图层”调板底部的“添加图层蒙版”按钮，为“图层1”添加图层蒙版。选择渐变工具，打开“渐变编辑器”窗口，设置渐变颜色为黑色到白色，在图像上从左侧拖曳鼠标直到右侧，释放鼠标完成线性渐变操作，效果如图 220-6 所示。

图220-6 在图层蒙版中应用渐变

步骤 6 单击“文件”|“打开”命令，打开一幅婚纱素材图像，如图 220-7 所示。

图220-7 素材图像

步骤 7 单击“图像”|“调整”|“去色”命令，为图像去色，效果如图 220-8 所示。

图220-8 为图像去色

步骤 8 选择移动工具，将其拖曳到原图像编辑窗口中，按【Ctrl+T】组合键执行“自由变换”命令，通过【Shift+Alt】组合键等比例调整图像的大小，然后将调整好的图像移动到如图 220-9 所示的位置。

步骤 9 在“图层”调板中设置该图层的“不透明度”为 24%（如图 220-10 所示），此时图像效果如图 220-11 所示。

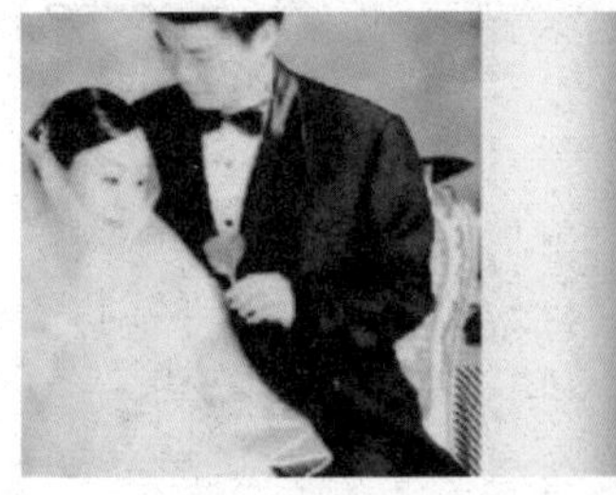

图220-9 调整图像大小及位置

图220-10 设置不透明度

图220-11 图像效果

步骤 10 单击“文件”|“打开”命令，打开另一幅婚纱素材图像，如图 220-12 所示。

图220-12 素材图像

步骤 11 按【Ctrl+T】组合键执行“自由变换”命令，通过【Shift+Alt】组合键等比例调整图像的大小，然后将调整好的图像移动到如图 220-13 所示的位置。

图220-13　调整图像大小及位置

步骤12　在“图层”调板中设置该图层的混合模式为“滤色”，如图220-14所示。

图220-14　设置图层混合模式后的效果

步骤13　在“图层”调板底部单击“添加图层蒙版”按钮，添加图层蒙版。选择渐变工具，打开“渐变编辑器”窗口，设置渐变颜色为黑色到白色，在图像上从左侧拖动鼠标至合适位置，释放鼠标应用渐变操作，效果如图220-15所示。

图220-15　图像效果

步骤14　单击“文件”|“打开”命令，打开一幅婚纱素材图像，如图220-16所示。

步骤15　选择移动工具，将其拖曳至原图像编辑窗口中，然后调整好图像的位置，如图220-17所示。

步骤16　为“图层4”添加图层蒙版，选择画笔工具，将其前景色设置为黑色，在其工具属性栏中将画笔直径调整至合适大小，并选取软画笔，然后沿婚纱边缘进行绘制（如图220-18所示），效果如图220-19所示。

图220-16　素材图像

图220-17　调整图像位置

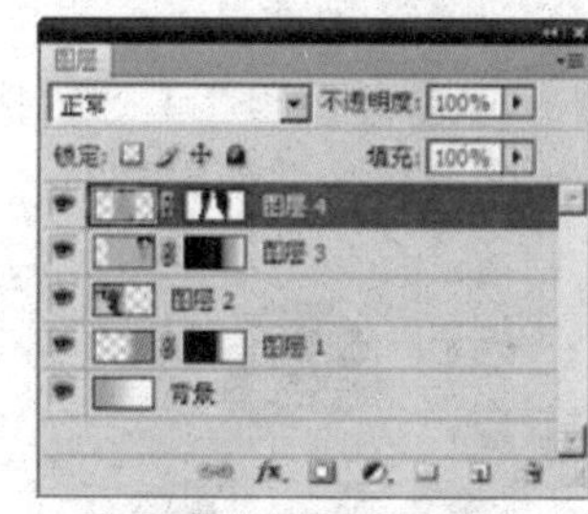

图220-18　在蒙版中进行绘制

图220-19　添加图层蒙版后的效果

步骤17　单击“文件”|“打开”命令，打开婚纱素材图像，将其移至原图像编辑窗口中，然后对图像进行缩放和旋转处理，并移动到如图220-20所示的位置。

步骤18　按住【Ctrl】键的同时单击该图层，将图像载入选区，新建一个图层，单

击“选择”|“修改”|“扩展”命令，在弹出的“扩展选区”对话框中设置“扩展量”为4（如图220-21所示），单击“确定”按钮。

图220-20 处理图像

图220-21 “扩展选区”对话框

步骤19 选择渐变工具，在“点按可打开‘渐变’拾色器”下拉列表中选择“橙，黄，橙渐变”样式，如图220-22所示。

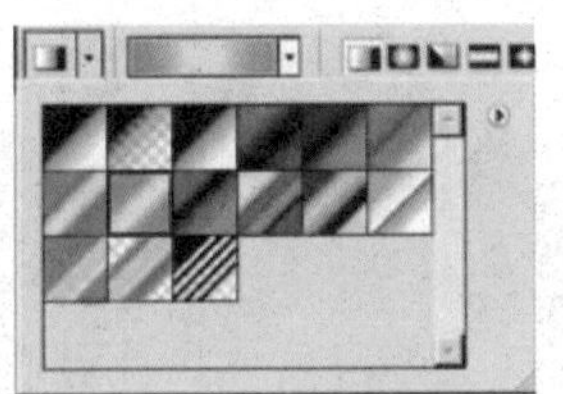

图220-22 选择渐变样式

步骤20 在图像上从右上角开始拖动鼠标直到图像右下角，释放鼠标完成渐变操作，然后将渐变图层调整到婚纱图层下面，如图220-23所示。

图220-23 渐变填充选区

步骤21 用与上述相同方法的处理其他图像，效果如图220-24所示。

步骤22 新建一个图层，选择椭圆选框工具，按住【Shift】键创建圆形选区，并将其填充为黑色，如图220-25所示。

图220-24 处理其他图像

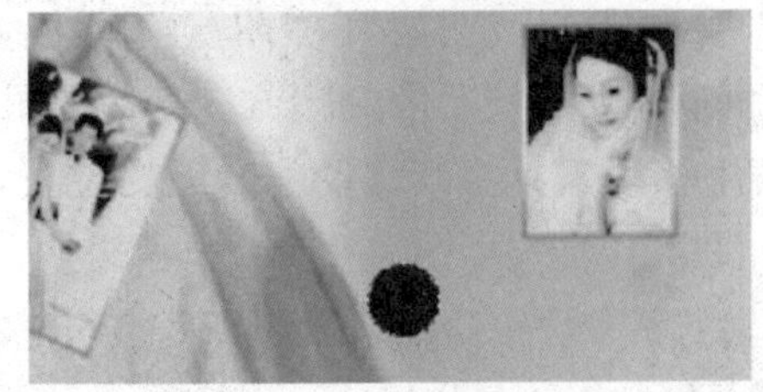

图220-25 创建并填充选区

步骤23 按【Ctrl+D】组合键取消选区，并将该图层的图层混合模式设置为“叠加”，效果如图220-26所示。

图220-26 设置图层混合模式后的效果

步骤24 单击“图层”|“图层样式”|“描边”命令，在弹出的“图层样式”对话框中设置描边“大小”为1、“颜色”为黑色，如图220-27所示。单击“确定”按钮，效果如图220-28所示。

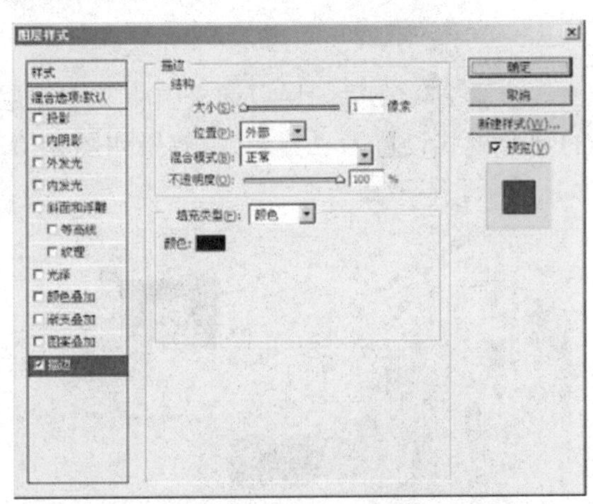

图220-27 设置描边参数

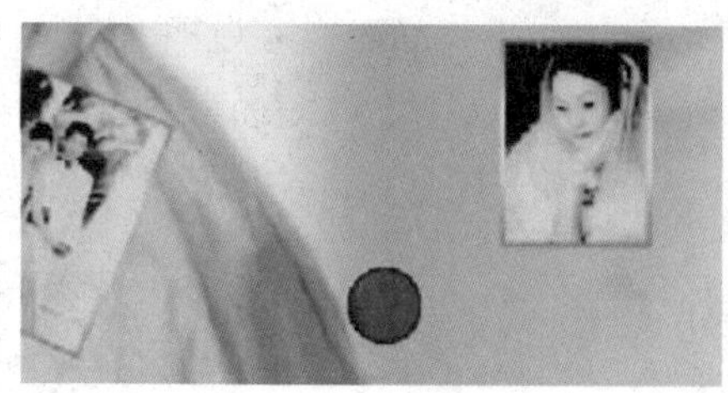

图220-28　描边效果

步骤25　单击"图层"调板中圆形所在的图层，拖曳该图层到"图层"调板底部的"创建新图层"按钮上，复制该图层。然后用移动工具将其移动到合适的位置，效果如图220-29所示。

图220-29　复制圆形

步骤26　选择横排文字工具，设置其颜色为黑色、字体为幼圆，在图像编辑窗口中输入"真诚"两个字，如图220-30所示。

图220-30　输入文字

步骤27　在"图层"调板中将文字图层的混合模式设置为"叠加"，效果如图220-31所示。

图220-31　设置图层混合模式

步骤28　用横排文字工具在图像编辑窗口中输入"等待"二字，然后将文字图层的图层混合模式设置为"叠加"，这时发现文字颜色较淡，将"等待"文字所在图层复制两次，加深其颜色，效果如图220-32所示。

图220-32　输入文字

步骤29　单击"文件"|"打开"命令，打开蝴蝶素材图像。选择移动工具，将其拖曳到原图像编辑窗口中，然后等比例调整图像的大小，并将其调整到如图220-33所示的位置。

图220-33　调整蝴蝶图像大小及位置

步骤30　将蝴蝶素材图像复制多个，并分别调整图像的大小、角度及位置，如图220-34所示。

图220-34　复制并调整蝴蝶图像

步骤31　在"图层"调板中，将蝴蝶图层的图层混合模式设置为"叠加"，效果如图220-35所示。

步骤32　将蝴蝶图层进行复制，以便加深其颜色，效果如图220-36所示。

图220-35 改变图层混合模式

图220-36 复制蝴蝶图层以加深其颜色

步骤 33 选择直线工具，在“等待”文字的下方绘制直线，如图220-37所示。

图220-37 绘制直线

步骤 34 单击横排文字工具，在图像上输入文字，生成的最终效果参见图220-1。

实例221 婚纱数码设计（四）

本例是婚纱数码设计之四，效果如图221-1所示。

图221-1 婚纱数码设计之四

制作步骤

步骤 1 按【Ctrl+N】组合键，在弹出的“新建”对话框中将“宽度”设置为1200像素、“高度”设置为550像素，单击“确定”按钮创建文件。

步骤 2 选择渐变工具，打开“渐变编辑器”窗口，设置相应的参数，其中第1色标点的颜色RGB参数值为4、147、191；第2色标点的颜色RGB参数值为180、238、255，如图221-2所示。

步骤 3 在图像中从上方向下拖曳鼠标填充渐变色，效果如图221-3所示。

步骤 4 单击“文件”|“打开”命令，打开一幅素材图像，如图221-4所示。

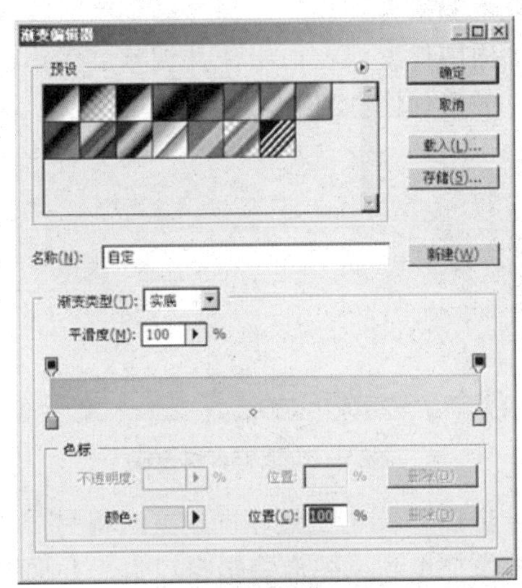

图221-2 编辑渐变

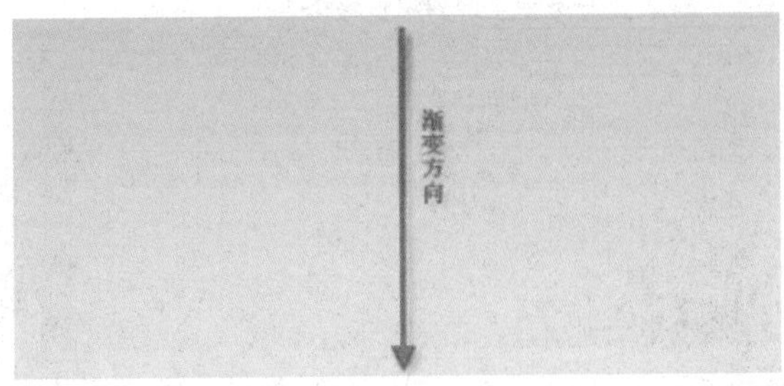

图221-3 渐变填充

步骤 5 选择移动工具，将其拖曳到原图像编辑窗口中，按【Ctrl+T】组合键执行“自由变换”命令，通过【Shift+Alt】组合键等比例调整图像的大小，然后将调整好的图像移动到如图 221-5 所示的位置。

图221-4 素材图像

图221-5 调整图像大小及位置

步骤 6 单击“文件”|“打开”命令，打开一幅素材图像。选择移动工具，将其拖曳到原图像编辑窗口中，并调整其大小及位置，效果如图 221-6 所示。

图221-6 调整素材图像

步骤 7 用与上述相同的方法将另一幅素材图像拖曳到原图像编辑窗口中，并调整其大小及位置，效果如图 221-7 所示。

图221-7 调整素材图像

步骤 8 单击“文件”|“打开”命令，打开一幅彩虹素材图像，将其拖曳到原图像编辑窗口中，然后调整其大小及位置，效果如图 221-8 所示。

图221-8 调整素材图像

步骤 9 在“图层”调板底部单击“添加图层蒙版”按钮，添加图层蒙版。选择渐变工具，设置其前景色为黑色、背景色为白色，选择渐变样式为“前景色到背景色渐变”、渐变方式为“线性渐变”，从图像的右侧向左侧填充渐变色，使素材图像与背景相融合，如图 221-9 所示。

图221-9 渐变填充图像

步骤 10 单击“文件”|“打开”命令，打开一幅素材图像，如图 221-10 所示。

图221-10 素材图像

步骤11 将素材图像拖曳到原图像编辑窗口中，并调整其大小及位置，效果如图 221-11 所示。

图221-11 调整素材图像

步骤 12 单击“图层”|“图层样式”

|“外发光”命令，在弹出的“图层样式”对话框中设置相应的参数，如图221-12所示。单击“确定”按钮，添加外发光效果，如图221-13所示。

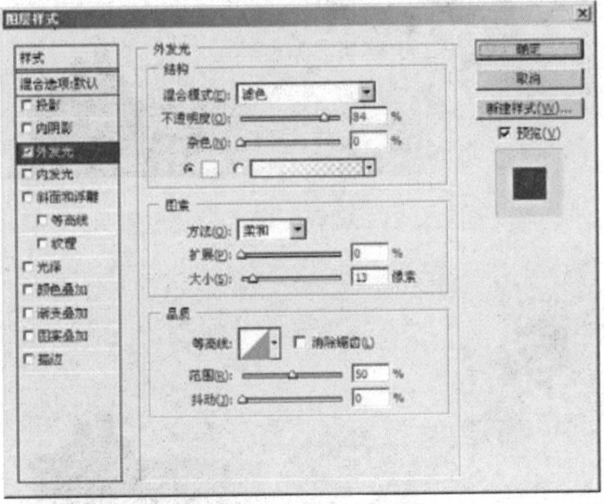

图221-12　设置外发光参数

图221-13　外发光效果

步骤13　单击“文件”|“打开”命令，打开一幅素材图像；单击“图像”|“调整”|“曲线”命令，在弹出的“曲线”对话框中选取“蓝”通道，对曲线进行调整，如图221-14所示。

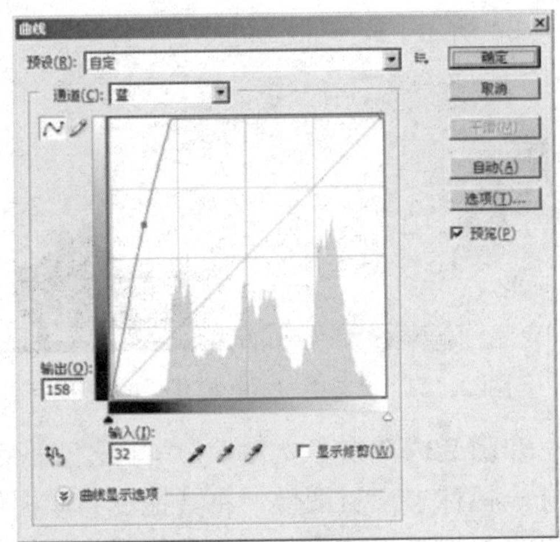

图221-14　调整曲线

步骤14　单击“确定”按钮，调整曲线后的图像效果如图221-15所示。

图221-15　调整曲线后图像效果

步骤15　单击“图像”|“调整”|“色相/饱和度”命令，在弹出的“色相/饱和度”对话框中设置“色相”为207、“饱和度”为64（如图221-16所示），单击“确定”按钮，效果如图221-17所示。

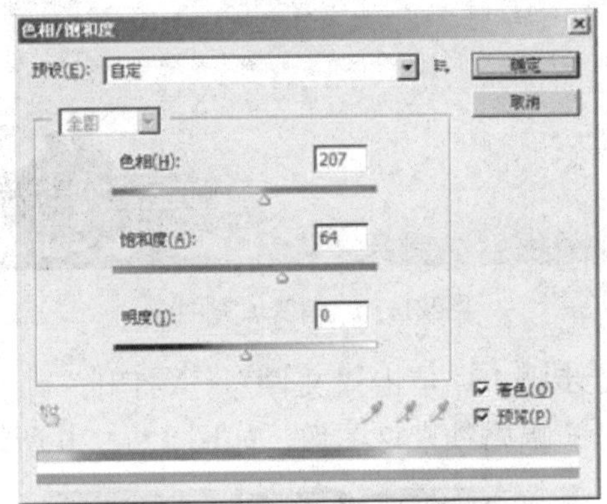

图221-16　“色相/饱和度”对话框

图221-17　调整图像后的效果

步骤16　选择移动工具，将调整好的图像拖曳到原图像编辑窗口中，然后按【Ctrl+T】组合键执行“自由变换”命令，通过【Shift+Alt】组合键等比例调整图像的大小，并将调整后的图像移动到如图221-18所示的位置。

图221-18 调整图像大小及位置

步骤17 单击“图层”调板底部的“添加图层蒙版”按钮，添加图层蒙版。选择渐变工具，设置其前景色为黑色、背景色为白色，设置渐变方式为“线性渐变”，渐变样式为“前景色到背景色渐变”，从图像的左侧向右侧拖曳鼠标填充渐变色，使素材图像与背景相融合，效果如图221-19所示。

图221-19 渐变填充图像

步骤18 单击“文件”|“打开”命令，打开一幅婚纱素材图像，如图221-20所示。

图221-20 素材图像

步骤19 将婚纱素材图像拖曳到原图像编辑窗口中，然后等比例调整图像的大小，并将调整好的图像移动到如图221-21所示的位置。

步骤20 在“图层”调板底部单击“添加图层蒙版”按钮，为该图层添加图层蒙版。选择画笔工具，将其前景色设置为黑色，在工具属性栏中将画笔直径调整合适，并选取软画笔，沿婚纱素材中人物图像的边缘进行绘制，效果如图221-22所示。

图221-21 调整图像大小及位置

图221-22 编辑素材图像

步骤21 用与上述相同的方法，打开另一幅婚纱图像并进行处理，效果如图221-23所示。

图221-23 处理另一幅婚纱图像

步骤22 在“图层”调板中，将该图层的混合模式设置为“柔光”，效果如图221-24所示。

图221-24 设置图层混合模式后的效果

步骤23 单击“文件”|“打开”命令，打开一幅标志素材图像，将其拖曳到原图像编辑窗口中，并调整其大小及位置，最终效果参见图221-1。

实例222 婚纱数码设计（五）

本例是婚纱数码设计之五，效果如图222-1所示。

图222-1 婚纱数码设计之五

制作步骤

步骤1 按【Ctrl+N】组合键，在弹出的“新建”对话框中将“宽度”设置为800像素、“高度”设置为600像素，单击“确定”按钮创建文件。

步骤2 选择渐变工具，打开“渐变编辑器”窗口，设置相应的参数，其中第1色标点的颜色RGB参数值分别为191、83、0；第2色标点的颜色RGB参数值分别为113、30、0，如图222-2所示。

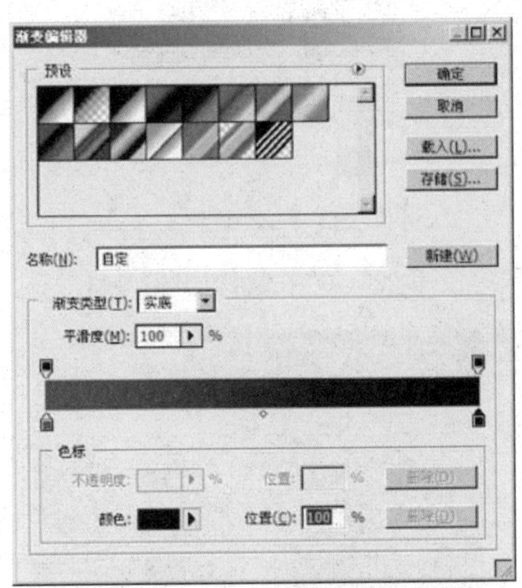

图222-2 编辑渐变

步骤3 在渐变工具的属性栏中单击“径向渐变”按钮，在图像编辑窗口的中心位置向右下方拖动鼠标应用渐变，如图222-3所示。

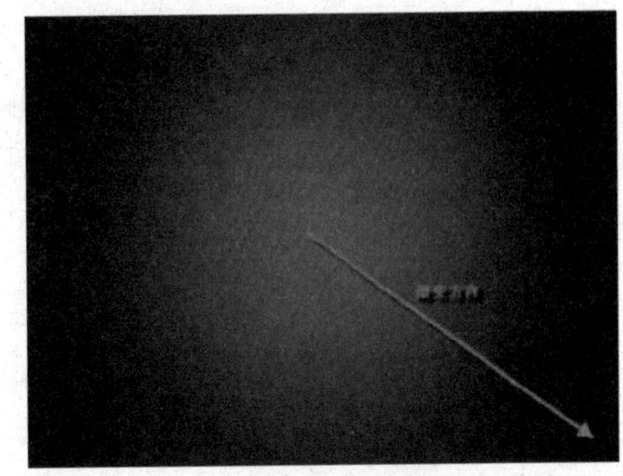

图222-3 应用渐变

步骤4 打开“渐变编辑器”窗口，设置第1、2色标点的颜色值如图222-4所示

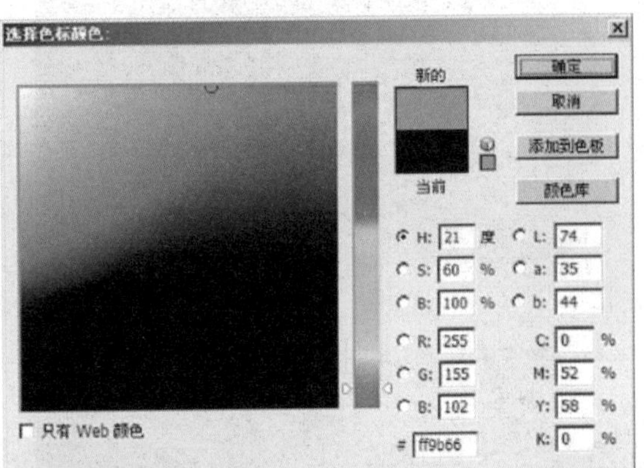

图222-4 设置色标的颜色

步骤5 单击第2色标点上方的不透明度色标，设置该点“不透明度”为0，如图222-5所示。

步骤6 在“图层”调板中新建“图层1”，在图像上按住鼠标左键的同时从左侧向右侧拖出一条渐变线，释放鼠标完成线性渐变操作，效果如图222-6所示。

步骤7 在“图层”调板中，将“图层1”拖曳到“创建新图层”按钮上，复制“图层1”生成“图层1 副本”图层，制作如图222-7所示的效果。

步骤8 单击“文件”|“打开”命令，打开一幅花素材图像，如图222-8所示。

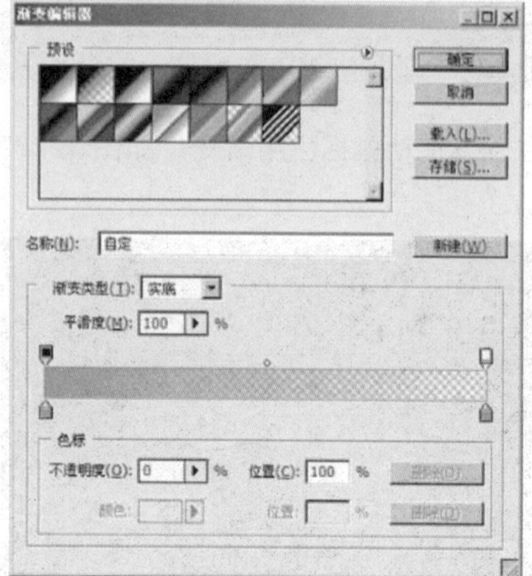

图222-5 设置色标点的不透明度

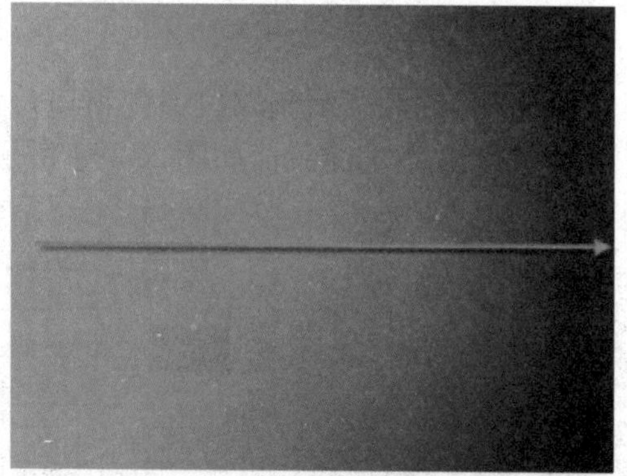

图222-6 渐变填充图层

图222-7 复制图层

步骤9 选择移动工具，将其拖曳到原图像编辑窗口中，然后按【Ctrl+T】组合键执行"自由变换"命令，通过【Shift+Alt】组合键等比例调整图像的大小，并将调整好的图像移动到如图222-9所示的位置。

步骤10 在"图层"调板底部单击"添加图层蒙版"按钮，添加图层蒙版，选择画笔工具，将其前景色设置为黑色，在其属性栏中将画笔直径调整合适，并选取软画笔，然后在图像蒙版上沿花边缘进行绘制（如图222-10所示），效果如图222-11所示。

图222-8 素材图像

图222-9 调整图像大小及位置

图222-10 在蒙版上进行绘制

图222-11 图像效果

步骤 11 在“图层”调板的“设置图层的混合模式”下拉列表框中选择“正片叠底”选项（如图 222-12 所示），效果如图 222-13 所示。

图222-12 设置图层混合模式

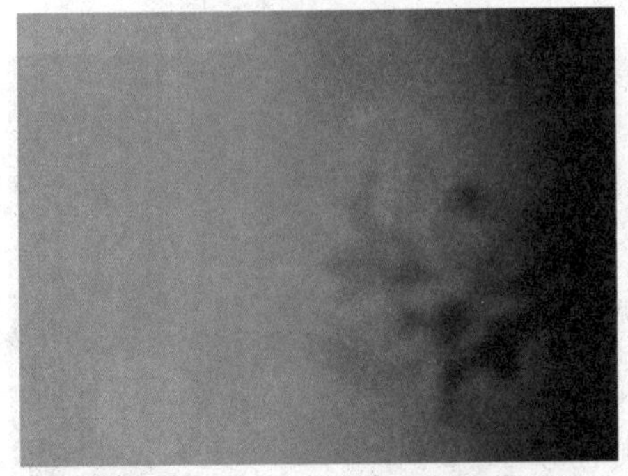

图222-13 正片叠底后的图像效果

步骤 12 新建图层 3，选择椭圆选框工具，按住【Shift】键的同时在图像上创建圆形选区，并将创建的圆填充为白色，如图 222-14 所示。

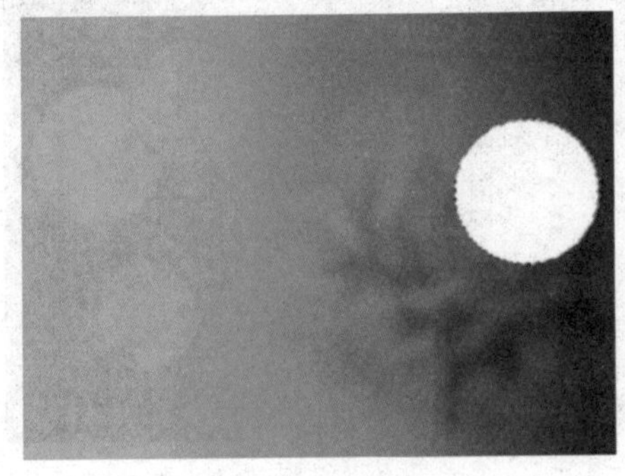

图222-14 创建并填充圆

步骤 13 将圆形选区向上移动一定距离，如图 222-15 所示。

步骤 14 单击“选择”|“修改”|“羽化”命令，在弹出的“羽化选区”对话框中设置“羽化半径”为 20，如图 222-16 所示。

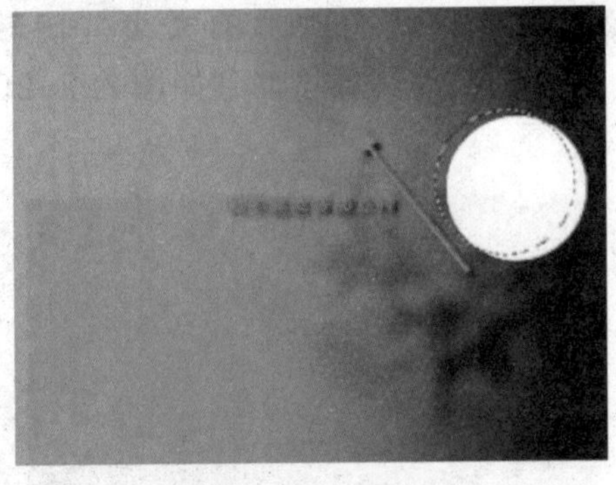

图222-15 移动选区

图 222-16 “羽化选区”对话框

步骤 15 单击“确定”按钮，然后按两次【Delete】键，反复删除选区中的内容，效果如图 222-17 所示。

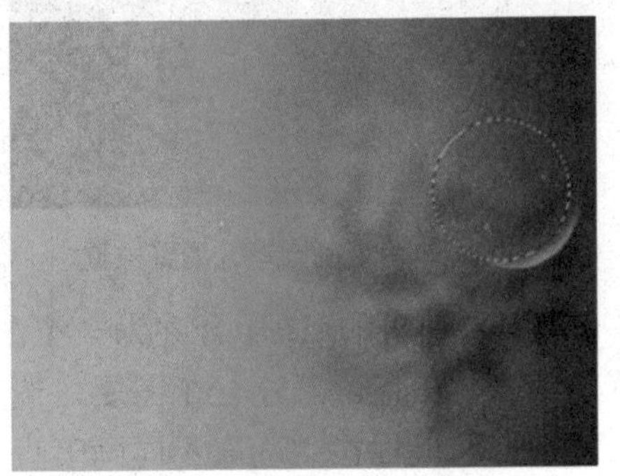

图222-17 删除选区中的内容

步骤 16 按【Ctrl+D】组合键取消选区，将图层的“不透明度”设置为 70%（如图 222-18 所示），此时图像效果如图 222-19 所示。

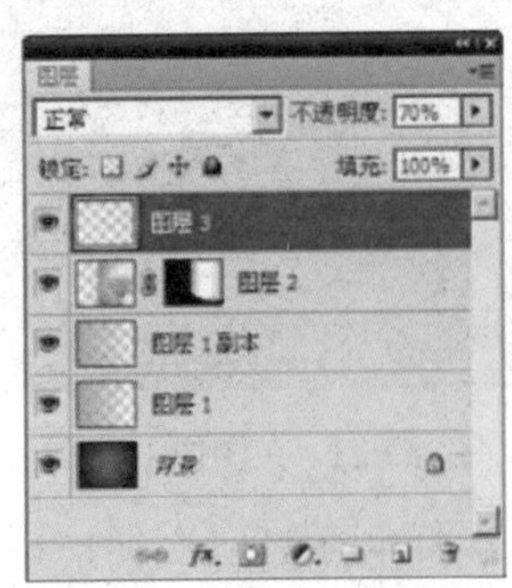

图222-18 设置图层不透明度

步骤 17 将处理后的圆形复制两次，然后按【Ctrl+T】组合键执行“自由变换”

命令，等比例调整圆形的大小并旋转圆形，将调整后的圆形移动到如图222-20所示的位置。

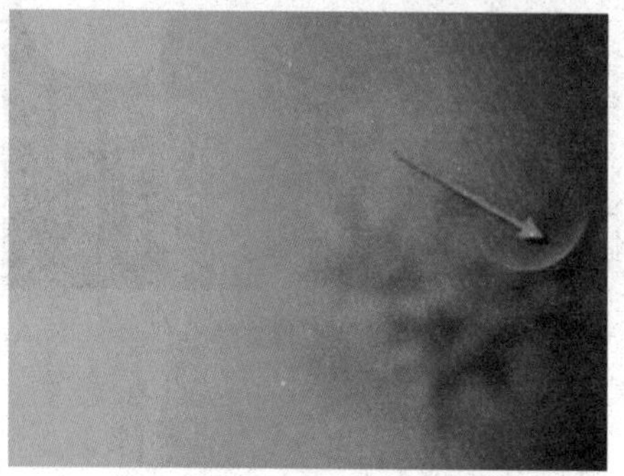

图222-19 设置不透明度后的图像效果

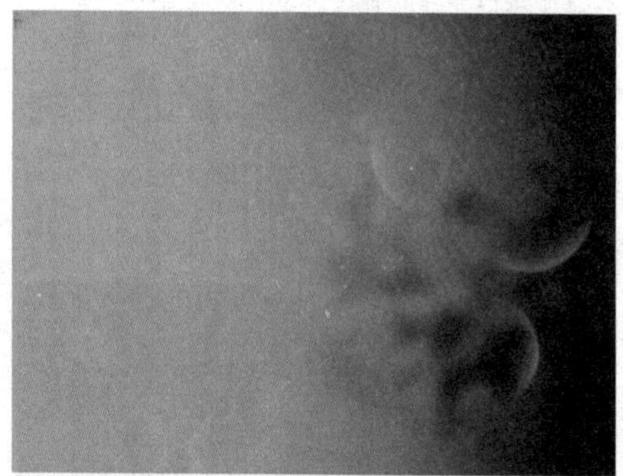

图222-20 复制圆形并调整位置

步骤18 将圆形图层合并为一个图层，设置前景色为白色。新建一个图层，选择画笔工具，在其属性栏中选取不同画笔直径的硬画笔，在新建的图层上绘制，如图222-21所示。

图222-21 在图像中绘制

步骤19 在“图层”调板中将图层的“不透明度”设置为50%，效果如图222-22所示。

步骤20 新建图层，选择椭圆选框工具，按住【Shift】键的同时在图层上创建圆形选区，并将创建的圆形选区填充为白色，如图222-23所示。

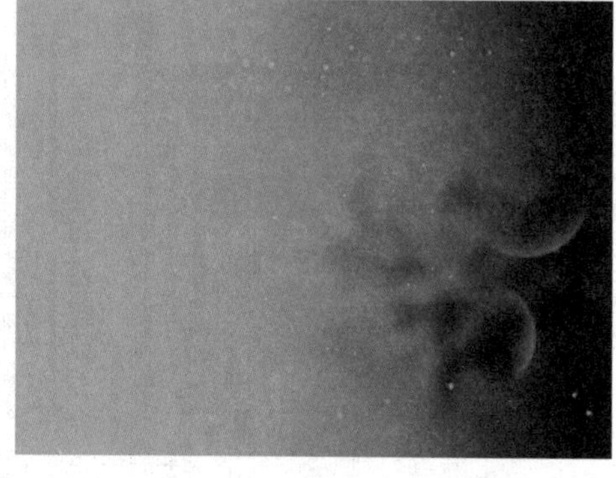

图222-22 设置不透明度

图222-23 创建并填充圆形选区

步骤21 继续在图像中创建圆形选区并填充白色，如图222-24所示。

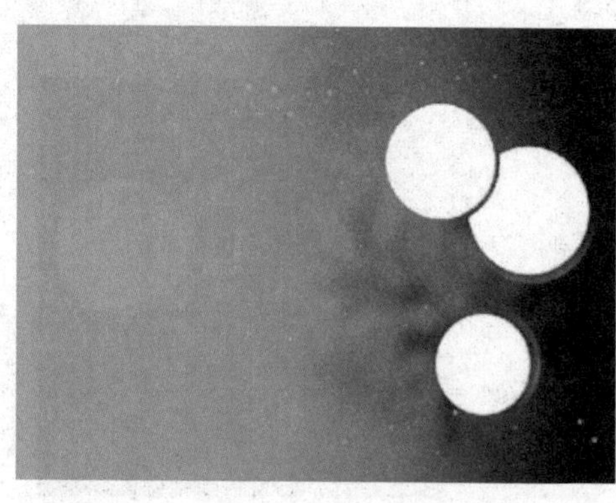

图222-24 创建多个圆形选区

步骤22 单击“图层”|“图层样式”|“外发光”命令，在弹出的“图层样式”对话框中设置外发光的颜色RGB参数值分别为255、214、190，其他参数设置如图222-25所示。单击“确定”按钮，效果如图222-26所示。

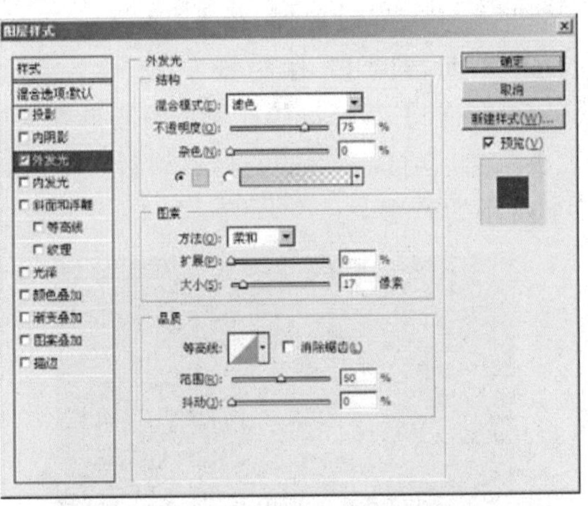

图222-25 设置外发光参数

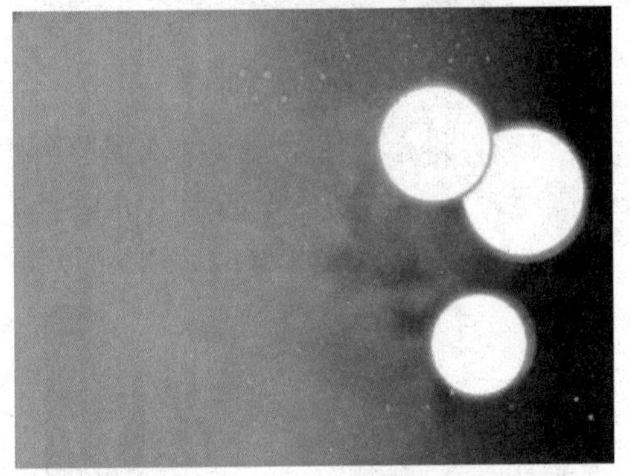

图222-26 外发光效果

步骤23 设置前景色为白色，新建一个图层，选择自定形状工具，在其工具属性栏中单击“填充像素”按钮，并选取所需形状，按住【Shift】键的同时在图层上绘制出如图222-27所示的图形。

图222-27 绘制形状

步骤24 将该图层的“不透明度”设置为50%，按【Ctrl+T】组合键执行“自由变换”命令，等比例调整图形的大小并旋转图形，然后将其移动到如图222-28所示的位置。

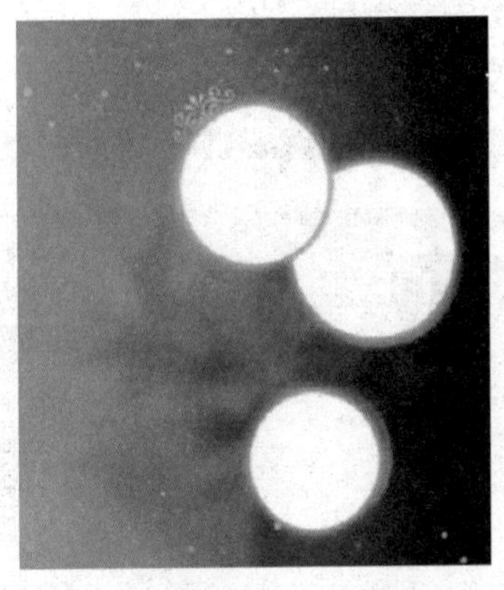

图222-28 调整图像的角度和位置

步骤25 将上一步绘制的图形复制两次，并分别进行自由变换操作，然后移动到如图222-29所示的位置。

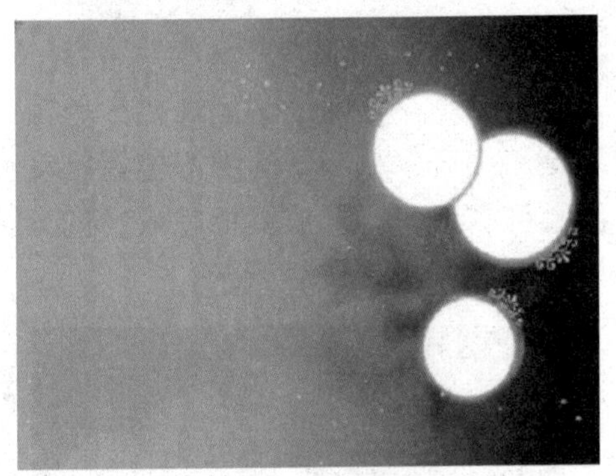

图222-29 调整图形

步骤26 新建一个图层，选择自定形状工具，在其工具属性栏中单击“路径”按钮，选取心形图案，按住【Shift】键的同时在图层上绘制出如图222-30所示的心形路径。

图222-30 绘制路径

步骤27 单击“路径”调板底部的“将路径作为选区载入”按钮，将路径转换为选区。选择渐变工具，打开“渐变编辑器”窗口，设置第1色标点的颜色RGB参数值分别为221、109、42；第2色标点的颜色RGB参数值分别为252、227、212，如图222-31所示。

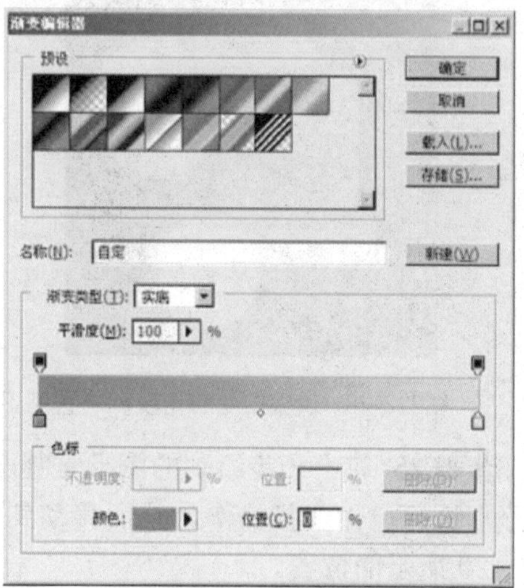

图222-31 设置渐变色

步骤28 在渐变工具属性栏中单击“径向渐变”按钮，从心形的中心位置拖动鼠标直到心形右下角，释放鼠标完成径向渐变操作，效果如图222-32所示。

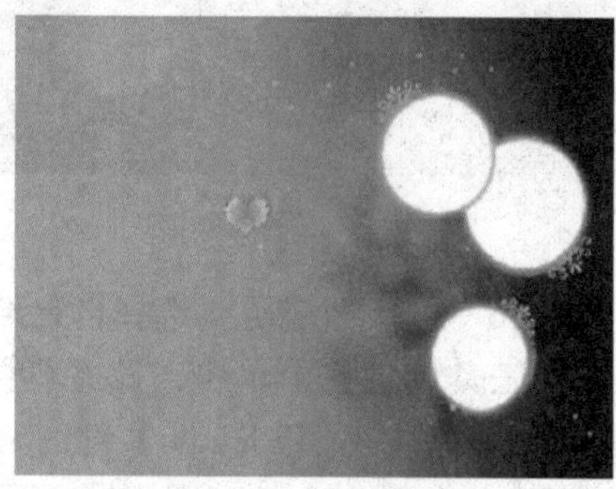

图222-32 填充选区

步骤29 按【Ctrl+D】组合键取消选区，并将心形图层的“不透明度”设置为30%，效果如图222-33所示。

图222-33 调整不透明度

步骤30 复制心形图层，并将复制的图层“不透明度”设置为100%，按【Ctrl+T】组合键执行“自由变换”命令，通过【Shift+Alt】组合键等比例调整心形图像的大小，然后将调整后的心形移动到如图222-34所示的位置。

图222-34 调整图形

步骤31 将心形图层及其副本图层合并为一个图层，然后复制多个心形，并适当调整其大小及位置，效果如图222-35所示。

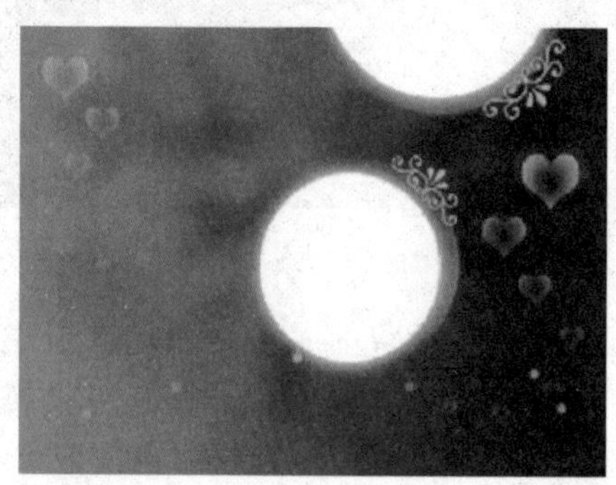

图222-35 复制心形并调整其大小及位置

步骤32 选择钢笔工具，在图像的下方绘制如图222-36所示的曲线。

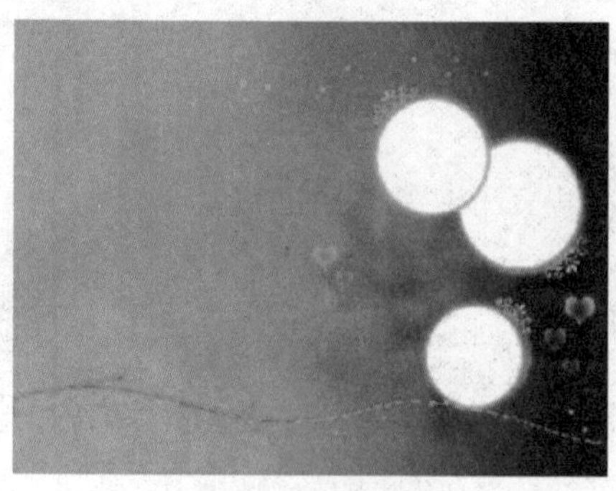

图222-36 绘制曲线

步骤33 单击“路径”调板底部的“将路径作为选区载入”按钮，将路径转化为选区，并将其填充为白色，如图222-37所示。

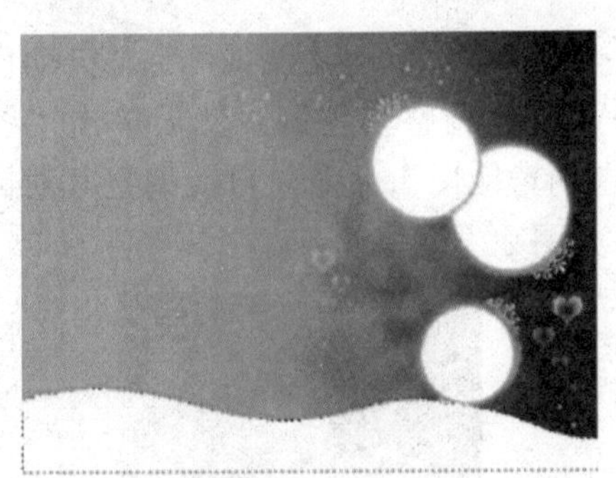

图222-37 填充选区

步骤34 在“图层”调板中，将该图层的混合模式设置为“叠加”、“不透明度”设置为30%，效果如图222-38所示。

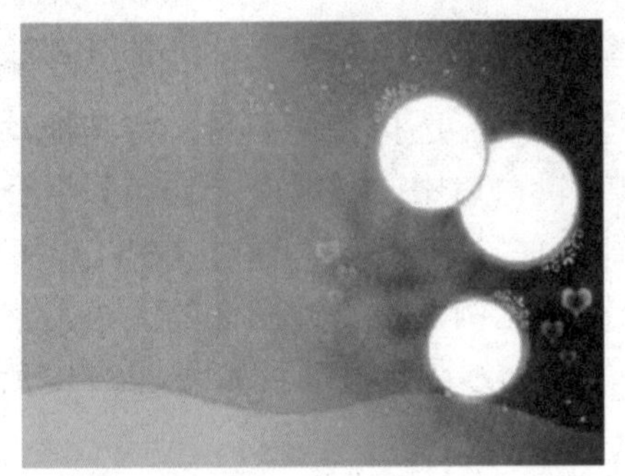

图222-38 设置图层混合模式及不透明度

步骤35 复制曲线图层，按【Ctrl+T】组合键执行“自由变换”命令，调整其大小及位置，效果如图222-39所示。

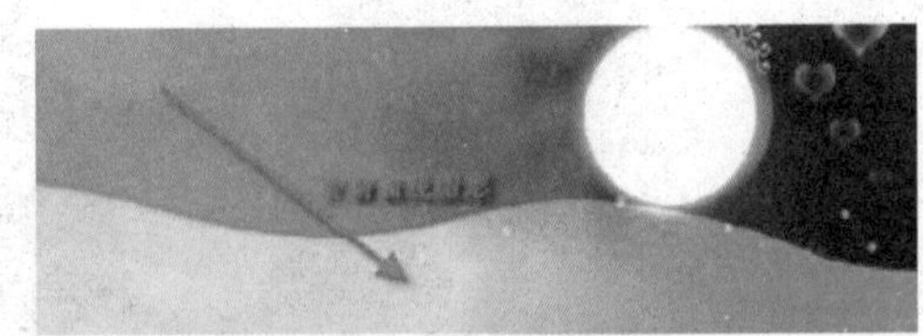

图222-39 复制曲线

步骤36 用与上述相同的方法制作图像上方的曲线图形，效果如图222-40所示。

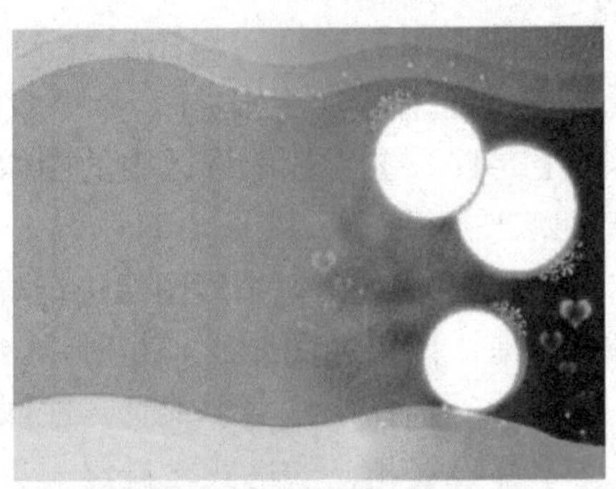

图222-40 制作曲线图形

步骤37 将前景色设置为白色，选择画笔工具，在其属性栏中选取合适的画笔，并在图像上绘制星星，如图222-41所示。

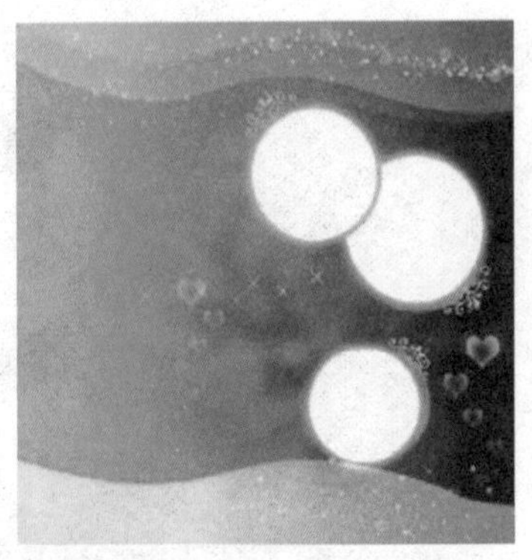

图222-41 绘制星星

步骤38 单击“文件”|“打开”命令，打开一幅婚纱素材图像，如图222-42所示。

图222-42 素材图像

步骤39 选择移动工具，移动素材图像到原图像编辑窗口中。按【Ctrl+T】组合键执行“自由变换”命令，通过【Shift+Alt】组合键等比例调整婚纱图像的大小，然后将调整好的婚纱图像移动到如图222-43所示的位置。

图222-43 调整素材图像的位置

步骤40 在“图层”调板中将该图层的混合模式设置为“叠加”，效果如图222-44所示。

图222-44 改变图层混合模式

步骤41 单击“添加图层蒙版”按钮，为该图层添加图层蒙版。选择渐变工具，设置其前景色为黑色、背景色为白色，设置渐变样式为“前景色到背景色”、渐变方式为“线性渐变”，从图像的右侧向左拖曳出一条直线填充渐变色，效果如图222-45所示。

图222-45 渐变填充图像

步骤42 单击“文件”|“打开”命令，打开一幅素材图像，如图222-46所示。

图222-46 素材图像

步骤43 单击“图像”|“自动色调”命令，自动调整其色调，然后单击“图像”|“自动对比度”命令，自动调整其对比度，效果如图222-47所示。

图222-47 调整色调和对比度后的图像效果

步骤44 选择移动工具，将其拖动到原图像编辑窗口中，按【Ctrl+T】组合键执行“自由变换”命令，通过【Shift+Alt】组合键等比例调整婚纱图像的大小，然后将调整好的婚纱图像移动到如图222-48所示的位置。

图222-48 调整图像

步骤45 按住【Ctrl】键的同时单击前面绘制的圆形图层，将圆形图层载入选区，然后单击“选择”|“反向”命令反选选区，按【Delete】键删除选区中的图像，效果如图222-49所示。

步骤46 对另外两幅婚纱图像进行与上述相同的处理，效果如图222-50所示。

步骤47 选择横排文字工具，在图像上输入文字并设置相应的格式，最终效果参见图222-1。

图222-49 删除选区中的图像

图222-50 处理其他图像

实例223 多层住宅立面图制作

本例制作多层住宅外观三维立面图，效果如图223-1所示。

图223-1 多层住宅立面图

制作步骤

步骤1 单击“文件”|“打开”命令，打开一幅多层住宅外观图，如图223-2所示。

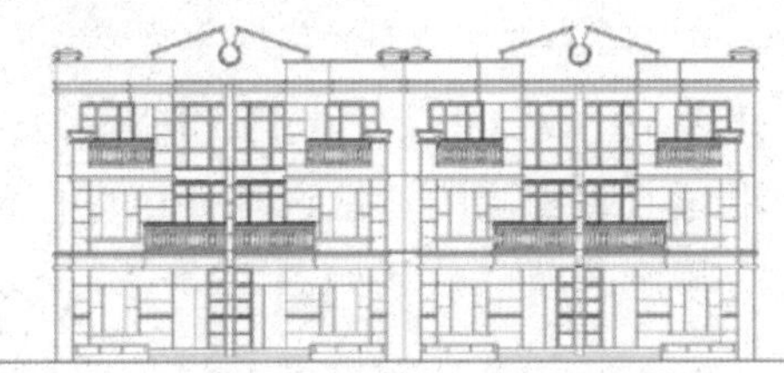

图223-2 打开的住宅外观图

步骤2 选择工具箱中的魔棒工具，用鼠标单击顶部空白区域，创建如图223-3所示的选区。

步骤3 选择工具箱中的矩形选框工具，在其属性栏中单击“从选区减去”按钮，设置“羽化”为0，然后在选区内拖曳鼠标即可减去该选区下半部分的区域，减去后的选区如图223-4所示。

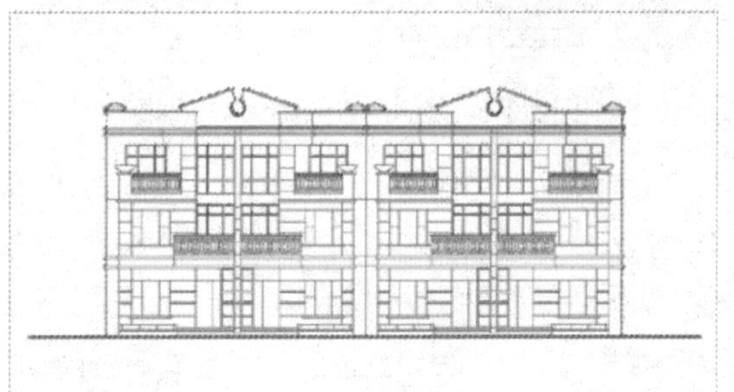

图223-3 创建选区

图223-4 减去后的选区

步骤4 按【Ctrl＋O】组合键，打开一幅天空素材图像，如图223-5所示。

步骤5 按【Ctrl＋A】组合键将天空图像全选，然后按【Ctrl＋C】组合键将其复制。

步骤6 切换到多层住宅外观图编辑窗口，单击“编辑”|“贴入”命令，将天空图像粘贴入住宅楼外观图中，然后按【Ctrl＋T】组合键调出变换控制框，调整

天空图像的大小及位置，按【Enter】键确认操作，效果如图223-6所示。

图223-5 天空素材图像

图223-6 加入天空图像后的效果

步骤7 参照步骤（4）～（6）的操作方法，在多层住宅外观图中加入草坪图像，效果如图223-7所示。

图223-7 加入草坪图像后的效果

步骤8 确认"背景"图层为当前工作图层，选择工具箱中的魔棒工具，在其属性栏中单击"添加到选区"按钮，然后在图像编辑窗口中单击住宅楼的墙体，创建如图223-8所示的选区。

步骤9 按【Ctrl＋O】组合键打开一幅石头材质素材图像，如图223-9所示。

步骤10 按【Ctrl＋A】组合键将其全部选中，单击"编辑"｜"定义图案"命令，在弹出的"图案名称"对话框中单击"确定"按钮即可完成操作。

图223-8 选择后的效果

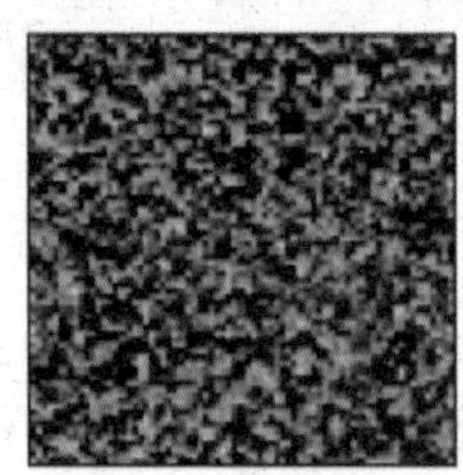

图223-9 打开的石头材质素材图像

步骤11 按【Ctrl＋Shift＋N】组合键新建"图层3"，切换到住宅外观图编辑窗口，然后单击"编辑"｜"填充"命令，在弹出的"填充"对话框中选择刚才定义的图案，单击"确定"按钮，对墙体进行填充后的效果如图223-10所示。

图223-10 填充后的效果

步骤12 按【Ctrl＋D】组合键取消选区，用与上述相同的方法选择并填充住宅外观楼的其他区域，效果如图223-11所示。

图223-11 填充后的效果

步骤13 按【Ctrl＋O】组合键打开一幅树木素材图像，如图223-12所示。

图223-12 树木素材图像

步骤14 选择工具箱中的移动工具，将树木添加到住宅楼外观图中，按【Ctrl＋T】组合键调出变换控制框，调整树木图像的大小与位置，按【Enter】键确认操作，效果如图223-13所示。

步骤15 用与上述相同的方法将其他配景添加到住宅楼外观图中，效果如图223-14所示。

图223-13 图像效果

图223-14 添加其他配景后的效果

步骤16 单击"图层"|"拼合图像"命令合并图层，然后再调整画面的整体色彩，图像的最终效果参见图223-1。

实例224 卧室效果图后期制作

本例进行卧室效果图后期制作，最终效果如图224-1所示。

图224-1 卧室效果图

制作步骤

步骤1 按【Ctrl＋O】组合键，打开一幅卧室素材图像，如图224-2所示。

步骤2 单击"图像"|"调整"|"变化"命令，弹出"变化"对话框，依次在"加深黄色"和"加深红色"处单击鼠标左键，如图224-3所示。

图224-2 卧室素材图像

步骤3 单击"确定"按钮确认操作，调整后的图像效果如图224-4所示。

步骤4 按【Ctrl＋O】组合键，打开一幅植物素材图像，如图224-5所示。

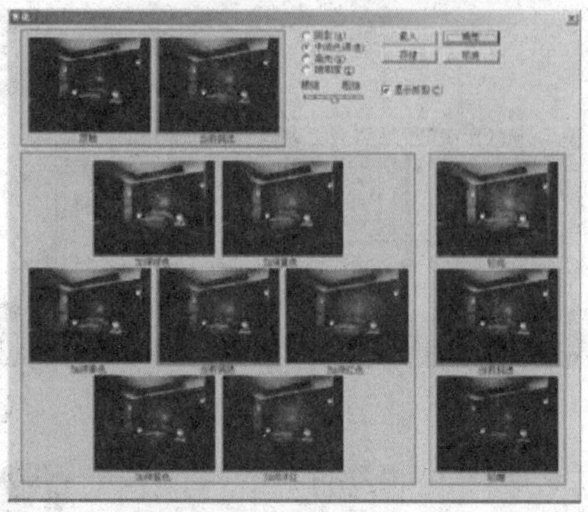
图224-3 “变化”对话框

图224-4 调整后的图像效果

图224-5 植物素材图像

步骤5 按【V】键或选择工具箱中的移动工具，将植物图像拖曳至卧室图像编辑窗口中，然后按【Ctrl＋T】组合键调出变换控制框，并调整其大小与位置，如图224-6所示。

步骤6 按【Ctrl＋O】组合键，打开如图224-7所示的两幅素材图像。

步骤7 用与上述相同的方法，将这两幅图像添加到卧室图像编辑窗口中，并分别调整其大小与位置，效果如图224-8所示。

步骤8 按【Ctrl＋O】组合键，打开一幅植物素材图像，如图224-9所示。

步骤9 用与上述相同的方法，将植物图像添加到卧室图像编辑窗口中，并调整其大小与位置，效果如图224-10所示。

图224-6 添加植物图像

图224-7 两幅素材图像

图224-8 添加配景后的图像效果

图224-9 植物素材图像

图224-10 添加植物图像后的效果

步骤10 在“图层”调板中，按住【Ctrl】键的同时单击植物图像所在的图层，将图像载入选区，如图224-11所示。

图224-11 载入选区

步骤11 按【Ctrl＋Shift＋N】组合键新建一个图层，按【D】键设置前景色为黑色，再按【Alt＋Delete】组合键用前景色填充选区，最后按【Ctrl＋D】组合键取消选区，效果如图224-12所示。

图224-12 填充选区后的图像效果

步骤12 按【Ctrl＋T】组合键调出变换控制框，单击鼠标右键，在弹出的快捷菜单中选择“垂直翻转”选项，垂直翻转图像，然后调整其大小与位置，调整后的图像效果如图224-13所示。

步骤13 在“图层”调板中，将该图层拖曳至植物图像所在图层的下方，设置该图层的“不透明度”为30%，效果如图224-14所示。

图224-13 调整后的图像效果

图224-14 设置不透明度后的效果

步骤14 按【Ctrl＋O】组合键，打开一幅画框素材图像，如图224-15所示。

图224-15 画框素材图像

步骤15 用与上述相同的方法将其添加到卧室图像编辑窗口中，然后调整其大小与位置，最终效果参图224-1。

实例225 书房效果图后期制作

本例进行书房效果图后期制作，最终效果如图225-1所示。

图225-1 书房效果图

制作步骤

步骤1 按【Ctrl＋O】组合键，打开一幅书房素材图像，如图225-2所示。

图225-2 书房素材图像

步骤2 按【L】键或选择工具箱中的多边形套索工具，设置其属性栏中的各项参数，如图225-3所示。

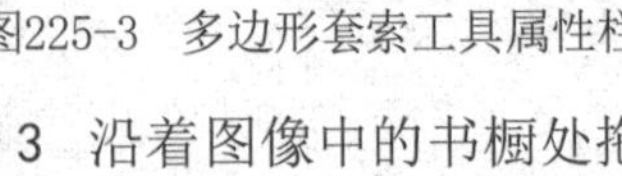

图225-3 多边形套索工具属性栏

步骤3 沿着图像中的书橱处拖曳鼠标，创建如图225-4所示的选区。

步骤4 单击工具箱中的“设置前景色”色块，设置前景色的RGB参数值分别为136、245、176，按【Ctrl＋Shift＋N】组合键新建“图层1”。

步骤5 按【Alt＋Delete】组合键为选区填充前景色，然后按【Ctrl＋D】组合键取消选区，效果如图225-5所示。

图225-4 创建选区

图225-5 填充图像后的效果

步骤6 在“图层”调板中，设置“图层1”的“不透明度”为28%，这样就好像为书橱添加上了玻璃，效果如图225-6所示。

图225-6 调整不透明度后的效果

步骤7 按【Ctrl＋O】组合键，打开一幅植物素材图像，如图225-7所示。

图225-7 植物素材图像

步骤8 按【V】键或选择工具箱中的移动工具，将植物图像拖曳至书房图像编辑窗口中，按【Ctrl＋T】组合键调出变换控制框，调整其大小与位置，然后按【Enter】键确认操作，调整后的图像效果如图225-8所示。

图225-8 添加植物图像后的效果

步骤9 按【Ctrl＋O】组合键，打开另一幅植物素材图像，如图225-9所示。

步骤10 用与上述相同的方法为书房图像添加另一幅植物配景，并调整其大小与位置，效果如图225-10所示。

步骤11 按【Ctrl＋O】组合键，打开一幅如图225-11所示的素材图像。

步骤12 为书房图像添加壁画配景，并调整其大小与位置，效果如图225-12所示。

图225-9 植物素材图像

图225-10 添加另一幅配景后的图像效果

图225-11 素材图像

步骤13 按【Ctrl＋O】组合键，打开一幅吊灯素材图像，如图225-13所示。

步骤14 将吊灯图像移至书房图像编辑窗口中，并调整其大小与位置，效果如图225-14所示。

步骤15 按【Ctrl＋O】组合键，打开两幅书素材图像，如图225-15所示。

图225-12 添加壁画后的图像效果

图225-13 吊灯素材图像

图225-14 添加吊灯后的图像效果

步骤16 将这两幅书图像拖曳至书房图像编辑窗口中，调整其大小并移至书橱里，效果如图225-16所示。

步骤17 按【Ctrl＋O】组合键打开两幅装饰品素材图像，如图225-17所示。

步骤18 将这两幅装饰品图像拖曳至书房图像编辑窗口中，调整其大小后移至书橱里，效果如图225-18所示。

图225-15 书素材图像

图225-16 添加书后的图像效果

图225-17 装饰品素材图像

图225-18 添加装饰物品后的图像效果

现在整体看起来，前面为书橱制作的玻璃没有透明感，下面重新调整一下玻璃的不透明度。

步骤19 在“图层”调板中，确定玻璃所在的图层为当前工作图层，调整其“不透明度”为10%，效果如图225-19所示。

图225-19 调整后的图像效果

墙壁上的画看起来没有立体感，下面为壁画添加阴影。

步骤20 在“图层”调板中，确定其中的一幅画所在的图层为当前工作图层，然后单击其调板底部的“添加图层样式”按钮，在弹出的下拉菜单中选择“阴影”选项，在弹出的“图层样式”对话框中设置各项参数，如图225-20所示。

步骤21 单击“确定”按钮，图像效果如图225-21所示。

步骤22 在“图层”调板中，在刚才设置了“图层样式”的图层上单击鼠标右键，在弹出的快捷菜单中选择“拷贝图层样式”选项，在其他两幅壁画所在的图层上单击鼠标右键，在弹出的快捷菜单中选择“粘贴图层样式” 选项，为它们添加图层样式。整个书房最终效果参见图225-1。

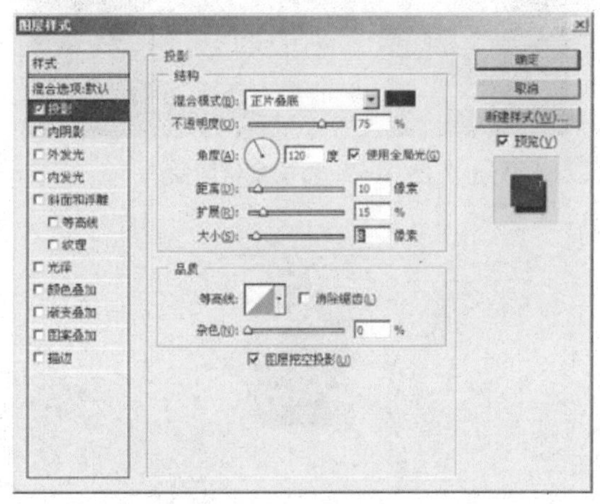

图225-20 “图层样式”对话框

图225-21 添加图层样式后的图像效果

实例226 厨房效果图后期制作

本例进行厨房效果图后期制作，最终效果如图226-1所示。

图226-1 厨房效果图

制作步骤

步骤1 按【Ctrl＋O】组合键，打开一幅厨房素材图像，如图226-2所示。

步骤2 按【Ctrl＋O】组合键，打开一幅花卉素材图像，如图226-3所示。

图226-2 厨房素材图像

图226-3 花卉素材图像

步骤3 选择工具箱中的移动工具，将花卉图像拖曳至厨房图像编辑窗口中，按【Ctrl＋T】组合键调出变换控制框，调整其大小与位置，然后按【Enter】键确认操作，调整后的图像效果如图226-4所示。

图226-4 添加花卉后的图像效果

步骤4 按【Ctrl＋O】组合键，打开一幅果盘素材图像，如图226-5所示。

步骤5 用与上述相同的方法将果盘图像移至厨房图像编辑窗口中，并调整其大小与位置，效果如图226-6所示。

步骤6 按【Ctrl＋O】组合键，打开一幅植物素材图像，如图226-7所示。

图226-5 果盘素材图像

图226-6 添加果盘后的图像效果

图226-7 植物素材图像

步骤7 用与上述相同的方法将植物图像移至厨房图像编辑窗口中，并调整其大小与位置，效果如图226-8所示。

步骤8 按【Ctrl＋O】组合键，打开两幅酒类物品素材图像，如图226-9所示。

步骤9 将打开的酒类物品图像移至厨房图像中，并调整其大小与位置，效果如图226-10所示。

图226-8　添加植物后的图像效果

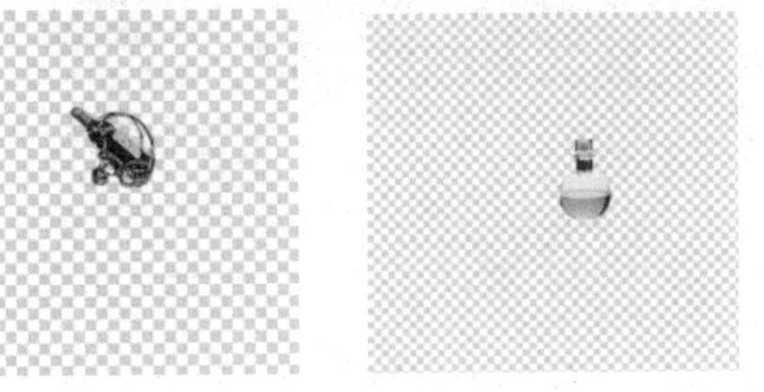

图226-9　酒类物品素材图像

图226-10　添加酒类物品后的图像效果

步骤10　按【Ctrl＋O】组合键，打开一幅餐具素材图像，如图226-11所示。

步骤11　将打开的餐具图像移至厨房图像编辑窗口中，并调整其大小与位置，效果如图226-12所示。

现在配景已添加完毕，下面为厨房的灯添加发光效果。

步骤12　选择工具箱中的画笔工具，在其属性栏中设置“主直径”为45px、“不透明度”为75%，然后按【F5】键或单击“窗口”｜“画笔”命令，打开“画笔”调板，设置各项参数，如图226-13所示。

步骤13　单击工具箱中的“设置前景色”色块，设置前景色为白色，然后按【Ctrl＋Shift＋N】组合键新建一个图层。

图226-11　餐具素材图像

图226-12　添加餐具后的图像效果

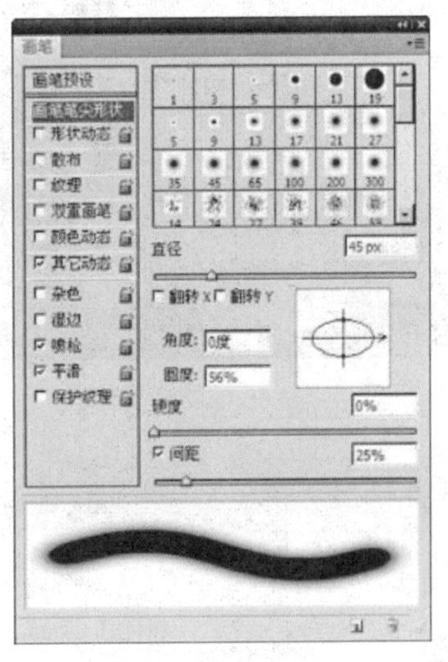

图226-13　“画笔”调板

步骤14　在图像中灯的位置单击鼠标左键，绘制如图226-14所示的发光效果。

步骤15　在厨房顶部其他灯的位置单击鼠标左键，图像的效果如图226-15所示。

图226-14 绘制发光效果

图226-15 增加发光效果

下面来调整一下厨房的总体色调，使整个画面看起来更加协调。

步骤16 单击“图层”|“拼合图像”命令，合并所有图层。

步骤17 单击“图像”|“调整”|“色彩平衡”命令，弹出“色彩平衡”对话框，设置各项参数，如图226-16所示。

步骤18 单击“确定”按钮，图像的最终效果参见图226-1。

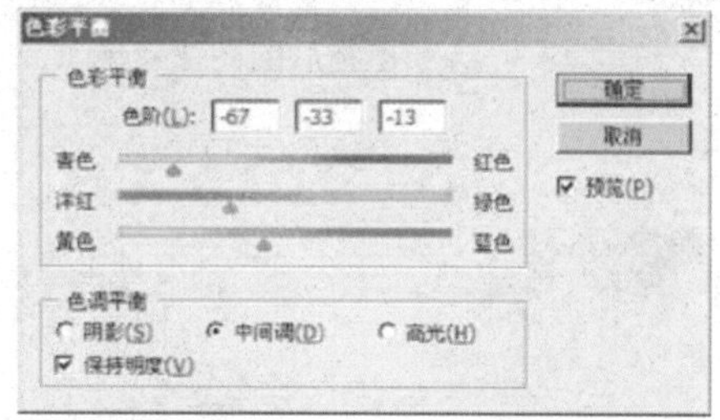

图226-16 “色彩平衡”对话框

实例227 别墅效果图后期制作

本例进行别墅效果图后期制作，最终效果如图227-1所示。

图227-1 别墅效果图

制作步骤

步骤1 单击“文件”|“打开”命令，打开一幅别墅素材图像，如图227-2所示。

步骤2 单击“图像”|“画布大小”命令，弹出“画布大小”对话框，设置各项参数，如图227-3所示。

步骤3 单击“确定”按钮调整画布大小，效果如图227-4所示。

图227-2 别墅素材图像

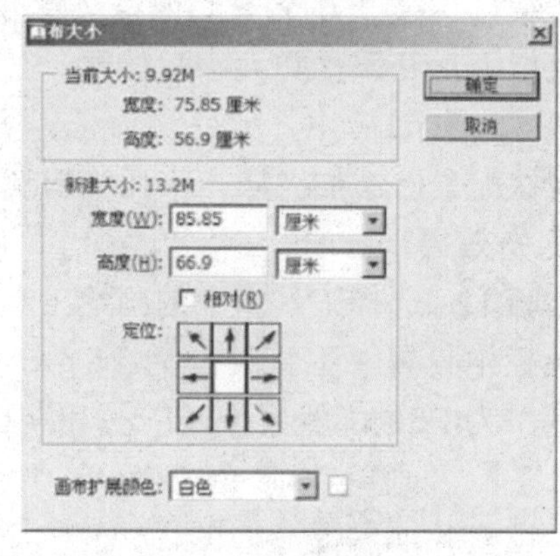

图227-3 “画布大小”对话框

图227-4 调整画布大小后的效果

步骤4 在“图层”调板中双击“背景”图层，弹出“新图层”对话框，单击“确定”按钮，将“背景”图层转化成“图层0”。

步骤5 选择工具箱中的魔棒工具，在其属性栏中设置“容差”为5，并分别选中“消除锯齿”和“连续”复选框，然后在别墅图像编辑窗口中的空白处单击鼠标左键，创建如图227-5所示的选区。

图227-5 创建选区

步骤6 按【Delete】键删除选区中的内容，然后按【Ctrl＋D】组合键取消选区，效果如图227-6所示。

图227-6 删除选区中的内容

步骤7 单击“文件”|“打开”命令，打开如图227-7所示的黄昏背景图像。

图227-7 黄昏背景图像

步骤8 选择工具箱中的移动工具，将黄昏背景图像移至别墅图像编辑窗口中，单击“图层”|“排列”|“后移一层”命令，将“图层1”移至“图层0”的下方，按【Ctrl＋T】组合键调出变换控制框，调整黄昏背景图像的大小与位置，然后按【Enter】键确认，效果如图227-8所示。

图227-8 添加黄昏背景图像后的效果

通过观察发现，别墅的阴影方向和背景图像中的阴影方向不同，因此需要进行调整，使其与背景更好地融合在一起。

步骤9 在别墅图像上单击鼠标右键，在弹出的快捷菜单中选择“图层0”选项，然后按【Ctrl＋T】组合键调出变换控制框，单击鼠标右键，在弹出的快捷菜单中选择“水平翻转”选项，水平翻转别墅图像，并将其移至合适的位置，按【Enter】键确认，效果如图227-9所示。

步骤10 按【Ctrl＋M】组合键或单击“图像”|“调整”|“曲线”命令，弹出“曲线”对话框，设置各项参数，如图227-10所示。

图227-9 图像效果

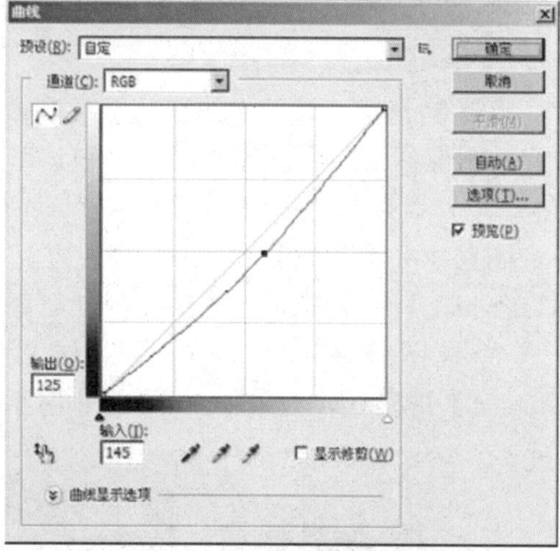
图 227-10 “曲线”对话框

步骤 11 单击“确定”按钮，调整曲线后的图像效果如图 227-11 所示。

图227-11 调整曲线后的图像效果

步骤 12 选择工具箱中的魔棒工具，单击别墅侧面墙区域，创建如图 227-12 所示的选区。

步骤 13 选择工具箱中的减淡工具，在其属性栏中设置各项参数，如图 227-13 所示。

步骤 14 在选区内由下向上拖曳鼠标，使其产生曝光效果，然后按【Ctrl + D】组合键取消选区，效果如图 227-14 所示。

步骤 15 打开一幅松柏素材图像，如图 227-15 所示。

图227-12 创建的选区

图227-13 减淡工具属性栏

图227-14 调整后的图像效果

图227-15 松柏素材图像

步骤 16 选择工具箱中的移动工具，将松柏图像拖曳到别墅图像编辑窗口中，按【Ctrl + T】组合键调出变换控制框，调整其大小与位置后按【Enter】键确认操作，然后按住【Alt】键的同时拖曳松柏图像，将其复制并移动到合适的位置，如图 227-16 所示。

图227-16 添加松柏图像后的效果

步骤17 单击“文件”|“打开”命令，同时打开如图227-17所示的三幅素材图像。

图227-17 素材图像

步骤18 用与上述相同的方法为别墅图像添加上一步打开的图像，并分别调整其大小与位置，效果如图227-18所示。

步骤19 打开一幅人物素材图像，如图227-19所示。

步骤20 将人物素材图像拖曳到别墅图像编辑窗口中，按【Ctrl＋T】组合键调出变换控制框，调整其大小并移至合适的位置，然后按【Enter】键确认后得到的效果如图227-20所示。

图227-18 添加其他配景后的效果

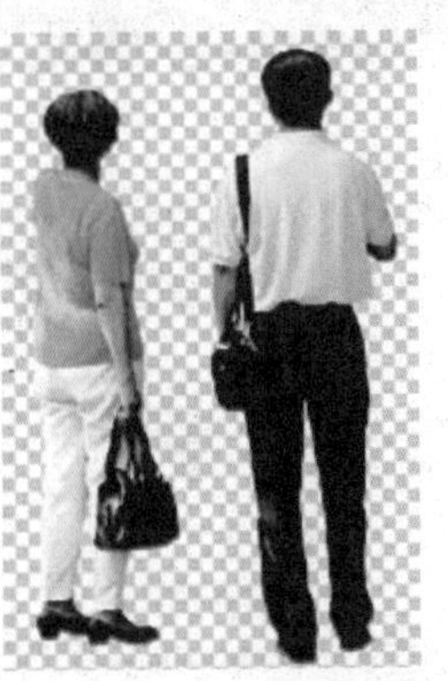

图227-19 人物素材图像

图227-20 添加人物图像后的效果

步骤21 按住【Ctrl】键的同时，在人物图层上单击鼠标左键，将人物载入选区，按【Ctrl＋Shift＋N】组合键新建“图层7”，然后按【D】键，设置前景色为默认的黑色，再按【Alt＋Delete】组合键用前景色填充选区，效果如图227-21所示。

步骤22 按【Ctrl＋T】组合键调出变换控制框，单击鼠标右键，在弹出的快捷菜单中选择“扭曲”选项，然后拖动控制柄对图像进行扭曲变形，按【Enter】键确认后再按【Ctrl ＋D】组合键取消选区。

步骤 23 在“图层”调板中，拖曳“图层7”至“图层6”的下方，设置“图层7”的“不透明度”为70%，图像效果如图227-22所示。

图227-21 图像效果

图227-22 调整后的图像效果

步骤 24 单击“滤镜”|“模糊”|“高斯模糊”命令，弹出“高斯模糊”对话框，设置相应的参数，如图227-23所示。单击“确定”按钮，图像效果如图227-24所示。

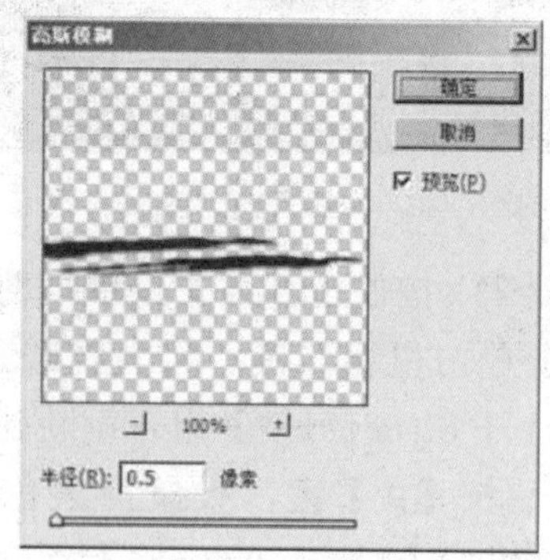

图227-23 “高斯模糊”对话框

步骤 25 确定“图层1”为当前工作图层，选择工具箱中的多边形套索工具，创建如图227-25所示的选区。

图227-24 高斯模糊效果

图227-25 创建的选区

步骤 26 单击“选择”|“修改”|“羽化”命令，打开“羽化选区”对话框，设置“羽化半径”为20，单击“确定”按钮将选区羽化。

步骤 27 将鼠标指针移至选区范围内，单击鼠标右键，在弹出的快捷菜单中选择“通过拷贝的图层”选项，拷贝一个新图层，并将新图层置于别墅所在图层之上，效果如图227-26所示。

图227-26 调整图层顺序后的效果

步骤 28 用与上述相同的方法，将建筑正面的底部用草地进行遮挡，图像的最终效果参见图227-1。

实例228 高层建筑效果图后期制作

本例进行高层建筑效果图后期制作，最终效果如图228-1所示。

图228-1 高层建筑效果图

制作步骤

步骤1 单击“文件”|“打开”命令，打开一幅高层建筑素材图像，如图228-2所示。

图228-2 高层建筑素材图像

步骤2 单击“图像”|“画布大小”命令，在弹出的“画布大小”对话框中设置各项参数，如图228-3所示。

步骤3 单击“确定”按钮，调整画布大小后的图像效果如图228-4所示。

步骤4 在“图层”调板中的“背景”图层上双击鼠标左键，弹出“新建图层”对话框，单击“确定”按钮将“背景”图层转化成“图层0”。

步骤5 选择工具箱中的魔棒工具，在其属性栏中设置好参数，然后在高层建筑图像编辑窗口中的空白处单击鼠标左键，创建如图228-5所示的选区。

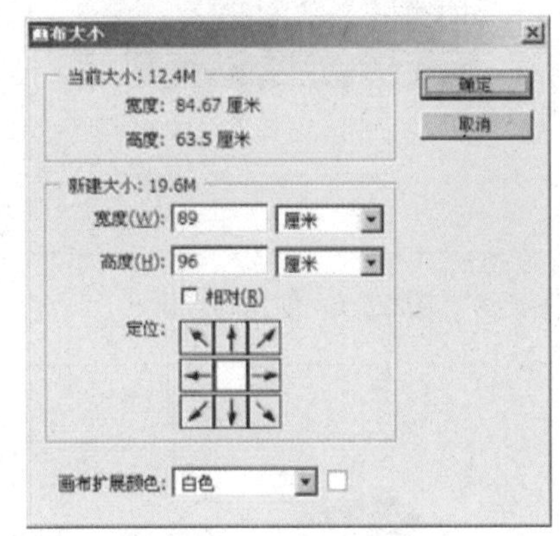

图228-3 “画布大小”对话框

图228-4 调整画布大小后的效果

步骤6 选择工具箱中的矩形选框工具，在其属性栏中单击“从选区减去”按钮，在高层建筑图像编辑窗口中拖曳鼠标，减去高层建筑内的图像选区，完成操作后的效果如图228-6所示。

步骤7 按【Delete】键删除选区内的内容，按【Ctrl＋D】组合键取消选区，效果如图228-7所示。

图228-5 创建的选区

图228-6 最后的选区

图228-7 删除选区中的图像

步骤8 单击“文件”|“打开”命令，打开一幅天空素材图像，如图228-8所示。

步骤9 选择工具箱中的移动工具，将天空图像拖曳到高层建筑图像编辑窗口中，然后按【Ctrl + T】组合键调出变换控制框，调整天空图像至合适大小与位置，按【Enter】键确认操作，效果如图228-9所示。

图228-8 天空素材图像

图228-9 添加天空图像后的效果

步骤10 用与上述相同的方法打开一幅草地素材图像，如图228-10所示。

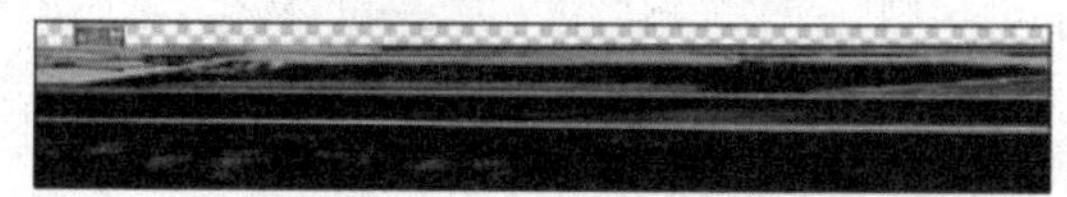
图228-10 草地素材图像

步骤11 将草地图像移至高层建筑图像编辑窗口中，按【Ctrl + T】组合键调出变换控制框，调整其大小与位置，然后按【Enter】键确认操作，效果如图228-11所示。

图228-11 添加草地后的效果

步骤12 打开两幅背景建筑素材图像，选择工具箱中的移动工具，将其移至高层建筑图像编辑窗口中。

步骤13 按【Ctrl + T】组合键调出变换控制框，调整其大小与位置后按【Enter】键确认操作，然后在“图层”调板中设置这两幅背景建筑图像所在图层的“不透明度”为70%，效果如图228-12所示。

图228-12 添加背景图像后的效果

步骤14 打开两幅背景树素材图像，选择工具箱中的移动工具，将其移至高层建筑图像编辑窗口中。

步骤15 按【Ctrl + T】组合键调出变换控制框，调整其大小与位置后按【Enter】键确认操作，效果如图228-13所示。

图228-13 添加背景树后的效果

步骤16 打开三幅素材图像，将三幅素材图像拖曳到高层建筑图像编辑窗口中。

步骤17 分别调整三幅素材图像的大小和位置，效果如图228-14所示。

图228-14 添加配景后的效果

步骤18 打开两幅树素材图像，选择工具箱中的移动工具，将两幅树图像移至高层建筑图像编辑窗口中。

步骤19 按【Ctrl + T】组合键调出变换控制框，调整其大小与位置后按【Enter】键确认，效果如图228-15所示。

步骤20 打开人群与小轿车素材图像，如图228-16所示。

图228-15 添加树后的效果

图228-16 人群与小轿车素材图像

步骤21 将两幅图像移至高层建筑图像编辑窗口中，按【Ctrl＋T】组合键调出变换控制框，调整其大小与位置后按【Enter】键确认，效果如图228-17所示。

步骤22 打开一幅路灯素材图像，如图228-18所示。

步骤23 选择工具箱中的移动工具，将路灯图像移至高层建筑图像编辑窗口中，按【Ctrl＋T】组合键调出变换控制框，调整其大小与位置后按【Enter】键确认操作，然后在按住【Alt】键的同时拖曳路灯图像，将其复制并调整至合适的位置，最终效果参见图228-1。

图228-17 添加人群与小轿车后的效果

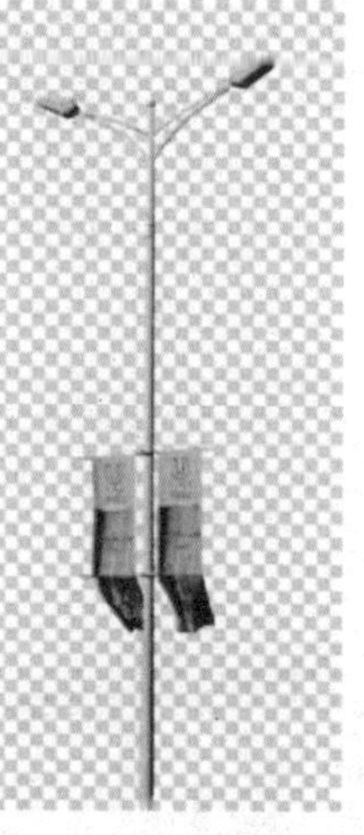

图228-18 路灯素材图像